Martin Amann, Jochen Karsch, Nico Laude u. a.

Die Ausbildung im Dachdeckerhandwerk

Die Ausbildung im Dachdeckerhandwerk

Lernfelder – Praxisbeispiele – Übungsaufgaben

5., überarbeitete Auflage

Mit 1.157 Abbildungen und 185 Tabellen

Autoren

Martin Amann
Eric Dinges
Clara Fricker
Christian Geschke
Volker Hollwedel
Kurt Jentzsch
Jochen Karsch
Steffen Kurzer
Nico Laude
Lars Rehberg
Dominic Schneider
Michael Strauß
Thorsten Waldminghaus
Robert Wenninger

RM Rudolf Müller

Bibliografische Information der Deutschen Nationalbibliothek

Die Deutsche Nationalbibliothek verzeichnet diese Publikation in der Deutschen Nationalbibliografie; detaillierte bibliografische Daten sind im Internet über https://www.dnb.de abrufbar.

Maßgebend für das Anwenden von Regelwerken, Richtlinien, Merkblättern, Hinweisen, Verordnungen usw. ist deren Fassung mit dem neuesten Ausgabedatum, die bei der jeweiligen herausgebenden Institution erhältlich ist. Zitate aus Normen, Merkblättern usw. wurden, unabhängig von ihrem Ausgabedatum, in neuer deutscher Rechtschreibung abgedruckt.

Aus Gründen der besseren Lesbarkeit wird bei Personenbezeichnungen und personenbezogenen Hauptwörtern die männliche Form verwendet. Entsprechende Begriffe gelten im Sinne der Gleichbehandlung grundsätzlich für alle Geschlechter. Die verkürzte Sprachform hat nur redaktionelle Gründe und beinhaltet keine Wertung.

Das vorliegende Werk wurde mit größter Sorgfalt erstellt. Verlag und Autoren können dennoch für die inhaltliche und technische Fehlerfreiheit, Aktualität und Vollständigkeit des Werkes keine Haftung übernehmen.

Wir freuen uns, Ihre Meinung über dieses Fachbuch zu erfahren. Bitte teilen Sie uns Ihre Anregungen, Hinweise oder Fragen per E-Mail: rudolf-mueller@vuservice.de oder telefonisch unter: 06123 92 38-258 mit.

Lektorat: Christine Peter, Overath
Titelbild: Fa. Esch & Scholzen GmbH & Co. KG, Schleiden
Satz und Umschlaggestaltung: WMTP Wendt-Media Text-Processing GmbH, Birkenau
Druck und Bindearbeiten: Westermann Druck Zwickau GmbH, Zwickau
Printed in Germany

ISBN 978-3-481-04890-7 (Buch-Ausgabe, Produktionscharge *001)
ISBN 978-3-481-04891-4 (E-Book-Ausgabe als PDF)
ISBN 978-3-481-04892-1 (Buch und E-Book-Ausgabe als PDF, Produktionscharge *001)

Vorwort

Gute Handwerksarbeit beginnt mit einer soliden Ausbildung. Und qualifizierter Nachwuchs im Dachdeckerhandwerk ist und bleibt ein aktuelles Thema. Fachgerechte und sichere Dacharbeiten setzen nicht nur handwerkliches Geschick, sondern auch Grundlagen und fachtechnische Kenntnisse zu Werkstoffen, zu Vorleistungen der anderen am Bau Beteiligten sowie zu Anforderungen des Regelwerks des Deutschen Dachdeckerhandwerks voraus.

Inhaltlich orientiert sich „Die Ausbildung im Dachdeckerhandwerk" an den insgesamt 17 Lernfeldern des bundesweiten Rahmenlehrplans für die Ausbildung zur Dachdeckerin/zum Dachdecker. Mit der 5. Auflage ist der Titel inhaltlich gestrafft und aktualisiert, zudem in einigen Bereichen neu strukturiert worden. Eine stärkere Berücksichtigung als in den Vorauflagen finden die Themenbereiche Photovoltaik und Gründach.

Sämtliche Lernfelder erläutern anschaulich die jeweiligen Anforderungen, unterstützt von zahlreichen Praxisbeispielen, Merksätzen und einschlägigen Abbildungen. Am Ende eines jeden Lernfelds finden sich Übungsaufgaben zur Lernkontrolle. **Die Lösungen stehen digital als Download zur Verfügung, der über folgenden QR-Code abrufbar ist:**

Übergreifende Lerninhalte zur Bauphysik und zum Brandschutz, ebenfalls mit Übungsaufgaben versehen, finden sich im Anhang des Buches. Ebenso eine Zusammenfassung aktueller Hinweise zum Arbeits- und Gesundheitschhutz.

Aufgrund der didaktisch sorgfältig aufbereiteten Lehrinhalte ist der Titel hervorragend für den Einsatz im Unterricht geeignet. Darüber hinaus kann das Buch zur anschließenden Wiederholung und Vertiefung der Inhalte eingesetzt werden.

Alle Autorinnen und Autoren sind mit der Berufsausbildung im Dachdeckerhandwerk eng verbunden, sei es im Unterrichtsprozess an den Schulen, in der praktischen Unterweisung an den überbetrieblichen Ausbildungsstätten oder aber in den Prüfungsausschüssen für die Gesellen- und Meisterausbildung. Sie alle arbeiten in unterschiedlichen Bundesländern mit dem gemeinsamen Ziel, den Nachwuchs im Dachdeckerhandwerk bestmöglich auszubilden und für den Beruf der Dachdeckerin/des Dachdeckers zu begeistern.

Köln, im April 2025

Für die Autoren:
Martin Amann, Jochen Karsch
und Nico Laude

Beteiligte Bildungseinrichtungen an 5. Auflage

Berufskolleg Eschweiler der StädteRegion Aachen, Eschweiler
Thorsten Waldminghaus: Studienrat (L.i.A.), stellvertr. Bildungsgangleiter Dach

Berufsschulzentrum am Westerberg, Osnabrück
Lars Rehberg: Dipl.-Ing. (FH), Studienrat

Bildungszentrum BGZ Simmerath der Handwerkskammer Aachen, Simmerath
Jochen Karsch: Ausbildungsmeister Dachdeckerhandwerk, Gebäudeenergieberater (HWK)
Michael Strauß: Ausbildungsmeister Dachdecker- und Zimmererhandwerk, Blitzschutzfachkraft

Dachdecker-Bildungszentrum Karlsruhe
Christian Geschke: Ausbildungsmeister Steildach & Energetik, stellvertretender technischer Leiter
Steffen Kurzer: Ausbildungsmeister Metall & Fassade

Dachdecker-Zentrum Hessen, Weilburg
Eric Dinges: Technischer Berater

Emil-Possehl-Schule, Lübeck
Landesberufsschule des Dachdeckerhandwerks Lübeck-Blankensee
Volker Hollwedel: Oberstudienrat, Dachdeckergeselle, Ausbilder Bautechnik

Heinrich-Hübsch-Schule, Karlsruhe
Martin Amann: Studiendirektor, Abteilungsleiter Dach
Clara Fricker: Studienrätin, wisssenschaftliche Lehrkraft
Nico Laude: Dachdeckermeister, Studienrat
Dominic Schneider: Technischer Lehrer, Zimmerermeister
Robert Wenninger: Technischer Oberlehrer, Zimmerermeister

OSZ I – Technik Potsdam, Potsdam
Kurt Jentzsch: Diplom-Berufspädagoge, Berufsschullehrer für Bautechnik

Unser besonderer Dank gilt an dieser Stelle auch den beteiligten Autoren der Vorauflagen:
Hans Dürr
Lutz Gradner
Joachim Hupe
Annett Pelikan
Raimund Reuther
Marc Schenuit

Inhaltsverzeichnis

Lösungen zu den Übungsaufgaben:

Lernfeld 1: Einrichten einer Baustelle

Lars Rehberg

In der Dachdeckerausbildung geht es im ersten Lernfeld um die Planung der Bautätigkeiten im Zuge eines Bauvorhabens sowie das Einrichten und Sichern einer Baustelle. Die Wünsche des Bauherrn wurden durch den Bauplaner umgesetzt und von den Baubehörden genehmigt. Eine Vielzahl von Vorschriften, z. B. des Regelwerks des Deutschen Dachdeckerhandwerks oder des Arbeits-, Gesundheits- und Unfallschutzes, sind nun zu beachten. Auch Nachhaltigkeit und Umweltschutz spielen, besonders bei der energieintensiven Bauwirtschaft, eine große Rolle. Eine für alle verständliche Fachsprache, Bauzeichnungen, verschiedene Berechnungen und Abkürzungen bilden die Grundlage der Kommunikation auf der Baustelle.

1.1 Planung eines Bauvorhabens

Von der ersten Idee bis zur Fertigstellung eines Bauwerks ist es ein langer Weg (siehe Abb. 1.1). Ein Bauherr beauftragt einen Bauplaner (in der Regel einen Architekten) mit der Entwurfsplanung eines Bauvorhabens. Als Bauherr können Privatpersonen, Vereine, gewerbliche Unternehmen, aber auch Behörden von Bund, Ländern oder Gemeinden auftreten.

Checkliste Bauablaufplanung

- Ausschreibung und Vergabe von Bauleistungen
- Zusammenwirken der Gewerke mit dem Bauzeitenplan
- Inhalt und Darstellungen in Bauzeichnungen
- Sicherheit auf der Baustelle
- Umweltschutz und Nachhaltigkeit
- Berechnungen von Maßstäben, Flächen, Volumen

Architekten und Fachingenieure für z. B. Statik, Elektroinstallation oder für Heizungs-, Klima- und Lüftungsanlagen planen nach den Wünschen und unter Berücksichtigung der zur Verfügung stehenden finanziellen Mittel des Bauherrn, ein neues Bauvorhaben.

Die zuständige Baubehörde prüft mit verschiedenen Beteiligten wie Feuerwehr, Tiefbauamt, Umweltbehörden oder der Denkmalschutzbehörde den Bauantrag. Entspricht dieser allen gesetzlichen Vorgaben, wird das Bauvorhaben genehmigt.

Die Planungsunterlagen werden vom Architekten konkreter ausgearbeitet. Bauunternehmen und Fachfirmen werden aufgefordert, Angebote für die vielen Einzelleistungen (Gewerke) abzugeben. Nach Erteilung einer Baugenehmigung darf mit der Baumaßnahme begonnen werden.

Die Fachfirmen, die die einzelnen Gewerke herstellen, z. B. Stahlbetonbauer, Maurer, Fliesenleger, Estrichleger, Trockenbauer, Maler, Elektriker, Anlagenbauer, Tischler, Zimmerleute und natürlich die Dachdecker, setzen die Wünsche des Bauherrn dann in die Realität um.

1.1.1 Ausschreibung und Vergabe von Bauleistungen

Der Architekt erstellt, neben dem Bauantrag und den Ausführungszeichnungen, eine Ausschreibung und das dazugehörige Leistungsverzeichnis (siehe Abb. 1.2).

Mit einer Ausschreibung fordert der Architekt verschiedene Bauunternehmen und Handwerksbetriebe auf, Angebote abzugeben. Grundlage dafür ist ein Leistungsverzeichnis, auf dessen Basis die Betriebe ihre Preise kalkulieren. Der Preis, aber auch andere Kriterien, wie etwa Qualifikation und Erfahrung des Personals, entscheiden darüber, wer den sogenannten „Zuschlag" erhält.

Bekommt ein Betrieb den Zuschlag, darf es das gewünschte Bauvorhaben realisieren. Bei öffentlichen Projekten wie Schul- oder Verwaltungsgebäuden, Schwimmbädern, Universitäten oder dem Straßen- und Autobahnbau ist das Vergabeverfahren in der Vergabe- und Vertragsordnung für Bauleistungen – VOB streng geregelt. Eine Ausschreibung muss bei

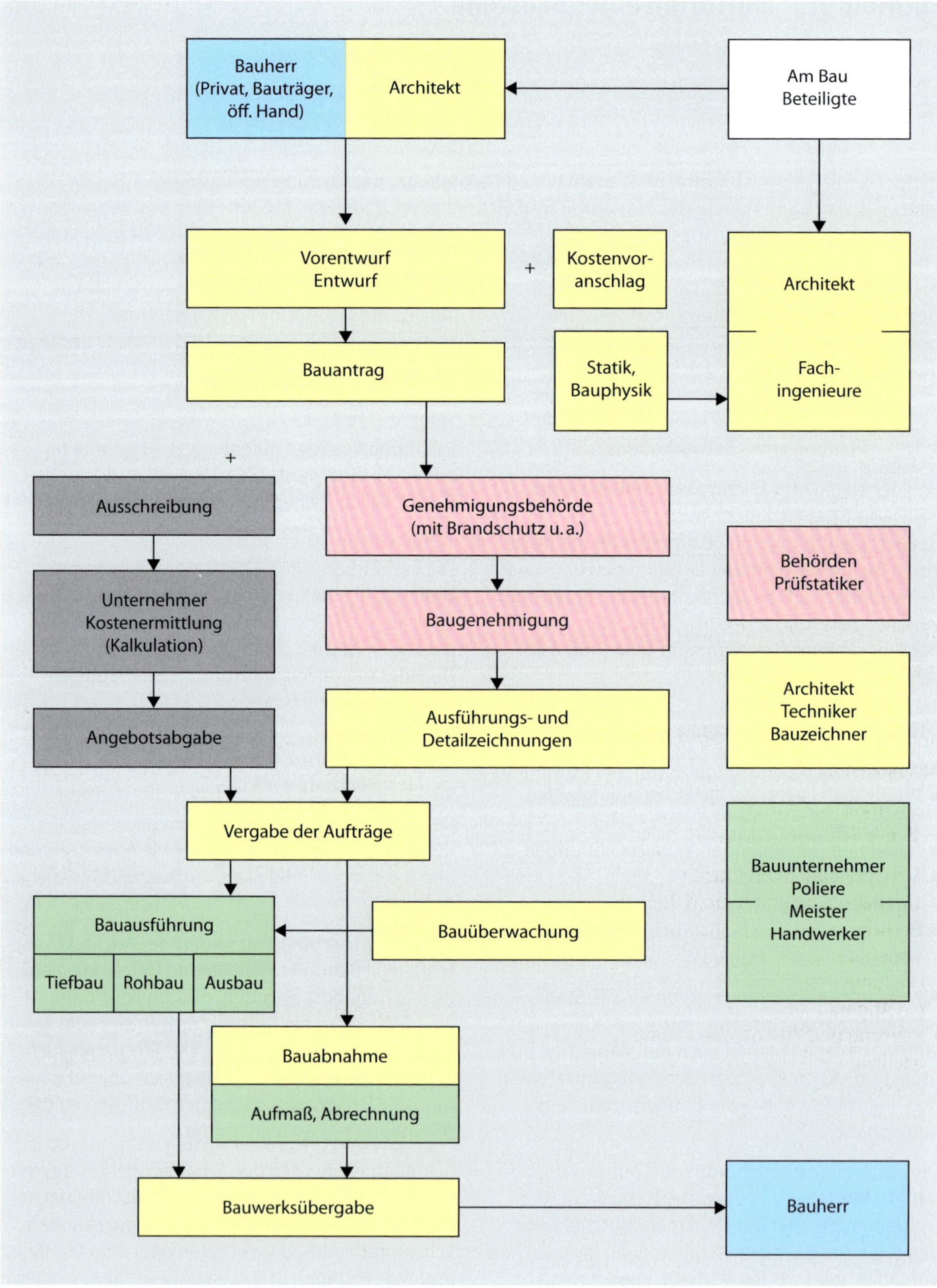

Abb. 1.1: Der Bauablauf

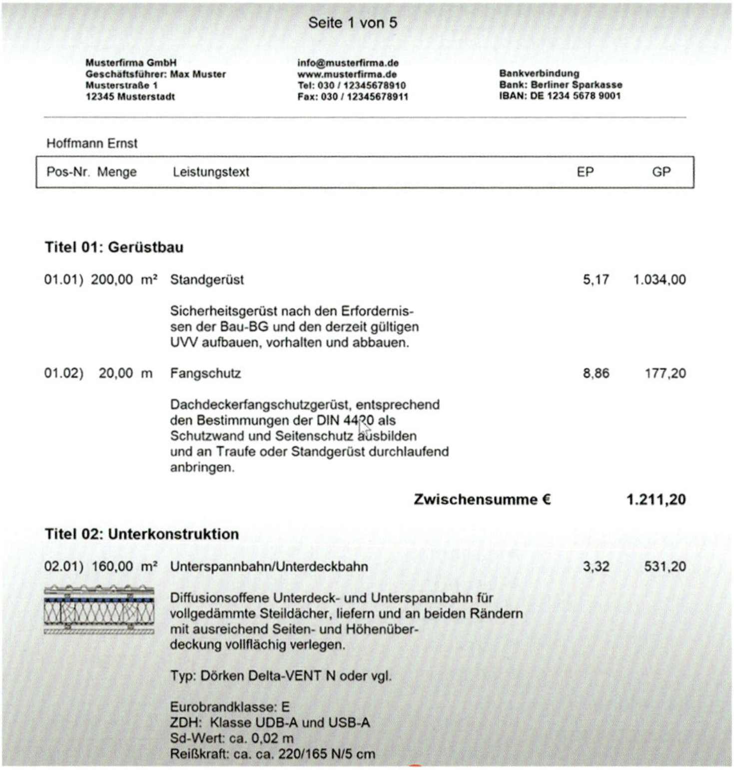

Seite 1 von 5

Musterfirma GmbH
Geschäftsführer: Max Muster
Musterstraße 1
12345 Musterstadt

info@musterfirma.de
www.musterfirma.de
Tel: 030 / 12345678910
Fax: 030 / 12345678911

Bankverbindung
Bank: Berliner Sparkasse
IBAN: DE 1234 5678 9001

Hoffmann Ernst

Pos-Nr.	Menge	Leistungstext	EP	GP
Titel 01: Gerüstbau				
01.01)	200,00 m²	Standgerüst Sicherheitsgerüst nach den Erfordernissen der Bau-BG und den derzeit gültigen UVV aufbauen, vorhalten und abbauen.	5,17	1.034,00
01.02)	20,00 m	Fangschutz Dachdeckerfangschutzgerüst, entsprechend den Bestimmungen der DIN 4420 als Schutzwand und Seitenschutz ausbilden und an Traufe oder Standgerüst durchlaufend anbringen.	8,86	177,20
		Zwischensumme €		**1.211,20**
Titel 02: Unterkonstruktion				
02.01)	160,00 m²	Unterspannbahn/Unterdeckbahn Diffusionsoffene Unterdeck- und Unterspannbahn für vollgedämmte Steildächer, liefern und an beiden Rändern mit ausreichend Seiten- und Höhenüberdeckung vollflächig verlegen. Typ: Dörken Delta-VENT N oder vgl. Eurobrandklasse: E ZDH: Klasse UDB-A und USB-A Sd-Wert: ca. 0,02 m Reißkraft: ca. ca. 220/165 N/5 cm	3,32	531,20

Abb. 1.2: Inhalte Leistungsverzeichnis

einer Bausumme ab aktuell 5,538 Millionen Euro europaweit erfolgen.

Ausschreibung öffentliches Bauvorhaben (z. B. ein Schulgebäude):

- Ausschreibung – Architekt erstellt die Vergabeunterlagen, unter anderem das Leistungsverzeichnis.
- Angebot – Unternehmen kalkulieren mithilfe des Leistungsverzeichnisses ihre Kosten und geben ein Angebot ab.
- Wertung und Zuschlag – Die Angebote werden nach vorher festgelegten Kriterien gewertet. Die Preise werden verglichen. Das wirtschaftlichste Angebot bekommt den Zuschlag, also den Auftrag, ein Bauvorhaben umzusetzen.

1.1.2 Das Leistungsverzeichnis

Im Leistungsverzeichnis, kurz LV, (siehe Abb. 1.2) sind alle Leistungen beschrieben, die zur Erfüllung des Bauvorhabens notwendig sind. Mit dem LV kalkuliert ein Bauunternehmen die geforderte Leistung. Er ermittelt also seinen Preis inklusive Personalkosten, Materialkosten und aller anderer Kosten, die in einem Betrieb anfallen. Auch der Gewinn für das Unternehmen wird einkalkuliert.

Ein Leistungsverzeichnis enthält immer folgende Angaben:

- Gliederung in Teilleistungen, sogenannte **Positionen**. Jede Teilleistung bekommt eine **Positionsnummer**.
- Eine genaue **Leistungsbeschreibung** der Teilleistung. Was soll gemacht werden? Welche Materialien sind gewünscht? Gibt es besondere Hinweise zur Ausführung?
- **Umfang und Menge** der auszuführenden Leistung, z. B. Stückzahl, Meter, Quadratmeter oder Kubikmeter.
- **Einzelpreise** pro Stück, Meter, Quadratmeter, Kubikmeter oder als Pauschalpreis.
- **Gesamtpreis** für die jeweils insgesamt gewünschte Menge der Position.

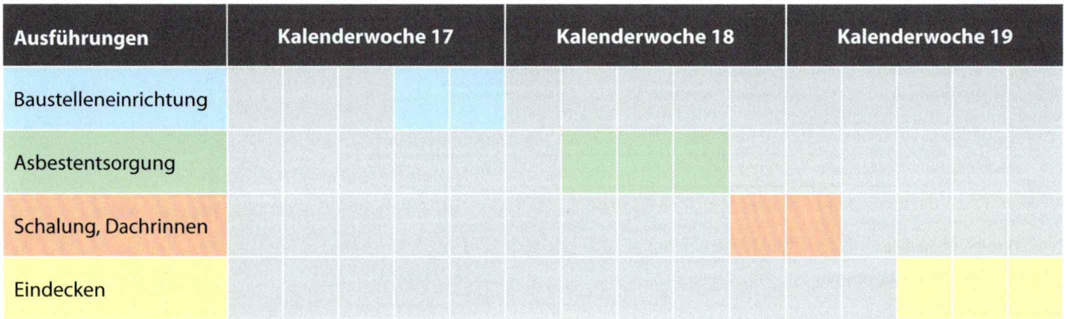

Abb. 1.3: Bauzeitenplan

Im Rahmen einer Ausschreibung enthält das Leistungsverzeichnis eine Beschreibung aller Teilleistungen, um ein Bauvorhaben zu realisieren. Der Bauunternehmer kalkuliert mithilfe des Leistungsverzeichnisses seine Kosten und erstellt ein Angebot.

1.1.3 Bauzeitenplan

Ein Bauzeitenplan (siehe Abb. 1.3) zeigt, welche Aufgaben erledigt werden müssen, wer sie ausführt und wann alles fertig sein soll. Alle einzelnen Gewerke sowie Start, Dauer und Ende ihrer Arbeiten sind in einer großen Tabelle dargestellt. Aus dieser lässt sich ablesen, dass einige Gewerke erst nach Fertigstellung eines anderen begonnen werden können. Man kann außerdem kontrollieren, ob die Gewerke in der geplanten Zeit fertig geworden sind. Der Baufortschritt ist so jederzeit im Plan ablesbar.

Ein Bauzeitenplan regelt den zeitlichen Ablauf der einzelnen Gewerke auf einer Baustelle.

1.1.4 Bauzeichnungen

Ein vom Architekten unterschriebener Bauantrag enthält verschiedene Dokumente und Berechnungen. Wichtig sind dabei vor allem die Bauzeichnungen. Von ersten Entwurfszeichnungen kommen im späteren Verlauf der Planung detaillierte Ausführungszeichnungen für die einzelnen Gewerke hinzu. Als Fachmann oder Fachfrau muss man in der Bautechnik in der Lage sein, Pläne zu lesen und in einem gewissen Umfang auch zu zeichnen. Die Bauzeichnung ist ein wichtiges Kommunikationsmittel für alle am Bau Beteiligten.

Zu einem Bauvorhaben werden verschiedenen Zeichnungen angefertigt. Man unterscheidet:

- Lageplan
- Grundriss
- Schnitt
- Ansicht
- Detail

Im **Lageplan** (siehe Abb. 1.4) sind das Baugrundstück, benachbarte Grundstücke, Grundstücksgrößen, Grundstücksgrenzen, Lage und Höhenlage von Grenzpunkten, Straßen, Dachform der Bebauung u.v.m. dargestellt. Ist kein Nordpfeil eingezeichnet, ist der Plan genordet – das heißt, die Nordseite des Plans ist oben.

Der **Grundriss** (siehe Abb. 1.5) ist ein waagerechter Schnitt durch ein Gebäude. In einer bestimmten Höhe entfernt man den Teil über dem gedachten Schnitt und schaut von oben in das Gebäude hinein. Ein Grundriss wird für jede Etage gezeichnet. Er enthält Abmessungen und Lage von Wänden, Fenstern, Türen, Treppen, die Abmessungen der Räume und vieles mehr. Für die Baugenehmigung wird er im Maßstab 1:100 und für die Handwerker detaillierter in 1:50 angefertigt.

In Schnittzeichnungen findet man Informationen, die in einer Grundrisszeichnung nicht zu sehen sind. Ein **Schnitt** (siehe Abb. 1.6) zeigt, wie das Gebäude innen aussieht, wenn man es von der Seite betrachtet. Zu sehen sind dann z. B. die Gebäudehöhen, Höhen der einzelnen Etagen, Dicke und Art des Fußbodenaufbaus oder einer Flachdachkonstruktion, die Dachform und Dachneigung sowie das Fundament.

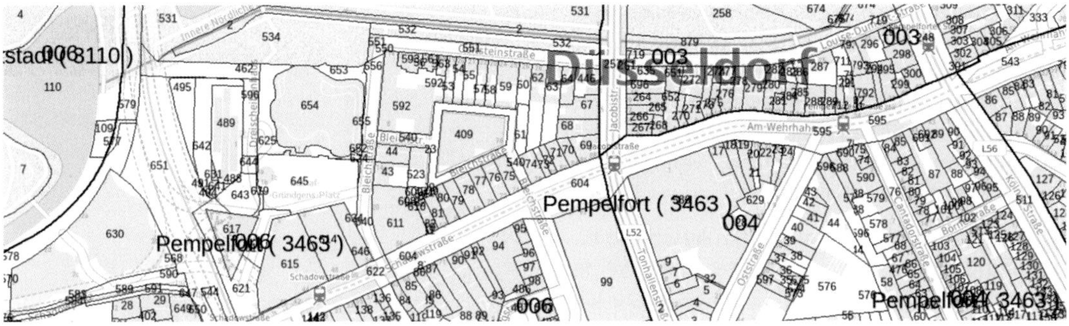

Abb. 1.4: Lageplan

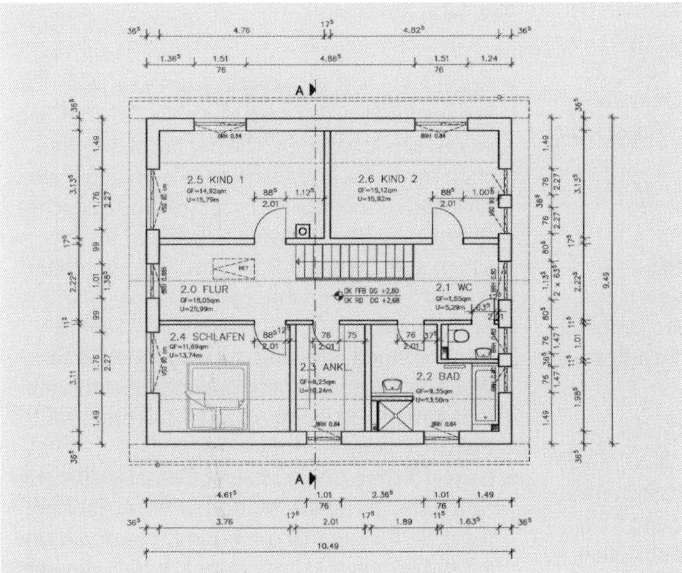

Abb. 1.5: Grundriss

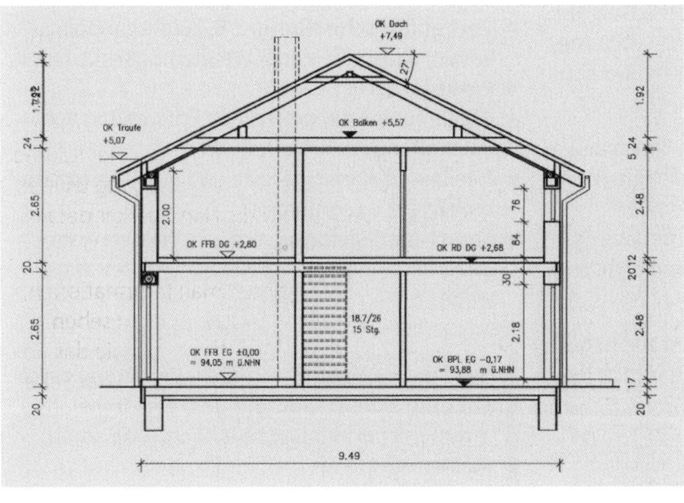

Abb. 1.6: Schnitt

In der **Ansicht** (siehe Abb. 1.7) eines Gebäudes sieht man dessen Fassaden, so als ob man außen davorsteht. Ansichten werden von allen Seiten eines Gebäudes angefertigt. Man erkennt die Fassadengestaltung, die Lage der Fenster und der Türen, die Dachform, den Dachüberstand, eventuelle Anbauten wie Garagen, Balkone usw.

Ein **Detail** zeigt einen vergrößerten Ausschnitt eines Grundrisses oder eines Schnittes. Darin werden durch kleine Maßstäbe wie 1:20, 1:5 bis hin zu 1:1 wichtige Konstruktionen wie Fußboden- und Wandaufbauten dargestellt. Details haben eine besondere Bedeutung für den Dachdecker. Dachdetails bei Flach- oder Steildächern zeigen die einzelnen Funktionsschichten des Dachaufbaus (siehe Abb. 1.8), Anschlüsse, Traufdetails, Ortdetails, Dachrandabschlüsse, Durchdringungen, Gullys oder Anschlüsse an aufgehende Bauteile wie Wände.

1.2 Baustelleneinrichtung

Eine gut geplante Baustelleneinrichtung ist die Grundlage für einen sicheren, reibungslosen und somit wirtschaftlichen Bauablauf. Art und Umfang der benötigten Einrichtungen werden für jedes Projekt neu angepasst.

Viele gesetzliche Vorgaben dienen als Grundlage für eine sichere Baustelleneinrichtung. Dazu zählen z. B. Verkehrssicherungspflichten, Arbeitsstättenverordnungen und -richtlinien, die Verordnung über Sicherheit und Gesundheitsschutz auf Baustellen, die Straßenverkehrs-Ordnung, diverse Unfallverhütungsvorschriften sowie das Gesetz zum Schutz vor schädlichen Umwelteinwirkungen durch Luftverunreinigungen, Geräusche, Erschütterungen und ähnliche Vorgänge.

Bei größeren Baumaßnahmen wird ein Baustelleneinrichtungsplan (siehe Abb. 1.9) angefertigt. Als Grundlage für diesen dient ein Lageplan, der Grundstücksgrenzen, Straßen, Nachbarbebauung, Baumbestand sowie den Grundriss des zu erstellenden Bauwerks enthält.

Nach einer Baustellenbegehung werden alle benötigten Lage- und Standplätze festgelegt und in den Plan eingezeichnet. Dazu gehören:

- zu sichernder Baumbestand
- **Baustellensicherungen** wie Bauzaun oder Verkehrssicherungen

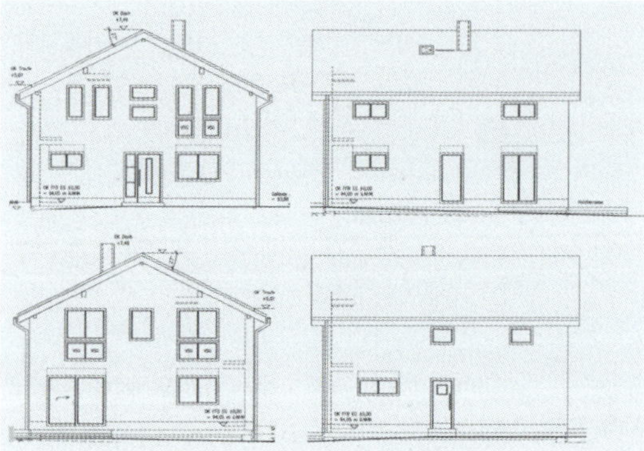

Abb. 1.7: Ansichten

- Großgeräte, z. B. ein **stationärer Kran**, inkl. Schwenkradius. Der Kran muss alle Teile des Bauwerks, alle Arbeitsbereiche der Baustelle erreichen sowie das Entladen von Lkw an den Materiallagern ermöglichen. Er sollte keine Bereiche überschwenken, in denen sich dauerhaft Personen aufhalten, z. B. Baubüros, Tagesunterkünfte oder Sanitäreinrichtungen.
- **Stellflächen** für Container als Büros, Sanitäreinrichtungen oder Aufenthaltsräume. Kurze Wege zwischen Bauwerk, Sanitäreinrichtungen und Aufenthaltsräumen sparen Zeit und somit Geld.
- **Lagerflächen** und Container für Materialien wie Holz, Gerüste, Steine, Mutterboden, Aushubmaterial, Verfüllmaterial u.v.m. Sie sollen durch Lkw anfahrbar sein und im Schwenkbereich des Krans liegen.
- **Verkehrserschließung**, z. B. Zufahrtsmöglichkeiten, Baustraßen oder Wendemöglichkeiten
- **Parkplätze** für Pkw
- Abfallmulden zur getrennten Entsorgung von Baustoffen, anfahrbar für Lkw
- Flächen für Arbeitsgerüste und die Arbeitsraumbreiten bei Baugruben
- Strom- und Telefonversorgung, Wasserversorgung und -entsorgung, Flucht- und Rettungswege

Eine gut geplante Baustelleneinrichtung sorgt für gute Arbeitsbedingungen, eine hohe Arbeitssicherheit und hilft, Wege und somit Kosten zu sparen.

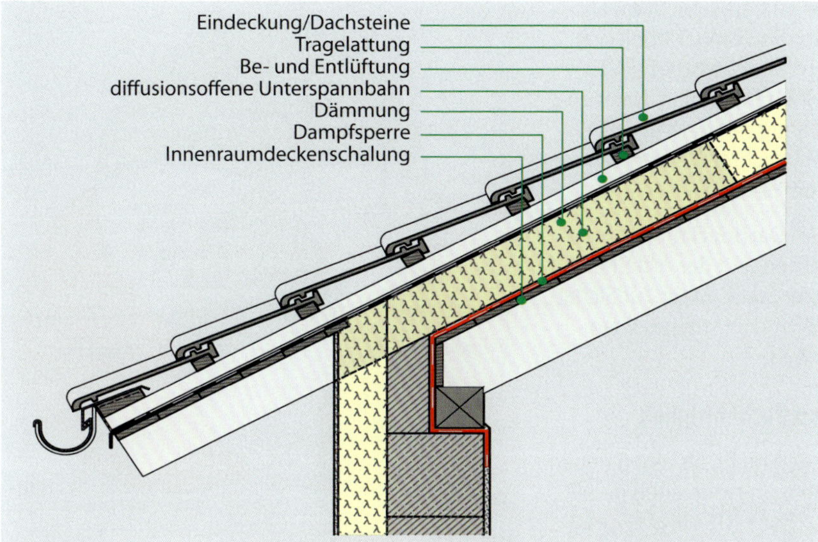

Abb. 1.8: Detail

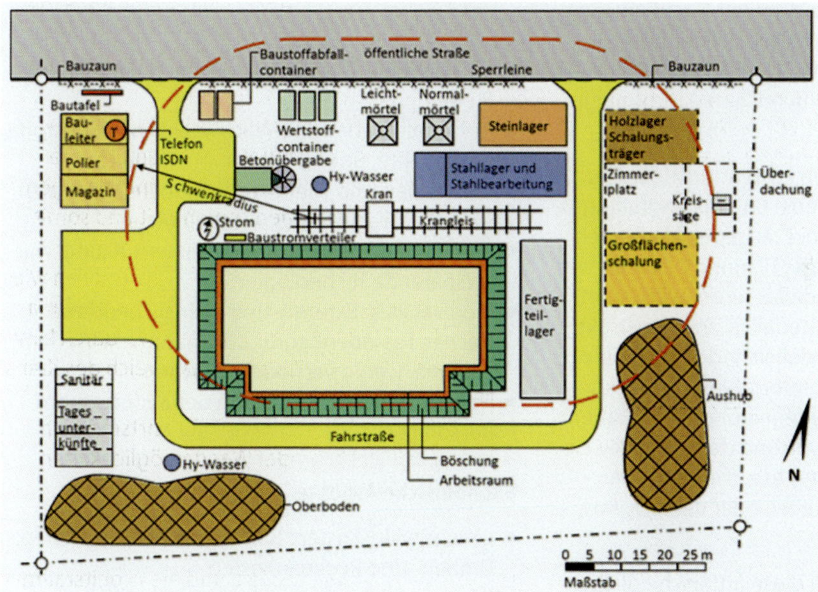

Abb. 1.9: Baustellen-einrichtungsplan

1.3 Sicheres Arbeiten auf dem Dach

Dachdecker haben eine besondere Verantwortung für sich und Dritte, wenn es um die Einrichtung von Dachbaustellen geht. Material muss auf das Dach und Abfälle vom Dach herunter transportiert werden. Dazu werden verschiedene Gerüste, Leitern, Hebezeuge und Schuttrutschen verwendet. Wenn eine Beeinträchtigung des Straßenverkehrs zu erwarten ist, müssen Verkehrswege gesichert werden. Auf der Baustelle werden verschiedene Sicherheits- und Hinweiszeichen eingesetzt. Jeder ist mit der Benutzung seiner persönlichen Schutzausrüstung sowie dem verantwortlichen Einsatz von Werkzeugen, Lasern, Flüssiggasanlagen oder Absturzschutzsystemen für sich selbst verantwortlich. Ebenso wird von einem Mitarbeiter erwartet, dass er einen Notruf absetzen kann, für Erste Hilfe zur Verfügung steht und weiß, was er bei einem Stromunfall zu tun hat.

Besonders der Dachdecker ist bei schlechtem als auch bei gutem Wetter draußen tätig. Neben warmer Kleidung in der kalten Jahreszeit darf ein UV-Schutz im Sommer auf keinen Fall fehlen. Nicht zuletzt muss der sichere Umgang mit gefährlichen Baustoffen oder Schimmel beachtet werden. Besondere Maßnahmen gelten bei der Asbestsanierung.

Wie überall, stehen auch im Dachdeckerhandwerk Unfallverhütungsmaßnahmen und der Arbeits- und Gesundheitsschutz an erster Stelle. Mehr zur Sicherheit auf der Dachbaustelle wird in Anhang II am Ende des Buches beschrieben.

1.4 Umweltschutz und Nachhaltigkeit

Nachhaltigkeit bedeutet weit mehr, als einen neuen Baum anzupflanzen, wenn man einen alten gefällt hat. Neben dem **Umweltschutz (Ökologie)** gehören auch **wirtschaftliche (Ökonomie)** und **soziale Aspekte** zu den drei Bereichen der Nachhaltigkeit (siehe Abb. 1.10 und Tabelle 1.1.). Diese beeinflussen sich immer gegenseitig. Das in Abb. 1.10 gezeigte Modell gilt in allen Bereichen – nicht nur in der Bauwirtschaft.

Für den Bauherrn steht ein kostengünstiger Bau oft im Vordergrund. Betriebs- und Instandhaltungskosten kommen später aber auf jeden Hauseigentümer zu und sollten bei der Planung beachtet werden. Auch wenn der Bau etwas teurer wird, spart man durch langlebige Materialien und Konstruktionsarten auf lange Sicht vielleicht dennoch Geld. Der Nutzer möchte ein komfortables und funktionales Gebäude haben. Zudem gibt es beim Bauen auch immer eine Verantwortung der gesamten Gesellschaft gegenüber, wenn es z. B. um die Inanspruchnahme von Ressourcen oder den CO_2-Ausstoß geht.

Nachhaltiges Bauen soll diese unterschiedlichen Interessen in Einklang bringen.

Nicht alle Aspekte der folgenden Liste lassen sich trennscharf in die Kategorien **Ökologie, Ökonomie** und **Soziales** oder in die **Planung** und **Nutzung** eines Gebäudes einordnen. Die Aufzählung ist nicht vollständig und soll nur eine Idee zur **Nachhaltigkeit in der Bauwirtschaft** geben.

Ökologische Aspekte

- Energieeffizienz: Photovoltaik, luftdichte Gebäudehülle, Wärmedämmung, Erdwärmenutzung, effiziente Kühl- und Heizsysteme mit intelligenter Steuerung
- Ressourcenschonung: Nachwachsende Rohstoffe (Holz, Lehm, Stroh), Wiederverwendung von Materialien und wiederverwendbare Materialen einsetzen, regionale Baustoffe nutzen
- Wassermanagement: Regenwassernutzung, wassersparende Technologien
- Biodiversität: Extensiv und intensiv begrünte Dächer, Fassadenbegrünung, naturnahe Außenanlagen, wenig versiegelte Flächen
- Neu- und Nachnutzung von Gebäuden schont Ressourcen

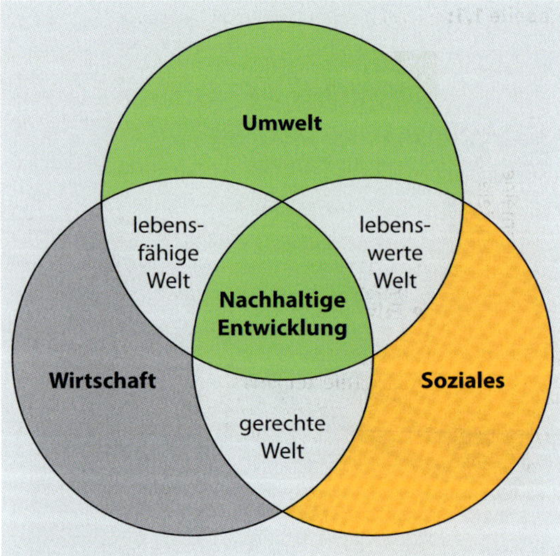

Abb. 1.10: Nachhaltigkeit

Ökonomische Aspekte

- Lebenszykluskosten: Baukosten, Betriebskosten, Umbau- und Rückbaukosten
- Wirtschaftlichkeit: Langfristige Investition in Photovoltaik, Dämmung usw., Werterhalt
- Gute Materialien und aufwendige Konstruktionen können teuer sein, verlängern aber die Lebensdauer eines Gebäudes und sparen so am Ende wieder Geld

Soziale Aspekte

- Gesundheit und Wohlbefinden durch Tageslicht, gute Luftqualität, schadstoffarme Baustoffe, guter Schall- und Wärmeschutz, barrierefreies Bauen und Wohnen

Tabelle 1.1: Drei Bereiche der Nachhaltigkeit

	Ökologie	Ökonomie	Soziales
Allgemeine Beispiele	• Vermeidung von Umweltverschmutzung • Schutz der natürlichen Ressourcen wie Erdöl, Erdgas, Wasser und anderer Rohstoffe • Klimaschutz: Vermeidung von CO_2- Ausstoß • Erhalt der Artenvielfalt	• Gewinne erzielen • Erfolgreiches Wirtschaften mit gesundem Wachstum • Arbeitsplätze und Wohlstand sichern ohne negative Auswirkungen auf den ökologischen und sozialen Bereich	• Schutz von Menschenrechten • gute Arbeitsbedingungen • gute Lebensbedingungen • Gerechtigkeit und Gleichberechtigung • Zugang zu Gesundheit und Bildung
Beispiele zu Bau und Nutzung eines Gebäudes	• Ressourcenschonung • Optimierter Einsatz von allen Baumaterialien, Energie, Wasser mit Blick auf CO_2- Ausstoß	• Anschaffungskosten • Errichtungskosten • Baufolgekosten (Nutzung, Wartung, Instandhaltung, Rückbau)	• Gesundheit, • Behaglichkeit (Wärme-, Schallschutz, Luftqualität, Licht) • Barrierefreiheit • Ästhetik
	Alle drei Bereiche sind verflochten und bedingen sich gegenseitig.		
Beispiel	Ein Bauunternehmen in Deutschland soll Arbeitsplätze sichern, Gewinne machen und dabei für gerechte Arbeitsbedingungen bei den Mitarbeitern sorgen. Werden Baumaterialien (z. B. Natursteine aus Indien) für das Unternehmen importiert, müssen auch im Herstellerland und beim Transport nach Deutschland der Arbeits- und Gesundheitsschutz, die Menschenrechte und Umweltschutzbestimmungen eingehalten werden. Alle Beteiligten sollen entsprechend entlohnt werden. Zugleich müssen überall, im Betrieb vor Ort, auf dem Lieferweg und bei der Herstellung, CO_2 eingespart und Ressourcen geschont werden. Am Ende helfen Gebäudetechnik und eine gedämmte Gebäudehülle beim Energiesparen und schadstofffreie Materialien sorgen dafür, dass der Bewohner eines Gebäudes nicht durch das Gebäude krank wird, sich wohl fühlt und gerne dort wohnt.		

- Lebensqualität: Ästhetisches Gebäude, Nahversorgung, Freizeitangebote in der Nähe
- Arbeitssicherheit auf der Baustelle, aber auch in Lieferketten

Sonnenstand

Auch der Sonnenstand hat Einfluss auf die drei Bereiche der Nachhaltigkeit. Im Winter erscheint die Sonne spät am Horizont, steigt nicht so hoch und geht früh wieder unter. Im Sommer wird es viel früher hell, die Sonne steht höher und geht später unter. Bei der Gebäudeplanung gilt es, mit Blick auf die Nutzung von Sonnenwärme, Tageslicht und Photovoltaik, die Ausrichtung des Gebäudes bzw. des Daches auch nach dem Sonnenverlauf zu bedenken.

Klimaneutralität beim Bau und Betrieb eines Gebäudes

Die Menge an CO_2, die bei der Herstellung eines Gebäudes und bei dessen Nutzung ausgestoßen wird, wird durch Energiesparmaßnahmen (z. B. Dämmung, intelligente Steuerungen, gute Fenster) und den Einsatz erneuerbarer Energien (Photovoltaik, Solarthermie) wieder ausgeglichen. In Deutschland soll der Gebäudebestand bis 2045 klimaneutral werden (gemäß Gutachten „Hintergründe zur Gebäudestrategie Klimaneutralität 2045" unter publikationen-bundesregierung.de).

1.5 Berechnungen

Übliche Berechnungen im Dachdeckerhandwerk:

- Flächenberechnungen (z. B. Dachfläche aus Bauzeichnung ermitteln)
- Volumenberechnung (z. B. für den Holzbedarf)
- Einteilung von Längen (z. B. Anzahl Lattreihen pro Sparren; gleichmäßiges Einteilen von Rinnenhaltern)
- Ermittlung von Dachneigungswinkeln
- Geometrische Grundkonstruktionen (z. B. zeichnerisch Winkel halbieren für Schieferdeckung).

1.5.1 Rechter Winkel

Mit einer einfachen Methode kann man einen rechten Winkel auf der Baustelle einmessen. Basierend auf dem **Satz des Pythagoras** handelt es sich um ein rechtwinkeliges Dreieck, wenn z. B. eine Seite 3 m, eine 4 m und die letzte Seite 5 m lang ist. Dabei muss es sich nicht um Meter handeln, sondern einfach um 3, 4 oder 5 jeweils gleiche Teile (siehe Abb. 1.11).

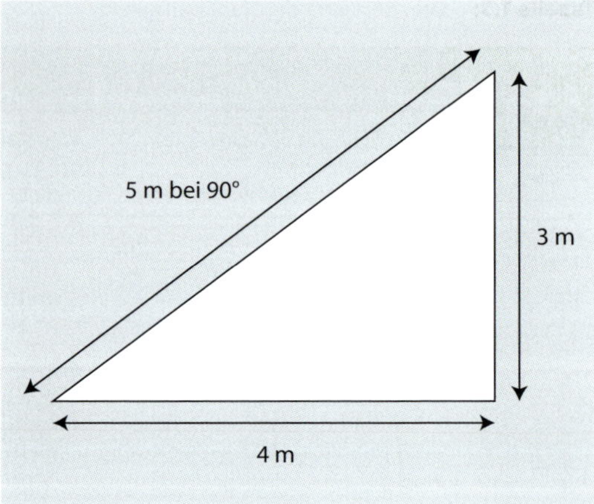

Abb. 1.11: Rechter Winkel

Eine weitere Möglichkeit zur Überprüfung der Rechtwinkligkeit bei einem Quadrat oder Rechteck ist, die **Diagonalen zu messen** und zu vergleichen. Wenn die Diagonalen gleich lang sind, sind alle Ecken eines Vierecks im rechten Winkel.

1.5.2 Geometrische Grundformen

Neben viereckigen Dach- und Wandflächen hat der Dachdecker auch mit Kreisen und natürlich mit Dreiecken zu tun. Flachdachflächen, Rundbogenfenster oder ein Tonnendach haben Rundungen oder Halbkreise. Dreiecke kommen mehrfach in jedem Steildach vor (siehe Tabelle 1.2 bis 1.4).

Tabelle 1.2: Vierecke

Darstellung und Berechnungen **A = Fläche; U = Umfang**	**Beschreibung**	**In der Praxis**
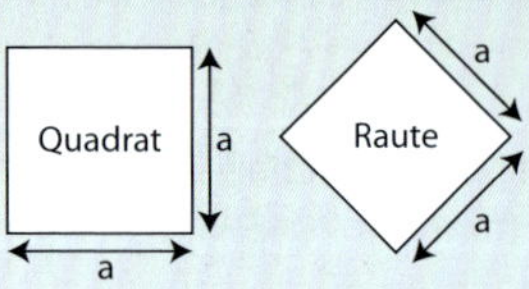 $A = a \cdot a = a^2$ $U = 4 \cdot a$	• Die 4 Seiten, meist mit *a* bezeichnet, sind gleich lang. Es ist gleichseitig. • Die 4 (Innen-)Winkel sind alle gleichwinklig, alle Winkel betragen 90°. • Die beiden Diagonalen sind gleich lang, halbieren einander und stehen aufeinander senkrecht. • Ein auf seiner Spitze stehendes Quadrat wird auch als **Raute** bezeichnet.	• Deckwerkstoffe, • Dachfenster, • Holzquerschnitte, • …
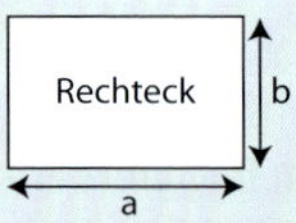 $A = a \cdot b = a^2$ $U = 2 \cdot a + 2 \cdot b$	• Je 2 gegenüberliegende Seiten sind gleich lang und parallel. • Die Seitenlängen werden meist mit *a, b* gekennzeichnet. • Die beiden Diagonalen sind gleich lang und halbieren einander.	• Dachflächen, • Deckwerkstoffe, • Dachfenster, • …
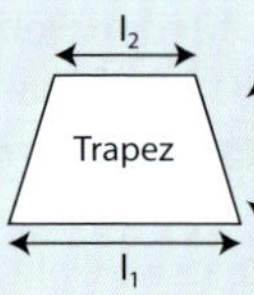 $A = ½ \cdot (l_1 + l_2) \cdot h$	• 2 gegenüberliegende Seiten sind parallel, aber unterschiedlich lang. • Die Höhe *h* des Trapezes ist der senkrechte Abstand zwischen den beiden parallelen Seiten. • Die längere parallele Länge nennt man l_1, die kürzere l_2. • Die beiden angrenzenden Schenkel verlaufen nicht parallel zueinander.	• Walmdachfläche, • Mansardgiebel, • Trapezprofile, • …
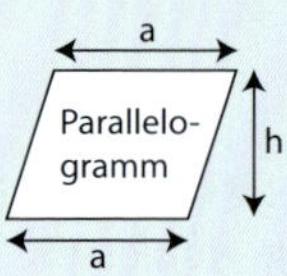 $A = a \cdot h$	• Gegenüberliegende Seiten sind gleich lang. • Gegenüberliegende Winkel sind gleich groß. • Die Schenkellängen müssen nicht gleich lang sein. • Die Schenkel sind länger als die senkrechte Höhe.	• Walmdachflächen über winkligen Grundrissen, • …

Tabelle 1.3: Kreise

Darstellung und Berechnungen ***A*** **= Fläche;** ***U*** **= Umfang**	**Beschreibung**	**In der Praxis**
Kreis $A = r^2 \cdot \Pi$ $U = d \cdot \Pi$	• Die Winkelsumme im Kreis um den Mittelpunkt *M* beträgt 360°. • Die äußere Begrenzung heißt Umfang. • Umfang/Radius = *Π = 3,14*	• Rundholz, • Flachdach Turm, • Ornamente z. B. im Schieferdach, • …
Kreisausschnitte 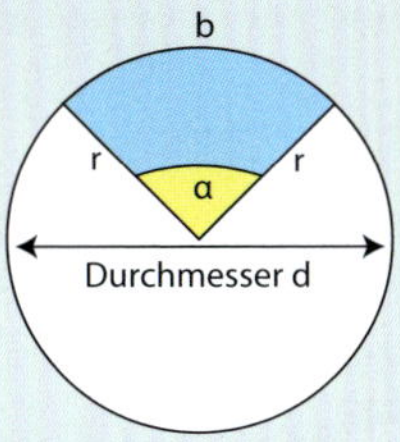 $A_{Ausschnitt} = \alpha / 360 \cdot r^2 \cdot \Pi$ $U_{Ausschnitt} = \alpha / 360 \cdot d \cdot \Pi$	• Kreisausschnitte sehen aus wie Tortenstücke. • Teilflächen eines Kreises, die von einem Kreisbogen und 2 Kreisradien begrenzt werden. • Diese Radien bilden einen Mittelpunktswinkel.	• Vordächer, • Tonnendach, • Rundbögen, • …

Tabelle 1.4: Dreiecke

Form des Dreiecks	**Darstellung**	**Beschreibung**
rechtwinkliges Dreieck	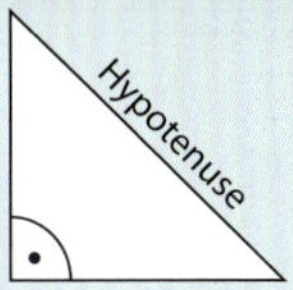	• Besitzt einen Winkel von 90°, der rechter Winkel genannt wird. • Dem rechten Winkel gegenüber liegt immer die längste Seite, die Hypotenuse. • Die beiden anderen Seiten heißen Katheten.
spitzwinkliges Dreieck	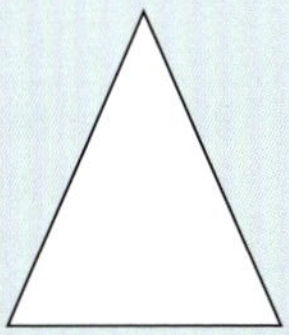	• Alle Winkel sind kleiner als 90°. • Die 3 Seiten können gleich lang sein.
stumpfwinkliges Dreieck	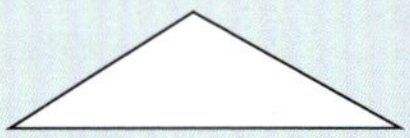	• Besitzt einen stumpfen Winkel, d. h., der Winkel ist zwischen 90° und 180° groß. • Gegenüber dem stumpfen Winkel liegt immer die längste Seite.
gleichseitiges Dreieck	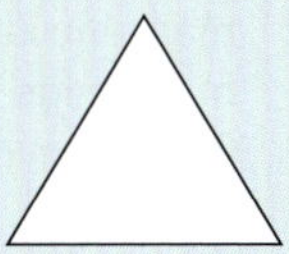	• Alle Seiten sind gleich lang. • Alle 3 Winkel sind gleich groß, nämlich 60°.
gleichschenkliges Dreieck	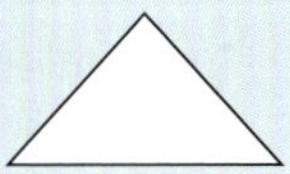	• 2 Seiten sind gleich lang, sodass auch die beiden Winkel gleich groß sind.

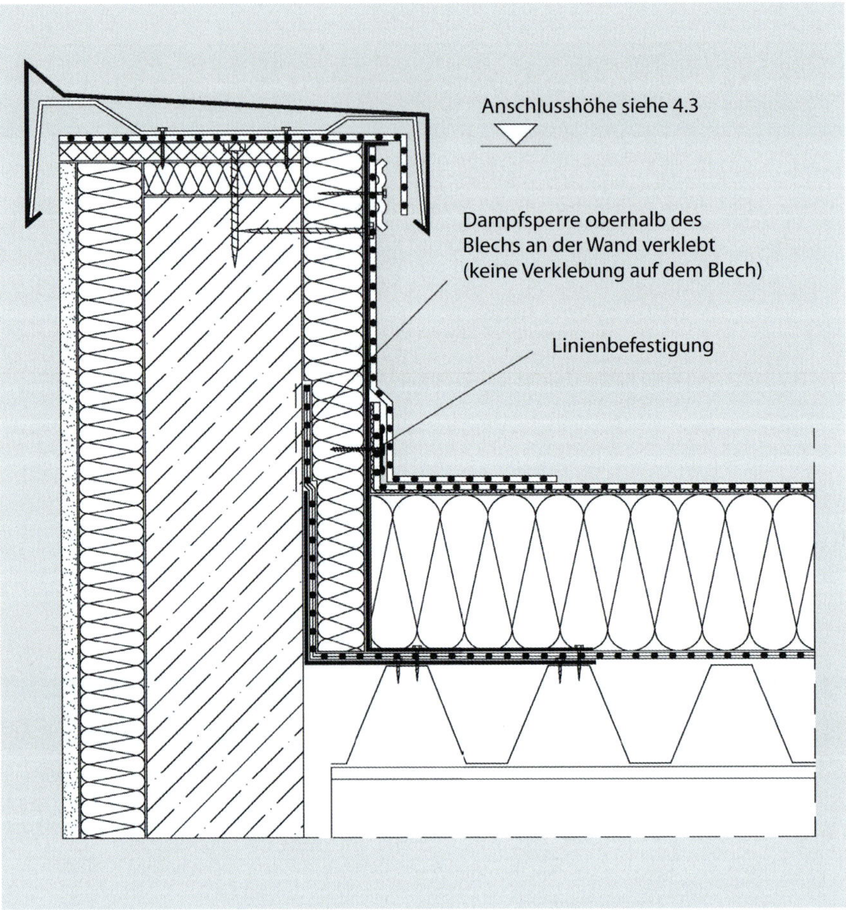

Abb. 1.12: Flachdachdetail Attikaanschluss

1.6 Skizzieren und technisches Zeichnen

Zeichnungen sind ein wichtiges Kommunikationsmittel auf der Baustelle. Für eine schnelle **Skizze** muss auf der Baustelle mal ein herumliegendes Brett oder ein Stück Karton und ein Bleistift herhalten. Eine Skizze ist die einfache Darstellung einer Bausituation (siehe Abb. 1.12). Mehr ein Konzept als eine ausgefeilte Zeichnung. Sie soll eine mündliche Erklärung unterstützen und einen schnellen Überblick über das Wesentliche liefern. Dazu muss sie nicht genau in einem Maßstab gezeichnet werden. Trotz der schnellen Darstellung sind eine saubere Linienführung, rechte Winkel und Parallelen wichtig. Auch die Proportionen (z. B. das Verhältnis von Höhe und Breite einer Tür) müssen stimmen. Eine erste Skizze des Architekten ist meist die Grundlage für die spätere, exakte Bauzeichnung.

Bei einer **technischen Zeichnung** bzw. einer Bauzeichnung sind Darstellungen, Bemaßungen, Blattgrößen, Strichstärken, Buchstabengrößen und Schraffuren genormt. Eine technische Zeichnung ist in ihrer Darstellung und mit ihren Maßen so genau, dass sie auf der Baustelle umsetzbar ist.

Dachdecker müssen im Beruf in der Lage sein, Pläne zu lesen und ggf. selbst zu zeichnen. Wenn man eine Zeichnung „mit der Hand" erstellt, muss man einige Dinge beachten, die mit einem CAD-Programm oft automatisch ablaufen.

1.6.1 Linienbreiten und Linienarten

Tuschefüller, mit denen man früher gezeichnet hat, und die heute gängigen CAD-Programme verwenden **verschiedene Linienbreiten** für

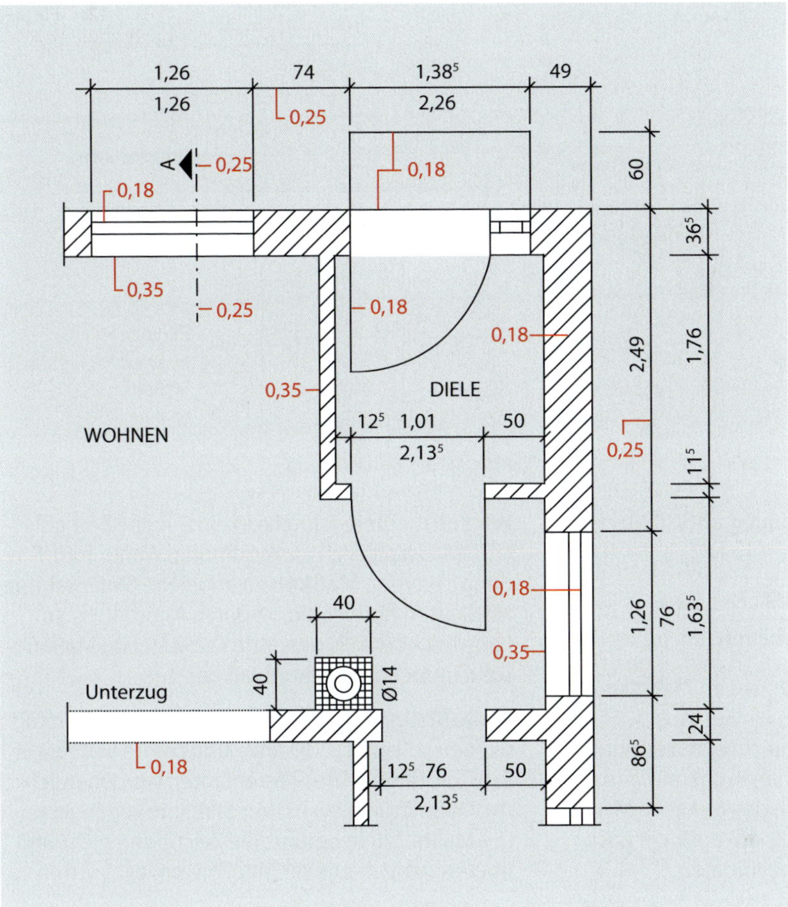

Abb. 1.13: Linienarten und Linienbreiten

bestimmte Darstellungen. Auch Bleistifte gib es mit vielen Linienbreiten, z. B. 0,25 mm, 0,35 mm, 0,5 mm oder 0,7 mm.

In der Darstellung unterscheidet man Volllinien, gestrichelte Linien und Strichpunktlinien. Alle Linien haben unterschiedliche Bedeutungen in der Bauzeichnung (siehe Abb. 1.13). Die Bedeutung kann sich ändern, wenn die Linie schmaler oder dicker gezeichnet wird.

Volllinien stellen sichtbare Kanten von Bauteilen dar. **Breite Volllinien** werden für geschnittene Bauteile und Flächen verwendet. **Gestrichelte Linien** zeigen Kanten und Umrisse, die man nicht sieht, weil sie verdeckt sind. Eine **Strichpunktlinie** kann eine Achse oder Mittellinie darstellen. Ist die Strichpunktlinie dicker gezeichnet, kann sie eine Schnittebene darstellen.

1.6.2 Maßstäbe

Ein Maßstab in technischen Zeichnungen ist ein Verhältnis, das zeigt, wie groß oder klein das gezeichnete Objekt im Vergleich zur Realität ist. Ein Maßstab von 1:100 bedeutet, dass 1 Einheit auf der Zeichnung 100 Einheiten in der Wirklichkeit entspricht.

In der Regel wird beim Bau die **Wirklichkeit in klein** auf ein Blatt gezeichnet. Das bedeutet, wir teilen die Wirklichkeit durch 50, 100, 500 oder je nachdem, welcher Maßstab gewählt wird.

Das Verhältnis wird mit **1:n** ausgedrückt. 1 ist die Länge auf dem Zeichenblatt. n steht für den gewählten Maßstab. 1:50 bedeutet, 1 cm in der Zeichnung sind 50 cm in der Wirklichkeit.

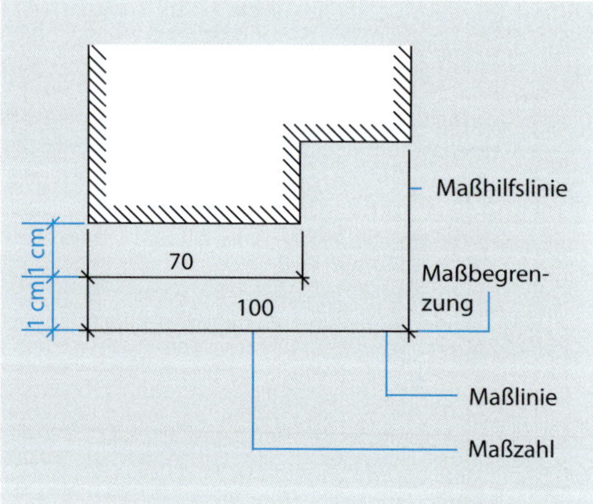

Abb. 1.14: Bemaßung

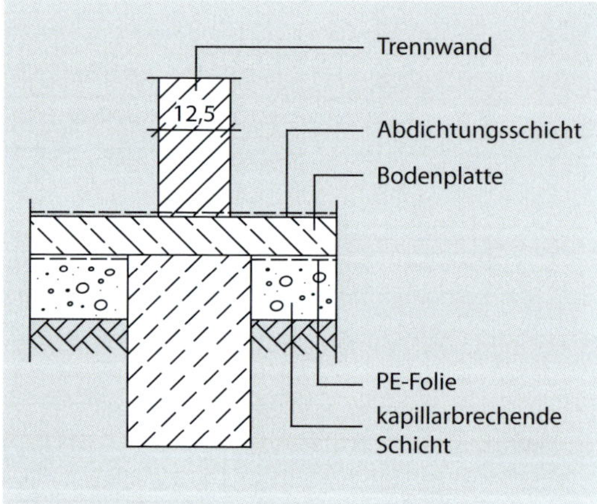

Abb. 1.15 Beschriftung

Die Realität ist auf der Zeichnung also 50 Mal kleiner dargestellt.

$$\text{Zeichnungslänge} = \frac{\text{Wirkliche Länge}}{\text{Verhältniszahl n}}$$

Im CAD-Programm zeichnet man im Maßstab 1:1 und druckt das Projekt dann kleiner im gewünschten Maßstab aus. Fertigt man eine Bauzeichnung mit der Hand an, zeichnet man in cm und mm. Es hilft beim Umrechnen, wenn das wirkliche Maß schon in cm angegeben wird, um auch cm nach der Umrechnung herauszubekommen.

Beispiel: Ein Gebäude hat eine Breite von 10,50 m. Die Zeichnung bekommt den Maßstab 1:50.

Schritt 1: Umrechnen der wirklichen Länge in cm
10,50 m × 100 = 1050 cm

Schritt 2: Zeichnungslänge im Maßstab 1:50 berechnen
1050 cm : 50 = 21 cm

1.6.3 Bemaßung

Eine korrekte Bemaßung besteht aus Maßlinien, Maßhilfslinien und Maßlinienbegrenzungen (siehe Abb. 1.14). Alle Maße werden auf dem Plan als wirkliche Länge ausgewiesen, schließlich möchte man auf der Baustelle nichts umrechnen müssen. Alles, was mit dem auszuführenden Objekt zu tun hat, bekommt eine Bemaßung.

Maßlinien werden parallel zum zu bemaßenden Bauteil mit 1 cm Abstand gezeichnet. Weitere Maßlinien haben ebenfalls einen Abstand von 1 cm.

Werden mehrere Bauteile in einer Reihe bemaßt (z. B. Mauerpfeiler, Fensteröffnung, Wand, Türöffnung), werden **Maßketten** angelegt. Sind mehrere Maßketten notwendig, ist deren Anordnung am Bauwerk ebenfalls genormt. Die äußerste Maßlinie stellt immer das Gesamtmaß dar.

Maßhilfslinien führen zu den Kanten, die bemaßt werden sollen, z. B. die linke und rechte Seite einer Fensteröffnung. Die Fensterkanten werden durch die Maßhilfslinie bis hin zur Maßlinie verlängert. Die Maßhilfslinie berührt die Zeichnung nicht und überkreuzt sich mit der Maßlinie um ca. 1-2 mm.

Die **Maßlinienbegrenzungen** stellen Anfang und Ende der Maßlinie dar, für die ein Maß gilt. Sie werden an der Verbindung von Maßlinie und Maßhilfslinie angeordnet. In der Bautechnik verwenden wir meist einen kurzen 45°-Strich, der von oben rechts nach unten links gezeichnet wird. In der Holz- und Metalltechnik werden auch Pfeile, Kreise oder Punkte verwendet.

Die Beschriftung, also die **Maßzahl**, wird mittig auf der Maßlinie, leicht über der Linie schwebend in Normschrift, eingetragen. Ist kein Platz auf der Maßlinie, darf man die Maßzahl auch neben die eigentliche Maßlinie schreiben.

Hinweislinien dienen zur **Beschriftung** von Bauteilen (siehe Abb. 1.15).

Die Beschriftungen und Bemaßungen müssen immer von unten, also so wie das Blatt vor einem liegt, und von rechts lesbar sein. Auch die Maßlinienbegrenzungen sind so zu zeichnen, dass

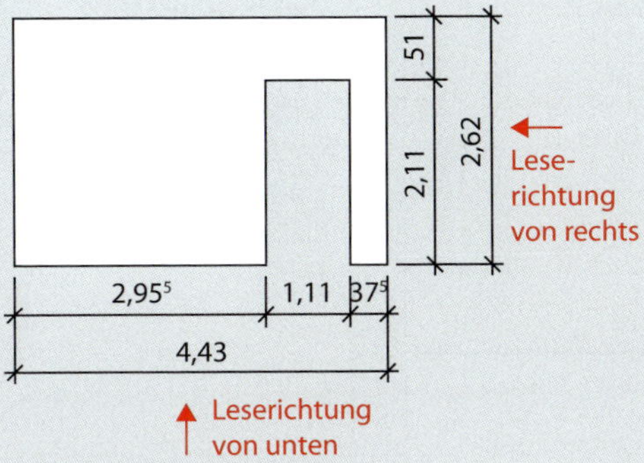

Maßeintragung und Leserichtung
(Bemaßung in m und cm)

Abb. 1.16: Leserichtung

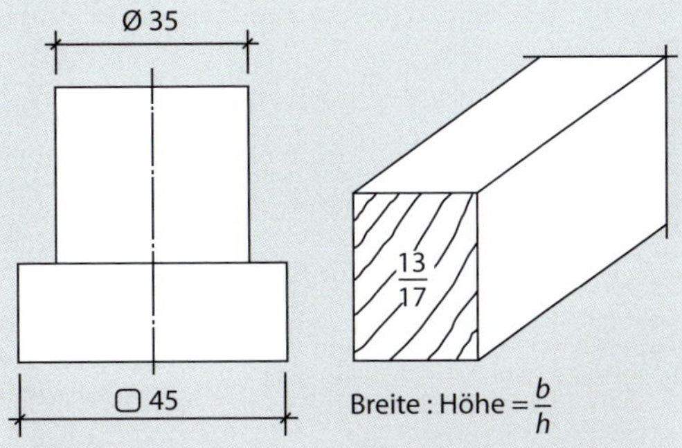

Maßzahlen mit Symbolen

Rechteckquerschnitt als Bruch (z.B. Kantholz)

Abb. 1.17: Weitere Bemaßungen

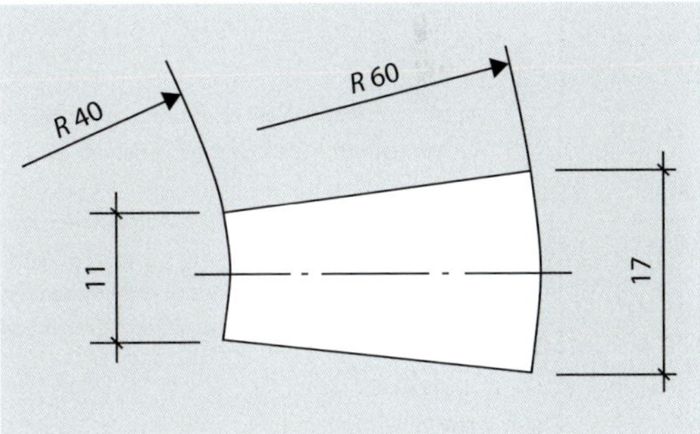

Abb.1.18: Radien

Abb. 1.19: Normschrift

die Lesbarkeit von unten oder rechts gegeben ist (siehe Abb. 1.16).

1.6.4 Maßeinheiten

Bei Bauzeichnungen werden die Maße in m und cm angegeben. Die Einheit braucht nicht bei jeder Zahl in den Plan geschrieben zu werden. Bei einem Wert unter 1 Meter werden Zahlen in cm angegeben (z. B. 98). Liegt ein Wert über 1 Meter, schreibt man z. B. 1,24.

Millimeter werden durch hochgestellte Ziffern, z. B. 12^5, dargestellt.

Quadratische Querschnitte können mit einem quadratischen Kasten und der entsprechenden Kantenlänge bemaßt werden, z. B. ☐ 40.

Runde Querschnitte werden mit dem Zeichen für Durchmesser und einer Zahl bemaßt, z. B. Ø 30.

Rechteckige Querschnitte werden mit Breite und Höhe des Querschnittes bemaßt, z. B. 12/16, wobei erst die Breite und dann die Höhe angegeben wird (siehe Abb. 1.17).

Wird ein **Radius** bemaßt, zeigt eine Linie mit Pfeil in Richtung des Kreisbogens. Beschriftet wird mit einem großen R und dem Radius als Zahl, z. B. R40 (siehe Abb. 1.18).

Fenster- und Türbreiten werden ganz normal oben auf der Maßlinie dargestellt. Die Höhe einer Wandöffnung wird unter die Maßlinie geschrieben.

1.6.5 Normschrift

Sämtliche Texte, Beschriftungen und Maße auf einer technischen Zeichnung werden in **Normschrift** ausgeführt (siehe Abb. 1.19). Laut DIN beträgt die Höhe von Buchstaben das Zehnfache der gewählten Strichstärke. Mit einem 0,5 mm-Stift schreibt man 5 mm hohe Buchstaben.

Buchstaben und Zahlen werden unten durch eine Grundlinie begrenzt. Es gibt eine Linie zur Höhenbegrenzung von Kleinbuchstaben und eine obere Linie (siehe Abb. 1.19).

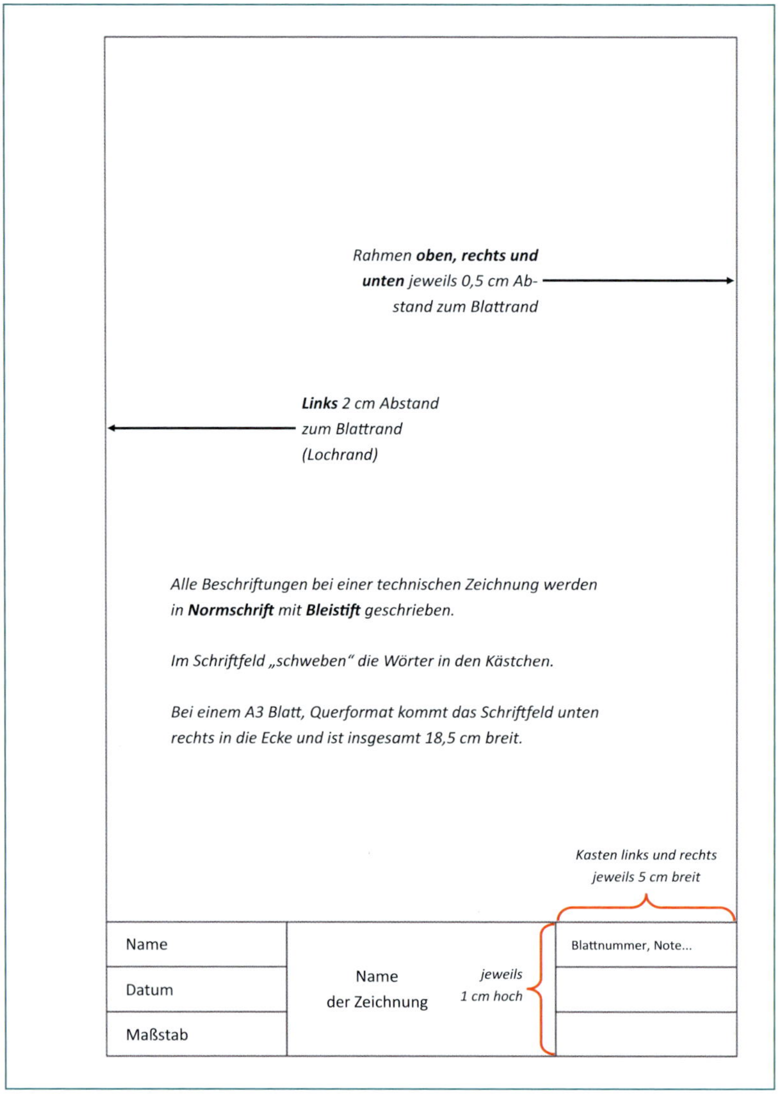

Abb. 1.20: DIN A4-Rahmen und Schriftfeld

1.6.6 Rahmen und Schriftfeld

Jede technische Zeichnung bekommt einen Rahmen und ein Schriftfeld. In der Regel wird in der Schule auf DIN A4- und DIN A3-Blättern gezeichnet. Der Rahmen hat oben, rechts und unten einen Abstand zum Blattrand von 0,5 cm. Nur auf der linken Seite bekommt das Blatt einen 2 cm breiten Rand zum Lochen.

Auf einem A4-Blatt zeichnet man das Schriftfeld unten, in der gesamten Breite zwischen dem linken und rechten Rahmen (siehe Abb. 1.20). Die Höhe beträgt im Beispiel 3 cm. Die Kästen links und rechts sind jeweils 5 cm breit. Die Breite des mittleren Feldes ergibt sich dadurch von selbst. Der linke und rechte Kasten wird in jeweils drei Felder mit je 1 cm Höhe eingeteilt. Das mittlere Feld bleibt 3 cm hoch.

In die drei linken Felder werden Name, Datum und Maßstab eingetragen. In die Mitte kommt der Name der Zeichnung und rechts die verwendeten Einheiten der Zeichnung, z. B. m und cm. Die anderen Fel-

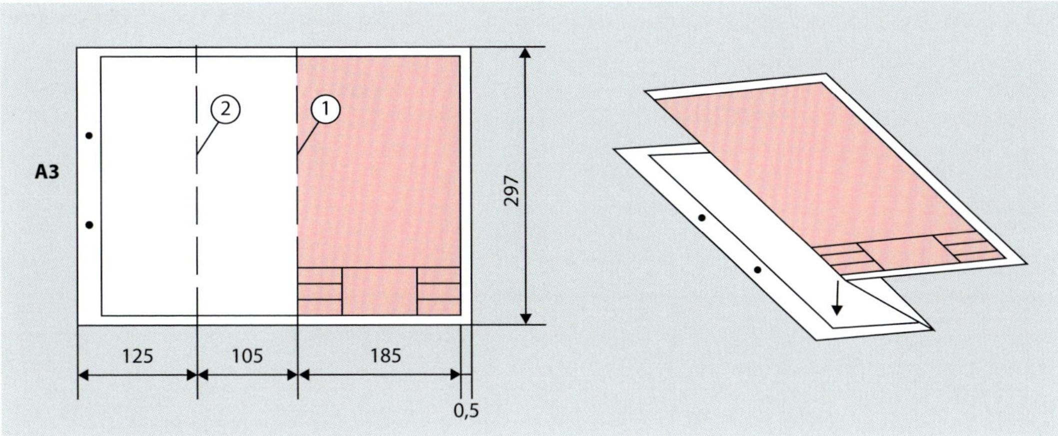

Abb. 1.21: DIN A3-Rahmen und Schriftfeld

der sind für eine Blattnummer, zur Benotung oder für Unterschriften vorgesehen.

Es gibt verschiedene Einteilungen für Schriftfelder. Wichtig ist, dass die genannten Mindestangaben der Zeichnung einen Platz bekommen.

Ein A3-Blatt wird quer in die Zeichenplatte eingespannt. Das Schriftfeld wird unten rechts platziert (siehe Abb. 1.21). Da es bei einem A3-Blatt gleichzeitig als Markierung zum Falten dient, ist das Schriftfeld immer 18,5 cm breit.

1.7 Übungsaufgaben zu Lernfeld 1

1. Beschreiben Sie in eigenen Worten die Beteiligten und den Ablauf bei Ausschreibung, Angebot und Zuschlag.
2. Nennen Sie die Angaben, die zwingend für jede Teilleistung in einem Leistungsverzeichnis vorhanden sein müssen.
3. Nennen Sie die beiden wichtigsten Aufgaben eines Bauzeitenplans.
4. Nennen Sie je 3 Beispiele: Welche Angaben kann man der jeweiligen Zeichnung entnehmen?
   a) Lageplan
   b) Grundriss
   c) Schnitt
   d) Ansicht
   e) Detail
5. Nennen Sie mindestens 5 Inhalte eines Baustelleneinrichtungsplans.
   a) Erläutern Sie den Sinn und die Funktion eines Baustelleneinrichtungsplans.
   b) Beschreiben Sie, was bei der Auswahl des Aufstellplatzes für einen Kran beachtet werden sollte.
6. In der energieintensiven Bauwirtschaft hat Nachhaltigkeit eine besondere Bedeutung.
   a) Nennen Sie 2 Beispiele zur Nachhaltigkeit bei der **Planung** eines Gebäudes.
   b) Nennen Sie 2 Beispiele zur Nachhaltigkeit bei der **Nutzung** eines Gebäudes.
   c) Beschreiben Sie, wo das **Dachdeckerhandwerk** eine besondere Rolle bei der Nachhaltigkeit spielt.
   d) Erläutern Sie, welche Bedeutung die Ausrichtung eines Gebäudes am **Sonnenstand** im Bezug zu allen **3 Bereichen der Nachhaltigkeit** haben kann.

Lernfeld 2: Dachflächen mit Dachziegeln und Dachsteinen decken

Clara Fricker

Um die Arbeiten am Dach sachgemäß planen und ausführen zu können, müssen Dachdecker mit Kunden, Mitarbeitern und den Facharbeitern aus anderen Gewerken kommunizieren können. Dabei ist die Verwendung einer klaren Fachsprache mit eindeutigen Fachbegriffen für Dachformen, Bauteile und Dachkonstruktionen wichtig. Zudem müssen sie über grundlegende Kenntnisse zu zahlreichen Werkstoffen sowie Arbeitsschutzmaßnahmen verfügen.

2.1 Dächer

Unter einem Dach versteht man den **oberen Abschluss des Gebäudes.** Es ist ein wesentlicher Bestandteil des Hauses. Mit der Entwicklung des Hauses ging im Laufe der Geschichte auch die Veränderung des Daches einher.

Ein **Dach** mit Dachneigung auszubilden, hat sich über Jahrtausende bewährt. Gestaltungs- und Nutzungsmöglichkeiten geneigter Dächer sowie die jeweilige Ausführung mit Werkstoffen wurden und werden dabei ständig weiterentwickelt. Heute werden eine Vielfalt von meist industriell hergestellten Werkstoffen für die Dachunterkonstruktion und -eindeckung verwendet.

2.1.1 Funktionen des Daches

Das Dach erfüllt unterschiedliche Funktionen. Es schützt das Innere des Hauses vor witterungsbedingten **Einflüssen der Umwelt** wie Regen oder Wind, aber auch vor Sonneneinstrahlung, Schnee usw. Eine fachgerechte, moderne Wärmedämmung des Daches vermindert den **Temperaturaustausch** zwischen dem Inneren des Hauses und der Umwelt und minimiert somit auch die Heizkosten. Aufgrund seiner Größe ist das Dach ein wichtiges **Gestaltungselement** des Hauses. Die Form des Daches sowie die verwendeten Werkstoffe, wie z. B. Dachziegel, Schiefer oder Reet, verleihen dem Haus seinen besonderen Charakter. Die Bedeutung des Daches unter den Aspekten des Umweltschutzes hat in den letzten

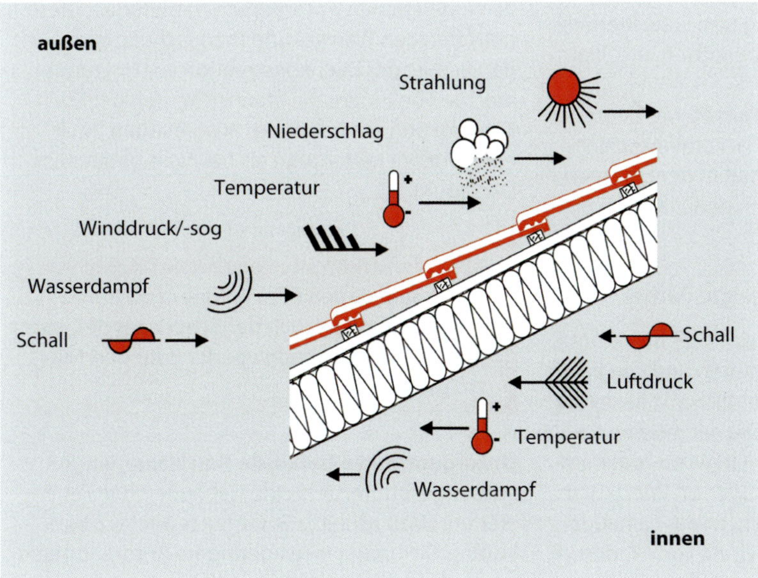

Abb. 2.1: Anforderungen an ein Dach von außen und von innen

Photovoltaik-Module | passive Solarenergienutzung
Thermo-Kollektoren | Regenwassernutzung

Abb. 2.2: Vielfältige Nutzung des Daches

Jahrzehnten zugenommen. **Energieeinsparung und -gewinnung** auf Dächern sind bedeutende Arbeitsfelder im Dachdeckerhandwerk geworden:

- **Regenwassernutzung**. Bei zahlreichen Gebäuden wird das auf das Dach fallende Regenwasser aufgefangen, gesammelt und genutzt, z. B. für die Bewässerung der Grünanlagen oder für die Toilettenspülung.
- **Energiegewinnung**. Auf vielen Millionen Quadratmetern Dachflächen werden Photovoltaikanlagen zur Stromgewinnung und Solarthermieanlagen zur Warmwasseraufbereitung installiert (Abb. 2.2).
- **Verbesserung der Luftqualität**. Mit begrünten Dächern und speziellen Dachsteinbeschichtungen, die den Stickoxidgehalt in der Luft reduzieren, kann die Luftqualität in den Städten verbessert werden.

2.1.2 Anforderungen an geneigte Dächer

Mit den Aufgaben und Funktionen sind bestimmte Anforderungen an Dächer von außen und von innen verbunden (Abb. 2.1). Eine wesentliche Anforderung ist die **Regensicherheit**, d. h., Dächer müssen Regen, Wind und Wetter abwehren bzw. ab- oder umleiten können. Feuchtigkeit infolge von Wind, Treibregen, Flugschnee usw. darf nicht in das Gebäude eindringen können. Auch der Schutz vor Winddruck und Windsog sowie der Schall- und Blitzschutz haben einen hohen Stellenwert.

Anforderungen an Dächer von außen sind vor allem Feuchte-, Wind-, Schall- und Wärmeschutz und eine für alle Belastungen ausreichende Standsicherheit der Dachkonstruktion.

Der Raum unter dem geneigten Dach wurde früher in erster Linie als Abstellraum genutzt. Heute ist das Dachgeschoss oft ausgebaut und wird als Wohnraum genutzt. Daher muss das Dach auch von innen hohen Anforderungen genügen. Diese betreffen den Wärme- und Brandschutz, aber auch den Schutz der Dachkonstruktion vor Nutzungsfeuchte von innen. Die Standsicherheit der Dachkonstruktion hat bei einem ausgebauten Dach eine größere Bedeutung als bei nicht genutztem Dachraum.

Anforderungen an ausgebaute Dächer von innen sind neben dem Wärme- und Brandschutz vor allem auch der Schutz der gedämmten Dachkonstruktion vor der Bau- und Nutzungsfeuchte.

Untergeordnete Gebäude sind kleine, eingeschossige, oft freistehende Gebäude ohne Feuerstätten. Dazu zählen z. B. Carports oder Gartenlauben. Sie haben meist geringere Anforderungen an das Dach, keinen Wärmeschutz und geringeren Regenschutzbedarf.

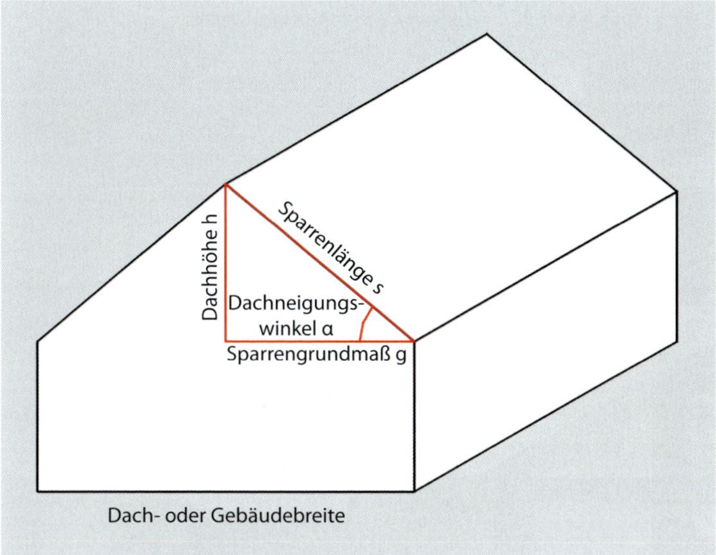

Abb. 2.3: Dachneigungen

2.1.3 Dachneigungen

Je nach Blickwinkel verwendet man die Begriffe **Steigung** oder **Neigung**: Aus Dachdeckersicht, von oben herab, spricht man meist von **Neigung**. Schaut man von unten nach oben und sieht eine ansteigende Fläche, spricht man von **Steigung**.

Fließendes Wasser sucht sich Wege von oben nach unten, es folgt dem Gefälle. Je mehr **Neigung** der Untergrund hat, desto schneller fließt das Wasser ab. Bei Deckelementen, wie z. B. Dachsteinen, Dachziegeln oder Schiefer, erhöht eine ausreichend große **Dachneigung** die Regensicherheit.

> **Ein Dach gilt als regensicher, wenn es Regen, Schnee, Wind und Wetter abwehren bzw. ableiten kann.**

Der Neigung des Daches sind jedoch auch Grenzen gesetzt. Je steiler ein Dach ist, desto mehr Widerstand bietet es dem Wind. Winddruck belastet die Dachkonstruktion und kann Niederschläge unter die Überdeckungen eintreiben. Kalter Wind kühlt das Gebäude ab. Aus diesem Grund sind Dächer in windreichen Regionen, z. B. am Meer oder auf Bergen, eher flach. Hinzu kommt, dass steile Dächer eine größere einzudeckende Dachfläche aufweisen.

Dächer werden aufgrund ihrer Neigung unterschieden:

- Als **Flachdach** gilt ein Dach mit einem Neigungswinkel von mindestens 2° bis unter 10°.
- Das **geneigte Dach** hat im Regelfall eine Dachneigung von 10° oder mehr.
- Bei einer Dachneigung von 10° bis unter 20° spricht man von einem **flach geneigten Dach**.
- Ein **Steildach** hat eine Dachneigung von 20° oder mehr. Weit verbreitet sind in der Praxis Dachneigungen zwischen 30° und 45°.

Die **Dachneigung** ist der Winkel zwischen dem waagerechten Grundmaß und der geneigten Dachfläche bzw. der Sparrenlänge eines Daches (Abb. 2.3). Das Maß der Dachneigung kann in unterschiedlichen Einheiten angegeben werden.

Am häufigsten wird die Dachneigung in **Winkelgrad**, z. B. 35°, ausgewiesen. Ein Vollkreis wird in 360° unterteilt; ein Viertelkreis, also 360° : 4, hat 90°. Steigung bzw. Neigung eines Daches lassen sich auch in **Prozent** (%) berechnen. Die Prozentangabe drückt das prozentuale Zahlenverhältnis der Dachhöhe h zur dazu senkrechten Grundmaßlänge l aus:

$$\textit{Steigung}\ (\%) = \frac{\text{Höhe} \cdot 100}{\text{Länge}} = \frac{h \cdot 100}{l}$$

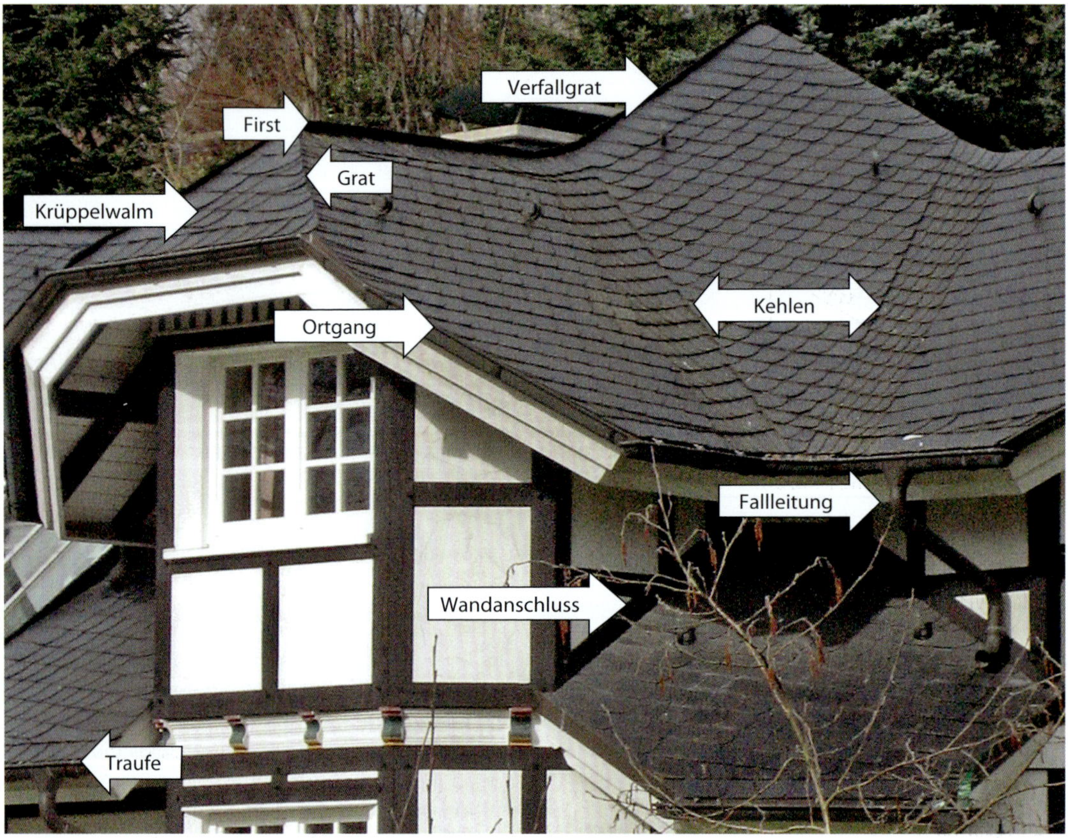

Abb. 2.4: Fachbegriffe am geneigten Dach

Eher selten wird die Neigung als **Zahlenverhältnis der Dachhöhe *h* zur Grundlänge *l*,** also 1 : *x*, beschrieben. Das Verhältnis 1 : 10 bedeutet dann z. B., dass auf eine Grundlänge von 10 m die darüber geneigt verlaufende Dachschräge in der Höhe um 1 m zunimmt.

2.1.4 Fachbegriffe zu geneigten Dächern

Für die Verständigung untereinander und mit anderen Gewerken ist die Verwendung der Fachbegriffe für die wichtigsten Dachpunkte, Dachlinien und Begrenzungslinien notwendig.

Schuppenförmige Überdeckung

Eine schuppenförmige Überdeckung ist ein natürliches Anordnungsprinzip zum Schutz des Inneren vor äußeren Witterungseinflüssen. Auch das Innere von Tannenzapfen wird durch Schuppen geschützt. Abtropfendes Wasser kann wegen der Überlappungen der Schuppen nicht eindringen. Dasselbe Prinzip wird bei Dachdeckungen mit Materialien wie Schiefer, Faserzement oder Dachziegeln angewendet.

Schuppenförmige Überdeckungen in der Höhe bzw. Seite der Deckelemente sollen das Eindringen von Wasser durch die Deckfugen möglichst verhindern.

In schuppenförmig angeordneten Dachdeckungen werden die Deckfugen in der Höhe und seitlich überdeckt. Man nennt dies im oberen Bereich des Deckelements **Höhenüberdeckung** und an der seitlichen Begrenzung der Deckelemente **Seitenüberdeckung.**

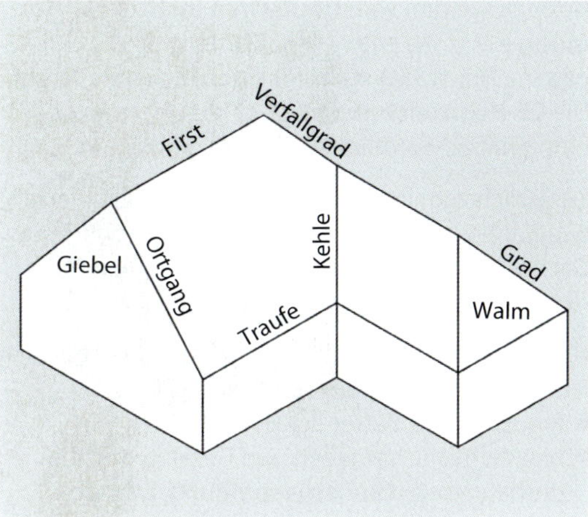

Abb. 2.5: Fachbegriffe rund ums Dach

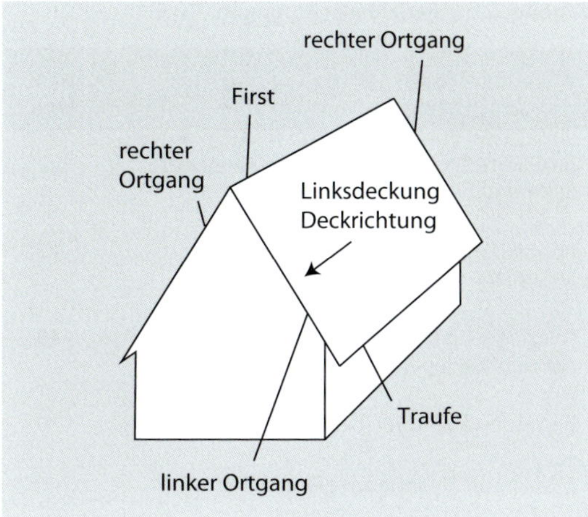

Abb. 2.6: Dachpunkte und Dachlinien

Dachpunkte, Dach- und Begrenzungslinien

Zu den wichtigen Bezeichnungen auf Dächern gehören die Begrenzungen der Dachflächen (Abb. 2.5), ebenso auch Dachpunkte und Dachlinien (Abb. 2.6):

- **First** nennt man die Schnittkante von zwei Dachflächen. Ein First verläuft meist waagerecht.
- Der **Ort** ist die seitliche Begrenzung einer Dachfläche. **Ortgänge** sind die seitlichen Begrenzungslinien zwischen First und Traufe.
- Die **Traufe** ist eine Tropfkante an den tiefliegenden Teilen eines Daches. Wenn es regnet, fließt das gesammelte Wasser aus der Dachfläche über die Traufe ab.
- Der **Grat** ist eine außen liegende, geneigte Verschneidungslinie von 2 Dachflächen. Die beiden zusammentreffenden Dachflächen bilden in der Gratlinie eine Kante.
- Die **Kehle** ist eine innen liegende Verschneidungslinie von 2 Dachflächen. Sie nimmt das von 2 Dachseiten abfließende Wasser auf und leitet es nach unten ab.
- Der **Verfallgrat** ist ein verkürzter geneigter Grat, der bei unterschiedlichen Dachhöhen 2 Firste miteinander verbindet.
- Wird ein senkrechter Giebel an der Schmalseite des Gebäudes ersetzt durch eine geneigte Dachfläche, ist dies ein vollständiger **Walm.** Ein **Schopfwalm** oder **Krüppelwalm** liegt vor, wenn der senkrechte Giebel noch teilweise vorhanden ist, dabei aber noch im oberen Bereich ein kleiner Walm vorliegt.
- Ein **Wandanschluss** ist im Dachdeckerhandwerk der Übergang einer Dachfläche in ein senkrechtes Bauteil (Wand).

Regeldachneigung

Unter einer **Regeldachneigung** versteht man die untere Dachneigungsgrenze, bei der sich eine Dachdeckung in der Praxis auch ohne zusätzliche Maßnahmen zur Regensicherheit als ausreichend regensicher erwiesen hat. Die Regeldachneigungen der einzelnen Deckwerkstoffe beruhen dabei auf Erfahrungswerten, die im Regelfall eine regensichere Eindeckung gewährleisten (Tab. 2.1). Sie sollen in der Praxis nicht unterschritten werden, außer wenn besondere Maßnahmen ergriffen werden.

> **Die Regensicherheit einer Dachdeckung ist im Allgemeinen dann gewährleistet, wenn die jeweilige Regeldachneigung nicht unterschritten wird.**

Mindestdachneigung

Im Gegensatz zur Regeldachneigung einer Deckart ist die Mindestdachneigung die Dachneigung, die auch mit Zusatzmaßnahmen nicht unterschritten werden darf. Bei Dachziegel- und Dachsteindeckungen liegt die Mindestdachneigung bei 10°.

Tabelle 2.1: Regeldachneigungen (RDN)

Werkstoff/Deckung	RDN
profilierte Dachsteine mit hoch liegendem Seitenfalz	22°
ebene Dachsteine mit tief liegendem Seitenfalz	25°
Falzziegel (Standardausführung, z. B. Doppelmuldenfalzziegel)	25°
Biberschwanzziegel (Doppeldeckung)	30°
Mönch- und Nonnenziegeldeckung	40°
Altdeutsche Schieferdoppeldeckung	22°
Altdeutsche Schieferdeckung	25°
Deutsche Deckung (Bogenschnittdeckung) in Faserzement	25°

2.1.5 Grundlagen für die Ausführung von Dachdeckerarbeiten

Bei der Planung und Ausführung von Dachdeckerarbeiten ist das **Regelwerk** des Zentralverbandes des deutschen Dachdeckerhandwerks zu berücksichtigen. Das Regelwerk hat mehrere Bestandteile:

- Die **Grundregeln** sind die Basis für alle Teile des Regelwerks. Sie bilden die Grundlage für die Planung und Ausführung von Dachdeckerarbeiten.
- **Fachregeln** enthalten praktisch durchführbare Vorgehensweisen für die Planung und Ausführung von Dachdeckerarbeiten. Sie sichern eine ausreichende Qualität und dienen somit auch dem Verbraucherschutz. Es gibt Fachregeln für Dachdeckungen mit Schiefer, Dachsteinen und Dachziegeln, Bitumenschindeln usw.
- Darüber hinaus gibt der ZVDH **Merkblätter, Hinweise und Produktdatenblätter** mit werkstoffspezifischen Informationen heraus.

Das Regelwerk beruht sowohl auf dem Erfahrungswissen des Dachdeckerhandwerks als auch auf **Normen**.

Hinweise auf Normen befinden sich z. B. auf der Rückseite von Ziegeln und Dachsteinen. Deutsche Normen werden vom **Deutschen Institut für Normung** e. V. (DIN) entwickelt. **EN** steht für die europäische Norm. **ISO steht** für **internationale Norm**. Die **CE-Kennzeichnung** belegt die Übereinstimmung mit EU-Richtlinien.

Zusätzlich zum Regelwerk des ZVDH und zu den bauplanerischen Vorgaben sind beim Decken eines Daches weitere Vorschriften und Richtlinien zu berücksichtigen:

- Vorschriften der Bauberufsgenossenschaft zum Arbeits-, Gesundheits- und Unfallschutz,
- Produktdatenblätter der Hersteller,
- baurechtliche Vorgaben und Gesetze, z. B. Bundesbaugesetz, Landesbauordnung, Flächennutzungsplan, Bebauungsplan, Vergabe- und Vertragsordnung für Bauleistungen (VOB), Gebäudeenergiegesetz (GEG), Denkmalschutz usw.,
- gesetzliche Vorschriften, z. B. Bürgerliches Gesetzbuch (BGB), Immissionsschutzgesetz.

Abkürzungen

DIN	**Deutsches Institut für Normung e. V., Berlin**
EN	**Europäische Norm**
GEG	**Gebäudeenergiegesetz**
CE	**Produktsicherheit in Übereinstimmung mit geltenden EU-Richtlinien**
ISO	**Internationale Norm**
VOB	**Vergabe- und Vertragsordnung für Bauleistungen**

2.2 Dachformen

Als **Dachform** bezeichnet man die geometrische Gestalt bzw. die äußere Form eines Daches. Dachformen werden anhand unterschiedlicher Grundrisse, Dachneigungen, Firstrichtungen usw. unterschieden. Jede für ein Haus gewählte Dachform hat ästhetische und preisliche Vor- und Nachteile. Weiterhin ergeben sich Auswirkungen auf die praktische Eindeckung mit geeigneten Deckwerkstoffen. Dachformen lassen sich auch unterscheiden hinsichtlich der sichtbaren Konturen und Ansichten des Daches, der Anordnung von Traufe, First, Ortgang usw.

Tabelle 2.2: Pult- und Satteldächer

Bezeichnung	Darstellung	Bezeichnung	Darstellung
einfaches Pultdach	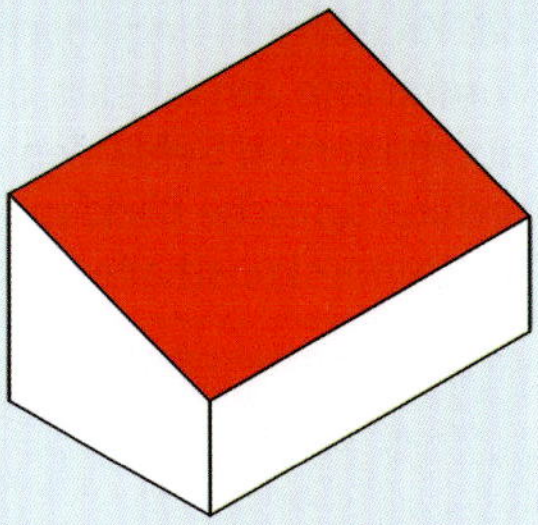	symmetrisches Satteldach	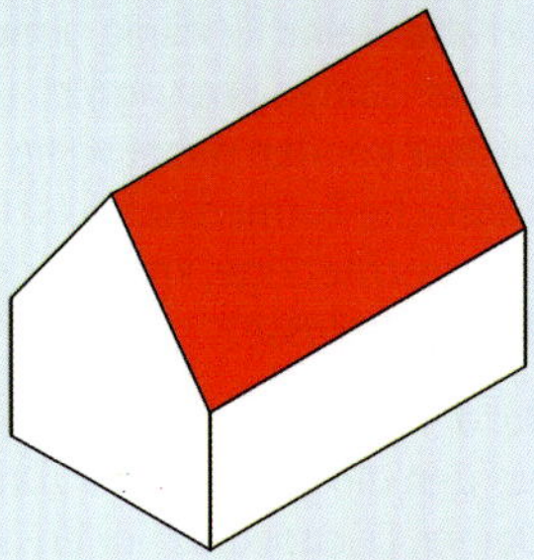
doppeltes Pultdach	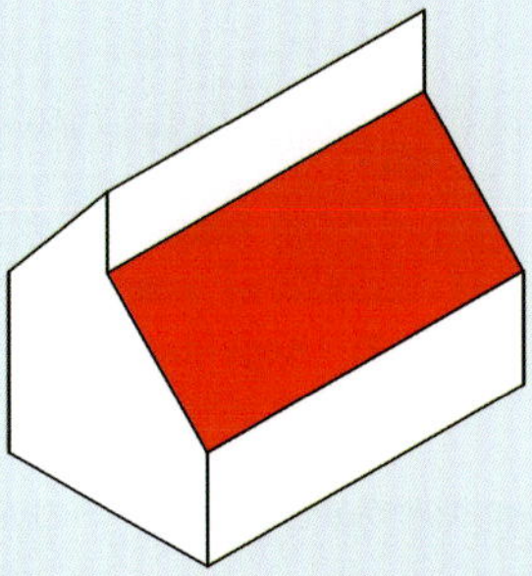	asymmetrisches Satteldach	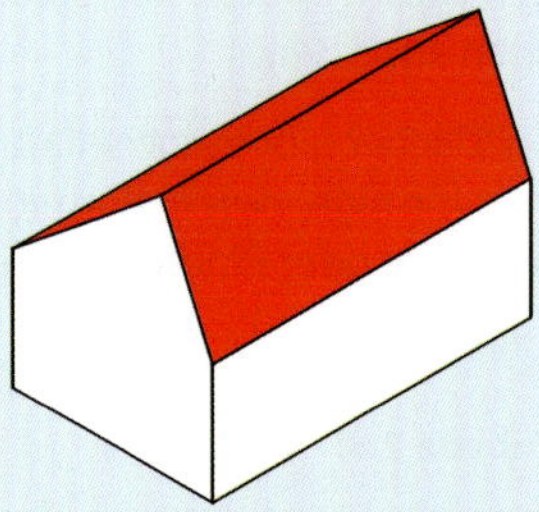

2.2.1 Dachgrundrisse

Der äußere Gebäudegrundriss entspricht oft dem **Dachgrundriss** und prägt die Dachform. Für **rechteckige und quadratische Dachgrundrisse** eignen sich z. B. Pult-, Sattel- und Walmdächer. Über **sechs-, acht- und vieleckigen Grundrissen** findet man oft Dächer, die in einem oberen Firstpunkt bzw. einer Turmspitze zusammentreffen. **Runde Grundrisse** eignen sich vor allem für kegelförmige Dächer. Gebäudegrundrisse können sich aus mehreren geometrischen Grundformen zusammensetzen.

2.2.2 Pult- und Satteldächer

Diese Dachformen gibt es in vielen Variationen (Tab. 2.2). Zu den einfachen Dachformen gehört das **Pultdach.** Es hat einen rechteckigen Dachgrundriss und besteht aus nur einer geneigten Dachfläche. Die untere Kante ist die Dachtraufe, die obere Kante ist der Pultfirst. Zu beiden Seiten befinden sich die Ortgänge. Pultdächer findet man über Carports, Garagen sowie über gewerblich genutzten Gebäuden. In der modernen Architektur finden sich immer wieder Pultdachformen, auch z. B. das **doppelte Pultdach**.

Ein **Satteldach** weist vom gemeinsamen First nach zwei Seiten geneigte Dachflächen auf. Sind beide Dachseiten gleich geneigt, handelt es sich um ein **symmetrisches Satteldach**. Dagegen hat ein **asymmetrisches Satteldach** unterschiedlich geneigte Dachflächen, wodurch sich auch unterschiedliche Maße für die Sparrenlängen ergeben können. Häufig überragen Satteldächer zwecks Witterungsschutz geringfügig die Außenwände des Gebäudegrundrisses. Man spricht dann von **ort- und traufseitigem Dachüberstand.**

Die obere Begrenzungs- bzw. Verbindungslinie der Dachflächen ist bei Satteldächern eine **Firstlinie,** die unteren werden als **Traufen** bezeichnet. Die entlang der Dachneigung verlaufende Verbindungslinie vom First senkrecht zur Traufe ist die **Sparrenlänge.**

2.2.3 Zeltdächer

Bei einem Zeltdach laufen geneigte Dachflächen gegeneinander in einem Firstpunkt zusammen (Tab. 2.3). Zeltdächer haben zwar Traufen, in der Regel aber keine Firstlinie, sondern nur einen oberen gemeinsamen **Firstpunkt**. Die Grundrisse der **Zeltdächer** können dabei völlig unterschiedliche geometrische Formen aufweisen, wie z. B. quadratische, rechteckige, kreisrunde oder auch abgerundete Grundrisse.

Bei der Eindeckung von Zelt- und Kegeldächern werden die Dachflächen zum Firstpunkt hin immer kleiner. Dachdecker*innen müssen hier den jeweiligen Deckwerkstoff den spitz zulaufenden Dachflächen anpassen.

Zeltdächer gibt es in vielfältigen Formen, wie glockenförmige, zwiebelförmige, gebogene, gedrehte, gefaltete oder Ringpultdachformen.

2.2.4 Kegeldächer

Ein Zeltdach mit nur einem Firstpunkt über einem kreisrunden Grundriss heißt **Kegeldach** (Abb. 2.7). Dessen Dachfläche entspricht der Mantelfläche eines Kreiskegels. Kegeldächer finden sich u. a. als Turmhelme von Kirchen, Burgen und Schlössern. Auf modernen Gebäuden sind Kegeldächer oft der architektonische Blickfang, wie z. B. die Kegeldächer der Bundeskunsthalle in Bonn.

Abb. 2.7: Kegeldach

Tabelle 2.3: Zeltdächer

Bezeichnung	Darstellung
Zeltdach, z. B. auf achteckigem Grundriss	
Glockendach	
Kuppeldach	

2.2.5 Walmdächer

Hat ein Gebäude 2 geneigte Dachflächen mit First und an der Schmalseite anstelle eines senkrechten Giebels ebenfalls geneigte Flächen, dann spricht man von einem **Walmdach** (Tab. 2.4).

Wenn ein Gebäude an allen Schmalseiten geneigte Dachflächen hat, bezeichnet man dies als **Walmdach mit Wiederkehr**. Die geneigten außen liegenden Begrenzungslinien zwischen der Walm- und der Dachfläche sind die **Grate**.

Walmflächen haben gegenüber senkrechten Giebeln den Vorteil, dass sie starke Windkräfte von außen besser ableiten können.

Die Gesamtdachfläche kann man zur vereinfachenden Berechnung in trapezförmige und in dreieckige Dachflächen unterteilen.

Ist lediglich der obere Teil der Schmalseite eines Gebäudes als Walmfläche ausgebildet, spricht man von einem **Schopf- oder Krüppelwalm**. Die Traufe des Krüppelwalms liegt oberhalb der Traufe des Hauptdaches. Das an der Krüppelwalmtraufe aufgefangene Regenwasser wird meist seitlich auf die Hauptdachflächen abgeleitet.

> **Das Schopf- bzw. Krüppelwalmdach hat nur im oberen Teil eines Giebels und oberhalb der Hauptdachtraufen einen Walm.**

Auch unterhalb von senkrechten Bauteilen kann sich noch ein Walm an eine Wand bzw. an einen Giebel anschließen. Schließt sich dem unteren Bereich eines senkrechten Giebels noch eine Walmfläche an, spricht man von einem **Fußwalm.**

> **Eine trapezförmige Walmdachfläche, die sich unterhalb eines senkrechten Giebel- oder Wandteils anschließt, nennt man Fußwalmdach.**

Tabelle 2.4: Walmdächer

Bezeichnung	Darstellung
Walmdach	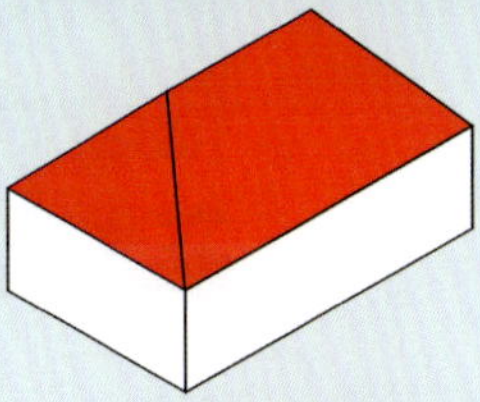
Krüppelwalmdach	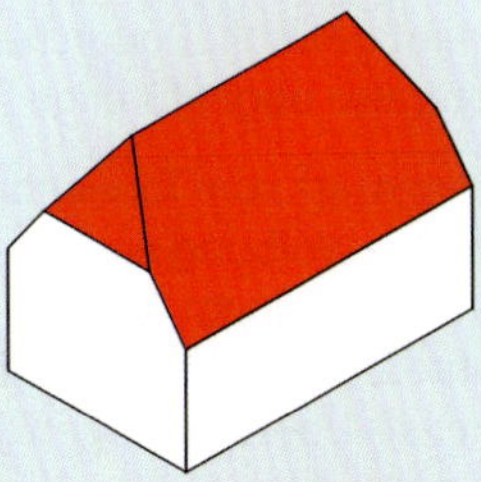
Fußwalmdach	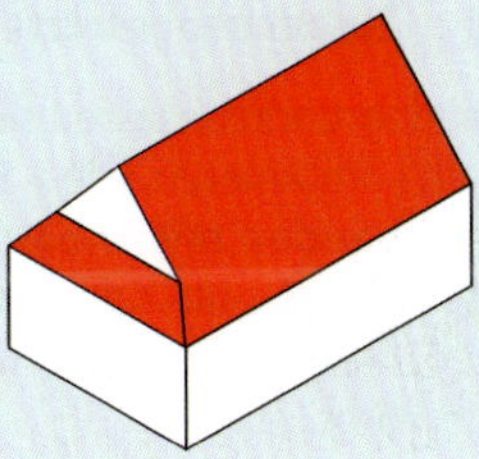

2.2.6 Mansarddächer

Bei einem **Mansarddach** weisen die Dachflächen im unteren Bereich eine Knicklinie auf (Tab. 2.5). Die Dachneigung unterhalb einer solchen Dachknicklinie ist im Mansarddach erheblich steiler geneigt als die Neigung oberhalb der Mansardknicklinie.

In Mansarden entsteht zusätzlicher bzw. besser nutzbarer Wohnraum durch mehr Stehhöhe im Dachraum. Walmdächer mit umlaufender Dachknicklinie, bei der die Dachneigung wechselt, heißen **Mansardwalmdach**. Endet diese **Mansardknicklinie** an senkrechten Giebelseiten, spricht man von einem **Mansardgiebeldach**.

Bei einem **Mansardkrüppelwalmdach** befindet sich an den Giebelseiten jeweils ein Krüppelwalm mit einer darunter sich anschließenden senkrechten Giebelwand.

> **Mansarddächer sind durch eine Dachknicklinie gekennzeichnet. Bei einer umlaufenden Dachknicklinie handelt es sich um ein Mansardwalmdach. Bei einem Mansardgiebeldach endet die Dachknicklinie an senkrechten Giebelseiten.**

Tabelle 2.5: Mansarddächer

Bezeichnung	Darstellung
Mansarddach	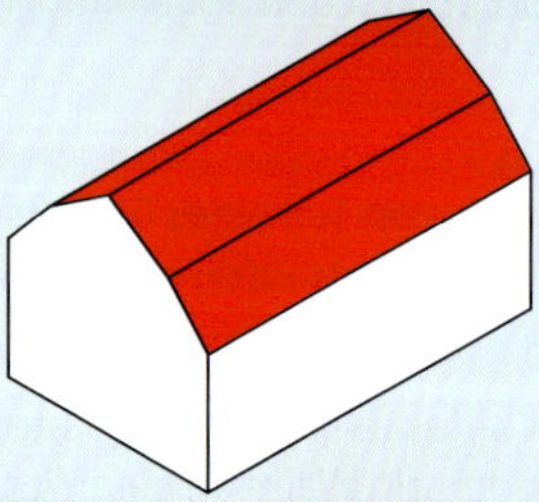
Mansard-walmdach	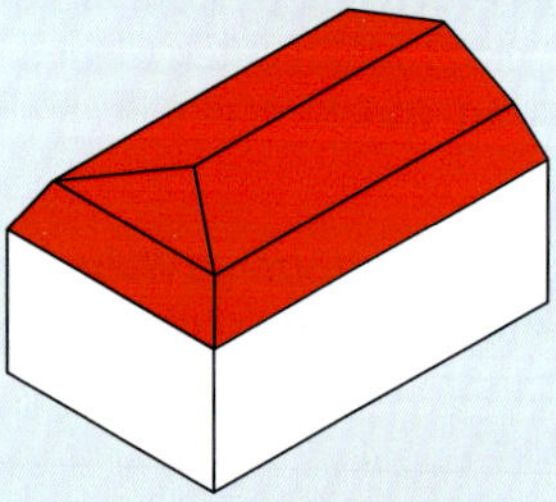
Mansard-krüppel-walmdach	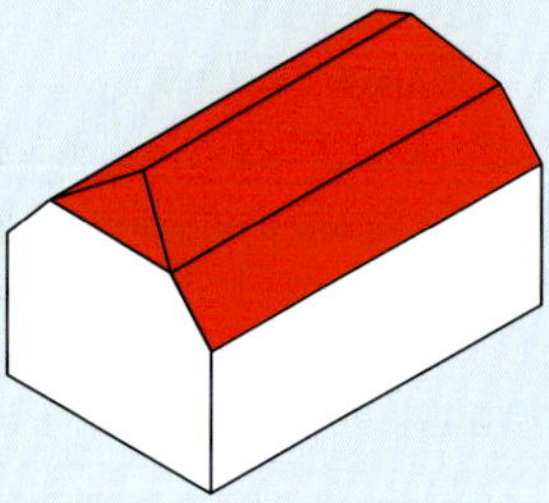

Tabelle 2.6: Dächer mit Rundungen

Bezeichnung	Darstellung
Tonnendach	
Bogendach	
Hängedach	

Starre Deckwerkstoffe wie Ziegel oder Dachsteine lassen sich nicht über den Mansardknickwinkel hinweg decken, es gibt dazu jedoch Sonderanfertigungen. Häufig wird heute anstelle einer Mansarde ein senkrechter **Drempel** (Kniestock) bevorzugt. Dabei werden oberhalb der Dachgeschossdecke zusätzliche senkrechte Außenwandteile, z. B. waagerechte Kanthölzer, aufgebracht. Durch höhere senkrechte Außenwände erhält dieses Dachgeschoss eine vergrößerte Stehhöhe.

2.2.7 Geschwungene Dachformen

Einige Dächer haben runde, abgerundete oder geschwungene Formen (Tab. 2.6). Die Ausbildung der Rundung kann sich nach oben wie auch nach unten wölben. Ein **Tonnendach** ist vereinfacht der obere Teil einer halbierten liegenden Tonne.

Für ein **Bogendach** wird im Querschnitt ein Kreissegment gewählt. Dadurch entsteht eine leicht gewölbte, also bogenförmige Dachform.

Im Gegensatz zum Tonnendach bildet ein **Hängedach** eine Wölbung nach unten. Hängedach nennt man eine an einem Tragwerk aufgehängte und verspannte Dachkonstruktion. Bekannt sind Hängedächer als Überdachungen großer Fußballstadien.

2.2.8 Zusammengesetzte Dachformen

Gebäudegrundrisse lassen sich aus mehreren Grundformen kombinieren, wie z. B. bei **Winkelhäusern** oder **Gebäuden mit Anbauten**. Ein **Sheddach** entsteht durch pult- oder satteldachförmige Aufbauten, die mehrfach hintereinander angeordnet werden (Abb. 2.10).

Praxisbeispiel

Aufgabe (siehe hierzu Tabelle 2.8)
Berechnen Sie die halbkreisrunde Tonnendachfläche einer Turnhalle mit den Außenmaßen Gebäudebreite $b = 18{,}78$ m (b ist hier Kreisdurchmesser), Gebäude- bzw. Traufenlänge $l = 43{,}89$ m.

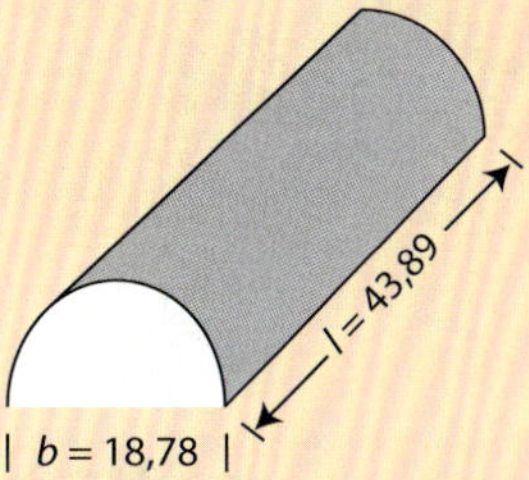

Abb. 2.9: Tonnendach

Lösung
Dachfläche $A = ½ \cdot$ Kreisumfang $\cdot$ Traufenlänge

$A = ½ \cdot (2 \cdot r \cdot \pi) \cdot l$
$A = ½ \cdot (2 \cdot 9{,}39 \text{ m} \cdot 3{,}14) \cdot 43{,}89 \text{ m}$
$A =$ **1.294,74 m²**

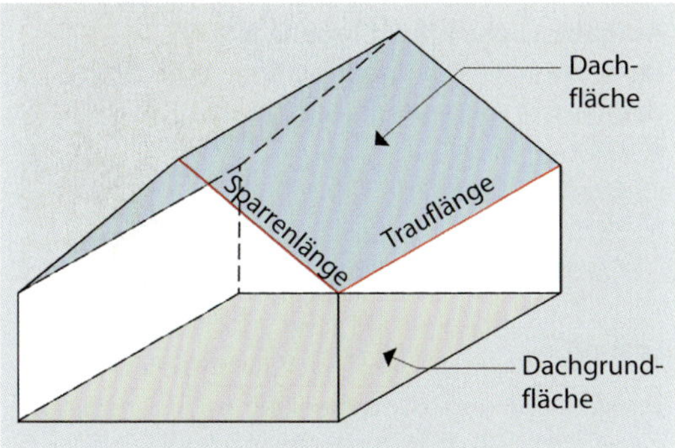

Abb. 2.12: Dachfläche vs. Dachgrundfläche

Dachreiter sind kleine überdachte Bauteile, die sich noch oberhalb des Firstes erheben (Abb. 2.11).

2.3 Berechnung von Dachflächen

Zur Planung einer Dachdeckung und der Berechnung von Werkstoffmengen benötigen Dachdecker konkrete Angaben über die Dachfläche. Bei Neubauten werden diese aus den Maßen der Bauzeichnung errechnet. Um die gesamte Dachfläche zu berechnen, wird das Dach in Teildachflächen aufgeteilt. Die einzelnen Teildachflächen haben einfache Formen wie Rechtecke, Dreiecke oder Trapeze. Die

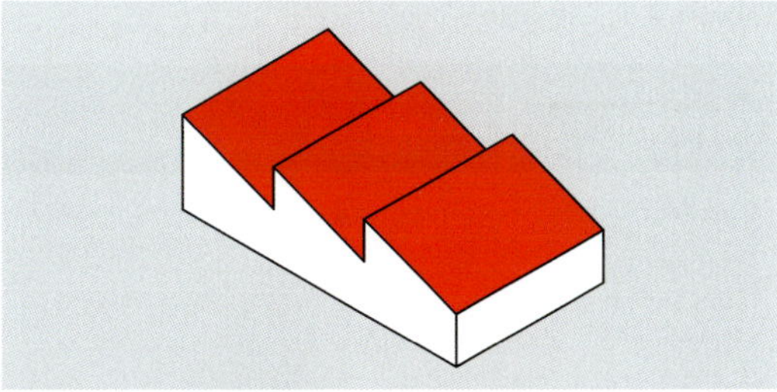

Abb. 2.10: Sheddach

Abb. 2.11: Dachreiter

Praxisbeispiel

Aufgabe (siehe hierzu Tabelle 2.8)
Berechnen Sie die Fläche des Satteldaches eines Wohnhauses mit Sparrenlänge (Abstand Traufe–First) $s = 5{,}75$ m sowie einer First- und Traufenlänge $f = 12{,}66$ m.

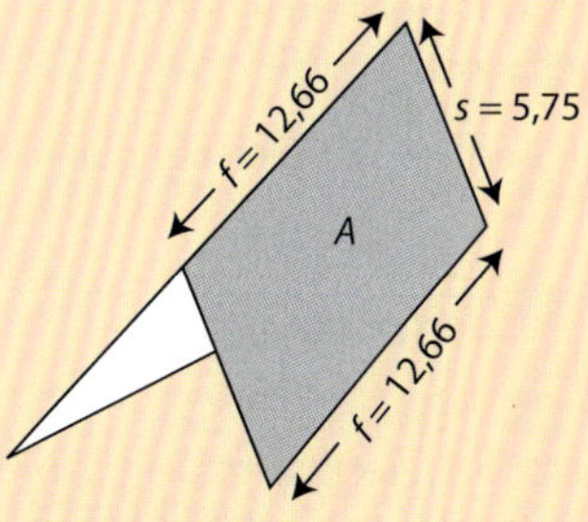

Lösung
Dachfläche $= A = 2 \cdot s \cdot f$
Dachfläche $= 2 \cdot 5{,}75 \text{ m} \cdot 12{,}66 \text{ m} =$ **145,59 m²**

Flächeninhalte dieser Formen können mithilfe einfacher Formeln berechnet werden. Wichtig ist es, sich den Unterschied zwischen der **Dachfläche** und der **Dachgrundfläche** bewusst zu machen (Abb. 2.12).

Tabelle 2.7: Rechte Winkel

Dachform	Darstellung
Pultdach Dachhöhe *h* steht senkrecht zur Gebäudebreite *b*	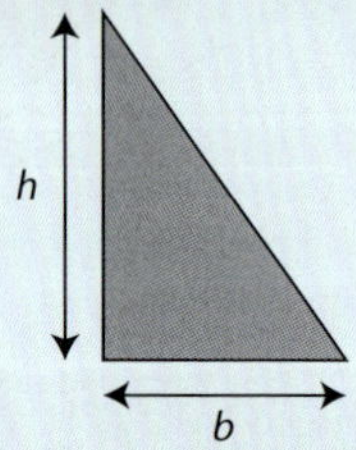
Satteldach Dachhöhe *h* steht senkrecht zur halben Gebäudebreite, ½ *b*	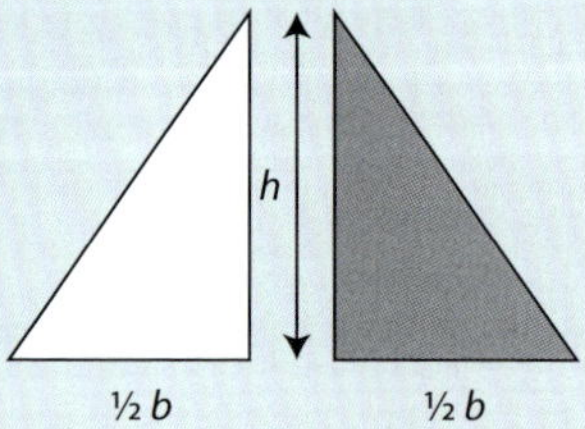

Berechnung der Sparrenlänge

Für die Berechnung der einzelnen Dachflächen benötigen Dachdecker das Maß der Sparrenlänge *s*. Die Baubreite *b* sowie die zu ihr senkrecht gemessene Dachhöhe *h* sind wichtige Maße, die man aus der Bauzeichnung ablesen kann. Für die Berechnung der Sparrenlängen muss man in der Dachkonstruktion ein rechtwinkliges Dreieck finden und den Satz des Pythagoras anwenden.

$\boldsymbol{a^2 + b^2 = c^2}$, durch Umformen der Gleichung gilt:

$c = \sqrt{a^2 + b^2}$

(Man sagt: c ist die Quadratwurzel aus der Summe von a^2 plus b^2.)

In der Geometrie werden Dreiecksseiten mit *a, b, c* bezeichnet. Diesen entsprechen die bauüblichen Bezeichnungen Höhe *h*, Sparrengrundmaß und Sparrenlänge *s* (Abb. 2.13).

Bei einem Pultdach entspricht das Sparrengrundmaß der Gebäudebreite. Bei einem gleichgeneigten Satteldach entspricht das Sparrengrundmaß der halben Gebäudebreite.

Die **Sparrenlänge *s* eines Pultdaches** wird dann berechnet:

$h^2 + b^2 = s^2$ bzw. $s = \sqrt{h^2 + b^2}$

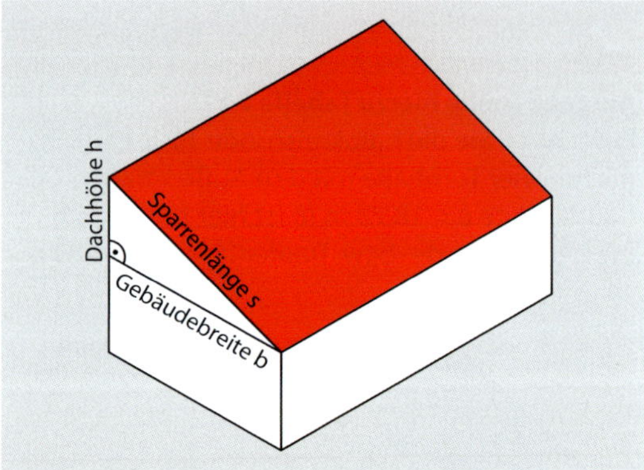

Abb. 2.13: Sparrenlänge

In einem Pultdach bildet die Baubreite (*b*) mit der senkrechten Firsthöhe (*h*) einen rechten Winkel. Die Sparrenlänge *s* errechnet sich hier:

$s = \sqrt{h^2 + b^2}$

Praxisbeispiel

Aufgabe (siehe hierzu Tabelle 2.8)
Berechnen Sie die Sparrenlänge *s* eines Pultdaches mit folgenden Außenmaßen:

- Giebel- bzw. Gebäudebreite $b = 9{,}61$ m
- senkrechte First- bzw. Dachhöhe $h = 3{,}48$ m

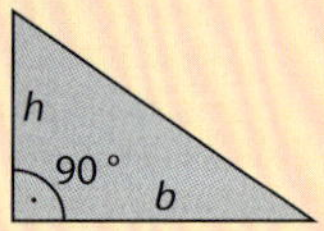

Lösung

$$s = \sqrt{h^2 + b^2} = \sqrt{9{,}61^2\ \text{m}^2 + 3{,}48^2\ \text{m}^2}$$
$$= \sqrt{92{,}35\ \text{m}^2 + 12{,}11\ \text{m}^2}$$
$$= \sqrt{104{,}46\ \text{m}^2}$$
$$\mathbf{= 10{,}22\ m}$$

Im symmetrischen Satteldach bildet die halbe Baubreite (*b*/2) mit der senkrechten Firsthöhe *h* einen rechten Winkel (90°). Die Sparrenlänge *s* errechnet sich hier

$s = \sqrt{h^2 + (b/2)^2}$

Mit der jeweils errechneten Sparrenlänge *s* werden geneigte Dachflächen entsprechend ihrer geometrischen Form berechnet (siehe Tab. 2.8).

Tabelle 2.8: Dachflächenberechnungen

Dachform	Darstellung	Rechenbeispiel
Pultdach Die gesamte Pultdachfläche besteht nur aus einer Rechteckfläche. Trauflänge: l $A_{gesamt} = l \cdot s$	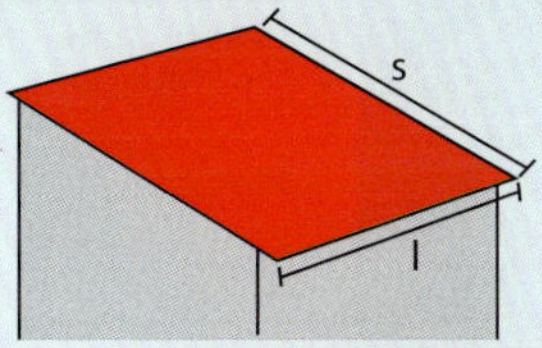	Berechnen Sie die Dachfläche eines Pultdaches mit einer Trauflänge von 8,60 m und einer Sparrenlänge von 7,20 m. $A_{gesamt} = l \cdot s = 8{,}60\ \text{m} \cdot 7{,}20\ \text{m} = 61{,}92\ \text{m}^2$
Satteldach Die Gesamtfläche eines Satteldaches besteht aus 2 Rechteckflächen. Trauflänge: l Bei beidseitig gleich großen Sparrenlängen s ist die Gesamtdachfläche wie folgt zu berechnen: $A_{gesamt} = 2 \cdot l \cdot s$	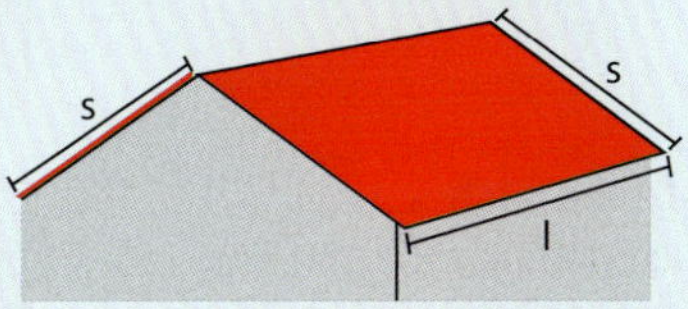	Berechnen Sie die Gesamtdachfläche eines gleichgeneigten Satteldaches mit einer Sparrenlänge von 8,40 m und einer Trauflänge von 6,00 m. $A_{gesamt} = 2 \cdot l \cdot s = 2 \cdot 6{,}00\ \text{m} \cdot 8{,}40\ \text{m}$ $= 100{,}80\ \text{m}^2$
Kegeldach Die Dachfläche des Kegeldaches wird in der Geometrie als Mantelfläche eines Kegels bezeichnet. Radius der Grundfläche: r $A_{gesamt} = r \cdot \pi \cdot s$	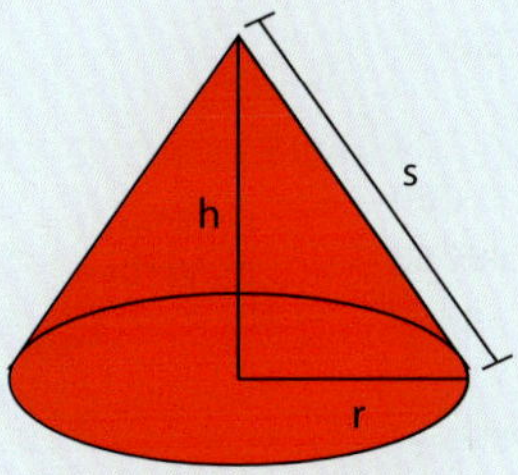	Berechnen Sie die Dachfläche eines Kegeldaches mit einer Sparrenlänge von 4,75 m. Die Grundfläche des Kegeldaches hat einen Radius von 2,66 m. $A_{gesamt} = r \cdot \pi \cdot s = 2{,}66\ \text{m} \cdot \pi \cdot 4{,}75\ \text{m}$ $= 39{,}69\ \text{m}^2$
Walmdach Die Gesamtdachfläche eines Walmdaches besteht aus 2 Walmen als Dreiecksflächen und 2 Hauptdachflächen als Trapezflächen. Dachbreite der Walmflächen: b, Trauflänge der Hauptdachflächen: l_1, Firstlänge: l_2 Bei gleich großen Sparrenlängen s von Walm- und Hauptdach ist die Gesamtdachfläche wie folgt zu berechnen: $A_{gesamt} = 2 \cdot \frac{b \cdot s}{2} = 2 \cdot \frac{l_1 + l_2}{2} \cdot s$	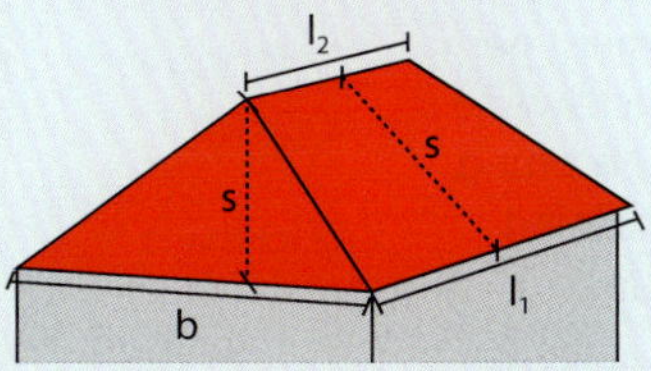	Berechnen Sie die Dachfläche eines Walmdachs mit allseitig gleicher Dachneigung. Die Dach ist 5,00 m breit und 9,80 m lang. Die Sparrenlänge beträgt 3,25 m. Der First ist 4,80 m lang. $A_{gesamt} = 2 \cdot \frac{b \cdot s}{2} + 2 \cdot \frac{l_1 + l_2}{2} \cdot s$ $= 2 \cdot \frac{5{,}00\ \text{m} + 3{,}25\ \text{m}}{2} + 2$ $\cdot \frac{7{,}80\ \text{m} + 4{,}80\ \text{m}}{2} \cdot 3{,}25\ \text{m}$ $= 49{,}20\ \text{m}^2$
Zeltdach Die Gesamtdachfläche eines Zeltdaches auf quadratischem Grundriss ist aus 4 Dreiecksflächen zu berechnen mit der Grundlänge: g $A_{gesamt} = 4 \cdot \frac{g \cdot s}{2}$	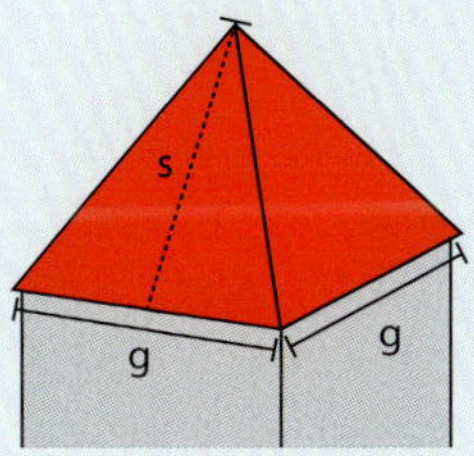	Berechnen Sie die Gesamtdachfläche eines Zeltdaches mit einer Gebäudebreite (= Grundlänge) von 4,50 m und einer Sparrenlänge von 3,90 m. $A_{gesamt} = 4 \cdot \frac{g \cdot s}{2} = 4 \cdot \frac{4{,}50\ \text{m} + 3{,}90\ \text{m}}{2}$ $= 35{,}10\ \text{m}^2$

Abb. 2.14: Dachbalkon

2.4 Dachaufbauten

Dachaufbauten durchbrechen die Dachfläche nach außen hin, z. B. Dachgauben, aufragende Erker oder auch Dachbalkone (Abb. 2.14). Dachaufbauten sind meist mit eigenen kleinen Bedachungen bzw. Dächern versehen. Sie stellen damit selbst einen Teil der Dachhaut dar. Gleichzeitig tragen sie durch ihre eigene Dachform und Größe erheblich zum Gesamtbild des Daches und des Gebäudes bei.

Wohnlich nutzbare Dachaufbauten erweitern den nutzbaren Innenraum im Dachbereich. Sie dienen dessen Belüftung und Belichtung.

2.4.1 Dachflächenfenster und Lichtbänder

Dach- oder Dachflächenfenster erfordern keine großen baulichen Veränderungen, sind meist genehmigungsfrei und verursachen vergleichsweise geringe Gesamtkosten. Sie dienen der Belichtung und der Belüftung. Wohnraumdachfenster sind speziell für bewohnte Dachräume ausgelegt.

Lichtbänder sind Belichtungselemente in Dachflächen. Standardausführungen erfüllen nur eine Belichtungsfunktion für die Innenräume, sind dabei vergleichsweise preiswert und mit geringem Aufwand einzubauen.

Lichtkuppeln sind aus der Dachfläche herausragende Belichtungs- und Belüftungselemente, die grundsätzlich auch für geneigte Dächer geeignet sind. Im geneigten Dach ist die Lichtkuppel vor allem im Firstbereich zu finden.

Tabelle 2.9: Dachfenster und weitere Belichtungselemente

Art	Darstellung
Wohnraumdachfenster	
Rundbogen mit Wohnraumfenster	
Dachfenster im Verband	
Lichtband	
Lichtkuppel	

2.4.2 Dachgauben

Unter einer Dachgaube versteht man kleinere Dachkörper, die aus der Dachfläche herausragen. Eine Gaube erweitert den nutzbaren Dachraum nach außen und verbessert die Stehhöhe. Zur Dachgaube gehören im Allgemeinen ein Gaubendach und an der Stirnseite senkrechte Fenster. Die Stirnseite zeigt meist parallel zur Außenwand. Weiterhin erhalten Dachräume durch Gauben senkrechte Innenwandteile. Gauben werden nach ihren Dachformen unterteilt (Tab. 2.10).

> **Dachgauben erweitern die Nutzung der Dachräume von innen, gleichzeitig beeinflussen sie das äußere Erscheinungsbild des Gebäudedaches.**

Tabelle 2.10: Dachgauben

Bezeichnung	Beschreibung	Darstellung
Satteldachgaube	• Satteldachgauben sehen aus wie „kleine Häuschen mit Satteldach" welche auf der Hauptdachfläche platziert sind. • Sie haben eine Giebelseite, zwei Gaubenwangen sowie zwei trapezförmige Dachflächen. • Das Dach der Satteldachgaube schließt mit Kehlen an die Hauptdachfläche an. • Die Deckung erfolgt meist mit dem gleichen Deckmaterial wie der Rest des Daches.	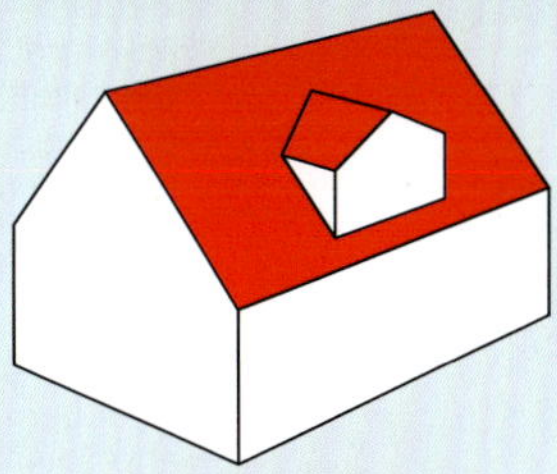
Walmdachgaube	• Die Walmdachgaube ähnelt der Satteldachgaube, weist jedoch einen wesentlichen Unterschied auf der Vorderseite der Dachgaube auf. • Statt eines dreieckigen Giebels verfügt eine Walmdachgaube über eine dreieckige, geneigte Dachfläche, den sogenannten Walm.	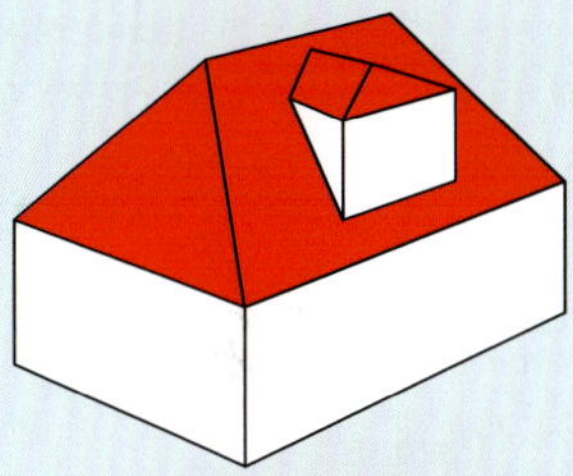
Spitzgaube	• Spitzgauben haben eine dreieckige Stirnseite sowie zwei dreieckige Dachflächen. • Die Dachflächen sind mittels Kehlen in die Hauptdachfläche eingebunden. • Spitzgauben haben keine Gaubenwangen.	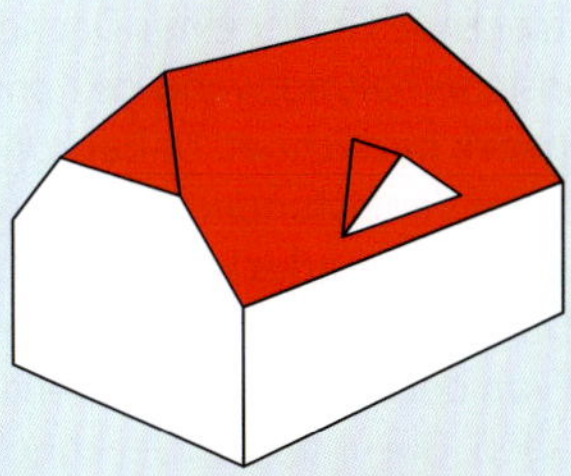
Schleppgaube	• Schleppgauben haben senkrechte Gaubenwangen und ein Schleppdach, also ein Pultdach, das sich mit einer geringeren Neigung als das Hauptdach daraus hervorhebt.	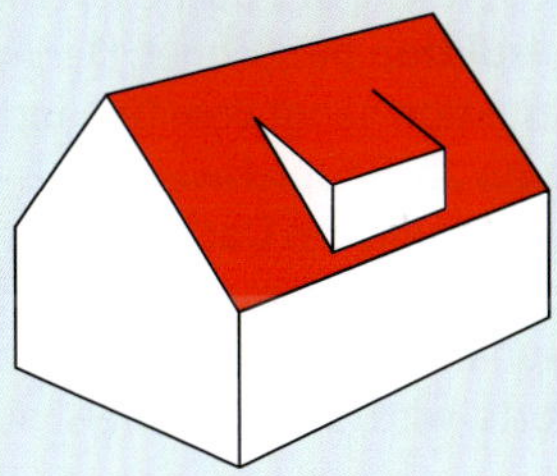

Tabelle 2.10: Dachgauben (Fortsetzung)

Trapezgaube	• Trapezgauben sind nach ihrer trapezförmigen Stirnseite benannt. • Ein Vorteil von Trapezgauben ist die große Erweiterung des Nutzraumes.	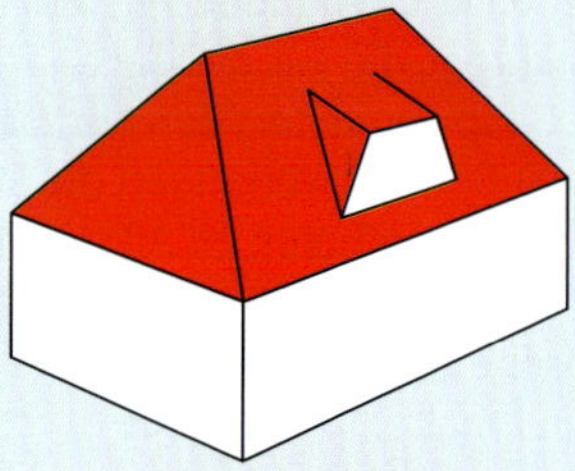
Fledermausgaube	• Die lang auslaufenden Seitenflächen von Fledermausgauben, welche sich sanft an die Dachfläche anschmiegen, erinnern an die gestreckten Flügel einer Fledermaus. • Eindeckungen erfolgen oft mit hochwertigen Werkstoffen wie z. B. Schiefer oder Biberschwanzziegeln. • Man spricht von **eingebundener Kehle,** wenn mit dem Werkstoff der Dachdeckung die Kehle und das Gaubendach ohne Unterbrechung durchgedeckt werden.	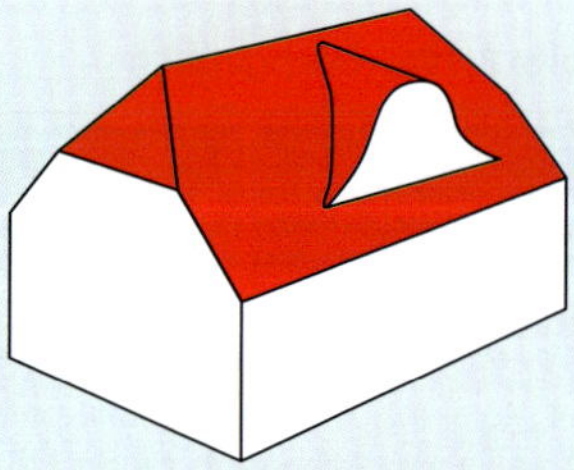
Dachhäuschen	• Einige Fachleute unterscheiden zwischen Dachgauben und **Dachhäuschen**. Dachhäuschen weisen auffallend große senkrechte Seitenteile (Wangen) auf. Dachgauben haben keine oder eher kleinere Wangen. **Dachreiter** sind scheinbar eigenständige Häuschen, die oberhalb des Firstes herausragen (siehe Abb. 2.11).	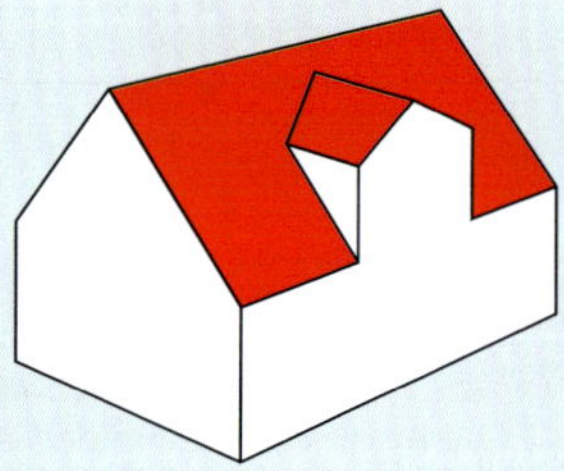

2.5 Dachaufbau

Das tragende Gerüst eines Daches und die für seine Standsicherheit notwendige Konstruktion wird als **Tragwerk** bezeichnet. Dabei können Dachdecker meist auf Vorleistungen der Zimmerer zurückgreifen. Die **Dacheindeckung** bzw. die sichtbare Hülle des Daches wird auch als Dachhaut bezeichnet. Sie wird von der darunterliegenden Dachkonstruktion getragen. Die unter der Deckung liegenden konstruktiven Teile des Daches werden auch als **Unterkonstruktion** bezeichnet. Der Aufbau der Unterkonstruktion hängt vom Gebäude und dessen Nutzung ab. Beispielsweise müssen bei einer Wohnnutzung des Daches höhere Anforderungen an Schall- und Wärmeschutz erfüllt werden. Bei Gebäuden untergeordneter Nutzung, wie etwa Carports, wird hingegen meist auf eine Wärmedämmung verzichtet. Der Dachaufbau besteht dann in der Regel aus folgenden Schichten:

- Dacheindeckung
- Deckunterlage (Lattung oder Schalung)
- Konterlattung
- Zusatzmaßnahme zur Regensicherheit (Unterdeckung oder Unterspannung)
- Tragwerk (Sparren)

Dachhaut nennt man die äußere Hülle der Dachkonstruktion, z. B. die Eindeckung. Sie ist zu unterscheiden von der Unterkonstruktion.

Der konstruktive Aufbau eines Daches umfasst alle tragenden und Funktionsschichten sowie die Bauelemente eines Daches. Er wird verkürzt auch als Unterkonstruktion bezeichnet.

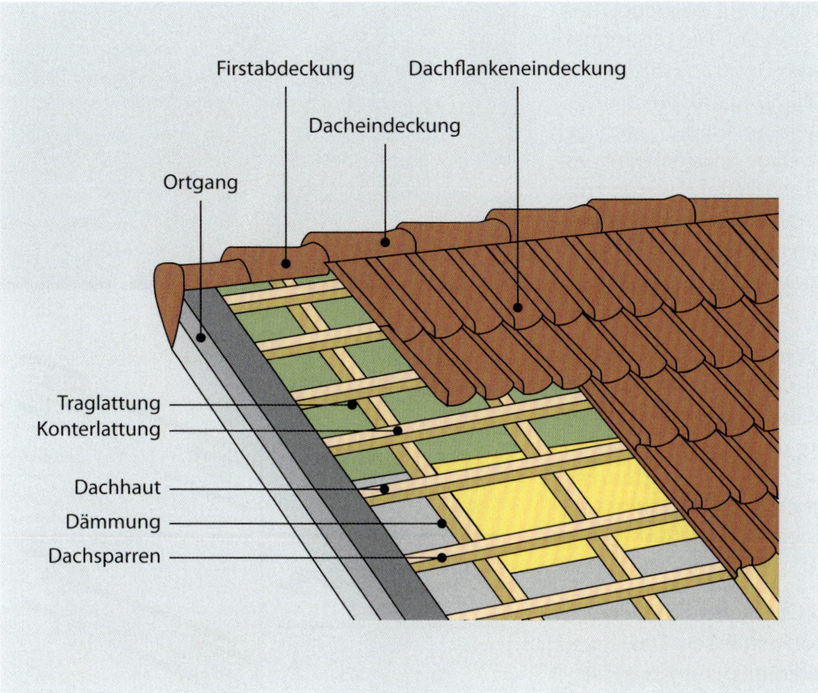

Abb. 2.15: Konstruktiver Dachaufbau für ein Wohnhaus, mit Wärmedämmung und Dampfsperre

Würde man mit einer Kettensäge ein Dach aufschneiden, hätte man dort den Schnitt durch die Dachfläche. In diesem sind die einzelnen konstruktiven Teile des gesamten Dachaufbaus erkennbar (Abb. 2.15).

2.5.1 Dacheindeckung

Da die Dachhaut von außen sichtbar ist, wird sie meist vom Kunden ausgewählt. Welche Deckmaterialien und Deckarten möglich sind, hängt insbesondere von der Dachneigung ab. Das gewählte Deckmaterial beeinflusst unter anderem die Art und Herstellung einer geeigneten, tragfähigen Konstruktion des Dachaufbaus unter der Deckung. Ein Ziegeldach belastet die Dachkonstruktion stärker als leichte Dachbahnen.

Bei einer untergeordneten Nutzung, z. B. als Carport oder Scheune, trägt die Unterkonstruktion alle Lasten des Daches: sowohl die Eigenlasten der Dachkonstruktion als auch mögliche Verkehrslasten, wie z. B. Schneelast. Wärmedämmung, Be- und Entlüftung, Unterspannbahnen sind hier nicht zwingend erforderlich.

2.5.2 Deckunterlage

Dachdeckungsarbeiten beginnen häufig mit dem Aufbau der erforderlichen Unterkonstruktion auf einem vorhandenen Dachstuhl (Tab. 2.12). Für einige Deckwerkstoffe wird auf dem Tragwerk flächig eine nagel- bzw. schraubbare Deckunterlage, **Schalung**, eingebaut, z. B. für Dachplatten oder für Schieferdeckungen.

Dachziegel- und Dachsteineindeckungen werden auf **Lattung** verlegt.

> **Deckunterlagen dienen der Aufnahme von Deck- oder Abdichtungswerkstoffen. Es handelt sich dabei abhängig von der Dachhaut um Schalbretter, Dachlatten oder andere tragfähige Untergründe.**

Die Lattung besteht aus der waagerechten **Traglattung** und der senkrechten, parallel zu den Sparren verlaufenden, **Konterlattung**. Die Lattung wird durch geeignete Nägel, Schrauben oder Schraubnägel befestigt.

Ziegel oder Dachsteine werden auf die Tragelatten eingehängt bzw. dort verschraubt. Die Lattenquerschnitte sind auf die Last des Deckwerkstoffes abzustimmen. Für eine Tragelattung müssen die Abstände der einzelnen Tragelatten für den jeweiligen Deckwerkstoff und die jeweilige Sparrenlänge passend berechnet werden. Anschließend werden diese errechneten Tragelattenabstände von Oberkante zu Oberkante eingemessen und befestigt. Verkürzt werden Tragelattenabstände als **Lattmaß oder Lattweite** bezeichnet.

Als **lichtes Maß** bezeichnet man im Allgemeinen die Lichtöffnung, d. h. die freie Öffnungsbreite und Öffnungshöhe. Im Bauwesen beschreibt das lichte Maß die tatsächliche Breite oder Höhe einer Öffnung, z. B. den freien Raum zwischen 2 Latten. Es wird gemessen von der Oberkante der unteren Latte bis zur Unterkante der oberen Latte (Abb. 2.16).

Das Lattmaß wird von Oberkante zu Oberkante zweier Dachlatten gemessen. Das lichte Maß wird von der Oberkante der unteren bis zur Unterkante der oberen Latte gemessen.

Abb. 2.16: Lichtes Maß, hier Lattung

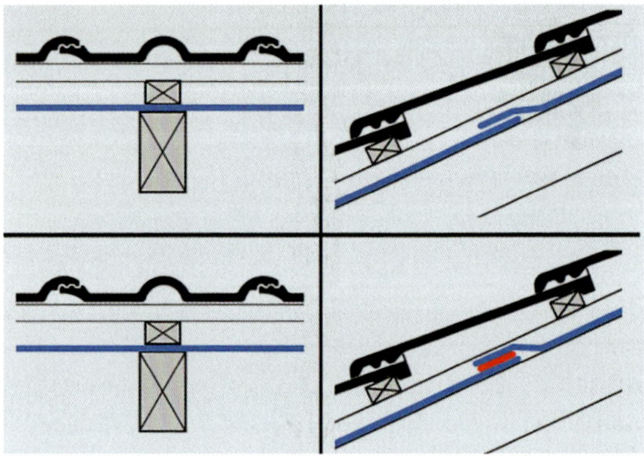

Abb. 2.17: Unterspannung

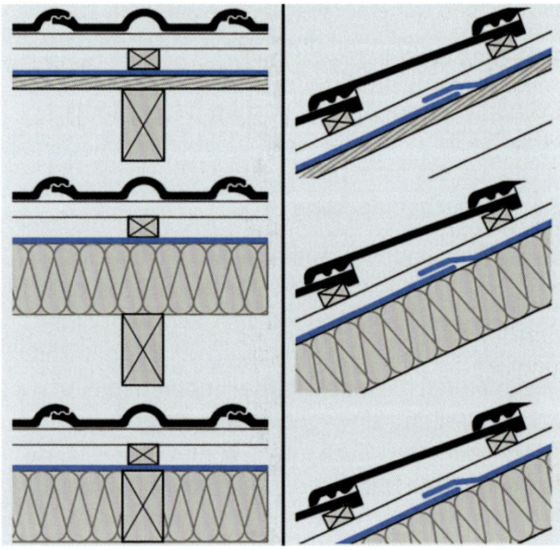

2.18: Unterdeckung

2.5.3 Zusatzmaßnahme zur Regensicherheit

Unter den Dachziegel- und Dachsteineindeckungen werden im Regelfall zusätzliche Maßnahmen zur Regensicherheit eingebaut. Zusätzliche Maßnahmen zur Regensicherheit sind entsprechend der Fachregeln:

- Unterdächer
- Unterdeckungen und
- Unterspannungen.

Die Wahl und Ausführung der Maßnahme hängen von den Anforderungen an das Dach ab. Eingeschossige, meist freistehende untergeordnete Gebäude wie Carports, Scheunen, Lagerschuppen etc. haben einen geringeren Schutzbedarf bezogen auf die Regensicherheit. Hier sind Unterdeckungen oder Unterspannungen ausreichend.

Unterdeckungen oder **Unterspannungen** sollen das Gebäudeinnere besser vor Flugschnee und Staub schützen, vor allem jedoch die von außen durch die Deckfugen eindringende Feuchte ableiten. Bei Unterdeckbahnen und Unterspannbahnen handelt es ich um unterschiedliche flexible Werkstoffe auf Rollen.

Unterspannbahnen liegen frei gespannt auf den Sparren auf. Im Gefachbereich, das heißt zwischen den Sparren, liegt die Unterspannung über einer belüfteten Luftschicht.

Unterdeckbahnen liegen auf einer vollflächigen Unterlage aus Schalung oder Dämmung auf.

Abb. 2.19: Dachdeckeremblem, mit Schiefer gedeckt

2.5.4 Tragwerk

Der Dachstuhl trägt alle Lasten des Daches und wird daher auch als Tragwerk bezeichnet. Er wird ausgeführt als Pfettendach, Kehlbalkendach oder Sparrendach. Das Tragwerk wird oft von anderen Handwerkern, meist Zimmerern, erstellt.

> **Sattel-, Pfetten- und Kehlbalkendach sind Tragwerke, die alle Lasten des Daches aufnehmen.**

Behelfsdeckung

Eine **Behelfs- bzw. Notabdeckung** kann einem Gebäude vorübergehenden Schutz gewähren. Nach Sturmschäden am Dach wird übergangsweise eine Behelfsdeckung mit preiswerten und witterungsschutzgebenden Werkstoffen aufgebracht.

> **Eine Behelfsdeckung bietet nur einen zeitlich begrenzten Witterungsschutz für Gebäude.**

Tabelle 2.11: Unterkonstruktionen

Bauteil	Darstellung
Grüne Vordeckungsbahn auf einer Vollschalung	
Behelfsdeckung vor Wintereinbruch	
Lattung, senkrecht und waagerecht, für ein Dachsteindach	
Zur Vorbereitung für eine Ziegeldeckung auf Tragelattung gestapelte Ziegel	

2.6 Schnitte und Projektionen des Daches

Zu den Dachdeckerarbeiten gehört auch, ein noch fertigzustellendes Dach aus Zeichnungen bzw. Skizzen darstellen und berechnen zu können. Wegen dieser Bedeutung für den Dachdeckerberuf gilt das Zeichengerät Zirkel neben dem Schieferhammer als Symbol des Dachdeckerhandwerks (Abb. 2.19).

Zur Planung von Dachdeckungsarbeiten werden oft **Aufmaßskizzen** erstellt. Unter Aufmaß versteht man das Vermessen und Aufzeichnen eines Gebäudes. Eine Aufmaßskizze sollte grob maßstäblich das Gebäude mit möglichst genauen Maßangaben zum Dach enthalten. Skizzen sind oft Grundlage für Kundenberatungsgespräche, für die Werkstoffbedarfsermittlung und auch für Arbeitsanweisungen.

Folgende Hilfsmittel werden für Aufmaßskizzen benötigt:

- Skizzierblock mit Millimeterpapier,
- Zeichenplatte,
- Zeichenstifte,
- Lineal,
- Geodreieck,
- Rechner,
- Schablonen usw.

Mit Bau-Handskizzen, meist auf Millimeterpapier, können Gebäude oder Teile davon dem Betrachter plausibel gemacht werden. Dabei dienen diese oft auch als Berechnungsgrundlage. Die Abbildung dreidimensionaler Körper auf ebenen Flächen, wie z. B. Zeichenblättern, nennt man **Projektionen.** Als „Trick" dazu dienen zeichnerische Darstellungen, entweder als **Schrägbilddarstellung,** als **Dreitafelprojektion** oder als **Schnittzeichnung.**

2.6.1 Schrägbilddarstellungen

Schrägbilddarstellungen (Abb. 2.20) stellen Tiefe bzw. Breite des Baukörpers in einem bestimmten Winkel zur Vorderansicht dar. Dadurch werden in Verbindung mit der Höhe des Bauwerks die 3 Dimensionen dargestellt. Je nach gewählter Darstellungsart tritt dann entweder die Vorderansicht oder die Seitenansicht stärker in den Vordergrund.

Für Schrägbilddarstellungen kann man bestimmte Darstellungsformen wählen. Vereinfacht werden diese oft als Perspektiven bezeichnet. Dabei unterscheiden sich Schrägbilddarstellungen jeweils in den Verkürzungen von Länge, Höhe, Breite (Tiefe) und den dargestellten Winkeln zur Waagerechten. Gebräuchlich sind die Darstellungsweisen Dimetrie, Isometrie und die (nicht genormte) Kavalierperspektive.

Bei einer Garage mit Flachdach handelt es sich geometrisch um einen Quader, z. B. Länge: 4 m; Breite: 3 m; Höhe: 2 m. Ein solcher Quader kann in seinen 3 Dimensionen mithilfe unterschiedlicher Schrägbilder dargestellt werden.

2.6.2 Isometrie

Isometrie ist eine gleichmäßige Parallelprojektion. Ein Körper wird mithilfe der Isometrie als ein gleichmäßiges Parallelschaubild mit gleichen Maßen und mit unverkürzten Kanten dargestellt. In der isometrischen Projektion werden alle 3 Dimensionen

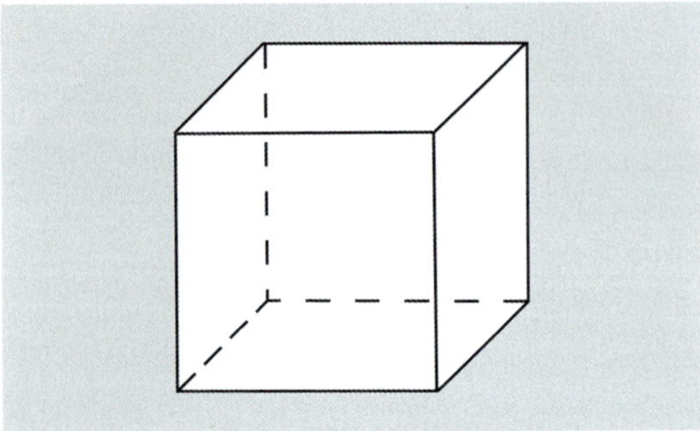

Abb. 2.20: Schrägbilddarstellung Würfel

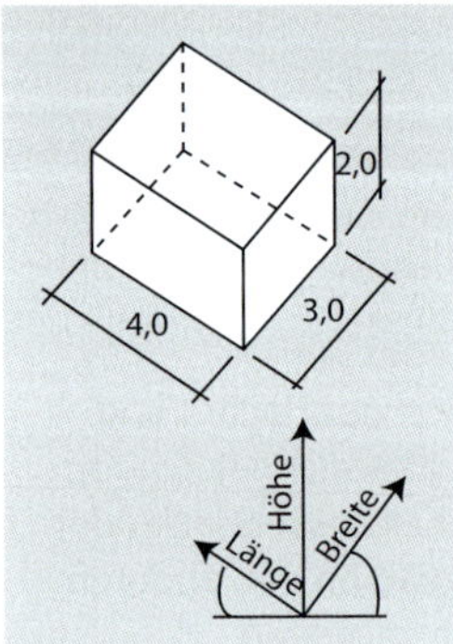

Abb. 2.21: Isometrie

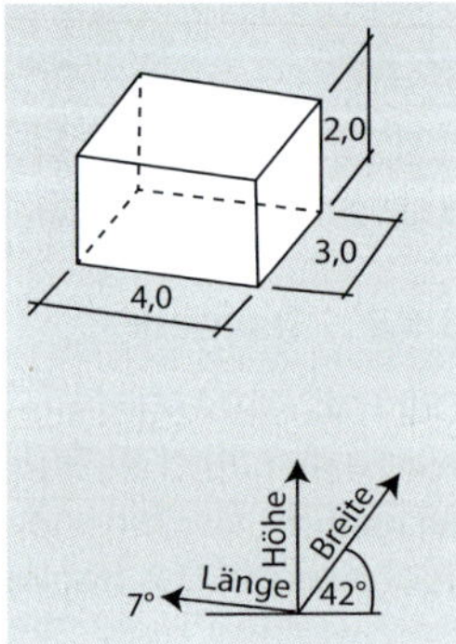

Abb. 2.22: Dimetrie

(Höhe, Breite, Länge) jeweils im Verhältnis 1 : 1 : 1 dargestellt.

> **In der Isometrie werden alle 3 Dimensionen gleichberechtigt dargestellt.**
>
> **Länge : Breite : Höhe = 1 : 1 : 1**

In isometrischer Darstellung werden die Maßlinien von Länge und Breite in einem Winkel von 30° zur Waagerechten eingezeichnet (Abb. 2.21). Alle Kanten können dadurch unverkürzt dargestellt werden.

2.6.3 Dimetrie

Dimetrie ist eine Parallelprojektion der Länge und der Höhe, bei der das dritte Maß Breite bzw. Tiefe verkürzt unter 42° dargestellt wird. Länge und Höhe des Körpers bleiben unverkürzt, die Länge wird mit 7° zur Waagerechten gezeichnet (Abb. 2.22).

Der Baukörper wirkt dimetrisch dargestellt optisch größer. Die Längen stehen zur Waagerechten in einem Winkel von 7°, die Breite bzw. Tiefe des Baukörpers in einem Winkel von 42°. Die Höhen werden senkrecht zur Waagerechten, also in einem Winkel von 90°, dazugezeichnet. Alle Kanten werden dadurch unverkürzt dargestellt.

In der Dimetrie wird nur die Breite (Tiefe) auf die Hälfte verkürzt unter einem Winkel von 42° dargestellt, die unverkürzte Körperlänge unter einem Winkel von 7°.

Länge : Breite : Höhe = 1 : 0,5 : 1

2.6.4 Kavalierperspektive

Man kann auch die Vorderansicht des Baukörpers mit Länge und Höhe in den Maßen unverändert zeichnerisch darstellen. Dabei wird jedoch die Baubreite unter einem Winkel von 45° dargestellt. Den Winkel von 45° erzielt man auf quadratisch-kariertem Papier mit der Bildung einer Diagonalen im Quadrat. Bei dieser Art der Darstellung, Kavalierperspektive bzw. Kavalierprojektion genannt, werden somit Länge : Höhe : Breite im Verhältnis 1 : 1 : 0,5 zur Originalabmessung dargestellt bzw. gekürzt (Abb. 2.23).

In der Kavalierperspektive wird die Vorderansicht unverkürzt dargestellt. Die Bautiefe wird dabei vereinfacht mit 45° und meist nach rechts ansteigend angefügt.

Länge : Höhe : Breite = 1 : 1 : 0,5

Für Freihandskizzen auf kariertem Papier, vielfach auf sogenanntem Millimeterpapier, wird die Darstellung in Kavalierperspektive gerne verwendet. Dadurch ist eine annähernd genaue Strichführung auch ohne Lineal möglich. Die 45°-Winkel sind dabei leicht über die Diagonale in den Quadraten der karierten Papiervorlagen zu erreichen.

2.6.5 Dreitafelprojektion

Mithilfe einer Dreitafelprojektion (Abb. 2.24) werden die Abbildungen unverkürzt und unverzerrt dargestellt. Zu diesem Zweck wird das Zeichenblatt in 4 gleich große Quadrante aufgeteilt. In 3 der 4 Quadranten werden die 3 unterschiedlichen Ansichten des Baukörpers gezeichnet, ein Quadrant dient als Spiegelachse. Unter Berücksichtigung der Dachneigung lassen sich so die

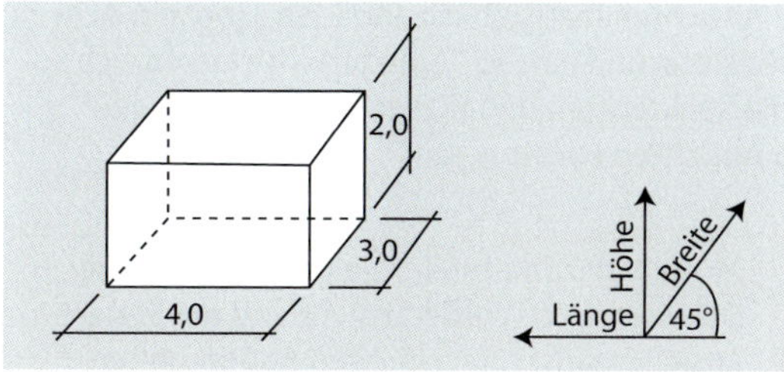

Abb. 2.23: Kavalierperspektive

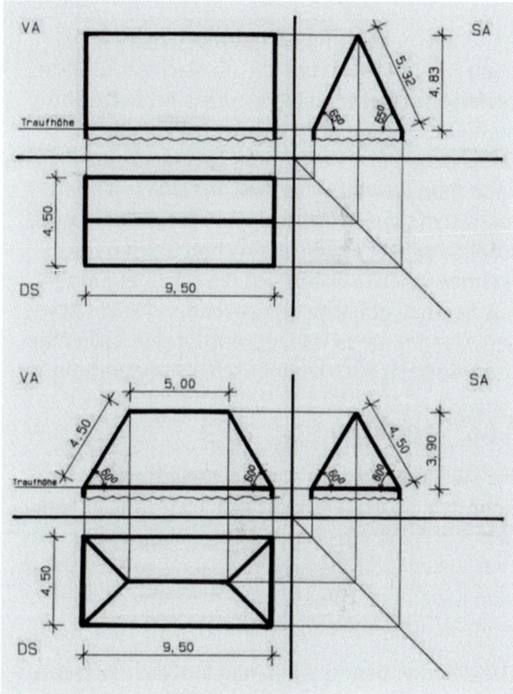

Abb. 2.24: Dreitafelprojektion

Dreitafelprojektion	
Vorderansicht Ansicht von vorne	**Seitenansicht** Ansicht von der linken Seite
Draufsicht Ansicht von oben	

3 Ansichten maßstäblich abbilden. Über ein Achsenkreuz und eine 45°-Spiegelachse lassen sich so die Senkrechten und Waagerechten sowie alle 3 Ansichten konstruieren:

> **Mithilfe der Dreitafelprojektion werden die Draufsicht, die Vorderansicht und die Seitenansicht maßstäblich in ihren Außenmaßen kompakt dargestellt.**

Anhand von Zeichnungen ist die Baustellenplanung zu entwickeln und die für Dachdeckungsarbeiten erforderlichen Werkstoffe sind zu bestimmen. Die Dreitafelprojektion veranschaulicht Dachflächen und Dachlinien. Zur Flächenermittlung kann man die Maße aus der Dreitafelprojektion möglichst genau abmessen, um diese dann maßstäblich wieder auf die wirklichen Größen umzurechnen. Ebenso lassen sich die Dachneigungen aus der maßstäblichen Bauzeichnung leicht abmessen. Längen- und Flächenermittlungen kann man grundsätzlich auch rechnerisch exakt ermitteln.

2.6.6 Schnitte

Eine weitere zeichnerische Darstellungsform sind **Schnitte**. Dazu stelle man sich in Gedanken vereinfachend Folgendes vor: Mit einer übergroßen Kettensäge wird das gesamte Gebäude vom Dach bis zum Kellerwerk aufgeschnitten, sodass es offen liegt. Sichtbar wäre so ein **Vollschnitt** (Tab. 2.12).

Handwerker benötigen häufig lediglich **Teilschnitte**, z. B. nur einen Schnitt durch den Dachaufbau. Diese so offen gelegten, bauseitig vorhandenen Gegebenheiten sind oft wichtige Informationen zur Fortführung weiterer handwerklicher Arbeit.

Ein Vollschnitt könnte das Dach parallel zum First, also längs, aufschneiden oder auch senkrecht zum First, also von Traufe zu Traufe. Je nach Schnittebene werden die so dargestellten Zeichnungen und Skizzen unterschiedlich als **Längsschnitt** oder **Querschnitt** bezeichnet. Eine Schnittzeichnung dient dazu, verdeckte innen liegende Linien, Materialien, Schichten oder Strukturen aufzuzeigen.

Verdeckte und sichtbare Linien und Flächen werden dabei unterschiedlich gekennzeichnet bzw. markiert. Das wird z. B. mit vollen oder gestrichelten Linien, durch schraffierte Flächen, farbige Darstellungen usw. erreicht.

Tabelle 2.12: Schnittdarstellungen

<table>
<tr><th>Schnitt</th><th>Darstellung</th></tr>
<tr><td>Schnitt durch ein Traufdetail</td><td>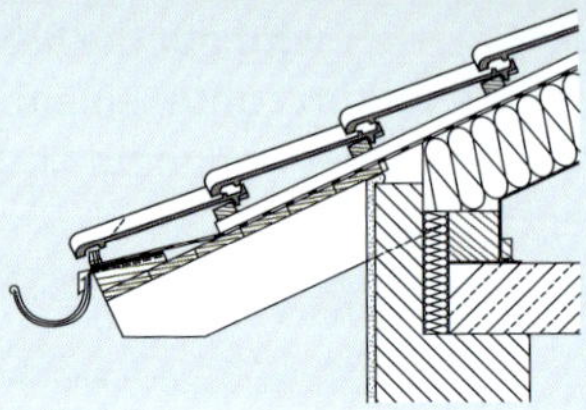</td></tr>
<tr><td>Querschnitt, hier: Dachgeschoss</td><td>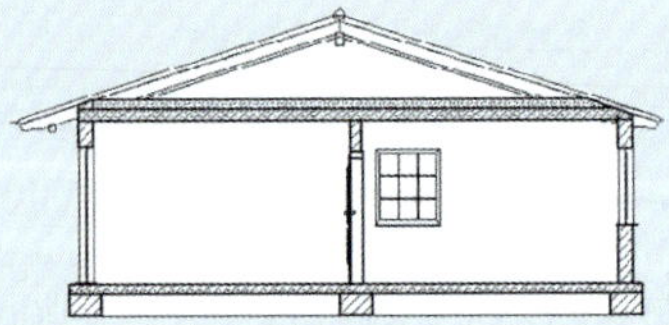</td></tr>
<tr><td>Grundriss mit Aufteilung der Räume</td><td>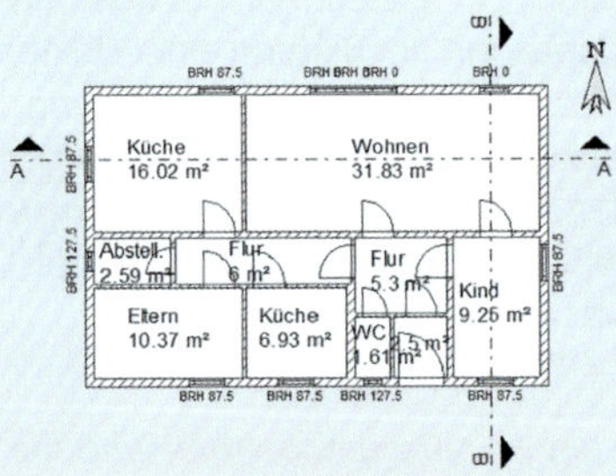
</td></tr>
</table>

> **Eine senkrechte Schnittzeichnung längs des Firstes nennt man Längsschnitt. Werden zum First bzw. zum Längsschnitt rechtwinklige Schnitte durchgeführt, nennt man diese Querschnitte.**

Man könnte gedanklich mit einer übergroßen Säge auch in der Waagerechten am Gebäude ansetzen, üblicherweise in ca. 1 m Höhe. Dadurch können z. B. Tür- und Fensteröffnungen noch angedeutet werden. Grundrisse werden wegen der Raumaufteilungen einzeln für jedes Gebäudegeschoss erstellt, z. B. in Höhe der Traufen eines symmetrischen Satteldaches. Durch einen solchen Schnitt werden die Außenmaße bzw. der Umriss des Gebäudes dargelegt und auch Lage und Flächen der Räume innerhalb eines Gebäudes. In diesem Zusammenhang spricht man auch von **freiem bzw. offenem Grundriss**.

Damit die Übersichtlichkeit nicht verloren geht, werden in Bauzeichnungen oft Abkürzungen für

Tabelle 2.13: Abkürzungen in Bauzeichnungen

Abkürzung	Bedeutung
DN	Dachneigung
DV	Dachvorsprung
Stg	Steigung
Br	Brüstung
UK	Untergeschoss
EG	Erdgeschoss
OK	Obergeschoss
DG	Dachgeschoss
OK	Oberkante
UK	Unterkante
OKD	Oberkante Decke
UKD	Unterkante Decke
BA	Bodenablauf
mNN oder NHN Normalhöhennull	Höhe über Normalnull

Begriffe sowie Symbole oder Sinnbilder für Baustoffe, Funktionsschichten und Bauteile verwendet (Tab. 2.13). Auch die Schichten und Werkstoffe in Dachaufbauten sowie die Detailansichten von einzelnen Bauteilen können im Regelfall mit Symbolen dargestellt werden.

Eine Grundrisszeichnung ist ein waagerechter Gebäudeschnitt auf der jeweiligen Geschosshöhe. Sie gibt Auskunft über Außenmaße und Raumverteilungen innerhalb eines Gebäudes.

2.7 Werkstoffe

In die Planungen für eine Eindeckung sind einzubeziehen:

- Eignung der Werkstoffe, z. B. Brandschutz, ökologische Bewertung, Schallschutz,
- Werkstoffe für die Konstruktion unterhalb der Dachhaut,
- Vor- und Behelfsdeckungen,
- Einbauteile, Werkzeuge.

Tabelle 2.14: Deutsche Baustoffklassen

Baustoffklasse		Benennungen in der deutschen Klassifizierung
A		**nicht brennbare Baustoffe**
	A1	Baustoffe ohne brennbare Bestandteile
	A2	Baustoffe mit brennbaren Bestandteilen, sie benötigen ein Prüfzeichen
B		**brennbare Baustoffe**
	B1	schwer entflammbare Baustoffe, z. B. Mineralfaser-Dämmstoffe
	B2	normal entflammbare Baustoffe, dazu gehört vor allem Holz
	B3	leicht entflammbare Baustoffe, z. B. Voranstriche

Tabelle 2.15: Europäische Brandklassen

Brandklasse	Kurzbeschreibung
A	kein Beitrag zum Brand
B	sehr begrenzter Beitrag zum Brand
C	begrenzter Beitrag zum Brand
D	hinnehmbarer Beitrag zum Brand
E	hinnehmbares Brandverhalten
F	keine Leistung festgestellt

2.7.1 Anforderungen an Deckwerkstoffe

Neben dem Witterungsschutz hat der Brandschutz von jeher eine besondere Bedeutung bei den Werkstoffen für geneigte Dächer.

Noch bis vor gut 100 Jahren gab es häufig verheerende Stadtbrände. Dabei begünstigten brennbare Deckwerkstoffe in dichter Bebauung, vor allem Stroh- und Schilfdächer, eine Ausbreitung des Feuers.

Man kennt im Zusammenhang mit dem Brandschutz noch die deutschen Baustoffklassen „A: nicht brennbar“ und „B: brennbar“ (Tab. 2.14). Zunehmend greifen jedoch die europäischen Brandschutzregelungen (Tab. 2.15). Die Einordnung von Werkstoffen in europäische Brandschutzklassen beschreibt jeweils das Brandverhalten bzw. den Beitrag eines Werkstoffes zum Brand.

Tabelle 2.16: Produktdatenblätter im Regelwerk (Stand: 2025)

Deckwerkstoffe	Abdichtungen, Dämmstoffe	Konstruktionswerkstoffe	Außenwandbekleidung
Schiefer	Dampfsperrbahnen	Unterdeck- und Unterspannbahnen	Bitumenschindeln
Dachziegel	Wärmedämmstoffe	Diffusionsoffene Unterdeckbahnen für erweiterte Anwendungen (UDB-eA)	Bitumenwellplatten
Dachsteine	Bitumenbahnen	Unterdeckplatten aus Holzfasern	Faserzement-Fassadenplatten/-tafeln
Reet	Kunststoff- und Elastomerbahnen		
Faserzement-Dachplatten	Flüssigkunststoffe		
Faserzement-Wellplatten			

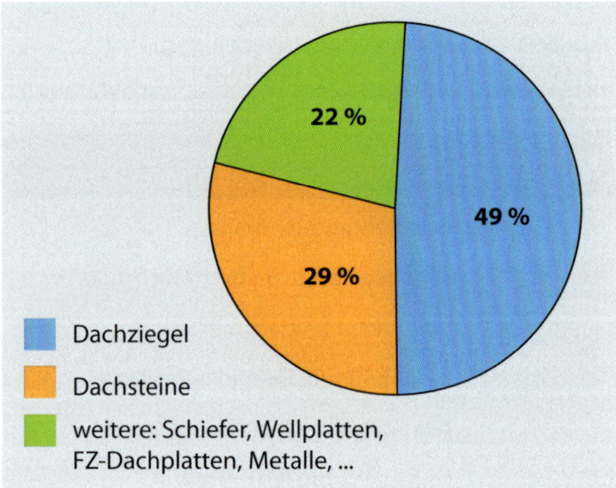

Abb. 2.25: Deckwerkstoffe

Werkstoffe werden in europäische Brandklassen klassifiziert und darin nach ihrem möglichen Beitrag zu einem Brand unterteilt.

Eine Unterteilung der Deckwerkstoffe in natürliche und in künstlich/industriell hergestellte Werkstoffe ist nicht immer eindeutig möglich. Die Herstellung bzw. Bereitstellung von Werkstoffen belastet immer die Umwelt, jedoch in unterschiedlichem Ausmaß.

2.7.2 Deckwerkstoffe in Deutschland

Für Bedachungen gibt es eine sehr große Auswahl an Werkstoffen, die unterschiedlich verarbeitet werden (Abb. 2.25). Bestimmte Deckwerkstoffe haben auch heute noch **regionale Schwerpunkte** (Abb. 2.26) in Deutschland: Biberschwanzziegel in

Abb. 2.26: Regionale Deckwerkstoffe

süddeutschen Regionen, Reetdeckungen in Regionen der Nordsee/Ostsee, Schieferdeckungen in Mittelgebirgsregionen usw.

Um diese Produktvielfalt der Werkstoffe beherrschen zu können, sind im Regelwerk des Dachdeckerhandwerks weiter gehende gezielte Informationen hinterlegt (Tab. 2.16).

2.7.3 Dachziegel

Zu den ältesten Deckwerkstoffen zählen die aus Ton gebrannten **Dachziegel**. Tonvorkommen gibt es fast überall auf der Welt. Ton ist gut formbar und härtet bei Hitzezufuhr aus. Bereits in der Antike gab es ebene Dachziegel, damals mit der Hand geformt. Der gesamte Mittelmeerraum ist bis heute durch Mönch- und Nonnenziegeldeckungen fast aller Dächer gekennzeichnet (Abb. 2.27).

Dachziegel sind grobkeramische Deckwerkstoffe. Hauptbestandteile sind je nach Lagerstätte natürliche Tone und Lehme, ggf. ergänzt durch beispielsweise Sand. Die Herstellung moderner Dachziegel erfolgt in ringförmigen, dadurch energiesparenden Produktionsanlagen (Abb. 2.28).

Abb. 2.27: Mönch- und Nonnenziegeldeckung

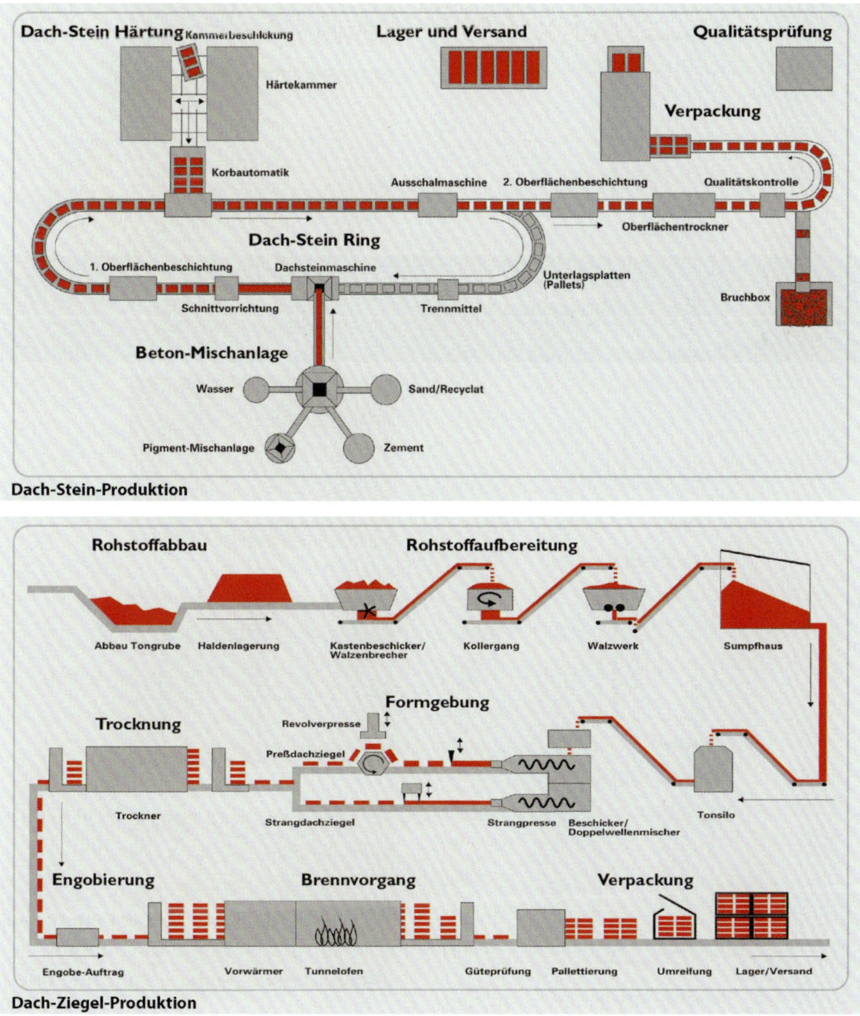

Abb. 2.28: Dachsteinproduktion und Dachziegelproduktion

Tabelle 2.17: Dachziegel nach Art und und Technik ihrer Herstellung

Strangdachziegel		
Art	**Darstellung**	**Deckbild**
Hohlziegel (→ hier ohne FALZ)	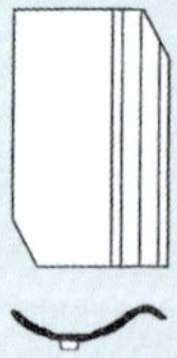	
Biberschwanzziegel (→ ohne FALZ)	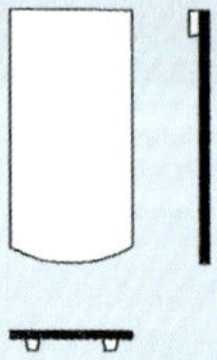	
Strang-Falzziegel (→ nur Seitenfalz)	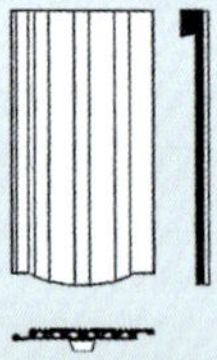	
Pressdachziegel		
Art	**Darstellung**	**Deckbild**
Falzziegel	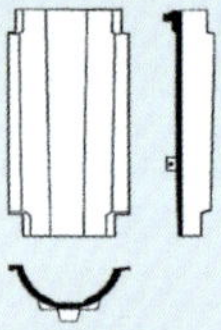 Falzziegel	
Flachdachziegel (Kopf- und Seitenfalz)	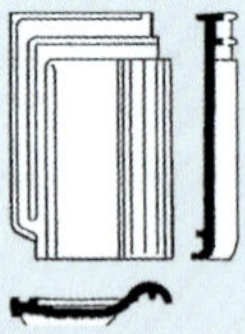 Flachdachziegel	
Krempziegel	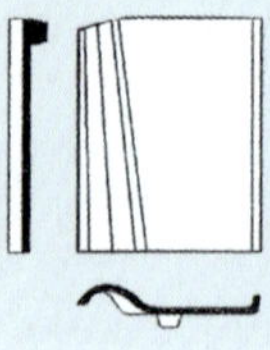 Verschiebeziegel	

Tabelle 2.18: Dachziegeleigenschaften

Zusammensetzung	Struktur	Trocknung	Brennvorgang	Fertiger Dachziegel
Tone, Lehme (Illit, Kaolinit, ...) je nach Lagerstätte und Quarz	Feste Bestandteile: ca. 60 Vol.-%, Wasseranteile (frisch gepresst) ca. 40 Vol.-%.	Wasser wird ausgetrieben und es entstehen dadurch Poren.	Umwandlung der Tonmineralien zu Silikaten, Brenndauer: mehrere Tage bei Brenntemperaturen bis zu ca. 1.000 °C	Wasserunlösliche Verbindung der Bestandteile zu einem keramischen Scherben

Moderne Dachziegel zeichnen sich durch folgende Eigenschaften aus:

- Wasserundurchlässigkeit,
- Frostwiderstandsfähigkeit,
- Biege- und Tragfestigkeit,
- geringe Flügeligkeit und
- geringe Maßtoleranz in der Ziegellänge und -breite.

Weiterhin sind Ziegel nicht brennbar, witterungs-, säure- und UV-beständig.

Dachziegel lassen sich nach Art der Herstellung in **Strangdachziegel** (Ziegel ohne Kopf- bzw. Fußverfalzungen) und **Pressdachziegel** (Ziegel mit eingepressten Falzungen) unterscheiden. **Strangdachziegel** werden im Strangpressverfahren hergestellt. Zur Formgebung wird ungebrannter Ton durch eine Strang- oder Schneckenpresse gedrückt. Am Fließband entsteht ein endloser Tonstrang, der dann auf Ziegellänge abgeschnitten wird. Oft sind **Strangdachziegel ohne Falzausbildung**, einige haben jedoch seitliche Falzungen. Dachziegel, die über einen Falz am oberen Rand (Kopffalz), an der Seite (Seitenfalz) oder am unteren Rand (Fußfalz) verfügen, liegen fester übereinander. Sie verschließen so das Dach zuverlässiger vor eindringendem Regen und Schnee.

Pressdachziegel sind profilierte bzw. gewölbte Dachziegel. Sie wurden hergestellt mit eingepressten Falzungen an Kopf, Seite oder Fuß der Ziegel. Diese Falzen erhöhen die Regensicherheit, beim Eindecken müssen die Falzungen sorgfältig und passgenau berücksichtigt werden.

Bei Falzziegeln entstehen herstellungsbedingt Maßtoleranzen in der Länge, der Breite, auch bei den Falzen. Auf Baustellen werden daher die **mittlere Decklänge und Deckbreite** durch Auslegen gemessen und dann rechnerisch ermittelt (siehe Lernfeld 8). Strangdachziegel haben keine Kopfverfalzung, sind also in der Decklänge variabel. Dazu geben die Fachregeln regensichere Höhenüberdeckungen vor.

Ziegelfarben beschreiben die Ziegeloberflächen. Diese kann natur- bzw. ziegelrot sein oder:

- eine vor dem Brennen aufgebrachte farbige Engobe,
- eine mit besonderen Mineralien erstellte Edelengobe,
- eine wasserundurchlässige Glasur.

Weiterhin lassen sich Dachziegel an den Ausbildungen von Kopf-, Seiten- und Fußfalz sowie der Größe der Dachziegel unterscheiden.

Dachziegel unterscheiden sich nach Herstellungsart, Ziegelfarbe, Größe und Art ihrer Falzungen.

Einfachdeckungen und Doppeldeckungen

Generell unterscheidet man zwischen Einfachdeckungen und Doppeldeckungen. Dachziegel mit Verfalzung im Kopfbereich können nur in Einfachdeckung verlegt werden, das bedeutet, dass die Ziegel jeder Reihe die Ziegel der darunterliegenden Reihe im Bereich der Verfalzung überdecken.

Biberschwanzziegel können sowohl in Einfachdeckung als auch in Doppeldeckung oder Kronendeckung verlegt werden. Bei den beiden letztgenannten werden die Biberschwanzziegel einer Reihe von der darüberliegenden zweiten Reihe und sogar noch von der dritten Reihe überdeckt.

Biberschwanzziegel haben keine Kopfverfalzung und sind üblicherweise 38 cm lang und 18 cm breit.

Abb. 2.29: Doppeldeckung

Abb. 2.30: Biber-Kronendeckung

Biberschwanzziegel haben die Standardmaße Länge = 38 cm und Breite = 18 cm.

Praxisbeispiel

Werkstoffbedarf für Biberschwanzziegel in Doppeldeckung mit 8 cm Überdeckung (Überdoppelung)

(38 cm – 8 cm) : 2 = 15 cm sichtbare Höhe

15 cm · 18 cm = 270 cm^2 sichtbare Fläche

Flächenbedarf auf 1 m^2

10.000 cm^3 : 270 cm^2 = 37,03 St./m^2

Viele Hersteller bieten ergänzend Dachzubehörteile an, ebenso auch individuell nach Kundenwunsch gestaltete Dachziegel, historische Dachziegelformen und Dachschmuckteile.

Dachziegel werden im Allgemeinen mit der rückseitigen Aufhängenase in eine Traglattung eingehängt. Sie können dort auch verschraubt werden. Dachziegel zählt man zu den wasserabweisenden Deckwerkstoffen. Daher ist eine Höhen- und Seitenüberdeckung erforderlich. Die Regeldachneigung einer Ziegeldeckung ist unter anderem davon abhängig, ob es sich um eine Einfach- oder Doppeldeckung handelt, ob ein Ziegel im Verband oder in Reihe gedeckt wird und von der Verfalzung der Ziegel.

Ziegel lassen sich auf der Baustelle per Hand bearbeiten, z. B. mit (Ziegel-)Hammer, Zange usw.

Auf Baustellen werden jedoch auch Bearbeitungsmaschinen eingesetzt: **Handmaschinen** sind vor allem Trennschleifer und Bohrmaschinen. Als **stationäre Maschinen** für die Ziegel- und Dachsteinbearbeitung sind vor allem staubarme Nassschneideanlagen gebräuchlich.

Bei Dachziegeln sind Maßtoleranzen in der Länge und in der Breite für die Einteilung der Dachfläche zu berücksichtigen.

Der Brennprozess in der Dachziegelherstellung führt zu geringen **Maßtoleranzen** in den Ziegelfalzungen. Die tatsächlichen Deckmaße sollten deshalb immer auf der Baustelle, jeweils mit aus allen Paletten gemischten Ziegeln, ermittelt werden (Abb. 2.31).

Um auf der Baustelle für eine Falzziegeldeckung die Decklängen zu ermitteln, sind immer Ziegel aus unterschiedlichen Paletten zu mischen. Dies stellt sicher, dass die Maßtoleranzen der Ziegel, die aus verschiedenen Produktionszeiträumen stammen, ausgeglichen werden. Das gleiche Prinzip findet bei der Ermittlung der mittleren Deckbreite Anwendung.

2.7.4 Dachsteine

Nichtfachleute können Deckungen mit Dachziegeln kaum von Deckungen mit Dachsteinen unterscheiden. **Dachsteine** werden aus Sand, Zement, Wasser und Zuschlägen wie zum Beispiel Farbpartikel

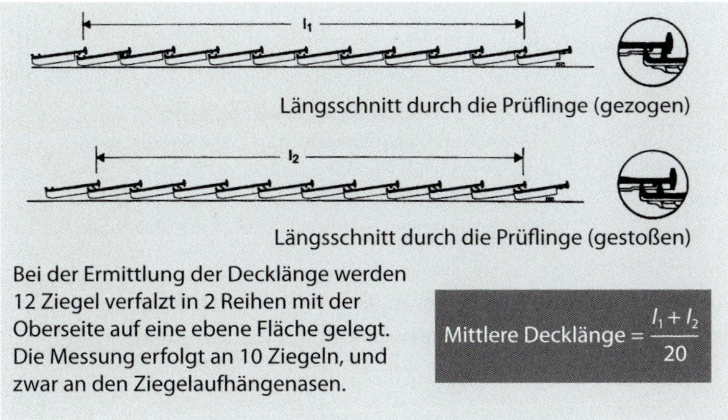

Abb. 2.31: Lattweitenermittlung

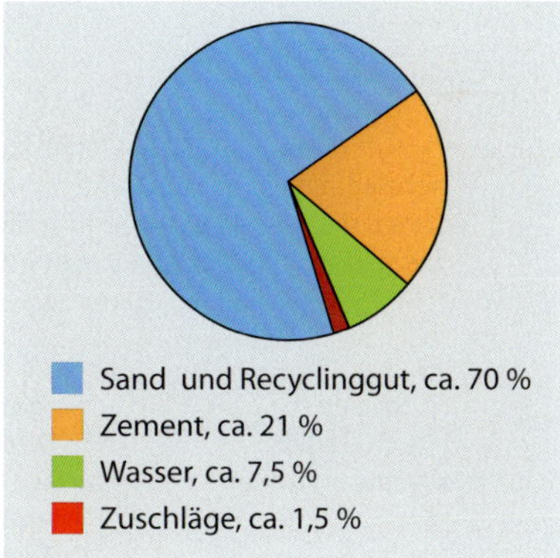

Abb. 2.32: Zusammensetzung der Dachsteine

hergestellt (Abb. 2.32). Sie werden darum auch als Betonpfanne bzw. Betondachstein bezeichnet.

An Dachsteine werden heute hohe Mindestqualitätsanforderungen bezüglich der Wasserundurchlässigkeit, der Tragfähigkeit und der Maßhaltigkeit gestellt (Tab. 2.19). Die Einteilung von Dachflächen für Dachsteine basiert auf festen Werten für die Höhen- und Seitenüberdeckung.

Moderne Dachsteinoberflächen werden mit Zuschlagstoffen und Farbpigmenten, meist auf Eisenoxidbasis, versehen. Dachsteine sind meistens durchgefärbt. Die Farbe innerhalb des Dachsteinkörpers erscheint aufgrund der Vermischung mit den einzelnen Bestandteilen jedoch oft heller als auf der Oberfläche. Die **Oberflächen** können glatt sein oder granuliert mit kleinen farbigen Sandkörnern. Äußerst glatte Beschichtungen gelten als moos- und schmutzabweisend. Dachsteine mit speziellen Oberflächen können sogar zu einer Reduzierung der schädlichen NO_x-Gase in der Luft von Ballungsgebieten beitragen.

Tabelle 2.19: Dachsteinanforderungen

Eigenschaften	Mindestanforderungen
Wasserundurchlässigkeit	20 Stunden
Tragfähigkeit	z. B. profilierte Dachsteine 2 kN
Maßhaltigkeit	Hängelänge: +/– 4 mm

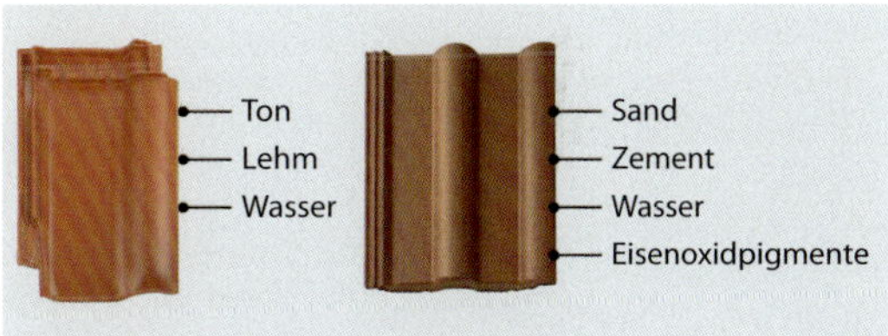

2.33: Rohstoffe Dachziegel Dachsteine

Da Beton lediglich aushärten muss, ist der energetische Herstellungsaufwand in der Dachsteinherstellung geringer als in der Dachziegelherstellung.

> **Dachsteine werden mit hoher Maßgenauigkeit aus Sand, Zement und Zuschlagstoffen hergestellt.**

Standarddachsteine sind 330 mm breit und 420 mm lang. Die seitliche Überdeckung der Dachsteine beträgt dabei im Regelfall 30 mm, die Höhenüberdeckung ist variabel wählbar von ca. 75 bis ca. 108 mm.

> **Standarddachsteine haben die Außenmaße 420 mm × 330 mm.**

Dachsteine können eine symmetrische oder asymmetrische Mittelwulst sowie raue oder glatt beschichtete Oberflächen aufweisen (s. Abb. 2.34). Sie werden in einer Vielfalt von Farben angeboten. Zunehmend befinden sich größere, schwerere Dach-

Dachziegelformate

Dachziegel ohne Verfalzung Dachziegel ohne Verfalzungen sind die ältesten Formen der Ziegel. Sie werden schuppenförmig oder an den Seiten übereinandergelegt gedeckt.		**Dachziegel mit Verfalzung** Dachziegel mit Verfalzungen haben ineinandergreifende Falze an den Rändern, durch die eine größere Regensicherheit erreicht wird. Daher haben diese geringere RDN als Ziegel ohne Verfalzung.	
ebene Dachziegel Biberschwanzziegel	**gewölbte Dachziegel** Mönch und Nonne Hohlpfanne Krempziegel	**Herstellung in Revolverpresse** Flachdachziegel Glattziegel Romanische Dachziegel Doppelmuldenfalzziegel Reformziegel Verschiebeziegel	**Herstellung in Strandfalzpresse** Strangfalzziegel

Dachsteinformate

Dachsteine haben keine Querverfalzungen (Kopf- oder Fußverfalzungen) und sind damit in der Höhenüberdeckung und damit den Lattabständen variabel.

Dachsteine ohne Verfalzung in Form von Biberschwanzziegeln	**Dachsteine mit tiefliegendem Seitenfalz** und ebener Oberfläche	**Dachsteine mit hochliegendem Seitenfalz** und symmetrischem oder asymmetrischem Mittelwulst	**Dachsteine mit hoch liegendem Seitenfalz** ohne Mittelwulst

Abb. 2.34: Übersicht Dachsteine

steinformate auf dem Markt. Sie heißen **großflächige Dachsteine** und erfordern eine geringere Stückzahl in der Fläche: Während Standarddachsteine mit ca. 10 St./m^2 veranschlagt werden, haben großformatige Dachsteine einen Flächenbedarf von z. B. nur 7,5 St./m^2. Für ihre Verlegung ist somit weniger Arbeitszeit erforderlich und es ergibt sich oft ein günstigerer Gesamtpreis für Material und Arbeitszeit.

Passend zu den Dachsteinen gibt es ebenso wie für Dachziegel ein umfangreiches Formstein- und Zubehörprogramm. **Formsteine** passen sich den verschiedenen Dachpunkten und Dachteilen an, z. B. Firststeine, Ortgangsteine mit einem 90°-Schenkel usw. (Abb. 2.35).

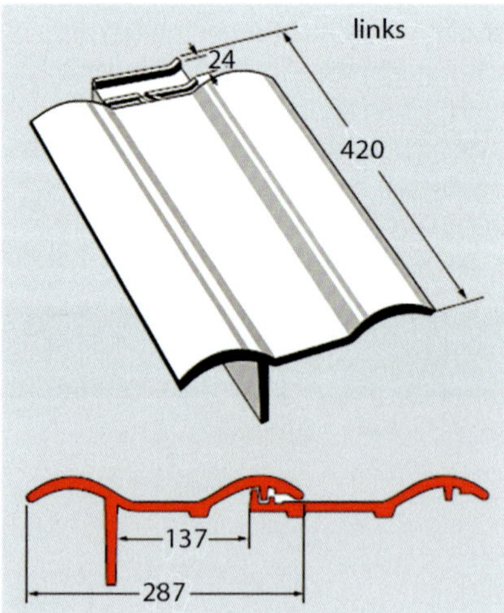

Abb. 2.35: Ortgang-Formziegel

2.7.5 Dachbegrünungen

Dachbegrünungen finden sich häufig auf flachen oder flach geneigten Dachformen. Zunehmend gibt es auch geneigte Dächer, die begrünt werden (Abb. 2.36). Werden Dachbegrünungen intensiv gärtnerisch gepflegt, spricht man von einer **intensiven Dachbegrünung**. Auf geneigten Dächern bringt man eher pflegearme und kleinwüchsige Bepflanzungen an, man spricht dann von einer **extensiven Dachbegrünung**.

> **Geneigte Dächer können grundsätzlich mit einer Dachbegrünung hergestellt werden.**

Abb. 2.36: Steildachbegrünung

2.7.6 Werkzeuge und Maschinen für Dachdeckungsarbeiten

Einige Standardwerkzeuge und Maschinen zählen zur Grundausstattung für die Deckung eines geneigten Daches.

Ein **Dachdecker- oder Schieferhammer** ist nicht nur für die Schieferbearbeitung einsetzbar, sondern auch zur Bearbeitung von Tonziegeln. Spezielle Hämmer sind der Latthammer für Holzarbeiten, der Ziegelhammer für Ziegelarbeiten usw. Ebenso ist eine Fülle von Zangen für die verschiedenen Zwecke und Werkstoffe im Einsatz. Ein Standardwerkzeug der Dachdecker*innen ist das Messer (Cutter) mit versenkbarer und auswechselbarer Klinge, einsetzbar z. B. zum Zuschneiden von Unterspannbahnen. Zur Bearbeitung der einzelnen Werkstoffe gibt es jeweils Spezialwerkzeuge.

Zur Be- und Verarbeitung der Deckwerkstoffe werden unterschiedliche Maschinen eingesetzt (Tab. 2.20). Man unterscheidet einfache **Handmaschinen,** wie z. B. Bohrmaschinen, und **mobile Maschinen,** wie z. B. Stein- und Kreissägen, bis hin zum fahrbaren Autokran. Darüber hinaus stehen je nach betrieblicher Ausrichtung der Dachdeckerei auf dem Lager bzw. dem Betriebshof fest montierte **stationäre Maschinen**, wie z. B. eine Abkantbank für Bleche, zur Verfügung. Beim Umgang mit Werkzeugen und Maschinen für Dachdeckerarbeiten sind die Unfallverhütungsvorschriften zu beachten.

> **Unbekannte Maschinen NIE eigenmächtig in Betrieb nehmen. Bedienungsanleitungen und Anweisungen der Vorgesetzten beachten.**

Tabelle 2.20: Maschinen für Dacharbeiten (Auswahl)

Handmaschinen	mobile Maschinen	stationäre Maschinen
Handkreissägen	Steinschneideanlage	Abkantbank
Bohrmaschinen	Kreissäge	Blechbiegebank
Akkuschrauber	Bitumenschmelzofen	Schweißanlage
Motorsägen	Autokran	
Trennschleifmaschine	Aufzuganlage	

2.8 Sicheres Arbeiten auf geneigten Dächern

Jeder Arbeitsplatz birgt individuelle Gefahren. Bei Arbeiten auf Dächern und insbesondere auf geneigten Dächern ist die Absturzgefahr besonders zu beachten. Arbeiter auf Dächern werden daher sowohl durch technische Schutzmaßnahmen als auch durch persönliche Schutzausrüstung gegen Absturz gesichert (siehe auch Anhang II Arbeitssicherheit). Auch eine langjährige Berufserfahrung ist kein Ersatz für Schutzmaßnahmen.

2.8.1 Arbeitsschutzausrüstung

Ein Absturz kann zu schwerwiegenden Verletzungen oder gar Tod führen. Das Tragen einer persönlichen Schutzausrüstung gegen Absturz (PSAgA) ist darum immer erforderlich, wenn technische Maßnahmen gegen Absturz wie Absturzsicherungen und Auffangeinrichtungen nicht möglich oder unzweckmäßig sind.

Eine **vorsorgliche Schutzausrüstung** soll später einmal Schutz gewähren. Dazu gehören z. B. der fachgerechte Einbau von Sicherheitstrittrosten und Dachhaken und Dachschutzwänden in geneigte Dachflächen. Diese müssen auch nach Jahren noch sicher von Dachdecker begehbar bzw. benutzbar sein.

Auch lange Jahre an Berufserfahrungen sind kein Ersatz für Arbeitsschutzmaßnahmen.

Das Regelwerk der Unfallverhütungsvorschriften (UVV) umfasst die „UVV Arbeiten an und auf Dächern", „UVV Leitern und Tritte" und viele weitere UVV. Zur Abwehr von Gefahren sind die Symbole, Formen und Farben der Schilder weltweit nach dem sog. System GHS vereinheitlicht (Abb. 2.37).

2.8.2 Absturzsicherungen und Gerüste

Fehlende oder mangelhafte Absturzsicherungen können zu Absturzunfällen führen.

Absturzsicherungen auf geneigten Dächern sind Seitenschutz und Absperrungen.

Zu den Absturzsicherungen zählt man den **Seitenschutz** und **Absperrungen** (Abb. 2.38). Seitenschutz ist eine vorübergehend erstellte Einrichtung zur Sicherung gegen ein Abstürzen von Personen. Außer durch einen Seitenschutz kann der Absturz von Personen verhindert werden durch **Absperrungen an den Gefährdungspunkten**. Dazu zählt man Dachfenster, Lichtkuppeln, Treppenöffnungen, Umwehrungen, Abdeckungen und Auffangeinrichtungen. Absperrungen schützen gegen Absturz. Sie können z. B. aus Geländern, Ketten oder Seilen bestehen. Ein flatterndes Absperrband als Umwehrung genügt nicht.

Ist aus arbeitstechnischen Gründen kein Seitenschutz möglich, sind **Auffangeinrichtungen** zu benutzen. Dazu zählen z. B. Schutzgerüste, Schutzwände und Auffangnetze.

Abb. 2.37: GHS

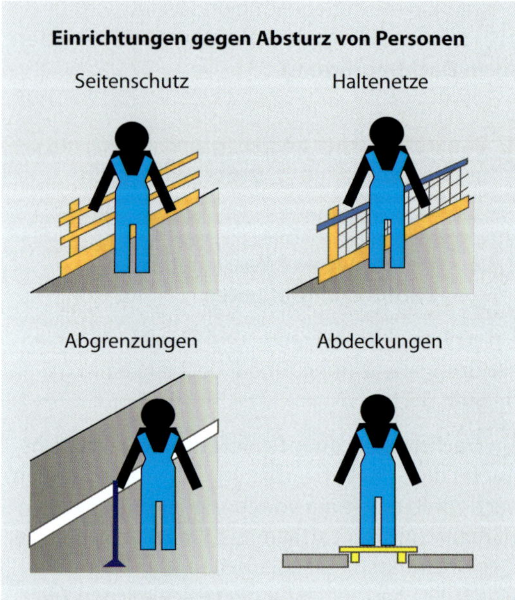

Abb. 2.38: Absturzsicherungen

Schutznetze kann man sowohl für Absturzbereiche nach außen als auch für Absturzbereiche nach innen einsetzen (Abb. 2.39). Sie müssen an tragfähigen Bauteilen nach Gebrauchsanleitung befestigt sein und dürfen als Schutznetz eine Maschenweite von 10 cm nicht überschreiten. Soll ein Schutz vor herabfallenden Gegenständen erreicht werden, darf die Maschenweite nicht größer als 2 cm sein. **Anseilschutz** ist in jedem Fall dann vorgeschrieben, wenn Auffangeinrichtungen nicht vorhanden sind.

Dacharbeiten werden meist mit **Schutzgerüsten** und auf **Arbeitsgerüsten** ausgeführt. Es ist bei Gerüsten darauf zu achten, dass diese sicher auf festem Grund stehen und gegen Abheben von der Wand verankert sind. **Schutzgerüste** sind z. B. Fang- oder Dachfanggerüste. Diese können abstürzende Personen auffangen oder als Schutzdächer Personen vor herabfallenden Gegenständen schützen.

Schutzgerüste werden gebaut als Bock-, Ausleger-, Konsol-, System-, Stahlrohr-, Kupplungs-, Leiter- oder Fahrgerüste. **Arbeitsgerüste** sichern den Zugang und den Aufenthalt auf Arbeitsplätzen.

> **Ab- und Durchsturz auf Dächern lassen sich verhindern durch:**
>
> - **Sicherung der Absturzkanten,**
> - **Benutzung von sicheren und freigegebenen Gerüsten,**
> - **Sicherung aller Dachöffnungen und nicht bruchsicheren Bauteile.**

Die Belagbreite des Dachfanggerüstes richtet sich nach der Absturzhöhe, sie sollte jedoch zur Sicherheit immer mindestens 60 cm betragen. Ein zusätzliches Netz schützt nicht nur Dachdecker*innen am Arbeitsplatz, sondern auch die darunterstehenden Personen vor herabfallenden Gegenständen. Die Durchgangs- und Verkehrswege auf Gerüsten müssen stets frei gehalten und dürfen nicht mit Arbeitsmaterial zugestellt werden.

> **Auf Gerüsten sind die Verkehrswege immer frei zu halten.**

Gerüste bestehen aus **Gerüstbauteilen** eines Systems (Abb. 2.40). Gerüstbauteile sind die tragenden Teile des Gerüsts, der Gerüstbelag, der Seitenschutz, Verbindungs- und Verankerungsmittel und Leitern. Senkrechte Teile nennt man Ständer oder Stiele, die standsicher auf höhenverstellbare Fußplatten aufgesetzt werden. Zwischen den Ständern nehmen waagerechte Längs- bzw. Querriegel die Lasten auf. Diagonale Längsstreben dienen der Aussteifung des Gerüstes. Der Gerüstbelag aus Metall oder Holzbohlen ist die Stand- und Arbeitsfläche.

> **Bei Gerüsten ist immer auf eine standsichere Fußplattenauflage zu achten.**

Abb. 2.39: Untergespanntes Schutznetz

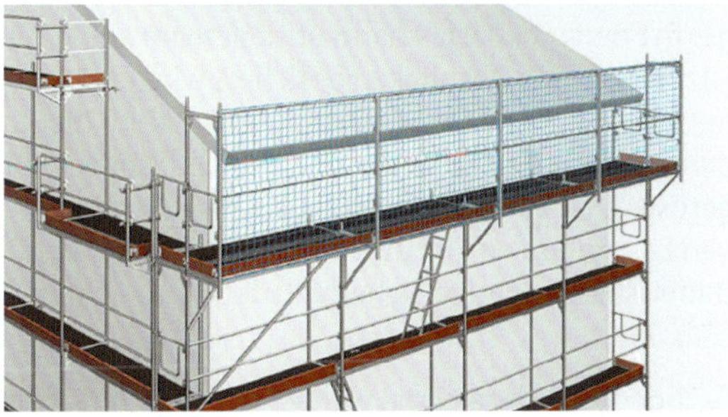

Abb. 2.40: Gerüste/Dachziegeldach

1 Bordbrett
2 Zwischenholm
3 Geländerholm
4 Stirnseitenschutz

Abb. 2.41: Einrüstung mit Seitenschutz

Verbindungsmittel sind Kupplungen, die einzelne Gerüstteile miteinander verbinden. **Verankerungen** dagegen sind Befestigungen des Gerüstes am Bauwerk selbst, um ein Abheben des Gerüstes vom Bauwerk auch bei Wind- und Verkehrslasten zu verhindern. Beträgt die Aufstiegshöhe nicht mehr als 5 m, kann eine **Außenleiter** parallel oder rechtwinklig zum Gerüst angelegt werden. **Innenleitern** sind sicherer zu begehen. Sie dürfen jeweils nur bis zum nächsthöheren Geschoss reichen. Ab 2 m Höhe des Gerüstbelages ist ein Seitenschutz erforderlich (Abb. 2.41), mit einer Mindesthöhe von

1 m über dem Gerüstbelag, bestehend aus Geländerholm, Zwischenholm und Bordbrett. Anstelle einzelner Holme kann auch ein Gitter verwendet werden.

Ein Dachdeckerstuhl bzw. ein Besengerüst ist ab 45° Dachneigung erforderlich.

Dachdeckerstuhl

Auf steilen Schieferdächern ist das Absturzrisiko hoch. Daher ist eine zusätzliche Absturzsicherung anzubringen: ein Dachdeckerstuhl, auch **Besengerüst** genannt. Dabei handelt es sich um ein Sitzbrett, das in Dachhaken gesichert wird und mit Füßen auf der eingedeckten Fläche steht, die durch Besen das neu Gedeckte schützen. Besengerüste werden gelegentlich auch zur kurzzeitigen Lagerung von Einbauteilen im Dach genutzt. Dabei ist auf wichtige Sicherheitsdetails zu achten (Tab. 2.21).

Dachdeckerauflegeleitern werden bei empfindlichen Oberflächen wie Schiefer- oder Faserzement-Deckungen eingesetzt und in dort vorhandene oder anzubringende Dachleiterhaken eingehängt. Dabei ist bereits bei der Eindeckung zu berücksichtigen, dass die Tragfähigkeit der Dachhaken möglicherweise noch Jahrzehnte für die geforderten 1,5 kN Last ausreicht. Eine Belastungsprobe vor der Nutzung auf der Baustelle ist immer ratsam. Weiterhin dürfen diese Leitern nicht mit der obersten, letzten Sprosse eingehängt werden, sondern zur Sicherheit mit der 2. Sprosse.

Zur eigenen Sicherheit ist eine Dachdeckerauflegeleiter immer mit der 2. Sprosse einzuhängen.

Tabelle 2.21: Besengerüst

Bestandteile	Darstellung
(1) Absteckdorne: der Dachneigung anpassen (2) Belagträger: 60 mm höher als Sitzbohle (3) Dachhaken: vorab auf Belastung prüfen (4) Mindeststärke der Sitzbohlen: 45 mm	

2.9 Übungsaufgaben zu LF 2

1. Die wichtigste Anforderung an das Dach eines Gebäudes ist die Regensicherheit, das heißt es muss Witterungseinflüsse von außen, wie Regen oder Schnee, abhalten. Nennen Sie mindestens 4 weitere Anforderungen, welche das Dach – insbesondere bei genutzten Dachgeschossen – erfüllen muss.
2. Grenzen Sie die Begriffe Flachdach, flach geneigtes Dach und Steildach in Bezug auf die Dachneigung voneinander ab.
3. Erklären Sie die Begriffe *Regeldachneigung* und *Mindestdachneigung*.
4. Die Regeldachneigung der Biberschwanzdoppeldeckung beträgt 30°. Die Regeldachneigung der Biberschwanzeinfachdeckung beträgt 40°. Erklären Sie diesen Unterschied.

5. Das abgebildete Walmdach hat eine Firsthöhe von 3,15 m (gemessen ab der Traufe). Alle Dachflächen haben die gleiche Dachneigung.
   a) Berechnen Sie die Sparrenlänge .
   b) Berechnen Sie die gesamte Dachfläche des Gebäudes.

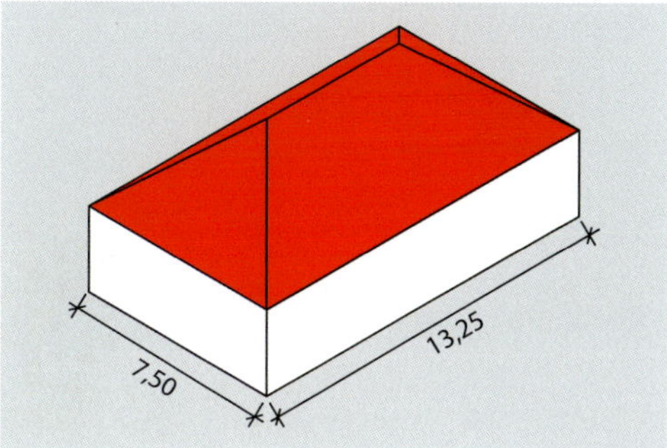

6. Nennen Sie die Bestandteile eines ungedämmten Dachaufbaus eines geneigten Daches und erklären Sie deren Funktion.
7. Erklären Sie den Unterschied zwischen einer Unterdeckung und einer Unterspannung.
8. Für Dachbaustellen sind Maßnahmen zur Arbeitssicherheit erforderlich. Führen Sie 4 Maßnahmen an, die vor Abstürzen von Dächern schützen.

Lernfeld 3: Einschalige Baukörper mauern

Thorsten Waldminghaus

Auch Maurerarbeiten sowie die enge Zusammenarbeit mit dem Maurergewerk fallen in den Tätigkeitsbereich von Dachdeckern. Das Mauern von Wänden gehört zwar in erster Linie zum Berufsbild des Maurers, aber gerade bei kleineren Aufträgen werden Maurerarbeiten aus Kostengründen häufiger auch von den vor Ort bereits anwesenden Handwerksbetrieben übernommen. Es ist daher wichtig, die entsprechenden Materialien, Konstruktionsweisen und Fachbegriffe zu beherrschen.

3.1 Anforderungen an Mauerwerk und Wände

Zu erstellendes Mauerwerk muss neben den statischen Anforderungen ebenfalls Anforderungen in Bezug auf Frostsicherheit, Wärme-, Feuchte-, Schall- und Brandschutz erfüllen (siehe Abb. 3.1). Dies kann nur durch eine fachgerechte Handhabung der Hilfsmittel, der Werkzeuge und der zu verarbeitenden Baustoffe gewährleistet werden. Dabei ist der moderne Mauerwerksbau ohne die Verwendung künstlicher Mauersteine nicht denkbar. Diese werden aus unterschiedlichen Rohstoffen und in verschiedenen Produktionsverfahren hergestellt, um den bestehenden Anforderungen gerecht zu werden. Üblich ist beispielsweise die Verwendung von Plansteinen und Steinen mit geringer Rohdichte.

Plansteine (siehe Abb. 3.2) werden äußerst passgenau hergestellt, wodurch sich dicke Mörtelfugen vermeiden lassen. Sie werden mit Dünnbettmörtel oder Kleber gemauert und ermöglichen Lagerfugen von nur etwa 1 mm Dicke. Dadurch werden die Wärmeverluste des Mauerwerks verringert.

Steine mit geringer Rohdichte sind beispielsweise Porenbetonsteine (Abb. 3.3) oder Leichtziegel (Abb. 3.4). Sie besitzen aufgrund ihrer produktionstechnisch geschaffenen Hohlräume eine geringe Wärmeleitfähigkeit. Durch das Einbringen von Wärmedämmstoffen in die Hohlräume wird bei einigen Mauersteinen der Wärmeschutz noch weiter verbessert.

> **Moderne Wände schützen wie die weiteren Bauteile der Gebäudehülle vor Regen, Wind, Sonne und Temperatureinwirkungen. Sie sorgen für die Standsicherheit und sind ein wichtiges Gestaltungmittel der Gebäude.**

Abb. 3.1: Witterungseinwirkungen auf Außenbauteile

Abb. 3.2: Plansteine

Abb. 3.3: Struktur eines Porenbetonsteins

Abb. 3.4: Mit Wärmedämmstoff gefüllter, porosierter Ziegel

Abb. 3.5: Tragende Wände im Dachgeschoss

Abb. 3.6: Ablage einer Filigrandecke auf tragenden Wänden

Gemauerte oder in anderer Bauweise erstellte Wände sind flächige, scheibenartige Bauteile, die je nach ihrer Anordnung im Gebäude unterschiedlichen Anforderungen an Lastaufnahme und -ableitung, Schall- und Wärmedämmung, Brand- und Feuchteschutz gerecht werden müssen. In der Regel erfüllt eine Wand mehrere Anforderungen gleichzeitig. Der Fachmann unterscheidet tragende, nicht tragende und aussteifende Wände sowie Brandschutz- und Schallschutzwände.

3.1.1 Tragende Wände

Tragende Wände im Mauerwerksbau sind beispielsweise Außenwände (siehe Abb. 3.5). Sie müssen die Standsicherheit eines Gebäudes gewährleisten, indem sie alle senkrecht wirkenden Druckkräfte sicher und gleichmäßig über die Fundamente in den Baugrund ableiten.

Tragende Wände (siehe Abb. 3.6) müssen neben den Eigenlasten des Gebäudes auch veränderliche Nutzlasten, z. B. Personen, Einrichtungsgegenstände, Lagerwaren oder Maschinen, aufnehmen und ableiten. Gemauerte tragende Wände werden in der Regel mindestens 17,5 cm dick ausgeführt. Darüber hinaus hängt die erforderliche Mauerdicke der tragenden Wände von der Höhe der abzutragenden Lasten, den verwendeten Baustoffen und ggf. zusätzlichen Anforderungen ab. Im modernen Mauerwerksbau werden Außenwände häufig einschalig ($d = 36{,}5$ cm) aus Hochlochziegeln hergestellt und mit Putz oder Wärmedämmputz versehen.

3.1.2 Nicht tragende Wände

Bei nicht tragenden Wänden steht unter Beachtung von Wärmedämm- und Schallschutzanforderungen die raumabschließende Aufgabe im Vordergrund. Dabei sind die Schallschutzeigenschaften, z. B. bei der Abtrennung von Schlafräumen zu Wohnräumen, durch die Wahl des Baumaterials bzw. die Stein- oder Ausführungsart beeinflussbar. Durch die Trennung der Bauteile untereinander und den Einbau von Dämmmaterialien kann die Schallentkoppelung verbessert werden.

3.1.3 Aussteifende Wände

Um ein Ausknicken oder Umkippen tragender Wände zu verhindern, werden diese ausgesteift. Je nach Dicke und vor allem nach Länge der aussteifenden Wand, kann die Standsicherheit der ausgesteiften Wand erheblich gesteigert werden. Aussteifende Wände werden in der Regel rechtwinklig zur tragenden Wand in einem stabilen Verband, d. h. verzahnt mit der tragenden Wand, errichtet. Alternativ dazu wird in der heutigen Baupraxis auch die sogenannte Stumpfstoßtechnik angewendet. Dabei werden Wände ohne Einhaltung der Verbandsregeln stumpf gegeneinandergestoßen. Durch das Einlegen von Flachankern aus nicht rostendem Stahl wird die geforderte Wandhalterung auch ohne die Verzahnung der Mauersteine erreicht.

Die Aufgabe von aussteifenden Wänden ist die Aufnahme von horizontalen Lasten. Dadurch wird ein Versagen der tragenden Wände durch Windlast oder andere horizontal wirkende Kräfte vermieden.

3.1.4 Brandwände

Brandwände erhöhen die Standfestigkeit eines Gebäudes im Brandfall. Sie unterteilen ein Gebäude in einzelne Brandabschnitte, um ein schnelles Ausbreiten der Flammen zu verhindern und die Nutzbarkeit von Fluchtwegen zeitlich zu verlängern.

Brandwände müssen aus nicht brennbaren Baustoffen bestehen und feuerbeständig sein. Ihre Standsicherheit muss auch unter zusätzlicher mechanischer Beanspruchung während des Brandes ausreichend lange erhalten bleiben. Die Feuerwiderstandsdauer soll mindestens 90 Minuten (F 90) betragen.

3.1.5 Wärmeschutz, Feuchteschutz und Schallschutz von Außenwänden

Außenwände müssen den hohen Ansprüchen des energiesparenden Wärmeschutzes genügen (siehe Abschnitt 6.4.1 in Lernfeld 6). Eine weitere Aufgabe der Außenwände ist der Schutz gegen Feuchte. Eine Durchfeuchtung durch Niederschläge muss vermieden werden. In der Praxis wird dies u. a. durch das Verputzen der Wand mit Außenputz erfüllt. Auch der Schallschutz ist eine wichtige Aufgabe von Außenwänden. Eine Wand muss den Schall so weit dämmen, dass die Gesundheit der Gebäudenutzer nicht durch Lärm gefährdet ist. Dies kann durch Materialien mit hohen Rohdichten, z. B. Kalksandsteine, oder durch einen mehrschichtigen Wandaufbau erreicht werden (siehe Abb. 3.7). Die jeweiligen Schichten einer Außenwand übernehmen hierbei verschiedene Funktionen wie z. B. Lastableitung, Wärmedämmung und Gestaltung. Bei der konstruktiven Planung von Außenwänden sind die geforderten Eigenschaften der Wand für die Ausführungs- und Materialwahl unbedingt zu beachten.

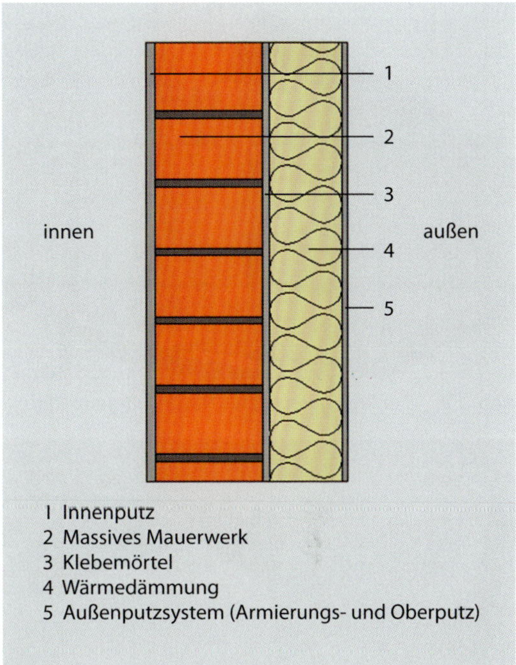

Abb. 3.7: Einschalige Außenwand mit mehrschichtigem Aufbau

Abb. 3.8: Unregelmäßiges Natursteinmauerwerk

3.2 Natürliche Mauersteine

Seit Jahrhunderten hat das Bauen mit Natursteinen wie Granit oder Sandstein Tradition. Die Arbeit mit Natursteinen erfordert die Anwendung überlieferter handwerklicher Verarbeitungstechniken.

Das Erstellen von Natursteinmauerwerk erfordert erheblichen Zeitaufwand und aufwendige Verarbeitungsverfahren. Da keine standardisierten Steinformate existieren (siehe Abb. 3.8), ist die Verarbeitung von Natursteinen kostenintensiv und ein Wärmeschutz nach dem aktuellen Stand der Technik nur mit unverhältnismäßig hohem Aufwand realisierbar.

Natur- bzw. Naturwerksteine werden daher heute nur noch wenig im Mauerwerksbau eingesetzt. Neben dem Einsatz im Garten- und Landschaftsbau

Abb. 3.9: Denkmalgeschütztes Natursteingebäude

Abb. 3.10: Ziegelsteine

Abb. 3.11: Kalksandsteine

Abb. 3.12: Porenbetonstein mit Grifflöchern

finden sie bei der Restaurierung, Denkmalpflege und bei der repräsentativen Gestaltung von Gebäuden Verwendung (siehe Abb. 3.9).

Nach der Art ihrer Entstehung lassen sich Natursteine in Erstarrungsgesteine (Magmagesteine), Ablagerungsgesteine (Sedimentgesteine) und Umwandlungsgesteine (metamorphe Gesteine) einteilen. Zu den Umwandlungsgesteinen gehört u. a. Schiefer.

3.3 Künstliche Mauersteine

Künstliche Mauersteine (siehe Tab. 3.1 und 3.2) werden aus natürlichen Rohstoffen wie Ton, Sand, Bindemitteln etc. hergestellt. Ihr Einsatz und die Auswahl des Steinmaterials hängen dabei von der Funktion und den Anforderungen des geplanten Mauerwerks ab. Automatisierte industrielle Herstellung und computerisierte Qualitätskontrollen sorgen für stets gleichmäßige Abmessungen, Form, Farbe und Festigkeit der künstlichen Mauersteine. Durch ausgereifte Produktionsverfahren können die Eigenschaften der Steine gezielt gestaltet werden. Je nach Grundmaterial und Produktionsverfahren verfügen künstliche Mauersteine über verschiedene Vor- und Nachteile im Dämm- und Tragverhalten. Es werden gebrannte und ungebrannte Mauersteine unterschieden. Gebrannte Steine sind Ziegel (siehe Abb. 3.10) und Schamottesteine. In der heutigen Baupraxis häufig eingesetzte ungebrannte Steine sind Beton-, Porenbeton- und Kalksandsteine (siehe Abb. 3.11 und 3.12). Sie unterscheiden sich in der Herstellung und der Zusammensetzung deutlich von den gebrannten Mauersteinen.

Neben dem pragmatischen Kriterium der Handverarbeitbarkeit sind bautechnische Eigenschaften wie Druckfestigkeit, Frostbeständigkeit, Maß- und Formhaltigkeit Beurteilungskriterien für künstliche Mauersteine. Ein wichtiger Faktor zur Einschätzung der genannten bautechnischen Eigenschaften ist die Rohdichte (ρ). Das Wissen um die folgenden Zusammenhänge ist daher wichtig:

$$\rho = \frac{m}{V}$$

ρ	Rohdichte in kg/dm^3
m	Masse in kg
V	Volumen in dm^3

Die Rohdichte ρ (Rho) eines Steines wird bestimmt aus der Masse eines Steines, geteilt durch dessen Volumen. Hieraus ergibt sich ein einheitlicher Vergleichswert.

Ein weiteres wichtiges Kriterium bei der Materialauswahl ist die Druckfestigkeit, welche sich indirekt aus der Rohdichte eines Steines ableiten lässt. Die Druckfestigkeit eines Steines gibt an, wie widerstandsfähig er gegen einwirkende Druckkräfte ist, bevor er durch sie zerstört wird. Mit genormten Versuchsverfahren kann die Druckfestigkeit bestimmt und geprüft werden. Sie wird in der Einheit N/mm^2 (Newton/Quadratmillimeter) angegeben. Anhand der Versuchsergebnisse werden Mauersteine in Steinfestigkeitsklassen (Sfk) eingeordnet. Diese werden ohne Einheit angegeben. Die Steinfestigkeitsklasse gibt die zulässige Druckbeanspruchung eines Mauersteins an. Sie leitet sich aus der Druckfestigkeit der Steine ab. Dabei ist festzustellen, dass Steine mit höherer Rohdichte zumeist eine bessere Tragfähigkeit haben als Steine mit geringerer Rohdichte.

1. **Je höher die Rohdichte, desto größer die Druckfestigkeit eines Steines.**
2. **Je höher die Rohdichte, desto größer die Schalldämmfähigkeit eines Steines.**
3. **Je geringer die Rohdichte, desto größer die Wärmedammfähigkeit eines Steines.**

3.3.1 Gebrannte künstliche Mauersteine

Gebrannte Mauersteine sind hauptsächlich Ziegel. Es gibt sie heute in vielen verschiedenen Ausführungen. Sie werden aus Ton, Lehm und ggf. weiteren Zusätzen hergestellt und in einem Brennverfahren verfestigt. Im Grunde lässt sich die Herstellung von Mauerziegeln mit der Dachziegelherstellung vergleichen, wobei sich die Unterschiede allerdings nicht nur auf die formgebenden Verfahren beschränken.

Mauerziegel sind die älteste künstliche Steinart. Sie haben verhältnismäßig gute statische, wärme- und schallschutztechnische Eigenschaften, wurden jedoch immer weiter verbessert und insbesondere an die gestiegenen Anforderungen im Wärmeschutz angepasst. Leichtziegel bieten eine geringere Rohdichte durch Poren im Ziegelmaterial. Diese entstehen durch brennbare Stoffe wie Sägemehl oder Polystyrolkugeln, die bereits vor dem Formen der Steinrohlinge zugegeben werden. Beim Brennen verbrennen diese Stoffe und übrig bleiben die gewünschten Poren. Hochlochziegel haben eine vertikale Lochung, weil eingeschlossene Luft Wärme, im Gegensatz zur Wärmeleitung im Ziegel, nur in geringem Maße überträgt. Um Luftströmungen im Mauerwerk zu vermeiden und den Wärmeschutz noch weiter zu verbessern, werden die geschaffenen Löcher mittlerweile häufig auch mit wärmedämmenden Materialien verfüllt.

Heute werden Mauerziegel in ihrer Form- und Maßhaltigkeit meist nachbearbeitet, um Fertigungstoleranzen auszugleichen und auf herkömmliches Mauern mit 12 mm dicken Lagerfugen (waagerechte Fugen) verzichten zu können. Diese sog. Planziegel werden im Dünnbettverfahren verarbeitet. Dabei wird der Dünnbettmörtel mit einer Mörtelrolle aufgetragen oder mit speziellen Klebern geklebt. Die Fugendicke beträgt nur 1 bis 3 mm. Durch die deutliche Reduzierung der schlecht wärmedämmenden Mörtelfugen verringert sich ihr Wärmebrückeneffekt. Zusätzlich erhalten die Steine an den Kopfseiten Nut und Feder, um auf eine Vermörtelung der Stoßfugen (senkrechte Fugen) verzichten zu können. Dies spart Arbeitszeit und verringert ebenfalls wärmedämmtechnische Schwachstellen im Mauerwerk (siehe Tab. 3.1).

Tabelle 3.1: Wichtige gebrannte Mauersteine

Vollziegel 	• besitzen einen verhältnismäßig schlechten Wärmedämmwert und werden daher heute nur noch selten benutzt • meist auf kleinen Flächen mit hohen Druckbeanspruchungen eingesetzt, z. B. Auflager eines Stahlbetonbalkens oder Stahlträgers • besitzen einen geringen Lochanteil und sind sehr tragfähig
Hochlochziegel 	• eine der am häufigsten eingesetzten Steinarten • verfügen über ein ausgewogenes Verhältnis zwischen Tragfähigkeit und Wärmedämmung • besitzen günstige Eigenschaften für den Schallschutz • Lochbild und Porenbildung sorgen für eine geringe Rohdichte der Leichthochlochziegel • beim Einsatz für Außenwände werden die Löcher teilweise mit Wärmedämmstoffen (z. B. Perlite oder Mineralwolle) gefüllt
Planziegel 	• sind Hochlochziegel, die nach dem Brand noch plangeschliffen werden • verarbeitet im Dünnbettverfahren, dadurch werden die Wärmeverluste durch die Mörtelfuge reduziert • zur Verbesserung der wärmedämmenden Eigenschaften auch mit integrierter Wärmedämmung erhältlich

Man unterscheidet geschütztes und ungeschütztes Mauerwerk. Geschütztes Mauerwerk ist gegen eindringendes Wasser geschützt und hat keinen Kontakt zum Boden oder zum Grundwasser (z. B. Mauerwerk in Außenwänden, das durch eine Putzschicht oder eine Verkleidung geschützt ist, oder die innere Wandschale einer zweischaligen Wand). Ebenso gelten Innenwände als geschützte Wände. Ungeschütztes Mauerwerk ist direkt der Witterung ausgesetzt oder nur unzureichend geschützt.

Gebräuchlich für ungeschütztes Mauerwerk sind u. a. folgende Ziegelarten:

- Vormauer-Vollziegel (VMz)
- Vormauer-Hochlochziegel (VHLz)
- Vollklinker (KMz)
- Hochlochklinker (KHLz)

Folgende Ziegelarten sind nur für geschütztes Mauerwerk geeignet:

- Vollziegel (Mz)
- Hochlochziegel (HLz)

3.3.2 Ungebrannte künstliche Mauersteine

Kalksandsteine, Hüttensteine, Poren-, Leicht- und Schwerbetonsteine sind weitere künstliche Mauersteine, die heute für Innen- und Außenmauerwerk eingesetzt werden.

Kalksandsteine sind aufgrund ihrer guten Schall- und Trageigenschaften weit verbreitet. Bei der Herstellung von Kalksandsteinen werden Branntkalk und Quarzsand im gewichtsbezogenen Mischungsverhältnis 1 : 12 intensiv gemischt. Durch einen chemischen Vorgang, das sog. Löschen, entsteht in großen Reaktoren unter Wasserzugabe zunächst Kalkhydrat. Das Mischgut wird dann nachgemischt, zu Rohlingen gepresst und in Härtekesseln unter Dampfdruck bei etwa 200 °C 4 bis 8 Stunden gehärtet. Im Gegensatz zum Brennen von Ziegeln bei mehr als 1.000 °C dienen die Umgebungsbedingungen in den Härtekesseln hier lediglich der Beschleunigung der chemischen Reaktion von Kalk mit Wasser. Kalksandsteine werden als Voll- und Lochsteine, aber auch als Vormauersteine und großformatige Planelemente hergestellt.

3.3.3 Steinformate

Zur Einhaltung der Achtelmetermaße sowie zur einfachen Herstellung von Mauerwerkswänden wurden die Steine dem Achtelmetersystem (siehe Tab. 3.3) angepasst, um aufwendige Behau- und

Tabelle 3.2: Ungebrannte künstliche Mauersteine

Schwerbetonstein 	• aufgrund ihrer Ausgangsmaterialien sehr schwer • weniger gute Wärmedämmeigenschaften • durch den Bestandteil Beton hochfest und tragfähig und daher meist bei der Erstellung von Garagen und im Erdreich befindlichen Kellerräumen oder tragenden Kellerinnenwänden gebräuchlich • gute Trageigenschaften
Kalksandstein 	• verhalten sich ähnlich wie Schwerbetonsteine, jedoch aus Kalk und Sand hergestellt • gewinnen durch Wärmedämmverbundsysteme immer stärker an Bedeutung, sodass ihre schlechten Dämmwerte vernachlässigt werden können
Porenbetonstein 	• hervorragende Wärmedämmeigenschaften • entstehen durch Zusammenführung von Quarzsand, Branntkalk, Wasser und Beimischung einer Aluminiumpaste (Quarzsand ist durch Flugasche aus Steinkohlekraftwerken ersetzbar) • durch die Reaktion mit der Aluminiumpaste entsteht ein Wasserstoffgas, welches feine Gasblasen im Stein aufschäumen lässt und ihn hinsichtlich seiner Wärmedämmeigenschaften beeinflusst

Tabelle 3.3: Steinformate im Achtelmetersystem

1 DF

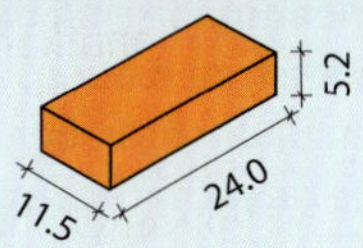

1 NF

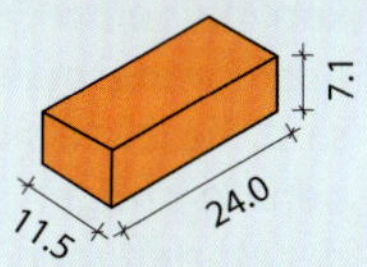

5 DF

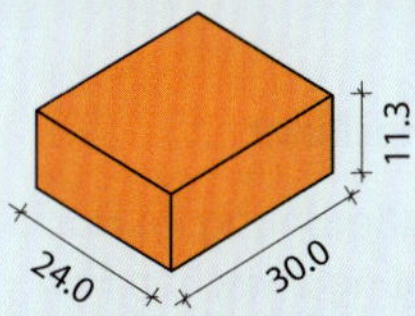

6 DF

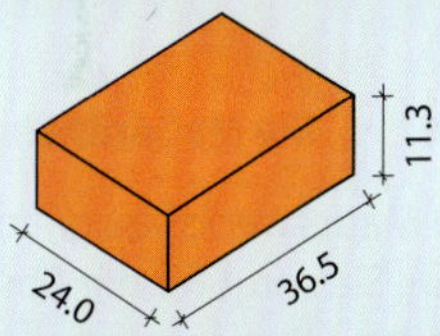

2 DF

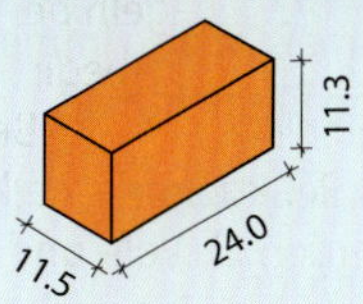

3 DF

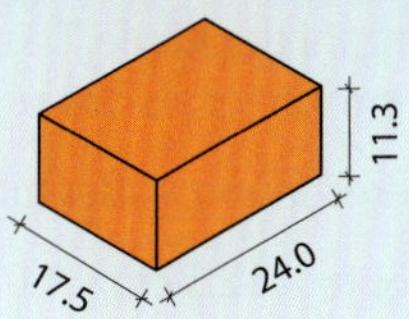

10 DF

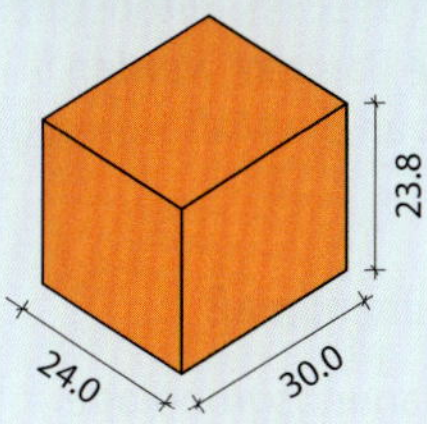

12 DF

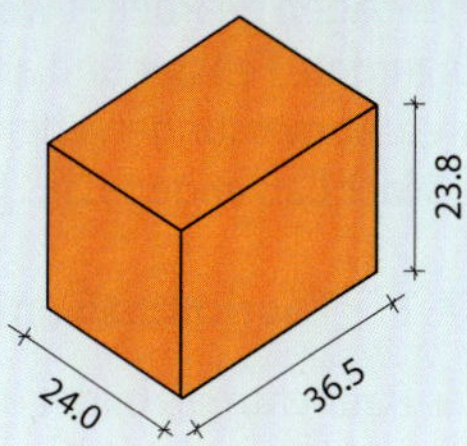

Schneidarbeiten zu vermeiden. Für diese werden dann genormte Kurzbezeichnungen verwendet.

Beim Mauerwerk aus künstlichen Steinen unterscheidet der Fachmann mit Blick auf die unterschiedlichen Steinformate bzw. Steingrößen zwischen klein-, mittel- und großformatigen Steinen. Grundformat für die Bausteine sind das Dünnformat (DF) und das Normalformat (NF). Alle weiteren Steingrößen werden als Vielfaches von 1 DF angegeben. Dabei hat 1 DF die Abmessungen (B/H/T) 24,0 cm/11,5 cm/5,20 cm.

Kleinformat:	DF (Dünnformat)
	NF (Normalformat)
	2 DF (2 × Dünnformat)
Mittelformat:	3 DF bis 6 DF
Großformat:	8 DF bis 20 DF

Je nach Handlichkeit wird auch in Einhandsteine oder Zweihandsteine unterschieden: 1-DF-, 2-DF- und 3-DF-Steine werden als Einhandsteine bezeichnet und besitzen meist eine Greiftasche zum einfacheren Einbau. 5-DF- und größere Steine werden als Zweihandsteine bezeichnet und mit beiden Händen außen oder unterhalb gefasst. Mittlerweile werden derartig große Steine auch mit einem Verlegekran gesetzt.

3.4 Die Maßordnung im Hochbau

Im Mauerwerksbau gilt die Maßordnung im Hochbau. Sie sorgt für die Abstimmung zwischen Herstellern, Planern und ausführenden Handwerkern. Dadurch kann Arbeitszeit und Material gespart werden, da nur wenige Mauersteine durch Schlagen oder Sägen bearbeitet werden müssen. Betonstürze, Türzargen, Fenster und andere Bauteile werden in ihren Abmessungen ebenfalls an die Maßordnung im Hochbau angepasst.

3.4.1 Baurichtmaß und Baunennmaß

Das Baurichtmaß bildet die Planungsgrundlage im Hochbau auf der Basis des Achtelmeters (1 am = 12,5 cm). Diese Länge wird auch als Kopfmaß bezeichnet, weil sie einer Steinbreite von 11,5 cm zuzüglich der Fugendicke von 1,0 cm entspricht. Länge, Breite und Höhe des Mauerwerks und anderer Bauteile ergeben immer ein Vielfaches von 12,5 cm. Dadurch erhalten alle Bauteile im Hochbau ein Raster in Achtelmeterschritten, weshalb man im Zusammenhang mit dem Baurichtmaß auch von einem Rastermaß spricht. Während die Fugen im Baurichtmaß pauschal berücksichtigt werden, ergeben sich bei der praktischen Ausführung des Mauerwerks zwangsläufig Abweichungen, da die tatsächliche Anzahl der Fugen von der Anzahl der Steine teilweise abweicht.

Beispiel: Eine freistehende Mauer wird mit einem Stein begonnen und mit einem Stein beendet. Betrachtet man die ganze Mauerlänge, ergibt sich eine Stoßfuge weniger als die Anzahl der Steine. Gegenüber dem Baurichtmaß ist die Mauer also um eine Fuge kürzer (– 1 cm).

Die tatsächlich auszuführenden Maße heißen Baunennmaße. Sie sind den vom Architekten erstellten Ausführungsplänen (Werkplänen) zu entnehmen. Man unterscheidet dabei drei Arten von Baunennmaßen (siehe Abb. 3.13 und 3.14): Außenmaß, Vorlagenmaß und Öffnungsmaß.

Mittels der Baurichtmaße plant der Architekt das zu errichtende Bauteil (z. B. einen Schornstein) auf der Basis eines Rastermaßes von 12,5 cm. Dies entspricht pauschal einem Steinkopf plus einer Fuge. Baunennmaße sind die Ausführungsmaße, die wirklich zu mauern sind. Sie leiten sich aus den Baurichtmaßen ab, berücksichtigen jedoch die tatsächliche Anzahl der Mörtelfugen.

Außenmaß:

Es ergibt sich immer eine Stoßfuge weniger als die Anzahl der Köpfe. Das Außenmaß ist also immer 1 cm kürzer als das zugehörige Baurichtmaß.

Berechnung Außenmaß: Beispiel 8 Köpfe

Köpfe × 12,5 cm – 1,0 cm Stoßfuge

8 × 12,5 cm – 1,0 cm = 99,0 cm

Das Außenmaß tritt bei Außenabmessungen eines Hauses, Pfeilern, Wanddicken und freiendenden Mauern auf.

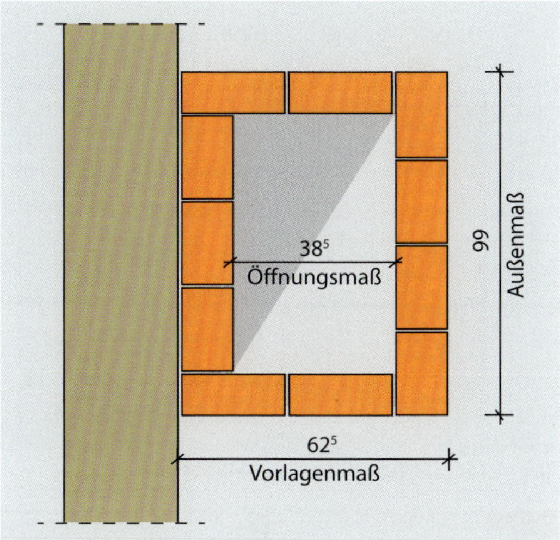

Abb. 3.13: Horizontalschnitt eines Außenkamins mit Baunennmaßen

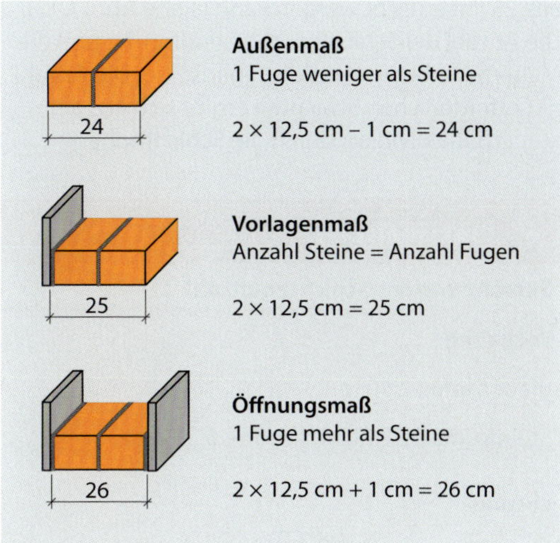

Abb. 3.14: Beispiele für Baunennmaße

Vorlagenmaß:

Es ergibt sich immer eine gleiche Fugen- und Kopfanzahl. Beim Vorlagenmaß ergibt sich keine Abweichung vom Baurichtmaß.

Berechnung Vorlagenmaß: Beispiel 5 Köpfe

Köpfe × 12,5 cm

5 × 12,5 cm = 62,5 cm

Das Vorlagenmaß tritt bei Mauervorsprüngen und einseitig angebauten Wänden auf und wird deshalb auch Anbau- oder Vorsprungsmaß genannt.

Öffnungsmaß:

Es ergibt sich immer eine Fuge mehr als die Anzahl der Köpfe. Das Öffnungsmaß ist immer 1 cm länger als das zugehörige Baurichtmaß.

Berechnung Öffnungsmaß: Beispiel 6 Köpfe

Köpfe × 12,5 cm + 1,0 cm Stoßfuge

6 × 12,5 cm + 1,0 cm = 76,0 cm

Das Öffnungsmaß tritt bei Rauminnenmaßen und Maueröffnungen für Fenster und Türen auf.

Tabelle 3.4: Höhenmaße des Mauerwerks

Formate	DF	NF	2 DF – 6 DF	> 6 DF
Steinhöhen in cm	5,2	7,1	11,3	23,8
Lagerfugendicke in cm	1,05	1,23	1,2	1,2
Schichthöhen in cm	6,25	8,33	12,5	25
Schichten je m Mauerhöhe	16	12	8	4

3.4.2 Mauerhöhen

Die Mauerhöhen werden durch die Schichthöhe und die Anzahl der Schichten bestimmt. Die Höhe einer Mauerschicht ergibt sich aus der Steinhöhe (Steinnennmaß) und der Dicke einer Lagerfuge. Die Dicke der Lagerfuge ist abhängig vom verwendeten Steinformat und liegt beim herkömmlichen Mauerwerksbau zwischen 1,05 und 1,23 cm. Da die Steinhöhen je nach Steinformat größer sind als ein Achtelmeter, sind die Abstufungen der Formate so gewählt, dass die gleiche Höhe mit jedem Format alle 25 cm erreicht werden kann (siehe Abb. 3.15). Die Anzahl der Schichten, das Steinformat und die Mauerhöhe bedingen sich gegenseitig. Die Anzahl der erforderlichen Schichten ergibt sich aus der Mauerhöhe dividiert durch die Schichthöhe.

Praxisbeispiel

Berechnung der Schichtenanzahl

Vorgaben

Mauerhöhe: 2,50 m

Steinformat: DF (Schichthöhe 6,25 cm)

Lösung

Schichtenanzahl: $\frac{250\ \text{cm}}{6{,}25\ \text{cm}} = 40$

3.4.3 Überbindemaß

Das Überbindemaß ist im Mauerwerksbau unerlässlich, um einen kraftschlüssigen Verbund zu gewährleisten und das Mauerwerk ausreichend zu verzahnen. Das Überbindemaß regelt den notwendigen Versatz von Steinen zur darunter- oder darüberliegenden Schicht. Durch die daraus entstehende versetzte Anordnung der Steine wird die aufliegende Last gleichmäßig von Schicht zu Schicht nach unten auf eine größere Fläche verteilt.

Das Überbindemaß ist von der Höhe der verwendeten Steine abhängig. Es beträgt mindestens das 0,4-fache der Steinhöhe und darf nicht kleiner als 4,5 cm sein.

Abbildung 3.16 zeigt, inwieweit der Versatz in Abhängigkeit von der Mauersteinhöhe zu berechnen und auszuführen ist. Dabei ist die Höhe *h* von Steinunterkante bis Steinoberkante und das Überbindemaß *ü* von Steinkante zu Steinkante der nächsten Schicht zu betrachten.

Das erforderliche Überbindemaß kann entsprechend dem nachfolgenden Praxisbeispiel festgelegt werden. Dabei ist zu berücksichtigen, dass eine gleichmäßige Lastverteilung nach unten nur erfolgen kann, wenn das Mauerwerk im Verband gemauert ist und das Überbindemaß den o. g. Bedingungen entspricht. Ein unregelmäßig versetztes Überbindemaß (siehe Abb. 3.17) sollte vermieden werden.

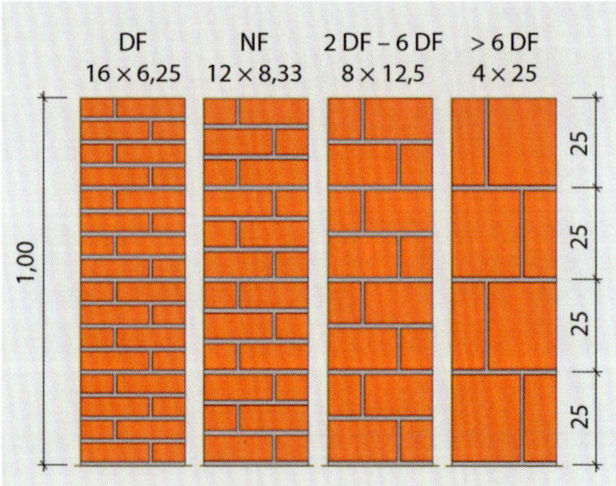

Abb. 3.15: Schichthöhen von Mauerwerk

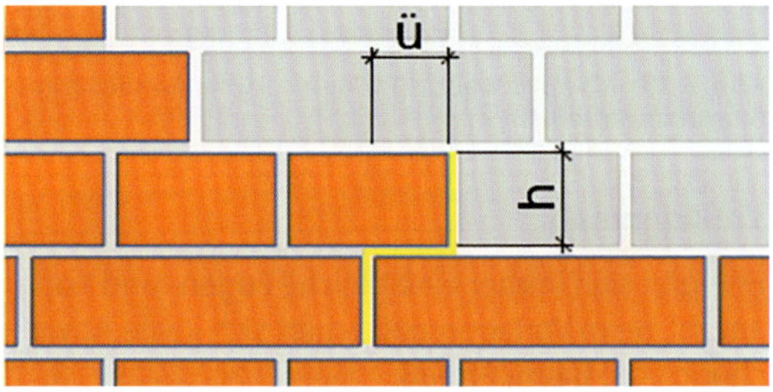

Abb. 3.16: Darstellung des Überbindemaßes

Abb. 3.17: Versetztes Überbindemaß

Aus diesen einzelnen Maßen und Anordnungsregeln ergeben sich somit die erforderlichen Maße für genormte Mauersteine. Es ist möglich, durch eine Kombination von verschiedenen Steingrößen einen Mauerwerkskörper inklusive verschiedener Öffnungs-, Außen- und Vorlagemaße herzustellen und dabei lästiges Bearbeiten der Steingröße zu vermeiden. Dadurch wird ein flüssiges, handwerklich korrektes Arbeiten gewährleistet.

Tabelle 3.5: Übliche Mauerverbände

Ansichten mit Darstellung der Steinanordnung	
Läuferverband 	**Binderverband** 
Blockverband 	**Kreuzverband** 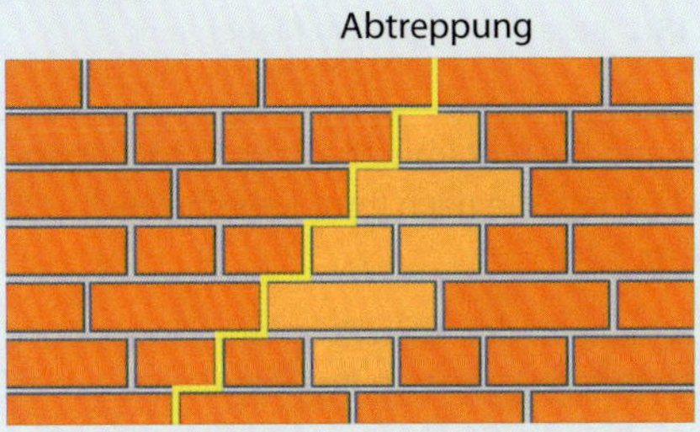

Praxisbeispiel

Berechnung des Überbindemaßes beim Mauerwerk, ausgeführt mit einem 2-DF-Stein.

Berechnung

Höhe eines 2-DF-Steines:		11,3 cm
Höhe einer Lagerfuge:	+	1,2 cm
	=	12,5 cm

Daraus errechnet sich das Überbindemaß, Kurzzeichen *ü*: $ü = 0{,}4 \times h = 0{,}4 \times 12{,}5\ \text{cm} = 5\ \text{cm}$

Lösung

Es ergibt sich ein Überbindemaß von 5,0 cm. Dieses Maß ist größer als 4,5 cm und hält somit die erforderlichen Bedingungen ein. Für einen NF- oder 1-DF-Stein würde sich ein Wert kleiner als 4,5 cm ergeben. Hier muss das Überbindemaß dann auf den Mindestwert von 4,5 cm heraufgesetzt werden.

3.4.4 Mauerverbände

Die Art des Zusammenfügens von Mauersteinen zum Zweck der Aufnahme von auftretenden Lasten und Kräften im Mauerwerk wird als Mauerwerksverband bezeichnet. Nur durch ein verbandsgerechtes Vermauern der Steine sind der Zusammenhalt und die Tragfähigkeit des Mauerwerks gewährleistet.

Der Mauerwerksverband ordnet übereinandergesetzte Steine so an, dass das Mauerwerk ausreichend miteinander verzahnt ist. Die Stoßfugen der Steine dürfen nicht übereinander zur Deckung kommen (siehe Tab. 3.5).

Für die Herstellung von Verbänden werden Teilsteine benötigt (siehe Abb. 3.19). Kleinformatige Steine können mit dem Maurerhammer geschlagen werden. Für größere Formate oder Sichtmauerwerk werden Steinsägen verwendet.

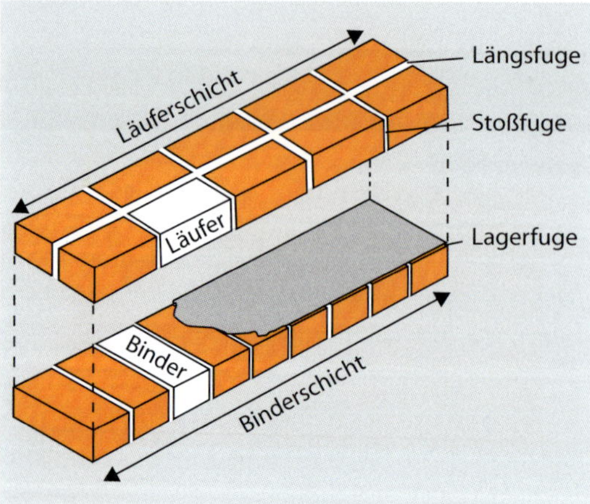

Abb. 3.18: Bezeichnungen am Mauerwerk

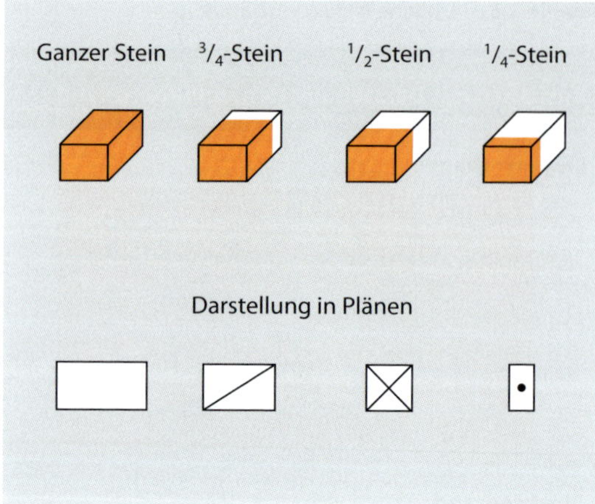

Abb. 3.19: Teilsteindarstellung

Ein Verband besteht immer aus verschiedenen Steinschichten, die nach ihrer Lage bezeichnet werden (Abb. 3.18).

Läuferschicht: In der Ansicht ist die Längsseite des Mauersteines zu sehen. In der Regel wird der Mauerstein dabei nur an den Mauerenden gekürzt oder behauen.

Binderschicht: In der Ansicht ist der Kopf des Steines zu sehen. Dabei wird das Format des Steines in seiner ursprünglichen Form belassen. Nur an den seitlichen Enden der Wand wird ggf. davon abgewichen.

Besonderheiten bei Mauerwerk sind zum einen die Rollschicht, bei welcher der Steinkopf in der Ansicht hochkant steht, und zum anderen die Grenadierschicht, bei der die Längsseite des Steines hochkant steht.

Durch Verbände werden gestalterische Züge bei Sichtmauerwerk wirkungsvoll umgesetzt und durch die Regelmäßigkeit der Steinanordnung das Verputzen einer nicht zu dämmenden Wand gespart.

Beim Läuferverband (siehe Abb. 3.20) bestehen alle Schichten des Mauerwerks aus Läufern. Zwei übereinanderliegende Mauersteine werden um eine halbe Steinlänge versetzt. Bei kleinformatigem Mauerwerk wird dies erreicht, indem in jeder 2. Schicht mit einem ½-Stein begonnen wird. Aus der Steinbreite ergibt sich die Wanddicke. Mit dem Läuferverband lassen sich Wände ab 11,5 cm Dicke erstellen. Bei großformatigen Steinen kann der Läuferverband auch als schleppender Verband ausgeführt werden, d. h., die Stoßfugen sind nicht mittig über dem darunterliegenden Stein angeordnet. Das Überbindemaß muss aber stets eingehalten werden.

Beim Binderverband (siehe Abb. 3.21) bestehen alle Schichten des Mauerwerks aus Bindern, d. h. die Steine liegen quer zur Wandrichtung. Bei kleinformatigen Steinen sind die Schichten jeweils um ¼-Stein versetzt. In jeder 2. Schicht wird mit 2 Läufern aus ¾-Steinen begonnen, damit ¼-Steine am Anfang vermieden werden. Die Wanddicke richtet sich nach der Steinlänge und beträgt mindestens 24 cm.

Der schichtweise Wechsel zwischen Binder- und Läuferschicht kennzeichnet den Blockverband (siehe Abb. 3.22). Die Anordnung der Steine ist dabei in jeder 2. Schicht identisch. Die Verzahnung der Steine beträgt ½ Achtelmeter. Es ergibt sich dabei eine Abtreppung von Schicht zu Schicht von oben nach unten 2 × ½ Steinkopf, dann einmal einen ¾-Stein. Voraussetzung für die Herstellung eines Blockverbandes ist eine Wanddicke von mindestens 24,0 cm.

Der Kreuzverband (siehe Abb. 3.23) ist dem Blockverband sehr ähnlich, jedoch sind die Fugen in jeder 2. Läuferschicht durch einen eingefügten Binder – auch Verschiebekopf genannt – nochmals um einen ½-Stein versetzt. Die Verzahnung beträgt

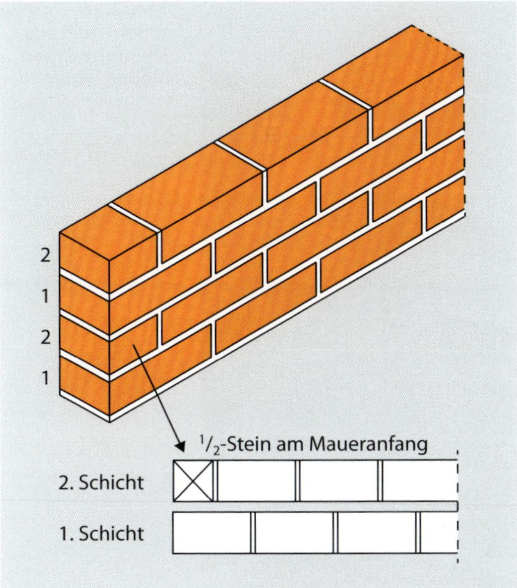

Abb. 3.20: Mauerwerk im Läuferverband

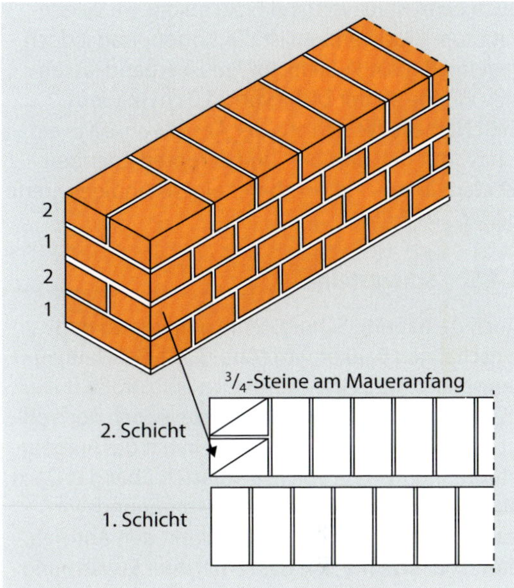

Abb. 3.21: Mauerwerk im Binderverband

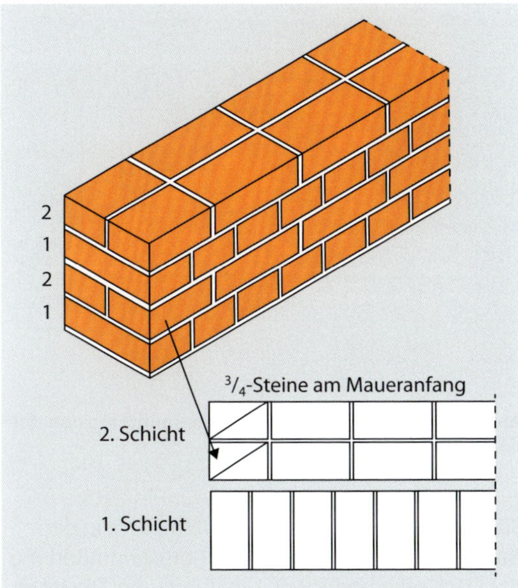

Abb. 3.22: Mauerwerk im Blockverband

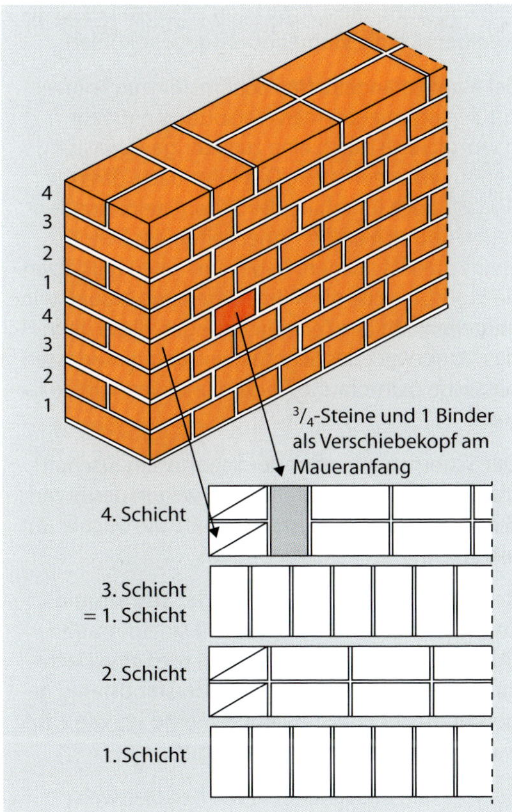

Abb. 3.23: Mauerwerk im Kreuzverband

auch beim Kreuzverband ½ Steinkopf. Im Gegensatz zum Blockverband ist die Abtreppung jedoch regelmäßig ein ¼-Stein. Im Kreuzverband lassen sich Wände ab der Dicke von 24,0 cm mauern. Sein Name leitet sich aus der Ansicht ab, da je ein Läufer mit den darüber- und darunterliegenden Bindern immer ein sichtbares eigenständiges Kreuz bildet.

3.4.5 Schornsteine

Auch gemauerte Schornsteine gehören zu den einschaligen Baukörpern (Abb. 3.24). Bei Neubauten spielen sie heute kaum noch eine große Rolle. In unserer Dachlandschaft sind sie jedoch noch allgegenwärtig. Ein Hausschornstein hat die Aufgabe, Verbrennungsgase von Feuerstätten über das Dach abzuführen. Ein Teil der beim Verbrennungsvorgang freiwerdenden Wärme bewirkt den Auftrieb, da sich die Wichte von Gasen bei ihrer Erwärmung verringert. Die wärmeren und damit leichteren Verbrennungsgase steigen im Schornstein auf und ziehen Luft nach. Die Zugwirkung ist umso besser, je weniger sich die Verbrennungsgase abkühlen.

Bei einem mangelhaften Schornsteinzug kann es zur Versottung kommen. Versottung entsteht hauptsächlich durch eine zu niedrige Abgastemperatur im Schornstein. Das führt dazu, dass die Abgase noch innerhalb des Schornsteins kondensieren und sich an den Innenseiten des Schornsteins niederschlagen. Dabei entstehen teils ätzende Stoffe, welche die Mörtelfugen und Mauersteine angreifen. Mit der Zeit durchdringen diese dann das Mauerwerk des Schornsteins und hinterlassen hässliche gelb-braune Flecken und einen üblen Geruch.

Der Schornsteinkopf ist der Schornsteinabschnitt über dem Dach. Unter anderem wegen des Brandschutzes müssen Schornsteinköpfe die Dächer um ein bestimmtes Maß überragen.

Bei harten Bedachungen muss der Schornsteinkopf den First um mindestens 40 cm überragen (Abb. 3.25). Als harte Bedachung wird eine Dachkonstruktion bezeichnet, die widerstandsfähig gegen Flugfeuer und strahlende Wärme ist, wie z. B. Dachziegel- oder Metalldeckungen.

Bei weichen Bedachungen, wie beispielsweise Reet oder Holzschindeln, müssen es mindestens 80 cm sein. Mündet der Schornstein nicht in der Nähe des Firstes, so muss die Schornsteinmündung das Dach um mindestens 1 m überragen. Die Höhe wird dabei im rechten Winkel zur Dachfläche gemessen.

Abb. 3.24: Außenschornstein aus kleinformatigen Mauersteinen

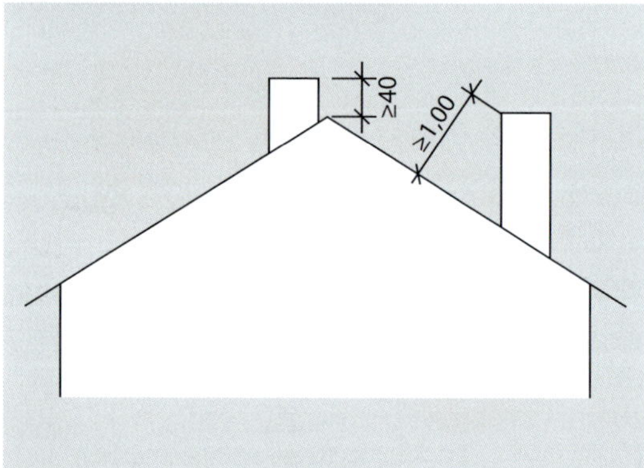

Abb. 3.25: Abstand der Schornsteinmündung von der Dachfläche

> **Schornsteine in Firstnähe müssen den First bei weichen Bedachungen mindestens um 80 cm und bei harten Bedachungen mindestens um 40 cm überragen.**

Des Weiteren ist bei Schornsteinen ein Abstand zu brennbaren Stoffen einzuhalten. Vereinfachend kann man festhalten, dass für Holzbalken (Pfetten, Sparren und Wechsel) i. d. R. ein Mindestabstand von 2 cm zum Schornstein einzuhalten ist. Für Holzbauteile mit geringem Querschnitt (z. B. Latten) ist ein Abstand nicht zwingend erforderlich, wenn die Ableitung der Wärme aus diesen Bauteilen nicht durch eine Wärmedämmung behindert ist. Es empfiehlt sich dennoch, einen Abstand einzuhalten.

Die oben genannten Regeln werden durch die Landesbauordnung bzw. durch die Feuerstättenverordnung festgelegt. Die Angaben beziehen sich auf NRW und können in anderen Bundesländern abweichen.

Bei Sanierungen mit Aufsparrendämmung muss geprüft werden, ob die geforderten Maße nach der Baumaßnahme noch eingehalten werden. Sofern eine Aufmauerung erforderlich ist, sind die in Abschnitt 3.4.6 beschriebenen Ausführungsregeln zu beachten.

Besondere Aufmerksamkeit ist auch der Schornsteinmündung zu widmen. Fallwinde und Luftwirbel können den Schornsteinzug erheblich beeinträchtigen. Sie können sich beispielsweise durch höhere Gebäudeteile, Gauben oder Bäume in der Nähe des Schornsteins bilden. Durch eine Schornsteinabdeckung aus Blech oder Faserzement können die Beeinträchtigungen abgemildert werden.

Die älteste Schornsteinabdeckung ist die sogenannte Meidinger Scheibe, die durch den deutschen Physiker Heinrich Meidinger entwickelt wurde. Es handelt sich dabei, um eine einfache Scheibe aus nicht brennbarem Material, die über der Schornsteinmündung montiert wird. Trotz ihrer simplen Konstruktion ermöglicht die Meidinger Scheibe effizienten Wind- und Regenschutz. Während sie früher oft aus Faserzement gefertigt wurde, verwendet man heute meist Edelstahl oder Kupfer für Abdeckscheiben oder Abdeckhauben.

Abdeckscheiben und Abdeckhauben auf Schornsteinen verringern die Auswirkungen von ungünstigen Luftströmungen auf den Schornsteinzug und schützen die Schornsteinmündung vor Niederschlagswasser.

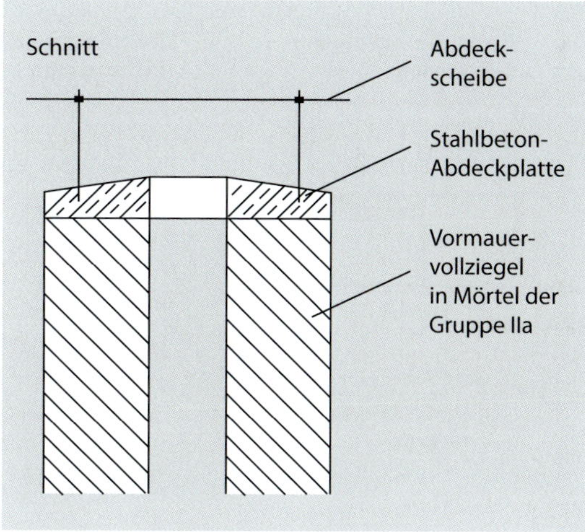

Abb. 3.26: Schnitt Schornsteinkopf

Um das Mauerwerk am oberen Ende des Schornsteinkopfes vor eindringender Feuchte zu schützen, wird als oberer Abschluss meist eine Abdeckplatte aus Stahlbeton auf den Schornsteinkopf aufgesetzt (Abb. 3.26).

3.4.6 Schornsteinverbände

Schornsteinköpfe müssen wegen ihrer exponierten Lage starken Beanspruchungen standhalten. Als Baustoff sind nur frostbeständige Ziegel zugelassen. Viertelsteine im Rauchrohrbereich können mit der Zeit durch die Kehrbürste gelockert werden und sind deshalb nach den Verbandsregeln verboten. Am Schornsteinkopf über Dach ist die Kehrbelastung weitaus geringer. Dort sind es vorrangig Witterungseinflüsse, die für an den Außenecken liegende Viertelsteine problematisch werden. Daher werden Viertelsteine am Schornsteinkopf möglichst vermieden oder eher innen angeordnet. Mögliche Mauerverbände für Schornsteinköpfe sind beispielhaft in Abb. 3.27 dargestellt.

Schornsteinköpfe müssen mit Mörtel Gruppe II vollfugig vermauert und sorgfältig verfugt oder verputzt werden. Das Verfugen sollte in einem Arbeitsgang mit dem Mauern erfolgen. Schornsteininnenseiten müssen möglichst glatt und dicht gemauert und verfugt werden, da die Zugwirkung des Schornsteins auch von Reibungsverlusten der Gase an den Schornsteinwangen und von Undichtigkeiten beeinträchtigt wird.

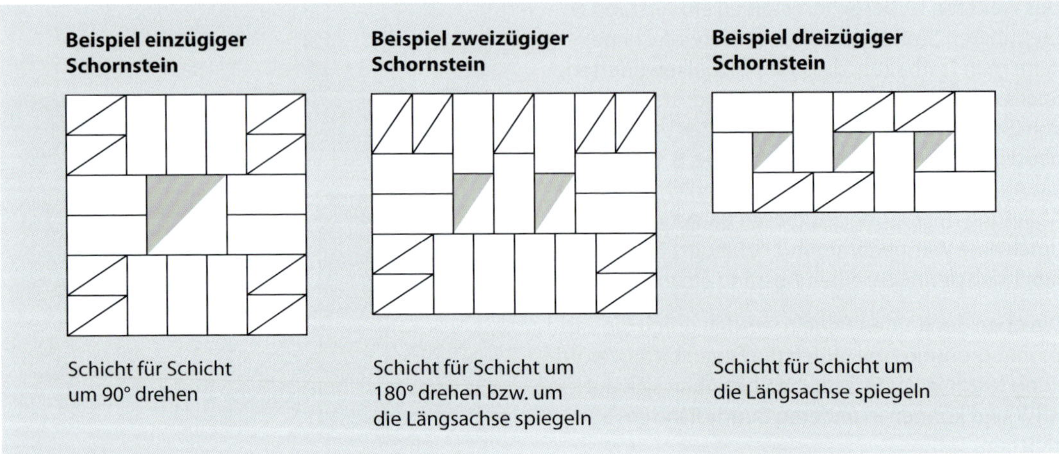

Abb. 3.27: Beispiele für Schornsteinverbände

Dachdecker und andere Firmen, die häufiger Schornsteine sanieren, fertigen neue Schornsteinköpfe oft im Betrieb vor. Der vorgefertigte Schornsteinkopf wird dann mit einem Kran direkt auf das Dach gehoben (siehe Abb. 3.28). Dies spart das mühsame Mauern auf dem Dach.

3.5 Mörtel

Der Markt hält verschiedene Mörtel-Zusammensetzungen bereit, da die Ansprüche an das Bindeglied zwischen den einzelnen Steinen vielfältiger geworden sind. So gibt es heute zum einen besonders tragfähige Mörtel, welche erhöhte Belastungen und Spannungen, z. B. unter Auflagerpunkten von Stahlbetonbalken, zulassen. Zum anderen existieren besonders leichte Mörtelarten, welche einen verbesserten Dämmwert haben, die sog. Leichtmörtel.

Durch die veränderten Verarbeitungsweisen von Steinen ist mittlerweile das Dünnbettverfahren entstanden. Hier entfällt die Fuge fast völlig, was die Dämmeigenschaften verbessert, jedoch ein enorm präzises Arbeiten erfordert.

Abb. 3.28: Aufsetzen eines vorgefertigten Schornsteinkopfes mit Kran

3.5.1 Mörtelherstellung und Verwendung

Mörtel wird überwiegend als Mauermörtel, Putzmörtel oder Estrichmörtel verwendet. Bestandteile des Mörtelgemisches sind:

- Zuschlag (bis maximal 4 mm),
- Bindemittel (Kalk und Zement),
- Anmachwasser (Wasser).

Mauermörtel sollen Unebenheiten ausgleichen, die Steine dauerhaft fest miteinander verbinden und eine gleichmäßige Kraftübertragung gewährleisten. Gleichzeitig wird eine gewisse Elastizität der Mörtel gefordert, welche die Verbundwirkung auch im Falle von Setzungen und Erschütterungen sichert.

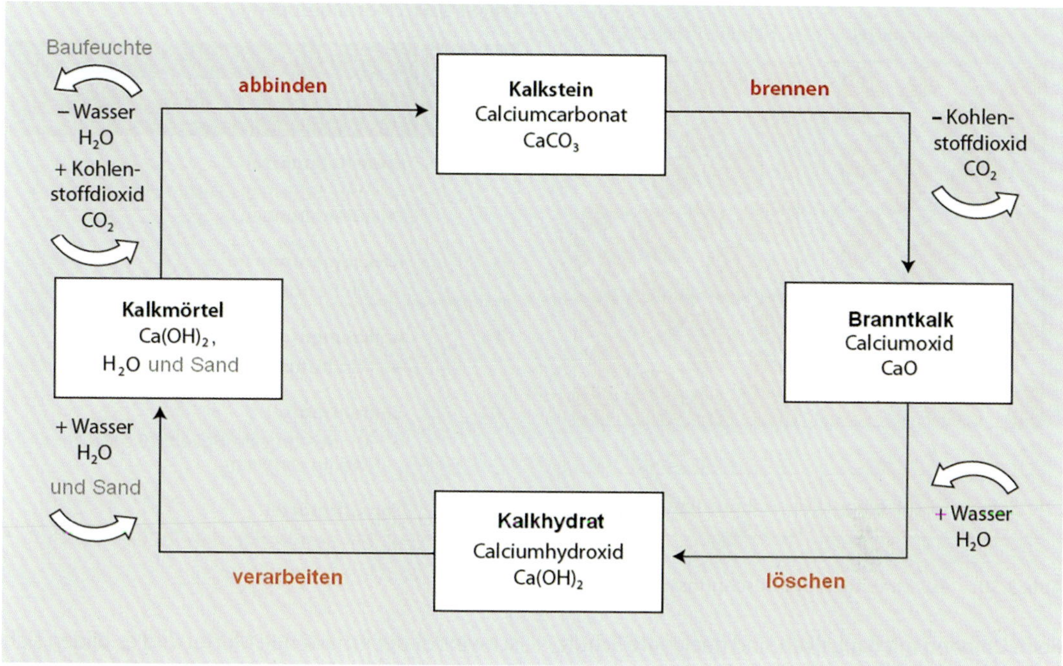

Abb. 3.29: Kalkkreislauf

3.5.2 Baukalk

Neben Zement (siehe Abschnitt 4.4.2 in Lernfeld 4) ist Baukalk ein wichtiges Bindemittel für Putz- und Mauermörtel. Zur Gewinnung von Kalk wird natürlicher Kalkstein in Steinbrüchen abgebaut. Je nach Kalksteinvorkommen können auch Beimengungen von Dolomit und Ton enthalten sein. Diese beeinflussen die Eigenschaften der Baukalke. Es werden dabei Luftkalke und hydraulische Kalke unterschieden.

Luftkalke

Luftkalke werden aus Kalkstein ($CaCO_3$) oder Dolomitkalkstein ($CaMg(CO_3)_2$) gewonnen. Entsprechend werden die Kalksorten Weißkalk und Dolomitkalk unterschieden. Herstellung und Verarbeitung von Kalk ist aus chemischer Sicht ein Kreislauf (siehe Abb. 3.29). Am Anfang liegt genau wie am Ende Kalk in Form von Kalkstein ($CaCO_3$) vor. Zunächst wird der natürliche Kalk abgebaut, zerkleinert und bei Temperaturen zwischen 900 und 1.200 °C in Schacht- oder Drehrohröfen zu stückigem Branntkalk (CaO) weiterverarbeitet. Branntkalk kann nicht direkt zur Mörtelherstellung verwendet werden, sondern muss erst gelöscht werden. Bei der sog. Trockenlöschung wird dem Branntkalk nur so viel Wasser zugegeben, wie zur Kalkhydratbildung benötigt wird. Dabei werden große Mengen Wärme abgegeben, sodass Temperaturen bis 100 °C entstehen. Für den Einsatz auf der Baustelle wird Branntkalk üblicherweise bereits werksmäßig gelöscht. Es entsteht dabei gebrauchsfertiges, pulveriges Kalkhydrat.

Luftkalke erhärten durch Aufnahme von Kohlendioxid (CO_2) aus der Luft. Sie lassen sich geschmeidig verarbeiten, erreichen aber nur eine verhältnismäßig geringe Festigkeit. Unter Luftabschluss, z. B. unter Wasser, kommt der Erhärtungsprozess (Carbonerhärtung) zum Erliegen.

Hydraulische Kalke

Natürliche hydraulische Kalke werden aus tonhaltigem Kalkstein (Mergel) hergestellt. Sie können aber auch durch Zumischen hydraulisch wirkender Stoffe gewonnen werden. Hydraulische Kalke erhärten durch Zusammenwirken von Carbonerhärtung und hydraulischer Erhärtung. Ihre Druckfestigkeit ist höher als die der Luftkalke.

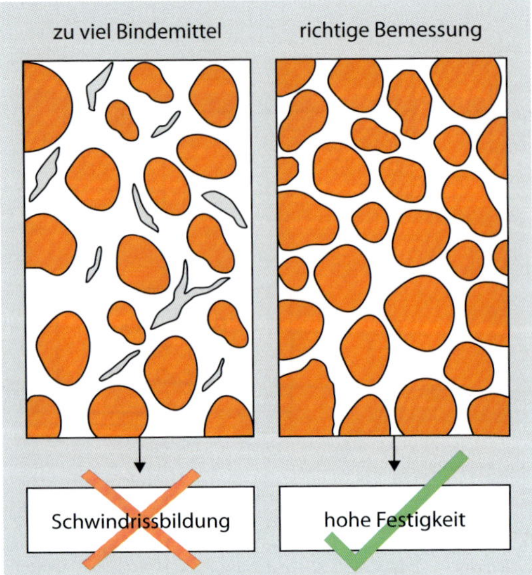

Abb. 3.30: Auswirkungen der Mischungsverhältnisse

Tabelle 3.6: Mörtelgruppen

Mörtelgruppe	Zusammensetzung und Eigenschaften
I	**reine Kalkmörtel** → ohne besondere Festigkeitsanforderungen
II	**Kalkzementmörtel** → Mindestdruckfestigkeit: 2,5 MN/m²
II a	**Kalkzementmörtel** → Mindestdruckfestigkeit: 5,0 MN/m²
III	**Zementmörtel** → Mindestdruckfestigkeit: 10,0 MN/m² (wenig elastisch)
III a	**Zementmörtel** → Mindestdruckfestigkeit: 20,0 MN/m²

Beim Umgang mit Baukalken sind geeignete Schutzmaßnahmen zu treffen, da diese Baustoffe stark alkalisch wirken und bei Hautkontakt zu Verätzungen führen können. Das Löschen des Branntkalks ist besonders gefahrenträchtig, da die Reaktion mit Wasser rasch viel Wärme freisetzt. Dabei entstehende Kalkspritzer können zu schweren Augenverletzungen führen.

3.5.3 Der Zuschlag

Der Zuschlag bildet das tragende Gerüst des Mörtels. Es handelt sich hierbei um die notwendigen Zusätze, welche außer Kalk und Wasser den wesentlichen Bestandteil von Mörtel bilden und ihm seine Festigkeit geben. Außerdem reduzieren Zuschläge die Reaktion von Kalk und Wasser und sind kostengünstiger als Kalk. In den meisten Fällen wird Sand als Zuschlag verwendet. Die Kornzusammensetzung soll gemischtkörnig sein, d. h., die Mischung ist so abzustimmen, dass kleinere Körner die Hohlräume der größeren Körner füllen. Dieses führt zu einem geringeren und damit kostengünstigeren Verbrauch an Bindemitteln. Für den Einsatz im Dachdeckerhandwerk werden feine Gesteinskörnungen (maximal 2 mm Korngröße) verwendet.

Darüber hinaus benötigen alle zement- und kalkhaltigen Mörtel den Zuschlag als „Magerungsmittel", um das sog. Schwinden des Mörtels zu verhindern. Wird dem Mörtel zu viel Bindemittel hinzugegeben, schwindet der erhärtende Mörtel und es bilden sich Risse im Mörtelgefüge (siehe Abb. 3.30).

Ist der Anteil an Bindemitteln hingegen zu gering, nimmt die Festigkeit des Mörtels ab. Die in den Normen angegebenen Mischungsverhältnisse sind bei der Mörtelherstellung einzuhalten.

3.5.4 Mörtelgruppen und Mischungsverhältnisse

Insgesamt werden 5 Mörtelgruppen (MG) unterschieden (siehe Tab. 3.6).

Damit der Mörtel den geforderten Ansprüchen genügt, müssen die benötigten Anteile an Bindemittel und Zuschlag sehr sorgfältig berechnet werden.

Bei Mörtelmischungen wird das Volumen der Bestandteile ermittelt. Die Mischungsverhältnisse werden in Raumteilen (RT) angegeben (siehe Tab. 3.7).

Mörtel für Dacharbeiten muss gemäß der Fachregel des Deutschen Dachdeckerhandwerks im Verhältnis 2 : 1 : 8 gemischt werden, d. h. 2 Raumteile Kalkhydrat, 1 Raumteil Zement und 8 Raumteile Sand.

Der Zementanteil im Mörtel sorgt für eine schnelle Anfangserhärtung. Dies ist notwendig, da das Dach nach dem Vermörteln i. d. R. früh der Witterung ausgesetzt ist und die Bindemittel sonst durch Regen ausgewaschen würden. Ebenso führt der Kalkanteil zu den gewünschten Eigenschaften des Mörtels. Als Frischmörtel ist ein reiner Zementmörtel

Tabelle 3.7: Mörtelzusammensetzung

Mörtelgruppe MG	Luft- und Wasserkalk		Hydraulischer Kalk HL2	Hochhydraulischer Kalk	Zement	Sand aus Gestein
	Kalkteig	Kalkhydrat				
I	1	–	–	–	–	4
	–	1	–	–	–	3
	–	–	1	–	–	3
	–	–	–	1	–	4,5
II	1,5	–	–	–	1	8
	–	2	–	–	1	8
	–	–	2	–	1	8
	–	–	–	1	–	3
II a	–	1	–	–	1	6
	–	–	–	2	1	8
III/III a	–	–	–	–	1	4

schwieriger zu verarbeiten als ein Kalkzementmörtel. Im abgebundenen Zustand verleiht Kalk als Bindemittel dem Mörtel Elastizität, um geringe Bewegungen des Bauwerks schadlos zu überstehen.

Beim Anmachen der Mörtelmischung tritt eine Volumenminderung ein. Diese resultiert aus dem Einschlämmen der Bindemittel und der feinen Zuschlagstoffe in die Hohlräume der größeren Zuschlagkörnungen. Der Hohlraumgehalt des Sandes ist bei feuchtem Zuschlag größer als bei trockenem.

Deshalb ist der Mörtelfaktor zu berücksichtigen. Bei baufeuchtem Sand ist er mit 1,6 anzusetzen. Dies bedeutet, dass für eine bestimmte Mörtelmenge das 1,6-fache an Sand und Zuschlag zu berücksichtigen ist. Bei trockenem Sand verringert sich der Faktor auf 1,4. Dabei wird der prozentuale Volumenanteil am hergestellten Mörtel als Mörtelausbeute bezeichnet.

Die Mörtelausbeute berechnet sich wie folgt:

$$m = \frac{\text{Mörtelmenge in l} \cdot 100\,\%}{\text{lose Masse in l}}$$

Als weiteres Maß gilt der Einmischfaktor:

$$e = \frac{\text{lose Masse in l}}{\text{Mörtelmenge in l}}$$

Abb. 3.31: Frischmachen von Mörtel mit der Kelle

Dabei gleicht der Einmischfaktor einer Volumenverringerung, die beim Mischen von Mörtel und Wasser auftritt, aus. Denn anders als bei anderen Stoffen verringert sich hier bei der Vermischung von zwei Massen das Volumen im Vergleich zur Summe der beiden Einzelvolumen.

Mörtel wird heute nur noch in kleineren Mengen von Firmen oder Privatleuten aus den einzelnen Bestandteilen hergestellt (Abb. 3.32). Zumeist wird dann Fertigmörtel aus Sackware eingesetzt. Oder es erfolgt eine Belieferung von Mörtel mit verzögernden Zusatzmitteln durch ortsansässige Betonfirmen in den Morgenstunden, bevor der Herstellungsbetrieb mit der Auslieferung von Betonen beginnt.

Sehr geringe Mengen im Eimer oder Kübel:

Sand mit dem Zement und/oder dem Kalk vermischen. ❶

Wasser nach und nach zufügen bis zur gewünschten Konsistenz ❷ und mischen. ❸

Kleine Mengen auf einer sauberen Unterlage (z. B. Blech):

Zement und Kalk ❶ auf den vorzugsweise trockenen Sand geben.

Immer neue Häufchen bilden bis zum Erhalt einer gleichmäßigen Mischung. ❷

Mit der Schaufel in der Mitte des Häufchens eine Vertiefung bilden. ❸

Ein wenig Wasser in das Loch gießen. ❹

Nach und nach die Mischung mit dem Rücken der Schaufel zur Mitte der Vertiefung bringen. ❺

Mischen, ❻ indem man nach und nach Wasser zufügt. ❼

Die Mischung muss gleichmäßig und leicht glänzend sein. ❽

Mörtelbereitung im Mischer:

Bei laufendem Mischer $^2/_3$ des benötigten Wassers eingießen und Sand und Zement hinzufügen.

Rest des Wassers hinzufügen, dann wiederholt mischen.

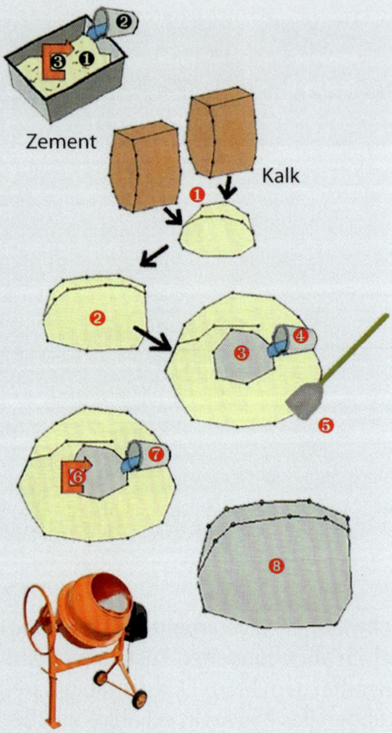

Abb. 3.32: Arbeitsschritte zur Mörtelherstellung

Mörtel ist je nach Mörtelgruppe und je nach Art der Lagerung und Witterung nur wenige Stunden bis Tage verarbeitbar. So zieht ein Mörtel bei trockenem und heißem Wetter schneller an, d. h., er erhärtet und ist nicht mehr verarbeitbar. Über Nacht gelagerter Mörtel sollte mit einer dünnen Wasserschicht benetzt und einer Folie abgedeckt werden, um seine Verarbeitungszeit zu verlängern.

Es darf nur eine Mörtelgruppe, sprich entweder MG I, II oder III, auf der Baustelle gelagert werden, da die Tragfähigkeiten und Einsatzbereiche unterschiedlich und die Mörtel nicht ohne Untersuchung der Zusammensetzung auf der Baustelle unterschieden werden können.

3.5.5 Dachdecker-Fertigmörtel

In der Regel wird eine Mörtelmischung nicht mehr selbst hergestellt, sondern es wird stattdessen in Säcken erhältlicher Fertigmörtel verwendet. Nach dem Einmischen von Wasser ist der Mörtel gebrauchsfertig. Dadurch wird weniger Anmachzeit benötigt und es können kaum Fehler passieren. Für das Dachdeckerhandwerk gibt es im Fachhandel spezielle Dachdecker-Fertigmörtel (siehe Abb. 3.33). Diese sind für den Einsatz zur Vermörtelung von Dachziegeln optimiert. Sie besitzen ein gutes Haftvermögen und eine hohe Elastizität. Durch die Zugabe von Farbpigmenten ist der Dachdecker-Fertigmörtel in den Farben Braun, Grau, Rot und Schwarz erhältlich.

Bei vielen älteren Dächern sind recht breite Mörtelfugen erforderlich. Man neigt dann dazu, den Mörtel durch weniger Wasserzugabe steifer anzumachen, um ein besseres Standverhalten des frischen Mörtels zu bewirken. Durch die verringerte Wassermenge entsteht im Mörtel allerdings weniger Bindemittelleim, was zu einer Verminderung der Verbundfähigkeit des Mörtels mit den Ziegeln führt. Darunter leidet die Dauerhaftigkeit der Mörtelfugen.

Dachdeckermörtel besitzt demgegenüber den Vorteil, dass meist Kunststofffasern (Polypropylenfasern) zugesetzt sind. Durch die Fasern kann der Mörtel in der richtigen Konsistenz beim Setzen von First- und Gratziegeln höher aufgebaut werden.

Auch nach dem Abbinden des Mörtels sind die Fasern von Vorteil. Durch sie erhält der erhärtete Mörtel ein verbessertes Zusammenhaltevermögen.

Beim Setzen von First- und Gratziegeln erzielt man mit der „frisch in frisch"-Verlegetechnik eine besonders hohe Ausführungsqualität (siehe Abb. 3.34). Dabei wird der Mörtel auf der Dachfläche und ebenfalls auf die Innenseiten der First- bzw. Gratziegel angegeben. Durch die beidseitige Mörtelangabe verbindet sich beim Aufsetzen der Ziegel der frische Mörtel gut miteinander und die Verbundfähigkeit mit den gesetzten Ziegeln wird verbessert. Da diese Verarbeitungstechnik jedoch mehr Zeit benötigt, wird der Mörtel in der Praxis teilweise dennoch nur einseitig – also nur auf der Dachfläche – angegeben.

Da Mörtel auf Dachflächen u. U. schon früh dem Regen ausgesetzt sein können, ist dem Dachdecker-Fertigmörtel bereits werkseitig genügend Zement beigemischt, damit sich eine ausreichende Anfangserhärtung ergibt. Der Erhärtungsverlauf von reinem Kalkmörtel wäre hier zu langsam und es könnte zu Kalkausblühungen kommen. Starker Regen könnte auch zur Auswaschung des Bindemittelleims an der Mörteloberfläche führen.

Auch wenn der Mörtel in trockenen Räumen länger gelagert werden kann, wird werkseitig der Verbrauch innerhalb von 3 Monaten empfohlen. Angerührter Mörtel bleibt etwa 2 Stunden verarbeitbar. Frischer Mörtel ist vor zu schneller Austrocknung, vor Frost und Regen zu schützen.

3.6 Einrichten eines Arbeitsplatzes für Maurerarbeiten

Bei der Arbeit steht der Schutz der eigenen Gesundheit immer an erster Stelle. Die Einhaltung der Unfallverhütungsvorschriften ist deshalb unerlässlich.

Ab 1,50 m Mauerwerkshöhe ist eine Arbeitsbühne oder ein Gerüst unbedingt erforderlich, um die Arbeit zu erleichtern und sich nicht unnötig bei der Ausführung der Arbeit zu gefährden oder zu überlasten. Bis 4,00 m Höhe ist ein Bockgerüst (siehe Abb. 3.35) sinnvoll. Ein arbeitssicheres Bockgerüst besteht aus den Gerüstböcken, dem Gerüstbelag,

Abb. 3.33: Dachdecker-Fertigmörtel

Abb. 3.34: Erstellung eines Mörtelfirstes

Abb. 3.35: Bockgerüst, Höhe < 2,00 m

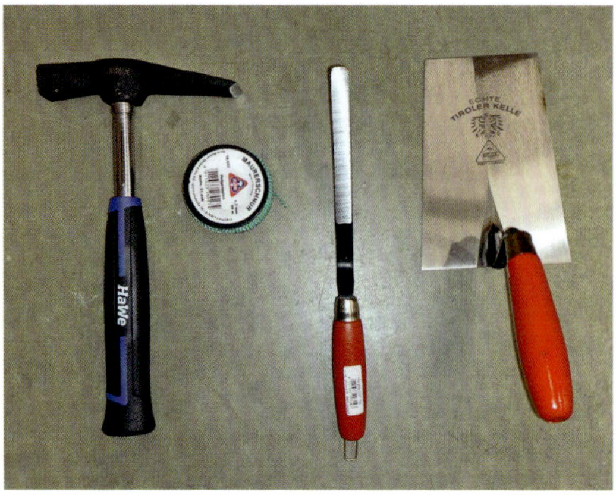

Abb. 3.36: Maurerhammer, Maurerschnur, Fugen- und Maurerkelle

Abb. 3.37: Säge für Porenbetonsteine

meist Buchenbohlen, und ab 2 m Höhe dem Seitenschutz. Dieser besteht aus einem Geländerholm, einem Zwischenholm und einem Bordbrett. Diese sind aufgrund der geringen Arbeitshöhe auf dem in Abb. 3.35 abgebildeten Gerüst noch nicht installiert.

Zudem müssen Material und Werkzeuge ergonomisch und schnell erreichbar sein.

3.6.1 Werkzeuge und Hilfsmittel

Zum Mauern werden verschiedene Werkzeuge und Hilfsmittel benötigt. Dazu gehören u. a. die Dreieckskelle, die Fugenkelle, der Maurerhammer, die Maurerkelle, die Steinsäge, der Gliedermaßstab, die Schichtenmesslatte, das Lot, die Maurerschnur, die Wasserwaage, der Mörtelmischer (z. B. Freifallmischer), der Rührspaten zum Aufmischen des Mörtels, der Quast sowie Schubkarren, Lagerfässer und Eimer (siehe Abb. 3.36 und 3.37).

Für das Mauern mit großformatigen Steinen werden außerdem Steinzangen und Versetzgeräte benötigt. Mit zunehmender Mauerhöhe können Bockgerüste oder hydraulische Bühnen erforderlich werden.

3.7 Vorbereitung und Beginn einer Aufmauerung

Die angelieferten Steine sind auf Maßhaltigkeit und Rissfreiheit sowie durch eine Klangprobe (verdeckte Risse) zu überprüfen. Zum Mauern erforderliche Hilfsmittel sind zu besorgen und ggf. erforderliche Gerüste aufzustellen.

Zunächst sind die Ecken oder Mauerenden hochzumauern. Sie müssen besonders sorgfältig erstellt werden (siehe Abb. 3.38). Die Lot- und Waagerechten müssen stets mit der Wasserwaage kontrolliert werden. Für das fluchtgerechte Mauern der Schichten wird zwischen den Mauerenden oder -ecken eine Fluchtschnur gespannt. Im Handel sind zu diesem Zweck verschiedene Schnurspanner erhältlich. Es ist aber auch mit einfachen Mitteln möglich, eine Schnur zu spannen (siehe Abb. 3.39). Die Schnurhöhe befindet sich Oberkante Stein und nach vorn etwa 2 mm vom Stein entfernt. Die Schnur ist nach jeder gemauerten Schicht neu zu spannen.

Stark saugende Steine sind vor dem Vermauern vorzunässen, damit dem Mörtel nicht das Wasser entzogen wird. Die Fugen sind grundsätzlich vollfugig zu vermörteln. Ein besonderes Augenmerk ist auf flucht- und lotrechtes Mauern zu richten.

Mauersteine dürfen nach Ansteifen des Mörtels nicht mehr gerichtet werden, da ansonsten die Haftung zwischen Mörtel und Stein nicht mehr gewährleistet ist.

3.7.1 Horizontalsperre und Bauwerksabdichtung

Je nach Bauweise ist zu Beginn der Mauerarbeiten vor (siehe Abb. 3.40) und nach (siehe Abb. 3.41) der ersten Mauerwerksschicht eine Feuchtigkeitssperre auszulegen. Diese verhindert das Aufsteigen von Feuchtigkeit in die darüberliegenden Mauerwerks-

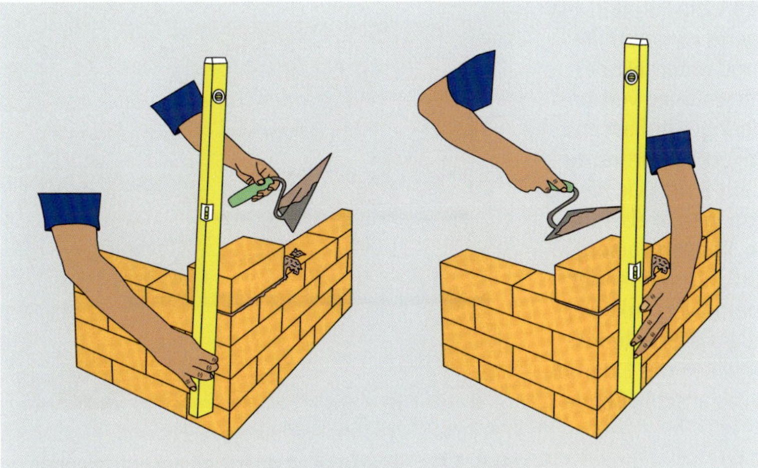

Abb. 3.38: Kontrolle der Lotrechten mit der Wasserwaage

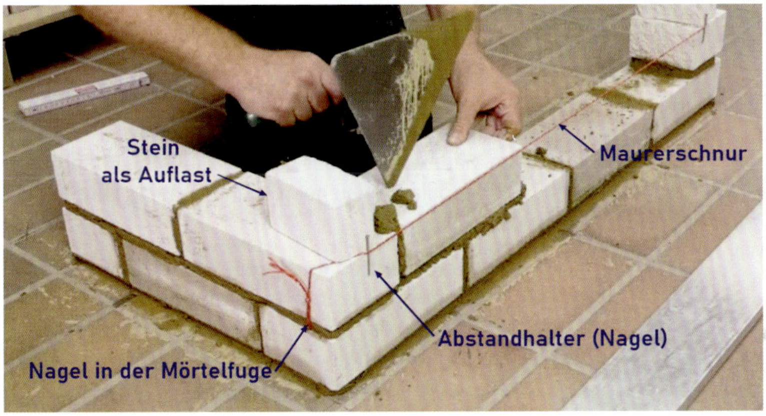

Abb. 3.39: Gespannte Fluchtschnur

Abb. 3.40: Sohlplatte mit Feuchtigkeitssperre bei der Herstellung von Mauerwerk

Abb. 3.41: Sperrschicht gegen aufsteigende Feuchtigkeit

schichten (siehe auch Abschnitt 14.2 in Lernfeld 14). Die horizontale Feuchtigkeitssperre wird mithilfe der Mörtelschichten oberhalb und unterhalb der Sperre mit dem Mauerwerk kraftschlüssig verbunden. Jedoch kommt es bei zu geringer Auflast aus dem darüberliegenden Bauwerk und aufgrund zu hoher horizontaler Lasten, z. B. aus Erddruck, häufig zur Rissbildung durch Verschiebungen in ebendieser Fuge. Um dies zu vermeiden, können vorsorglich Mauersteine mit hoher Rohdichte verwendet oder das Mauerwerk mit Stahlbeton verstärkt werden. So kommen für Kellerwände u. a. Schalungssteine zum Einsatz. Diese ermöglichen das Einarbeiten einer Stahlbewehrung und das anschließende Verfüllen mit Ortbeton.

3.7.2 Abdichtung durch Dickbeschichtung oder Schweißbahn

In der Regel wird das im Erdreich liegende Mauerwerk gegen „drückende Feuchtigkeit" abgedichtet. Eine Möglichkeit ist das Aufbringen einer Sperrschicht aus bituminösem Anstrich, Sperrputz oder Schweißbahn. Die andere Möglichkeit ist das Erstellen einer Stahlbetonwanne aus wasserundurchlässigem Beton, der sog. weißen Wanne (siehe Abschnitt 14.2 in Lernfeld 14).

Die bituminöse Sperrschicht wird zumeist auf einem für das Erdreich geeigneten Unterputz aufgetragen. Bei der Verarbeitung ist auf ein gleichmäßiges Aufbringen der Masse zu achten und das Bilden von Hohlräumen zu vermeiden. Wichtig ist auch, dass beim Auftragen keine Temperaturen unterhalb der Frostgrenze bzw. der vom Hersteller angegebenen niedrigsten Temperatur auftreten. Dies kann im weiteren Verlauf dazu führen, dass sich die bituminöse Schicht flächenartig vom Putz oder Mauerwerk ablöst. Alternativ ist ein Sperrputz aufzutragen. Dieser besteht aus Zementputz mit Zusätzen, die ein Eindringen des Wassers vermeiden sollen. Auf den Sperrputz wird mehrfach ein bituminöser Anstrich aufgetragen.

Je nach Bauweise ist vor und nach der ersten Mauerwerksschicht eine horizontale Feuchtigkeitssperre (siehe Abb. 3.42) einzubauen. Diese verhindert das Aufsteigen von Feuchtigkeit in die darüberliegenden Mauerwerksschichten. Dabei wird die horizontale Feuchtigkeitssperre mithilfe von Mörtel oberhalb und unterhalb der Sperre mit dem Mauerwerk kraftschlüssig verbunden.

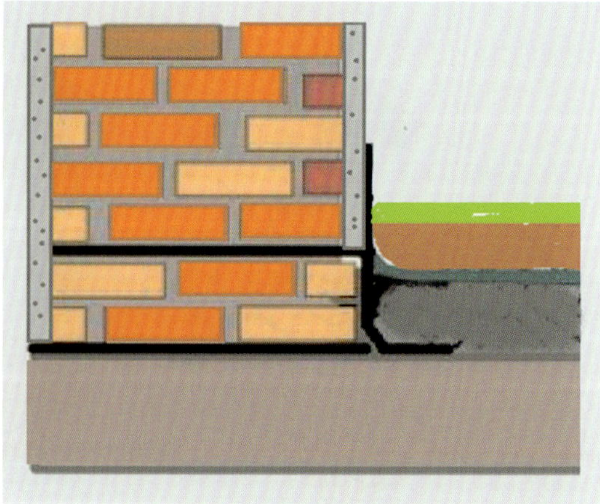

Abb. 3.42: Feuchtigkeitssperre gegen aufsteigende Feuchtigkeit und drückendes Wasser

Ursache für ein mögliches Aufsteigen von Feuchte im Mauerwerk ist das bauphysikalische Phänomen der Kapillarität (siehe Abschnitt 2.1.4 in Lernfeld 2).

Hervorgerufen durch die Oberflächenspannung von Flüssigkeiten steigt die Flüssigkeit in einem engen Zwischenraum entgegen der Erdanziehung nach oben. Dieser Effekt wird auch Kapillareffekt genannt.

3.7.3 Bestimmung des Baustoffbedarfs

Die Massenermittlung der verschiedenen Baustoffe ist für die Kostenermittlung und die Materialbestellungen notwendig. Hierzu gehören u. a. auch die Masse der erforderlichen Mauersteine und die erforderliche Menge an Mauermörtel. Der Bedarf kann mithilfe der Tabelle 3.8 ermittelt werden. Zum Ablesen der Mengen bedarf es lediglich der Angabe des zu verwendenden Steines und der Wanddicke. Die erforderlichen Mengen können dann als Quadratmeterwert mit dem abgelesenen Tabellenwert multipliziert werden.

Es müssen zudem Bruch und Verhau bei den Steinen sowie Maßabweichungen und Materialverluste beim Arbeiten mit dem Mörtel berücksichtigt werden.

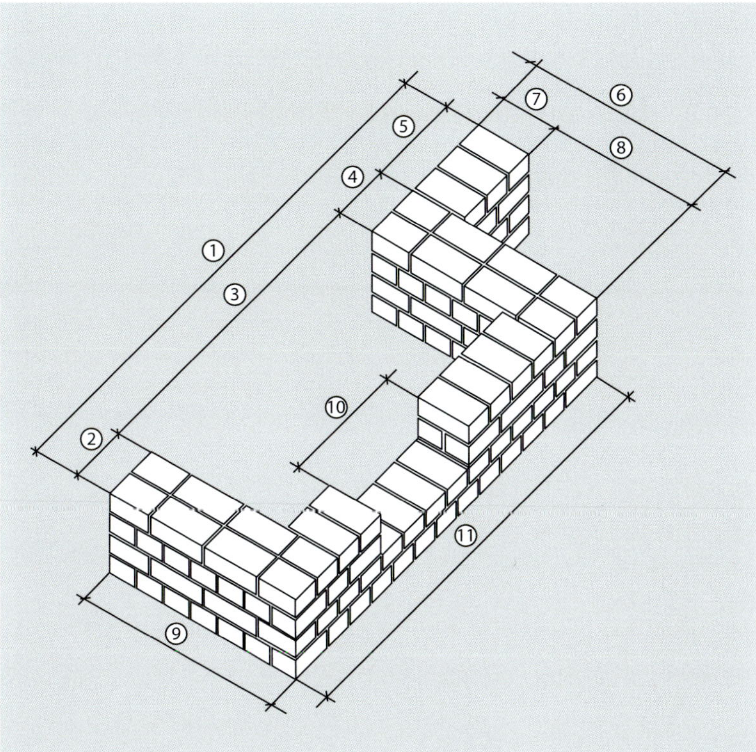

Abb. 3.43: Bestimmung von Baunennmaßen

Tabelle 3.8: Baustoffbedarfsermittlung für künstliche Mauersteine nach m²

Format	Wanddicke	Bestimmung je m²	
	in [cm]	Steine [Stück]	Mörtel [m³]
DF	11,5 24,0	66 132	0,03 0,07
NF	11,5 24,0	50 99	0,03 0,07
2 DF	11,5 24,0	33 66	0,02 0,05
3 DF	17,5	33	0,03
4 DF	24,0	33	0,04
5 DF	24,0 30,0	26 32	0,04 0,05
6 DF	17,5 36,5	16 32	0,04 0,06

3.8 Übungsaufgaben zu Lernfeld 3

1. Welche Wandarten werden anhand ihrer Funktion unterschieden? Nennen Sie diese und beschreiben Sie kurz die jeweilige Aufgabe bzw. Funktion der Wände.
2. Welche Vorteile besitzt Dachdecker-Fertigmörtel gegenüber selbst angemischtem Mörtel?
3. Bestimmen Sie für das in Abb. 3.43 dargestellte Mauerwerk die korrekten Baunennmaße.
4. Welche Bestimmungen sind aus Brandschutzgründen bei gemauerten Schornsteinen in Bezug auf brennbare Baustoffe einzuhalten?
5. Auf der Baustelle sind 17 m² Mauerwerk aus Steinen im DF-Format zu mauern. Ermitteln Sie den Bedarf an Steinen und Mörtel bei einer Wanddicke von 24 cm.

Lernfeld 4: Stahlbetonbauteile herstellen

Lars Rehberg

Lernfeld 4 behandelt wichtige Grundlagen zum Stahlbetonbau. Dazu gehören die Zusammensetzung von Beton, die Herstellung von Zement, die Verarbeitung und Nachbehandlung von Beton, Schalungsbau und Betonbewehrung sowie das Thema Nachhaltigkeit. Als Dachdecker hat man zwar weniger mit Stahlbeton zu tun, allerdings muss man in der Lage sein, auf der Baustelle ein Fachgespräch mit anderen Beteiligten aus der Bautechnik zu führen. Dazu ist die Kenntnis bautechnischer Grundlagen von Beton unerlässlich. Auch wenn man sich im Bereich der Architektur oder Bautechnik später weiterbildet, sind die Informationen aus Lernfeld 4 eine wichtige Grundlage.

4.1 Zusammensetzung von Beton

Beton wird aus Zement, Gesteinskörnung (Sand, Kies) und Wasser hergestellt. Alle Bestandteile von Beton sind natürlichen Ursprungs. Der aus Kalk und Ton hergestellte Zement bildet mit Wasser den sogenannten Zementleim. Dieser umschließt und verbindet Sand und Kies. Das Wasser wird chemisch gebunden und mit der Gesteinskörnung als „Gerüst" entsteht ein harter Baustoff. Man spricht auch von einem „künstlichen Stein".

Durch unterschiedliche Zusammensetzungen ergeben sich verschiedene Betonarten, die durch ihre besonderen Eigenschaften vielfältig einsetzbar sind.

Je nach gewünschtem Beton werden Zusatzmittel und Zusatzstoffe verwendet, die beispielsweise dafür sorgen, dass der Beton langsamer erhärtet, besser fließt oder eine Farbe bekommt.

Man unterscheidet Beton beispielsweise nach

- Gewicht (Rohdichte):
  Leicht-, Normal- und Schwerbeton
- Ort der Herstellung:
  Transportbeton, Baustellenbeton, Betonfertigteil aus dem Werk
- Verwendung:
  Spezieller Beton für Sicherheit, Wärmeschutz, Feuchteschutz – z. B. hochfester Beton, wasserundurchlässiger Beton, Faserbeton, Porenbeton, Spritzbeton, Recyclingbeton, Sichtbeton, selbstverdichtender Beton usw.

Abb. 4.1: Schornsteinkopf sanierungsbedürftig und saniertes Beispiel

Eines haben alle Betonarten gemeinsam: Die Inhaltsstoffe **Zement, Gesteinskörnung und Wasser**.

In der Regel haben es Dachdecker mit normalem Stahlbeton zu tun. Hierunter versteht man einen Normalbeton mit zusätzlicher Einlage aus Stahl oder Fasern. Er kommt beispielsweise zum Einsatz, wenn ein alter Schornsteinkopf mit einem neuen Betonkranz saniert wird (siehe Abb. 4.1).

4.1.1 Herstellung von Zement

Wir kennen Zement als fein gemahlenes, graues Pulver aus einem 25-kg-Sack. Er ist der wesentliche Bestandteil im Beton. Unser genormter Zement wird als **Portlandzement** bezeichnet. Er erhielt seinen Namen von dem britischen Baustoffentwickler Joseph Aspdin. Dieser ließ sich seine Zementmischung 1824 patentieren. Die Farbe seines Produktes erinnerte ihn an die Farbe des „Portland Stones", der im Süden Englands abgebaut wurde.

Rohstoffgewinnung

Rohmaterial im Mischbett

Mahlen des Kalksteins zu Rohmehl in der Vertikalmühle

Mahlen des Klinkers in der Kugelmühle

Zementversand in Silowagen

Abb. 4.2: Zementherstellung

Die Herstellung von Zement erfolgt in mehreren Schritten (siehe Abb. 4.2). In Steinbrüchen werden **gemischte Vorkommen aus Kalkstein und Ton** durch Sprengen und mit großen Maschinen abgebaut. Das Material wird in mehreren Schritten fein gemahlen. Das dabei entstehende **Rohmehl** wird dann bei **1.450 °C gebrannt**. Dabei schmilzt das Rohmehl zu graubraunen, fast schwarzen Kugeln, dem sogenannten **Zementklinker,** zusammen. Dies ist der Grundstoff für die verschiedenen Zementarten. Der Portlandzementklinker wird dann **gemahlen und als Pulver in Säcke verpackt** oder in großen Mengen in Silo-Fahrzeugen transportiert.

In der Produktion können verschiedenste Stoffe hinzugefügt werden, die die Eigenschaften des Zements und auch des späteren Betons beeinflussen. Je nach zugemischtem Material ändert sich auch die Bezeichnung des Zements. Wird z. B. gebrannter Schiefer zugesetzt, bezeichnet man den Zement

Abb. 4.3: Römischer Beton – das Kolosseum in Rom

dann als Portlandschieferzement. Im späteren Beton wird durch den Zusatzstoff dann eine bessere Wasserundurchlässigkeit erreicht.

Durch das Brennen des Kalkstein-Ton-Gemisches zu Zementklinker ist das Endprodukt erst in der Lage, Wasser zu binden und hart zu werden.

Schon die alten Römer erkannten, dass gebrannter Kalk unter Zugabe von Wasser eine Reaktion zeigt und hart wird. Bei ihnen war die Mischung zwar etwas anders als heute, aber das Prinzip war das gleiche. Gebäude mit dem römischen „opus caementitium" kann man noch heute bewundern (siehe Abb. 4.3).

Zemente werden in verschiedenen Festigkeitsklassen hergestellt und anhand einer normalen oder schnellen Anfangsfestigkeit unterschieden (siehe Tabelle 4.1). Die Festigkeitsklasse gibt an, welchen Druck der feste Zement aushalten kann.

Tabelle 4.1: Kennzeichnung und Festigkeitsklassen

Festigkeitsklasse	Zementtüte	Aufdruckfarbe
32,5 N	hellbraun	schwarz
32,5 R		rot
42,5 N	grün	schwarz
42,5 R		rot
52,5 N	rot	schwarz
52,5 R		weiß

Da Zement mit Feuchtigkeit, auch mit Luftfeuchtigkeit, reagiert, muss er trocken gelagert werden. Auf der Baustelle dürfen Zementsäcke vorübergehend auf Kanthölzern und unter Schutzfolien gelagert werden. Die Folien dürfen die Säcke nicht berühren, da sie durch Kondenswasser feucht werden können.

4.1.2 Gesteinskörnung

Gesteinskörnung kommt natürlich in Flüssen vor oder wird im Steinbruch abgebaut. Außerdem wird Bauschutt recycelt und ebenfalls für die Betonherstellung eingesetzt.

- natürliche Gesteinskörnung
  → abgebaut aus Flüssen, runde Kornform
- künstliche Gesteinskörnung
  → in Maschinen zerkleinert, kantige Kornform
- rezyklierte Gesteinskörnung
  → aufbereitetes Material bspw. aus Bauschutt

Die im Beton verwendete Gesteinskörnung besteht aus Sand und Kies mit unterschiedlichen Korngrößen. Die Gesteinskörnung beeinflusst die Oberfläche des fertigen Betons und die Verarbeitbarkeit auf der Baustelle. Je nach Verwendung und Aufgabe des späteren Betons werden Gesteinskörnungen in Korngruppen (sogenannte Lieferkörnungen) eingeteilt und auf den Einsatzbereich des Betons abgestimmt. Üblich sind Korngrößen von 0 bis 4 mm Durchmesser (Sand) bis hin zu 32 mm Durchmesser (Kies). Im Betonwerk wird die Gesteinskörnung erst nach Größen sortiert und dann nach Rezept mit den gewünschten Grob-, Mittel- und Feinanteilen für den bestellten Beton gemischt.

Anforderungen an die Gesteinskörnung:

- Sie muss **frei von Verunreinigungen** sein, da der spätere Beton negativ beeinflusst werden könnte.
- Die **Kornform soll gedrungen**, also eher würfelig, sein. Das spart Zementleim, sorgt für eine gute Verarbeitbarkeit, ein stabiles Korngerüst und verbessert die Betoneigenschaften.
- Die **Kornfestigkeit** muss so hoch sein, dass sie für den Beton geeignet ist. Natürliche Gesteinskörnung erfüllt diese Anforderung in der Regel.
- Die Gesteinskörnung darf nur eine **geringe Wasseraufnahme** besitzen, damit sie frostsicher ist.

- Die Gesteinskörnung im Beton muss aus groben bis feinen Anteilen bestehen. Sie ist **gemischtkörnig**, damit Lücken zwischen gröberem Kies mit kleinerem Material ausgefüllt werden. Das spart Zement bzw. Zementleim und verbessert die Betoneigenschaften.

4.1.3 Zugabewasser

Das Zugabewasser in der Betonmischung muss sauber sein. Es gelten Richtlinien, die eine Prüfung von Wasser erforderlich machen können. Ohne weitere Prüfung darf Trinkwasser aus der Leitung verwendet werden.

Beton ist ein künstlicher Stein, der aus einem Gemisch aus Zement (Bindemittel), Gesteinskörnung (Sand und Kies) und Wasser besteht (siehe Abb. 4.4).

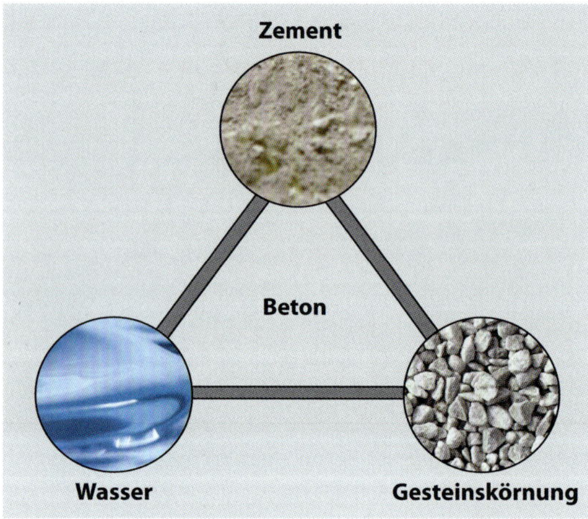

Abb. 4.4: Inhaltsstoffe Beton

4.2 Nachhaltigkeit

Obwohl die Inhaltsstoffe von Beton natürlichen Ursprungs sind, ist dessen Produktion nicht ressourcenschonend.

Zement bildet beim Brennen mit 1.450 °C seine chemischen Eigenschaften, die dem späteren Beton seine Stabilität verleihen. Beim Brennvorgang wird Kohlenstoffdioxid aus dem Kalk-Ton- Gemisch freigesetzt. Da das Material dabei hoch erhitzt wird, benötigt man zudem Brennstoffe. Rund ein Drittel der CO_2-Emission ist auf den **Brennstoffeinsatz** zurückzuführen. Etwa zwei Drittel sind **rohstoffbedingte** Emissionen.

Durch den Einsatz moderner Technologien im Verfahren der Zementherstellung wurden schon CO_2-Minderungen erreicht. Außerdem werden alternative Brennstoffe, sogenannte Sekundärrohstoffe, zur Befeuerung der Anlagen genutzt. Sekundärrohstoffe sind z. B. Abfälle oder Altreifen. Das spart klassische Brennstoffe wie Kohle oder Gas.

Meist kommt Beton aus der Gegend, in der er gebraucht wird. Er hat also kurze Transportwege. Alte Betonbauteile können nach Abbruch recycelt und wieder in der Bauwirtschaft eingesetzt werden. Das Nachhaltigste, was man über Beton sagen kann, ist sicher seine lange Lebensdauer und Haltbarkeit.

Negativ zu erwähnen ist dagegen, dass der Kalkabbau zerklüftete Landschaften hinterlässt. Diese werden aber in der Regel renaturiert.

Gesteinskörnung und **Sand** bilden 70 bis 80 % des Betonvolumens. Leider ist die Kornbeschaffenheit von Sand nicht immer gleich. Der typische glatte, runde Wüstensand ist für Beton ungeeignet. Geeigneter Sand wird in Sandgruben abgebaut, am Meeresboden abgesaugt und aus Flüssen abgetragen. Das Absaugen mit Schiffen schadet dem Ökosystem im Meer, zudem sind der Abbau in den Ursprungsländern sowie der Transport dieser schwindenden Ressource problematisch.

Kies, Sand, Naturstein, an deren Industrie viele Arbeitsplätze hängen, haben einen natürlichen Ursprung – aber es fehlt an Nachschub. Gesteine und Sande werden allerdings auch recycelt. Die natürlichen Vorkommen von Sand und Kies liegen in Deutschland, wodurch wir kaum mineralische Rohstoffe importieren müssen und die Transportwege überschaubar sind.

Wasser hat nicht nur im Baustoff Beton an sich eine Bedeutung. Bei der Zementherstellung wird Wasser als Kühlmittel verwendet. Im Kieswerk wird das Gestein gewaschen, bevor es für Beton verwendet werden darf. Die gesamte Industrie benötigt viel Wasser. Mit geschlossenen Wasserkreisläufen und effizientem Wasserrecycling wird versucht, Frischwasserentnahmen zu reduzieren.

Praxisbeispiel

Berechnung des Wasserzementwertes (w/z-Wert)

Aufgabe

Für ein Bauelement aus Beton werden **300 kg Zement** und **90,5 Liter Zugabewasser** gemischt. Das Gewicht der verwendeten **Gesteinskörnung beträgt 1.857 kg**. Die Gesteinskörnung lag draußen auf dem Lagerplatz. Sie hat eine E**igenfeuchte von 2 %** ihres Gewichtes.

Liegt der w/z-Wert bei den geforderten 0,4?

Rechnung

Masse des wirksamen Wassers w	= Zugabewasser + Eigenfeuchte
Zugabewasser	= 90,5 Liter = 90,50 kg
Die Eigenfeuchte beträgt 2 % des Gewichtes der Gesteinskörnung	$\frac{1.857\ \text{kg}}{100} \cdot 2\,\% = 37{,}14\ \text{kg}$
Masse des wirksamen Wassers w	90,5 kg + 37,14 kg <u>= 127,64 kg</u>

$$\textbf{\textit{w/z-Wert}}\ \frac{\text{Wasser } 127{,}64\ \text{kg}}{\text{Zement } 300\ \text{kg}} = 0{,}425 \approx \underline{\mathbf{0{,}4}}$$

Ergebnis

Der w/z-Wert liegt im gewünschten Bereich bei 0,4.

4.3 Zementerhärtung – Hydratation und der Wasserzementwert

Bei der Betonherstellung werden Gesteinskörnung mit Wasser und Zement (Zementleim) vermischt. Dabei entsteht Frischbeton, der noch weich und verformbar ist. Nach etwa 24 Stunden ist die Mischung in einem chemischen Prozess, der sogenannten Hydratation, erhärtet. Aus dem fast flüssigen Zementleim ist harter Zementstein geworden, der die Gesteinskörnung umschließt. Eine Betonoberfläche kann dann betreten werden.

Nach zwei bis sieben Tagen muss der Beton eine festgelegte Anfangsfestigkeit und nach 28 Tagen eine bestimmte Mindestdruckfestigkeit erreicht haben.

Wird bei der Zementmischung zu wenig Wasser verwendet, können sich die Zementpartikel nicht auflösen. Die gewünschte chemische Reaktion bleibt aus. Der spätere Beton erreicht dann nicht die gewünschten Eigenschaften, z. B. die gewünschte Festigkeit.

Wird zu viel Wasser verwendet, bilden sich durch das Überschusswasser, welches nicht mehr gebunden werden kann, feinste Poren und Kanäle. Diese können später kapillar Wasser saugen. Auch das hat negative Folgen auf die Betoneigenschaften.

Beim Unter- oder Überschreiten der Wassermenge werden verschiedene Betoneigenschaften verschlechtert. Das Verhältnis von Wasser zu Zement soll bei ca. 0,4 liegen.

Das Verhältnis von Wasser zu Zement wird im Wasserzementwert, kurz w/z-Wert, ausgedrückt (siehe Abb. 4.5). Dies ist eine Zahl ohne Einheit, die in der Praxis bei 0,3 bis 0,6 liegen soll. Meist spricht man von einem w/z-Wert von 0,4. Ist die Gesteinskörnung nass, muss auch dieses Wasser bei der Berechnung berücksichtigt werden.

4.4 Sicherheit

Jeder Zementsack hat Sicherheitshinweise aufgedruckt und Zementhersteller veröffentlichen für alle Produkte Sicherheitsdatenblätter. Die dort enthaltenen Hinweise sind ernst zu nehmen, denn Zement ist stark hautreizend, kann allergische

Reaktionen hervorrufen, die Atemwege reizen, schwere Augenschäden und chemische Verbrennungen auf der Haut verursachen.

Vielleicht haben Sie einen Maurer oder Betonbauer im Freundeskreis oder in der Verwandtschaft. Lassen Sie sich die Hände zeigen. Oft gibt es offene Wunden, die nicht mehr zuheilen. Die Sicherheitsbestimmungen im Umgang mit Zement sind daher immer einzuhalten! Weitere Hinweise zur Arbeitssicherheit finden Sie in Anhang II.

4.5 Standardbeton

Benötigt man auf der Baustelle nur eine **kleine Menge Beton**, kann man diesen selbst mischen. In einem Mischungsverhältnis von einem Teil Zement und vier Teilen Gesteinskörnung sowie einer entsprechenden Menge Wasser lassen sich kleine Betonbauteile herstellen, die keinen besonderen Anforderungen entsprechen müssen. Als Standard- oder Universalmischung gelten 1 kg Zement, 4 kg Gesteinskörnung und 0,5 Liter Wasser. Im Fachhandel gibt es auch fertige Mischungen mit Gesteinskörnung und Zement, denen nur Wasser zugesetzt werden muss.

Auf der Baustelle werden kleine Mengen Beton mit einer Mischmaschine oder mit der Hand gemischt. In den laufenden Betonmischer werden ca. zwei Drittel der benötigten Wassermenge eingefüllt. Dann werden in den laufenden Mischer die Gesteinskörnung und Zement hinzugefügt. Nachdem das restliche Wasser hinzugefügt wurde, sollte der Mischer einige Minuten laufen.

Der Mischvorgang darf nicht unterbrochen werden. Wenn der Beton fertig ist, ist der Betonmischer zu reinigen. Sicherheitshinweise für die Maschine sind zu beachten.

4.6 Betonschalung

Durch die Schalung kann man Beton in jede gewünschte Form bringen. Schalarbeiten sind teuer und müssen genau geplant werden. Das spätere Aussehen und die Abmessungen des fertigen Betonbauteils werden durch die Schalung vorgegeben. Bei größeren Bauprojekten kommen Systemschalungen zum Einsatz (siehe Abb. 4.5). Diese vorgefertigten Elemente können wiederverwendet werden und sind für alle Anwendungsbereiche erhältlich.

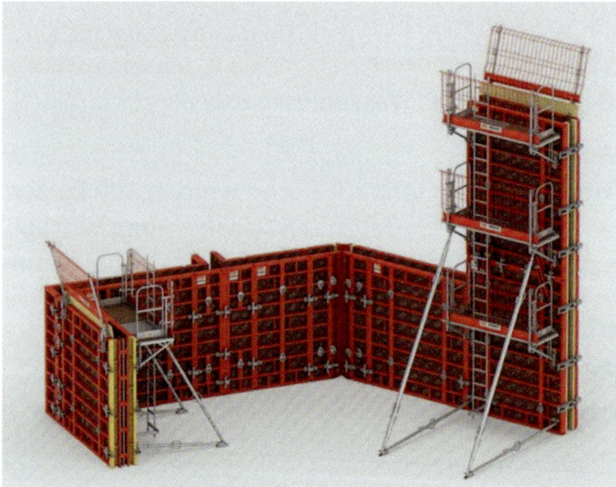

Abb. 4.5: Systemschalung

Arbeitsregeln für das Einbringen von Beton

1. **Vor dem Betonieren die Schalung kontrollieren, d. h. die Standfestigkeit und die Dichtigkeit sowie die Sauberkeit überprüfen und dann mit Trennmittel (Schalwachs, Schalöl, notfalls Wasser) behandeln.**
2. **Wegen Entmischungsgefahr soll Frischbeton nicht tiefer als 1 m frei fallen.**
3. **Frischbeton immer schichtweise einbringen und gut verdichten.**
4. **Bei den Stahlbetonelementen die Lage der Stahleinlagen (Bewehrung) kontrollieren.**
5. **Vermeiden Sie den direkten Kontakt des Frischbetons mit der Haut.**
6. **Tragen Sie die in der Baupraxis übliche Arbeitskleidung, z. B. Gummistiefel und Arbeitshandschuhe, und beachten Sie die Sicherheitshinweise auf den Zementsäcken.**

Die Schalung für einzelne, kleine Betonbauteile wird in der Regel aus Schalbrettern hergestellt. Es gibt verschiedenste Ausführungen im Handel. Eine glatte Oberfläche der Schalungsplatten sorgt für eine glatte Betonoberfläche. Saugende Holzwerkstoffe eignen sich nur bedingt als Schalungsmaterial, da sie Wasser aus der Betonmischung ziehen. Schaltafeln oder Schalungsbretter sind oft imprägniert, um das zu vermeiden.

Anforderungen an eine Schalung:

- Die Schalung gibt dem Beton seine Form und Oberfläche. Sie muss **maßgenau und präzise** gearbeitet sein.
- Die Schalung muss **stabil** sein und alle auftretenden Kräfte aushalten. Dazu gehören das Eigengewicht des Betons, der Frischbetondruck, Lasten aus Arbeitstätigkeit oder Wind.
- Die Schalung muss **dicht** sein, sodass kein Beton austreten kann.
- Jede Schalung muss mit einem **Trennmittel** behandelt werden, sodass sich der fertige Beton leicht ausschalen lässt.
- Saugende Schalungen aus Holz müssen **vorgenässt** werden, damit kein Wasser aus der Betonmischung gesaugt wird.
- Der **Frischbetondruck** nimmt von der Bauteiloberkante nach unten hin zu. Im unteren Bereich einer Säulenschalung ist der Druck des Betons viel größer als oben in der Schalung. Deshalb muss, besonders bei Säulen oder Wänden, eine Schalung unten stabiler ausgebildet werden.

4.7 Betonverarbeitung

Auf den meisten Baustellen werden große Mengen Beton verarbeitet. Oft werden hohe Anforderungen an Betonbauteile gestellt. Sie sorgen dafür, dass ein Gebäude allen berechneten Belastungen standhält und nicht einstürzt. So unterliegen die Bereiche wie Herstellung, Lieferung, Einbringen, Verdichten und Nachbehandeln strengen Vorgaben. Der Baustoff wird stets überwacht. Proben werden entnommen und gelagert. Jede einzelne Betonlieferung wird auf der Baustelle auf bestimmte Eigenschaften überprüft. Eigene Ausbildungsberufe, Studiengänge und viele Normen, die sich nur dem Thema Beton widmen, zeigen die Komplexität des Baustoffes.

Einbringen

Die frische, weiche Betonmischung wird in eine vorher hergestellte Schalung eingebracht. Auf großen Baustellen wird Beton gepumpt. Dazu muss er die richtige Konsistenz haben und darf nicht zu tief in die Schalung fallen gelassen werden. Die Einbautemperatur soll bei +5 bis +30 °C liegen. Je nach Temperatur und Luftfeuchtigkeit beginnt der Beton schon nach einer halben Stunde zu erhärten. Er muss daher immer zügig verarbeitet werden. Für kleine Bauteile kann man den Beton am besten mit Kübeln transportieren und in die Schalung einbringen.

Abb. 4.6: Schutz des frischen Betons mittels Folie

Verdichten

Nach dem Einbringen in die Schalung muss Beton immer verdichtet werden. Beim Verdichten werden Lufteinschlüsse ausgetrieben und der Beton sackt je nach Konsistenz (fest oder flüssig) mehr oder weniger in sich zusammen. Es soll ein dichtes Betongefüge ohne Poren entstehen. Die Verdichtung ist auf großen Baustellen nach bestimmten Vorgaben maschinell, z. B. mit sogenannten Innenrüttlern, durchzuführen. Es gibt verschiedene Verdichtungsverfahren. Einzelne Betonlagen sollten nicht höher als 15 cm sein, um eine gute Verdichtung zu gewährleisten. Kleine Bauteile werden mit der Hand verdichtet. Bei steiferem Beton kann man mit einem Stampfgerät dafür sorgen, dass die eingeschlossene Luft entweichen kann.

Nachbehandeln

Nach dem Einbringen und Verdichten erfolgt das Nachbehandeln des Betons. Dieser Arbeitsschritt unterliegt strengen Vorgaben. Um Rissen vorzubeugen und die Festigkeitsentwicklung nicht zu stören, wird der junge Beton vor vorzeitigem Austrocknen, zu schnellem Abkühlen, vor niedriger Temperatur und Frost oder mechanischen Beschädigungen geschützt (siehe Abb. 4.6).

Bei Sonne oder starkem Wind „verdurstet" die Betonoberfläche. Dann fehlt für eine vollständige

Hydratation das nötige Wasser. Es entstehen Risse. Der Beton muss abgedeckt und feucht gehalten werden. Die einfachste Maßnahme ist es, den Beton länger in der Schalung zu belassen. Kleine Betonbauteile kann man mit einer Folie abdecken, um sie vor zu schnellem Austrocknen zu schützen.

Ausschalen

Nachdem der Beton erhärtet ist, wird das Bauteil ausgeschalt. Das im Vorfeld eingebrachte Trennmittel sorgt für ein sauberes, schadfreies Ausschalen. Schalelemente werden sauber gehalten und gepflegt, um sie erneut zu verwenden.

Alle Schritte der Betonherstellung (siehe Abb. 4.8) unterliegen strengen Vorgaben! Diese Prinzipien müssen auch bei kleinen Betonbauteilen beachtet werden.

4.8 Stahlbeton

Der Franzose Joseph Monier hat im 19. Jahrhundert bei der Herstellung von Pflanzkästen ein Drahtgewebe in seine Zementmischung eingebaut. Dabei erkannte er, dass diese Kästen nicht so leicht kaputt gingen, wie diejenigen ohne Draht. Die Idee zum Stahlbeton war geboren.

In der Regel bekommen alle Betonteile Einlagen aus Stahl – eine sogenannte Bewehrung. Betonstahl wird zum Beispiel in Matten oder Stäben geliefert und eingebaut. Durchmesser und Anzahl von Stahlstäben oder Matten werden genau berechnet. Stahl ist teuer, man möchte nicht zu viel einbauen. Es muss aber ausreichend Stahl eingebaut werden, sodass das Bauteil später hält.

In Bauteilen wie Fundamenten, Wänden, Decken und Dachkonstruktionen müssen verschiedenste Kräfte aufgenommen werden. Durch ihr Eigengewicht, Wind, Möbel, Maschinen, Autos, Schnee oder Personen werden Gebäude belastet. Diese Einwirkungen auf das Gebäude werden unter anderem als Zug-, Druck- oder Scherkräfte bezeichnet. Damit eine Decke nicht unter ihrem Eigengewicht und den Bewohnern einstürzt, muss sie in der Lage sein, diese Kräfte aufzunehmen und auf darunter liegende Bauteile zu übertragen. Dazu wird die Dicke des

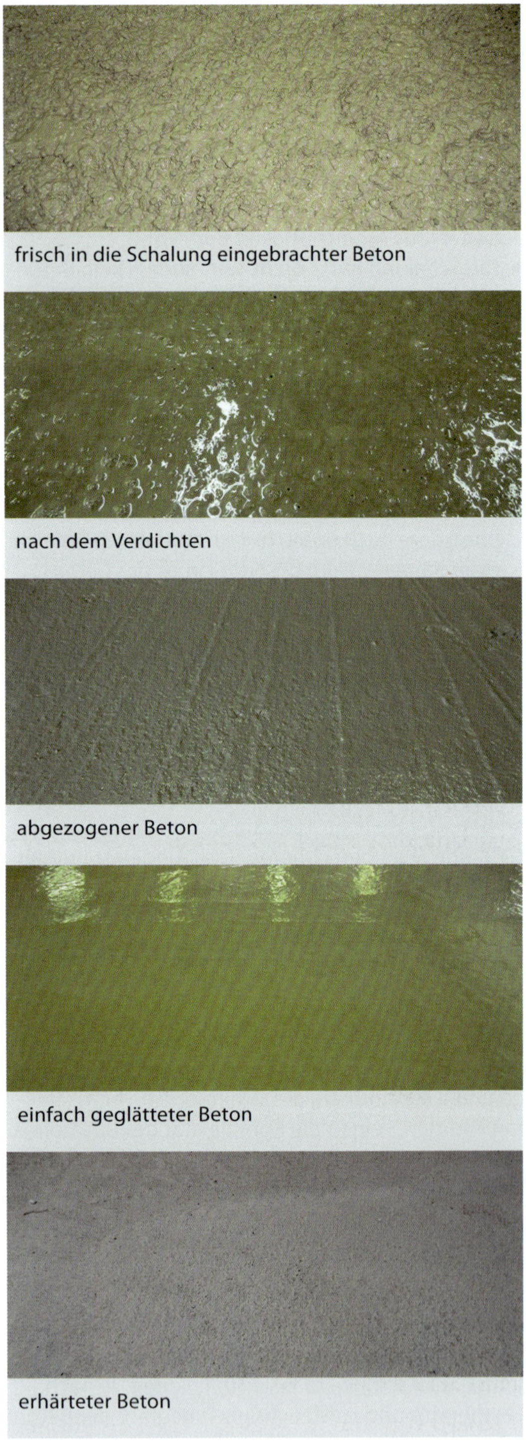

Abb. 4.7: Eingebauter Beton

Bauteils und die Menge des benötigten Stahls vom Statiker genau berechnet.

Auch in kleinen Bauteilen treten Zugkräfte auf, so wie in den Pflanzkästen von Monier. Der Einsatz von Stahl im Betonbauteil ist in der Regel unumgänglich.

Druck- und Zugkräfte im Balken

Das Thema Kräfte im Bauteil ist sehr komplex und soll hier exemplarisch an einem einfachen Beispiel erläutert werden.

In einem Betonbauteil treten unter anderem sogenannte **Druck- und Zugkräfte** auf. Das Bauteil muss also in der Lage sein, diese beiden Kräfte auszuhalten. Beton kann sehr gut Druckkräfte aufnehmen. Liegt eine einfache Betonplatte auf dem Boden, kann man hohe Gewichte daraufstellen. Würde man ein Stück Beton nehmen und auseinanderziehen, ginge er sofort kaputt. Er kann nur wenig Zugkräfte aufnehmen.

Hier kommt der Stahl ins Spiel: Man kann Stahl sehr gut ziehen. Wenn man ihn loslässt, federt er wieder in seine Ursprungsform zurück. Er verhält sich elastisch, wenn man ihn nicht mit zu viel Kraft zieht.

Beide Baustoffe, Beton und Stahl, zusammen sorgen dafür, dass alle auftretenden Kräfte im Bauteil aufgenommen werden können. Am Beispiel eines einfachen Betonbalkens, der zum Beispiel über einer Tür oder einem Fenster eingebaut wird, ist in Abb. 4.8 die Lage der Druck- und Zugzone dargestellt.

Beton nimmt besonders gut Druckkräfte auf, Stahl besonders gut Zugkräfte.

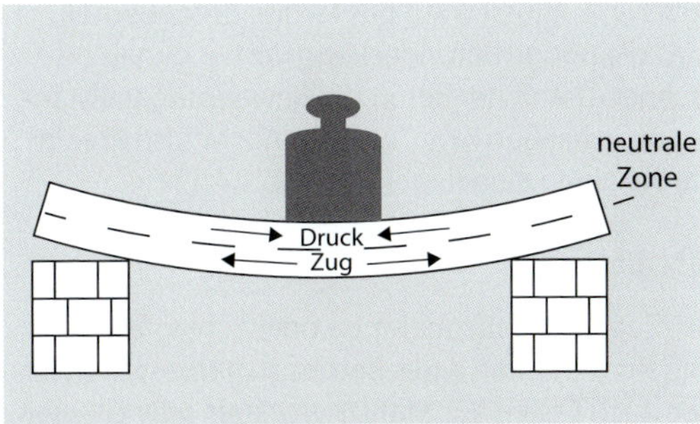

Abb. 4.8: Druck- und Zugkräfte im Balken

Abb. 4.9: Zugbewehrung

Abb. 4.10: Korrodierte Bewehrung infolge zu geringer Betondeckung

Unter Belastung biegt sich der Balken durch. Wenn man den Querschnitt betrachtet, wird der obere Teil des Balkens zusammengedrückt und der untere Teil auseinandergezogen (Abb. 4.8). Die auftretenden Druckkräfte im oberen Bereich des Balkens kann der Beton gut aushalten. Doch unten, wo der Beton gezogen wird, würde er kaputt gehen. Dort muss Stahl eingebaut werden.

Für den Laien ist es bei komplizierten Bauteilen oft schwer zu erkennen, wo Zugkräfte auftreten und eine Bewehrung eingelegt werden muss. Statiker berechnen Bauteile und erstellen Bewehrungspläne, die die genaue Lage, Menge und Art vom Betonstahl zeigen.

Betondeckung

Um die Bewehrung zu schützen und eine lange Haltbarkeit des Betonbauteils zu gewährleisten, muss eine ausreichende Betondeckung vorhanden sein (siehe Abb. 4.10). Die Betondeckung ist der Abstand vom äußeren Bewehrungsstahl bis zur Schalung. Je nach Einbauort und zu erwartenden äußeren Einflüssen auf das fertige Betonbauteil, wird die nötige Betondeckung vorher genau berechnet. Damit der Beton die Bewehrung vollständig umschließen kann, werden Abstandshalter in die Schalung eingelegt (siehe Abb. 4.11).

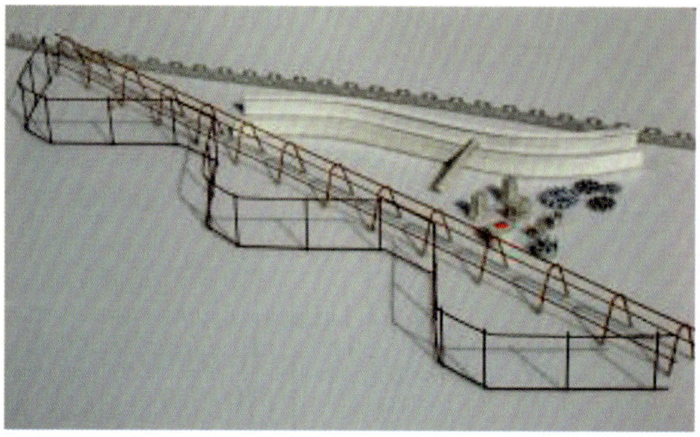

Abb. 4.11: Abstandhalter für Betonbewehrung

Faserbeton

Um Zugkräfte aufzunehmen oder Schlagfestigkeit und Rissverhalten eines Betons zu verbessern, werden auch Fasern aus Stahl, Kunststoff oder Glas zugegeben (siehe Abb. 4.12). Diese Fasern haben verschiedene Größen und Formen. Ihre Lage im Beton hat einen Einfluss auf die gewünschten Eigenschaften.

Abb. 4.12: Faserbeton

4.9 Beton auf dem Dach

Auch wenn man als Dachdecker mit der Betonherstellung nicht häufig zu tun hat, gibt es doch einige Berührungspunkte mit dem vielseitigen Baustoff. Beton kommt neben Holz oder Stahltrapez oft als tragende Unterkonstruktion bei Flachdächern zum Einsatz. Auch geneigte Dächer werden als Fertigteile auf die Baustelle geliefert (siehe Abb. 4.13). Betonplatten mit Dämmung ersetzen dabei klassische Holzsparren. Als Dachdeckungsmaterial kommt Beton in Form von Dachsteinen zum Einsatz.

Abb. 4.13: Geneigtes Dach aus Beton

4.10 Übungsaufgaben zu Lernfeld 4

1. Nennen Sie die Inhaltsstoffe eines normalen Betons.
2. Beschreiben Sie, was der Wasserzementwert aussagt.
3. Ein Kubikmeter Frischbeton wird mit 405 kg Zement und 180 Liter Wasser hergestellt. Berechnen Sie den w/z-Wert.
4. Nennen Sie 3 Anforderungen an die Gesteinskörnung im Beton.
5. Ist Beton ein nachhaltiger Baustoff? Finden Sie je zwei Pro- und Contra-Argumente zur Nachhaltigkeit von Beton.
6. Nennen Sie mindestens 3 Anforderungen an eine Betonschalung.
7. Nennen Sie die Kräfte, die unter anderem in einem einfachen Betonbalken auftreten können. Welcher Baustoff nimmt dabei welche Kraft auf?

Lernfeld 5: Holzkonstruktionen herstellen

Dominic Schneider und Robert Wenninger

Für die professionelle Arbeit an und mit unterschiedlichen Dachtragwerken brauchen Dachdecker fundierte Kenntnisse in Bezug auf die Eigenschaften von Holz sowie die verschiedenen Konstruktionsmöglichkeiten.

5.1 Grundlagen des Holzbaus

Holz ist aufgrund seiner **besonderen Eigenschaften** einer der wichtigsten Werkstoffe im Baubereich. Der Werkstoff Holz kann leicht bearbeitet werden, zeichnet sich aber durch seine hohe Festigkeit aus. Aufgrund seines geringen Gewichtes kann Holz leicht transportiert werden. Manche Holzarten sind auch ohne Schutzanstrich sehr langlebig. Ein wesentlicher Vorteil gegenüber anderen Werkstoffen ist: Holz ist in vielen Regionen der Erde leicht verfügbar und ist ein nachwachsender Rohstoff.

Besondere Eigenschaften von Holz:

- **leicht zu bearbeiten,**
- **hohe Festigkeit,**
- **geringes Gewicht (geringe Rohdichte),**
- **Langlebigkeit,**
- **geringe Wärmeleitfähigkeit,**
- **leichte Verfügbarkeit durch Nachwachsen.**

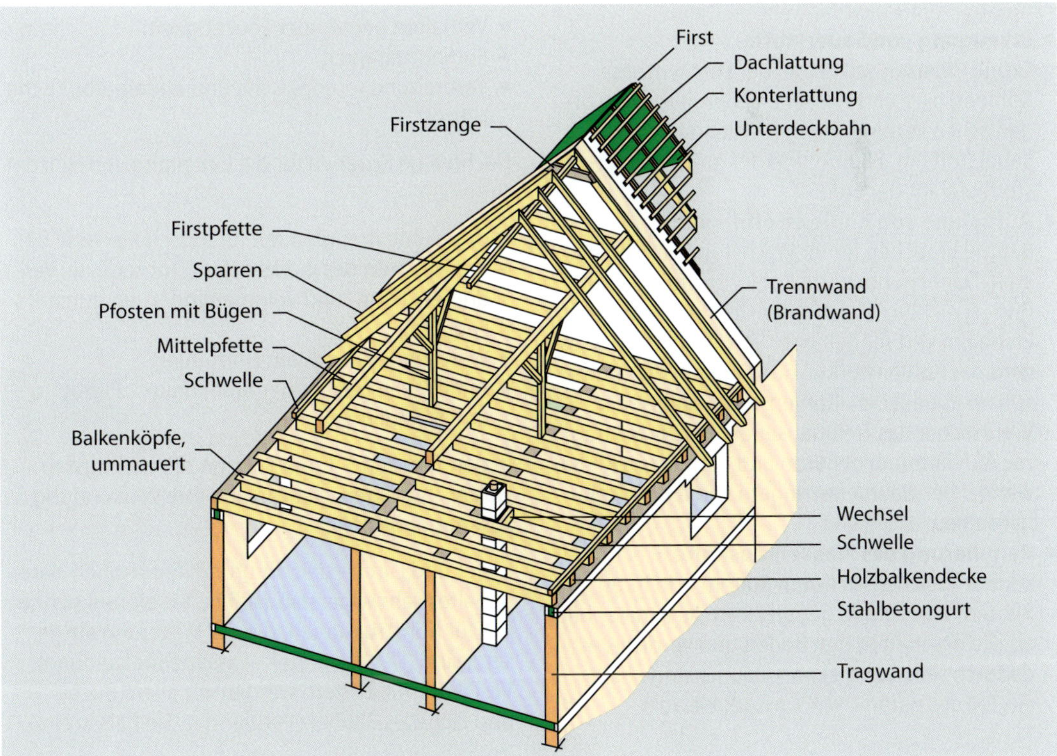

Abb. 5.1: Übersicht und Bezeichnung der Bauteile im Holzbau

5.1.1 Bedeutung des Holzes als Baustoff

Holz ist der meistverwendete Baustoff für die Herstellung von Dächern und Außenwänden von Häusern.

Als **Holzbau** bezeichnet man sowohl den Bereich des Bauwesens, der den Baustoff Holz nutzt, als auch das in **Holzbauweise** errichtete Bauwerk. Produkte aus Holz finden beim Hausbau z. B. in Form von **Holzwerkstoffen** und **Halbfertigerzeugnissen** Verwendung. Zu den Holzwerkstoffen zählen z. B. **Spanplatten**, OSB-Platten, **Baufurnierholzplatten**, **Holzfaserplatten** und **Holzwolle-Leichtbauplatten**. Halbfertigerzeugnisse sind gespundete, genutete und gefaste **Bretter**.

5.1.2 Bedeutung des Holzes für die Umwelt

Etwa 30 % der unbebauten Fläche Deutschlands sind von Wald bedeckt. Er wird vorrangig als Holzlieferant genutzt. Deshalb werden überwiegend Bäume gepflanzt, die technisch wertvolles Holz liefern. Der Wald ist von großer ökologischer Bedeutung. Er übernimmt folgende umweltschützende und klimabeeinflussende Aufgaben:

- **Erzeugung von Sauerstoff:**
  Grüne Pflanzen setzen bei der Fotosynthese Kohlendioxid und Wasser zu energiereichen organischen Verbindungen (Kohlenhydrate) und Sauerstoff um. Bäume sind der größte Sauerstofflieferant der Erde.
- **Aufnahme von Kohlenstoffdioxid:**
  Bäume brauchen für ihr Wachstum viel Kohlenstoff. Daher nehmen sie Kohlenstoffdioxid auf und „speichern" den Kohlenstoff in ihrem Holz. Erst beim Verbrennen oder Verrotten des Holzes wird das Kohlenstoffdioxid wieder in die Atmosphäre abgegeben. Kohlenstoffdioxid ist ein Verursacher des Treibhauseffektes, d. h., es trägt zur Aufwärmung der Erde und damit zum Klimawandel bei. Bäume verringern somit den Treibhauseffekt.
- **Regulierung des Wasserhaushaltes:**
  Bäume speichern in ihrem Stamm und ihren Blättern Wasser und geben es an die Atmosphäre ab. Sie beschatten den Boden und verringern dadurch sein Austrocknen. Bäume sind somit ein Teil des natürlichen Wasserkreislaufs.

Umwelteinflüsse wie Luftverschmutzung aus Industrie, Verkehr und Haushalt und die Folgen des zunehmenden Klimawandels können den Wald bzw. die Bäume schädigen. Das Waldsterben fordert die Menschheit zu einem bewussteren Umgang mit der Natur und deren Ressourcen auf.

Der Wald erfüllt wichtige wirtschaftliche Funktionen (z. B. Forstwirtschaft). Er bereichert und erhält die für unser Leben notwendige Umwelt.

5.2 Holzarten

Man unterscheidet zwischen Nadel- und Laubbäumen. Entsprechend gibt es **Nadelhölzer** (wie z. B. Fichte, Tanne) und **Laubhölzer** (wie z. B. Eiche oder Buche). Weitere wesentliche Kriterien für die Einteilung von Hölzern sind:

- Dichte bzw. Rohdichte,
- Härte (Weich- und Hartholz),
- Bearbeitbarkeit und Festigkeit,
- Elastizität und Tragfähigkeit,
- Verhalten gegenüber Feuchtigkeit,
- Entflammbarkeit,
- Verbreitung (europäische und außereuropäische Hölzer).

Nachteilige Kriterien für die Einteilung von Hölzern sind:

- die leichte Brennbarkeit (Brandschutzklasse B2),
- das Arbeiten des Werkstoffes (Trockenrisse, Verdrehen, Form- und Volumenänderung durch Feuchte),
- Wertminderung durch Holzfehler,
- Anfälligkeit gegenüber Krankheiten, Pilzen und Schädlingen.

In den Tabellen 5.1 und 5.2 sind die wichtigsten Hölzer, ihre Eigenschaften und ihre Verwendung zusammengestellt.

Kiefer und Lärche sind aufgrund ihres hohen Harzgehaltes sehr widerstandsfähig. Sie eignen sich somit für Konstruktionen, die der Witterung ausgesetzt sind (Dachschindeln, Fassadenbekleidung). Von den Laubhölzern werden vor allem Buche und Eiche als Bauholz verwendet. Sie haben eine

Tabelle 5.1: Europäische Nadelhölzer

Holzart	Rohdichte	Eigenschaften	Verwendung
Fichte	470 kg/m³	• weich–mittelhart • leicht zu bearbeiten • grobfaserig • hohe Elastizität und Tragfähigkeit • dauerhaft im Trockenen, nicht dauerhaft bei Wechsel nass – trocken • leicht entflammbar	• Bauholz im Betonbau • Bauteile im Gebäude • Gerüste und Dachstühle • Balken und Kanthölzer, Bretter, Bohlen und Latten
Tanne	450 kg/m³	• weicher und leichter als Fichtenholz • grobfaserig • hohe Elastizität, Tragfähigkeit und Biegsamkeit • dauerhaft im Trockenen, nicht dauerhaft bei Wechsel nass – trocken • leicht entflammbar	• Balken, Kanthölzer, Bretter, Bohlen und Latten als Bauteile im Gebäude, Möbel und Innenausbau
Kiefer	520 kg/m³	• gute Bearbeitbarkeit • härter und dichter als Fichtenholz • weich–mittelhart • geringe Elastizität • große Tragfähigkeit • sehr dauerhaft bei Wechsel nass – trocken • Bläuegefahr	• Balken, Kanthölzer, Bretter, Bohlen und Latten • Konstruktionen, die der Witterung ausgesetzt sind • Treppen, Außentüren, Fenster • Möbel und Innenausbau
Lärche	590 kg/m³	• gute Bearbeitbarkeit • härter, zäher und dichter als Kiefer • hohe Elastizität und Tragfähigkeit • grobfaserig • sehr dauerhaft bei Wechsel nass – trocken	• Balken, Kanthölzer, Bretter, Bohlen und Latten • Konstruktionen, die der Witterung ausgesetzt sind • Treppen, Fußböden, Außentüren, Fenster, Vertäfelungen • Möbel und Innenausbau

Tabelle 5.2: Europäische Laubhölzer

Holzart	Rohdichte	Eigenschaften	Verwendung
Eiche	750 kg/m³	• sehr hart und dicht • schwere Bearbeitbarkeit • langfaserig • außerordentlich hohe Tragfähigkeit • hohe Elastizität • fäulniswidrig durch Gerbsäuregehalt • witterungsbeständig • sehr dauerhaft bei Wechsel nass – trocken	• Bauholz für hoch belastete Konstruktionen • Konstruktionen, die der Witterung ausgesetzt sind • Treppen, Fußböden, Außentüren, Schwellen • Fachwerkbau • Möbel und Innenausbau
Rotbuche	720 kg/m³	• mittelhart–hart • leicht spaltbar • kurzfaserig • geringe Elastizität • hohe Tragfähigkeit • dauerhaft im Trockenen	• Treppen, Fußböden, Holzpflaster • Möbelbau • Herstellung plattenförmiger Holzwerkstoffe

höhere Festigkeit und Härte als Nadelhölzer. Eichenholz wird für tragende Bauteile mit hohen Beanspruchungen eingesetzt. Es zeichnet sich auch durch eine hohe Standfestigkeit gegenüber dem Nass-trocken-Wechsel aus. Aus diesem Grund wird Eiche überwiegend für Fachwerk- und Turmkonstruktionen verwendet. Buchenholz kann nicht im Außenbereich verwendet werden, da es bei Feuchteänderung sehr stark schwindet und quillt. Im Innenbereich ist es hervorragend für Treppen und als Parkett geeignet.

5.3 Anforderungen und Eigenschaften des Werkstoffes Holz

Zum Leben benötigt der Baum Nährstoffe, Wasser, Luft, Licht und Wärme. Gelöste Nährsalze wie Eisen, Kalium, Phosphor, Magnesium, Schwefel, Stickstoff und weitere für die Ernährung wichtige Elemente erhält der Baum über das Wasser aus der Erde. Aus der Luft entnimmt der Baum Kohlenstoffdioxid (CO_2). Mit der Energie des Sonnenlichts und dem Blattgrün werden das aufgenommene Kohlenstoffdioxid und Wasser in Traubenzucker, Stärke und Sauerstoff umgewandelt. Diesen Vorgang nennt man **Assimilation** oder, weil das Sonnenlicht die nötige Energie beisteuert, auch **Fotosynthese**.

Bei diesem Prozess wird Sauerstoff freigesetzt, der über die Blätter an die Luft abgegeben wird. Die umgewandelten Stoffe werden aus den Blättern bzw. Nadeln wieder an die Stellen transportiert, an denen sie benötigt werden. Dort werden sie auch in Farbstoffe, Harze, Öle und Gerbstoffe umgewandelt. Der Baumstamm wächst von innen nach außen und in die Höhe, und zwar vom Frühjahr über den Sommer bis zum Spätsommer. Aus diesem Grund spricht man von **Früh-** und **Spätholz.**

Das Wachstum des Baumes beeinflusst die Eigenschaften des Holzes, wie Festigkeit, Bearbeitbarkeit, Witterungsbeständigkeit usw. Es ist somit ausschlaggebend für den Aufbau des Holzes.

5.3.1 Aufbau des Holzes

Die gesamte Dicke des als Früh und Spätholz ge wachsenen Holzes innerhalb eines Jahres bildet den **Jahresring**. Um das Wachstum des Holzes

Abb. 5.2: Wachstum des Holzes

genau zu verstehen und Störungen im Wachstum nachvollziehen zu können, sind Kenntnisse vom Aufbau des Holzes notwendig.

Chemischer Aufbau des Holzes

Holz besteht aus den Verbindungen der Elemente Kohlenstoff, Sauerstoff und Wasserstoff. **Cellulose** ist der Grundstoff der Holzzellwände, die sich teilweise durch Aufnahme weiterer Stoffe in Lignin verwandeln. **Lignin** versteift (verholzt) das Cellulosegerüst der Holzzellwände. Die Hauptbestandteile des Holzes sind zu 50 % **Cellulose**, zu 25 % **Hemicellulose** und zu 25 % **Lignin.** Diese Verbindungen bestehen aus Wasserstoff (6 %), Kohlenstoff (50 %), Sauerstoff (43 %) und Stickstoff sowie Mineralien (1 %).

Die Zellwände bestehen vorwiegend aus **Cellulose**. Sie bildet das Holzgerüst, das die hohe Zugfestigkeit ermöglicht. Für die Verholzung des Stammes und die hohe Druckfestigkeit des Holzes sorgt das Lignin.

Innerer Aufbau des Holzes

Betrachtet man Holz unter dem Mikroskop, erkennt man Zellen. Diese entstehen durch Teilung im Kambium. **Kambium** (auch **Kambiumring**) nennt man bei Bäumen die dünne Wachstumsschicht zwischen der Splintholzzone und der Rinde (Bastzone und Borke), siehe hierzu Abbildung 5.3.

Die Zellwände bestehen vorwiegend aus Cellulose und Lignin. Lignin lagert sich bei der Teilung in das Cellulosegerüst der Zellwand ein. Bei diesem Vorgang verholzt die Zellwand und es entstehen nach innen Holzzellen und nach außen Bastzellen. Im lebenden Holz haben die Zellen die Aufgabe, das Wasser und die Nährstoffe nach oben zu leiten, die Holzmasse zu bilden, dem Holz seine Festigkeit zu geben und die Nährstoffe zu speichern.

Äußerer Aufbau des Holzes

Der **Hirnschnitt** (Querschnitt) des Stammes zeigt die Jahresringe mit den Früh- und Spätholzanteilen. Bei diesem Schnitt sind darüber hinaus Mark, Bast und Rinde ringförmig zu sehen.

Im Frühjahr und Frühsommer bildet sich das hellere, saftreichere, weichere Frühholz. Im Spätsommer und Herbst sind die Zellen fester und dunkler. Es bildet sich das Spätholz. Früh- und Spätholz zusammen bilden einen Jahresring. Im Winter setzt eine Wachstumspause ein, der Wachstumszyklus eines Jahres ist abgeschlossen. Somit kann man aus der Anzahl der Jahresringe auf das Alter des Baumes schließen.

Die äußeren, meist helleren Jahresringe sind wasser- und nährstoffführend. Diesen Bereich des Stammes nennt man **Splintholz**(siehe Abb. 5.5). Bei vielen Bäumen verkernen die innen liegenden Jahresringe, d. h., ihre Wasserleitbahnen werden unterbrochen und die Zellen sterben ab. Dieser Bereich des Stammes wird als **Kernholz** bezeichnet. Bei manchen Holzarten verfärben sich die Jahresringe dunkel (z. B. Kiefer und Eiche). Es bildet sich durch Ablagerungen von Ölen, Harzen, Gerb-, Farb- und weiteren Ablagerungsstoffen. Andere Holzarten bilden zwar einen Kern aus, die Jahresringe verfärben sich jedoch nicht. Im Gegensatz zum Splintholz wird das Kernholz durch die Verkernung

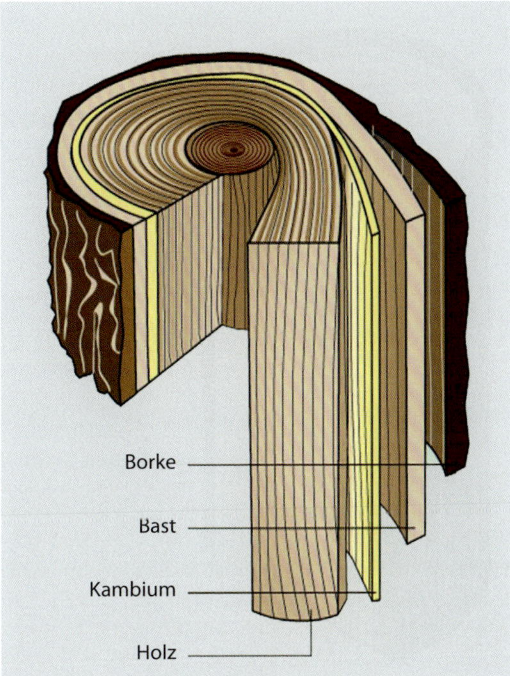

Abb. 5.3: Aufbau des Holzes

Tabelle 5.3: Baumarten

Splintholzbaum	Kernholzbaum	Reifholzbaum
 nur Splintholz	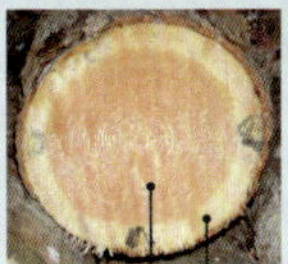 Kernholz, Splintholz	 Reifholz (Verkernung ohne Farbänderung)
Weißbuche Ahorn Birke	Kiefer Lärche Eiche	Fichte Tanne Rotbuche

dichter, härter und widerstandsfähiger. Es gibt auch Holzarten, deren gesamter Stammquerschnitt aus Splintholz besteht, dann spricht man von **Splintholzbäumen**.

Der **Radialschnitt** (Spiegelschnitt) ist ein Längsschnitt durch die Stammmitte entlang der Markröhre. Bei Laubhölzern sind hier besonders gut die Markstrahlen zu erkennen. Die Jahresringe sind auf

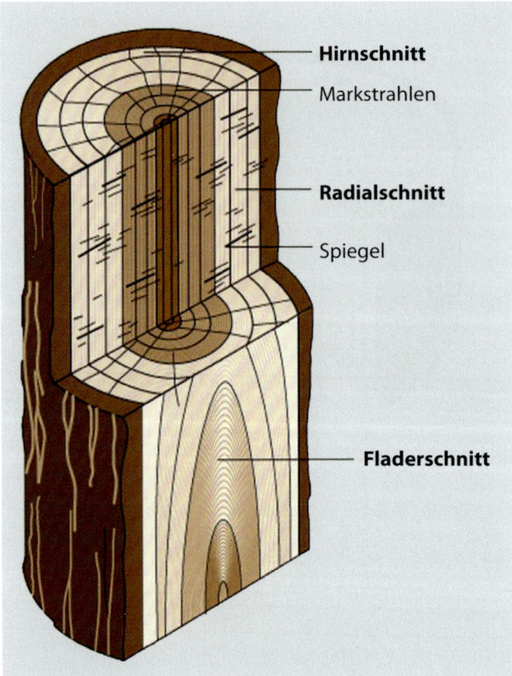

Abb. 5.4: Schnittebenen beim Vollholz

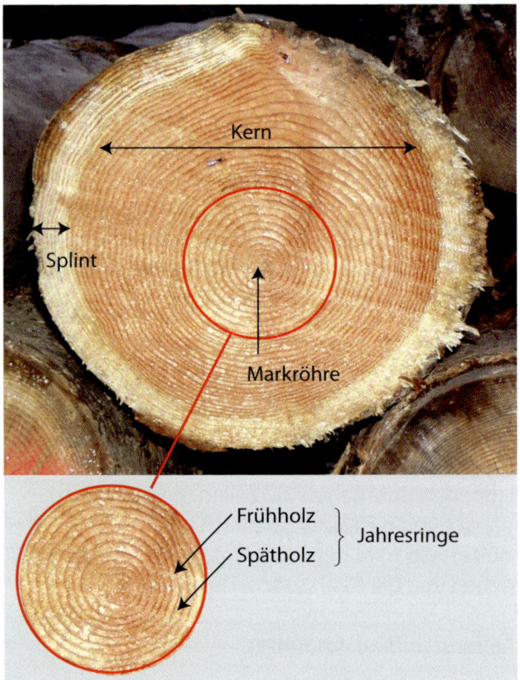

Abb. 5.5: Stammquerschnitt mit Jahresringen

der Schnittfläche als parallele, senkrechte Streifen zu sehen. Bei Eichen- und Buchenholz sind sie als helle, glänzende Streifen (Spiegel) sichtbar (siehe Abb. 5.4). Der **Sehnenschnitt** (Tangential- oder Fladerschnitt) ist, genau wie der Radialschnitt, ein Längsschnitt, er verläuft aber nicht durch die Markröhre.

5.3.2 Holzfehler

Aufgrund der sehr unterschiedlichen Wuchsbedingungen und Einflüsse während des Wachstums kommt es häufig zu Abweichungen von der Regelstruktur des Holzes. Diese werden unter dem Begriff der **Holzfehler** zusammengefasst. Holzfehler können den Gebrauchswert des Holzes mindern.

Es gibt 4 Arten von Holzfehlern:
- **Wuchsfehler,**
- **Holzfehler im inneren Aufbau des Holzes,**
- **Holzfehler durch klimatische Einflüsse,**
- **Witterungsbedingte Schäden (Sturm, Blitzschlag).**

5.3.3 Holzfeuchte

Die Holzfeuchtigkeit hat Einfluss auf Gewicht, Festigkeit und Verformungsfähigkeit des Holzes. Frisch gefälltes Holz weist, je nach Jahreszeit, einen Wassergehalt von 60 bis 150 % bezogen auf das Darrgewicht (trockene Holzmasse) auf. Die Holzfeuchte wird über das Darrgewicht oder moderne elektronische Messgeräte bestimmt.

Tabelle 5.4: Holzfeuchte

Holzfeuchte (in Bezug auf das Darrgewicht)	Bezeichnung (nach DIN 68365)
≤ 20 %	trocken
≤ 30 %[1]	halbtrocken
> 30 %[2]	frisch

[1] 35 % bei Querschnitten über 200 cm²
[2] für tragende Konstruktionen nicht geeignet

Das **Darrgewicht** (Trockengewicht) ist das Gewicht einer Probescheibe Holz unmittelbar nach der Trocknung in einem speziellen Trockenschrank. Wenn keine Abnahme der Masse mehr festzustellen ist (DIN 52183), haben die Holzproben ihre **Darrmasse** (Holzmasse ohne Feuchtigkeit) erreicht. Der Feuchtigkeitsgehalt des Holzes wird in % des Darrgewichtes angegeben. Bei der prozentualen Berechnung der Holzfeuchte wird der Wassergehalt der Probestücke in **g** auf ihr Darrgewicht in **g** bezogen.

Bei **elektrischen Feuchtemessern** wird über 2 Elektroden Strom durch das Holz geleitet. Hierbei wird die Rammsonde des Messgerätes in das Holz geschlagen. Bei geringer Holzfeuchte ist die elektrische Leitfähigkeit des Holzes klein, bei hoher Holzfeuchte ist sie groß. Die Feuchtewerte kann man an einer Skala oder als Zahlenwerte ablesen (siehe Abb. 5.6).

Holzfeuchtigkeit in %

$$= \frac{\text{Feuchtemasse (g)} - \text{Darrmasse (g)}}{\text{Darrmasse (g)}} \cdot 100\ \%$$

Abb. 5.6: Holzfeuchtemessgerät mit Rammsonde

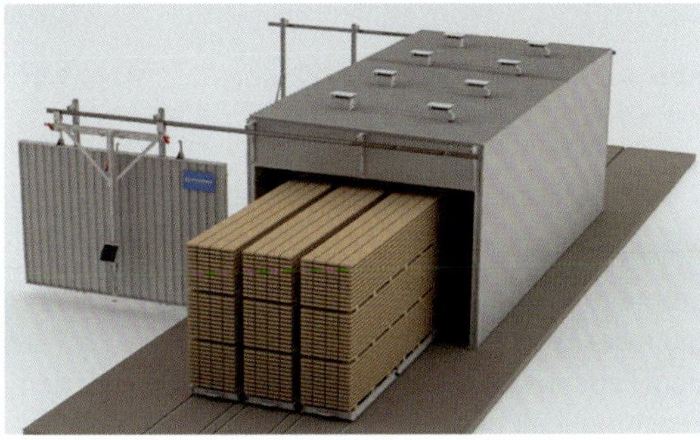

Abb. 5.7: Holztrocknungsanlage

Holztrocknung

Frisches Holz schwindet stark und wird von Schädlingen befallen. Daher ist es nicht zum Bauen geeignet. Um Holz verarbeiten zu können, muss es auf einen niedrigen Feuchtigkeitsgehalt gebracht werden. Durch Feuchtigkeitsunterschiede im Holz ergeben sich jedoch beim Trocknen Volumen- und Formenänderungen infolge des Quellens und Schwindens. Holz, das für den Einbau verwendet wird, sollte durch das Trocknen einen Feuchtigkeitsgehalt aufweisen, der für das Holz im eingebauten Zustand zu erwarten ist. Für die Holztrocknung gibt es 2 Verfahren: natürliche und technische Holztrocknung. Man kann das Holz auf natürliche Art, durch luftiges Lagern, oder technisch in Holztrocknungsanlagen trocknen.

Unter der **natürlichen Holztrocknung** versteht man die Trocknung des Holzes im Freien. Sie wird auch als **Freilufttrocknung** bezeichnet. Das Holz gibt dabei die Feuchtigkeit durch Verdunsten an die umgebende Luft ab. Das Holz kann bei der natürlichen Trocknung bestenfalls auf den durchschnittlichen Feuchtigkeitsgehalt der Luft gebracht werden. Dieser liegt bei ca. 15 bis 20 %, man spricht daher von „lufttrocken".

Die technische Holztrocknung ist angebracht z. B. für Holz, das für geleimte Bauteile verwendet wird. Es muss so trocken werden, dass der Feuchtigkeitsgehalt der später am Bau zu erwartenden Holzfeuchte entspricht. Durch die natürliche Trocknung können diese geforderten Werte nicht erreicht werden, daher wird das Holz in **Holztrockenanlagen bzw. Trockenkammern** getrocknet (Abb. 5.7). In diesen wird es, wie bei der natürlichen Trocknung, luftig gestapelt. Ein Gebläse setzt die Luft so in Bewegung, dass die erwärmte, mit Wasserdampf noch nicht gesättigte Luft durch den Stapel streicht und die gesättigte Luft durch eine Abluftklappe die Trockenkammer verlässt. Gleichzeitig wird wieder trockene Luft zugeführt. Luftfeuchtigkeit, Temperatur und Luftbewegung können in der Kammer so gesteuert werden, dass den Hölzern der äußeren Schicht die Feuchtigkeit nicht zu schnell entzogen wird und somit das Holz ohne Rissbildungen trocknet.

Lufttrockenes Holz hat 15 bis 20 % Holzfeuchte.

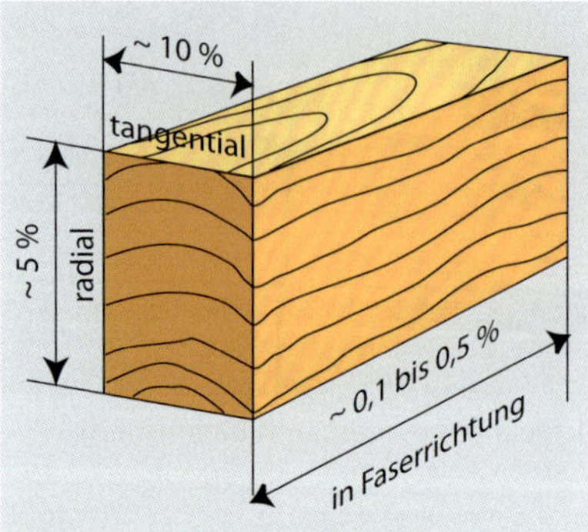

Abb. 5.8: Durchschnittliche Schwindmaße des Holzes

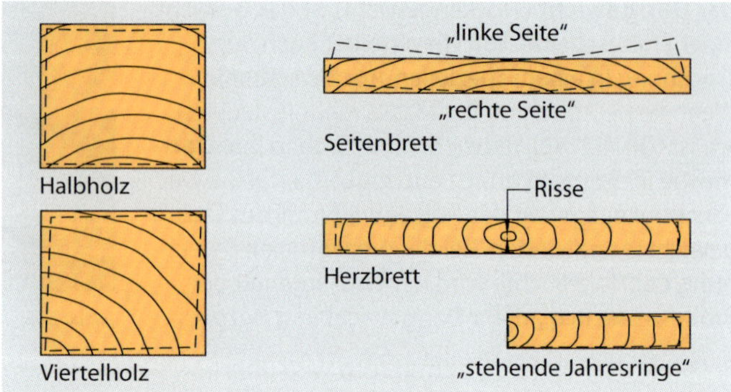

Abb. 5.9: Querschnittsverformung infolge von Schwindung

5.3.4 Arbeiten des Holzes

Holz ist hygroskopisch, d. h., es kann Feuchtigkeit aufnehmen und abgeben. Die Aufnahme oder Abgabe des Wassers beginnt dann, wenn zwischen dem Feuchtegehalt der umgebenden Luft und dem Feuchtegehalt des Holzes ein Unterschied besteht (vgl. Kap. 5.3.3).

Bei der Holzfeuchtigkeit unterscheidet man freies und gebundenes Wasser. **Freies Wasser** befindet sich in den Zellhohlräumen und verdunstet relativ schnell. Es hat daher keinen Einfluss auf das Quellen und Schwinden des Holzes. **Gebundenes Wasser** befindet sich in den Zellwänden.

Ist im Holz kein freies Wasser mehr enthalten, beträgt die Holzfeuchte je nach Holzart ca. 23 bis 35 %. Dieser Feuchtebereich wird als **Fasersättigungsbereich** bezeichnet. Die Abgabe des gebundenen Wassers erfolgt sehr langsam, weil es nur durch Diffusion durch die Zellwände nach außen abgeführt wird. Am Fasersättigungspunkt beträgt die Holzfeuchte etwa 30 %. Bei weiterer Abgabe des Wassers schrumpfen die Zellen und das Holz verkleinert sein Volumen. Man spricht vom **Schwinden** (Abb. 5.9). Dabei kann sich das Holz werfen, sich verziehen, reißen oder windschief werden. Wird vom Holz wieder Feuchtigkeit aufgenommen, vergrößert sich das Volumen. Man spricht vom **Quellen**.

Holzart, Dichte und Richtung sind ausschlaggebend für die unterschiedlichen Quell- und Schwindmaße. Das Schwinden erfolgt nicht in alle Richtungen gleichmäßig.

Praxisbeispiel

Holzfeuchteberechnung

Aufgabe

An Bauholz mit 30 % Holzfeuchte wurde eine Masse von 28,5 kg festgestellt. Wie hoch war der Masseverlust bei später gemessenen 18 % Holzfeuchte?

Lösung

$$\frac{28{,}5\ \text{kg}}{130\ \%} \cdot 118\ \% = 25{,}87\ \text{kg}$$

28,5 – 25,87 kg = **2,63 kg Masseverlust**

In Richtung der Holzfaser (längs bzw. axial) beträgt der größte Schwund etwa 0,1 bis 0,3 %, in Richtung der Markstrahlen (radial) rund 5 % und in Richtung der Jahresringe (tangential) ungefähr 10 %.

Holz schwindet und quillt in tangentialer Richtung etwa doppelt so viel wie in radialer Richtung. Das Arbeiten des Holzes in Längsrichtung ist so gering, dass es konstruktiv meist nicht berücksichtigt wird.

Durch das unterschiedlich große Schwinden in tangentialer und radialer Richtung ergeben sich unterschiedliche Formänderungen:

- Rundhölzer reißen auf, es bilden sich Schwund- und Trockenrisse.
- Kanthölzer (Viertelhölzer) verformen sich, je nach Verlauf der Jahresringe, rautenförmig.

- Herzbretter und Herzbohlen werden durch das Schwinden dünner, zur Rinde hin mehr als zum Herz, wobei das Holz im Bereich der Markröhre aufreißt und ein geringer Breitenschwund eintritt.
- Mittelbretter und Mittelbohlen werden durch das Schwinden nach außen dünner und schmäler. Sie knicken im Bereich der einseitig geschlossenen Jahresringe ab.
- Seitenbretter und Seitenbohlen werden beim Schwinden in Richtung des Jahresringverlaufs rundgezogen (rechte Seite wird rund, linke Seite wird hohl).
- Splintholz schwindet stärker als Kernholz. Unterschiedlich starkes Quellen und Schwinden wird auch durch unterschiedliche Wuchsbedingungen bewirkt.

Maßnahmen gegen das Arbeiten des Holzes

Das Arbeiten ist eine natürliche Eigenschaft des Holzes. Es gibt keine Maßnahmen, um es zu verhindern. Man kann es lediglich vor Rissbildung infolge des natürlichen Arbeitens schützen. Wird Holz verarbeitet, so müssen vorab das Quellen, Schwinden und die daraus resultierenden Formveränderungen berücksichtigt werden. Dafür muss das Holz möglichst mit dem Feuchtegehalt verarbeitet werden, der dem Feuchtegleichgewicht am Verwendungsort entspricht. Holz, das für geleimte Konstruktionen verwendet werden soll, muss auf den zu erwartenden Feuchtigkeitsgehalt künstlich getrocknet werden. Mit geringem Arbeiten ist selbst bei ausreichender Trocknung zu rechnen, da sich

Tabelle 5.5: Umgang mit Holzfeuchte

Für geschlossene Bretter- oder Bohlenschalungen aus Kernbrettern oder Kernbohlen muss immer Kern an Kern und Splint an Splint verlegt werden. Bei Seitenbrettern oder Seitenbohlen ist die Seitengleichheit zu beachten.	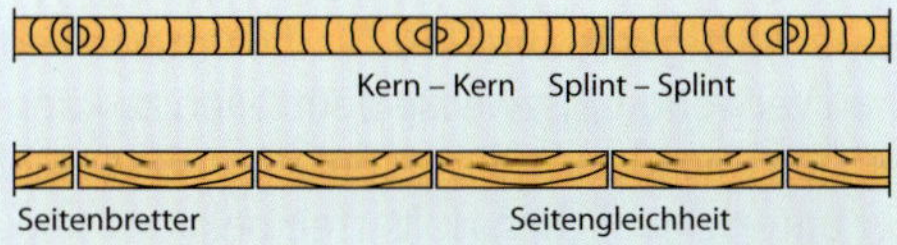
Nut-, Feder- oder Stülpschalungen bleiben trotz des Arbeitens geschlossen, weil genügend Spielraum durch die Überdeckung vorhanden ist. Bretter (z. B. Wandschalungen) so an der Unterseite befestigen, dass das Quellen und Schwinden der Bretter nicht behindert wird.	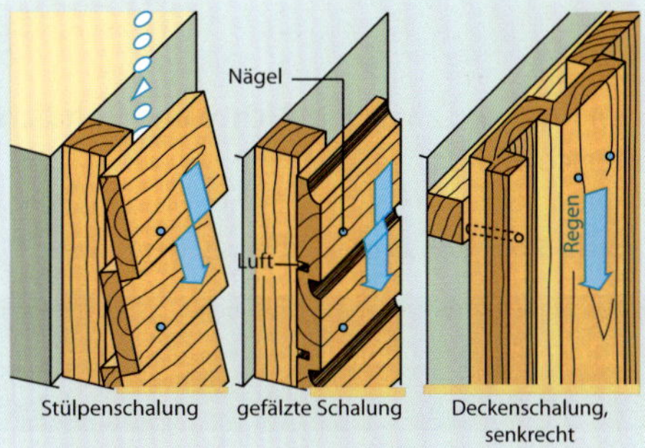
Bretter immer mit der linken Seite aufliegend befestigen, damit die Brettkanten sich nicht beim Werfen von der Unterkonstruktion abstellen.	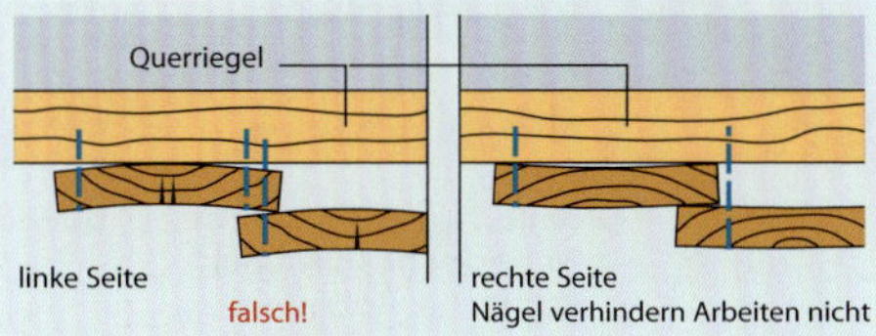
Damit ummauerte Holzteile (z. B. Balkenköpfe) sich bewegen können, müssen sie mit einer Bitumenbahn (V13) unterlegt werden. Des Weiteren schützt die Bitumenbahn das Holz vor Feuchtigkeit.	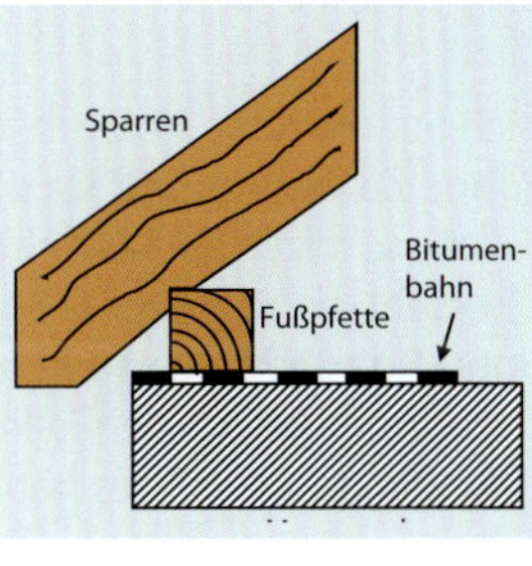

die Holzfeuchtigkeit immer der Luftfeuchtigkeit anpasst.

Beim Einbau von Bauholz muss man Quellen und Schwinden berücksichtigen.

Der Holzfeuchtegrad des Bauholzes soll dem Feuchtegleichgewicht am Verwendungsort entsprechen.

Grundsätzlich gilt: Alle eingebauten Holzteile müssen vor Feuchtigkeit geschützt werden.

5.3.5 Weitere Eigenschaften des Holzes

Zur Unterscheidung der Holzarten dienen Maserung, Farbe und Geruch sowie eine Reihe von technischen Eigenschaften, wie **Dichte, Härte, Festigkeit** und **Dauerhaftigkeit**. Um Holz für die unterschiedlichen Verwendungszwecke beurteilen zu können, müssen Dachdecker die technischen Eigenschaften der unterschiedlichen Holzarten bekannt sein.

Dichte

Beim Holz wird zwischen **Dichte** und **Rohdichte** unterschieden:

Tabelle 5.6: Rohdichte einheimischer Hölzer

Nadelhölzer	Laubhölzer	Rohdichte in kg/m³
Fichte, Kiefer, Tanne	Erle, Linde, Pappel	450–550
Lärche	Ahorn, Kirschbaum	550–650
	Birke, Nussbaum, Ulme, Eiche, Esche, Birnbaum, Rotbuche, Robinie	über 650

Die **Dichte** bezieht sich auf die reine Holzsubstanz (Zellwandsubstanz) ohne Zellhohlräume. Da die Zellwandsubstanz bei allen Holzarten aus dem gleichen Grundstoff besteht, beträgt die Dichte etwa 1,56 kg/dm³. Unter **Rohdichte** versteht man die Dichte eines Holzes einschließlich der Zellhohlräume (Tab 5.6). Die Rohdichte des Holzes hängt von der Holzart und dem Feuchtegehalt ab. Die Werte der Rohdichte werden für lufttrockenes Holz angegeben. Die Rohdichte hat Einfluss auf die Festigkeit, Härte, Bearbeitbarkeit und Wärmeleitfähigkeit.

Härte

Unter **Härte** versteht man den Widerstand, den das Holz bei der Bearbeitung mit Werkzeugen entgegensetzt.

Harte Hölzer werden für Holzbauteile verwendet, die hohen mechanischen Beanspruchungen ausgesetzt sind, z. B. Fußböden, Treppen oder Brückenbeläge.

Je größer die Rohdichte des Holzes und je kleiner der Feuchtegehalt ist, desto größer ist die Härte des Holzes.

Holz, das sehr langsam gewachsen ist und daher dickwandige Zellen hat, ist oft härter als schnell gewachsenes Holz. Das bedeutet: Hölzer mit großer Rohdichte sind härter als Hölzer mit geringer Dichte. Unter den europäischen Holzarten sind vor allem Buche und Eiche sehr hart (Tab. 5.7). Grundsätzlich ist Kernholz dichter und härter als Splintholz. In der Praxis wird zwischen Hart- und Weichhölzern unterschieden.

Tabelle 5.7: Härte verschiedener europäischer Holzarten

Weichhölzer		Harthölzer	
sehr weich	weich	hart	sehr hart
Pappel Linde	Fichte Tanne Kiefer Lärche	Ahorn Eiche Esche Rotbuche	Weißbuche

Dies lässt sich folgendermaßen erklären:

- Das Röhrensystem der Holzfasern wird beim Ausüben eines Drucks in Längsrichtung beansprucht. Die einzelnen Röhren wirken wie Stützen. Daher kann das Holz eine hohe Druckbelastung in Längsrichtung aufnehmen.

- Erfährt das Röhrensystem der Holzfasern in Querrichtung einen hohen Druck, lassen sich die Röhren leicht zusammendrücken. Aus diesem Grund kann das Holz nur eine geringe Druckbelastung in Querrichtung aufnehmen.

Die Druckfestigkeit des Holzes ist vom Faserverlauf abhängig.

Festigkeit

Unter **Festigkeit** des Holzes versteht man seinen Widerstand gegen Verformung durch äußere Kräfte. Wie die Härte nimmt die Festigkeit des Holzes i. d. R. mit steigender Rohdichte zu und mit zunehmender Holzfeuchte ab. Ausschlaggebend für die Festigkeit ist der Winkel, den die Kraft zur Faserrichtung bildet. Vereinfacht kann die Holzstruktur als Röhrenbündel angesehen werden. Die größte Festigkeit haben die Röhren bei Beanspruchung in Faserrichtung (axiale Richtung). Bei Beanspruchung schräg oder rechtwinklig zur Faser sind die Festigkeiten wesentlich geringer. Holz wird je nach Art der Beanspruchung nach **Zugfestigkeit, Druckfestigkeit, Schubfestigkeit und Knickfestigkeit** unterschieden.

Die Druckfestigkeit ist geringer als die Zugfestigkeit, wenn Holz in Faserrichtung beansprucht wird, da bei Druckbeanspruchung die Röhren ausknicken. Die Knickfestigkeit hängt von der **Schlankheit** eines Konstruktionsteils ab. Das Verhältnis von Stablänge zur kleinsten Querschnittsabmessung wird als Schlankheit bezeichnet.

Je größer die Schlankheit, desto geringer ist die Knickfestigkeit. Die Festigkeit nimmt mit zunehmendem Feuchtigkeitsgehalt ab. Daher spielt der Feuchtigkeitsgehalt des Holzes eine wesentliche Rolle für die Festigkeit.

Wird das Holzgefüge durch das Ausüben von Druck zerstört, ist die **Festigkeitsgrenze** überschritten. Deshalb dürfen Bauteile aus Holz nur bis zu einer bestimmten Spannung, der **zulässigen Spannung,** beansprucht werden. Die zulässigen Spannungen (nach DIN 1052) richten sich nach der jeweiligen Qualität des Holzes, d. h. nach den Sortierklassen der DIN 4074.

In einer Versuchsreihe kann die Zugfestigkeit des Holzes in Längs- und Querrichtung ermittelt werden. Dabei zeigen sich als Ergebnis keine sichtbaren Formveränderungen bzw. das Holz reißt auseinander.

Dies lässt sich folgendermaßen erklären:

- Das Röhrensystem der Holzfasern wird in Längsrichtung beansprucht und kann somit eine hohe Zugbelastung aufnehmen.
- Das Röhrensystem der Holzfasern wird in Querrichtung beansprucht. Die Röhren lösen sich leicht voneinander, weil sie nur wenig miteinander verbunden sind. Daher reißt das Holz auseinander.

Bei sehr hoher Zugfestigkeit in Faserrichtung und quer zur Faserrichtung kann das Holz nicht auf Zug beansprucht werden.

Dauerhaftigkeit

Natürliche Dauerhaftigkeit ist die dem Holz eigene Widerstandsfähigkeit gegen einen Angriff durch Holz zerstörende Organismen.

Wesentliche Einflüsse auf die Dauerhaftigkeit haben häufige Wechsel zwischen Feuchtigkeit und Trockenheit. Die Lebensdauer von Holz, das unter Wasser verbaut (Pfahlbauten) wurde, ist daher höher. Kernholz ist dauerhafter als Splintholz. Die Dauerhaftigkeit des Holzes wird hauptsächlich durch Holzschädlinge (Pilze und Insekten) eingeschränkt. Die Lebensdauer des Holzes kann durch zusätzliche Behandlung mit Holzschutzmitteln verlängert werden.

Tabelle 5.8: Dauerhaftigkeit verschiedener Holzarten

Dauerhaftigkeit	Holzarten
sehr dauerhaft	Robinie, Teak
dauerhaft	Eiche, Eibe
mäßig dauerhaft	Lärche, Kiefer
wenig dauerhaft	Tanne, Fichte
nicht dauerhaft	Birke, Pappel, Buche, Esche

5.4 Holz als Handelsware

Man unterscheidet beim Bauholz zunächst zwischen Rundholz und dem mit Kanten zugeschnittenen Schnittholz. Beides gibt es in unterschiedlichen Längen und Stärken sowie unterschiedlichen Qualitätsstufen im Handel. Bei hohen Anforderungen an Güte und Tragfähigkeit wird Konstruktionsvollholz eingesetzt. Holzwerkstoffe werden aus gespantem Holz industriell hergestellt, sie werden für großflächige Beplankungen eingesetzt.

Baurundhölzer können Rundhölzer oder Halbrundhölzer sein, die ein- oder auch beidseitig besäumt sind.

Abb. 5.10: Baurundholz

Abb. 5.11: Bauschnittholz

5.4.1 Bauschnittholz

Das Schnittholz hat eine weitaus größere Bedeutung als das Baurundholz. Nach DIN 4074 ist Nadelschnittholz ein Holzerzeugnis mit einer Dicke von mindestens 6 mm, dessen Querschnitte nach der Tragfähigkeit bemessen werden.

Nach den Abmessungen wird Schnittholz eingeteilt in:

- Bretter,
- Bohlen,
- Latten,
- Kanthölzer.

Um einen Stammquerschnitt voll ausnutzen zu können, werden diese in Ganz-, Halb- oder Viertelhölzer (Kreuzholz) eingeschnitten. Man erkennt diese an den (noch) sichtbaren Teilen der Jahresringe, so zeigt sich am Viertelholz nur ¼ der ursprünglich kreisförmigen Jahresringe.

Je nach dem Sägeschnitt aus dem Stamm unterscheidet man beim Bauholz Ganz-, Halb- und Viertelholz.

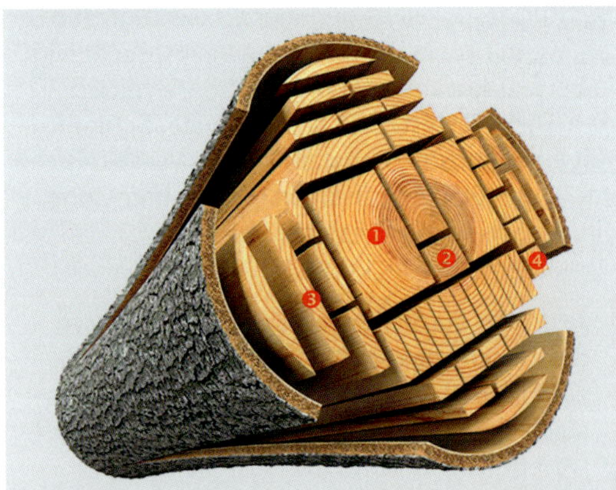

1 Balken 2 Bohlen 3 Bretter 4 Latten

Abb. 5.12: Bezeichnungen der handelsüblichen Schnitthölzer

Im Folgenden werden in jeweils einer Übersicht (Tab. 5.9) zunächst die von Dachdecker überwiegend verarbeiteten handelsüblichen Schnitthölzer dargestellt (siehe Abb. 5.12). Zur Unterscheidung unterschiedlicher Nadelholzschnitthölzer nach Maßen und auch deren Verwendungszweck gibt Tabelle 5.10 Auskunft.

Nadelschnittholz wird, je nach Abmessung, in Balken, Bohlen, Bretter und Latten unterschieden.

Tabelle 5.9: Handelsübliche Schnitthölzer

Maße	Breite × Höhe					
Kanthölzer in cm	6/6 6/8 6/12	8/8 8/10 8/12 8/16	10/10 10/12	12/12 12/14 12/16	14/14 14/16	16/16 16/18
Balken in cm	10/20 10/22	12/20 12/24	16/20	18/22	20/20 20/24	
Dachlatten in mm		24/48	30/50	40/60		
ungehobelte Bretter in mm	16	18	22	24	28	38
ungehobelte Bohlen in mm	44	48	50	63	70	75

Tabelle 5.10: Unterscheidung Nadelschnittholz

Holzart	Verwendungszweck	Maße	Darstellung
Kanthölzer und Balken **Kanthölzer** haben einen quadratischen oder rechteckigen Querschnitt. Die Querschnittsbreite beträgt mehr als 40 mm und die Querschnittshöhe höchstens das Dreifache der Breite. **Balken** Bei einem Balken beträgt die größte Querschnittsbreite mehr als 20 cm. Es gelten die gleichen Breiten- und Höhenverhältnisse wie bei Kanthölzern.	Verschalungen, Unterkonstruktionen usw. Dachkonstruktionen, Fachwerk usw.	Kantholz einschl. Balken $b \leq h \leq 3\,b$ $b > 40$ mm	
Bohlen Bohlen haben eine Mindestdicke von mehr als 40 mm und eine Breite von mehr als 120 mm.	Gerüstbau, Abdeckungen usw.	Bohle $d > 40$ mm $b > 3\,d$	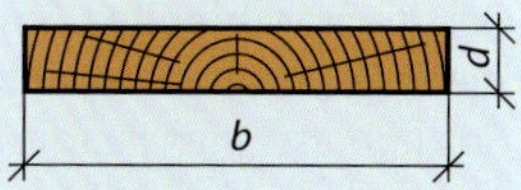
Bretter Bretter können eine Dicke von bis zu 40 mm aufweisen und sind mindestens 80 mm breit, Mindestdicke: 6 mm.	Verschalungen, Deckunterlage bei Dacheindeckungen usw.	Brett $d \leq 40$ mm $b \geq 80$ mm	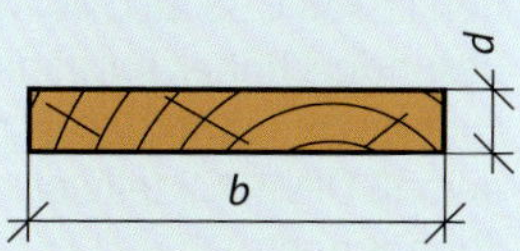
Latten Latten sind bis zu 40 mm dick und die Breite beträgt weniger als 80 mm. Lattenmaße: 24 mm × 48 mm, 30 mm × 50 mm, 40 mm × 60 mm	Konterlattung, Dachlattung, Unterkonstruktion usw.	Latte $d \leq 40$ mm $b < 80$ mm	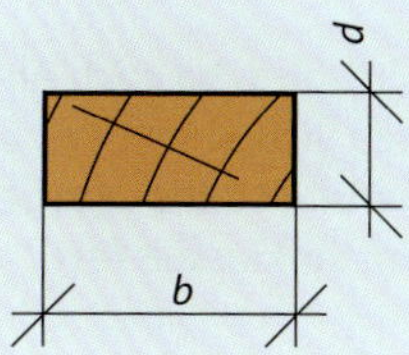

5.4.2 Sortierklassen für Nadelschnittholz

Da Bauschnittholz vielfach als tragendes Bauteil verwendet wird und hohen Anforderungen bezüglich der Tragfähigkeit ausgesetzt ist, muss bei der Auswahl des Bauholzes beachtet werden, in welchem Maße Baumkanten, Äste, Jahresringbreite und andere Merkmale die Tragfähigkeit beeinträchtigen. Die Tragfähigkeit des Schnittholzes wird nach der DIN 4074 nach Sortiermerkmalen festgestellt/eingeteilt. **Bei der Sortierung wird von 11 Sortiermerkmalen ausgegangen.**

Diese Merkmale sind:

- Baumkante,
- Druckholz,
- Äste,
- Insektenfraß,
- Jahresringbreite,
- Mistelbefall,
- Faserneigung,
- Krümmung,
- Risse,
- Markröhre,
- Verfärbungen.

Das Bauschnittholz kann nach 2 unterschiedlichen Methoden sortiert werden:

- Bei der **visuellen Sortierung (S)** wird das Schnittholz nach Augenschein in 3 Sortierklassen eingeteilt. Diese Sortierklassen S 7, S 10 und S13 entsprechen der zulässigen Biegefestigkeit des Schnittholzes nach DIN 1052.
- Bei der **maschinellen Sortierung (MS)** werden die Eigenschaften durch besonders zugelassene Sortiermaschinen festgestellt. Neben den Sortierklassen C 16 M, C 24 M, C 30 M werden die Sortierklassen C 35 M, C 40 M, für Schnittholz mit besonders hoher Tragfähigkeit, unterschieden. Für maschinell sortiertes Schnittholz gelten gemäß DIN 1052 teilweise erhöhte zulässige Spannungen.

Schnittholz wird nach Augenschein in 3 Schnittklassen visuell sortiert. Bei der maschinellen Sortierung stellen spezielle Sortiermaschinen die Sortierklassen fest.

Das Bauprodukt **Konstruktionsvollholz (KVH)** wurde geschaffen, um moderne Holzkonstruktionen, insbesondere sichtbare Holzbauteile, durch geringeren Aufwand und in mangelfreier Ausführung herstellen zu können. Konstruktionsvollholz ist ein güteüberwachtes Schnittholz aus Nadelholz der Sortierklasse S 10, an das gegenüber der DIN 4074 zusätzliche oder erhöhte Anforderungen gestellt werden. Solche Anforderungen sind z. B.:

- Holzfeuchte von ca. 15 %,
- herzfreier oder herzgetrennter Einschnitt,
- Beschränkung von Rissbreiten,
- Beschränkung von Baumkanten, gehobelte, gefaste Oberfläche.

Tabelle 5.11: Sortierklassen nach DIN 4074 und Eigenschaften

visuelle Sortierung (S)	maschinelle Sortierung (M)	Festigkeitsklasse nach DIN EN 338/ DIN 1052 (C)	Eigenschaft
S 7*[1]	C 16 M*	C 16	geringe Festigkeit
S 10	C 24 M	C 24	normale Festigkeit
S 13	C 30 M	C 30	erhöhte Festigkeit
	C 35 M	C 35	besonders hohe Festigkeit
	C 40 M	C 40	besonders hohe Festigkeit

* nicht für Latten
[1] für Bauschnittholz mit gewöhnlicher Anwendung nicht von Bedeutung

Tabelle 5.12: Standardquerschnitte für Konstruktionsvollholz

Breite in mm	Höhe in mm					
60	120	140	160	180	200	240
80	120	140	160	180	200	240
100	120	140	160	180	200	240
120	120	140	160	180	200	240

Konstruktionsvollholz ist eine Bezeichnung für veredelte Bauschnitthölzer, ein spezielles Bauholz mit definierten, über die Anforderungen der DIN hinausgehenden Qualitätseigenschaften.

Den Zusammenhang zwischen den Nutzungsklassen, den Umgebungsbedingungen und der Holzfeuchte zeigt Tabelle 5.13.

Tabelle 5.13: Nutzungsklassen

NKL	Bedingungen	Holzfeuchte
1	im Schnitt 65 % relative Luftfeuchte (Holz in allseitig geschlossenen und beheizten Räumen)	5–15 %
2	im Schnitt 85 % relative Luftfeuchte (Holz im überdachten Außenbereich)	10–20 %
3	Die relative Luftfeuchte liegt im Schnitt wesentlich über 85 % (Holz für Konstruktionen, die der Witterung ausgesetzt sind).	12–24 %

5.4.3 Holzwerkstoffe, Furniere und Hobelwaren

Holzwerkstoffe sind **plattenförmige** oder **stabförmige** Produkte mit gleichmäßigen, der Verwendung angepassten Eigenschaften. Sie werden aus dünnen Holzschichten gleicher oder unterschiedlicher Dicke, aus Holzspänen oder Holzfasern hergestellt und meist unter Zugabe von Klebstoffen oder anderen Bindemitteln unter Druck zusammengefügt. Zu den Holzwerkstoffen gehören z. B.:

Furnierschichtholz, Tischlerplatten, Holzspanplatten (OSB), **Holzfaserplatten**.

Da Holzwerkstoffe i. d. R. so aufgebaut sind, dass das Arbeiten des Holzes stark eingeschränkt wird, können großflächige Holzkonstruktionen damit hergestellt werden. Je nach Anwendungsbereich müssen sie unterschiedlich feuchtebeständig sein. Nach der maximalen Plattenfeuchte im Gebrauchszustand werden Holzwerkstoffe in 3 Holzwerkstoffklassen eingeteilt (Tab. 5.13). Die Feuchtebeständigkeit ist vom verwendeten Klebstoff abhängig. Bei der Holzwerkstoffklasse 100 G wird ein Holzschutzmittel gegen Holz zerstörende Pilze dem Klebstoff beigemischt.

Abb. 5.13: Schicht-Platte Fichte

Furniere

Furniere sind dünne Holzblätter, die durch Schälen, Messern oder Sägen von einem Stamm oder Stammteil abgetrennt werden. Nach Art der Verwendung unterscheidet man zwischen **Deckfurnieren** und **Absperrfurnieren**.

Deckfurniere werden beidseitig auf Platten aufgeleimt und dienen zum Verschönern und Veredeln von Holzflächen.

Absperrfurniere sollen das Arbeiten von Holzflächen verhindern oder einschränken.

Sperrholz (Furnierplatten, Tischlerplatten)

Als **Sperrholz** werden Platten bezeichnet, die aus mindestens 3 kreuzweise verleimten Holzlagen bestehen, die ein Werfen/Verziehen verhindern (3-Schicht-Platten). Das Arbeiten des Holzes wird durch die kreuzweise Verleimung eingeschränkt, da die richtungsabhängigen Quell- und Schwundrichtungen der einzelnen Holzlagen entgegengesetzt verlaufen und sich dadurch gegenseitig absperren. Im Gegensatz zum Vollholz ist die Belastbarkeit in Längs- und Querrichtung nicht so unterschiedlich. Um ein Verziehen der Platten zu verhindern, müssen sie symmetrisch aufgebaut sein (siehe Abb. 5.13).

Furniersperrholz besteht aus mindestens 3 oder mehr Furnierlagen. Wetterbeständiges Baufurniersperrholz trägt die Bezeichnung BFU 100 und unterliegt der Norm EN 636.

Abb. 5.14: OSB/3-Platte

Stabsperrholz oder **Stäbchen-Sperrholz** besteht aus einer Mittellage aus verleimten Holzstreifen und ist mit mindestens 2 Sperrfurnieren aufgebaut. Der Unterschied liegt darin, dass beim Stabsperrholz 24 bis 30 mm breite Stäbe die Mittellage bilden und beim Stäbchensperrholz Rundschälfurniere von einer Dicke bis 8 mm.

Sperrholz wird aufgrund der guten Festigkeit hauptsächlich als Schalmaterial oder für den Innenausbau verwendet. Die Einsatzmöglichkeit ist von den verwendeten Holzarten, der Verleimungsart und der Oberflächenbeschaffenheit abhängig.

Mehrschichtplatten bestehen aus 3 oder 5 kreuzweise miteinander verleimten Brettlagen aus Nadelholz. Sie werden aufgrund ihrer großformatigen Plattengröße vorzugsweise als aussteifende Lage im Holztafelbau verwendet.

Spanplatten sind Holzwerkstoffe, die aus Holzspänen mit Kunstharz als Bindemittel unter Wärme und Druckeinwirkung hergestellt werden. Werden Spanplatten nur aus Holzspänen hergestellt, bezeichnet man diese als Holzspanplatten.

OSB-Platten (Oriented Strand Boards) sind Holzwerkstoffplatten, die aus großen Spänen, sogenannten Strands hergestellt werden (Abb. 5.14). Neben diesen Strands besteht eine OSB-Platte aus plastischen Bindemitteln. Die Platten können als Dampfbremse (luftdichte Ebene) eingesetzt werden, wenn alle Stöße und Anschlüsse mit den geeigneten Werkstoffen verklebt werden.

Holzfaserplatten werden aus Holzfasern hergestellt. Sie erhalten ihren Zusammenhalt durch Verfilzung der Fasern und durch Bindekraft faser-

Abb. 5.15: Tierische Holzschädlinge – Fraßgänge

Abb. 5.16: Pflanzliche Holzschädlinge

eigener oder zugesetzter Klebstoffe. Durch unterschiedlichen Druck, Temperaturen und Zugabe von z. B. Kunstharz, Wachs oder Bitumen erzielt man unterschiedliche Eigenschaften.

5.5 Holzschädlinge und Holzschutz

Pflanzliche (Pilze) oder tierische Holzschädlinge (Insekten) können Holz befallen und zerstören. Befallenes Holz verliert fast immer an Festigkeit oder wird bis zum völligen Zerfall zerstört.

Pflanzliche Holzschädlinge (Abb. 5.16) sind z. B. **Holzfäulepilze**. Diese entwickeln sich aus Pilzsporen (Keimen), die sich auf dem Holz oder in Rissen im Holz angesiedelt haben. Bei ausreichend hoher Feuchtigkeit (Holzfeuchte > 18 %) und Wärme wachsen zunächst einzelne Zellfäden, die auf dem Holz ein Geflecht von unzähligen dünnen Fäden ausbilden. Durch Ausscheidung von Enzymen werden die Zellwände des Holzes angegriffen und Fäulnis des Holzes verursacht. Die Zellfadengeflechte können auch holzfreie Bauteile überwachsen und durch poröse Baustoffe hindurchwachsen.

Zu den **tierischen Holzschädlingen** (Abb. 5.15) gehören Holz zerstörende Insekten wie Käfer-, Falter- oder Wespenarten. Sie zerstören entweder den stehenden Baum oder gelagertes, verbautes Holz. Der befallene Baum wird durch ihren Fraß im Wachstum gestört, der technische Wert des Holzes gemindert oder das Holz ganz zerstört. Holzschädlinge, die nur stehendes Holz befallen, nennt man Baum- und Forstschädlinge, z. B. der Kiefernspinner, der Borkenkäfer und die Holzwespe. Von den schädlichen Insekten sind hierzulande nur die Käfer von Bedeutung. Durch den **Holzfraß der Larven** werden Schäden am Holz verursacht, da ihre Bohrgänge die Tragfähigkeit des Holzes sehr stark verringern. Bei den tierischen Holzschädlingen gehören insbesondere folgende zu den häufig vorkommenden Arten (Tab. 5.14):

Tabelle 5.14: Holzschädlinge

tierische Holzschädlinge (Insekten)		pflanzliche Holzschädlinge (häufig vorkommende Pilze)	
Beschreibung	**Abb.**	**Beschreibung**	**Abb.**
Der **Hausbockkäfer** ist der gefährlichste Schädling, der nur verbautes Nadelholz befällt. Larveneier, die in Rissen und Spalten der Hölzer abgelegt wurden, fressen sich ausschließlich durch Splintholz und bleiben unter der Oberfläche des Holzes. Daher wird die Holzzerstörung erst durch die Ausfluglöcher der ausgeschlüpften Käfer entdeckt. Das Holz kann durch Larvenfraß während der Entwicklung zum vollständigen Insekt (3 bis 8 Jahre) völlig zerstört werden. Erkennungsmerkmal für Hausbockkäferbefall sind die ovalen Ausfluglöcher und das lockere Bohrmehl, das bei der Öffnung der Gänge aus den genagten Löchern oder durch Aufplatzen der dünnen Oberfläche rieselt.		**Echter Hausschwamm** ist der gefährlichste Pilz, der verarbeitetes Holz zerstören kann. Er befällt vorwiegend Nadelholz, kann aber auch Laubholz angreifen (Ausnahme: die Eiche). Der Pilz verursacht Braunfäule durch den bevorzugten Celluloseabbau. Das Holz zerfällt erst in würfelförmige Stücke und lässt sich schließlich im Endzustand zu Pulver zerreiben. Braunfaules Holz verliert jegliche Tragfähigkeit. Der Echte Hausschwamm tritt bevorzugt in Altbauten auf, meist im Keller oder Erdgeschoss. Seine Gefährlichkeit liegt in seiner außerordentlichen Zerstörungskraft und dem schnellen Wuchs. Bei einem Befall durch den Hausschwamm muss umfassend saniert werden. Befallenes Holz muss ausgebaut und verbrannt, das Mauerwerk muss abgeflammt und Schutzimprägnierungen müssen aufgebracht werden.	
Der **gewöhnliche Nagekäfer** (kleiner Holzwurm) ist der **gefährlichste** unter den vielen Arten der Nage-, Klopf- oder Pochkäfer. Man findet ihn in verarbeitetem oder verbautem Nadel- oder Laubholz, meist im Splintholz. Das befallene Holz wird als wurmstichig bezeichnet. Durch ihn entstehen große Schäden, da die Larven bis zu ihrer Entwicklung 2 bis 8 Jahre benötigen. Der gewöhnliche Nagekäfer (Klopfkäfer) zerstört vor allem Holz von Möbeln und Innenausbauten (z. B. Treppenstufen) mit hohem Feuchtegehalt und tritt im Massenbefall auf. Das Erkennungsmerkmal für den Befall sind die vielen siebartig angeordneten kleinen Bohrlöcher mit einem Durchmesser von ca. 2 mm sowie Bohrmehlhaufen auf dem Boden und klopfartige Geräusche.		Der **Braune Keller- oder Warzenschwamm** befindet sich meist in Neubauten, da er feuchtes Holz (ca. 50 bis 60 % Holzfeuchtigkeit) oder nasses Mauerwerk bevorzugt. Er wächst schnell und verfügt über eine außerordentliche Zerstörungskraft. Der Kellerschwamm weist auf der Oberfläche kleine warzenartige Erhebungen auf und erzeugt Braunfäule.	

Tabelle 5.14: Holzschädlinge (Fortsetzung)

tierische Holzschädlinge (Insekten)		pflanzliche Holzschädlinge (häufig vorkommende Pilze)	
Beschreibung	**Abb.**	**Beschreibung**	**Abb.**
Zu den **Splintholzkäfern** zählt auch der Parkettkäfer. Er befällt nur den Splint von außereuropäischen Laubholzarten. Die Größe des Käfers ist in etwa vergleichbar der Größe der Nagekäfer. Oft ist der Befall nur schwer erkennbar, da die Fraßgänge mit feinstem Fraßmehl verstopft werden. Aufgrund der kurzen Entwicklungszeit (4 bis 18 Monate) und weil der Käfer nur Holz mit geringer Holzfeuchte befällt, kann er sich schnell ausbreiten.		Ein weiterer Hauspilz ist der **Weiße Porenschwamm**, der wie der Kellerschwamm eine hohe Holzfeuchtigkeit benötigt und daher leichter als der Echte Hausschwamm zu bekämpfen ist. Befallen werden vornehmlich Nadelhölzer, bei denen eine Braunfäule erzeugt und das befallene Holz anschließend würfelbrüchig wird.	
Holzwespen sind weniger gefährlich, da sie nur stehendes Nadelholz oder frisch gefällte Stämme befallen. Erkennungszeichen: runde Ausfluglöcher (4 bis 7 mm) und die mit Bohrmehl verstopften Fraßgänge der Larven im Holz. Holzwespen können auch im verarbeiteten, gefällten oder geschnittenen Holz ausfliegen, da die Entwicklung der Larven bis zur Wespe 2 bis 4 Jahre dauern kann. Schäden entstehen dadurch, dass sie sich stets nach oben durchfressen und ebenfalls den Bodenbelag durchfressen.		**Rotstreifigkeit** kommt vor allem bei frisch gefällten Fichten vor. Besonders gefährdet sind unentrindete, feucht lagernde Stämme. Die Rotstreifigkeit wird durch Pilze verursacht, die sich von den Inhaltsstoffen der Zellen und von den Zellwänden ernähren.	
		Die **Blaustreifigkeit** bzw. die **Verblauung des Holzes** wird vom Bläuepilz verursacht, der aber kein Holz zerstörender Pilz ist. Kiefernholz ist besonders gefährdet. Die Bläuepilze entstehen meist dann, wenn das Holz zu lange mit Rinde liegen bleibt oder frische Schnittware zu früh gestapelt wird. Die Pilze besiedeln das Splintholz und ernähren sich dort von den Inhaltstoffen der Holzzellen. Blaustreifigkeit führt zu keinem Festigkeitsverlust des Holzes.	

Wenn Pilze oder Insekten Holz befallen, ist das mehr als ein Schönheitsfehler: Holz verliert seine Festigkeit bis hin zur Zerstörung. **Vorbeugender Holzschutz** verhindert den tierischen oder pflanzlichen Befall. Bauliche Maßnahmen zum Schutz des eingebauten Holzes nennt man **konstruktiven Holzschutz**. **Chemischer Holzschutz** ist die zusätzliche Verwendung von Holzschutzmitteln.

Pflanzliche Holzschädlinge sind neben dem gefährlichen Hausschwamm u. a. der Braune Kellerschwamm, der Weiße Porenschwamm, die Rot- und die Blaustreifigkeit.

Der sehr schädigend-gefährliche Holzschädling Hausbockkäfer ist im Regelfall erst erkennbar durch die Ausfluglöcher bereits geschlüpfter Larven.

Tierische Holzschädlinge sind Holz zerstörende Insekten, Käfer, Falter- und Wespenarten.

5.6 Verarbeitung von Holz

5.6.1 Holzverbindungen

Das Zusammenfügen von Holzkonstruktionen mittels unterschiedlicher Verbindungen führt zu komplexen Konstruktionen, bei denen in jedem Punkt eine sichere Übertragung und Ableitung der Lasten und Kräfte gegeben sein muss. Maßgebend für die Standsicherheit der Konstruktion ist die Verbindung der Hölzer, Sparren, Pfosten, Pfetten und die Lattung oder Schalung. Es werden 2 Gruppen von Holzverbindungen unterschieden: zimmermannsmäßige und ingenieurmäßige Holzverbindungen.

Zimmermannsmäßige Holzverbindungen

Die **zimmermannsmäßigen Holzverbindungen** sind die handwerklichen Holzverbindungen. Sie sind seit den Anfängen des Holzbaus bekannt. Die Grundformen der meisten zimmermannsmäßigen Holzverbindungen sind der Zapfen, das Blatt und der Versatz (Abb. 5.17).

- **Überblattungen** werden angewendet, wenn Bauhölzer in einer Ebene liegend in der Länge oder übereck verbunden werden sollen. Bei der Ausarbeitung der Überblattung werden die Hölzer so ausgeschnitten, dass sie bei gleicher Stärke oben und unten bündig sind. Sie kommen z. B. bei Stößen von Schwellen, bei unterstützten Balken und bei Eckausbildung von Mauerschwellen und Pfetten vor. Zur Sicherung der Verbindung können Nägel oder Schrauben verwendet werden.
- **Abbundrisse**
  Die Zimmerer müssen Kanthölzer sachgemäß verbinden, besonders beim **Abbinden** von Fachwerkwänden, Balkenlagen und Dachverbänden. Risse am Kantholz werden umlaufend mit dem Zimmermannswinkel gemacht. Die wichtigsten Risse der Zimmerer sind in Abbildung 5.19 dargestellt.
- Auch **Zapfenverbindungen (Querverbindungen)** gehören zu den zimmermannsmäßigen Verbindungen, die bei rechtwinklig zueinander stehenden vertikalen und horizontalen Holzbauteilen angewendet werden, wie z. B. Wechselhölzer, Schwellen und Pfosten.

Abb. 5.17: Grundformen der zimmermannsmäßigen Verbindungen

Abb. 5.18: Einfaches Blatt – druckfeste, seitlich verschiebbare Verbindung

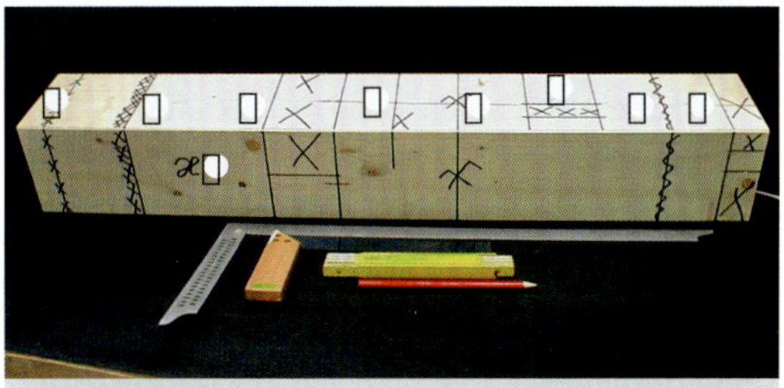

1. Abschnittriss
2. Mauerzeichen
3. Bundseite
4. Riss einer Einblattung
5. Sprungriss
6. Mittelriss
7. Lochriss
8. ungültiger Riss
9. Zapfenriss

Abb. 5.19: Abbundrisse

Abb. 5.20: Einfacher Zapfen

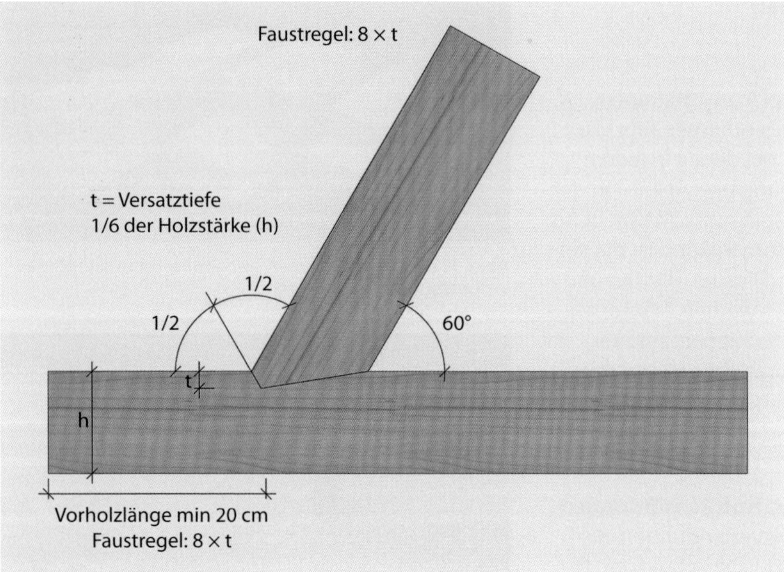

Abb. 5.21: Stirnversatz

- Dabei ist darauf zu achten, dass das Zapfenloch etwas tiefer (ca. 1 cm) ausgeführt wird, als die Zapfenlänge (meist 4 bis 5 cm) beträgt. Somit wird über den Zapfen keine Druckkraft übertragen. Die Sicherung der Verbindung kann durch einen Bauwinkel, Nägel oder einen Holznagel erfolgen. Man unterscheidet den einfachen Zapfen, der über die ganze Holzbreite geht, und den geachselten Zapfen, der bei Verzapfungen am Holzende angewendet wird. Ein **abgestirnter Zapfen** kommt zum Einsatz, wenn die Zapfenverbindungen der Hölzer nicht rechtwinklig aufeinandertreffen, wie dies z. B. bei Kopfbändern vorkommt.
- Beim **Versatz** wird ein spitzwinklig auftreffender Druckstab durch eine oder mehrere Passflächen an seiner Stirnseite mit dem anderen Holz verbunden. Nach Zahl und Lage der Passfläche unterscheidet man:
  - den **Stirnversatz**,
  - den **doppelten Versatz**,
  - den **Rück- oder Fersenversatz**.

Meistens wird der einfache Stirnversatz angewendet. Durch Druckkraft wird das vor der Versatzfläche liegende Vorholz auf Abscheren beansprucht. Zu kurzes Vorholz wird durch die Schubkraft abgeschert. Um ein Abscheren zu verhindern, sollte die Vorholzlänge 20 cm nicht unterschreiten. Am günstigsten wird die Druckkraft übertragen, wenn die Stirnfläche des Versatzes in der Winkelhalbierenden des stumpfen Außenwinkels verläuft.

- Man unterscheidet **Längsverbindungen** über Auflagern und neben Auflagern. Zur Sicherung der Verbindung über Auflagern werden meistens Flachstahl oder Dübelanker verwendet. Für die Ausführung von Längsverbindungen, bei denen an der Verbindungsstelle große Zugkräfte auftreten, wie z. B. bei hohen Pfetten im Dachstuhl, stößt man die beiden Hölzer über dem Auflager stumpf zusammen und verbindet sie durch seitlich angenagelte Brettstücke oder durch Lochplattenstreifen aus Stahl. Eine weitere Möglichkeit besteht darin, dass die Pfetten als Gerber- oder Gelenkpfette ausgebildet werden. Hierbei wird die Lage des Längsstoßes genau berechnet und liegt neben dem Auflager, wo keine Biegekräfte auftreten. Die Verbindung der Pfette erfolgt meistens mit 2 Gelenkbolzen durch ein gerades oder schräges Blatt. Werden Gerberpfetten stumpf gestoßen, verwendet man meistens Stahlblechformteile, die über die Stoßverbindung genagelt werden.

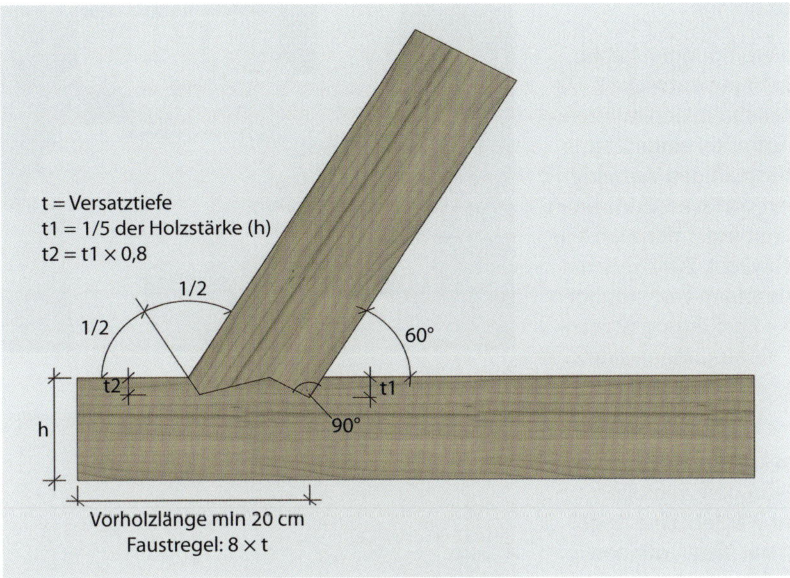

Abb. 5.22: Doppelversatz

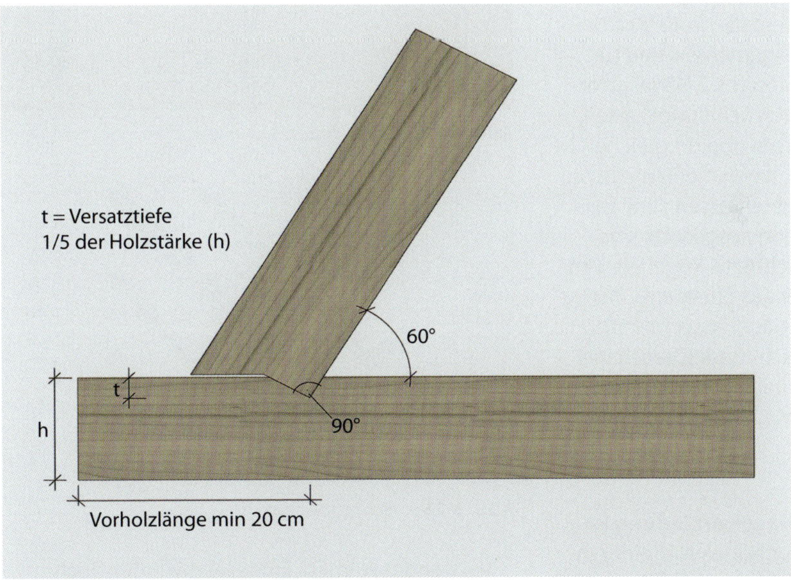

Abb. 5.23: Fersenversatz

Abb. 5.24: Gerberstoß

Abb. 5.25: Schräges Hakenblatt

Ingenieurmäßige Holzverbindungen

Die ingenieurmäßigen Holzverbindungen haben sich erst in den letzten Jahrzehnten entwickelt. Heute werden zu ihrer Herstellung in den meisten Fällen technische Verbindungsmittel eingesetzt. Gegenüber den zimmermannsmäßigen Verbindungen ergibt sich eine Reihe von Vorteilen: Zum einen wird der Querschnitt der zu verbindenden Holzteile nicht oder nur minimal geschwächt. Zum anderen kann die Tragfähigkeit der einzelnen Verbindungen genau berechnet werden. Die Ausführung ist weniger zeitaufwendig und viele Verbindungen sind gleichzeitig auf Druck, Zug und Abscheren beanspruchbar.

- Bei der **Nagelverbindung** können Hölzer mit kleinen Querschnittabmessungen zu großen Konstruktionen verarbeitet werden. Eine Nagelverbindung soll möglichst mit vielen dünnen Nägeln ausgeführt werden, um die Spaltgefahr des Holzes zu verringern. Mit Nägeln kleineren Durchmessers können ebenfalls große Kräfte übertragen werden. Im Allgemeinen sind für Nagelverbindungen mindestens 2 Nägel erforderlich. Die Befestigung von Schalung, Latten, Windrispen, Sparren, Pfetten und dergleichen ist mit einem Nagel zulässig, wenn die Bauteile mit mindestens 2 Nägeln angeschlossen sind. Bei Bauteilen, die der Witterung ausgesetzt sind, dürfen nur korrosionsgeschützte Nägel verwendet werden (verzinkt oder aus Edelstahl). Für Nagelverbindungen finden Nägel nach DIN 1052 Verwendung, hauptsächlich runde Drahtnägel, Schraubnägel oder Rillennägel. Bei Nagelverbindungen sind Anschlüsse am Hirnholz nicht tragend.

Die Tragfähigkeit einer Nagelverbindung ist abhängig von: Anzahl der Nägel, Nageldurchmesser, Nagellänge und Art der Ausführung (vorgebohrt oder nicht vorgebohrt).

- **Schraubverbindungen** sind haltbarer als Verbindungen mit Drahtstiften und Klammern und sind wieder lösbar. Im Wesentlichen werden Schrauben nach verwendetem Werkstoff, Art des Gewindes und Kopfform unterschieden. Für die Verbindung von Holz, Holzwerkstoffen und Stahlblechen dürfen nur genormte Schrauben verwendet werden. Eingesetzt werden auch spezielle selbstbohrende Holzschrauben, die bauaufsichtlich zugelassen sind. Wie bei der Nagelverbindung müssen für eine tragende Schraubenverbindung mindestens auch 2 Holzschrauben verwendet werden, um eine ausreichende Klemmwirkung zu erreichen. Eine Holzschraube pro Auflagerung darf bei Sparren, Konterlatten, Tragelattung oder Konstruktionshölzern, die überwiegend durch Windsogkräfte auf Herausziehen beansprucht werden,

Abb. 5.26: Blechformteile

Abb. 5.27: Nageltypen

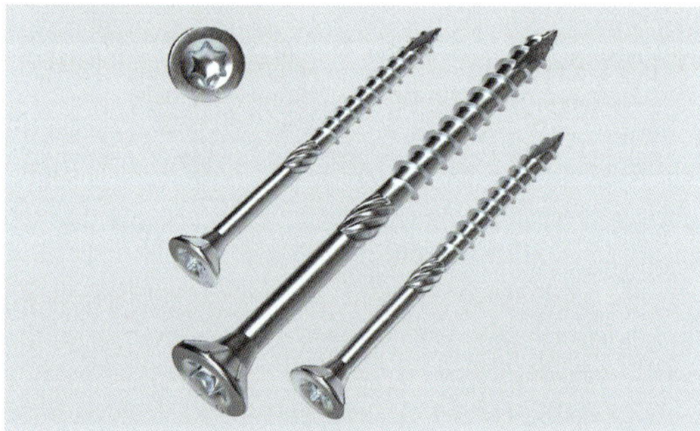

Abb. 5.28: Schraubentypen

verwendet werden. Eingesetzt werden z. B. Halbrundschrauben, Sechskant-Holzschrauben oder Senkholzschrauben.

Die Tragfähigkeit der Schrauben ist abhängig von dem Schraubendurchmesser und der Einschraubtiefe. Bei Schraubenverbindungen sind Anschlüsse am Hirnholz wie bei Nagelverbindungen nicht tragend.

- **Klammern** sind Verbindungsmittel, die mithilfe eines Druckluftmagazinnaglers eingetrieben werden können. Die Klammern werden unterschieden in: Schmal-, Normal- und Breitrückenklammern. Klammern finden meist Anwendung bei der Befestigung von Platten aus Holzwerkstoffen und Vertäfelungen. Nach DIN 1052 dürfen Klammern auch für tragende Verbindungen eingesetzt werden. Die Klammern bestehen aus 1,5 bis 2 mm dickem Stahldraht.
- **Bolzen** und **Stabdübel** sind zylindrische Verbindungsmittel aus Stahl. Sie sind mit Kopf und Mutter versehen und haben Durchmesser von M 12, M 16, M 20, M 22, M 24 mm. Unter Kopf und Mutter sind Unterlagsscheiben anzuordnen. Die vorgebohrten Löcher dürfen ein Spiel von maximal 1 mm haben. **Tragende Bolzenverbindungen** sind nur bei untergeordneten Bauten zugelassen, weil die Bolzen an Klemmwirkung verlieren und dann nachgezogen werden müssen, wenn das Holz beim Austrocknen schwindet. Stabdübel dagegen können bei allen Bauwerken verwendet werden. Die zylindrischen Stahlstifte mit glatter oder gerillter Oberfläche werden in vorgebohrte, kleinere Löcher eingetrieben und haben Durchmesser zwischen 8 und 24 mm. Die Löcher sind 0,2 bis 0,5 mm kleiner als der Dübeldurchmesser zu bohren. Die Beanspruchung von Stabdübeln und Bolzen erfolgt vorwiegend auf Biegung.
- **Dübel besonderer Bauart** werden überwiegend auf Druck und Abscheren beansprucht. Bei diesen Dübeln unterscheidet man Ring- und Scheibendübel. Scheibendübel gibt es mit Zähnen oder Dornen. Nach Art des Einbaus unterscheidet man zwischen Einlassdübeln, Ringdübeln, Einpressdübeln und einer Form von Einlass- und Einpressdübeln. Durch eine nachspannbare Bolzenverbindung werden die Dübel mit den Holzbauteilen verbunden.

Abb. 5.29: Klammertypen

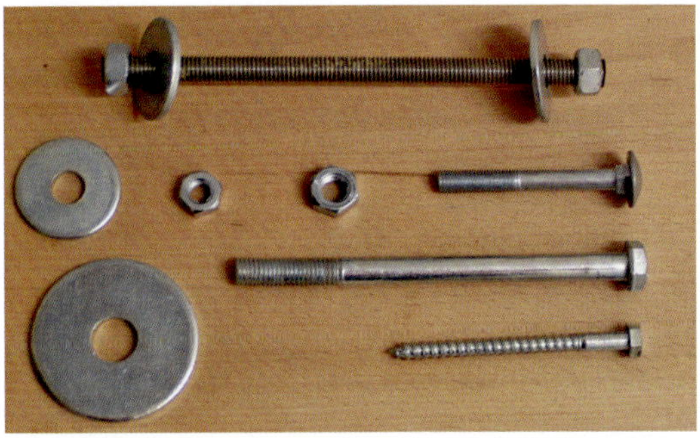
Abb. 5.30: Schraubenbolzen

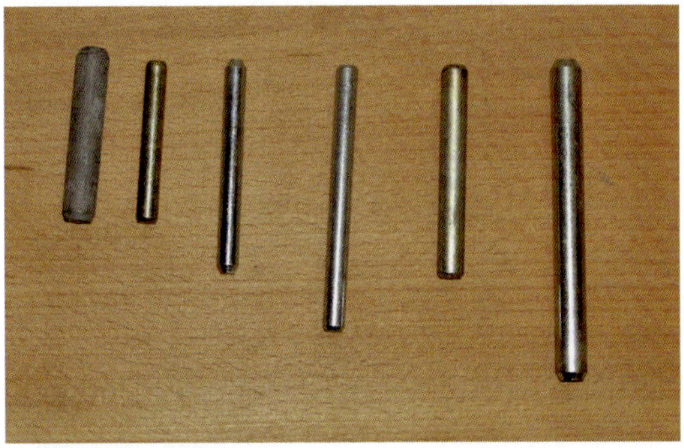
Abb. 5.31: Stabdübel

Abb. 5.32: Dübel besonderer Bauart

- Immer häufiger werden **Blechformteile** für Holzverbindungen verwendet, die geprüft und genormt sind. Diese werden aus mindestens 2 mm dicken feuerverzinkten Stahlblechen hergestellt und besitzen Bohrungen zur Befestigung mit Ankernägeln, Schrauben und Bolzen, je nach statischer Berechnung. Die Verbindungen mit Blechformteilen sind zug- und druckfest. Blechformteile sind rasch einzubauen, sie eignen sich aufgrund ihrer Formgebung für viele Holzverbindungen.

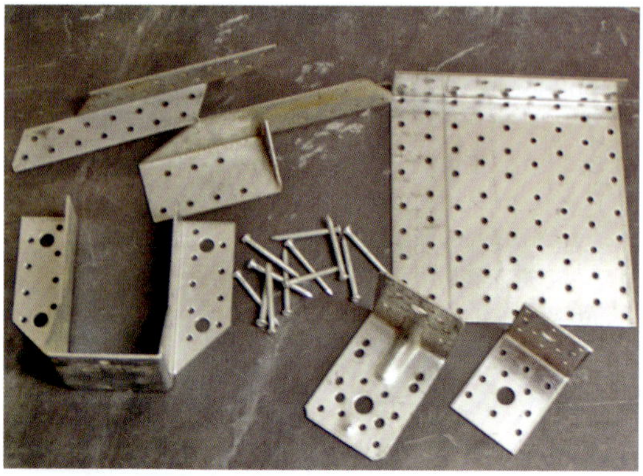

Abb. 5.33: Blechformteile

5.6.2 Knotenpunkte am Sparrenanschluss

In Knotenpunkten sind Sparren mit vielen anderen Hölzern verbunden, dementsprechend sind viele Knotenpunkte vorhanden.

Abb. 5.34: Anschluss des Sparrens an die Mittelpfette

Traufpunkt beim Pfettendachstuhl

Die Sparren werden mit der **Kerve,** das ist ein dreieckiger Ausschnitt an der Sparrenunterseite, an die Fußpfette angeschlossen. Die Kerve ist dabei so auszuführen, dass immer genügend Obholz stehen bleibt. Als **Obholz** wird der Teil eines Dachsparrens bezeichnet, der nach dem Ausschnitt oder der Ausfräsung der Klaue stehen bleibt (ca. ¾ der Sparrenhöhe). Die Verbindung des Sparrens mit der Fußpfette erfolgt meist mit einer Tellerkopfschraube. Die Winddruckkräfte werden über die Kerve in die Fußpfette abgeleitet, wodurch die Stabilität der Dachkonstruktion gewährt wird. Die Fußpfetten müssen mit der Decke bzw. dem Ringanker fest verbunden sein.

Anschluss von Sparren an Schwellen und Pfetten

Die Sparren werden, wie bei der Fußschwelle, mit einer Kerve an die Firstpfette angeschlossen und mit einer Tellerkopfschraube gesichert. Je nach Spannweite des Dachstuhls werden zusätzliche Schwellen oder Pfetten (Mittelpfetten) benötigt.

Abb. 5.35: Firstanschluss am Pfettendach

Firstausbildung am Pfettendachstuhl

Die Sparren werden auch hier mit der Kerve an die Firstpfette angeschlossen und mit einer Tellerkopfschraube gesichert. Die Sparren werden am First stumpf gestoßen und so abgelenkt, dass im Firstscheitelpunkt eine offene Fuge von ca. 0,5 cm entsteht (Abb. 5.35). Die Sparren können im Firstbereich zusätzlich durch Laschen oder Zangen verbunden werden. Ist im Firstbereich keine Firstpfette vorhanden, so werden die Sparren mit einem einfachen Blatt oder einem Scherzapfen verbunden und mit mindestens 2 Nägeln gesichert.

Pfostenanschluss

Die Verbindung von Streben an Pfosten und Pfetten kann mit verschiedenen Zapfenverbindungen oder Versätzen ausgeführt werden. Alternativ dazu können Blechformteile oder Laschen aus dem Ingenieurholzbau zum Einsatz kommen (Abb. 5.36).

Die Pfosten werden am Boden mit Pfostenfüßen gesichert, die fest im Fundament verankert sind. Zwischen Oberkante Erdboden und Unterkante Pfosten sollte genügend Luft bleiben (mindestens 30 cm), damit das Holz vor Spritzwasser geschützt und der konstruktive Holzschutz gewährleistet ist.

Abb. 5.36: Pfostenanschluss unten unter Berücksichtigung der Holzschutzmaßnahmen

5.6.3 Holzliste

Die Holzliste ist die Angabe der Holzmenge, die zur Herstellung von Dachstühlen, Holzkonstruktionen, Verschalungen usw. benötigt und in einer entsprechenden Stückzahl mit Sortier- und ggf. Schnittklasse und den Querschnittsmaßen beim Sägewerk oder Holzhändler bestellt wird. Die Rohholzmenge (benötigte Holzmenge) ist immer höher als die Fertigholzmenge (tatsächlich benötigte Menge), denn Schnittverluste entstehen bei der Herstellung der einzelnen Bauteile, diese sind bei der Bestellung zu berücksichtigen. Weiter zu beachten sind die benötigten Holzlängen und die handelsüblichen Holzlängen. Wichtig ist es, immer den genauen Holzbedarf zu ermitteln, auch als Dokumentation für eine spätere Endabrechnung gegenüber dem Kunden.

In einer Holzliste werden alle benötigten Bauhölzer mit Stückzahl, Sortier- und Schnittklasse, Querschnittmaßen und Länge angegeben.

Beispiel Holzliste

Praxisbeispiel

Holzliste Nr.: Firma:

Bauteil:

Bauvorhaben: Bearbeiter:

Projekt-Nr.: Aufgestellt am:

Liefertermin: Spätester Liefertermin:

lfd. Nr.:	Bezeichnung	Schnitt-klasse	Stück	Querschnitt cm		Länge	Länge mit Verschnitt	Gesamtmenge in	
				h	b			m	m³
1	Fußschwelle	S 10	2	10	12	2,50	2,55	5,10	0,061
2	Fußschwelle	S 10	2	10	12	1,30	1,35	2,70	0,032
3	Pfosten	S 10	2	10	12	1,16	1,20	2,40	0,029
4	Sparren	S 10	6	8	12	2,09	2,15	12,9	0,124
5	Pfosten Hauswand	S 10	2	10	10	2,12	2,15	4,30	0,043
6	Streben	S 10	2	10	12	2,13	2,15	4,30	0,052
Gesamtmenge:								**31,70**	**0,341**

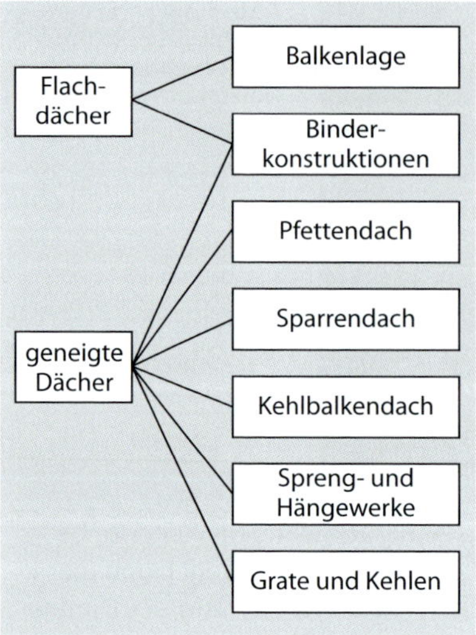

Abb. 5.37: Dachtragwerke aus Holz

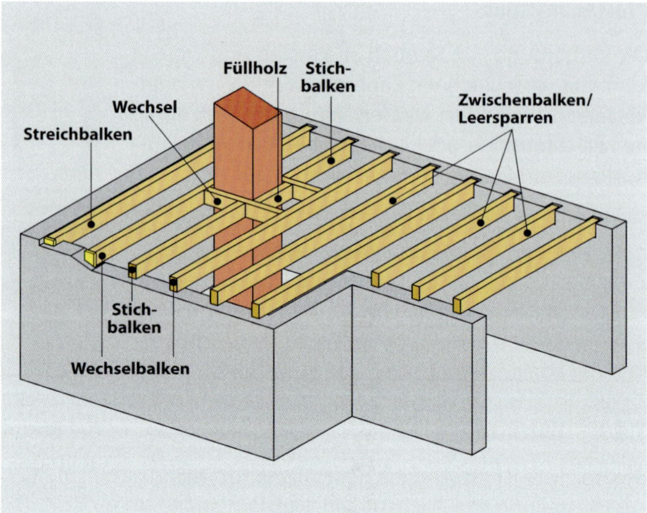

Abb. 5.38: Balkenlage von oben

Aufstellen einer Holzliste unter Berücksichtigung des Verschnitts

Der Holzbedarf für Zimmerer- und Holzbauarbeiten wird nach dem Querschnitt der benötigten Hölzer ermittelt.

Dabei werden folgende Maßeinheiten im Regelfall angegeben:

- Balken und Kanthölzer in m^3,
- Schalung und Bohlen in m^2,
- Dachlatten in m,
- Plattenmaterial in m^2.

Durch das Aufstellen einer Holzliste wird die Ermittlung des Holzbedarfes vereinfacht. Angaben über Anzahl, Querschnitt und Länge der benötigten Hölzer müssen in einer Holzliste vorhanden sein. Beim Aufstellen der Holzliste geht man systematisch vor, damit keine Hölzer vergessen werden. Beim Entnehmen der Maße für die Hölzer aus einer Zeichnung sind die Holzverbindungen zu berücksichtigen, da in den Zeichnungen Fertigmaße angegeben sind.

5.7 Dachtragwerke

Holz ist als Tragwerk für alle Dachformen geeignet. Die Balken bilden dabei das Traggerüst. Die eigentliche Hülle zwischen innen und außen erfolgt durch verschiedene Schichten von Platten, Dämmstoffen, Folien und der Dachdeckung.

Es werden **Dachtragwerke aus Holz** nach Abbildung 5.40 unterschieden.

5.7.1 Die Balkenlage für Flachdächer

Die Tragkonstruktion für Flachdächer kann aus verschiedenen Baustoffen hergestellt werden, so z. B. aus Stahl, Stahlbeton oder Holz. Die **Balkenlage** aus Holz soll als eine Art der möglichen Tragkonstruktionen beschrieben werden (Abb. 5.37). Sie kann allerdings auch im Gebäudeinneren als Tragwerk für Geschossdecken dienen.

Die Balkenlage besteht aus Holzbalken, die auf tragenden Wänden aufgelegt sind (Abb. 5.38). Unterschieden werden Streichbalken, Zwischenbalken, Wechsel, Wechselbalken, Stichbalken und Füllhölzer. In der Gebäudemitte verlaufende Balken werden auch als **Zwischenbalken** oder **Leerbalken** bezeichnet. **Streichbalken** verlaufen im Abstand von mindestens 2 cm an einer bis zur Schalung durchgehenden Wand. Dies sind meistens die Außenwände.

Falls ein Zwischenbalken nicht durchgehen kann, weil ein Schornstein, Dachdurchbrüche oder Öffnungen im Weg sind, wird er ausgewechselt. Dazu

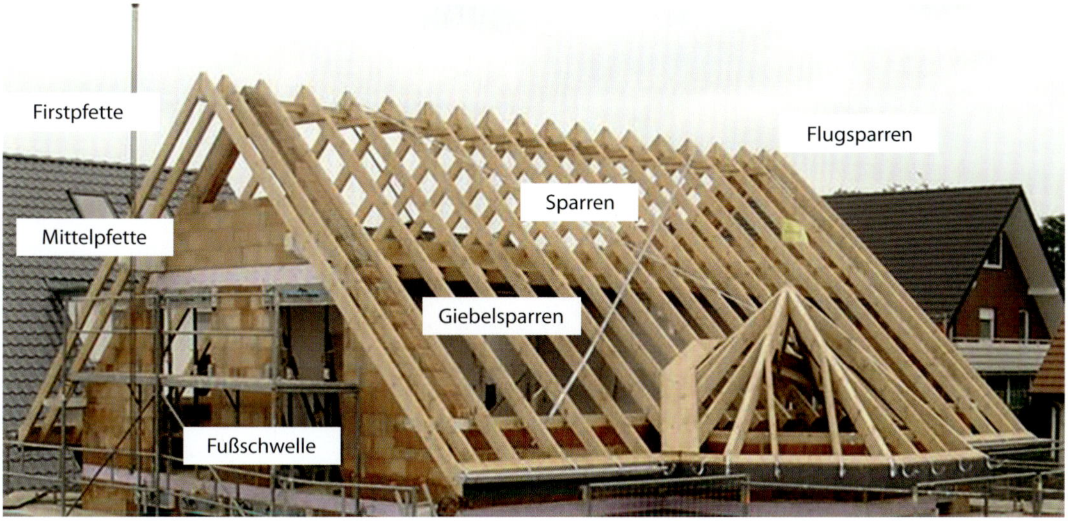

Abb. 5.39: Baustellenfoto Pfettendach

wird ein **Wechsel** von den benachbarten Balken in Querrichtung eingebaut. Der ausgewechselte Balken, der sog. **Stichbalken**, wird an den Wechsel angeschlossen. Seine Last gibt er nun über den Wechsel an die Nachbarbalken ab. Diese nennt man **Wechselbalken**, da sie stärker belastet sind als die anderen Zwischenbalken. **Füllhölzer** füllen zu große Zwischenräume bei Auswechslungen aus. Sie werden benötigt, um die Schalung im Bereich der Dachöffnung zu befestigen.

Die Abmessungen und der Abstand der Balken untereinander sind von folgenden Faktoren abhängig:

- Eigenlast der Dachkonstruktion, z. B. Kiesschüttung, Dachbegrünung,
- Auflast (Verkehrslast), z. B. schneereiche Gebiete, Dachterrasse,
- Spannweite *l* (d. h. Abstand der Wände, auf die die Balken aufgelegt sind).

Der Bauingenieur gibt die Abmessungen und den maximalen Abstand der Balken an (z. B. NH S10 10/20 e ≤ 70cm). Aus der größten Spannweite des Gebäudes ergibt sich die Abmessung der Balken in der Balkenlage. Je größer die auftretenden Lasten, umso enger sind die Balkenabstände. Die Balkenhöhe sollte in einer Balkenlage immer gleich sein, damit die Schalung und der weitere Aufbau montiert werden können.

Das Tragwerk eines Flachdaches kann aus einer Balkenlage bestehen. Eine Balkenlage ist ein System aus Holzbalken mit gleichen Abmessungen, die parallel und möglichst in einem gleichmäßigen Abstand verlegt sind. Sie werden je nach Lage in der Balkenlage unterschiedlich bezeichnet. Der einzelne Balken wird u. a. auf Biegung beansprucht.

5.7.2 Das Pfettendach

Die häufigste Konstruktionsart für geneigte Dächer, wie z. B. Satteldächer, Walmdächer und Pultdächer, ist das **Pfettendach** (Abb. 5.39 und 5.40). Auf die Längswände oder auf die Außenkanten der Decke werden zunächst **Schwellen** bzw. **Fußpfetten** montiert. In Längsrichtung folgt dann die **Firstpfette** und je nach Größe des Daches die **Mittelpfetten**. First- und Mittelpfetten liegen auf Querwänden oder auf Pfosten auf. Die Abmessungen der Pfetten werden nach ihrer Spannweite dimensioniert.

Die **Sparren** liegen als schräge Träger quer auf den Pfetten. **Kerven** in den Sparren sorgen für ihren Halt gegen das Abrutschen auf den Pfetten. Zusätzlich werden die Sparren mit Schrauben, Nägeln oder Sparrenpfettenankern gesichert. Es gibt auch Dächer mit Mittelpfetten ohne Firstpfette. In diesem

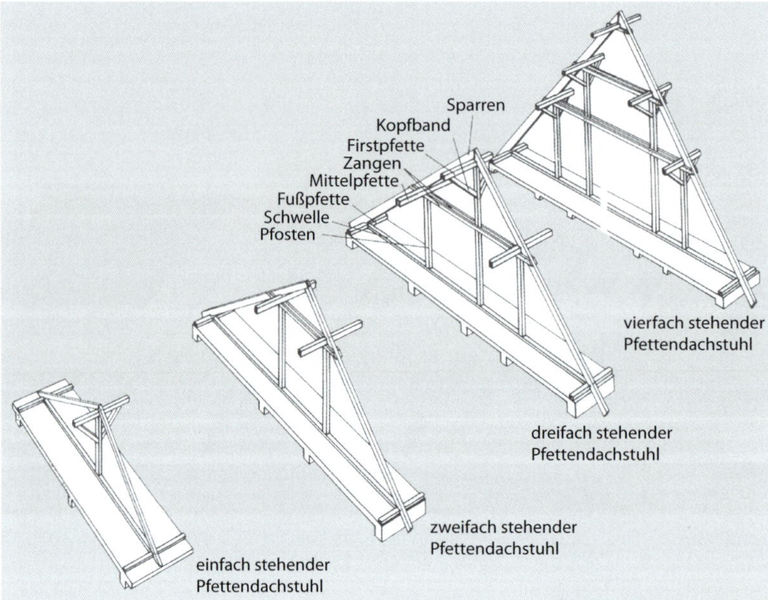

Abb. 5.40: Stehende Pfettendachstühle

Fall müssen sich die Sparren am First treffen, um sich gegenseitig abzustützen.

Liegen die Pfetten auf Pfosten auf, wird direkt über ihnen ein Sparrenpaar angeordnet und dadurch ein **Bund** gebildet. Zusammengehalten wird der Bund mit **Firstzangen**, die seitlich unter der Firstpfette auf die Sparren und den Pfosten genagelt werden (Abb. 5.41). In Längsrichtung baut man zwischen der Pfette und dem Pfosten oft **Büge** bzw. **Kopfbänder** mit einer Neigung 45° ein.

Bei einem größeren Dachüberstand am Ortgang ragen die Pfetten aus der Giebelwand heraus. Im Abstand von mindestens 2 cm liegen entlang der Giebelwand die **Giebelsparren**. Der äußerste Sparren, der das Dach am Ortgang abschließt, heißt **Flugsparren**.

Die Sparren wirken wie schräge Balken, die an den Enden und ggf. in der Mitte durch die Pfetten abgestützt sind. Das Tragverhalten ist genauso wie bei Balken in einer Balkenlage (siehe Abschnitt 5.7.1).

Damit das Dach bei Wind oder anderen Horizontalkräften nicht umfällt, muss es ausgesteift werden. Stabförmige Konstruktionen werden entweder mit **Scheiben** oder **Dreiecken** ausgesteift. Scheiben entstehen, wenn die Konstruktion mit dafür zuge-

Abb. 5.41: Firstanschluss mit Zange unter Firstpfette

Abb. 5.42: Liegender Dachstuhl

lassenen Verschalungen beplankt wird. Auch **Wände** im Gebäude können zur Aussteifung herangezogen werden. Für das Pfettendach gibt es folgende Möglichkeiten:

Längsrichtung:

- Wandscheiben,
- Büge an Pfosten,
- Streben,
- Windrispen/Windrispenbänder,
- Schalungen aus Holzwerkstoffplatten oder diagonale Brettschalungen.

Querrichtung:

- Wandscheiben, z. B. Giebelwand,
- Bund aus Pfosten und Sparren.

Das Pfettendach besteht aus Sparren, Pfetten und Schwellen. Am Ortgang gibt es Flugsparren und Giebelsparren. First- und Mittelpfetten können auf Pfosten liegen, dann wird ein Bund ausgebildet. Der Bund besteht aus einem Bundsparrenpaar, Pfosten und Zangen. Beim Pfettendach liegen die Sparren auf Firstpfetten und ggf. auf Mittelpfetten auf. Deshalb werden die Sparren nur auf Biegung belastet.

Je nach Anzahl der Pfosten und der aufgelegten Pfetten pro Bund werden die Pfettendächer unterschiedlich bezeichnet. Man unterscheidet zwischen **einfach, zweifach, dreifach** und **vierfach stehendem Pfettendachstuhl** oder **Bund**. Für große Dächer könnte auch ein fünffach oder x-fach stehender Bund zur Anwendung kommen, jedoch wird die Konstruktion dann durch den hohen Arbeitszeitanteil unwirtschaftlich.

Sind in den unteren Geschossen des Gebäudes keine tragenden Wände unter den Pfosten möglich, werden die Pfosten schräg in Richtung der Außenwand gestellt. Es entsteht der **liegende Pfettendachstuhl** (Abb. 5.42). Aus den Bundpfosten werden die **Bundstreben**. Die Lasten aus dem Dach werden schräg in die Außenwand geleitet. Idealerweise stehen die Streben auf beiden Seiten eines Bundes im gleichen Winkel nach außen, sonst könnte der Dachstuhl sich mit den Jahren einseitig verformen oder die Sparren auf der Dachseite mit dem Pfosten werden zusätzlich auf Druck belastet.

Die Verbindung des Sparrens erfolgt durch die **Kerve**. Sie wird von der Oberkante des Sparrens aus angerissen. Das Anreißmaß wird **Obholz** genannt. Es beträgt ¾ der Sparrenhöhe. Bei einem Sparren 8/12 beträgt das Obholz 9 cm, die Kerventiefe 3 cm.

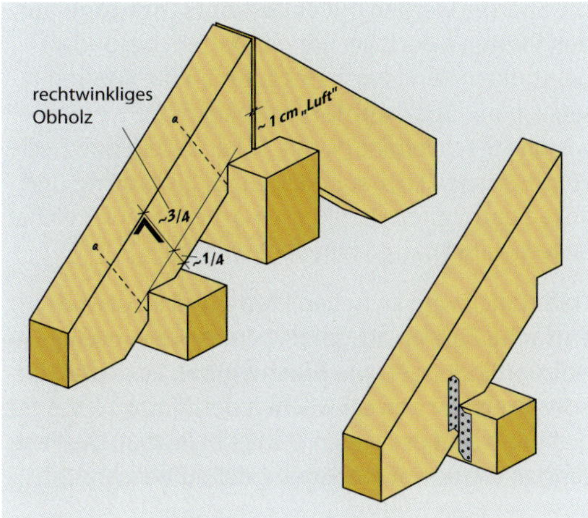

Abb. 5.43: Anschluss des Sparrens an die Pfette

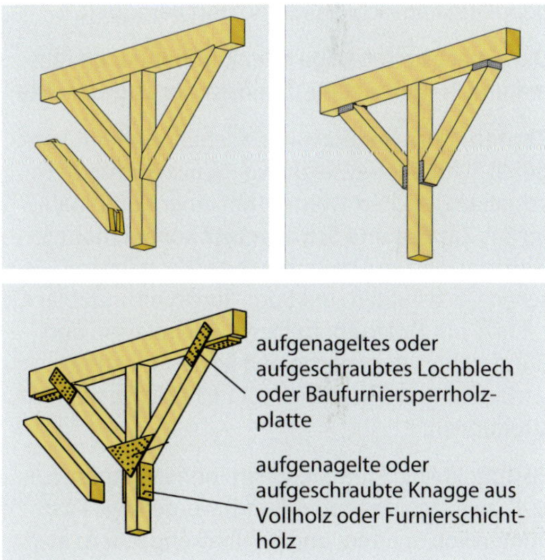

Abb. 5.44: Anschluss des Bugs mit Knaggen und Lochplatten

In modernen Wohnhäusern werden die Sparren immer höher, da die Dämmung zwischen den Sparren immer dicker werden muss. In diesen Fällen wird die Kerventiefe meist auf maximal 4 cm begrenzt.

Es empfiehlt sich, das Obholz anzureißen und nicht die Kerventiefe, damit die Oberkanten aller Sparren im eingebauten Zustand auf einer Höhe liegen. Dadurch können Schalung, Konterlattung und Dachlattung auf einer ebenen Fläche montiert werden.

Die Sparren werden mit **Tellerkopfschrauben** auf den Pfetten fixiert. Bei hohen Kräften, besonders bei starkem Windsog, befestigt man die Sparren zusätzlich mit **Sparrenpfettenankern**. Sie werden, wie alle Blechverbinder, mit Ankernägeln durch alle vorgesehenen Löcher genagelt. Es gibt rechte und linke Sparrenpfettenanker, je nachdem, auf welcher Seite sie am Sparren befestigt werden.

Traditionell wird zwischen Pfette und Pfosten der **einfache Zapfen** ausgeführt. Ingenieursmäßige Holzverbindungen wie **Blechwinkel**, **Lochplatten** oder **Brettlaschen** schwächen den Holzquerschnitt nicht und sind deswegen stärker belastbar. Die Firstzangen werden aufgenagelt oder aufgeschraubt.

Oft stehen Pfosten auf Decken aus Beton. In diesem Fall wird der Pfosten mit einem Winkel auf der Bodenplatte angeschlossen und dort verdübelt.

Die einfachste Art, Büge oder Kopfbänder an Pfosten und Pfetten zu befestigen, ist der a**bgesteckte Zapfen. Stirnversätze** an diesem Knoten müssen durch Schrauben zusätzlich gegen seitliches Verschieben gesichert werden. Mit einer Kombination aus **Zapfen und Stirnversatz** können höhere Horizontallasten übertragen werden. In historischen Dachstühlen sind Büge kunstvoll angeblattet und mit **Holznägeln** fixiert. Lochplatten und Brettlaschen als einfache und kostengünstige Verbindungen eignen sich für nicht sichtbare Konstruktionen.

Firstpunkte bei Pfettendächern ohne Firstpfette (z. B. zweifach stehender Bund) werden wie Firstknoten von Sparren- und Kehlbalkendächern ausgebildet.

Der Bund eines Pfettendachstuhls wird nach der Anzahl seiner Pfetten ohne die Schwellen bezeichnet. In stehenden Pfettendachstühlen tragen Bundpfosten, in liegenden Bundstreben die Dachlasten in das darunterliegende Gebäude ab. Liegende Bünde werden in großen Gebäuden ohne tragende Zwischenwände verwendet. Sie leiten die Dachlasten nach außen ab. Die Verbindungen werden als zimmermannsmäßige oder ingenieurmäßige Verbindungen ausgeführt.

5.7.3 Das Sparrendach

Für kleine Bauwerke bis zu einer Sparrenspannweite von 5 m bietet sich das **Sparrendach** an (Abb. 5.45). Es braucht im Inneren des Gebäudes nicht abgestützt zu werden, sondern trägt direkt über die Sparren die Dachlasten in die Außenwände ab. Da das Dach keine Pfosten und Pfetten benötigt, ist es sehr wirtschaftlich. Das Herstellen eines Sparrendaches erfordert geringere Material- und Lohnkosten. Außerdem kann der Dachraum voll genutzt werden. Es stören keine Pfosten oder Streben.

Das Sparrendach besteht aus einem Sparrenpaar, dem sog. **Gespärre**. Sie stehen, je nach Gewicht der Dachdeckung und der zu erwartenden Last, alle 70 bis 100 cm. Die Sparren eines Gespärres stützen sich gegenseitig. Der einzelne Sparren wird also nicht nur auf Biegung belastet, sondern erhält über den Firstanschluss eine **Druckkraft** aus der Last der gegenüberliegenden Dachseite. Bei einem einseitig belasteten Sparrendach, z. B. durch noch nicht getauten Schnee auf der Nordseite, wird durch diese Dachlast eine im Sparren der Südseite verlaufende Druckkraft erzeugen.

Zu einem tragfähigen Gespärre gehört die Decke. Besteht die Dachgeschossdecke aus Holzbalken, bilden jeweils ein Gespärre und ein Deckenbalken ein **unverschiebliches Dreieck**. Bei einer Betondecke gehört der betreffende Deckenabschnitt zum System (Abb. 5.46).

Abbildung 5.46 zeigt, wie sich am Fußpunkt die schräg ankommende Kraft in 2 Komponenten aufteilt. Sie wirkt als eine horizontale Kraft (F_h) und eine vertikale Kraft (F_v). Deshalb muss die Decke bzw. der Deckenbalken eine senkrechte, quer wirkende Kraft und eine horizontale Zugkraft aus der Dachlast aufnehmen. Ein Gespärre ohne Betondecke oder Deckenbalken würde sich wie eine Bockleiter ohne Kette oder Verstrebung verhalten: Die 2 Sparren würden unter Last auseinandergleiten. Sie müssen an den Fußpunkten zusammengehalten („zusammengezogen") werden. Auch der Aufstellwinkel der unvollständigen Bockleiter ist entscheidend dafür, wie stark sie zusammengezogen werden muss. Stehen die beiden Leiterteile steil, ergibt sich eine geringe horizontal wirkende Kraft (F_h) am Fußpunkt. Je flacher die Leiter steht, desto größer wird die Horizontalkraft F_h. Ab einem bestimmten Punkt gleitet sie ab, d. h., die Horizontalkraft wird zu groß. Genauso verhält sich das Gespärre (Abb. 5.47).

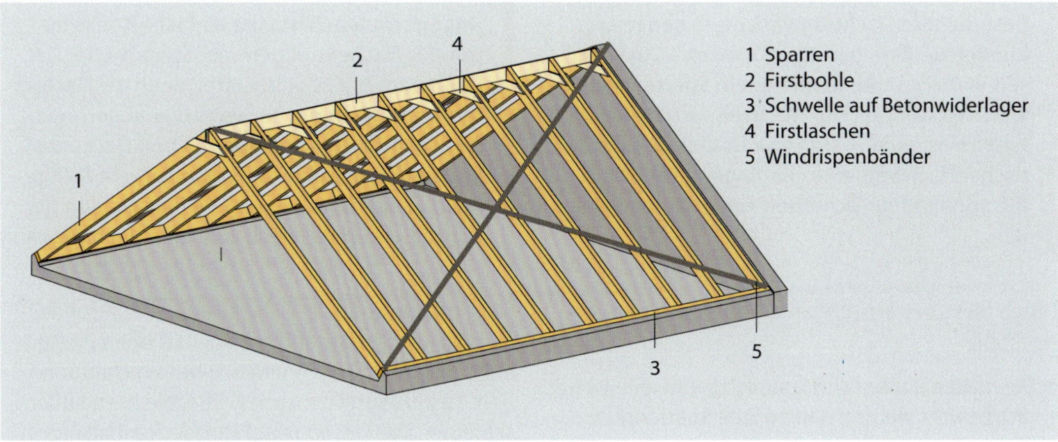

Abb. 5.45: Sparrendachteile

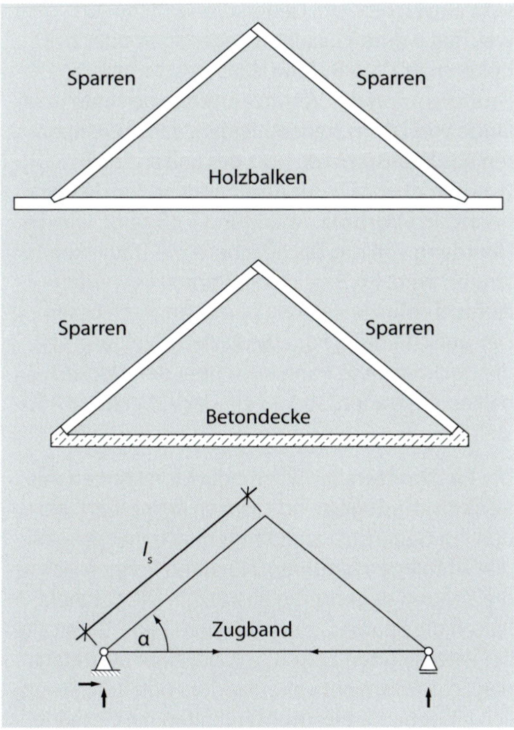

Abb. 5.46: Prinzip des Sparrendaches

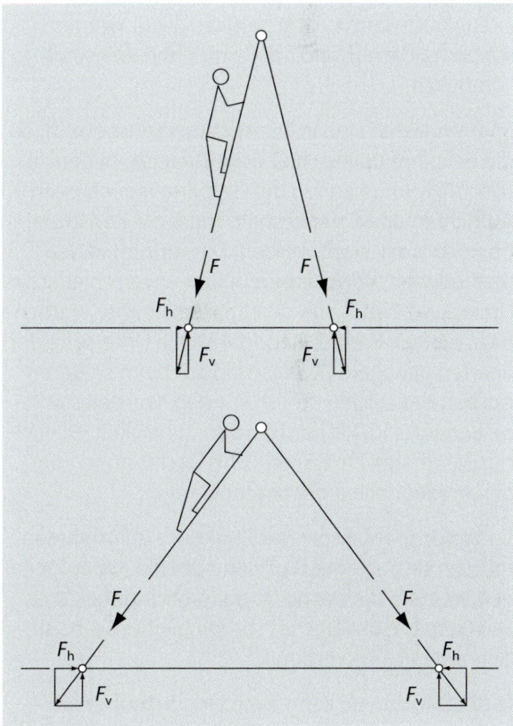

Abb. 5.47: Statisches System

Bestehendes Dachtragwerk muss genau erkundet werden, bevor ein Sparren ausgewechselt wird. Es sollte dann nur ein Sparren ausgewechselt werden. Die Wechselsparren, die die Last übernehmen, sind zu verstärken. Ein statischer Nachweis eines Bauingenieurs bringt die notwendige Sicherheit vor späteren Schäden.

Durch diese Betrachtungen ergeben sich folgende Nachteile:

- Die maximal mögliche Sparrenspannweite ist gering bzw. es werden dann große Sparrenquerschnitte notwendig.
- Nur ein Sparren sollte ausgewechselt werden.
- Bei größeren Öffnungen in Decken müssen die Zugkräfte konstruktiv berücksichtigt werden.
- Sparrendächer sind i. d. R. nur ohne Kniestock möglich.

Sparrendächer sind in Querrichtung ausgesteift, da die Gespärre unverschiebliche Dreiecke bilden. In Längsrichtung können die Gespärre jedoch beim Aufrichten umfallen, deshalb muss die Konstruktion noch ausgesteift werden. Dies erfolgt in den Dachebenen. **Windrispen** bilden unverschiebliche Dreiecksverbände mit den Sparren. Früher wurden dazu einfach Bretter diagonal an die Unterseite der Sparren genagelt. Da diese jedoch beim späteren Ausbau des Daches stören können, wurden stählerne Bänder, sog. **Rispenbänder,** entwickelt. Die Unterspannbahn, die Konter- und Dachlattung können immer noch aufgebracht werden.

Da Windrispenbänder nur Zugkräfte übernehmen, müssen sie auf jeder Dachseite über Kreuz aufgenagelt werden. Die Dachlattung trägt dazu bei, dass alle Gespärre des Daches stehen bleiben, d. h., sie bringt den Längsverbund.

In der Dachebene kann auch eine **Scheibenwirkung** erzeugt werden, indem man die Dachfläche verschalt. Alle Gespärre des Daches sind sofort in Längsrichtung verbunden, auch ohne Dachlattung.

Für aussteifende Verschalungen sind folgende Baustoffe zugelassen:

- Brettschalungen diagonal über die Dachfläche,
- im Verband verlegte Holzwerkstoffplatten,
- bauaufsichtlich zur Aussteifung zugelassene Dämmstoffplatten (z. B. Holzweichfaserplatten).

Das Sparrendach ist eine einfache Konstruktion für Dächer mit geringer Spannweite. Der Dachraum bleibt stützenfrei, denn die Dachlasten werden auf die Außenwände abgetragen. Auswechslungen von Sparren und Deckenbalken sind konstruktiv aufwendig. Nicht fachgerecht ausgeführt, können sie Bauschäden hervorrufen oder das Dach zum Einsturz bringen.

Der **Fußpunkt** an der Schwelle eines Sparrendaches ist konstruktiv aufwendiger als beim Pfettendach. Wie oben beschrieben, gibt es nicht nur höhere Lasten, sondern auch Kräfte, die nach außen schieben. Das Gespärre auf Holzdeckenbalken (Abb. 5.48) ist die ältere Konstruktion. Die Sparren werden mit **Stirn-**, **Fersen-** oder doppeltem **Versatz** angeschlossen. Gegen das seitliche Ausweichen werden **Laschen** angenagelt oder bei höheren Kräften **Bolzen** durchgeschraubt. In Druckrichtung des Versatzes muss noch eine Holzlänge von 20 cm stehen bleiben, damit die Sparren das beanspruchte Holz des Balkens nicht „wegschieben“. Dieser Abschnitt vor dem Versatz nennt sich **Vorholz**. Abbildung 5.48 zeigt, wie der Übergang von der Dachfläche in die Traufe konstruiert wird. Im Bereich des Vorholzes werden **Aufschieblinge** an den Sparren angeschlossen. Der Aufschiebling hat eine flachere Neigung als die Dachfläche. Er kann auch über den Deckenbalken auskragen, sodass ein Dachüberstand entsteht.

Die **Firstknoten** bei Sparrendächern können mit **Senkelschmiegen** und Laschen ausgeführt werden. Im Gegensatz zum Pfettendach müssen sich die Schmiegen berühren. Nur dann können sich die Sparren gegenseitig abstützen. Die Laschen halten die Sparren in der richtigen Lage, damit sie bei wechselnden Lasten, z. B. bei einer auftretenden Sturmbö, nicht voneinander abgleiten. Zusätzlich eingebaute **Firstbohlen** halten die Gespärre im vorgegebenen Abstand und stellen den Längsverbund für die Aussteifung des Daches her.

Bei der Auswahl der Dachdeckung muss die flachere Dachneigung im Bereich des Aufschieblings zugrunde gelegt werden, damit die Regel- oder je nach Fall die Mindestdachneigung eingehalten wird.

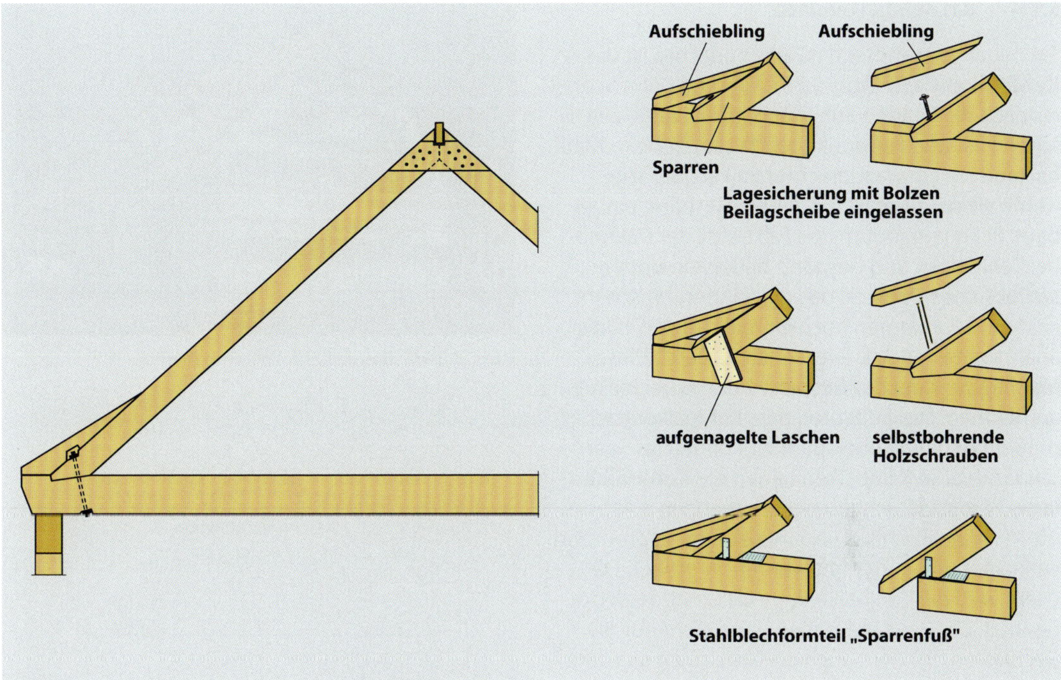

Abb. 5.48: Anschluss der Sparren auf Holzbalken

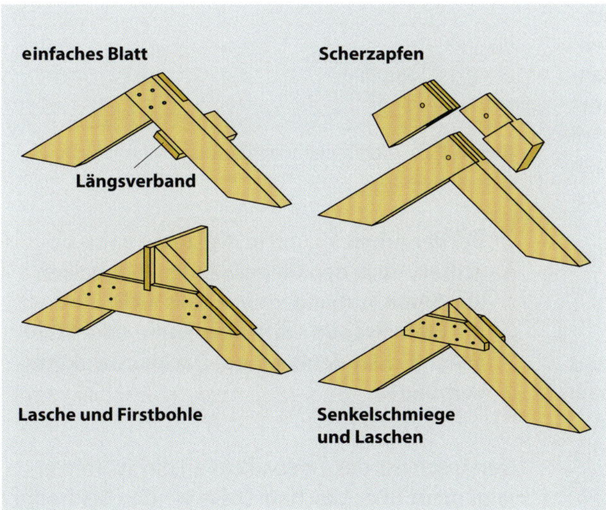

Abb. 5.49: Firstanschluss

Der Fußknoten eines Sparrendaches muss höhere Lasten übertragen als beim Pfettendach, deshalb muss er besonders ausgebildet werden. Sind die Gespärre auf Holzbalken aufgelagert, kommen Versätze zur Anwendung. Widerlager aus Beton nehmen bei Betondecken die senk- und waagerechten Kräfte der Sparren auf. Über die Firstverbindung muss die Last des jeweils gegenüberliegenden Sparrens übertragen werden. Mit Laschen gesicherte Senkelschmiegen (ggf. mit Firstbohle), das einfache Blatt oder der Scherzapfen sind die gängigsten Verbindungen am Firstknoten.

Bei geringer beanspruchten Firstknoten kann das **einfache Blatt** angefertigt werden. Es wird mit Schrauben oder Nägeln gesichert. Zusätzliche Laschen auf einer Seite aus Bohlenstücken verstärken das einfache Blatt. Der **Scherzapfen** schwächt den Sparren am meisten, d. h., nur ein Drittel des Sparrenquerschnitts trägt die anfallende Last ab. Er ist deshalb nur für breite Sparren anzuwenden. Ein **Holznagel** sichert die Verbindung bei Windsog. Der Scherzapfen ist die gefälligste Holzverbindung für innen sichtbare Sparrenuntersichten.

5.7.4 Das Kehlbalkendach

Ein naher Verwandter des Sparrendaches ist das **Kehlbalkendach** (Abb. 5.50) Während beim Sparrendach die Sparren auf ihrer ganzen Länge zwischen First und Fußpunkt frei tragen, ist beim Kehlbalkendach ein waagerechter Balken, der sog. **Kehlbalken,** zusätzlich in jedem Gespärre eingebaut. Er liegt im optimalen Fall auf ¾ der Dachhöhe. Kehlbalken und Gespärre bilden ein **unverschiebliches Dreieck**, das die Sparren zwischen First- und Fußknoten noch einmal stützt, d. h. die Spannweite des Sparrens verkürzt. Durch diese Maßnahme kann das Gespärre höhere Dachlasten aufnehmen. Das bedeutet, dass Kehlbalkendächer größere Gebäude überspannen können als Sparrendächer. Die Kehlbalken bilden die **Kehlbalkenlage**. Wird das Dachgeschoss ausgebaut, dient sie oft als Raumabschluss und muss dementsprechend verkleidet und gedämmt werden. In großen Dächern wird die Kehlbalkenlage als Geschossdecke benutzt. Die Gespärre tragen dann nicht nur die Dachlasten, sondern auch die Nutzlasten aus dem Spitzboden.

Die Statik des Kehlbalkendaches ist prinzipiell dem Sparrendach ähnlich. Auch hier stützen sich die Sparren eines Gespärres gegenseitig. Sie werden nicht nur auf Biegung belastet, sondern erhalten auch eine längs verlaufende Druckkraft aus dem Gegensparren. Der Kehlsparren wirkt dem Ausknicken der Sparren entgegen, d. h., die Knicklängen der Sparren werden verkürzt und sie können deshalb höhere Druckkräfte übertragen. Wird das Kehlbalkendach gleichmäßig belastet, wirken im Kehlbalken Zugkräfte. Wird eine Dachseite stärker belastet, treten auch Druckkräfte auf (Abb. 5.51).

Die Queraussteifung erfolgt im Gespärre über das Sparrenpaar und den Kehlbalken bzw. Dachbodendecke. Die Längsaussteifung wird meist, wie im Sparrendach, in der Dachebene erreicht. Wird die Kehlbalkenlage mit Holzwerkstoffplatten verkleidet, wirkt sie als längs aussteifende Scheibe mit. Sie wird in Altbauten oft verwendet, um die Giebelwand gegen Umkippen zu verankern.

An den Fußpunkten treten (wie im Sparrendach) neben den Vertikalkräften auch Horizontalkräfte auf. Deshalb werden die Fuß- und Firstknoten genauso wie bei Sparrendächern ausgebildet.

Abb. 5.50: Baustellenfoto Kehlbalkendach

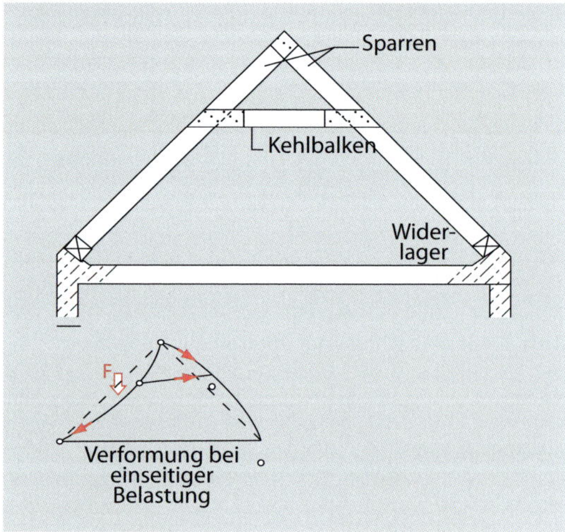

Abb. 5.51: Kehlbalkendach mit statischem System

Bei der Arbeit an und in Altbauten ist zu beachten, ob in den Giebelwänden Ringbalken aus Beton vorhanden sind. Falls nicht, sind die Giebelwände i. d. R. über Eisen- oder Stahlanker (Schlaudern) mit der Dachkonstruktion verbunden.

Der Anschluss des Kehlbalkens an die Sparren erfolgt meist über **Laschen**. Diese werden beidseitig auf den Knoten geschraubt oder genagelt. Zusätzliche Stirnversätze erhöhen die Tragfähigkeit des Knotens, da der Kehlbalken nicht nach unten ausweichen kann. Eine weitere Möglichkeit der Verbindung des Kehlbalkens an die Sparren ist das **einfache Blatt** (in Abb. 5.49 als Firstanschluss verwendet). Das einfache Blatt kann auch kunstvoll

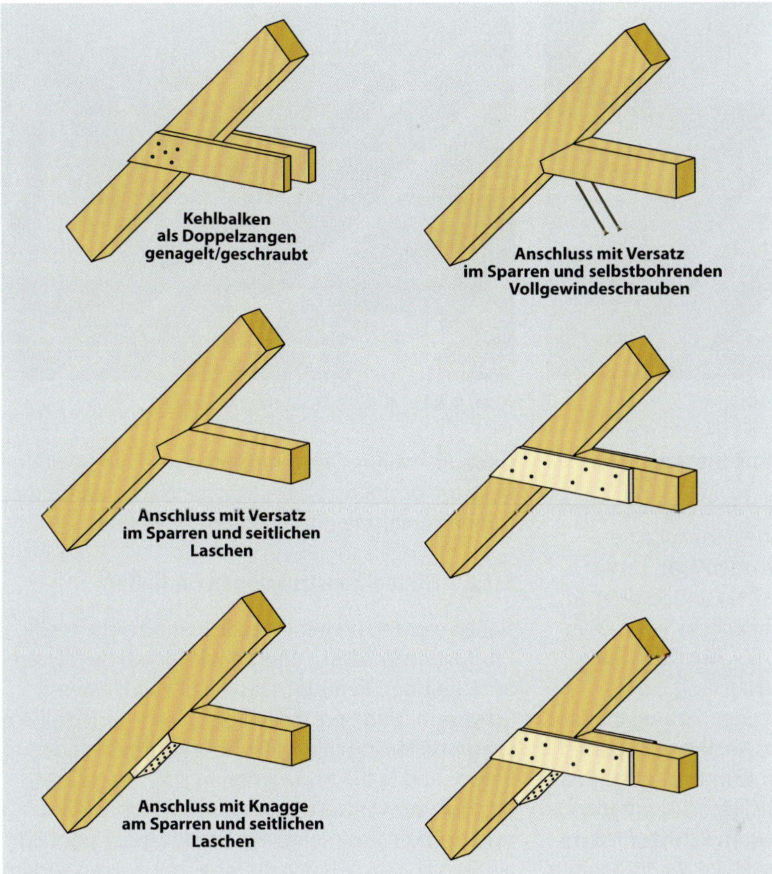

Abb. 5.52: Kehlbalkenanschluss

geschwungen ausgeführt werden und wird dadurch zur Zierde der Konstruktion. Es schwächt jedoch den Holzquerschnitt. Deshalb ist diese Verbindung weniger tragfähig als Laschen.

Als zeitgemäße Konstruktion in Kehlbalkendächern gilt die **Zangenkonstruktion**. Der Kehlbalken wird durch 2 mindestens 40 mm dicke Bohlen oder Kanthölzer ersetzt. Diese Hölzer werden wie durchgehende Laschen beidseitig an die Sparren befestigt. Je nach Größe des Kehlbalkendaches und den abzuleitenden Dachlasten werden die Zangenhölzer auf die Sparren genagelt oder geschraubt. Bestehen die Zangen in großen Dächern aus Kanthölzern, werden sie mit Stab- oder Ringdübeln angeschlossen. Lange Kehlzangen können ausknicken, wenn sie auf Druck belastet werden. Deshalb werden kurze Kantholzstücke, die so breit wie die Sparren sind, zwischen die Zangen eingebaut.

Das Kehlbalkendach trägt die Dachlasten über die Sparren ab. Kehlbalken verkürzen die Spannweite der Sparren, deshalb können Kehlbalkendächer größere Gebäude überspannen als Sparrendächer. Fuß- und Firstknoten sind wie bei Sparrendächern auszubilden. Kehlbalken werden mit Laschen an die Sparren angeschlossen. In modernen Kehlbalkendächern ersetzen Zangenkonstruktionen den Kehlbalken. Die Kehlzangen werden genagelt, geschraubt oder – je nach anfallender Last – per Stab- oder Ringdübel mit dem Gespärre verbunden.

Abb. 5.53: Gratsparren mit Schifter

Abb. 5.54: Kehlsparren mit Schifter

5.7.5 Tragwerk an Kehlen und Graten

Stoßen 2 geneigte Dachflächen an Gebäudeaußenecken zusammen, entsteht eine gemeinsame Schnittlinie, die sog. **Gratlinie** oder **Grat**. Unter der Gratlinie wird ein **Gratsparren** angeordnet. Er ist flacher geneigt als die Dachflächen. Seine Oberseite erhält einen Grat, der in gleicher Fläche wie die angeschlossenen Dachflächen läuft. So ist es möglich, die Dachschalung oder Lattung im Bereich des Grates zu befestigen. An den Gratsparren werden die gekürzten Sparren stumpf angestoßen (Abb. 5.53). Die schräg gesägte Fläche nennt man **Schmiege**, den gekürzten Sparren **Schifter**. Wenn der Gratsparren eine geringere Höhe als die Schifter aufweist, erhalten die Schifter eine **Klaue**.

Der Gratsparren liegt auf First-, Mittelpfetten und der Schwelle auf. Gegen das Abrutschen werden Kerven ausgearbeitet. Sie haben meist eine rechtwinklige Ecke und müssen deshalb ausgestemmt werden. Die Lasten der abgewalmten Dachflächen werden über die angenagelten oder verschraubten Schifter auf den Gratsparren übertragen.

Die gemeinsame Innenkante zweier geneigter Dachflächen nennt man **Kehllinie** oder **Kehle**. Unter der Kehle läuft der **Kehlsparren**. Auch er weist eine geringere Neigung auf als die angeschlossenen Dachflächen. Die Oberseite des Kehlsparrens erhält eine Kehle. Die Schifter laufen vom Kehlsparren aus bis zum First und liegen auf Mittel- und Firstpfette auf (Abb. 5.54).

Der Kehlsparren liegt, wie der Gratsparren, auf den Pfetten auf. Er überträgt die Dachlasten der angeschlossenen Dachflächen aus den Schiftern an das Gebäude weiter. Der Kehlsparren wird auf Biegung belastet, deshalb ist ein statischer Nachweis für die Dimensionierung dieses Holzes notwendig.

5.7.6 Binderkonstruktionen für Hallen

Hallen werden für handwerkliche und industrielle Produktionsprozesse ebenso wie für einige Freizeitbetätigungen benötigt. Das reicht von kleineren Schwimm- und Sporthallen bis zu sehr weit gespannten Messehallen. Für diese kommen neben Beton- und Stahlkonstruktionen auch Tragwerke aus Holz zum Einsatz. Denn obwohl Holz brennt, sind Holzkonstruktionen bei Brand länger tragfähig als Stahlkonstruktionen. Betonträger weisen zudem ein höheres Eigengewicht als Holzbinder auf.

Binder sind weit gespannte Träger mit einer großen Höhe. Sie werden wie Balken in der Balkenlage auf Biegung belastet. Sie können über ein Feld oder mehrere Felder spannen.

Es werden 2 Arten von Holzbindern unterschieden:

- Brettschichtholzbinder als Vollwandbinder,
- Fachwerkbinder.

Brettschichtholzbinder sind industriell aus Brettern (Lamellen) zusammengeleimte Träger (Abb. 5.55). Ihre Spannweite kann 8 bis 30 m, maximal 40 m erreichen. Die Binderbreite liegt dabei zwischen 14 und 22 cm und die Höhe bei 2 m. Die Lamellen sind 8 mm bis maximal 45 mm dick und haben eine Querschnittsfläche von maximal 120 cm^2. Um besseres Schwind- und Quellverhalten zu erreichen, werden kleinere Lamellen

Abb. 5.55: Brettschichtholzbinder

Abb. 5.56: Kantholzbinder

Abb. 5.57: Nagelbrettbinder

Abb. 5.58: Nagelplattenbinder

im Versatz verleimt. Die unterschiedliche Tragfähigkeit der Holzstücke, z. B. verursacht durch Holzfehler, wird auf dem ganzen Querschnitt verteilt. So erreicht Brettschichtholz eine höhere Festigkeit als ein gleich großes Vollholz.

Fachwerkbinder bestehen aus einem Ober- und Untergurt und bekommen ihre Steifigkeit durch dreieckförmige Verbindungen. Diese können wie folgt sein:

Beim **Kantholzbinder** (Abb. 5.56) werden Kanthölzer mit Stab- oder Ringdübeln untereinander verbunden. Ihre Spannweite kann 40 m erreichen und sie sind in einem Abstand von 5 bis 7 m angeordnet. **Nagelbrettbinder** (Abb. 5.57) sind preiswertere Fachwerkträger aus Holz. Ihre Spannweite ist auf maximal 20 m begrenzt, sie werden aber im Abstand von 1 bis 2 m angeordnet. Beim **Nagelplattenbinder** (Abb. 5.58) werden gleich dicke Hölzer mit Nagelplatten zusammengepresst. Die Spannweite kann dabei 30 m bei einem Binderabstand von 1,25 m erreichen. Meist werden diese Binderarten mit abgehängten Decken verkleidet, da sie weniger anspruchsvoll wirken als Kantholzbinder.

Über den Bindern liegen Holzbalken als Nebenträger im Abstand von 1 bis 2 m. Darüber folgen die Schichten des Dachaufbaus. Statt der Nebenträger werden auch hohe Trapezbleche verwendet. Trapezbleche als Sandwich-Element mit innen liegender Kunstschaumstoffdämmung bilden bei Industriehallen die raumabschließende Schicht. Darauf folgt nur noch die Dachdeckung mit deren notwendiger Unterkonstruktion.

Weit gespannte Hallen erhalten ein Tragwerk aus Bindern mit darüberliegenden Koppelpfetten (Nebenträgern). Als Holztragwerk kommen u. a. Brettschichtholzbinder, Kantholzbinder und Nagelbrettbinder zum Einsatz.

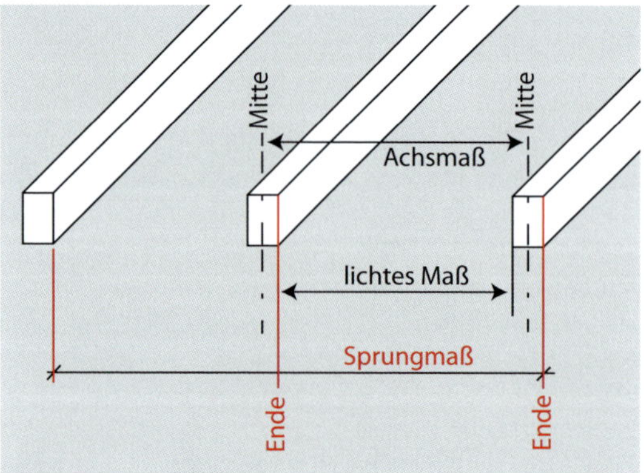

Abb. 5.59: Achs- und Sprungmaße

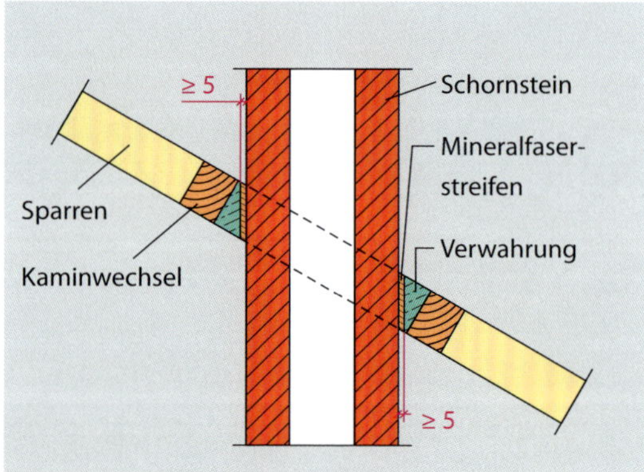

Abb. 5.60: Schornstein Schnitt

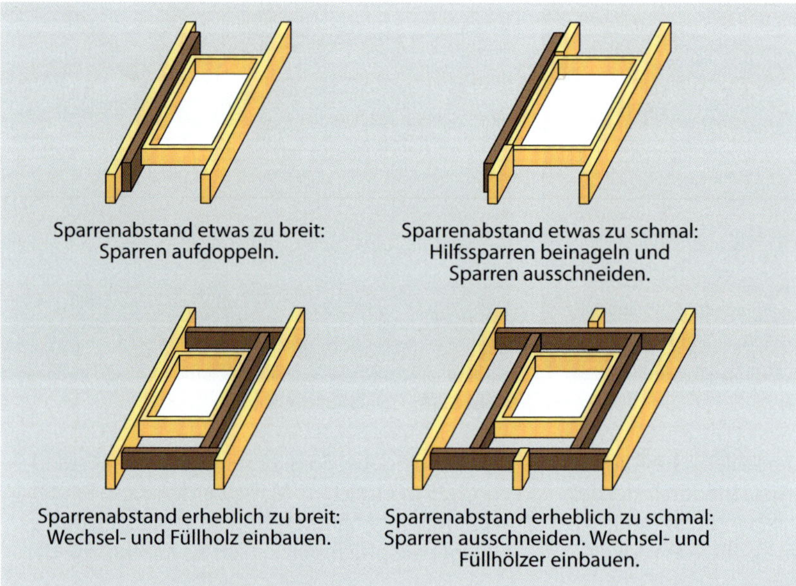

Abb. 5.61: Auswechslungen für Dachfenster

5.7.7 Auswechslungen

Sparren müssen gelegentlich ausgewechselt werden, z. B. wenn Dachdurchbrüche wie Schornsteine, Dachfenster oder andere Dachdurchbrüche veränderte Sparrenabstände erfordern. Auswechslungen in einem Pfettendach können i. d. R. ohne Verstärkungen durchgeführt werden. Statisch müssen Sparrenverstärkungen bei Auswechslungen nachgewiesen werden, wenn diese über mehrere Sparren erfolgen müssen. Sparren- und Kehlbalkendächer erfordern bei größeren Auswechslungen immer einen statischen Nachweis. Auswechslungen bei Wechsel- oder bei Füllhölzern erfolgen meistens mit Sparrenschuhen oder Winkeln. Sind die Wechselhölzer richtig angeschlossen, so werden die Belastungen auf die benachbarten Sparren übertragen.

Bei Schornsteinen ist darauf zu achten, dass bei Auswechslungen die Hölzer mindestens 5 cm Abstand zu den Schornsteinaußenflächen haben. Die Landesbauordnungen der Länder sind hierbei zu beachten.

Dachflächenfenster, die in ein Sparrenfeld passen, können zwischen 2 Sparren eingebaut werden. Bei größeren Dachflächenfenstern müssen Auswechslungen vorgenommen werden (Abb. 5.61). Diese sind so anzufertigen, dass die Lasten immer auf die benachbarten Sparren übertragen werden.

Das lichte Maß zwischen 2 Sparren und eine Sparrenbreite ergibt das Sprungmaß (Abb. 5.59). Das Sprungmaß entspricht dem Achsmaß. Die Sparrenlage lässt sich mit dem Sprungmaß einfacher einteilen, da immer die Vorder- oder Hinterkante des Sparrens auf der Schwelle angerissen wird. Die Breite des Sparrens spielt dann keine Rolle.

Bei einer Öffnung in einer Dachfläche, z. B. für einen Dachfenstereinbau, werden dort meist die Sparren abgeschnitten und an Wechselhölzer angeschlossen.

5.8 Umgang mit Werkzeugen und Maschinen

Holzbearbeitung erfordert Werkzeuge, zunehmend aber auch Maschinen, die die Arbeiten erleichtern und diese exakter ausführen lassen. Maschineneinsatz erspart oft Zeit und somit Kosten für den Kunden.

5.8.1 Handwerkzeuge der Zimmerer

Trotz wachsender Mechanisierung bei den Arbeiten der Zimmerer kann auf die Handwerkzeuge nicht verzichtet werden. Unter den Werkzeugen sind folgende Arten zu unterscheiden (Tab. 5.15):

Tabelle 5.15: Handwerkzeuge der Zimmerer

Stoß- und Schneidwerkzeuge Zum Stoßen und Schneiden des Holzes werden u. a. benutzt: Hobel, Stecheisen, Stemmeisen, Beil und Stoß-Axt.	
Reibwerkzeuge Zur abreibenden Holzbearbeitung werden u. a. benutzt: Säge, Raspel, Fräser und Bohrer.	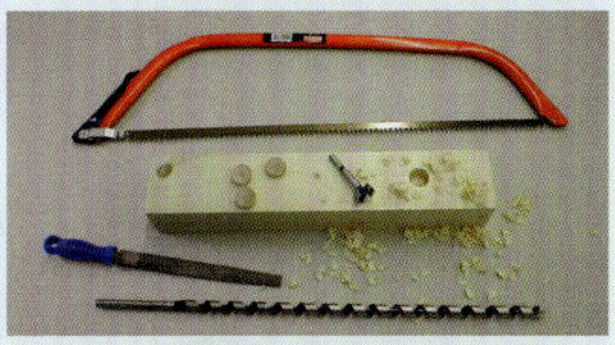
Schlagwerkzeuge Hölzer werden auch schlagend bewegt, z. B. mit Hammer, Schlegel und Klopfholz.	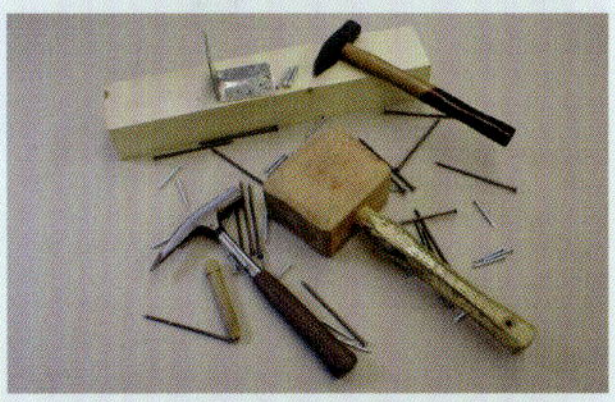
Mess- und Anreißzeug Genaues Messen und Anreißen sind Voraussetzung für das genaue Passen der Holzkonstruktionen. Man benötigt hierfür u. a.: Zollstock, Winkel, Schmiege, Bleistift, Alpha-Winkel und Wasserwaage.	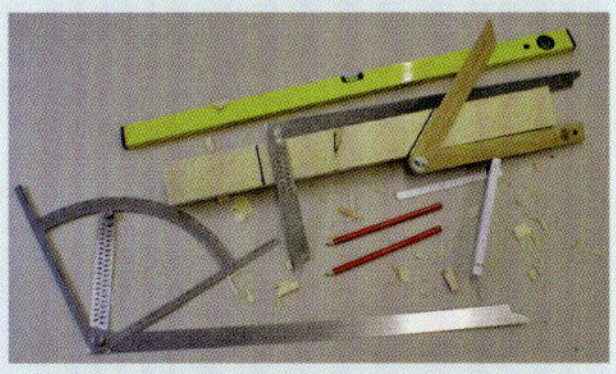
Klemmwerkzeuge Gelegentlich müssen Hölzer zusammengeklemmt werden. Man benötigt dafür u. a. Schraubzwingen und ggf. Hydraulikpressen.	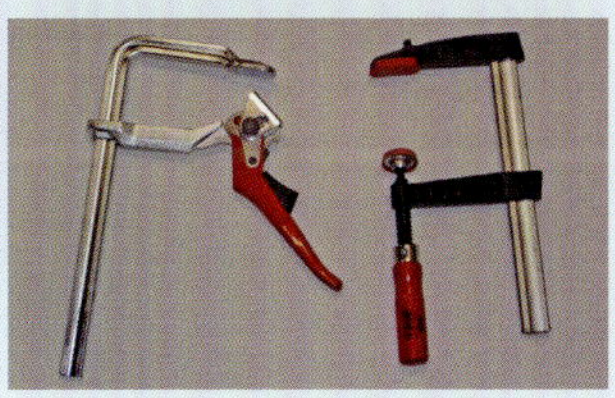

5.8.2 Typische Handmaschinen der Zimmerer

Neben den genannten Handwerkzeugen wird auf den Baustellen der Dachdecker noch eine Vielzahl von elektrischen Maschinen eingesetzt. Im Gegensatz zu stationären Maschinen in der Zimmerei sind Handmaschinen transportabel und auf den Baustellen einsetzbar. Hier erfolgt ein kleiner Überblick über die häufigsten Handmaschinen der Zimmerer:

Tabelle 5.16: Handmaschinen der Zimmerer

kleine Handkreissäge mit Führungsschiene Diese Säge eignet sich besonders gut beim Verschalen von Fassaden, Dachschalung und Giebeln, ebenso auch bei Untersichten.	
Hand- oder Ständerbohrmaschine Sie kann freihändig oder mit Führungsgestell verwendet werden. Das Bohren mit Führungsgestell ist vorzuziehen, denn dann wird jedes Bohrloch genau senkrecht gebohrt.	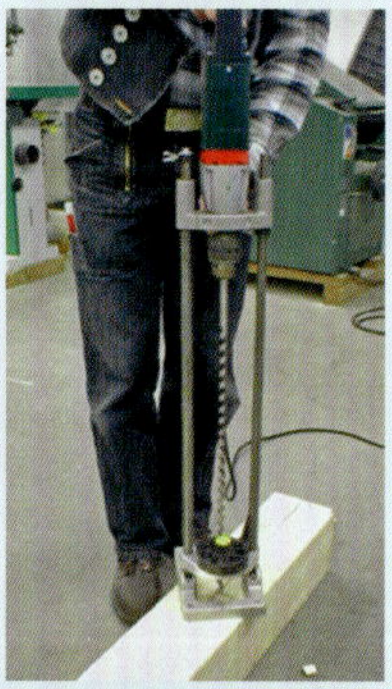
Hand- oder Balkenhobel Handhobelmaschinen dienen zum Hobeln von sichtbaren Holzbauteilen oder Fasen Kanten.	
Handkreissäge Handkreissägen gibt es in verschiedenen Größen, z. B. mit einer Schnitttiefe von 45 bis 185 mm.	
Kettenstemmer Mit dieser Maschine können sämtliche Schlitze für Zapfverbindungen hergestellt werden.	
Kervenfräse Sie benötigt man für die maschinelle Anfertigung von Kerven (Sparren) und auch für Ausblattung. Die mit dem Fräskopf gelieferte Schutzvorrichtung sollte immer fachgerecht an der Maschine befestigt sein.	
Handbandsäge Sie ist die vielseitigste und damit wichtigste Zimmereihandmaschine. Sparren und Pfettenköpfe können damit in verschiedenen Formen gestaltet und profiliert werden. Des Weiteren ist die Säge auch geeignet, um Ausblattungen und Zapfen auszuarbeiten.	
Kettensäge Für die grobe Zurichtung von Holzbauteilen wird häufig eine Kettensäge verwendet. Zu empfehlen sind Modelle mit einem rückschlagarmen Sicherheitsschwert. Dennoch können diese handlichen, aber äußerst durchzugskräftigen Maschinen schwerste Verletzungen herbeiführen.	
Tischkettensäge Diese ist die leichteste Kettensäge für Zimmerer. Sie eignet sich besonders für exakte, extrem winklige und schräge Schnitte, wie z. B. Trauf- und Firstabschnitte. Zimmerei-Kettensägen verfügen über eine große Schnitttiefe. Sie sind auf einem schwenkbaren Auflagetisch montierbar, häufig kombiniert mit einem Spaltkeil für sehr dicke Hölzer.	

Tipps zum Umgang mit Holzbearbeitungsmaschinen

1. Das Einrichten, Bedienen und Instandhalten von Holzbearbeitungsmaschinen ist nur Personen gestattet, die mindestens 18 Jahre alt, zuverlässig sowie körperlich geeignet sind. Sie müssen vorher durch eine befähigte Person in der Handhabung und Bedienung der Maschinen unterwiesen sein.
2. Unter Anleitung und Aufsicht eines Fachkundigen dürfen Auszubildende ab dem 15. Lebensjahr zum Zweck ihrer Ausbildung Holzbearbeitungsmaschinen bedienen.
3. Jeder hat darauf zu achten, dass niemand gefährdet wird, wenn mit einer Maschine gearbeitet oder diese eingeschaltet wird.
4. Maschinen, die abgestellt werden, dürfen nicht mehr laufen und sind abzuschalten.
5. Werden Werkstücke den laufenden Maschinen von Hand zugeführt, so sind die ausführenden Personen nicht zu stören oder anzusprechen.
6. Maschinen und deren Zubehör sind vor Inbetriebnahme auf Mängel und Schäden zu kontrollieren. Dabei ist das Arbeiten ohne die vorgeschriebenen Schutzvorrichtungen verboten. Bei einer Feststellung von Mängeln sind diese sofort zu melden und abzustellen. Defekte Maschinen sind durch Anbringen eines Schildes zu kennzeichnen, um Verletzungen zu vermeiden.
7. Vor dem Beseitigen von Störungen ist die Maschine stillzulegen. Es dürfen keine losen Splitter, Späne oder Abfälle in der Nähe von laufenden Maschinen entfernt werden.

Besondere Beachtung bei Handmaschinen!

8. Vor Feuchtigkeit müssen elektrisch betriebene Handmaschinen geschützt werden.
9. Stecker, Kabel sind vor Inbetriebnahme auf Schäden zu überprüfen. Beim Verlegen von Kabeln für Handmaschinen ist darauf zu achten, dass keine Stolperstellen entstehen und die verlegten Kabel nicht beschädigt werden können.
10. Nach dem Arbeiten mit Handkreissägen muss die Schutzvorrichtung des Sägeblattes selbstständig zurückfahren.
11. Maschinenschlüssel sind vor dem Anstellen der Maschinen zu entfernen.
12. Werden kleinere Werkstücke bearbeitet, so sind diese vorher festzuspannen.
13. Bei Akku-Maschinen ist darauf zu achten, dass beim Werkzeugwechsel oder Wartungsarbeiten der Akku entfernt wird, um eine Verletzung zu vermeiden.

5.9 Übungsaufgaben zu Lernfeld 5

1. Benennen Sie:
   a) die Dachform,
   b) die Hölzer des Dachstuhls.
2. Berechnen Sie:
   a) die Neigungslänge der Sparren (NSp),
   b) die Neigungslänge 1. (N 1),
   c) die Neigungslänge 2. (N 2).

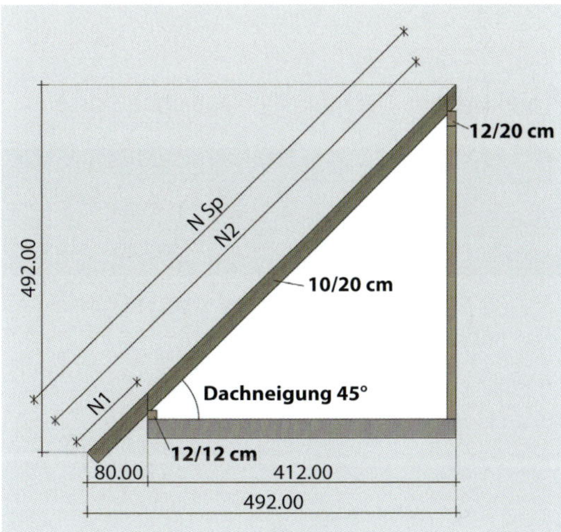

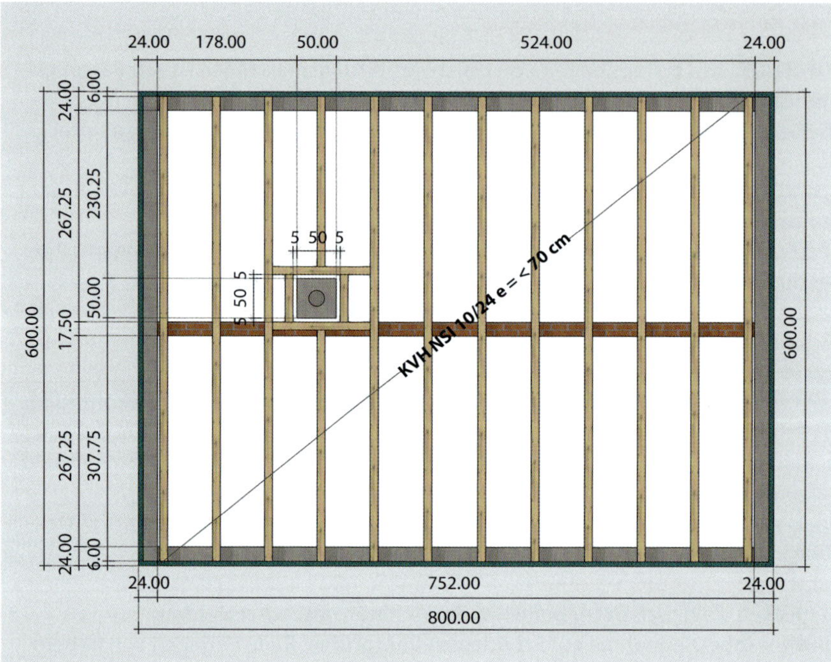

3. Aufgaben zur Holzbalkendecke:
   a) Bezeichnen Sie die einzelnen Bauteile.
   b) Berechnen Sie die Randabstände der Bauteile.
   c) Erläutern Sie die Vorgabe (e= < 70 cm).

4. Berechnung und Auflistung der Deckenbalkenlage:
   a) Berechnen Sie die Sprungmaße.
   b) Berechnen Sie die Bauteillängen.
   c) Berechnen Sie die m^2 für eine vollflächige Verschalung der Decke.
   d) Berechnen Sie 10 % Verschnitt für die Verschalung der Decke.
   e) Erstellen Sie eine Holzliste (siehe Vorlage) für die Balkenlage ohne Verschalung.

Projektname: Deckenbalkenlage ohne Massen

Nr. PL	**Name**	**Material**	**Stk**	**B**	**H**	**L**	**L (ges)**	**V (ges)**
				cm	**cm**	**m**	**m**	**m^3**
1	Deckenbalken	KVH NSi C24						
Summe gesamt								

5. Benennung und Berechnung der Versätze im Holzbau:
   a) Nennen Sie 3 Versatzarten.
   b) Erläutern Sie die Funktion von Versätzen.
   c) Ermitteln Sie die Vorholzlänge und die Versatztiefe (t).
   d) Zeichnen Sie die genannten Versätze mit der berechneten Versatztiefe und der Mindest-Vorholzlänge im Maßstab 1:2 **(Angaben: Holzstärke 12 cm/Neigung 50°)**

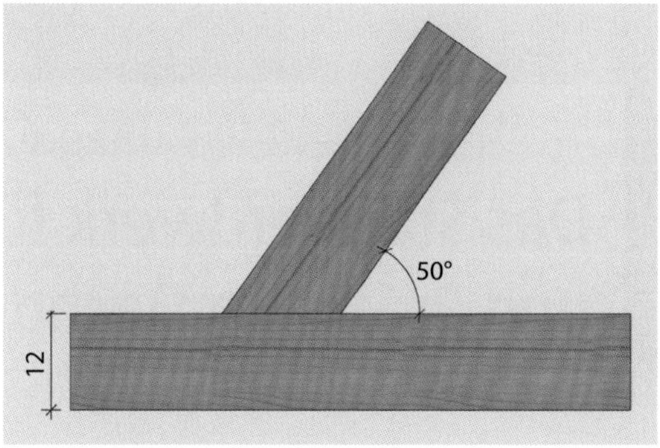

Lernfeld 6: Bauteile beschichten und bekleiden

Nico Laude

Eng verbunden mit den eigentlichen Dachdeckerarbeiten ist das Beschichten und Bekleiden von Bauteilen. Dazu gehören u. a. Auswahl, Anfertigung und Aufbringen von jeweils geeignetem Putz, Fachwissen über Wärmedämmverbundsysteme sowie die Erstellung von Abdichtungen.

Bekleiden von Wänden von innen und von außen

1. Schutz von Bauwerken durch Beschichten und Bekleiden mit unterschiedlichen Werkstoffen.
2. Zusammensetzungen von Mörtel, Dämmstoffe für die Fassade, Baumetalle, Plattenwerkstoffe und Beschichtungen.
3. Wechselwirkungen und Abhängigkeiten von Baustoffen im Schichtenaufbau.

6.1 Arten von Außenwänden

Einen gestalteten, oft repräsentativen Teil der sichtbaren Hülle bzw. der Außenwände eines Gebäudes bezeichnet man allgemein als **Fassade**. An Außenwände werden verschiedene Anforderungen gestellt. In Tab. 6.1 sind die heute üblichen Wandaufbauten von gemauerten Außenwänden mit ihren unterschiedlichen Merkmalen und Anwendungen aufgeführt.

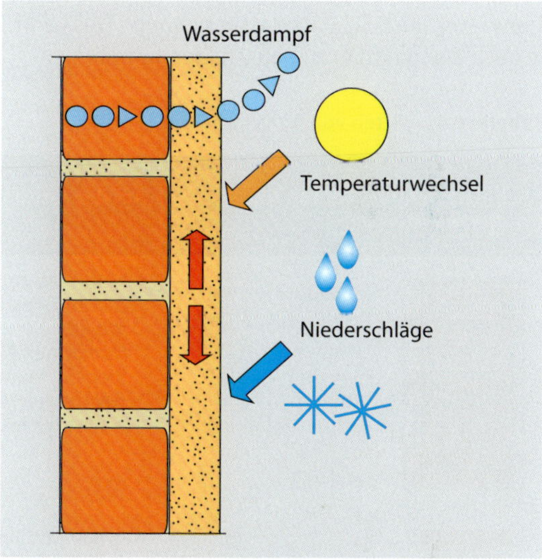

Abb. 6.1: Anforderungen an eine Außenwand

6.1.1 Anforderungen an eine Außenwand

Eine Außenwand ist unterschiedlichsten Beanspruchungen ausgesetzt (siehe Abb. 6.1). Hierzu zählt insbesondere die **thermische Belastung** durch die Sonne. Die hohen Temperaturen auf der Materialoberfläche führen zu Materialausdehnungen und dadurch zu Spannungen an der Wandoberfläche.

Neben der thermischen Belastung müssen die eingesetzten Materialien auch den Belastungen durch UV-Strahlen standhalten. Diese können einige Baustoffe wie z. B. Kunststoffe oder Farbanstriche mit der Zeit zerstören.

Darüber hinaus muss der Feuchtigkeitsschutz einer Außenwand Schlagregen und Erdfeuchte standhalten. Durch eine gezielte Auswahl des Bekleidungsmaterials sind hier verschiedene Varianten des Wandaufbaus möglich, welche in den folgenden Abschnitten näher beschrieben werden.

Abb. 6.2: Fachwerkfassade mit Kalksandstein, Bruchsteinmauerwerk im Kellerbereich

Die Außenwand bildet bei einem Wohngebäude einen großen Teil der äußeren Hülle (Abb. 6.2). Somit spielt sie für den Wärmeschutz eine bedeutende Rolle. Aus diesem Grunde sind auch die gesetzlichen Anforderungen bei der Erstellung oder Sanierung von Außenwänden durch das Gebäudeenergiegesetz (GEG) einzuhalten.

Wenn die Außenwand so beschaffen ist, dass kaum Wärme aus dem Inneren nach Außen abgegeben wird, braucht der beheizte Raum weniger Luft zu erwärmen. Somit wird Energie gespart.

Eine Außenwand darf aber auch nicht zu dicht (diffusionsdicht) ausgeführt werden. Das heißt, hier ist auch eine gewisse Durchlässigkeit für anfallenden Wasserdampf gefordert. Anfallender Wasserdampf, der nicht abgeführt werden kann, führt zu Tauwasser, auch Schwitzwasser genannt. Das kann je nach Wandaufbau zu Bauschäden führen: typische Schadensbilder sind feuchte Wände, Schimmel, abplatzender Putz oder Farbe. Diese Bauschäden können durch einen geeigneten Wandaufbau vermieden werden. Hierzu sollte der Wandaufbau so gewählt werden, dass die Bauteilschichten von innen nach außen offener (diffusionsoffener) werden.

An eine Außenwand werden Anforderungen bezüglich der thermischen Belastung, der Strahlung der Sonne, des Wärmeschutzes, der Schlagregendichtigkeit, der Winddichtigkeit und der Offenporigkeit für Wasserdampf gestellt.

Tabelle 6.1: Arten von Außenwänden

Schnittzeichnung durch die Außenwand	Art der Außenwand	Merkmale, Eigenschaften	Anwendung
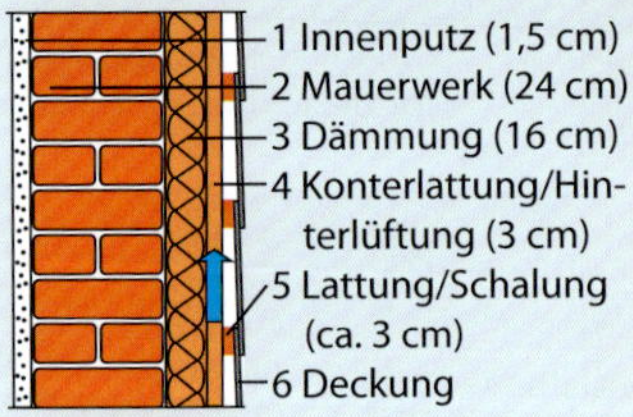	• hinterlüftete, gedämmte Fassaden mit klein- und großformatigen Platten, Ziegeln, Metalldeckungen oder Holzverkleidungen	• schützt gut vor Witterungsbedingungen • guter Wärmeschutz • Lüftungsebene transportiert den Wasserdampf	• Wetterseite an Alt- und Neubau • optische Gestaltung durch Schiefer oder Faserzement möglich • Metalldeckungen
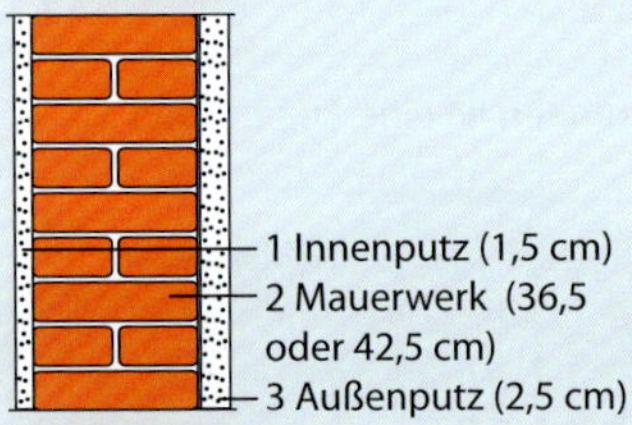	• monolithische Außenwand (einwandig, meist mit wärmedämmenden Steinen)	• Wärmeschutz durch geringe Rohdichte (viele Lufteinschlüsse) • Witterungsschutz durch Wandputz und Beschichtung	• Außenwand bei Neubauten • Gestaltung mit verschiedenen Putzstrukturen möglich
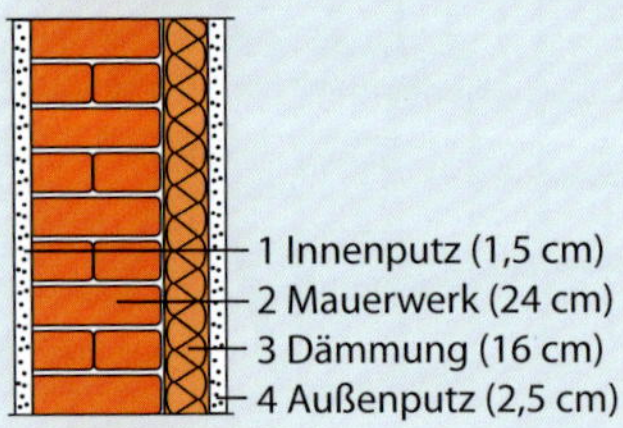	• Wärmedämmverbundsystem auf einschaliger Außenwand (WDVS)	• Wärmeschutz durch Dämmebene, Wand kann somit dünner und massiver (dichter) ausgeführt werden	• bei Neubauten und zur nachträglichen Dämmung bei Altbauten
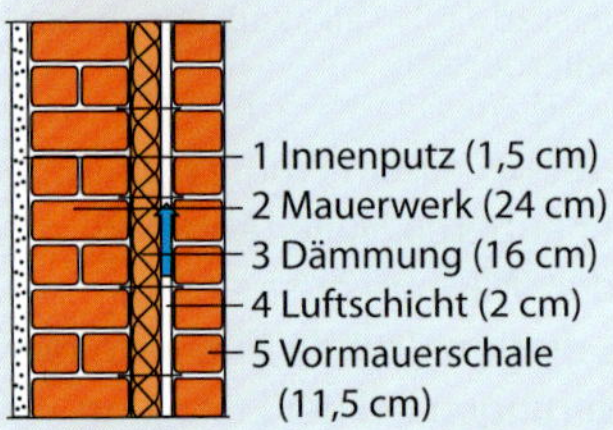	• zweischaliges Mauerwerk mit Dämmung und Hinterlüftung	• guter sommerlicher und winterlicher Wärmeschutz • sehr witterungsbeständig	• Fassade für Neubauten oder Altbausanierungen • hohe Anschaffungskosten

Abb. 6.3: Bekleidung mit einer Holzverschalung

Abb. 6.4: Stark verschmutzte Wetterseite

Abb. 6.5: Vielseitige Gestaltungsmöglichkeiten an der Fassade

6.1.2 Ausführungsmöglichkeiten einer Außenwandfassade

Eine Außenwand kann sehr vielseitig gestaltet werden. Ausschlaggebend für die richtige Wahl geeigneter Werkstoffe für Fassaden sind folgende Punkte:

- Art und Größe der Außenwand,
- Vorgaben zur äußerlichen Gestaltung (evtl. durch eine örtliche Gestaltungssatzung),
- geografische Ausrichtung (Wetterseite, Nordseite, Nähe zu einem Baumbestand usw.),
- Funktionalität (Wartungsaufwand),
- Wirtschaftlichkeit der Fassade (Erstellungskosten vs. Erhaltungsaufwand),
- persönlicher Geschmack des Bauherrn.

Anhand dieser Randbedingungen kann nun eine Fassadenvariante gewählt werden (Abb. 6.3 bis 6.5).

Außenwandfassaden werden nach optischen, wirtschaftlichen oder funktionalen Gesichtspunkten ausgewählt. Bei der Auswahl sollte aber nicht nur die Wirtschaftlichkeit im Vordergrund stehen, sondern es müssen auch die örtlichen Bedingungen berücksichtigt werden (siehe Abb. 6.3 bis 6.5).

In manchen Wohngebieten werden die Gestaltung und der Aufbau der Außenwandfassade durch eine **Ortssatzung** vorgeschrieben.

Eine Putzfassade auf der Westseite eines Hauses wird durch die Hauptwetterrichtung stark beansprucht und muss somit häufiger überarbeitet werden. Diese Überarbeitungskosten, z. B. für Überholungsanstriche, müssen in die Wirtschaftlichkeitsrechnung mit einfließen, um die einzelnen Wandvarianten vergleichen zu können. Gängige Möglichkeiten einer Außenwandbekleidung sind Holzbekleidungen und Außenwandputz.

Der Aufbau der Außenwandfassade bestimmt den späteren Wartungsaufwand und sollte deshalb richtig gewählt werden.

6.2 Außenwandbekleidungen mit Schiefer oder Faserzementplatten

Aufgrund der hohen Witterungsbeanspruchung einer Außenwand wird gerade an den westlichen Wetterseiten ein witterungsbeständiges Material benötigt. Fassaden aus Schiefer haben sich hier seit Jahrhunderten bewährt und schützen das darunterliegende Mauerwerk meist wartungsfrei vor den Witterungseinflüssen.

Außenwandbekleidungen mit Schiefer oder Faserzementplatten haben sich als langlebige, wartungsfreie Bekleidungen bewährt.

Die äußere Gestaltung wirkt durch die Verwendung verschiedener Schieferformate optisch anspruchsvoll, so sind z. B. auch Ornamente oder farbliche Akzente in der Deckung möglich. Sie lockern das Gestaltungsbild auf.

Eine kostengünstigere Variante zur Fassadeneindeckung bietet die Bekleidung mit Faserzementplatten. Auch Faserzement schützt die Fassade über lange Jahre nahezu wartungsfrei. Der optische Eindruck besticht aber nicht so wie der einer Schieferfassade.

Die Schiefer- oder Faserzementplattenfassade wird meistens auf einer Holzverschalung oder auf Holzwerkstoffen angebracht. Um Energie einzusparen, wird die Außenwand dazu mit Wärmedämmung und einer zusätzlichen Hinterlüftung versehen. Diese Konstruktion ragt an der Wandkonstruktion hervor und dient als Abtropfschutz für darunterliegende Fassadenteile wie z. B. verputzte Wände (siehe Abb. 6.4).

6.3 Verputze Außenwände

Als **Putz** bezeichnet man einen Belag aus Putzmörtel, der an Außen- und Innenwänden aufgebracht wird. Putzmörtel werden nach ihren Aufgaben in verschiedene Anwendungsbereiche eingeteilt.

Man unterscheidet zwischen Außenputz und Innenputz. Zur Auswahl geeigneter Putzmörtel in den Einsatzbereichen sind Putzmörtelgruppen mit jeweils typischen Anwendungsbereichen und Eigenschaften zu berücksichtigen (Tab. 6.2).

Der **Außenputz** ist starken Beanspruchungen durch die Witterung in Form von Regen, Frost und Temperaturschwankungen ausgesetzt. Der Außenwandputz an der Fassade dient zum Schutz der Außenwand, der Kellerwandaußenputz wird zum Schutz der Kellerwand und zur Schaffung eines geeigneten Untergrunds für erforderliche Abdichtungen verwendet. An den Sockelputz (der Übergangsbereich von Außenputz zum Kellerwandputz) werden höhere Anforderungen gestellt, da im Bereich des Sockels häufig Spritzwasser vom Gelände oder der Fassade mit dem Putz in Kontakt kommt. Hier ist in den Wintermonaten zudem die Belastung mit Tausalzen zu berücksichtigen.

Im Innenbereich werden leicht zu verarbeitende und kostengünstige Innenputze eingesetzt.

An den **Innenputz** werden im Gegensatz zum Außenputz andere Anforderungen gestellt, da hier die Witterungseinflüsse durch das Gebäude abgeschirmt werden und somit eine Durchfeuchtung des Putzes (ausgenommen Feucht- und Nassräume) nicht vorkommt. Der Innenputz hat die Aufgabe, die Innenwände optisch ansprechend zu gestalten, die Luftfeuchtigkeit zu regulieren und die Luftdichtheit der Wand herzustellen. Weiterhin kann der Innenputz auch den Schall und Brandschutz beeinflussen, indem Bauteile mit Putz beschichtet werden und somit das Bauteil einen besseren Brandschutz erhält. Putzmörtel wird in 4 Putzmörtelgruppen unterteilt (Tab. 6.2).

Tabelle 6.2: Putzmörtelgruppen nach DIN 18550

Putzmörtelgruppe	Bindemittelbasis	Anwendung	Eigenschaften	Anteile
P I	Luftkalk, Wasserkalk	Innenputz	atmungsaktiv, leichte Verarbeitung	1 Teil Kalkhydrat oder 1 Teil hydraulischer Kalk und 3–4 Teile Sand
P II	Kalkzement, hydraulischer Kalk	Außenputz für Fassaden, Feuchträume	mittelelastisch, witterungsbeständig	2 Teile Kalkhydrat, 1 Teil Zement und 9–11 Teile Sand
P III	Zement	Außenputz für Keller- und Sockelbereich	wenig elastisch, hohe Witterungsbeständigkeit	1 Teil Zement und 3 Teile Sand
P IV	Gips, Gips und Kalk	Innenputz	leichte Verarbeitung, kostengünstig, nicht wasserbeständig	1 Teil Gips oder 1 Teil Gips und 1–3 Teile Sand

Die Zusammensetzung des Putzes besteht, je nach Putzmörtelgruppe, aus Bindemittel, Gesteinskörnung und Wasser. Diese einzelnen Bestandteile müssen anteilig aufeinander abgestimmt und ausreichend miteinander vermischt werden (Tab. 6.2).

Die Putzgruppen PI bis PIV unterscheiden sich durch ihr Bindemittel, das Eigenschaften wie Wasser- und Frostbeständigkeit, Festigkeit und Verarbeitbarkeit bestimmt.

Zusätze können die Eigenschaften gezielt verändern:

- Erstarrungsbeschleuniger (z. B. für Spritzputz)
- Verzögerer (verlängern die Verarbeitungszeit)
- Dichtmittel (machen Außenputz wasserabweisend)

Baugips und Luftkalk sind für den Außenbereich ungeeignet, da sie nicht wasserbeständig sind und aufquellen würden.

6.3.1 Putzmörtel

Putzmörtel besteht aus Bindemitteln, Gesteinskörnung (bis 4 mm) und Wasser. Zusätze können die Eigenschaften beeinflussen.

Bindemittel und ihre Eigenschaften:

- **Kalk:** Unterscheidung zwischen **Luftkalk** (härtet durch Luft) und **hydraulischem Kalk** (härtet auch unter Wasser). Kalk macht den Putz weich und atmungsaktiv.
- **Zement:** Bietet hohe Festigkeit, ist aber spröde und schwindet, was zu Rissen führen kann. Besonders geeignet für witterungsbeständige Putzschichten, z. B. im Sockelbereich.
- **Gips:** Kommt als Gipsputz, Spachtel oder Gipskartonplatte vor. Wegen seiner Wasserlöslichkeit meist nur für den Innenbereich geeignet. Bietet gute Brandschutzeigenschaften und einfache Verarbeitung.

Gesteinskörnung:

Sand bildet das Korngerüst des Putzes. Für eine homogene Struktur wird eine Körnung bis 4 mm verwendet. Sand muss frei von schädlichen Bestandteilen sein und wird daher maschinell gewaschen.

Dämmputz:

Besteht aus Putz mit eingemischten Polystyrolkügelchen zur Wärmedämmung. Im Innenbereich verbessert er die Energieeffizienz in wenig beheizten Räumen. Außen wird er kaum noch genutzt, da er die heutigen Dämmstandards nicht mehr erfüllt.

Wasser

Der Putzmörtel wird mit sauberem Wasser auf die richtige Konsistenz gemischt. Dabei löst das Wasser den Abbindeprozess aus. Es sollte Trink- oder Leitungswasser verwendet werden, da Verunreinigungen die Qualität beeinträchtigen. Die Wassermenge ist entscheidend: Zu viel Wasser führt zu Schwindrissen, zu wenig beeinträchtigt die Festigkeit des Putzes.

Mit dem Anmachwasser wird die notwendige Menge an Flüssigkeit zum Verarbeiten des Bindemittels hinzugegeben.

6.3.2 Aufbau des Putzes

Der Putzaufbau richtet sich nach Untergrund, Art und Beanspruchung und kann ein- oder mehrlagig erfolgen. Zu dicke Schichten in einem Arbeitsgang führen zu Haftungsverlust und Schwindrissen.

Die erste Lage, der Spritzbewurf, dient als Haftbrücke zwischen Mauerwerk und Unterputz. Bei porösem Mauerwerk kann er entfallen, da bereits ausreichende Haftung besteht.

Der **Unterputz** wird ein oder zweilagig aufgebracht, um zum einen die Wandunebenheiten auszugleichen, welche bedingt durch Steintoleranzen im Mauerwerk vorhanden sind, und zum anderen, um den Putz durch Zugabe von Dichtmitteln gegen eindringende Feuchtigkeit abzudichten.

Der **Oberputz**, auch Edelputz genannt, wird als optische Erscheinung des Putzes aufgebracht. Hier wird aufgrund der Oberflächenstruktur, bedingt durch das Auftragsverfahren, zwischen Reibeputz, Kratzputz, Spritzputz, Waschputz, Scheibenputz etc. unterschieden.

Die Putzauftragsdicke ist putzabhängig, sie beträgt im Allgemeinen:

- ca. 1,5 cm für Innenputz,
- ca. 2 bis 2,5 cm für Außenputz.

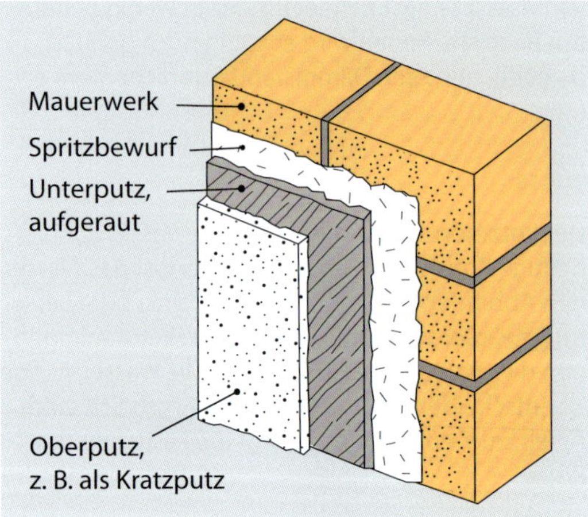

Abb. 6.6: Schichtweiser Aufbau von Putz

Abb. 6.7: Türleibung, teils unverputzt mit Eckschutzschiene

Abb. 6.8: Putzmörtelsilo auf der Baustelle

Abb. 6.9: Zwangsmischer für Sackware

Mehrlagiger Putz muss immer zeitlich versetzt in dünneren Schichten aufgetragen werden. Achtung: Den frisch aufgebrachten Putz vor starkem Wind, Frost und direkter Sonnenein strahlung schützen!

6.3.3 Verarbeitung von Putzmörtel

Das Anmachen von Putzmörtel war lange Zeit Standard auf der Baustelle. Der Putzmörtel wurde je nach Putzgruppe mit einem Trommelmischer im richtigen Mischungsverhältnis angemischt und direkt vor Ort verarbeitet. Das Mischungsverhältnis diente hier als Vorgabe, welche nur bedingt ein gehalten werden konnte, da der Arbeiter vor Ort den Mischer unterschiedlich bestückte.

Aufgrund gestiegener Lohnkosten und Qualitätsanforderungen werden die Putz- und Mauermörtel heute überwiegend mithilfe von Silo und Maschinentechnik auf der Baustelle verarbeitet (Abb. 6.8).

Im Silo erhält man ein werksseitig gemischtes Fertigprodukt, den sog. **Werktrockenmörtel**. Der Werktrockenmörtel wird durch einen am Silo befindlichen Durchlaufmischer mit Wasser vermischt und ergibt den fertigen Mörtel in der gewünschten Menge und gleichbleibender Qualität.

Kleinere Mengen an Werktrockenmörtel können auch über Sackware bezogen und mit einem Zwangsmischer für Sackware (Abb. 6.9) verarbeitet werden.

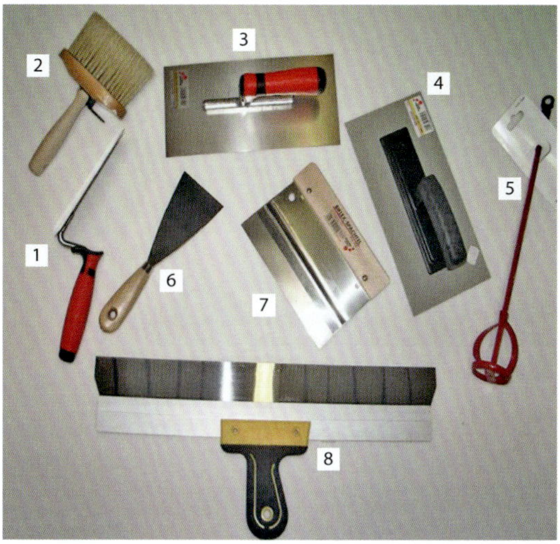

Abb. 6.10: Werkzeuge und Hilfsmittel zum Verputzen einer Wand

Abb. 6.11: Putzeckleisten anbringen

Abb. 6.12: Putz auftragen

Abb. 6.13: Putz glätten

6.3.4 Verputzen einer Wand (Unterputz)

Zum Verputzen einer Wand sind folgende Werkzeuge notwendig (Abb. 6.10):

1. Maurerkelle
2. Quast
3. Aufzieher
4. Reibebrett
5. Quirl
6. Spachtel
7. Doppelblatt-Flächenspachtel
8. Fassaden-Flächenspachtel
9. Wasserwaage (nicht abgebildet)
10. Maurerschnur (nicht abgebildet)

Arbeitsschritte zum Verputzen einer Wand

1. Anbringen von Putzschienen bzw. Putzleisten

An den Ecken der Wand werden Putzleisten lotrecht angebracht, wobei der Abstand der Oberkante der Putzleiste zum Mauerwerk ca. 1,5 bis 2,0 cm betragen sollte (Abb. 6.11). Sind die beiden Eckleisten angebracht, werden je nach Länge der Wand in einem Abstand von 1,00 bis 1,50 m Zwischenleisten montiert und anhand der Eckleisten eingefluchtet. Das Befestigen der Leisten erfolgt im Innenraum meist mit Ansetzgips, im Außenbereich mit frostbeständigem Kleber. Grundlage für das Auftragen des Putzes ist eine sorgfältige Vorarbeit: Mit Putzleisten und Putzprofilen wird die Putzstärke eingestellt. Eine ebene Putzfläche kann durch Abziehen der Putzoberfläche auf den Putzleisten erzielt werden.

2. Putz auftragen

Nun kann der Putz aufgebracht werden. Dies geschieht feldweise entweder durch Anwerfen per Hand mit der Maurerkelle oder durch Anspritzen mittels Putzmaschine (Abb. 6.12). Wenn der Putz vollflächig in einem Feld aufgetragen wurde, wird er mittels einer Abziehlatte durch seitliche Zickzackbewegungen langsam abgezogen (Abb. 6.13).

Nun kommt das nächste Feld an die Reihe, die abgezogene Putzfläche ruht erst einmal, um Rissbildungen zu vermeiden.

Eine ausreichende Trockenzeit (ca. 1 Woche) zwischen den einzelnen Putzlagen verhindert ein starkes Schwinden mit Putzrissen.

3. Oberfläche glätten

Wenn der Putz angezogen hat, wird er unter ständigem Annässen mit dem Reibebrett abgerieben. Die Bewegungen sollen dabei kreisförmig die Fläche von oben nach unten abreiben. Der Putz darf dabei nicht zu trocken werden, da er sonst sandet. Wird zu nass abgerieben, kommt der Bindemittelanteil an die Oberfläche (Abb. 6.14).

Arbeitsgeräte müssen sofort nach Gebrauch gereinigt werden, damit ihre Funktionalität erhalten bleibt. Beim Verarbeiten gilt es, auf den Hautschutz zu achten! Manche Putzmörtel beinhalten Gefahrstoffe wie Chromat und haben ätzende Eigenschaften. Das Tragen von Handschuhen wird empfohlen.

6.3.5 Gestaltung der Putzoberfläche (Oberputz)

Nach dem Aufbringen des Unterputzes (ein- oder zweischichtig) folgt als gestalterisches Element der **Oberputz**, auch **Edelputz** genannt. Der Edelputz wird in einer Stärke von 3 bis ca. 5 mm Dicke aufgebracht. Ausschlaggebend für die Putzstärke sind die Korngröße und das zu erzielende Oberflächenbild des Edelputzes.

Vor allem im Innenbereich können verschiedene Strukturen aufgebracht werden. Auch die Gestaltung von abgerundeten Ecken ist möglich.

Der auftragfähige Edelputz wird mit einer Kelle auf eine Edelstahlglätte gegeben und von unten nach oben gleichmäßig aufgetragen. Anschließend wird durch kreisförmiges Verreiben mit einer Glätte bis auf Kornstärke ein gleichförmiges Oberflächenbild erreicht.

Abb. 6.14: Putz abreiben

Abb. 6.15: Rillenputz

Abb. 6.16: Modellierputz

6.3.6 Trockenputz

Eine Innenwandbekleidung kann sowohl mit einem Innenputz als auch mit einem Trockenputz ausgeführt werden. Ein **Trockenputz** erfolgt z. B. mit Gipsplatten, welche auf der Vorder- und Rückseite mit Karton beschichtet sind. Solche mehrschichtigen Platten werden als **Gipskartonplatten** bezeichnet. Sie werden in verschiedenen Größen und Dicken produziert. Die Bezeichnung der Gipskartonplatte gibt Aufschluss über ihre Dicke, Länge und Breite.

Gipskartonplatten können als Innenwandbekleidung an nicht tragenden Wänden, zum Dachausbau an Dachschrägen und auch als Deckenbekleidung verwendet werden. Sie sind geeignet für einen schnellen und trockenen Ausbau. Gipskartonplatten werden aber auch zur Beplankung von brandgefährdeten Bauteilen benutzt, um den Brandschutz zu erhöhen.

Die Eigenschaften der Gipsplatten hängen von der Plattendicke, der Gipsfüllung und dem aufgebrachten Karton ab. Diese Eigenschaften kennzeichnen die Anwendungsbereiche und die damit verbundene Einteilung in Gipsplattenarten. Die Befestigung der Platten kann auf 2 Arten erfolgen:

1. Anbringung der Gipsplatte mit Ansetzmörtel (Plaster) auf dem Mauerwerk,
2. Anbringung der Gipsplatte mit einer mechanischen Befestigung auf Plattenstreifen.

Verlegen von Gipskartonplatten

Die Gipsplatten werden im Versatz verlegt, damit keine Kreuzfuge entsteht, die zu Rissen führen kann. Aufgrund der rasterförmigen Plattenmaße ist die Anordnung der Unterkonstruktion auf dieses Plattenmaß abzustimmen (Abb. 6.17).

Die Platten werden gestoßen verlegt, sodass ihre Ränder mit ca. 0,5 cm Abstand voneinander liegend befestigt werden. Diese Lücke wird mit einer geeigneten Spachtelmasse geschlossen und glatt bzw. plan verspachtelt, um eine ebene Oberfläche zu erzielen.

Eine wichtige Voraussetzung für eine ebene Trockenwandoberfläche ist die sorgfältige Vorarbeit beim Erstellen der Unterkonstruktion. Bei unebenem Mauerwerk oder auch im Dachausbaubereich (Abb. 6.18) wird eine Konterlatte für die Verankerung am Untergrund angebracht. Auf der Konterlattung wird eine Tragelattung im Rastermaß der Gipsplatte befestigt, diese gleicht auch kleinere Unebenheiten des Untergrunds aus. Nun ist die Voraussetzung für eine ebene, glatte Trockenwandoberfläche gegeben.

Abb. 6.17: Anbringung auf Plattenstreifen

Abb. 6.18: Befestigung an Wand und Decke

Beim Ansetzen der Gipsplatte mit Ansetzmörtel kann die Gipsplatte durch Auftragen von Mörtelpunkten lotrecht an der Wand angebracht werden. Große Unebenheiten der Wand sollten durch Vorputzen ausgeglichen werden.

Die fertige Trockenwand mit verspachtelten Fugen kann jetzt vom Maler bzw. von der Malerin mit Farbe und Streichputz beschichtet oder mit Tapete bekleidet werden.

Eine weitere Möglichkeit ist das Aufbringen von Fliesen, welche als Wandoberfläche eingesetzt werden können.

Abb. 6.19: Putzträgerplatte, beidseitig armiert

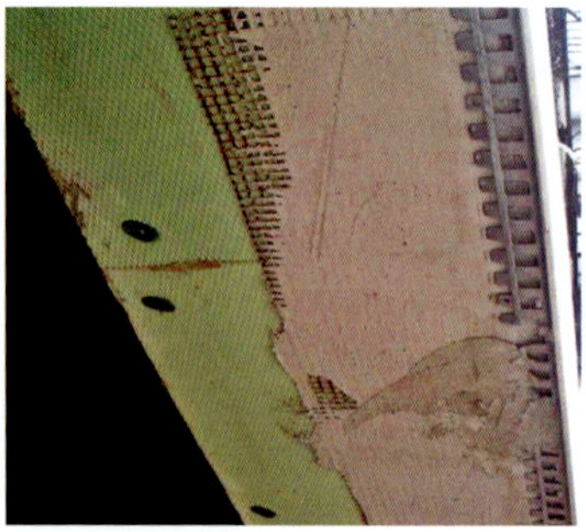

Abb. 6.20: Armierungsgewebe zur Rissüberbrückung

Abb. 6.21: Streckmetall für Übergänge unterschiedlicher Materialien

6.3.7 Putzträgerplatten, Übergänge und Fugen

In Bereichen, in denen verschiedene Materialien aneinanderstoßen, treffen auch deren unterschiedliche Materialeigenschaften aufeinander. Die Materialien haben meist unterschiedliche Temperaturausdehnungen, d. h., durch die unterschiedlichen Temperaturen im Außenbereich können aufgebrachte Putze an diesen Stoßstellen reißen. Diese Rissbildung kann durch das Einfügen von **Armierungsgewebe** oder **Streckmetall** vermieden werden (Abb. 6.19 bis 6.21). Auch der Übergang kann mit **Putzträgerplatten** überbrückt werden. Diese dienen nun als Putzgrund und müssen so beschaffen sein, dass der aufgebrachte Putz ausreichenden Halt auf der Platte aufweist. Die Platte selbst muss den Putz ohne Eigenverformung tragen können und ausreichend am Untergrund verankert sein.

Stellen, die nicht mit Putzträgerplatten oder Armierungsgewebe überbrückt werden können, werden als Arbeitsfuge ausgebildet, welche dauerelastisch ausgeführt werden muss.

Dehnungsfugen sind mit elastischen Fugmassen auszuspritzen.

6.4 Wärmedämmverbundsysteme (WDVS)

6.4.1 Grundlagen zur Wärmedämmung

Die Schonung und Einsparung von Energien, gestiegene Heizkosten und die damit verbundene Reduzierung von Heizkosten fordern eine zusätzliche Dämmung im Bereich der Außenwand. Ein **Wärmedämmverbundsystem** ist ein System

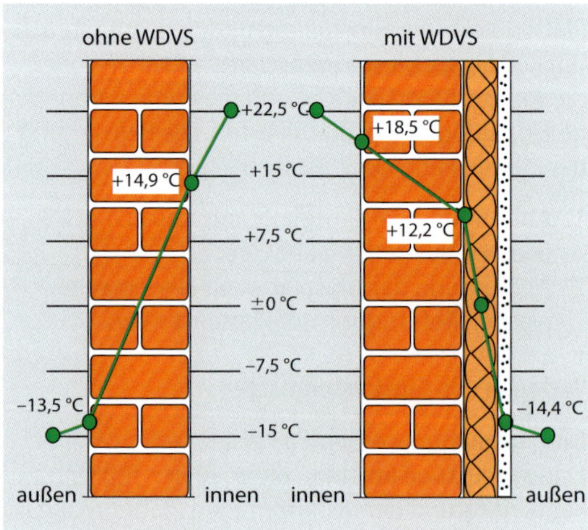

Abb. 6.22: Temperaturverlauf in Wänden mit und ohne WDVS

zum außenseitigen Dämmen von Gebäudeaußenwänden ohne Wärmebrücken.

Ein Wärmedämmverbundsystem spart Heizenergie und ist wirtschaftlich.

Diese Dämmmaßnahme kann bei der Planung von Neubauten, aber auch bei der Sanierung und energetischen Verbesserung von Altbauten angewandt werden.

Zur Erklärung ist der Temperaturverlauf im Winter an 2 Außenwänden heranzuziehen (Abb. 6.22). Es wird ein Temperaturverlauf von außen −10 °C und innen +20 °C angenommen. Dies spiegelt den Heizbedarf an einem Wintertag wider. Durch das aufgebrachte WDVS wird die Temperatur in der Wand

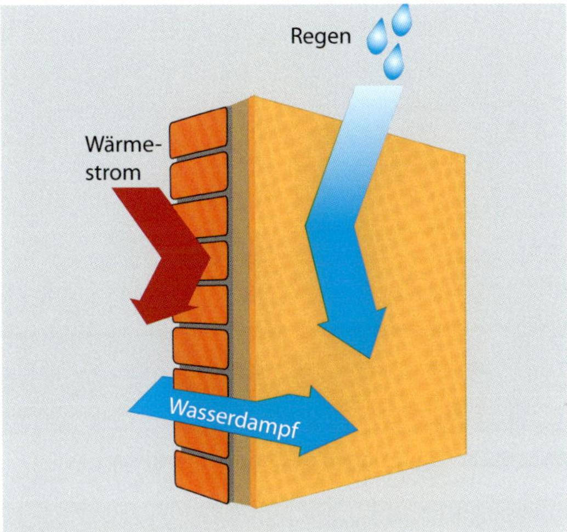

Abb. 6.23: Eigenschaften des WDVS

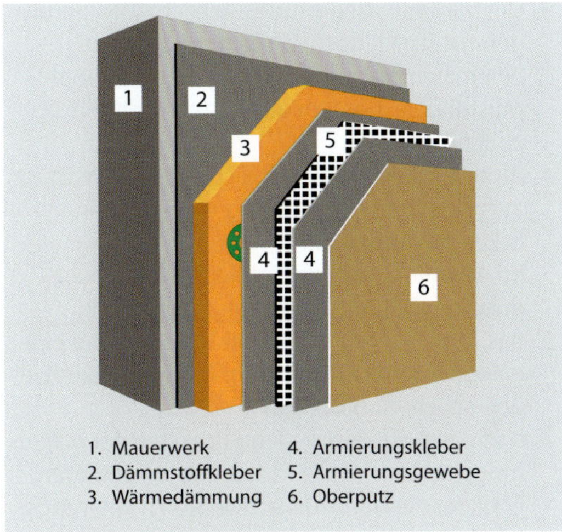

Abb. 6.24: Aufbau des WDVS

Abb. 6.25: Befestigen der Sockelschiene

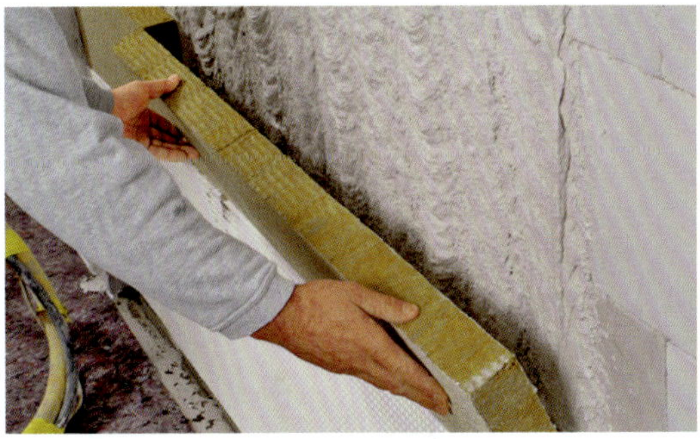

Abb. 6.26: Anbringen der Dämmung

kaum abgesenkt. Dies bedeutet, dass wenig Wärme abfließt und die Wand wie ein Wärmespeicher funktioniert. Die Wärme in der Wand wird bei Bedarf, z. B. nach einer Lüftung, wieder gleichmäßig abgegeben.

Auch wenn ein WDVS aufgebracht wird, müssen die allgemeinen Anforderungen an eine Außenwand eingehalten werden. Hierzu zählen die Durchlässigkeit von Wasserdampf und der Schutz vor Witterung und Regenwasser (Abb. 6.23).

Ein Wärmedämmverbundsystem wird als äußere Dämmhülle um ein Gebäude herum gebaut. Somit wird das Gebäude ideal gedämmt und es entsteht keine Wärmebrücke aufgrund unterschiedlicher Materialien.

6.4.2 Aufbau eines Wärmedämmverbundsystems

Ein Wärmedämmverbundsystem ist schichtweise aufgebaut (Abb. 6.24). Die Angaben der Hersteller sind dabei zu beachten.

Der schichtweise Aufbau eines WDVS spiegelt sich mit den **erforderlichen Arbeitsschritten**:

1. Anbringen der Sockelschiene am Untergrund (Mauerwerk oder alter Putz), um einen waagerechten Untergrund und Schutz der Dämmebene von unten zu erhalten (Abb. 6.25). Hierzu müssen im Regelfall auch die Fensterbankprofile verlängert werden.
2. Mit einem zugelassenen Plattenkleber werden Platten z. B. aus expandiertem Polystyrol (EPS), aus Mineralwolle (Steinwolle oder Glaswolle) oder Holzfaserdämmstoffe mit Fugenversatz aufgeklebt (Abb. 6.26).

3. Die Dämmplatten werden je nach Anforderungen zusätzlich noch mit Tellerdübeln nach einem vom Hersteller vorgegebenen Dübelmuster befestigt, um die Platten vor Windsog zu schützen.
4. An den Ecken wird zusätzlich ein Kantenschutz aufgebracht, um Beschädigungen an den Ecken zu vermeiden.
5. Im Anschluss wird die Armierung auf die gedübelten Dämmplatten aufgetragen und
6. das Armierungsgewebe mit Überlappung eingelegt und mit ausreichend Armierungsmasse überspachtelt (Abb. 6.27).
7. Nach dem ausreichenden Aushärten der Armierungsmasse wird der Putzgrund aufgetragen. Er bildet die Haftbrücke zwischen Armierungsmasse und Oberputz.
8. Auf den Putzgrund kann jetzt ein Kunstharzputz aufgebracht werden, der als Edelputz die Schutzfunktion des WDVS vor Witterung bildet.
9. Alternativ kann hier auch ein mineralischer Putz aufgebracht werden. Die Putzstärke ist allerdings sehr gering (bis 5 mm), da die Dämmplatten die tragende Funktion des Putzuntergrunds übernehmen.
10. Durch die Strukturierung der Putzoberfläche kann das WDVS optisch ansprechend gestaltet werden (Abb. 6.28).
11. Die fertige Putzoberfläche kann farblich gestaltet werden, indem der Oberputz eingefärbt aufgetragen oder ein nachträglicher farblicher Anstrich aufgebracht wird.

Abb. 6.27: Aufbringen des Armierungsgewebes

Abb. 6.28: Fertiges WDVS

Nur ein sorgfältiges Verarbeiten verhindert das Entstehen von Wärmebrücken.

6.5 Zweischaliges Mauerwerk

Ein Mauerwerk mit zusätzlichen Klinkern oder Verblendern wird als **zweischaliges Mauerwerk** bezeichnet. Es besteht aus 2 parallel nebeneinanderstehenden Mauerwerksschalen. Die innen liegende Wand dient zur Stützung und Ableitung der Gebäudelasten (auch Tragschale genannt), die außen liegende Mauerschale dient als Witterungsschutz.

Die äußere, der Witterung zugewandte Mauerwerksschale wird als Sichtmauerwerk bezeichnet, da hier die einzelnen Mauerwerkssteine und die dazugehörigen Fugen sichtbar sind. Die Ansicht der Außenmauer kann durch unterschiedliche Steingrößen, Stein- und Mörtelfarben sowie diverse Mauerwerksverbände bestimmt werden. Diese Gestaltungsmöglichkeiten sowie die extreme Witterungsbeständigkeit der wartungsfreien Fassade zeichnet ein Klinkermauerwerk aus. Im norddeutschen Raum sowie im Münsterland ist das zweischalige Mauerwerk sehr verbreitet.

Die Außenmauerschale ist meist 11,5 cm breit und wird mit kleinen Mauerwerksankern an der feststehenden Innenwand befestigt (Abb. 6.29).

Ein weiterer Vorteil dieser Wandbekleidung ist die Möglichkeit, zwischen den Wandscheiben Dämmung einzubauen, um auch energetischen Anforderungen gerecht zu werden. Nachteilig ist der höhere Anschaffungspreis, der sich erst nach Jahren amortisiert.

6.6 Sonstige Außenwandbekleidungen

Es gibt eine Vielzahl weiterer Möglichkeiten, die Außenwand zu bekleiden. Folgende Bekleidungen sind häufiger bei gewerblichen Gebäuden anzutreffen:

6.6.1 Industriebauten mit Stahlsandwichprofilen

Stahlsandwichprofile werden oftmals bei großen Hallen (Möbelhäusern, Lager- und Produktionshallen etc.) sowie Industriebauwerken eingesetzt. Vorteile dieser Bauweise sind der schnelle Aufbau der geplanten Anlage und die universellen Einsatzmöglichkeiten. Sandwichprofile bestehen aus 2 Stahlplatten, welche durch einen Kern aus Wärmedämmung miteinander verbunden sind.

6.6.2 Glasfassaden

Gerade bei Büro- und Geschäftsgebäuden kommt der Einsatz von Glasfassaden immer häufiger vor. Viele Hochhäuser sind mit großen Glasfassaden gebaut. Der Bau wird mit Wärmeschutzglas ausgeführt und die Gebäude werden über Klimaanlagen klimatisiert. Problematisch ist meist die Reinigung der Glasflächen.

6.6.3 Metallfassaden

Fassaden können auch mit Metallen verkleidet werden. Hier kommen meist Verkleidungen mit Titanzink oder Kupfer in Betracht. Die Metallfassaden werden i. d. R. wärmegedämmt ausgeführt (Abb. 6.30).

Im Industriebau und beim Bau von Büro- und Verwaltungsgebäuden werden oft Glas- oder Metallfassaden bevorzugt. Hier muss neben der Wartung vor allem die Reinigung beachtet werden.

6.6.4 Großformatige Platten

Eine kostengünstige Variante ist die Fassadenbekleidung mit großformatigen Platten. Im Handel erhältlich sind Faserzementplatten, Natursteinbekleidung, Steinzeugbekleidung, Ziegelplatten, aber auch Metall- und Glasbekleidungen (Abb. 6.31).

Abb. 6.29: Detail Dämmung-Klinker

Abb. 6.30: Fassade mit Metall- und Schieferdeckung

Abb. 6.31: Großformatige Fassadenplatten

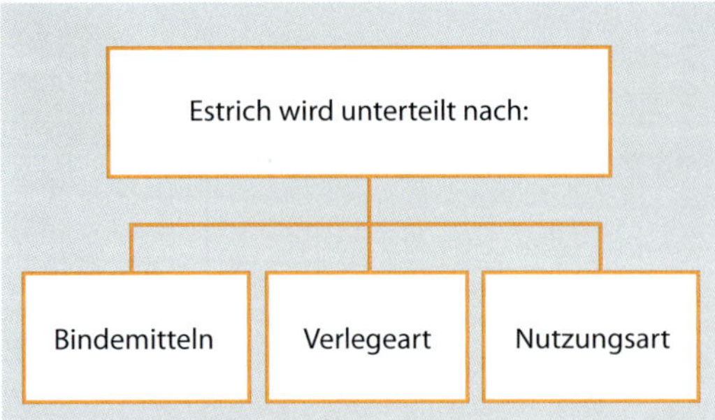

Abb. 6.32: Estrichunterteilung

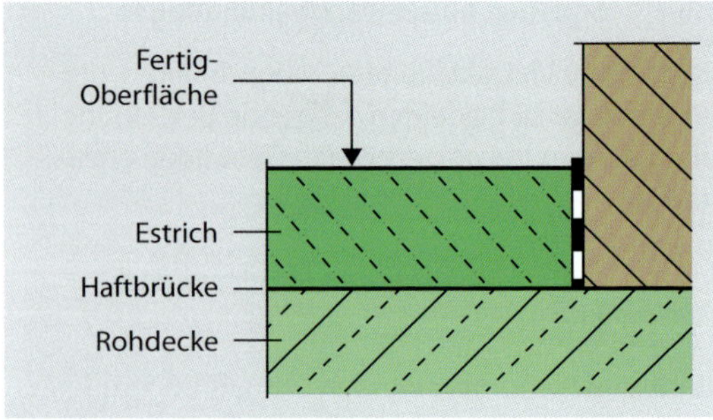

Abb. 6.33: Verbundestrich

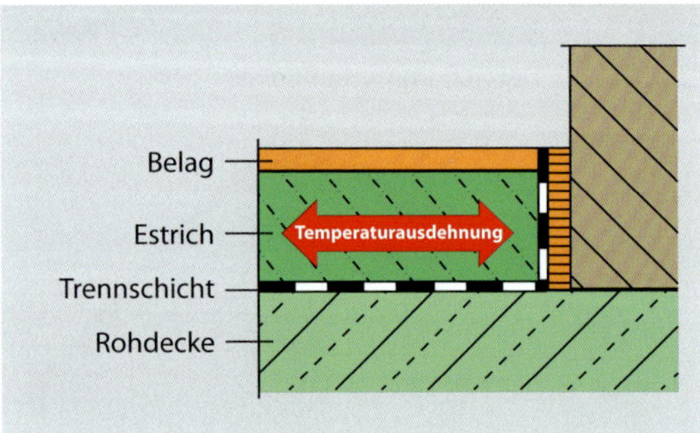

Abb. 6.34: Estrich auf Trennschicht

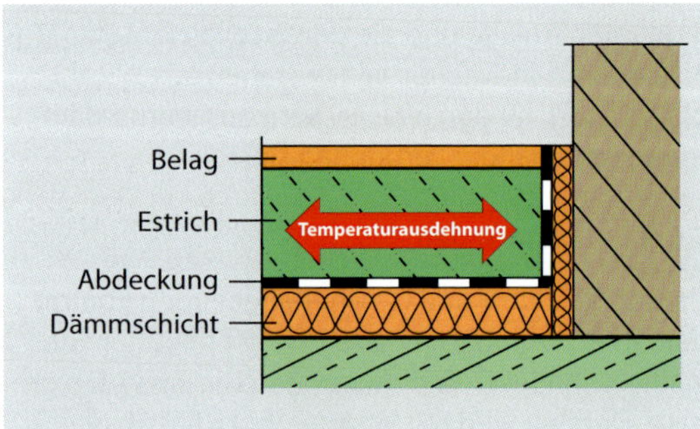

Abb. 6.35: Schwimmender Estrich

6.7 Estrichfußboden

Estrich ist ein Bauteil, das auf einer festen Schicht, einer Dämmschicht oder Trennschicht verbaut wird. Estrich dient dazu, eine planmäßig gerade horizontale Ebene zu schaffen. Er kann mit festen Belägen wie Steinzeug oder mit losen Belägen wie z. B. Teppich oder Laminat belegt werden.

Mit Estrich wird gezielt eine ebene horizontale Fläche erstellt.

Estriche werden unterschieden nach Bindemitteln, der Verlegeart und der Nutzungsart (Abb. 6.32).

6.7.1 Estrich nach Bindemitteln

Estriche unterscheiden sich nach ihrer Zusammensetzung. Der häufigste Estrich ist der Zementestrich, der aus Zement, einer 0 bis 8 mm dicken Gesteinskörnung und Wasser hergestellt wird. Weitere Estriche sind Gussasphaltestrich (mit sehr kurzer Abbindedauer), Calciumsulfatestrich (als Verbund- oder Heizestrich), Magnesiaestrich (bietet einen guten Wärmeschutz) oder Kunstharzestrich (sehr kurze Abbindedauer).

6.7.2 Estrich nach Verlegeart

In puncto Verlegeart wird Estrich unterschieden in:

- Verbundestrich (Abb. 6.33),
- Estrich auf Trennschicht (Abb. 6.34),
- schwimmender Estrich (Abb. 6.35).

Verbundestrich wird direkt auf der Rohdecke aufgebracht und bietet sich bei hoher Flächenbelastung z. B. durch Gabelstapler, Maschinen o. Ä. an. Er findet daher meist Anwendung im Industriebau.

Estrich aufbauend auf einer Trennschicht wird eingesetzt, wenn die Wärmeausdehnung der Estrichlage ungehindert stattfinden soll. Als Trennlage eignen sich hier Kunststofffolien, Öl- oder Bitumenpapier. Der Schallschutz wird hierbei aber nicht berücksichtigt.

Tabelle 6.3: Fliesen- und Plattenarten

natürliche Platten	künstliche Platten auf keramischer Basis	
• **Sedimentationsgestein** durch Ablagerung in vorzeitlichen Meeren entstandene Steinplatten • **Umprägungsgestein,** z. B. Schieferplatten • **Erstarrungsgestein**	**Feinkeramik** • Steingut • Steinzeug • Feinsteinzeug	**Grobkeramik** • Spaltplatten • Klinker

Im Wohn- und Bürogebäuden werden hohe Anforderungen an den Schallschutz gestellt. Der **schwimmende Estrich** hilft, diese Anforderungen zu erfüllen. Die Trennung zwischen Rohdecke und Estrich durch eine Dämmschicht führt dazu, dass der Trittschall, der durch Betreten der Platte ausgelöst wird, nicht in die Rohdecke übertragen wird.

6.7.3 Estrich nach Nutzungsart

Die Nutzungsart entscheidet oftmals über die richtige Wahl des Estrichs. Soll der Estrich hohen Beanspruchungen und Belastungen standhalten, empfiehlt sich Industrieestrich. Im Innenbereich, insbesondere beim Einbau von Fußbodenheizungen, bietet sich Heizestrich an. Der als Sackware erhältliche Schnellestrich ist eine gute Wahl, um Ausbesserungsarbeiten an vorhandenem Estrich vorzunehmen. Er ist sehr schnell erhärtend und verhindert Bauverzögerungen. Im Außenbereich findet Estrich oft Anwendung als Gefälleestrich, z. B. im Bereich von Balkonen. Der Estricheinbau am Balkon wird auch vom Dachdeckerbetrieb übernommen.

6.7.4 Einbau von Zementestrich

Die Mischung des verbrauchsfertigen Zementestrichs erfolgt meist maschinell vor Ort mittels Zwangsmischer mit Pumpvorrichtung. Nachdem die Vorarbeiten, wie das Anbringen von Estrichrandstreifen, Verlegen von Dämmstoffen und das Abdecken mit Folie, erledigt sind, wird der angemischte Estrich über einen Förderschlauch in den jeweiligen Raum gepumpt. Dort wird der Estrich mittels Handschaufel gleichmäßig verteilt. Die genaue Einbauhöhe ergibt sich aus vorher festgelegten Höhenpunkten. Mittels einer Abziehbohle wird der Estrich dann gleichmäßig abgezogen und verdichtet. Nachdem der Estrich leicht angezogen ist, wird mittels Glätte die Oberfläche nochmals kreisförmig glatt gerieben.

In einem durchzugsfreien Raum kann der Estrich nun ca. 28 Tage erhärten und austrocknen und ist dann, je nach dem restlichen Feuchtegehalt, mit Bodenbelag (Fliesen, Teppich, Laminat) belegbar.

6.8 Wand- und Bodenflächen mit Fliesen und Platten

Fliesen und Platten können an Wand- und Bodenflächen im Innen- und Außenbereich vielseitig eingesetzt werden. Man unterscheidet grob zwischen **natürlichen** Platten und industriell hergestellten, **künstlichen** Fliesen und Platten (Tab. 6.3).

Ergänzend zu erwähnen sind künstliche Platten auf nicht keramischer Basis. Solche ungebrannten Platten, die durch Bindemittel auf Zement- oder Bitumenbasis erhärten, wie z. B. Betonplatten, werden überwiegend im Außenbereich verlegt und werden hier nicht weiter behandelt.

> **Platten lassen sich in natürliche und künstliche Platten unterteilen.**

Tabelle 6.4: Handwerkzeuge zum Verlegen von Fliesen und Platten

Abb.	Beschreibung
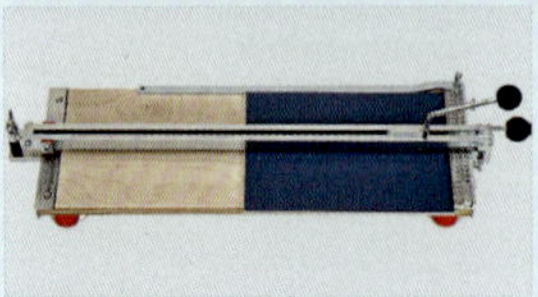 Fliesenschneidemaschine	elektronisches Nassschneidegerät oder mechanisches Schneidebrett, um die Fliesen und Platten passgenau zuzuschneiden
 Fliesenkelle	zum Anrühren und Aufbringen des Mörtels
 Fliesenlochapparat	Gerät zur Lochung von Fliesen und Platten auf elektrischer oder mechanischer Basis, für Bohrlöcher bis zu 80 mm
 Fliesenhexe mit Gummischnur	Metallecke zur Befestigung einer Gummischnur auf der Außenfliese. Die Gummischnur dient als Richtschnur für eine Fliesenreihe.
 Zahntraufel, Zahnglätte	zum Auftragen des Dünnbettmörtels auf den Untergrund. Die Zahnstärke gibt die Auftragshöhe an, kleine Fliesen benötigen eine geringe Zahnstärke.
 Fugengummi	zum gleichmäßigen Einbringen des Fugenmörtels in die Fugen und zum Reinigen der Fliesenoberfläche von Fugenmörtel

Abb.	Beschreibung
 Spitzhammer	zur Lochung von Fliesen und Platten, heute aber weniger in Verwendung
 Reißnadel	verwendet zum Anreißen der Glasur auf der Fliese. Anschließend kann die Fliese über diese Stelle gebrochen werden.
 Fliesenkeile	werden beim Ansetzen von Wandfliesen eingesetzt, wenn die Fliesen nicht ausreichend haften und herunterrutschen
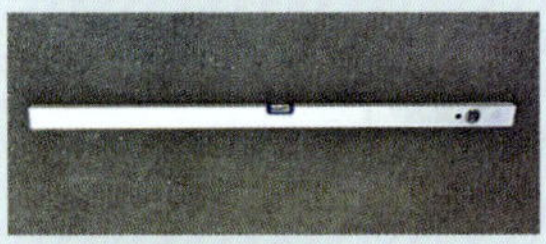 Wasserwaage	verwendet zur Schaffung von senkrechten Linien und waagerechten Höhenlinien
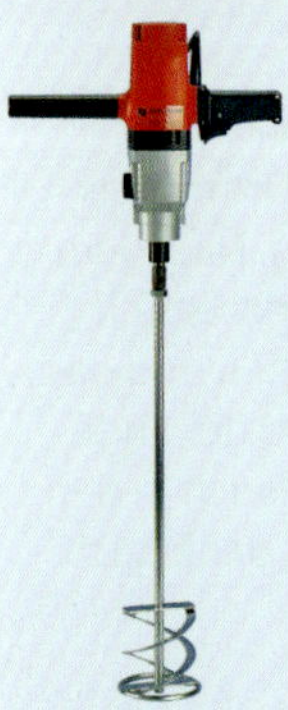 Rührgerät mit Quirl	zum Anrühren des Dünnbett- oder Dickbettmörtels

6.8.1 Verlegetechnik für künstliche Platten auf keramischer Basis

Fliesen und Platten werden an der Wandfläche angesetzt und im Bodenbereich verlegt. Das Ansetzen und Verlegen kann im Dünnbettverfahren oder im Dickbettverfahren erfolgen. Das **Dünnbettverfahren** (Abb. 6.36) eignet sich beim Ansetzen und Verlegen auf glattem, ebenem Untergrund wie einem schwimmenden Estrich, einer verputzten Wand oder auf Trockenbauplatten. Beim Dünnbettverfahren wird ein geeigneter Dünnbettmörtel oder Kleber mit einer Zahntraufel, je nach Platte oder Fliese, zwischen 2 und 15 mm aufgetragen, die Fliese oder Platte wird in den Dünnbettmörtel eingedrückt, bis eine vollflächige Verbindung erfolgt, und ausgerichtet.

Das **Dickbettverfahren** (Abb. 6.37) findet Anwendung bei unebenen Untergründen oder auf Böden mit höherer Beanspruchung (Industriefußboden). Beim Dickbettverfahren wird auf der Rückseite der Fliese oder Platte ein Dickbettmörtel (Mörtelgruppe III: Zementmörtel) aufgetragen. Dann wird die Fliese oder Platte im Wandbereich angesetzt, im Bodenbereich verlegt. Die Dicke des Dickbettmörtels beträgt im Wandbereich mindestens 15 mm, im Bodenbereich 20 bis 50 mm. Das Arbeiten mit Dickbettmörtel ist aufwendiger als mit Dünnbettmörtel.

Die Verlegerichtung von Bodenfliesen oder Bodenplatten richtet sich nach den geometrischen Gegebenheiten der Fläche. Die meisten Flächen sind rechteckig, evtl. mit einer Schrägseite. Bei einer **waagerechten Verlegung** sollte darauf geachtet werden, dass die beiden Randfliesen, falls notwendig, gleichmäßig gekürzt werden. Eine **diagonale Verlegung** kann das Raumbild aufwerten und auflockern. Hierbei ist aber ein erhöhter Arbeitsaufwand im Randbereich, bedingt durch Schneidearbeiten, erforderlich.

Abb. 6.36: Verlegung im Dünnbettverfahren

Abb. 6.37: Verlegung im Dickbettverfahren

Eine Möglichkeit zur Ausnutzung der modularen Plattengrößen bietet der **Randfries**. Hierbei wird ein möglichst großer Innenbereich, mittig auf der Raumfläche, in waagerechter oder diagonaler Richtung verlegt und der restliche Randbereich wird durch einen Randfries ausgelegt. Hierbei können gestalterische Elemente wie unterschiedliche Fliesenfarben oder eine andere Verlegerichtung genutzt werden.

6.8.2 Verfugen von künstlichen Platten auf keramischer Basis

Erst nach dem fachgerechten Ausfugen von Platten wird der Belag dauerhaft nutzbar. Der Arbeitsablauf beim Fugen erfolgt dabei in einer geordneten Abfolge (Tab. 6.5).

Tabelle 6.5: Fachgerechtes Verfugen von künstlichen Platten

Diese Abbildung zeigt das Ausgießen der Fugen mit geeignetem Fugenmörtel. Die Fugen müssen vor dem Ausgießen von Schmutz und Kleberresten befreit werden.	Hier wird das Einschlämmen der Fugenmasse mit einem Fugengummi dargestellt. Dieser Vorgang ist zeitlich durch das Aushärten der Fugenmasse beschränkt.	Die gesetzte Fugenmasse entwickelt Festigkeit und wird nun an der Oberfläche mit einem halbnassen Schwamm sauber abgerieben. Dieser Vorgang wird so oft wiederholt, bis die Fuge und die Fliesenoberfläche gesäubert sind.

Für die verfügbare Zeit beim Verfugen muss die Aushärtezeit des Fugenmaterials berücksichtigt werden, da sonst kein sauberes Fugenbild erreicht werden kann.

6.9 Bauwerksabdichtungen

Ein Bauwerk ist ausreichend gegen Feuchtigkeit zu schützen, denn diese kann auf verschiedenen Wegen eindringen. Die Feuchtigkeit und das Wasser treten im Innenbereich und im Außenbereich auf. Im Außenbereich ist der Regen zu nennen, der auf das Bauwerk einwirkt. Weiter sickert der Regen in den Boden ein und tritt als Sickerwasser oder Bodenfeuchte an das ans Erdreich grenzende Bauteil heran.

Die Bodenfeuchte ist meist vorhanden, bedingt durch kapillares Steigen der Feuchtigkeit im Boden vom Grundwasser aus. Ein Ansteigen des Grundwasserspiegels kann auf das Gebäude einen enormen Wasserdruck ausüben, dementsprechend muss eine geeignete Abdichtung erfolgen (Tab. 6.6).

6.9.1 Abdichtungen im Außenbereich

Im Außenbereich wird die Belastung des Bauwerks durch Feuchtigkeit in die 2 Bereiche Belastung durch **nicht drückendes Wasser** und **drückendes Wasser** aufgegliedert (Tab. 6.7). Zum nicht drückenden Wasser zählen die Bodenfeuchte, Sickerwasser und Regenwasser. Drückendes Wasser beinhaltet aufgestautes Wasser, das nicht abfließen kann, oder Grundwasser, das je nach Höhe des Grundwasserspiegels eine Gebäudegründung erfassen kann. Beim drückenden Wasser sorgt der Wasserdruck des aufgestauten Wassers für eine höhere Belastung der Abdichtung.

Bauwerksabdichtungen können im Kellerbereich durch Bitumenabdichtungen von Mauerwerk oder durch wasserundurchlässigen Beton ausgeführt werden. Bitumenabdichtungen werden nach der Farbe des Materials (Bitumen ist schwarz) als **schwarze Wanne** bezeichnet. Abdichtungen mit wasserundurchlässigem Beton werden als **weiße Wanne** bezeichnet, da der ausgehärtete Beton eine hellgraue Farbe aufweist.

Abdichtungen im Außenbereich befinden sich an Kellerwänden, unter Mauerwerk, am Balkon und auf dem Flachdach.

Tabelle 6.6: Beispiele von Abdichtungen

innen	
Abdichtung einer Dusche mit Fliesen	Abdichtung der Bodenplatte unterhalb des Estrichs

Belastung durch Wasser beim Duschen	Belastung durch aufsteigende Feuchtigkeit unterhalb des Bauwerks
außen	
Abdichtung eines Balkons	Abdichtung einer Außentür

Abdichtung gegen Regenwasser	Abdichtung gegen Regenwasser und kapillares Wasser

Tabelle 6.7: Belastung an einem Gebäude

nicht drückendes Wasser	drückendes Wasser
• Regenwasser • Sickerwasser • Bodenfeuchtigkeit • Spritzwasser am Sockelbereich	• Grundwasser • aufstauendes Wasser • Schichtwasser durch unterschiedliche Bodenschichten

6.9.2 Abdichtungen im Innenbereich

Im Innenbereich erfolgt eine Belastung durch Feuchtigkeit meist durch nicht drückendes Wasser. Hier ist die Abdichtung der Dusche im Wandbereich zu nennen. Meist wird diese Abdichtung durch Fliesen auf einer aufgebrachten Dichtschlämme gegen durchschlagende Feuchtigkeit ausgeführt. Die Bodenplatte wird i. d. R. von innen gegen aufsteigende Bodenfeuchtigkeit abgedichtet, damit sich die Feuchtigkeit nicht im darüberliegenden Fußbodenaufbau ausbreitet und dort Schäden anrichtet.

6.9.3 Folgen von Undichtigkeiten bei der Abdichtung

Feuchtigkeit im Gebäude, aufgrund von Undichtigkeiten der Abdichtung, verursacht meist hohen Sachschaden bis hin zu Gesundheitsschäden für die Bewohner. Die Feuchtigkeit in Kellerwänden oder in Holzkonstruktionen führt oft zur Durchnässung der Konstruktion mit anschließend möglichem Schimmelbefall.

Feuchtigkeit findet sich auch in Innenbereichen, z. B. in Duschzellen und Schwimmbadbereichen, aber auch in der Bodenplatte.

Der Schimmelbefall kann Konstruktionen zerstören, die Stabilität ist womöglich gefährdet. Der Schimmel belastet auch die Bewohner aufgrund des hohen Schimmelsporengehalts in der Luft. Mögliche Folgen für die Bewohner können Asthma, Allergien oder Erkrankungen der Atemorgane sein.

Abb. 6.38: Einrüstung eines Hochhauses

6.10 Übungsaufgaben zu Lernfeld 6

1. Nennen Sie Beanspruchungen, denen eine Außenwand ausgesetzt ist.
2. Zeigen Sie alternative Ausführungen einer Außenwand für die Fassade.
3. Erläutern Sie die Einteilung der Putzarten. Warum ist diese Einteilung notwendig?
4. Beschreiben Sie den Aufbau und die Arbeitsschritte zur Herstellung eines WDVS-Systems.
5. Zählen Sie Arten der Feuchtigkeitsbelastung an einem Gebäude auf.
6. Erläutern Sie den Unterschied zwischen drückendem Wasser und nicht drückendem Wasser.
7. Beschreiben Sie die Fachbegriffe „Schwarze Wanne“ und „Weiße Wanne“.

Lernfeld 7: Anlagen zur Ableitung von Niederschlagswasser installieren

Jochen Karsch

Bei der Herstellung von Außenentwässerungsanlagen haben Dachdecker die Aufgabe, beratend und planend tätig zu werden. Berücksichtigt werden müssen dabei auch Faktoren wie Materialauswahl, Fügetechniken sowie die notwendige Dimensionierung der Entwässerungsanlage. Besonderes Fachwissen ist bei der Entwässerung von Flachdächern gefragt.

7.1 Allgemeines

Eine Dachentwässerung ist eine technische Anlage zur Ableitung von Regenwasser auf Dachkonstruktionen, z. B. Regenrinne (siehe Abb. 7.1), Fallrohr, Gully. Grundsätzlich unterscheidet man außenliegende Dachentwässerungen (z. B. vorgehängte Rinnen) und innenliegende Dachentwässerungen (z. B. Gullys).

Abb. 7.1: Steildach mit vorgehängter Rinne

7.2 Außenliegende Entwässerung

Dachrinnen sind so zu montieren, dass bei Starkregenereignissen das Wasser notfalls über die Rinnenvorderkante ablaufen kann. Dies wird erreicht, indem der Wulst (in Abhängigkeit von der Rinnengröße) niedriger ist als der Umschlag (siehe Abb. 7.2 bis 7.4).

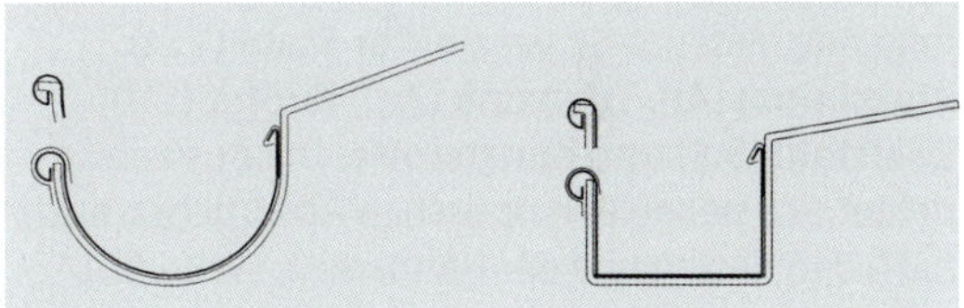

Abb. 7.2: Halbrunde Dachrinne/kastenförmige Dachrinne

7.2.1 Verwendung und Eigenschaften von Dachrinnen

Bei der außenliegenden Entwässerung unterscheidet man zum einen die häufig verwendeten **vorgehängten** und zum anderen die **aufliegenden Dachrinnen**. Vorgehängte Dachrinnen werden selbsttragend in Rinnenhaltern verlegt (s. Abb. 7.2). Aufliegende Dachrinnen werden im Traufbereich auf dem Steildach auf einer durchgehenden, flächigen Unterlage verlegt (s. Abb. 7.3). Beide Rinnenarten können mit und ohne Gefällte zu den Abläufen verlegt werden. Bei der Montage mit Gefälle geht man von ca. 1 mm Gefälle auf 1 m Rinnenlänge aus, als ca. 0,1 %.

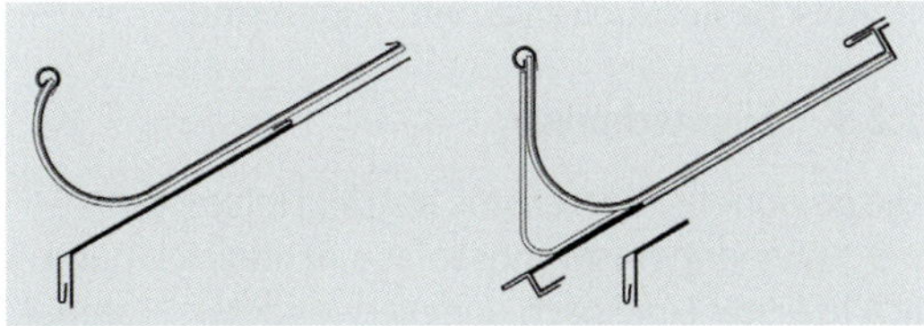

Abb. 7.3: Liegerinne/Aufdachrinne

Vorgehängte Dachrinnen können als halbrunde Dachrinnen, als kastenförmige Dachrinnen (s. Abb. 7.2) oder als Gesimsrinnen (s. Abb. 7.4) neben den Dachrinnen mit Sonderformen ausgeführt werden.

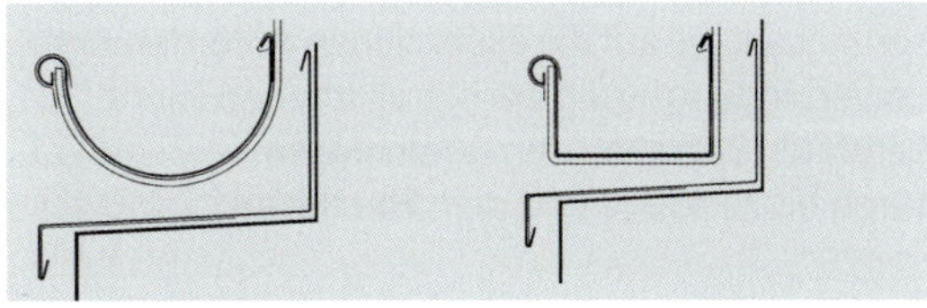

Abb. 7.4: Gesimsrinne

Tabelle 7.1: Verbindungsarten von Dachrinnen

Werkstoff	Weichlöten	Weichlöten mit einreihiger Nietung	doppelreihige Nietung mit Dichteinlage	Hartlöten	Schweißen	Kleben
Kupfer	×	×	×	×	×	×
Titanzink	×					×
Aluminium			×		×	×
nicht rostender Stahl	×	×	×		×	×
verzinktes Stahlblech	×	×	×			×
Blei	×				×	×

Die außenliegende Entwässerung erfolgt mittels vorgehängter oder aufgelegter Dachrinnen, meist in halbrunder oder in Kastenform.

7.2.2 Werkstoffe

Für die Ausführung von Dachrinnen eignen sich folgende Materialien: **verzinkter Stahl (VSt), Aluminium (Al), Titanzink (Zn), Kupfer (CU), Edelstahl (S.S) und Kunststoffe.** Die Auswahl richtet sich neben den optischen Ansprüchen auch nach den Kosten und der Haltbarkeit. Weiterhin müssen die ausführenden Dachdecker bei der Auswahl beachten, dass bei der Verarbeitung von verschiedenen Metallen auf dem Dach elektrochemische Reaktionen zu vermeiden sind.

7.2.3 Fügetechniken

Die geeignete Fügetechnik bei der Herstellung einer Außenentwässerungsanlage richtet sich natürlich in erster Linie nach dem verwendeten Material. Die Fachregeln verweisen bei den Anforderungen an die wasserdichten Verbindungen einer Entwässerungsanlage auf die allgemeinen Anforderungen an Verbindungsarten bei Metallarbeiten (siehe Lernfeld 12). Neben dem **Weichlöten** bei Temperaturen bis zu 450 °C und dem **Hartlöten** (> 450 °C) sind weitere Verbindungsarten von Dachrinnen möglich (siehe Tab. 7.1).

Unter **Löten** versteht man die Verbindung zweier gleicher oder unterschiedlicher Metalle mithilfe eines weiteren Metalls, des sog. Lots. Die Schmelztemperatur des Lots muss geringer sein als die der zu verbindenden Metalle. Beim Weichlöten besteht das Lot meistens aus einer Legierung aus Zinn und Blei oder einer Legierung aus Zinn und Kupfer. Beim Hartlöten besteht es meistens aus einer Legierung aus Kupfer und Silber.

Für die Festigkeit und Haltbarkeit einer Naht ist es notwendig, dass das Lot mit den zu verbindenden Metallen an der Oberfläche eine Legierung bildet. Unter einer **Legierung** wird ein Gemisch aus geschmolzenen Metallen verstanden. Damit es zur Bildung einer Legierung kommt, ist es notwendig, dass die Metalle sauber sind und keine Oxidationsschicht haben. Diese Voraussetzungen werden mit dem Flussmittel, meistens Lötwasser, geschaffen. Eine weitere Aufgabe des Flussmittels ist es, das Eindringen des Lots in den Lötspalt zu verbessern. Der Lötspalt darf nicht größer als 0,5 mm sein, damit das Lot aufgrund der Kapillarität in den Spalt fließen kann. Bei einer guten Lötnaht bildet sich an den Oberflächen der zu verbindenden Metalle eine Legierung mit dem Lot.

Tabelle 7.2: Maße einer halbrunden Rinne in mm

Nenngröße	Zuschnittbreite	d_1	d_2	e_1	f_1	g	Werkstoffdicke nach DIN EN 612 s_1				
	+1–2	±1	+20	±1	min.	+1	Al	Cu	VSt	Zn	S.S
200	200	16	80	5	8	5	0,70	0,60	0,60	0,65	0,40
250	250	18	105	7	10	5	0,70	0,60	0,60	0,65	0,40
280	280	18	127	7	11	6	0,70	0,60	0,60	0,70	0,40
333	333	20	153	9	11	6	0,70	0,60	0,60	0,70	0,40
400	400	22	192	9	11	6	0,80	0,70	0,70	0,80	0,50
500	500	22	250	9	21	6	0,80	0,70	0,70	0,80	0,50

Beim **Nieten** werden gleiche oder unterschiedliche Metalle kraftschlüssig miteinander verbunden. Folgende Gesetze gelten dabei für Verbindungen:

- Die Verbindung gleicher Metalle ist für alle Metalle zulässig.
- Die Verbindung von Aluminium, Blei, Titanzink, nicht rostendem Stahl und verzinktem Stahl untereinander ist in jeder möglichen Kombination zulässig.
- Die Verbindung von Kupfer mit Blei und nicht rostendem Stahl ist zulässig.

Nicht zulässig ist hingegen die Verbindung von Kupfer mit Aluminium, Titanzink und verzinktem Stahl.

Beim Nieten werden 2 Arten unterschieden: die einreihige Nietung mit zusätzlicher Lötung und die doppelreihige Nietung, bei der die Nietung versetzt auszuführen ist und mit einer Dichteinlage versehen wird. Beim Nieten sollte der Nietabstand maximal 30 mm betragen und einen Abstand von mindestens 10 mm zum Blechrand haben.

Beim **Kleben** ist darauf zu achten, dass werkstoff- und systemgerechter Kleber verwendet wird. Acryle und Silikone sind nicht zulässig. Wie aus Tabelle 7.1 zu entnehmen ist, sind alle Werkstoffe zum Kleben geeignet.

Praxisbeispiel

Aufgabe

Wie groß ist die Neigung (p) einer Dachrinne, wenn diese auf 10 m (10.000 mm) eine Höhendifferenz von 20 mm hat?

Lösung

$$p = \frac{h \cdot 100\,\%}{l} = \frac{20\text{ mm} \cdot 100\,\%}{10.000\text{ mm}} = 0{,}2\,\%$$

7.2.4 Bestandteile

Eine Außenentwässerung besteht im Wesentlichen aus **Dachrinnen, Ablaufstutzen, Regenfallrohren, Standrohren** und deren **Befestigungen**. Die Dachrinnen leiten das von den Dachflächen kommende Regenwasser zu den Einlaufstutzen. Der Ablaufstutzen bildet den Übergang zwischen Dachrinne mit Regenfallrohr. Die Fallrohre werden mit geeigneten Rohrschellen an der Wand montiert und leiten das Wasser dann senkrecht nach unten bis zu den Standrohren. Diese verbinden die Außenentwässerung mit der Kanalisation.

Die Formen und Maße der Dachrinnen aus Metall sind in den Fachregeln des Deutschen Dachdeckerhandwerks festgelegt. Es gelten für halbrunde Dachrinnen die Maße in Tabelle 7.2. Die Längen,

d_1, d_2, e_1, f_1 und g sind der Abbildung 7.5 zu entnehmen. An der Vorderkante der Dachrinne befindet sich ein runder Wulst und an der Hinterkante ein Wasserfalz. Der Wasserfalz sollte je nach Rinnengröße 8 bis 21 mm höher als die Wulst liegen, damit bei aufgestautem Wasser das Wasser über die Vorderkante ablaufen kann. Rinnen erhalten an den Enden Rinnenendstücke. Dies sind in der Regel Kopfstücke (glatt oder in Kugelform), können aber auch Ausläufe sein.

Bestandteile einer Außenentwässerung sind im Wesentlichen Dachrinnen, Ablaufstutzen, Regenfallrohre, Standrohre und deren Befestigungen.

Bei den **Ablaufstutzen** wird zwischen **zylindrischen** (Abb. 7.6) und **trichterförmigen Ausführungen** (Abb. 7.7) unterschieden. Bei zylindrischen Ablaufstutzen hat die kreisförmige Öffnung in der Dachrinne den gleichen Durchmesser wie das Fallrohr. Bei trichterförmigen Ablaufstutzen ist die Öffnung deutlich größer und der Ablauf hat die Form und die Wirkung eines Trichters.

Die Maße der **Regenfallrohre** aus Metall sind ebenfalls in den Fachregeln festgelegt. Steckverbindungen müssen mindestens 50 mm ineinander gesteckt werden.

Nach den Fachregeln bestehen **Standrohre** aus schlagfesteren und materialverträglichen Werkstoffen, wie z. B. aus Kupfer, verzinktem Stahl, nicht rostendem Stahl, Stahlguss oder Kunststoffen. Sie sollten aus optischen Gründen bis auf Sockelhöhe reichen. Die Fallrohre werden an die Standrohre mit Standrohrkappen bzw. Übergangsstücken angebracht. Für eine Reinigungsmöglichkeit ist zu sorgen.

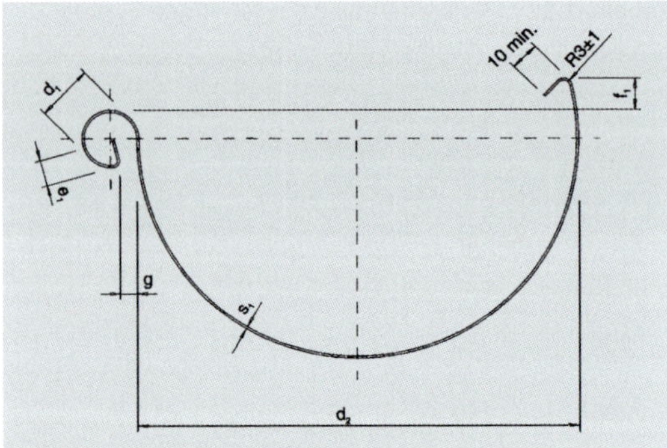

Abb. 7.5: Form einer halbrunden Dachrinne

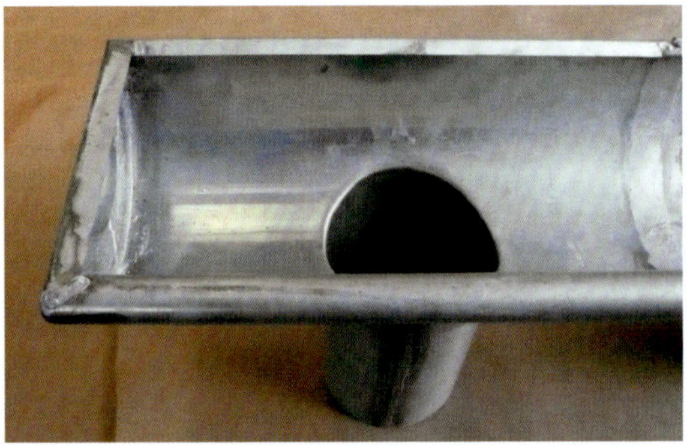

Abb. 7.6: Zylindrischer Ablaufstutzen

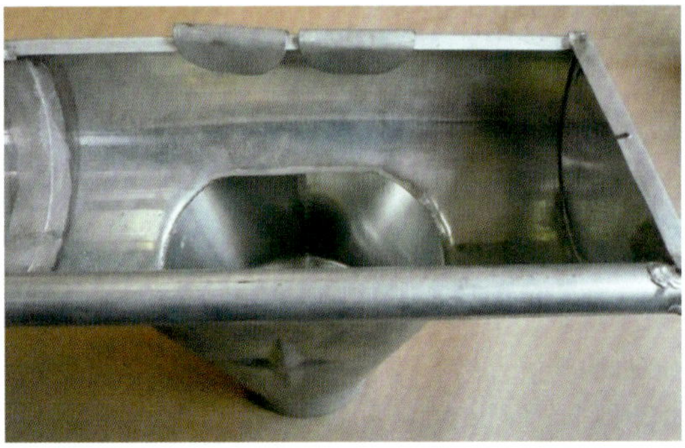

Abb. 7.7: Trichterförmiger Ablauf-/Einhangstutzen

7.2.5 Dimensionierung

Die Grundlagen für die Dimensionierung einer Außenentwässerungsanlage sind in dem „Merkblatt zur Bemessung von Entwässerungen" enthalten.

Die entscheidenden Größen sind

- örtliche Regenspende (Standort des Gebäudes)
- Lage der Abläufe
- Teilstücke der Entwässerung (z. B. Rinnenabschnitt, Ablauf, Fallrohr)
- Größe der Dachgrundfläche, die das Wasser den einzelnen Teilstücken zuführt
- Abflussbeiwert C (Brems- oder Hemm-Wert, siehe Tab. 7.4)
- Regenwasserabfluss Q
- Reduktion des Abflussvermögens einer Rinne, eines Ablaufs oder eines Fallrohres

Die **örtliche Regenspende $r_{5/5}$** ist ein statistischer Wert für die Dauer der Regenspende von 5 Minuten und einer durchschnittlichen Wiederkehrperiode von 5 Jahren. Der Deutsche Wetterdienst kann für den einzelnen Ort hierüber Auskunft geben. Für einige größere Städte ist die örtliche Regenspende auch in der Tabelle 5-Minuten-Regenspenden in Deutschland in den Fachregeln zu finden (Auszug siehe Tab. 7.3). Ist kein spezifischer Wert ermittelbar, so kann mit einer pauschalen Regenspende von $r_{5/5} = 300$ l/sha gerechnet werden.

Durch die **Lage der Abläufe** ergeben sich automatisch **Teilstücke der Entwässerung** (Rinnenabschnitte, Rinnenlängen) und somit Teilflächen, die das Regenwasser diesen Teilstücken zuführen. Große Rinnenquerschnitte haben eine höhere Abflussleistung als kleinere Querschnitte, kastenförmige Rinnen haben eine etwas schlechtere Abflussleistung als halbrunde Rinnen. Neben der Form und der Größe ist aber auch die Länge einer Rinne entscheidend für die Abflussleistung: Je länger die Rinne ist, desto schlechter ist das Abflussverhalten. Durch die Lage eines Ablaufes kann somit zwar nicht die Gesamtlänge einer Rinne, jedoch die Länge von Rinnenabschnitten verändert werden. Dies wiederum kann bei der Dimensionierung von Rinnen (Berechnung der erforderlichen Rinnengröße) im Ergebnis zu kleineren Rinnengrößen führen.

Die **Dachgrundfläche *A*** ist die Projektion der Dachfläche auf eine horizontale Fläche. Entscheidend ist also nicht die Größe der Dachfläche, sondern nur die Größe der Dach**grund**fläche. Bei gleicher Dachgrundfläche würde schließlich bei unterschiedlich geneigten Dachflächen die gleiche Wassermenge abgeleitet werden.

Bei gegebener Dachfläche A_D und gegebener Dachneigung α kann die Dachgrundfläche auch wie folgt berechnet werden:

$$A = A_D \cdot \cos \alpha$$

Der Abflussbeiwert C (siehe Tab. 7.4) gibt das Verhältnis zwischen dem Regenwasserabfluss und der Regenspende an. Der Abflussbeiwert C hat keine Einheit. Durch die Einbeziehung des Abflussbeiwertes kann eine Entwässerungsanlage kleiner dimensioniert werden, da das Regenwasser den Rinnen, Fallrohren, Gullys etc. nicht „1:1", sondern verzögert zugeführt wird. Ein Teil des Regenwasserabflusses wird sogar „gespeichert" und gar nicht der Entwässerung zugeführt, da es verbraucht wird oder verdunstet, z. B. bei Kies- oder Gründächern.

Tabelle 7.3: 5-Minuten-Regenspenden in Deutschland (Beispiel)

Ort	Berechnungsregen $r_{(5/5)}$				Jahrhundertregen $r_{(5/100)}$			
	250	300	350	400	500	600	700	800
Bad Kissingen				×				×
Berlin				×			×	
Frankfurt/ Main			×				×	
Hamburg		×			×			
München				×			×	
Werte sind gegenüber der Norm gerundet.								

Tabelle 7.4: Abflussbeiwert *C*

Art der Fläche	Abflussbeiwert *C*
Dachflächen	1,0
Plattenbelag auf Splitt	0,7
Kiesdächer	0,5
Gründächer unter 10 cm Aufbaudicke	0,5
Gründächer ab 10 cm Aufbaudicke	0,3

Mit diesen Größen kann der **Regenwasserabfluss *Q*** mit folgender Gleichung berechnet werden:

$$Q = \frac{r \cdot A \cdot C}{10.000 \, \frac{\mathrm{m}^2}{\mathrm{ha}}}$$

Der Nenner 10.000 m^2/ha dient dazu, die Einheit ha in m^2 umzuwandeln. Dies ist notwendig, da die Regenspende in der Einheit l/sha in die Formel eingesetzt wird und die Dachgrundrissfläche in der Einheit m^2. Ferner gilt: 1 ha = 10.000 m^2.

Der nächste Schritt im Praxisbeispiel wäre nun, die Rinnengröße, den Ablauf und den Durchmesser der Fallrohre zu bestimmen. Hierzu legen wir fest, dass beispielsweise eine halbrunde Rinne montiert werden soll und verwenden hierzu Tabelle 7.5 aus der Fachregel des Deutschen Dachdeckerhandwerks:

Betrachtet man nun die Lage der Abläufe anhand Abb. 7.8, stellt man fest, dass Dachfläche 1 in einen Ablauf und eine 20 m lange Rinne entwässert. Das Ergebnis für die Rinnengröße wäre hier laut Tabelle 7.5 eine 500er-Rinne, da eine 400er-Rinne bei einer Länge von 20 m nur 3,89 l/s abführen kann.

Dachfläche 2 entwässert zwar auch in ein Fallrohr, aber dafür in 2 Rinnenabschnitte, die jeweils nur 10 m lang sind. Da der Ablauf genau in der Mitte der Rinne sitzt, werden jedem Rinnenabschnitt auch nur 2,1 l/s (also die Hälfte des berechneten Regenwasserabflusses pro Dachseite) zugeführt. Demnach würde bei Dachfläche 2 eine 333er-Rinne ausreichen, da diese laut Tabelle 7.5 bis zu 2,48 l/s abführen kann.

Beeinflussen könnte man das Ergebnis bei Dachfläche 1 selbstverständlich, indem man den Ablauf entsprechend versetzt oder am anderen Ende der Rinne einen weiteren Ablauf montiert, sofern dies technisch möglich ist.

Anmerkung zu den Reduktionsfaktoren:

Die Werte der Tabelle 7.5 müssen ggf. umgerechnet werden, da z. B. eine Richtungsänderung in einer Rinne (Rinnenwinkel, Innen- oder Außenecke) von mehr als 10° die Ablaufleistung um 15 % reduziert.

Als nächstes würde man den Ablauf dimensionieren bzw. prüfen. Laut Tabelle 7.6 führt ein Einhangstutzen an einer 333er halbrunden Rinne mit entsprechendem Rinnenausschnitt 7,4 l/s und ein Einhangstutzen an einer 500er halbrunden Rinne sogar 21,1 l/s ab.

Zu beachten wären auch hier Reduktionsfaktoren. So reduziert der Einbau eines zylindrischen Ablaufstutzens (vgl. Abb. 7.6 und 7.7) die Ablaufleistung um 30 % und der Einbau eines Laubfangkorbes (s. Abb. 7.9) sogar um 50 %. Demnach wäre an Dachfläche 1 die Montage eines zylindrischen Ablaufstutzens und eines Laubfangkorbes sogar theoretisch denkbar, da dieser immerhin noch 7,4 l/s abführen könnte:

> 21,1 l/s · 0,7 (Reduktion durch Stutzen) · 0,5 (Reduktion durch Laubfangkorb) = 7,4 l/s

Allerdings reduziert der Einbau eines Laubfangkorbes in den Ablaufstutzen ebenfalls die Ablaufleistung einer halbrunden Rinne um 50 %, was wiederum eine Überprüfung der Rinnengröße und ggf.

Praxisbeispiel

Aufgabe

Berechnen Sie den Regenwasserabfluss Q für eine Dachfläche eines Satteldaches mit der Trauflänge $l_T = 20$ m und der Gebäudebreite $b = 14$ m. Verwenden Sie die pauschale Regenspende $r = 300$ l/sha.

Lösung

Die gesamte Dachgrundfläche A_{ges} beträgt:

$$A_{ges} = l_T \cdot b = 20\ \text{m} \cdot 6\ \text{m} = 280\ \text{m}^2$$

Die Dachgrundfläche A für eine Dachfläche beträgt:

$$A = \frac{A_{ges}}{2} = \frac{280\ \text{m}^2}{2} = 140\ \text{m}^2$$

Der Regenwasserabfluss Q für eine Dachfläche beträgt bei einem Abflussbeiwert C = 1:

$$Q = \frac{r \cdot A \cdot C}{10.000\ \frac{\text{m}^2}{\text{ha}}}$$

$$= \frac{300\ \frac{\text{l}}{\text{sha}} \cdot 140\ \text{m}^2 \cdot 1}{10.000\ \frac{\text{m}^2}{\text{ha}}}$$

$$= 4{,}2\ \text{l/s}$$

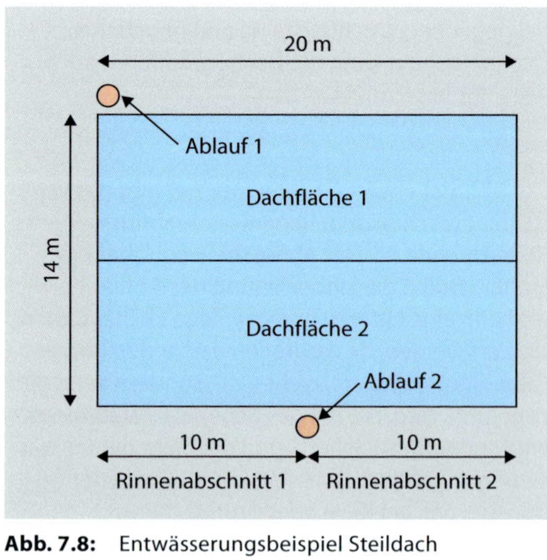

Abb. 7.8: Entwässerungsbeispiel Steildach

Tabelle 7.5: Abflussverhalten von halbrunden Rinnen und daran anschließbare Grundflächen

Nennmaß in mm			Rinnenlänge (= Länge vom Rinnenanfang bis zum Ablauf) in m															
			5	6	7	8	9	10	11	12	13	14	15	16	17	18	19	20
250	r in l/(s · ha)	Q(l/s)	1,07	1,05	1,02	1,00	0,98	0,96	0,94	0,92	0,90	0,88	0,86	0,85	0,83	0,81	0,80	0,78
		250	43	42	41	40	39	38	38	37	36	35	34	34	33	32	32	31
		300	36	35	34	33	33	32	31	31	30	29	29	28	28	27	27	26
		350	31	30	29	29	28	27	27	26	26	25	25	24	24	23	23	22
		400	27	26	26	25	25	24	24	23	23	22	22	21	21	20	20	20
		450	24	23	23	22	22	21	21	20	20	20	19	19	18	18	18	17
280	r in l/(s · ha)	Q(l/s)	1,68	1,65	1,62	1,59	1,56	1,53	1,50	1,48	1,45	1,42	1,4	1,37	1,35	1,33	1,30	1,28
		250	67	66	65	64	62	61	60	59	58	57	56	55	54	53	52	51
		300	56	55	54	53	52	51	50	49	48	47	47	46	45	44	43	43
		350	48	47	46	45	45	44	43	42	41	41	40	39	39	38	37	37
		400	42	41	41	40	39	38	38	37	36	36	35	34	34	33	33	32
		450	37	37	36	35	35	34	33	33	32	32	31	30	30	30	29	28
333	r in l/(s · ha)	Q(l/s)	2,68	2,64	2,59	2,55	2,51	2,48	2,44	2,40	2,36	2,33	2,29	2,26	2,22	2,19	2,16	2,13
		250	107	106	104	102	100	99	98	96	94	93	92	90	89	88	86	85
		300	89	88	86	85	84	83	81	80	79	78	76	75	74	73	72	71
		350	77	75	74	73	72	71	70	69	67	67	65	65	63	63	62	61
		400	67	66	65	64	63	62	61	60	59	58	57	57	56	55	54	53
		450	60	59	58	57	56	55	54	53	52	52	51	50	49	49	48	47
400	r in l/(s · ha)	Q(l/s)	4,71	4,63	4,57	4,51	4,46	4,40	4,35	4,29	4,24	4,18	4,13	4,08	4,03	3,98	3,93	3,89
		250	188	185	183	180	178	176	174	172	170	167	165	163	161	159	157	156
		300	157	154	152	150	149	147	145	143	141	139	138	136	134	133	131	130
		350	135	132	131	129	127	126	124	123	121	119	118	116	115	114	112	111
		400	118	116	114	113	112	110	109	107	106	105	103	102	101	100	98	97
		450	105	103	102	100	99	98	97	95	94	93	92	91	90	88	87	86
500	r in l/(s · ha)	Q(l/s)	8,78	8,78	8,68	8,60	8,51	8,42	8,34	8,26	8,18	8,10	8,02	7,94	7,86	7,78	7,71	7,63
		250	351	351	347	344	340	337	334	330	327	324	321	318	314	311	308	305
		300	293	293	289	287	284	281	278	275	273	270	267	265	262	259	257	254
		350	251	251	248	246	243	241	238	236	234	231	229	227	225	222	220	218
		400	220	220	217	215	213	211	209	207	205	203	201	199	197	195	193	191
		450	195	195	193	191	189	187	185	184	182	180	178	176	175	173	171	170

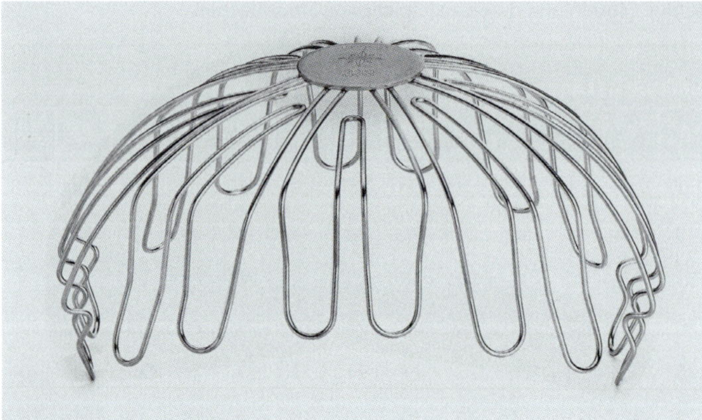

Abb. 7.9: Laubsieb oval

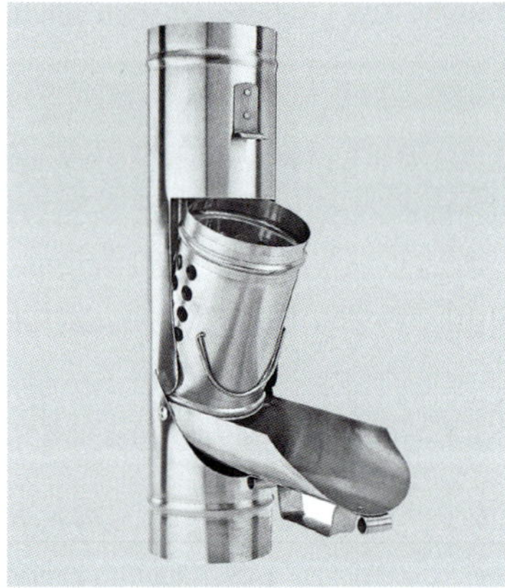

Abb. 7.10: Laubfangkorb mit Regenrohrklappe

Tabelle 7.6: Ablaufleistung ovaler Einhangstutzen an halbrunden Rinnen

Rinnennennmaß in mm	250	280	333	400	500
Fallrohrnenndurchmesser in mm	60–80	75–100	75–100	100–120	150
Abflussverhalten Q in l/s:	2,9	4,1	7,4	14,5	21,1

eine Anpassung auslösen würde. Aus diesem Grund ist es ratsam, Laubfangkörbe nicht im Ablauf, sondern im Fallrohr (Regenrohrklappe, siehe Abb. 7.10) einzusetzen. Dadurch werden Kontrolle und Reinigung deutlich vereinfacht, müssen aber regelmäßig durchgeführt werden, da natürlich die Ablaufleistung des Fallrohres reduziert wird und das Fallrohr auch komplett verstopfen kann.

An Dachfläche 2 bei einer 333er-Rinne ist ebenfalls die Montage eines zylindrischen Ablaufstutzens möglich, da 70 % von 7,4 l/s immerhin noch 5,2 l/s sind. Die Montage eines Laubfangkorbes im Ablaufstutzen wäre hier fachlich falsch.

Im letzten Schritt würde nun das Fallrohr dimensioniert bzw. geprüft werden, da durch die Einhangstutzen der Fallrohrdurchmesser mehr oder weniger vorgegeben ist (siehe Tab. 7.6)

Tabelle 7.7 zeigt die Ablaufleistung eines Fallrohres in den gängigen Größen und bei einem Mindestgefälle von 10°. Flacher geneigte Rohrstücke, z. B. an Verzügen am Dachüberstand, haben niedrigere Abflussvermögen.

Laut Tabelle 7.6 würde an der 500er-Rinne an Dachfläche 1 ein 150er-Fallrohr angeschlossen werden.

Tabelle 7.7: Abflussvermögen senkrechter Regenfallleitungen

Innendurchmesser di in mm	Abflussvermögen Q in l/s bei einem Füllungsgrad f = 0,33
60	2,7
70	4,1
75	5,0
80	5,9
85	6,9
100	10,7
120	17,4
150	31,6

Die Ablaufleistung ist mit 31,6 l/s mehr als ausreichend. An Dachfläche 2 könnten wir bei der 333er-Rinne zwischen 75er, 80er, 85er und 100er Fallrohr wählen, da alle Größen ohne Einsatz eines Laubfangkorbes den Regenwasserabfluss von 4,2 l/s abführen können.

7.2.6 Temperaturbedingte Ausdehnung bei Dachrinnen

Metalle dehnen sich bei Erwärmung aus. Diese Ausdehnung ist abhängig von der Art des Metalls und des Temperaturunterschieds.

Bei Dachrinnen ist in der Praxis nur die Längenausdehnung von Bedeutung. Dabei ist zu beachten, dass ein schadloses Ausdehnen und Zusammenziehen im Temperaturbereich von ca. –20 °C und +80 °C betrachtet wird. Dieses kann durch die Verwendung von Bewegungsausgleichern sichergestellt werden. Für Dachrinnen eignen sich folgende Bewegungsausgleichsmöglichkeiten:

- **Kautschukelement** (siehe Abb. 7.11): Im Gegensatz zu den Hochpunktschiebenähten sind die Synthesekautschukelemente wasserdicht und können somit an jeder Stelle bedenkenlos eingebaut werden.
- **Schiebenaht über einem Einhangstutzen an der tiefsten Stelle (Tiefpunktschiebenaht)** (siehe Abb. 7.12): Der Einhangstutzen sollte selbstverständlich an der tiefsten Stelle angebracht werden, da er das Regenwasser in das Fallrohr leitet. Er ermöglicht eine thermische Längenausdehnung der Dachrinne, da er in die Dachrinne eingehängt wird und nicht fest verbunden ist.
- **Schiebenähte an den höchsten Stellen (Hochpunktschiebenaht):** Die Hochpunktschiebenaht besteht aus 2 handwerklich hergestellten sog. Innenköpfen und einer Abdeckung (Abdeckschieber).

Die stoffabhängigen Wärmeausdehnungskoeffizienten α sind für die gängigen Dachrinnenmaterialien in Tabelle 7.8 angegeben. Dabei gibt der Ausdehnungskoeffizient die Ausdehnung des Baustoffes in mm an, wenn 1 m des Stoffes um 1 Kelvin erwärmt wird.

Die Temperaturdifferenz ΔT wird mit der Einheit Kelvin in die Formel eingesetzt. Dabei ist die Temperaturdifferenz in Grad Celsius genauso groß wie die Temperaturdifferenz in Kelvin.

Als Richtwerte für die maximalen Abstände von Bewegungsausgleichern gelten bei vorgehängten Dachrinnen 10 m Abstand für Zuschnitte > 500 mm und 15 m Abstand für Zuschnitte ≤ gleich 500 mm.

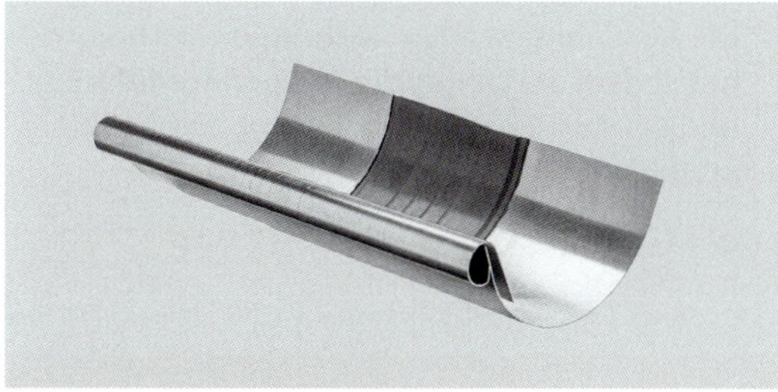

Abb. 7.11: Kautschukelement

Abb. 7.12: Tiefpunktschiebenaht

Praxisbeispiel

Aufgabe

Wird 1 m Dachrinne aus Kupfer um 1 Kelvin erwärmt, so dehnt sich diese um 0,017 mm aus.

Lösung

$$\Delta l = l \cdot \Delta T \cdot \alpha_{Cu}$$
$$= 1\ \text{m} \cdot 1\ \text{K} \cdot 0{,}017\ \text{mm/mK}$$
$$= 0{,}017\ \text{mm}$$

Tabelle 7.8: Wärmeausdehnungskoeffizienten

Baustoff	Wärmeausdehnungskoeffizient α in mm/mK
Aluminium (Al)	0,024
Kupfer (Cu)	0,017
Titanzink (Zn)	0,022
verzinkter Stahl (VSt)	0,012
Edelstahl (S.S)	0,016

Die Ausdehnung einer Dachrinne wird berechnet, indem die Länge, die Temperaturdifferenz und der Ausdehnungskoeffizient miteinander multipliziert werden.

$\Delta l = l \cdot \Delta T \cdot \alpha$

Praxisbeispiel

Aufgabe

Berechnen Sie die Ausdehnung Δl einer 11 m langen Dachrinne aus Aluminium, wenn diese von −15 °C auf +25 °C erwärmt wird.

Lösung

$\Delta T = T_2 - T_1$
$= 25\ °C - (-15\ °C)$
$= 40\ °C = 40\ K$

$\Delta l = l \cdot \Delta T \cdot \alpha_{Al}$
$= 11\ m \cdot 40\ K \cdot 0{,}024\ mm/mK$
$= 10{,}56\ mm$

7.2.7 Korrosionsschutz

Die Auswahl der Metalle als Baustoffe ist so zu treffen, dass elektrochemische Korrosion vermieden wird. Zum Beispiel wird das unedlere Zink durch das edlere Kupfer zerstört. Unter elektrochemischer Korrosion wird die Zerstörung von Metallen durch elektrochemische Prozesse verstanden. Stehen 2 verschiedene Metalle über eine säurehaltige Lösung (z. B. saurer Regen) in Kontakt, entsteht eine chemische Reaktion. Hierbei wandern die entstehenden Ionen von dem unedleren zum edleren Metall.

Beim Einbau unterschiedlicher Metalle mit Kontakt zerstört das edlere Metall das unedlere Metall.

7.3 Innenliegende Entwässerung

Die Entwässerung von Flachdächern erfolgt in der Regel über Gully (Abb. 7.13) und Notüberlauf (Abb. 7.14) oder innenliegende Rinne mit Sicherheitsrinne und Notüberlauf (Abb. 7.15). Diese Art der Entwässerung wird als innenliegende Entwässerung bezeichnet und muss äußerst sorgfältig geplant und ausgeführt werden. Gerade die korrekte

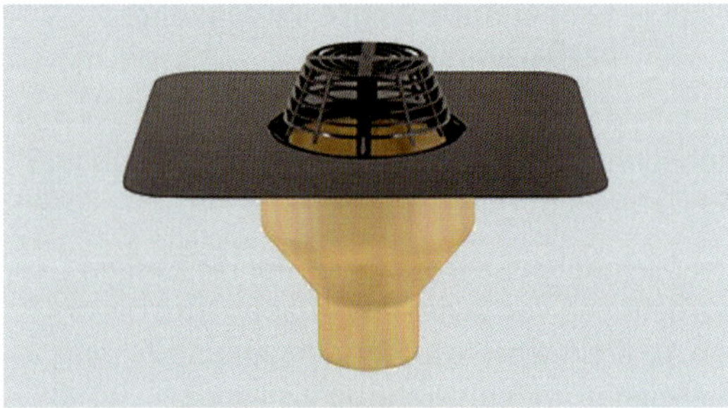

Abb. 7.13: Wärmegedämmter Dachgully

Abb. 7.14: Notüberlauf

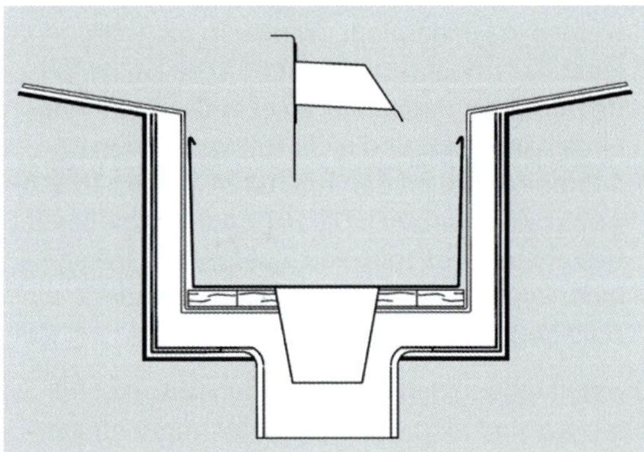

Abb. 7.15: Querschnitt einer innen liegenden Dachrinne

Dimensionierung und Anordnung einer funktionierenden und sicheren Notentwässerung ist sehr komplex. Grundsätzlich erfolgt eine Notentwässerung, ob außen- oder innenliegend, immer frei auf das Grundstück.

Unabhängig von ihrer Größe müssen Dachflächen mindestens 2 Abläufe oder 1 Ablauf und 1 Sicherheitsüberlauf enthalten. Um einen einwandfreien Wasserablauf sicherzustellen, sollen Flansche von Dachgullys **in die Unterlage eingelassen** werden. Es wird empfohlen, die Wärmedämmschicht im Ablaufbereich (ca. 1,0 m × 1,0 m) 2 cm dünner auszubilden.

Praxisbeispiel

Beispiel Arbeitsablauf bei der Montage einer Rinne:

1. Waagerechte Lage der Traufbohle oder Dachlatte überprüfen und darauf achten, dass die Traufbohle geradlinig montiert wurde.

2. Rinnenhalteraussparungen einsägen und ausstemmen, um eine genaue Auflage des Eindeckmaterials zu gewähren.

3. Das Gefälle planen (Position Regenfallrohre) und 2 Rinnenhalter für den Rinnenhochpunkt und Rinnentiefpunkt anzeichnen (Höhe der Rückfalz von der Dachrinne beachten) und abbiegen.

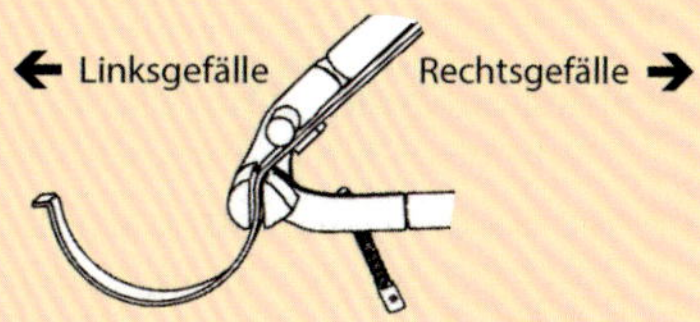

4. Den 1. Rinnenhalter am höchsten Punkt (Rinnenhochpunkt) und den 2. Rinnenhalter am tiefsten Punkt (Rinnentiefpunkt) anbringen. Dabei ist darauf zu achten, dass die Rinnenhalter ein ausreichendes Gefälle zum Ablauf aufweisen. Die beiden Rinnenhalter (Rinnenhochpunkt und Rinnentiefpunkt) so montieren und ausrichten, dass die Rinnenwulst je nach Rinnengröße niedriger ist als der Umschlag um eine Notentwässerung über Vorderkante Rinne zu gewährleisten.

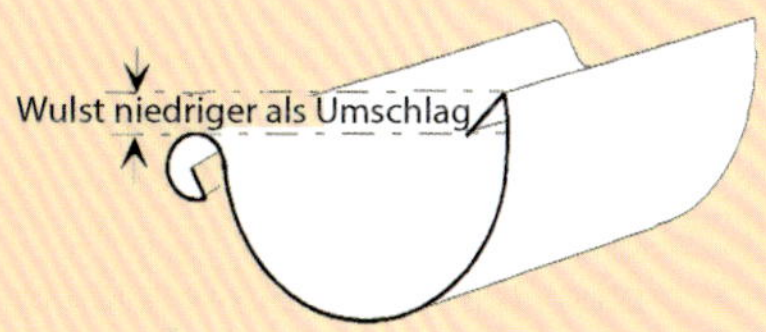

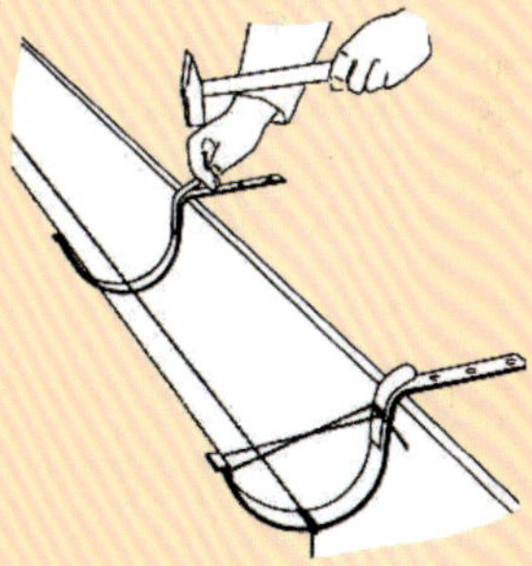

5. Die beiden Rinnenhalter werden mit 2 Schnüren einmal im Rinnengrund (Wasserlauf) und einmal im Bereich des Wulstes (Vorfeder) verbunden. Dabei ist darauf zu achten, dass die Richtschnur gespannt ist.

   Achtung: Gefälle noch einmal prüfen!

6. Die übrigen Rinnenhalter werden nach der Schnur angezeichnet, abgebogen, ausgerichtet und auf den Sparren befestig.

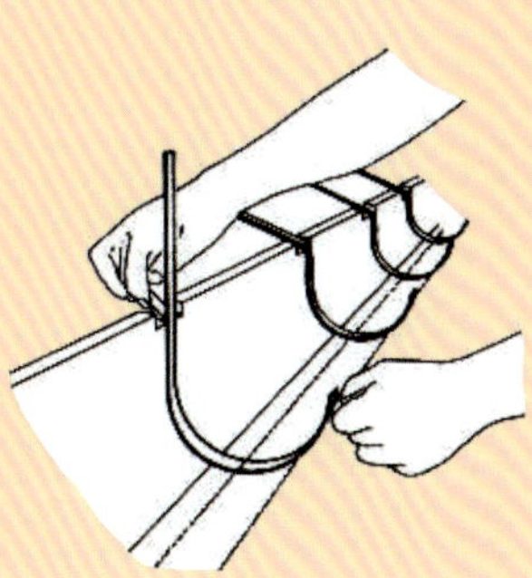

7. Rinnen einlegen und verbinden.

Bei wärmegedämmten Dachkonstruktionen mit Dampfsperre sind **zweiteilige, wärmegedämmte Dachgullys** zu verwenden. Die Dampfsperre ist i. d. R. an den Grundkörper des zweiteiligen Dachablaufes, Notablaufes und Notüberlaufes anzuschließen (siehe Abb. 7.16).

Innenliegende Entwässerungen sind mit besonderer Sorgfalt und ggf. zusätzlichen Maßnahmen auszuführen, z. B. mit einer thermostatgesteuerten Rinnenheizung.

Die Rinnen werden entweder in Haltekonstruktionen oder auf durchgehenden Unterlagen verlegt. In den Fachregeln wird darauf hingewiesen, dem Auftraggeber den Einbau einer Rinnenheizung zu empfehlen.

Gefälledämmsysteme

Üblicherweise wird ein gewünschtes Gefälle bei Flachdächern durch ein **Gefälledämmsystem** erreicht. Hier ist fast jede einzelne Platte eine „Sonderanfertigung", welche, wie bei einem Puzzle, an einer bestimmten Stelle ausgelegt werden muss. Alle Teile richtig angeordnet ergeben zusammen ein Gefälledach mit entsprechender Wasserableitung zu den Abläufen. In Abb. 7.17 sind 4 Tiefpunkte, also 4 Gullys angeordnet. Jeder Gully erhält in unmittelbarer Nähe einen Notüberlauf mit freier Entwässerung auf das Grundstück.

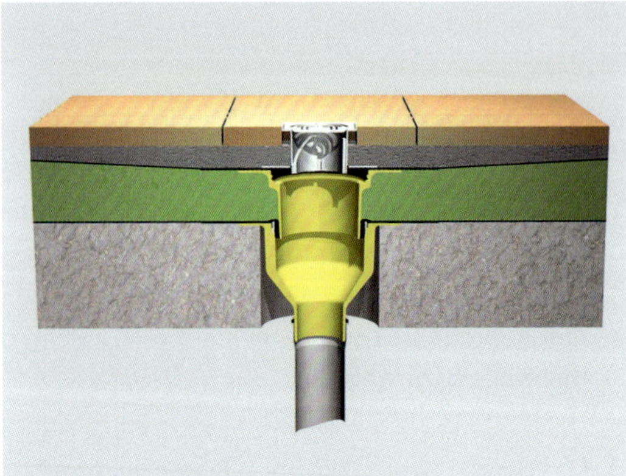

Abb. 7.16: Dachgully mit Grundkörper und Aufstockelement

7.4 Übungsaufgaben zu Lernfeld 7

1. Was ist mit außenliegender Entwässerung gemeint?
2. Was ist mit innenliegender Entwässerung gemeint?
3. Nennen Sie die entscheidenden Größen bei der Dimensionierung einer Entwässerungsanlage.
4. Beschreiben Sie den Ablauf der Montage einer vorgehängten Rinne. Worauf ist zu achten?
5. Was ist bzgl. der Längenausdehnung von Metallen bei der Montage von Rinnen zu beachten?
6. Was ist ein Gefälledach?
7. Wie erfolgt grundsätzlich eine Notentwässerung?

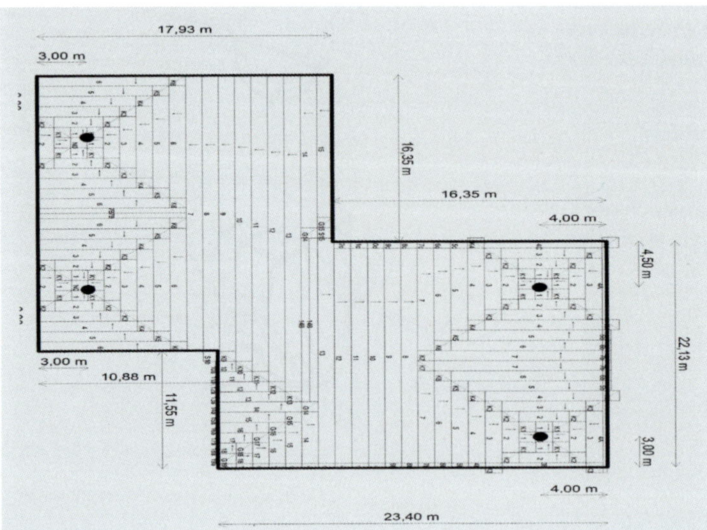

Abb. 7.17: Verlegeplan einer Gefälledämmung

Lernfeld 8: Dächer mit Dachziegel- und Dachsteineindeckungen herstellen

Martin Amann

Das Eindecken von Dächern mit Dachziegeln und Dachsteinen gehört zu den Kernaufgaben des Dachdeckerberufs. Dazu sind neben Material-, Deck- und Konstruktionskenntnissen auch unterschiedliche Berechnungen notwendig. Im vorliegenden Lernfeld 8 geht es um die Ausführung eines wärmegedämmten Dachaufbaus mit Dachziegel- und Dachsteindeckungen für einfache und zusammengesetzte gleichgeneigte Dächer. Themen sind der konstruktive Aufbau mit den einzelnen Funktionsschichten und dafür geeignete Werkstoffe sowie die erforderlichen Maßnahmen zum Erhalt der Regensicherheit, des Wärme-, Schall- und Brandschutzes. Marktübliche und verbreitete Deckungsarten werden ebenso beschrieben wie dafür erforderliche, fachgerechte Detailausbildungen. Maßnahmen zur Windsogsicherung, die Ermittlung des Werkstoffmengenbedarfs und Details zur Dacheinteilung runden das Thema ab.

8.1 Der Dachaufbau – Grundlegendes

Das Dach eines Hauses besteht nicht nur aus den Bauteilen des Tragwerks, sondern aus weiteren Schichten, die jeweils eine oder mehrere der folgenden Aufgaben zu erfüllen haben:

- Entwässerung/Regenschutz,
- Schutz gegen Flugschnee, Staub und leichte Undichtigkeiten der äußeren Hülle,
- Herstellung der Winddichtheit,
- Wärmedämmung,
- Herstellung der Luftdichtheit,
- Steuerung der Dampfdiffusion (Wasserdampfwanderung).

Das Dach ist den Witterungseinflüssen von allen Bauteilen eines Gebäudes am stärksten ausgesetzt. Regen, Schnee, Wind und Sonne (Hitze und UV-Strahlung) wirken auf das Dach ein. Temperaturunterschiede (Sommer/Winter, Tag/Nacht, Sonne/Schatten) sind zu beherrschen.

Das Dach soll im Winter die Wärme im Haus halten (Wärmeschutz) und im Sommer die darunterliegenden Räume vor hohen Temperaturen schützen (sommerlicher Wärmeschutz). Insbesondere in der kalten Jahreszeit muss das Dach noch mit der Nutzungsfeuchte zurechtkommen, die von innen in den Dachaufbau eindringen kann.

Abb. 8.1: Dachziegeldeckung

Zur Beherrschung dieser Anforderungen haben sich verschiedene Dachaufbauten mit unterschiedlichen Funktionsschichten bewährt.

Die wesentlichen Unterschiede im Dachaufbau einer Steildachkonstruktion liegen im Vorhandensein und der Lage einer Wärmedämmschicht. Hierbei werden neben ungedämmten Dachaufbauten (nicht oder nur eingeschränkt zu Wohnzwecken geeignet) solche mit Zwischen- oder Aufsparrendämmungen unterschieden (siehe Abb. 8.17 und Abb. 8.18). Auch Dämmschichten unterhalb der Sparren oder Kombinationen der genannten sind möglich. Ihre Aufgabe ist es, im Winter Wärmeverluste aus beheizten Räumen zu verringern und im Sommer den Zustrom von Wärme zu behindern. Die verschiedenen Schichten können dabei je nach Anordnung und verwendeten Materialien eine oder mehrere Aufgaben erfüllen.

Darum geht es:

Der Dachaufbau eines bewohnten Dachgeschosses besteht von innen nach außen aus mehreren Schichten mit unterschiedlichen Funktionen.

- Eine raumseitige luftdichte Schicht (Dampfbremse/-sperre) unterhalb einer Wärmedämmschicht verhindert das Eindringen von Luftfeuchtigkeit in den Dachaufbau.
- Der Dämmstoff im Dachaufbau ist von innen luftdicht und nach außen winddicht abgeschlossen und behindert den Abfluss und Zustrom von Wärme.
- Als Zusatzmaßnahme schützt eine winddichte Schicht bei Undichtigkeiten und vor Staub und Flugschnee.
- Die Dacheindeckung sorgt für Regenschutz und Entwässerung.

8.2 Regensicherheit

Während Flachdächer wasserdicht sein müssen, sind geneigte Deckungen regensicher auszubilden. Die Regensicherheit einer Dachdeckung hängt maßgeblich vom Bedachungsmaterial ab. Bei normalen Anforderungen erzielt eine fachgerechte Dachdeckung die notwendige Regensicherheit.

Die Hauptaufgabe der Dachdeckung ist es also, Niederschläge und andere äußere Einflüsse am Eindringen in die Dachhaut zu hindern. Die Regensicherheit steht somit an erster Stelle, wenn es um

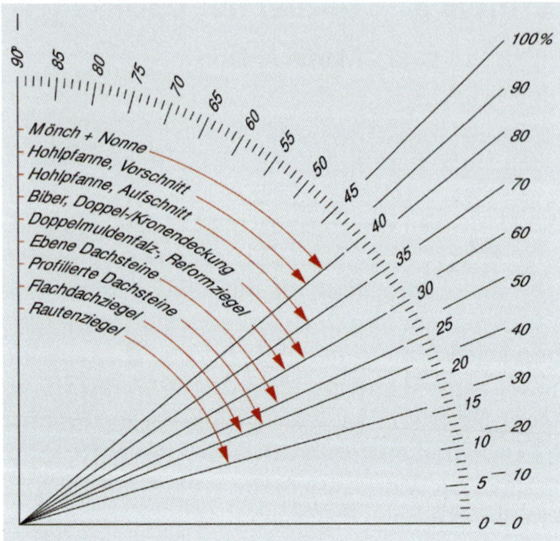

Abb. 8.2: Regeldachneigungen DZ/DS im 90°-Winkel dargestellt

die Planung oder die Reparatur eines Daches geht. In den folgenden Abschnitten werden die wichtigsten Einflüsse auf die Regensicherheit eines Daches erklärt.

8.2.1 Regel- und Mindestdachneigung

Die **Dachneigung (DN)** ist die Neigung der Dachkonstruktion (Unterkonstruktion) gegen die Waagerechte.

Dachziegel- und Dachsteindeckungen sind überwiegend bei Steildächern (DN > 22°), aber auch immer mehr bei flach geneigten Dächern mit Dachneigungen deutlich unter 20° zu finden. Umso wichtiger ist deshalb die fachgerechte Ausführung der Deckung, um deren Regensicherheit zu gewährleisten.

Die schuppenartige Verlegung mit unterschiedlichen Höhen- und Seitenüberdeckungen und vorhandene aufwendige Kopf- und Seitenverfalzungen behindern dabei das Eindringen von Niederschlägen. Das Wasser wird durch die Form oder die Verfalzung der Dachziegel/Dachsteine auf die wasserführende Ebene und gefahrlos von Reihe zu Reihe zur Traufe geleitet.

Durch Starkwindereignisse in Verbindung mit Niederschlag (Regen, Graupel, Hagel und Schnee) sowie durch Verschmutzungen im Bereich der Überdeckungen kann Wasser unter die Deckung gelangen.

Um die darunterliegenden Schichten des Dachaufbaus und das Gebäudeinnere zu schützen, sind regensichernde Zusatzmaßnahmen erforderlich.

Die Regeldachneigung gibt hier die unterste Dachneigungsgrenze an, bei der sich eine Dachdeckung in der Praxis auch ohne regensichernde Zusatzmaßnahmen (siehe Abschnitt 8.2.2) als regensicher erwiesen hat.

Die angegebenen Regeldachneigungen sind einerseits von der Art der Deckung (z. B. Einfach- oder Doppeldeckung, Deckung in Reihe oder im Verband), und andererseits auch vom Vorhandensein und der Ausführung einer Verfalzung (z. B. Flachdachziegel, Dachsteine) abhängig. Eine Rolle spielt auch, ob die Deckmaterialien eben (z. B. Biberschwanzziegel) oder gewölbt (z. B. Hohlpfannen) sind.

Generell lassen sich hierbei folgende Zusammenhänge erkennen:

- Doppeldeckungen haben eine geringere Regeldachneigung als Einfachdeckungen.
- Eine Deckung im Verband hat eine geringere Regeldachneigung als eine Deckung in Reihe.
- Je aufwendiger die Verfalzung bei Falzziegeln ist, desto niedriger ist deren Regeldachneigung.
- Je höher die Seitenverfalzung bei Dachsteinen über der wasserführenden Ebene liegt, desto geringer ist deren Regeldachneigung.

Nicht zu verwechseln mit der Regeldachneigung ist der Begriff der Mindestdachneigung. Unter diesem Begriff wird die unterste Dachneigungsgrenze einer Deckung verstanden, die auch mit Zusatzmaßnahmen zur Regensicherheit nicht unterschritten werden darf. Bei Dachziegel- und Dachsteindeckungen liegt diese bei 10°.

Zusätzlich verständlich ist diese Untergrenze, weil durch die schuppenförmige Verlegetechnik der Dachziegel/Dachsteine die Neigung der wasserführenden Ebene nochmals flacher als die Dachneigung ist.

Die Regeldachneigung einer Dachziegel- und Dachsteindeckung hängt von konstruktiven Merkmalen und der Art der Verlegung der Dachziegel und Dachsteine ab, die Mindestdachneigung liegt bei 10°.

8.2.2 Zusatzmaßnahmen zur Regensicherheit im Überblick

Maßnahmen zur Regensicherheit sind, außer bei untergeordneten Gebäuden, grundsätzlich erforderlich. Je höher die Beanspruchungen und Anforderungen sind, die an ein Dach mit einer Dachziegel- oder Dachsteindeckung gestellt werden, desto aufwendiger sind die Maßnahmen, um deren Regensicherheit auf Dauer zu sichern. Man unterscheidet hierbei Mindestmaßnahmen als Folge von Mindestanforderungen und Zusatzmaßnahmen bei höheren Anforderungen.

Die in Abschnitt 8.2.6, Tabelle 8.5 genannten Maßnahmen sind Mindestmaßnahmen. In den Mindestmaßnahmen sind bereits alle der nachfolgenden Anforderungen erfasst:

- Nutzung des Dachgeschosses, insbesondere zu Wohnzwecken
- stark gegliederte Dachflächen, d. h. es sind Dachaufbauten, Dachflächenfenster, Gauben und unterschiedlich geneigte und aneinandergebaute Dachflächen vorhanden.
- technische Anlagen (z. B. In- oder Aufdachsysteme, Klimageräte, Antennenanlagen, Laufanlagen) sind auf dem Dach vorzufinden.

Die genannten Vorgaben dienen der Orientierung, entbinden aber nicht von der eigenverantwortlichen Entscheidung zur Durchführung weiterer Maßnahmen. Grundsätzlich können höherwertigere Zusatzmaßnahmen auch anstelle der Mindestmaßnahme eingesetzt werden.

Höherwertige Zusatzmaßnahmen bei der Planung und der Ausführung einer Dacheindeckung sind nach den geltenden Fachregeln immer dann erforderlich, wenn eine oder mehrere der genannten erhöhten Anforderungen vorliegen:

- große Sparrenlängen > 10 m,
- konzentrierter Wasserlauf auf Teilflächen des Daches,
- besondere Dachflächen, wie geschweifte Gauben, Tonnen- und Kegeldächer,
- schneereiche Gebiete,
- windreiche Gebiete.

Vor vielen Jahrzehnten waren die Erhöhung der Höhen- und Seitenüberdeckungen, der Einbau von Stroh- oder Pappdocken oder die Vermörtelung der

Fugen zwischen den einzelnen Dachziegeln die einzigen Maßnahmen zur Erhöhung der Regensicherheit von Deckungen.

Heutzutage bestehen die regensichernden Maßnahmen innerhalb eines Dachaufbaus aus dem Einbau von:

- Unterspannungen,
- Unterdeckungen,
- Unterdächern oder
- Wärmedämmsystemen, die diese Funktionen erfüllen.

Die ersten drei genannten werden nach den Fachregeln des Deutschen Dachdeckerhandwerks in die Klassen 1 bis 5 eingeteilt, wobei die Klasse 5 den geringsten Schutz und Maßnahmen nach Klasse 1 die höchste Regensicherheit bieten.

In den nachfolgenden Abschnitten 8.2.3 bis 8.2.6 werden diese genauer beschrieben.

Dachziegel und Dachsteine haben bestimmte konstruktive Merkmale (Form, Verfalzung), die zusammen mit der schuppenförmigen Verlegung der Regensicherheit dienen. Ist diese gefährdet, helfen Zusatzmaßnahmen (Unterspannungen, Unterdeckungen, Unterdächer) diese zu sichern. Je höher die vorliegenden Anforderungen, desto stärker muss die Zusatzmaßnahme sein (siehe Abschnitt 8.2.6 und Tab. 8.5).

Abb. 8.3: Strohdocken bei einer Hohlpfannendeckung

Abb. 8.4: Verlegung von Pappdocken bei einer Hohlpfannendeckung

Abb. 8.5: Vermörtelte Mönch- und Nonnenziegel

8.2.3 Unterspannung

Eine Unterspannung ist eine Schicht unterhalb der Dachdeckung, die die darunterliegende Dachkonstruktion vor Feuchtigkeit aus Flugschnee, Treibregen oder Kondenswasser und auch vor Staubeintrieb schützt. Sie liegt frei gespannt auf den Sparren auf und zwischen den Sparren über einer belüfteten Luftschicht. Sie darf, aufgrund ihrer Materialeigenschaften, nicht vollflächig auf einer Unterlage aufliegen.

Sie gilt als Mindest-Zusatzmaßnahme zur Regensicherheit unter Dachdeckungen – auch wenn deren Regeldachneigung nicht unterschritten wird und keine erhöhten Anforderungen vorliegen. Ausnahmen hiervon bilden nur untergeordnete Gebäude wie Scheunen, Carports oder Lagerschuppen. Einsetzbar und zulässig sind Unterspannungen jedoch nur bis zu einer Unterschreitung der Regeldachneigung einer Deckung von **maximal 8°** als **verklebte Unterspannung**.

Die Ausführung erfolgt mit ausreichend wasserundurchlässigen Unterspannbahnen (Vliese oder

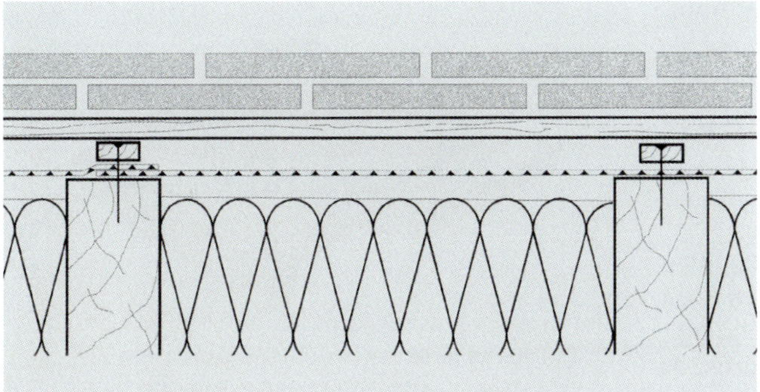

Abb. 8.6: Unterspannung, gespannte Ausführung bei einem Dachaufbau mit Zwischensparrendämmung

Abb. 8.7: Unterspannung auf Zwischensparrendämmung

Folien vom Typ USB), die ohne flächige Unterlage entweder frei gespannt oder mit leichtem Durchhang auf der Oberseite der Dachsparren verlegt werden.

Üblich ist die Verlegung parallel zur Traufe mit einer Höhen- und Seitenüberdeckung von mindestens 10 cm. Die Befestigung erfolgt mit mindestens korrosionsgeschützten Klammern oder Breitkopfstiften und/oder durch die Konterlattung auf den Sparren. Unter den Konterlatten sind zusätzliche Befestigungen möglich, eine sichtbare Befestigung ist aber nicht zulässig. Reine Unterspannungen sind belüftete Konstruktionen ohne verklebte Stöße.

Als höherwertige Zusatzmaßnahmen werden Unterspannungen eingeteilt, wenn sie mit verklebten Stößen als **verklebte Unterspannung** oder sogar als **verklebte Unterspannung mit Nageldichtband/-masse** ausgeführt werden (vgl. Tabelle 8.1).

Nageldichtbänder und Nageldichtmassen sind bandförmige bzw. pastöse Massen mit einer Breite von ≥ 5 cm, die zwischen Konterlatte und Abdichtungs-, Unterdeck- oder Unterspannbahn oder Holzfaser-Unterdeckplatte eingebaut werden. Sie verhindern, dass Wasser durch die Befestigung der Konterlatte nach innen dringt.

Tabelle 8.1: Beschreibung regensichernder Zusatzmaßnahmen – Unterspannungen

Fachregel-Klasse	Regensichernde Zusatzmaßnahme	Beschreibung	Querschnitt	Längsschnitt
5	Unterspannung	• Überlappung mind. 10 cm	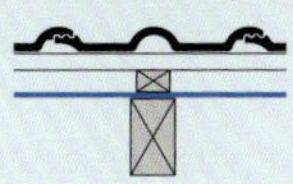	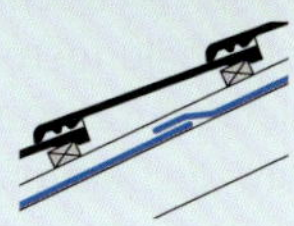
4	Verklebte Unterspannung	• Überlappungen verklebt	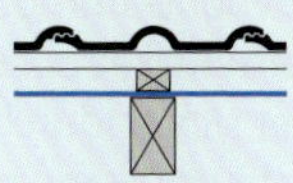	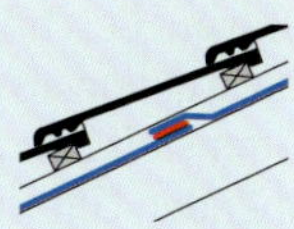
3	Verklebte Unterspannung mit Nageldichtband/-masse	• Überlappungen regensicher verklebt und • unterhalb der Konterlattung mit Nageldichtmaterial (b ≥ 5 cm) gesichert.	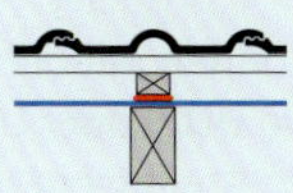	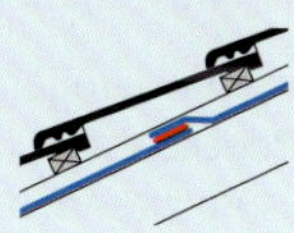

Die Traufe ist mit einem Rinneneinlauf- oder Tropfblech auszuführen. Die Unterspannbahn ist auf das Blech zu führen und zu verkleben. Die Bleche sind in der Unterlage zu befestigen.

Bei der Verlegung soll die letzte Bahn auch 5 cm unter dem Firstscheitelpunkt enden.

Ein besonderes Augenmerk ist bei der Verlegung auch auf den sorgfältigen und regensicheren Anschluss an Durchdringungen und die Ausführung bei An- und Abschlüssen zu richten. Hier dürfen die Bahnen nicht einfach ab- bzw. ausgeschnitten werden, sondern sind mindestens 5 cm über die Oberfläche der Dachdeckung hochzuführen und zu befestigen.

Unterspannbahnen sind die schwächste Form einer regensichernden Zusatzmaßnahme. Sie liegen nicht flächig auf, sondern werden entweder frei gespannt oder durchhängend parallel zur Traufe verlegt. Nähte und Stöße können entweder nur überlappt oder auch regensicher verklebt werden.

Nageldichtbänder unter den Konterlatten erhöhen die Regensicherheit zusätzlich.

Sie sind als belüftete Konstruktion auszuführen.

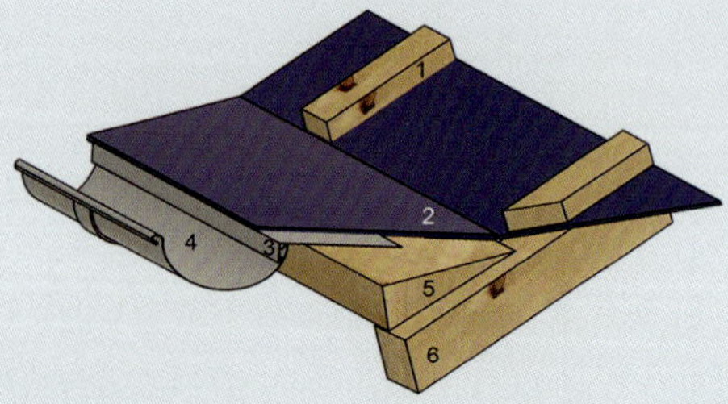

① Konterlatte
② Unterspannbahn nach PDB UDB-USB, Nähte verklebt
③ Traufblech
④ Rinne
⑤ Traufkeil
⑥ Sparren

Abb. 8.8: Traufausführung mit Traufkeil, Verklebte Unterspannung (Klasse 4)

① Konterlatten
② Unterspannbahn nach PDB UDB-USB, Nähte verklebt
③ Sparren

Abb. 8.9: Firstausführung, verklebte Unterspannung (Klasse 4)

8.2.4 Unterdeckung

Eine Unterdeckung ist, wie die Unterspannung, eine Schicht unterhalb der Dachdeckung, die die darunterliegende Dachkonstruktion vor Feuchtigkeit und Staubeintrieb schützt. Unterdeckbahnen werden im Dach auf flächigen Unterlagen, z. B. Vollholzschalungen, Holzwerkstoffplatten oder auf ausreichend formstabilen Wärmedämmstoffen verlegt. Wird die Dämmung (von der Sparrenunterkante) bis zur Sparrenoberkante verlegt bzw. liegt die Bahn auf beschriebener Dämmung auf, wird die Konstruktion als **unbelüftet** bezeichnet. Der Dämmstoff befindet sich dadurch innerhalb einer ruhenden Luftschicht und kann seine volle Dämmleistung entfalten.

Unterdeckungen können mit diffusionsoffenen Unterdeckbahnen (Typ UDB) oder Unterdeckplatten aus Holzfasern hergestellt werden und sind je nach Klasseneinstufung regensicher bzw. wasserdicht auszuführen.

Die Verlegung von Unterdeckbahnen erfolgt mit einer Höhen- und Seitenüberdeckung von mindestens 10 cm. Seitenüberdeckungen müssen unter den Konterlatten liegen. Während Kreuzstöße nicht zulässig sind, sind T-Stöße unvermeidbar. Die Befestigung erfolgt mit mindestens korrosionsgeschützten Klammern oder Breitkopfstiften und/oder durch die Konterlattung auf den Sparren. Unter den Konterlatten sind zusätzliche Befestigungen möglich, eine sichtbare Befestigung ist aber nicht zulässig.

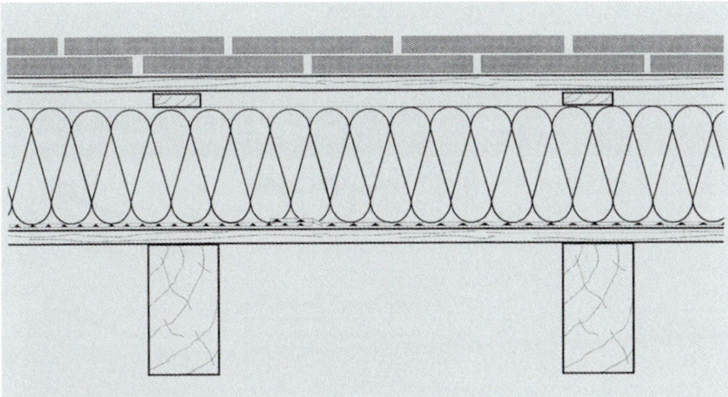

Abb. 8.10: Überlappte oder verfalzte Unterdeckung. Ausführung mit Unterdeckbahn auf Schalung, Nähte und Stöße überdeckt (Aufsparrendämmung)

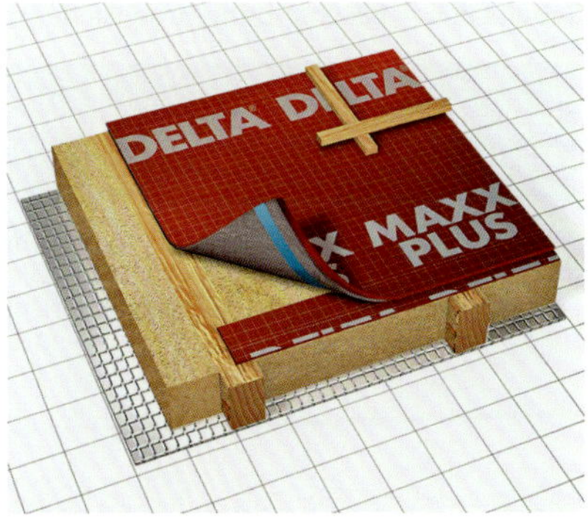

Abb. 8.11: Verklebte Unterdeckbahn auf Zwischensparrendämmung (Vollsparrendämmung)

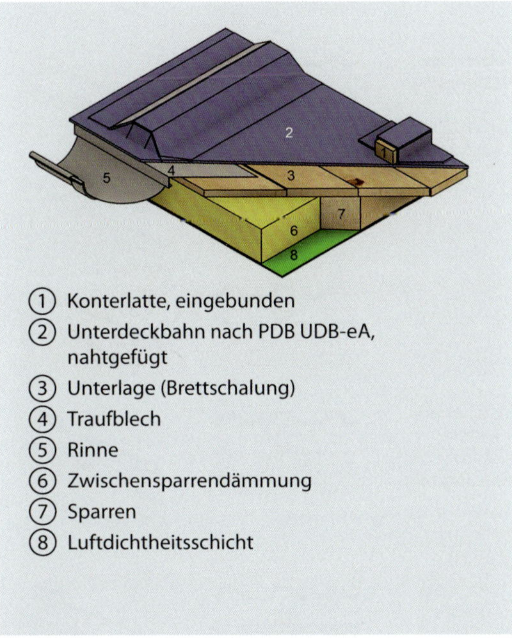

① Konterlatte, eingebunden
② Unterdeckbahn nach PDB UDB-eA, nahtgefügt
③ Unterlage (Brettschalung)
④ Traufblech
⑤ Rinne
⑥ Zwischensparrendämmung
⑦ Sparren
⑧ Luftdichtheitsschicht

Abb. 8.12: Nahtgefügte Unterdeckung mit eingebundener Konterlatte, Entwässerung in die Rinne (Klasse 1)

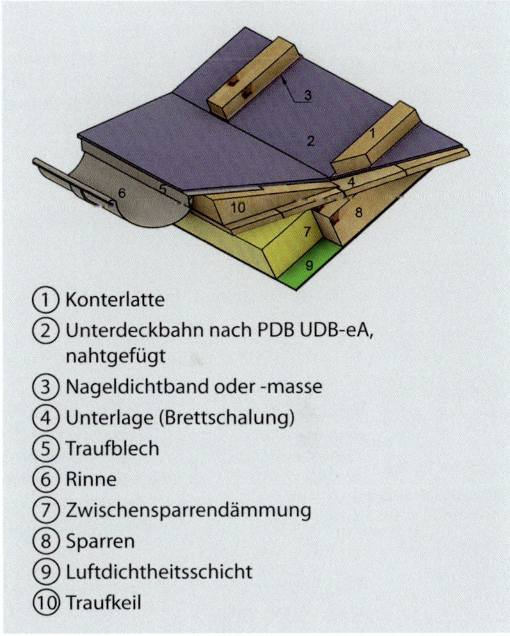

① Konterlatte
② Unterdeckbahn nach PDB UDB-eA, nahtgefügt
③ Nageldichtband oder -masse
④ Unterlage (Brettschalung)
⑤ Traufblech
⑥ Rinne
⑦ Zwischensparrendämmung
⑧ Sparren
⑨ Luftdichtheitsschicht
⑩ Traufkeil

Abb. 8.13: Nahtgefügte Unterdeckung mit Nageldichtband, mit Entwässerung über Traufkeil (Klasse 2)

Unterdeckplatten aus Holzfasern müssen eine umlaufende Verfalzung bzw. Profilierung der Kanten haben. Sie werden in der Regel rechtwinklig zum Sparren angeordnet und mit Stoßversatz von mindestens einem Sparrenfeld verlegt. Kreuzstöße sind nicht zulässig. Die Befestigung erfolgt indirekt durch die Konterlatte.

Je nach Ausführung können Unterdeckungen in Bezug auf die Regensicherheit in die Klassen 1 bis 5 eingeteilt werden.

Bei Verwendung von Unterdeckbahnen für erweiterte Anwendungen (Typ UDB-eA) dürfen die Nähte und Stöße nur mit Quellschweißmittel oder mit dem Heißluftföhn verschweißt werden. Dafür erreichen diese auch die Klassen 1 und 2 in Bezug auf die Regensicherheit.

Die nachfolgende Tabelle 8.2 soll dies verdeutlichen.

Tabelle 8.2: Beschreibung regensichernder Zusatzmaßnahmen – Unterdeckungen

Fachregel-Klasse	Regensichernde Zusatzmaßnahme	Beschreibung	Querschnitt	Längsschnitt
5	Unterdeckung	• Überlappung mind. 10 cm • Die Wärmedämmung darf die Unterdeckbahn nicht nach außen drücken.	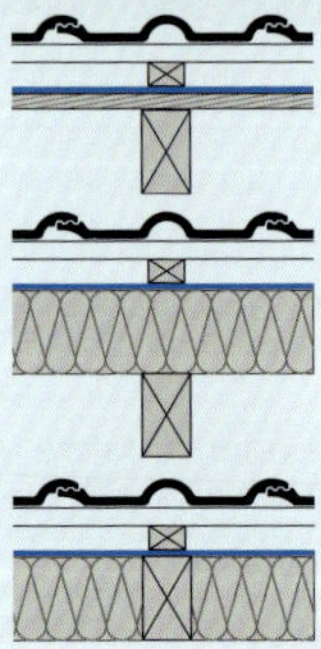	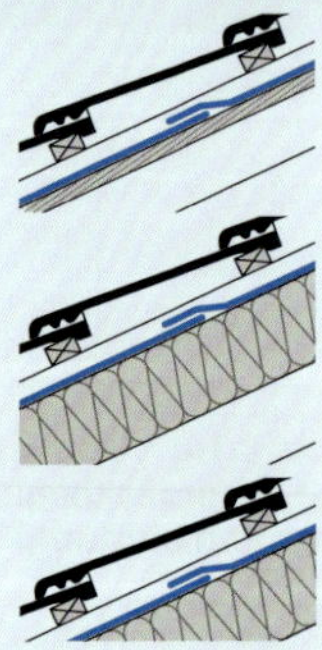
4	Verklebte Unterdeckung	• Überlappungen verkleben (vorkonfektionierter Selbstklebebereich, Klebebänder) • Wärmedämmstoffe dürfen die Unterdeckbahn nicht nach außen drücken	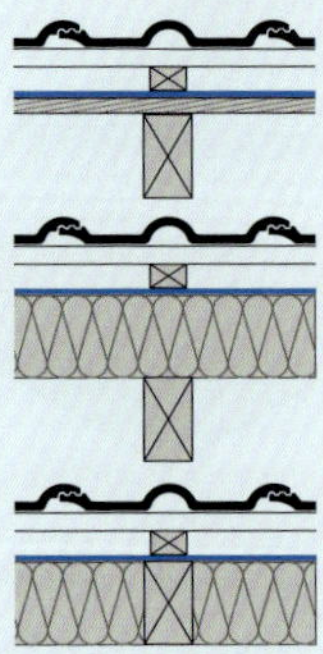	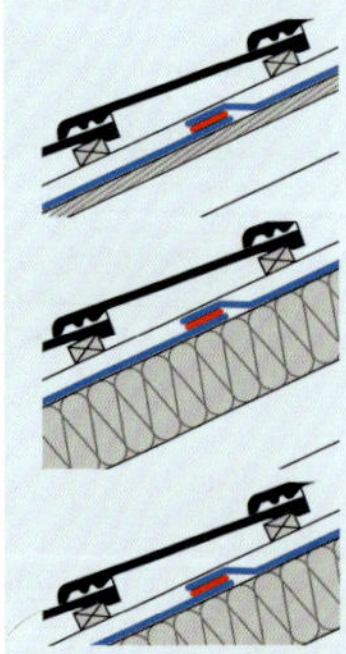
3	Verklebte Unterdeckung mit Nageldichtband/-masse	• Überlappungen regensicher verkleben (vorkonfektionierter Selbstklebebereich, Klebebänder). • Unterhalb der Konterlattung mit Nageldichtmaterial (b ≥ 5 cm) sichern.	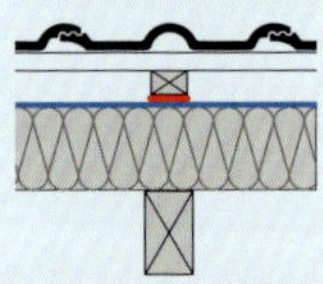	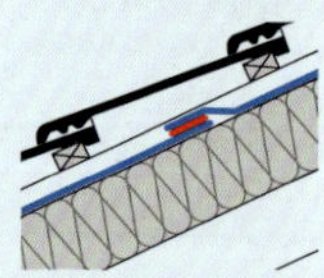
2	Nahtgefügte Unterdeckung mit Nageldichtband/-masse	• Überlappungen mit Quell- oder Warmgasschweißen verbinden. • Klebebänder und Klebe-Dichtstoffe sind nicht zulässig. • Unterhalb der Konterlattung mit Nageldichtmaterial sichern. • Nur Unterdeckbahnen Typ UDB-eA verwenden.	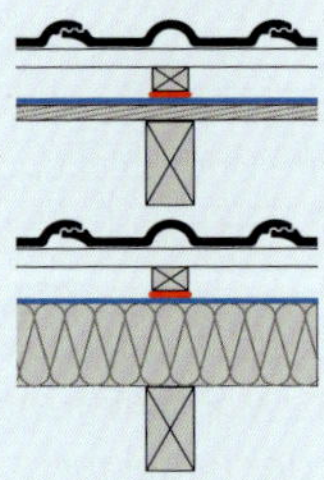	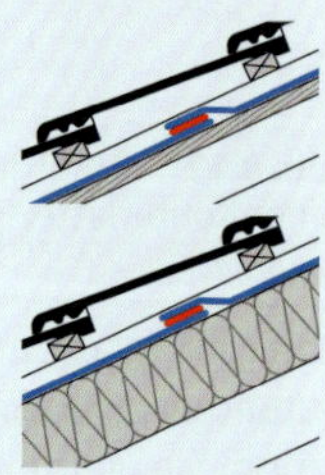
1	Nahtgefügte Unterdeckung mit eingebundener Konterlatte	• Überlappungen mit Quell- oder Warmgasschweißen verbinden. • Nur Unterdeckbahnen Typ UDB-eA verwenden. • Konterlattung ist in die Unterdeckbahn eingebunden	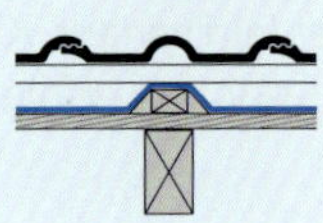	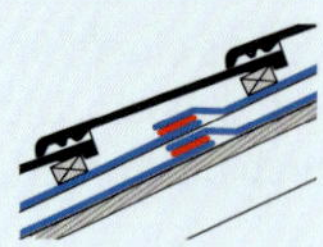

Bei nahtgefügten Unterdeckbahnen mit eingebundener Konterlatte (Klasse 1), können trapezförmige Konterlatten oder Konterlatten mit zusätzlichen Dreikantleisten verwendet werden. Die Konterlatten werden mit nahtgefügten Unterdeckbahnstreifen abgedeckt und in die Unterdeckung eingebunden.

Auch bei den Unterdeckungen sind die Traufen mit einem Rinneneinlauf- oder Tropfblech auszuführen. Die Unterdeckbahn ist auf das Blech zu führen und wasserdicht zu verkleben. Die Bleche sind in der Unterlage zu befestigen.

Bei belüfteten Konstruktionen, z. B. einer unterlüfteten Tragschalung, soll die Unterdeckung in einem Abstand von 30 mm vom Firstscheitelpunkt enden, um für ausreichende Entlüftung zu sorgen.

Anschlüsse und Durchdringungen sind mit derselben Fügetechnik und mit dem gleichen Bahnenmaterial oder Systemzubehör auszuführen. Die Anschlusshöhe an aufgehende Bauteile beträgt ≥ 5 cm über Oberfläche der Dachdeckung.

Unterdeckungen sind weitere regensichernde Zusatzmaßnahmen, die entweder als Unterdeckbahnen flächig auf einer Unterlage aufliegen oder als Unterdeckplatten (z. B. Holz-Weichfaserplatten) regensicher verfalzt sind. Nähte und Stöße der Bahnen können überlappt, verklebt oder nahtgefügt verschweißt sein. Die Verwendung von Nageldichtbändern und die Einbindung der Konterlatten führen zu einer noch höherwertigen Einstufung.

8.2.5 Unterdach

Ein Unterdach ist eine wasserdichte Schicht aus nicht diffusionsoffenen Werkstoffen, die auf einer Schalung oder einem druckfesten Dämmstoff unter der Dachdeckung angeordnet wird.

Unterdächer sind einlagig mit bahnenförmigen Abdichtungsmaterialien und Nahtausbildungen auszuführen, die einer Flachdachabdichtung entsprechen. Eine Verklebung von Bitumenbahnen mit der Schalungsunterlage sollte aber mithilfe von Trennlagen oder Kaschierungen vermieden werden.

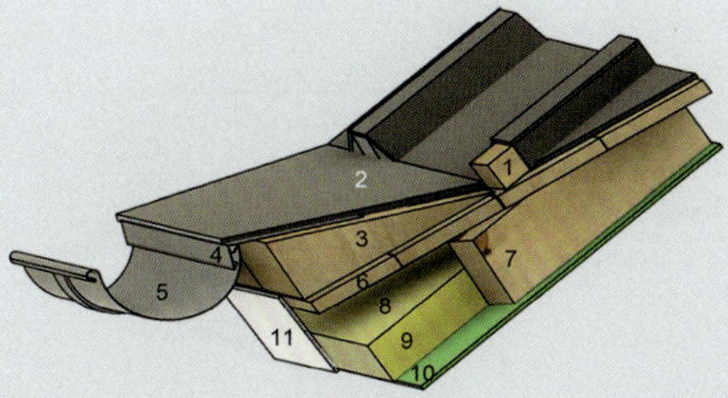

(1) Konterlatte, eingebunden
(2) Abdichtung nach PDB Bitumen-, Kunststoff- und Elastomerbahnen, Nähte verschweißt
(3) Traufkeil
(4) Traufblech
(5) Dachrinne
(6) Unterlage
(7) Sparren
(8) Belüftungsebene nach Merkblatt Wärmeschutz
(9) Zwischensparrendämmung
(10) Luftdichtheitsschicht
(11) Lüftungsgitter

Abb. 8.14: Traufe beim wasserdichten Unterdach Entwässerung über Traufkeil (Klasse 1)

Zur Befestigung der Abdichtungsbahnen sind mindestens korrosionsgeschützte Breitkopfstifte/-nägel im oberen/äußeren Drittel der Höhen-/Seitenüberdeckung zu verwenden.

Bei Dächern mit Zwischensparrendämmung ist eine zusätzliche Belüftungsebene mit Unterdeckung entsprechend auszuführen.

Bei regensicheren Unterdächern werden zwischen den Konterlatten und der Abdichtungsbahn geeignete Nageldichtbänder/-massen eingebaut.

Bei wasserdichten Unterdächern müssen die Konterlatten wie in Abbildung 8.14 in die Abdichtung eingebunden werden. Bei Verwendung von Bitumenbahnen sollten trapezförmige Konterlatten oder Konterlatten mit zusätzlichen Dreikantleisten verwendet werden. Die Höhe (Nennmaß) der Konterlatte sollte mindestens 4 cm betragen.

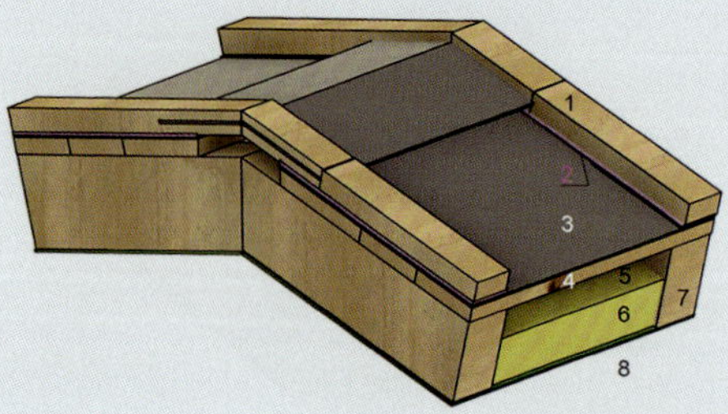

① Konterlatten
② Nageldichtband oder -masse
③ Abdichtung nach PDB Bitumen- oder Kunststoff- und Elastomerbahnen, Nähte verschweißt
④ Unterlage
⑤ Belüftungsebene nach Merkblatt Wärmeschutz
⑥ Zwischensparrendämmung
⑦ Sparren
⑧ Luftdichtheitsschicht

Abb. 8.15: First beim regensicheren Unterdach mit Zwischensparrendämmung (Klasse 2)

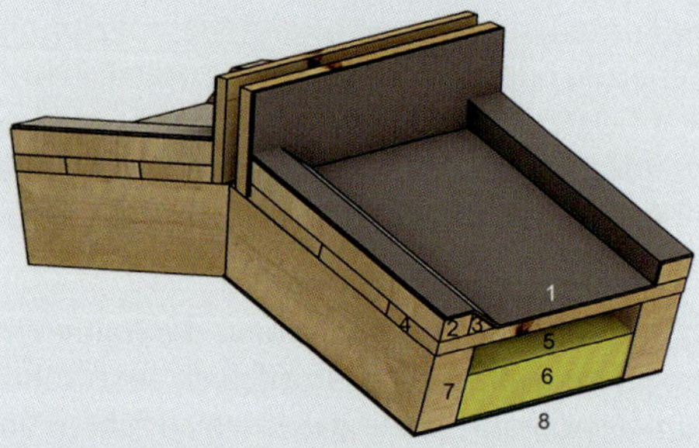

① Abdichtung nach PDB Bitumen- oder Kunststoff- und Elastomerbahnen, Nähte verschweißt
② Konterlatten, eingebunden
③ Dreikantleisten oder trapezförmige Latten werden empfohlen
④ Unterlage
⑤ Belüftungsebene nach Merkblatt Wärmeschutz
⑥ Zwischensparrendämmung
⑦ Sparren
⑧ Luftdichtheitsschicht

Abb. 8.16: First beim wasserdichten Unterdach mit Zwischensparrendämmung (Klasse 1)

Bei allseitig eingeschlossenen Konterlatten und nicht diffusionsoffenen Abdeckstreifen (Abbildung 8.16) gilt, dass die Konterlatten entweder:

- aus feuchteresistenten Materialien bestehen müssen oder
- bei Holzlatten die Holzfeuchte zum Zeitpunkt des Einbaus max. 20 % betragen darf (dokumentierte Messung).

Die Traufe wird mit Rinneneinlauf- oder Tropfblech mit wasserdichtem Anschluss der Abdichtung ausgeführt. Die Abdichtung wird auf das Blech geführt und verklebt oder verschweißt. Die Bleche müssen auf der Unterlage befestigt werden.

Beim Traufanschluss mit Traufkeil (vgl. Abb. 8.14) müssen eine Wassersackbildung und ein Negativgefälle des Traufkeils vermieden werden.

An der Traufe sind Zuluftöffnungen für die Konterlattenebenen erforderlich (Abb. 8.14), Abluftöffnungen sind am First, Grat oder Pultabschluss anzuordnen (Abb. 8.15). Bei belüfteten Konstruktionen, z. B. einer unterlüfteten Tragschalung, soll ein regensicheres Unterdach in einem Abstand von 30 mm vom Firstscheitelpunkt enden, um für ausreichende Entlüftung zu sorgen (Abb. 8.15).

Obwohl die Öffnungen abzudecken sind, lässt sich der Eintrieb von Flugschnee und Regen durch Lüftungsöffnungen sicher nicht ganz vermeiden.

Wasserdichte Unterdächer dürfen allerdings keine Öffnungen haben. So können also Unterdächer mit Lüftungsöffnungen immer nur regensichere Unterdächer sein.

Unterdächer sind die stärksten Formen von regensichernden Zusatzmaßnahmen und bestehen aus einer tragfähigen Unterlage und einer aufliegenden Bitumen- oder Kunststoffbahn mit wasserdichten Nähten und Stößen.

Bei wasserdichten Unterdächern wird die Konterlattung im Gegensatz zum regensicheren Unterdach in die Abdichtung mit eingebunden.

Tabelle 8.3: Beschreibung regensichernder Zusatzmaßnahmen – Unterdächer

Fach-regel-Klasse	regen-sichernde Zusatz-maßnahme	Beschreibung	Querschnitt
2	regen-sicheres Unterdach	Abdichtung auf Schalung oder druckfestem Dämmstoff. Die Abdichtungsbahn liegt unter der Konterlatte. Zwischen Abdichtungsbahn und Konterlatte ist ein Nageldichtband bzw. Nageldichtmasse angeordnet.	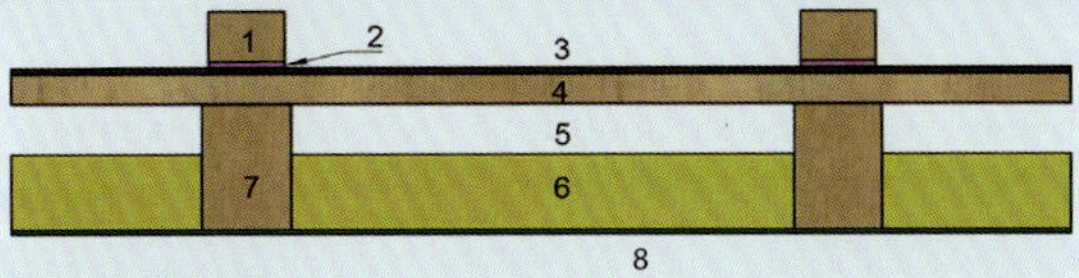 ① Konterlatte ② Nageldichtband oder -masse ③ Abdichtung nach PDB Bitumen- oder Kunststoff- und Elastomerbahnen, Nähte verschweißt ④ Unterlage ⑤ Belüftungsebene nach Merkblatt Wärmeschutz ⑥ Zwischensparrendämmung ⑦ Sparren ⑧ Luftdichtheitsschicht
1	wasser-dichtes Unterdach	Abdichtung auf Schalung oder druckfestem Dämmstoff. Die Konterlattung ist in die Abdichtung eingebunden.	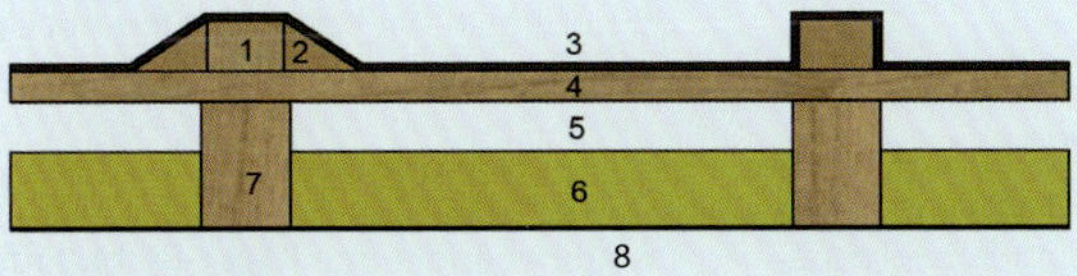 ① Konterlatte, eingebunden ② Dreikantleisten oder trapezförmige Latten (empfohlen) ③ Abdichtung nach PDB Bitumen- oder Kunststoff- und Elastomerbahnen, Nähte verschweißt ④ Unterlage ⑤ Belüftungsebene nach Merkblatt Wärmeschutz ⑥ Zwischensparrendämmung ⑦ Sparren ⑧ Luftdichtheitsschicht

8.2.6 Einstufung und Zuordnung von Zusatzmaßnahmen

Die nachfolgende Tabelle 8.4 zeigt, je nach Art der Ausführung, die Einstufungen der Zusatzmaßnahmen Unterdach, Unterdeckung und Unterspannung in insgesamt 5 Klassen. Die Einstufung erfolgt nach der Qualität der Regensicherheit von Klasse 1 (höchster Schutz) – bis Klasse 5 (geringster Schutz). Die Maßnahmen sind hier nochmals kurz beschrieben, wurden aber in den Abschnitten 8.2.3 bis 8.2.5 genauer erläutert. Die Tabelle zeigt ebenfalls die Dachneigungsuntergrenzen für die einzelnen Klassen.

Tab 8.4: Unterdächer, Unterdeckungen und Unterspannungen – Ausführungsvarianten mit Beschreibung, zulässigen Dachneigungen und Klassifizierung

Art	Beschreibung	Dachneigung	Klasse
wasserdichtes Unterdach	• Abdichtung auf Schalung oder druckfestem Dämmstoff. • Die Konterlattung ist in die Abdichtung eingebunden.	≥ 10°	1
nahtgefügte Unterdeckung mit eingebundener Konterlatte	• Nur Unterdeckbahnen Typ **UDB-eA** verwenden. • Überlappungen mit Quell- oder Warmgasschweißen verbinden. • Konterlattung ist in die Unterdeckbahn eingebunden		
regensicheres Unterdach	• Abdichtung auf Schalung oder druckfestem Dämmstoff. • Die Abdichtungsbahn liegt unter der Konterlatte. • unterhalb der Konterlattung mit Nageldichtmaterial (b ≥ 5 cm) sichern.	≥ 14°	2
nahtgefügte Unterdeckung mit Nageldichtband/-masse	• Nur Unterdeckbahnen Typ **UDB-eA** verwenden. • Überlappungen mit Quell- oder Warmgasschweißen verbinden. • Klebebänder und Klebe-Dichtstoffe sind nicht zulässig. • unterhalb der Konterlattung mit Nageldichtmaterial (b ≥ 5 cm) sichern.		
verklebte Unterdeckung mit Nageldichtband/-masse	• Überlappungen regensicher verkleben (vorkonfektionierter Selbstklebebereich, Klebebänder). • Unterhalb der Konterlattung mit Nageldichtmaterial (b ≥ 5 cm) sichern.	≥ 14°	3
Unterdeckung mit Holzfaser-Unterdeckplatte	• Verfalzte Holzfaser-Unterdeckplatte (UDP) auf Tragkonstruktion oder Wärmedämmung. • Zwischen Unterdeckplatte und Konterlattung, wenn gefordert, mit Nageldichtmaterial (b ≥ 5 cm) sichern.		
verklebte Unterspannung mit Nageldichtband/-masse	• Überlappungen regensicher verkleben und • unterhalb der Konterlattung mit Nageldichtmaterial (b ≥ 5 cm) sichern.		
verklebte Unterdeckung	• Überlappungen verkleben (vorkonfektionierter Selbstklebebereich, Klebebänder). • Wärmedämmstoffe dürfen die Unterdeckbahn nicht nach außen drücken.	≥ 18°	4
verklebte Unterspannung	• Überlappungen verkleben.		
Unterdeckung	• Überlappung mind. 10 cm. • Die Wärmedämmung darf die Unterdeckbahn nicht nach außen drücken.	≥ 22°	5
Unterspannung	• Überlappung mind. 10 cm.		

Für untergeordnete Gebäude mit geringerem Schutzbedarf, wie z. B. Scheunen, Carports oder Lagerschuppen, können Abweichungen von dieser Tabelle vereinbart werden.

Mit der anschließenden Tabelle 8.5 lassen sich jetzt für die einzelnen Dachziegel- und Dachsteindeckungen, je nach vorhandener Dachneigung, in den letzten beiden Spalten die Klassen der erforderlichen Zusatzmaßnahmen zur Regensicherheit ablesen. Die vorletzte Spalte gibt hier die Klasse der Mindestmaßnahme, die letzte Spalte die erforderliche Klasse an, wenn mindestens eine zusätzliche, erhöhte Anforderung vorliegt.

Tabelle 8.5: Anforderungen an die Ausführung von Unterdächern, Unterdeckungen und Unterspannungen für Dachdeckungen mit Dachziegeln und Dachsteinen unterschiedlicher RDN

Regeldach-neigung	Dachneigung	Mindestmaßnahme (Mindestanforderung)	Zusatzmaßnahme (ab einer erhöhten Anforderung) mindestens
RDN 22°	≥ 10°	Klasse 1	Klasse 1
	≥ 14°	Klasse 3	Klasse 2
	≥ 18°	Klasse 4	Klasse 3
	≥ 22°	Klasse 5	Klasse 4
RDN 25°	≥ 13° 1)	Klasse 1	Klasse 1
	≥ 17°	Klasse 3	Klasse 2
	≥ 21°	Klasse 4	Klasse 3
	≥ 25°	Klasse 5	Klasse 4
RDN 30°	≥ 18° 2)	Klasse 2	Klasse 1
	≥ 22°	Klasse 3	Klasse 2
	≥ 26°	Klasse 4	Klasse 3
	≥ 30°	Klasse 5	Klasse 4
RDN 35°	≥ 23° 2)	Klasse 2	Klasse 2
	≥ 27°	Klasse 3	Klasse 3
	≥ 31°	Klasse 4	Klasse 3
	≥ 35°	Klasse 5	Klasse 4
RDN 40°	≥ 28° 3)	Klasse 2	Klasse 2
	≥ 32°	Klasse 3	Klasse 3
	≥ 36°	Klasse 4	Klasse 3
	≥ 40°	Klasse 5	Klasse 4

Erhöhte Anforderungen sind:

- große Sparrenlängen ≥ 10 m gemäß **Tabelle 8.6**
- konzentrierter Wasserlauf auf Teilflächen des Daches, z. B. unterhalb von Regenfallrohren, Zusammenführungen von Kehlen o. Ä.
- besondere Dachflächen wie geschweifte Gauben, Tonnen- und Kegeldächer
- schneereiche Gebiete (Schneelast ≥ 1,5 kN/m²)
- windreiche Gebiete der Windlastzonen 4 oder Kamm- und Gipfellagen oder Schluchtenbildung

1) Bei geringerer Dachneigung sind Maßnahmen zum Erhalt der Traglattung erforderlich, z. B. Traglatten aus feuchteresistenten Materialien, wasserabweisende Abdeckungen der Traglatten o. a.
2) vgl. 1), und die Zusatzmaßnahme ist nach Klasse 1 auszuführen.
3) vgl. 1), und die Zusatzmaßnahme ist nach Klasse 2, unter 23° nach Klasse 1 auszuführen.

Erläuterungen zu Tabelle 8.5:

Die Tabelle zeigt, dass die Wahl der Zusatzmaßnahme nicht mehr nur von der vorhandenen Dachneigung des Daches, sondern vielmehr in erster Linie von der Regeldachneigung der vorhandenen Deckung abhängt. Je niedriger die Regeldachneigung, desto niedriger kann die vorhandene Dachneigung sein, bei der die eine oder andere Zusatzmaßnahme gefordert wird.

Bei einer Deckung mit Flachdachpfannen (RDN 22°) ist eine Zusatzmaßnahme nach Klasse 3 noch bis zu einer Dachneigung von 14° zulässig, während bei einem Dach mit einer Biberdoppeldeckung (RDN 30°) die Klasse 3 nur bis zu einer Dachneigung von 22° erlaubt ist.

Die Tabelle ist ansonsten nach den jeweiligen Regeldachneigungen der Dachziegel- und Dachsteindeckungen sortiert.

Tabelle 8.6 zeigt dann, ab welcher vorhandenen Dachneigung die Länge der vorhandenen Sparren zu einer erhöhten Anforderung und damit zu einer höherwertigen Zusatzmaßnahme nach Tabelle 8.5 führt.

Tabelle 8.6: Erhöhte Anforderungen in Abhängigkeit unterschiedlicher Dachneigungen und Sparrenlängen

Dachneigung	Sparrenlänge
≥ 10°	≥ 10,00m
≥ 20°	≥ 10,50m
≥ 30°	≥ 11,50m
≥ 40°	≥ 13,00m

Je nach Art der Ausführung werden die Zusatzmaßnahmen Unterdach, Unterdeckung und Unterspannung in insgesamt 5 Klassen eingeteilt. Zusatzmaßnahmen nach Klasse 5 bieten die geringste, Maßnahmen nach Klasse 1 die höchste Regensicherheit. Die unterschiedlichen Anforderungen an eine Dachdeckung erfordern Maßnahmen in unterschiedlicher Qualität.

Wird die Regeldachneigung um mehr als 12° unterschritten, ist dies bis zu einer RDN von 35° nur mit einem wasserdichten Unterdach und besonderen Maßnahmen zum Schutz und Erhalt der Lattung erlaubt.

Die Mindestdachneigung von 10° bei Dachdeckungen mit Dachziegeln und Dachsteinen darf auch mit Zusatzmaßnahmen nicht unterschritten werden.

Praxisbeispiel

Das Satteldach eines Wohnhauses hat eine Dachneigung von 25° und soll mit einer Biberschwanz-Doppeldeckung (Regeldachneigung 30°) gedeckt werden. Das Dachgeschoss soll zu Wohnzwecken ausgebaut und in die Dachflächen in diesem Zusammenhang mehrere Dachflächenfenster eingebaut werden.

Welche Zusatzmaßnahmen zur Regensicherheit sind vorzusehen?

Lösung
Die Regeldachneigung wird um 5° unterschritten und mit dem Ausbau des Dachgeschosses und dem Einbau der Dachflächenfenster liegen nur Mindestanforderungen, aber keine weiteren erhöhten Anforderungen vor. Nach Tabelle 8.5 sind Zusatzmaßnahmen nach **Klasse 3** (vgl. Tab. 8.4) zu wählen.

8.2.7 Dachaufbau Sonderfall Sanierung

In Abschnitt 8.1 wurde der klassische Dachaufbau eines wärmegedämmten Steildaches bereits beschrieben. Bei einem Neubau lässt sich der Dachaufbau mit einer raumseitigen lufthemmenden bzw. luftdichten Schicht einfacher von innen herstellen. Eine Dämmung der Sparrenzwischenräume kann alternativ von innen oder von außen erfolgen. Zusätzliche Aufsparrendämmschichten sowie unterschiedliche Bahnen als Zusatzmaßnahmen zur Regensicherheit und als winddichte Schicht werden aber immer von außen aufgebracht.

Abbildung 8.17 zeigt einen bespielhaften Aufbau mit Zwischensparrendämmung und allen erforderlichen Schichten.

Bei der Sanierung von Dächern im Bestand, also Dächern mit unzureichender oder gar keiner Wärmedämmung, fehlen fast immer eine funktionierende Luftdichtheitsschicht sowie Zusatzmaßnahmen zur Regensicherheit und Winddichtigkeit. Wenn ein solches bereits ausgebautes Dachgeschoss lediglich von der Außenseite her saniert werden kann, dann muss der Einbau der Dampfbremse von außen her erfolgen. Hier werden feuchtevariable Dampfsperrbahnen schlaufenförmig in den Sparrenfeldern verlegt und mit durchgehend linienförmigen Anpressleisten im unteren Bereich des Sparrens seitlich gesichert (siehe Abb. 8.18).

Im Gefachbereich können Nagelspitzen durch eine dünne Dämmschicht ausgeglichen und darauf die Bahnen verlegt werden. Die feuchtevariablen Bahnen funktionieren raumseitig als luftdichte (diffusionshemmende) Schicht, lassen aber an der kalten Oberseite der Sparren überschüssige Feuchtigkeit entweichen (diffusionsoffen).

Eine Erhöhung der Dämmstoffdicke durch Aufdoppeln der Sparrenquerschnitte und zusätzliche Aufsparrendämmschichten helfen Energie zu sparen, Bauschäden zu vermeiden und ermöglichen einen guten sommerlichen Hitzeschutz. Der Rest des Dachaufbaus erfolgt analog zur Ausführung beim Neubau.

Innen luftdicht, außen winddicht

Bei der idealen Dämmkonstruktion ist der Dämmstoff allseitig abgeschlossen: außen mit der Winddichtung, z. B. einer diffusionsoffenen Unterdeckbahn, innen mit einer Luftdichtungs- und Dampfbremsebene. Die Winddichtung verhindert, dass die Dämmung von kalter Außenluft durchströmt wird, und trägt zusätzlich zur Regensicherheit bei. Die Dampfbremse als Luftdichtung schützt gegen das Eindringen von feuchter Raumluft und damit vor Tauwasser und Schimmel.

Hinweis: Wichtig beim Einbau der Luftdichtung ist die perfekte Ausführung, denn Undichtigkeiten in der Fläche und an Anschlüssen haben Folgen.

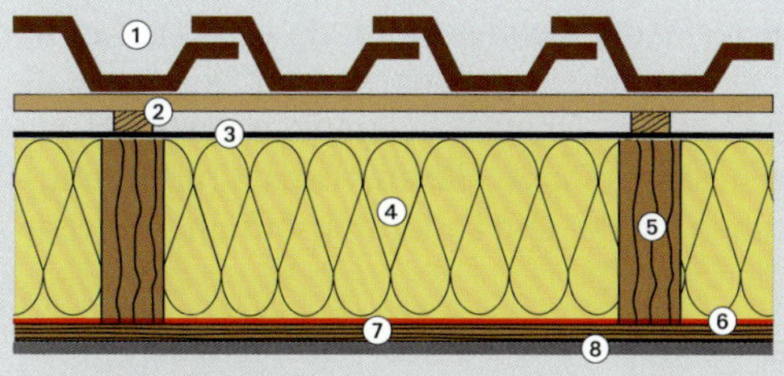

① Dacheindeckung
② Traglattung und Konterlattung
③ Unterdeckbahn
④ Wärmedämmung
⑤ Dachsparren
⑥ Dampfbremse
⑦ Lattung/Installationsebene
⑧ raumseitige Beplankung (Gipskarton o. Ä.)

Abb. 8.17: Dachaufbau mit Zwischensparrendämmung (Neubau)

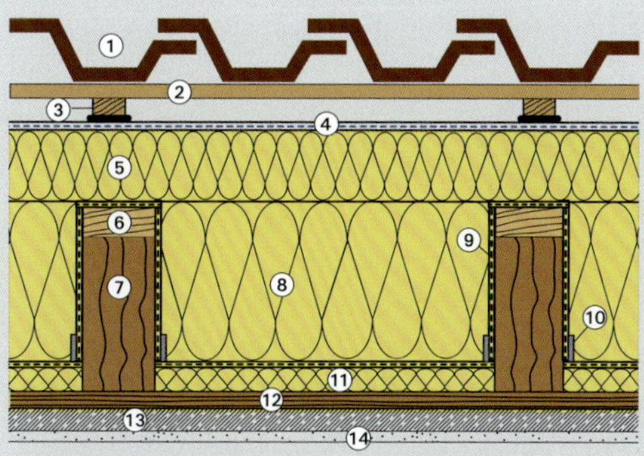

① Dacheindeckung
② Traglattung
③ Konterlattung mit Nageldichtband
④ Unterdeckbahn (Zusatzmaßnahme, winddichte Schicht)
⑤ Aufsparrendämmung
⑥ Aufdopplung der Sparren
⑦ Dachsparren
⑧ Zwischensparrendämmung
⑨ feuchtevariable Dampfbremse
⑩ Anpressleiste
⑪ Dämmschicht (Sanierungsfilz als Nagelschutz)
⑫ Lattung (Unterkonstruktion)
⑬ Putzträger, z.B. HWL (Holzwolleleichtbauplatte)
⑭ Kalkgipsputz

Abb. 8.18: Dachaufbau mit Zwischen- und Aufsparrendämmung (Sanierung von außen)

8.3 Hinterlüftung

Bei der Planung und Ausführung eines Daches sind neben den bereits genannten Punkten auch Maßnahmen zum Schutz der Unterkonstruktion der Dacheindeckung zu planen. Hierzu sind Lüftungsebenen mit Be- und Entlüftungsöffnungen vorzusehen.

Das Gebäudeenergiegesetz (GEG) und die DIN 4108-3 regeln den Wärmeschutz und die Energieeinsparung in Gebäuden. Dort sind u. a. Maßnahmen zu finden, wie der Dachaufbau und die Unterkonstruktion einer Dachdeckung dauerhaft durch entsprechende Lüftungsebenen trocken und in ihrer Funktion erhalten werden können. Die Lüftungsebenen sind hier nichts anderes als Luftschichten, die zum Zweck der Feuchteabfuhr mit der Außenluft in Verbindung stehen. In der Praxis werden diese auch als **Hinterlüftung** oder **Belüftungsschicht** bezeichnet.

Durch Schlagregen oder kleine Undichtigkeiten eingedrungene Feuchtigkeit kann dabei ebenso gefahrlos abgelüftet werden wie Restfeuchte, die evtl. noch von der Bauphase geblieben ist.

Eine Luftbewegung in dieser Belüftungsschicht kann durch Windeinwirkung, Druckdifferenzen an Dachkanten (Staudruck und Windsog) und temperaturbedingte Luftströmungen entstehen. Dies ist allerdings weniger der Fall, wenn die Dachfläche sehr flach geneigt ist oder sich in enger Bebauung befindet. Tabelle 8.7 zeigt die Mindestlüftungsquerschnitte

Tabelle 8.7: Mindestlüftungsquerschnitte bei Dächern mit Dachneigungen ≥ 5°

Traufe und Pultabschluss ≥ 2 ‰ der zugehörigen Dachfläche, jedoch mindestens 200 cm^2/m	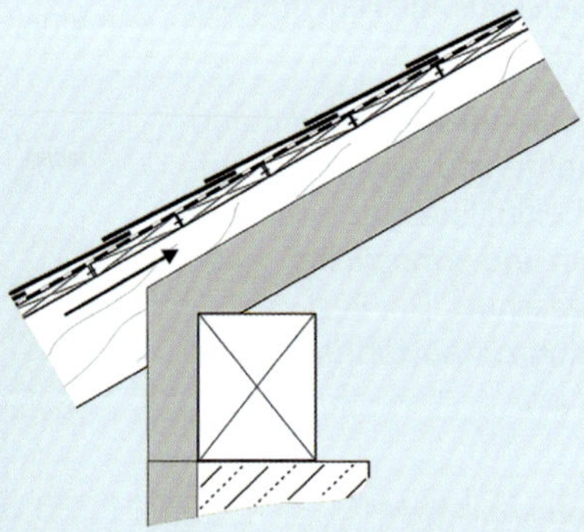	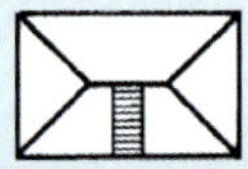
First, Grat ≥ 0,5 ‰ der zugehörigen Dachfläche, jedoch mindestens 50 cm^2/m	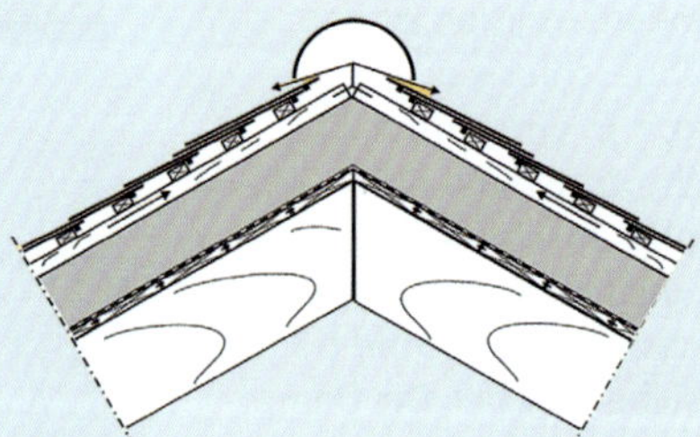	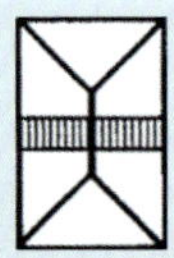 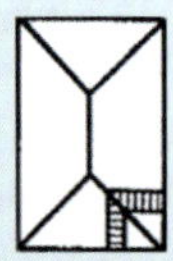
Dachfläche 200 cm^2/m bzw. 2 cm freie Höhe, punktuell nie weniger als 5 mm	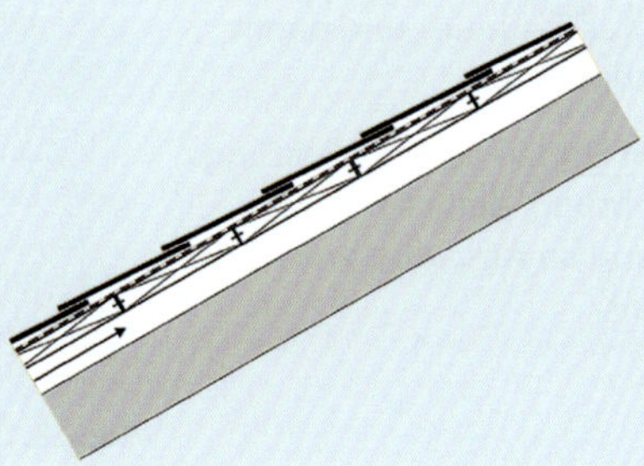	

Praxisbeispiel

Gegeben

Ein beidseitig gleich geneigtes Satteldach mit einer Trauflänge von $l_T = 12{,}00$ m und einer Breite $b = 8{,}00$ m besitzt Sparrenlängen von $s = 6{,}35$ m.

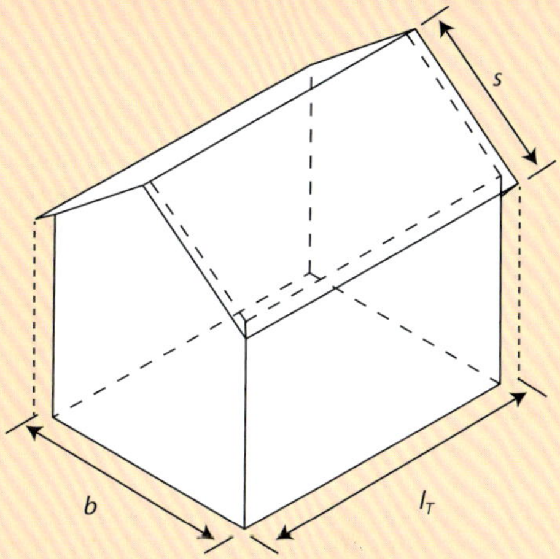

Abb. 8.19: Skizze zu Berechnungsbeispiel Belüftung

Gesucht

a) Welche Größe haben die erforderlichen Lüftungsquerschnitte an Traufe und First in cm² pro m?

b) Welche Größe haben die Gesamtlüftungsquerschnitte pro Traufe bzw. am First?

c) Die Be- und Entlüftung an Traufe und First soll ausschließlich über Lüfterziegel erfolgen. Wie viele Lüfterziegel wären dann im Trauf- und Firstbereich erforderlich, wenn jeder Lüfterziegel einen Lüftungsquerschnitt von 25 cm²/Stück hätte?

Lösung

a) Zu 1,00 m Traufe gehört eine zu belüftende Dachfläche von 6,35 m² (1,00 m · s). 2 ‰ davon wären 127 cm² (6,35 m² = 63.500 cm²; 63.500 cm² · 2/1.000 = 127 cm²). Der Mindestlüftungsquerschnitt an der Traufe beträgt aber 200 cm²/m, also ist dieser maßgebend.

> **Merke: Bis zu einer Sparrenlänge von 10,00 m gilt der Mindestlüftungsquerschnitt von 200 cm²/m Traufe (2 ‰ von 10,00 m² = 200 cm²). Bei größeren Sparrenlängen ergibt sich der Mindestlüftungsquerschnitt in cm²/m an der Traufe, wenn man die Sparrenlänge mit der Zahl 20 (cm²/m) multipliziert (im Beispiel: 6,35 m · 20 cm²/m = 127 cm²).**

Zu 1,00 m First gehört eine zu entlüftende Dachfläche von 12,70 m² (2 · 1,00 m · s).

0,5 ‰ davon wären 63,5 cm² (12,70 m² = 127.000 cm²; 127.000 · 0,5/1.000 = 63,5 cm²). Der Mindestlüftungsquerschnitt am First beträgt nur 50 cm²/m First, also sind die 63,5 cm²/m hier für beide Dachseiten zusammen maßgebend.

> **Merke: Bis zu einer Sparrenlänge von 5,00 m gilt der Mindestlüftungsquerschnitt von 50 cm²/m First (0,5 ‰ von 10,00 m² = 50 cm²). Bei größeren Sparrenlängen ergibt sich der Mindestlüftungsquerschnitt in cm²/m am First, wenn man die Sparrenlänge mit der Zahl 10 (cm²/m) multipliziert. Dieses Ergebnis gilt dann für beide Dachseiten zusammen!**

b) Für eine Trauflänge von 12,00 m ergibt sich ein Gesamtlüftungsquerschnitt von 12,00 m · 200 cm²/m = 2.400 cm² pro Traufseite.

Für den First ergibt sich ein Gesamtlüftungsquerschnitt von 12,00 m · 63,5 cm²/m = 762 cm² für beide Dachseiten zusammen.

c) Erfolgt die Belüftung an der Traufe ausschließlich durch Lüfterziegel, so bräuchte man dort 2.400 cm² / 25 cm²/Stück = 96 Stück pro Traufseite. Für den Firstbereich ergäbe sich bei einer ausschließlichen Entlüftung über Lüfterziegel eine Anzahl von 762 cm² / 25 cm²/Stück = 30,5 ≈ 31 Stück. Damit müsste man also jeweils ca. 16 Lüfter im Firstbereich pro Dachseite einbauen.

zur Be- und Entlüftung an Traufen, First und Grat, sowie die Höhe des Belüftungsraumes in der Dachebene für belüftete Luftschichten von Dächern und belüftete Dachdeckungen mit Dachneigungen ≥ 5°.

Die Belüftung in der Ebene der Dachfläche erfolgt über die Lüftungsebene, die sich durch die Höhe der Konterlattung ergibt. Obwohl der Luftspalt in der Dachfläche lediglich eine Mindesthöhe von 2 cm aufweisen muss, wird bis zu einer Sparrenlänge von 7,50 m eine Mindestdicke des Luftspalts von 3 cm empfohlen. Bis zu einer Sparrenlänge von 10,00 m sind dies dann 4 cm und darüber eine Spalthöhe von 6 cm. Die Belüftung an den Traufen soll über Lüftungsgitter gesichert werden.

Diese sind vielmals durch Sägespäne, Ziegelsplitt oder Dämmstoffreste verstopft und müssen unbedingt vor der Eindeckung des Daches gereinigt werden.

Am First sichern Trockenfirstelemente, Firstbänder oder keramische Lösungen die Luftbewegung.

Bei geschlossenen Traufkonstruktionen oder vermörtelten Firsten sind Lüfterziegel/-steine im Bereich der Traufen und Firste einzubauen. Je größer der Lüftungsquerschnitt ist, desto besser funktioniert auch die Hinterlüftung der Deckung.

Wird die Hinterlüftung einer Dachfläche durch Dachaufbauten, Dachflächenfenster oder bei ungünstigen Dachformen etc. unterbrochen, sind Lüfterziegel/-steine unterhalb und oberhalb der unterbrochenen Belüftungsebenen einzubauen.

Die Unterkonstruktion einer Dachdeckung mit Dachziegeln und -steinen muss ab einer Dachneigung von 5° hinterlüftet werden, um Rest- oder eingedrungene Niederschlagsfeuchte für den Dachaufbau gefahrlos abzulüften. Für die Ausführung gelten Mindestlüftungsöffnungen an Traufe, First, Pult und Grat, die von der Größe der Dachflächen abhängen. Innerhalb der Dachfläche ist ein freier Luftspalt von mindestens 2 cm Höhe sicherzustellen.

Abb. 8.20: Dachflächenfenster mit Lüfterziegeln

8.4 Unterkonstruktion

Die Unterkonstruktion einer Dachdeckung besteht aus Dachlatten als Bauschnitthölzer, die die Dachziegel/Dachsteine tragen.

Dachlattungen sind hier Trag- und Konterlatten bei Dachdeckungen. Auf der Traglattung wird die Dachdeckung eingehängt bzw. befestigt, die Konterlattung verbindet die Traglattung dann mit der tragenden Konstruktion des Gebäudes.

Bei den Unterkonstruktionen werden unterschieden:

- tragende Bauteile,
- tragende Bauteile ohne rechnerischen Nachweis,
- nichttragende Bauteile.

Trag- und Konterlattungen gehören immer zu den tragenden Bauteilen ohne rechnerischen Nachweis, solange der Achsabstand der Unterkonstruktion maximal 1 m beträgt.

Lattungen müssen bestimmte Qualitätskriterien erfüllen und werden deshalb sortiert. Wichtige Sortiermerkmale für Latten sind Baumkanten, Äste, Verfärbungen, Verformungen, Risse und Insektenfraß. Die Sortierung erfolgt entweder visuell nach DIN 4074-1 oder maschinell nach DIN EN 338. Als Qualitätsnachweis müssen sie vom Hersteller mit einer entsprechenden CE-Kennzeichnung versehen werden (vgl. Abb. 8.21).

Bei den Dachlatten sind folgende Querschnitte handelsüblich: 30/50 mm und 40/60 mm.

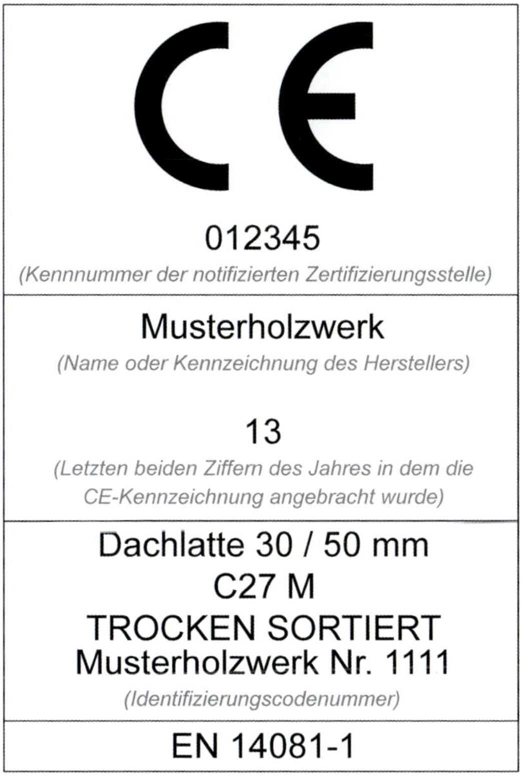

Abb. 8.21: CE-Kennzeichnung von maschinell sortierten Dachlatten

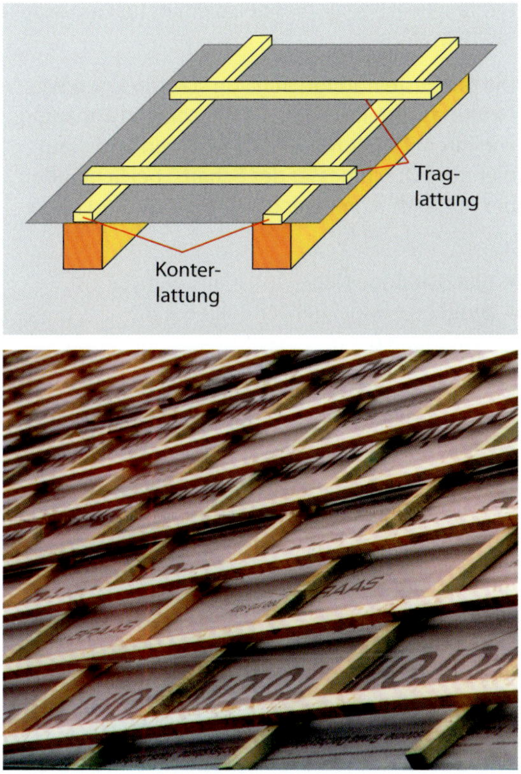

Abb. 8.22: Konterlattung mit Traglattung

8.4.1 Konterlattung

Die Konterlattung hat u. a. die Aufgabe, die anfallenden Lasten aus der Traglattung mit der Eindeckung in die tragende Unterkonstruktion (Dachkonstruktion) weiterzuleiten.

Konterlatten müssen bei visueller Sortierung mindestens der Sortierklasse S 10 nach DIN 4074-1 entsprechen und über eine Mindestnenndicke von 24 mm verfügen. Maschinell sortierte Konterlatten müssen bei

- Nennquerschnitten 30/50 mm der Festigkeitsklasse C27 M
- Nennquerschnitten 40/60 mm der Festigkeitsklasse C24 M

nach DIN EN 338 entsprechen. Das „C" bei der Festigkeitsklasse steht für Nadelholz, die Zahl danach für die Biegezugfestigkeit in N/mm².

Die Konterlattung bildet zusätzlich durch ihre Dicke den Hinterlüftungsspalt (siehe Abschnitt 8.3). Deshalb sind, je nach Sparrenlänge und Deckwerkstoff, Konterlattendicken ab 30 mm für eine bessere Hinterlüftung empfohlen.

Konterlatten können auch mit Unterbrechungen bzw. als sog. Konterklötzchen verlegt werden. Je Konterlattenstück sind aber mindestens 2 Befestigungsmittel erforderlich.

Die Befestigung der Konterlattung direkt auf Holz oder Holzwerkstoffen erfolgt mit mindestens 3 Nägeln pro Meter. Die Anzahl und die Art der benötigten Nägel (glattschaftig oder profiliert) hängt von der Gebäudehöhe, der Windzone (Abb. 8.23) und der Dachform ab. Je größer die Gebäudehöhe und je stärker die Windbelastung, desto höher die Anzahl der Nägel pro m. Bei Pultdächern werden mehr Nägel gefordert als bei Sattel- oder Walmdächern.

Die Tabelle 8.8 zeigt dies beispielhaft für Gebäude bis 10 m Höhe

Die Mindesteindringtiefen von stabförmigen Verbindungsmitteln in Holz sind ansonsten abhängig von ihrem Durchmesser *d* (bei Nägeln und Klammern der Durchmesser des Schafts, bei Schrauben der Außendurchmesser des Gewindes) und betragen vereinfacht für

- glattschaftige Nägel und Klammern 12 × *d*,
- profilierte Nägel (Rillennägel) 8 × *d*,
- Schrauben 6 × *d*.

Für eine Konterlattendicke von 4 cm ergibt sich hier eine Mindesteindringtiefe in die Sparren von 40 mm für Nägel 3,1 × 80 und eine von 35 mm für Nägel 2,8 × 75.

Wird die Konterlattung auf einer Schalung befestigt, zählt die Einschlagtiefe ab Oberkante der Schalung, wenn diese direkt auf den Sparren genagelt ist und als Vollholzschalung eine Mindestdicke von 24 mm besitzt. Bei Holzwerkstoffen gilt eine Mindestdicke von 22 mm. Wird die Mindestdicke unterschritten, zählt die Mindesteinschlagtiefe ab Unterkante der Schalung oder Holzwerkstoffplatten und die Nagellänge ist entsprechend um die Dicke der dünneren Schalung größer zu wählen (vgl. Abb. 8.24).

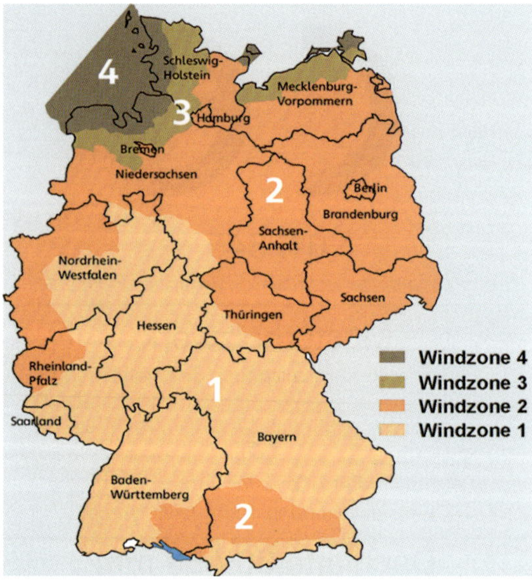

Abb. 8.23: Zuordnung der Windzonen

Bei Konterlatten von Aufsparren-Dämmsystemen müssen deren Abmessungen rechnerisch nachgewiesen werden. Zur Lagesicherung der Dämmung müssen breitere Konterlattenquerschnitte (z. B. 40/80 mm) verwendet werden, die auch mit speziellen langen Schrauben nach

Tabelle 8.8: Befestigung von Konterlatten unter Traglatten für Gebäudehöhen ≤ 10 m

Gebäudehöhe	Windzone	Befestigung von Konterlatten unter Traglatten pro m bei einem Achsabstand der Unterkonstruktion von maximal 1,0 m	
		Sattel- und Walmdächer	Pultdächer
≤ 10 m	Wz 1	4 × Na 3,1x80 [a]	5 × Na 3,1x80 [a]
	Wz 2 B	4 × Na 3,1x80 [a]	6 × Na 3,1x80 [a]
	Wz 2 K	6 × Na 3,1x80 [a]	8 × Na 3,1x80 [b]
	Wz 3 B	6 × Na 3,1x80 [a]	8 × Na 3,1x80 [b]
	Wz 3 K	7 × Na 3,1x80 [a]	9 × Na 3,1x80 [c]
	Wz 4 B	7 × Na 3,1x80 [a]	9 × Na 3,1x80 [c]
	Wz 4 K	8 × Na 3,1x80 [b]	4 × RiNa 3,1x80

B: Binnenland
K: Küste und Inseln der Ostsee
Na: Nagel
RiNa: Rillennagel

[a] alternativ: 3 × RiNa 2,8x75
[b] alternativ: 4 × RiNa 2,8x75 oder 3 × RiNa 3,1x80
[c] alternativ: 4 × RiNa 3,1x80

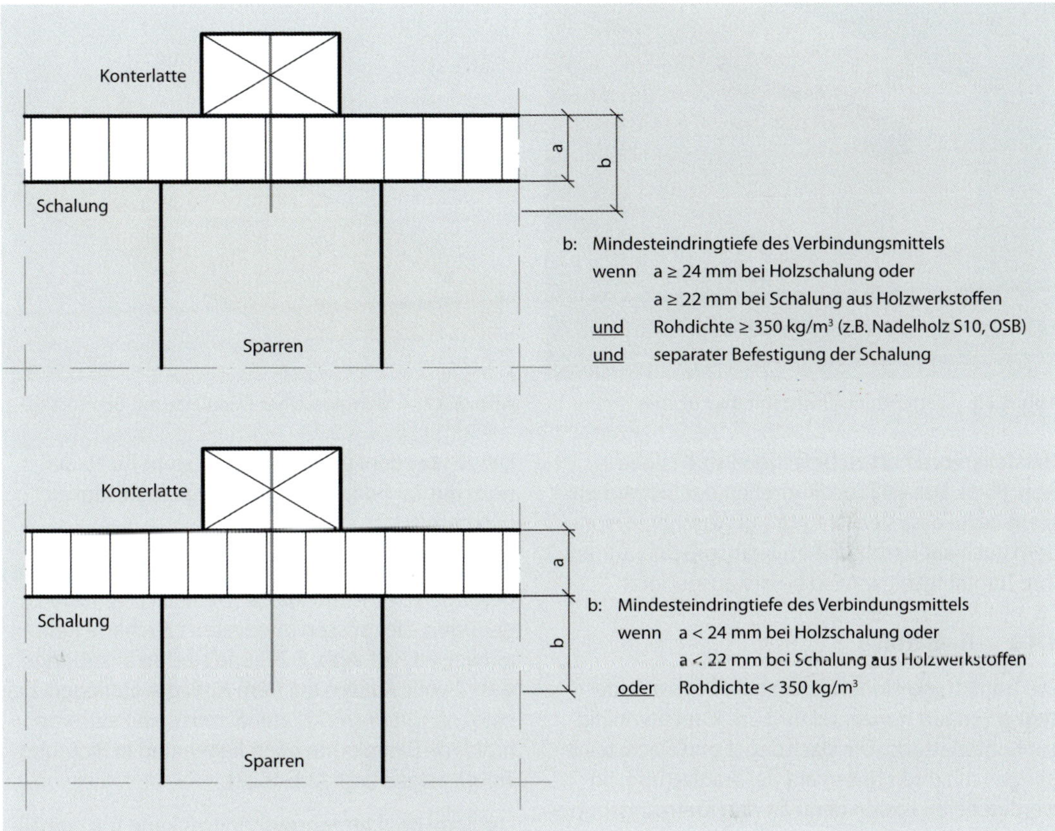

Abb. 8.24: Mindesteindringtiefe von Verbindungsmitteln

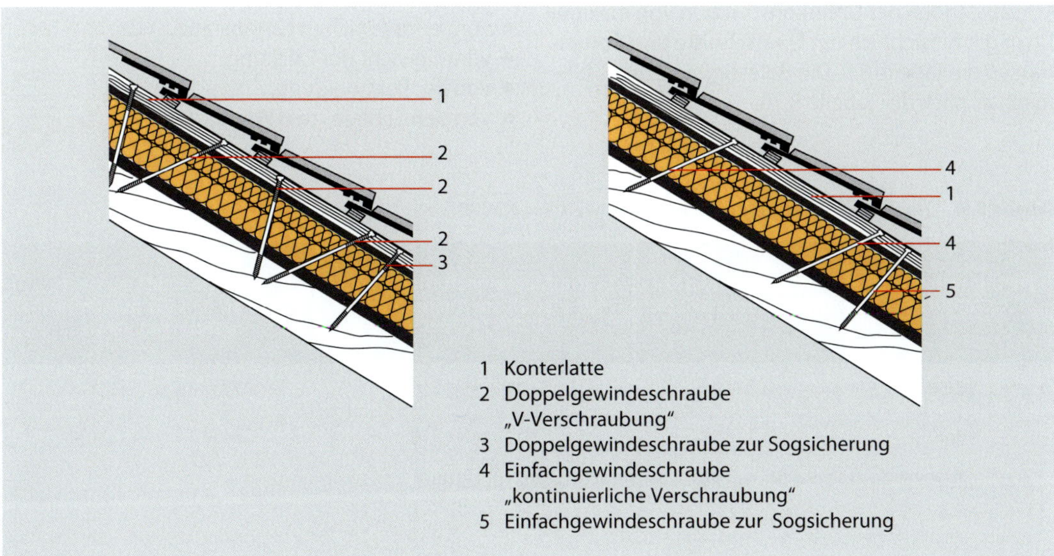

Abb. 8.25: Befestigung von Aufsparrendämmungen

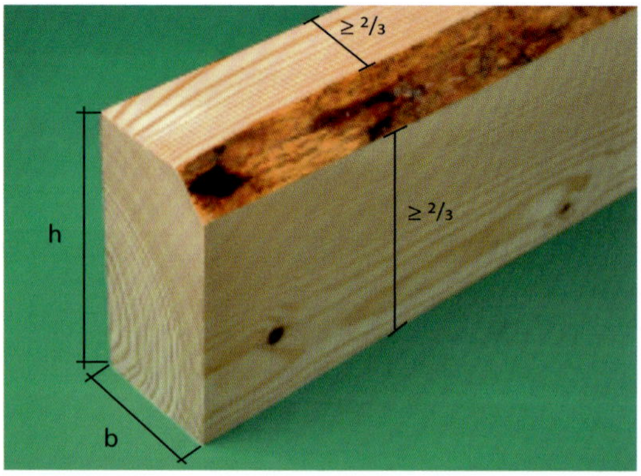

Abb. 8.26: Lattenquerschnitt mit Baumkante

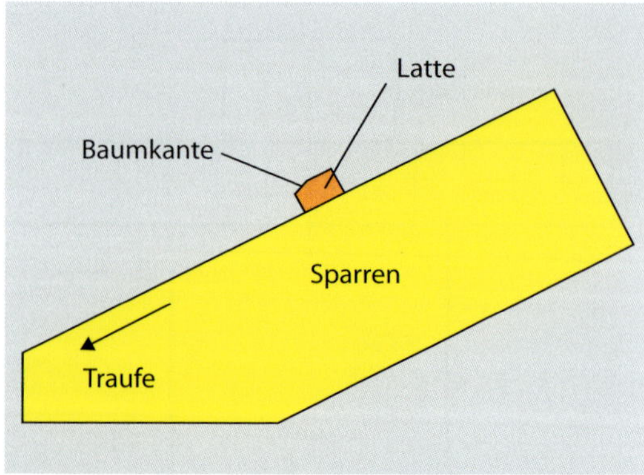

Abb. 8.27: Montage einer Dachlatte mit Baumkante

Herstellervorschrift zu befestigen sind (siehe Abb. 8.25). Das schräge Eindrehen der Schrauben dient dazu, dass sie nicht nur auf Abscheren, sondern auch auf Herausziehen beansprucht werden. Ihre Tragfähigkeit wird so besser ausgenutzt.

8.4.2 Traglattung

Die Traglattung einer Dachziegel-/Dachsteindeckung verläuft horizontal und i. d. R. rechtwinklig zur Konterlattung. Die Dachziegel und Dachsteine hängen mit ihren Nasen auf der Traglattung. So werden deren Lasten dann an den Kreuzungspunkten in die Konterlattung weitergeleitet.

Für Traglatten mit lichten Abständen ≤ 0,40 m und Achsabständen der Unterkonstruktion von maximal 1,0 m gilt hinsichtlich der Querschnitte und Sortierklassen die Tabelle 8.9. Die Befestigung erfolgt beispielhaft nach der Tabelle 8.10.

Das „C" bei der Festigkeitsklasse steht für Nadelholz, die Zahl danach für die Biegezugfestigkeit in N/mm^2.

Dachlatten müssen mindestens den Qualitätsanforderungen der Sortierklasse S10 nach DIN 4074-1 genügen. Sie müssen mindestens 3 scharfe Kanten aufweisen (vgl. Abb. 8.26) und sind so anzubringen, dass 2 volle Kanten auf dem Auflager aufliegen. Bei eingehängtem Deckmaterial muss eine evtl. vorhandene Baumkante oben liegen und in Richtung Traufe zeigen (vgl. Abb. 8.27).

Die Wahl des Lattenquerschnittes kann u. a. abhängen:

- vom Sparrenabstand,
- vom erforderlichen Lattabstand,
- vom Gewicht der Deckung,
- von der Dachneigung,
- von den Schnee- und Windlasten.

Tabelle 8.9: Traglatten ohne rechnerischen Nachweis aus Nadelholz

Nennquerschnitte in mm	Achsabstand der Unterkonstruktion	Sortierklasse nach DIN 4074-1 für visuell sortierte Latten	Festigkeitsklasse nach DIN EN 338 für maschinell sortierte Latten
30/50	bis 0,80 m	S10 TS oder S10[a]	C27 M TS oder C27 M[a]
40/60	bis 1,00 m	S10 TS oder S10[a]	C24 M TS oder C24 M[a]
[a] maximale Holzfeuchte 20%, TS: trocken sortiert, M: maschinell sortiert			

Tabelle 8.10: Befestigung von Traglatten je Auflager für Gebäudehöhen h ≤ 10 m und Achsabstand ≤ 0,80 m

Achsabstand der Unterkonstruktion	Windzone	Befestigung von Traglatten unter Dachziegel- und Dachsteindeckungen (Gebäudehöhe h ≤ 10m)	
		Sattel- und Walmdächer	Pultdächer
≤ 0,80 m	Wz 1	RiNa 2,8 × 75	RiNa 3,1 × 80
	Wz 2 B		
	Wz 2 K	RiNa 3,1 × 80	RiNa 3,4 × 90
	Wz 3 B		RiNa 3,1 × 80
	Wz 3 K		2 × RiNa 3,1x80 [a]
	Wz 4 B		RiNa 3,4 × 90
	Wz 4 K	RiNa 3,4 × 90	2 × RiNa 3,1x80 [a]

B: Binnenland
K: Küste und Inseln der Ostsee
RiNa: Rillennagel

[a] Breite der Traglatte mindestens 53 mm

An Traglattenstößen ist nur 1 Rillennagel je Traglatte erforderlich.

Dachlatten werden üblicherweise gebündelt geliefert mit maximal 10 Stück pro Bund. Eine davon muss die CE-Kennzeichnung des Herstellers tragen. Zum vereinfachten Nachweis der Übereinstimmung mit der Sortierklasse S10 können die Latten zusätzlich an den Stirnseiten vollflächig mit roter Farbe gekennzeichnet sein.

Nach der DIN 4074-1 werden auch noch die Dachlattenquerschnitte 24/48 mm und 24/60 mm genannt. Diese dürfen jedoch nur in der Sortierklasse S13 (blaue Farbmarkierung) verwendet werden. Der Querschnitt 24/48 mm ist dabei nur bis zu einem Achsabstand der Auflager von 0,70 m und für einen Traglattenabstand bis max. 17 cm zulässig.

Jede Dachlatte muss am Kreuzungspunkt mit der Konterlattung mit einem geeigneten Befestigungsmittel befestigt werden. Für die Befestigung von Traglatten bei Sattel-, Walm- und Pultdächern wird die Verwendung von korrosionsgeschützten Rillennägeln vorgeschrieben. Glattschaftige Nägel sind für die Befestigung von Traglattungen auf Konterlatten nicht mehr zulässig.

Die Abmessungen und die Anzahl der benötigten Nägel hängt, ähnlich zu den Konterlatten, wieder von der Gebäudehöhe, der Windzone (siehe Abb. 8.23), der Dachform und aber auch vom Achsabstand der Unterkonstruktion ab. Je größer die Gebäudehöhe, je stärker die Windbelastung und je größer der Achsabstand der Sparren oder Konterlatten, desto größer die Abmessung und die Anzahl der Nägel. Bei Pultdächern sind im Vergleich zu Sattel- und Walmdächern ebenso längere und dickere Rillennägel vorgeschrieben. Die Tabelle 8.10 zeigt dies beispielhaft für Gebäude bis 10 m Höhe und einem Achsabstand von max. 0,80 m.

Bei der Nagelung von Dachlatten wird zwischen einem belasteten und einem unbelasteten Rand unterschieden. Zur optimalen Befestigung und um ein Spalten des Holzes zu verhindern, werden ausreichend große Randabstände empfohlen. Die Abb. 8.28 und 8.29 zeigen dies für die Befestigung mit einem oder zwei Nägeln.

Bei Lattenstößen ist die Breite einer Konterlatte oft nicht ausreichend, wenn die erforderlichen Randabstände der Nagelung eingehalten werden sollen. In diesen Fällen ist die Verwendung eines breiteren Konterbrettes oder von 2 parallel angeordneten Konterlatten erforderlich.

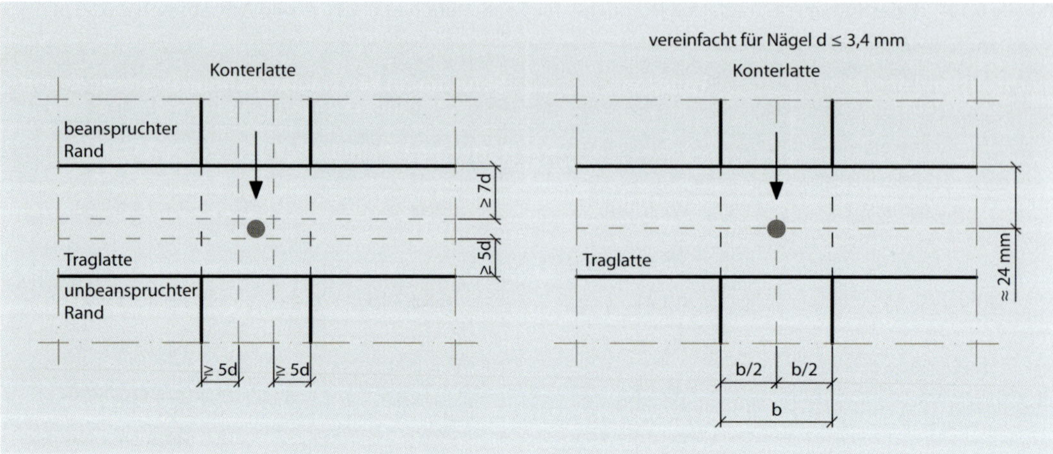

Abb. 8.28: Randabstände von Nägeln zur Befestigung von Traglatten mit 1 Nagel

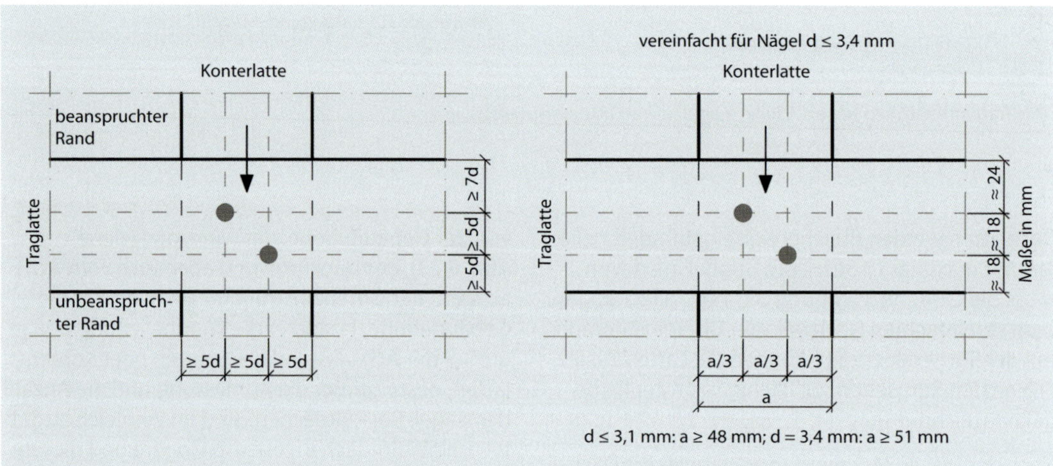

Abb. 8.29: Randabstände von Nägeln zur Befestigung von Traglatten mit 2 Nägeln

Heute ist das Nageln von Hand durch den Einsatz von Magazin-Naglern, die mittels Druckluft oder über Akkus betrieben werden, auf dem Rückzug. Immer mehr hochwertige Magazin-Nägel mit bauaufsichtlichen Zulassungen kommen zum Einsatz.

An der Traglattung werden die Dachziegel und Dachsteine mit ihren Nasen eingehängt. Sie muss mindestens der Sortierklasse S10 entsprechen und an jeder Kreuzungsstelle mit der Konterlattung befestigt werden. Die Befestigung erfolgt mit ausreichend langen und dicken Rillennägeln unter Berücksichtigung entsprechend großer Randabstände.

8.5 Werkzeuge, Bearbeitungsmaschinen und Hilfsmittel

Die sorgfältige Planung und Arbeitsvorbereitung vor dem Eindecken einer Dachfläche kann die Arbeitsabläufe für Dachdecker vereinfachen und beschleunigen. Ein großer Aufwand ergibt sich oft durch das zusätzliche Bearbeiten der Dachziegel und -steine an den Dachkanten, bei Graten, Kehlen und Anschlüssen.

Die Industrie bietet bereits ein vielfältiges Angebot an Formziegeln und -steinen an, aber nicht für jedes Problem eine passende Lösung. So bleibt Dachdeckern nichts anderes übrig, als die Dachziegel oder -steine so zu bearbeiten, dass sie regensicher eingedeckt werden können.

Dies kann entweder maschinell oder von Hand erfolgen. Üblicherweise werden netz- oder akkubetriebene Winkel- oder Trennschleifmaschinen verwendet, die aber zu einer starken Staubentwicklung führen. Besser geeignet wären Nass-Trennschneider oder Trockenschnitt-Trennmaschinen mit Staubabsaugung, die es auch mit Haltevorrichtungen zum Einhängen in die Lattung gibt.

Die eingesetzten Trennscheiben sind bevorzugt diamantbesetzt und segmentiert für präzise Schnitte und eine lange Lebensdauer.

Eine Bearbeitung von Hand mit Schieferhammer und gebogener Haubrücke, das sog. Schroten, oder der Einsatz von speziellen Ziegelzangen oder Ziegelschneidern bei Biberschwanzziegeln (siehe Abb. 8.31) ist ebenso üblich.

Die Traglattung bildet den Teil der Unterkonstruktion, auf dem die Dachdeckung aufliegt. Um ein gleichmäßiges Deckbild zu erzielen, ist eine sorgfältige Dacheinteilung auf der Ebene der Konterlatten herzustellen.

Dafür benötigen Dachdecker noch weitere Hilfsmittel. Neben einem langen Maßband oder Rollbandmaß sind Meterstab und Bleistift die Grundausstattung bei der Einteilung einer Dachfläche. Die einzuteilenden Decklängen werden abgemessen, entsprechende Lattabstände angezeichnet und anschließend mit einem Schnurschlaggerät (siehe Abb. 8.32) markiert.

Das Schnurschlaggerät, auch Schlagschnur genannt, besteht aus einem Behältnis, in dem pulverförmige Farbpigmente und ein schnurartiger Faden enthalten sind. Außen ist eine kleine Kurbel zum Aufwickeln des Fadens angebracht. Zum Nachfüllen des Farbpulvers gibt es zusätzlich eine kleine aufschiebbare Öffnung. Das Schnurschlaggerät wird so bedient, dass man zuerst die Markierungen, die zuvor angezeichnet wurden, mit der mit Farbpulver bestäubten Schnur verbindet. Dabei hält man die Schnur über die Markierungen und strafft diese. Nun werden durch das sog. Schnipsen farbige Striche z. B. auf die Konterlatten aufgebracht. Durch den Haken am Ende der Schnur lassen sich die Markierungen bei kurzen Distanzen auch von

Abb. 8.30: Dachziegelbearbeitung mit Trennschleifmaschine

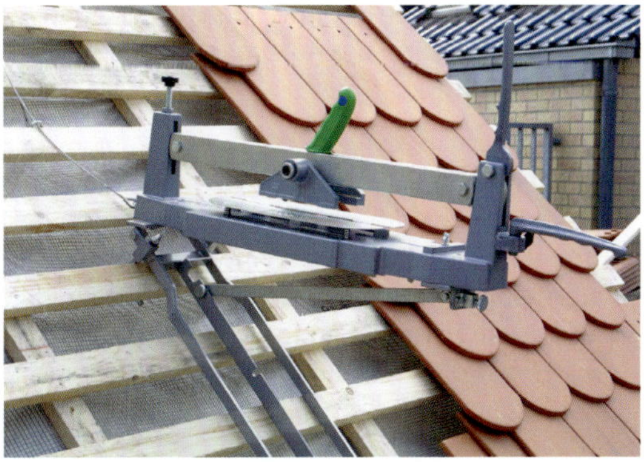

Abb. 8.31: Ziegelschneider

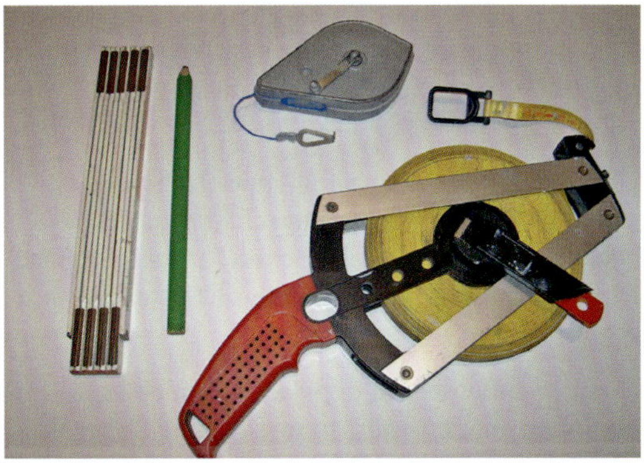

Abb. 8.32: Hilfsmittel zur Dacheinteilung

einer Person herstellen. Nach ein- bis zweimal „Schnipsen“ muss man die Schnur zum Nachfärben wieder einrollen.

Zum Transport der Dachziegel und -steine auf das Dach verwenden Dachdecker entweder Schräg- bzw. Anlegeaufzüge oder das Deckmaterial wird direkt mit einem Kran in die entsprechende Höhe gebracht und von der Palette eingedeckt.

Bei der Verwendung von Aufzügen ist besonders auf deren Standsicherheit zu achten.

Bei Aufzügen mit Fahrwerk wird dieses zunächst entlastet und über Standspindeln arretiert. Ein vorhandener Grundrahmen muss damit horizontal ausgerichtet werden. Bei Anlegeaufzügen ohne Fahrwerk und Grundrahmen sind diese am Aufstellplatz entsprechend unverschiebbar aufzustellen.

Zum Transport des Deckmaterials dürfen nur geeignete Lastaufnahmemittel, z. B. Ziegelpritschen, verwendet werden. Eine Beförderung von Personen und die Verwendung des Aufzugs als Leiter sind nicht zulässig.

Zum Eindecken eines Daches bedienen sich Dachdecker zahlreicher Werkzeuge, Maschinen und Hilfsmittel. Bei deren Verwendung ist auf sorgfältiges Arbeiten und pfleglichen Umgang zu achten. Entsprechende Sicherheitsmaßnahmen bei der Verwendung von Maschinen und der Nutzung von Aufzügen sind zu beachten.

8.6 Deckung mit Dachziegeln

Das Aussehen eines Daches wird maßgeblich durch die Dachform und die Wahl der Deckwerkstoffe bestimmt.

Das Angebot der Dachziegel- und Dachsteinhersteller bietet hierfür die unterschiedlichsten Deckungsarten und mit zahlreichen Formen, Größen, Farben und Oberflächen vielfältige Gestaltungsmöglichkeiten.

Bevor Dachdecker mit dem Eindecken eines Daches beginnen können, müssen sie sich einen Überblick über die Dachziegel- und Dachsteinmodelle verschaffen, die die Fachregel des Dachdeckerhandwerks zulässt bzw. die von der Industrie angeboten werden. Längst nicht jeder Dachziegel oder Dachstein ist für jedes Dach, jede Dachform oder jede Dachneigung geeignet, denn bei der Auswahl spielen neben gestalterischen Gesichtspunkten auch die technischen Anforderungen eine wesentliche Rolle.

Im Folgenden werden, in Anlehnung an das aktuelle Regelwerk, die gängigen Dachziegeldeckungen mit ihren Deckungsmerkmalen beschrieben.

Um die richtige Wahl einer Dachziegeldeckung für ein Dach zu treffen, ist einer der wichtigsten Punkte die Regeldachneigung der entsprechenden Deckungsart (siehe auch Abschnitt 8.2). Tabelle 8.11 zeigt die möglichen Deckungsarten mit ihren jeweiligen Regeldachneigungen.

Bevor die Wahl auf eine Deckungsart fällt, sind noch folgende Detailfragen zu klären:

- Welche Deckungsmerkmale besitzt die Deckung: Einfachdeckung, Doppeldeckung?
- Wie kann die Verlegung der Deckwerkstoffe erfolgen – in Reihe oder im Verband?
- Welche Höhen- oder Seitenüberdeckungen sind einzuhalten? Abhängigkeit von Dachneigung oder Verfalzung?
- Besitzen die Dachziegel eine Verfalzung und in welchen Bereichen kann das Lattmaß variieren?
- Lässt sich die Deckung auf eine bestehende Unterkonstruktion anpassen?
- Ist ein Ausgleich von Unebenheiten in der Dachfläche mit den Dachziegeln möglich?
- Was ist bei der Einteilung der Dachfläche zu berücksichtigen?
- Wie können die Dachdetails Traufe, Ortgang und First ausgeführt werden?
- Welche Möglichkeiten bietet die Deckung zur Ausführung von Kehlen, Graten oder Anschlüssen an aufgehende Bauteile?
- Wie soll die Entwässerung der Dachflächen erfolgen?
- Mit welchen Lasten auf die Unterkonstruktion ist bei der gewählten Deckung zu rechnen?
- Wie lassen sich die Werkstoffmengen ermitteln?
- Sind die erforderlichen Formziegel und Zubehörteile für die Deckung lieferbar?

Tabelle 8.11: Dachziegelarten mit Deckungsarten und Regeldachneigungen

Merkmale	Form	Deckungsart	Regeldachneigung
Dachziegel mit Verfalzung			
Dachziegel mit Ringfalz und besonderen Merkmalen	Flachdachziegel romanische Dachziegel Hohlfalztiegel	Einfachdeckung	22°
Dachziegel mit Kopffalz oder Fuß- und Kopfrippe und Seitenverfalzung	Doppelmuldenfalzziegel Reformziegel Glattziegel Verschiebeziegel		25° bei Verlegung im Verband oder mit besonderen Merkmalen
Dachziegel mit Kopffalz oder Fuß- und Kopfrippe und Seitenfalz	Doppelmuldenfalz-/Reformziegel Glattziegel Verschiebeziegel		30°
Dachziegel mit Seitenfalz bzw. seitlich eingreifender Überdeckung	Strangfalzziegel/Falzbiber		35°
Dachziegel ohne Verfalzung			
Dachziegel mit seitlich übergreifender Überdeckung bzw. Seitenaufkantung	Krempziegel	Einfachdeckung	35°
gewölbt	Hohlpfanne (Kurzschnittpfanne)	Aufschnittdeckung	35°
	Hohlpfanne (Langschnittpfanne)	Vorschnittdeckung	40°
	Mönch und Nonne	Einfachdeckung	40°
eben	Biberschwanzziegel	Doppel- und Kronendeckung	30°
		Einfachdeckung mit Spließen	40°

8.6.1 Deckung mit verfalzten Dachziegeln

8.6.1.1 Deckung mit Falzziegeln

Bei den Deckungen mit Falzziegeln werden Dachziegel mit einfacher oder mehrfacher Kopf-, Fuß- und Seitenverfalzung (sog. Ringverfalzung) unterschieden. Die Ringverfalzung kann durchgehend oder auch unterbrochen angeordnet sein (siehe Abb. 8.33). Die Ausbildung und Lage der Falze, ihre Form und weitere besondere Merkmale der Dachziegel bestimmen die Regensicherheit der Dachdeckung.

Die Wasserführung in den Falzen kann unterschiedlich ausgebildet sein. Je aufwendiger die Verfalzung ausgebildet ist, desto größer ist die Regensicherheit und desto niedriger ist auch die Regeldachneigung der einzelnen Ziegelmodelle.

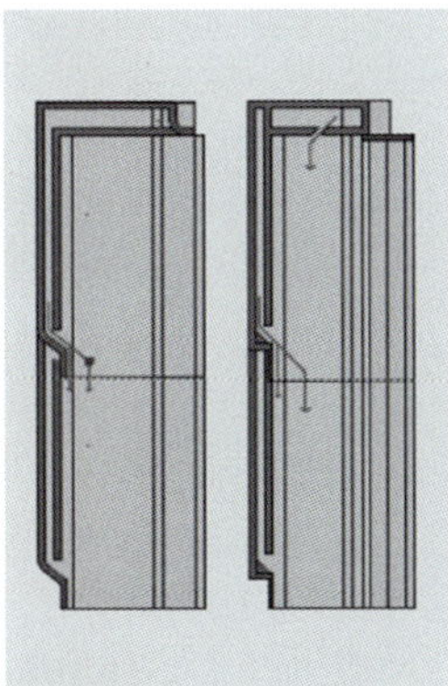

Abb. 8.33: Wasserführung bei durchgehender (li) und unterbrochener Ringverfalzung (re)

Abb. 8.34: 4-Ziegel-Eck bei der Flachdachziegeldeckung

Bei den Falzziegeln mit Ringverfalzung unterscheidet man Flachdachziegel, Doppelmuldenfalzziegel, Ziegel in romanischer Form, Reformziegel, Glattziegel, Hohlfalzziegel und weitere unterschiedlich profilierte Modelle. Durch die unterschiedliche Profilierung mit einem Wulst oder mehreren Wülsten, runden oder ebenen Wasserläufen ergeben sich unterschiedliche Deckbilder.

Die genannten Falzziegel werden in Einfachdeckung gedeckt, und die Höhen- und Seitenüberdeckung wird durch die Ringverfalzung vorgegeben.

Eine mitunter mögliche Deckung im Verband, also der Versatz um eine halbe Ziegelbreite bei übereinander angeordneten Ziegeln, erhöht die Regensicherheit und lässt deshalb, je nach Ziegelmodell, eine um 5° niedrigere Regeldachneigung zu. Die Abbildungen 8.35 bis 8.40 zeigen eine Auswahl von Dachziegeldeckungen.

Tabelle 8.12: Werkstoffmengenbedarf Falzziegel

Dachziegelart	Form	Größe B/L in cm/cm	mittlere Lattweite in cm	Bedarf in St./m²
Flachdachziegel		25/40,5 (bis 35/48,5)	33,9 (bis 40,0)	15,2 (bis 8,5)
Doppelmuldenfalzziegel	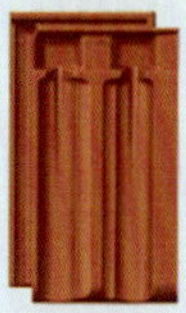	22,5/40 (bis 32,5/50,2)	33,8 (bis 42,5)	15,0 (bis 8,4)
Reformziegel		23/42 (bis 26,2/44,1)	34,1 (bis 35,5)	14,4 (bis 12,8)
Dachziegel, romanisch		25,5/43	34,5	14,5
Glattziegel		25,7/43,7	34,8	12,7
kombinierter Mönch-Nonnen-Ziegel		24/42	35,4	14,3

Abb. 8.35: Flachdachziegel

Abb. 8.36: Doppelmuldenfalzziegel

Abb. 8.37: Reformziegel

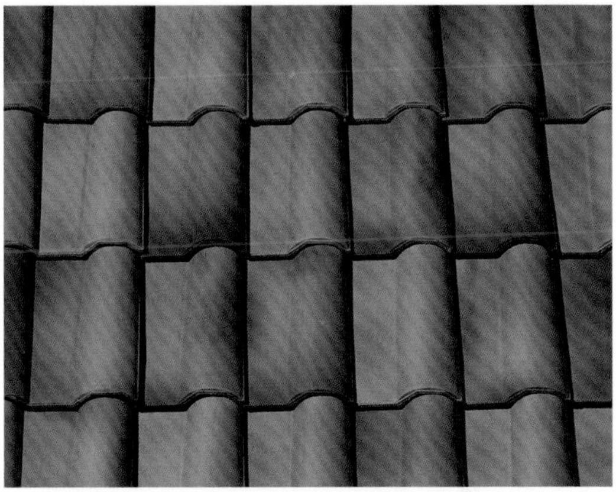

Abb. 8.38: Dachziegel in romanischer Form

Abb. 8.39: Glattziegel

Abb. 8.40: Kombinierter Mönch-Nonne-Ziegel

Zur Einteilung der Dachfläche müssen vor dem Aufbringen der Traglattung, dem sog. Einlatten, die mittlere Decklänge und die mittlere Deckbreite bei Falzziegeldeckungen bekannt sein (siehe auch Abschnitt 2.7.3 in Lernfeld 2).

Wenn die beiden Maße nicht vom Hersteller vorgegeben sind, müssen diese auf der Baustelle ermittelt werden. Die einzuteilenden Lattabstände und die Einteilung der Deckbreiten müssen dann zwischen den ermittelten höchsten bzw. kleinsten Werten liegen.

Bei der Eindeckung mit Falzziegeln ist – wenn es sich nicht um Verschiebeziegel handelt – das Mittelmaß der ermittelten Decklängen und Deckbreiten zu bevorzugen, um Toleranzen und Spannungen aus der Holzkonstruktion auszugleichen.

Soll bei einer Dachsanierung lediglich die Dachziegel- oder Dachsteindeckung, nicht aber die Unterkonstruktion erneuert werden, bieten sich die sog. Verschiebeziegel an, die von der Ziegelindustrie oftmals auch als Sanierungsziegel angeboten werden. Bei diesen Dachziegeln handelt es sich auch um verfalzte Dachziegel, deren Quer- und Längsfalzausbildung in bestimmten Grenzen eine variable Höhenüberdeckung zulässt. Die Größen- und Mengenangaben in Tabelle 8.12 sind als Beispiele zu sehen und firmenspezifisch unterschiedlich.

Abb. 8.41: Strangfalzziegeldeckung

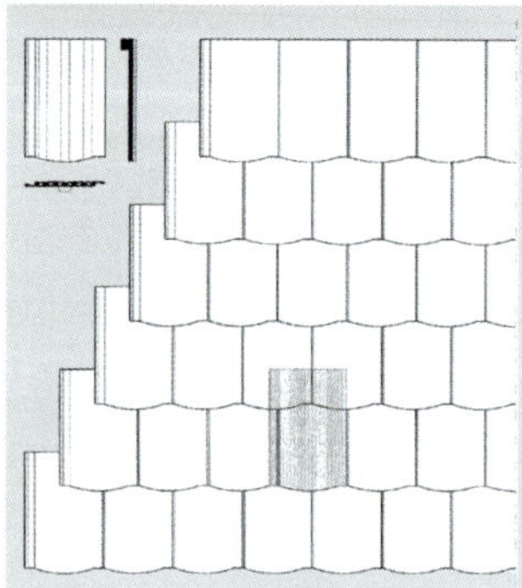

Abb. 8.42: Deckschema einer Strangfalzziegeldeckung

Bei der Eindeckung eines Daches mit quer- und längsverfalzten Dachziegeln müssen zur Einteilung der Dachfläche die mittleren Decklängen und Deckbreiten bekannt sein. Die Höhen- und Seitenüberdeckungen bei Dachziegeln mit Ringverfalzung sind durch die Verfalzung vorgegeben. Eine aufwendige Verfalzung oder die Verlegung im Verband führen zu einer niedrigeren Regeldachneigung.

8.6.1.2 Deckung mit Strangfalzziegeln

Das Deckbild von Deckungen mit ebenen Strangfalzziegeln ist von dem einer Biberschwanzdeckung kaum zu unterscheiden. In seiner Form ähnelt der Strangfalzziegel (Strangdachziegel) einem Biberschwanzziegel mit Segmentschnitt. Er ist als Weiterentwicklung zur Biber-Einfachdeckung zu sehen.

Tabelle 8.13: Werkstoffkennwerte Strangfalzziegel

Größe B/L in cm/cm	Deckfläche DB/DL* in cm/cm	Höhenüberdeckung in cm	Seitenüberdeckung	Lattweite in cm	Bedarf in St./m²
20,5/40	18/28	≥ 12 (laut Fachregel) 9–13 (laut Hersteller)	durch Verfalzung vorgegeben	28 (laut Fachregel) 27–31 (laut Hersteller)	19,8 17,9–20,6

* DB = Deckbreite, DL = Decklänge

Der Unterschied liegt in einer einfachen oder zweifachen Seitenverfalzung, die die Schindelunterlage bei der Biber-Einfachdeckung ersetzt. Einsatzgebiete dieser Deckungsart waren früher überwiegend landwirtschaftliche Gebäude.

Die Deckung erfolgt als Einfachdeckung im Halbverband, ist aber herstellerspezifisch auch in Reihe, also Fuge über Fuge, zulässig. Die Regeldachneigung liegt bei 35°.

8.6.2 Deckung mit Dachziegeln ohne Verfalzung

8.6.2.1 Deckung mit Krempziegeln

Der Krempziegel ist ein Pressdachziegel ohne Verfalzung. Deckungen mit Krempziegeln gehören mit zu den ältesten Dachziegeldeckungen. In Deutschland findet man die Deckung noch im südlichen Niedersachsen, in Sachsen-Anhalt und in Thüringen.

Das Deckbild der Krempziegeldeckung ist charakteristisch durch die nicht rechtwinklige Lage des einzelnen Dachziegels zur Traglattung. Je nach Anordnung der Krempe ist eine Links- oder Rechtsdeckung möglich. Statt einer Verfalzung besitzt dieser Dachziegel an einer Längsseite eine konische Krempe und gegenüber eine Seitenaufkantung. Durch die tütenförmige Krempe ist ein variables Übereinanderlegen der Ziegel möglich.

Durch die einfache Konstruktion des Ziegels ohne Verfalzung ist er in seiner Decklänge und Deckbreite relativ variabel. Die Verlegung als Einfachdeckung kann trocken, mit Innenverstrich der Fugen oder vermörtelt erfolgen.

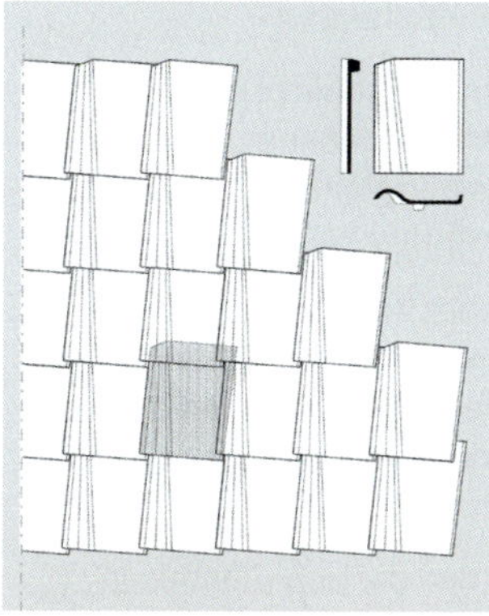

Abb. 8.43: Deckschema einer Krempziegeldeckung

Abb. 8.44: Deckung mit Krempziegeln (Linkskremper in Rechtsdeckung)

Die Regeldachneigung liegt bei 35°. Die Größen- und Mengenangaben in Tabelle 8.14 sind als Beispiele zu sehen und firmenspezifisch unterschiedlich.

Tabelle 8.14: Werkstoffkennwerte Krempziegel

Größe B/L in cm/cm	Deckfläche DB/DL* in cm/cm	Höhenüberdeckung in cm	Seitenüberdeckung	Lattweite in cm	Ziegelbedarf ≈ St./m²
≈ 26,5/35	≈ 23/27	≥ 8 (laut Fachregel) 8–9,5 (laut Hersteller)	durch Krempe und Seitenaufkantung vorgegeben, ca. 2–3,5 cm	25,5–27	15,8–16,1
* DB = Deckbreite, DL = Decklänge					

8.6.2.2 Deckung mit Hohlpfannen

Die Hohlpfanne, wegen der Ähnlichkeit mit einem liegenden„S" auch S-Pfanne genannt, ist ein sehr altes Ziegelmodell, das traditionell im norddeutschen Raum seinen Ursprung hat.

Hohlpfannen ähneln auch einer flachen Schale, deren rechte Seite mit einer Krempe versehen ist, mit der sie die neben ihr liegende 2. Pfanne überdeckt. Die rechte obere und die linke untere Ecke haben einen schrägen Schnitt.

Je nach Schnittart werden die Hohlpfannen in Langschnitt- und Kurzschnittpfannen mit 2 unterschiedlichen Deckungsarten unterteilt. Sie werden als Einfachdeckung in Vorschnitt- oder Aufschnittdeckung mit Seiten- und Höhenüberdeckung verlegt. Die Seitenüberdeckung richtet sich nach Breite und Form der Krempe, die Höhenüberdeckung ergibt sich durch die Art des Eckenschnittes.

Problematisch können produktionsbedingte Verformungen sein. Deshalb werden Hohlpfannen auch mit Strohdocken unterlegt (siehe Abschnitt 8.2.2). Die Pfannen können trocken, mit Innenverstrich der Fugen oder in Mörtel eingedeckt werden. First und Grate werden mit vermörtelten Gratziegeln gedeckt.

Vorschnittdeckung

Die Vorschnittdeckung wird mit Langschnittpfannen gedeckt. Bei diesen sind die Schrägschnitte so gestaltet, dass die beiden Ecken der diagonal liegenden Pfannen in einer Ebene liegen und aneinanderstoßen. Dies hat den Vorteil, dass die Pfannen bei identischer Größe dicht aneinander, aber im 4-Ziegel-Eck, der Stelle, an der 4 Ziegelecken aufeinandertreffen, nur 3-fach aufeinanderliegen. Die Langschnittpfanne besitzt dadurch ein etwas ruhigeres Deckbild gegenüber der Kurzschnittpfanne. Die Höhenüberdeckung ergibt sich durch das Aneinanderstoßen des Eckenschnitts auf ein unveränderliches Maß von 7 cm. Die Regeldachneigung liegt bei 40°.

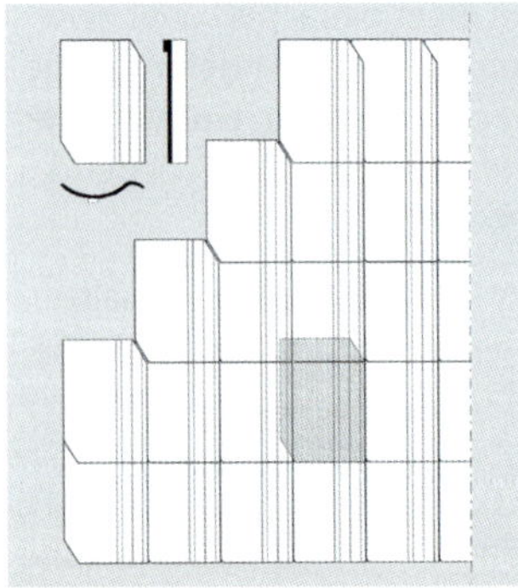

Abb. 8.45: Deckschema Hohlpfannen in der Vorschnittdeckung

Abb. 8.46: Deckung mit Hohlpfannen in der Vorschnittdeckung

Die Größen- und Mengenangaben in Tabelle 8.15 sind als Beispiele zu sehen und firmenspezifisch unterschiedlich.

Tabelle 8.15: Werkstoffkennwerte Hohlpfannen in Vorschnittdeckung

Größe B/L in cm/cm	Deckfläche DB/DL* in cm/cm	Höhenüberdeckung (dachneigungsunabhängig)	Seitenüberdeckung	Lattweite in cm	Ziegelbedarf ≈ St./m²
≈ 24,7/40,5	≈ 22/33	≈ 7 cm	durch Krempe und Seitenaufwölbung vorgegeben, ca. 2–3 cm	≈ 33	≈ 13,8

* DB = Deckbreite, DL = Decklänge

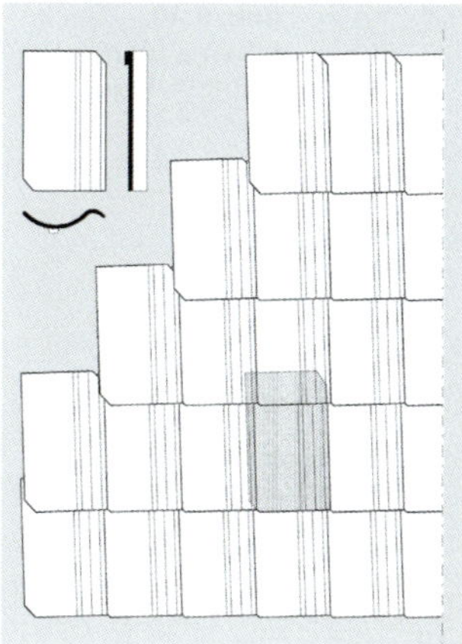

Abb. 8.47: Deckschema Hohlpfannen in der Aufschnittdeckung

Abb. 8.48: Deckung mit Hohlpfannen in Aufschnittdeckung

Aufschnittdeckung

Hohlpfannen mit kurzem Eckenschnitt werden in der Aufschnittdeckung verlegt. Bei diesen Kurzschnittpfannen sind die Schnitte so gestaltet, dass die beiden Ecken der diagonal liegenden Pfannen aufeinanderliegen. Dadurch ergibt sich ein unruhigeres Deckbild gegenüber der Vorschnittdeckung und durch das fehlende Aneinanderstoßen der Eckenschnitte ist die Höhenüberdeckung variabel. Im 4-Ziegel-Eck liegen die Ziegel 4-fach aufeinander, was der Regensicherheit der Deckung zuträglich ist. Die Regeldachneigung liegt mit 35° um 5° niedriger als bei der Vorschnittdeckung. Die Höhenüberdeckung ist variabel und liegt dachneigungsabhängig zwischen 8 und 10 cm. Der maximale Traglattenabstand ergibt sich aus der Hohlpfannenlänge abzüglich der Höhenüberdeckung für die vorhandene Dachneigung.

Bei großen Sparrenlängen in Verbindung mit geringerer Dachneigung ist die Aufschnittdeckung vorzuziehen.

Die Größen- und Mengenangaben in Tabelle 8.16 sind als Beispiele zu sehen und firmenspezifisch unterschiedlich.

Tabelle 8.16: Werkstoffkennwerte Hohlpfannen in Aufschnittdeckung

Größe B/L in cm/cm	Deckfläche DB/DL* in cm/cm	Höhenüberdeckung (dachneigungsabhängig)	Seitenüberdeckung	Lattweite in cm	Ziegelbedarf ≈ St./m²
≈ 24,7/41,4	≈ 22/31,5–22/33,5	DN ≤ 40° ≥10 cm > 40°–45° ≥ 9 cm DN > 45° ≥ 8 cm	durch Krempe und Seitenaufwölbung vorgegeben, ca. 2–3 cm	31,5–33,5	13,6–14,5
* DB = Deckbreite, DL = Decklänge					

8.6.2.3 Deckung mit Mönch- und Nonnenziegeln

Mönch- und Nonnenziegel ähneln in ihren Formen einer der Länge nach halbierten Röhre oder einer Rinne. Beide Ziegel sind konisch geformt; der Mönchziegel ist dabei schmaler und an seinem oberen Ende geschlossen, der Nonnenziegel ist breiter und an der runden Unterseite mit einer Nase zur Befestigung an den Dachlatten versehen. Zunächst bilden die Nonnenziegel, die mit der Rundung nach unten dicht nebeneinander mit ihren Nasen in die Traglattung eingehängt werden, nebeneinanderliegende Rinnen, über die das Wasser in die Traufe geführt wird. Die Mönchziegel werden dann über den Zwischenraum zwischen 2 Nonnenziegeln mit der Rundung nach oben so verlegt, dass sie in den Einkerbungen der Nonnenziegel hängen bleiben und mit ihrer Unterkante deren Fußlinie überragen. Dadurch entsteht ein Verband.

Die jeweilige Seitenüberdeckung ergibt sich durch die Breite der Mönchziegel. Die Höhenüberdeckung wird durch die Lage der Mönchziegel erreicht und muss mindestens 8 cm betragen.

Deckungen mit Mönch- und Nonnenziegeln können trocken mit Verklammerung verlegt werden. Sie werden aber traditionell vermörtelt.

Die Regeldachneigung für die Eindeckung mit „Mönch und Nonne" beträgt 40°. Wegen der Verlegung mit Mörtelfuge und des großen Material- und Zeiteinsatzes ist eine solche Dacheindeckung verhältnismäßig schwer, teuer und mit großem Wartungsaufwand verbunden.

Viele Dachziegelhersteller bieten deshalb heute Falzziegelmodelle an, die im verlegten Zustand vom klassischen Deckbild einer Mönch- und Nonnendeckung kaum zu unterscheiden sind und gleichzeitig mit ausgereifter Verfalzung eine hohe Regensicherheit bieten (siehe Abb. 8.40).

Die Größen- und Mengenangaben in Tabelle 8.17 sind als Beispiele zu sehen und firmenspezifisch unterschiedlich.

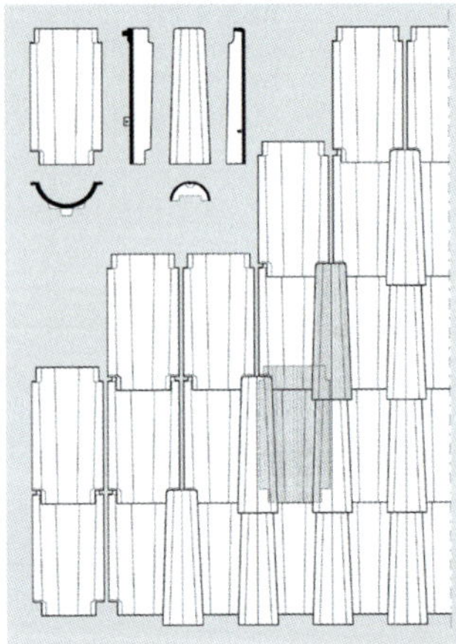

Abb. 8.49: Deckschema Mönch- und Nonnenziegel

Abb. 8.50: Deckung mit Mönch- und Nonnenziegel

Tabelle 8.17: Werkstoffkennwerte Mönch- und Nonnenziegel

Größe B/L in cm/cm	Deckfläche DB/DL* in cm/cm	Höhenüberdeckung (dachneigungsunabhängig)	Seitenüberdeckung	Lattweite in cm	Ziegelbedarf ≈ St./m²
Mönch ≈ 11/41 Nonne ≈ 21/41	≈ 21,5/34	≥ 8 cm (laut Fachregel) ≈ 7 cm (laut Hersteller)	durch Breite der Mönchziegel vorgegeben	ca. 34 cm	13,7

* DB = Deckbreite, DL = Decklänge

Abb. 8.51: Ansichten unterschiedlicher Deckbilder mit Biberschwanzziegeln unterschiedlicher Schnittarten

8.6.2.4 Deckung mit Biberschwanzziegeln

Deckungen mit Biberschwanzziegeln gehören mit zu den ältesten Dachziegeldeckungen. Sie lösten etwa ab dem 14. Jahrhundert die von den Römern her bekannten Mönch- und Nonnenziegel-Deckungen ab.

Der Biberschwanz ist ein ebener Strangdachziegel ohne Profilierung und Verfalzung mit einer überwiegend halbrunden oder segmentbogenförmig geschnittenen Unterkante. Seine Form erinnert damit an den Schwanz des namengebenden Tieres.

Neben diesen abgerundeten Formen sind ebenso Biberschwanzziegel mit Geradschnitt, geschweiften (gotischer Schnitt) oder spitz zulaufenden Formen (Rautenspitzbiber) üblich. Auch unterschiedlich strukturierte Oberflächen verleihen wie der Schnitt des Formats und die Farbgebung den unterschiedlichen Biberschwanzdeckungen ihr charakteristisches Deckbild. Abb. 8.51 zeigt die Ansichten unterschiedlicher Deckbilder.

Die Ableitung des Niederschlagswassers erfolgt bei den Biberdeckungen über die Fläche zur Mitte der unteren Kante und bei der Verlegung im Halbverband weiter in die darunterliegende Längsfuge. Die Verlegung der Ziegel erfolgt heute überwiegend trocken.

Die Eindeckung von Biberschwanzziegeldeckungen soll möglichst mit geringem Seitenabstand erfolgen, um Schäden bei Bewegungen der Dachkonstruktion zu vermeiden.

Bei den Biberschwanzdeckungen unterscheidet man 3 traditionelle Deckungsarten, von denen aber heutzutage praktisch nur noch 2 zur Ausführung kommen.

Unterschieden werden die **Doppeldeckung**, die **Kronendeckung** und die **Einfachdeckung mit Spließen**.

Die gängigsten Biberformate sind 18/38 cm (Format B) und 15,5/38 cm (Format A).

Doppeldeckung

Bei der Doppeldeckung wird jede Ziegellage (Gebinde) auf einer eigenen Dachlatte verlegt. Die Lattweite wird so eingeteilt, dass jede Reihe noch vom unteren Ende der 3. Lage um das Maß der erforderlichen Höhenüberdeckung überdeckt wird. So ergibt sich eine **doppelte** Höhenüberdeckung. Die Höhenüberdeckung ist dabei variabel und von der Neigung des Daches abhängig.

Traufe und First müssen auch in Kronendeckung ausgeführt werden, um die offenen Längsfugen zu schließen. Dafür sind entweder Flächenbiber oder spezielle Trauf- bzw. Firstanschlussbiber für das Trauf- bzw. Firstgebinde zu verwenden. Dies ist bei der Einteilung der Dachfläche zu berücksichtigen, wenn das Deckbild über die gesamte Dachfläche gleichmäßig aussehen soll.

Die einzelnen Reihen werden zueinander im Halbverband gedeckt, also um eine halbe Biberbreite versetzt. Beim Anarbeiten an Dachdetails und bei Sonderdachflächen kann auch vom Halbverband abgewichen werden, jedoch darf der Viertelverband (seitliche Überdeckung ≥ 5 cm) nicht unterschritten werden. Ziegelstreifen mit einer Breite von weniger als 5 cm sind unzulässig.

Für die Unterkonstruktion können z. B. Dachlatten vom Querschnitt 30/50 mm in der Sortierklasse S10 nach DIN 4074-1 verwendet werden. Dachlatten vom Querschnitt 24/48 mm wären nur zulässig, wenn sie der Sortierklasse S13 entsprechen, der Konterlattenabstand höchstens 70 cm und die Lattweite maximal 17 cm beträgt.

Abb. 8.52: Biber-Doppeldeckung

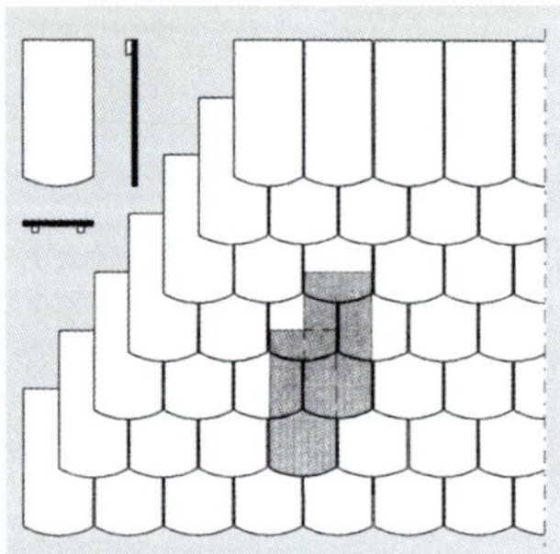

Abb. 8.53: Deckschema Biber-Doppeldeckung

Der maximale Traglattenabstand (Decklänge) bei der Doppeldeckung lässt sich nach folgender Formel berechnen:

$$DL = \frac{\text{Ziegellänge} - \text{Höhenüberdeckung}}{2}$$

Die Größen- und Mengenangaben in Tabelle 8.18 sind als Beispiele zu sehen und können firmenspezifisch abweichen.

Tabelle 8.18: Werkstoffkennwerte Biberschwanz-Doppeldeckung

Größe B/L in cm/cm	Deckfläche DB/DL* in cm/cm	Höhenüberdeckung (dachneigungsabhängig)	Seitenüberdeckung	Lattweite in cm	Ziegelbedarf ≈ St./m²
Format B 18/38 cm Format A 15,5/38 cm	≈ 18/14,5–18/16,5 ≈ 15,5/14,5–15,5/16,5	≥ 30°–35° ≥ 9 cm ≥ 35°–40° ≥ 8 cm ≥ 40°–45° ≥ 7 cm ≥ 45°–60° ≥ 6 cm DN > 60° ≥ 5 cm	keine Seitenüberdeckung innerhalb einer Ziegelreihe; ansonsten zwischen 5 cm und halber Ziegelbreite von Reihe zu Reihe durch Deckung im Verband	14,5–16,5	ca. 33,6–38,3 ca. 39,1–44,5

* DB = Deckbreite, DL = Decklänge

Kronendeckung

Bei der Biberschwanz-Kronendeckung liegen auf jeder Traglatte 2 Biberreihen übereinander, sodass die untere Lage nahezu vollständig vom aufliegenden Gebinde abgedeckt wird. Während die untere Schicht, die Lagerschicht, direkt auf der Traglatte liegt, ist die aufgelegte Reihe, die Deckschicht, mit den Nasen auf der Oberkante der Lagerschicht aufgehängt. Die Deckschicht ist zur Lagerschicht um eine halbe Biberbreite versetzt (Halbverband). Dies ist erforderlich, um die darunterliegende Längsfuge zwischen den Ziegeln der Lagerschicht regensicher abzudecken.

Die Lattweite wird so eingeteilt, dass jede Lagerschicht noch vom unteren Ende der nächsten Lagerschicht (3. Reihe) um das Maß der erforderlichen Höhenüberdeckung überdeckt wird. So ergibt sich wieder eine **doppelte** Höhenüberdeckung. Die Höhenüberdeckung entspricht der der Doppeldeckung und sie ist von der Neigung des Daches abhängig.

Traufe und First müssen auch in Kronendeckung ausgeführt werden, um die offenen Längsfugen zu schließen. Dafür sind entweder Flächenbiber oder spezielle Traufbiber für das Traufgebinde zu verwenden.

Beim Anarbeiten an Dachdetails und bei Sonderdachflächen kann zwischen Deck- und Lagerschicht auch vom Halbverband abgewichen werden, jedoch darf der Viertelverband (seitliche Überdeckung ≥ 5 cm) nicht unterschritten werden.

Für die Unterkonstruktion sind nur Dachlatten vom Querschnitt 30/50 mm in der Sortierklasse S10 nach DIN 4074-1 bei einem Konterlattenabstand von höchstens 80 cm zulässig.

Abb. 8.54: Biber-Kronendeckung

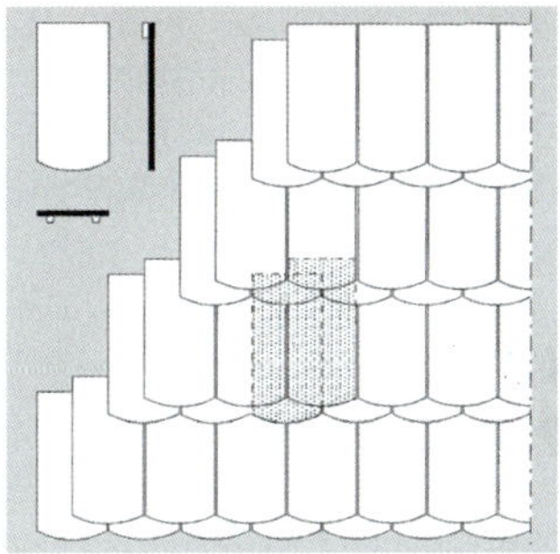

Abb. 8.55: Deckschema Biber-Kronendeckung

Der maximale Traglattenabstand (Decklänge) bei der Kronendeckung lässt sich nach folgender Formel berechnen:

DL = Ziegellänge – Höhenüberdeckung

Die Größen- und Mengenangaben in Tabelle 8.19 sind als Beispiele zu sehen und können firmenspezifisch abweichen.

Tabelle 8.19: Werkstoffkennwerte Biberschwanz-Kronendeckung

Größe B/L in cm/cm	Deckfläche DB/DL* in cm/cm	Höhenüberdeckung (dachneigungsabhängig)	Seitenüberdeckung	Lattweite in cm	Ziegelbedarf ≈ St./m²
Format B 18/38 cm	≈ 18/29–18/33	≥ 30°–35° ≥ 9 cm ≥ 35°–40° ≥ 8 cm ≥ 40°–45° ≥ 7 cm ≥ 45°–60° ≥ 6 cm DN > 60° ≥ 5 cm	keine Seitenüberdeckung innerhalb einer Ziegelreihe; ansonsten zwischen 5 cm und halber Ziegelbreite von Reihe zu Reihe durch Deckung im Verband	29,0–33,0	ca. 33,6–38,3
Format A 15,5/38 cm	≈ 15,5/29–15,5/33				ca. 39,1–44,5

* DB = Deckbreite, DL = Decklänge

Einfachdeckung mit Spließen

Die Biberschwanz-Einfachdeckung ist im Zuge der Denkmalpflege, aber auch bei historischen Wirtschaftsgebäuden und Bauernhäusern noch anzutreffen. Sie soll aber wegen ihrer geringeren Regensicherheit nur noch bei untergeordneten Gebäuden eingedeckt werden. Sie wird auch Spließdeckung genannt, weil jede Längsfuge mit einem mindestens 5 cm breiten und ca. 28 cm langen Spließ unterlegt werden muss (siehe Abb. 8.56). Ansonsten würde Regenwasser über die Längsfuge eindringen. Die Spließe oder Schindeln sind traditionell dünne Holzstreifen, können aber auch aus Kunststoff, Metall oder anderen geeigneten Werkstoffen hergestellt sein.

Abb. 8.56: Spließe aus Holz bzw. Kunststoff

Diese Deckung ist eine „halbe" Doppeldeckung, denn zur Doppeldeckung fehlt jede 2. Reihe. Die Einfachdeckung hat ein sehr geringes Flächengewicht, da im Vergleich zur Doppel- bzw. Kronendeckung nur die Hälfte an Biberschwanzziegeln benötigt wird.

Abb. 8.57: Biber-Einfachdeckung

Die Biber werden nicht im Verband, sondern in Reihe, Fuge über Fuge, gedeckt, damit das Wasser vom tiefsten Punkt der rund geschnittenen Ziegel jeweils auf die Mitte des darunterhängenden Ziegels abgeleitet wird. Dadurch gelangt möglichst wenig Wasser in die mit Spließen unterlegten Längsfugen. Die Fachregel lässt aber in Ausnahmefällen auch eine Verlegung im Drittelverband zu.

Die variable Höhenüberdeckung ergibt sich durch die einfache Überdeckung aus dem Abstand zweier Ziegelreihen und ist von der Neigung des Daches abhängig. Traufe und First werden auch nach Art der Kronendeckung mit Flächenbibern ausgeführt.

Für die Unterkonstruktion üblich sind Dachlatten vom Querschnitt 30/50 mm in der Sortierklasse S10 nach DIN 4074-1 bei einem Konterlattenabstand von höchstens 80 cm.

8.7 Deckung mit Dachsteinen

Zusammen mit den Dachziegeldeckungen sind Deckungen mit Betondachsteinen am weitesten verbreitet auf Deutschlands Steildächern.

Die Herstellung der Betondachsteine wurde in den letzten Jahren immer weiter optimiert, sodass Kalkausblühungen heutzutage kein Thema mehr sind. Auch die verbesserte Qualität der Oberflächenbeschichtungen führte zu einer weiteren Reduktion der Moosbildung. Die Regensicherheit und die Lebensdauer von Dachsteindeckungen konnten so deutlich erhöht werden.

Das äußere Erscheinungsbild der Dachsteindeckungen ist teilweise nur schwer von entsprechenden Dachziegeldeckungen zu unterscheiden. Wie die Dachziegel gehören auch die Dachsteine zu den kleinformatigen Deckwerkstoffen.

Dachsteine werden im **Strangpressverfahren** in unterschiedlichen Formen, profiliert oder eben, mit oder ohne Mittelwulst, mit oder ohne mehrfache Seitenverfalzung sowie mit oder ohne Fußverrippung hergestellt. Eine vorhandene Seitenverfalzung besteht immer aus einem Wasser- und einem Deckfalz.

Tabelle 8.20: Dachsteinarten mit Deckungsarten und Regeldachneigungen

Merkmale	Form	Deckungsart	Regeldachneigung
Dachsteine mit Seitenverfalzung			
hochliegender Seitenfalz	profiliert	Einfachdeckung	22°
tiefliegender Seitenfalz	eben		25°
Dachsteine ohne Verfalzung			
eben	Biber	Doppel- und Kronendeckung	30°
		Einfachdeckung mit Spließen	40°

Auch bei den Dachsteindeckungen ist ein wichtiges Auswahlkriterium die Regensicherheit der entsprechenden Deckungsart. Die Ausbildung der Seitenverfalzung, die Fußverrippung, die Höhenüberdeckung und die Form der Dachsteine bestimmen die Regensicherheit ihrer Deckung. Je höher die Verfalzung über der wasserführenden Ebene liegt, desto größer ist die Regensicherheit der Deckung und desto niedriger ist deren Regeldachneigung.

Tabelle 8.20 zeigt die möglichen Deckungsarten mit ihren jeweiligen Regeldachneigungen.

Im Folgenden werden die Eigenschaften und Deckungsmerkmale der genannten Dachsteindeckungen beschrieben.

8.7.1 Deckung mit seitenverfalzten Dachsteinen

Profilierte oder ebene Dachsteine mit hoch- oder tiefliegender Seitenverfalzung werden überwiegend im Standardformat 330 mm × 420 mm hergestellt. Die Deckungen erfolgen in der Einfachdeckung, d. h., die obere Dachsteinreihe überdeckt die darunterliegende um das Maß der Höhenüberdeckung.

Die Seitenüberdeckung ist durch die Seitenverfalzung vorgegeben. Die Höhenüberdeckung ist durch eine fehlende Kopfverfalzung variabel und von der Dachneigung abhängig.

Durch die Lage der Seitenverfalzung werden profilierte Dachsteine von rechts nach links gedeckt.

Einzelne Dachsteinformen lassen auch eine Deckung im Verband zu.

Durch geringere Toleranzen in der Seitenverfalzung sind bei Deckungen mit Dachsteinen Unebenheiten in der Unterkonstruktion schwieriger auszugleichen, als dies bei Dachziegeldeckungen der Fall ist. Auf die Ebenheit der Unterkonstruktion und eine geringere Durchbiegung der Traglatten ist zu achten.

8.7.1.1 Dachsteine mit hochliegendem Seitenfalz

Dachsteine mit hochliegendem Seitenfalz sind profilierte Dachsteine mit Fußverrippung. Sie werden entweder mit oder ohne Mittelwulst hergestellt.

Die Lage des Mittelwulstes kann entweder mittig (symmetrischer Mittelwulst) oder außerhalb der Mitte des Dachsteins liegen (asymmetrischer Mittelwulst).

Dachsteine mit symmetrischem Mittelwulst haben entweder einen ebenen oder einen runden Wasserlauf. Die Form des Mittelwulstes ist entweder halbkreis- oder segmentförmig.

Bei Dachsteinen mit asymmetrischem Mittelwulst ist der Wasserlauf rund.

Durch den hochliegenden Seitenfalz wird das Niederschlagswasser auf die wasserführende Ebene des darunterliegenden Dachsteins abgeleitet.

Tabelle 8.21: Werkstoffkennwerte Dachsteine mit hochliegendem Seitenfalz

Größe B/L in cm/cm	Deckfläche DB/DL* in cm/cm	Höhenüberdeckung (dachneigungsabhängig)	Seitenüberdeckung	Lattweite in cm	Dachsteinbedarf ≈ St./m²
33/42	30/32–30/34,5	DN < 22° ≥10 cm ≥ 22°–30° ≥ 8,5 cm DN > 30° ≥ 7,5 cm	durch Seitenfalz vorgegeben, ca. 3 cm	32,0–34,5	9,7–10,4

* DB = Deckbreite, DL = Decklänge

Abb. 8.58: Profilierter Dachstein mit hochliegendem Seitenfalz und symmetrischem Mittelwulst – BRAAS Frankfurter Pfanne

Abb. 8.59: Profilierter Dachstein mit hochliegendem Seitenfalz und symmetrischem Mittelwulst – BRAAS Altdeutsche Pfanne

Abb. 8.60: Profilierter Dachstein mit hochliegendem Seitenfalz und asymmetrischem Mittelwulst – BRAAS Doppel-S-Pfanne

Die Abbildungen 8.58 bis 8.60 zeigen Deckbilder der oben beschriebenen Deckungen.

Die Dachsteinindustrie produziert immer wieder neue Dachsteinmodelle, die zwar in ihrem Aussehen bzw. der Profilierung abweichen, aber den o. g. Deckungsmerkmalen entsprechen.

Tabelle 8.21 enthält die erforderlichen technischen Daten zu den Dachsteinmodellen, die in den Fachregeln des deutschen Dachdeckerhandwerks genannt sind.

Die Größen- und Mengenangaben in Tabelle 8.21 sind als Beispiele zu sehen und können firmenspezifisch abweichen.

Zur Steigerung der Wirtschaftlichkeit bei der Verlegung werden mittlerweile auch Dachsteine im Großformat, z. B. in der Größe 36,5 × 48,0 cm, angeboten. Bei einer Deckbreite von 33 cm und dachneigungsabhängigen Decklängen zwischen 37,2 und 40,5 cm reduziert sich dadurch der Dachsteinbedarf auf ca. 8 Stück pro Quadratmeter.

8.7.1.2 Dachsteine mit tiefliegendem Seitenfalz

Bei den Dachsteinen mit tiefliegendem Seitenfalz handelt es sich um ebene, also nicht profilierte Dachsteine mit Fußverrippung. Die Lage des Wasserfalzes liegt unterhalb der ebenen wasserführenden Ebene. Durch eine Deckung im Verband wird das Niederschlagswasser von der Seitenverfalzung auf die wasserführende Ebene des darunterliegenden Dachsteins geleitet.

Wegen der Lage der Verfalzung auf der linken Seite des Dachsteins werden sie i. d. R. von rechts nach links gedeckt. Bei diesen ebenen Dachsteinen ist es besonders wichtig, auf die Planebenheit der Unterkonstruktion zu achten, um die klaren Linien durch einen parallelen Fugenverlauf dieser streng geometrischen Deckung zu erhalten.

Um ein Durchbiegen der Traglattung zu verhindern, sind die Traglattenquerschnitte nach Tabelle 8.22 einzuhalten.

Tabelle 8.22: Traglattenquerschnitte bei ebenen Dachsteinen mit tiefliegendem Seitenfalz

Traglattenquerschnitte bei ebenen Dachsteinen mit tiefliegendem Seitenfalz	
Sparrenabstand – Achsmaß	**Traglattenquerschnitt – Nennquerschnitt**
< 75 cm	30/50 mm
< 90 cm	40/60 mm

Tabelle 8.23: Werkstoffkennwerte Dachsteine mit tiefliegendem Seitenfalz

Größe B/L in cm/cm	Deckfläche DB/DL* in cm/cm	Höhenüberdeckung (dachneigungsabhängig)	Seitenüberdeckung	Lattweite in cm	Dachsteinbedarf ≈ St./m²
33/42	30/31,5–30/34	DN < 25° ≥10,5 cm ≥ 25°–35° ≥ 9,5 cm DN > 35° ≥ 8,0 cm	durch Seitenfalz vorgegeben, ca. 3 cm	31,5–34	9,8–10,6

* DB = Deckbreite, DL = Decklänge

Die Abbildungen 8.61 und 8.62 zeigen Deckbilder der oben beschriebenen Deckung mit ebenen Dachsteinen.

Die Größen- und Mengenangaben in Tabelle 8.23 sind als Beispiele zu sehen und können firmenspezifisch abweichen.

Bei den Dachsteinen mit Seitenfalz wird, je nach Lage, zwischen hoch- und tiefliegender Verfalzung unterschieden. Je höher die Verfalzung über der wasserführenden Ebene liegt, desto größer ist die Regensicherheit der Deckung und desto niedriger liegt die Regeldachneigung der Deckung.

Im Gegensatz zu den Dachziegeln mit umlaufender Verfalzung sind Dachsteine in ihrer Höhenüberdeckung variabel. Diese ist von der Dachneigung abhängig.

Dachsteine mit Seitenverfalzung werden überwiegend im Standardformat 33 cm × 42 cm hergestellt.

Abb. 8.61: Ebener Dachstein mit tiefliegendem Seitenfalz (Deckung im Verband)

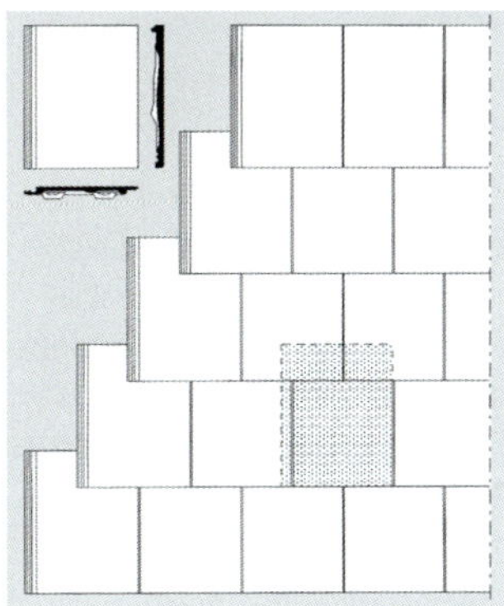

Abb. 8.62: Deckschema ebener Dachstein mit tiefliegendem Seitenfalz (Deckung im Verband)

8.7.2 Dachsteine ohne Verfalzung

Bei den Dachsteinen ohne Verfalzung sind lediglich ebene Dachsteine im Biberformat mit unterschiedlichen Schnittarten auf Dächern zu finden. Dachsteine in Biberform haben Abmessungen von ca. 170 mm × 420 mm. Vergleichbar mit den Biberschwanzdeckungen bei den Dachziegeln sind folgende Deckungsarten anzutreffen:

- Doppeldeckung,
- Kronendeckung,
- Einfachdeckung mit Spließen.

Dachsteine ohne Verfalzung im Biberformat sind heute nur noch im verlegten Zustand anzutreffen. Die Industrie hat die Produktion solcher Dachsteine eingestellt. Die Deckung erfolgt wie bei den Biberschwanzziegeldeckungen (siehe auch Abschnitt 8.6.2.4).

8.8 Dachdetails bei Deckungen mit Dachziegeln und Dachsteinen

Bei der Planung einer Dachziegel- oder Dachsteindeckung muss ein besonderes Augenmerk auf die Ausbildung der Dachdetails gelegt werden. Das Regelwerk des deutschen Dachdeckerhandwerks lässt unterschiedliche Varianten in der Detailausbildung zu. Während in diesem Kapitel die Ausführung der Trauf-, Ortgang-, First- und Pultdetails vorgestellt wird, wird in Lernfeld 13a die Ausbildung von Graten, Kehlen und Anschlüssen gezeigt.

Zur fachgerechten Ausführung der Dachdetails bietet die Dachziegel- und Dachsteinindustrie eine Vielzahl von Formziegeln und -steinen. Abbildung 8.63 zeigt die wichtigsten Zuordnungen und Begriffe für Formziegel und -steine von Dachziegel- und Dachsteindeckungen.

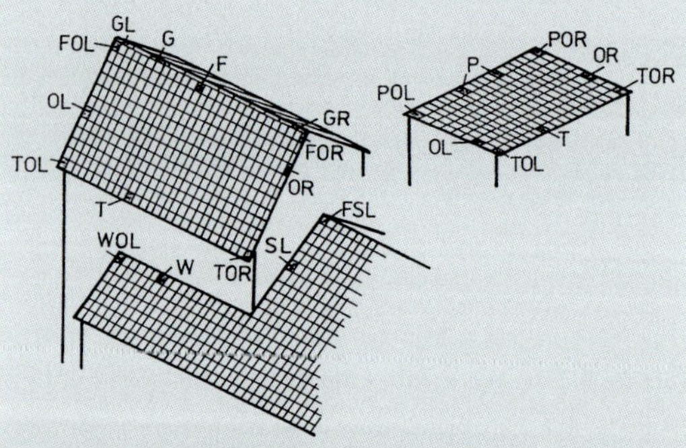

G	=	First- und Gratziegel/-stein
GL u. GR	=	First-/Gratanfänger links und rechts
F	=	Firstanschlussziegel/-stein
FOL u. FOR	=	Firstanschluss-Ortgangziegel/-stein links und rechts
OL	=	Ortgangziegel/-stein links
OR	=	Ortgangziegel/-stein rechts
T	=	Traufziegel/-stein
TOL u. TOR	=	Traufanschluss-Ortgangziegel/-stein links und rechts
P	=	Pultdachziegel/-stein
POL u. POR	=	Pult-Ortgangziegel/-stein links und rechts
SL u. SR	=	Seitenanschlussziegel/-stein links und rechts
FSL	=	Firstseitenanschlussziegel/-stein
W	=	Wandanschlussziegel/-stein
WOL u. WOR	=	Wandanschluss-Ortgangziegel/-stein links und rechts

Abb. 8.63: Formziegel und Formsteine bei Dachziegel-/Dachsteindeckungen

8.8.1 Die Deckung der Traufe

Die Deckung der Traufe, also der untersten Dachkante, von der das Niederschlagswasser der Dachfläche abfließt, ist mit besonderer Sorgfalt auszuführen, da dort die Gesamtmenge an ablaufendem Wasser zusammenläuft. Bei Wohngebäuden und in niederschlagsreichen Gebieten befindet sich unterhalb der Traufe eine Dachrinne zur kontrollierten Entwässerung.

Die Ausführung der Deckung an der Traufe kann mit einem Überstand über die Traufkonstruktion, bündig oder zurückgesetzt erfolgen. Dies ist abhängig von der Einteilung der Dachfläche, den klimatischen Verhältnissen und der Dachrinnenkonstruktion. Die unterste Reihe an der Traufe kann mit den gleichen Dachziegeln oder Dachsteinen wie in der Dachfläche oder mit speziellen Formziegeln/-steinen, z. B. Traufanschlussziegeln oder -steinen, gedeckt werden. Auch Sonderkonstruktionen, z. B. mit Einlaufblechen oder mit Traufgebinden aus anderen Deckungsmaterialien, sind möglich.

Die Vorderkante der Traufreihe ist so festzulegen, dass die Entwässerung in die Dachrinne sichergestellt ist. Bei hochhängenden Dachrinnen soll die Deckung, waagerecht gemessen, nicht mehr als 1/3 der Rinnenbreite in die Dachrinne ragen. Für die gängigen Rinnengrößen liegt dieses Maß bei ca. 5 cm (z. B. halbrunde Dachrinne mit einer

Zuschnittbreite von 333 mm). Bei tiefhängenden Rinnen muss die 1. Reihe zurückgesetzt werden, damit bei starkem Niederschlag das Wasser nicht über die Rinne schießt. In diesem Fall ist immer ein Einlaufblech erforderlich.

Je größer der Höhenunterschied zwischen der wasserführenden Ebene der Traufreihe und der Dachrinne ist, desto eher wird ein Einlaufblech an der Traufe erforderlich. Dies ist immer bei tiefhängenden Dachrinnen, bündiger und zurückgesetzter Deckung der Traufreihe der Fall.

Bei der Einteilung der Dachfläche sollte darauf geachtet werden, dass an der Traufe keine geschnittenen Dachziegel/-steine gedeckt werden müssen. Eine Lösung z. B. bei kurzen Sparrenlängen, versetzten oder schrägen Traufen wäre der Längenausgleich durch ein breiteres Einlaufblech.

Die Verwendung von Trauf- oder Keilbohlen, Doppellatten, Traufelementen o. Ä. als untere Auflage sorgt dafür, dass die Traufreihe die gleiche Neigung hat wie die folgenden Reihen.

Die Lüftungsebene zwischen der Unterseite der Deckung und der Unterspannung bzw. Unterdeckung (Zusatzmaßnahme zur Regensicherheit siehe Abschnitt 8.2) muss im Bereich der Traufe an die Außenluft angeschlossen werden. Dies kann z. B. durch Trauflüftungselemente oder Lochblech-Winkelleisten erfolgen oder indem die Konterlattung bis zur Außenkante der Traufkonstruktion geführt wird und die Öffnungen zwischen den Konterlatten durch Lüftungsgitter verschlossen werden.

Bei geschlossener Traufkonstruktion müssen oberhalb der Traufeindeckung Lüfterziegel/-steine in ausreichender Anzahl eingebaut werden.

Bei den unterschiedlichen Dachziegel- und Dachsteindeckungen können für die 1. Traufreihe Sonderziegel verwendet werden. Bei einigen Falzziegeldeckungen und bei Deckungen mit profilierten Dachsteinen bietet die Industrie sog. Traufziegel bzw. -steine an, bei denen die Profilierung zur Unterseite hin geschlossen ist, um den Einflug von Vögeln oder Insekten zu verhindern. Die Decklänge entspricht der der Normalziegel.

Bei den Biberschwanzdeckungen wird die Traufe entweder mit Traufplatten oder mit Normalziegeln in Kronendeckung ausgeführt. Die Traufplatten, die mit einer Länge von 26 cm etwa 12 cm kürzer sind als die Normalbiber, liegen dabei auf einer eigenen Latte, die von der Traufunterkante so weit entfernt befestigt wird, dass die Unterkante der Traufplatte und die Unterkante der aufliegenden 1. Normalbiberreihe bündig enden. Die Abbildungen 8.67 und 8.68 verdeutlichen diese Form der Traufausbildung, z. B. bei der Biberschwanz-Doppeldeckung.

Abbildung 8.69 zeigt einen Schnitt durch die Traufausführung bei der Kronendeckung.

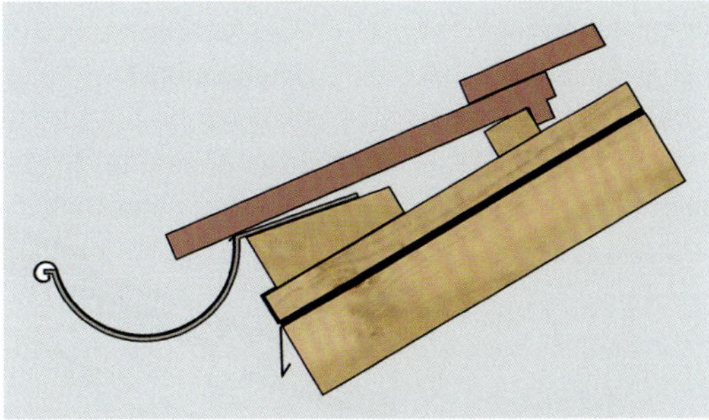

Abb. 8.64: Traufe mit hoch hängender Rinne Tabe

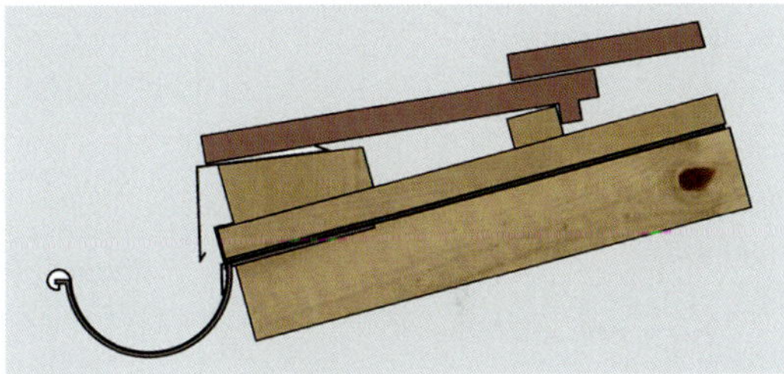

Abb. 8.65: Traufe mit tief hängender Rinne und Einlaufblech

Abb. 8.66: Traufe mit Rinne, Lüftungsgitter und Lüftungselement

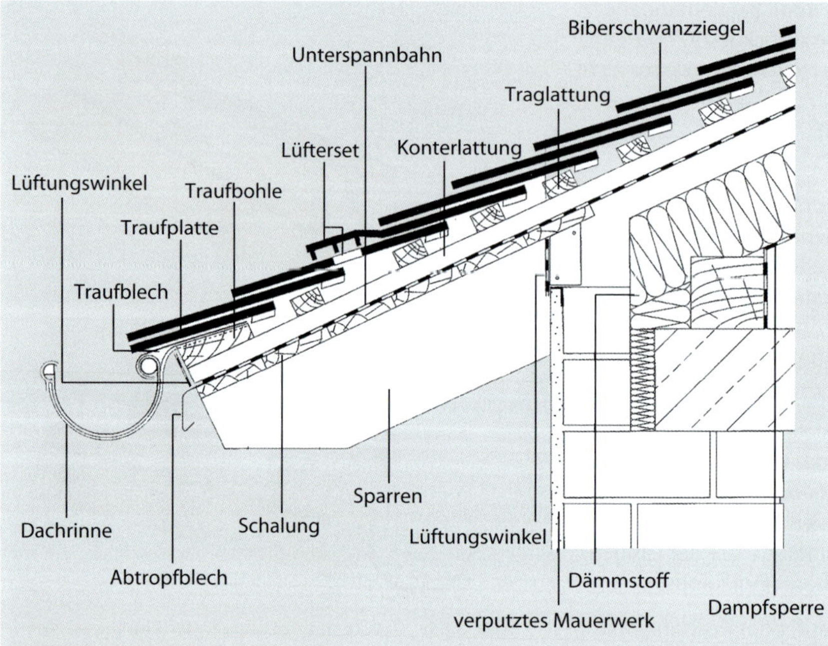

Abb. 8.67: Schnittbild Traufe Doppeldeckung Biberschwanz

Abb. 8.68: Traufeindeckung Biberschwanz

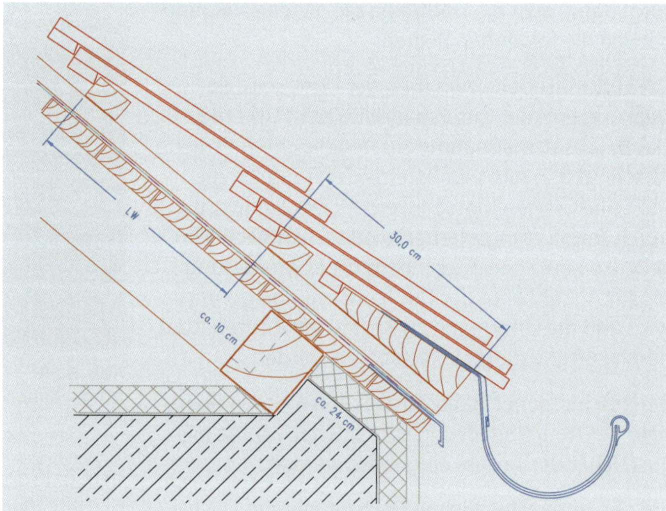

Abb. 8.69: Traufeindeckung Biberschwanz-Kronendeckung

Die Eindeckung der Traufe erfolgt bei Dachziegel- und Dachsteindeckungen entweder mit Flächenziegeln/-steinen oder speziellen Formziegeln/-steinen.

Die Ausführung kann mit einem Überstand über die Traufkonstruktion, bündig oder zurückgesetzt erfolgen. Dies ist abhängig von der Einteilung der Dachfläche, den klimatischen Verhältnissen und der Dachrinnenkonstruktion.

Die Traufeindeckung bei den Biberschwanzdeckungen erfolgt mit speziellen Traufplatten oder mit Normalbibern in Kronendeckung.

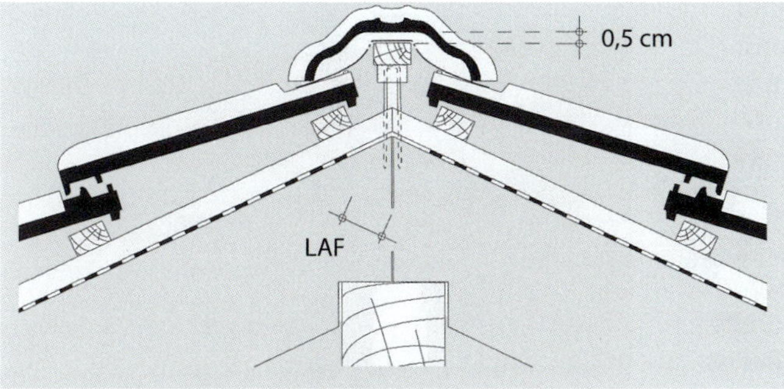

Abb. 8.70: Firstdetail Falzziegel

Abb. 8.71: Firstanschlussziegel, Flachdachpfanne mit Trockenfirst

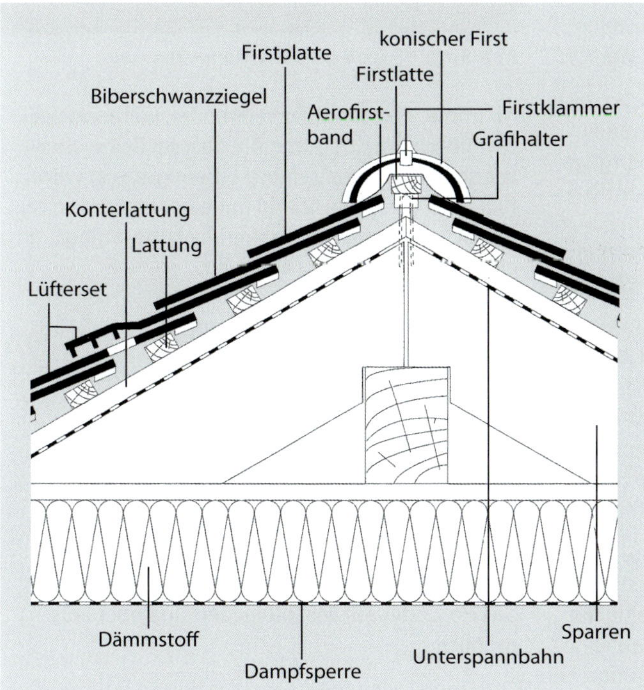

Abb. 8.72: Firstdetail Biberschwanz-Doppeldeckung mit kürzeren First-anschluss-Bibern

8.8.2 Die Deckung am First

Die Dachdeckung am First besteht bei Dachziegel- und Dachsteindächern aus Firstziegeln oder Firststeinen. Alternativ sind Sonderkonstruktionen mit anderen Materialien möglich.

Die Dachfläche sollte immer so eingeteilt werden, dass am First ganze Dachziegel/-steine gedeckt werden können. Bei versetzten oder schrägen Firstkanten und bei sehr kurzen Sparrenlängen kann es aber auch erforderlich werden, die Firstreihe zu schneiden und zusätzlich zu befestigen.

Die Deckung am First wird entweder als Trockenfirst oder als Mörtelfirst ausgeführt.

Bei trockener Verlegung werden unterhalb der Firstziegel/-steine Trockenfirstelemente oder flexible Firstbänder montiert, um das Eindringen von Niederschlag zu verhindern.

Werden keine Firstelemente verwendet, sind spezielle Firstanschlussziegel/-steine zu verwenden, deren ausgeformte Kopfteile eine regensichere Überdeckung durch die Firstziegel/-steine ermöglichen. Die Ebene unterhalb der Dachdeckung ist im Firstbereich durch Öffnungen von 0,5 ‰ der zugehörigen Dachfläche bzw. mindestens 50 cm²/m First zu entlüften (vgl. Abschnitt 8.3). Dies kann über die Trockenfirstelemente (Lüftungselemente), geeignete Lüftungsfirstziegel oder Lüfterziegel/-steine erfolgen.

Wird die Deckung der Firstziegel/-steine als Mörtelfirst ausgeführt, müssen diese zusätzlich zur Vermörtelung mechanisch, z. B. mit korrosionsbeständigem Bindedraht, befestigt werden. Dies ist erforderlich, weil die Vermörtelung nicht zur Windsogsicherung herangezogen werden kann.

Beim Mörtelfirst kann die Lüftung der Ebene unterhalb der Dachdeckung durch Lüfterziegel/-steine oder Sonderfirstziegel/-steine sichergestellt werden.

Bei den Firstziegeln/-steinen werden konische und solche mit Verfalzung unterschieden. Sofern die Überdeckung nicht durch eine Verfalzung vorgegeben ist, sind die konischen Modelle mit einer Überdeckung von 4 cm untereinander zu decken. Für den Firstanfang und das Ende des Firstes bietet die Industrie entsprechende Formziegel/-steine oder Endplatten an.

Als Unterkonstruktion zur Befestigung und Ausrichtung der Firstziegel/-steine werden ausreichend befestigte Firstlatten oder Firstbohlen verwendet. Oftmals werden 1 bis 2 Latten übereinander auf den Sparren befestigt, um die erforderliche Höhe für die Auflage der Firsteindeckung zu erreichen.

Eleganter ist dies allerdings durch geeignete Firstlattenhalter zu lösen. Die Oberkante der Firstlatte ist so auszurichten, dass die Firstziegel/-steine die obersten Ziegelreihen noch ausreichend und regensicher überdecken. Unter Berücksichtigung der Lüftungsöffnungen sollen sie beidseitig auf der Deckung aufliegen.

Zur Windsogsicherung sind bei allen Firstausführungen die Firstziegel/-steine an der Unterkonstruktion mechanisch zu befestigen. Diese Forderung gilt als erfüllt, wenn die Befestigung mit einer Holzschraube (Mindestdurchmesser 4,5 mm, Einschraubtiefe > 24 mm in Nadelholz) und einer Klammer erfolgt. In der Regel gibt der Hersteller Montagehinweise zu den entsprechenden Modellen.

Bei den Biberschwanzdeckungen wird die letzte Reihe vor den Firstziegeln/-steinen als Kronengebinde gedeckt. Bei der Kronendeckung werden dafür immer Flächenbiber verwendet, während bei der Biberdoppeldeckung die oberste Reihe überwiegend mit Firstanschluss-Bibern gedeckt wird. (vgl. Abb. 8.72). Diese sind mit einer Länge von ca. 26 cm so kurz, dass, in Kronendeckung verlegt, ein einheitliches Deckbild verbleibt.

Abb. 8.73: Firstziegel Biber-Doppeldeckung

8.8.3 Die Deckung am Ortgang

Die seitlichen Begrenzungen an Giebelwänden werden Ortgang genannt. Für die Eindeckung der Ortgangkanten können Ortgangziegel/-steine, Doppelwulstziegel, Schlusssteine oder Flächenziegel/-steine verwendet werden. Es sind aber auch andere dafür geeignete kleinformatige Deckwerkstoffe, z. B. Schiefer oder Faserzementplatten, zu finden. Sonderkonstruktionen mit Windbrettern aus Holz oder mit Metallblechen sind ebenfalls möglich.

Ortgänge sollen mit ungeschmälerten Dachziegeln/-steinen gedeckt werden. Bei schmalen Dachflächen, versetzten oder schrägen Orten kann es erforderlich sein, die Ortgangreihe zu schneiden und eine entsprechende Sonderkonstruktion herzustellen.

Zur Windsogsicherung sind an den Ortgangkanten alle Dachziegel/-steine, mit Ausnahme der Deckschicht bei der Biberschwanz-Kronendeckung, an der Unterkonstruktion im Überdeckungsbereich zu befestigen. Dies muss mindestens mit einer Holzschraube, Durchmesser 4,5 mm, bei einer Einschraubtiefe von mindestens 24 mm in Nadelholz erfolgen.

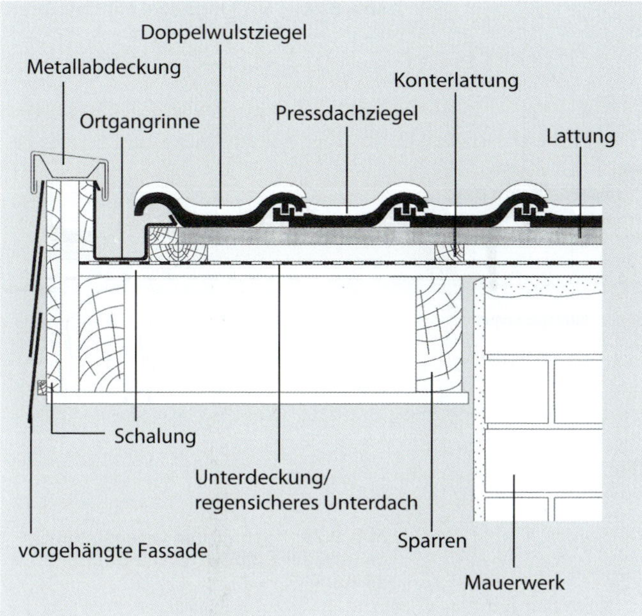

Abb. 8.74: Ortgang mit Doppelwulstziegel an Ortgangrinne

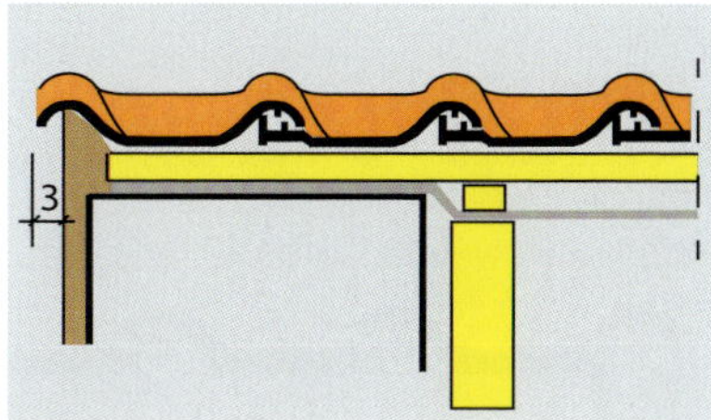

Abb. 8.75: Ortgang mit Überstand mit Doppelwulstziegel oder Schlusssteinen, Abschluss Putzkante

Abb. 8.76: Biberschwanzortgang mit Zahnleiste

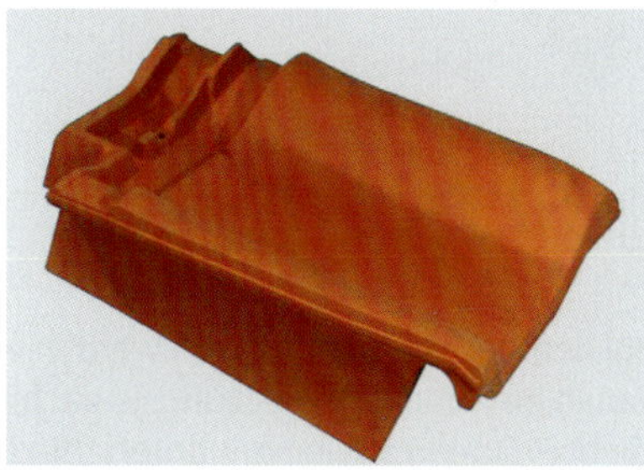

Abb. 8.77: Ortgangziegel Flachdachpfanne links

An den Außenkanten der Giebelwand bzw. einer Holzunterkonstruktion soll der Überstand von Doppelwulstziegeln, Schlusssteinen oder Flächenziegeln/-steinen mindestens 3 cm betragen.

Bei der Verwendung von Ortgangziegeln/-steinen ist zwischen der Innenkante der Ortganglappen und der Außenkante der Giebelwand oder Bekleidung ein Abstand von mindestens 1 cm einzuhalten.

Ortgangkonstruktionen, die deutlich über die Giebelwand hinausragen bieten einen besseren Schutz gegen Schlagregen. Der freie Überstand von Traglatten über die Außenkante darf aber nicht mehr als 30 cm betragen. Größere Überstände sind nur mit zusätzlichen konstruktiven Maßnahmen möglich.

Typische Ortgangausbildungen sind die Verwendung von Stirn- und Windbrettern oder von Zahnleisten. Diese sind Holzbretter, die entsprechend der Form der Dachmaterialien sägezahnförmig eingeschnitten sind (siehe Abb. 8.76).

Die eleganteste und zugleich dauerhafteste Konstruktion ist aber die Verwendung von Ortgangziegeln bzw. Giebel-/Ortgangsteinen, die mit dem sog. Ortganglappen die Unterkonstruktion vor der Witterung schützen (siehe Abb. 8.77 und 8.80).

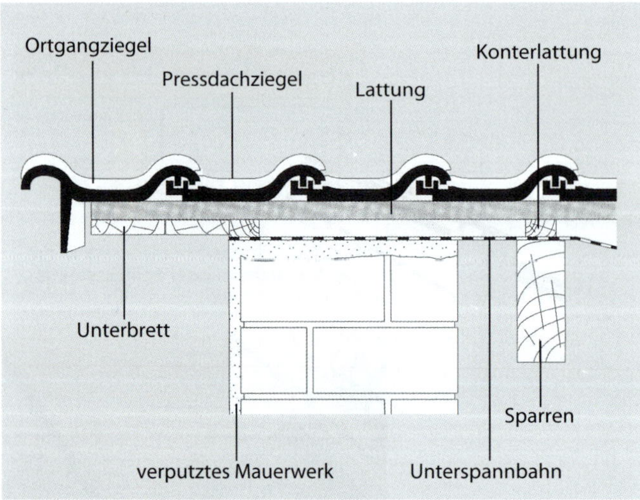

Abb. 8.78: Ortgangziegel mit Unterbrett

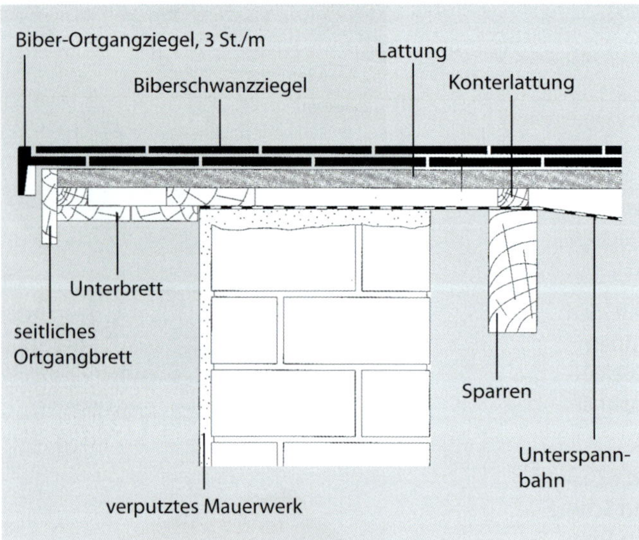

Abb. 8.79: Schnittbild Ortgang mit Ortgangziegeln, Biberschwanz-Doppeldeckung

Abb. 8.80: 1/1-Ortgang Biber links

Bei den Dachsteindeckungen werden wegen der variablen Höhenüberdeckung, je nach Lattweite, Giebel-/Ortgangsteine mit unterschiedlich langen Ausstichen am Ortganglappen verwendet.

Bei den Biberschwanzdeckungen sind ebenfalls Ortgangausführungen mit Ortgangbibern möglich, die als 1/2- und 1/1- oder als 3/4- und 5/4-breite Ortgangziegel angeboten und von Reihe zu Reihe im Verband eingedeckt werden.

Die Verwendung von Flächenbibern mit mindestens 30 mm Überstand ist bei Konstruktionen mit Windbrettern und Zahnleisten ebenfalls möglich. (siehe Abb. 8.76).

Geschmälerte Flächenbiber, die am Ortgang gedeckt werden, sind immer mit einem wasserabweisenden Schnitt zu versehen.

Die Eindeckung der Ortgangkanten kann bei Dachziegel- und Dachsteindeckungen erfolgen mit:

- **speziellen Ortgangziegeln/-steinen,**
- **Doppelwulstziegeln,**
- **Schlusssteinen,**
- **Flächenziegeln/-steinen,**
- **Konstruktionen mit Windbrettern,**
- **Zahnleisten,**
- **Ortgangrinnen mit Metallblechkonstruktionen.**

Ortgangziegel/-steine sind auf der Unterkonstruktion ausreichend mechanisch zu befestigen.

8.8.4 Die Deckung am Pultabschluss

Die oberste Dachkante bei Pultdächern kann mit Formziegeln/-steinen oder als Sonderkonstruktion ausgeführt werden. Als passende Formziegel bietet die Industrie spezielle Pultziegel/-steine an, deren oberste Abschlusskante, vergleichbar mit einem Ortganglappen, die Unterkonstruktion abdeckt.

Selbst bei den Biberschwanzziegel-Deckungen ist die Herstellung solcher Sonderziegel möglich.

Am Pultabschluss haben sich in der Praxis Lüftungsöffnungen von derselben Größe wie an der Traufe bewährt. Pultziegel/-steine sind zum Schutz gegen Windsog wie Ortgangziegel/-steine mit mindestens 1 Schraube mechanisch zu befestigen.

8.9 Dacheinbau- und Dachsystemteile

Die Dacheindeckung besteht nicht nur aus Dachziegeln oder Dachsteinen, sondern Dacheinbau- und Dachsystemteile stellen eine wichtige Ergänzung der Dachdeckung dar.

Dabei handelt es sich nicht nur um Sicherheitsvorrichtungen, wie z. B. Dachhaken, Trittstufen oder Schneefangeinrichtungen, sondern auch um Dachdurchgänge, Dachleitern oder Befestigungseinrichtungen für Solarsysteme.

Diese müssen für ihren jeweiligen Verwendungszweck geeignet sein und nach den Vorschriften der Hersteller unter Berücksichtigung der Fachregeln eingebaut werden. Sie dürfen die Dacheindeckung unter Belastung nicht beschädigen und alle Funktionsschichten des Daches müssen regensicher angeschlossen werden. Anschlüsse an Dachdurchdringungen können handwerklich hergestellt oder industriell vorgefertigt sein.

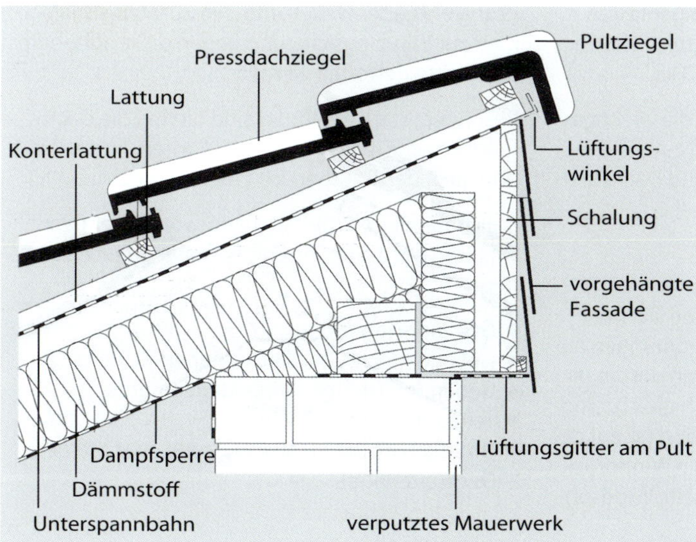

Abb. 8.81: Schnittbild Pultabschlussdetail

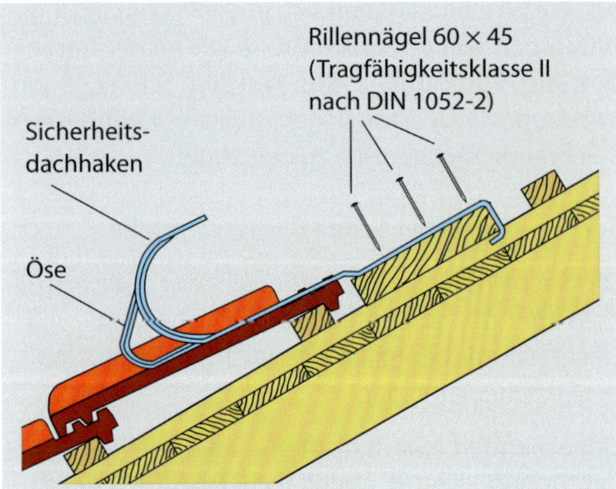

Abb. 8.82: Sicherheitsdachhaken für Falzziegel

Abb. 8.83: Sturmschäden bei einer Dachziegeldeckung

8.10 Windsogsicherung

Neben der Regensicherheit der Fläche und der Ausbildung der Details ist die Sturmsicherheit eine der wichtigsten Anforderungen an eine moderne Dachdeckung.

Die Planung und Ausführung von kleinformatigen Dachdeckungen mit Dachziegeln und Dachsteinen sind im Regelwerk des Dachdeckerhandwerks geregelt. Dort sind Tabellen zu finden, in denen die Art und Anzahl der Befestigungsmittel für die Deckungen mit einer Dachneigung ≥ 10° auf Lattung abzulesen sind.

Als kleinformatige Dachziegel und Dachsteine gelten solche mit Flächen ≤ 0,4 m^2 und Eigenlasten ≤ 7 kg. Zugehörige Formziegel und -steine haben Flächen ≤ 0,4 m^2 und Eigenlasten ≤ 13 kg.

Die folgenden Unterkapitel erläutern die wichtigsten Einflussfaktoren und Maßnahmen zum Thema Windsogsicherung von Dachziegel- und Dachsteindeckungen.

8.10.1 Windlasten

Windlasten, die auf Gebäude und deren Dächer wirken, ergeben sich durch Windanströmungen auf die entsprechenden Flächen. Sie wirken dort in unterschiedlicher Größe und führen auch gleichzeitig zu unterschiedlichen Belastungen. Während auf der angeströmten Seite Belastungen durch Winddruck entstehen, ist die windabgewandte Seite Windsogbelastungen ausgesetzt.

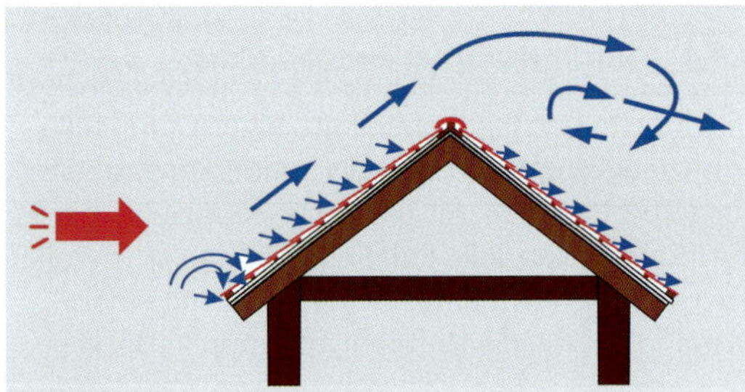

Abb. 8.84: Windbeanspruchung von Dachziegel-/Dachsteindeckungen

Da die Windsogkräfte dem Eigengewicht der Deckung entgegenwirken, müssen Zusatzmaßnahmen zur Windsogsicherung gegen diese abhebenden Kräfte getroffen werden.

Besonders stark gefährdet sind hierbei die Dachrandbereiche, wie z. B. Ortgangkanten, Firste, Grate und auch der Traufbereich eines Daches.

Die Größe der Windlasten hängt von folgenden Faktoren ab, die im Anschluss weiter erläutert werden:

- Gebäudestandort,
- Gebäudehöhe über Geländeoberfläche,
- Gebäudeform bzw. Gebäudegeometrie,
- Teilbereichen des Daches,
- Unterkonstruktion (geschlossene oder offene Deckunterlage).

a) Gebäudestandort
Die Höhe der Windlasten wird maßgeblich von der **geografischen Lage** (Standort in Deutschland) und von der **topografischen Lage** (Standort im Gelände) des Gebäudes beeinflusst. Die Bundesrepublik Deutschland wurde hierzu in einer Windzonenkarte in 4 unterschiedliche Windzonen eingeteilt (siehe Abb. 8.23). Die Windbelastung ist dabei von Windzone I nach Zone IV zunehmend.

In der Windzonenkarte wird auch die Höhe über dem Meeresspiegel (NN) berücksichtigt. Liegt ein Gebäude mehr als 800 m über NN, gelten höhere Windlasten.

Auch die Beschaffenheit der Umgebung des Gebäudes beeinflusst dessen Windbelastung. Ein freistehendes Haus auf freiem Feld ist stärker belastet als ein Reihenhaus in einem dicht bebauten Wohngebiet und braucht deshalb auch umfangreichere Maßnahmen zur Windsogsicherung.

b) Gebäudehöhe über Geländeoberfläche
Die Gebäudehöhe ist ein weiterer wichtiger Faktor für die Ermittlung der Windlasten. Da in unterschiedlichen Höhen auch unterschiedliche Luftdrücke herrschen, ergeben sich somit auch unterschiedliche Windgeschwindigkeiten und -lasten. Als Gebäudehöhe bezeichnet man hier den größten Höhenunterschied zwischen der Geländeoberfläche und dem höchsten Punkt des Gebäudes.

Generell lässt sich feststellen, dass mit Zunahme der Gebäudehöhe auch die Anzahl der zu verklammernden Dachziegel/Dachsteine zunimmt.

c) Gebäudeform bzw. Gebäudegeometrie
Nicht nur die Form eines Gebäudes, sondern in erster Linie die unterschiedlichen Dachformen eines Hauses, haben ebenso wie die Neigung der Dachflächen Auswirkungen auf die Windbelastungen in den einzelnen Teilbereichen eines Daches. Das Regelwerk unterscheidet zwischen den 3 Dachformen **Satteldach**, **Walmdach** und **Pultdach**.

Eine Auswertung der Tabellen ergibt, dass bei Pultdächern stärker als bei Sattel- und Walmdächern verklammert werden muss.

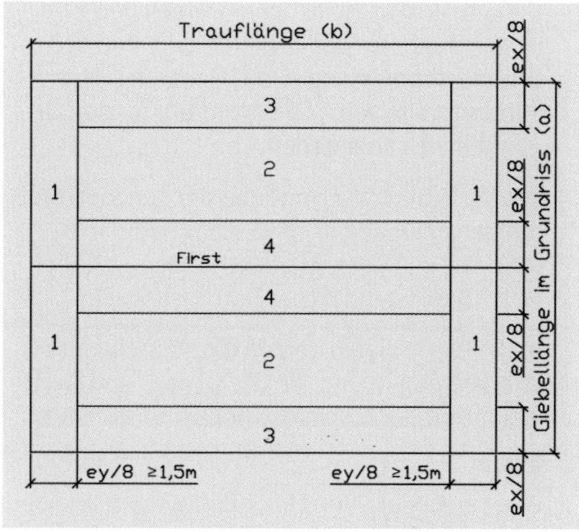

Abb. 8.85: Dachbereiche eines Satteldaches

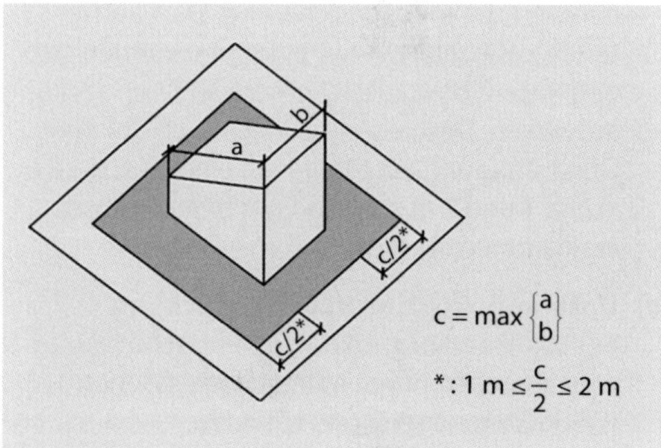

Abb. 8.86: Bereiche erhöhter Beanspruchung bei Durchdringungen

d) Teilbereiche des Daches
Bei den Dachbereichen in den Tabellen zur Verklammerung werden folgende Teilbereiche unterschieden:

- Bereich Ortgang/Grat/Walm/Kehle (1),
- Innenbereich (2),
- Traufbereich (3),
- Firstbereich (4).

Von den einzelnen Bereichen sind die Ortgang- und Gratbereiche am stärksten beansprucht, dicht gefolgt von den Traufbereichen eines Daches. Dort wird deshalb eine aufwendigere Verklammerung als im Innenbereich und im Firstbereich gefordert.

Die Größe bzw. Breite der einzelnen Bereiche ist abhängig von der Gebäudehöhe und den Grundrissabmessungen des Gebäudes. Eine Mindestbreite von 1,50 m wird nur für den Ortgangbereich angegeben.

Das Verfahren zur Ermittlung der genauen Breiten der aufwendiger zu verklammernden Bereiche ist im Regelwerk beschrieben, soll aber nicht Gegenstand dieses Lehrbuches sein.

In der Praxis bieten gerade die Hersteller der Windklammern und die Dachziegel- und Dachsteinhersteller kostenlose Berechnungshilfen an.

Auch im Bereich von Durchdringungen und bei Dachaufbauten wie z. B. Schornsteinen finden sich genaue Angaben über erforderliche Maßnahmen zur Windsogsicherung. Dort auftretende zusätzliche Verwirbelungen können sich negativ auf die Lagesicherheit der Dachdeckung auswirken. Deshalb muss im Bereich um die Durchdringung ein Streifen in einer Breite zwischen 1 und 2 m aufwendiger befestigt bzw. verklammert werden.

e) Unterkonstruktion der Dachdeckung
Bei der Unterkonstruktion einer Dachdeckung wird zwischen offenen und geschlossenen (Deck-)Unterlagen unterschieden.

Als geschlossene (Deck-)Unterlagen zählen:

- Betondecken,
- Holzschalungen mit/ohne Unterdeckungen,
- Unterdächer,
- Unterspannungen, z. B. bei nicht ausgebauten Spitzböden.

Als eine offene (Deck-)Unterlage zählt dann lediglich eine Dachdeckung bei einem nicht ausgebauten, stark durchlüfteten Dachgeschoss ohne jegliche Zusatzmaßnahmen, bei der der Wind von der Unterseite der Deckung angreifen kann.

In der Fachregel für Dachziegel- und Dachsteindeckungen und den zugehörigen Hinweisen zur Lastermittlung ist das Verfahren zur Ermittlung der Windsoglasten und der Nachweis zur Lagesicherheit der Dachdeckung erläutert.

Die Lage von Dachziegel- und Dachsteindeckungen ist im Bereich von Dachkanten (Ortgang, Grat, First, Pult und Traufe) und Dachdurchdringungen durch Windbelastungen stärker gefährdet als innerhalb der Dachfläche. Eine zusätzliche Befestigung ist deshalb erforderlich. Art und Anzahl der Befestigungsmittel sowie die Größe der Flächen, in denen die Dachdeckung zusätzlich zu befestigen ist, hängen überwiegend vom Standort, der Höhe, der Dachneigung und der Dachform des Gebäudes ab.

8.10.2 Befestigung von Dachziegel-/Dachsteindeckungen

Die Lagesicherheit einer Dachziegel-/Dachsteindeckung ist gewährleistet, wenn der Widerstand der Deckung gegen Abheben größer ist als die einwirkende Windbelastung, z. B. bei Windsog.

Das angesetzte Eigengewicht einer Dachziegel-/Dachsteindeckung liegt bei etwa 55 kg/m², für Biberschwanzdeckungen bei 75 kg/m² mit mindestens 33,5 Bibern pro Quadratmeter. Ist das Eigengewicht der Dachdeckung kleiner als die möglichen Windsogkräfte, muss zusätzlich mechanisch befestigt werden. Die Befestigung kann erfolgen durch:

- Klammern,
- Schrauben,
- Nägel,
- Draht.

Eine Verklebung oder das Vermörteln der Dachziegel bzw. Dachsteine untereinander bzw. direkt auf der Unterkonstruktion zählt nicht als mechanische Befestigung.

Generell gilt:

- Nägel, Schrauben und Klammern zur Befestigung von Dachziegeln/Dachsteinen müssen mindestens korrosionsgeschützt (z. B. verzinkt) sein. Sind Befestigungsmittel sichtbar bzw. direkt der Witterung ausgesetzt, müssen sie korrosionsbeständig (z. B. aus Edelstahl) sein. Bindedraht muss immer korrosionsbeständig sein.

Abb. 8.87: Kopfklammer

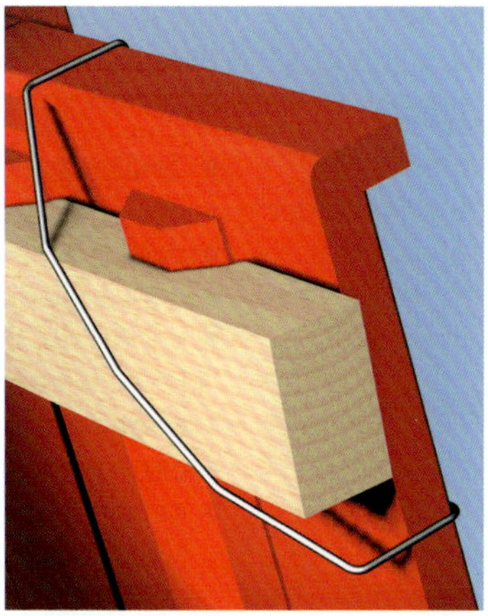

Abb. 8.88: Kopf-Seitenfalzklammer

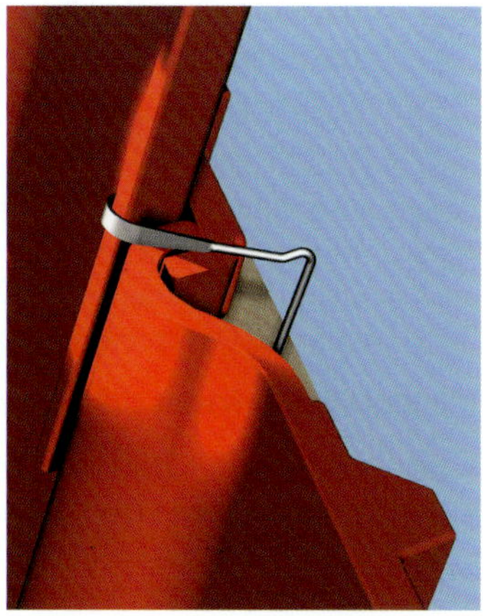

Abb. 8.89: Seitenfalzklammer

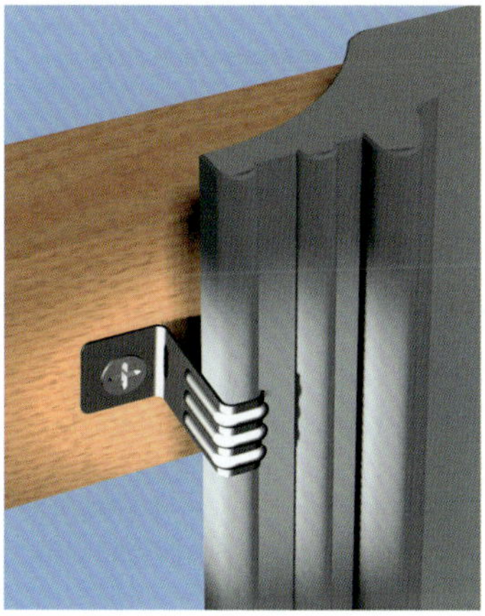

Abb. 8.90: Seitenfalzklammer Dachstein

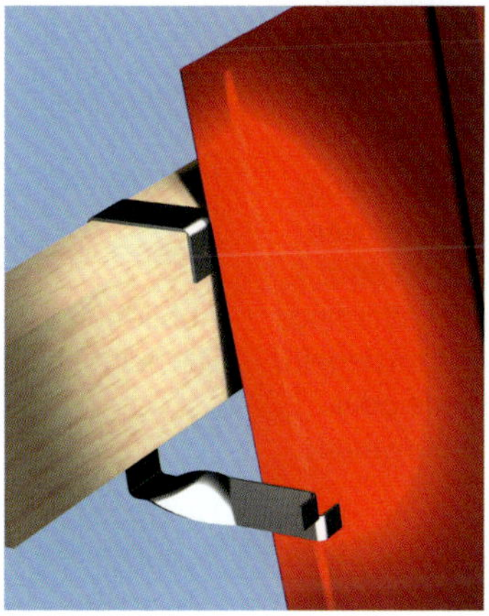

Abb. 8.91: Biberschwanzklammer

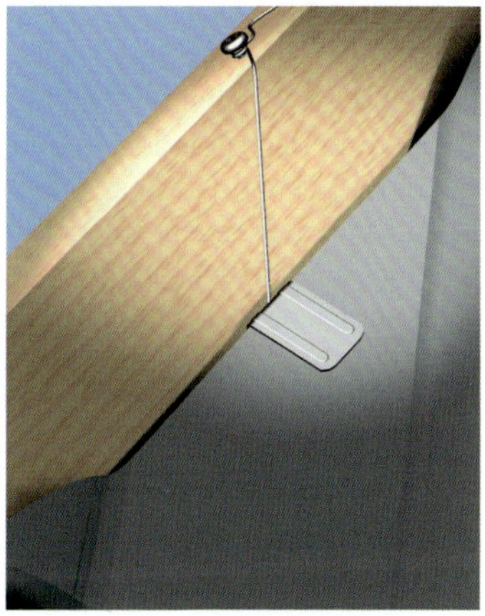

Abb. 8.92: Montageklammer für geschnittene Dachziegel und Dachsteine

- Holzschrauben zur Befestigung müssen einen Durchmesser von 4,5 mm haben und mindestens 24 mm in Nadelholz (z. B. die Lattung) eingeschraubt werden.
- Klammern müssen für die jeweilige Dachziegel-/Dachsteinform geeignet und zugelassen sein und sind nach Herstellervorschrift einzubauen.
- Ortgangziegel/-steine, Formziegel/-steine von First-, Pultabschluss- und Gratdeckungen sind immer gegen Windkräfte mechanisch zu befestigen.
- Bei Dachneigungen von mehr als 65° muss jeder Dachziegel/Dachstein mechanisch befestigt werden.

Die Abbildungen 8.87 bis 8.92 zeigen einige Beispiele von Klammern zur Befestigung von Dachziegeln/Dachsteinen.

Eine zusätzliche Befestigung ist immer dann erforderlich, wenn mögliche Windsogkräfte größer sind als das Eigengewicht der verlegten Dachziegel/-steine. Die Befestigungsmittel müssen dabei mindestens korrosionsgeschützt sein.

8.11 Dacheinteilung bei Deckungen mit Dachziegeln und Dachsteinen

Wenn bei der Um- oder Neueindeckung eines Daches die Unterkonstruktion bis zur Konterlattung bereits ausgeführt ist, muss vor dem Anbringen der Traglattung die Dachfläche sowohl in Sparren- als auch in Richtung der Traufe gemäß den möglichen Decklängen und Deckbreiten eingeteilt werden.

Die Einteilung richtet sich dabei nach:

- den Abmessungen der Dachfläche,
- den Decklängen und Deckbreiten der Deckwerkstoffe,
- der Dachform,
- der Gliederung des Daches, z. B. vorhandene Dachversprünge, Dacheinbauten oder -aufbauten.

Wenn die Dachüberstände an Traufe und Ortgangkanten noch variabel sind, empfiehlt sich bei Falzziegel- und Dachsteindeckungen, die Dachfläche mit den Überständen so zu planen, dass so wenig Dachziegel bzw. -steine wie möglich geschnitten werden müssen. Bei kurzen Sparrenlängen und/oder ungleichen Ortganglängen kann es allerdings erforderlich werden, die Deckung mit Formziegeln, durch breitere Einlaufbleche an der Traufe oder durch Kürzen am First auf die Konstruktionsmaße der Dachfläche anzupassen.

Biberschwanzdeckungen und solche mit variablen Überdeckungsmaßen lassen sich dabei einfacher und unauffälliger an bestehende Konstruktionsmaße anpassen.

8.11.1 Die Einteilung der Decklänge

Unter der Einteilung der Decklänge wird die Ermittlung der erforderlichen Traglattenabstände von Traufe zu First verstanden. Die Einteilung erfolgt auf der Oberseite der Konterlatte.

Die erforderlichen Traglattenabstände werden bestimmt durch:

- Länge und Form der Dachziegel/-steine,
- die mögliche Decklänge,
- die Höhenüberdeckung – abhängig von der Dachneigung oder einer Verfalzung,
- die Sparrenlänge bzw. die Gesamtdecklänge (GDL) auf der Konterlattenoberseite,
- die Traufausbildung,
- den Abstand der obersten Traglatte zum Firstscheitelpunkt (LAF).

Der Abstand der obersten Traglatte zum Firstscheitelpunkt auf der Konterlatten- oder Sparrenebene ist abhängig von:

- der Dachneigung,
- der Traglattendicke,
- der Form der Dachziegel und Dachsteine,
- der Länge der Einhängenasen,
- der Art der Dachziegel/-steine in der letzten Reihe (Firstanschlussziegel/-steine, Flächenziegel/-steine),
- der Form der Firstziegel und Firststeine,
- der Art der Firstausführungen (Trocken- oder Mörtelfirst).

Bei Dachziegeln oder Dachsteinen, bei denen die Höhenüberdeckung dachneigungsunabhängig und durch die Verfalzung vorgegeben ist, wird die Decklänge, wenn sie nicht vom Hersteller verbindlich vorgegeben ist, auf der Baustelle ermittelt.

Die mögliche Decklänge liegt dann zwischen der kleinsten und der größten ermittelten Decklänge (siehe auch Abschnitt 2.7.3 in Lernfeld 2).

Abbildung 8.93 verdeutlicht den Ablauf bei der Dacheinteilung in Sparrenrichtung.

Die einzuteilende Gesamtdecklänge (GDL) ist das Maß von der Unterkante der Konterlatte bis zum Firstscheitelpunkt, auf der Oberseite der Konterlatte gemessen. Ein Längenunterschied zur Sparrenlänge ergibt sich immer durch die Dachneigung und die Höhe der zusätzlichen Schichten über der Sparrenoberseite.

Soll ein Dach mit Dachziegeln/-steinen eingedeckt werden, deren Höhenüberdeckung variabel und von der Dachneigung abhängig ist, berechnet sich für jede Einfachdeckung der maximale Traglattenabstand bzw. die maximale Decklänge (DL) nach der folgenden Formel:

DL = Ziegellänge – Höhenüberdeckung

Auch bei dieser Art von Dachziegeln/-steinen sind die Maße **DLT (Decklänge Traufe)**, also der Abstand der 1. Traglatte zur Unterkante der Traufkeilbohle/Trauflatte, und das Maß **LAF (Lattabstand First)**, der Abstand zwischen Oberkante der letzten Traglatte zum Firstscheitelpunkt, zu ermitteln.

Um die einzuteilende Restdecklänge RDL zu berechnen, werden die Lattabstände an Traufe (DLT) und First (LAF) abgezogen. Wenn die Firstanschlussreihe

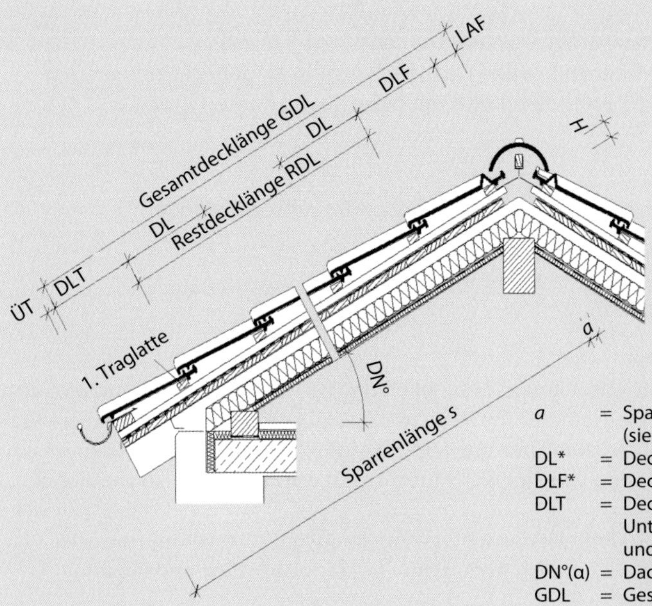

a	=	Sparrenverlängerung durch die Aufbauhöhe (siehe Abb. 8.84)
DL*	=	Decklänge bzw. Traglattenabstand
DLF*	=	Decklänge der obersten Reihe (Firstanschluss)
DLT	=	Decklänge Traufe – Abstand zwischen Unterkante der Trauflatte/Traufkeilbohle und der Oberkante der 1. Traglatte
DN°(α)	=	Dachneigung, gemessen am Sparren
GDL	=	Gesamtdecklänge
H	=	Aufbauhöhe
LAF	=	Traglattenabstand zum Firstscheitelpunkt, abhängig von der Firstausbildung
RDL	=	Restdecklänge
s	=	Sparrenlänge
ÜT	=	Traufüberstand, abhängig von der Trauflösung
RH	=	Anzahl der horizontalen Lattenreihen in der Restdecklänge (o. Abb.)

* Maße sind abhängig vom Dachziegel-/Dachsteinmodell

Abb. 8.93: Einteilung der Gesamtdecklänge in Sparrenrichtung

ein anderes Lattmaß als die Normalziegelreihen hätte, müsste dieses ebenfalls abgezogen werden.

Bei den genannten Dachziegeln/-steinen ist der Traglattenabstand variabel und von der Dachneigung abhängig. In diesem Fall gilt es dann zunächst, die dachneigungsabhängige **Höhenüberdeckung (HÜ)** zu ermitteln (siehe Abschnitte 8.6 und 8.7) und mit der o. g. Formel die maximale Decklänge **(DL)** bzw. den maximalen Traglattenabstand zu berechnen.

Die zuvor berechnete Restdecklänge RDL teilt man dann durch den berechneten maximalen Traglattenabstand und man erhält so einen Wert für die Anzahl der horizontalen Lattenreihen RH:

$$\mathbf{RH} = \frac{\mathbf{RDL}}{\mathbf{DL}}$$

Sofern das Ergebnis der Rechnung eine Dezimalzahl (z. B. 12,4) ergibt, ist, unabhängig vom Nachkommawert, die nächsthöhere, ganze Zahl an Traglattenabständen bzw. Lattenreihen (hier z. B. 13) zu wählen. Nur so wird der maximale Traglattenabstand nicht überschritten und die Regensicherheit der Deckung bleibt erhalten.

Das Maß der Restdecklänge (RDL) wird dann nochmals durch die gewählte ganze Zahl (hier z. B. 13) an Traglattenreihen geteilt, sodass sich damit die gesuchte Decklänge DL bzw. der passende Traglattenabstand ergibt:

$$\mathbf{DL} = \frac{\mathbf{RDL}}{\mathbf{RH}}$$

mit **RH** auf volle Reihenanzahl gerundet.

Praxisbeispiel

Im Zuge einer Dachsanierung soll ein Dach mit neuen Flachdachziegeln eingedeckt werden. Auf die vorhandenen Sparren soll eine Aufsparrendämmung mit einer neuen Konterlattung und neuen Traglatten montiert werden.

Aufgabe
Berechnen Sie die Anzahl der Ziegelreihen und die erforderlichen Traglattenabstände.

Verwenden Sie zur Dacheinteilung die folgenden Angaben:

Konterlattenlänge:	GDL = 8,70 m
Dachneigung:	$\alpha = 35°$
Traglattung:	30/50 mm
Falzziegel Flachdachpfanne:	Lattweite (Decklänge) (Herstellerangaben) zwischen 34,2 und 35,5 cm Decklänge Traufe (DLT): 34,0 cm Lattabstand zum Firstscheitelpunkt (LAF) bei 35° Dachneigung: 3,5 cm Verwendung von Firstanschlussziegeln, Lattweite wie Normalziegel

Lösung
Die letzte Ziegelreihe unter dem First soll mit Firstanschlussziegeln ausgeführt werden, die aber dasselbe Lattmaß wie die Normalziegel haben. Ein Abzug der Decklänge am First entfällt somit.

Einzuteilende Restdecklänge RDL:

$$RDL = GDL - DLT - LAF = 870\text{ cm} - 34\text{ cm} - 3{,}5\text{ cm} = 832{,}5\text{ cm}$$

Anzahl der Ziegelreihen in der Restdecklänge:

$$RH = \frac{RDL}{\text{max. } DL} = \frac{832{,}5\text{ cm}}{35{,}5\,\frac{\text{cm}}{\text{Reihe}}} \approx 23{,}5\text{ Reihen, gewählt: 24 Reihen}$$

Erforderlicher Traglattenabstand in der Restdecklänge:

$$DL = \frac{RDL}{RH} = \frac{832{,}5\text{ cm}}{24\text{ Reihen}} \approx 34{,}7\,\frac{\text{cm}}{\text{Reihe}}$$

Mit 34,7 cm liegt der berechnete Traglattenabstand zwischen den Herstellerangaben von mindestens 34,2 und maximal 35,5 cm für diese Deckung.

Die Anzahl der erforderlichen Ziegelreihen für diese Dachfläche ergibt sich somit zu:

24 + 1 (Traufreihe) = 25 Ziegelreihen

Zur Kontrolle: Der berechnete Traglattenabstand muss kleiner als die maximale Decklänge bzw. Lattweite sein!

Nachfolgendes Beispiel zeigt die Berechnung für eine Dachsteindeckung mit variabler Höhenüberdeckung.

Praxisbeispiel

Im Zuge einer Dachsanierung soll ein Dach mit einer neuen Dachsteindeckung mit profilierten Dachsteinen eingedeckt werden. Auf die vorhandenen Sparren wird eine Nut-und-Feder-Schalung mit einer neuen Konterlattung und neuen Traglatten aufgebracht.

Aufgabe

Berechnen Sie die Anzahl der Dachsteinreihen und die erforderlichen Traglattenabstände.

Verwenden Sie zur Dacheinteilung die folgenden Angaben:

Sparrenlänge:	$s = 6{,}57$ m
Dachneigung:	$\alpha = 26°$
Unterkonstruktion:	Schalung $d = 24$ mm, Konterlattung 30/50 mm, Traglattung 30/50 mm
Profilierter Dachstein: (Herstellerangaben)	Größe: ca. 33 cm × 42 cm, Lattweite (Decklänge) zwischen 31,2 und 34,5 cm, variable Höhenüberdeckung 7,5–10,8 cm Höhenüberdeckung bei DN 26°: ≥ 8,5 cm Decklänge Traufe (DLT): 34,0 cm Lattabstand zum Firstscheitelpunkt (LAF): 4 cm

Lösung

Sparrenverlängerung *a* durch den Dachaufbau mit Schalung und Konterlattung:

$a = H \cdot \tan\alpha = (2{,}4\text{ cm} + 3\text{ cm}) \cdot \tan 26° = 2{,}6\text{ cm}$

Gesamtdecklänge **GDL** $= s + a = 657\text{ cm} + 2{,}6\text{ cm} = 659{,}6\text{ cm}$

Die letzte Dachsteinreihe unter dem First wird mit Normalsteinen eingedeckt, sodass kein Abzug der Decklänge am First erforderlich ist.

Einzuteilende Restdecklänge RDL:

$\text{RDL} = \text{GDL} - \text{DLT} - \text{LAF} = 659{,}6\text{ cm} - 34\text{ cm} - 4\text{ cm} = 621{,}6\text{ cm}$

Die maximale Decklänge ergibt sich für eine Dachsteinlänge von 42 cm bei 26° Dachneigung und einer Mindesthöhenüberdeckung von 8,5 cm zu:

$\text{max. DL} = \text{SL} - \text{HÜ} = 42\text{ cm} - 8{,}5\text{ cm} = 33{,}5\text{ cm}$

Anzahl der Dachsteinreihen in der Restdecklänge:

$$\text{RH} = \frac{\text{RDL}}{\text{max. DL}} = \frac{621{,}6\text{ cm}}{33{,}5\,\frac{\text{cm}}{\text{Reihe}}} \approx 18{,}6\text{ Reihen, gewählt: 19 Reihen}$$

Erforderlicher Traglattenabstand in der Restdecklänge:

$$\text{DL} = \frac{\text{RDL}}{\text{RH}} = \frac{621{,}6\text{ cm}}{19\text{ Reihen}} \approx 32{,}7\,\frac{\text{cm}}{\text{Reihe}}$$

Mit 32,7 cm liegt der berechnete Traglattenabstand zwischen den Herstellerangaben von mindestens 31,2 und maximal 33,5 cm für diese Deckung bei Dachneigungen zwischen 22° und 30°.

Die Anzahl der erforderlichen Ziegelreihen für diese Dachfläche ergibt sich somit zu:

19 + 1 (Traufreihe) = 20 Dachsteinreihen

Die Einteilung einer Dachfläche in Sparrenrichtung wird durch die Art der Trauf- und Firstausbildung und die Decklänge der Eindeckung beeinflusst. Wenn die Decklänge durch eine Verfalzung in engen Grenzen vorgegeben ist, kann ein Schneiden der Ziegel nur durch den Traufüberstand verhindert werden. Dachziegel/-steine, deren Decklängen variabel und von der Dachneigung abhängig sind, lassen sich leichter an eine vorgegebene Situation anpassen.

8.11.2 Die Einteilung der Deckbreite

Die Einteilung einer Dachfläche in der Breite, also in Richtung der Traufe, muss in Abhängigkeit von den Deckbreiten des Deckmaterials erfolgen. Die Deckbreite von einer oder meist mehreren Dachziegel-/Dachsteinreihen muss in ausreichenden Abständen auf der Traglattenoberseite markiert werden, um eine geradlinige und fluchtgerechte Eindeckung von Traufe zu First zu sichern.

Bei der Einteilung der Dachfläche in der Breite sind folgende Punkte zu berücksichtigen:

a) **Größe des Dachüberstands am Ortgang**
Die Größe des Dachüberstands kann, sofern sie variabel ist, an die Deckbreiten der Eindeckung angepasst werden, sodass immer möglichst ganze Dachziegel/-steine verwendet werden können. Die Größe des Dachüberstands wird jedoch durch die Tragfähigkeit der Unterkonstruktion begrenzt.

b) **Art der Ortgangausbildung**
Die nachfolgend beschriebene Vorgehensweise bezieht sich auf die Verwendung von Ortgangziegeln/-steinen zur Ortgangausbildung. Sonderkonstruktionen sind individuell zu planen.

c) **Deckbreite der Dachziegel/-steine**
Wird die Deckbreite vom Hersteller nicht verbindlich angegeben, ist diese auf der Baustelle zu ermitteln. Die mögliche Deckbreite liegt dann zwischen der kleinsten und der größten ermittelten Deckbreite (siehe auch Abschnitt 2.7.3 in Lernfeld 2)

d) **Deckbreite der Ortgangziegel/-steine rechts und links**
Formziegel/-steine zur Ortgangausbildung haben eine von den Flächenziegeln/-steinen abweichende Deckbreite (OL, DW bzw. OR).

e) **Überstand der Formziegel**
Der Mindestüberstand der verwendeten Eindeckung über die äußeren Kanten der Unterkonstruktion hängt von den verwendeten Dachziegeln/-steinen (Ortgangziegel/-steine oder Flächenziegel/-steine) ab. Wenn vom Hersteller nicht anders angegeben, ist ein Mindestabstand von 1 cm zwischen den Ortganglappen und der Unterkonstruktion einzuhalten.

Abbildung 8.94 verdeutlicht den Ablauf bei der Dacheinteilung in Traufrichtung.

Ähnlich der Dacheinteilung in Sparrenrichtung ist bei der Dacheinteilung der Deckbreiten in Traufrichtung ein schematisches Vorgehen von Vorteil.

Zunächst sind folgende Maße zu ermitteln:

1. vorhandene Konstruktionsbreite (KB) = Breite der Dachfläche mit Dachüberständen DÜ ohne Deckmaterial (siehe Abb. 8.94):
KB = DÜ links + Außenmaß Mauerwerk + DÜ rechts
2. Gesamtdeckbreite (GDB) mit:
GDB = ÜL + KB + ÜR
3. Restdeckbreite (RDB) mit:
RDB = GDB – OL – OR

Teilt man nun das berechnete Maß der Restdeckbreite (**RDB**) durch die mittlere Deckbreite (**DB**) eines Flächenziegels, so erhält man daraus die Anzahl RV der Ziegel bzw. der vertikalen Reihen in der Restdeckbreite.

$$RV = \frac{RDB}{DB}$$

Diese ist hier aber i. d. R. eine Dezimalzahl (z. B. 14,6). Lässt sich diese Restdeckbreite nicht durch Sonderformate (z. B. längshalbe Flächenziegel) oder eine Veränderung der Deckbreite (Ausnutzung des Längsfalzspiels) eindecken, muss die Konstruktionsbreite (z. B. giebelseitiger Dachüberstand) verändert werden, sodass die Anzahl der vertikalen Reihen eine ganze Zahl (z. B. 15) wird.

Das nachfolgende Praxisbeispiel soll die Berechnung der Deckbreite verdeutlichen.

Die Einteilung einer Dachfläche in Traufrichtung wird durch die Art der Ortgangausbildung (ob mit Ortgangziegeln/-steinen oder als Sonderkonstruktion) beeinflusst. Bei der Verwendung von Ortgangziegeln/-steinen unterscheidet sich deren Deckbreite oft von der der Flächenziegel/-steine. Bei der Planung des giebelseitigen Dachüberstandes kann die Konstruktionsbreite durch den Dachüberstand so verändert werden, dass nur mit ganzen oder verfügbaren Sonderformaten eingedeckt werden kann.

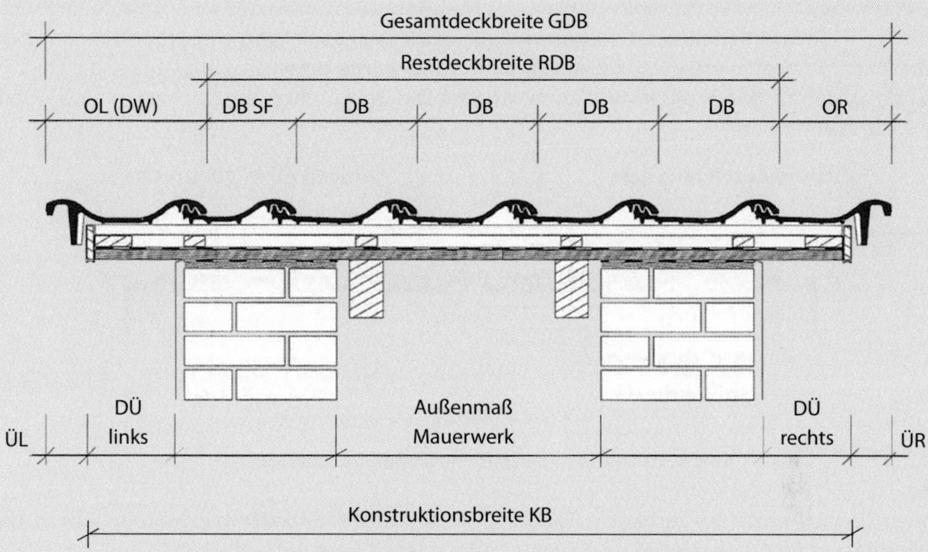

DB* = mittlere Deckbreite des Flächenziegels/-steins
DB SF* = mittlere Deckbreite Sonderformat (z. B. längshalber Flächenziegel/-stein)
OL* = Deckbreite Ortgangziegel/-stein links
DW* = Deckbreite Doppelwulstziegel/-stein (entspricht OL ohne Ortgangsteg)
OR* = Deckbreite Ortgangziegel/-stein rechts
DÜ = Dachüberstand der Unterkonstruktion
ÜL = Überstand des Deckmaterials links über die Unterkonstruktion
ÜR = Überstand des Deckmaterials rechts über die Unterkonstruktion
RV = Anzahl der vertikalen Reihen in der Restdeckbreite (o. Abb.) [auf volle (oder 1/2) Reihen gerundet]

* Maße sind abhängig vom Dachziegel-/-steinmodell, werden vom Hersteller angegeben oder sind zu messen

Abb. 8.94: Einteilung der Deckbreite in Traufrichtung

Praxisbeispiel

Das Satteldach eines Einfamilienhauses soll im Zuge einer Dachsanierung eine Neueindeckung mit Doppelmuldenfalzziegeln erhalten. Die neue Traglattung wurde bereits montiert, aber die Dachüberstände an den Ortgangkanten sind noch variabel. Die Deckbreiten der Dachziegel sind Abbildung 8.95 zu entnehmen.

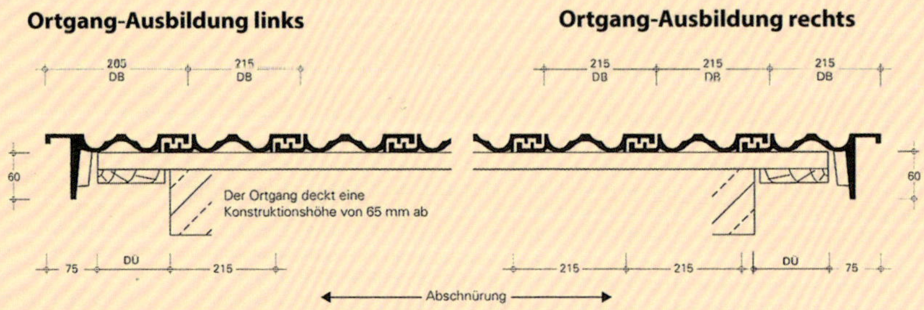

Abb. 8.95: Ortgangausbildung Doppelmuldenfalzziegel

Aufgabe

Berechnen Sie die Anzahl der vertikalen Dachziegelreihen und die Konstruktionsbreite (KB) so, dass der Dachüberstand (DÜ) der Unterkonstruktion mindestens 15 cm beträgt.

Verwenden Sie zur Dacheinteilung die folgenden Angaben:

Außenmaß Mauerwerk:	$l = 12{,}88$ m
Dachüberstand (DÜ):	beiderseits ca. 15 cm bis zur Außenkante der Unterkonstruktion
Dacheindeckung:	Doppelmuldenfalzziegel, mittlere Deckbreite DB = 215 mm, OL = 265 mm, OR = 215 mm, ÜL = ÜR = 75 mm (Herstellerangaben)

Lösung

Geplante Konstruktionsbreite **KB**	= 1.288 cm + 2 · 15 cm = 1.318 cm
Gesamtdeckbreite **GDB**	= ÜL + KB + ÜR = 7,5 cm + 1.318 cm + 7,5 cm = 1.333 cm
Restdeckbreite **RDB**	= GDB – OL – OR = 1.333 cm – 26,5 cm – 21,5 cm = 1.285 cm

Anzahl der vertikalen Ziegelreihen **RV**:

$$RV = \frac{RDB}{DB} = \frac{1.285\ \text{cm}}{21{,}5\ \frac{\text{cm}}{\text{Reihe}}} \approx 59{,}8\ \text{Ziegelreihen}$$

gewählt: **60 Ziegelreihen** → tatsächliche Gesamtdeckbreite **GDBneu**:
GDBneu = OL + 60 · DB + OR = 26,5 cm + 60 · 21,5 cm + 21,5 cm = 1.338 cm

Neue Konstruktionsbreite KB_{neu} der Unterkonstruktion :

KBneu = GDB_{neu} – ÜL – ÜR = 1.338 cm – 2 · 7,5 cm = 1.323 cm

Wenn man das Dach ohne Sonderformate eindecken möchte, muss der Dachüberstand jeweils um 2,5 cm vergrößert werden auf eine Länge von:

$$DÜ = 15\ \text{cm} + \frac{1.323 - 1.318}{2}\ \text{cm} = 17{,}5\ \text{cm}$$

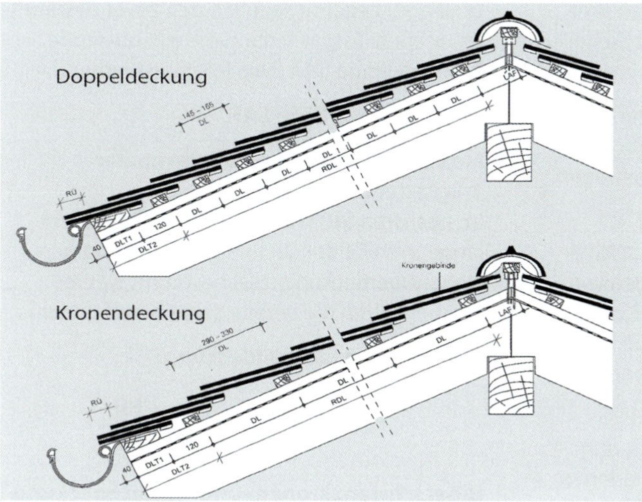

Abb. 8.96: Dacheinteilung Doppel- und Kronendeckung Biberschwanz

8.11.3 Die Einteilung bei Biberschwanzdeckungen

Bei den Biberschwanzdeckungen werden die Doppeldeckung, die Kronendeckung und die Einfachdeckung mit Spließen unterschieden. Letztgenannte besitzt heute nur noch untergeordnete Bedeutung, deshalb wird sie hier nicht weiter erwähnt.

Alle Biberschwanzdeckungen haben als Dachziegel/-steine ohne Verfalzung eine variable Höhenüberdeckung. Je flacher die Dachneigung, desto größer muss die Höhenüberdeckung und desto kleiner muss der Traglattenabstand gewählt werden.

Bei der Biberschwanz-Kronendeckung und bei der Einfachdeckung mit Spließen wird der maximale Traglattenabstand bzw. die maximale Decklänge wie bei den Einfachdeckungen in Abschnitt 8.11.1 nach folgender Formel bestimmt:

$$DL = \text{Ziegellänge} - \text{Höhenüberdeckung}$$

Bei Biberschwanzziegeln in Doppeldeckung berechnet sich der maximale Traglattenabstand (max. DL) wie folgt:

$$DL = \frac{\text{Ziegellänge} - \text{Höhenüberdeckung}}{2}$$

In Abbildung 8.96 lassen sich Details zur Sparreneinteilung bei der Biberschwanz-Doppel- und der Biberschwanz-Kronendeckung erkennen.

Das nachfolgende Schema beschreibt die Vorgehensweise bei der Sparreneinteilung am Beispiel der Biberschwanz-Doppeldeckung:

a) Wahl des Biberformats

Bei den Biberschwanzziegeln werden die Formate A und B unterschieden. Das Format A, auch Berliner Biber genannt, hat eine Größe von 15,5 cm × 38 cm. Das Format B ist mit einer Größe von 18 cm × 38 cm das Standardformat unter den Biberschwanzziegeln.

Dachsteinbiber wurden im Format 17 cm × 42 cm produziert, sind aber mittlerweile gänzlich vom Markt verschwunden.

b) Trauf- und Firstanschluss

In Abschnitt 8.8 wurden die unterschiedlichen Möglichkeiten der Trauf- und Firstausbildung genannt.

Werden Trauf- und Firstanschluss mit Traufziegeln bzw. Firstanschlussbibern ausgeführt, sind deren Längen für die Dacheinteilung zu ermitteln.

Üblicherweise haben beide eine Länge von ca. 26 cm. Die Länge der Einhängenasen beträgt im Schnitt ca. 4 cm.

c) Traufausbildung – Unterkonstruktion und Rinnenüberstand (RÜ)

Für die Auflage der Traufziegelreihen können entweder Doppellatten oder Traufkeilbohlen verwendet werden. Zur besseren Befestigung der Rinneneisen haben sich Traufkeilbohlen bewährt. Sie können in unterschiedlichen Breiten geliefert werden. Gebräuchlich sind Breiten von 120 bis 170 mm.

Der Überstand der Biber in die Dachrinne soll bei hochhängenden Rinnen waagerecht gemessen nicht mehr als ⅓ der Rinnenbreite betragen.

d) Lattenabstand am First (LAF)
Der Abstand der obersten Latte vom Firstscheitelpunkt (LAF) ist bei den Biberdeckungen von der Art der verwendeten Firstziegel und von der Dachneigung abhängig. Je steiler die Dachneigung, desto geringer kann der Abstand der obersten Latte gewählt werden.

Der Lattenabstand muss am First groß genug gewählt werden, sodass die obersten beiden Ziegelreihen in Kronendeckung ausgeführt werden können.

e) Decklängen an der Traufe (DLT1 und DLT2)
Bei den Biberschwanzdeckungen unterscheiden sich die ersten beiden Lattmaße an der Traufe von den Lattmaßen der weiter oben in der Dachfläche liegenden Biberreihen. Die beiden ersten Latten mit den Lattabständen DLT1 und DLT2 müssen so angebracht werden, dass die Traufziegelreihe und die 1. Biberreihe mit ihren Unterkanten bündig liegen und einen entsprechenden Rinnenüberstand (RÜ) haben.

Der Abstand der 1. Latte (DLT1) von der Traufunterkante gemessen ergibt sich nach der Formel:

$$\mathbf{DLT1 = L_{Traufziegel} - RÜ - Nasenlänge}$$

Die 1. Latte kann entfallen, wenn eine Traufkeilbohle mit entsprechender Breite montiert ist.

Der Abstand der 2. Latte (DLT2) von der Traufunterkante gemessen ergibt sich nach der Formel:

$$\mathbf{DLT2 = L_{Normalziegel} - RÜ - Nasenlänge}$$

Alternativ dazu muss die 2. Latte um das Maß des Längenunterschiedes zwischen Traufziegel und Normalziegel weiter oberhalb montiert werden.

f) Einzuteilende Restdecklänge
Wie bei der Einteilung der Decklänge bei den Einfachdeckungen (siehe Abschnitt 8.11.1) muss auch bei den Biberschwanzdeckungen zunächst die Gesamtdecklänge GDL (i. d. R. die Konterlattenlänge) bekannt sein. Mit den zuvor bestimmten Maßen lässt sich dann die einzuteilende Restdecklänge (RDL) wie folgt bestimmen:

$$\mathbf{RDL = GDL - DLT2 - LAF}$$

g) Maximale Decklänge DL (maximaler Traglattenabstand)
Im nächsten Schritt muss die maximale Decklänge mithilfe der dachneigungsabhängigen Höhenüberdeckung (HÜ) bestimmt werden. Hierbei gelten die bereits genannten Formeln:

Biberschwanzdoppeldeckung

$$\mathbf{max\ DL = \frac{L_{Normalziegel} - HÜ}{2}}$$

Biberschwanzkronen- und -einfachdeckung

$$\mathbf{max\ DL = L_{Normalziegel} - HÜ}$$

h) Berechnung der Anzahl der horizontalen Lattenreihen
Mit der bestimmten Restdecklänge und der maximalen Decklänge wird die Anzahl der Lattenreihen innerhalb der Restdecklänge berechnet:

$$\mathbf{RH = \frac{RDL}{max\ DL}}$$

Diese ist aber i. d. R. eine Dezimalzahl (z. B. 25,4). Gewählt wird dann die nächsthöhere ganze Zahl an Traglattenabständen bzw. Lattenreihen (hier z. B. 26). Würde die nächstkleinere Zahl an Reihen gewählt werden, läge der berechnete Traglattenabstand höher als der zulässige Wert für die entsprechende Dachneigung.

i) Berechnung der Decklänge bzw. des tatsächlichen Traglattenabstandes
Teilt man jetzt das Maß RDL nochmals durch die soeben ermittelte ganze Zahl (hier z. B. 26) an gewählten Lattabständen, so ergibt sich damit die gesuchte passende Decklänge DL. (Sie muss zur Kontrolle niedriger als die maximale Decklänge bzw. der max. Lattenabstand sein!):

$$\mathbf{DL = \frac{RDL}{RH}}$$

mit **RH** auf volle Reihenanzahl gerundet.

Das Praxisbeispiel auf der folgenden Seite soll die Dacheinteilung zusätzlich verdeutlichen.

Praxisbeispiel

Für ein Pultdach mit gegebener Konterlattenlänge soll die Dacheinteilung für eine Biberschwanzdoppeldeckung durchgeführt werden.

Aufgabe

Berechnen Sie die erforderlichen Traglattenabstände und die Anzahl der Ziegelreihen.

Verwenden Sie zur Dacheinteilung die folgenden Angaben:

Konterlattenlänge (GDL):	GDL = 7,82 m
Dachneigung:	$\alpha = 41°$
Dachziegel:	Doppeldeckung Biberformat B, Größe ca. 18 cm × 38 cm, Höhenüberdeckung bei DN > 40°: ≥ 7,0 cm Verwendung von Trauf- und Firstanschlussziegeln mit 26 cm Länge, Länge der Einhängenasen: ca. 4 cm Rinnenüberstand: 5 cm Lattabstand zum Firstscheitelpunkt (LAF): 7,5 cm

Lösung

Abstand 1. Latte: (Traufziegelreihe)

$$\text{DLT1} = L_{\text{Traufziegel}} - \text{RÜ} - \text{Nasenlänge} = 26\text{ cm} - 5\text{ cm} - 4\text{ cm} = 17\text{ cm}$$

Abstand 2. Latte: (Traufreihe Normalbiber)

$$\text{DLT2} = L_{\text{Normalziegel}} - \text{RÜ} - \text{Nasenlänge} = 38\text{ cm} - 5\text{ cm} - 4\text{ cm} = 29\text{ cm}$$

bzw.

$$\text{DLT2} = \text{DLT1} + (L_{\text{Normalziegel}} - L_{\text{Traufziegel}}) = 17\text{ cm} + (38\text{ cm} - 26\text{ cm}) = 29\text{ cm}$$

Gesamtdecklänge **GDL** = 782 cm

Einzuteilende Restdecklänge **RDL**:
RDL = GDL – DLT2 – LAF = 782 cm – 29 cm – 7,5 cm = 745,5 cm

Die maximale Decklänge ergibt sich für eine Biberschwanzlänge von 38 cm bei 41° Dachneigung und einer Mindesthöhenüberdeckung von 7,0 cm zu:

$$\text{max. DL} = \frac{38\text{ cm} - 7\text{ cm}}{2} = 15{,}5\text{ cm}$$

Anzahl der Biberschwanzziegelreihen in der Restdecklänge:

$$\text{RH} = \frac{\text{RDL}}{\text{max. DL}} = \frac{745{,}5\text{ cm}}{15{,}5\,\frac{\text{cm}}{\text{Reihe}}} \approx 48{,}1\text{ Reihen, gewählt 49 Reihen}$$

Erforderlicher Traglattenabstand in der Restdecklänge:

$$\text{DL} = \frac{\text{RDL}}{\text{RH}} = \frac{745{,}5\text{ cm}}{49\text{ Reihen}} \approx 15{,}2\,\frac{\text{cm}}{\text{Reihe}}$$

Mit 15,2 cm liegt der berechnete Traglattenabstand unter den Herstellerangaben von mindestens 15,5 cm für diese Deckung bei einer Dachneigung von 41°.

Die Anzahl der erforderlichen Ziegelreihen für diese Dachfläche ergibt sich somit zu:
49 + 1 (Traufreihe) = 50 Ziegelreihen mit Normalbiber
+ 1 Traufziegelreihe
+ 1 Firstanschlussziegelreihe

Die Einteilung der Deckbreite bei den Biberschwanzdeckungen muss nicht gesondert geplant werden, da die einzelnen Ziegel sowohl mit geringem Seitenabstand verlegt als auch in der Breite bis zu einem Mindestmaß von 5 cm geschmälert werden können. Müssen Biberschwanzziegel geschmälert werden, empfiehlt es sich aus optischen Gründen, 2 nebeneinanderliegende Ziegel um jeweils das halbe Maß zu schmälern und die Schnittkanten aneinanderzulegen.

Bei der Einteilung einer Dachfläche für Biberschwanzdeckungen muss bei der Verwendung der kürzeren Traufziegel ein verändertes Lattmaß an der Traufe eingehalten werden. Die Traufziegel und die erste Normalbiberreihe enden bündig mit einem gemeinsamen Überstand in die Dachrinne. Die Eindeckung der Firstanschlussziegel am First erfordert einen ausreichend großen Abstand der obersten Latte vom Firstscheitelpunkt. Der Traglattenabstand ist bei allen Biberdeckungsarten variabel und von der Dachneigung abhängig.

Zur besseren Einteilung der Deckbreite können die Biberschwanzziegel mit geringem Seitenabstand verlegt oder geschmälert werden.

8.12 Berechnung von gleich geneigten einfachen und zusammengesetzten Dächern

Im Lernfeld 2 wurden bereits die gängigen Dachformen vorgestellt. Im Idealfall besitzen diese allseits gleiche Dachneigungen und damit verbunden, bezogen auf die Traufen, mittig liegende Firste.

Dies ist beispielsweise bei gleich geneigten Sattel-, bei einseitig oder beidseitig abgewalmten Dächern (Walmdach) oder bei Mansarddächern der Fall. Die Abbildungen 8.97 und 8.98 zeigen beispielhaft das gleich geneigte Sattel- und das Walmdach mit den Formeln zur Berechnung der Längen und Flächen.

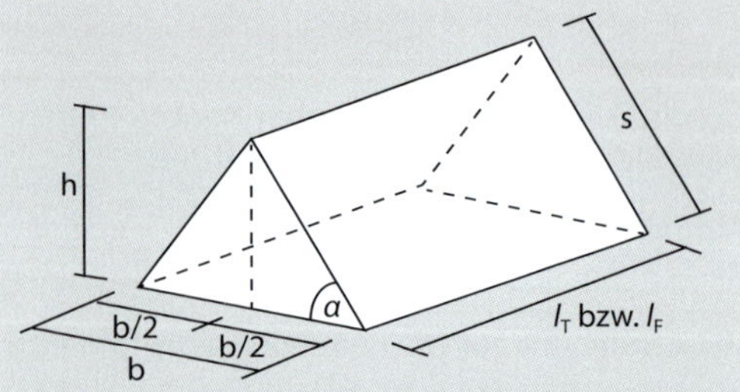

Dachhöhe: $h_{First} = \frac{b}{2} \cdot \tan \alpha$

Sparrenlänge: $s = \frac{b/2}{\cos \alpha}$ bzw. $s = \frac{h_{First}}{\sin \alpha}$

Dachfläche: $A_D = 2 \cdot s \cdot l_T$ bzw. $A_D = 2 \cdot s \cdot l_F$

Abb. 8.97: Satteldach mit gleichen Dachneigungen, Formeln zur Berechnung

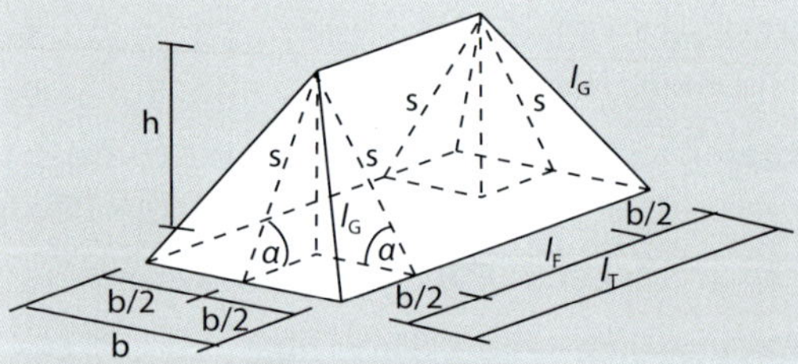

Dachhöhe: $h_{First} = \frac{b}{2} \cdot \tan \alpha$

Sparrenlänge: $s = \frac{b/2}{\cos \alpha}$ bzw. $s = \frac{h_{First}}{\sin \alpha}$

Gratlänge: $l_{Grat} = \sqrt{\left(\frac{b}{2}\right)^2 + s^2}$

Firstlänge: $l_{First} = l_T - b$

Walmfläche: $A_{Walm} = \frac{b \cdot s}{2}$

Sattelfläche: $A_{Sattel} = \frac{l_T + l_F}{2} \cdot s$

Dachfläche: $A_D = 2 \cdot s \cdot l_T$

Generell gilt: $A_D = \frac{A_{Grundfläche}}{\cos \alpha}$

Abb. 8.98: Walmdach mit gleichen Dachneigungen, Formeln zur Berechnung

Praxisbeispiel

Die erforderlichen Längen und Flächen eines Sanierungshauses sollen ebenso wie die erforderlichen Werkstoffmengen für eine Biberschwanzdoppeldeckung inklusive Traglattung berechnet werden.

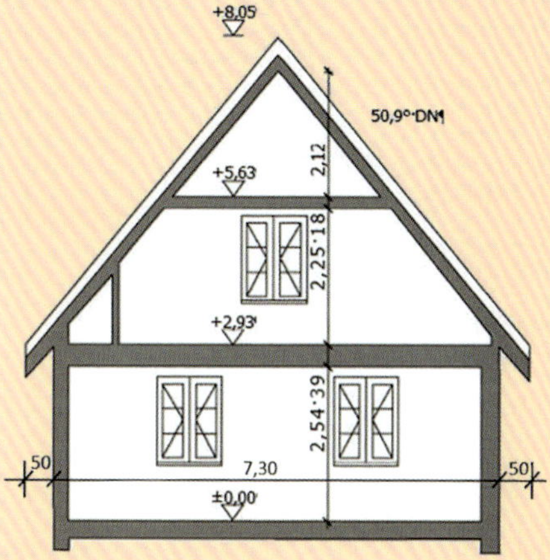

Abb. 8.99: Querschnitt Sanierungshaus mit Bemaßung

Die zur Berechnung erforderlichen Maße sind:

Dachbreite $b = 7{,}30 + 2 \cdot 0{,}50 = 8{,}30$ m

Dachneigung $\alpha = 50{,}9°$

Der First soll eine Länge von $l_F = 14{,}50$ m haben.

Das Dach soll mit einer Biberschwanzdoppeldeckung im Format B eingedeckt werden.

Der Bedarf an Firstziegeln beträgt 2,5 St./m.

Der Zuschlag für Bruch und Verschnitt soll bei 5 % liegen.

Lösung

Sparrenlänge: $s = \frac{b/2}{\cos\alpha} = \frac{4{,}15\text{ m}}{\cos 50{,}9°} = 6{,}58\text{ m}$

Dachfläche: $A_D = 2 \cdot s \cdot l_F = 2 \cdot 6{,}58\text{ m} \cdot 14{,}50\text{ m} = 190{,}82\text{ m}^2$

Bedarf an Biberschwanzziegeln: $HÜ_{min} = 6$ cm bei DN = 50,9° (45° < DN < 60°)

Max. Lattweite: $DL = \frac{ZL - HÜ}{2} = \frac{38-6}{2} = 16\text{ cm}$

Ziegelbedarf: $\frac{St.}{m^2} = \frac{100}{DL} \cdot \frac{100}{DB} = \frac{100}{16} \cdot \frac{100}{18} = 34{,}72\text{ St./m}^2$

$St. = A_D \cdot St./m^2 = 190{,}82\text{ m}^2 \cdot 34{,}72\text{ St./m}^2 \cdot 1{,}05 \approx 6.957$ Stück

Anzahl der Traufplatten: $St. = 2 \cdot \frac{l_F}{DB} \cdot 1{,}05 = 2 \cdot \frac{14{,}50\text{ m}}{0{,}18\text{ m/St.}} \cdot 1{,}05 \approx 170$ Stück

Anzahl der Firstanschlussziegel = Anzahl der Traufplatten ≈ 170 Stück

Anzahl der Firstziegel: $St. = l_F \cdot 2{,}5\text{ St./m} \cdot 1{,}05 = 14{,}50\text{ m} \cdot 2{,}5\text{ St./m} \cdot 1{,}05 \approx 38$ Stück

Bedarf an Traglatten: $\frac{La}{m^2} = \frac{100}{DL} = \frac{100}{16\text{ cm}} = 6{,}25\text{ m/m}^2$

$La = A_D \cdot La/m^2 \cdot 1{,}05 = 190{,}82\text{ m}^2 \cdot 6{,}25\text{ m/m}^2 \cdot 1{,}05 \approx 1.253$ m

Bei der Berechnung von zusammengesetzten Dächern gibt es i. d. R. ein Hauptdach (Dach mit dem höchsten First) und daran angeschlossen ein oder mehrere Anbauten. Nachfolgend wird beispielhaft das Berechnungsschema für ein gleich geneigtes, zusammengesetztes Walmdach mit rechtwinkligem Anbau gezeigt. Hauptdach und Anbau haben hier wieder mittige Firste.

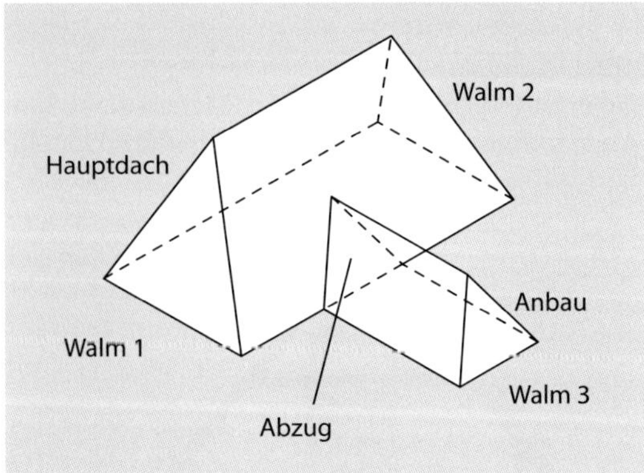

Abb. 8.100: Bezeichnungen beim Walmdach

Dachhöhe: $h_{\text{First-Hauptdach}} = \frac{b}{2} \cdot \tan \alpha$

α = Neigung der Sattelflächen des Hauptdaches

Sparrenlängen: $s_{\text{Sattel-Hauptdach}} = \frac{b/2}{\cos \alpha}$ bzw. $s_{\text{Sattel-Hauptdach}} = \frac{h_{\text{First}}}{\sin \alpha}$

α = Neigung der Walmfläche 1 und 2

$s_{\text{Walm-1}} = \frac{h_{\text{First}}}{\sin \alpha}$ $s_{\text{Walm-2}} = \frac{h_{\text{First}}}{\sin \alpha}$

Grundmaße: $g_{\text{Walm-1}} = \frac{h_{\text{First}}}{\tan \alpha}$ $g_{\text{Walm-2}} = \frac{h_{\text{First}}}{\tan \alpha}$

Firstlänge: $l_{\text{First-Hauptdach}} = l_{\text{Traufe}} - g_{\text{Walm-1}} - g_{\text{Walm-2}}$

Gratlängen: $l_{\text{Grat-Walm-1}} = \sqrt{\left(\frac{b}{2}\right)^2 + s_{\text{Walm-1}}^2}$

$l_{\text{Grat-Walm-2}} = \sqrt{\left(\frac{b}{2}\right)^2 + s_{\text{Walm-2}}^2}$

Dachflächen: $A_{\text{Walm-1}} = \frac{s_{\text{Walm-1}} \cdot b}{2}$

$A_{\text{Walm-2}} = \frac{s_{\text{Walm-2}} \cdot b}{2}$

$A_{\text{Sattel-Hauptdach}} = \frac{l_{\text{First}} + l_{\text{Traufe}}}{2} \cdot s_{\text{Sattel-Hauptdach}}$

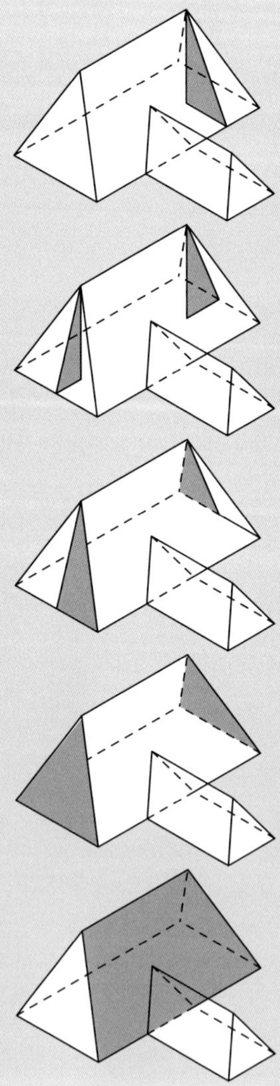

Abb. 8.101: Berechnungen am Hauptdach

Dachhöhe: $h_{\text{First-Nebendach}} = \frac{b}{2} \cdot \tan\alpha$

α = Neigung der Sattelflächen des Nebendaches

Sparrenlängen: $s_{\text{Sattel-Nebendach}} = \frac{b/2}{\cos\alpha}$ bzw. $s_{\text{Sattel-Nebendach}} = \frac{h_{\text{First}}}{\sin\alpha}$

α = Neigung der Walmfläche 3 = Neigung der Abzugsfläche = Neigung Sattel Hauptdach

$s_{\text{Walm-3}} = \frac{h_{\text{First}}}{\sin\alpha}$ $\quad s_{\text{Abzug}} = \frac{h_{\text{First}}}{\sin\alpha}$

Grundmaße: $g_{\text{Walm-3}} = \frac{h_{\text{First}}}{\tan\alpha}$ $\quad g_{\text{Abzug}} = \frac{h_{\text{First}}}{\tan\alpha}$

Firstlänge: $l_{\text{First-Nebendach}} = l_{\text{Traufe}} + g_{\text{Abzug}} - g_{\text{Walm-3}}$

Gratlänge: $l_{\text{Grat-Walm-3}} = \sqrt{\left(\frac{b}{2}\right)^2 + s_{\text{Walm-3}}^2}$

Kehllänge: $l_{\text{Kehle}} = \sqrt{\left(\frac{b}{2}\right)^2 + s_{\text{Abzug}}^2}$

Dachflächen: $A_{\text{Walm-3}} = \frac{s_{\text{Walm-3}} \cdot b}{2}$

$A_{\text{Abzug}} = \frac{s_{\text{Abzug}} \cdot b}{2}$

$A_{\text{Sattel-Nebendach}} = \frac{l_{\text{First}} + l_{\text{Traufe}}}{2} \cdot s_{\text{Sattel-Nebendach}}$

Abb. 8.102: Berechnungen am Nebendach

Wenn, wie hier in unserem Fall, alle Dachneigungen gleich sind, lässt sich die Dachfläche für das Hauptdach und den Anbau als Ganzes mit folgender Formel berechnen:

$$A_D = \frac{A_{\text{Grundfläche}}}{\cos\alpha}$$

8.13 Übungsaufgaben zu Lernfeld 8

1. Welche Merkmale einer Dachziegel- bzw. Dachsteindeckung beeinflussen deren Regensicherheit?
2. Welche Maßnahmen bei Dachziegel-/Dachsteindeckungen werden durch die Fachregel des Deutschen Dachdeckerhandwerks als regensichernde Zusatzmaßnahmen anerkannt?
3. Bezeichnen Sie die Schichten 1 bis 14 des gezeigten Dachaufbaus und beschreiben Sie die Funktion und den Grund für die besondere Verlegung der Schicht mit der Nummer 9.

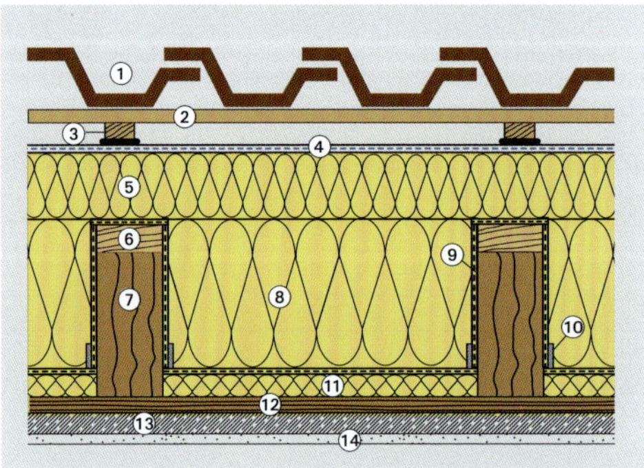

4. Weshalb ist bei Steildächern eine Lüftungsebene erforderlich?
5. Welche Forderungen gelten für die Ausführung der Lüftungsebenen bei Dachflächen mit einer Neigung ≥ 5°?
6. Gegeben sei ein ungleich geneigtes Satteldach mit einer Trauflänge von $l_T = 15{,}00$ m und einer Breite von $b = 14{,}00$ m. Es soll Sparrenlängen von $s_1 = 11{,}42$ m und $s_2 = 12{,}90$ m besitzen. Welche Größe haben die erforderlichen Lüftungsquerschnitte an Traufe und First in cm² pro m und welche Mindestdicke wird für die Konterlattung empfohlen?
7. Worin liegen die Unterschiede zwischen der Biber-Doppel- und der Biber-Kronendeckung?
8. Wie kann die Traufe eines Daches mit Dachziegel- oder Dachsteindeckung ausgeführt werden und wovon kann diese Art der Ausführung abhängen?
9. Von welchen Faktoren wird die Größe der Windlasten auf Dachflächen beeinflusst?
10. Für ein gleich geneigtes Satteldach mit gegebener Konterlattenlänge soll die Dacheinteilung für eine Biberschwanzdoppeldeckung durchgeführt werden. Berechnen Sie die erforderlichen Traglattenabstände und die Anzahl der Ziegelreihen (Traglattenabstände).

    Verwenden Sie zur Dacheinteilung die folgenden Angaben:

Konterlattenlänge:	GDL = 6,52 m
Dachneigung:	$\alpha = 38°$
Dachziegel:	Doppeldeckung Biber Format B,
Größe:	ca. 18 × 38 cm,
HÜ bei DN	≥ 35° bis 40°:≥ 8,0 cm.

    Verwendung von Trauf- und Firstanschlussziegeln mit 26 cm Länge, Länge der Einhängenasen: ca. 4 cm,

Rinnenüberstand:	5 cm,
Lattabstand zum Firstscheitelpunkt (LAF):	7,5 cm

Lernfeld 9: Dächer mit Schiefer, Faserzement-Dachplatten und Schindeln decken

Jochen Karsch

Auch Schiefer, Faserzement-Dachplatten und Schindeln gehören zu den gängigen Materialien für Dachdeckungen. Neben Materialkenntnissen benötigen Dachdecker fundiertes Wissen zur Zurichtung und Verarbeitung dieser Deckwerkstoffe.

9.1 Schiefer und Faserzement-Dachplatten

9.1.1 Der Werkstoff Schiefer

9.1.1.1 Geschichte

Schiefer wurde bereits vor 2.000 Jahren in Deutschland von den Römern abgebaut. In Deutschland selbst werden seit dem Mittelalter Dächer mit Schiefer eingedeckt. Die älteste, vor allem in Deutschland bekannte Deckungsart ist die Altdeutsche Deckung. Daneben gibt es verschiedene Deckungsarten mit Schiefer, die in anderen Ländern Europas und der ganzen Welt angewandt werden.

Das Alter des Schiefers in Mitteleuropa beträgt etwa 400 Millionen Jahre. Er entstand dadurch, dass gewaltige Flüsse aus den Bergen in die Meeresbecken strömten. Diese Wassermassen führten Tonschlamm zu, der sich auf dem Meeresgrund ablagerte. Im Laufe der Jahrmillionen wurde der abgelagerte Tonschlamm durch den Druck der Wassermassen und des überlagerten Gerölls zusammengepresst. Die Tonschicht wurde weiter verfestigt und die Mineralkristalle wurden senkrecht zum Druck ausgerichtet. Durch diese Kristallisation wurde der Schiefer spaltbar.

9.1.1.2 Bestandteile

Der Grundstoff des Schiefers besteht aus Feldspat. Kaliglimmer und Magnesiumglimmer können als Beimengungen in unterschiedlichen Größenordnungen enthalten sein. Als weiterer Bestandteil ist Quarz zu nennen.

Abb. 9.1: Schieferdach

Abb. 9.2: Schieferabbau unter Tage

Abb. 9.3: Spalten des Schiefers

Abb. 9.4: Zurichten des Schiefers

Schädliche Bestandteile von Schiefer

Kohlensaurer Kalk	Ein zu hoher Gehalt an kohlensaurem Kalk kann nachgewiesen werden, indem der Schiefer mit Salzsäure beträufelt wird. Ein starkes Aufbrausen der Säure zeigt den Gehalt von kohlensaurem Kalk an.
Schwefelkies	Durch Schwefelkies entstehen Löcher im Schiefer. Außerdem greift er zusätzlich die Nagelung an. Der Gehalt an Schwefelkies kann nachgewiesen werden, indem der Stein z. B. mit einem Brenner erhitzt wird. Ein stechender Schwefelgeruch („faule Eier") wäre die Folge.
Kohlenstoff	Er ist ein schädlicher Bestandteil, wenn er in zu großen Mengen auftritt. Kohlenstoffreicher Schiefer ist sehr weich und wenig witterungsbeständig. Ein zu hoher Kohlenstoffgehalt kann nachgewiesen werden, indem der Schiefer z. B. mit der Spitze des Schieferhammers angeritzt wird. Ist der Anriss weiß, ist der Kohlenstoffgehalt in Ordnung. Ist der Anriss schwarz, ist der Kohlenstoffgehalt zu hoch.

Eine wichtige Probe, die mit jedem Stein unmittelbar vor der Montage durchgeführt werden sollte, ist die **Klangprobe**. Bei dieser hält man den Stein in einer Hand und tippt ihn mit dem Schieferhammer leicht an. Dies weist zwar keine Bestandteile im Schiefer nach, jedoch kann man hören, ob der Schiefer evtl. beschädigt ist. Ein heller, nachklingender Ton weist darauf hin, dass der Stein nicht beschädigt ist. Ist der Ton dumpf, kann der Stein Haarrisse oder sonstige Beschädigungen enthalten. Beschädigte Schiefer dürfen selbstverständlich nicht eingebaut werden.

9.1.1.3 Abbau und Zurichten

Bedeutsame Abbaugebiete befinden sich in Deutschland, Spanien, Frankreich und Wales. Der Abbau erfolgt entweder unter Tage oder im Tagebau. Beide Methoden hängen von der jeweiligen Beschaffenheit des Geländes und des Lagerverhältnisses des Gesteins ab.

Traditionell wurden bzw. werden die Gesteinsblöcke mit Keilen und Hebeleisen, später auch mit Seilsägen aus der Schieferwand gelöst. Der heutige Abbau wird bestimmt durch den Einsatz moderner Maschinen. Die vollmechanische Gewinnung des Schiefers erleichtert die Arbeit der Bergleute. Der abbauwürdige Schiefer wird mit einer großen Diamantsäge entlang der geologischen Gegebenheiten in exakte Raster gesägt und Block für Block vorsichtig aus dem Berg herausgelöst. Mit Radladern werden die herausgebrochenen Blöcke in Loren verladen und durch den Schacht nach oben transportiert (siehe Abb. 9.2).

Dort werden die Blöcke mit Diamantsägen in Decksteingröße zerkleinert und anschließend mit Flachmeißeln in 4 bis 6 mm dicke Platten gespalten (siehe Abb. 9.3). Die Zurichter bringen die Schieferplatten in die endgültige Form. Dies erfolgt mithilfe moderner Zurichtmaschinen oder mechanisch betriebener Schieferscheren (siehe Abb. 9.4).

9.1.2 Der Werkstoff Faserzement

9.1.2.1 Geschichte

Faserzement (FZ) ist ein künstlicher Verbundwerkstoff aus Zement und zugfesten Fasern, der u. a. zur Herstellung von Deckwerkstoffen verwendet wird. Faserzement ist korrosions-, fäulnis- und witterungsbeständig. Man unterscheidet kleinformatige Produkte von großformatigen. Die Armierungsfasern verstärken die Druck- und Zugfestigkeit des Betons, andere Fasern leisten Prozesshilfe beim Abbinden und Aushärten der Mischung. Gesundheitsgefährdende Asbestfasern in „Asbestplatten" werden seit Mitte der 1980er-Jahre für die Produktion nicht mehr verwendet. Allerdings werden noch viele Jahrzehnte Entsorgungsarbeiten anfallen. Verboten wurden die Herstellung und Verwendung von Asbest in Deutschland allerdings erst Ende 1993.

9.1.2.2 Bestandteile

Es handelt sich um eine ausgehärtete Mischung von synthetischen oder natürlichen Fasern, Zement, Füll- und Farbstoffen sowie Wasser. Abbildung 9.6 zeigt das Mischungsverhältnis.

9.1.2.3 Herstellung

Dachplatten werden mit glatter oder strukturierter Oberfläche in vielen Farben hergestellt. Für die unterschiedlichen Dachdeckungen gibt es Standard-, Ergänzungs- und Sonderformate. Abbildung 9.7 zeigt schematisch den industriellen Herstellungsprozess.

Bei der Herstellung werden Zement, Fasern und Wasser zu einem Stoffbrei gründlich vermischt. Dieser wird in der „Plattenmaschine" auf ein Endlosvlies verteilt. Das Vlies wird auf Formatwalzen aufgewickelt, bis die gewünschte Dicke erreicht ist. Der so um die Walze herum entstandene Mantel wird abgeschnitten, härtet ab und wird anschließend entweder zu Platten, Tafeln, Wellplatten (siehe Abschnitt 9.2) oder Rohren weiterverarbeitet.

Zur Herstellung von farbigen Faserzementprodukten können dem Stoffbrei direkt Farbzusätze beigemischt werden, oder die Farbgebung erfolgt durch eine anschließende Oberflächenbeschichtung.

Abb. 9.5: Dachdeckung aus Faserzementplatten

Abb. 9.6: Bestandteile Faserzement

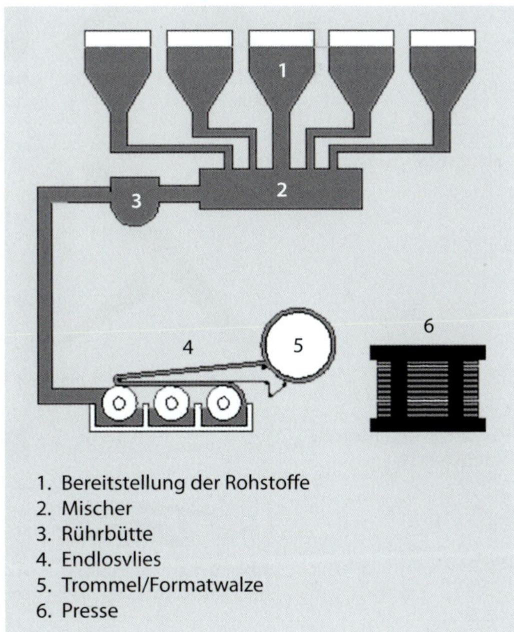

Abb. 9.7: Herstellung Faserzementplatten

Kleinformatige FZ-Produkte weisen höchstens 0,4 m^2 Fläche und maximal 5 kg Gewicht pro Platte auf.

Großformatige Platten sind profilierte Deckwerkstoffe aus Faserzement mit einem Wellenprofil (Wellplatten).

9.1.3 Werkzeuge

Schiefer- und Faserzementarbeiten können mit diesen Werkzeugen (siehe Tabelle 9.1) durchgeführt werden.

Tabelle 9.1: Werkzeuge für Schiefer und Faserzement

Werkzeug	Abbildung	Art der Nutzung	Schiefer	Faserzement
Schieferhammer (rechts, links)	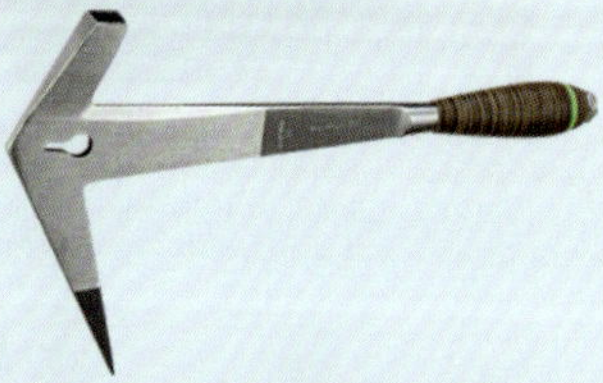 **Abb. 9.8:** Schieferhammer	Zurichten, Lochen und Montage	✓	✓
Haubrücke, gebogen	 **Abb. 9.9:** Haubrücke, gebogen  **Abb. 9.10:** Einsatz der Haubrücke	Zurichten	✓	
Haubrücke, gerade	 **Abb. 9.11:** Haubrücke, gerade	Zurichten		✓
Schiefer- und Faserzementschere	 **Abb. 9.12:** Schiefer- und Faserzementschere  **Abb. 9.13:** Arbeiten mit der Handschere	Zurichten und Lochen	✓	✓

Tabelle 9.1: Werkzeuge für Schiefer und Faserzement (Fortsetzung)

Werkzeug	Abbildung	Art der Nutzung	Schiefer	Faser-zement
Schieferschneider	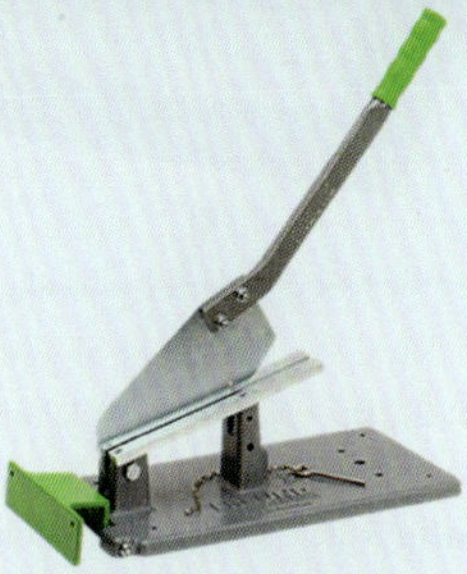 **Abb. 9.14:** Schieferschneider	Zurichten	✓	
Fassadenplattenschere	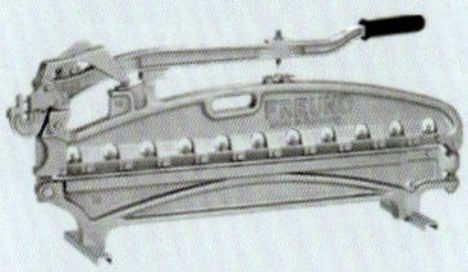 **Abb. 9.15:** Faserzementplattenschere/ Fassadenplattenschere	Zurichten und Lochen		✓
BlattSklent®	 **Abb. 9.16:** Schieferbearbeitung mit Stichsäge und BlattSklent®  **Abb. 9.17:** „Sägeblatt" BlattSklent®	Zurichten	✓	
DrillSklent®	 **Abb. 9.18:** Schieferschrauber DrillSklent®	Montage	✓	
Dachdecker-Nageleisen	 **Abb. 9.19:** Dachdecker-Nageleisen	Reparatur, Entfernen von Schiefernägeln aus Überdeckungen	✓	✓

9.1.4 Unterkonstruktion

Je nach Deckungsart können Deckungen aus Schiefer und Faserzementplatten auf Schalung oder auf Lattung ausgeführt werden. Beim Einbau der Konter- und Traglattung sowie der Schalbretter muss das Holz trocken sein und der Sortierklasse S10 nach DIN 4074-1 entsprechen. Um eine ausreichende Nagelbarkeit zu erreichen, ist bei Schalung aus Brettern darauf zu achten, dass eine Mindestbreite von 120 mm und eine Stärke von 24 mm nicht unterschritten werden. Beim Montieren der Steine durch Nagelung ist auf eine gute „Nagelbarkeit" zu achten. Das heißt, dass die Schalung nicht „federn" darf. Bei Achsabständen der Sparren über 70 cm sind deshalb die Brettstärken zu erhöhen. Am First müssen mindestens 2 Bretter voller Breite je Dachseite angebracht sein. Etwa erforderliche schmale und keilförmige Bretter sind unterhalb anzubringen.

Werden in Ausnahmefällen Holzwerkstoffe für die Unterlage der Dachdeckungen verwendet, müssen sie eine Mindestdicke von 22 mm aufweisen und für die Nutzungsklasse 2 geeignet sein. Bei einem Achsabstand der Sparren bis 70 cm ist eine Mindestmaterialstärke von 22 mm ausreichend. Bei größeren Sparrenabständen ist die Materialstärke aus oben genannten Gründen zu erhöhen. Um eine Beschädigung der Holzwerkstoffe durch Witterungseinflüsse zu vermeiden, ist direkt nach der Verlegung eine Vordeckung aufzubringen.

Die Konterlattung muss über eine Mindestnenndicke von 24 mm verfügen. Der Querschnitt der Traglatten (Nennmaße) soll bei einem Achsabstand der Sparren bis 70 cm mindestens 30 × 50 mm, bis 90 cm mindestens 40 × 60 mm betragen. Bei größeren Abständen sollen entsprechend größere Querschnitte gewählt werden.

Ebenfalls können nagelbare Wärmedämmelemente als Deckunterlage verwendet werden. Die Deckung wird direkt auf dem Aufsparrendämmelement verlegt (siehe Abb. 9.20).

Schalungen sind grundsätzlich mit einer **Vordeckung** zu versehen. Geeignet sind Schalungsbahnen oder Bitumenbahnen (mindestens Dachbahn DIN 52143 V13). Die einzelnen Bahnen können vom First zur Traufe oder parallel zur Traufe verlaufen. Die Überdeckung muss mindestens 80 mm betragen.

Abb. 9.20: Nagelbares Wärmedämmelement

Tabelle 9.2: Mögliche Deckunterlagen

Deckungsart		Schalung	Lattung
Schiefer	**Faserzement**		
Altdeutsche Deckung	–	✓	×
Altdeutsche Doppeldeckung	–	✓	×
Schuppendeckung	–	✓	×
Deutsche Deckung (Bogenschnittdeckung)		✓	×
Universaldeckung		✓	×
Rechteckdoppeldeckung	Doppeldeckung	✓	✓
Spitzwinkeldeckung	Spitzschablonendeckung	✓	✓
–	Rhombusdeckung	✓	✓
–	Waagerechte Deckung	✓	✓

9.1.5 Befestigung

Die Befestigung von Faserzementplatten erfolgt mit Schieferstiften. Die Befestigung von Schiefern erfolgt mit Schieferstiften oder Schiefernägeln. Sowohl Schiefernägel als auch -stifte müssen mindestens feuerverzinkt und 32 mm lang sein. Werden Schiefer mit Schiefernägeln befestigt, erfordert dies eine Lochung von der Rückseite zur Vorderseite, damit der Stein nicht bricht (siehe Abb. 9.21). Schiefernägel haben gegenüber den Schieferstiften den Vorteil, dass sie höhere Auszugswerte haben, was die Deckung sturmsicherer macht. Alternative Befestigungen mit Schrauben oder mit (Druckluft- oder Akku-Gas-)Nagler (siehe Abb. 9.23) sind nur mit zugelassenen Nägeln oder Schrauben und in Abstimmung mit dem Schieferproduzenten zulässig. Wird die Deckung auf Holzwerkstoffen ausgeführt, müssen die Schieferstifte aus nicht rostendem Stahl oder aus Kupfer sein und einen aufgerauten Schaft haben. Ebenfalls stehen als Befestigungsmittel Klammer- und Einschlaghaken (siehe Abb. 9.22) zur Verfügung. Diese müssen aus nicht rostendem Stahl oder aus Kupfer sein. Die Haken unterscheiden sich in der Länge (je nach Höhenüberdeckung), in der oberen Weite (Dicke der Traglattung) und in der unteren Weite (Dicke des Materials, Schiefer oder Faserzement).

Tabelle 9.3: Befestigung bei Schieferdeckungen

Deckungsart Schiefer	
Altdeutsche Deckung	ab 24 cm Steinhöhe min. 3 (< 24 cm min. 2) Schiefernägel/-stifte innerhalb der Höhenüberdeckung
Altdeutsche Doppeldeckung	min. 3 Schiefernägel/-stifte innerhalb der Höhenüberdeckung, Brustloch ca. 50 mm über Gebindelinie
Schuppendeckung	wie Altdeutsche Deckung
Deutsche Deckung (Bogenschnittdeckung)	min. 3 Schiefernägel/-stifte, Befestigung im Brustbereich unterhalb der Höhenüberdeckung, innerhalb der Seitenüberdeckung
Universaldeckung	wie Deutsche Deckung (Bogenschnittdeckung)
Rechteckdoppeldeckung	min. 2 Schiefernägel/-stifte in Überdeckung oder ein Einschlaghaken oder ein Klammerhaken (bei Deckung auf Lattung)
Spitzwinkeldeckung	min. 2 Schiefernägel/-stifte in Überdeckung

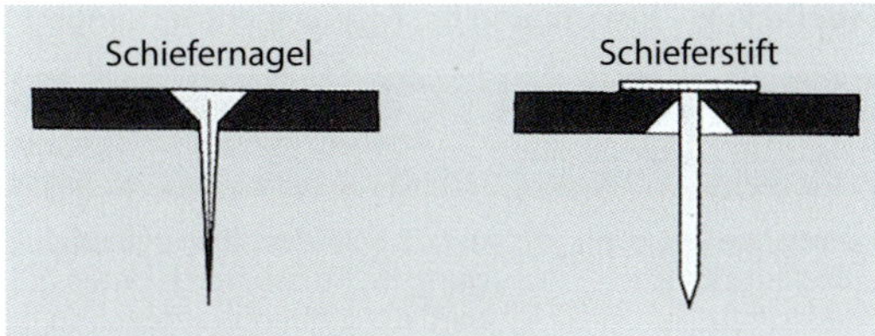

Abb. 9.21: Lochung der Schiefer

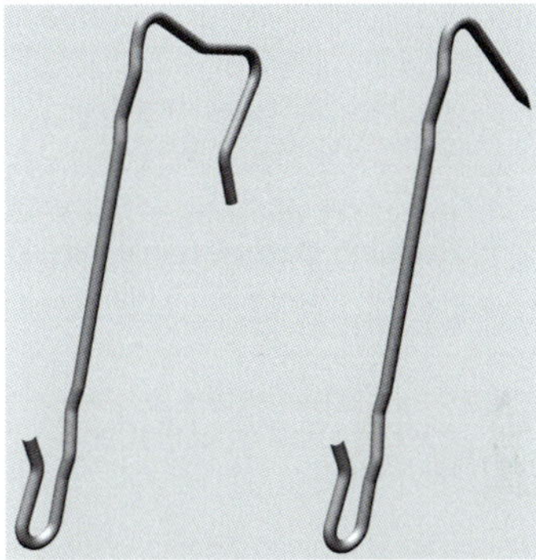

Abb. 9.22: Klammerhaken und Einschlaghaken

Abb. 9.23: Montage mit Nagler

Die Mindestanzahl der Befestigungen ergibt sich aus der

- **Art der Befestigung (Nagel, Schraube, Klammer),**
- **Deckung,**
- **Deckung und Größe des Steins bzw. der Platte.**

Tabelle 9.4: Befestigung bei Faserzementdeckungen

Deckungsart Faserzement	
Deutsche Deckung (Bogenschnittdeckung)	min. 2 Schieferstifte, Befestigung im Brustbereich unterhalb der Höhenüberdeckung, innerhalb der Seitenüberdeckung, Dachplatten 40/40 zusätzlich mit einem Plattenhaken
Universaldeckung	wie Deutsche Deckung (Bogenschnittdeckung)
Doppeldeckung	min. 2 Schieferstifte in Überdeckung, Dachplatten 40/40 und 30/60 zusätzlich mit einem Plattenhaken
Spitzschablonendeckung	min. 2 Schieferstifte in Überdeckung und einer Plattenklammer
Rhombusdeckung	min. 2 Schieferstifte in Überdeckung
Waagerechte Deckung	min. 2 Schieferstifte in Überdeckung und einem Plattenhaken

Tabelle 9.5: Regeldachneigungen

Deckungsart		RDN* in Grad	MDN* in Grad
Schiefer	Faserzement		
Altdeutsche Deckung	–	25	15
Altdeutsche Doppeldeckung	–	22	12
Schuppendeckung	–	25	15
Deutsche Deckung (Bogenschnittdeckung)		25	15
Universaldeckung		25	15
Rechteckdoppeldeckung	Doppeldeckung	22	12
Spitzwinkeldeckung	Spitzschablonendeckung	30	20
–	Rhombusdeckung	30	20
–	Waagerechte Deckung	30	20

* RDN: Regeldachneigung, MDN: Mindestdachneigung

Bei Holzwerkstoffen müssen auch die Schieferstifte korrosionsbeständig oder aus Kupfer sein.

9.1.6 Dachneigungen und Zusatzmaßnahmen

Die Regeldachneigung ist grundsätzlich abhängig von der Deckungsart. In einer Gegenüberstellung werden Gemeinsamkeiten und Unterschiede sofort deutlich (siehe Tab. 9.5).

Besondere klimatische Verhältnisse, eine exponierte Lage und Nutzung des Gebäudes, konstruktive Besonderheiten und große Entfernungen zwischen First und Traufe erfordern zusätzliche regensichernde Maßnahmen und/oder steilere Dachneigungen. Die Regeldachneigung wird durch die Regeln des Dachdeckerhandwerks für die verschiedenen Deckungen vorgegeben. Eine Unterschreitung der Regeldachneigung bei Deckungen auf Schalung ist nicht zulässig. Auf Lattung darf bei einer Unterschreitung der Regeldachneigung bis 4° mit einer naht- und perforationsgesicherten Unterdeckung und bei einer Unterschreitung bis 10° mit einem wasserdichten Unterdach gearbeitet werden. Eine

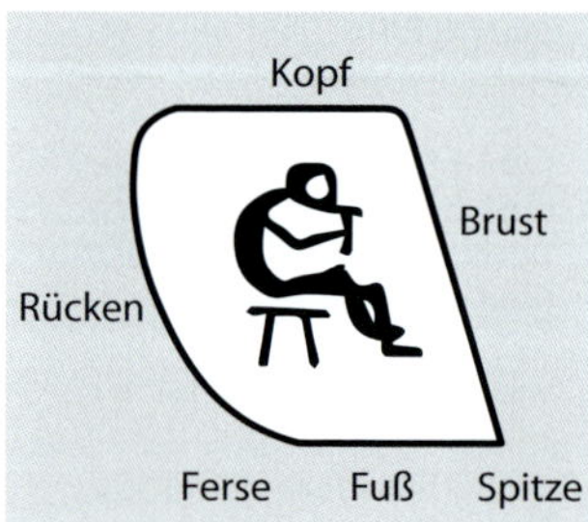

Abb. 9.24: Bezeichnungen Deckstein

Unterschreitung der Regeldachneigung um mehr als 10° ist nicht zulässig.

9.1.7 Einfachdeckungen

Steinkanten

Bei allen Deckungen mit seitlicher Überdeckung (Altdeutsche Deckung, Altdeutsche Doppeldeckung, Schuppendeckung, Deutsche Deckung) muss die Brust (seitlich überdeckte Steinkante, siehe Abb. 9.24) eine gesägte Kante oder von der Vorderseite zur Rückseite behauen sein, damit auf der Vorderseite eine scharfe Kante entsteht. Dies ist wichtig, damit in die Seitenüberdeckung eingedrungenes Niederschlagswasser auf das darunterliegende Gebinde ablaufen kann. Somit wird die Regensicherheit der Deckung erhöht. Bei der Rechteckdoppeldeckung und der Spitzwinkeldeckung erfolgt die Bearbeitung der Steinkanten von hinten nach vorne. Somit ist an allen Kanten auf der Vorderseite eine Bruchkante zu sehen. Alle sichtbaren Steinkanten müssen eine Bruchkante haben.

9.1.7.1 Gebindesteigung

Alle Schieferdachdeckungen, die in Einfachdeckung mit Seitenüberdeckung gedeckt werden, müssen mit Gebindesteigung ausgeführt werden. (Ausnahme: Bei Dachneigungen über 70° darf ohne Gebindesteigung gedeckt werden.) Die Gebindesteigung ist erforderlich, um die Regensicherheit zu erhöhen. Die Mindestgebindesteigung kann zeichnerisch (siehe Abb. 9.25) oder rechnerisch nach der Formel

$$MGS = 1 - \sin DN$$

MGS = Mindestgebindesteigung
DN = Dachneigung

ermittelt werden.

Beispiel:
Ermittlung der Mindestgebindesteigung bei einer Dachneigung von 40°

$$MGS = 1 - \sin 40$$

$$MGS = 1 - 0{,}643$$

$$MGS = 0{,}357$$

Die Mindestgebindesteigung beträgt also 0,357, in Prozent = 35,7 %. Auf 1 m Trauflänge beträgt die Steigung also mindestens 35,7 cm.

Bei flachen Dachneigungen fließt das Wasser langsamer ab als bei steileren Dächern. Durch den langsamen Wasserlauf fließt der größte Teil des Wassers an den Decksteinrücken ab. Durch die Gebindesteigung wird die Seitenüberdeckung geschützt.

Vor dem Eindecken der Dachfläche muss erst die Mindestgebindesteigung ermittelt und die Fläche eingeteilt werden.

Je flacher die Dachneigung, desto steiler muss die Mindestgebindesteigung sein. Je steiler die Dachneigung, desto flacher kann die Mindestgebindesteigung sein.

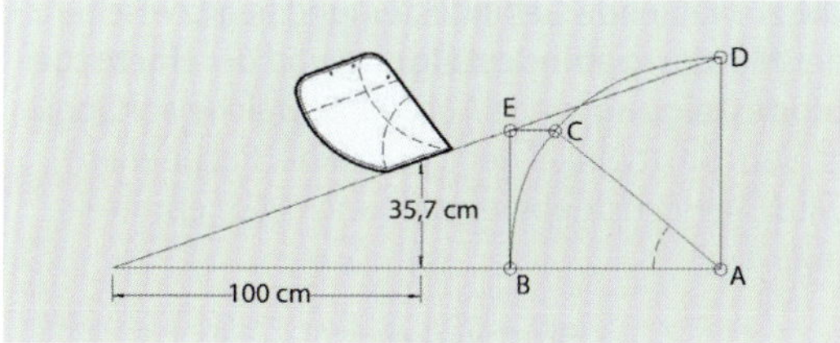

Abb. 9.25: Zeichnerische Ermittlung der Gebindesteigung

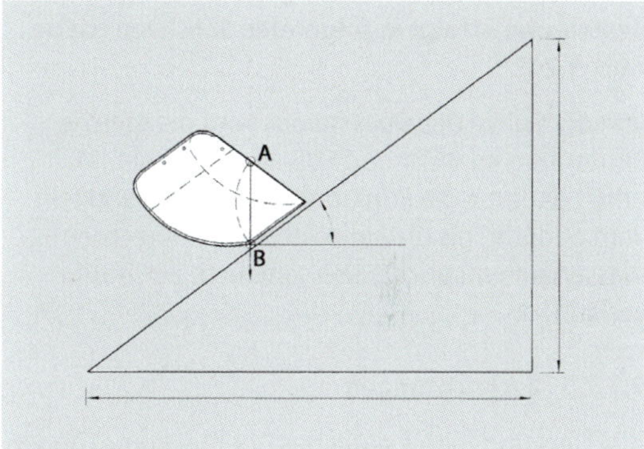

Abb. 9.26: Zeichnerische Ermittlung der Höchstgebindesteigung

Die Ermittlung der Mindestgebindesteigung (hier am Beispiel einer Rechtsdeckung) erfolgt in folgenden Schritten:

1. **Einzeichnen der Dachneigung vom Schnittpunkt des rechten Ortgangs mit der Traufe („Dachneigungslinie").**
2. **Einzeichnen eines Viertelkreises mit Schnittpunkt A als Mittelpunkt. Der Radius ist beliebig, sollte aber in der Praxis „nicht zu groß und nicht zu klein" sein. Dadurch ergeben sich 3 weitere Schnittpunkte:**
   - **Viertelkreis mit Traufe (B)**
   - **Viertelkreis mit Dachneigungslinie (C)**
   - **Viertelkreis mit Ortgang (D)**
3. **Einzeichnen einer lotrechten Linie durch B bis auf Höhe von C.**
4. **Einzeichnen einer waagerechten Linie durch C. Waagerechte und lotrechte Linie schneiden sich in einem neuem Schnittpunkt E.**
5. **Die Verbindungslinie von D mit E beschreibt die Mindestgebindesteigung (MGS).**

Das Schema ist entsprechend für die Linksdeckung anzuwenden.

Die zu wählende Gebindesteigung liegt zwischen der **Mindestgebindesteigung** und der **Höchstgebindesteigung** (siehe Abb. 9.27), welche abhängig ist vom Brustwinkel der Decksteine. Rechnerisch wird die Höchstgebindesteigung *(HGS)* ermittelt mit:

$$HGS \text{ (in °)} = \frac{\text{Brustwinkel (in °)}}{2}$$

Die zeichnerische Ermittlung der Höchstgebindesteigung erfolgt in folgenden Schritten (siehe Abb. 9.26):

Von der Spitze des Decksteines wird die gleiche Entfernung an Brust und Fuß abgezeichnet. Man erhält dadurch die Punkte *A* und *B*. Der Deckstein wird gedreht, bis die Linie *AB* dem senkrechten Wasserlauf entspricht, also senkrecht zur Traufe verläuft.

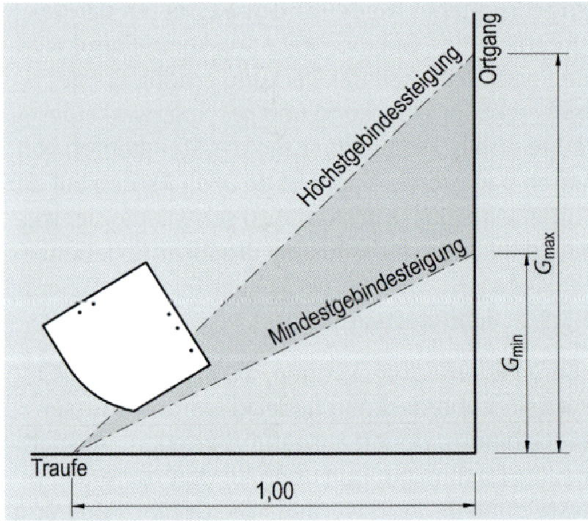

Abb. 9.27: Gebindesteigung (zwischen Mindest- und Höchstgebindesteigung)

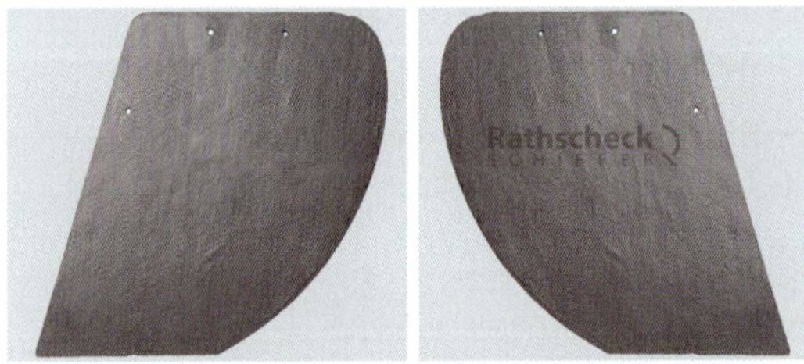

Abb. 9.28: Linker und rechter Deckstein (normaler Hieb)

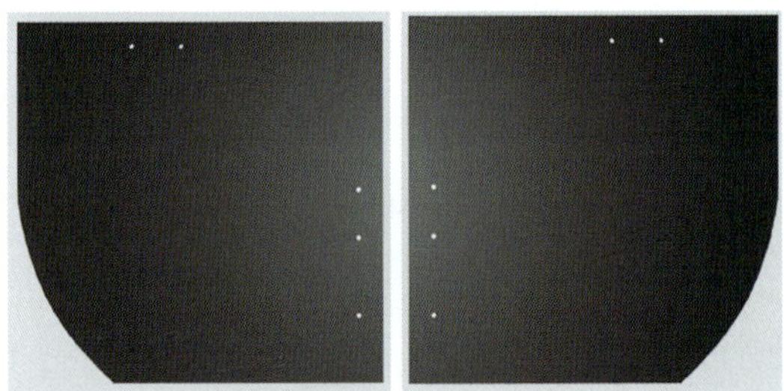

Abb. 9.29: Bogen links und Bogen rechts

9.1.7.2 Deckrichtungen

Alle Deckungen mit seitlicher Überdeckung können sowohl in Rechtsdeckung (von links **nach rechts**) als auch in Linksdeckung (von rechts **nach links**) erfolgen. Für die Rechtsdeckung werden rechte, für die Linksdeckung entsprechend linke (Schiefer-)**Decksteine** verwendet (siehe Abb. 9.28). Im Gegensatz dazu gibt man bei der Deutschen Deckung mit Faserzement die Seite des „Bogens" (Rücken) an. Also „Bogen links" für Rechtsdeckung und „Bogen rechts" für Linksdeckung (siehe Abb. 9.29).

9.1.7.3 Prinzip der geschlossenen Deckung

Alle Deckungen mit Seitenüberdeckung werden nach dem Prinzip der geschlossenen Deckung ausgeführt. Das bedeutet, dass die Spitze des Steins oder der Platte immer gegen den Rücken eines anderen Decksteins bzw. einer anderen Platte gedeckt wird. Dies trägt zur Regensicherheit und zur Stabilität der Dachdeckung bei (siehe Abb. 9.30).

9.1.7.4 Fersenhang und Fersenversatz

Deckungen mit Seitenüberdeckung werden mit Fersenversatz (FV) (ca. 1 cm) und mit hängender Ferse (hF) bzw. mit Fersenhang (etwa 1 bis 3 mm) ausgeführt. Hierdurch entsteht eine Art Tropfnase, wodurch das Wasser ungehindert abtropfen kann (siehe Abb. 9.30).

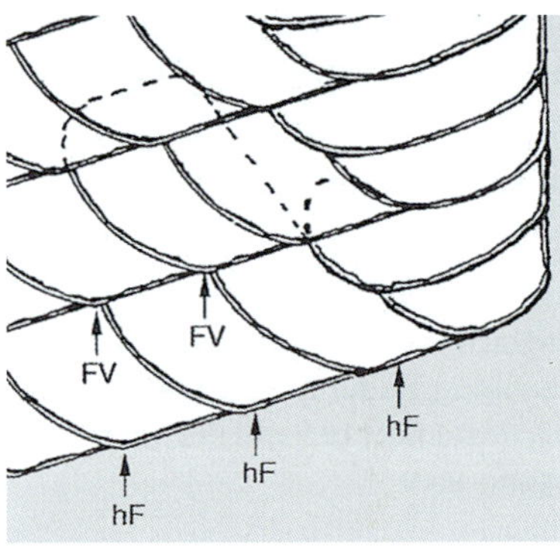

Abb. 9.30: Prinzip der geschlossenen Deckung, Fersenhang und Fersenversatz

9.1.8 Ausführung der Deckungen mit Schiefer

9.1.8.1 Allgemeines zu Dachdeckungen mit Schiefer

Mit Schiefer können unterschiedliche Dachdeckungen ausgeführt werden. Dabei unterscheidet man zwischen **Altdeutschen Schieferdeckungen** und **Schablonendeckungen**. Deckungen aus Schiefer gehören zu den anspruchsvollsten Arbeiten im Dachdeckerhandwerk. Die Altdeutsche Deckung wird deshalb auch als Königsdisziplin bezeichnet, da hier Dachdecker ihr Können voll unter Beweis stellen können.

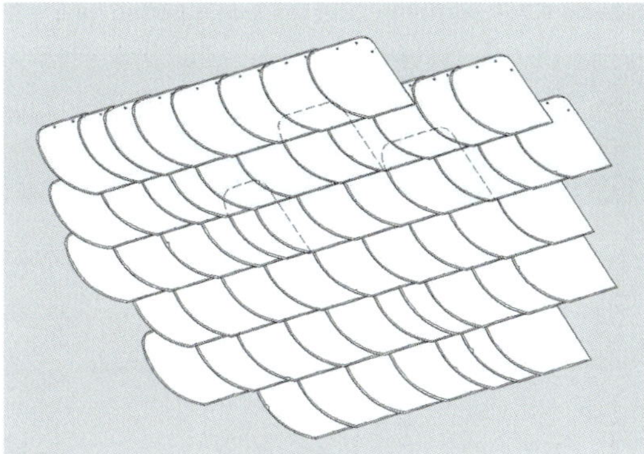

Abb. 9.31: Deckbild Altdeutsche Deckung

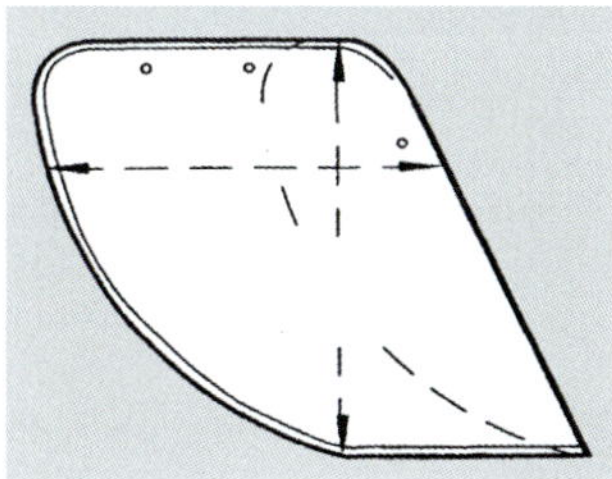

Abb. 9.32: Höhe und Breite bei Altdeutschen Decksteinen

9.1.8.2 Altdeutsche Deckung

Die Altdeutsche Deckung (Abb. 9.31) zeichnet sich durch verschieden große und breite Decksteine aus. Dabei werden in einem Gebinde Decksteine unterschiedlicher Breite (mindestens 40 mm) verwendet. Hiervon darf allerdings bei kleinen Flächen und steilen Turmdachflächen abgewichen werden. Dies belebt das Deckbild, stellt aber gleichzeitig eine große Herausforderung dar, da wegen des Prinzips der geschlossenen Deckung und des für die Seitenüberdeckung erforderlichen Fersenversatzes die Decksteinbreite immer „einigermaßen passen" muss. Abweichend von dem üblichen Fersenversatz von 1 cm bei den übrigen Einfachdeckungen kann bei der Altdeutschen Deckung (und auch bei der Altdeutschen Doppeldeckung) der Fersenversatz variieren und beträgt somit ca. 5 bis 20 mm. Auch in der Höhe unterscheiden sich die Decksteine deutlich (siehe Tab. 9.7).
Die Höhe eines Decksteins wird grundsätzlich rechtwinklig zum Fuß an der Ferse gemessen.
Die Steinbreite wird bei Altdeutschen Decksteinen an der Höhenüberdeckungslinie gemessen (siehe Abb. 9.32).

Da die Mindesthöhenüberdeckung mindestens 29 % der Steinhöhe beträgt, ist die Größe der Überdeckung (in cm) abhängig von der Steingröße. Demnach werden große Steine mehr überdeckt als kleine Steine. Hieraus können 2 Regeln abgeleitet werden:

1. In einer Dachfläche werden die größten Steine im Bereich der Traufe verwendet, da hier das meiste Wasser anfällt. Bei der Eindeckung werden zum First hin kleinere Steine verwendet

Tabelle 9.6: Höhen- und Seitenüberdeckung der Altdeutschen Deckung

Decksteinhieb	Höhen-/Seitenüberdeckung	Seitenüberdeckung
stumpfer Hieb, normaler Hieb	29 %* der Steinhöhe, bei Steinhöhen ≤ 170 mm: 50 mm	29 %* der Steinhöhe, bei Steinhöhen ≤ 170 mm: 50 mm
scharfer Hieb		38 % der Steinhöhe
* bei Steinhöhen > 420 mm: 120 mm Höhenüberdeckung		

Tabelle 9.7: Sortierung der Decksteingrößen für die Altdeutsche Deckung und Zuordnung zur Dachneigung

Sortierung	Höhe* in cm	Breite* in cm	untere Dachneigungsgrenze in Grad (°)	empfohlene obere Dachneigungsgrenze in Grad (°)
1/1	50–40	42–32	25 **	30
1/2	42–36	38–28	25 **	30
1/4	38–32	34–25	25 **	35
1/8	34–28	30–23	30	40
1/12	30–24	26–20	35	50
1/16	26–20	22–17	40	60
1/32	22–16	18–13	50	–
1/64	18–12	16–11	60	–

* Die Abmessungen einzelner Schiefer können geringfügig außerhalb einer Sortierung liegen.
** Zugleich Regeldachneigung

und die Gebindehöhen stufenlos reduziert (siehe Tab. 9.7). Wie groß der Unterschied zwischen den höchsten und den kleinsten Deckgebinden sein muss, ist ebenfalls vorgeschrieben (siehe Tab. 9.8).

2. Da bei flacheren Dachneigungen eine größere Überdeckung erforderlich ist, werden umso größere Steine verwendet, je flacher das Dach ist (siehe Tab. 9.7). Diese Tabelle zeigt zudem, wie die Altdeutschen Decksteine je nach ihrer Größe (Steinhöhe und Steinbreite) in 8 Gruppen, sog. Sortierungen oder Sortierklassen, eingeteilt werden.

Die Decksteine können einen normalen, scharfen oder stumpfen Hieb haben. Hierdurch ergeben sich unterschiedliche Deckbilder und unterschiedliche Seitenüberdeckungen (siehe Tab. 9.6).

Decksteine mit scharfem Hieb können breiter sein als in der Tabelle angegeben. Die Decksteinhiebe unterscheiden sich durch verschiedene Brust- und Rückenwinkel. Die verschiedenen Winkel haben Einfluss auf die Seitenüberdeckungen der Decksteine (siehe Abb. 9.33 bis 9.35).

Tabelle 9.8: Verringerung der Gebindehöhe bei der Altdeutschen Deckung und Anzahl der Sortierungen in Abhängigkeit von der Sparrenlänge

Sparrenlänge in m	Differenz zwischen der größten und kleinsten Gebindehöhe in mm	übliche Anzahl der zu verwendenden benachbarten Sortierungen
≤ 6	≥ 40	1
≤ 8	≥ 60	2
> 8	≥ 80	2–3

- Decksteine mit normalem Hieb haben einen Brustwinkel von 74° und einen Rückenwinkel von 125° (siehe Abb. 9.33).
- Decksteine mit scharfem Hieb haben einen Brustwinkel von 65° und einen Rückenwinkel von 135° (siehe Abb. 9.34).
- Decksteine mit stumpfem Hieb haben einen Brustwinkel von 75° und einen Rückenwinkel von 115° (siehe Abb. 9.35).

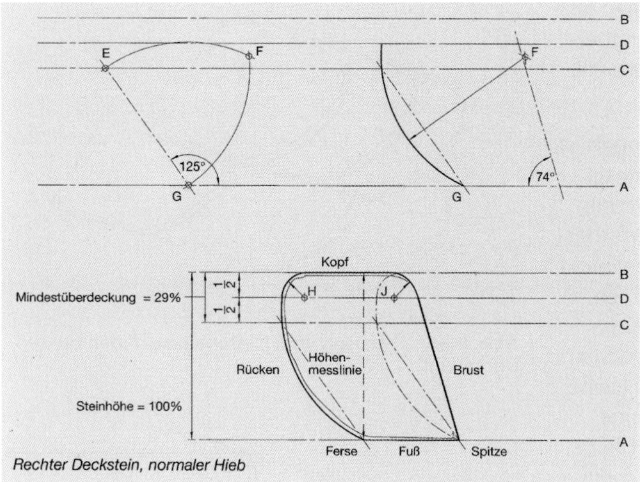

Rechter Deckstein, normaler Hieb

Abb. 9.33: Rechter Deckstein, normaler Hieb

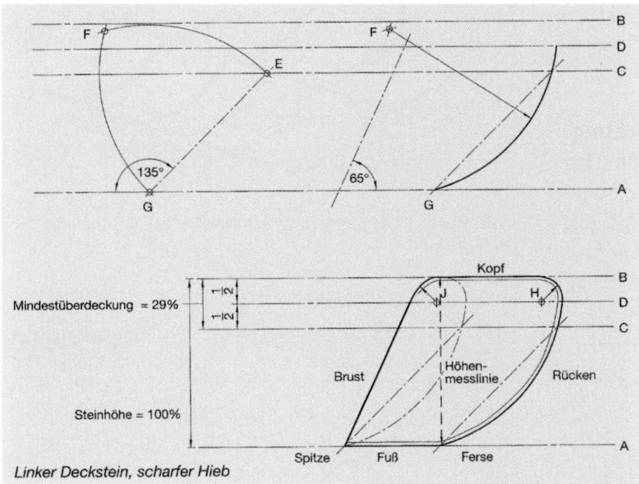

Linker Deckstein, scharfer Hieb

Abb. 9.34: Linker Deckstein, scharfer Hieb

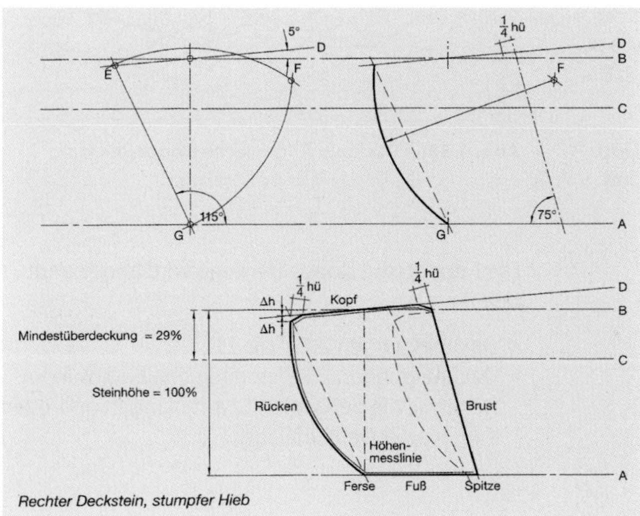

Rechter Deckstein, stumpfer Hieb

Abb. 9.35: Rechter Deckstein, stumpfer Hieb

Sollte (beim stumpfen Hieb) allein durch einen normalen Fersenversatz die erforderliche Seitenüberdeckung nicht erreicht werden, ist der Versatz entsprechend zu vergrößern.

Eine Besonderheit der Altdeutschen Deckungen ist, dass in der Fläche unter Umständen vom Prinzip der geschlossenen Deckung abgewichen werden darf. Sogenannte Übersetzungen können erforderlich sein, wenn ein Deckstein vom Format her nicht vorhanden ist. Übersetzungen dürfen auf einen breiten Deckstein mit 2 schmalen Decksteinen (siehe Abb. 9.36) oder mit einem breiten Deckstein auf 2 schmale Decksteine übersetzt werden (siehe Abb. 9.37). Dabei sollte Deckstein a eine dünne Spitze haben, Deckstein b sollte dünn sein. Die Befestigung der Schiefer erfolgt mit Schiefernägeln oder Schieferstiften ausschließlich innerhalb der Höhenüberdeckung.

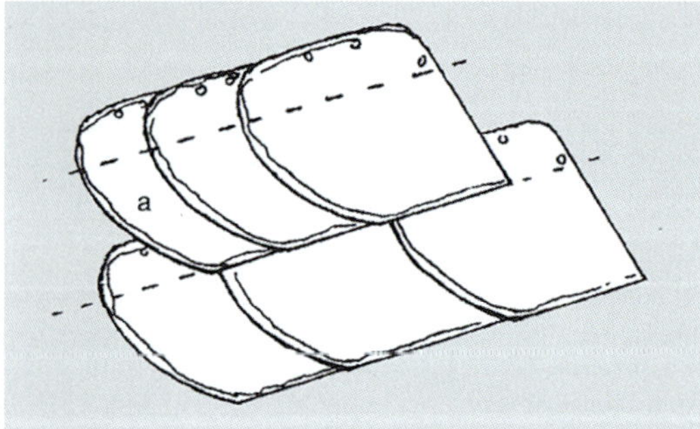

Abb. 9.36: Übersetzung: 2 schmale auf einen breiten Deckstein

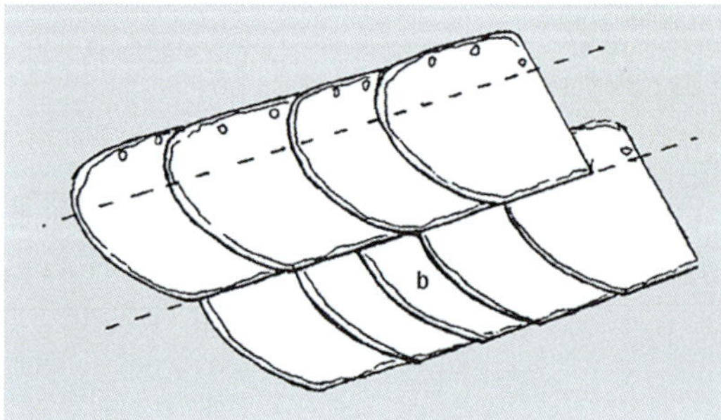

Abb. 9.37: Übersetzung: ein breiter auf 2 schmale Decksteine

9.1.8.3 Altdeutsche Doppeldeckung

Das Deckbild der **Altdeutschen Doppeldeckung** (siehe Abb. 9.38) ist nahezu identisch mit dem der Altdeutschen Deckung. Der auffälligste Unterschied besteht in der Höhenüberdeckung. Bei der Altdeutschen Doppeldeckung überdeckt das 3. Deckgebinde das 1. Deckgebinde noch um mindestens 20 mm (Überdoppelung). Dadurch wird eine größere Regensicherheit erreicht und eine geringere Regeldachneigung ist gegeben (22°, im Vergleich zur Altdeutschen Deckung: 25°).

Bei der Altdeutschen Doppeldeckung werden Decksteine mit normalem oder stumpfem Hieb eingesetzt.

Um eine ausreichende Sichthöhe der Gebinde zu erreichen, werden in der Decksteinsortierung die größten Steine eingesetzt.

Decksteinsortierungen für die Altdeutsche Doppeldeckung sind: 1/1, 1/2, 1/4 und ggf. die Sortierung 1/8 (siehe Tab. 9.7).

Die Sichthöhe der Decksteingebinde wird wie folgt ermittelt:

$$S = \frac{H - Ü}{2}$$

S = Schnürabstand (Gebindehöhe)
H = Schieferhöhe
$Ü$ = Maß der Überdeckung

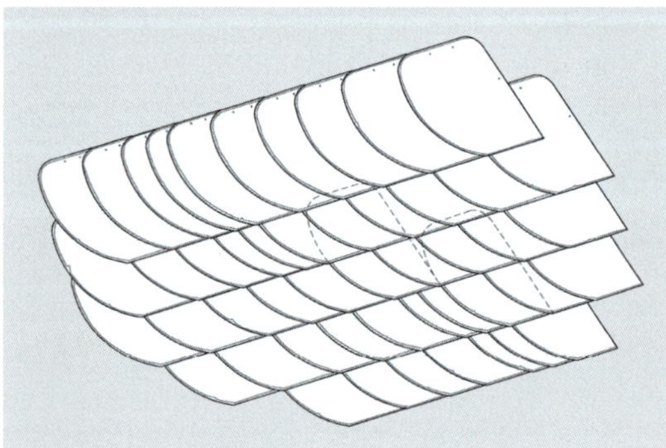

Abb. 9.38: Deckbild Altdeutsche Doppeldeckung

Die Altdeutsche Doppeldeckung wird angewandt bei:

- Dachneigungen ≥ 22° bis 25°,
- Dachneigungen ≥ 25° und regionalen Besonderheiten sowie bei großen Sparrenlängen und/oder exponierter Gebäudelage.

9.1.8.4 Schuppendeckung

Die Schuppendeckung (siehe Abb. 9.39) wird mit Schuppenschablonen gleicher Größe eingedeckt. Die Steinform entspricht der eines Altdeutschen Decksteins im normalen Hieb. Im Gegensatz zu den Steinen der Altdeutschen Deckung wird die Steinbreite allerdings in der Steinmitte waagerecht gemessen (siehe Abb. 9.40). Schuppen sind Schablonen, die in festgelegten Maßen maschinell zugerichtet werden (siehe Tab. 9.9).

Abb. 9.39: Deckbild Schuppendeckung

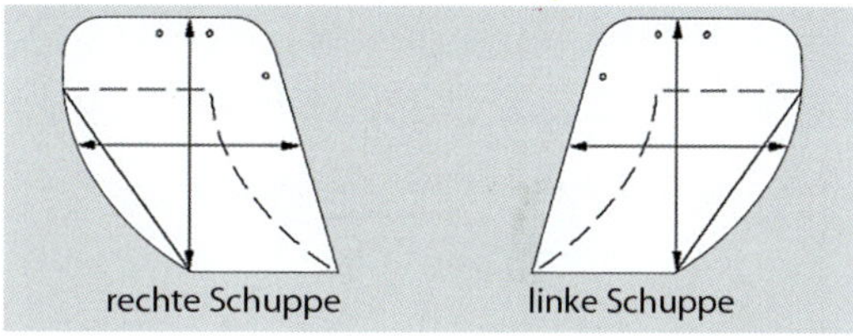

Abb. 9.40: Höhe und Breite der Schuppenschablone

Tabelle 9.9: Schuppensortierung

Höhe in cm	Breite in cm	empfohlener Dachneigungsbereich Regeldachneigung 25°
42 cm	32 cm	25°–30°
40 cm	32 cm	25°–30°
40 cm	30 cm	25°–30°
38 cm	30 cm	25°–30°
36 cm	28 cm	25°–35°
34 cm	28 cm	25°–35°
32 cm	28 cm	30°–40°
30 cm	25 cm	30°–40°
28 cm	23 cm	35°–50°
26 cm	21 cm	35°–50°
24 cm	19 cm	40°–60°
22 cm	17 cm	40°–60°
20 cm	15 cm	ab 50°
18 cm	15 cm	ab 50°

Bezüglich der Befestigung, der Höhen- und Seitenüberdeckung etc. gelten für die Schuppenüberdeckung die gleichen Regeln wie bei der Altdeutschen Deckung. Lediglich eine Übersetzung ist nicht zulässig – und auch gar nicht erforderlich.

9.1.8.5 Deutsche Deckung (Bogenschnittdeckung) und Universaldeckung

Die Deutsche Deckung, oder auch Bogenschnittdeckung genannt, wird mit quadratischen Formaten der Größe 30/30 cm oder 25/25 cm hergestellt. Die Auswahl der Steingröße (in Abhängigkeit von der Dachneigung) sowie die entsprechenden Überdeckungen zeigt Tabelle 9.6. Das Format 20/20 cm darf nur an Wandflächen eingesetzt werden. Die Deutsche Deckung gehört, wie die Schuppendeckung, zur Gruppe der Schablonendeckungen. Die Befestigung erfolgt mit mindestens 3 Schiefernägeln oder Schieferstiften auch unterhalb der Höhenüberdeckung, aber innerhalb der Seitenüberdeckung (siehe Abb. 9.41).

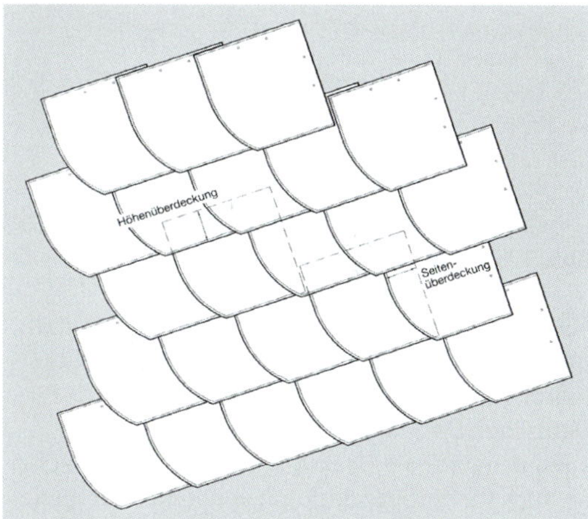

Abb. 9.41: Deckbild Deutsche Deckung

Tabelle 9.10: Zuordnung Steingrößen zur Dachneigung

Dachneigung	Format			
	30/30		25/25	
Regeldachneigung 25°	Höhenüberdeckung	Seitenüberdeckung	Höhenüberdeckung	Seitenüberdeckung
≥ 25°	110	90	–	–
≥ 30°	100	90	–	–
≥ 35°	90	90	–	–
≥ 40°	90	90	90	80
≥ 50°	80	90	80	80
≥ 55°	70	90	70	80

Abb. 9.42: Universaldeckung

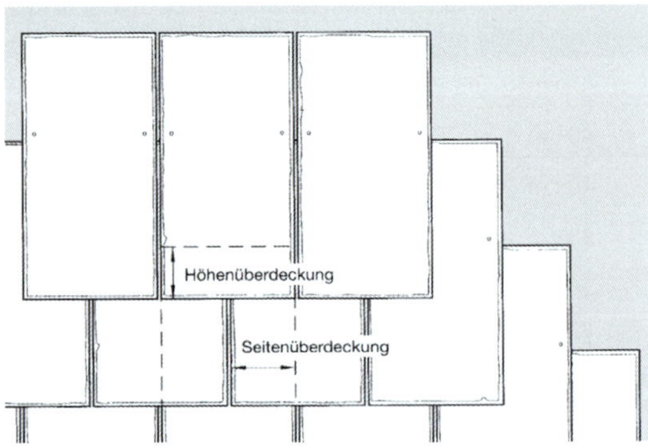

Abb. 9.43: Deckschema Rechteckdoppeldeckung

Für die Universaldeckung (siehe Abb. 9.42) gelten prinzipiell die gleichen Regeln, lediglich die Rückenführung ist anders (symmetrisch) im Vergleich zur Deutschen Deckung. Bei der Universaldeckung kann demnach ein Deckstein sowohl für die Rechts- als auch für die Linksdeckung verwendet werden.

9.1.8.6 Rechteckdoppeldeckung

Die Rechteckdoppeldeckung (siehe Abb. 9.43) ist eine gängige Dacheindeckung in vielen Ländern der Erde. Sie wird mit quadratischen oder rechteckigen Schiefern gleicher Größe ausgeführt. Das 3. Schiefergebinde überdeckt das 1. Schiefergebinde um die von der Dachneigung abhängige Mindesthöhenüberdeckung (Überdoppelung). Die Eindeckung der Fläche erfolgt im Halbverband mit einer 3 bis 6 mm breiten Fuge zwischen den Steinen. Um ein gleichmäßiges und ansprechendes Deckbild zu erzeugen, ist sowohl eine horizontale Schnürung (Kopflinien oder Schnürung für die Traglattung) als auch eine vertikale Schnürung vorzunehmen (siehe Abb. 9.44).

Die Schieferschablonen können vollkantig sein oder gestutzte Ecken (Octogones) bzw. halbkreisförmige Abrundungen (Coquettes) haben (siehe Abb. 9.45). Darüber hinaus gibt es auch Sonderformen.

Bei der Befestigung mit Klammer- bzw. Einschlaghaken (siehe Abb. 9.46) sind die Haken 1 cm länger sind als die Höhenüberdeckung. Dadurch wird sichergestellt, dass die Klammer nicht auf dem Kopf des Steins aufsitzt.

Bei Doppeldeckungen überdeckt das 3. Gebinde das 1. Gebinde um die von der Dachneigung abhängigen Höhenüberdeckung.

$$\textbf{Gebindehöhe} = \frac{\textbf{Steinhöhe} - \textbf{Höhenüberdeckung}}{2}$$

Die senkrechten Schnürungen ergeben sich durch die Schieferbreite unter Berücksichtigung der jeweiligen Breite der Stoßfuge. Die waagerechte Schnürung wird wie folgt errechnet:

Praxisbeispiel

$$S = \frac{H - Ü}{2}$$

S = Schnürabstand
H = Schieferhöhe
$Ü$ = Überdeckung

Rechenbeispiel
Schieferhöhe: 400 mm
Mindestüberdeckung: 70 mm

$$\frac{400\ \text{mm} - 70\ \text{mm}}{2}$$

Ergebnis = 165 mm

Die Gebindehöhe ergibt von Oberkante Latte zu Oberkante Latte 165 mm Abstand.

Die Mindestüberdeckungen und Formate der Rechteckdoppeldeckung können Tabelle 9.11 entnommen werden. Zu beachten ist auch hier, dass die Regeldachneigung der Doppeldeckung zwar grundsätzlich 22° beträgt, je nach Dachneigung aber eine Mindeststeingröße vorgegeben ist.

Tabelle 9.11: Mindestüberdeckungen in mm bei der Rechteckdoppeldeckung

Dachneigung	Format			
	60/35 60/30 50/30 50/25	40/40 40/25 40/20	35/35 35/20	30/30 30/20
Regeldachneigung ≥ 22°	Höhenüberdeckung			
≥ 22°	120	–	–	–
≥ 30°	100	100	–	–
≥ 40°	80	80	80	–
≥ 50°	–	60	60	60

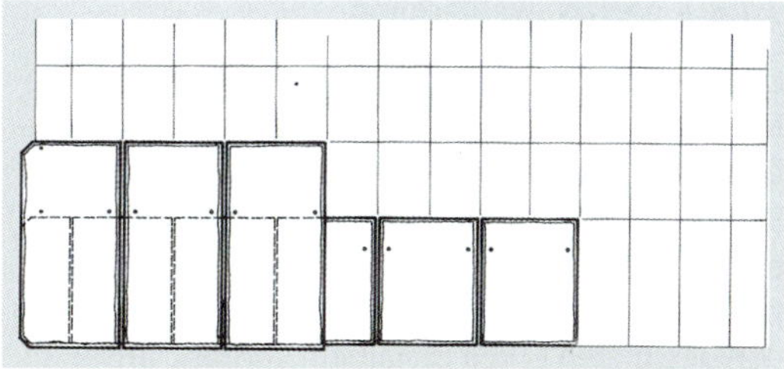

Abb. 9.44: Schnürschema Rechteckdoppeldeckung

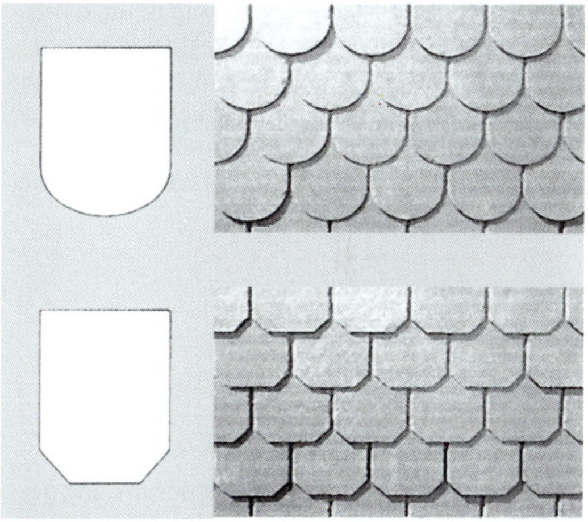

Abb. 9.45: Deckbilder Coquettes und Octogones

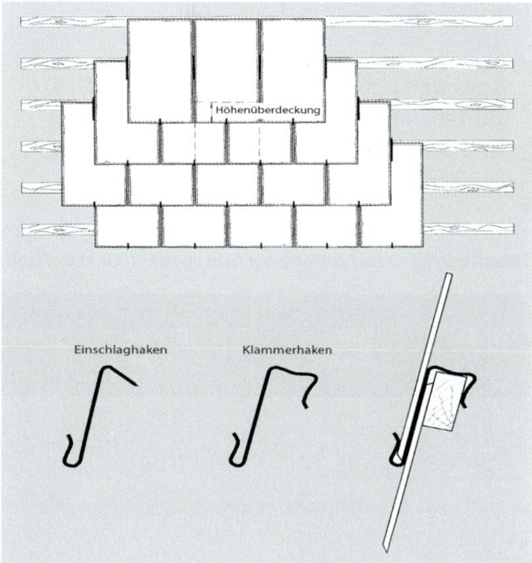

Abb. 9.46: Die Befestigung mit Klammer- und Einschlaghaken

9.1.8.7 Spitzwinkeldeckung

Die Spitzwinkeldeckung ist eine der ältesten Schieferdeckungen und wird auch heute noch sehr häufig angewandt. Schon vor 2.000 Jahren haben die Römer ihre Dächer mit Spitzwinkelschablonen in dieser Deckung eingedeckt. Die Deckung wird mit rautenförmigen Schiefern mit 2 gegenüberliegenden gestutzten Ecken in halbem Verband ausgeführt (siehe Abb. 9.47).

Wie bei der Rechteckdoppeldeckung ist auch hier eine exakte Einteilung der Dachfläche unbedingt notwendig. Die Höhenüberdeckung ergibt sich aus der Abschnittlänge des Steins zuzüglich der Hängespitze (mindestens 1 cm). Der Schnürabstand für die horizontale Schnürung erfolgt nach der Formel:

$$S = \frac{H - A}{2} - M$$

S = Schnürabstand
H = Schieferhöhe
A = Abschnittlänge
M = Maß der Hängespitze

Für die vertikale Schnürung ist wiederum eine geringe Fuge und der Halbverband zu berücksichtigen. Die Auswahl der richtigen Steingröße zeigt Tabelle 9.12.

Spitzwinkelschablonen der Größen 4 und 5 dürfen nur bei Dächern > 45° Dachneigung und der Größen 6, 7 und 8 bei Dächern > 60° verwendet werden.

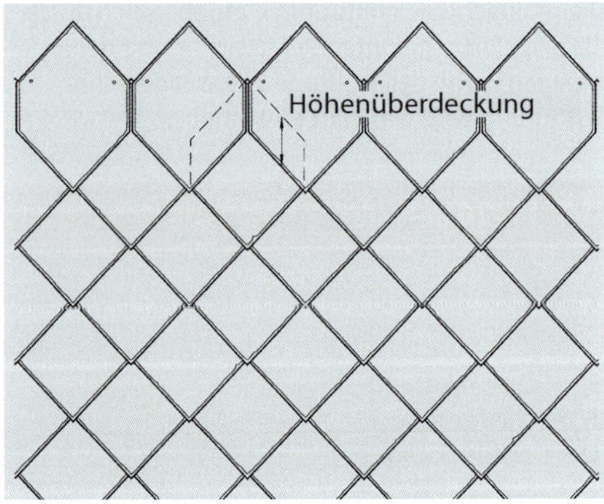

Abb. 9.47: Deckschema Spitzwinkeldeckung

9.1.9 Ausführung der Deckungen mit Faserzement-Dachplatten

9.1.9.1 Allgemeines zu Deckungen mit Faserzement-Dachplatten

Faserzementplatten werden in verschiedenen Größen, Formen und Farben angeboten. Aufgrund der Ähnlichkeit zu Schieferdeckungen hört man gelegentlich den Begriff „Kunstschiefer". Selbstverständlich weisen beide Materialien erhebliche Unterschiede in Verarbeitung, Gewicht und Optik auf. Im Vergleich zu Schieferdeckungen werden die Plattenkanten bei Faserzement grundsätzlich von der Vorderseite zur Rückseite bearbeitet. Eine Lochung erfolgt mit der Schiefer- und Faserzementschere oder der Fassadenplattenschere ebenfalls von der Vorderseite zur Rückseite.

Tabelle 9.12: Decksteine für Spitzwinkeldeckung und Zuordnung zur Dachneigung

Größe	Höhe in cm	Breite in cm	Abschnittlänge in cm	Mindestdachneigung	ca. Stückzahl pro m²
1	47	31	10,7	≥ 30°	19
2	43	29	10,7	≥ 30°	23
3	38	25	10,7	≥ 30°	32
4	36	24	9,5	≥ 45°	34
5	33	21	7,3	≥ 45°	40
6	30	20	7,3	≥ 60°	49
7	29	19	7,3	≥ 60°	54
8	26	18	7,3	≥ 60°	67

Es werden folgende Deckungsarten unterschieden:

- Deutsche Deckung (Bogenschnittdeckung),
- Doppeldeckung,
- Rhombusdeckung,
- Spitzschablonendeckung,
- Waagerechte Deckung.

9.1.9.2 Die Deutsche Deckung (Bogenschnittdeckung)

Generell ist die Deutsche Deckung mit Faserzement sehr ähnlich zur Deutschen Deckung mit Schiefer. Unterschiede sind:

- Neben den Formaten 25/25 und 30/30 gibt es bei Faserzement auch 40/40. Bei dem Format 40/40 ist die Seitenüberdeckung anhängig von der Dachneigung und entspricht der Höhenüberdeckung. Dieses Format wird zusätzlich mit einem Plattenhaken befestigt.
- Es sind weniger Befestigungsmittel erforderlich als bei der entsprechenden Schieferdeckung.
- Das Format 25/25 kann bei Faserzement schon ab 30° Dachneigung gedeckt werden und bei Schiefer erst ab 40°.
- Bei den Formaten 25/25 und 30/30 beträgt die Seitenüberdeckung bei Faserzement einheitlich 90 mm, bei Schiefer beträgt sie im Format 25/25 80 mm und im Format 30/30 90 mm.

Tabelle 9.13: Mindestüberdeckungen in mm bei der Deutschen Deckung (Bogenschnittdeckung)

Format	25/25	30/30	40/40
Dachneigung	Seitenüberdeckung konstant 90		Höhen- und Seitenüberdeckung
	Höhenüberdeckung		
≥ 25°	–	110	120
≥ 30°	100	100	110
≥ 35°	90	90	100
≥ 45°	80	80	90
≥ 55°	70	70	90

Je flacher die Dachneigung, desto steiler die Mindestgebindesteigung. Je steiler die Dachneigung, desto flacher die Mindestgebindesteigung.

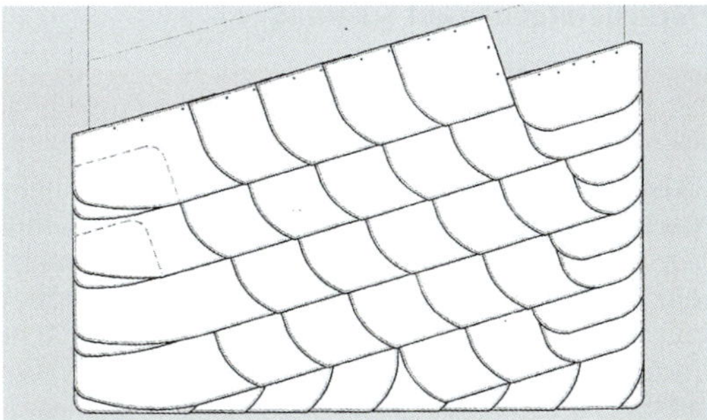

Abb. 9.48: Deckbild Deutsche Deckung

Abb. 9.49: Doppeldeckung

9.1.9.3 Die Doppeldeckung

Die Doppeldeckung mit Faserzement (siehe Abb. 9.49) ist analog der Rechteckdoppeldeckung mit Schiefer und wird ebenfalls mit einer Fuge von 3 bis 6 mm ausgeführt. Genau wie bei der entsprechenden Schieferdeckung sind hier bei Dachneigungen unter 30° nur die größeren Formate zulässig.

Tabelle 9.14: Mindestüberdeckungen bei der Doppeldeckung

Format	20/40	30/30	40/40	30/60
Dachneigung	Höhenüberdeckung			
≥ 22°	–		120	
≥ 30°	100		100	
≥ 40°	80		80	
≥ 50°	60		60	

Die Faserzementplatten können gestutzte Ecken haben, vollkantig oder abgerundet sein. Die Dachplatten werden mit mindestens 2 Schieferstiften, die Formate 40/40 und 30/60 zusätzlich mit einem Plattenhaken befestigt.

Flächeneinteilung auf Schalung

Praxisbeispiel

Das Satteldach eines Einfamilienhauses soll mit Faserzementplatten 30 × 30 cm in Doppeldeckung gedeckt werden. Die Dachfläche hat eine Traufenlänge von 12,5 m und eine Sparrenlänge von 8,25 m. Die Dachneigung beträgt 35°. Eine Regenrinne ist nicht vorgesehen. Die Deckung ist 4 bis 6 cm über ein Traufblech zu decken. Es ist ein Firstgebinde mit Bogenschnittplatten 30 × 30 cm vorgesehen. Die der Hauptwetterrichtung zugewandte Dachfläche wird mit einem Überstand von 4 bis 6 cm über die fertig gedeckte Fläche gedeckt. Die Ortkanten werden ebenfalls mit einem Überstand von 4 bis 6 cm ausgeführt.

Plattenformat	= 30 cm × 30 cm	Trauflänge	= 1.250 cm
Fugenbreite	= 3 bis 6 mm	Traufüberstand	= 4 bis 6 cm
Dachneigung	= 35°	Ortüberstand	= 4 bis 6 cm
Mindesthöhenüberdeckung	= 10 cm	Firstgebinde	= 30 cm
Sparrenlänge	= 825 cm	Firstüberstand	= 4 bis 6 cm

$$\text{maximale Gebindehöhe} = \frac{\text{Plattenhöhe} - \text{Mindesthöhenüberdeckung}}{2} = \frac{30\text{ cm} - 10\text{ cm}}{2} = \mathbf{10\ cm}$$

Die Fläche unterhalb des Firstgebindes ist gleichmäßig in Höhe und Breite einzuteilen.

Höheneinteilung

einzuteilende Höhe = Sparrenlänge + Traufüberstand + Firstüberstand – Firstgebinde =
= 825 cm + 5 cm + 6 cm – 30 cm = **806 cm**

$$\text{Anzahl der Deckgebinde} = \frac{\text{einzuteilende Höhe}}{\text{maximale Gebindehöhe}} = \frac{806\text{ cm}}{10\text{ cm}} = 80{,}6 \sim \mathbf{81\ Deckgebinde}$$

Da die Fläche in gleich große Gebindehöhen einzuteilen ist, wobei die maximale Gebindehöhe nicht überschritten werden darf, muss die sich ergebende Gebindeanzahl auf jeden Fall aufgerundet werden.

$$\text{tatsächliche Gebindehöhe} = \frac{\text{einzuteilende Höhe}}{\text{Anzahl Deckgebinde}} = \frac{806\text{ cm}}{81\text{ Deckgebinde}} = \mathbf{9{,}95\ cm}$$

Hieraus ergibt sich für diese Dachseite eine Gebindehöhe von 9,95 cm.

Breiteneinteilung

maximale Deckbreite = Plattenbreite + maximale Fuge = 30 cm + 0,6 cm = **30,6 cm**

einzuteilende Breite = Traufenlänge + (2 · Ortüberstand) = 1.250 cm + (2 · 5 cm) = **1.260 cm**

$$\text{Anzahl Platten} = \frac{\text{einzuteilende Breite}}{\text{maximale Deckbreite}} = \frac{1.260\text{ cm}}{30{,}6\text{ cm}} = 41{,}176 \sim \mathbf{42\ Platten}$$

$$\text{tatsächliche Breite} = \frac{\text{einzuteilende Breite}}{\text{Anzahl Platten}} = \frac{1.260\text{ cm}}{42\text{ Platten}} = \mathbf{30\ cm}$$

Bei diesem Ergebnis von 30 cm ist die erforderliche Fugenbreite von mindestens 3 mm nicht gegeben! Da die Doppeldeckung im Halbverband gedeckt wird, hat man die Möglichkeit, die Gebinde mit einer ganzen Platte zu beginnen und einer halben Platte abzuschließen. Da die Einteilung mit 42 Platten nicht funktioniert, rechnen wir mit einer halben Platte weniger.

$$\text{Anzahl Platten} = \frac{\text{einzuteilende Breite}}{\text{maximale Deckbreite}} = \frac{1.260\text{ cm}}{30{,}6\text{ cm}} = 41{,}176 \sim \mathbf{41{,}5\ Platten}$$

$$\text{tatsächliche Deckbreite} = \frac{\text{einzuteilende Breite}}{\text{Anzahl Platten}} = \frac{1.260\text{ cm}}{41{,}5\text{ Platten}} = \mathbf{30{,}36\ cm}$$

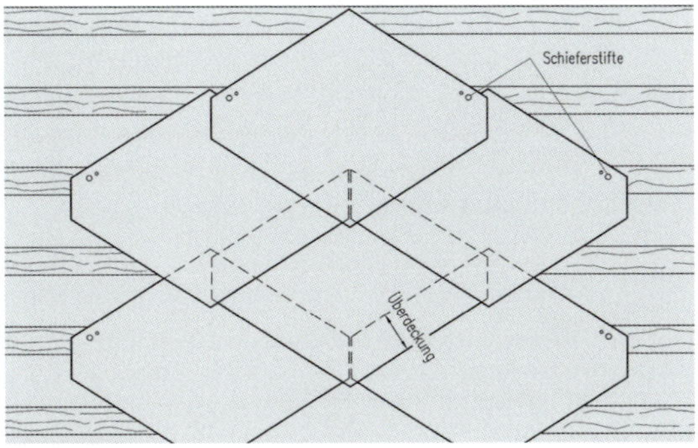

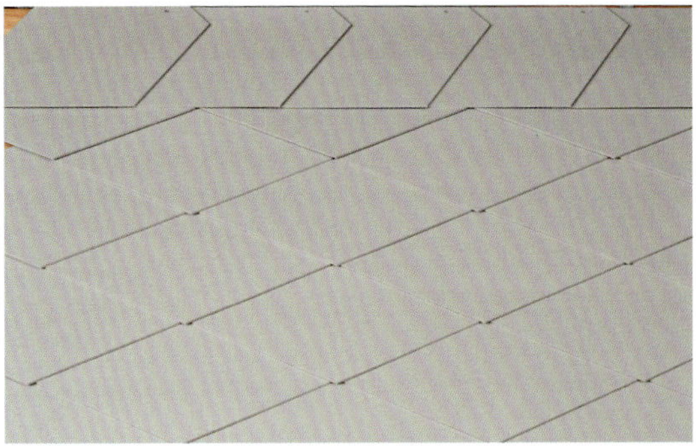

Abb. 9.50: Rhombusdeckung

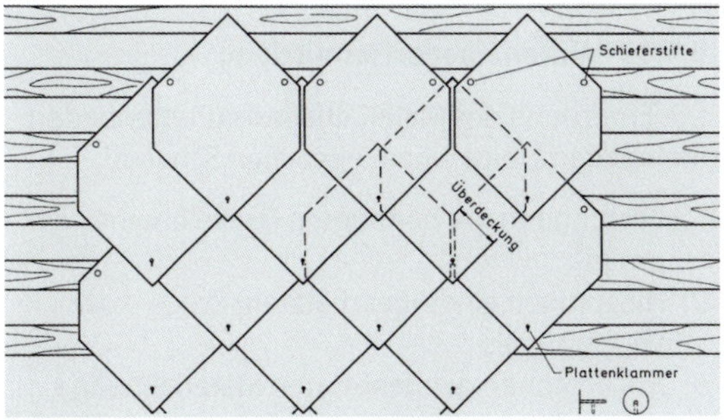

Abb. 9.51: Spitzschablonendeckung

9.1.9.4 Die Rhombusdeckung

Die Rhombusdeckung (siehe Abb. 9.50) ist mit rautenförmigen Dachplatten mit 2 gegenüberliegenden gestutzten Ecken im halben Verband mit einer 3 bis 6 mm breiten Stoßfuge auszuführen. Die Deckung erfolgt mit mindestens 10 mm Hängespitze. Diese Deckungsart ist auf Schalung mit Vordeckung oder auf Lattung möglich. Die Dachplatten werden mit 2 Schieferstiften befestigt. Die Mindestüberdeckung und Schnürabstände sind abhängig von der Dachneigung.

9.1.9.5 Spitzschablonendeckung

Die Spitzschablonendeckung (siehe Abb. 9.51) ist mit Quadratplatten mit 2 gegenüberliegenden gestutzten Ecken im halben Verband mit einer 3 bis 6 mm breiten Stoßfuge auszuführen. Die Deckung erfolgt mit mindestens 10 mm Hängespitze. Ein Unterschied zur Spitzwinkeldeckung mit Schiefer liegt darin, dass bei der Spitzwinkeldeckung die Steine rautenförmig sind. Diese Deckungsart ist auf Schalung mit Vordeckung oder auf Lattung möglich. Die Dachplatten sind mit 2 Schieferstiften und einer Plattenklammer zu befestigen. Die Höhenüberdeckung ist abhängig von der Dachneigung und vom Plattenformat.

Tabelle 9.15: Mindestüberdeckungen bei der Rhombusdeckung

Dachneigung	Überdeckung	Schnürabstand
≥ 30°	100	≤ 162
≥ 35°	90	≤ 174

Tabelle 9.16: Mindestüberdeckungen Spitzschablonendeckung

Format	30/30	40/40
Dachneigung	Überdeckung	
≥ 30°	100	110
≥ 35°	90	100
≥ 45°	80	90
≥ 55°	70	90

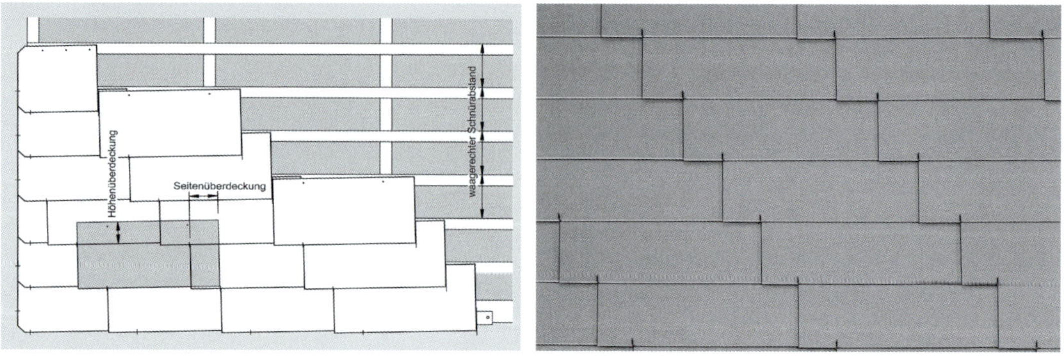

Abb. 9.52: Waagerechte Deckung

Die Formel zur Berechnung der Gebindehöhe lautet:

$$S = \frac{B}{2} - M$$

S = Schnürabstand, Gebindehöhe
B = Breite zwischen den gestutzten Ecken
M = Maß der Hängespitze

Auch bei der Spitzschablonendeckung sind die Platten mit einer Stoßfuge von 3 bis 6 mm zu decken.

9.1.9.6 Waagerechte Deckung

Die Waagerechte Deckung (siehe Abb. 9.52) ist mit den Dachplatten 60/30 auszuführen, wobei die Platten in der Höhe und seitlich überdeckt werden. Die Deckung erfolgt entgegengesetzt zur Hauptwindrichtung. Die Dachplatten sind mit hängender Ferse zu decken und innerhalb der Höhenüberdeckung mit 2 Schieferstiften und zusätzlich mit einem Plattenhaken zu befestigen.

Tabelle 9.17: Mindestüberdeckungen Waagerechte Deckung

Format	60/30	
Dachneigung	**Seitenüberdeckung**	**Höhenüberdeckung**
≥ 30°	120	100
≥ 40°	110	90
≥ 50°	90	80

9.1.10 Materialbedarfsermittlung

Die Ermittlung des Materialbedarfs (Plattenbedarf, Steinbedarf) folgt einem einfachen Schema:

1. Berechnung der benötigten Deckelemente pro m²
2. Hinzufügen eines (geschätzten) Bruch- bzw. Verlustanteils
3. Hochrechnen der benötigten Materialmenge auf die Gesamtfläche

1. Wir verwenden an dieser Stelle immer die gleiche Formel (Ausnahme: Altdeutsche Deckungen):

   $$\text{Bedarfsmenge (in Stück pro m}^2\text{)} = \frac{10.000\ \text{cm}^2}{\text{Deckhöhe (in cm)} \times \text{Deckbreite (in cm)}}$$

   alternativ:

   $$\text{Bedarfsmenge (in Stück pro m}^2\text{)} = \frac{1\ \text{m}^2}{\text{Deckhöhe (in m)} \times \text{Deckbreite (in m)}}$$

   Bei Deckhöhen und Deckbreiten im Zentimeterbereich ist empfehlenswert, die 1. Formel zu wählen. Wichtig ist letztlich nur, dass in der gleichen Einheit gerechnet wird. Wenn auf dem Bruch cm² stehen, steht unten cm (ergibt cm²), wenn oben m² steht, steht unten m (ergibt m²).

   Deutsche Deckung 30/30 mit Faserzement bei einer Dachneigung von 45°:

   Die maximale Gebindehöhe beträgt bei einer Mindestüberdeckung von 80 mm 22 cm, die Deckbreite beträgt bei einer Seitenüberdeckung von 90 mm 21 cm.

Bedarfsmenge (in Stück pro m^2) =

$$\frac{10.000\ (cm^2)}{22\ cm \times 21\ cm} = 21{,}65\ \text{Stück}$$

Doppeldeckung mit 20/40 mit Schiefer bei einer Dachneigung von 45°:

Für die maximale Deckhöhe DH_{max} ergibt sich:

$$DH_{max} = \frac{40\ cm - 8\ cm}{2} = 16\ cm$$

Senkrecht würde man die Fläche wie folgt einteilen:

$$S = \frac{20\ cm\ (\text{Steinbreite}) + 0{,}4\ cm\ (\text{Fuge})}{2\ (\text{Halbverband})} =$$

$$\frac{20{,}4\ cm}{2} = 10{,}2\ cm$$

Es mag zwar sein, dass die senkrechte Schnürung *S* im Abstand von 10,2 cm erfolgt, jedoch ist die **Deckbreite in einem Gebinde** (der Abstand von bspw. linke Steinkante bis linke Steinkante bis linke Steinkante ...) immer 20,4 cm. **Also beträgt die Deckbreite *DB* 20,4 cm!**

$$\text{Bedarfsmenge} = \frac{10.000\ (cm^2)}{16\ cm \times 20{,}4\ cm} =$$

30,64 Stück

2. Der Bruch wird nach Gegebenheiten der Baustelle geschätzt. Nehmen wir hier einen Bruch (defekte oder zerschlagene) Deckelemente in Höhe von 5 % an.

   Deutsche Deckung 30/30 mit Faserzement bei einer Dachneigung von 45°:

   Bruch = 21,65 Stück × 5 % = 21,65 Stück × 0,05 = 1,08 Stück

   Es müssen also pro Quadratmeter 1,08 Platten mehr bestellt werden, da man davon ausgeht, dass diese bereits bei der Anlieferung defekt sind oder bei der Montage kaputtgehen.

   Die Bestellmenge pro Quadratmeter ist also:

   Bestellmenge = 21,65 Stück + 1,08 Stück = 22,73 Stück

   Direkt hätte man dies auch so ausrechnen können:

   Bestellmenge = 21,65 Stück × 105 % = 21,65 Stück × 1,05 = 22,73 Stück

3. Mithilfe der Dachflächengröße wird nun auf die Gesamtbestellmenge hochgerechnet.

   Deutsche Deckung 30/30 mit Faserzement bei einer Dachneigung von 45° bei einer Dachfläche von 325 m²:

   22,73 Stück/m^2 × 325 m^2 = 7.387,25 Stück

   Diese Menge kann natürlich praxisgerecht auf z. B. 7.400 Stück gerundet werden. Wichtig ist, dass erst hier gerundet wird und nicht schon bei der Menge pro m^2, da das Ergebnis ansonsten zu ungenau ist.

Besonderheit Altdeutsche Deckungen

Bei der Altdeutschen Deckung und der Altdeutschen Doppeldeckung kann der Materialbedarf mit der o. g. Formel aufgrund der unterschiedlichen Decksteingrößen in einer Dachfläche nicht berechnet werden. Demnach gibt es hierzu vom Hersteller entsprechende Tabellen, worin der Materialbedarf in Kilogramm angegeben wird (siehe Tab. 9.18).

Tabelle 9.18: Materialbedarf Altdeutsche Deckung

normaler Hieb	ca. 30–33 kg/m^2
stumpfer Hieb	ca. 30–33 kg/m^2
scharfer Hieb	ca. 36–38 kg/m^2
Altdeutsche Doppeldeckung	ca. 45–48 kg/m^2

9.1.11 Traufe, Ortgang, First

Zur fachgerechten Eindeckung der Dachdeckungen aus Schiefer oder Faserzement-Dachplatten an Traufe, Ortgang und First werden i. d. R. Rohschiefer bzw. ungelochte Zubehörplatten verwendet.

Besonderheit bei Schieferdeckungen

Damit bei Schiefer keine unerwünschten Farbunterschiede bei der fertigen Deckung zu erkennen sind, ist darauf zu achten, dass dieser Rohschiefer aus der gleichen Grube bzw. dem gleichen Bruch stammt wie der Schiefer für die Flächendeckung.

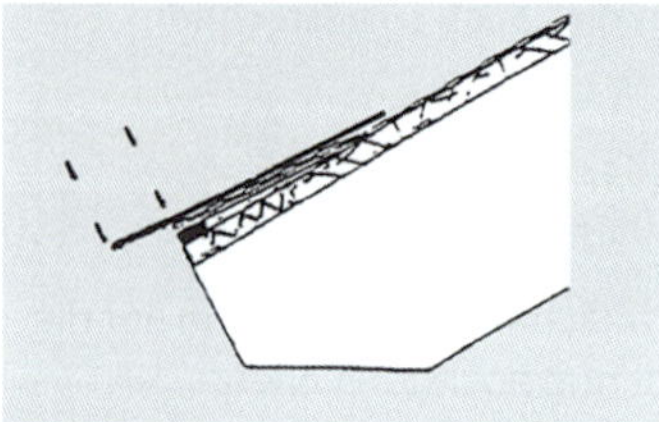

Abb. 9.53: Traufausbildung ohne Dachrinne und ohne Traufblech

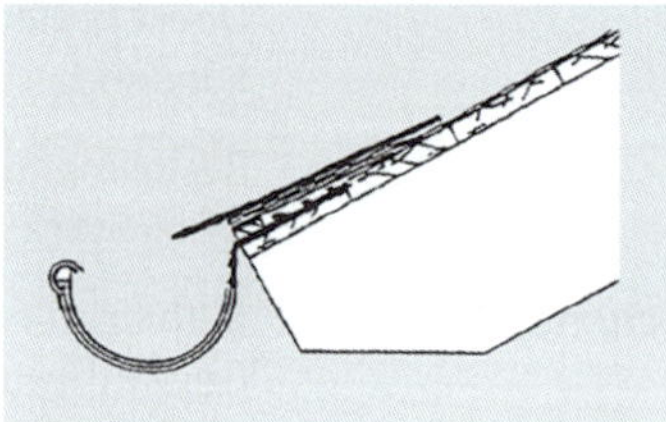

Abb. 9.54: Traufausbildung mit vorgehängter halbrunder Dachrinne ohne Traufblech

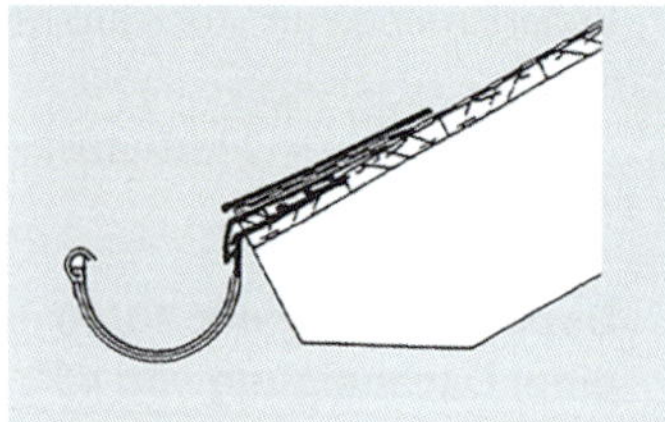

Abb. 9.55: Traufausbildung mit vorgehängter halbrunder Dachrinne und Traufblech

9.1.11.1 Traufe

Bei der Ausbildung der Traufe wird ein Traufblech empfohlen. Wird an der Traufe eine vorgehängte Dachrinne montiert, empfiehlt es sich, die Rinnenhalter einzulassen. Erfolgt die Traufausbildung ohne Dachrinne, wird die Dachdeckung mit ca. 50 mm Überstand über die Traufkonstruktion gedeckt (siehe Abb. 9.53). Dies ist grundsätzlich auch bei einer Ausführung mit Rinne möglich. Der Überstand in die Rinne darf aber dann nicht mehr als 1/3 der Öffnungsweite der Rinne betragen (siehe Abb. 9.54). Bei der Ausführung mit Traufblechen ist der Überstand ≤ 50 mm (siehe Abb. 9.55). Grundsätzlich müssen Trauf- oder Fußgebinde unterlegt werden, damit sie die gleiche Neigung wie die folgenden Gebinde haben. Hierzu eignen sich z. B. schmale Streifen aus Bitumenbahnen oder dünne Holzleisten (Spalierleisten).

Traufgebinde/Reparaturgebinde

Ein Traufgebinde (auch „Reparaturgebinde") dient dazu, z. B. Schneefangsysteme besser und einfacher in die Dachdeckung integrieren zu können und einen späteren Austausch der Rinne einfacher zu ermöglichen. Bei Traufgebinden werden Decksteine (oder -platten) der Dachfläche parallel zur Traufe mit mindestens 120 mm Seitenüberdeckung bei Faserzement und mindestens 1/3 mehr Seitenüberdeckung als in der Fläche bei Schiefer gedeckt.

Traufgebinde sind unzulässig bei

- Altdeutscher Doppeldeckung,
- Rechteckdoppeldeckung.

Bei der Altdeutschen Deckung ist ein Traufgebinde nur in Verbindung mit z. B. der Montage eines Schneefangsystems unmittelbar an der Traufe zulässig.

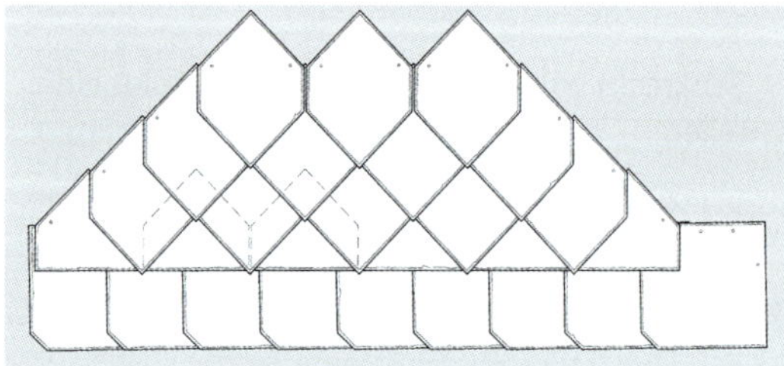

Abb. 9.56: Traufgebinde bei Spitzwinkeldeckung

Eingebundene und eingespitzte Fußdeckung

Bei allen Deckungen, die mit Gebindesteigung gedeckt werden, muss die Fußdeckung als **eingebundene** Fußdeckung mit Fußsteinen (bzw. -platten) und Gebindesteinen (bzw. -platten), entgegen der Deckrichtung der Fläche, erfolgen. Eine Ausnahme bildet hier die Deutsche Deckung, wo die Fußdeckung auch **eingespitzt** (mit zusätzlichem Traufgebinde!) erfolgen kann (siehe Abb. 9.59). Fußsteine (bzw. -platten) und Gebindesteine (bzw. -platten) werden aus ungelochten Platten oder Rohmaterial (Schiefer) auf der Baustelle zugerichtet.

Bei der eingebundenen Fußdeckung wird entgegengesetzt zur Deckrichtung die Flächendeckung eingedeckt. Dabei ist auf eine ausreichende Seitenüberdeckung zu achten. Es wird empfohlen, diese sogar etwas zu erhöhen, was z. B. bei der Altdeutschen Deckung oder bei der Schuppendeckung durch einen schärferen Hieb oder allgemein durch mehr Fersenversatz erreicht werden kann. Diese Empfehlung ist leicht nachzuvollziehen, da das Fußgebinde ohne Gebindesteigung gedeckt wird und genau dort der höchste Wasseranfall ist. Allgemein sollte die Rückenführung der Fußplatten (bzw. -steine) mindestens oder genau derer in der Fläche entsprechen. Die Fuß- und Gebindesteine (bzw. -platten) sind jeweils mit mindestens 3 Schiefernägeln bzw. -stiften innerhalb der Höhenüberdeckung zu befestigen.

Praxisbeispiel

Konstruktion des Gebindesteins

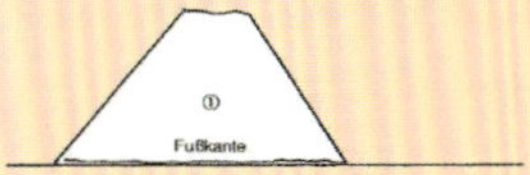

1. Die Fußkante wird von hinten behauen.

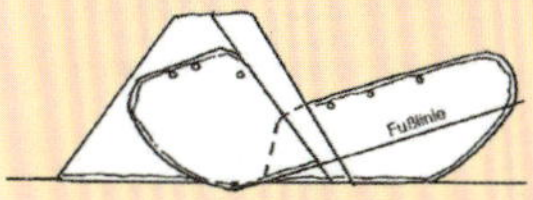

2. Legen Sie den Deckstein auf die Fußlinie auf. Die Spitze des Decksteins verschieben Sie so weit nach links, dass das Material optimal ausgenutzt wird. Zeichnen Sie die Brust des Decksteins auf dem Rohling an und behauen Sie ihn von vorne.

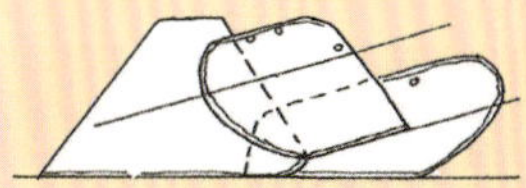

3. Legen Sie den Deckstein mit Fersenversatz auf den Rohling auf. Zeichnen Sie die Fußlinie des nächsten Deckgebindes an. Die Rückenführung des Decksteins zeichnen Sie ebenfalls auf dem Rohling an.

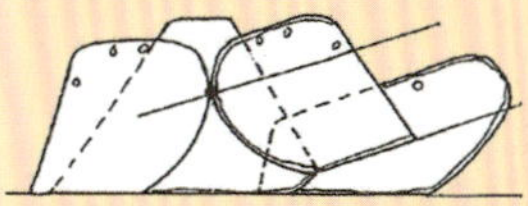

4. Wenden Sie den Deckstein. Die Rückenführung im Bereich der Fußlinie stoßen Sie an den Rücken des rechten Decksteins an. Zeichnen Sie die Rückenführung an und markieren Sie die Ferse des linken Decksteins.

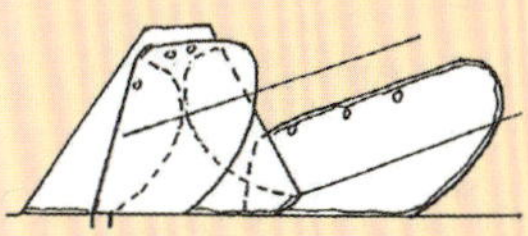

5. Schieben Sie den Deckstein so weit nach links, dass die Spitze des Decksteins 1 bis 2 cm links von der Ferse liegt. Die Brustkante des linken Decksteins zeichnen Sie an und behauen sie von vorne.

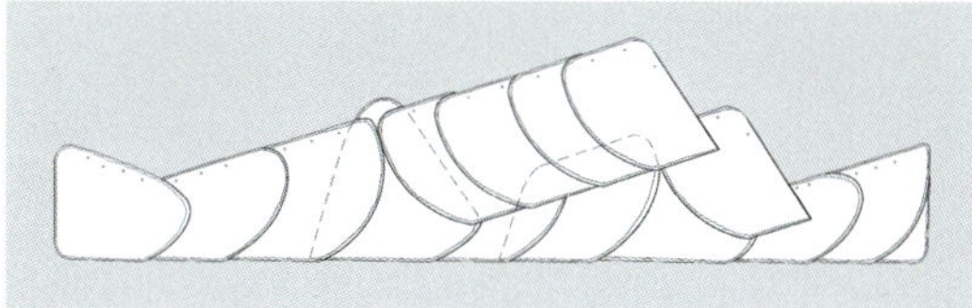

Abb. 9.57: Altdeutsche Deckung mit eingebundenem Fußgebinde

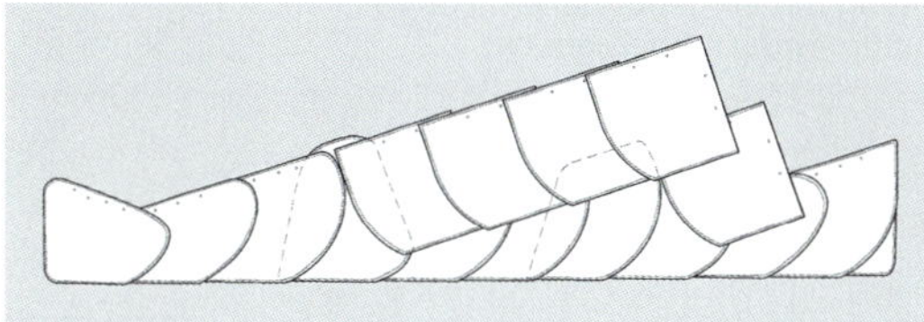

Abb. 9.58: Deutsche Deckung mit eingebundenem Fußgebinde

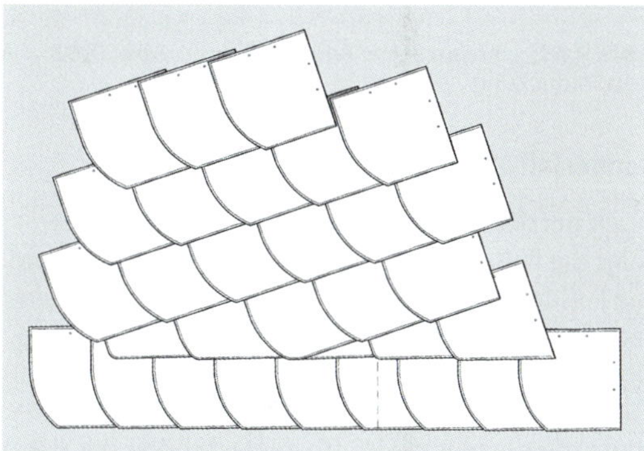

Abb. 9.59: Eingespitzte Fußdeckung mit Traufgebinde bei Deutscher Deckung

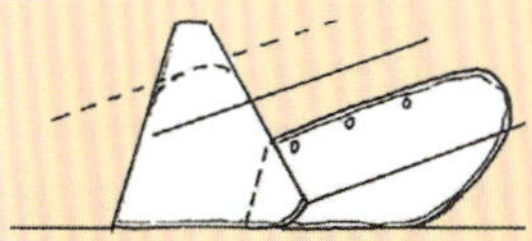

6. Behauen Sie den Kopf von hinten und lochen Sie ihn (insgesamt 4 Löcher).

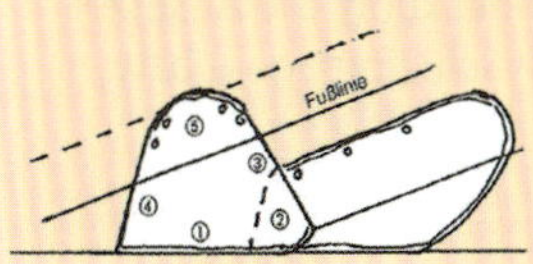

7. Der Gebindestein ist fertiggestellt.

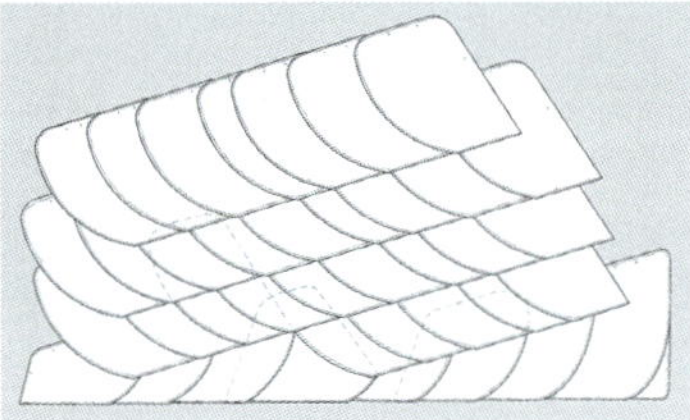

Abb. 9.60: Altdeutsche Doppeldeckung mit eingebundenem Fußgebinde, einfach übergedeckt

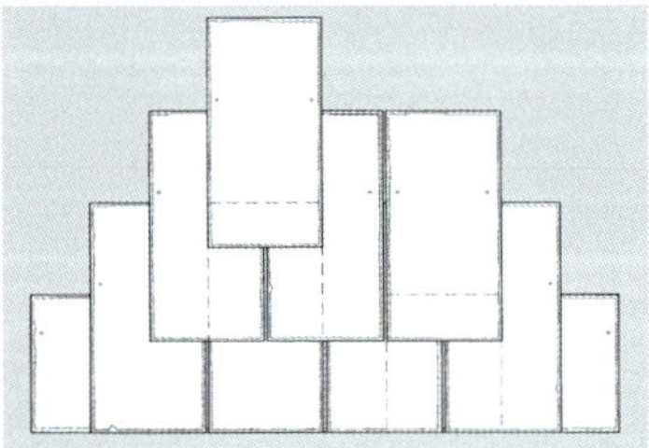

Abb. 9.61: Ansetzer bei Rechteckdoppeldeckung

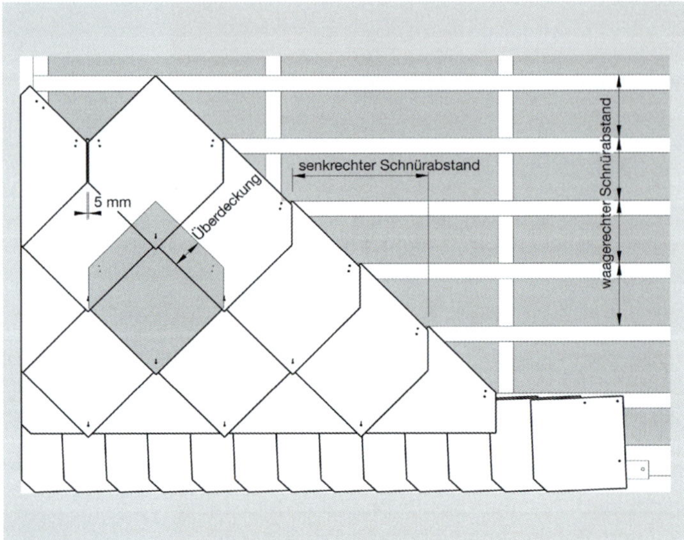

Abb. 9.62: Ansetzer und Traufgebinde bei Spitzschablonendeckung

Sonderfall Altdeutsche Doppeldeckung

Auch bei der **Altdeutschen Doppeldeckung** erfolgt die Fußdeckung eingebunden. Allerdings wird die Fußdeckung bei der Altdeutschen Deckung einfach gedeckt und nicht, wie in der Flächendeckung, überdoppelt gedeckt. Die Höhenüberdeckung der Fuß- und Gebindesteine bei der Doppeldeckung muss mindestens die Hälfte der Sichthöhe des darüberliegenden Decksteingebindes plus 20 mm betragen (siehe Abb. 9.60).

Ansetzergebinde

Bei den Doppeldeckungen (außer Altdeutsche Doppeldeckung) werden Ansetzergebinde gedeckt. Die Höhenüberdeckung entspricht dabei der der Höhenüberdeckung in der Fläche. Dies wird erreicht, indem man als Erstes sog. Ansetzer eindeckt (siehe Abb. 9.61 und 9.62).

Die Höhe der Ansetzer ist abhängig von der Höhenüberdeckung der Flächendeckung. Die Ansetzer werden mit mindestens 2 Schiefernägeln bzw. -stiften befestigt.

Praxisbeispiel

Ermittlung der Ansetzerhöhe bei der Rechteckdoppeldeckung

A = Ansetzerhöhe
S = Schnürabstand
$Ü$ = Höhenüberdeckung

$$A = S + Ü$$

Beispiel

Schiefergröße 40/20 cm (werden hochkant eingedeckt)

Höhenüberdeckung 6 cm

$$S = \frac{40\text{ cm} - 6\text{ cm}}{2} = 17\text{ cm Schnürabstand}$$

$$A = 17\text{ cm} + 6\text{ cm} = 23\text{ cm Ansetzerhöhe}$$

Eine weitere Möglichkeit, die Ansetzerhöhe A zu bestimmen, ist:

A = Steinhöhe (hier 40 cm) – Schnürabstand (hier 17 cm) = 23 cm

Die Deckung der Traufe bei der Spitzwinkeldeckung erfolgt analog der Rechteckdoppeldeckung, evtl. mit einem Traufgebinde. Die Größe der Ansetzer ergibt sich durch das Abtrennen des sich unterhalb der gestutzten Ecken befindenden Teils.

Sonstiges/Besonderheiten

Bei der **Rhombusdeckung** und der **Spitzschablonendeckung** (Faserzement) wird vor den Ansetzern ein Traufgebinde eingedeckt. Bei der Spitzwinkeldeckung (Schiefer) ist dies auch möglich, aber nicht gefordert.

Bei der **Waagerechten Deckung** wird ein parallel zur Traufe verlaufendes Fußgebinde analog zu den Deckgebinden in der Fläche gedeckt.

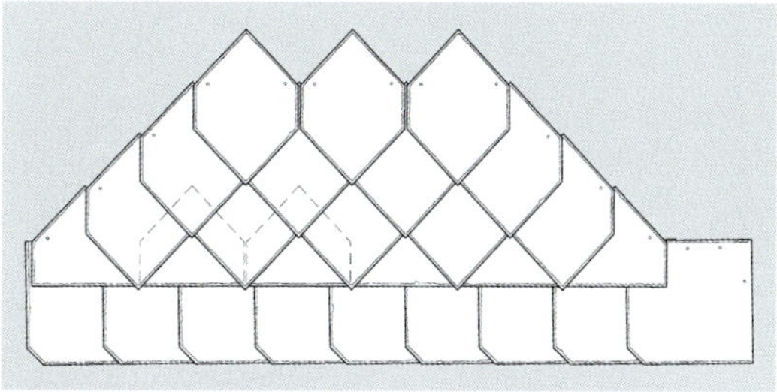

Abb. 9.63: Traufausbildung bei der Spitzwinkeldeckung mit Traufgebinde

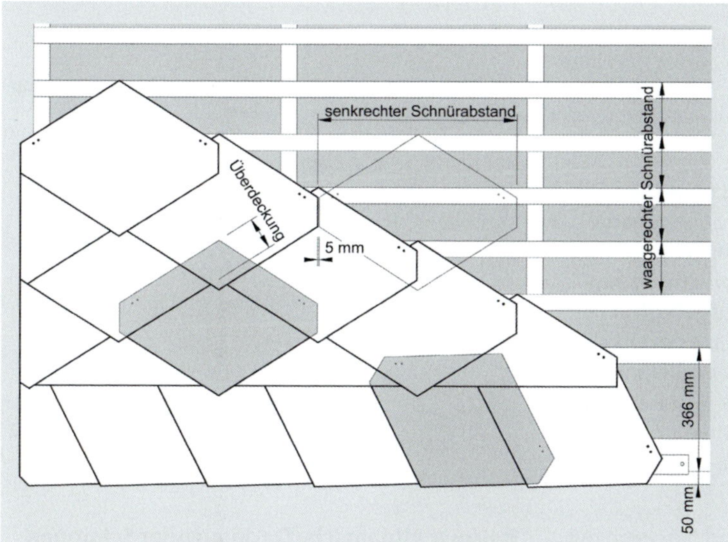

Abb. 9.64: Traufgebinde und Ansetzer bei Rhombusdeckung

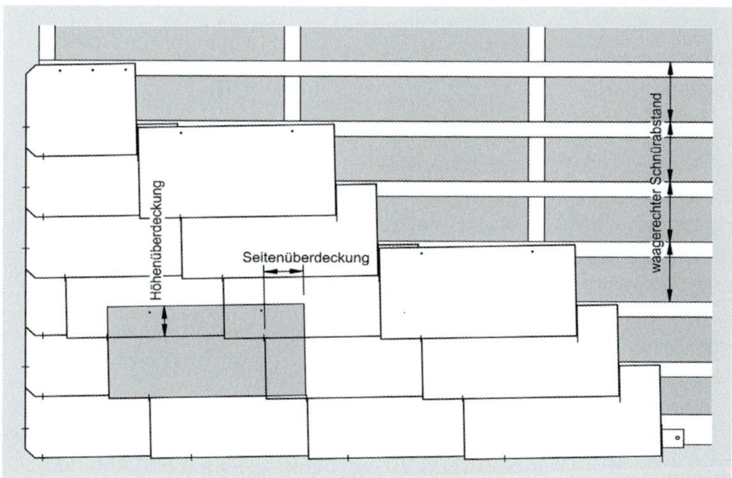

Abb. 9.65: Traufausbildung bei Waagerechter Deckung

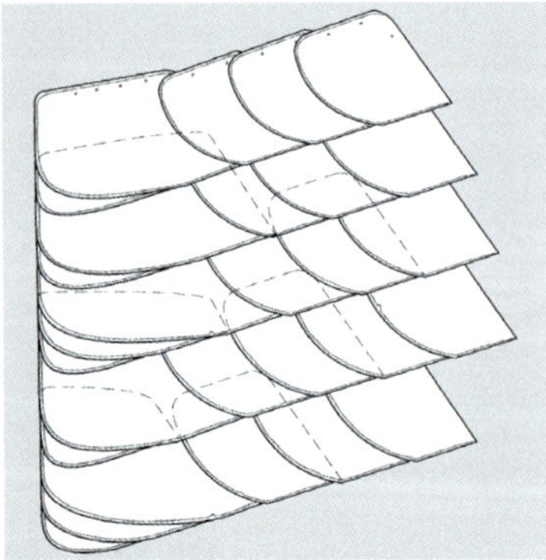

Abb. 9.66: Anfangort bei Schuppendeckung (und Altdeutscher Deckung)

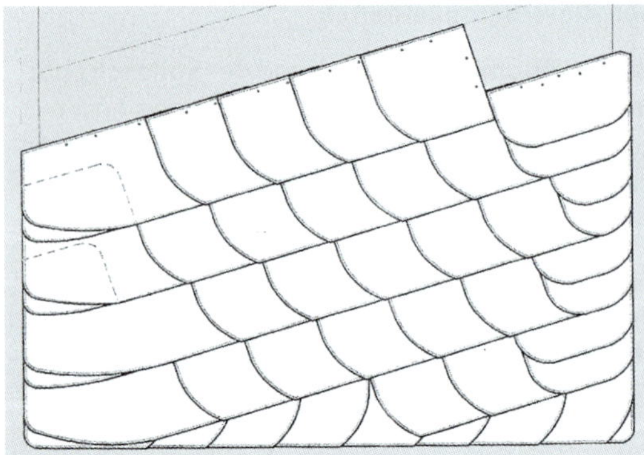

Abb. 9.67: Anfangort bei Deutscher Deckung

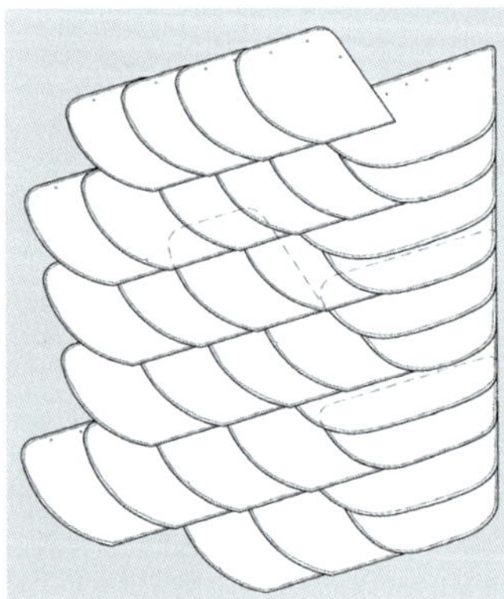

Abb. 9.68: Doppelendort bei Altdeutscher Deckung (und Schuppendeckung)

9.1.11.2 Ortgang

Für Schiefer- und Faserzementdeckungen am Ortgang gelten bzgl. der Höhen- und Seitenüberdeckung die gleichen Vorgaben wie in der jeweiligen Fläche. Bei der Ortdeckung wird zwischen **eingebundenen**, **auslaufenden** und **aufgelegten** Orten unterschieden. Die Platten und Steine am Ort sind mit einem freien Überstand von etwa 50 mm über die fertige Konstruktion zu decken. Hiervon abweichend können auch Ortgangkonstruktionen, z. B. mit gekanteten Blechprofilen ohne Überstand, ausgeführt werden.

Generell werden alle Ortplatten und Ortsteine mit mindestens 3 Schiefernägeln bzw. -stiften befestigt. Um Wassereintrieb im Kopfbereich zu vermeiden, sind die äußeren oberen Kanten immer mit einem wasserabweisenden Schnitt zu versehen (Runden oder Stutzen).

Eingebundene Orte

Bei allen Deckungen mit einer Deckrichtung (Linksdeckung oder Rechtsdeckung) wird aufgrund der Deckrichtung zwischen Anfangort und Endort unterschieden. Eingebundene Orte werden quasi auf unterschiedliche Art und Weise in die Deckung „integriert". Teilweise finden sich hier unterschiedliche Ausführungsmöglichkeiten:

Anfangort

Das Anfangort wird mit Stichstein (-platte), ggf. einem oder mehreren Zwischenstein(en) (-platte(n)) und Anfangortstein (-platte) ausgeführt.

Beispiel Altdeutsche Deckung oder Schuppendeckung:

Grundsätzlich besteht das Anfangort aus mindestens 2 Teilen: Stichstein und Anfangortstein. Mithilfe des zur Verfügung gestellten Rohmaterials wird ermittelt, der wievielte Decksteinrücken im zuletzt gedeckten Gebinde (nach dem Prinzip der **geschlossenen Deckung und der maximalen Materialausschöpfung**) angelaufen werden kann. Ist es der 2. Decksteinrücken, muss das Anfangort zweiteilig sein (siehe 2. Gebinde Abb. 9.66). Ist es der 3. Rücken, wird das Anfangort dreiteilig ausgeführt (siehe 3. Deckgebinde Abb. 9.66). Es besteht somit aus Stichstein, Zwischen(ort)stein und Anfangortstein. Kann der 4. Rücken angelaufen werden, wird das Anfangort vierteilig und somit aus Stichstein, 2 Zwischen(ort)steinen und Anfangortstein ausgeführt, usw. Je „mehrteiliger" ein Anfangort wird, desto mehr ist auf eine saubere „Staffelung" der Steine zu achten. Jeder Stein muss so ausgebildet werden, dass er „liegt", befestigt

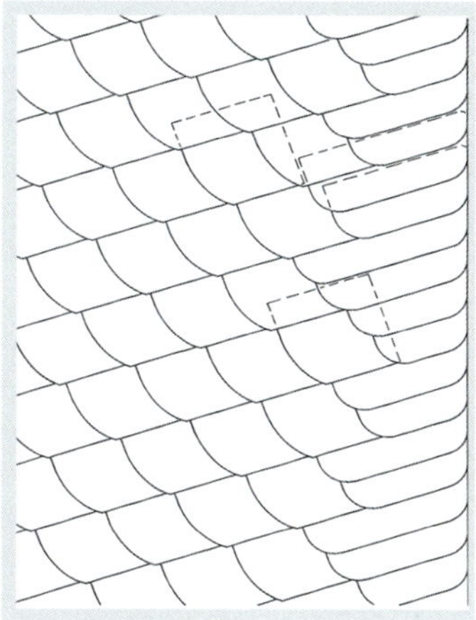

Abb. 9.69: Doppelendort bei Deutscher Deckung

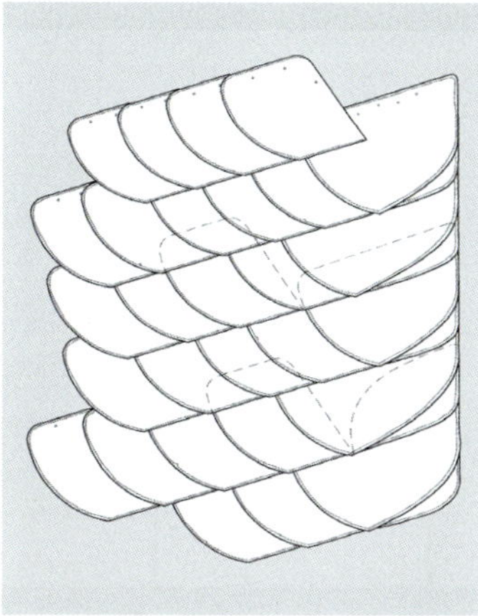

Abb. 9.70: Endstichort bei Altdeutscher Deckung (und Schuppendeckung)

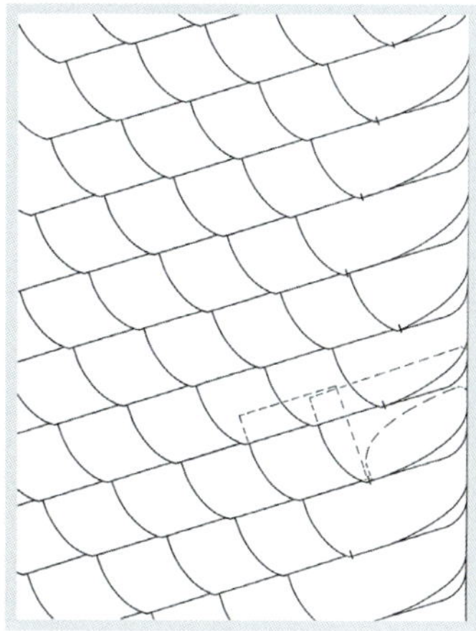

Abb. 9.71: Endstichort bei Deutscher Deckung

werden kann, dem nächsten Stein aber auch noch diesen Platz lässt.

Die Anfangortsteine (-platten) müssen so groß wie möglich sein, damit auch im folgenden Gebinde der Stichstein (die Stichplatte) problemlos befestigt werden kann. Bezüglich Höhen- und Seitenüberdeckung werden die Vorgaben aus der Fläche übernommen.

Endort als Doppelendort

Das Doppelendort besteht aus kleinem und großem Doppelendortstein bzw. aus kleiner und großer Doppelendortplatte. Auch hier muss aus Gründen einer problemlosen und fachgerechten Befestigung auf eine ausreichende Größe geachtet werden. Die Deckmaterialien des Endortes werden grundsätzlich wegen der verdeckten Nagelung in Höhenüberdeckung versetzt genagelt. Dadurch, dass der zur Fläche gerichtete Bereich der Rückenführung der Deckwerkstoffe in der Fläche angepasst wird, ergibt sich automatisch die richtige Seitenüberdeckung.

Endort als Endstichort

Das Endstichort wird mit Stichstein (-platte) und Endstichortstein (-platte) ausgeführt. Der Endstichortstein (die Endstichortplatte) wird **versetzt** innerhalb der Höhenüberdeckung genagelt. Das Endstichort ist optisch ähnlicher zum Anfangort als das Doppelendort, hat aber den Nachteil, dass es aufgrund der Höhe des Endstichortsteins (bzw. der

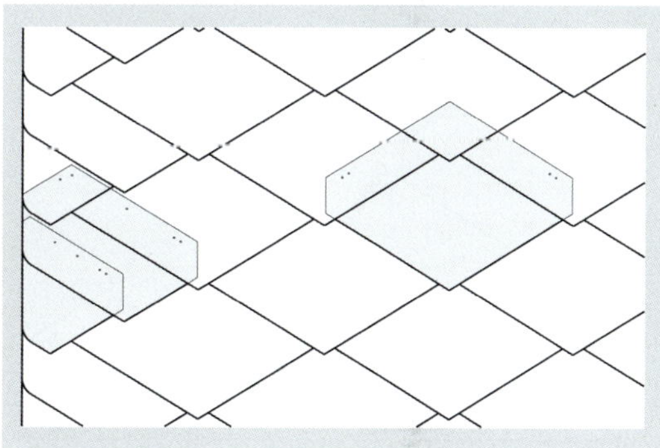

Abb. 9.72: Eingebundenes Ort bei Rhombusdeckung

Endstichortplatte) weniger sturmsicher ist als das Doppelendort. Dadurch, dass der zur Fläche gerichtete Rücken des Endstichortsteins (der Endstichortplatte) der Rückenführung der Deckwerkstoffe in der Fläche entspricht, ergibt sich automatisch die richtige Seitenüberdeckung. Bei Deckungen aus Faserzement wird die Endstichortplatte aufgrund der höheren Bruchgefahr zusätzlich mit einem Plattenhaken befestigt. Dabei kann auf eine versetzte Nagelung verzichtet werden.

Orte in individueller Ausführung/Einbindung

Bei den individuellen Ausführungen muss genau wie bei den Anfang- und Endorten sowohl auf eine optisch ansprechende Ausführung wie auch auf eine ausreichende Größe für die problemlose Befestigung und auf die Einhaltung der Überdeckungen geachtet werden.

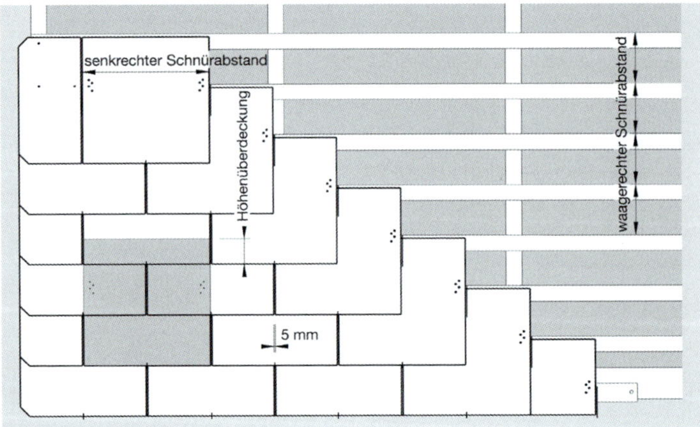

Abb. 9.73: Ortdeckung bei Doppeldeckung

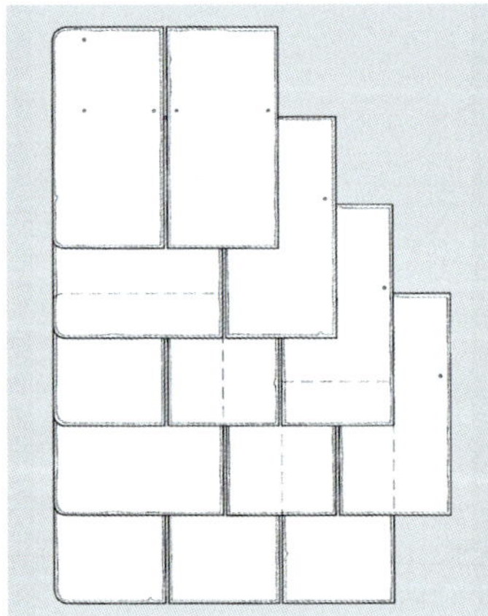

Abb. 9.74: Ortdeckung bei Rechteckdoppeldeckung

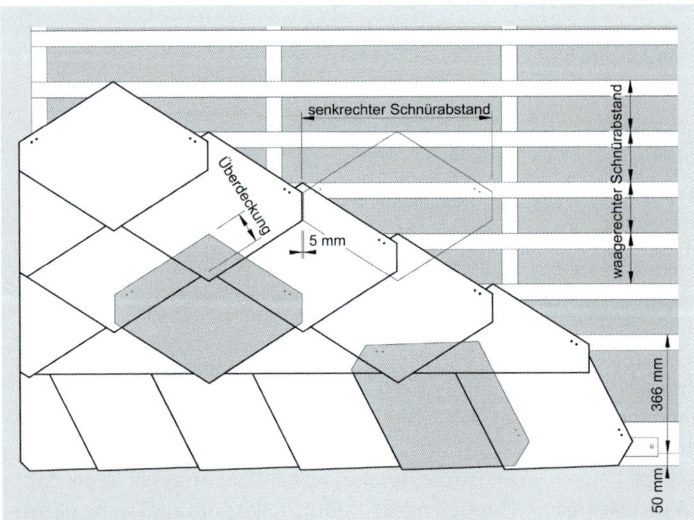

Abb. 9.75: Ortdeckung bei Rhombusdeckung

Auslaufende Orte

Bei auslaufenden Orten wird prinzipiell der Deckwerkstoff einfach seitlich gekürzt. Jedoch sollte durch Verwenden von Zubehörmaterial gewährleistet sein, dass sich ein ausreichend großes Befestigungsfeld ergibt. Teilweise sind Mindestgrößen für die Ortsteine (bzw. -platten) vorgeschrieben (siehe Tab. 9.19). Außerdem sollte immer auf eine Wasserführung zur Fläche hin geachtet werden.

Aufgelegte Orte (Strackorte)

Die Höhenüberdeckung der Strackortplatten (bzw. -steine) beträgt mindestens die der Fläche. Der aufgelegte Ort (auch „Strackort") überdeckt die Flächendeckung seitlich mindestens um die **Höhenüberdeckung** der Fläche zzgl. 20 mm. Die von der Ortdeckung überdeckte letzte Stein- oder Plattenkante erhält einen wasserabweisenden Schnitt. Dieser sorgt dafür, dass Wasser nicht weit in die Seitenüberdeckung vordringen kann. Bei Schieferdeckungen ist die vom aufgelegten Ort seitlich überdeckte Kante des letzten Decksteins scharf (von oben nach unten) zu behauen.

Tabelle 9.19 gibt eine Übersicht darüber, wie, je nach Deckung und Deckwerkstoff, die Orte auszuführen sind.

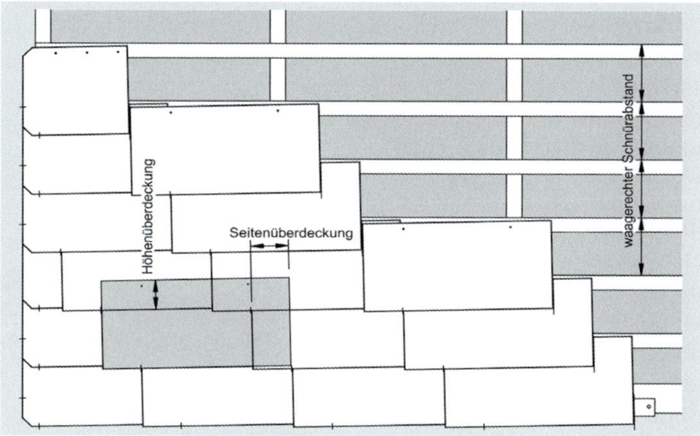

Abb. 9.76: Auslaufendes Anfangort bei Waagerechter Deckung

Tabelle 9.19: Mögliche Ortausbildungen bei Dachdeckungen mit Schiefer und Faserzement

Schiefer	Faserzement	eingebunden	auslaufend	aufgelegt	Besonderheiten
Altdeutsche Deckung		✔	✘	✘	Anfangorte und Endstichorte können mit rundem, geschwungenem oder geradem Rücken zugerichtet werden.
Altdeutsche Doppeldeckung		✔	✘	✘	Nur in Einfachdeckung! Anfangorte und Endstichorte können mit rundem, geschwungenem oder geradem Rücken zugerichtet werden.
Schuppendeckung		✔	✘	✘	Anfangorte und Endstichorte können mit rundem, geschwungenem oder geradem Rücken zugerichtet werden.
Deutsche Deckung/ Universaldeckung		✔	✘	✘	Anfangorte und Endstichorte können mit rundem, geschwungenem oder geradem Rücken zugerichtet werden.
	Deutsche Deckung/Bogenschnittdeckung/ Universaldeckung	✔	✘ ✔(nur bei Format 40/40)	✘	Endstichortplatten werden zusätzlich mit einem Plattenhaken befestigt.
Rechteckdoppeldeckung	Doppeldeckung	✘	✔	✘	Stein(bzw. Platten)breite mindestens 12 cm! Zuschnitte im Verband (mindestens Drittelverband) regelmäßig aufteilen! Am Platten- oder Steinfuß Wasserführung in die Fläche beachten durch Abrunden oder Stutzen.
	Waagerechte Deckung	✘	✔	✘	Platten am Endort mit mehr als halber Plattenbreite sind mit einem zusätzlichen Plattenhaken zu befestigen.
Spitzwinkeldeckung		✘	✔	✔	Bei Quereinteilung beachten: **Bei auslaufender Ortdeckung** sind möglichst halbe Dachplattenbreiten zu verwenden.
	Spitzschablonendeckung	✔	✔	✔	Bei Quereinteilung beachten: **Bei auslaufender Ortdeckung** sind möglichst halbe Dachplattenbreiten zu verwenden.
	Rhombusdeckung	✔	✔	✔	Bei Quereinteilung beachten: **Bei auslaufender Ortdeckung** sind möglichst halbe Dachplattenbreiten zu verwenden.

9.1.11.3 First

Der First oder das Firstgebinde bilden den oberen Abschluss der Dachdeckung. Die Firstdeckung wird unter Verwendung von Firststeinen(-platten) ausgeführt. Firstgebinde werden auslaufend (also ohne Anfang- und Endorte) gedeckt.

Die Firststeine (bzw. -platten) sind mit mindestens 4 Schiefernägeln (bzw. -stiften) versetzt in der Seitenüberdeckung zu befestigen, eine zusätzliche Befestigung mit Einschlaghaken wird empfohlen. Bei einer versetzten Nagelung innerhalb der Seitenüberdeckung ist diese Seitenüberdeckung entsprechend zu erhöhen. Eine sichtbare Befestigung ist grundsätzlich nicht zulässig. Einzige Ausnahme ist der Schlussstein (bzw. die Schlussplatte), der (die) sichtbar befestigt werden darf. Hierzu müssen korrosionsbeständige Schiefernägel bzw. -stifte eingesetzt werden. Der Schlussstein (bzw. die Schlussplatte) darf nicht direkt an der Ort- oder Gratkante eingedeckt werden, damit er (sie) sich durch Windeinfluss nicht lösen kann. Firstgebinde werden grundsätzlich auf Schalung ausgeführt. Bei Dachdeckungen, die auf Lattung ausgeführt sind (z. B. Doppeldeckung oder Spitzwinkeldeckung), sind Bretter entsprechender Breite anzubringen. Um vorgegebene Lüftungsquerschnitte einhalten zu können, kann der First als Lüfterfirstkonstruktion ausgebildet werden. Alternativ können Einzellüfter eingebaut werden.

Das Firstgebinde der Dachfläche, die der vorherrschenden Windrichtung zugewandt ist, wird überstehend gedeckt. Der freie Überstand über der fertig gedeckten untergehenden Dachseite beträgt etwa 50 mm. Abweichend hiervon können Firste z. B. mit Firstblechen oder bei seitlicher Doppeldeckung der Firststeine (bzw. -platten) mit Schichtstücken (Nocken) ohne Überstand ausgeführt werden. Bei der Ausführung mit Firstblechen können Firststeine (bzw. -platten) im Kopfbereich (nicht sichtbar!) befestigt werden. Dabei kann auf das Versetzen der Nagelung im Seitenüberdeckungsbereich verzichtet werden. Damit die Schiefersteine (bzw. Faserzementplatten) des Firstgebindes die gleiche Neigung wie die Decksteine in der Fläche aufweisen, kann es erforderlich sein, sie zu hinterlegen.

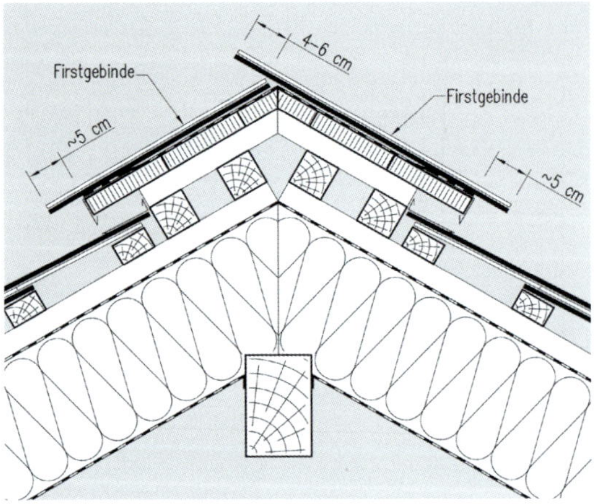

Abb. 9.77: Lüfterfirst

Auf die entsprechende Höhenüberdeckung des Firstgebindes auf die Flächendeckung ist zu achten (siehe Abb. 9.78).

Firstausbildung bei Deckungen mit Gebindesteigung

Die Mindesthöhenüberdeckung des Firstgebindes auf die Flächendeckung entspricht der Mindesthöhenüberdeckung der Dachfläche, bei Altdeutscher Doppeldeckung mindestens 10 cm. Die Deckrichtung kann frei gewählt werden mit oder entgegen der Deckrichtung der Fläche. Soll „geschlossen gedeckt" werden, muss das Firstgebinde in der gleichen Richtung gedeckt werden wie die Fläche.

Die Rückenführung der Firststeine (bzw. -platten) entspricht der Rückenführung in der Flächendeckung. Bei der Schuppendeckung und den Altdeutschen Deckungen können die Rücken auch gerade oder geschwungen ausgeführt werden. Bei allen Deckungen mit Gebindesteigung wird die Flächendeckung direkt unterhalb des Firstgebindes ausgespitzt. Die Ausspitzer müssen mindestens bis zur Kopflinie der Flächendeckung geführt werden, damit das Firstgebinde ausreichend überdeckt. Kleine Ausspitzer müssen überhöht werden, damit sie fachgerecht befestigt werden können. Es empfiehlt sich, den Rücken des Ausspitzers ab der Fußlinie des Firstgebindes nach oben weg zu bearbeiten, damit eine geschlossene Deckung (zumindest bei der Schuppendeckung und den Altdeutschen Deckungen) möglich ist. Machbar ist dies, da bei den genannten Deckungen Firststeine unterschiedlicher Breite eingesetzt werden.

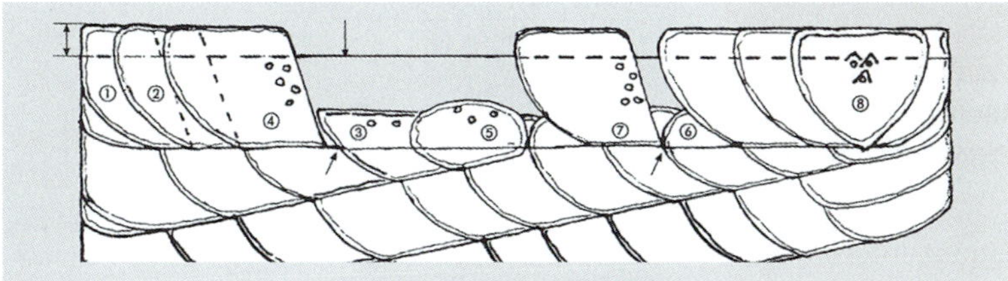

Abb. 9.78: Ausspitzen bei Schuppendeckung und den Altdeutschen Deckungen

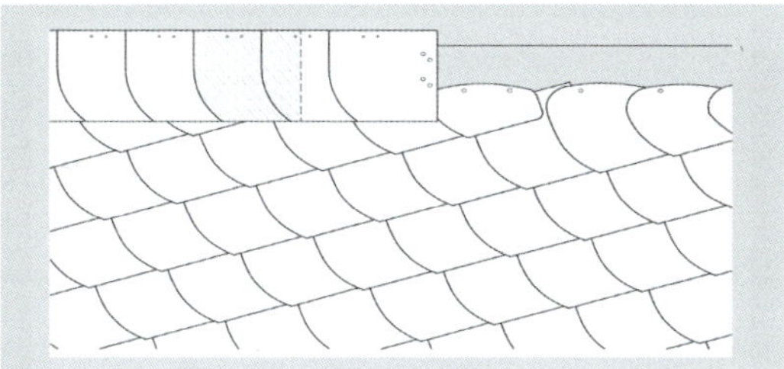

Abb. 9.79: Firstdeckung bei Deutscher Deckung

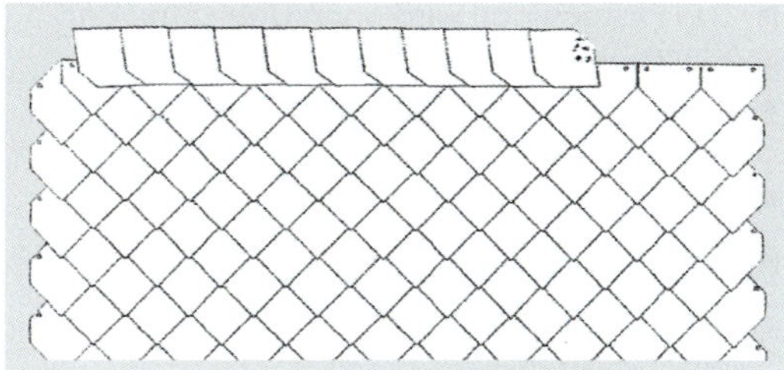

Abb. 9.80: Firstdeckung bei Spitzwinkeldeckung

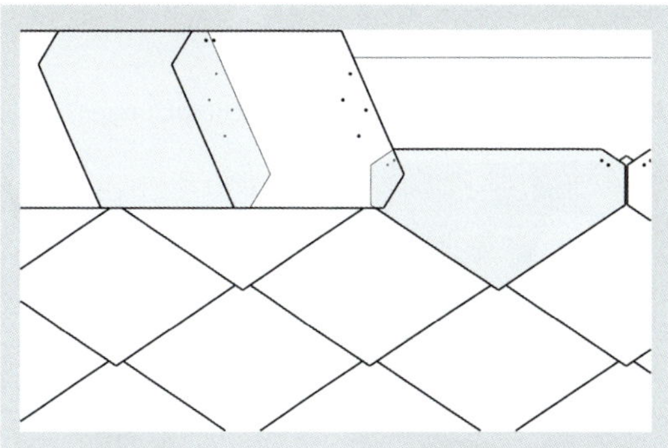

Abb. 9.81: Firstdeckung bei Rhombusdeckung

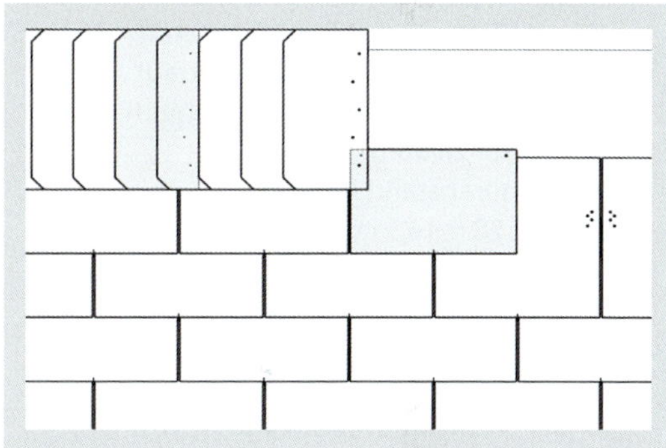

Abb. 9.82: Firstdeckung bei Doppeldeckung (seitliche Doppeldeckung)

Hinweis zu Abbildung 9.78:

- Ausspitzer Nr. 3 ist falsch zugerichtet da die Spitze von Firststein Nr. 4 nicht gegen den Rücken von Ausspitzer Nr. 3 gedeckt werden kann.
- Ausspitzer Nr. 5 ist richtig. Der Rücken ist ab der Fußlinie nach oben weggearbeitet. Die Fußspitze wäre minimal sichtbar und ist deswegen abgerundet mit Hieb von der Rückseite zur Vorderseite.
- Firststein Nr. 7 kann problemlos mit seiner Spitze gegen den Rücken von Ausspitzer Nr. 6 gedeckt werden.

Wird dagegen das Firstgebinde mit gleich breiten Decksteinen (bzw. -platten) gedeckt, kann man so oder so nicht erwarten, dass die Rücken der Ausspitzer angelaufen werden können. Dementsprechend ist die Deckung hier einfacher (siehe Abb. 9.79).

Firstausbildung bei Doppeldeckungen

Bei Rhombusdeckung, Rechteckdoppeldeckung, Spitzwinkeldeckung etc. beträgt die Mindestüberdeckung des Firstgebindes über die Flächendeckung mindestens 10 cm. Das Firstgebinde kann sowohl mit einfacher Seitenüberdeckung als auch in seitlicher Doppeldeckung gedeckt werden. Die einfache Überdeckung muss mindestens 100 mm, die seitliche Doppeldeckung mindestens 20 mm betragen. Das Firstgebinde wird ansonsten analog zum First bei Deckungen mit Gebindesteigung gedeckt. Grundsätzlich soll das letzte Deckgebinde die gleiche Deckhöhe aufweisen wie die anderen Gebinde der Flächendeckung. Das letzte Gebinde der Flächendeckung wird in der Höhe entsprechend gekürzt, sodass eine fachgerechte Befestigung sowohl der Firststeine (bzw. -platten) als auch des Firstgebindes möglich ist.

Praxisbeispiel

Gewünschte Dachdeckung: Rechteckdoppeldeckung auf Schalung (Befestigung mit Nägeln) im Format 20/40.

- Die Höhenüberdeckung beträgt aufgrund der Dachneigung (50°) mindestens 6 cm.
- Das Firstgebinde wird ohne Überstand und mit 30 cm hohen Steinen gedeckt.
- An der Traufe wird ein Überstand von 5 cm gedeckt.
- Die Konstruktionslänge beträgt 4,87 m.

Berechnung des Schnürabstands:

1. Der maximale Schnürabstand beträgt (40 cm – 6 cm) : 2 = 17 cm.
2. Die Länge der Doppeldeckung (Flächendeckung) beträgt 487 cm (Konstruktionslänge) – 30 cm (First) + 5 cm (Traufüberstand) = 462 cm.
3. Die Anzahl der Deckgebinde beträgt 462 cm : 17 cm (max. Schnürabstand) = 27,17 → wird auf 28 aufgerundet.
4. Der Schnürabstand beträgt 462 cm : 28 = 16,5 cm.
5. Die Ansetzerhöhe beträgt somit 40 cm (Steinhöhe) – 16,5 cm = 23,5 cm.
6. Der 1. Schnurschlag (von Unterkante Schalung gemessen) liegt bei 23,5 cm (Ansetzerhöhe) – 5 cm (Traufüberstand) = 18,5 cm.
7. Alternativ kann zunächst die Position des 2. Schnurschlags (1. ganzer Stein) ermittelt werden: 40 cm (Steinhöhe) – 5 cm (Traufüberstand) = 35 cm. Im Anschluss ermittelt man die Position des 1. Schnurschlags mit 35 cm – 16,5 cm (Schnürabstand) = 18,5 cm.

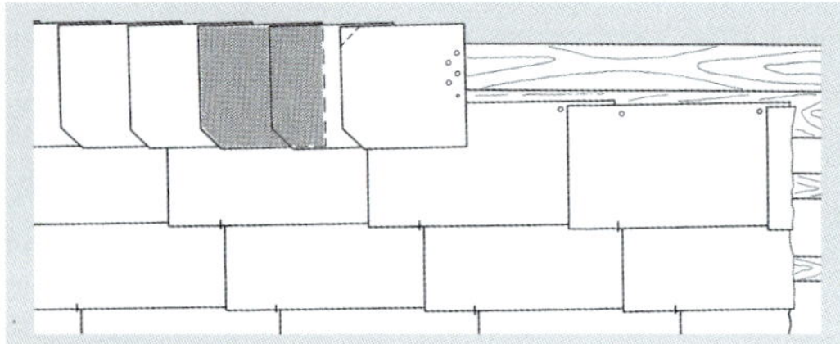

Abb. 9.83: First bei Waagerechter Deckung

Abb. 9.84: Moosansätze und Verschmutzungen

Abb. 9.85: Reparaturhaken

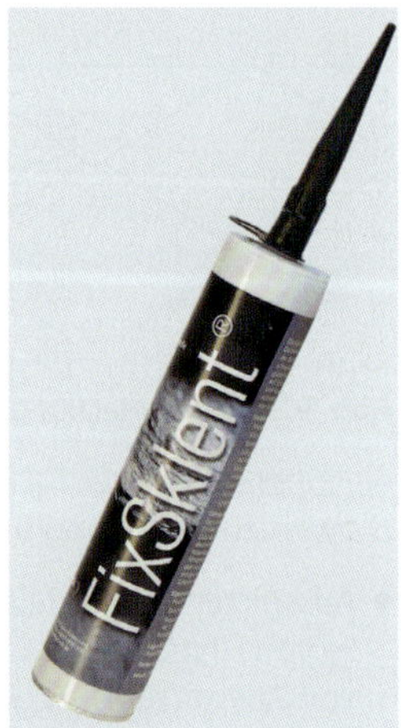

Abb. 9.86: Schieferkleber

Firstausbildung bei Waagerechter Deckung

Das Firstgebinde muss in gleicher Richtung wie die Deckgebinde der Dachfläche gedeckt werden. Die Dachfläche ist so einzuteilen, dass sich gleich hohe Gebinde von der Traufe bis zum First ergeben. Das Firstgebinde kann in Einfachdeckung mit mindestens 100 mm Seitenüberdeckung oder in Doppeldeckung mit 20 mm seitlicher Überdeckung gedeckt werden. Die sichtbare Kante im Fußbereich der Firstplatten kann gestutzt, gerundet oder vollkantig sein.

9.1.12 Pflege und Wartung

Schiefer- und Faserzementdächer sind in gewissen Zeitabständen zu prüfen. Gerade in den ersten Jahren nach der Eindeckung können einzelne Deckelemente herausbrechen, was allerdings nichts über die Qualität der Verarbeitung oder des Werkstoffes aussagt. Bei der Inspektion werden die Dachflächen optisch geprüft, grobe Verschmutzungen entfernt und defekte Steine oder Platten ausgetauscht bzw.

ersetzt. Beim Austausch einer Platte oder eines Steins werden die alten Befestigungen mit einem Dachdecker-Nageleisen oder mit einem Eisensägeblatt entfernt. Das neue Deckelement wird mit speziellen Haken (siehe Abb. 9.85) aus nicht rostendem Stahl oder Kupfer befestigt. Ebenfalls ist eine Befestigung mit einem vom Schieferhersteller empfohlenen Kleber möglich (siehe Abb. 9.86). Grundsätzlich ist darauf zu achten, dass auch bei einer Inspektion und Wartung das Dach sachgerecht begangen wird, um keine weiteren Schäden zu verursachen.

9.2 Faserzement-Wellplatten

Faserzement-Wellplatten sind großformatige Deckwerkstoffe, die mit verschiedenen Profilen und in unterschiedlichen Längen hergestellt werden. Sie werden häufig auf Industriegebäuden und auf landwirtschaftlichen Bauten verarbeitet, kommen aber auch im Wohnungsbau zum Einsatz. Die Wellplatten müssen auch statische Aufgaben übernehmen und unterliegen einer bauaufsichtlichen Zulassung. In der Zulassung sind u. a. Material, Einlagen für die Stabilität, Form und Größe der Wellplatten vorgegeben. Auch das Durchbiege- und Brandverhalten ist in der Zulassung beschrieben. Wellplatten mit fertigem Eckenschnitt sind von rechts nach links zu decken.

9.2.1 Der Werkstoff

9.2.1.1 Herstellung

Die Herstellung erfolgt analog zur Herstellung von kleinformatigen Faserzement-Dachplatten (siehe Abschnitt 9.1.2.3).

9.2.1.2 Formate

Tabelle 9.20 zeigt die üblichen Formate für Wellplatten aus Faserzement. Zu unterscheiden sind neben den Längen (unterscheide „Standardwellplatte" und „Kurzwellplatte") 2 unterschiedliche Profile, aus denen man die Breite sowie die Höhe der Wellen ableiten kann:

Profil 177/51 (Standardwellplatte und Kurzwellplatte):

Abstand Mitte Wellenberg bis Mitte Wellenberg: 177 mm

Höhe der Wellen: 51 mm

Abb. 9.87: Faserzement-Wellplatten-Dach

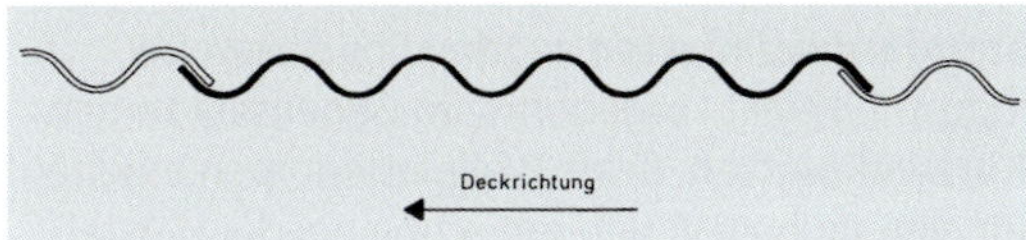

Abb. 9.88: Profil 177/51

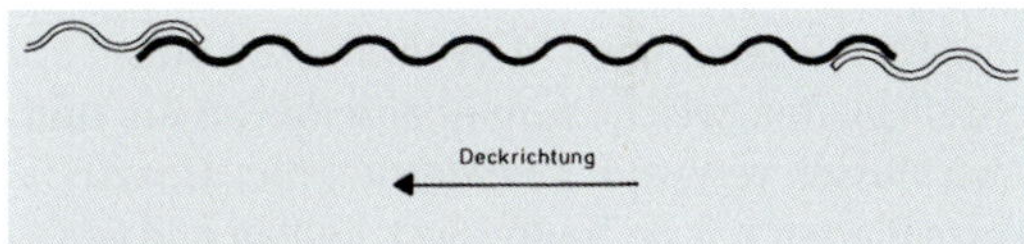

Abb. 9.89: Profil 130/30

Profil 130/30 (nur Standardwellplatte):

Abstand Mitte Wellenberg bis Mitte Wellenberg: 130 mm

Höhe der Wellen: 30 mm

Tabelle 9.20: Standardformate Faserzement-Wellplatten

Wellplatte	Länge (mm)	Profil	
		177/51	130/30
		Breite (mm) Wellenanzahl	
Standard-wellplatte	2.500	920 5 Wellenberge	1.000 8 Wellenberge
	2.000		
	1.600		
	1.250		
Kurzwell-platte	625	920 5 Wellenberge	

Abb. 9.90: Dachdeckung mit Lichtplatten

Standardwellplatten werden üblicherweise industriell nicht vorgebohrt, im Gegensatz zu den **Kurzwellplatten**. Beide Wellplattentypen erhalten für eine saubere Verlegung schon bei der Herstellung einen Eckenschnitt, welcher automatisch die Verlegung von rechts nach links (Linksdeckung) vorgibt. Ausgenommen hiervon sind sog. Ausgleichsplatten, welche zum Anarbeiten an An- und Abschlüssen verwendet werden können. Um zu kurze Platten z. B. an Traufe, First, Kehlen und Graten zu vermeiden, haben diese ungelochten Ausgleichsplatten bei Kurzwellplatten eine Länge von 830 mm (anstatt 625 mm). Des Weiteren werden Formstücke für Traufe, First und Pult angeboten sowie Licht(well)platten aus transparenten oder auch glasklaren Kunststoffen (z. B. Polycarbonat oder Polyvinylchlorid).

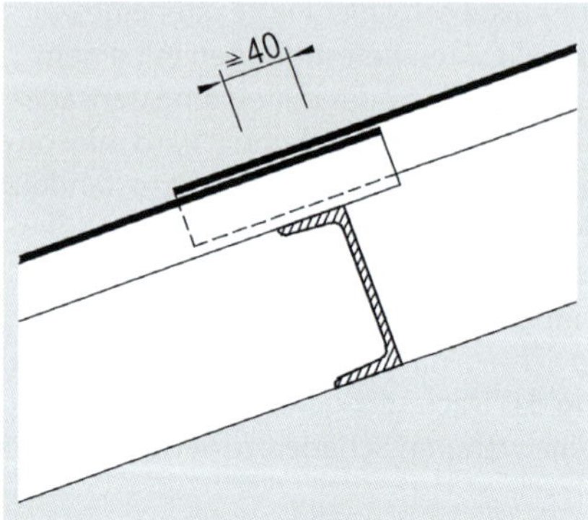

Abb. 9.91: Auflager Stahl- und Betonpfetten

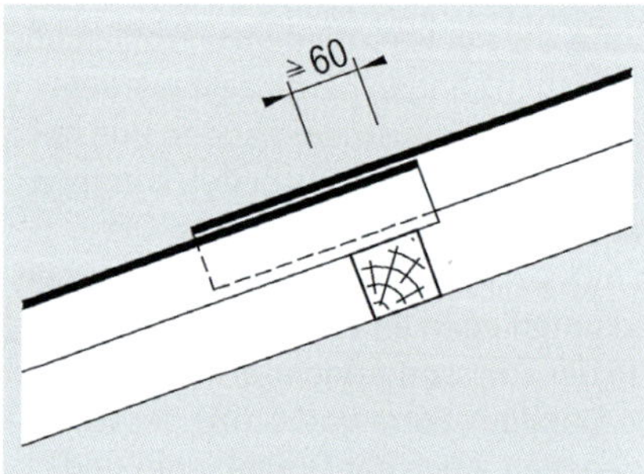

Abb. 9.92: Auflager Holz

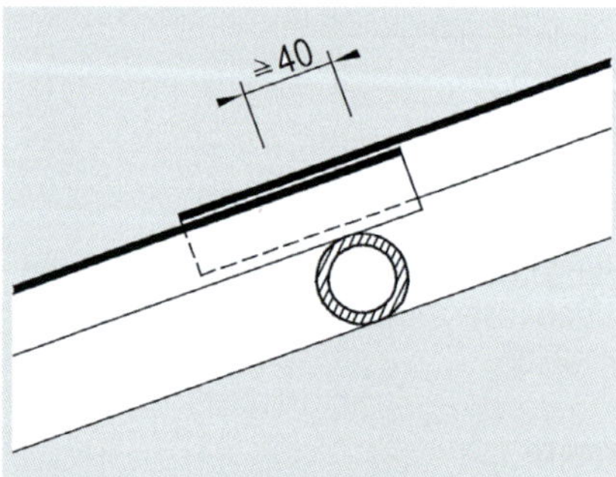

Abb. 9.93: Auflager Stahlrohrpfetten

9.2.2 Werkzeuge

Bohrungen in Faserzement-Wellplatten werden mit handelsüblichen **Bohrmaschinen** mit einem **Steinbohrer** ohne Schlag gebohrt. Die Platten können mit einem **Trennschleifer** (idealerweise mit **Staubabsaugung**) geschnitten werden. Die Montage erfolgt mit einem **Schrauber** mit entsprechendem Aufsatz (siehe Abschnitt 9.2.4).

9.2.3 Unterkonstruktion

Die Unterkonstruktion kann aus Holzpfetten, Stahlpfetten oder Stahlbetonpfetten bestehen. Bei Pfetten und Latten aus Holz muss die Auflagebreite mindestens 60 mm, bei Stahl- und Stahlbetonpfetten 40 mm betragen. Stahlrohrpfetten müssen einen Mindestdurchmesser von 40 mm haben (siehe Abb. 9.91 bis 9.93). Ohne besonderen Nachweis kann ein Querschnitt von 60 × 40 mm bis zu einem lichten Sparrenabstand von 0,8 m angenommen werden. Bei der Bemessung sind weiterhin die Mindesteindringtiefen der verwendeten Befestigungsmittel zu berücksichtigen. Die Traglatten müssen nach DIN 4074-1: Sortierung von Nadelholz mindestens der Sortierklasse S10 entsprechen. Traglatten sind so anzubringen, dass 2 Kanten vollständig auf den Sparren, Bindern oder den Konterlatten aufliegen. Die höchstzulässigen Auflagerabstände für Standardwellplatten sind in Tabelle 9.21

Tabelle 9.21: Auflagerabstände für Standardwellplatten

Dachneigung	Profil	Wellplattenlänge	Auflagerabstände	
			Höchstzulässig	üblicher Abstand
< 20° (~ 36,4 %)	177/51 und 130/30	2.500 2.000 1.600 1.250	≤ 1.150	1.150 900 700 1.050
≥ 20° (~ 36,4 %)	177/51	2.500 2.000 1.600 1.250	≤ 1.450	1.150 900 1.400 1.050
	130/30	2.500 2.000 1.600 1.250	≤ 1.175	1.150 900 700 1.050

angegeben. Die maximal zulässigen Belastungen sind in Normen und Zulassungen festgelegt. Überschreiten die örtlichen Belastungen die Maximalbelastung, so sind die Auflageabstände nach statischen Vorgaben zu verringern.

9.2.4 Befestigung

Die Befestigung der Wellplatten erfolgt grundsätzlich mitten auf dem Wellenberg. Die Befestigungsmittel für Standardwellplatten benötigen eine bauaufsichtliche Zulassung und müssen mindestens aus feuerverzinktem Stahl oder aus korrosionsbeständigem Material bestehen. Die Schrauben dürfen nicht durch Wellplatten geschlagen werden. Die Wellplatten müssen für die Befestigungsmittel mit mindestens 50 mm Randabstand und einem Bohrdurchmesser von 11 mm auf dem Wellenberg vorgebohrt werden oder es kommen selbstbohrende Schrauben zum Einsatz. Bei Befestigungen in Holz mit Holzschrauben ist auf eine Mindesteindringtiefe von 36 mm zu achten. Werden selbstbohrende Schrauben verwendet, muss die Eindringtiefe mindestens 57 mm betragen. Für Metallpfetten werden L-Haken mit Gewinde und Sechskantmuttern in ausreichender Länge verwendet. Zur Abdichtung der Befestigungsmittel sind Pilzdichtungen aus Kunststoff mit Stahleinlage und Kappe zu verwenden. Die Befestigungen werden bei Profil 177/51 auf dem 2. und 5. Wellenberg, bei

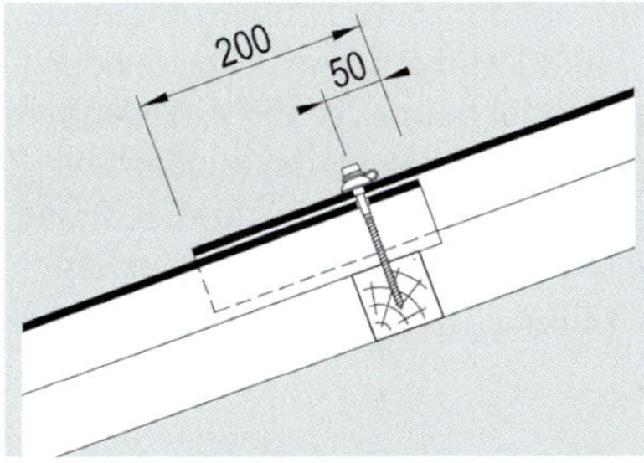

Abb. 9.94: Befestigung in Holzpfetten/-latten

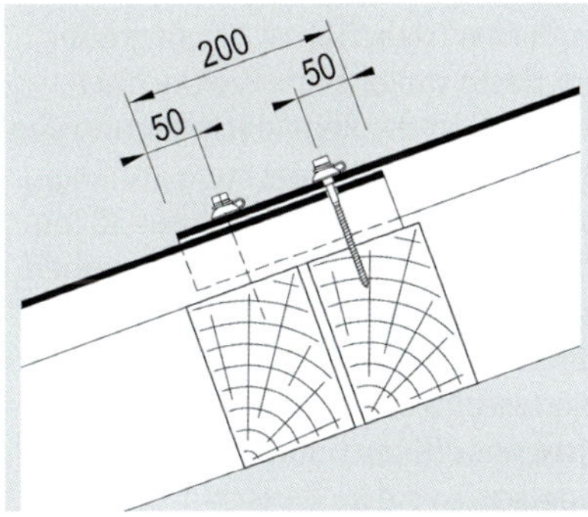

Abb. 9.95: Befestigung in Holz-Koppelpfetten

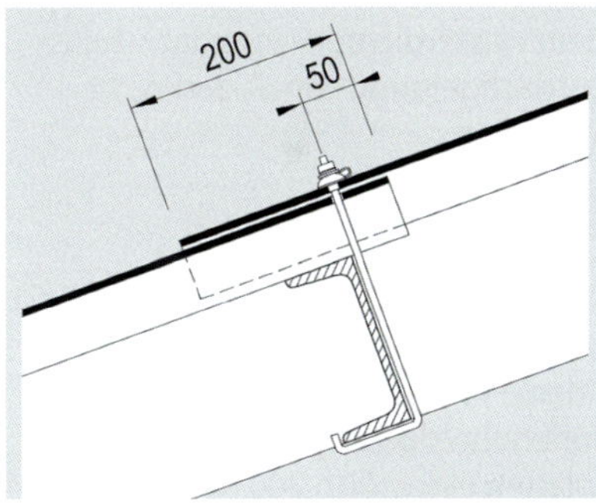

Abb. 9.96: Befestigung an einer Stahlpfette mit einem L-Haken

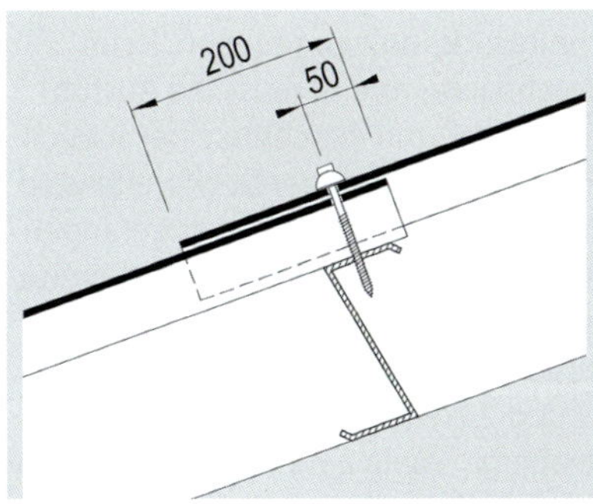

Abb. 9.97: Befestigung auf gekanteten Blechträgern mit gewindefurchenden Stahlschrauben

Bedarf zusätzlich auf dem 3. Wellenberg angeordnet. Bei Profil 130/30 wird auf dem 2. und 6. oder 7. Wellenberg oder auf dem 2., 4. und 7. Wellenberg befestigt. Die Platten werden so von mindestens 4 Schrauben gehalten. Je nach Lage des Gebäudes, Gebäudehöhe und Dachneigung können im Rand- und Eckbereich zusätzliche Befestigungen erforderlich werden.

9.2.5 Dachneigungen und Zusatzmaßnahmen

Die Regeldachneigung ist abhängig von dem Abstand Traufe zum First (siehe Tab. 9.22). Je größer der Abstand ist, desto steiler sollte die Dachneigung sein. Zusätzlich ist die Regeldachneigung von der Ausführung der Höhenüberdeckung abhängig. Als Zusatzmaßnahme kann eine Kittschnur 30 mm vor den Befestigungsschrauben in die Höhenüberdeckung gelegt werden, wodurch die Regeldachneigung um 2° bei Standardwellplatten und 5° bei Kurzwellplatten unterschritten werden kann. Wird eine Dichtschnur (Kittschnur) in die Höhenüberdeckung gelegt, ist sie im Bereich der Eckenschnitte so hochzuführen, dass sie den Wasserfluss nicht behindert. Eine zusätzliche Unterschreitung ist nur mit einem wasserdichten Unterdach zulässig. Die Mindestdachneigung von 5° darf nicht unterschritten werden.

9.2.6 Ausführung der Deckungen

Beim Decken der Wellplatten mit dem Profil 177/51 ist eine Seitenüberdeckung von 47 mm zu berücksichtigen. Bei dem Profil 130/30 beträgt diese 90 mm. Die Höhenüberdeckung beträgt bei den Standardwellplatten einheitlich 200 mm (siehe Tab. 9.23). Faserzement-Wellplatten werden von rechts nach links gedeckt. Diese Deckrichtung ist durch den industriell vorgefertigten Eckenschnitt (Vorschnittdeckung) vorgegeben. Beim Einteilen der Dachflächenbreite muss die Ausführung der seitlichen An- und Abschlüsse berücksichtigt werden. Bei der Einteilung der Deckbreite wird von rechts mit einer Wellplattenbreite angefangen und die Restbreite gleichmäßig mit der Deckbreite eingeteilt. Werden Passplatten erforderlich, ist darauf zu achten, dass bei Profil 177/51 mindestens 2 Wellenberge und 2 Wellentäler und bei Profil 130/30 3 Wellenberge sowie 2 Wellentäler erhalten werden. Die Zuschnittplatten dürfen nicht im Randbereich verlegt werden. Beim Schnüren der

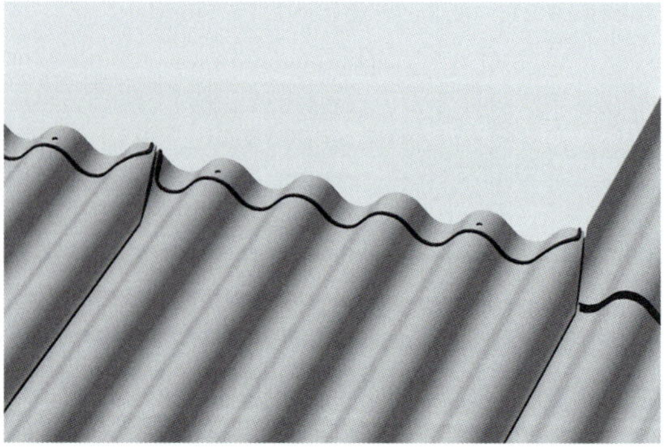

Abb. 9.98: Verlegung der Dichtschnur

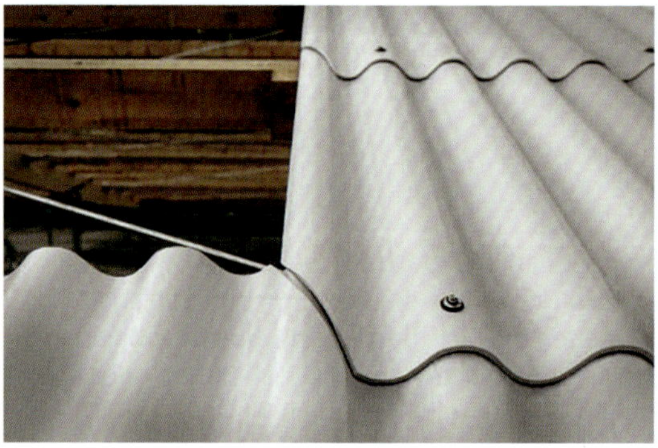

Abb. 9.99: Schnüren der Dachflächenbreite

Tabelle 9.22: Regeldachneigung in Abhängigkeit von der Entfernung Traufe–First

Wellplatte	Entfernung Traufe–First in m	Regeldachneigung in °
Standardwellplatte	≤ 10	≥ 9
	> 10–20	≥ 10
	> 20–30	≥ 12
	> 30	≥ 14
Kurzwellplatte	≤ 10	≥ 15
	> 10–20	≥ 17
	> 20–30	≥ 19
	> 30	≥ 20

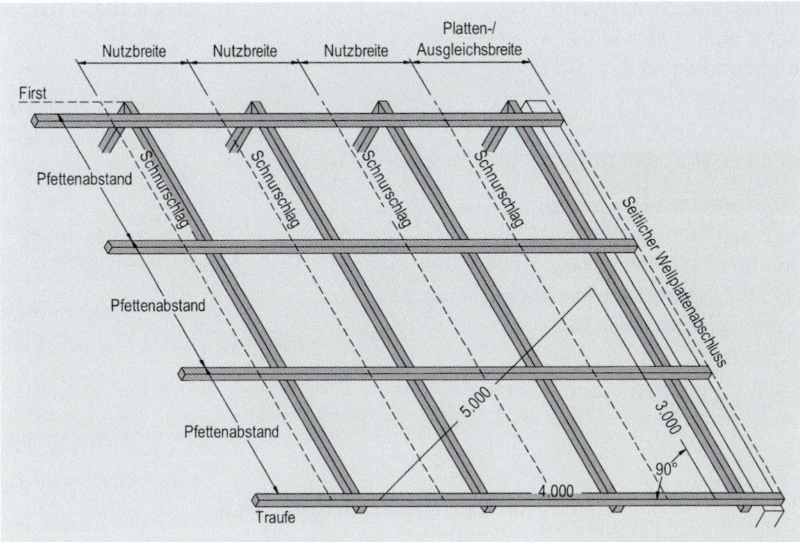

Abb. 9.100: Einteilung der Dachfläche

Dachflächenbreite muss als Erstes der rechte Winkel gemessen werden (siehe Abb. 9.100). Bei der Einteilung der Dachtiefe muss die Ausführung des Firstes und der Traufe berücksichtigt werden.

Die Überdeckungen ergeben sich aus folgender Tabelle:

Tabelle 9.23: Überdeckungen bei Wellplatten

Wellplatte	Profil	Höhenüberdeckung in mm	Seitenüberdeckung in mm	Deckbreite in mm
Standardwellplatte	177/51	200	47	873
	130/30	200	90	910
Kurzwellplatte	177/51	125	47	873

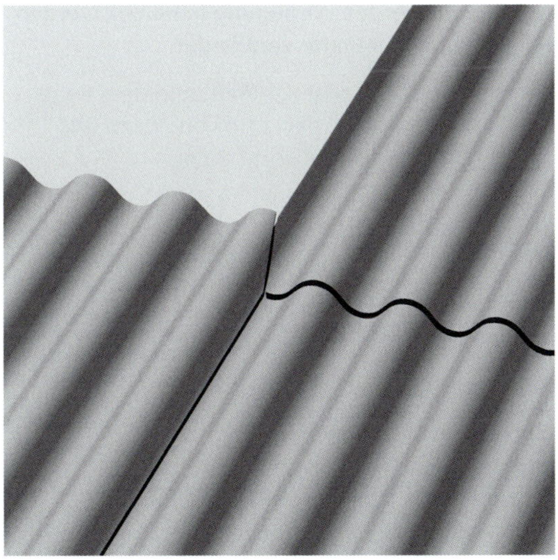

Abb. 9.101: Verlegen der Platten

Bevor mit dem Verlegen der Wellplatten begonnen werden kann, müssen Laufstege nach Vorgabe der Unfallverhütungsvorschriften vorbereitet werden.

Beim Verlegen der Wellplatten ist darauf zu achten, dass bei den Eckenschnitten ein Abstand von 5 bis 10 mm eingehalten wird (siehe Abb. 9.101). Die Platten können grundsätzlich parallel zur Traufe oder aber von der Traufe in Richtung First verlegt werden.

Für das Anpassen an ungünstige Sparrenlängen kommen die Ausgleichplatten zum Einsatz, die dann vor Ort gebohrt werden müssen.

9.2.7 Materialbedarfsermittlung

Bei bekannter Deckbreite und Decklänge ist es selbstverständlich möglich, die Materialbedarfsermittlung analog der Bedarfsermittlung bei Schiefer oder Faserzement-Dachplatten durchzuführen (siehe Abschnitt 9.1.10). Üblich ist jedoch, aufgrund der Größe der Platten möglichst eine exakte Stückzahl an Wellplatten zu ermitteln und dabei das Verlegeraster vorab festzulegen.

Praxisbeispiel

Eine Lagerhalle hat eine Pultdachfläche mit einer Trauflänge von 35,30 m und eine Dachlänge von 19,30 m. Es soll Profil 177/51 verlegt werden. Die Holzpfetten sind auf entsprechende Abständen für Profillänge 200 cm gesetzt.

Ermittlung der Anzahl der Platten in der Breite:

$$\frac{35{,}50\ \text{m}}{0{,}873\ \text{m}} = 40{,}66\ \text{(St.)}$$

Da die letzte Reihe geschnitten werden muss und die Abfallstücke üblicherweise nicht mehr verwendet werden (Verlegung in Reihe), werden 41 Platten in der Breite verwendet.

Ermittlung der Anzahl der Platten in der Länge bei einer Höhenüberdeckung von 20 cm und somit einer Decklänge von 1,80 m:

$$\frac{19{,}30\ \text{m}}{1{,}8\ \text{m}} = 10{,}72\ \text{(St.)}$$

Somit werden 11 Reihen in der Länge gedeckt und es ergibt sich:

Bedarfsmenge = 41 × 11 = 451 (St.)

Sollen nun Lichtplatten gleicher Größe verteilt auf der Dachfläche eingebaut werden, wird die Anzahl der Lichtplatten natürlich von der Bedarfsmenge abgezogen.

Selbst wenn bei Dächern mit Kehlen und Graten eine genaue Ermittlung der benötigten Bedarfsmenge schwierig ist, sollte auch hier versucht werden, ein Verlegeraster (ggf. zeichnerisch) zu erstellen.

Ob es an dieser Stelle sinnvoll ist, einen vermuteten Bruchanteil aufzurechnen, ist sicherlich von den Gegebenheiten der Baustelle abhängig (Lieferzeit der Platten beim Hersteller im Falle einer Nachbestellung, Umfang aller Arbeiten auf der Baustelle etc.)

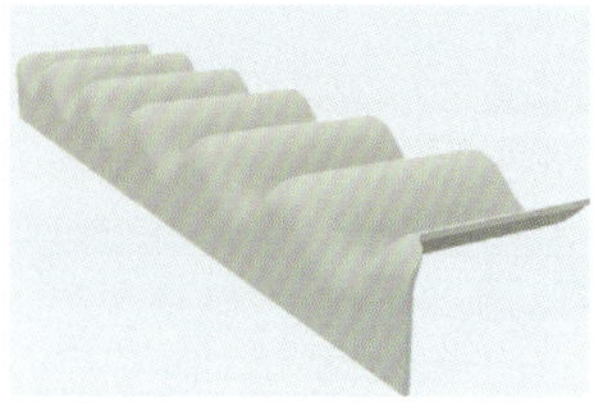

Abb. 9.102: Traufenformstück

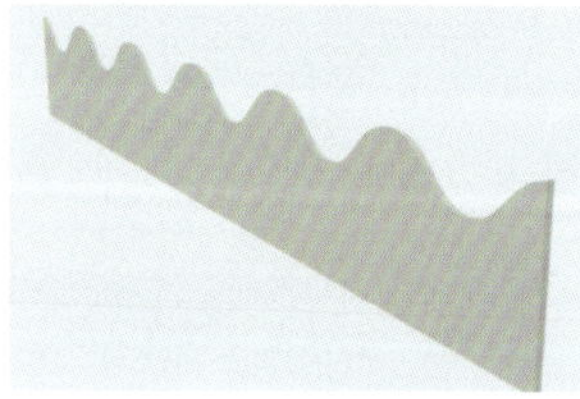

Abb. 9.103: Profilierte Zahnleiste

9.2.8 Traufe, Ortgang, First

9.2.8.1 Traufe

Die Traufausbildung kann in mehreren Varianten ausgeführt werden. Es besteht die Möglichkeit, mit einem ausreichenden Traufenüberstand zu arbeiten, wobei die Wellplatten dann im Traufenbereich keine Eckenschnitte haben dürfen. Des Weiteren können Traufenfußstücke mit gewelltem Schenkel – die Schenkellänge beträgt ≥ 200 mm – eingebaut werden. Die Traufenformstücke (siehe Abb. 9.102) werden zusammen mit den Wellplatten befestigt. Es können auch profilierte Zahnleisten (siehe Abb. 9.103) verwendet werden, die an der Unterkonstruktion befestigt werden. Beim Anbringen von Dachrinnen mit Traufenblechen ist darauf zu achten, dass diese an die Unterkonstruktion angebracht werden müssen. Dabei müssen die Rinnenhalter so eingebaut werden, dass sie die Deckung nicht beeinträchtigen (im Holz einlassen).

9.2.8.2 Ortgang

Die Ortausbildung kann mit geformten Winkelprofilen aus Faserzement, mit Profilen aus Metall, speziellen Ortkonstruktionen oder mit Überstand gedeckt werden. Faserzementformstücke (siehe Abb. 9.107) können im Bereich der Höhenüberdeckung der Flächendeckung unterhalb der Wellplatten gestoßen oder auch mit Eckenschnitt gedeckt werden. Es ist darauf zu achten, dass die Überdeckung der Formstücke mindestens der Überdeckung der Flächendeckung entspricht. Für die

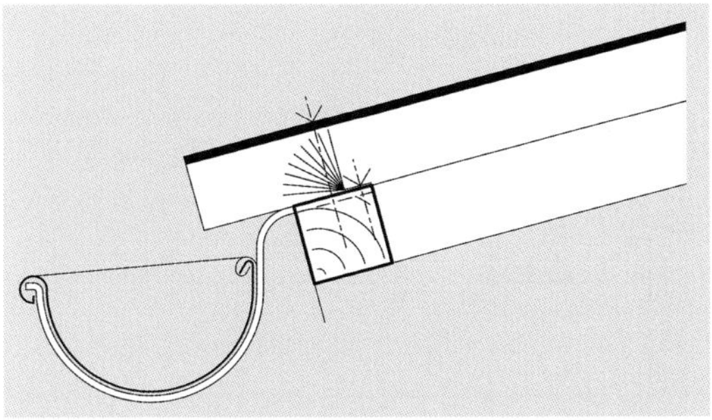

Abb. 9.104: Traufe mit Überstand, Traufenlüfterkamm und Rinne

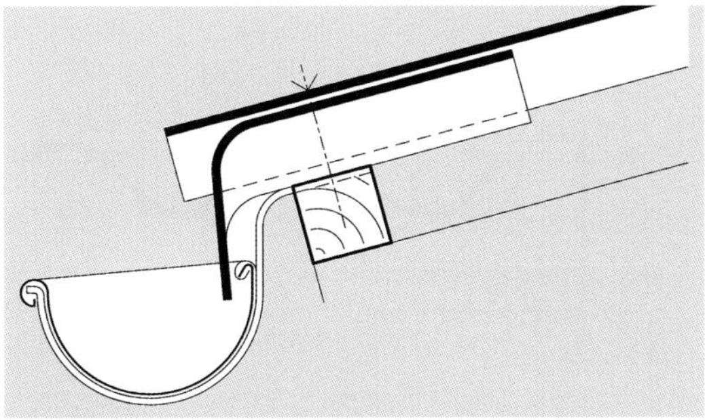

Abb. 9.105: Traufenformstück mit gewelltem Schenkel und Rinne

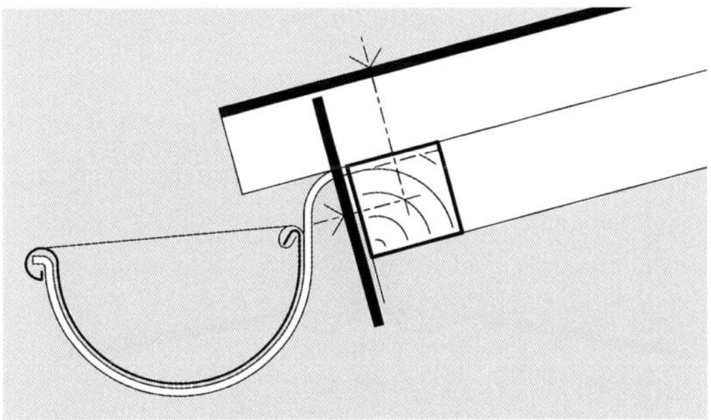

Abb. 9.106: Traufausbildung mit Rinne und Traufenzahnleiste

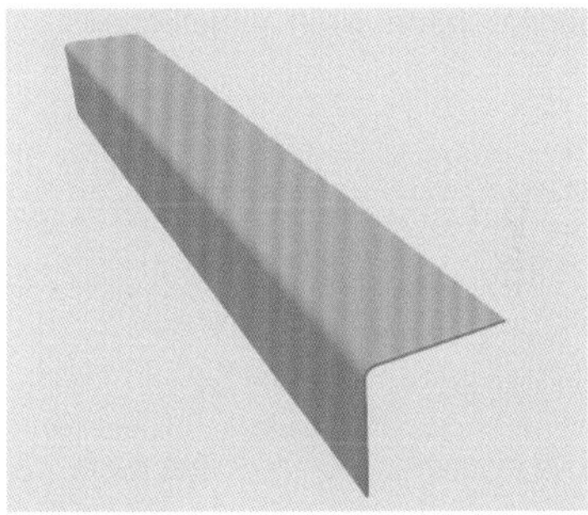

Abb. 9.107: Faserzementformwinkel für Ortgang

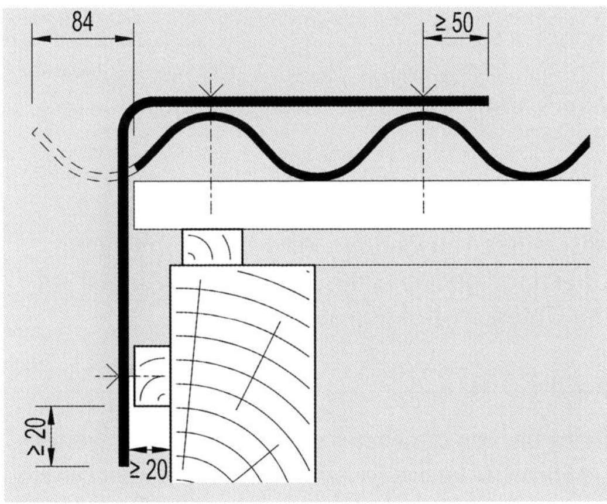

Abb. 9.108: Ortausführungen mit ebenem Formwinkel

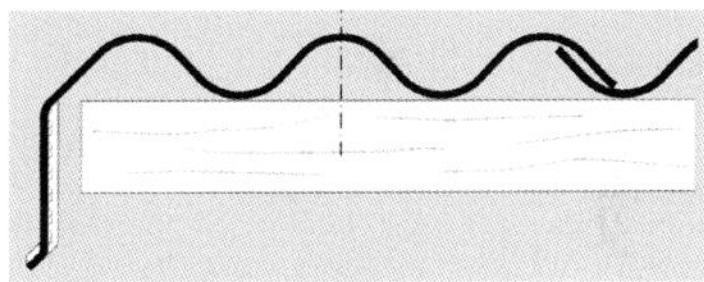

Abb. 9.109: Giebelwinkel mit geformten Wellen und Seitenüberdeckung

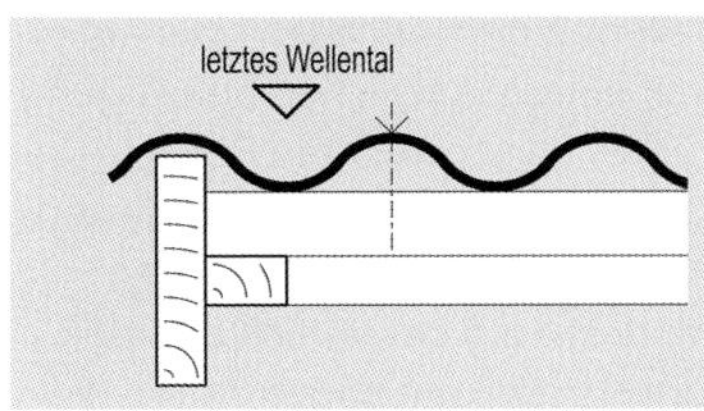

Abb. 9.110: Ortausbildung mit freiem Überstand

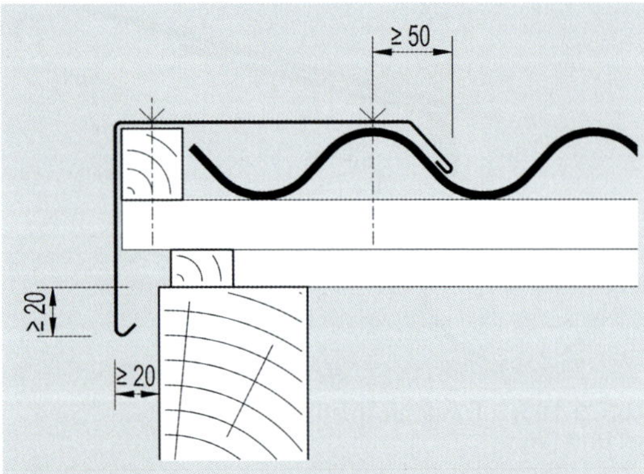

Abb. 9.111: Ortgangausbildung mit aufgelegten Metallblechen

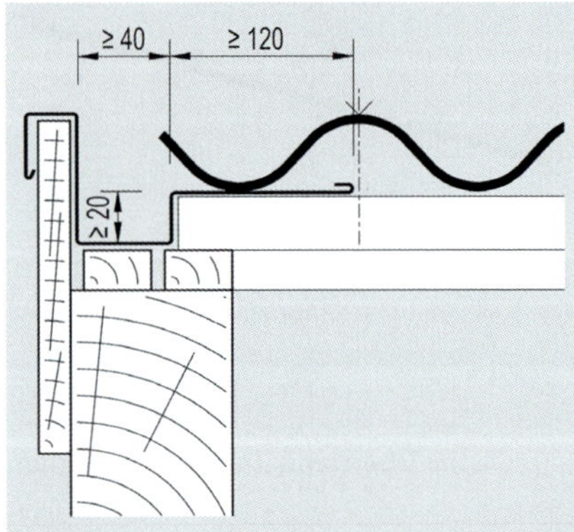

Abb. 9.112: Ortgangausbildung mit untergedeckten Metallblechen

Abb. 9.113: Zweiteiliges Formstück für First

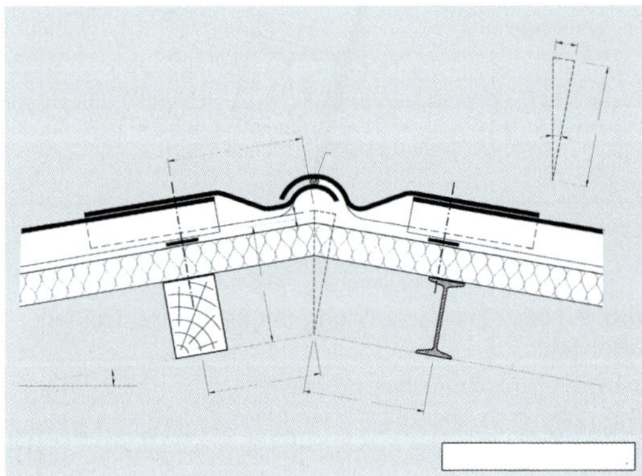

Abb. 9.114: Zweiteilige Firstausführung mit Formstücken

Befestigung ist es notwendig, dass die Formstücke entweder auf 2 Wellenbergen aufliegen oder auf einem Wellenberg mit einer zusätzlichen Befestigung des Winkelformstückes im senkrechten Bereich. Die Formstücke sind parallel zu den Pfetten mindestens zweimal zu befestigen und müssen den letzten Wellenberg um mindestens 5 cm seitlich überdecken. Bei Winkelformstücken mit angeformten Wellen muss die Seitenüberdeckung der Flächendeckung entsprechen. Der senkrechte Schenkel der Formstücke muss mit mindestens 20 mm Abstand zur Wand gedeckt werden und mindestens 20 mm die Unterkonstruktion überragen. Bei Ortausbildungen mit Metallprofilen können diese über den letzten Wellenberg geführt oder auch unter dem Wellenberg verlegt werden. Bei unterdeckenden Anschlüssen werden Konstruktionen wie bei Wandanschlüssen ausgeführt. Wird am Ort mit einem Überstand gedeckt, muss das letzte Wellental auf der Unterkonstruktion aufliegen.

9.2.8.3 First

Beim Decken des Firstes werden ein- oder zweiteilige Formstücke aus Faserzement verwendet. Die Höhen- und Seitenüberdeckung muss der Flächendeckung entsprechen. Bei der Befestigung sind auch die Abstände der Flächendeckung einzuhalten. Es gibt auch spezielle Formstücke für die Ausführung als Lüftungsfirst. Die Position der Firstpfette ist abhängig von der Schenkellänge der Formstücke. Für die Ermittlung des richtigen Abstandes halten die Hersteller Tabellen zu ihren Formstücken bereit. Bei zweiteiligen Wellfirstformteilen muss nicht nur in den seitlichen unteren und oberen Muffen eine

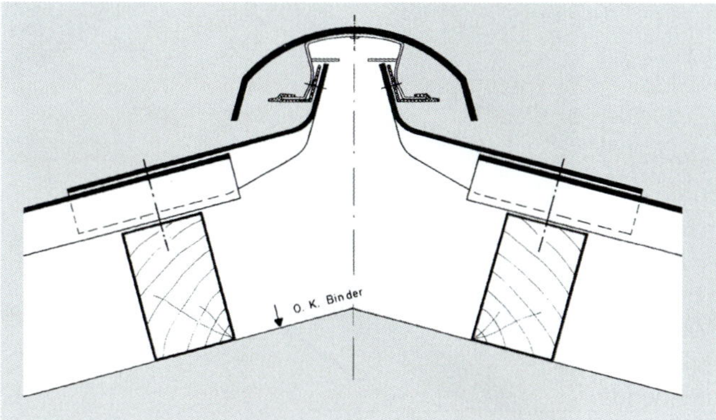

Abb. 9.115: Ausführung eines Lüftungsfirstes

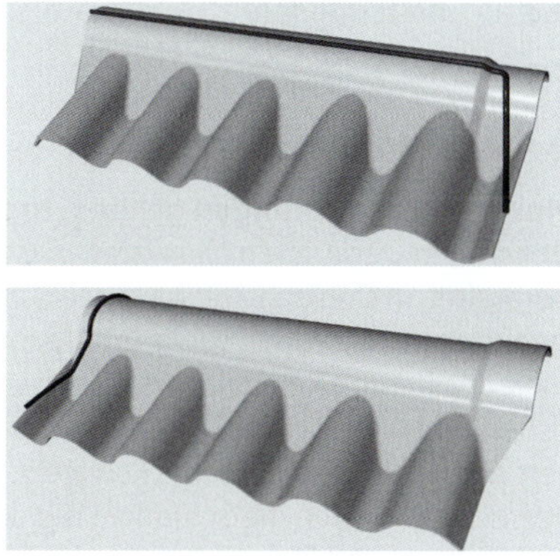

Abb. 9.116: Verlegung der Dichtschnur bei zweiteiliger Firstausführung

Abb. 9.117: Verschiedene Firstformteile

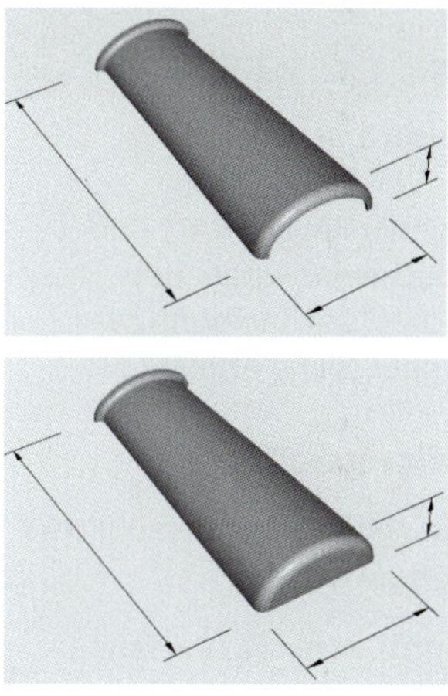

Abb. 9.118: Zusätzliche Firstausführung bei den Kurzwellplatten

Abb. 9.119: Konstruktion zum Betreten von Faserzement-Wellplatten-Dächern

Dichtschnur eingelegt werden, sondern auch in Firstrichtung zwischen den Formstücken (siehe Abb. 9.116). Bei der zweiteiligen Ausführung darf die Dachneigung nicht über 55° betragen. Bei Dachneigungen über 55° müssen Sonderkonstruktionen mit zusätzlichen Abdeckungen verwendet werden.

9.2.9 Pflege und Wartung

Jede Dachdeckung ist in gewissen Zeitabständen zu überprüfen. Bei der Begehung von Dächern mit Faserzement-Wellplatten ist besonders auf die Sicherheit zu achten. Faserzement-Wellplatten-Dächer dürfen (auch zu Wartungszwecken) nur auf besonderen Konstruktionen aus Bohlen und/oder Brettern betreten werden (siehe Abb. 9.119).

9.3 Holzschindeln

9.3.1 Der Werkstoff

9.3.1.1 Geschichte

Holzschindeldeckungen gehören zu den ältesten bekannten Deckungen. Sie waren in ganz Europa verbreitet, in Deutschland besonders in den Mittelgebirgen, in den Alpen sowie im Alpenvorland. Viele Stadtchroniken belegen, dass fast alle bürgerlichen und bäuerlichen Häuser des späten Mittelalters mit Holzschindeln gedeckt waren. Da es keine Nägel gab, wurden die Schindeln nur aufgelegt und mit Stangen und Steinen beschwert. Die im Alpenraum heute noch bekannte Legschindel (siehe Abb. 9.121) dürfte somit die älteste Schindelform sein. Im Alpenraum verwendete man hauptsächlich Fichten- und Lärchenholz, in den mittleren Regionen Deutschlands Eichen- und Buchenholz und im norddeutschen Küstengebiet Eichenholz.

Durch die Entwicklung anderer Dachbaustoffe und verbesserte Transportmöglichkeiten verringerte sich der Anteil an mit Schindeln gedeckten Häusern. Hinzu kam, dass das Nutzungsrecht der Wälder allein auf den Grundbesitzer überging und das benötigte Holz bezahlt werden musste.

Gerade in der heutigen Zeit findet ein Umdenken statt. Man setzt mehr und mehr auf die Verwendung natürlicher, individueller, exklusiver und biologischer Baustoffe, was dazu führt, dass Holzschindeln wieder vermehrt eingesetzt werden.

Genau wie andere Deckwerkstoffe sind Holzschindeln frostbeständig und hagelsicher. Ein weiterer Vorzug ist das geringe Gewicht der Deckung. Je nach Verlegungsart liegt es bei nur ca. 250 N/m^2 (entspricht ca. 25 kg/m^2). Zum Vergleich: Betondachsteine wiegen ca. 50 kg/m^2.

Neben den Holzschindeldeckungen, bei denen jede Schindel genagelt wird, ist auch heute noch die sog. Legschindeldeckung von Interesse. Zur Befestigung der lose aufgelegten Schindeln werden Holzstangen parallel oder leicht schräg (besserer Wasserablauf) zu den Schindelreihen aufgelegt und diese mit eckigen (besserer Halt), etwa kopfgroßen Steinen beschwert. Damit sich die Schindelreihen auch bei Abständen der Stangen von 100 cm gegenseitig halten, sind hierbei Schindellängen

Abb. 9.120: Holzschindeldeckung

Abb. 9.121: Legschindeldach

von 60 bis 90 cm vorgegeben. Auch heute findet man noch Legschindeldächer im Alpenraum. Sie sind nur für flachere Dächer (Dachneigung zwischen 17° und 22°) geeignet (siehe Abb. 9.121).

9.3.1.2 Holzarten und Eigenschaften

Zur Herstellung von Holzschindeln werden üblicherweise folgende Holzarten verwendet:

a) europäische Holzarten: Lärche, Fichte, Tanne, Kiefer, Eiche, Buche,
b) überseeische Holzarten: Western Red Cedar (Kanada), Eastern White Cedar, Yellow Cedar, Alerce (Chile).

Gerade durch die Möglichkeit, relativ kostengünstig Holzarten aus Übersee verwenden zu können, wurden Holzschindeldeckungen wieder attraktiv. Die o. g. überseeischen Arten zeichnen sich durch eine höhere Langlebigkeit als die europäischen Holzarten aus.

Die verwendeten Holzarten und ihre typischen Eigenschaften im Einzelnen

Lärche

Dieser sommergrüne Nadelbaum wächst vor allem in den mittleren und hohen Lagen der Alpen und der europäischen Mittelgebirge. Das Holz ist eines der härtesten unter den Nadelhölzern und sehr elastisch. Das rötliche bis braune Kernholz ist stark harzhaltig. Das äußere, helle Splintholz wird zur Schindelherstellung entfernt. Gespaltene Lärchenschindeln werden in Europa seit Jahrhunderten zur Dacheindeckung verwendet und haben sich bestens bewährt.

Abb. 9.122: Lärche

Fichte

Dieser immergrüne, bis zu 40 m hohe Baum ist in ganz Europa verbreitet. Das sehr helle Kernholz lässt sich gut spalten. Schindeln aus diesem Holz werden vorwiegend in Gegenden eingesetzt, wo eine farbliche Behandlung der Schindelfassade Tradition hat. Dies ist auf jeden Fall empfehlenswert, da natürliche, schützende Inhaltsstoffe fehlen.

Abb. 9.123: Fichte

Eiche

Dieser weitverbreitete sommergrüne Laubbaum zeichnet sich durch sein hartes, festes Kernholz aus. Das dunkelbraune Kernholz ist von einem hellen Splint umgeben, der zur Schindelherstellung entfernt wird. Durch seine vielen Gerbstoffe ist es sehr widerstandsfähig und fault nicht. Wind und Wetter nutzen Eichenholz nur langsam ab.

Abb. 9.124: Eiche

Buche

Dieser Laubbaum ist in ganz Europa außer in Spanien und Portugal verbreitet. Das gelbliche bis bräunliche kernlose Holz ist zäh und hart. Aus diesem Holz werden überwiegend gesägte Zierschindeln hergestellt. Aufgrund fehlender, schützender Inhaltsstoffe empfiehlt sich ein chemischer Holzschutz, um Pilzwidrigkeit zu erreichen.

Abb. 9.125: Buche

Rotzeder (Red Cedar)

Dieser immergrüne Nadelbaum ist an der Westküste Nordamerikas heimisch. Der schlanke, kegelförmige Baum wird bis zu 60 m hoch. Das hellbraune bis dunkelbraune Holz ist leicht und zäh. Die öligen Inhaltsstoffe verbreiten einen starken, aromatischen Geruch. Diese natürlichen Inhaltsstoffe bewirken auch die Widerstandsfähigkeit gegen Fäulnispilze. Schindeln aus diesem Holz eignen sich besonders für Gebiete, in denen die Haltbarkeit durch diese Fäulnispilze gefährdet ist.

Abb. 9.126: Rotzeder (Red Cedar)

Alaska-Zeder (Yellow Cedar)

Dieser Nadelbaum wächst nur an der Pazifikküste Nordamerikas. Am besten gedeiht er in den gebirgigen Küstenwäldern von British Columbia in Kanada.

Das Holz des etwa 25 m hohen Alaska-Zeder-Baumes hat eine auffallend helle Farbe. Dank der natürlichen, öligen Inhaltsstoffe ist es sehr widerstandsfähig gegen Fäulnis. Da das Holz auch beträchtlich härter ist als das anderer Nadelbäume, ist auch die mechanische Abnutzung gering. Die sehr helle silbergraue Alterspatina macht diese Holzart auch optisch zu einem der am besten geeigneten Schindelhölzer.

Abb. 9.127: Alaska-Zeder (Yellow Cedar)

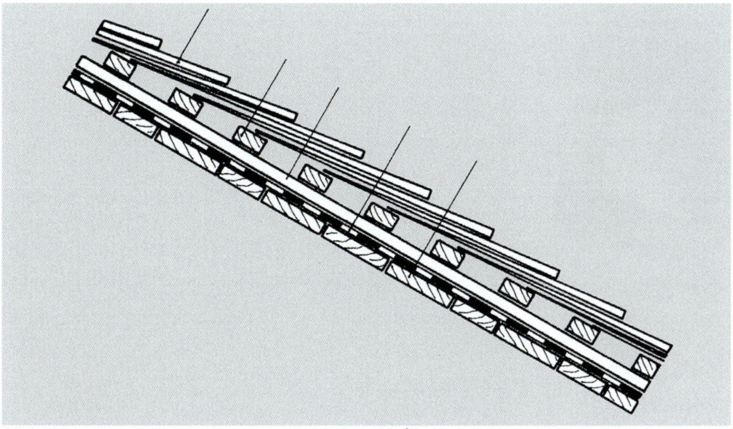

Abb. 9.128: Notwendiger konstruktiver Aufbau zum Nachweis der harten Bedachung im Sinne von DIN 4102-7 (dreilagige Schindeldeckung erforderlich)

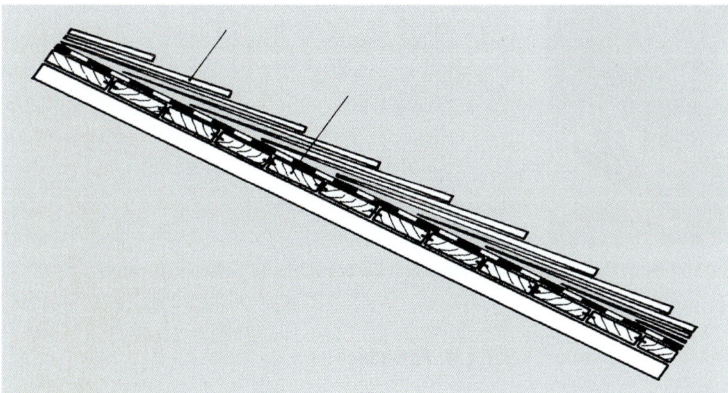

Abb. 9.129: Variante zum konstruktiven Aufbau einer dreilagigen Schindeldeckung für den Nachweis als harte Bedachung im Sinne von DIN 4102-7 (wegen fehlender Hinterlüftung nur für Sonderfälle geeignet)

Besonderheit

Generell gelten Holzschindeldeckungen als **weiche Bedachung** (Dächer ohne Nachweis bzgl. des Feuerschutzes). Bei nach DIN vorgegebenem Aufbau gilt eine Holzschindeldeckung aus Rotzeder als **harte Bedachung** (widerstandsfähig gegen Flugfeuer und strahlende Wärme), wenn die Schindeln gesägt und unbehandelt sind und eine dreilagige Verlegung erfolgt. Die 2 möglichen Aufbauten sind in Abb. 9.128 und 9.129 dargestellt. Da bei einer Holzschindeldeckung grundsätzlich eine Hinterlüftung erforderlich ist und die Schindeln nicht direkt auf die Vordeckung gedeckt werden sollen, ist die 2. Variante (Abb. 9.129) nur in Sonderfällen zugelassen.

Des Weiteren weisen unterschiedliche Hölzer natürlicherweise unterschiedliche Eigenschaften z. B. in ihrer Rohdichte, ihrer Biege- und Druckfestigkeit, ihrer Härte und ihren Schwindmaßen auf.

Gerade die Fähigkeit von Holz, zu quellen (Volumenzunahme durch Wasseraufnahme) bzw. zu schwinden (Volumenabnahme durch Austrocknung), macht eine Holzschindeldeckung interessant, denn bei richtiger Verlegung wölben sich die Holzschindeln bei Regen durch Quellung, werden breiter und bilden ein dichtes Paket durch kleiner gewordene Fugen. Die Nässe kann nicht durch sie hindurchdringen.

Bei trockenem Wetter trocknet zunächst die Oberseite der Schindeln, wodurch die Schindeln schwinden. Sie ziehen sich also (zunächst auf der Oberseite) zusammen, die Fuge wird demzufolge größer und die Schindeln „schüsseln", wodurch eine schnelle Austrocknung gewährleistet wird.

Um dies zu erreichen, ist bei der Verlegung z. B. auf die Ausbildung einer entsprechenden Fuge zu achten.

Abb. 9.130: Spalten mit dem Schindeleisen

Abb. 9.131: Zurichten einer Schindel mit dem Reifmesser

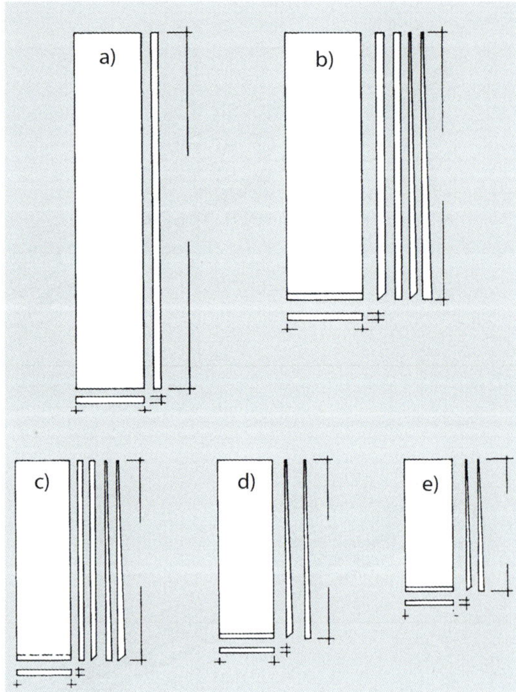

Abb. 9.132: Gebräuchliche Schindelformen

9.3.1.3 Herstellung

Schindeln wurden in früheren Zeiten ausschließlich von Hand gespalten. Auch nach dem Aufkommen von Sägen behielt man das Handspalten bei. Während ein Sägeschnitt immer mehr oder weniger schräg zur Holzfaserrichtung verläuft und so die Längsfaser durchschnitten wird, wird beim Spalten das Holz entlang der Faser getrennt und bleibt in der ganzen Schindellänge unzerstört erhalten. Auch heutzutage bearbeiten die Schindelmacher das Holz wie schon Generationen vor ihnen mit Schindelmesser (auch Schindeleisen) und Reifmesser (siehe Abb. 9.130 und 9.131). Zum Teil benutzen sie aber auch Maschinen zur Arbeitserleichterung. Jede Schindel wird einzeln vom Block abgespalten, keilig geschnitzt oder gerade gelassen (und, je nach Schindelart, mit einer Fase versehen). Am Fuß ist die fertige Schindel meist 8 bis 12 mm dick. Die Breiten variieren zwischen 6 und 35 cm, wodurch sich bei der Eindeckung ein individuelles Deckbild ergibt. Lediglich Zierschindeln werden zu gleichen Breiten zugerichtet.

9.3.1.4 Formate

Abbildung 9.132 zeigt die heute gebräuchlichsten Schindeln und ihre Formen:

- **a) Scharschindel:** in der Dicke keilförmig gespaltene Schindel,
- **b) Sägeschindel:** in der Dicke keilförmig gesägte Schindel,
- **c) Spalt-/Sägeschindel:** in der Dicke keilförmig gesägte Schindel (Vorderseite gespalten, Rückseite gesägt),
- **d) Legschindel:** gleich dick gespaltene Schindel (bei über 700 mm Schindellänge),
- **e) Zierschindel:** gesägte oder gespaltene Schindeln, die gleich lang und gleich breit sind. Meist ist der Schindelfuß mit einer Verzierung versehen (siehe Abb. 9.133). Diese Schindeln werden überwiegend aus Fichte, Lärche, Eiche, Buche und Red Cedar hergestellt.

Historische Schindelformen sind:

- a) Nutschindeln,
- b) Rückenschindeln.

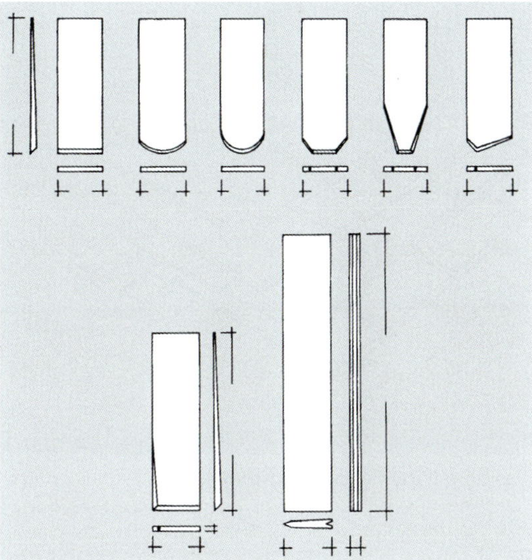

Abb. 9.133: Zierschindel

9.3.1.5 Beständigkeit und Haltbarkeit

Erfahrungen haben gezeigt, dass Holzschindeln, die aus den für den jeweiligen Zweck empfohlenen Hölzern hergestellt sind, bei fachgerechter Montage keine Holzschutzbehandlung brauchen. Bei unbehandelten Schindeln tritt im Laufe der Jahre eine wetterbedingte Farbveränderung ein. Die Schindeln werden silbergrau bis anthrazitgrau.

Die Lebensdauer von Holzschindeln liegt, je nach Beanspruchung und Dachneigung, zwischen 20 und 100 Jahren und kann durch konstruktiven Holzschutz, also bauliche Maßnahmen (Dachneigung, Schindelabstand, Durchlüftung), und durch chemischen Holzschutz nach DIN 68800 verlängert werden. Aus ökologischen Gründen ist von einer chemischen Behandlung abzuraten. Ist die natürliche Verfärbung nicht gewünscht, sollten Schindeln für Fassaden mit einem pigmentierten Holzschutzmittel behandelt werden. Lasuren auf Öl-Basis dringen tiefer ein und sind deshalb anderen Mitteln vorzuziehen. Wann nachbehandelt werden muss, hängt davon ab, wie stark die Schindeln durch Wetter und Luftschadstoffe beansprucht werden.

Trotz der genannten Vorzüge der überseeischen Holzarten ist eine Holzschindeldeckung in Sachen Haltbarkeit selbstverständlich nicht mit einem Betondachstein, Tonziegel oder einem Schiefer zu vergleichen. Damit der Einsatz von Holzschindeln dennoch wirtschaftlich ist, sind unterschiedliche Holzschutzmaßnahmen zu treffen. Im Folgenden werden die konstruktiven und chemischen Holzschutzmaßnahmen erläutert.

9.3.2 Unterkonstruktion

Als Deckunterlage kommen sowohl Dachlatten (Querlatten) als auch Schalung zum Einsatz. Die Stärke der Dachlatte wird in Abhängigkeit von den Auflagerabständen, also den Achsabständen der Konterlatten, nach Tabelle 9.24 gewählt.

Tabelle 9.24: Bewährte Stärke der Dachlatten in Abhängigkeit von den Auflagerabständen

Abstand der Konterlatten bzw. Sparren	≤ 700	≤ 900	≤ 1.000
Dachlattung (Querlattung)	24/48	30/50	40/60
Dachlattung direkt auf Sparren	30/50	40/60	40/60

Die Befestigung der Dachlatten erfolgt mit entsprechend langen Drahtstiften oder anderen geeigneten Verbindungsmitteln.

Ist eine Schalung statt einer Lattung vorgesehen, sollte diese als Sparschalung (Bretter nicht eng aneinander, sondern mit Abstand) ausgeführt werden. Je nach Auflagerabständen haben sich auch hier Schalungsdicken in Bezug auf Haltbarkeit und Durchfedern beim Nageln der Schindeln bewährt (siehe Tab. 9.25).

Tabelle 9.25: Bewährte Schalungsdicken in Abhängigkeit vom Sparrenabstand und der Schalungsart

Handelsübliche Schalungsdicken (mm)		18	19,5	22	24	28	30
empfohlener Sparrenabstand maximal in mm	Rauspund-Bretter	500	600	800	1.000	1.250	1.500
	Sparschalung schmal 120–160 mm	–	500	600	700	800	1.000
	breit über 160 mm	–	600	800	1.000	1.250	1.500

Abb. 9.134: Druckluftnagler

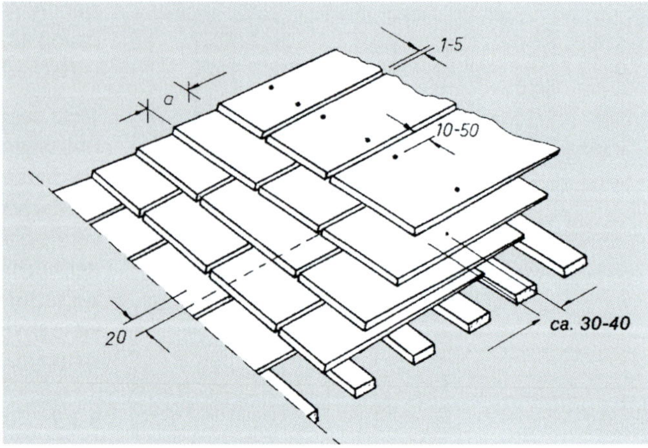

Abb. 9.135: Positionen der Befestigungsmittel

9.3.3 Werkzeuge

In der heutigen Zeit werden aus wirtschaftlichen Gründen mehr und mehr automatische Eintreibgeräte (z. B. Druckluftnagler mit Einschlagtiefenbegrenzer, siehe Abb. 9.134) verwendet. Die Geräte müssen technisch geeignet sein, die fachgerechte Ausführung muss gewährleistet sein.

Des Weiteren verwendet man zum Zurichten und zur Montage auf der Baustelle üblicherweise ein Hammerbeil (siehe Abb. 9.119) und den Zimmermannshammer.

9.3.4 Befestigung

Die Befestigung von Holzschindeln erfolgt grundsätzlich mit Nägeln mit Flachkopf und rauem, gerautem oder gerilltem Schaft. Der Schaft ist zwischen 1,8 und 2,5 mm dick. Die Schindelnägel müssen feuerverzinkt oder aus nicht rostendem Stahl sein.

Befestigungsmittel aus nicht rostendem Stahl sind allerdings vorgeschrieben bei:

- Schindeln aus Western Red Cedar, Eastern White Cedar und Eiche,
- salzimprägnierten Schindeln,
- Klammern.

Hier sind also feuerverzinkte Befestigungsmittel unzureichend.

Klammern müssen einen Mindestdurchmesser von 1,5 mm und eine Rückenbreite zwischen 10 und 12 mm aufweisen. Damit die Befestigungsmittel für eine dauerhafte Befestigung der Schindeln sorgen können, ist zu beachten, dass sie so lang sind, dass sie ca. 18 bis 20 mm in die Schalung oder Lattung eingetrieben werden können. Aus der Lagigkeit, der Schindellänge sowie der Schindelherstellung ergeben sich die Längen der Befestigungsmittel nach Tabelle 9.26.

Tabelle 9.26: Bewährte Nagellängen in mm in Abhängigkeit von den Schindellängen, der Herstellungsart und der Lagigkeit

Schindellänge in mm	gespaltene Schindeln		gesägte Schindeln	
	zweilagig	dreilagig	zweilagig	dreilagig
bis 150 mm	30	30	30	30
bis 300 mm	30	40[1)]	30	30
bis 450 mm	40[1)]	50	30	40[1)]
> 450 mm	50	60	40	50

[1)] Bei gerillten Edelstahlnägeln sind Nagellängen von 35 mm ausreichend.

Jede Holzschindel ist mit 2 Schindelstiften zu befestigen. Beim Nageln der Schindeln ist darauf zu achten, dass die Schindelstifte zwar flächenbündig, aber nur so weit eingeschlagen werden, dass die

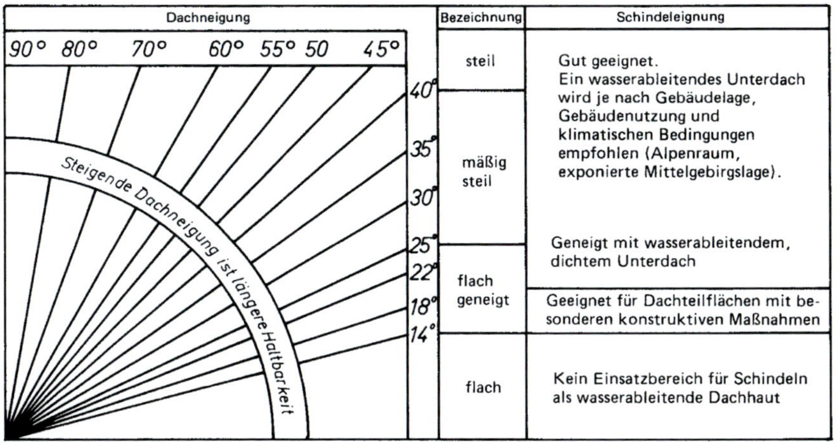

Abb. 9.136: Dachneigung und Schindeleignung

Holzfaser nicht zerstört wird. Hierdurch soll vermieden werden, dass sich die Schindeln bei Quell- und Schwindbewegungen lockern oder gar reißen. Durch die Befestigung jeder einzelnen Schindel gelten Schindeldeckungen als sturmsicher.

Bei der Ausführung der Befestigung ist neben der entsprechenden Länge der Schindelstifte deren Position zu beachten: Diese muss so gewählt werden, dass sowohl eine dauerhafte Fixierung als auch Regensicherheit gewährleistet werden können. Außerdem soll ein Reißen der Schindel verhindert werden. Es ist ein Randabstand (seitlich) von 10 (besser 15) bis 50 mm vorgeschrieben. Die Höhenüberdeckung der folgenden Schindelreihe über die Befestigungsmittel muss mindestens 30 bis 40 mm betragen.

Dauerhaft fester Halt ergibt sich durch die Verwendung der richtigen Befestigungsmittel, die richtige Arbeitsweise und die richtige Nagelposition.

9.3.5 Dachneigungen und Zusatzmaßnahmen

Je steiler die Dachfläche, desto schneller läuft das Wasser ab und desto besser werden die Schindeln geschützt. Vorgeschrieben ist bei zweilagiger Deckung (Doppeldeckung) eine Dachneigung von mindestens 71° und bei dreilagiger Deckung (Dreifachdeckung) eine Dachneigung von mindestens 22°. Empfohlen wird die Verwendung längerer Schindeln (Möglichkeit einer größeren Überdeckung) bzw. die Verwendung qualitativ hochwertigerer Schindeln (Güteklasse I) bei einer Unterschreitung der Dachneigung von 30°. Eine ausreichende Dachneigung ist entscheidend für die Langlebigkeit der Holzschindeldeckung.

Je nach Dachneigung und Region wird ein wasserableitendes Unterdach (vgl. regensicheres Unterdach, Abdichtung auf Schalung mit nicht eingebundenen Konterlatten) empfohlen.

Bei Dächern unter 22° Neigung ist ein wasserableitendes, dichtes Unterdach erforderlich. Der Grenzbereich für Holzschindeldeckungen liegt zwischen 14° und 18° Neigung der gesamten Dachfläche. Unterschreiten einzelne Dachflächen innerhalb der Gesamtfläche 14° Neigung, ist der Konstruktion und dem Holzschutz wegen der länger anhaltenden Durchfeuchtung der Holzschindeln besondere Beachtung zu schenken.

Eine ständige Hinterlüftung der Deckung soll verhindern, dass durch anhaltende Feuchtigkeit der Schindeln Fäulnis entsteht. Durch den Luftzug (für den Be- und Entlüftungsöffnungen unerlässlich sind) sollen die Schindeln schnell trocknen. Ist die Hinterlüftung fehlerhaft, unzureichend oder sogar nicht vorhanden, wird durch anhaltende Feuchtigkeit die Fäulnis der Schindeln begünstigt. Für eine fachgerechte Hinterlüftung sind entsprechende Konterlattenstärken vorzusehen. Bei Dachneigungen ab 40° und der Verwendung von gesägten Schindeln ist eine Konterlatte der Stärke 30/50 zu verwenden. Bei gespaltenen Schindeln, die nicht so eng aufeinanderliegen wie gesägte Schindeln, ist eine Konterlatte der Stärke 24/48 ausreichend. Bei Dachneigungen zwischen 26° und 40° wird empfohlen, die Konterlattendicke zu erhöhen. Bei Dachneigungen von 14° bis 26° oder in schneereichen Gebieten wird sogar zu einer Verdoppelung der Konterlattendicke geraten. Die Befestigung der Konterlatten erfolgt üblicherweise mit ausreichend langen Drahtstiften.

Tabelle 9.27:

Dachneigung	Empfehlungen bzgl. Konterlatte
≥ 40°	30/50 bei gesägten Schindeln 24/48 bei gespaltenen Schindeln
40°–26°	„Erhöhung der Konterlatte" (z. B. 40/60 bei gesägten Schindeln oder 30/50 bei gespaltenen Schindeln)
26°–14°	„Verdopplung der Konterlatte" (z. B. 2 × 30/50 bzw. 2 × 24/48)

Je steiler das Dach und je besser die Hinterlüftung, desto höher die Lebensdauer der Holzschindeldeckung.

Weiterhin ist besondere Aufmerksamkeit erforderlich, wenn erhöhte Anforderungen hinzukommen. Diese können sich z. B. ergeben aus:

- ungünstigen klimatischen Verhältnissen,
- Gebäudelage,
- Verschattungslage,
- Umweltbelastung (Industrie etc.),
- hoher relativer Luftfeuchte,
- zu geringer Luftbewegung,
- Verwendung von Holzarten mit geringer Beständigkeit,
- ungewöhnlichen Abmessungen (z. B. sehr lange Sparren),
- wechselnden Dachneigungen,
- gedrehten oder geschwungenen Flächen,
- Durchdringungen.

Chemischer Holzschutz ist bei Beachtung der konstruktiven Holzschutzmaßnahmen i. d. R. nicht notwendig. Dennoch kann durch einen geeigneten vorbeugenden chemischen Holzschutz die Langlebigkeit der Schindeln erhöht werden. Betrachtet man allerdings, dass eine Holzschindeldeckung aus einem reinen Naturprodukt besteht, sollte aus ökologischen Gesichtspunkten von einer chemischen Behandlung der Schindeln möglichst abgesehen werden.

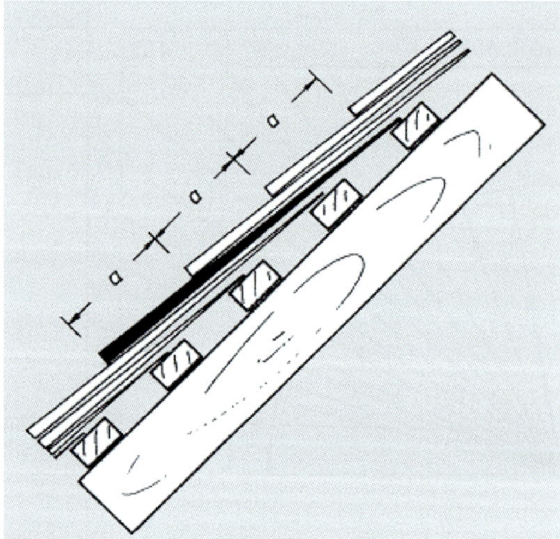

Abb. 9.137: Reihenabstand *a*

9.3.6 Ausführung der Deckungen

Bei der fachgerechten Ausführung der Deckung in der Fläche ist auf eine ausreichende Höhenüberdeckung sowie auf eine ausreichende Fuge (je nach Schindelbreite) zu achten. Damit diese für die jeweilige Situation eingehalten wird, ist Tabelle 9.28 zu beachten. Aus der Tabelle sind die je nach Situation erforderlichen maximalen Reihenabstände *a* (sichtbare Länge der Schindeln, siehe Abb. 9.137) der Schindeln, also das maximale Schnürmaß, zu entnehmen.

Für die maximalen Reihenabstände bei der Legschindeldeckung gilt Tabelle 9.28a entsprechend.

Bei der Befestigung der Schindel müssen zwischen den Schindeln Abstände vorgesehen werden, die sog. Bewegungsfugen. Die Breite richtet sich nach dem Quell- und Schwindmaß der verwendeten Schindeln, der Einbauholzfeuchte und der zu erwartenden durchschnittlichen Holzfeuchte während der Gebrauchszeit.

Tabelle 9.28: Maximal zulässige Reihenabstände *a* (mm) für gesägte und gespaltene Schindeln

Schindellänge[1] in mm etwa	dreilagig[2] (Dachneigung: 22°–90°) Reihenabstand *a* in mm	zweilagig[3] (Dachneigung: 71°–90°) Reihenabstand *a* in mm
120	35	50
150	45	65
200	60	90
250	75	115
300	90	140
400	125	180
450	140	200
600	180	280
700	220	330
800	250	375

[1] Für Zwischenlängen können Reihenabstände geradlinig interpoliert werden.
[2] Bei Dächern unter 22° Neigung ist ein wasserableitendes, dichtes Unterdach erforderlich. Bei Dachneigung unter 14° ist der Konstruktion und dem Holzschutz besondere Beachtung zu schenken.
[3] Bei zweilagiger Dachdeckung dürfen nur Schindeln der Güteklasse 1 verwendet werden. Zweilagige Deckung wird nur in Ausnahmefällen angewendet, wenn geringe Anforderungen an die Dichtheit gestellt werden.

Tabelle 9.28a: Maximal zulässige Reihenabstände für gesägte und gespaltene Legschindeln

Schindellänge in mm	dreilagig (Dachneigung: 17° bis 22°) Reihenabstand *a* in mm
600	180
700	220
800	250
900	280

Je trockener die Schindeln bei der Montage sind, desto breiter sollte die Bewegungsfuge ausfallen.

Gebräuchlich sind Fugenbreiten zwischen 1 und 5 mm. (Im Einzelfall ist der Hersteller zurate zu ziehen.)

Die Schindelreihen sind mit Versatz zu decken. Das bedeutet, dass die Fugen von Reihe zu Reihe um ein vorgegebenes Maß versetzt sein müssen, also nicht in einer Linie gedeckt werden dürfen. Dieses Mindestmaß beträgt zur nächsten Reihe 30 mm und zur übernächsten Reihe 20 mm.

Praxisbeispiel

Es soll eine Dachdeckung mit Schindeln auf Lattung ausgeführt werden. Die Schindellänge beträgt 45 cm, die Dachneigung 52°.

Aus der Tabelle ergibt sich zunächst für die Dachneigung 52° eine dreilagige Verlegung (Dreifachdeckung), was bedeutet, dass die 4. Reihe die 1. noch überdeckt. Des Weiteren ergibt sich ein maximaler Reihenabstand – und entsprechend ein maximaler Lattenabstand – von 140 mm, also 14 cm.

Nehmen wir an, das Dach hat eine Mansarde, welche 73° geneigt ist. Bei gleicher Schindellänge entnimmt man der Tabelle, dass die Mansarde zweilagig gedeckt werden darf (Doppeldeckung, 3. Reihe überdeckt 1. Reihe). Der maximale Reihenabstand beträgt 20 cm.

Tabelle 9.29: Maximal zulässige Reihenabstände *a* (mm) für gesägte und gespaltene Schindeln sowie Schindelgrundbedarf in Breitenmetern (Bm) je m^2 zu deckender Fläche (Bm/m^2)

Schindellänge[1] mm etwa	dreilagig[2] (Dachneigung: 22°–90°)		zweilagig[3] (Dachneigung: 71°–90°)	
	Reihenabstand *a* mm	Schindelgrundbedarf Bm/m^2	Reihenabstand *a* mm	Schindelgrundbedarf Bm/m^2
120	35	28,57	50	20,00
150	45	22,22	65	15,38
200	60	16,67	90	11,11
250	75	13,33	115	8,70
300	90	11,11	140	7,14
400	125	8,00	180	5,56
450	140	7,14	200	5,00
600	180	5,56	280	3,57
700	220	4,55	330	3,03
800	250	4,00	375	2,67

1) Für Zwischenlängen können Reihenabstände geradlinig interpoliert werden.
2) Bei Dächern unter 22° Neigung ist ein wasserableitendes, dichtes Unterdach erforderlich. Bei Dachneigung unter 14° ist der Konstruktion und dem Holzschutz besondere Beachtung zu schenken.
3) Bei zweilagiger Dachdeckung dürfen nur Schindeln der Güteklasse 1 verwendet werden. Zweilagige Deckung wird nur in Ausnahmefällen angewendet, wenn geringe Anforderungen an die Dichtheit gestellt werden.

9.3.7 Materialbedarfsermittlung

Die benötigte Menge an Schindeln ist natürlich direkt abhängig von den tatsächlichen Reihenabständen *a*. Je kleiner also der Reihenabstand, desto mehr Schindeln werden benötigt. Bei Holzschindeln wird die benötigte Menge in Breitenmetern (Bm) angegeben (siehe Abb. 9.138). Das bedeutet, bildlich gesprochen, dass Schindeln unterschiedlicher Breiten (ohne Fuge) bei einer Holzfeuchtigkeit von etwa 20 % nebeneinandergelegt werden. Bei 1,0 Bm hat diese „Reihe" eine Breite von 1,0 m. Im Gegensatz zu vielen anderen Deckwerkstoffen wird also nicht die Anzahl der Deckelemente (Schindeln) gezählt.

Zunächst wird errechnet (oder Tabelle 9.29 entnommen), wie hoch der sog. Schindelgrundbedarf ist.

Sind für die Reihenabstände *a* keine Werte in der Tabelle enthalten, muss interpoliert werden.

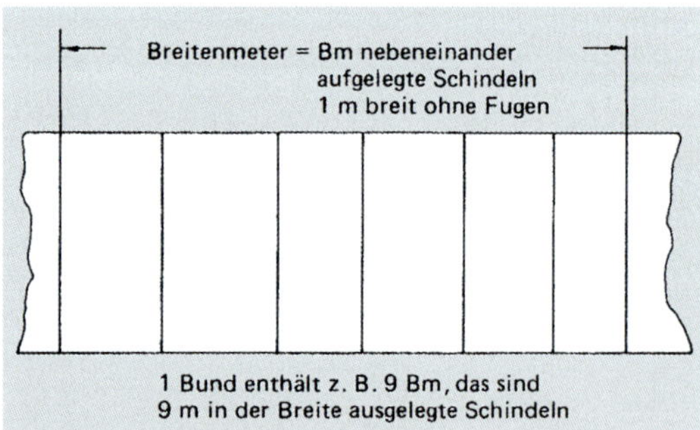

Abb. 9.138: Breitenmeter (Bm)

Der Schindelgrundbedarf kann nach folgender Formel berechnet werden:

$$\text{Breitenmeter} = \frac{\text{Deckfläche } (m^2)}{\text{Reihenabstand } (m)} \text{ (Bm)}$$

Praxisbeispiel

Überprüfen wir als Beispiel 2 angegebene Tabellenwerte und nehmen als Angaben die Daten aus dem Beispiel aus Abschnitt 9.3.6 auf Seite 329.

Dachfläche mit $a = 140$ mm, also 0,14 m,

$$\frac{1\ \text{m}^2}{0{,}14\ \text{m}} = 7{,}14\ \text{Bm (pro m}^2\text{ Deckfläche)}$$

Mansardfläche mit $a = 200$ mm, also 0,20 m,

$$\frac{1\ \text{m}^2}{0{,}20\ \text{m}} = 5{,}00\ \text{Bm (pro m}^2\text{ Deckfläche)}$$

Beide Angaben stimmen also.

Nehmen wir im Weiteren an, dass die Dachfläche 250 m^2 und die Mansardfläche 100 m^2 groß ist.

Der Schindelbedarf für das gesamte Projekt würde sich wie folgt berechnen lassen:

Dachfläche:
$250\ m^2 \cdot 7{,}14\ Bm/m^2 = 1.785\ Bm$

Mansardfläche:
$100\ m^2 \cdot 5{,}00\ Bm/m^2 = 500\ Bm$

Um von diesen Bedarfsmengen schließlich auf die zu liefernde Menge zu kommen, ist – je nach den individuellen Eigenschaften des Projekts (einfache oder komplizierte Detailausführungen, einfache Dachflächen oder viele Durchdringungen und Unterbrechungen) – ein prozentualer Aufschlag für den Verschnitt einzurechnen.

Praxisbeispiel

Auf die Bedarfsmenge der Dachfläche im vorangegangenen Beispiel sollen als Verschnitt 3 % addiert werden.

Verschnitt (Dachfläche) =
$1.785\ Bm \cdot 0{,}03 = 53{,}55\ Bm$

Die Gesamtbestellmenge würde somit
$1.785\ Bm + 53{,}55\ Bm = 1.838{,}55\ Bm$
(aufgerundet 1.839 Bm) betragen.

Der Bedarf an Holzschindeln wird in Breitenmetern (Bm) angegeben. Breitenmeter (Bm) =

$$\frac{\text{Fläche } A\ (\text{m}^2)}{\text{Reihenabstand } a\ (\text{m})} + \text{Verschnitt (\%)}$$

Bei gleicher Schindelbreite (z. B. Zierschindeln) ist es natürlich auch möglich, die Anzahl der Schindeln zu bestimmen:

Anzahl der Schindeln =

$$\frac{\text{Breitenmeter (Bm)}}{\text{Schindelbreite (m)}}$$

Praxisbeispiel

Geht man davon aus, dass in den vorangegangenen Beispielen eine Schindelbreite gegeben ist, kann die Anzahl der benötigten Schindeln errechnet werden:

Schindelbreite 15 cm

$$\frac{1{,}839\ \text{Bm}}{0{,}15\ \text{m}} = 12.260\ \text{St.}$$

Tabelle 9.30: Verträglichkeit verschiedener Materialien mit nicht imprägnierten Holzschindeln (aus praktischen Erfahrungswerten)

Materialien	Lärche	Fichte/ Tanne	Kiefer	Eiche	Western Red Cedar	Alerce	Eastern White Cedar	Yellow Cedar
Kupfer	V	G	G	V	V/U	V	V/U	V/U
Aluminium beschichtet	G	G	G	V	G/V	V	G/V	G/V
Zink	V	G	G	U	U	U	U	U
nicht rostende Stähle nach DIN 17 440	G	G	G	G	G	G	G	G
Blei plus	G	G	G	V	G/V	G	V/U	G/V
Bleche verzinkt	U	V	V	U	U	U	U	U
Bleche gestrichen	V	V	V	V	V	V	V	V

G = gut geeignet; V = Verfärbungen/Korrosion möglich; U = ungeschützt ungeeignet; mit geeigneten Schutzanstrichen (gemäß Empfehlungen der Hersteller) versehen, sind diese Materialien auch einsetzbar.

9.3.8 Traufe, Ortgang, First

Auch bei Holzschindeldeckungen gibt es unterschiedliche Möglichkeiten, die Details Traufe, Ortgang, First auszuführen.

Bei der Bearbeitung von Details in einem Holzschindeldach ist besonders auf die Verträglichkeit der i. d. R. verwendeten Metalle mit den unterschiedlichen Holzarten bei imprägnierten Schindeln zu achten. Tabelle 9.30 soll hierzu Hilfestellung geben.

9.3.8.1 Traufe

Denkbar sind Ausführungen mit oder ohne Rinne, mit oder ohne Rinneneinlaufblech, mit oder ohne Zuluft (direkt an der Traufe) für die Hinterlüftung der Deckung. Wird auf eine Zuluft unterhalb der 1. Schindelreihe verzichtet, muss durch den Einbau von Lüftern für die fachgerechte Hinterlüftung gesorgt werden, was in schneereichen Gebieten jedoch nicht zu empfehlen ist.

Bei der Ausbildung können sowohl optische als auch traditionelle Gründe für die Auswahl der entsprechenden Lösung entscheidend sein. An der Traufe wird i. d. R. mit 2 (in der Länge gekürzten) Ansetzschindeln begonnen. Darauf wird die 1. volle Schindelreihe gedeckt. An der Traufe soll zur Vorderkante des Traufbleches ein Überstand von 5 mm, bei der Traufausbildung ohne Traufblech ein Überstand von mindestens 5 cm eingehalten werden.

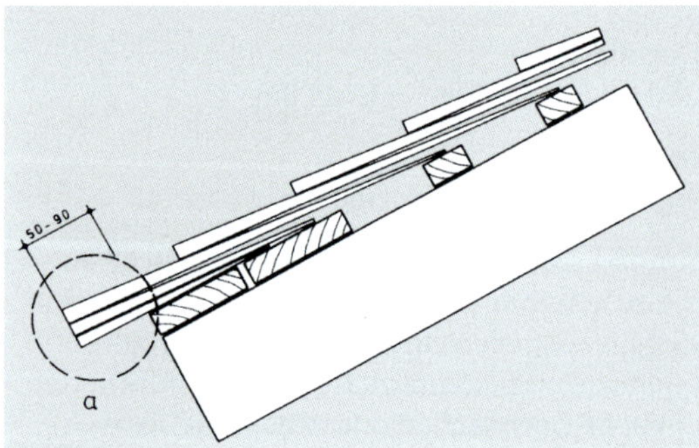

Abb. 9.139: Traufe ohne Traufblech mit Überstand (gekürzte Ansetzer)

Um ein Sperren der Deckung zu verhindern, ist auch hier wie bei anderen Dachdeckungen darauf zu achten, dass die 1. Reihe nicht abkippt. Gegebenenfalls muss hier mit konischen Traufbohlen, Spalierleisten oder Lüftungsprofilen gearbeitet werden.

Die 1. Reihe darf nicht abkippen!

In Abb. 9.139 bis 9.143 werden anschaulich verschiedene Ausbildungen bei Traufen gezeigt.

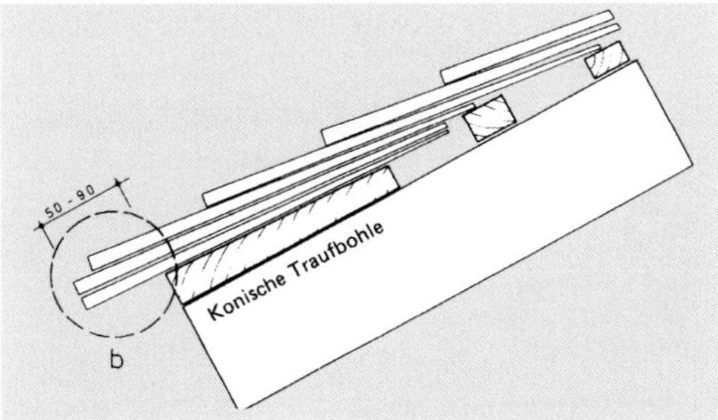

Abb. 9.140: Traufe ohne Traufblech mit Überstand (ungekürzte Ansetzer)

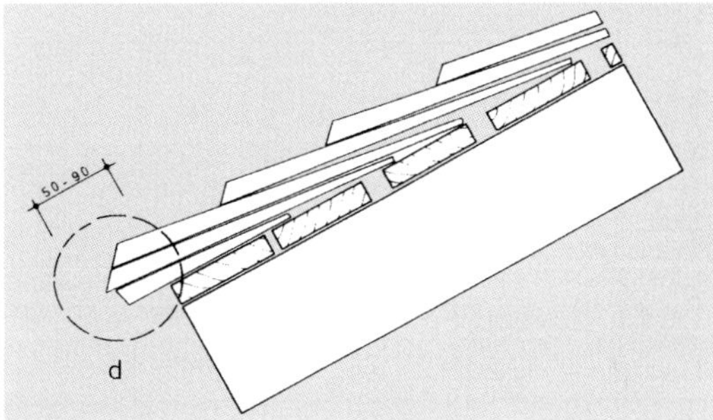

Abb. 9.141: Traufe ohne Traufblech mit Überstand (gekürzte Ansetzer), gefaste Schindeln

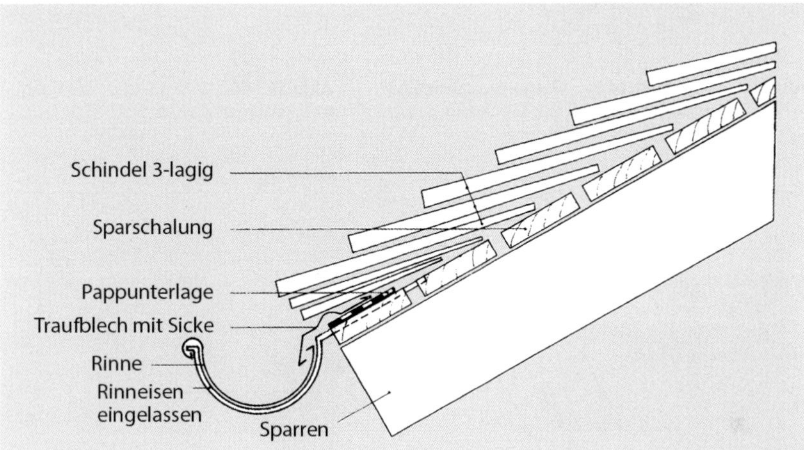

Abb. 9.142: Traufe mit Traufblech (mit Sicke) (gekürzte Ansetzer)

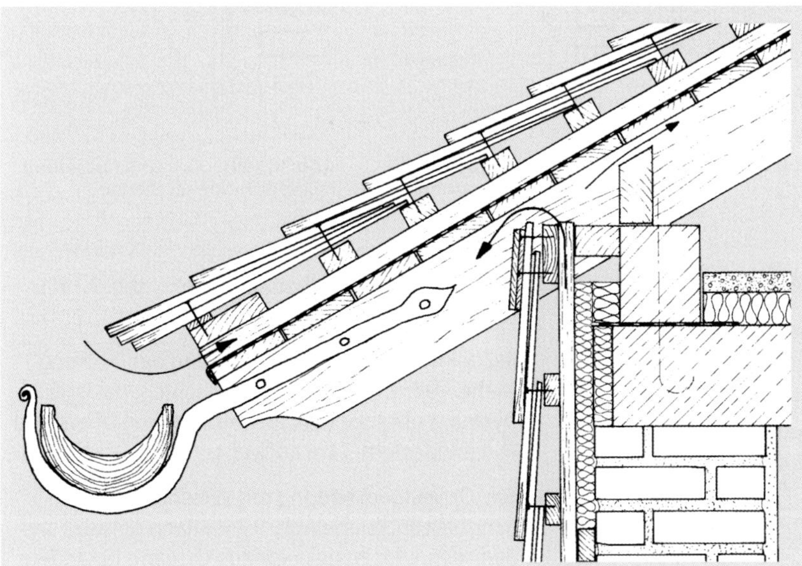

Abb. 9.143: Traufe ohne Traufblech mit Überstand und Zuluft an der Traufe (ungekürzte Ansetzer)

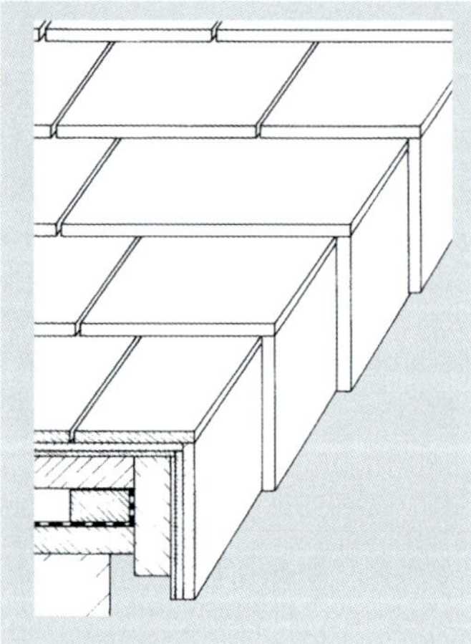

Abb. 9.144: Ortgangausbildung im Verband

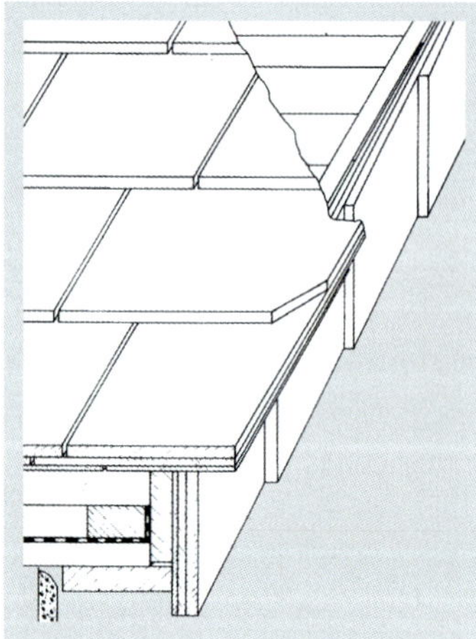

Abb. 9.145: Ortgangausbildung mit Überstand der Deckung

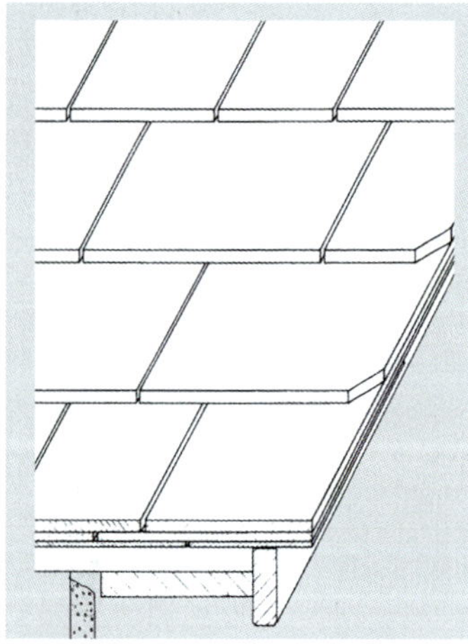

Abb. 9.146: Ortgangausbildung mit Abschlussleiste

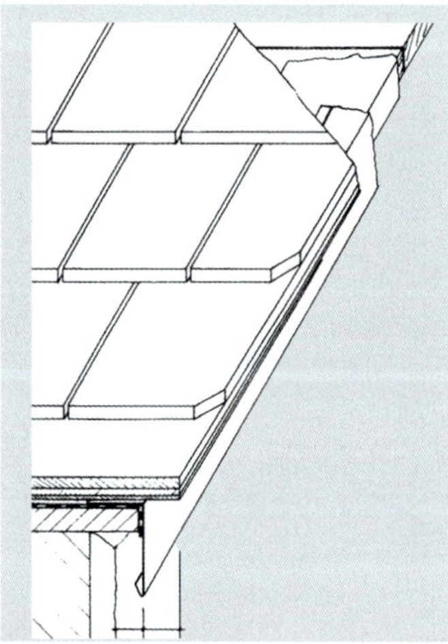

Abb. 9.147: Ortgangausbildung mit Blech als Blende

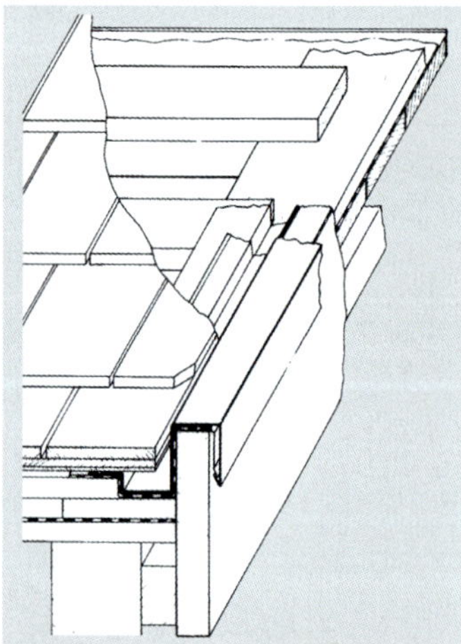

Abb. 9.148: Ortgangausbildung mit untergelegter Ortgangrinne

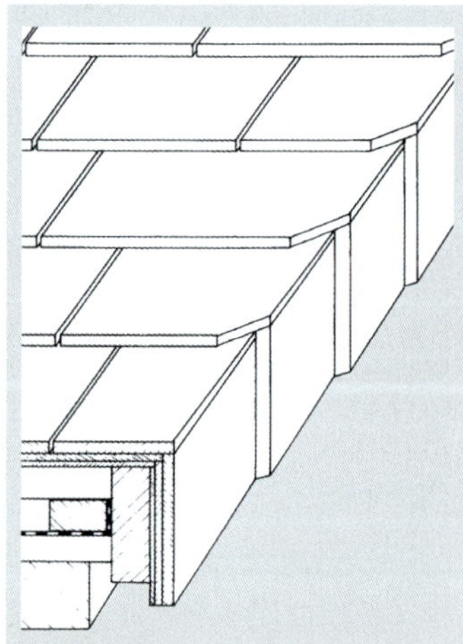

Abb. 9.149: Ortgangausbildung mit verschindelter Blende

9.3.8.2 Ortgang und Quereinteilung

Ortgänge können nach oben beispielhaft aufgezeigten Zeichnungen ausgeführt werden.

Aus optischen Gründen sollten Ausführungen mit Schindeln am Ort vorrangig gewählt werden (siehe Abb. 9.144, Abb. 9.145, Abb. 9.149).

Ausbildungen mit Blendblechen oder Blenden aus Holz (Abschlussleiste) können u. a. gewählt werden, wenn kein Ortsparren vorhanden ist (z. B. Lattung mit freiem Überstand; siehe Abb. 9.146, Abb. 9.147).

Bei der Ausführung „mit Überstand der Deckung" (siehe Abb. 9.145) ist darauf zu achten, dass die Deckung über die Ortkante einen freien Überstand von mindestens 3 cm aufweist.

Die „Ortgangausbildung mit verschindelter Ortgangblende" (siehe Abb. 9.150) kann gewählt werden, wenn der zu bekleidende Ortgang für andere Lösungen zu breit ist.

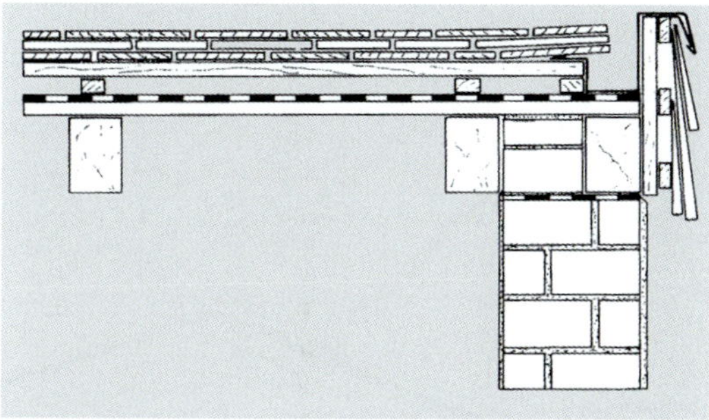

Abb. 9.150: Ortgangausbildung mit verschindelter Ortgangblende

Bei der Ausbildung mit „untergelegter Ortgangrinne" (siehe Abb. 9.148 und 9.150) ist Folgendes zu beachten:

- Die Überdeckung der Deckwerkstoffe auf das Blech beträgt mindestens 10 cm.
- Die Ortgangrinne erhält dachseitig einen Wasserfalz von mindestens 1,5 cm.
- Außer bei geringen Niederschlagsbelastungen ist die Rinne mit einer Vertiefung von mindestens 2 cm Höhe und mindestens 4 cm Breite auszuführen. Die Deckung muss (für den freien Wasserlauf) einen Abstand zur Aufkantung (Ortgang) von 4 cm haben. (Bei der Ausführung mit Steg kann die Dachdeckung bis an diesen herangeführt werden.)
- Die Verlegung der Bleche erfolgt auf vollflächiger Unterlage oder auf Lattung mit einem Traglattenabstand von maximal 17 cm. (Eventuell sind Zwischenlatten erforderlich.)
- Bei Dachneigungen über 22° erfolgt die Verbindung der Bleche untereinander mit einer Überlappung von mindestens 10 cm (Dachneigung 15° bis 22°: Überlappung mindestens 15 cm oder Falzverbindung).
- Um ein Aufsperren der Schindeln am Ort zu verhindern, kann das Ortblech in die Lattung eingelassen werden.
- Um das Wasser vom Detail wegzuleiten, ist (außer bei der Ausbildung im Verband, siehe Abb. 9.144) am Fuß der Schindel ein wasserabweisender Schnitt vorzusehen.

Wegen der unterschiedlichen Breiten der Schindeln ist eine Breiteneinteilung der Dachfläche vor der Eindeckung nicht möglich. Das Eindecken erfordert

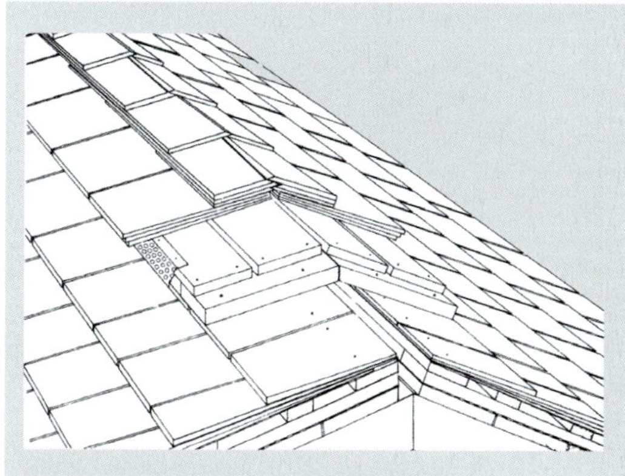

Abb. 9.151: First, beidseitige Entlüftung

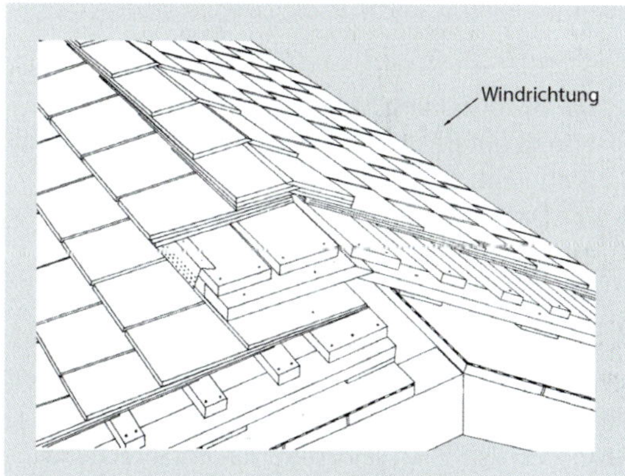

Abb. 9.152: First, einseitige Entlüftung

vom ausführenden Handwerker daher besondere Aufmerksamkeit, denn er hat stets auf die richtige Breite und den Versatz der Fugen untereinander zu achten. Beim Anlaufen an Details ist außerdem (wegen der Befestigungsmöglichkeiten) auf eine ausreichende Breite der Schindeln zu achten.

9.3.8.3 First und Einteilung der Deckgebinde

Bei der Ausbildung des Firstes stehen verschiedene Lösungen für unterschiedliche Situationen zur Verfügung. Folgende Situationen können vorkommen:

1. Die Dachdeckung ist hinterlüftet, die Abluft soll beidseitig direkt am First erfolgen (siehe Abb. 9.151).
2. Die Dachdeckung ist hinterlüftet, die Abluft soll einseitig (asymmetrisch) am First erfolgen (siehe Abb. 9.152).

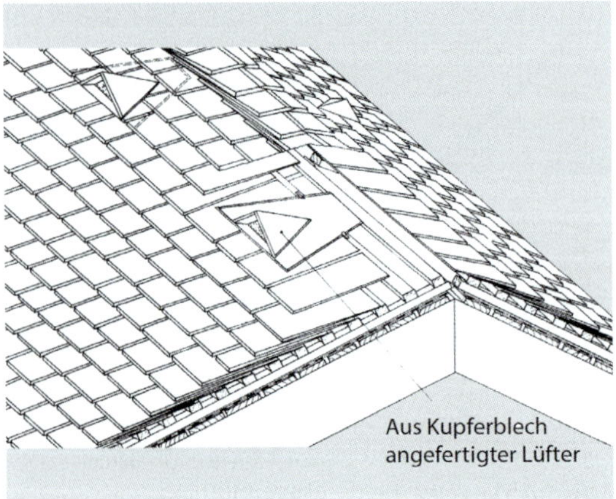

Abb. 9.153: First, Entlüftung mit eingebauten Lüftern

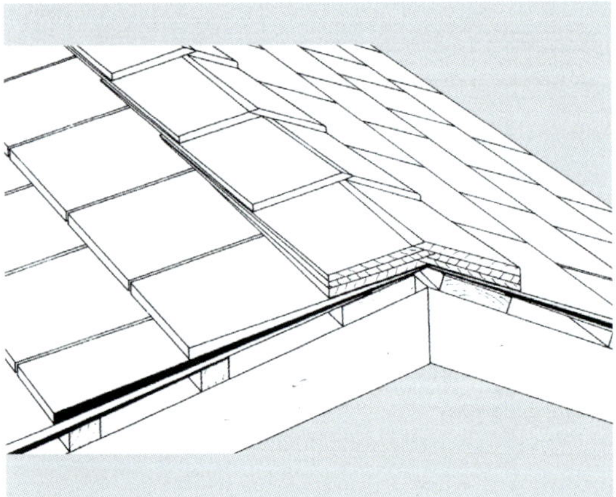

Abb. 9.154: First, ohne Entlüftung

3. Die Dachdeckung ist hinterlüftet, die Abluft erfolgt unterhalb des Firstes mithilfe von Lüftern (siehe Abb. 9.153).
4. Die Dachdeckung ist nicht hinterlüftet. Also erfolgt auch am First keine Abluft (siehe Abb. 9.154).

Auch bei der Ausbildung des Firstes ist aus optischen Gründen auf eine gleichbleibende Neigung der Deckwerkstoffe zu achten. Gegebenenfalls kann es erforderlich sein, den First entsprechend mit Keilbohlen o. Ä. zu unterbauen.

Die Deckrichtung des Firstes erfolgt gegen die Hauptwetterrichtung. Verwendet werden annähernd gleich breite Schindeln, die an der Langseite (am Firstscheitelpunkt) abgeschrägt werden. Die Schindeln am First werden wechselseitig überlappt. Um am First eine höhere Festigkeit zu erzielen, sollte die Firstdeckung in Dreifachdeckung erfolgen.

Eine vor der Eindeckung des Holzschindeldaches vorzunehmende Einteilung (Sparreneinteilung, Ermittlung der Reihenabstände) ist bei Holzschindeldächern nur dann erforderlich, wenn aus optischen Gründen ein gleichmäßiger Reihenabstand zwischen Traufe und First erwünscht ist. Ansonsten gilt, dass eine Einteilung erst im Zuge der Eindeckung etwa 10 bis 15 Reihen unterhalb des Firstes vorgenommen wird.

Die Einlattung (Latten oder Sparschalung) wird somit an der Traufe, der Traufausbildung entsprechend, begonnen. Beim Einlatten (und später beim Eindecken) ist auf den maximalen Reihenabstand *a* zu achten (siehe Abschnitt 9.3.6).

Beim Einlatten darf wegen der Regensicherheit der maximal zulässige Reihenabstand *a* an keiner Stelle überschritten werden.

Bei der Einteilung der letzten 10 bis 15 Reihen oder der kompletten Seite ist außerdem darauf zu achten, dass die Deckung (zumindest die letzte Schindelreihe) parallel zum First verläuft. Bei unterschiedlichen Sparrenlängen (z. B. im Sanierungsfall) ist somit mit (leicht) konisch verlaufenden Reihen einzudecken. Dies gilt selbstverständlich nicht bei geplanten und konstruierten geneigten Firstlinien. Hier muss dementsprechend mit zusätzlichen, zugeschnittenen Reihen beigearbeitet werden.

9.3.9 Pflege und Wartung

Bei entsprechend sorgfältiger Planung der Konstruktion (Hinterlüftung etc.) und einer sorgfältigen Ausführung der Deckung inkl. sämtlicher Details ist bei Schindeldächern generell kein besonderer Schutz und auch keine Nachbehandlung nötig. Die natürliche Bewitterung führt lediglich dazu, dass mit der Zeit die Holzschindeln einen silbergrauen Farbton annehmen, der architektonisch sehr ansprechend wirkt.

Durch ungünstige Umstände (Verschattung, hohe Bäume, hohe Luftverschmutzung, wenig Wind etc.) können sich Ansätze von Moos auf den Schindeln und vor allem in den Fugen bilden. Diese müssen von Zeit zu Zeit entfernt werden, da sie Fäulnis begünstigen und so die Deckung dadurch Schaden nehmen kann. Dies geschieht am besten durch Abfegen mit einem harten Besen oder/und Übersprühen der Dachfläche mit einer 10%igen Zink-Chlorid-Lösung. Beim Begehen des Daches ist ein Trittschutz (z. B. Bohlen) zu verwenden.

Sonderfall Legschindeldeckung

Da Legschindeldeckungen nur bei flachen Dächern zum Einsatz kommen, sind diese im Allgemeinen höher beansprucht. Je nach Situation (Holzart, Belüftung, Beanspruchung) werden diese alle 5 bis 10 Jahre umgedeckt. Dabei werden die Schindeln gewendet und die Fugenbereiche (durch Aneinanderklopfen) gereinigt.

9.4 Bitumenschindeln

9.4.1 Der Werkstoff

9.4.1.1 Herstellung

Der Aufbau von Bitumenschindeln ist vergleichbar mit dem von Bitumenbahnen. Sie besitzen als „Kern" eine Trägereinlage, welche meistens aus 120 bis 135 g schwerem Glasvlies pro Quadratmeter besteht. Durch die Trägereinlage sind die Schindeln – ihrem Einsatzgebiet entsprechend – reißfest (Flächenstabilität und Nagelausreißfestigkeit). Eine andere mögliche Trägereinlage ist ein Glas-Kunststoff-Gemisch.

Die Trägereinlage ist „umhüllt" von der Tränk- bzw. der Deckmasse. Da im Vergleich zu Bitumenbahnen Schindeln nicht gerollt werden, können die Tränk- und Deckmassen aus relativ hartem Bitumen bestehen. Den Schindeln kann so eine hohe Steifigkeit gegeben werden. Bitumenarten für Tränk- und Deckmassen können sein:

- Oxidationsbitumen,
- mit Elastomeren modifiziertes Bitumen,
- mit Plastomeren modifiziertes Bitumen,
- Spezialbitumen (je nach Hersteller).

Auf der Unterseite der Schindeln wird zusätzlich feiner Quarzsand oder Glimmer aufgebracht. Dies soll verhindern, dass die Schindeln ungewollt mit der Vordeckung verkleben. Zum Schutz des Bitumens vor UV-Strahlung wird auf der Oberseite Natursteinsplitt (Schiefersplitt) oder -granulat aufgestreut oder es werden Metallfolien (z. B. Kupfer) aufgebracht.

Je nach Anforderungen und Einsatzgebiet kann eine Verklebung der Schindeln im Überdeckungsbereich sinnvoll oder sogar erforderlich sein. Hierzu können vom Hersteller auf der Ober- und Unterseite der Schindel Klebefelder von unterschiedlicher Größe im Überdeckungsbereich aufgebracht werden. Um die ungewollte Verklebung im Paket (durch Sonneneinstrahlung) zu verhindern, ist dann zumindest auf der Unterseite eine dünne Schutzfolie auf den Klebefeldern aufgebracht. Die fertige Schindel ist 3 bis 3,5 mm dick. Die Qualität der bei der Herstellung verwendeten Produkte hat entsprechende Auswirkungen auf die Haltbarkeit und die Beständigkeit einer Bitumenschindeldeckung.

9.4.1.2 Formate

Bitumenschindeln können in Form, Abmessungen und Farben sehr variieren. Als Oberfläche können verschiedene Metallfolien oder verschiedenfarbige Splitte oder Granulate verwendet werden. Für den Kunden bietet sich also eine breite Palette an Auswahlmöglichkeiten. Eine komplette Schindel ist 90 bis 100 cm lang und 33 bis 35 cm hoch. Durch 2 oder 3 gestanzte Teilfugen entstehen pro Schindel 3 oder 4 Schürzen, die in der Deckung als kleinformatige Deckelemente in Doppeldeckung erscheinen (vgl. Schiefer-, Faserzement- oder Biberschwanzdoppeldeckung). Übliche Formen der Schürzen sind Rechteck, Biberschwanz, Dreieck und Wabe.

9.4.2 Werkzeuge

Bitumenschindeln werden mit dem Pappmesser zugeschnitten und mit einem Schiefer- oder Latthammer montiert.

Abb. 9.155: Lieferform

Abb. 9.156: Bitumenschindel Biberformat

Abb. 9.157: Bitumenschindel Rechteckformat

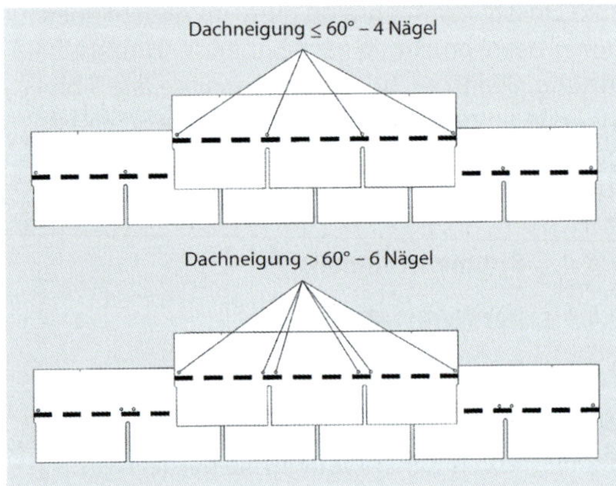

Abb. 9.158: Befestigung

9.4.3 Unterkonstruktion

Deckungen aus Bitumenschindeln werden ausschließlich auf geschlossenen Deckunterlagen ausgeführt. Dazu sind geeignet:

1. Schalungen aus Vollholz, mindestens 24 mm dick, mit Brettbreiten zwischen 80 und 150 mm,
2. Schalungen aus Holzwerkstoffen: Bau-Furniersperrholz nach DIN 68705-3, Typ BFU 100 G, mindestens 22 mm dick
3. Leichtbetonplatten: Bei Leichtbeton-Unterkonstruktionen müssen offene Fugen abgedeckt oder vermörtelt werden. Die für die Befestigung auf Leichtbeton vorgesehenen Nägel müssen geeignet sein.

Unter Bitumenschindeldeckungen ist eine Vordeckung aufzubringen. Hierzu sind bitumenverträgliche Unterdeckbahnen und Dachbahnen mit Glasvlieseinlage geeignet. Die Bahnen sind mindestens 80 mm zu überlappen und gleichlaufend mit den Gebinden der Schindeldeckung zu verlegen. Die Stöße sind zu versetzen. Dennoch ist damit zu rechnen, dass sich die Nahtüberlappungen der Vordeckung in der Schindeldeckung abzeichnen. Dies ist bei Verwendung von dickeren Bahnen (z. B. Dachdichtungsbahnen) nicht zu vermeiden.

Befestigung

Die Befestigung der Bitumenschindeln in der Fläche erfolgt mit Breitkopfstiften. In der Höhe sind die Nägel so anzubringen, dass sie mindestens 20 mm über den Schürzeneinschnitten liegen. Haben die Schindeln einen schmalen Klebestreifen (neigungsabhängige Höhenüberdeckung), ist oberhalb des Klebstreifens zu befestigen. Die Bitumenschindeln sind mit mindestens 4 Breitkopfstiften über jedem

Schlitz und an den Seiten der Schindeln zu befestigen. Daraus ergibt sich, dass bei Schindeln mit 4 Schürzen die Befestigung mit 5 Stiften erfolgt. Bei Deckungen mit vorgegebener Höhenüberdeckung ist mittig in den ersten Klebefeldern oberhalb der Schürzeneinschnitte zu nageln. Bei beiden Schindelarten ist darauf zu achten, dass die angebrachten Befestigungsmittel die Schindeln im vorangedeckten Gebinde miterfassen.

Bei Dachneigungen über 60° sind wegen der geringeren Auflage und der damit verbundenen höheren Gewichtslast 2 zusätzliche Befestigungen erforderlich. Diese können in den oberen äußeren Ecken der Schindeln erfolgen oder auf der zuvor angesprochenen Nagellinie.

9.4.4 Dachneigung und Zusatzmaßnahmen

In Bezug auf die **Regensicherheit** gibt es **2 Arten** von Bitumenschindeln:

- Bitumenschindeln für Deckungen mit **neigungsabhängiger** Höhenüberdeckung,
- Bitumenschindeln für Deckungen mit vorgegebener, **neigungsunabhängiger** Höhenüberdeckung.

Schindeln für Deckungen mit neigungsabhängiger Höhenüberdeckung haben über den Schürzeneinschnitten einen schmalen unterbrochenen Selbstklebestreifen (siehe Abb. 9.159). Je nach Dachneigung ergeben sich unterschiedliche Überdeckungen und somit unterschiedliche Sichthöhen der Schürzen (siehe Tab. 9.31).

Tabelle 9.31: Mindestüberdeckung bei neigungsabhängiger Deckung

Dachneigung	Mindestüberdeckung
≥ 15°	≥ 100 mm
≥ 25°	≥ 80 mm
≥ 35°	≥ 60 mm
≥ 45°	≥ 50 mm

Bei der Verwendung von Schindeln mit neigungsunabhängiger Höhenüberdeckung beträgt diese **mindestens 45 mm**. Die Regensicherheit wird durch große Selbstklebefelder erzeugt (siehe Abb. 9.159).

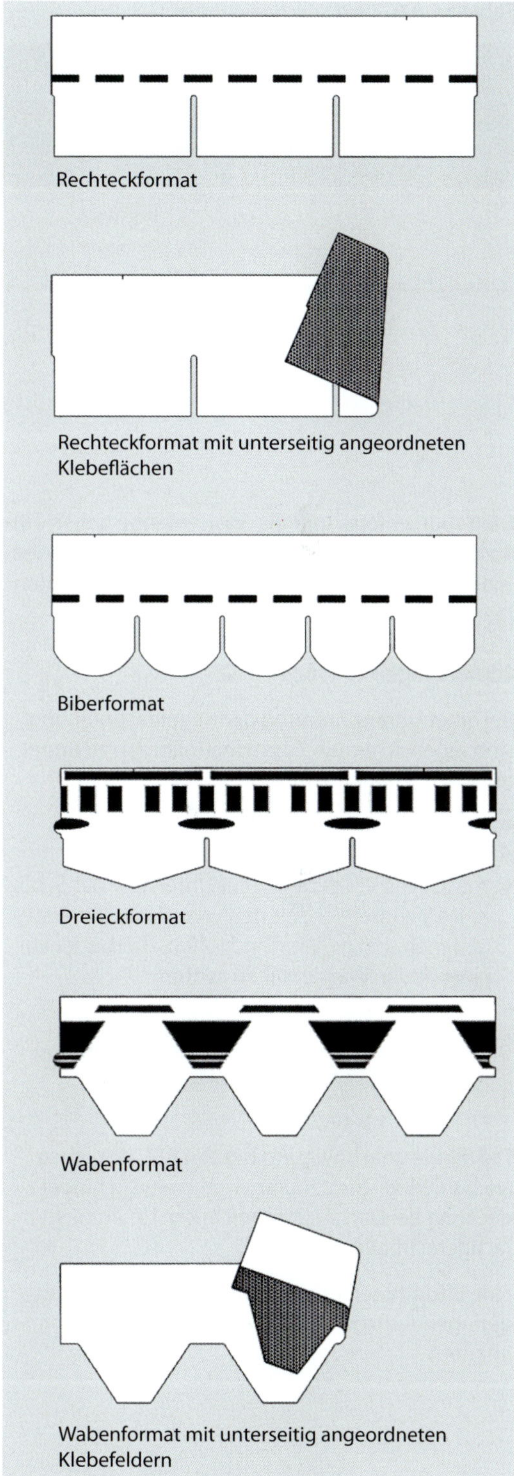

Abb. 9.159: Bitumenschindelformen

Tabelle 9.32: Regeldachneigungen

Sparrenlänge	Schindel-/Schürzenform	Regeldachneigung bei Deckung mit neigungsabhängiger Höhenüberdeckung	Regeldachneigung bei Deckung mit vorgegebener Höhenüberdeckung
≤ 10 m	Rechteck	≥ 15° (26,8 %)	≥ 15° (26,8 %)
> 10 m	Rechteck	≥ 20° (36,4 %)	≥ 20° (36,4 %)
≤ 10 m	Biber u. Dreieck	≥ 20° (36,4 %)	≥ 15° (26,8 %)
> 10 m	Biber u. Dreieck	≥ 25° (46,6 %)	≥ 20° (36,4 %)
≤ 10 m	Wabe	≥ 25° (46,3 %)	≥ 15° (26,8 %)
> 10 m	Wabe	≥ 30° (57,7 %)	≥ 20° (36,4 %)

Die Schürzenform und die Sparrenlänge haben Einfluss auf die zu beachtenden Regeldachneigungen (siehe Tab. 9.32). Die beiden Schindelarten werden hier unabhängig voneinander betrachtet.

Anmerkungen zu Tabelle 9.32

Bei einer Unterschreitung der Regeldachneigung sind regensichernde Zusatzmaßnahmen zu ergreifen. Diese können sein:

- wasserdichtes Unterdach,
- regensicheres Unterdach,
- zusätzliche Verklebung (auf Unterseite der Schürze im Sichtbereich mit den vom Hersteller angegebenen und gelieferten Stoffen. Hierbei ist auf einen freien Wasserlauf zu achten).

Eine Unterschreitung der Regeldachneigung um mehr als 10° ist nicht zulässig.

Die Mindestdachneigung beträgt 15°, d. h., dass auch mit evtl. Zusatzmaßnahmen eine Schindeldeckung bei Dachneigungen unter 15° als nicht fachgerecht gilt.

Eine Bitumenschindeldeckung ist wegen der zu geringen Auflage bei Neigungen über 85° nicht erlaubt.

9.4.5 Ausführung der Deckung

Bitumenschindeln werden rechtwinklig zum Wasserlauf verlegt und sind in Höhe und Breite in gleichmäßigen Abständen zu verlegen. Damit die Sichthöhe der Schindeln gleichmäßig und geradlinig ist, wird auf der Dachfläche (auf der Vordeckung) eine horizontal verlaufende Schnürung vorgenommen. Bei der Einteilung wird zunächst die einzuteilende Dachlänge bestimmt. Hierbei ist zu berücksichtigen, dass die Bitumenschindeln in der 1. Reihe mit Überstand über das Traufblech gedeckt werden und am First eine Abdeckung durch eine Firstausbildung aus Schindeln oder aus Blechen erfolgt.

Beim Eindecken wird der obere Rand (Kopf) der Schindeln an die Schnurschläge gedeckt. In der Breite sind die Schindeln im Halbverband zu decken. Das bedeutet, dass die gestanzte Fuge zwischen 2 Schürzen mittig auf der Schürze im darüber gedeckten Gebinde liegt. Somit liegen die Fugen in jedem 2. Gebinde in einer Linie übereinander. Um hier ein optisch sauberes Fugenbild zu erzielen, sollte auch eine vertikale Schnürung vorgenommen werden. Um bei der **Breiteneinteilung** den regelmäßigen Halbverband einzuhalten, muss zunächst der entsprechende Versatz ermittelt werden.

Praxisbeispiel

Verlegt werden soll eine Schindel mit den Abmessungen 1.000 mm × 340 mm. Es handelt sich um eine Schindel mit großflächigen Klebefeldern, also für eine neigungsunabhängige Deckung. Die Mindestüberdeckung beträgt somit 45 mm.

Der maximal mögliche Schnürabstand errechnet sich aus:

$$S = \frac{34\text{ cm} - 4{,}5\text{ cm}}{2} = \frac{29{,}5\text{ cm}}{2} = 14{,}75\text{ cm}$$

Der maximal mögliche Schnürabstand beträgt 14,75 cm.

Die Schalung auf dem Dach hat (von Vorderkante Traufblech gemessen) eine Länge von 2,93 m. Als Firstabdeckung (Schindel) werden 12 cm angenommen:

Restlänge = 293 cm + 1 cm (Traufüberstand) – 12 cm + (First) = 293 cm

$$\text{Anzahl der Reihen} = \frac{282\text{ cm}}{14{,}75\text{ cm}} = 19{,}1 \text{ (aufgerundet 20)}$$

$$\text{Schnürmaß } S = \frac{282\text{ cm}}{20} = 14{,}1\text{ cm}$$

Maßkette (bis 2 m): 14,1; 28,2; 42,4; 56,4; 70,5; 84,6; 98,7; 112,8; 126,9; 141; 155,1; 169,2; 183,3; 197,4

Um den 1. Schnurschlag nun anzuzeichnen, legt man eine Schindel mit 1 cm Traufüberstand an und markiert den Kopf. Nun wird einmal der Schnürabstand *S* nach unten gezeichnet (für die Ansetzerreihe) und die Maßkette nach oben gezeichnet. Dies macht man an der linken und an der rechten Seite der Dachfläche und kann somit die horizontale Schnürung problemlos durchführen.

Für die Ansetzer werden entsprechend viele Schindeln um das Schnürmaß *S* von unten (hier um das Schnürmaß 14,1 cm) gekürzt.

Praxisbeispiel

In diesem Beispiel besteht eine Schindel aus 4 Schürzen, jeweils 24 cm breit, und 3 Fugen, jeweils 1 cm breit. Am einfachsten ist die Ermittlung des Versatzes, indem man sich überlegt, wie der Abstand zwischen den (z. B.) linken Kanten der Schürzen ist. In diesem Beispiel wäre dieser 24 cm (Schürzenbreite) + 1 cm (Fuge) = 25 cm. Teilt man nun diese Deckbreite der Schürzen durch 2, erhält man den gesuchten Versatz.

Um den Halbverband exakt einzuhalten, sind demnach diese Schindeln mit einem Versatz von 12,5 cm zu decken. Natürlich ist beim Schnüren auf einen rechtwinkligen Verlauf der vertikalen Schnürung zur horizontalen Schnürung zu achten.

In der Regel erfolgt die Verklebung der Schindeln untereinander (aufgebrachte Klebeflächen) durch Sonneneinstrahlung. Ist eine selbstständige Verklebung aufgrund niedriger Außentemperaturen, Verschattungslage, steiler Dachneigung etc. nicht gewährleistet, so sind in Absprache mit dem Hersteller zusätzliche Maßnahmen zu ergreifen. Diese können z. B. sein: Verklebung mit Kleber, Erwärmen der Klebeflächen usw.

Das Verkleben der Schindeln untereinander dient der Regensicherheit und der Befestigung.

Bei der Oberflächengestaltung (Bestreuung mit Granulat oder Schiefersplitt) können leichte Farbunterschiede und Unterschiede in der Körnung auftreten. Damit keine „Teilflächen" mit jeweils unterschiedlicher Optik entstehen, sollen die Schindeln beim Eindecken aus mehreren Paketen genommen, also gemischt werden.

Um nun die Quereinteilung vornehmen zu können, ist zunächst zu überlegen, wie links und rechts an An- und Abschlüssen angelaufen werden soll. Erfolgt z. B. die Einteilung aus der Mitte der Dachfläche heraus, kann aus optischen Gründen an beiden Seiten gleich angelaufen werden.

In unserem Beispiel ergibt sich für den Versatz bei 1 cm Fuge:

$$\frac{24\text{ cm} + 1\text{ cm}}{2} = 12{,}5\text{ cm}$$

Mit einem Abstand von 12,5 cm nach rechts oder links zum 1. vertikalen Schnurschlag kann die Quereinteilung vorgenommen werden. Die Schindeln werden mit Stoßfuge verlegt, somit richten sich die Abstände der Schnurschläge nach der Länge der Schindeln, bei o. g. Beispiel also 100 cm.

Es ist sorgfältig darauf zu achten, dass der 1. vertikale Schnurschlag (z. B. in der Mitte des Daches) rechtwinklig zur horizontalen Schnürung verläuft.

Bei der vertikalen Schnürung sollte nicht am falschen Ende gespart werden. Auch wenn die Schindeln auf Stoß verlegt werden, ist es durchaus sinnvoll, jede Schindel (an der linken Kante) abzuschnüren. Dadurch sind das Einhalten eines regelmäßigen Halbverbandes und fluchtende Fugen garantiert.

Abb. 9.160: Bitumenschindel Stoßausbildung

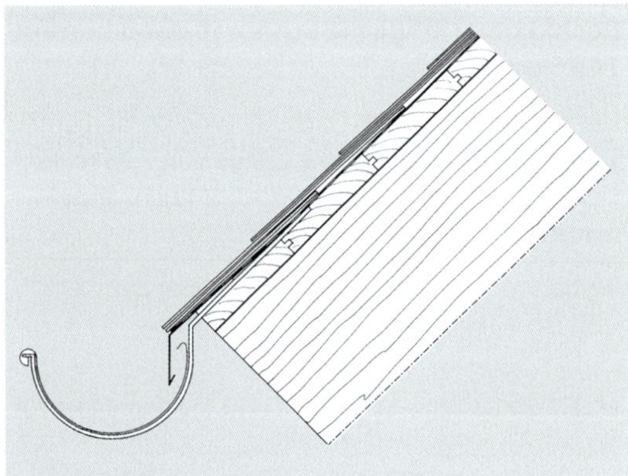

Abb. 9.161: Traufausbildung

9.4.6 Materialbedarfsermittlung

Die Bedarfsermittlung ist bei Bitumenschindeln denkbar einfach, da auf den Paketen die mit dem Inhalt deckbare Fläche angegeben ist. Alternativ kann die Anzahl der Schindel bei bekannter Deckbreite (i. d. R. 100 cm) und bekannten Schnürabständen analog zur Materialbedarfsermittlung bei Schiefer und Faserzement-Dachplatten (siehe Abschnitt 9.1.10) erfolgen. Selbstverständlich sollte auch hier ein gewisser Anteil Verschnitt zum Anarbeiten an An- und Abschlüssen einkalkuliert werden.

9.4.7 Traufe, First und Ortgang

9.4.7.1 Traufe

Die Deckung der Bitumenschindeln beginnt an der Traufe mit einer Ansetzerreihe. Sollte an der Traufe eine Rinne vorgesehen sein, ist zu beachten, dass die Rinneisen in die Schalung einzulassen sind, da sich diese sonst in der Bitumenschindeldeckung abzeichnen könnten. Zur fachgerechten Deckung an der Traufe ist in jedem Fall ein Traufblech vorgesehen. Der abgehende Schenkel wird ca. 5 cm (je nach Situation) nach unten gekantet und mit einem Umschlag versehen. Der dachseitige Schenkel soll glatt, also ohne Umschlag und ohne Verfalzung, sein. Ist eine Verklebung der Schindel mit dem Traufblech gewünscht, sind die Herstellervorschriften zu beachten. Die Schindeldeckung soll mit der Abkantung des Traufbleches bündig beginnen oder geringfügig (ca. 1 cm) überstehen. Bei einem größeren Überstand kann die Schindel durch Sonneneinstrahlung so weich werden, dass sie sich nach unten biegt. Damit das Traufgebinde die gleiche Neigung hat wie die folgenden Gebinde, kann es erforderlich sein, es zu unterlegen. Dies kann durch eine dünne Dreikantleiste unter dem Traufblech erfolgen (siehe Abb. 9.161).

Für die Traufeneinbindung ist ein Ansetzer erforderlich. Um die fertige Höhe der Ansetzer zu bestimmen, ist also zunächst die Einteilung der Fläche sowie die Bestimmung der Gebindehöhe erforderlich. Ebenfalls ergeben sich erst nach der Einteilung die Positionen der nach oben folgenden horizontalen Schnurschläge (siehe Praxisbeispiel).

Bestimmen Sie die Position des 1. Schnurschlags durch Anlegen einer Schindel, dann messen Sie einmal nach unten für den Ansetzer und viele Male nach oben für die Fläche.

Praxisbeispiel

Beispiel zur Ermittlung der Gebindehöhe (Einteilung der Fläche)

Der First soll mit Schürzen (Breite = 24 cm) gedeckt werden. Es werden Schindeln mit neigungsunabhängiger Höhenüberdeckung verwendet. Die Abmessungen betragen 100 cm × 33 cm. An der Traufe soll die Deckung an Unterkante Traufblech 1 cm überstehen. Die Konstruktionslänge (KL; Vorderkante Traufblech bis Firstscheitelpunkt) beträgt 5,30 m. Aus den zuvor gemachten Angaben ergibt sich eine Restlänge (RL; Länge der Flächendeckung) von

530 cm (KL) + 1 cm (Traufüberstand) – 12 cm (First) = 519 cm (RL)

Tipp: Um beim Rechnen ein „Einheitenchaos" zu vermeiden, immer von Anfang an in der Einheit rechnen, die man am Ende herausbekommen möchte! (In diesem Beispiel cm, da es üblich ist, Gebindehöhen in cm anzugeben.)

Achtung! Die Konstruktionslänge wurde in unserem Beispiel auf der Schalung gemessen. Somit entspricht die errechnete theoretische Restlänge evtl. nicht der tatsächlichen Restlänge. Durch Aufdickungen durch die Schindeldeckung kann sich eine längere Restlänge ergeben (Abweichung 0,5 bis 1 cm). Wenn dies nicht beachtet wird, ergibt sich evtl. beim letzten Deckgebinde eine größere Sichthöhe und somit ein Unterschreiten der Höhenüberdeckung.

Korrigieren wir in diesem Beispiel die Restlänge um 1 cm: Die einzuteilende Restlänge beträgt nun **520 cm**.

Beim Einteilen ist auf Abweichungen durch Materialaufdickung zu achten!

Laut Abschnitt 9.5.2 beträgt die Höhenüberdeckung bei diesen Schindeln 45 mm. Es ergibt sich eine maximale Gebindehöhe von:

$$\frac{33\text{ cm} - 4{,}5\text{ cm}}{2} = 14{,}25\text{ cm}$$

Als Nächstes soll die Anzahl der Gebinde, die gedeckt werden, ermittelt werden. Hierzu teilen wir die Restlänge durch die maximale Gebindehöhe:

$$\frac{520\text{ cm}}{14{,}25\text{ cm}} = 36{,}49$$

Um gleiche Sichthöhen zu erzielen, muss die Anzahl der Gebinde auf eine ganze Zahl gerundet werden. In diesem Fall (Ermittlung der Anzahl der Gebinde mithilfe der maximalen Gebindehöhe) ist immer aufzurunden (also 37 Gebinde)! Ein Abrunden würde unmittelbar zu einer Unterschreitung der Höhenüberdeckung führen.

Wird die Anzahl der Gebinde mithilfe der maximalen Gebindehöhe ermittelt, muss immer aufgerundet werden!

Sollen also nun auf 520 cm Restlänge 37 Deckgebinde gedeckt werden, ergibt sich eine Gebindehöhe von:

$$\frac{520\text{ cm}}{37\text{ (Gebinde)}} = 14{,}05\text{ cm}$$

Für den Ansetzer ergibt sich nun, dass von unten 14,1 cm (gerundet) abgeschnitten werden müssen.

Praxisbeispiel (Fortsetzung)

Wie wird nun möglichst genau die Fläche eingeteilt, damit die Deckung exakt so erfolgen kann, wie sie geplant wurde?

Ausgehend von dem 1. Schnurschlag (Kopf der 1. vollen Schindel) können nun alle weiteren Schnürungen vorgenommen werden. Wir messen also einmal 14,1 cm nach unten ab, um an den Schnurschlag für das Ansetzergebinde (Kopf) zu gelangen. Würde man nun immer 14,1 cm nach oben abmessen, ergäben sich 2 Probleme:

1) Rein rechnerisch baut man in diesem Gebinde durch die Rundung pro Gebinde schon 0,5 mm als Fehler ein. Das hört sich nicht viel an, allerdings werden aus 0,5 mm nach 10 Gebinden 0,5 cm und nach 30 Gebinden entsprechend 1,5 cm usw. Bei der Gebindehöhe in diesem Beispiel erreicht man das 30. Gebinde immerhin schon nach nur ca. 4,20 m.
2) Wenn immer wieder einzeln gemessen wird, kann man sich auch immer wieder vermessen oder ungenau anzeichnen. Somit wird danach beim nächsten Anlegen des Maßstabs zwangsläufig von einer falschen Markierung ausgegangen. Fehler und Ungenauigkeiten sammeln sich an und addieren sich.

Die Lösung sieht so aus, dass einzelne Maße aufaddiert werden und somit der Maßstab oder das Maßband möglichst selten neu angelegt werden muss.

Tipp: Beim Rechnen kann es sinnvoll sein, mit der 2. Nachkommastelle zu rechnen. Verwendet man zum Addieren der Maße einen Taschenrechner (dies ist zu empfehlen, um Rechenfehler zu vermeiden), ist das Einbeziehen der 2. Nachkommastelle nicht einmal mit einem höheren Aufwand verbunden.

- **Maßstab ausklappen (oder Maßband ausrollen) und Einzelabmessungen aufaddieren!!**

Für unser Beispiel ergeben sich, ausgehend vom 1. Schnurschlag, nach oben hin folgende Abstände:

14,05 cm, 28,1 cm, 42,15 cm, 56,2 cm, 70,25 cm, 84,3 cm usw.

Tipp: Selbstverständlich wird vom Dachdecker hier nicht erwartet, dass er beim Schnüren auf 0,5 mm genau arbeitet, was beim Anzeichnen auf einer bituminösen Vordeckung und Abschlagen mit Schnurschlaggerät kaum möglich ist. Natürlich können z. B. 70,25 cm auf 70,3 cm angezeichnet werden. Dennoch hat man durch o. g. Merksatz wenigstens **theoretische** Fehler (bis auf Rechenfehler) ausgeschlossen.

9.4.7.2 Ortgang

Ortgänge können ausgeführt werden

- **mit untergelegten Blechen**:
  Bei dieser Ausführung ist der dachseitige Schenkel mit einem Wasserfalz zu versehen. Die Schindeln sind an der oberen äußeren Ecke mit einem wasserabweisenden Schrägschnitt zu versehen. Dadurch soll verhindert werden, dass sich Wasser hinter die Schindel zieht. Empfohlen wird ebenfalls ein Schrägschnitt am unteren äußeren Rand der Schindel. Da dieser sichtbar ist, sollte er einheitlich sein (z. B. 5 × 5 cm).
- **mit Dreikantleiste und Abdeckblech** (siehe Abb. 9.162):
  Bei dieser Ausführung wird eine mindestens 3 cm dicke Dreikantleiste entlang der Ortgangkante montiert und sowohl die Vordeckung als auch die Schindeldeckung an ihr hochgeführt. Somit kann das Wasser immer vom Ortgang weg und in die Fläche laufen, wo es sicher abgeleitet werden kann. Anschließend wird eine Abdeckung (z. B. aus Metall), die dachseitig auf die Fläche zu führen ist, montiert.

Am Ort sind Schindeln zu decken, die breiter als eine Schürzenbreite sind. Beim Zuschneiden der Schindeln im Ortgangbereich ist darauf zu achten, dass eine Schürzenbreite von ¼ nicht unterschritten wird. Gegebenenfalls ist unmittelbar vor dem Ortgang eine entsprechende Aufteilung in der Fläche vorzunehmen. Dies gilt ebenfalls für die Ausführung seitlicher Anschlüsse.

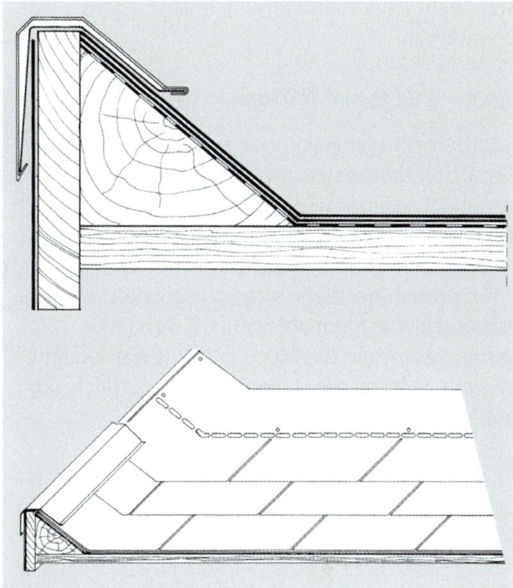

Abb. 9.162: Ortgang

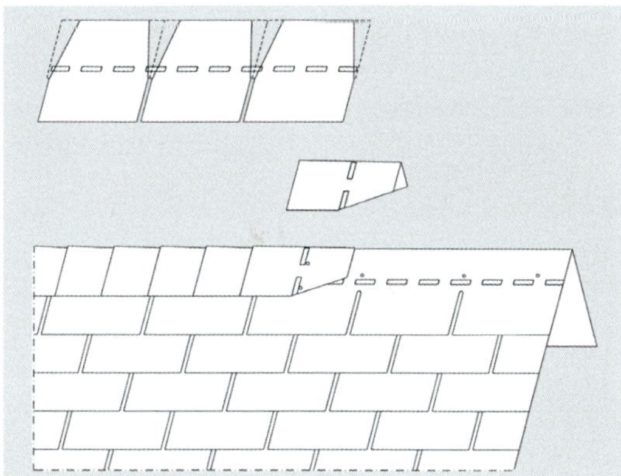

Abb. 9.163: First

9.4.7.3 First

Die Detailausbildung am First kann mit überdeckenden Blechen oder mit Einzelschürzen (mindestens 200 mm breit) erfolgen. Die Schindelschürzen werden dann mittig geknickt und können so auf den First aufgesetzt werden. Die Deckung des Firstes mit Bitumenschindeln ist als seitliche Doppeldeckung auszuführen. Dabei muss die 3. Firstschindel die 1. noch um mindestens 45 mm überdecken. Jede Schindelschürze ist dann sinngemäß wie in der Fläche mit 2 Breitkopfstiften zu befestigen. Die Höhenüberdeckung des Firstes über die Flächendeckung ist die gleiche wie die Höhenüberdeckung in der Fläche. Somit ergibt sich für das letzte Deckgebinde die gleiche Sichthöhe wie für die anderen Gebinde in der Fläche (siehe Abb. 9.163).

Beim Abschnüren ist zu bedenken, dass für das letzte Gebinde, dessen Schindeln am oberen Ende abgeschnitten werden müssen, der Schnurschlag am Kopf nicht mehr möglich ist (Ende der Schalung). Demnach wird zur Deckung des letzten Gebindes (und der Deckung des Firstgebindes) auf der fertigen Deckung ein Schnurschlag am Fuß der

Schindeln – der Gebindehöhe entsprechend – vorgenommen.

9.4.8 Pflege und Wartung

Bitumenschindeldeckungen sind in gewissen Zeitabständen zu überprüfen. Vermoosungen tragen nicht zu einer schnelleren Alterung einer Dachdeckung aus Bitumenschindeln bei, müssen demnach auch nicht entfernt werden. Allerdings mit einer Ausnahme: Wenn sich im Moospolster Pflanzen und kleine Baumableger (z. B. von Birken) verwurzeln, muss das Moos entfernt werden. Ihre Wurzeln würden sonst die Bitumenoberfläche angreifen.

9.5 Übungsaufgaben zu Lernfeld 9

1. Was ist eine Klangprobe und weshalb ist sie bei der Montage von Schiefersteinen wichtig?
2. Wann ist eine Gebindesteigung anzuwenden und wie kann sie ermittelt werden?
3. Was der Unterschied zwischen „auslaufenden" und „eingebundenen" Orten?
4. Was bedeuten die Profile „177/51" und „130/30" bei Wellplatten aus Faserzement?
5. Welche Holzarten werden für Holzschindeln verwendet?
6. Welche „Schindelarten" (in Bezug auf die Regeldachneigung) und welche „Schindelformen" gibt es bei Bitumenschindeln?

Lernfeld 10: Dachflächen abdichten

Nico Laude

Jedes Flachdach benötigt eine auf seine Bauweise und Beschaffenheit zugeschnittene Abdichtung. Hierfür müssen Dachdecker über Kenntnisse zu den auftretenden Beanspruchungen des Daches sowie den verschiedenen zu verwendenden Materialien und deren Bedarfsberechnung verfügen. Außerdem geht es in Lernfeld 10 um den Aufbau und die Funktion der einzelnen Schichten verschiedener Flachdachkonstruktionen bis hin zu begrünten Dachflächen.

10.1 Beanspruchungen und Konstruktionsarten

Dächer haben in erster Linie die Aufgabe, Gebäude vor **Witterungseinflüssen** zu schützen. Hitze, Kälte und Niederschläge in jeglicher Form, ob als Regen, Schnee oder Hagel, stellen hohe Anforderungen an die Verarbeitung und an das Material. Flachdächer bzw. flach geneigte Dächer sind im Gegensatz zu Steildächern wesentlich höheren Beanspruchungen ausgesetzt, da durch ihr geringes Gefälle das Wasser wesentlich langsamer abfließt. Zudem kann es bedingt durch Unebenheiten und Durchbiegungen zu Pfützenbildungen kommen. Das bedeutet, dass ein Flachdach über seine gesamte Fläche **wasserdicht** sein muss.

Den folgenden Beanspruchungen muss eine Abdichtung standhalten:

Feuchtigkeit

Die Dachabdichtung muss der von außen einwirkenden Feuchtigkeit von Niederschlägen und vorübergehend stehendem Wasser standhalten. Die Funktionsschichten des Dachaufbaus sind so auszuführen, dass durch die Bau- und Nutzungsfeuchte aus dem Inneren des Gebäudes keine Beeinträchtigung entsteht.

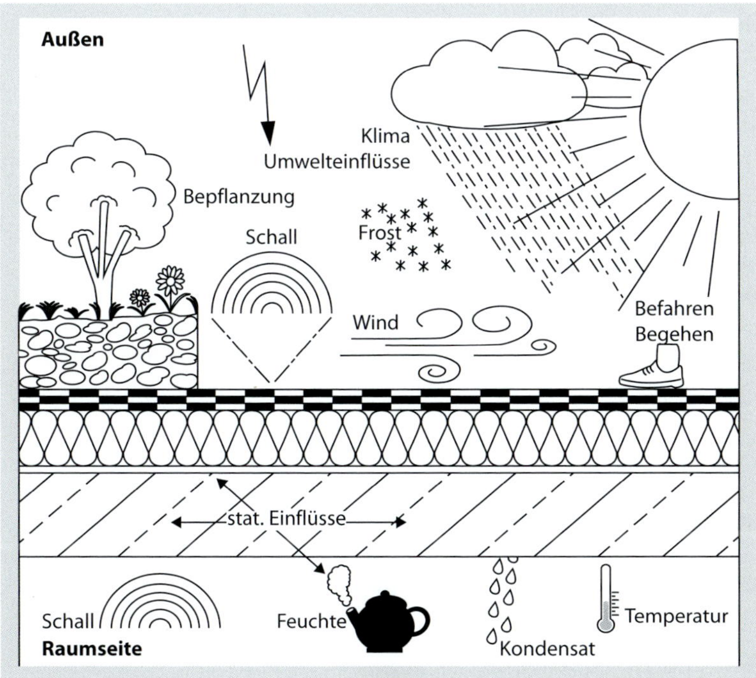

Abb. 10.1: Anforderungen an ein Flachdach von innen und von außen

Mechanische Beanspruchungen

Zu den mechanischen Beanspruchungen zählen:

- die zu erwartenden Formänderungen in der Tragkonstruktion,
- die Bewegungen und thermischen Längenänderungen von Dämmplatten,
- Schwingungen (besonders bei Stahltrapezblechen),
- Vibrationen der Unterkonstruktion,
- Windlasten und Hagelschlag,
- mechanische Befestigung der Dachabdichtung,
- Arbeiten auf der Dachabdichtung, z. B. Begehungen für Inspektionen oder Wartungen von technischen Anlagen.

Thermische Beanspruchungen

Dachabdichtungen sind enormen Temperaturschwankungen ausgesetzt. Sie müssen den üblichen Temperaturen von 80 °C auf der Abdichtungsoberfläche im Sommer bis hin zu –20 °C im Winter standhalten und funktionstüchtig bleiben.

Sonstige Beanspruchungen

Hierzu zählen Umwelteinflüsse wie Ozon und UV-Strahlung sowie chemische und biologische Beanspruchungen.

Konstruktionsarten von Flachdächern

Im Wesentlichen werden genutzte und nicht genutzte Flachdächer in 2 unterschiedliche Konstruktionsarten unterschieden:

- belüftete Dächer oder zweischalige Flachdächer,
- nicht belüftete Dächer oder einschalige Flachdächer.

Bei jeglicher Konstruktionsart soll die Unterlage der Abdichtung mit einem Gefälle von mindestens 2 % (1,15°) geplant werden. Nur so ist eine Ableitung des Niederschlagwassers gesichert. Bei Neigungen bis 5% (3°), kann es zu Pfützenbildungen kommen. In begründeten Fällen ist eine gefällelose Ausführung möglich, z. B. bei:

- reduzierten Anschlusshöhen,
- vorgegebener Lage der Entwässerungseinrichtungen,
- Intensivbegrünung oder erdüberschütteten Flächen,
- baurechtlichen Anforderungen.

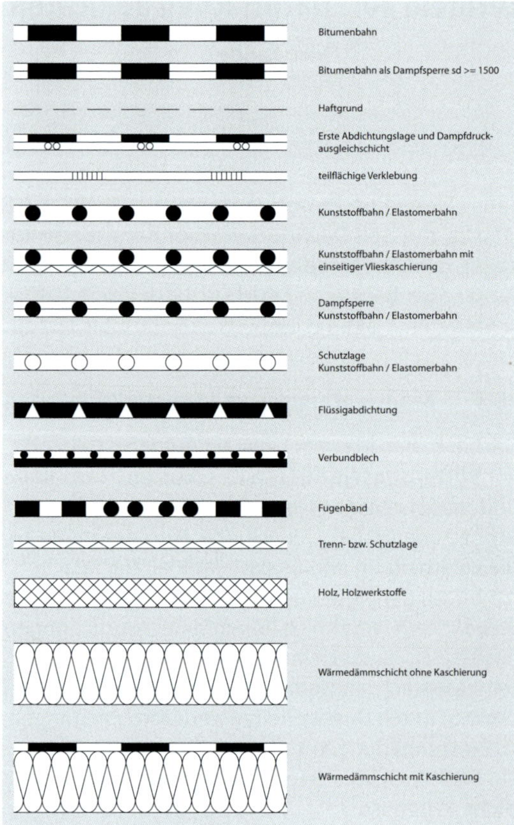

Abb. 10.2: Zeichensymbole

Der Unterschied zwischen den Konstruktionsarten besteht hauptsächlich in der Art und Weise, wie Kondenswasserbildung vermindert oder vermieden bzw. wie das Kondenswasser abgebaut wird.

Um den Schichtenaufbau verschiedener Konstruktionsarten verständlicher darzustellen, werden spezifische Schraffuren für die einzelnen Schichten und Materialien verwendet. Diese sind genormt und somit international einheitlich gültig (siehe Abb. 10.2).

10.1.1 Das belüftete Flachdach

Ein belüftetes Flachdach (siehe Abb. 10.3a, 10.3b und 10.3c) besteht aus 2 Schalen. In Stahlbetonbauweise wird die 1., untere Schale von der Geschossdecke gebildet wird. Auf ihr die **Dämmung** verlegt. Über der Wärmedämmung ist

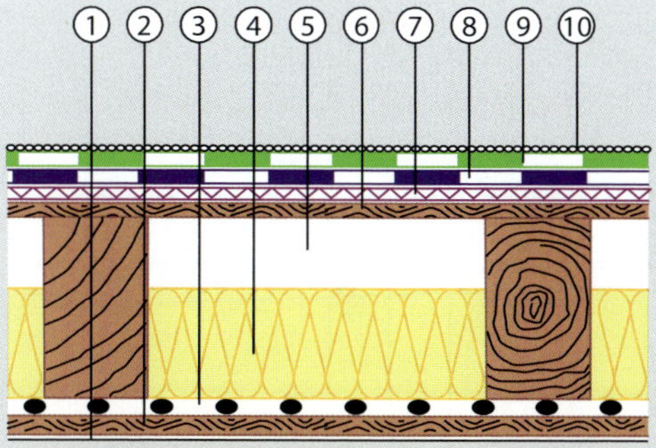

1 Innenbekleidung
2 Sparschalung
3 Luftdichtheitsschicht
4 Wärmedämmung
5 belüfteter Zwischenraum
6 Tragschalung
7 Trenn- und Ausgleichschicht
8 1. Lage der Abdichtung (DU)
9 2. Lage der Abdichtung (DO)
10 leichter Oberflächenschutz (UV-Schutz)

Abb. 10.3a: Das belüftete Flachdach mit leichtem Oberflächenschutz

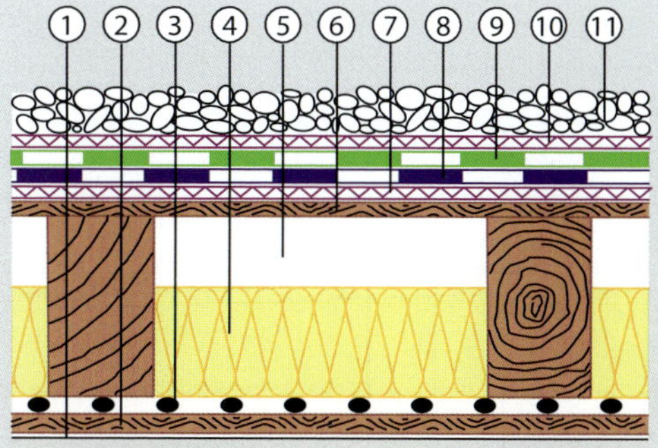

1 Innenbekleidung
2 Sparschalung
3 Luftdichtheitsschicht
4 Wärmedämmung
5 belüfteter Zwischenraum
6 Tragschalung
7 Trenn- und Ausgleichschicht
8 1. Lage der Abdichtung (DU)
9 2. Lage der Abdichtung (DO)
10 Trenn- und Ausgleichschicht
11 schwerer Oberflächenschutz

Abb. 10.3b: Das belüftete Flachdach mit schwerem Oberflächenschutz.

ein **belüfteter Zwischenraum** angeordnet. Die 2. Schale besteht hier auch aus einer Stahlbetontragschale und trägt die mehrlagige Abdichtung.

Bei der belüfteten Konstruktion in Holzbauweise hingegen liegen die Wärmedämmung und der belüftete Zwischenraum innerhalb der Tragkonstruktion.

Die **Durchlüftung** dient dem Zweck, die anfallende Luftfeuchtigkeit aus der Bau- und Nutzungsfeuchte nach außen abzuführen.

Um eine Durchlüftung zwischen Dämmung und oberer Schale zu gewährleisten, muss der Belüftungsraum ausreichend groß dimensioniert (mindestens 5 cm) und durch Be- und Entlüftungsöffnungen mit der Außenluft verbunden sein.

Die Luftbewegung wird lediglich durch den Wind verursacht, deshalb sollte die Belüftung durch eine **diffusionshemmende Unterkonstruktion** (Dampfbremse unter der Wärmedämmung) entlastet werden. Je geneigter das Dach ist, umso größer wird die Kaminwirkung in dem belüfteten Zwischenraum. Die **Luftzirkulation** nimmt zu und

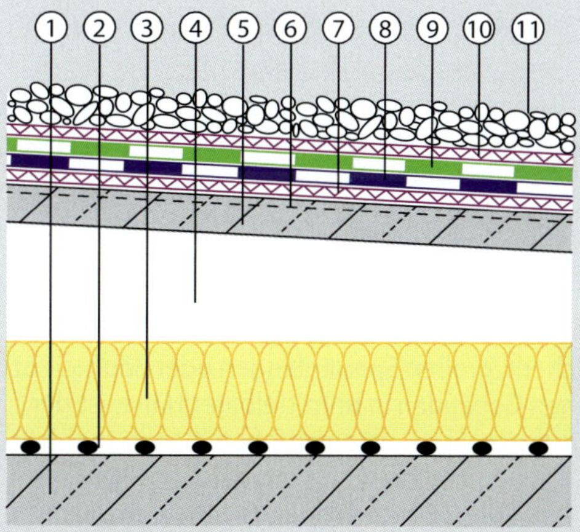

1 1. Tragschale
2 Dampfbremse
3 Wärmedämmung
4 belüfteter Zwischenraum
5 2. Tragschale
6 Haftgrund
7 Trenn- und Ausgleichschicht
8 1. Lage der Abdichtung (DU)
9 2. Lage der Abdichtung (DO)
10 Trenn- und Ausgleichschicht
11 schwerer Oberflächenschutz

Abb. 10.3c: Das belüftete Flachdach in Holzbauweise mit schwerem Oberflächenschutz

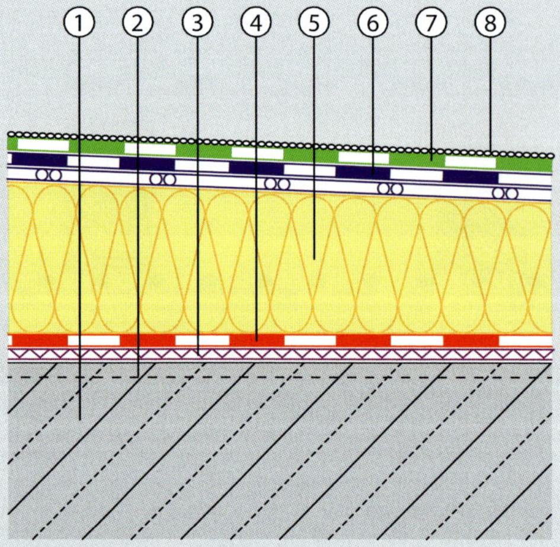

1 Tragschale
2 Haftgrund
3 Trenn- und Ausgleichschicht
4 Dampfbremse
5 Wärmedämmung
6 1. Lage der Abdichtung und Dampfdruckausgleichsschicht (DU)
7 2. Lage der Abdichtung (DO)
8 leichter Oberflächenschutz (UV-Schutz)

Abb. 10.4a: Das nicht belüftete Flachdach mit leichtem Oberflächenschutz

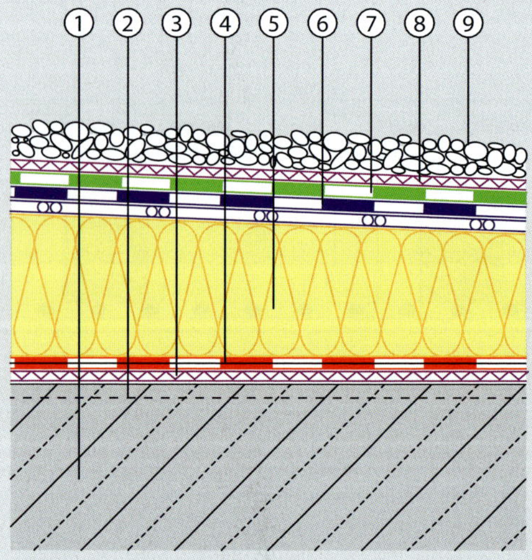

1 Tragschale
2 Haftgrund
3 Trenn- und Ausgleichschicht
4 Dampfsperre sd >= 1500
5 Wärmedämmung
6 1. Lage der Abdichtung und Dampfdruckausgleichsschicht (DU)
7 2. Lage der Abdichtung (DO)
8 Trenn- und Ausgleichschicht
9 schwerer Oberflächenschutz (UV-Schutz)

Abb. 10.4b: Das nicht belüftete Flachdach mit schwerem Oberflächenschutz

die Feuchtigkeit wird dementsprechend schneller abgeführt.

Bei ungünstigen Bedingungen, z. B. sehr flachen Dächern, großen Sparrenlängen oder Bäumen bzw. hohen Gebäuden in unmittelbarer Nähe, ist der Lüftungsquerschnitt zu erhöhen. Gegebenenfalls müssen zusätzliche Lüfter eingebaut werden, um die Funktionstüchtigkeit der Belüftungsschicht zu gewährleisten.

10.1.2 Das nicht belüftete Flachdach

Das nicht belüftete Flachdach (Abb. 10.4a und 10.4b) ist der heutzutage üblichste Flachdachaufbau. Alle erforderlichen Schichten liegen dabei auf der Unterkonstruktion.

Damit ein nicht belüfteter Flachdachaufbau seine bauphysikalischen wie auch abdichtungstechnischen Aufgaben erfüllen kann, ist eine bestimmte Schichtenfolge zwingend einzuhalten:

- Tragkonstruktion z. B. Stahlbeton,
- Haftbrücke,
- (Trenn- und Ausgleichsschicht),
- Dampfbremse (sd-Wert ziwschen 2 und 1500),
- Wärmedämmung,
- 1. Abdichtung mit Dampfdruckausgleichsschicht,
- 2. Abdichtung (Oberlage),
- leichter Oberflächenschutz.

Bei unbelüfteten Flachdachkonstruktionen mit schwerem Oberflächenschutz, Dachbegrünung und Belegen können sich die bauphysikalischen Verhältnisse z. B. durch Wasserrückhaltung im Gründachaufbau, Wasseranstau durch Kies, Plattenbelege oder Verschattungen verändern. In diesen Fällen muss bei der Berechnung der Dampfsperre eine sorgfältige Bemessung vorgenommen werden.

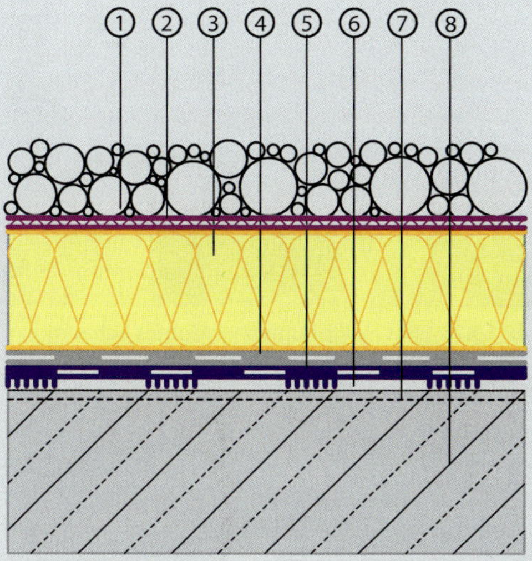

1 schwerer Oberflächenschutz (Kies)
2 Trenn- und Ausgleichsschicht (z. B. Filtervlies)
3 Wärmedämmung
4 Oberlage der Abdichtung
5 1. Lage der Abdichtung
6 Trenn- und Ausgleichsschicht
7 Bitumen-Voranstrich
8 Unterkonstruktion, Beton

Abb. 10.5: Das Umkehrdach

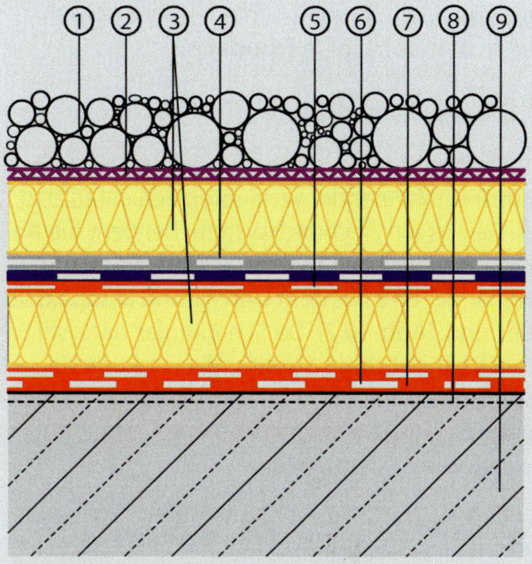

1 schwerer Oberflächenschutz (Kies)
2 Trenn- und Ausgleichsschicht (z. B. Filtervlies)
3 Wärmedämmung
4 Oberlage der Abdichtung
5 1. Lage der Abdichtung und Dampfdruckausgleichsschicht
6 Dampfsperre
7 Trenn- und Ausgleichsschicht
8 Bitumen-Voranstrich
9 Unterkonstruktion, Beton

Abb. 10.6: Das Plusdach

Durch die Erfahrungen der letzten Jahre haben sich Bahnen mit einem sd-Wert > 1500 bewährt.

Sonderformen des nicht belüfteten Flachdaches sind das **Umkehrdach (Abb. 10.5)**, **das Plus- oder Duodach (Abb. 10.6)**, und das **Kompaktdach** sowie als Sonderkonstruktion zu behandelnde unbelüftete Dächer in Holzbauweise (Abb. 10.9).

10.1.3 Das Umkehrdach

Beim **Umkehrdach** (Abb. 10.5) liegt die einlagig verlegte Wärmedämmung lose auf der Abdichtung. Das bedeutet, dass i. d. R. ein schwerer Oberflächenschutz als Auflast erforderlich ist. Auf diese Weise wird die Abdichtung, außer an den Anschlüssen, sowohl vor **thermischer** als auch vor **mechanischer** Beanspruchung geschützt. Da die Wärmedämmung dauerhaft dem Niederschlagswasser ausgesetzt ist, sind an die Dämmstoffe besondere Anforderungen zu stellen. Derzeit ist nur extrudierter Polystyrol-Hartschaum diesen Anforderungen ohne Einschränkungen gewachsen.

10.1.4 Das Plus- oder Duodach

Das **Plusdach** (Abb. 10.6) ist eine nicht belüftete Flachdachkonstruktion, die wie das Umkehrdach eine zusätzliche Wärmedämmung oberhalb der Abdichtung besitzt. Diese Konstruktionsart wird vor allem eingesetzt, wenn der vorhandene, noch funktionstüchtige, nicht belüftete Flachdachaufbau nicht mehr den geltenden Wärmeschutzverordnungen entspricht. Dabei wird auf die noch intakte Abdichtung eine zusätzliche Lage Dämmstoff gelegt. Diese muss gegen Windsog und Aufschwimmen mit einer Auflast bzw. schwerem Oberflächenschutz gesichert werden. Bei Sanierungen dieser Art sind häufig Erhöhungen der Wandanschlüsse und Durchdringungen erforderlich, da diese dann im Regelfall zu niedrig sind. Wird diese Art des Aufbaus auf einem Neubau geplant und ausgeführt, spricht man von einem **Duodach**.

10.1.5 Das Kompaktdach

Das **Kompaktdach** zeichnet sich durch einen **hohlraumfrei** miteinander verklebten Schichtaufbau aus. Dies ist ein Flachdachsystem, bei dem die Abdichtungsschichten und der Wärmedämmstoff untereinander und mit dem Untergrund kompakt verklebt sind. (Abb. 10.7). Da Schaumglas dank seiner wasserdampfdichten Struktur die Funktion der Dampfsperre übernehmen kann, kann sie direkt auf die tragende und entsprechend vorbereitete Betondecke geklebt werden.

Ein weiterer Vorteil dieser Konstruktion ist, bedingt durch die vollflächige Verklebung aller Schichten, die Sicherheit gegen Wasserunterläufigkeit.

Voraussetzung für eine wasserunterlaufsichere Verklebung auf Betondecken ist die abtragende Vorbereitung des Untergrundes. Dies geschieht z. B. durch Kugelstrahlen oder Feinfräsen der Betonoberfläche. Auf diese Weise wird die Haftfähigkeit des Voranstriches und damit auch des Bitumens erhöht. Diese Haftfähigkeit muss durch Abreißprüfungen festgestellt und gewährleistet sein. Dafür werden ab 500 m^2 abzudichtende Fläche mindestens 3 gleichmäßig über die Fläche verteilte Einzelmessungen durchgeführt, die einen bestimmten Wert nicht unterschreiten dürfen.

10.1.6 Sonderkonstruktion

Als Sonderkonstruktionen sind Dächer in Holzbauweise mit Vollsparrendämmung ohne Hinterlüftung der Abdichtungsebene zu betrachten. Sie sind im Kaltbereich äußerst tauwassergefährdet und bedürfen einer präzisen bauphysikalischen Planung.

Bei unzureichender bauphysikalischer Planung findet man häufig stehendes Wasser auf der raumseitigen Luftdichtheitsschicht sowie eine durchnässte Dämmung und eine verrottete Schalung unter der Abdichtung.

Man spricht hier auch von dem „selbstkompostierenden Flachdach" (Abb. 10.8).

Möchte man eine solche Konstruktion nachweisfrei ausführen, ist es unbedingt erforderlich, die „7 goldenen Regeln" einzuhalten:

Abb. 10.7: Mit Heißbitumen verklebtes Schaumglas

Abb. 10.8: Selbstkompostierendes Flachdach

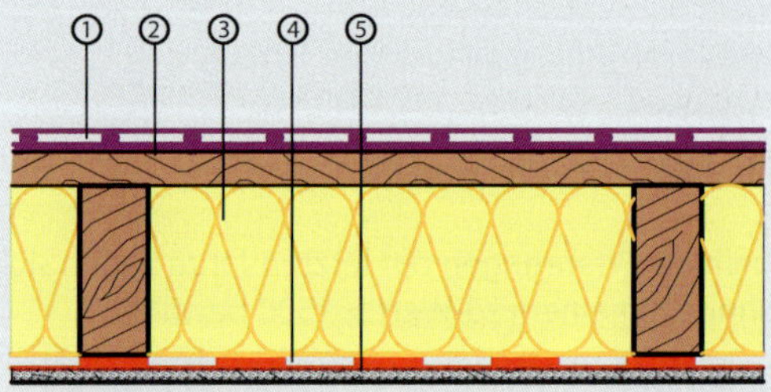

1 Diffusionsdichte Dachabdichtung mit Kaschierung
2 Holzschalung oder Holzwerkstoffplatte
3 Gefachdämmstoff
4 feuchtevariable Dampfbremse
5 diffusionsoffener Innenausbau

Abb. 10.9: Sonderkonstruktion in Holzbauweise

1. mindestens 2% Gefälle
2. dunkle, unverschattete Oberfläche
3. Keine Deckschichten wie beispielsweise Terrasse, Dachbegrünung, Kies etc.
4. feuchtevariable Dampfbremse
5. keine Hohlräume (d. h. voll ausgedämmte Gefache)
6. geprüfte Luftdichtigkeit („Blower-Door-Test")
7. Trockenheit der Schalung und der Tragwerksbalken

Empfehlenswert ist ein Nachweis des Feuchteschutzes und eine hygrothermische Berechnung mit einer Simulation des Feuchteverhaltens.

10.2 Funktionsschichten im Flachdachaufbau

Der gesamte Flachdachaufbau, von der Unterkonstruktion bis zum Oberflächenschutz, besteht aus verschiedenen Schichten. Jede dieser Schichten übernimmt eine Aufgabe, um den **bauphysikalischen** und **mechanischen** Beanspruchungen eines Flachdaches gerecht zu werden. Je nach Ausführungsart variieren Anordnung und Anzahl der Schichten (siehe Abb. 10.3 bis 10.6).

10.2.1 Unterkonstruktion und Untergrund

Der obere Abschluss eines Gebäudes ist die Unterkonstruktion eines Flachdaches. Sie dient als tragende Unterlage für alle nachfolgenden Schichten des Flachdachaufbaus. Je nach Bauweise besteht sie aus **Stahlbeton**, **Porenbeton**, **Holz** bzw. **Holzwerkstoffen** oder **Stahltrapezprofilen.** Bei nicht belüfteten Dächern, bei denen sie für die Aufnahme von Dachabdichtungen mit den dazugehörigen Schichten dient, muss der Untergrund stetig verlaufend, sauber und frei von Fremdkörpern (z. B. Kiesnestern bei Betondecken) sein. Nach Möglichkeit sollte bereits die Unterkonstruktion mit Gefälle ausgeführt werden.

Ortbeton, Zementestriche und Betonfertigteile

Ortbeton und Estriche müssen ausreichend erhärtet und oberflächentrocken sein. Die Oberfläche soll frei von Kiesnestern, klaffenden Rissen und Graten sein. Fugen zwischen Betonfertigteilen müssen geschlossen oder formstabil (z. B. mit Blechstreifen) abgedeckt sein. Bei großformatigen Betonplatten, bei denen Bewegungen auftreten können, sind die Kopf- und Längsfugen mit lose aufgelegten Schleppstreifen abzudecken. Die Schleppstreifen müssen mindestens 20 cm breit sein und sind einseitig zu fixieren. Sollen Dampfsperren oder Abdichtungen wasserunterlaufsicher ausgeführt werden, ist der Untergrund dementsprechend vorzubereiten.

Dachschalung

Die einzelnen Bretter der Holzschalung sollen 8 bis 16 cm breit sein und eine Dicke von 24 mm haben. Über Schalungen aus Holz oder Holzwerkstoffen soll eine Trennschicht angeordnet werden.

Abb. 10.10: Aufrollen von Bitumenvoranstrich

Stahltrapezprofile

Stahltrapezprofile gelten als leichte Unterkonstruktion und dürfen in der Feldmitte eine Durchbiegung von 1/300 nicht überschreiten. Sie müssen mit einer Dachneigung von mindestens 2 % verlegt werden.

10.2.2 Haftbrücken

Haftbrücken dienen zur Verbesserung der Klebefähigkeit nachfolgender Schichten auf dem Untergrund. Sie **müssen** aufgebracht werden, wenn die Windsogsicherung durch die Verklebung des Dachaufbaus erfolgt. Für bituminöse Dachaufbauten sind Voranstriche aus **Bitumenlösung** oder **Bitumenemulsion** geeignet (siehe Abb. 10.10). **Grundierungen** sind auf die nachfolgenden Schichten (Flüssigkunststoffe, Kunststoffbahnen) abzustimmen.

Haftbrücken werden durch Streichen, Rollen oder Spritzen auf den besenreinen, festen und oberflächentrockenen Untergrund aufgebracht. Sie binden Staub und ermöglichen einen funktionierenden Verbund mit den nachfolgenden Schichten. Die Haftbrücken müssen vor der Verlegung weiterer Schichten durchgetrocknet sein. An aufgehenden Bauteilen (Wandanschluss, Lichtkuppel etc.) ist der Voranstrich bzw. die Grundierung bis auf die Höhe der fertigen Abdichtung aufzubringen.

> **Haftbrücken sind auf den geplanten Aufbau abzustimmen und grundsätzlich an aufgehenden Bauteilen bis zur Oberkante der fertigen Abdichtung hochzuführen.**

10.2.3 Trenn- und Ausgleichsschicht

Die Aufgabe der **Trenn- und Ausgleichsschicht** besteht darin, die nachfolgenden Schichten bzw. den Untergrund zu schützen. Besteht der Untergrund aus Holz oder Holzwerkstoffen, soll eine Trennschicht/-lage angeordnet werden, um den Untergrund vor der offenen Brennerflamme zu schützen. Zudem gleicht die Trennschicht kleine Spannungs- und Schwundrisse aus und bewahrt die nachfolgenden Lagen vor Rauigkeit und chemischen Einflüssen aus dem Untergrund. Auch die Eigenbeweglichkeit der Abdichtungsebene durch Temperaturänderung wird durch eine Trenn- und Ausgleichsschicht gewährleistet. Eine Trenn- und Ausgleichsschicht kann auch durch die teilflächige Verklebung der nachfolgenden Bitumen-Schweißbahn (ausgleichende Dampfsperre) hergestellt werden.

Als Trenn- und Ausgleichsschichten sind z. B. geeignet:

- Bitumendachdichtungsbahnen,
- Kunststoffvlies,
- Glasvlies.

10.2.4 Dampfsperre

Die Dampfsperrschicht wird unter der Wärmedämmung angeordnet und soll die Wasserdampfdiffusion aus dem Gebäudeinneren in den Dachaufbau verhindern bzw. vermindern.

Die Dampfsperren können lose verlegt, punkt- oder streifenweise oder vollflächig auf der Unterlage verklebt werden. Die Überdeckungen sind zu verkleben. Sie sind an An- und Abschlüssen bis mindestens Oberkante Dämmung hochzuführen und anzuschließen. Auf Stahltrapezprofilen sind Dampfsperrbahnen grundsätzlich in Spannrichtung parallel zu den Obergurten zu verlegen. Die Längsnaht muss auf dem Obergurt liegen. Die Quernaht kann aus einem Hilfsauflager, z. B. einem Blechstreifen, hergestellt werden. Dampfsperren aus Bitumenbahnen können als vorübergehende behelfsmäßige Abdichtung während der Bauphase dienen. Dann müssen sie allerdings wie Abdichtungen geplant und ausgeführt werden. Schaumglasplatten sind dampfdiffusionsdicht. Sie können die Funktion einer Dampfsperrschicht übernehmen, wenn die Fugen mit Bitumenmasse geschlossen sind.

Als Dampfsperrbahnen sind z. B. geeignet:

- Bitumen-Dampfsperrbahn mit und ohne Metallbandeinlage,
- Bitumen-Dachbahnen,
- Bitumen-Dachdichtungsbahnen,
- Bitumen-Schweißbahnen mit und ohne Metallbandeinlage,
- Polymerbitumenbahnen,
- Kunststoff-Dampfsperrbahnen,
- Kunststoffbahnen,
- Elastomer-Dachbahnen,
- Verbundfolien.

10.2.5 Wärmedämmung

Die Wärmedämmung hat die Hauptaufgabe, Wärmeverluste zu reduzieren, Energie zu sparen und ein angenehmes Raumklima zu schaffen. Zudem minimiert sie temperaturbedingte Verformungen der Tragkonstruktion und verhindert Tauwasserbildung an der Deckenunterseite. Als Gefälledämmschicht sorgt sie außerdem für eine optimale Entwässerung der Dachfläche.

Als Wärmedämmstoffe sind z. B. geeignet:

- Polystyrol-Hartschaum EPS,
- Polystyrol-Extruderschaum XPS,
- Polyurethan-Hartschaum PUR/ PIR,
- Mineralwoll-Dämmstoff MW,
- Schaumglas CG,
- Holzfaserdämmstoffe WF.

10.2.6 Dampfdruckausgleichsebene

Die Dampfdruckausgleichsebene ist eine zusammenhängende Luftschicht zwischen Wärmedämmung und Dachabdichtung. Eindiffundierte oder eingebaute Feuchtigkeit (z. B. Restfeuchte in der Dämmung, Luftfeuchtigkeit bei der Verlegung) erzeugt bei Erwärmung des Dachaufbaus durch Sonneneinstrahlung einen gewissen **Dampfdruck**. Dieser kann sich über die **zusammenhängende Luftschicht** unter der Abdichtung über die gesamte Fläche verteilen. Auf diese Weise wird eine Blasenbildung vermieden.

Um eine Dampfdruckausgleichsebene herzustellen, kann die 1. Lage der Dachabdichtung punkt- oder unterbrochen streifenweise aufgeklebt oder lose verlegt werden. Die Dampfdruckausgleichsebene ist demnach eine **Funktionsschicht**, die durch die Verlegeart hergestellt werden kann.

Eine weitere Aufgabe der Dampfdruckausgleichsebene besteht darin, sowohl die Eigenbeweglichkeit der Abdichtung bei Temperaturschwankungen zu ermöglichen als auch Bewegungen und Spannungen aus den darunterliegenden Schichten auszugleichen.

Die Dampfdruckausgleichsebene kann, ähnlich wie die Trenn- und Ausgleichsschicht, durch eine lose Verlegung oder teilflächige Verklebung der nachfolgenden Lage hergestellt werden.

10.2.7 Abdichtung

Die Abdichtung ist die wohl wichtigste Schicht im gesamten Dachaufbau. Sie hat die Aufgabe, das Bauwerk vor Niederschlägen zu schützen. Aus diesem Grund muss sie über die gesamte Dachfläche **wasserdicht** sein. Hierzu gehören auch Dachrandabschlüsse, Gullys, Bewegungsfugen und Durchdringungen wie z. B. Entlüftungen.

Als oberste Lage des kompletten Funktionsschichtenpakets ist die Dachabdichtung die am stärksten beanspruchte Schicht. Sie muss über einen langen Zeitraum sowohl den auf sie einwirkenden **thermischen** und **mechanischen** Beanspruchungen als auch den Beanspruchungen durch **UV-Strahlung** standhalten.

Werden bahnenförmige Abdichtungen verwendet, müssen sie den genormten Anwendungstypen für die verschiedenen Verwendungsmöglichkeiten entsprechen.

Eine Abdichtung ist eine wasserdichte Dachhaut aus untereinander verschweißten oder verklebten Bahnen oder Anstrichen.

Die Werkstoffe für Dachabdichtungen kann man in 3 große Gruppen einteilen:

- Dachabdichtungen aus Bitumen- und Polymerbitumenbahnen (siehe Abschnitt 10.5),
- Dachabdichtungen aus hochpolymeren Bahnen (Kunststoff- und Elastomerbahnen, siehe Abschnitt 10.6)
- Abdichtungen mit Flüssigkunststoffen (siehe Abschnitt 10.7).

Tabelle 10.1: Anwendungstypen nach DIN V 20000-201

Anwendungstypen	Verwendung bei nicht genutzten Dachflächen
DE	Bahnen für einlagige Dachabdichtung
DO	Bahnen für die Oberlage einer mehrlagigen Dachabdichtung
DU	Bahnen für die untere Lage einer mehrlagigen Dachabdichtung
DZ	Bahnen für Zwischenlagen bzw. zusätzliche Lage einer mehrlagigen Abdichtung

10.2.8 Oberflächenschutz

Um die Abdichtung vor mechanischer Beschädigung und/oder vor direkter Sonneneinstrahlung zu schützen, wird häufig ein Oberflächenschutz aufgebracht. Man unterscheidet zwischen **leichtem** und **schwerem** Oberflächenschutz.

Der leichte Oberflächenschutz besteht zumeist aus fabrikmäßig mit Schiefersplitt bestreuten Bitumen-Dachbahnen. Bei Dachabdichtungen mit Bitumenbahnen muss die obere Lage aus einer Polymerbitumenbahn bestehen. Hierbei wird der Schiefersplitt dicht deckend in die Bitumenmasse eingestreut. Dachabdichtungen aus Elastomerbitumenbahnen (PYE) müssen einen Oberflächenschutz aufweisen, da diese nicht UV-beständig sind. Plastomerbitumenbahnen (PYP) müssen aufgrund ihrer andersartigen Zusammensetzung nicht zwingend einen UV-Schutz aufweisen, werden aber häufig aus optischen Gründen mit einer Schieferbesplittung versehen.

Der schwere Oberflächenschutz dient gleichzeitig als Auflast gegen ein Abheben durch Windsogkräfte. Er besteht bei nicht genutzten Dachflächen zumeist aus einer mindestens 5 cm dicken Kiesschicht, vorzugsweise mit einer Körnung 16/32 mm. Er schützt vor UV-Strahlung, mechanischer Beanspruchung und Flugfeuer. Bei genutzten Dachflächen kann der Oberflächenschutz aus einer Dachbegrünung oder begehbaren Belägen aus frostbeständigen Platten oder Holz bestehen.

10.3 Wärmedämmung auf Flachdächern

So wie Tiere von ihrem Fell oder Federkleid vor Kälte und Hitze geschützt werden, so soll auch die Wärmedämmung das Gebäude schützen. Dabei gilt:

Je dicker der Dämmstoff, umso besser ist die Dämmleistung und umso weniger Energie geht nach außen verloren.

In unserer Klimazone ist der winterliche Wärmeschutz wichtiger als der sommerliche Hitzeschutz. Aus Energie- und Umweltschutzgründen muss die Dämmschicht besondere Anforderungen erfüllen. Die Wärmedämmung der obersten Geschossdecke spielt dabei eine zentrale Rolle.

10.3.1 Aufgaben der Wärmedämmung

Folgende Bedingungen muss eine Wärmedämmung gewährleisten:

- Wärmeverluste im Winter und Wärmezugänge im Sommer sowie Auswirkungen von Temperaturschwankungen einschränken,
- temperaturbedingte Verformungen, Spannungen und Rissbildungen in der Dachkonstruktion mindern.
- die Dachkonstruktion in Verbindung mit der Dampfsperre vor einem unzulässigen Maß an Tauwasseranfall schützen,
- Energie einsparen und ein behagliches Raumklima erreichen,
- Wärmedämmungen können als konstruktive Maßnahme zur Gefällegebung geplant werden.

10.3.2 Wärme und Wärmeschutz

Der verpflichtende Wärmeschutz eines Daches wird von der Gebäudenutzung und den öffentlich-rechtlichen Baubestimmungen festgelegt. Zu beachten sind zudem auch die zivilrechtlichen Bestimmungen. Deshalb muss der erforderliche Wärmeschutz verbindlich vereinbart werden.

Festgestellte Mängel im Wärmeschutzkonzept betreffen oftmals die

- Dimensionierung der Dämmstoffdicken,
- Auswahl der Dämmstoffe,
- Nichtbeachtung von Wärmebrücken.

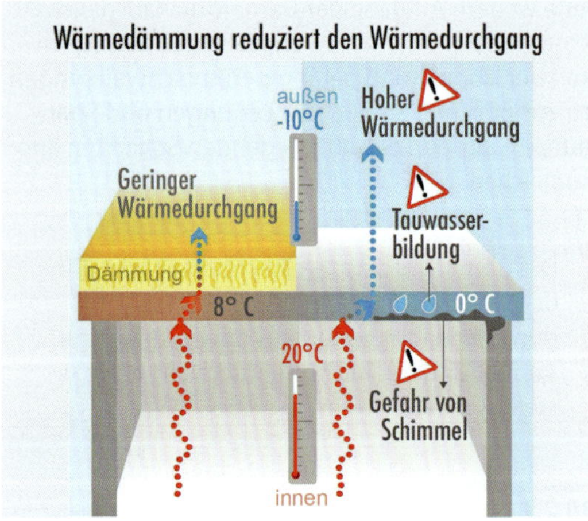

Abb. 10.11 Oberflächenschutz oder Wärmedämmung auf Flachdächern

Wärme hat das Bestreben, bei Temperaturdifferenzen innerhalb eines Stoffes oder zwischen verschiedenen Stoffen einen Ausgleich herbeizuführen. Dabei fließt die Wärme so lange zur kalten Seite hin, bis eine Temperaturgleichheit erreicht ist.

Wollen wir im Winter die Räumlichkeiten auf angenehmer Temperatur halten, muss entsprechender Heizaufwand betrieben werden, welcher die abwandernde Wärme ergänzt. Im Sommer ergibt sich der umgekehrte Fall. Dann wandert die Wärme von außen nach innen und erhöht so die Innentemperatur der Räume.

Alle Maßnahmen, die den Wärmeaustausch zwischen Gebäuden und deren Umgebung verringern, werden als Wärmeschutz bezeichnet. Der Wärmeschutz beruht auf der Fähigkeit von Werkstoffen, möglichst viele kleine Zwischenräume mit eingeschlossener Luft oder einem anderen gasförmigen Stoff zu bilden.

Je mehr Luftanteile und je leichter der Dämmstoff, desto besser ist seine Dämmleistung – und umgekehrt. Zudem ist auch die Dicke des Dämmstoffes für den Wärmeschutz von großer Bedeutung.

10.3.3 Formbeständigkeit

Fast alle Stoffe dehnen sich bei Wärme aus und ziehen sich bei Kälte zusammen. Wasser bildet eine

Ausnahme zwischen 0 und +4 °C, was im Winter zu geplatzten Leitungen oder abplatzendem Putz durch gefrorenes Wasser führen kann. Auch Dämmstoffe unterliegen thermischen Längenänderungen, die bei Dachabdichtungen Schäden verursachen können, z. B. durch Schrumpfung (Polystyrol) oder Formänderungen bei Wärme und Feuchtigkeit (Polyurethan).

Maßnahmen zur Schadensvermeidung:

- Hartschaumplatten mit stabilen Kanten durch Trennlagen (z. B. Polyestervlies) von der Abdichtung trennen.
- Bei Verklebung kleinformatige, ausreichend abgelagerte Hartschaumplatten verwenden.
- Spannungsfreie Dämmstoffe einsetzen und vor Feuchtigkeit schützen.

10.3.4 Temperaturbeständigkeit der Wärmedämmung

Dämmstoffe, die mit Heißbitumen (ca. 200 °C) verklebt werden sollen, müssen dieser Temperatur zumindest kurzfristig standhalten. Unkaschierte Polystyrol-Hartschäume sind aufgrund ihrer geringen Hitzebeständigkeit hierfür ungeeignet. Die Praxis, Heißbitumen aufzubringen, abkühlen zu lassen und dann die Platte einzulegen, ist ebenfalls problematisch: Entweder ist das Bitumen zu heiß und die Polystyrol-Platte schmilzt, oder es ist zu kalt und die Verklebung wird unzureichend.

Empfehlungen:

- Verwenden von Kaltklebern oder kaschierten Polystyrol-Platten.
- Bei Faser- und Perlite-Dämmstoffen kann eine zusätzliche mechanische Befestigung erforderlich sein, wenn die Festigkeit des Materials allein nicht ausreicht, um hohe Windlasten aufzunehmen.
- Für die Verklebung mit Heißbitumen auf Trapezblechen sollte die Temperatur des Bitumens erhöht werden, um ein zu schnelles Abkühlen durch die kalten Bleche zu vermeiden.

Bei Kaltklebern (z. B. Adhäsiv- oder Polyurethankleber) ist ein Nachklebeeffekt sinnvoll, um sicherzustellen, dass der Klebstoff nach Entlastung der Trapezbleche weiterhin eine feste Verbindung mit dem Dämmstoff gewährleistet.

Für Kaltkleber (Adhäsivkleber) oder Polyurethankleber sind insbesondere die Angaben der Hersteller wie Haltbarkeitsdatum, Anwendungs- und Klimarandbedingungen, Angaben zur aufzubringenden Menge und Vorbehandlung des Untergrunds zu beachten.

10.3.5 Materialverträglichkeiten untereinander

Da die Dämmstoffe mit den angrenzenden Schichten in direktem Kontakt stehen, dürfen sie diese Schichten weder schädigen noch von diesen geschädigt werden. Schädigungen können durch thermische oder chemische Einflüsse entstehen. So sind Trennlagen zwischen Dämmung und Dachabdichtung anzuordnen, wenn diese miteinander unverträglich sind. Durch eine Trennlage wird eine schädliche Wechselwirkung zwischen Polystyrol-Hartschaum und Dachbahnen aus PVC weich, nicht bitumenbeständig, vermieden. Gleiches gilt für Lösungsmittel und ölhaltige Produkte, welche die Dämmstoffe schädigen können.

Problematisch sind auch Gussasphalte, die mit hoher Temperatur auf die Dachabdichtung aufgebracht werden und darunterliegende Polystyrol-Dämmstoffe durch die langzeitige Hitzebelastung schädigen können. Dies gilt im Übrigen nicht nur für den o. g. Dämmstoff, sondern je nach Wahl der Abdichtungsmaterialien und deren Trägereinlagen können auch diese durch die länger anhaltende Temperatur Schaden nehmen (beispielsweise Schrumpfen der Trägereinlage, hier insbesondere bei Polyestervlies).

10.3.6 Dämmstoffarten

Wärmedämmstoffe werden in organische und anorganische Dämmstoffe unterteilt:

- **Organische Dämmstoffe** bestehen aus Kohlenstoffverbindungen und stammen aus nachwachsenden Rohstoffen wie Schilfrohr, Schafwolle oder Zellulose sowie aus Mineralölen (z. B. Polystyrol- oder Polyurethan-Hartschaum).
- **Anorganische Dämmstoffe** enthalten keinen Kohlenstoff und bestehen aus mineralischen Stoffen, z. B. natürlich vorkommendem Perlit oder synthetisch hergestellter Mineralwolle. Perlit wird durch starke Erhitzung (bis 1.200 °C) auf das 15- bis 20-fache seines Volumens aufgebläht.

Tabelle 10.2: Dämmstoffe und ihre Kurzzeichen

Norm	Dämmstoff	Kurz-zeichen
DIN EN 13162	Mineralwolle	MW
DIN EN 13163	Polystyrol-Hartschaum	EPS
DIN EN 13164	Polystyrol-Extruderschaum	XPS
DIN EN 13165	Polyurethan-Hartschaum	PUR
DIN EN 13166	Phenolharz-Hartschaum	PF
DIN EN 13167	Schaumglas	CG
DIN EN 13168	Holzwolle	WW
DIN EN 13169	expandierte Perlite	EPB
DIN EN 13170	expandierter Kork	ICB
DIN EN 13171	Holzfaser	WF

10.3.7 Kriterien für die Dämmstoffauswahl

Für Dächer mit Abdichtungen steht eine Vielzahl von Dämmstoffen zur Verfügung. Einen für alle Anwendungszwecke gleichermaßen gut geeigneten Dämmstoff gibt es jedoch nicht. Die unterschiedliche Rohstoffbasis und die verschiedenen Strukturen der Dämmstoffe bieten Voraussetzungen, die für die Auswahl des Dämmstoffes von entscheidender Bedeutung sind.

Wichtige Auswahlkriterien für Dämmstoffe sind:

- Wärmeleitfähigkeit,
- Verhalten gegenüber Feuchtigkeit, Nässe und Wasserdampf,
- Formbeständigkeit, Dauerhaftigkeit,
- Temperaturbeständigkeit,
- Verträglichkeit mit anderen Stoffen,
- Druckfestigkeit,
- Brandverhalten,
- Schalldämmeigenschaften,
- Umweltverträglichkeit (beispielsweise nachwachsende Rohstoffe, Entsorgung, Recycling).

Da keiner der Dämmstoffe alle geforderten Eigenschaften aufweist, müssen die entsprechenden nachteiligen Eigenschaften durch spezielle Verlegetechniken oder besondere Maßnahmen ausgeglichen werden.

Festigkeitseigenschaften sind wichtige Gesichtspunkte für die Auswahl des Dämmstoffes bei nicht belüfteten Konstruktionen. Dies gilt insbesondere bei Parkdecks, wo der Dämmstoff hohe Lasten auf die Unterkonstruktion übertragen muss. Aber auch für Dachflächen, die als Terrasse genutzt oder nur zu Wartungszwecken begangen werden, ist die Festigkeit des Dämmstoffes entscheidend. Besonders bei Stahltrapezprofilen, wo der Dämmstoff nur auf den Obergurten aufliegt und die Sicken überbrücken muss, kann er beim Begehen oder Befahren, beispielsweise mit der Schubkarre, zerbrechen. Hier ist es ratsam, Bohlengänge o. Ä. auszulegen, die beim Befahren die auftretende Punktlast des Rades großflächiger verteilen.

10.3.8 Anforderungen an Dämmstoffe

- Für die Wärmedämmung von Dächern mit Abdichtungen dürfen nur solche Dämmstoffe zum Einsatz kommen, die bauaufsichtlich eingeführten Normen, allgemeinen bauaufsichtlichen oder europäischen technischen Zulassungen entsprechen.
- Platten- oder bahnenförmige Dämmstoffe sollen möglichst eng aneinander verlegt werden.
- Dämmplatten und Bahnen sind im Verband zu verlegen.
- Dämmstoffe sind aus trittfesten Wärmedämmstoffen herzustellen.
- Wärmedämmungen müssen ausreichend temperaturbeständig, formbeständig, unverrottbar und als Unterlage für die Dachabdichtung trittfest und maßhaltig sein.

Druckbelastbarkeit

- Beim Einsatz von Dämmstoffplatten in nicht belüfteten Dächern müssen **druckbelastbare Dämmplatten** verwendet werden.
- Wärmedämmstoffe mit geringer Druckbelastbarkeit sind nur bei durchlüfteten Dächern zulässig.
- Wärmedämmstoffe für belüftete Dachkonstruktionen sollen möglichst **dampfdurchlässig** sein, damit die eindiffundierende Feuchtigkeit schnellstmöglich über den Belüftungsraum wieder nach außen transportiert werden kann.
- Wenn Dämmplatten mechanisch befestigt werden, müssen Druckbelastbarkeit und Oberflächenbeschaffenheit der Dämmung und das Befestigungssystem aufeinander abgestimmt

werden. Bei Mineralfaser-Dämmstoffen ist das Verhalten unter Punktlast bei Deformationen zusätzlich zu berücksichtigen.

Falz

- Dämmplatten mit Falz vermindern den Wärmeverlust im Fugenbereich. **Falzungen** müssen so ausgebildet (z. B. Stufenfalze) sein, dass sich Bewegungen nicht großflächig auswirken können.
- Bei Dämmstoffen mit Hakenfalz können diese ungewünschten großflächigen Bewegungen entstehen.

Thermische Längenänderungen

- Werden Dämmplatten eingebaut, deren temperaturbedingte **Längenänderungen** sich nachteilig auf die Abdichtung auswirken können, ist eine Trennung (z. B. Glasvlies-Bitumendachbahn, Glasvliese, Flächengewicht mindestens 120 g/m², Vliese aus synthetischen Fasern, Flächengewicht mindestens 150 g/m²) zwischen Wärmedämmung und Abdichtung erforderlich.
- Die **Seitenlängen** von Hartschaum-Dämmplatten sollten wegen ihrer hohen thermischen Längenänderung und damit verbundenen möglichen negativen Auswirkungen auf die Dachhaut nicht größer als 1,25 m sein.

Fugen

- **Fugen** aus zulässigen Maßabweichungen und temperaturbedingte Längenänderungen lassen sich nicht vermeiden. An Fugen von Wärmedämmungen oder im Bereich von Randhölzern, Zargen u. Ä. ergibt sich ein von den Werten der Fläche geringfügig abweichender Wärmedurchlasswiderstand. Dadurch können bei Reif, dünner Schneedecke oder Feuchtigkeit auf der Dachfläche Abzeichnungen erkennbar werden, welche die Funktionsfähigkeit nicht beeinträchtigen.

Wasserunterläufigkeit

- Soll bei Dämmstoffen aus Schaumglas die **Wasserunterläufigkeit** verhindert werden, sind diese auf geschlossenen Unterlagen wie Beton vollflächig in Bitumen oder mit einem anderen geeigneten Klebstoff zu verlegen. In diesem Fall sind gemäß Herstellervorschriften an die Ebenheit und die Haftfähigkeit des Untergrunds besondere Anforderungen zu stellen (siehe Abschnitt 10.1.5).

Hartschaum-Dämmplatten

- Dämmplatten aus Polystyrol-Hartschaum, auf welche die 1. Lage der Dachabdichtung geschweißt oder mit Heißbitumen aufgeklebt wird, sollen oberseitig mit Überlappungen kaschiert sein. Die Überlappungen müssen nicht verklebt werden.
- Polyurethan-Hartschaumplatten sind gemäß Herstellerverlegerichtlinien voll- oder teilflächig gleichmäßig verteilt zu verkleben oder mechanisch zu befestigen, um beispielsweise die Gefahr einer Schüsselung zu vermeiden.

Details

- **Wärmedämmung an Details:** An Dachrand, Wandanschluss und Durchdringungen muss die Dämmung sorgfältig angepasst werden. Schrägen an der unteren Dämmstoffkante ermöglichen einen bündigen, fugenfreien Anschluss.
- **Kaschierte Bitumenbahnen:** Als Abdichtung nur zulässig, wenn sie genormt sind, eine Mindestlänge von 2,50 m haben und Überlappungen von mindestens 8 cm wasserdicht verklebt werden. Bei kleinformatigen Platten zählt die Kaschierung nicht als Abdichtung.
- **Dämmplatten ohne Trennlage:** Oberflächen dürfen keine Ausgleichskanäle haben, da diese bei hohen Temperaturen die Abdichtung einschränken können. Bei Materialunverträglichkeiten können Dämmstoffe mit kaschierten Trennlagen genutzt werden.
- **Temperaturbedingte Längenänderungen:** Polystyrol- oder Polyurethanplatten erfordern eine vollflächige Trennung zur Dachabdichtung.
- **Befestigung der Dämmplatten**: Dämmplatten können vollflächig, teilweise verklebt, mechanisch befestigt oder lose verlegt werden. Die Verklebung erfolgt mit heißem Bitumen oder Kaltklebern. Bei Trapezblechen muss die Dämmstoffdicke die lichte Weite zwischen den Obergurten berücksichtigen.

Gefälledämmungen

Gefälledämmungen (Dämmstoffe mit entsprechendem werkseitigem Zuschnitt) oder gebundene

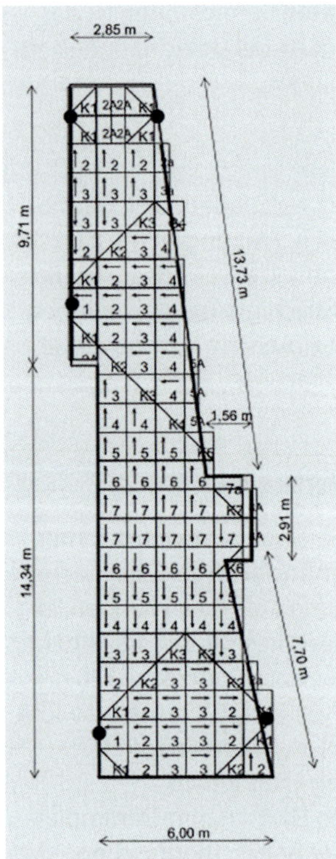

Abb. 10.12: Gefälledämmplan

Schüttungen aus expandierten Mineralien eignen sich zur Herstellung von Gefällekeilen oder flächigem Gefälle oberhalb der Dampfsperre.

Die gebräuchlichste Art, ein Gefälle mit Dämmung herzustellen, ist der Gebrauch von Gefälledämmplatten.

Gefälledämmplatten können

- mechanisch befestigt,
- lose mit Auflast verlegt,
- mit zugelassenen Klebern kalt verklebt oder
- mit Bitumen heiß verklebt

werden.

Für die passgenaue Herstellung der Dämmplatten misst der Dachdecker zunächst die Dachfläche auf, markiert die Entwässerungen und gibt die gewünschte Dämmleistung (*U*-Wert) an. Diese Werte werden an den Hersteller übermittelt. Der Hersteller produziert die Gefälleplatten sowie Grat- und Kehlplatten und liefert sie inkl. eines Gefälledämmplans und einer Stückliste aus. Mithilfe eines Beschriftungssystems mit Positionsnummer und Verlegerichtung können dann alle Gefälledämmplatten planmäßig verlegt werden. Bei größeren Aufbauhöhen sollte eine mehrlagige, stoßversetzte Verlegung der Dämmplatten erfolgen, sodass die Stoßfugen überdeckt werden.

10.4 Sicherungsmaßnahmen

Sicherungsmaßnahmen sind zu ergreifen

- gegen horizontale Kräfte,
- gegen vertikale Kräfte,
- bei einem Gefälle über 3°.

10.4.1 Maßnahmen zur Aufnahme horizontaler Kräfte

Bei Dächern mit Abdichtungen treten **Horizontalkräfte** in der Abdichtungsebene auf. Diese sind abhängig von Unterkonstruktion, Wärmedämmung, Auflast und Abdichtungsart. Insbesondere bei **Leichtdachkonstruktionen** aus Stahltrapezprofilen treten hauptsächlich durch Windeinwirkung Schwingungen auf. Diese Schwingungen bewirken eine sog. **Dämmstoffwanderung**. Sie sind vergleichbar mit einer Rüttelplatte und verschieben die Dämmplatten in Richtung des Dachmittelpunkts, sodass an den Dachrändern Dämmstoff-Fehlstellen entstehen

Zur Vermeidung nachteiliger Auswirkungen auf den Dachaufbau sind Maßnahmen zur Aufnahme horizontaler Kräfte erforderlich:

- bei lose verlegten, einlagigen Abdichtungen,
- bei Unterkonstruktionen aus Stahltrapezprofilen (außer bei vollflächig verklebtem Schichtenaufbau mit Schaumglas) sowie
- bei Dachaufbauten mit leichtem Oberflächenschutz und Wärmedämmstoffen aus Hartschaum, die mit Kaltkleber mit Nachklebeeffekt verklebt sind.

In den genannten Fällen ist die Dachabdichtung an Dachrändern, Anschlüssen an aufgehenden Bauteilen, Bewegungsfugen, Lichtbändern, Lichtkuppeln etc. mechanisch zu befestigen. Diese Befestigungen sind nur dann voll wirksam, wenn sie in oder unmittelbar über der Abdichtungsebene oder am Übergang zu senkrechten oder geneigten Flächen angeordnet und ausgeführt werden.

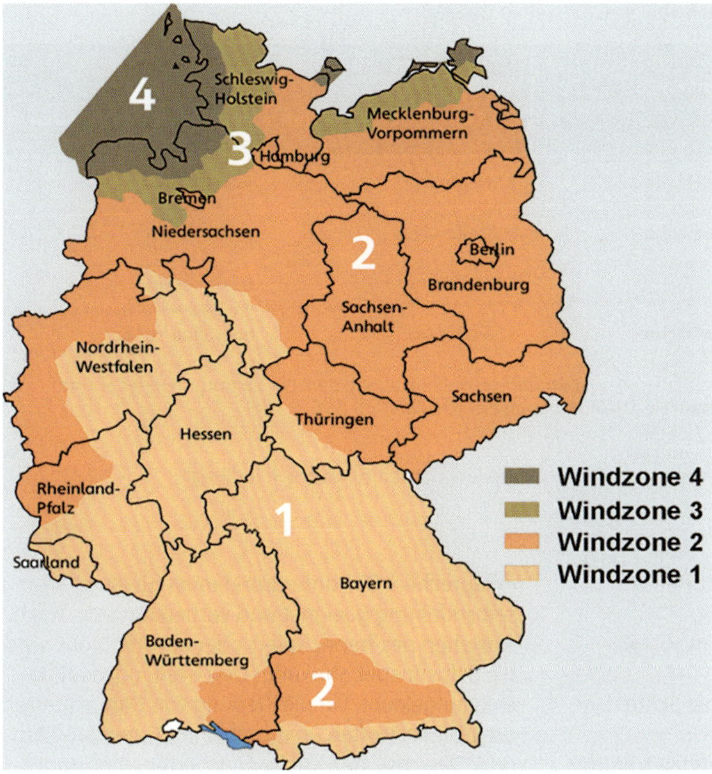

Abb. 10.13: Windzonenkarte für das Gebiet der Bundesrepublik Deutschland

Einbinden oder Einklemmen in höher liegende Randprofile oder unter Randabdeckungen sowie Verklebungen sind keine Befestigungen in diesem Sinne.

Maßnahmen zur Aufnahme horizontaler Kräfte sind von der Gebäudehöhe unabhängig. Die Befestigung der Abdichtung mit der Unterkonstruktion erfolgt durch Linienbefestigung oder durch lineare Befestigung.

Maßnahmen zur Aufnahme horizontaler Kräfte werden grundsätzlich mit mechanischen Befestigungen ausgeführt.

10.4.2 Maßnahmen zur Aufnahme vertikaler Kräfte (Windsogsicherung)

Die auf die Dachabdichtung einwirkende Windbelastung ist hauptsächlich abhängig von der Gebäudehöhe, der Dachform, der Dachneigung, der Dachbereiche (Eck-, Rand- oder Innenbereich), der Attikahöhe und -form sowie von der Lage des Gebäudes. Deutschland ist in 4 Windzonen eingeteilt (siehe Abb. 10.13).

Bei geschlossenen Gebäuden bis zu einer Höhe von 25 m kann ohne statischen Nachweis die Dachabdichtung vor einem Abheben durch Windkräfte mit folgenden Möglichkeiten gesichert werden:

- Sicherung durch Auflast (schwerer Oberflächenschutz),
- bei lose verlegten Dachabdichtungen auf Dachflächen bis 3° Dachneigung,
- Kiesschüttungen mit einer Körnung 16/32 mm und einer Mindestdicke von 50 mm gelten als ausreichende Sicherung gegen Abheben durch Windkräfte. An Rand- und Eckbereichen können Verwehungen auftreten. Es empfiehlt sich in diesen Bereichen eine höhere Schüttdicke oder die Verwendung von Plattenbelägen, Rasengittersteinen oder Betonformsteinen.

Tabelle 10.3: Verklebung bis 25 m Höhe bei geschlossenen Gebäuden

Bereiche	Heißbitumen	Kaltbitumen[1)] ca. 100 g/m und Streifen	PUR-Kleber ca. 40 g/m und Streifen
Innenbereich (I)	10 % der Fläche	2 Streifen/m²	4 Streifen/m²
Innenbereich (H)	20 % der Fläche	3 Streifen/m²	5 Streifen/m²
Randbereich (G)	30 % der Fläche	3 Streifen/m²	6 Streifen/m²
Eckbereich (F)	40 % der Fläche	4 Streifen/m²	8 Streifen/m²

1) Bei Kaltverklebung sind die entsprechenden Angaben der Hersteller zu beachten. Für Kaltbitumenkleber und PUR-Kleber sind insbesondere folgende Herstellerangaben erforderlich:
- Haltbarkeitsdatum,
- Anwendungs- und Klimarandbedingungen,
- Verarbeitungsvorschriften, z. B. Angaben zur Menge, Verteilung, Untergrundvorbehandlung.

- Betonplattenbeläge mit Plattengrößen von mindestens 40 cm × 40 cm × 4 cm,
- Betonplatten mit einer Größe bis maximal 2,5 m × 2,5 m,
- Betonformsteine, auf Kies und/oder Schutzlage verlegt,
- Dachbegrünung, wenn ihr Flächengewicht im Trockenzustand genügend groß und das Substrat ausreichend verweh- und lagesicher ist.

Sicherung durch Kleben

Der Untergrund muss für eine gute **Klebehaftung** geeignet sein, ggf. ist eine Haftbrücke notwendig. Erfahrungsgemäß können für geschlossene Gebäude bis 25 m Höhe bei Verlegung ohne Auflast die Ausführungen nach Tabelle 10.3 als ausreichende Sicherung gegen Abheben durch Windkräfte angesehen werden.

Die **Abreißfestigkeit** jeder zu klebenden Lage oder Schicht und die Eigenfestigkeit der Klebstoff-Verbindungen müssen so groß sein, dass die angesetzten Windlasten lagesicher abgeleitet werden können. Wenn eine der zu klebenden Lagen oder Schichten keine ausreichende Abreißfestigkeit aufweist, sind mechanische Befestigungen oder Auflast anzuwenden.

Kaltselbstklebende Bahnen sind mit unterseitiger Selbstklebeschicht versehen. Diese müssen den Anforderungen der jeweiligen **Produktdatenblätter** entsprechen. Der Untergrund muss für eine Kaltselbstklebung geeignet und vorbereitet sein. Nach Abziehen des Trennpapiers oder der Trennfolie wird die Selbstklebebahn unter Druck teil- oder vollflächig aufgeklebt. Für die Klebung von Dampfsperren oder Dämmstoffen unmittelbar auf Trapezprofilen oder Dämmstoffen auf Dampfsperren über Trapezprofilen sollten kalt verarbeitbare Klebemassen verwendet werden. Durch Belastung während der Ausführung können sich die einzelnen Profilrippen vorübergehend durchbiegen. Heißklebemassen aus Oxidationsbitumen sind bei Wärmedämmungen aus Hartschaum nicht geeignet. Bei Kaltbitumenklebern kann der notwendige Klebekontakt erst nach der Entlastung eintreten (Nachklebeeffekt). Bei der Verklebung von Kunststoff- und Elastomerbahnen sind **produktbezogene Systemklebstoffe** zu verwenden.

Sicherung durch mechanische Befestigung

Sicherungsmaßnahmen mit mechanischen Befestigungen werden auf Unterkonstruktionen aus **Holzschalungen und Stahltrapezprofilen** angewendet. Dächer mit einer Unterkonstruktion aus Holz oder Stahltrapezprofilen werden aufgrund des Gewichts i. d. R. ohne Auflast hergestellt. Eine Verklebung des Dachaufbaus auf diesen Untergründen ist erfahrungsgemäß nicht sinnvoll. Die Schwingungen und thermischen Längenänderungen der Stahltrapezprofile können langfristig nicht von den

Verklebungen bewältigt werden. Ebenso wirkt sich die **Eigenbeweglichkeit** von Holzschalungen nachteilig auf die Verklebungen aus.

Die mechanische Befestigung kann als lineare Befestigung (punktweise mit Einzelbefestigungen) oder Linienbefestigung (mit durchlaufenden Metallprofilen oder -bändern, auch Verbundbleche) erfolgen.

Bei Befestigung in der **Überlappung** wird die lineare punktweise Einzelbefestigung im überdeckten Bahnenrand angeordnet. Hierbei werden die Bahnen i. d. R. quer zur Spannrichtung des Trapezblechs bzw. der Holzschalung verlegt. Bei der Ausführung ist darauf zu achten, dass der Abstand von mindestens 10 mm zwischen Lastverteilteller und Bahnenkante eingehalten wird. Für die Klemmwirkung ist ein ausreichend druckfester Untergrund erforderlich.

Bei **nahtunabhängiger Befestigung** werden die Linienbefestigungen oder linearen Befestigungen in erforderlichen Abständen angeordnet und mit zusätzlichen Dachbahnstreifen überdeckt.

Bei **unterseitiger Befestigung** von Kunststoff- oder Elastomerbahnen können Streifen oder Teller, z. B. aus Bahnenmaterial, mit Einzelbefestigungen in der Unterkonstruktion befestigt werden. Darauf wird die Dachabdichtung systemspezifisch befestigt.

Mechanische Befestigungen müssen im jeweiligen Bereich auf die Fläche bezogen gleichmäßig verteilt angeordnet werden. Die Anzahl der Befestigungen ergibt sich aus den zu berücksichtigenden Windlasten, der Ausführungsart und den Bemessungslasten der Befestigungsmittel. Als Befestigungsmittel gelten Befestigungselemente oder Nagelbefestigungen. Diese müssen auf Ausführungsart und Werkstoffe des Dachaufbaus abgestimmt sein.

10.4.3 Zusätzliche Maßnahmen bei Gefälle über 3°

Bei Flächen mit einem Gefälle über 3° (~ 5 %) können zusätzliche Maßnahmen notwendig werden, die, insbesondere bei Erwärmung durch Sonneneinstrahlung, ein Abgleiten der Dachaufbau-Schichten in Richtung des Gefälles verhindern.

Folgende konstruktive Maßnahmen können bei bahnenförmigen Abdichtungen, einzeln oder kombiniert, erforderlich werden:

- Sicherung der Dachbahnen am oberen Rand durch versetzte Nagelung mit höchstens 0,10 m Nagelabstand,
- Befestigung unter Verwendung von Metallbändern bzw. Verbundblechen,
- Durchziehen der Bahnen über den First und kopfseitige Befestigung,
- Einbauen von Stützkonstruktionen zur Fixierung von Dämmschichten und Abdichtungen,
- Einbauen von zusätzlichen Nagelleisten bei nicht nagelbarem Untergrund,
- mechanische Befestigung in der Fläche, z. B. mit Befestigern mit Halteteller.

In Bezug auf die Abdichtungsbahnen können zusätzlich folgende Maßnahmen erforderlich werden:

- Verwendung von Bahnen mit hoher Wärmestandfestigkeit,
- für Klebeschichten Verwendung von standfester Klebemasse oder anderer geeigneter Kleber,
- Verwendung von Dachbahnen mit hoher Zugfestigkeit,
- Verlegung der Bahnen in Gefällerichtung,
- Unterteilen der Bahnenlängen.

Bei mehrlagiger Dachabdichtung über 3° Neigung kann die Oberlage im Überlappungsbereich durch verdeckte Nagelung befestigt werden. Dabei wird die untere Lage durch Befestiger bzw. Nagelung durchdrungen.

10.5 Dachabdichtungen mit Bitumen

10.5.1 Bitumen

Bitumen ist ein schwarzes, klebfähiges, halbfestes bis sprödhartes Kohlenwasserstoffgemisch, das industriell durch die Destillation von Erdöl gewonnen wird (Abb. 10.14). In der Destillationsanlage wird das Rohöl erhitzt. Als Erstes verdampfen Petroleum und Benzin, die getrennt voneinander an den Glockenböden kondensieren und abgezogen werden. Das restliche Rohöl kommt in einen 2. Destillationsturm und der Vorgang wird wiederholt. In dieser Phase entstehen schwere Öle und das Bitumen. Das so gewonnene Bitumen wird nach seiner Herstellung **Destillationsbitumen** genannt.

Da das Wärme- und Kälteverhalten des Destillationsbitumens relativ schlecht ist (Brechpunkt ca. –2 °C, Erweichungspunkt ca. 70 °C), werden die Eigenschaften des Destillationsbitumens in den Raffinerien durch Einblasen von Sauerstoff wesentlich verbessert. Das auf diese Weise aufgearbeitete Bitumen bezeichnet man als **Oxidations**- oder **geblasenes Bitumen**.

Polymerbitumen

Für die Herstellung von Bitumenbahnen ist die Zugabe von **Polymeren** (Kunststoffen) von großer Bedeutung. Das mit Polymeren modifizierte Oxidationsbitumen ist das qualitativ hochwertigste Bitumen. Es weist gegenüber anderen Bitumensorten eine höhere Wärmestandfestigkeit und eine längere Lebensdauer auf. Je nach Zugabe von Elastomeren oder thermoplastischen Kunststoffen entsteht entweder **Elastomerbitumen (PYE),** das auch bei niedrigen Temperaturen elastisch und flexibel bleibt, oder **Plastomerbitumen (PYP),** welches ein thermoplastisches, geschmeidiges Verhalten aufweist.

Kalt zu verarbeitende bituminöse Produkte

Aus Bitumen werden zudem kalt zu verarbeitende Voranstriche hergestellt. Hier unterscheidet man zwischen **Bitumenemulsion**, bestehend aus Bitumen und Wasser in Verbindung mit einem Emulgator, und **Bitumenvoranstrich**. Dieser besteht zu 40 bis 60 % aus Bitumen, der restliche Anteil ist ein leichtflüchtiges Lösemittel.

Bitumen in Verbindung mit Lösemitteln und Zusätzen wie Steinmehl oder Mineralfasern finden ebenfalls als Spachtel-, Klebe- und Beschichtungsmasse Anwendung.

Abb. 10.14: Darstellung der Erdöldestillation

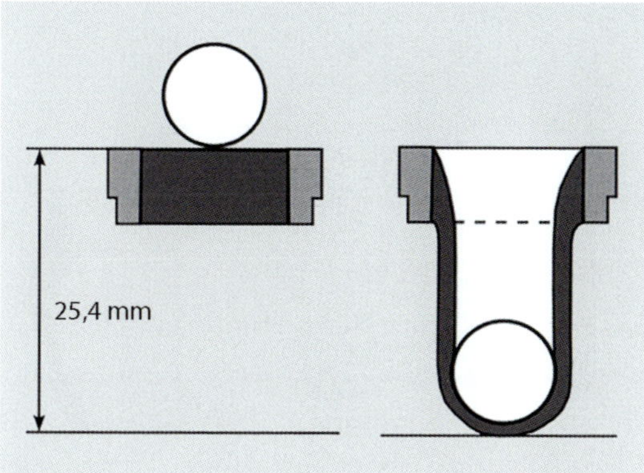

Abb. 10.15: Darstellung des Ring-und-Kugel-Versuchs

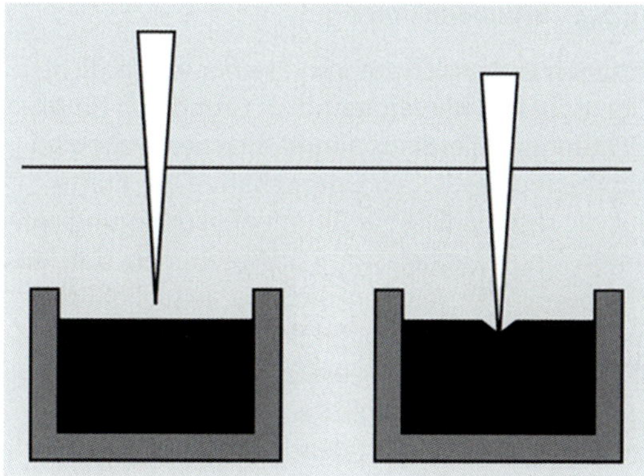

Abb. 10.16: Bestimmung der Eindringtiefe

Eigenschaften

Die wesentlichen Eigenschaften des Bitumens sind:

- wasserdicht,
- diffusionshemmend,
- große Beständigkeit gegenüber den meisten Chemikalien,
- gute Klebefähigkeit,
- thermoplastisch (wärmeverformbar),
- nicht lösemittelbeständig.

Im flüssigen Zustand benetzt Bitumen andere Stoffe sehr gut und haftet beim Erkalten an diesen. Die einzelnen Bitumensorten weisen unterschiedliche Eigenschaften bei Wärmeeinwirkung auf. Während es im kalten Zustand glashart sein kann, wird es im erwärmten Zustand weich bis dünnflüssig. Um die einzelnen Bitumensorten klassifizieren zu können, werden sie nach folgenden Kriterien auf **Härte** und **Temperaturverhalten** unter genormten Bedingungen getestet und klassifiziert:

- Erweichungspunkt,
- Eindringtiefe,
- Brechpunkt.

Prüfverfahren für Erweichungspunkt Bitumen

Die Bestimmung des Erweichungspunktes wird meistens mit der Methode „Ring und Kugel" ermittelt (Abb. 10.15). Für dieses Verfahren wird das zu untersuchende Bitumen in einen Stahlring (Durchmesser ca. 20 mm) gegossen. Die Bitumenprobe wird mittig mit einer Stahlkugel (ca. 3,5 g) beschwert. Nun wird das Bitumen in einem Wasserbad erwärmt. Durch die zugeführte Wärme und die Belastung durch die Kugel verformt sich das Bitumen. Erreicht die Kugel die Bodenplatte (ca. 25 mm), wird die Temperatur des Wassers gemessen und die Erweichungstemperatur ist ermittelt. Bei der Ermittlung dieser Temperatur gibt es festgelegte Streuwerte (von/bis). Der Erweichungspunkt gibt darüber Auskunft, ob es sich um ein hartes, standfestes oder ein weiches, nicht standfestes Bitumen handelt.

Eindringtiefe (Penetration)

Zur Ermittlung der Eindringtiefe wird eine Bitumenprobe auf 25 °C temperiert. Auf diese Probe wird für 5 s eine mit 100 g beschwerte Prüfnadel aufgesetzt. Die gemessene Eindringtiefe wird in 1/10 mm angegeben. Hier gibt es ebenfalls festgelegte Streuwerte (von/bis). Auch diese Prüfung gibt Auskunft über die Härte des Bitumens. Je tiefer die Nadel bei einer Belastungszeit von 5 s in das Bitumen eindringt, desto weicher ist das Bitumen (siehe Abb. 10.16).

Brechpunkt

Durch den Brechpunkt wird das Kälteverhalten von Bitumen ausgedrückt. Bei dieser Prüfung wird das Bitumen auf ein dünnes Blech aufgeschmolzen. Im Kälteschrank wird die Temperatur gleichmäßig so weit herabgesetzt, bis beim Biegen des Bleches die dünne Bitumenbeschichtung bricht oder vom Blech abplatzt.

10.5.2 Bitumenbahnen

Bitumen eignet sich aufgrund seiner wasserdichten Eigenschaften hervorragend als Grundstoff für Abdichtungen. Allerdings nimmt Bitumen wegen seiner thermoplastischen Eigenschaften nur Kräfte auf, die rechtwinklig zur Bitumenbeschichtung auftreten. Unter Zugbelastung fließt Bitumen, d. h., die Bitumenschicht verdünnt sich, bis sie schließlich reißt. Zur Stabilisierung der Bitumenabdichtung sind aus diesem Grund zusätzliche Maßnahmen erforderlich, die es ermöglichen, dass geringe, parallel zur Abdichtung auftretende Kräfte aufgenommen werden können.

Zur Aufnahme dieser parallelen Kräfte werden als zusätzliche Maßnahme Trägereinlagen in die Abdichtung eingebaut. Diese können aus Geweben, Vliesen, Gelegen oder Kombinationen davon sowie aus Metallbändern bestehen. Bitumenbahnen bestehen aus **Trägereinlagen** und beidseitigen **Bitumendeckschichten** sowie ober- und unterseitigen **Beschichtungen** bzw. **Bestreuungen**.

Die **Trägereinlagen** haben die Aufgabe, die Bitumenschichten zu armieren. Sie bestimmen das mechanische Verhalten wie Festigkeit, Dehnfähigkeit, Einreiß- und Weiterreißfestigkeit, Nagelausreißfestigkeit, Maßhaltigkeit und die Verarbeitungsfähigkeit der Bahnen.

Gebräuchlich sind folgende Trägereinlagen:

- Polyestervlies PV,
- Glasgewebe G,
- Glasvlies V,
- Gelege und Gewebe aus Glas und/oder Polyester,
- Kombinationsträgereinlage mit überwiegendem Glasanteil KTG,
- Kombinationsträgereinlage mit überwiegendem Polyesteranteil KTP,
- Metallband (z. B. Kupfer Cu, Aluminium Al),
- Verbundträgereinlagen (z. B. VCu – Verbundträger aus Glasvlies und Polyester-Kupferfolienverbund)

Bitumendeckschichten bestehen aus Oxidations- oder Polymerbitumen. Sie bestimmen die Wasserdichtheit, das Witterungs- und Temperaturverhalten sowie die Alterungsbeständigkeit. Sie bestimmen weiterhin in Verbindung mit der Trägereinlage die Flexibilität, Verarbeitbarkeit und das Langzeitverhalten der Bitumenbahnen.

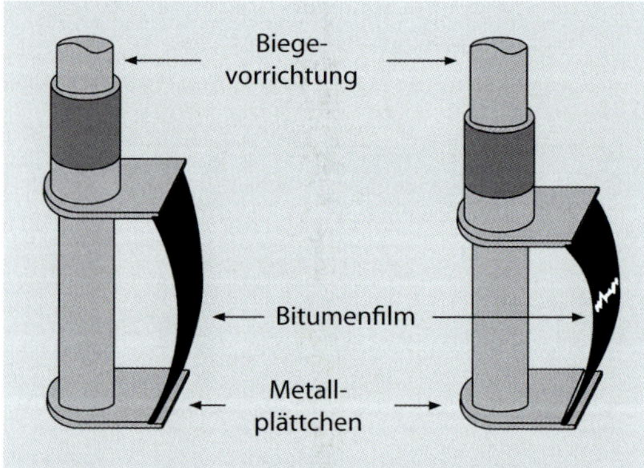

Abb. 10.17: Bestimmung des Brechpunktes

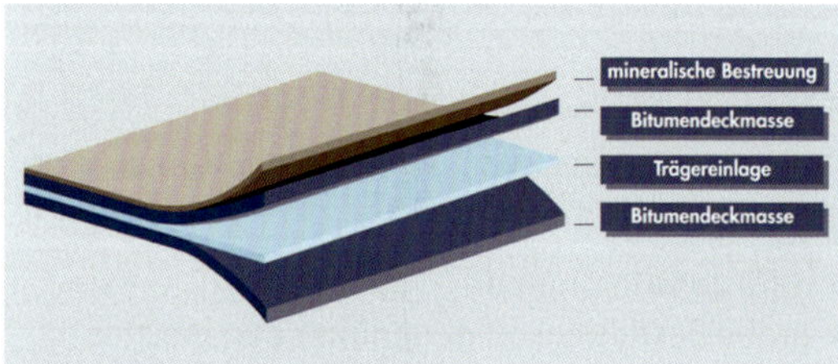

Abb. 10.18: Aufbau einer Bitumenbahn

Polymerbitumen hat im Vergleich zu Oxidationsbitumen u. a. folgende besondere Leistungseigenschaften:

- hervorragendes Langzeitverhalten und Alterungsbeständigkeit,
- erhöhte Wärmestandfestigkeit,
- erhöhtes Kaltbiegeverhalten sowie erhöhte Kälteflexibilität – in Kombination mit Polyestervlies und Kombinationsträgereinlagen ergeben sich sowohl bei Elastomer- als auch bei Plastomer-Bitumenbahnen ausgezeichnete mechanische Eigenschaften (Zugverhalten, Dehnfähigkeit).

Beschichtungen oder **Bestreuungen** verhindern in erster Linie das Zusammenkleben der aufgerollten Bahnen. Neben den mineralischen Stoffen Quarzsand, Talkum oder Schiefersplitt werden auch Kunststofffolien verwendet. Schiefersplitt als oberseitige Bestreuung dient auch als leichter Oberflächenschutz. Diese Beschichtungen oder Bestreuungen werden bereits werkseitig auf die Bitumenbahnen aufgebracht. Tabelle 10.4 zeigt eine Übersicht, der zur Verfügung stehenden Bitumenbahnen.

Tabelle 10.4: Bitumenbahnen

Bitumen-arten	Bahnarten	Anwendungs-typen	Trägereinlage	Verarbeitung	d in mm / g/m^2
Oxidationsbitumen	**Dachbahnen**				
	V13	DZ	G	Gießverfahren	1600[1]
	Bitumen - Dachdichtungsbahnen				
	G 200 DD	DU	G	Gießverfahren	1600
	PV 200 DD	DU	PV	Gießverfahren	2000
	Bitumen - Schweißbahnen				
	G 200 S4 (5)	DU	G	Schweißverfahren	4
	PV 200 S5	DU	PV	Schweißverfahren	5
	KTG S4	DU	KTG	Schweißverfahren	4
	KTP S4	DU	KTP	Schweißverfahren	4
Polymerbitumen	**Polymerbitumen – Dachdichtungsbahnen**				
	PYE-G 200 DD	DO	G	Gießverfahren	2100
	PYE-PV 200 DD	DO	PV	Gießverfahren	2100
	Polymerbitumen – Schweißbahnen				
	PYE-G 200 S4 (5)	DO	G	Schweißverfahren	4/5
	PYP-G 200 S4 (5)	DO	G	Schweißverfahren	4/5
	PYE-PV 200 S5	DO	PV	Schweißverfahren	5
	PYP-PV 200 S5	DO	PV	Schweißverfahren	5
	PYE KTG S4	DO	KTG	Schweißverfahren	4
	PYP KTG S4	DO	KTG	Schweißverfahren	4
	PYE KTP S4	DO	KTP	Schweißverfahren	4
	PYP KTP S4	DO	KTP	Schweißverfahren	4
	Kaltselbstklebende – Polymerbitumenbahnen				
	PYE-KSP-U/O	DU/DO	KTG/KTP	selbstklebend	2,8[2]/3,5[3]
	PYP-KSP-U/O	DU/DO	KTG/KTP	selbstklebend	2,8/3,5
	Polymerbitumenbahnen für einlagige Abdichtungen				
	PYE-KTG-E	DE	KTG	Schweißverfahren	4,5
	PYE-KTP-E	DE	KTP	Schweißverfahren	4,5
	PYP-KTG-E	DE	KTG	Schweißverfahren	4/4,5[5]
	PYP-KTP-E	DE	KTP	Schweißverfahren	4/4,5[5]
	Polymerbitumenschweißbahn als Wurzelschutzlage/-schicht mit Kupferverbund- und Kupferbandeinlage				
	PYE-S5	DO[4]	Cu01/VCu	Schweißverfahren	

1 nur als zusätzliche Lage oder als Trennlage; 2 Anwendungstyp DU; 3 Anwendungstyp DO; 4 Nur als Oberlage bei begrünten Abdichtungen; 5 mit oder ohne leichten Oberflächenschutz

Tabelle 10.5: Mindestanforderung an die Wärmestandfestigkeit

	Anforderung	Art der Trägereinlage/ Art des Bitumens (mit Anwendungstyp)
Wärmestandfestigkeit	≥ 70°C	Oxidationsbitumen
	≥ 80°C	VCu und Cu
	≥ 100°C	PYE
	≥ 110°C	PYE (DE)
	≥ 130°C	PYP

Tabelle 10.6: Mindestanforderungen an das Kaltbiegeverfahren

	Anforderung	Art der Trägereinlage/ Art des Bitumens (mit Anwendungstyp)
Kaltbiegeverhalten	≤ 0°C	Oxidationsbitumen
	≤ -15°C	PYP (DO oder DU)
	≤ -20°C	VCU; Cu; PYP (DE)
	≤ -25°C	PYE (DO oder DU)
	≤ -30°C	PYE (DE)

10.5.3 Verarbeitung von Bitumenbahnen

In der Regel werden bituminöse Dachabdichtungen mehrlagig ausgeführt. Die einzelnen Lagen der Abdichtung werden mit Nahtversatz verlegt. Die Überdeckung an Längs- und Quernähten beträgt mindestens 80 mm. Einlagige Abdichtungen und Überdeckungen im beschieferten Bereich der Dachbahnen müssen mindestens 100 mm überdeckt werden.

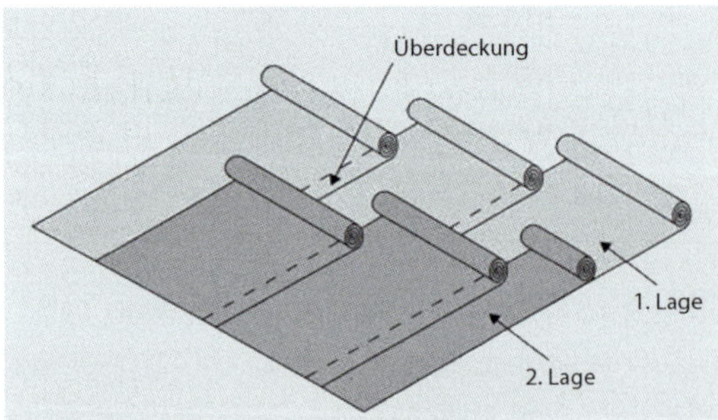

Abb. 10.19: Lagenversatz bei zweilagiger Abdichtung

Mechanische Befestigung

Die 1. Lage einer Abdichtung kann mechanisch befestigt werden. Alle weiteren Lagen werden vollflächig verklebt. Bei einlagigen Dachabdichtungen mit dafür geeigneten Polymerbitumenbahnen wird die Abdichtung selbst mechanisch befestigt. Die Befestigung wird, je nach Untergrund, mit z. B. Breitkopfstiften, Tellerdübeln, Schrauben, Laschen oder Metallbändern ausgeführt.

Voraussetzung für eine mechanische Befestigung ist eine genügend große Ausreißfestigkeit der zur Anwendung kommenden Bahnen. Dies können Bahnen mit einer Trägereinlage aus **Glasgewebe, Polyestervlies** oder **Kombinationsträgereinlagen** sein.

Abb. 10.20: Mechanische Befestigung

Gieß- und Bürstenstreichverfahren

Für das Gieß- und Bürstenstreichverfahren werden Bitumenklebemassen verwendet. Diese werden in einem Bitumenofen erhitzt und mittels einer Gießkanne bzw. Bürste auf den Untergrund aufgetragen. In diese Bitumenmasse wird dann die

Abb. 10.21: Gießverfahren

Bitumen-Dachdichtungsbahn eingerollt. Es ist auf eine vollflächige Verklebung zu achten, dies erreicht man am besten mithilfe eines Wickelkerns. Als Sichtkontrolle sollte an den Nähten und Stößen Bitumenmasse austreten.

Schmelz- oder Schweißverfahren

Beim Schmelzverfahren werden die Bitumendeckschichten der Bitumen-Schweißbahnen mit einer Brennerflamme oder einem Warmgasgerät (Föhn) aufgeschmolzen und unter leichtem Druck so eingerollt, dass sie sich vollflächig mit dem Untergrund verbinden. Um eine **homogene Verbindung** der Bitumenschichten zu erreichen, müssen sowohl die 1. als auch die 2. Lage Bitumenbahnen erhitzt werden. Auch hier ist die Verwendung eines Wickelkerns zu empfehlen.

Abb. 10.22: Schmelzverfahren

Kaltselbstklebeverfahren

Wegen evtl. Brandgefahr bei Arbeiten mit offener Flamme werden immer häufiger **kaltselbstklebende Bitumen-Dichtungsbahnen (KSK)** oder **kaltselbstklebende Polymerbitumenbahnen (KSP)** verwendet. Die selbstklebenden Bitumenbahnen sind auf den Unterseiten mit selbstklebendem Bitumen ausgestattet. Voraussetzung für diese Art der Ausführung ist ein geeigneter Untergrund.

Hier sind auf jeden Fall die Hersteller-Verlegevorschriften zu beachten. Durch Abziehen der unterseitigen Trennfolie wird die Bahn unter Druck teilweise oder vollflächig aufgeklebt. Zur Vermeidung von Kapillaren sind am T-Stoß Schrägschnitte (Kapillarschnitte) an der mittleren Bahn vorzunehmen. Kaltselbstklebende Bitumen-Dichtungsbahnen kommen vorzugsweise als 1. Abdichtung auf der Dämmschicht zum Einsatz.

Abb. 10.23: Kaltselbstklebeverfahren

> **Bitumenbahnen können mechanisch befestigt oder im Gieß-, Bürstenstreich-, Schmelz- (Schweiß-) oder Kaltselbstklebeverfahren verklebt werden.**

10.6 Dachabdichtungen mit Kunststoff- und Elastomerbahnen

Kunststoff- und Elastomerbahnen werden seit Mitte des vorigen Jahrhunderts zur Dachabdichtung eingesetzt. Abdichtungen mit Kunststoff- und Elastomerbahnen erfolgen ohne offene Flamme. Daher besteht gerade bei Anschlüssen an Türen etc. keine Gefahr von Brand- oder Schmauchspuren an den Türrahmen. Ein weiterer Vorteil ist die grundsätzlich einlagige Verlegung, durch die gerade bei begehbaren Flächen ein weniger dicker Schichtaufbau erreicht wird.

10.6.1 Kunststoffe

Kunststoffe (Polymere) sind chemische Verbindungen, die synthetisch aus organischen Molekülen hergestellt werden. Die häufigsten Rohstoffe sind Erdöl, Erdgas und Kohle, wobei Kohlenstoff das zentrale Element der Verbindungen darstellt.

Kunststoffe bestehen aus Makromolekülen, also sehr großen Molekülen, die aus Tausenden von Einzelmolekülen aufgebaut sind. Durch spezielle chemische Verfahren werden einfache Kohlenstoffverbindungen der organischen Rohstoffe in lange Molekülketten umgewandelt und verknüpft.

Die Einteilung der Kunststoffe erfolgt in 3 Hauptgruppen:

- **Duromere (Duroplaste):** Harte, formstabile Kunststoffe.
- **Plastomere (Thermoplaste):** Verformbare Kunststoffe bei Erwärmung.
- **Elastomere:** Elastische Kunststoffe, die sich dehnen und in ihre ursprüngliche Form zurückkehren.

Duromere/Duroplaste

Duromere oder Duroplaste sind Kunststoffe, die sich bei Erwärmung nicht mehr verformen lassen. Bei hohen Temperaturen zersetzen sie sich ohne vorherige Erweichung.

Durch das Herstellungsverfahren setzt die Verfestigung von Duromeren erst nach der Formgebung ein und ist dann nicht mehr veränderbar. Daher werden sie auch als härtbare Kunststoffe bezeichnet. Das Endprodukt lässt sich nur noch durch spanende Verfahren (z. B. Bohren, Sägen) sowie durch Kleben verändern. Duroplaste lassen sich nicht schweißen und sind nur noch sehr schwer bis gar nicht löslich.

Plastomere/Thermoplaste

Plastomere zeichnen sich vor allem dadurch aus, dass sie unter Wärmezufuhr verformbar sind. Ein bei Zimmertemperatur fester, harter Thermoplast (z. B. PVC) wird bei Erwärmung zunächst weich und formbar. Beim Erkalten hält er diese neue Form bei. Wird die Wärmezufuhr erhöht, wird der Thermoplast fast flüssig, bis er sich schließlich zersetzt.

Für die Verwendung als Dachbahnen müssen die Plastomere in einen elastischen Zustand, auch bei Raumtemperatur, versetzt werden. Dies gelingt durch Zugabe von **nicht flüchtigen Lösungsmitteln (Weichmacher).** Mit diesen nicht flüchtigen Lösungsmitteln ist es möglich, Plastomere auf fast jeden Plastifizierungswert einzustellen.

Mit flüchtigen Lösungsmitteln wie z. B. **Tetrahydrofuran (THF)** lassen sich Plastomere bis zu einem lackähnlichen Zustand aufweichen. Bei dosierter Anwendung von THF werden nur die Oberflächen zweier Bahnen angelöst und ermöglichen so eine **homogene Nahtverbindung (Quellverschweißung).**

Elastomere

Elastomere Kunststoffe sind aufgrund ihrer molekularen Zusammensetzung auch ohne Zusatz von Weichmachern gummielastisch. Neben den Dachbahnen aus plastomeren Kunststoffen kommen auch **Elastomerbahnen** zum Einsatz. Diese lassen sich nicht schweißen und sind nur schwer löslich. Sie können mit Kontaktklebern, Dichtungsbändern oder auch mit Warmgas miteinander verbunden

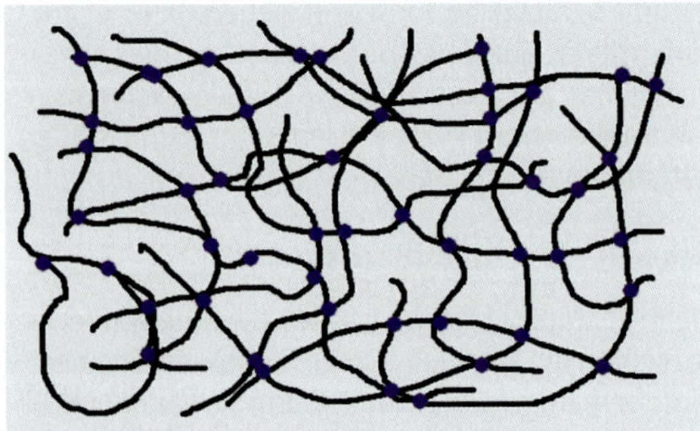

Abb. 10.24: Duromere Molekülstruktur

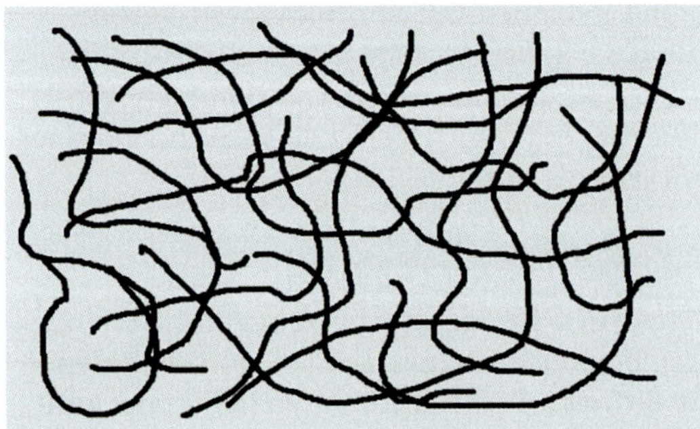

Abb. 10.25: Plastomere Moleküstruktur

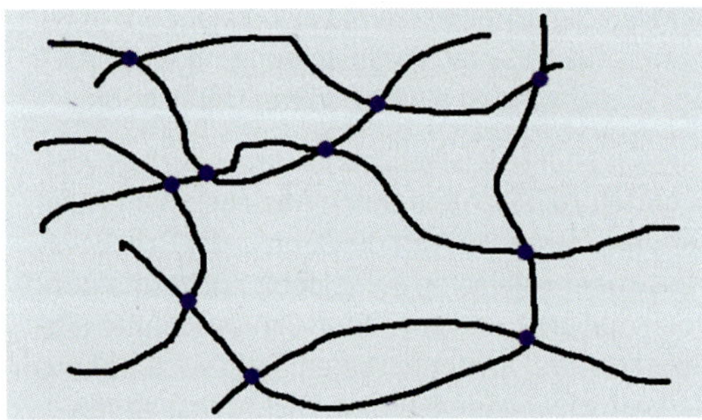

Abb. 10.26: Elastomere Molekülstruktur

werden. Elastomere sind bei Normaltemperatur elastisch, bei tiefen Temperaturen hart und spröde, bei hohen Temperaturen zersetzen sie sich.

Herstellung von Kunststoff- und Elastomerbahnen

Bei der Herstellung von Kunststoffprodukten werden 3 Verfahren unterschieden:

- Kalandrieren,
- Extrudieren und
- Spritzgießen.

Beim **Kalandrieren** werden Rohstoffe bei ca. 200 °C plastifiziert und zu Folien oder Bahnen ausgewalzt. Nach dem Abkühlen können diese aufgewickelt werden.

Bahnen bis 1,2 mm Dicke entstehen direkt, dickere Bahnen oder solche mit Einlagen (Gewebe oder Vlies) erfordern Dubletten: Zwei Kalander arbeiten übereinander und fügen die Schichten mit oder ohne Einlagen zusammen. Bahnen mit Einlagen haben keine Wickel- oder Rückstellspannungen.

Im **Extrusionsverfahren** werden Kunststoffbahnen mit kontinuierlich arbeitenden Schneckenstrangpressen hergestellt. Auch hier liegt die Verarbeitungstemperatur der Rohstoffe bei 150 bis 200 °C. Über Kugeldüsen wird zunächst ein Schlauch geformt, der aufgeschnitten und ausgebreitet über Kalibriervorrichtungen unter Abkühlung zum Fertigprodukt geformt wird.

Das **Spritzgießverfahren** dient in erster Linie der Herstellung von Zubehörteilen und Formstücken für die hochpolymere Dachabdichtung. Im Spritzguss können Fertigecken, Manschetten o. Ä. aus homogenem Material (ohne Einlagen) ohne eingebaute Spannungen geformt werden.

10.6.2 Kunststoff- und Elastomerbahnen

Hochpolymerbahnen werden als homogene Bahnen ohne Einlagen oder mit Gewebestärkung, Vlieseinlagen oder Kaschierung verwendet. Dachabdichtungen aus Kunststoff- und Elastomerbahnen sind meist einlagig und benötigen keinen Oberflächenschutz, da sie witterungsbeständig sind.

Sie können lose verlegt (mit Auflast), verklebt oder mechanisch befestigt werden. Die Einteilung erfolgt nach verwendeten Polymeren, Bahnendicke und Einlagen/Kaschierungen. Einige Hochpolymerbahnen lassen sich werkseitig zu großen Planen (bis 800 m^2) schweißen, wodurch die Nahtfügungen auf der Baustelle minimiert werden.

Die Nahtverbindungen werden durch Kleben, Quellschweißen oder Warmgas-/Heißluftschweißen hergestellt, ohne offene Flamme. Aufgrund der unterschiedlichen Materialzusammensetzungen müssen die Hersteller-Verlegevorschriften beachtet werden, da nicht alle Bahnen z. B. bitumenverträglich sind. Die Bezeichnungen der Bahnen basieren auf ihrer chemischen Zusammensetzung.

Plastomere Kunststoffbahnen

Polyvinylchlorid (PVC-P)

Auf Dächern wird meist PVC-P-NB (nicht bitumenverträglich) verwendet. Eine Trennlage (z. B. Glasvlies) schützt die Dichtungsbahn vor Fremdkörpern und verhindert den direkten Kontakt mit Bitumen oder Kunststoffschäumen, da diese die „Weichmacherwanderung" verursachen können. Diese führt zum Verlust der Elastizität und Schrumpfen der Bahnen.

Die Verlegung erfolgt lose mit Auflast oder mechanischer Befestigung. An Dachrändern, Durchdringungen und Anschlüssen sind mechanische Fixierungen (z. B. Metallbänder, Halterteller) notwendig. Anschlüsse werden mit Kontaktkleber hergestellt.

Die Nähte werden vor Ort durch Quell- oder Heißluftverschweißung abgedichtet. Für zusätzliche Sicherheit wird der gleiche Werkstoff in Lösungsmittel (z. B. THF) aufgetragen.

PVC-P-B (bitumenverträgliche PVC-Bahnen) finden hauptsächlich in Bauwerksabdichtungen Anwendung.

Da hier keine Sonneneinstrahlung vorliegt, tritt keine Weichmacherwanderung auf. Die Verklebung erfolgt mit Heißbitumen oder einer werkseitig aufgebrachten Selbstklebeschicht.

Polyisobutylen (PIB)

PIB (Polyisobutylen) ist immer bitumenverträglich sowie halogen- und weichmacherfrei. Die Bahnen sind einseitig vlieskaschiert und können mit Kontaktkleber oder Klettbändern befestigt werden, wobei sich die Kaschierung im Klett verhakt.

Anschlüsse werden mit Kontaktkleber hergestellt. Nähte und Stöße werden entweder durch Quellverschweißung oder Klebebänder abgedichtet. Unkaschierte Bahnen mit Glasvlieseinlage werden durch Heißluftschweißen gefügt.

Ethylencopolymerisat-Bitumen (ECB)

Diese Dachbahnen aus Polyethylen-Bitumen-Verbindungen sind weichmacher- und halogenfrei sowie bitumen- und polystyrolverträglich. Sie werden mit Glasvlieseinlagen und vlieskaschierter Unterseite extrudiert.

Die Flächenverklebung erfolgt mit Heißbitumen, während Anschlüsse mit Bitumenklebemasse ausgeführt werden. Meist wird auf der Deckunterlage eine zusätzliche Glasvlies-Bitumenbahn verlegt. Nahtfügungen werden homogen durch Heißluftverschweißung hergestellt.

Ethylen-Vinylacetat (EVA oder VAE)

Das Bahnenangebot dieser bitumenverträglichen Bahnen beinhaltet homogene, kaschierte, verstärkte, selbstklebende und mit Photovoltaikmodulen ausgestattete Dichtungsbahnen. Die Nahtfügungen können durch Quellschweißen oder durch Heißluftschweißen hergestellt werden. Eine zusätzliche Absicherung durch EVA-Lösung ist notwendig. EVA-Dichtungsbahnen sind für alle Verlegearten geeignet.

Flexible Polyolefine (FPO)

Flexible Polyolefin-Bahnen (FPO) ähneln PVC-P, sind jedoch härter eingestellt, was bei der Verlegung und Nahtfügung zu beachten ist. Nähte und Stöße werden durch Quell- oder Warmgasschweißen abgedichtet. Aufgrund der höheren Präzision wird der Einsatz von Warmgasschweißautomaten empfohlen. Die Bahnen sind mit und ohne Einlagen verfügbar.

Elastomere Kunststoffbahnen

Ethylen-Propylen-Terpolymer-Kautschuk (EPDM)

EPDM (Synthese-Kautschuk) ist ein elastisches, langlebiges Material, das durch Vulkanisation von Rohmischungen mit Schwefel oder Peroxyden hergestellt wird. Dabei entstehen Molekülbrücken, die das Material thermisch unverformbar machen.

EPDM zeichnet sich durch hervorragende Beständigkeit gegen Sauerstoff, Ozon, UV-Strahlen, hohe Temperaturen und Chemikalien aus. Die mechanischen Eigenschaften wie Härte, Kälteflexibilität, Reißfestigkeit und Stoßelastizität können durch Zusatzstoffe gezielt angepasst werden.

Weichmacher bleiben dauerhaft gebunden, wodurch EPDM lebenslang elastisch und flexibel bleibt, ohne auszuhärten oder zu verspröden.

Tabelle 10.7: Kurzzeichen für Produktmerkmale

Kurzzeichen	Beschreibung	Kurzzeichen	Beschreibung
K	kaschiert	GV	Glasvlies
V	verstärkt	PV	Polyestervlies
E	Einlage	PPV	Polypropylenvlies
BV	bitumenverträglich	GG	Glasgittergelege/-gewebe
NB	nicht bitumenverträglich	PG	Polyestergelege/-gewebe
SK	Selbstklebeschicht		

Tabelle 10.8: Kurzzeichen für Stoffe und Mindestdicken für Kunststoff- und Elastomerbahnen

Stoff	Kurzzeichen	Mindestdicke in mm
Kunststoffbahnen auf Basis von Polyvinylchlorid		
Polyvinylchlorid	PVC-P	1,5
Ethylen-Vinylacetat-Terpolymer/-Copolymer	EVA/ EVAC	1,5
Kunststoffbahnen auf Basis von flexiblen Polyolefinen		
Flexibles Polyolefin	FPO	2
Ethylencopolymerisat-Bitumen	ECB	2
Kunststoffbahnen auf Basis von Polyisobuten		
Polyisobutylen	PIB	1,6
Elastomerbahnen		
Ethylen-Propylen-Dien-Terpolymer	EPDM	bei nicht genutzten Flächen 1,3 bei genutzten Flächen 1,5 mit innen liegender Verstärkung 1,6

10.6.3 Fügetechniken

Die **homogene Verbindung** der Überdeckungen bei Kunststoff- und Elastomerbahnen nennt man **Fügen**. Es gibt verschiedene Fügetechniken, die von der jeweiligen Art der zu verarbeitenden Bahn abhängen.

Das Fügen von Bahnen erfolgt durch verschiedene Techniken, je nach Bahnentyp. Industrielle Methoden wie Heizkeilschweißen werden meist für großflächige Planen verwendet, während Baustellentechniken sicher, einfach und direkt funktionsfähig sein müssen. Die Überdeckungen betragen in der Regel 50 mm und können bei Anschlüssen oder Einbauteilen auch gegen den Wasserlauf ausgeführt werden.

Kreuzstöße sollten durch versetzte Bahnen vermieden werden. An T-Stößen sind Maßnahmen gegen Kapillarbildung erforderlich, wie das Abschrägen der Kanten oder das Abdichten mit Pasten. Einige Hersteller empfehlen eine Nachbehandlung der Nähte, um Dochtwirkungen an Schnittkanten zu verhindern.

Das Quellschweißverfahren

Beim Quellschweißverfahren wird im Nahtbereich zwischen den sich überdeckenden Bahnen ein Quellschweißmittel (Lösungsmittel) aufgepinselt. Es ist ein vom Bahnenhersteller empfohlenes, für die Bahn geeignetes Lösungsmittel zu verwenden. Das leichtflüchtige Lösemittel löst die Oberflächen der Dichtungsbahnen an, unter Druck verhaken sich die gelösten Kettenmoleküle und nachdem das Lösemittel verdunstet ist, hat sich die Fügestelle homogen verbunden.

Das Quellschweißmittel wird mit einem 5 cm breiten Pinsel (bzw. Pinselflasche) aufgetragen. Der Druck auf die Naht wird z. B. in der Waagerechten mit einem „Sandsack" (mit Sand gefüllter PE-Schlauch) sichergestellt. In der Senkrechten oder bei Formteilen werden die zu fügenden Teile mit einer Silikon- oder Metallandrückrolle angedrückt. Die Nähte sind bei einer Überdeckung von 4 cm mindestens 3 cm breit ab dem oberen Bahnenrand homogen zu fügen. T-Stöße sind im Heißluftschweißverfahren auszuführen

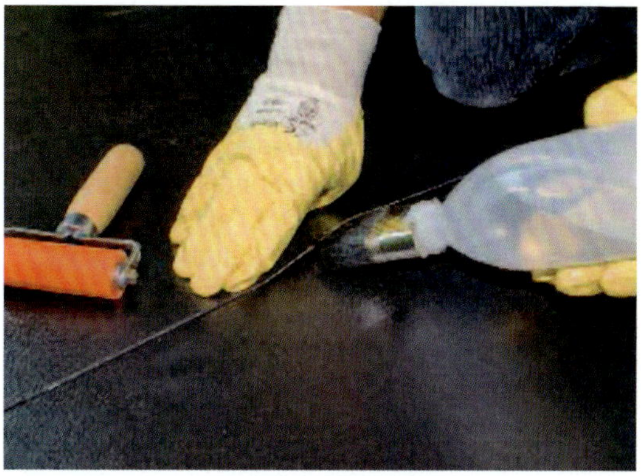

Abb. 10.27: Die Quellverschweißung

Bei großen Flächen kommen auch Quellschweißgeräte zum Einsatz. Bei diesen läuft das Quellschweißmittel aus einem Vorratsbehälter in den Flachpinsel und benetzt die Kontaktflächen. Eine nachfolgende Metallrolle fügt den Nahtbereich durch sein Eigengewicht.

Bei der Verarbeitung von Quellschweißmittel sind die **äußeren Bedingungen** (Temperatur, Luftfeuchtigkeit) zu beachten. Um eine sichere Nahtverbindung zu erzielen, kann es notwendig sein, die Nahtbereiche mit Heißluft anzuwärmen. Grundsätzlich müssen die Nahtbereiche **trocken und sauber** sein sowie **spannungs- und faltenfrei** aufliegen. Es wird empfohlen, Probeschweißungen auszuführen

Quellschweißmittel ist ein Gefahrstoff! Es ist leicht entzündlich, die Dämpfe sind reizend und schwerer als Luft und können explosionsgefährliche Dampf-Luft-Gemische bilden. Aus diesem Grund dürfen Lösungsmittel nur im Freien oder in gut durchlüfteten Räumen eingesetzt werden. Hautkontakte sind zu vermeiden. Die üblichen Vorsichtsmaßnahmen beim Umgang mit Chemikalien sind zu beachten. Bei der Arbeit nicht essen, trinken oder rauchen. Vor den Pausen und bei Arbeitsende Hände waschen. Beschmutzte und getränkte Kleidung ist sofort zu wechseln. Grundsätzlich ist das Sicherheitsdatenblatt zu beachten.

Heißluftschweißen bzw. Warmgasschweißen

Das Heißluftschweißen ist nahezu witterungsunabhängig, erfordert jedoch eine Mindesttemperatur von 5 °C. Die zu verschweißenden Flächen müssen trocken und sauber sein. Die Kontaktflächen werden mit Heißluft (300 bis 700 °C) plastifiziert und unter mäßigem Druck (Silikon- oder Metall-Andrückrolle) verbunden.

Überlappungen von mindestens 4 cm werden auf einer Breite von 2 cm homogen verschweißt. Flächennähte können mit einem Schweißautomaten oder einem Handgerät verschweißt werden, während Detailarbeiten (z. B. T-Stöße, Ecken) mit einem Handschweißgerät erfolgen.

Beim Schweißen wird die Düse so geführt, dass beide Bahnen plastifiziert werden. Die Andrückrolle fügt die Überlappung durch Druck, wobei im Rückwärtsgang gearbeitet wird, um bereits verschweißte Bereiche nicht zu beschädigen.

Schweißautomaten müssen hinsichtlich Fahrgeschwindigkeit und Heißlufttemperatur so eingestellt werden, dass eine gleichmäßige, dichte Naht gewährleistet ist.

Nahtverbindungen mit Dichtungsbändern

Kunststoff- und Elastomerbahnen können werkseitig mit einem Dichtungsband im Nahtbereich ausgestattet sein, das durch einen Schutzstreifen abgedeckt wird. Auf der Baustelle wird das Schutzband abgezogen, die gereinigten Bahnen ausgerichtet und unter Druck zusammengefügt, wodurch eine selbstklebende Verbindung entsteht. Alternativ kann das Dichtungsband vor Ort eingelegt werden.

Die Klebeflächen müssen vorher gereinigt werden, und sowohl das Dichtungsband als auch die Mindestfügebreite sollten mindestens 4 cm breit sein.

Heißvulkanisieren

Nahtverbindung durch Heißvulkanisieren wird vorzugsweise zur werkseitigen Vorfertigung von Planen angewendet. Durch Heißvulkanisieren hergestellte Nähte weisen keinen Unterschied im Materialgefüge auf und haben deshalb die gleichen Eigenschaften wie das Material in der Fläche.

Abb. 10.28: Die Heißluftverschweißung

Hochfrequenz- und Heizkeilschweißverfahren

Diese Verfahren werden vorzugsweise zur Vorfertigung von Nahtverbindungen der Bahnen in Werkstätten angewendet. Wegen der aufwendigen Geräte werden sie auf Baustellen nicht eingesetzt.

10.6.4 Baustellengerechte Nahtprüfung

Eine Dachabdichtung muss vollständig wasserdicht sein, da undichte Nähte die gesamte Abdichtung unbrauchbar machen. Eine sorgfältige Prüfung der Nahtverbindungen, besonders an T-Stößen, Durchdringungen, Anschlüssen und Übergängen, ist daher unerlässlich. Neben aufwendigen Druckluft- und Vakuumprüfungen sind grundlegende Kontrollen zwingend erforderlich.

Optische Nahtkontrolle

Die einfachste Möglichkeit, eine Naht zu überprüfen, ist die augenscheinliche Begutachtung nach Abschluss der Arbeiten. Insbesondere beim **Heißluftschweißverfahren** tritt i. d. R. eine **kleine Schweißraupe** aus der Naht. Sie ist als ein sichtbares Zeichen für eine ordnungsgemäße Nahtfügung anzusehen. Klebefehlstellen und offenstehende Nahtkanten sind ein sichtbares Zeichen für eine notwendige Nachbearbeitung.

Reißnadelprüfung

Bei dieser Prüfmethode wird mit einer Prüfnadel oder einem geeigneten Werkzeug (z. B. abgerundeter Schraubendreher) an der erkalteten Nahtkante entlanggefahren. Klebefehler lassen sich durch

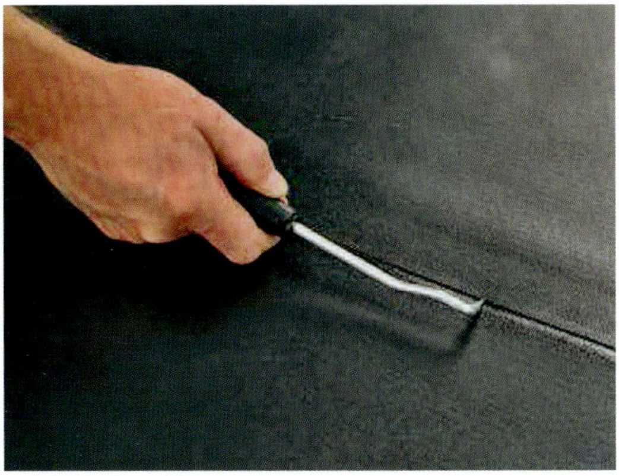

Abb. 10.29: Reißnadelprüfung

Abb. 10.30: Detailausbildungen mit Flüssigabdichtung

leichten Druck erkennen, ohne die Bahn zu beschädigen. Spitze Gegenstände sollten aufgrund der Perforationsgefahr nicht verwendet werden. Offene Nahtstellen erkennt man daran, dass die Nadel hängen bleibt. Diese Methode prüft keine Dichtigkeit, sondern zeigt unsauber verschweißte Bereiche

10.7 Dachabdichtungen mit Flüssigkunststoffen

Flüssigkunststoffe haben sich insbesondere bei komplizierten Details, wie z. B. mehreren Durchdringungen auf engem Raum, vor allem im Bereich der Sanierung bewährt.

10.7.1 Flüssigkunststoffe

Flüssigkunststoffe gelten als **einlagige Abdichtung** (Anwendungstyp DE). Sie müssen mindestens zweischichtig mit Einlage ausgeführt werden.

Als Einlage müssen **Kunststofffaservliese**, mindestens 110 g/m², eingesetzt werden. Die geforderte Schichtdicke inkl. Trägereinlage beträgt mindestens 2,1 mm.

Flüssigkunststoffe für die Dachabdichtung sind ein- oder mehrkomponentige Kunstharze, die in flüssiger Form auf die Dachfläche gerollt, gestrichen oder gespritzt werden. Nach dem Abbinden erhärten sie zu einer naht- und fugenlosen Abdichtung.

Bei einkomponentigen Werkstoffen sind alle Bestandteile bereits im erforderlichen Verhältnis gemischt. Bei mehrkomponentigen Flüssigkunststoffen werden mindestens 2 Materialien vor Ort

Tabelle 10.9: Fügeverfahren und Mindestfügebreiten für Kunststoff- und Elastomerbahnen

Fügeverfahren	Stoff	Mindestfügebreite in mm
Quellschweißen	EVA/EVAC, PVC-P	30
Warmgasschweißen oder Heizkeilschweißen	ECB, EVA/EVAC, FPO, PVC-P, PIB	20
	EPDM 1)	30
Dichtrand/Abdeckband/Nahtband	PIB 3), EPDM	40 2)
Heißluftvulkanisation	EPDM	20
Warmgasschweißen mit Polymerbitumen	EPDM	40

1) nicht vernetztes/nicht ausvulkanisiertes EPDM mit thermoplastischen Eigenschaften oder mit vorkonfektioniertem thermoplastischem Dichtrand
2) bei vernetztem Nahtband bei EPDM-Bahnen 60 mm
3) Gefälle der Abdichtungsunterlage mindestens 2 %; bei gefällelosen Flächen ist die Verlegung nach den herstellerseitigen Vorgaben mit den dort beschriebenen Maßnahmen erforderlich

gemischt. Bei einigen Herstellern ist durch das Mischungsverhältnis die Abbindezeit zu beeinflussen.

Die am häufigsten eingesetzten Flüssigkunststoffe sind:

- flexible ungesättigte Polyesterharze (FUP),
- flexible Polyurethanharze (PU),
- flexible Polymethylmethacrylate (PMM).

Die Kennzeichnung und die Sicherheitsratschläge auf den Gebinden, die Gefahrenhinweise sowie die Sicherheitsdatenblätter sind bei Transport, Lagerung und Verarbeitung zu beachten.

10.7.2 Verarbeitung von Flüssigkunststoffen

Der Untergrund soll trocken, fest und frei von losen oder haftmindernden Bestandteilen sein. Werden Flüssigkunststoffe auf unkaschierte Dämmstoffe oder Unterlagen aus Holz aufgebracht, sollen Trennlagen angeordnet werden.

Bei besplitteten Bahnenoberflächen ist ggf. ein Porenverschluss vor den Beschichtungsarbeiten erforderlich, da es u. U. zu Blasenbildung innerhalb der Abdichtung kommen kann.

Bei der Verarbeitung auf Kunststoffbahnen ist die Materialverträglichkeit zu prüfen, da sich die Kunststoffbahn anlösen kann. Bei der Sanierung von Bitumendächern ist ein Aufschneiden und Ankleben bzw. ein Abstoßen von Blasen und Falten notwendig. Natürlich wird die Fläche scharf abgefegt

Grundierung

Grundierungen haben die Aufgabe, eine **haftvermittelnde Schicht** zwischen Untergrund und der aufzubringenden Abdichtung herzustellen. Abhängig vom Untergrund, ggf. nach Rücksprache mit dem Materialhersteller, wird eine geeignete Grundierung aufgebracht. Diese Grundierungsarbeiten müssen i. d. R. mehrere Stunden (temperaturabhängig) vor den Abdichtungsarbeiten erfolgen, damit die Grundierung durchtrocknet.

Abdichtung

Bei mehrkomponentigen Materialien werden die Bestandteile unmittelbar vor der Verarbeitung gemischt. Regulatoren können die Abbindezeit anpassen: Beschleuniger bei niedrigen Temperaturen und Verzögerer bei über 25 °C. Das Material wird durch Streichen, Rollen oder Spritzen aufgetragen.

Die Einlage wird in den Flüssigkunststoff eingebettet und direkt abgedeckt, um eine vollständige Abdeckung ohne Lufteinschlüsse sicherzustellen. Bahnen überlappen mindestens 50 mm. An- und Abschlüsse sowie Dachdurchdringungen (z. B. Lüfter, Lichtkuppeln) werden vor der Flächenabdichtung vorbereitet und in einem Guss abgedichtet. Flüssigkunststoffe sind UV-beständig, benötigen keinen Oberflächenschutz und sind nach der Trocknungszeit begehbar.

Dank ihres geringen Dampfdiffusionswiderstands eignen sie sich ideal für Dachsanierungen, da sie Restfeuchte im Dachaufbau vollständig ausdiffundieren lassen.

10.8 Materialbedarfsrechnung

Der Bedarf der verschiedenen Materialien wird immer auf eine bestimmte Einheit berechnet.

Bei **Flächen** wird der Bedarf **pro m²** berechnet, bei **Längen** (z. B. Dachrandabschlüssen, Rinnen etc.) der Bedarf **pro m**.

10.8.1 Bedarf an Dachbahnen

Dachbahnen werden überdeckt verarbeitet. Es werden mehr m^2 Dachbahnen pro m^2 Dachfläche benötigt.

Der Bedarf an Bahnen bezieht sich auf die Einheit „m^2/m^2“ und ist im Wesentlichen abhängig von

- Bahnenlänge,
- Bahnenbreite,
- den erforderlichen Naht- und Stoßüberdeckungen.

10.8.2 Bedarf an Anschlussbahnen für Dachrandan- und -abschlüsse

Der Bedarf an diesen Bahnen berechnet sich in m/m bzw. in m^2/m. Der effektive Bedarf ist von der Verarbeitungslänge der Anschlussbahnen abhängig. Es besteht hier folgendes Verhältnis: Je größer die Verarbeitungslänge, umso kleiner ist der Überdeckungsanteil und damit der Bedarf an Bahnen.

Praxisbeispiel

Rechenbeispiel:

Ein Garagendach mit einer Grundfläche von 3 m × 5 m soll mit einer beschieferten Bitumen-Schweißbahn saniert werden. Benötigt wird das Material, um 15 m^2 (3 m × 5 m) Dachfläche abzudichten.

Bitumen-Schweißbahn, beschiefert

Länge 5 m × Breite 1 m = 5 m^2
Bahnenlänge = 5 m
Bahnenbreite = 1 m
Nahtüberdeckung = 0,08 m
Stoßüberdeckung = 0,1 m
Zuschlag = 3%

Formel:

$$\text{Bahnenbedarf/m}^2 = \frac{\text{Deckfläche (m}^2)}{\text{Sichtfläche (m}^2)}$$

$$= \frac{\text{Länge} \cdot \text{Breite}}{(\text{Länge} - \text{Stoßüberdeckung}) \cdot (\text{Breite} - \text{Nahtüberdeckung})}$$

$$= \frac{5{,}00\text{ m} \cdot 1{,}00\text{ m}}{(5{,}00\text{ m} - 0{,}10\text{ m}) \cdot (1{,}00\text{ m} - 0{,}08\text{ m})} = \frac{5{,}00\text{ m}^2}{4{,}508\text{ m}^2}$$

$$= 1{,}109\text{ m}^2/\text{ m}^2$$

Die 5 m^2 große Bitumenbahn deckt nur eine Dachfläche von 4,508 m^2 ab.

1 m^2 Bitumenbahn deckt folglich **0,901 m^2** (4,508 m^2 : 5) Dachfläche.

Im Umkehrschluss bedeutet das, dass **1,109 m^2 Bitumenbahn** (1 m^2 Dachfläche : 0,901 m^2 Bitumenbahn) benötigt werden, um **1 m^2 Dachfläche** abzudichten.

In der Regel wird noch ein Zuschlag für Verschnitt hinzugerechnet. Dieser Wert ist abhängig von der Grundform der Dachfläche. Bei zeltförmigen oder kuppelförmigen Dächern ist der Verschnitt wesentlich höher als bei einfachen rechteckigen oder quadratischen Flachdächern. Im Normalfall liegt der Zuschlag für Verschnitt bei 3 bis 5 %.

Auch hier kann ein Zuschlag für Verschnitt von z. B. 3 % zugerechnet werden.
$1{,}109 + (1{,}109 : 100 \cdot 3) = 1{,}142\text{ m}^2/\text{m}^2$

Menge an Bitumenbahnen/Rollen ohne Zuschlag:

$$n_{\text{Rollen ohne Zuschlag}} = \frac{\text{Dachfläche (m}^2)}{\text{Sichtfläche (m}^2)}$$

$$= \frac{3{,}00\text{ m} \cdot 5{,}00\text{ m}}{(5{,}00\text{ m} - 0{,}10\text{ m}) \cdot (1{,}00\text{ m} - 0{,}08\text{ m})}$$

$$= \frac{15{,}00\text{ m}^2}{4{,}508\text{ m}^2} = 3{,}327\text{ Rollen}$$

Menge an Bitumenbahnen/Rollen mit Zuschlag:

$n_{\text{Rollen mit Zuschlag}}$

$= n_{\text{Rollen ohne Zuschlag}} + (n_{\text{Rollen ohne Zuschlag}} : 100\,\% \cdot 3\,\%)$

$= 3{,}327\text{ Rollen} + (3{,}327\text{ Rollen} : 100\% \cdot 3\,\%)$

<u>= 3,427 Rollen</u>

10.9 Einteilung von Baustoffen nach Kriterien des Brandschutzes

Die Landesbauordnungen der einzelnen Bundesländer enthalten die wesentlichen Vorschriften über den Brandschutz baulicher Anlagen. So müssen Dächer mit Abdichtungen entsprechend den Bestimmungen der Landesbauordnungen widerstandsfähig gegen Flugfeuer und strahlende Wärme sein (harte Bedachung). Nicht brennbare Baustoffe der Klasse A werden in die Gruppen A1 und A2 unterteilt, wobei Baustoffe der Gruppe A2 geringe Mengen brennbarer Bestandteile enthalten dürfen.

- **Nicht brennbar** sind danach alle Baustoffe, die überhaupt nicht zur Entzündung gebracht werden können. Hierzu zählen alle natürlichen und künstlichen Steine, Beton, Mörtel, Baumetalle, Glas und einige Kunststoffe.
- **Schwer entflammbar** sind Stoffe, die nur schwer zur Entzündung gebracht werden können und nach der Entfernung der Flamme schnell wieder verlöschen. Ebenso werden Stoffe, die ohne eigene Entflammung verkohlen, als schwer entflammbar bezeichnet.
- Als **normal entflammbar** gelten Baustoffe wie Holz und Dachabdichtungen aus Bitumenbahnen, die eine bestimmte Entzündungstemperatur und -dauer benötigen, dann allerdings weiterbrennen.
- **Leicht entflammbar** sind Papiere, Pappen sowie alle Treibstoffgemische, Lösungsmittel und die meisten Klebstoffe, die schon bei geringer Zündtemperatur Feuer fangen.

> **Leicht entflammbare Dämmstoffe dürfen nicht verwendet werden.**

Werden Dämmstoffe der Baustoffklasse A1 oder B1 wegen besserer Verarbeitbarkeit mit einer Bitumenbahn kaschiert oder mit einem Bitumendeckabstrich auf der Oberseite versehen, so werden diese Dämmstoffe in die Baustoffklasse B2 zurückgestuft, da Bitumen und Bitumenbahnen als normal entflammbar eingestuft sind.

10.10 Begrünte Dachflächen

Begrünte Dachflächen sind eine innovative und nachhaltige Lösung, um urbane Flächen sinnvoll zu nutzen und gleichzeitig ökologische Vorteile zu schaffen. Sie verwandeln ungenutzte Dachflächen in grüne Oasen, die nicht nur ästhetisch ansprechend sind, sondern auch zahlreiche praktische Funktionen erfüllen. Von der Verbesserung des Mikroklimas über die Bindung von Feinstaub bis hin zur Entlastung von Entwässerungssystemen – Dachbegrünungen leisten einen wichtigen Beitrag zum Klimaschutz und zur Lebensqualität in Städten. Ob extensive Begrünung mit pflegeleichten Pflanzen oder intensive Dachgärten mit vielfältigen Gestaltungsmöglichkeiten, diese Flächen vereinen Ökologie und Funktionalität auf einzigartige Weise. (siehe auch Abschnitt 17.4 Dachbegrünung in Lernfeld 17)

10.10.1 Extensiv begrünte Dachflächen

Eine extensiv begrünte Dachfläche ist eine Dachfläche, die mit pflegeleichten, widerstandsfähigen Pflanzen wie Moosen, Gräsern und Sedum bepflanzt ist.

Merkmale:

1. Dünne Substratschicht

- Die Substratschicht ist meist nur 6 bis 15 cm dick, was das Gewicht gering hält (ca. 60 bis 150 kg/m^2).

2. Pflegeleichtigkeit

- Extensivbegrünungen erfordern minimalen Pflegeaufwand.
- Regelmäßiges Düngen oder Bewässern ist in der Regel nicht notwendig, außer in extremen Trockenperioden.

3. Robuste Vegetation

- Verwendete Pflanzen sind trockenheitsresistent und anspruchslos, wie Moose, Sedum, Gräser und Kräuter.

4. Begrenzte Nutzung

- Extensiv begrünte Dächer sind meist nicht begehbar und dienen rein ökologischen oder gestalterischen Zwecken.

Dachbegrünungsaufbau – Mehrschichtbauweise mit Polymerbitumenbahnen (links) und Kunststoff- oder Elastomerbahnen (rechts)

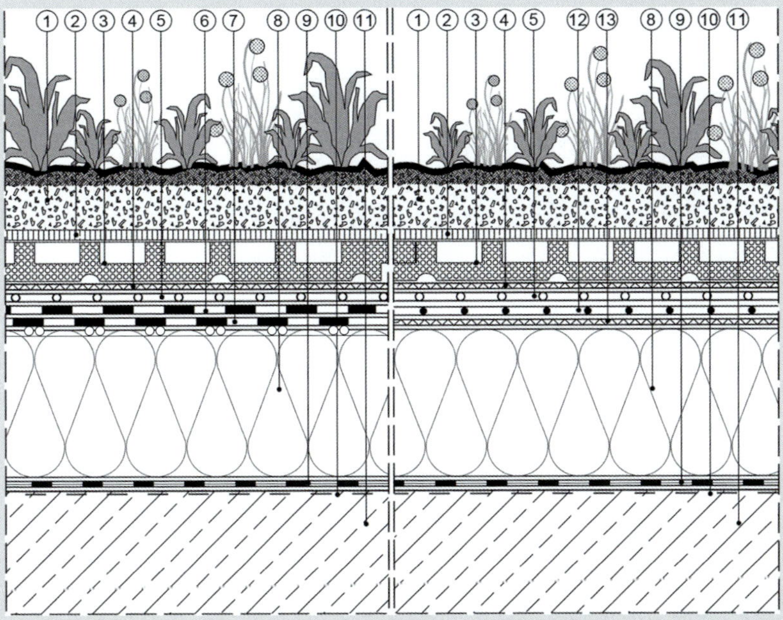

1. Vegetationstragschicht
2. Filterschicht
3. Wasserspeicher- und Dränschicht
4. Schutzschicht
5. Trenn- und Gleitschicht
6. obere Abdichtungslage, wurzelfest
7. untere Abdichtungslage
8. Bitumen-Voranstrich
9. Beton
10. Wärmedämmung
11. Dampfsperre (sd-Wert > 1.500)
12. Abdichtungslage, wurzelfest
13. ggf. Trennlage

Abb. 10.31: Mehrschichtenaufbau

Abb. 10.32: Flachdachbegrünung

Dachbegrünungsaufbau – Einschichtbauweise mit Polymerbitumenbahnen (links) und Kunststoff- oder Elastomerbahnen (rechts)

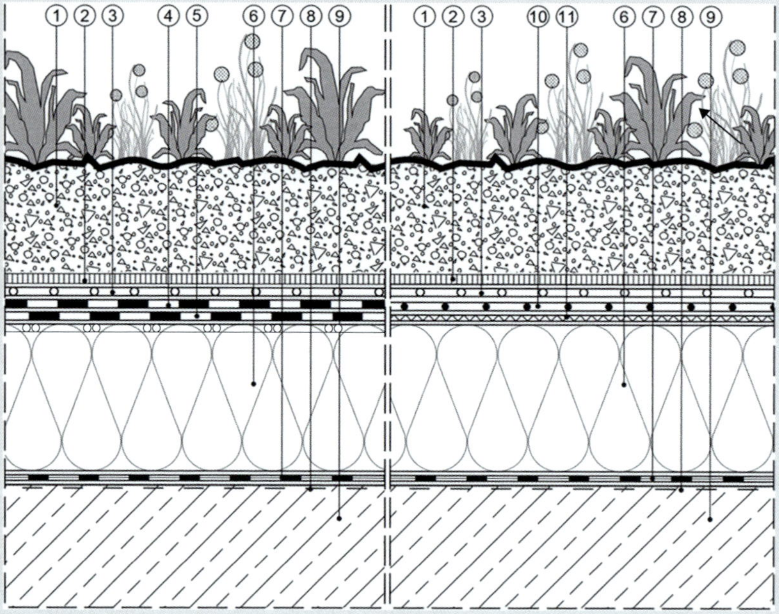

① Vegetationstragschicht
② Filterschicht
③ Trenn- und Gleitschicht
④ obere Abdichtungslage, wurzelfest
⑤ untere Abdichtungslage
⑥ Wärmedämmung
⑦ Dampfsperre (sd-Wert > 1.500)
⑧ Bitumen-Voranstrich
⑨ Beton
⑩ Abdichtungslage, wurzelfest
⑪ ggfs. Trennlage

Abb. 10.33: Einschichtenaufbau

5. Wasserrückhalt

- Extensivbegrünungen halten Regenwasser zurück, entlasten die Kanalisation und verbessern das Mikroklima.

6. Kosten und Gewicht

- Die Herstellungskosten und die zusätzliche Belastung des Dachs sind bei extensiver Begrünung geringer als bei intensiver Begrünung.

Diese Merkmale machen extensiv begrünte Dachflächen besonders geeignet für Dächer mit geringer Tragfähigkeit, wie Garagendächer oder Flachdächer, und für Projekte mit niedrigem Wartungsaufwand.

10.10.2 Intensiv begrünte Dachflächen

Eine intensiv begrünte Dachfläche ist eine aufwendig gestaltete Dachbegrünung mit einer dicken Substratschicht, die eine vielfältige Bepflanzung wie Bäume, Sträucher, Stauden oder Rasen ermöglicht.

Merkmale

1. Dicke Substratschicht

- Die Substratschicht ist deutlich dicker, meist 15 bis 50 cm oder mehr.
- Sie ermöglicht das Wachstum von tiefwurzelnden Pflanzen wie Sträuchern, Bäumen und Rasenflächen.

Abb. 10.34: Intensive Dachbegrünung Aufbau

Abb. 10.35: Intensive Dachbegrünung Beispiel

Abb. 10.36: Intensiv begrünte Dachlandschaft

- Das hohe Gewicht (ab ca. 200 bis 500 kg/m^2) erfordert eine tragfähige Dachkonstruktion.

2. Vielseitige Bepflanzung

- Intensive Begrünungen können mit unterschiedlichen Pflanzen gestaltet werden, darunter Zier- und Nutzpflanzen, Stauden, Sträucher und Bäume.
- Sie bieten eine hohe gestalterische Vielfalt und können wie ein Garten genutzt werden.

3. Begehbarkeit

- Diese Begrünungen sind für den Aufenthalt konzipiert und oft als Dachgärten, Terrassen oder Erholungsbereiche gestaltet.
- Wege, Sitzbereiche und zusätzliche Elemente wie Pergolen oder Teiche können integriert werden.

4. Regelmäßige Pflege

- Intensive Begrünungen erfordern umfangreiche Pflege wie Bewässerung, Düngung, Rückschnitt und Schädlingsbekämpfung.
- Die Pflegeintensität ähnelt der eines traditionellen Gartens.

5. Hoher Wasserbedarf

- Aufgrund der Pflanzenvielfalt und Substratdicke ist ein Bewässerungssystem in der Regel notwendig, insbesondere bei großen Flächen oder trockenen Klimabedingungen.

6. Höhere Kosten

- Die Herstellung und Unterhaltung sind kostenintensiver als bei extensiven Begrünungen, da mehr Materialien und Pflege erforderlich sind.

7. Funktionalität

- Intensive Begrünungen bieten erweiterte Nutzungsmöglichkeiten, z. B. als Erholungsraum, Gemeinschaftsbereich oder Nutzgarten.
- Sie tragen ebenfalls zur Regenwasserrückhaltung und Verbesserung des Mikroklimas bei, sind jedoch stärker auf die Nutzung durch Menschen ausgerichtet.

Diese Merkmale machen intensiv begrünte Dachflächen zu hochwertigen, vielseitigen Elementen, die ökologische Vorteile mit gestalterischen und funktionalen Aspekten verbinden.

10.10.3 Planung und Aufbau von begrünten Dachflächen

Begrünte Dachflächen können auf allen Flachdachkonstruktionsarten, wie belüftetes, unbelüftetes Flachdach und Umkehrdach, installiert werden, wenn die statischen Voraussetzungen gegeben sind.

Mit einer fachgerechten Planung und Ausführung ist die Begrünung von um bis zu 35 ° geneigten Dachflächen auch möglich.

Bei der Herstellung einer begrünten Dachfläche befindet sich die Abdichtungsebene unterhalb des Begrünungsaufbaus. Dies bringt einen wesentlichen Vorteil mit sich: Die Abdichtung ist vor direkten Umwelteinflüssen wie UV-Strahlung und starken Temperaturschwankungen geschützt.

Allerdings führt der Pflanzenbewuchs in Kombination mit den durch die Substrate eingebrachten Stoffen zu zusätzlichen Belastungen. Diese müssen bei der Planung und der Auswahl der geeigneten Materialien sorgfältig berücksichtigt werden.

Für Abdichtungen, insbesondere unter Begrünungen, gelten spezifische Anforderungen, die in erster Linie dem Schutz vor Durchwurzelung dienen.

Einlagige Abdichtungen:

Wenn einlagige Abdichtungen unter Begrünungen verwendet werden und keine durchwurzelungsfeste Schutzschicht oder -lage aufliegt, muss der Widerstand gegen Durchwurzelung nachgewiesen werden.

Mehrlagige Abdichtungen:

Bei mehrlagigen Abdichtungen unter Begrünungen gilt ebenfalls: Wenn keine durchwurzelungsfeste Schutzschicht oder -lage vorhanden ist, muss die oberste Lage der Abdichtung einen Nachweis des Widerstands gegen Durchwurzelung erbringen.

Nachweisverfahren:

Der Widerstand gegen Durchwurzelung kann nach zwei Verfahren nachgewiesen werden:

- FLL-Verfahren (Empfehlung: bevorzugte Methode),
- Prüfverfahren nach DIN EN 13948.

Das FLL-Prüfverfahren (entwickelt von der Forschungsgesellschaft Landschaftsentwicklung Landschaftsbau) dient zur Überprüfung der Durchwurzelungsfestigkeit von Dachabdichtungen und Wurzelschutzbahnen. Dieses Verfahren, das speziell zur Untersuchung der Wurzelfestigkeit von Bahnen und Beschichtungen für Dachbegrünungen entwickelt wurde, hat sich über viele Jahre hinweg bewährt.

Geeignete Materialien für obere Abdichtungslagen:

Für die obere Abdichtungslage (Anwendungstyp DO) eignen sich Polymerbitumen-Schweißbahnen mit folgenden Eigenschaften:

1. Verbundträger aus Glasvlies und Polyester-Kupferfolienverbund - PYE-VCu S5
2. Kupferbandeinlage, - PYE-Cu01 S5

10.11 Übungsaufgaben zu LF 10

1. Stellen Sie dar, warum Flachdächer und flach geneigte Dachflächen höheren Anforderungen ausgesetzt sind als Steildächer. Und wie können Sie als Facharbeiter diesen Anforderungen gerecht werden?
2. Nennen Sie typische Materialien, die für Flachdachabdichtungen verwendet werden können.
3. Wann ist eine einlagige Flachdachabdichtung sinnvoll und wann sollte eine zweilagige Abdichtung gewählt werden?
4. Welche Risiken bestehen bei der Abdichtung eines Flachdachs mit Bitumenbahnen im offenen Flämmverfahren?

5. Vergleichen Sie intensive und extensive Dachbegrünungen in Bezug auf Aufbau, Pflegeaufwand und Nutzungsmöglichkeiten.
6. Welche Vorteile haben Hochpolymerbahnen gegenüber Bitumenbahnen? Nennen Sie 3 wesentliche Unterschiede.
7. Nennen Sie 3 häufige Schadensbilder an Flachdachabdichtungen und ihre möglichen Ursachen.
8. Vergleichen Sie die Vor- und Nachteile von Kaltselbstklebebahnen und verschweißten Bitumenbahnen.
9. Warum ist eine funktionierende Entwässerung bei Flachdächern besonders wichtig?
10. Welche Substrathöhen werden für eine extensive und welche für eine intensive Dachbegrünung eingeplant?

Lernfeld 11: Außenwandflächen bekleiden

Kurt Jentzsch

Bei der Planung und Herstellung von Außenwandbekleidungen müssen Dachdecker den Aufbau und die Ausführungsarten der Unterkonstruktion sowie deren Deckung mit verschiedenen Werkstoffen und Formaten kennen. Lernfeld 11 beschränkt sich hierbei auf die Bekleidung mit kleinformatigen Platten aus Schiefer und Faserzement.

11.1 Außenwandbekleidungen – Anforderungen und Aufbau

Außenwandbekleidungen können für Gebäude auf verschiedene Art und Weise von Vorteil sein. Zum einen ist hier die historische Erhaltung eines Straßen- oder Stadtbildes aufzuführen. Darüber hinaus dienen Außenwandbekleidungen dem Witterungsschutz, dem Wärmeschutz (energetische Aufwertung des Gebäudes), dem Schallschutz sowie der optischen Aufwertung der Fassade.

Beim Aufbau von Außenwandbekleidungen werden folgende Konstruktionsarten unterschieden:

- **Nicht belüftete Bekleidungen:** Hier werden die Platten direkt auf dem Untergrund befestigt (z. B. Putz). Es ist keine Luftschicht hinter der Bekleidung vorgesehen. Ein Abtransport anfallender Feuchtigkeit wird durch die Fugen zwischen den Platten gewährleistet.
- **Belüftete Bekleidungen:** Zwischen tragender Wand und Bekleidung befindet sich eine Belüftungsebene. Jedoch ist eine Belüftungsöffnung nur am unteren Abschluss der Konstruktion vorgesehen.
- **Hinterlüftete Bekleidungen:** Häufigste Ausführungsart, welche die Anforderungen an Witterungs- und Wärmeschutz optimal miteinander kombiniert. Hier wird ebenfalls eine Belüftungsebene vorgesehen. Öffnungen am unteren und oberen Abschluss sorgen für eine Hinterlüftung, welche den Abtransport von anfallender Feuchtigkeit (z. B. durch Kondenswasser) sicherstellt.

Abb. 11.1: Moderne Schieferfassade

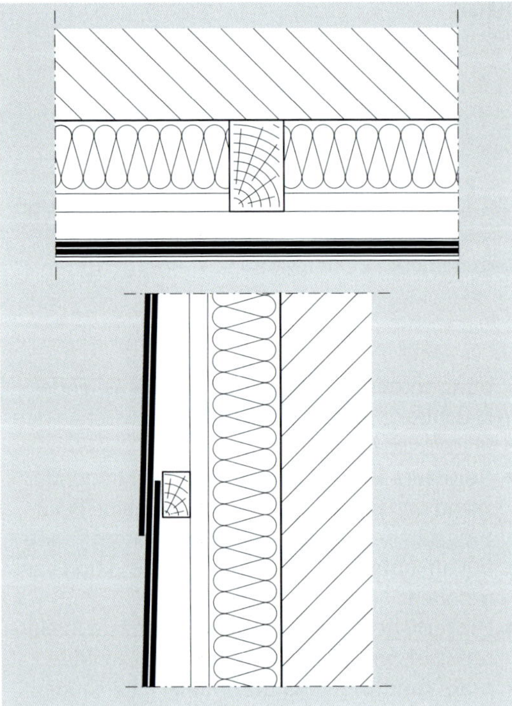

Abb. 11.2: Waagerechte Traglattung auf senkrechten Grundhölzern

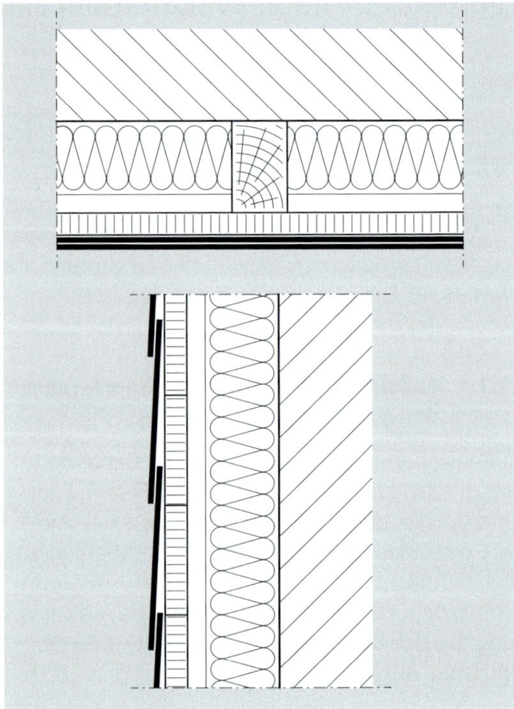

Abb. 11.3: Waagerechte Schalung auf senkrechten Grundhölzern

Aufbau hinterlüftete Außenwandbekleidung

Im Folgenden wird der Aufbau einer hinterlüfteten Außenwandbekleidung mit Wärmedämmung dargestellt und die einzelnen Bestandteile erläutert (siehe auch Tabelle 11.1).

Tragende Wand (Untergrund): Alle nachfolgenden Konstruktionsschichten müssen hier standsicher verankert werden. Als Untergrund können Mauerwerk (z. B. aus Ziegel), Kalksandstein oder Porenbeton sowie Stahlbeton oder Holzkonstruktionen auftreten. Der Untergrund sollte eben und tragfähig sein.

Verankerung: Die Unterkonstruktion, welche die Bekleidung trägt, muss sicher auf dem Untergrund verankert werden. Gleichzeitig muss ausreichend Raum für Dämmung und Hinterlüftung geschaffen werden. Als Verankerung können Elemente aus Holz oder Metall und geeignete Dübelsysteme dienen. Als tragende Grundhölzer können beispielsweise Kanthölzer $b/h = 10/12$ cm senkrecht angebracht werden. Anzahl und Abstände der Verankerungsmittel (Dübel) richten sich dabei nach:

- Untergrundmaterial,
- Verankerungstiefe (Auszugsfestigkeit),
- Höhe und Last der Konstruktion (Eigenlast),
- Windzone (Windlast).

Der Abstand der Grundhölzer sollte maximal 1,00 m betragen (Überholz), kann aber auch den Dämmstoffbreiten angepasst werden, um den Verschnitt gering zu halten.

Wärmedämmung: Die Auswahl des richtigen Dämmstoffs richtet sich zum einen nach dem geforderten Dämmwert und nach der Art des Untergrundes, zum anderen auch nach Kundenwunsch (Berechnungen zum Wärmeschutz siehe Anhang „Bauphysik"). So erfreuen sich natürliche Wärmedämmstoffe aus Hanf, Zellulose, Kork oder Holzfasern zunehmender Beliebtheit. Fassadendämmstoffe aus Mineralwolle sind häufig zusätzlich auf der Außenseite mit einer Vlieskaschierung versehen. Diese dunkle, wasserabweisende Schicht schützt den Dämmstoff vor eindringender Feuchtigkeit und ist besonders für hinterlüftete Fassaden geeignet. Die Dämmstoffdicke richtet sich nach den

Anforderungen des Wärmeschutzes. Hierzu muss der Wandaufbau als Ganzes betrachtet werden.

Als Dämmstoffe werden vorwiegend verwendet:

- Mineralwolle (MW),
- Polystyrol (EPS/XPS), (auch Styropor genannt),
- Polyurethan-Hartschaum (PUR),
- Holzwolle (WW) und Holzfaserplatten (WF),
- Schaumglas (CG).

Hinterlüftung: Durch die Hinterlüftung erfolgt eine klare Trennung zwischen der Fassadenbekleidung und der Wärmedämmung. Anfallende Feuchtigkeit (Kondenswasser) kann abtransportiert werden. Dadurch bleibt die Wärmedämmung trocken und dauerhaft funktionsfähig. Die Luft muss zirkulieren. Dies wird durch eine mindestens 2 cm dicke Luftschicht sowie Öffnungen am unteren und oberen Abschluss erreicht. Der Belüftungsquerschnitt an den Be- und Entlüftungsöffnungen darf dabei den Wert von 50 cm^2 pro laufendem Meter nicht unterschreiten. Dies ist beim Einbau eines Lüftungsgitters am unteren Abschluss (Nagerschutz) zu berücksichtigen (siehe Abschnitt 15.1.1). Gibt es Unebenheiten im Untergrund, darf die Luftschicht um bis zu 5 mm unterschritten werden. Bei hinterlüfteten Fassaden ist keine Dampfsperre oder Unterspannbahn notwendig. Sie kann aber bei besonderen Beanspruchungen optional ausgeführt werden.

Unterkonstruktion: Auf ihr werden die Schiefer- und Faserzementplatten unmittelbar befestigt. Üblich sind Lattungen, Verschalungen oder Metallprofilschienen. Um eine ausreichend dicke Hinterlüftungsebene zu schaffen, wird häufig eine Konterlattung als Aufdopplung auf den Grundhölzern befestigt. Verwendet werden:

- Konterlattung und Traglattung: Vorwiegend Nadelholz (Fichte/Tanne) Sortierklasse S10, Querschnitt $d/b = 3/5$ und 4/6 [cm].
- Brettschalungen: Bretter vorwiegend aus Nadelholz, S10, üblicherweise mit Nut und Feder NF, Mindestmaß $d/b = 2{,}4/12$ [cm]. Holzwerkstoffplatten werden nur im Ausnahmefall verwendet und müssen den Anforderungen entsprechen. Sie müssen nach Anbringung vor Feuchtigkeit geschützt und mit Dachbahnen (z. B. nach DIN EN 13707 V13 besandet) bekleidet werden.
- Metallunterkonstruktionen: Sie bestehen aus Aluminium, verzinktem Stahl oder Edelstahl. Um Kontaktkorrosion (durch Verwendung unterschiedlicher Metalle) zu vermeiden, müssen die Verankerungs- und Befestigungsmittel auf die Metallkonstruktion abgestimmt sein.

Tabelle 11.1: Bestandteile und Funktionen einer hinterlüfteten Fassadenkonstruktion

Bestandteil	Funktion
Tragende Wand	Untergrund, auf dem alle nachfolgenden Schichten sicher befestigt werden müssen.
Verankerung	Trägt Unterkonstruktion und Bekleidung. Grundhölzer oder Metallschienen, die mit Dübelsystemen an der tragenden Wand befestigt werden.
Wärmedämmung	Verringert schnelle Auskühlung im Winter und schützt zusätzlich im Sommer vor Aufheizung.
Hinterlüftung	Sorgt für Abtransport von Feuchtigkeit und verhindert Schimmelbildung.
Unterkonstruktion	Trägt die Bekleidung und wird auf Grundhölzern oder Metallschienen befestigt.
Bekleidung	Verbindet individuelle Gestaltung mit Witterungsschutz und wird auf der Unterkonstruktion befestigt.

Bekleidung: Als Bekleidung werden kleinformatige Platten aus Schiefer oder Faserzement verwendet und an der Unterkonstruktion befestigt (siehe Abschnitte 11.3 und 11.4). Alle Bekleidungsarten erfordern eine Einteilung der Wandfläche.

11.2 Befestigungsmittel

Kleinformatige Platten aus Schiefer oder Faserzement müssen mit mindestens 2 Befestigungsmitteln auf der Unterkonstruktion befestigt werden. Art und Anzahl der Befestigungsmittel richten sich nach Bekleidungsart und Formatgröße. Befestigungen sind stets im Überdeckungsbereich anzuordnen. Als Befestigungsmittel werden

- Schieferstifte,
- Schiefernägel,
- Einschlaghaken,
- Klammerhaken,

- Schraub- und Rillennägel,
- Plattenklammern

verwendet (siehe Tabelle 11.2).

Die Befestigungsmittel bestehen aus:

- feuerverzinktem Stahl,
- Edelstahl,
- Kupfer.

Die Einschlagtiefe muss mindestens 24 mm betragen. Üblicherweise werden Schieferstifte der Größe 2,8 × 35 mm verwendet.

11.3 Außenwandbekleidungen mit Schiefer

Schiefer besitzt als Naturstein nach wie vor eine ansprechende Ästhetik, die besonders an Fassaden zur Geltung kommt (siehe Abb. 11.1). Aufgrund des durch Asbest in Verruf geratenen Baustoffs Faserzement hat Schiefer in den letzten Jahrzenten wieder an Bedeutung gewonnen. Zusätzlich zu den traditionellen Deckungsarten, die auch am Steildach angewendet werden, bieten Fassaden zahlreiche Gestaltungsmöglichkeiten für Schmuckbänder, Ornamente und Wechsel zwischen verschiedenen Decksteinarten. An der Fassade sind weitaus mehr Deckungsarten möglich als am Steildach und es kommen immer wieder neue hinzu. Dies hängt damit zusammen, dass viele Fassadendeckungsarten am Steildach keinen ausreichenden Witterungsschutz bieten würden. An senkrechten Flächen kann Regenwasser schnell abfließen. Daher ist auch keine Gebindesteigung notwendig und eher unüblich.

Bei Deckungsarten, die als Links- oder Rechtsdeckung ausgeführt werden, sollte die Hauptwetterrichtung beachtet werden. Gedeckt wird immer entgegen der Hauptwetterrichtung, wie auch am Steildach. Tabelle 11.3 zeigt die wichtigsten und häufigsten Fassaden-Deckungsarten.

Tabelle 11.2: Befestigungsmittel

Schieferstift	Schiefernagel	Einschlaghaken	Klammerhaken	Schraub- / Rillennagel	Platten-klammer
		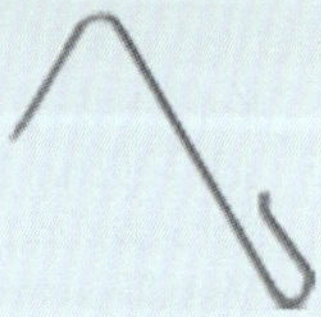	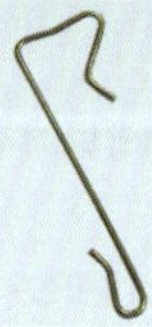		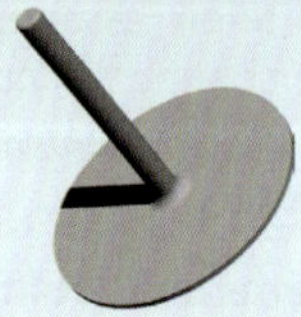

Tabelle 11.3: Kurzübersicht der Deckungssarten

Deckungsart	Ausführungsbeispiel	Formate Höhe/Breite [cm]	Waagerechte Schnürung
Altdeutsche Deckung	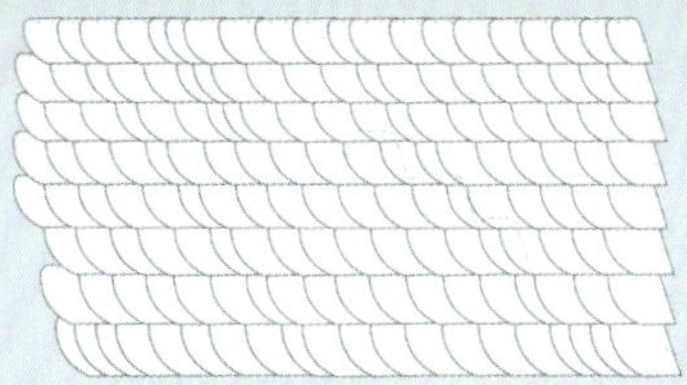	26/20, 22/16, 18/12	S = *H* – *Ü*
Schuppendeckung	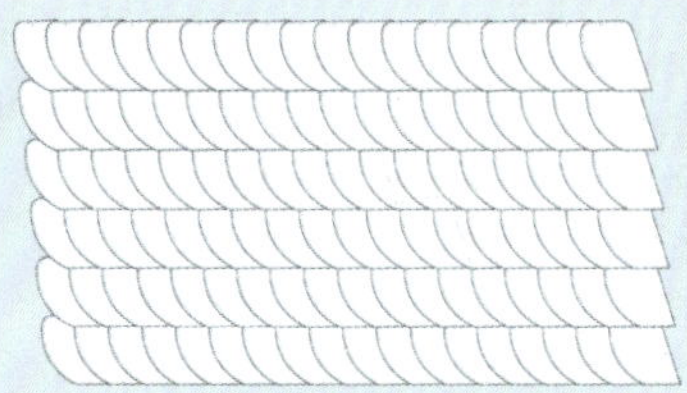	26/21, 24/21, 24/19, 22/19, 22/17, 20/15, 18/15	S = *H* – *Ü*

Tabelle 11.3: Kurzübersicht der Deckungssarten (Fortsetzung)

Deckungsart	Ausführungsbeispiel	Formate Höhe/Breite [cm]	Waagerechte Schnürung
Deutsche Deckung (Bogenschnittdeckung)	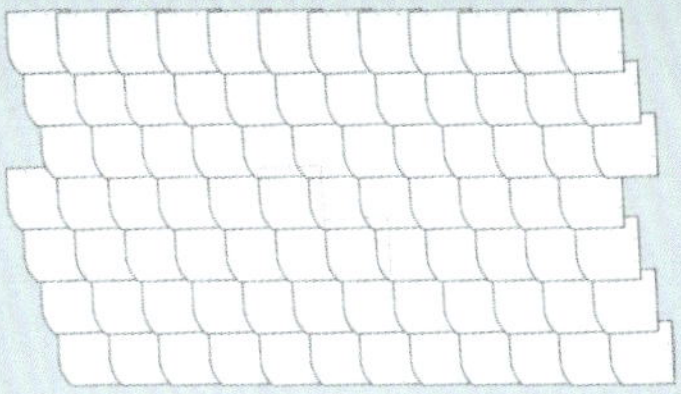	30/30, 25/25, 20/20	S = *H* – *Ü*
Rechteckdoppeldeckung		40/25, 40/20, 35/25, 35/20, 30/30, 30/20, 27/18, 25/25, 25/20	S = (*H* – *Ü*) : 2
Gezogene Deckung	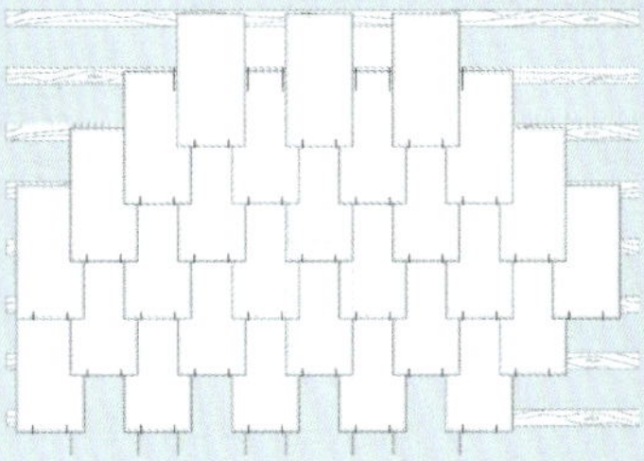		
Waagerechte Deckung	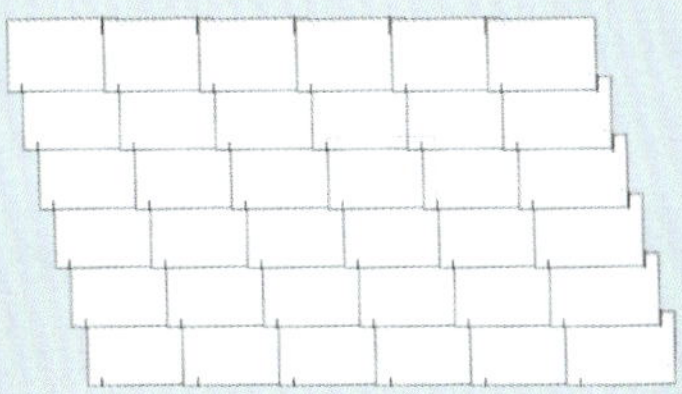	40/25, 40/20, 35/25, 35/20, 30/20, 27/18, 25/20	S = *H* – *Ü*
Spitzwinkeldeckung		30/20, 29/19, 26/18, 24/15	S = (*H* – *A*) : 2 – *M*
Wabendeckung		30/30, 25/25, 20/20	S = *D*/2 – √2 · *Ü*

Tabelle 11.3: Kurzübersicht der Deckungssarten (Fortsetzung)

Deckungsart	Ausführungsbeispiel	Formate Höhe/Breite [cm]	Waagerechte Schnürung
Spezialfischschuppendeckung	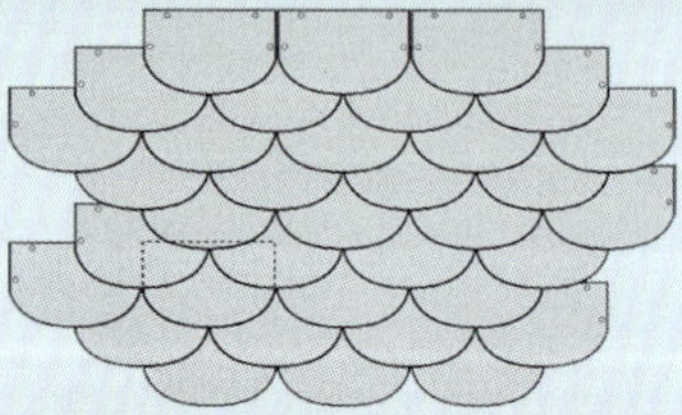	40/19, 30/19, 25/19, 22/15, 20/15	S = (*H* – *Ü*) : 2
Wilde Deckung		–	–
Dynamische Deckung	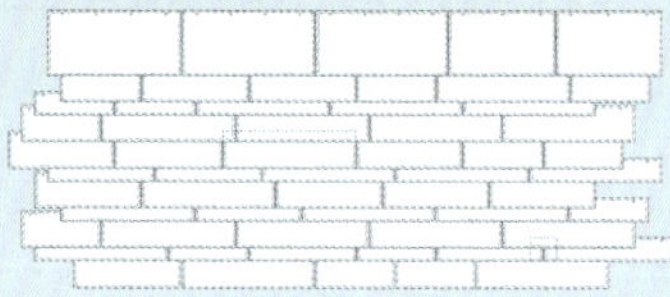	50/25, 40/25, 40/20, 30/20, 25/20, 30/15, weitere Formate möglich	S = *H* – *Ü*

11.3.1 Altdeutsche Deckung

Checkliste

✓	Dach	✓	Fassade	×	Schablonendeckung
✓	Schalung	×	Lattung	×	Halbverband
✓	Links-/Rechtsdeckung	×	Ansetzer	✓	1. Gebinde wie Fläche

Die Altdeutsche Deckung ist die traditionellste Deckungsart und mit Decksteinen unterschiedlicher Höhe und Breite handwerklich besonders anspruchsvoll. Als Deckung bei vorwiegend historischen Gebäuden kann sie auch an der Fassade Anwendung finden. Es werden die Deckregeln aus Lernfeld 9 angewendet, jedoch gibt es zwischen Dach- und Fassadendeckung einige Unterschiede.

Deckregeln

- Ab einer Dachneigung von DN = 75° und somit an Fassaden, ist keine Gebindesteigung mehr notwendig und daher unüblich.
- Kein eingebundener Fuß am unteren Abschluss, erstes Gebinde wird wie nachfolgende Gebindereihen eingedeckt.
- Die Höhenüberdeckung *Ü* beträgt mindestens 4 cm.
- Schnürung: $S = H - Ü$ mit H = Decksteinhöhe
- Für die Fassade sind nur die letzten 3 Sortierklassen (Gattierungen) vorgesehen (siehe Tabelle 11.4):
- Die Verjüngung der Deckgebindehöhen hängt von der einzudeckenden Wandhöhe ab (siehe Tabelle 11.5):
- Die Seitenüberdeckung ergibt sich aus Decksteingröße, Hiebart und Fersenversatz.

Befestigung: Steinhöhe ≤ 20 cm → mindestens 2 Schieferstifte oder -nägel

Steinhöhe > 20 cm → mindestens 3 Schieferstifte oder -nägel

Ansonsten gelten die Regeln der Altdeutschen Deckung am Steildach (siehe LF 9.1).

Tabelle 11.4: Sortierklassen (Gattierungen)

Sortierung	Höhe* [cm]	Breite* [cm]
1/16	26–20	22–17
1/32	22–16	18–13
1/64	18–12	16–11

* Die Abmessungen einzelner Schiefer können geringfügig außerhalb einer Sortierung liegen.

Tabelle 11.5: Einzudeckende Wandhöhe und Gebindehöhe

Einzudeckende Wandhöhe [m]	Unterschied zwischen größter und kleinster Gebindehöhe [cm]	Anzahl der zu verwendenden Sortierungen
≤ 3	≥ 2	1
≤ 6	≥ 4	1
≤ 8	≥ 6	2
> 8	≥ 8	2–3

Praxisbeispiel

Beispielrechnung: Decksteinauswahl in Abhängigkeit der Wandhöhe *h*

Einzudeckende Höhe $h = 6{,}52$ m → 2 Sortierungen, da $h > 6{,}00$ m und ≤ 8,00 m (Zeile 3)
Differenz in der Gebindehöhe → 6 cm gefordert
Gewählte Sortierungen: 1/16 mit $H_1 = 26$ cm (größter Schiefer unterer Abschluss)
1/32 mit $H_2 = 18$ cm (kleinster Schiefer oberer Abschluss)
Differenz zwischen H_1 und $H_2 = 8$ cm → 8 cm ≥ 6 cm (gefordert) → damit erfüllt!

Beispielrechnung: Schnürung erste Gebindereihe

Formel Schnürbild S: $S = H - Ü$ … mit $Ü$ = Höhenüberdeckung ≥ 4 cm
Gegeben: – Unterster Deckstein $H = 26$ cm
– Gewählt $Ü = 5$ cm
Rechnung: $S = 26$ cm – 5 cm = 21 cm
Achtung: Wenn sich die Decksteingröße in den Folgereihen verjüngt, muss die Schnürung jedes Mal neu angepasst werden!

11.3.2 Schuppendeckung

Checkliste

✓	Dach	✓	Fassade	✓	Schablonendeckung
✓	Schalung	×	Lattung	×	Halbverband
✓	Links-/Rechtsdeckung	×	Ansetzer	✓	1. Gebinde wie Fläche

Die Schuppendeckung ist ähnlich der Altdeutschen Deckung eine geschlossene Deckung mit schuppenförmigen Schiefern. Sie ist günstiger in Material und Ausführung, da alle Schiefer dieselbe Größe und Form besitzen (Schablonendeckung). Die Formatwahl hängt von ästhetischen Gründen und von der Größe der Fläche ab. Die Eindeckung folgt weitestgehend den Regeln der Altdeutschen Deckung.

Deckregeln

- Alle Schuppen haben normalen Hieb und gleiche Größe
- Die Höhenüberdeckung beträgt mindestens 4 cm
- Schnürung: $S = H - \ddot{U}$
- Die Seitenüberdeckung ergibt sich aus Decksteingröße und Fersenversatz.
- Ansonsten gelten die Regeln der Altdeutschen Deckung

Tabelle 11.6: Mögliche Formate für Fassadendeckungen

Decksteinhöhe *H* [cm]	Decksteinbreite *B* [cm]	Mindestanzahl Stifte/Nägel
26	21	3
24	21	3
24	19	3
22	19	3
22	17	3
20	15	2
18	15	2

11.3.3 Deutsche Deckung (Bogenschnittdeckung)

Checkliste

✓	Dach	✓	Fassade	✓	Schablonendeckung
✓	Schalung	✓	Lattung	×	Halbverband
✓	Links-/Rechtsdeckung	×	Ansetzer	✓	1. Gebinde wie Fläche

Die quadratischen Schiefer mit Bogenschnitt finden aufgrund ihrer wirtschaftlichen Verlegung häufig Anwendung auf Dächern und an Fassaden. Es wird in rechte und linke Decksteine unterschieden. Der Bogenschnitt, dessen Radius außermittig angeordnet ist, gibt dieser Deckungsart ihr charakteristisches Deckbild. Nicht verwechseln darf man die Deckungsart mit der Universaldeckung, bei welcher der Bogen als Viertelkreis mit mittigem Radius behauen ist und daher der Schiefer rechts wie links gedeckt werden kann.

Deckregeln

- Gedeckt wird in der Regel ohne Gebindesteigung als geschlossene Deckung
- Höhenüberdeckung $Ü \geq 4$ cm
- Die Seitenüberdeckung variiert je nach Format und wird durch den Bogenschnitt weitestgehend vorgegeben
- Schnürung: $S = H - Ü$
- Auf Fersenversatz und hängende Ferse ist zu achten
- Die erste Gebindereihe kann gegenläufig gedeckt werden

Tabelle 11.7: Formate, Überdeckungen und Befestigungsmittel

Format cm]	Höhenüberdeckung [cm]	Seitenüberdeckung [cm]	Mindestanzahl und Art der Befestigungsmittel	
			Nagelung	Klammerung
30/30	4	9	3	–
			2	1
25/25	4	8	3	–
			2	1
20/20	4	4	2	–

11.3.4 Rechteckdoppeldeckung

Checkliste

✓	Dach	✓	Fassade	×	Schablonendeckung
✓	Schalung	✓	Lattung	✓	Halbverband
×	Links-/Rechtsdeckung	✓	Ansetzer	×	1. Gebinde wie Fläche

Die Rechteckdoppeldeckung wirkt durch ihre klare, rechtwinklige Linienführung sehr modern und wird häufig an Neubauten zeitgenössischer Architektur verwendet. Als Doppeldeckung bietet sie einen hohen Witterungsschutz. Platten mit gestutzten (Octogones) oder abgerundeter Ecken (Coquettes) bilden Sonderformen dieser Deckungsart.

Deckregeln

- Schiefer können genagelt oder geklammert werden
- Höhenüberdeckung $Ü$ ist abhängig von der Art der Befestigung
- Doppeldeckung: Der 3. Deckstein überdeckt den 1. um die Höhenüberdeckung $Ü$
  - Bei Nagelung: $Ü \geq 2$ cm
  - Bei Klammerung: $Ü \geq 6$ cm
- Rechteckige und quadratische Schieferplatten allseitig mit Bruchkante
- Stoßfuge 3 bis 6 mm
- Waagerechte Schnürung: $S = (H - Ü) : 2$
- Senkrechte Schnürung $S = (B + F) : 2$

Praxisbeispiel

Beispielrechnung

Gegeben:
- Format: H/B = 35/25
- Befestigung: Klammerung mit $Ü = 6$ cm
- Fuge $F = 0{,}4$ cm

Waagerechte Schnürung

$S = (H - Ü) : 2$

$S = (35\text{ cm} - 6\text{ cm}) : 2 = \underline{14{,}5\text{ cm}}$

Senkrechte Schnürung

$S = (B + F) : 2$

$S = (25\text{ cm} + 0{,}4\text{ cm}) : 2 = \underline{12{,}7\text{ cm}}$

Tabelle 11.8: Formate sowie Art und Anzahl der Befestigungen

Format Höhe/Breite [cm]	Mindestanzahl und Art der Befestigungsmittel	
	Nagelung*	Klammerung*
40/25	3	1
40/20	3	1
35/25	3	1
35/20	3	1
30/30	3	1
30/20	2	1
27/18	2	1
25/25	2	1
25/20	2	1

* Nagelung *oder* Klammerung. Bei den größeren Formaten können beide Befestigungsarten auch kombiniert werden

11.3.5 Gezogene Deckung

Checkliste

X	Dach	✓	Fassade	✓	Schablonendeckung
✓	Schalung	✓	Lattung / Metallprofile	×	Halbverband
×	Links-/Rechtsdeckung	✓	Ansetzer	×	1. Gebinde wie Fläche

Die Gezogene Deckung ist eine Sonderform der Rechteckdoppeldeckung. Die Schiefer werden hier seitlich „auseinandergezogen". Dadurch wird eine sehr rationelle und wirtschaftliche Verlegung ermöglicht. Verwendet werden die gleichen Formate wie bei der Rechteckdoppeldeckung. Die Schiefer können gestutzte Ecken (Octogones) besitzen

- Auch auf Metallprofilen mit Klammerhaken oder Schraubverbindung möglich
- Die Haken müssen 1 cm länger als die jeweilige Höhenüberdeckung sein
- Waagerechte Schnürung (wie Rechteckdoppeldeckung): $S = (H - Ü) : 2$
- Senkrechte Schnürung $S = (B - Ü_{Seite})$

Tabelle 11.9: Formate und Befestigung

Format Höhe/Breite [cm]	Mindestanzahl und Art der Befestigungsmittel	
	Nagelung*	Klammerung*
40/25	3	2
40/20	3	2
35/25	3	2
35/20	3	2
30/30	3	2
30/20	2	2
27/18	2	2
25/25	2	2
25/20	2	2

* Nagelung *oder* Klammerung.

Tabelle 11.10: Mindesthöhen- und Seitenüberdeckung

Art der Befestigung	Mindestüberdeckungen	
	Höhenüberdeckung [cm]	Seitenüberdeckung [cm]
Schiefernägel oder -stifte	4	4
Klammerhaken	6	4

Praxisbeispiel

Beispielrechnung

Gegeben:
- Format: $H/B = 30/30$
- Befestigung: Klammerung mit $Ü = 6$ cm
- Seitenüberdeckung $Ü_{Seite} = 5$ cm

Waagerechte Schnürung

$S = (H - Ü) : 2$

S = (30 cm – 6 cm) : 2 = <u>12 cm</u>

Senkrechte Schnürung

$S = B - Ü_{Seite}$ mit $Ü_{Seite} = 5$ cm

S = (30 cm – 5 cm) = <u>25 cm</u>

Achtung: Seitlich wird je Gebindereihe nur jede 2. Schnürlinie eine Schieferplatte gesetzt!

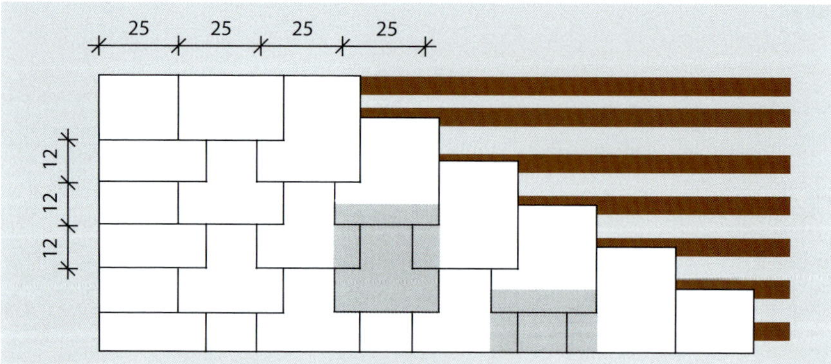

Abb. 11.4: Schnürbild Gezogene Deckung

11.3.6 Waagerechte Deckung

Checkliste

×	Dach	✓	Fassade	✓	Schablonendeckung
✓	Schalung	✓	Lattung	×	Halbverband
✓	Links-/Rechtsdeckung	×	Ansetzer	✓	1. Gebinde wie Fläche

Die Waagerechte Deckung verleiht Fassaden mit ihren klaren Linien ein ruhiges und homogenes Deckbild. Der seitliche Fugenversatz sorgt für eine durchgehende, leicht diagonale Linienführung. Durch die geringe Überdeckung und der damit verbunden hohen Materialausnutzung zählt sie zu einer der wirtschaftlichsten Deckungsarten. Der geringe Materialverbrauch und die einfache Verlegetechnik machen sie außerdem zu einer besonders günstigen Deckungsart.

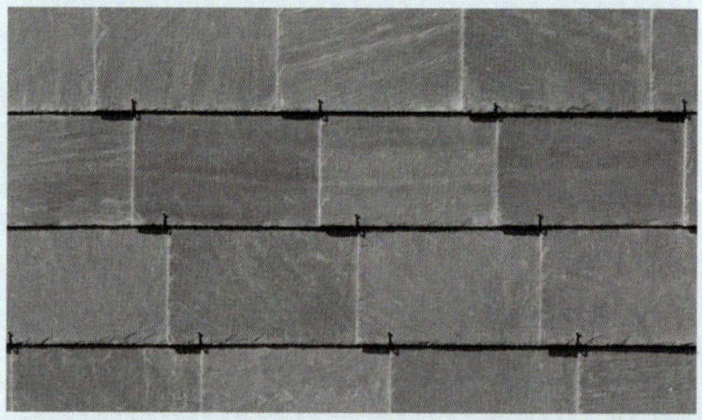

- gedeckt wird mit rechteckigen Schiefern im Querformat
- geschlossene Deckung mit hängender Ferse
- Schiefer können vollkantig sein oder eine gestutzte Ecke (im Sichtbereich) haben
- Höhen- und Seitenüberdeckung ≥ 4 cm
- Schnürung waagerecht: $S = H - Ü$, Schnürung senkrecht: $S = B - Ü$

Tabelle 11.11: Formate sowie Art und Anzahl der Befestigungen

<table>
<tr><th rowspan="2">Format [cm]</th><th colspan="2">Mindestanzahl und Art der Befestigungsmittel</th></tr>
<tr><th>Nägel/Stifte</th><th>Klammer-/ Einschlaghaken</th></tr>
<tr><td>40/25</td><td rowspan="4">2</td><td rowspan="4">1</td></tr>
<tr><td>40/20</td></tr>
<tr><td>35/25</td></tr>
<tr><td>35/20</td></tr>
<tr><td>30/20</td><td rowspan="3">3
2</td><td rowspan="3">–
1</td></tr>
<tr><td>27/18</td></tr>
<tr><td>25/20</td></tr>
</table>

11.3.7 Spitzwinkeldeckung

Checkliste

✓	Dach	✓	Fassade	✓	Schablonendeckung
✓	Schalung	✓	Lattung	✓	Halbverband
×	Links-/Rechtsdeckung	✓	Ansetzer	×	1. Gebinde wie Fläche

Die Spitzwinkeldeckung zählt zu den dekorativen Deckungsarten. Als eine der ältesten Schieferdeckungen soll sie schon im antiken römischen Reich verwendet worden sein. Demzufolge schmückt sie heute zumeist Dächer und Fassaden historischer Gebäude. An Fassaden wird die Spitzwinkeldeckung häufig mit anderen dekorativen Deckungsarten kombiniert, um abwechslungsreiche Muster und einzigartige Strukturen zu schaffen.

- rautenförmige Schiefer mit seitlich gestutzten Ecken (Abschnitte)
- Stoßfuge $F = 3$ bis 6 mm
- Hängespitze M als Abtropfkante ≥ 1 cm
- Befestigung mit mindestens 2 Nägeln oder Stiften
- übliche Formate:

Größe	Höhe [cm]	Breite [cm]	Abschnittslänge [cm]
6	30	20	7,3
7	29	19	7,3
8	26	18	7,3
9	24	15	6

- Die Höhenüberdeckung wird durch den Halbverband, die Abschnittslänge A und die Hängespitze M vorgegeben.
- waagerechte Schnürung $S = (H - A) : 2 - M$
- senkrechte Schnürung $S = (B + F) : 2$

Praxisbeispiel

Beispielrechnung

Gegeben:
- Größe 8: 26/18, A = 7,3cm

Schnürung waagerecht

$S = (H - A) : 2 - M = (26\ \text{cm} - 7{,}3\ \text{cm}) : 2 - 1\ \text{cm}$
$= \underline{8{,}35\ \text{cm}}$ → gewählt $\underline{8{,}3\ \text{cm}}$

Merke: Bei Erhöhung der Hängespitze wird der Schnürabstand um den gleichen Betrag kleiner!

11.3.8 Wabendeckung

Checkliste

×	Dach	✓	Fassade	✓	Schablonendeckung
✓	Schalung	×	Lattung	✓	Halbverband
×	Links-/Rechtsdeckung	✓	Ansetzer	×	1. Gebinde wie Fläche

Auch die Wabendeckung zählt zu den dekorativen Deckungsarten und wird an repräsentativen Fassaden häufig mit anderen Schieferdeckungen kombiniert. Gleichzeitig ist sie eine der häufigsten Bekleidungsarten und kommt an zahlreichen Giebelflächen, Schornsteinen, Gaubenfronten und -wangen, sowohl an historischen als auch an Neubauten zur Geltung. Für die wabenähnliche Struktur zeigt die gestutzte Ecke des quadratischen Schiefers nach unten. Wie bei der Universaldeckung kann der Schiefer aber auch gedreht, und somit als Links- oder Rechtsdeckung verlegt werden. Daher werden einzelne rechte oder linke Deckreihen mitunter in die Wabenfläche integriert. Vorwiegend wird das Format 20/20 verwendet.

- Waagerechte Schnürung:
  $S = D/2 - \sqrt{2} \cdot Ü$ mit D = Plattendiagonale
- Senkrechte Schnürung:
  $S = (D + F) : 2$

Tabelle 11.12: Formate und Mindestanzahl der Befestigungsmittel Wabendeckung

Formate [cm]	Überdeckung* [cm]	Anzahl Nägel/ Stifte
30/30	4	3
25/25	4	3
20/20	4	2

* Die Überdeckung *Ü* wird senkrecht zur Plattenkante gemessen und beträgt unabhängig vom Format 4 cm.

Praxisbeispiel

Beispielrechnung

Gegeben:
- Format 20/20
- $Ü = 4$ cm

Waagerechte Schnürung

$S = D/2 - \sqrt{2} \cdot Ü$ mit $D = \sqrt{2} \cdot 20$ cm = 28,28 cm

$S = 28{,}28$ cm : 2 – 1,414 · 4 cm = 8,48 cm

Senkrechte Schnürung

$S = (D + F) : 2$ mit $F = 0{,}2$ cm (gewählt)

$S = (28{,}28$ cm + 0,2 cm) : 2 = 14,24 cm

Merke: Das Format 20/20 wird üblicherweise mit 8,4 cm waagerecht und 14,2 cm senkrecht geschnürt.

11.3.9 Dekorative Deckungsarten und Sonderformate

Spezialfischschuppen, Octogones und Coquettes

Spezialfischschuppen	Octogones	Coquettes
		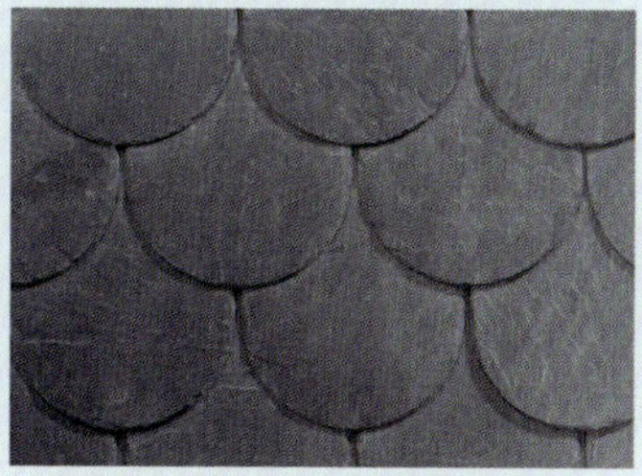

- Gedeckt werden diese Formate im Halbverband mit 3 bis 6 mm Stoßfuge.
- Doppeldeckungen erfolgen mit $Ü \geq 2$ cm Höhenüberdeckung.
- Spezialfischschuppen werden auf Vollschalung gedeckt und mit mindestens 2 Nägeln/Stiften befestigt.
- Bei Octogones und Coquettes erfolgt die Verlegung wie bei der Rechteckdoppeldeckung.
- Octogones können geklammert werden.
- Octogones können auch als Gezogene Deckung ausgeführt werden.

Wilde Deckung

Die Wilde Deckung ist die individuellste Deckung und kann auf dem Dach und an der Fassade ausgeführt werden. Die Schiefer werden in verschiedenen Größen und Formen geliefert und einzeln vom Dachdecker vor Ort angepasst und behauen. Die Deckung ist handwerklich sehr anspruchsvoll und zeitaufwendig. Die „wilde", wie zufällig wirkende Verteilung der Schiefer macht dabei den besonderen Reiz aus.

- Verwendung unbehauener Schiefer verschiedener Größe und Form
- nur auf Schalung möglich
- Größenverteilung der Schiefer und Überdeckung orientieren sich an den Vorgaben der Altdeutschen Deckung.

Dynamische Deckung

Zusammen mit der Altdeutschen und der Wilden Deckung besitzt auch diese Deckungsart ein lebhaftes Deckbild durch Variierungen in der Höhe der Gebindereihen und im unregelmäßigen Fugenbild. Erreicht wird das dynamische Deckbild durch die Verwendung unterschiedlich großer Rechteckplatten. Die Gebindehöhe wird nur zwischen, nicht innerhalb einzelner Schieferreihen variiert. Zusätzlich sorgen die unterschiedlichen Steinbreiten für ein wechselhaftes Fugenbild. Für ein möglichst dynamisches Bild können 15 verschiedene Rechteckformate genutzt werden.

- auf dem Dach und an der Fassade nur auf Schalung möglich
- Stoßfugen müssen mit ≥10 cm breiten Metallspließen unterlegt werden
- Gebindehöhen variieren zwischen den Gebindereihen
- gleiche Schieferhöhen, jedoch unterschiedliche Breiten innerhalb einer Gebindereihe
- Der Fugenversatz muss 5 cm betragen.
- $S = H - Ü$ mit $Ü \geq 4$ cm
- Befestigung mit mindestens 3 bzw. bei Steinbreiten > 30 cm mit 4 Schiefernägeln oder -stiften, Metallspließe mit 2 Befestigungsmitteln.

11.4 Außenwandbekleidungen mit Faserzement

Faserzement ist die günstigere, industriell gefertigte Alternative zum Naturbaustoff Schiefer. Die Platten, hergestellt aus Zement, weiteren Zusätzen und Fasern, besitzen eine hohe Stabilität und Langlebigkeit. Ursprünglich wurden aus Silikatmineralien gewonnene (gesundheitsschädliche) Asbestfasern hinzugesetzt. Heutzutage werden Kunststofffasern benutzt, allerdings sollte beim Rückbau alter Dach- und Fassadenplatten aus Faserzement stets Vorsicht geboten sein.

Faserzementplatten sind trotz ihrer geringen Stärke und ihres geringen Gewichts sehr formstabil, wasserdicht und frostbeständig. Die Platten unterschiedlicher Formate lassen sich mit glatter oder strukturierter Oberfläche herstellen und können durchgefärbt oder beschichtet sein. Häufige Farbgebungen sind ziegelrot, grau, weiß und braun. In der Regel sind die Platten werkseitig vorgelocht.

Tabelle 11.13: Kurzübersicht der Faserzement-Deckungsarten

Deckungsart	Ausführungsbeispiel	Formate Höhe/Breite (cm)	Waagerechte Schnürung
Deutsche Deckung	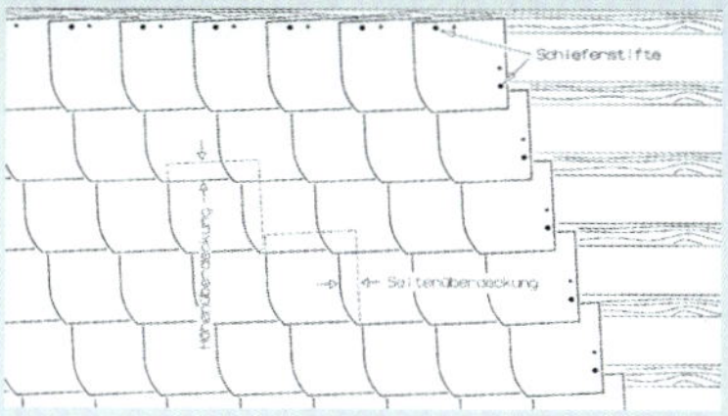	40/40, 30/30, 25/25, 20/20	S = *H* – *Ü*
Doppeldeckung	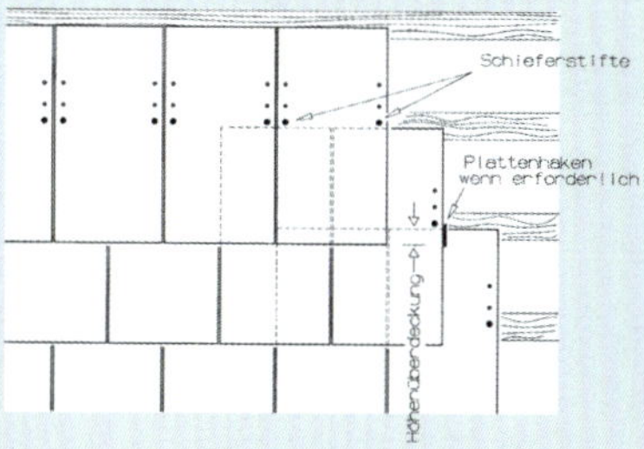	60/30, 60/20, 40/40, 40/20, 30/30	S = (*H* – *Ü*) : 2
Gezogene Deckung	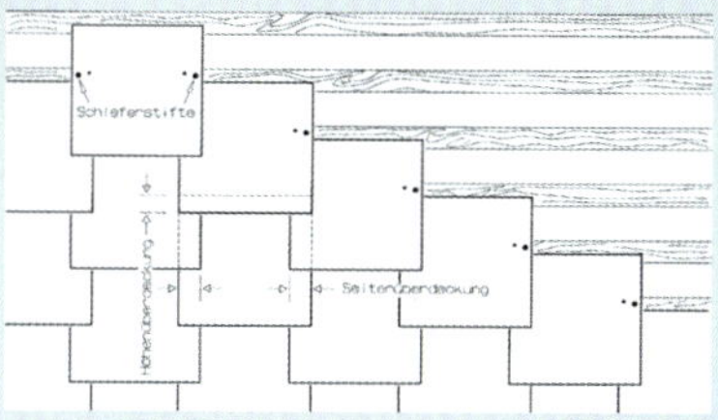	60/30, 40/40, 40/20, 30/30	
Geschlaufte Deckung	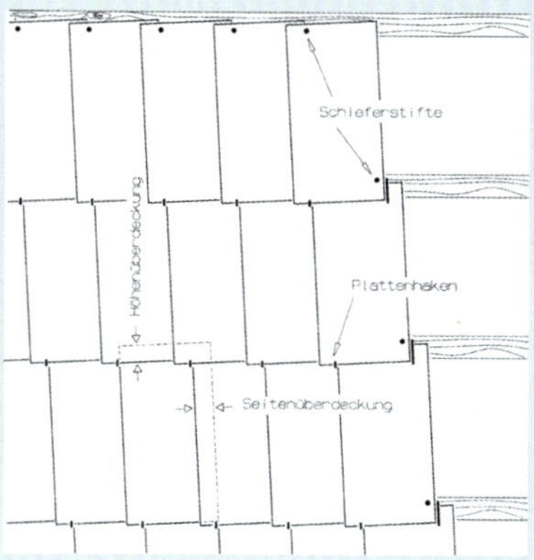	40/40, 30/30, 20/40, 20/30, 20/20	S = *H* – *Ü*

Tabelle 11.13: Kurzübersicht der Faserzement-Deckungsarten (Fortsetzung)

Deckungsart	Ausführungsbeispiel	Formate Höhe/Breite (cm)	Waagerechte Schnürung
Spitzschablonen-deckung	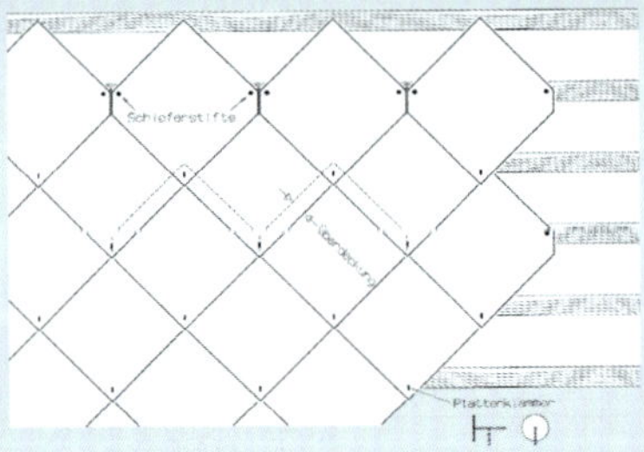	40/40, 30/30, 20/20	S = (*H* – *A*) : 2 – *M*
Rhombusdeckung	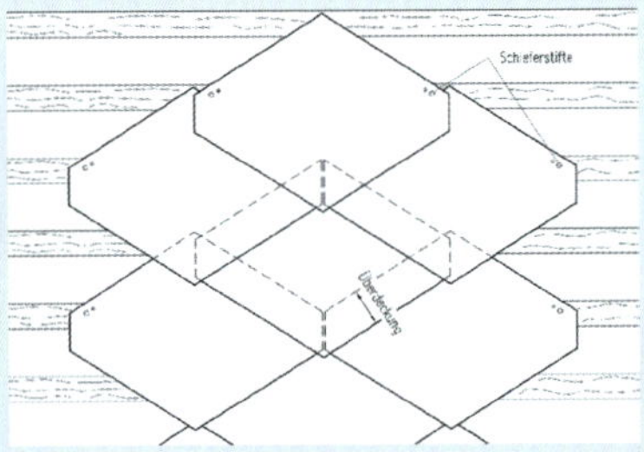	40/44	S = (*H* – *A*) : 2 – *M*
Waagerechte Deckung	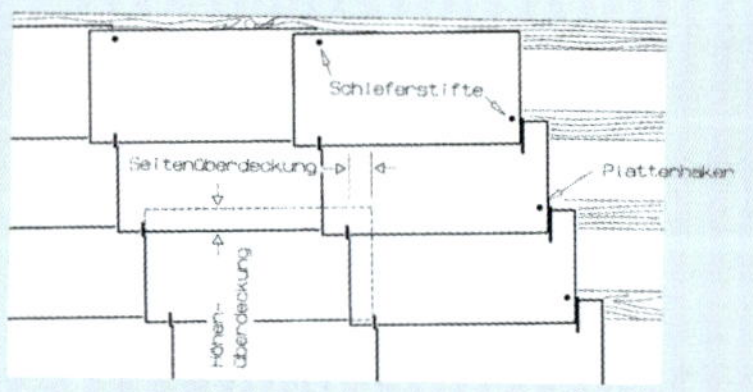	30/60, 20/40, 20/30, 15/30	S = *H* – *Ü*
Wabendeckung	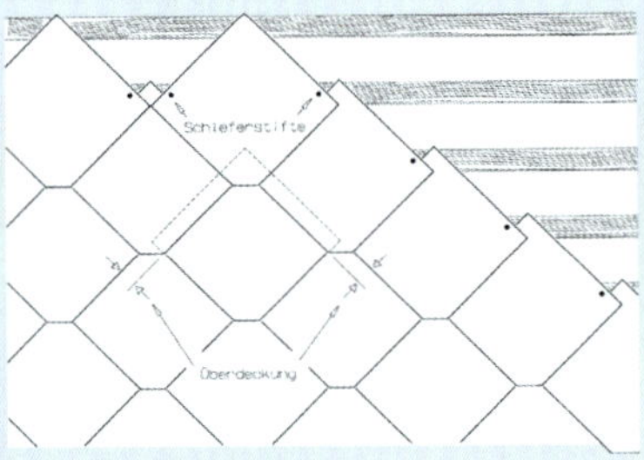	30/30, 20/20	S = *D*/2 – √2 · *Ü*

11.4.1 Deutsche Deckung

Checkliste

✓	Dach	✓	Fassade	✓	Schablonendeckung
✓	Schalung	✓	Lattung	×	Halbverband
✓	Links-/Rechtsdeckung	×	Ansetzer	✓	1. Gebinde wie Fläche

Die Deutsche Deckung ist mit Platten mit Bogenschnitt oder mit symmetrischer Rundung (Universaldeckung) als geschlossene Deckung auszuführen. Sie wird häufig auf Dächern und Fassaden verwendet. Durch die große Farbauswahl bei Faserzementplatten findet man sie oft ergänzend an Wohngebäuden mit Ziegeleindeckung. Hier wird sie als Bekleidung an Gaubenfronten und Gaubenwangen sowie Schornsteinen eingesetzt.

- Platten mit Bogenschnitt oder symmetrischer Rundung
- Fersenversatz und hängende Ferse
- Waagerechte Schnürung: $S = H - Ü$

Tabelle 11.14: Formate, Überdeckungen und Befestigungen Deutsche Deckung

Format Breite Höhe	Höhen-überde-ckung	Seiten-über-deckung	Gebäude-höhe (bis max. 100 m)	Anzahl und Art der Befestigungsmittel bei Gebäuden ohne zusätzlichen Windinnendruck		
				Schieferstifte	Platten-haken**	Schraub-oder Rillennägel*
cm	mm	mm	m	im Überde-ckungsbereich	im Sichtbereich	
20/20	40	40	≤ 100	2	–	–
25/25	40	90	≤ 20	2	–	–
			> 20	2 und	1 oder	1
30/30	40	90	≤ 20	2	–	–
			> 20	2 und	1 oder	1
40/40	40	90	≤ 100	2 und	1 oder	1

* Platten mit Sonderlochung erforderlich
** Bei Verwendung von Klammerhaken (60 mm Länge) beträgt die Höhenüberdeckung 50 mm.

11.4.2 Doppeldeckung

Checkliste

✓	Dach	✓	Fassade	✓	Schablonendeckung
✓	Schalung	✓	Lattung / Metallprofile	✓	Halbverband
×	Links-/Rechtsdeckung	✓	Ansetzer	×	1. Gebinde wie Fläche

Bei der Doppeldeckung kommen quadratische und rechteckige Platten zum Einsatz, die auch im Querformat verlegt werden können. Die gerade Linienführung der Deckung wirkt sehr modern und strukturiert. Die Platten sind in verschiedenen Farben erhältlich und können vollkantig sein oder gestutzte sowie abgerundete Ecken besitzen. Auch wenn die Formatauswahl im Vergleich zum Schiefer geringer ausfällt, ermöglichen besonders die großen Platten eine schnelle und wirtschaftliche Verlegung.

- Rechteckplatten, Quadratplatten oder Platten mit gestanzten Schlitzen möglich
- Stoßfuge 3 bis 6 mm
- Rechteckplatten können im Querformat mit durchlaufender Fuge verlegt werden. Die Stoßfugen müssen mit Fugenbändern aus Kunststoff hinterlegt werden.
- Waagerechte Schnürung: $S = (H - Ü) : 2$ mit $Ü \geq 3$ cm
- Bis 20 m Gebäudehöhe können die Formate 20/40 und 30/30 mit nur einem Klammerhaken pro Platte befestigt werden.

Tabelle 11.15: Formate, Überdeckungen und Befestigungen Doppeldeckung

Format Breite/ Höhe	Höhen-über-deckung	Gebäude-höhe (bis max. 100 m)	Anzahl und Art der Befestigungsmittel bei Gebäuden ohne zusätzlichen Windinnendruck		
			Schieferstifte	Plattenhaken	Schraub- oder Rillennägel*
cm	mm	m	im Überdeckungsbereich	im Sichtbereich	
20/40	30	≤ 20	2	–	–
		> 20	2 und	1 oder	1
30/30	30	≤ 100	2	–	–
40/40	30	≤ 100	2 und	1 oder	1
30/60	30	≤ 100	2 und	1 oder	1
60/20	30	≤ 100	3	–	–

* Platten mit Sonderlochung erforderlich

11.4.3 Geschlaufte Deckung

Checkliste

X	Dach	✓	Fassade	✓	Schablonendeckung
✓	Schalung	✓	Lattung	×	Halbverband
✓	Links-/Rechtsdeckung	×	Ansetzer	✓	1. Gebinde wie Fläche

Diese Deckung wird mit rechteckigen Platten im Hochformat oder mit quadratischen Platten ausgeführt. Die Platten können vollkantig sein oder eine gestutzte bzw. abgerundete Ecke aufweisen. In beiden Fällen können sie um 90° gedreht und in Links- oder Rechtsdeckung verlegt werden. Quadratische Platten lassen sich auch als Wabe verwenden. Die Verlegetechnik ist einfach, da alle Formate mit mindestens 4 cm in Höhe und Seite gleichermaßen überdeckt werden. Sie findet häufig an kleinen Flächen, wie beispielsweise Gaubenwangen, Anwendung.

- Rechteckplatten oder Quadratplatten, welche gedreht werden können
- mit hängender Ferse zu decken
- Waagerechte Schnürung $S = H - \ddot{U}$
- Höhen- und Seitenüberdeckung ≥ 4 cm

Tabelle 11.16: Formate und Befestigung Geschlaufte Deckung

Format Breite/Höhe	Höhenüberdeckung	Seitenüberdeckung	Gebäudehöhe (bis max. 100 m)	Anzahl und Art der Befestigungsmittel bei Gebäuden ohne zusätzlichen Windinnendruck		
				Schieferstifte	Plattenhaken	Schraub- oder Rillennägel*
cm	mm	mm	m	im Überdeckungsbereich	im Sichtbereich	
20/20	40	40	≤ 100	2	–	–
20/30	40	40	≤ 20	2	–	–
			> 20	2 und	1 oder	1
20/40	40	40	≤ 100	2 und	1 oder	1
30/30	40	40	≤ 20	2	–	–
			> 20	2 und	1 oder	1
40/40	40	40	≤ 20	2 und	1 oder	1
			> 20	2 und		1

* Platten mit Sonderlochung erforderlich

11.4.4 Gezogene Deckung

Checkliste

X	Dach	✓	Fassade	✓	Schablonendeckung
✓	Schalung	✓	Lattung / Metallprofile	×	Halbverband
×	Links-/Rechtsdeckung	✓	Ansetzer	×	1. Gebinde wie Fläche

- Bis 20 m Gebäudehöhe können die Formate 20/40 und 30/30 mit nur 2 Klammerhaken pro Platte befestigt werden.
- Schnürung wie bei der Gezogenen Deckung mit Schieferplatten
- Höhen- und Seitenüberdeckung ≥ 4 cm bei allen verwendeten Formaten

Die Gezogene Deckung gilt analog zur Schieferdeckung als Sonderform der Doppeldeckung mit quadratischen oder rechteckigen Faserzementplatten. Es stehen zwar weniger Formate als bei der Deckung mit Schiefer zur Verfügung, dafür bieten aber besonders die großen Formate eine wirtschaftliche und rationelle Verlegung. Durch das „Auseinanderziehen" der Platten wird zusätzlich Material eingespart.

Tabelle 11.17: Formate und Befestigung Gezogene Deckung

Format Breite/ Höhe	Gebäudehöhe (bis max. 100 m)	Anzahl und Art der Befestigungsmittel bei Gebäuden ohne zusätzlichen Windinnendruck		
		Schieferstifte	Plattenhaken	Schraub- oder Rillennägel*
cm	m	im Überdeckungs-bereich	im Sichtbereich	
20/40	≤ 20	2	–	–
	> 20	2 und	1 oder	1
30/30	≤ 100	2	–	–
40/40	≤ 100	2 und	2 oder	1
30/60	≤ 100	2 und	2 oder	1

* Platten mit Sonderlochung erforderlich

11.4.5 Spitzschablonendeckung

Checkliste

✓	Dach	✓	Fassade	✓	Schablonendeckung
✓	Schalung	✓	Lattung	✓	Halbverband
×	Links-/Rechtsdeckung	✓	Ansetzer	×	1. Gebinde wie Fläche

Die Spitzschablonendeckung orientiert sich an der Spitzwinkeldeckung und ist, auch dank ihres großen Formats, eine günstigere Alternative zum Baustoff Schiefer. Sie lässt sich in vielen Regionen auf Dächern finden, kann aber auch an der Fassade verlegt werden. Auffällig ist die Verwendung einer Plattenklammer, welche in die Fuge zwischen den gestutzten Ecken zweier Platten geklemmt wird und durch ein Loch die darüberliegende Platte nahe der Hängespitze festhält.

- quadratische Platten in den Formaten 20/20, 30/30 und 40/40 mit 2 gegenüberliegenden, gestutzten Ecken
- Deckung erfolgt mit Hängespitze ≥ 0,5 cm
- Befestigung mit mindestens 2 Schieferstiften
- Bei den Formaten 30/30 und 40/40 werden zur Befestigung zusätzlich Plattenklammern verwendet, welche an der Hängespitze hindurchgeführt und anschließend umgebogen werden.
- Schnürung wie bei der Spitzwinkeldeckung
- Die Überdeckung beträgt immer ≥ 4 cm und wird senkrecht zur Plattenkante gemessen.

11.4.6 Rhombusdeckung

Checkliste

✓	Dach	✓	Fassade	✓	Schablonendeckung
✓	Schalung	✓	Lattung	✓	Halbverband
×	Links-/Rechtsdeckung	✓	Ansetzer	×	1. Gebinde wie Fläche

Die Rhombusdeckung bietet mit ihrem großen Plattenformat 40/44 eine sehr rationelle Verlegung und eignet sich besonders für große, rechteckige Flächen mit wenigen Unterbrechungen. Sie gilt als Sonderform der Spitzwinkeldeckung und unterscheidet sich von dieser durch eine Hängespitze im stumpfen Winkel (> 90°). Sie kommt in der Befestigung mit nur 2 Schieferstiften pro Platte aus, wird vorwiegend auf Lattung gedeckt und gilt durch ihre schnelle Verlegung als kostengünstig. Auch wenn sie eher auf Dächern Verwendung findet, so kann sie auch an der Fassade für eine moderne Optik sorgen.

- ausschließlich Format 40/44 mit Höhenüberdeckung $Ü \geq 9$ cm
- Stoßfuge 3 bis 6 mm
- Befestigung mit mindestens 2 Schieferstiften

11.4.7 Waagerechte Deckung

Checkliste

✓	Dach	✓	Fassade	✓	Schablonendeckung
✓	Schalung	✓	Lattung	×	Halbverband
✓	Links-/Rechtsdeckung	×	Ansetzer	✓	1. Gebinde wie Fläche

Die Waagerechte Deckung mit Faserzementplatten orientiert sich an der gleichbenannten Schieferdeckung, darf jedoch auf Dach und Fassade gleichermaßen gedeckt werden. Die großen Plattenformate sorgen auch hier für ein wirtschaftliches und besonders kostengünstiges Verlegen. Das Erscheinungsbild, die Art der Verlegung und die Befestigung orientieren sich an der waagerechten Deckung mit Schiefer.

- Im Gegensatz zur gleichnamigen Schieferdeckung müssen alle Formate vollkantig sein.
- Die Seiten- und Höhenüberdeckung beträgt für alle Formate ≥ 4 cm.
- Verlegung und Schnürung wie Waagerechte Deckung mit Schiefer

Tabelle 11.18: Formate und Befestigung Waagerechte Deckung

Format Breite/ Höhe	Gebäudehöhe (bis max. 100 m)	Anzahl und Art der Befestigungsmittel bei Gebäuden ohne zusätzlichen Windinnendruck		
		Schieferstifte	Plattenhaken	Schraub- oder Rillennägel*
cm	m	im Überdeckungsbereich	im Sichtbereich	
30/15	≤ 100	2	–	–
30/20	≤ 20	2	–	–
	> 20	2 und	1 oder	1
40/20	≤ 100	2 und	1 oder	1
60/30	≤ 100	2 und	1 oder	1

* Platten mit Sonderlochung erforderlich

11.4.8 Wabendeckung

Checkliste

×	Dach	✓	Fassade	✓	Schablonendeckung
✓	Schalung	✓	Lattung	✓	Halbverband
×	Links-/Rechtsdeckung	✓	Ansetzer	×	1. Gebinde wie Fläche

Die Wabendeckung mit Faserzementplatten orientiert sich an der gleichbenannten Schieferdeckung. Sie ist eine der häufigsten Faserzementdeckungen und findet an allen Gebäudetypen Anwendung. Aufgrund der großen Farbpalette lässt sie sich mit vielen Dachbekleidungen kombinieren und bindet sich harmonisch ins Gesamtbild ein. Besonders bei der Bekleidung von kleineren Flächen wie Giebel, Gauben und Schornsteinen kommt sie zum Einsatz. Die Platten sind auch mit abgerundeter Ecke erhältlich.

- Formate 20/20 oder 30/30
- Befestigung mit mindestens 2 Schieferstiften
- Überdeckung und Schnürung wie bei der Wabendeckung mit Schiefer

11.5 Einteilung der Deckfläche

Senkrechte Schnürung aus der Mitte

Deckungen im Halbverband können aus der Mitte der Deckfläche heraus geschnürt werden. Somit ergibt sich hin zu den seitlichen Abschlüssen eine gleichmäßige Aufteilung der Schiefer bzw. Platten. Diese Vorgehensweise eignet sich aber nur für symmetrischen Flächen, z. B. Giebel (Abb. 11.6). Auch bei kleineren rechteckigen Flächen kann eine symmetrische Aufteilung sinnvoll sein. Hier sollte darauf geachtet werden, die seitlichen Abschlüsse gleich auszuführen, z. B. durch beidseitig aufgelegte Abschlussgebinde. Bei der Schnürung wird die Mitte zuerst angerissen und dann die Schnurschläge gleichmäßig nach rechts und links abgetragen.

Senkrechte Schnürung von der Seite

Bei unsymmetrischen Flächen oder auch bei Fassaden mit vielen unterschiedlich großen Unterbrechungen, z. B. durch Fenster, ist eine Schnürung aus der Mitte nicht ratsam. Auch bei großen Fassadenflächen ist eine Schnürung aus der Mitte unüblich, da diese für das Auge kaum noch zu erfassen ist (Abb. 11.7). Hinzu kommt, dass schon kleinste Ungenauigkeiten in der Fläche oder Abweichungen beim Verlegen zu Komplikationen im Schnürbild führen würden. Bei Links-/Rechtsdeckungen gibt die Wahl der Decksteine (Hauptwetterrichtung) die Deckrichtung vor (Abb. 11.8). Bei Deckungen im Halbverband muss der Dachdecker nach eigenem Ermessen entscheiden, ob er rechts oder links beginnt.

Waagerechte Schnürung bei kleineren Flächen

Wenn die zu deckende Fläche nur wenige Meter beträgt, weil sie z. B. nur über ein Geschoss geht, ist eine genaue waagerechte Einteilung der Fläche sinnvoll. Besonders bei Flächen mit geradem oberen Abschluss macht sich eine fehlende Einteilung der Fläche in der obersten Gebindereihe bemerkbar. Änderungen in der Sichtfläche der Schiefer

Abb. 11.5: Einteilung aus der Mitte sinnvoll, hier jedoch missglückt

Abb. 11.6: Einteilung aus der Mitte gelungen, auch wenn Giebelfläche nicht exakt symmetrisch ist

Abb. 11.7: eher unübliche Schnürung aus der Mitte

Abb. 11.8: Bei Links- oder Rechtsdeckungen kann nicht aus der Mitte geschnürt werden

Abb. 11.9: Günstige Einteilung

Abb. 11.10: Ungünstige Einteilung

Praxisbeispiel

Beispielrechnung: Einteilung einer rechteckigen Fläche

Gegeben:
- Deckfläche: $b = 2{,}12$ m, $h = 2{,}76$ m (Abtropfkante wurde berücksichtigt)
- Eindeckung: Schuppendeckung, Format 22/19
- Linksdeckung, 1. Gebinde wie Fläche
- Oberer Abschluss: auslaufend, letztes Gebinde volle Decksteinhöhe sichtbar

Berechnung:
Eine genaue waagerechte Einteilung der Fläche ist sinnvoll!
1. Höhe $h - H$ Deckstein → 276 cm – 22 cm = 254 cm (letzte Steinhöhe wird abgezogen)
2. $S = H - Ü$ → S = 22 cm – 4 cm = 18 cm (größtes mögliches Schnürmaß)
3. Anzahl Gebindereihen: 254 cm : 18cm = 14,111 → 15 Reihen (aufrunden!)
4. Schnürabstand: 254 cm : 15 Reihen = 16,933 cm → S = 17 cm (gewählt)

Es werden 16 Reihen gedeckt. Das Schnürmaß beträgt 17 cm!

zwischen den einzelnen Gebindereihen springen sofort ins Auge und zeugen von mangelhafter Einteilung.

Der obere Abschluss muss bei der Einteilung der Fläche genauso berücksichtigt werden, wie waagerechte Linienführungen in der Fassade, z. B. durch Fensterreihen oder Geschosswechsel.

Hier muss der Dachdecker vorher alles ausmessen und bei der Schnürung die Höhenüberdeckung über mehrere Gebindereihen geschickt anpassen, sodass waagerechte Linien in der Bekleidung optisch fortgeführt werden.

Waagerechte Schnürung bei großen Flächen

Bei hohen Flächen über mehrere Stockwerke wird der Schnürabstand erst in den letzten Gebindereihen so angepasst, dass eine gleichmäßige Aufteilung am oberen Abschluss gegeben ist. Ein komplettes Durchschnüren der Fläche ist oft nicht durchführbar und auch nicht notwendig. Anpassungen unter 1 cm je Gebindereihe werden vom Betrachter nicht wahrgenommen. Auch bei Fassaden mit vielen unterschiedlich großen Unterbrechungen ist eine Berücksichtigung aller Linien bei der Einteilung oft unmöglich.

11.6 Übungsaufgaben zu Lernfeld 11

1. Skizzieren und beschriften Sie einen vertikalen Schnitt durch eine wärmegedämmte und hinterlüftete Außenwandbekleidung.
2. Erläutern Sie die Aufgaben bzw. Funktionen der einzelnen Schichten einer wärmegedämmten und hinterlüfteten Außenwand.
3. Beschreiben Sie 4 verschiedene Deckungsarten für Außenwandbekleidungen und geben Sie mindestens 2 Plattengrößen an.
4. Erläutern Sie die Schnürbilder für folgende Deckungsarten:
   - Rechteckdoppeldeckung
   - Wabendeckung
   - Deutsche Deckung mit Bogenschnitt
   - Waagerechte Deckung
5. Wie groß muss die Hinterlüftung mindestens gewählt werden? Begründen Sie Ihre Aussage!
6. Was ist beim Einbau von Holz als Unterkonstruktion zu beachten?
7. Erstellen Sie einen Konstruktionsvorschlag für eine hinterlüftete Fassade mit 2 Deckungsvarianten. Fertigen Sie insgesamt 2 Ausführungszeichnungen, Maßstab 1:5 DIN A4 mit Bemaßung an. Notieren Sie auf einem Extrablatt den Aufbau der Fassade und Berechnungen (Schnürung, Höhen- und Seitenüberdeckung) zu beiden Deckungsvarianten.

Ausführungszeichnung 1: Vertikalschnitt durch die Fassadenkonstruktion (a oder b)

Deckungsvariante 1: ______________________________

Deckungsvariante 2: ______________________________

Ausführungszeichnung 2: Horizontalschnitt durch die Fassadenkonstruktion (a oder b)

Deckungsvariante 1: ______________________________

Deckungsvariante 2: ______________________________

Aufbau der Fassade (Vorgaben):

Mauerwerk: $d = 24$ cm oder $d = 30$ cm

Grundhölzer (senkrecht) S10, Nadelholz,
$d/b = 6/10$ oder 6/12

Abstände Grundhölzer $a = 60$ cm (lichter Abstand)

Traglattung S10, Nadelholz, $d/b = 4/6$

Belüftungsebene $d \geq 2$ cm

Deckungsarten mit Schiefer oder Faserzement:

- Schuppendeckung
- Deutsche Deckung
- Wabendeckung
- Spitzwinkel-/Spitzschablonendeckung
- Rechteckdoppel-/Doppeldeckung
- Waagerechte Deckung
- Gezogene Deckung

Lernfeld 12: Geneigte Dächer mit Metallen decken

Steffen Kurzer

Abdeckungen, Abdichtungen und Anschlüsse, aber auch größere Dachflächen werden von Dachdeckern oft mit Metallen ausgeführt. Für die sachgerechte Handhabung der unterschiedlichen Metalle sowie eine fachgerechte Ausführung sind detaillierte Materialkenntnisse und deren Verbindungseigenschaften mit anderen Werkstoffen notwendig.

12.1 Materialeigenschaften und Werkzeuge

Die traditionellen Werkstoffe für eine Dacheindeckung sind Kupfer, Blei und Zink.

Zu den modernen Metalleindeckungen zählen heute neben den traditionellen Werkstoffen auch Aluminium, Stahl und Edelstahl. Dacheindeckungen und Außenwandbekleidungen werden in steigendem Maße aufgrund der nahezu unbegrenzten gestalterischen Möglichkeiten mit Metall ausgeführt. Durch den Einsatz von Maschinen lassen sich Metalleindeckungen schnell und wirtschaftlich verlegen. Detailausbildungen erfordern aber auch heutzutage noch hohes handwerkliches Können.

12.1.1 Materialeigenschaften und Handelsformen der Werkstoffe

Heute ist jedes Metall mit unterschiedlichen Sonderoberflächen als Band- oder Tafelmaterial erhältlich, aus dem die Metalldeckungen hergestellt werden. Aus Gründen der Produkthaftung sind Dicke, Norm, Materialkennung, Festigkeitsgrad und Hersteller mit Herstellerland aller Materialien zu kennzeichnen.

- **Kupfer** zeichnet sich durch eine hohe Lebensdauer und gute Verarbeitbarkeit an schwierigen Dachdetails, auch bei niedrigen Temperaturen, besonders gut für das Bauwesen aus. Es ist gegen atmosphärische Einflüsse und gegen Einflüsse aus dem Gebäudeinneren korrosionsbeständig. Bei Kupfer entstehen auf der Oberfläche unter Einwirkung der Umgebungsluft beständige Schutzschichten. Kupfer besitzt eine gute Korrosionsbeständigkeit, auch gegen Kalk, Gips und Zement. Die Abschwemmung von im Wasser gelösten Kupferoxiden kann im Bereich benachbarter Baustoffe zu Grünfärbungen führen, der Patina.

Handelsformen
Kupferbandrollen (Coil):
Breite bis 1.000 mm, Dicke von 0,1 bis 2,0 mm
Kupfertafeln (Normaltafeln):
Format 1.000 × 2.000 mm, Dicke 0,2 bis 2,0 mm

- **Blei** besitzt eine gute Korrosionsbeständigkeit gegen die heute in der Atmosphäre vorkommenden negativen Einflüsse. Es bildet eine natürliche Schutzschicht (Patina) aus fast unlösbarem Bleikarbonat oder Bleisulfat. Es ist zudem UV-beständig, verrottungsfest, bruchsicher und wiederverwendbar. Des Weiteren zeichnet sich Blei durch die gute Verarbeitbarkeit aus, da es auch im kalten Zustand sehr gut verformt werden kann.

Handelsformen
Rollenware von 100 bis 1.300 mm

- **Titanzink** zeichnet sich auch durch Korrosionsbeständigkeit aus, da bei freier Bewitterung eine natürliche wasserunlösliche Schutzschicht (Patina) aus basischem Zinkkarbonat entsteht. Eine Optimierung der Werkstoffeigenschaften wurde über die Zulegierung von Titan erreicht.

Bei Titanzink entstehen unter Einwirkung der Umgebungsluft auf der Oberfläche beständige Schutzschichten. Bei sich dauerhaft wiederholender Einwirkung von Feuchtigkeit ohne Luftzufuhr können Korrosionserscheinungen bzw. Korrosionsschäden auftreten. Bei tiefen Temperaturen neigt Titanzink zur Kaltsprödigkeit. Daher ist es bei Metalltemperaturen unter 10 °C vor schlagartiger Verformung z. B. mit einem geeigneten Heißluftföhn anzuwärmen.

Handelsformen
Zinkbandrollen (Coil): Breite bis 1.000 mm, Dicke von 0,6 bis 2,0 mm
Zinktafeln (Normaltafel): 1.000 × 2.000 mm und 1.000 × 3.000 mm und Dicken von 0,6 bis 2,0 mm

Titanzink neigt zu Kaltsprödigkeit. Daher muss man das Material bei Metalltemperaturen unter 10 °C vor schlagartiger Verformung anwärmen. Dazu kommt z. B. ein geeigneter Heißluftföhn infrage.

- **Aluminium** im Einsatz an Dach und Wand ist gekennzeichnet durch:
  - leichte Verarbeitbarkeit,
  - geringes Gewicht,
  - günstige mechanische Festigkeit,
  - chemische Beständigkeit und Langlebigkeit.

  Sehr positiv wirken sich auch sein hohes Reflexionsvermögen von Wärme und Licht sowie die Unbrennbarkeit und Funkenfreiheit aus.

  Handelsformen
  Aluminium für Dach und Fassade ist in Blechen, Platten und Bändern unterschiedlicher Abmessungen verfügbar. Für Falzdächer werden üblicherweise Coils von ca. 100, 500 und 1.000 kg mit einer Zuschnittsbreite von 600 mm und einer Blechdicke von 0,7 mm verwendet.

- Die Produktpalette **Stahl** reicht bei der Verarbeitung von Rinnenhaltern und Sturmblechen bis hin zu Trapezprofilen, Kassetten und Sandwich-Elementen für Dach und Wand. Durch die guten Verarbeitungs- und Gebrauchseigenschaften zählt Stahl zu einem wichtigen Werkstoff in der Konstruktion. Nachteilig wirkt sich Stahl durch seine Eigenschaft aus, im ungeschützten Zustand zu korrodieren. Daher wird Stahl vor dem Einbau mit einem metallischen Überzug (z. B. Zink) als Korrosionsschutz versehen.

  Stahl lässt sich trotz seiner hohen Festigkeit gut biegen, falzen und kanten.

  Handelsformen
  Verschiedene Längen und Breiten und Stähle mit unterschiedlichen Beschichtungen.

- **Edelstahl** (Chrom-Nickelstahl) wird in der Bauklempnerei immer häufiger eingesetzt. Ein Vorteil von Edelstahl liegt darin, dass die Verarbeitungsdicke nur 0,4 oder 0,5 mm beträgt und Edelstahl somit eine geringere Dichte aufweist. Bei einer Beschädigung bildet sich unter Einfluss der Luft oder Wasser und dem darin enthaltenen Sauerstoff eine neue Oxidschicht zum Schutz der Bleche und Bänder. Positiv wirken sich die Legierungsbestandteile Chrom und Nickel auch auf die mechanischen Eigenschaften aus. Die heute im Dachbereich verwendeten Stahlsorten zeichnen sich durch Weichheit und geringe Ausdehnung aus. Sie lassen sich gut falzen, kanten und runden.

  Nicht rostende Stähle sind:
  - alterungsbeständig,
  - hygienisch,
  - UV-beständig,
  - verrottungsfest,
  - bruchsicher.

  Die Beständigkeit besteht sowohl gegen Baumaterialien wie Zement, Mörtel, Beton und Bitumen als auch gegen Holzimprägnierungsmittel und schwefelsaure Rückstände.

  Handelsformen
  Bänder (Coils) und Tafelware in verschiedenen Abmessungen.

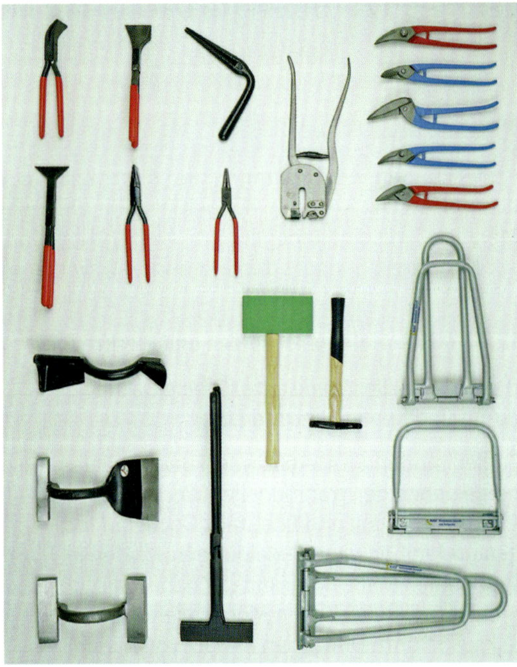

Abb. 12.1: Handwerkzeuge

12.1.2 Werkzeuge

Für das Umformen und Bearbeiten von Blechen im Bauwesen benötigen Dachdecker unterschiedliche Arten von Werkzeugen für die verschiedensten Anwendungstechniken.

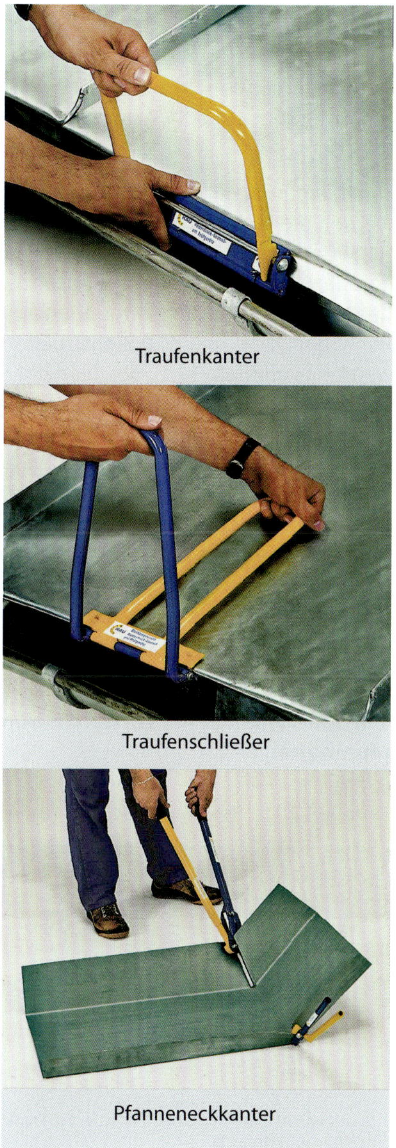

Abb. 12.2: Handwerkzeuge für die Falztechnik

Abb. 12.3: Falzmaschine

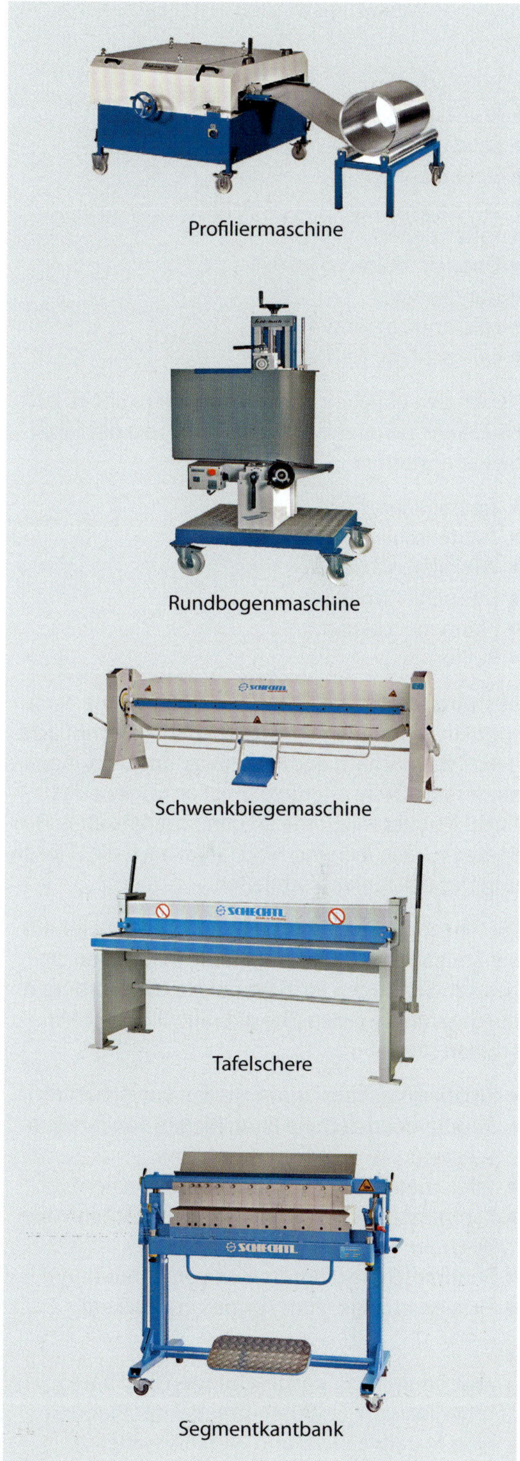

Abb. 12.4: Metallbearbeitungsmaschinen

Folgende Werkzeuge werden in der Falztechnik eingesetzt:

- Blechscheren,
- Kunststoffhammer,
- Schweifhammer,
- Deckzange,
- Schaleisen,
- Faltenzieher,
- Doppelfalzeisen,
- Rundzange,
- Falzzange gerade/45°/90°,
- Quetschfaltenzange.

Neben den üblichen Handwerkzeugen gibt es auch eine Reihe neuerer Handwerkzeuge, die die Falzarbeit erleichtern:

- Traufenkanter,
- Traufenschließer,
- Winkelfalzschließer,
- Doppelfalzschließer,
- Pfanneneckkanter,
- Rollformer.

Aus wirtschaftlichen Gründen werden heute auch spezielle Maschinen für Falzarbeiten auf großflächigen Metalldächern und Außenwandbekleidungen eingesetzt. Diese erledigen mit Leichtigkeit das Aufstellen der Falzborde an den Scharenseiten. Des Weiteren kann man mit Maschinen auch die Winkel- und Doppelstehfalze schließen.

Für eine maßgenaue Vorfertigung von Scharen für die Stehfalztechnik werden heute Maschinen eingesetzt. So können auch komplexe Metallarbeiten durchgeführt werden. Die gebräuchlichsten Maschinen sind:

- Profiliermaschine (zum Erstellen von Scharen),
- Rundbogenmaschine (zum Biegen von fertigen Scharen),
- Tafelscheren (zum Schneiden von Blechen),
- Kantbank/Segmentkantbank (zum Kanten von Blechen),
- Rundmaschine (zum Drehen von Rundungen),
- Sickenmaschine (zum Formen von Sicken).

Mechanische Beanspruchungen und bauphysikalische Einflüsse sind bei der Planung von Metalldächern und Metallfassaden zu berücksichtigen.

12.2 Unterkonstruktionen

Bei der Art der Unterkonstruktionen wird zwischen **belüfteten** und **nicht belüfteten** wärmegedämmten Unterkonstruktionen unterschieden (Abb. 12.5 und 12.6).

Durch einen be- und entlüfteten Zwischenraum werden die Metalleindeckung und Unterkonstruktion von der Baukonstruktion getrennt. Dabei ist darauf zu achten, dass Belüftungsöffnungen am tiefsten und Entlüftungsöffnungen am höchsten Punkt der Dach- und Wandkonstruktion vorgesehen werden (siehe Tab. 12.1). Bei der nicht belüfteten Konstruktion muss die Trag- und Unterkonstruktion unterhalb der Wärmedämmung durch wasserdampfdichte Verbindungen, An- und Abschlüsse sowie Durchdringungen luftdicht hergestellt werden. Kuppeln und Paraboloide werden als unterschiedlich geneigte durchlüftete Konstruktionen ausgeführt, bei denen die Bauwerksteile und Unterkonstruktionen im Allgemeinen parallel verlaufen. Für die Bemessung der Luftschichthöhe sind folgende Faustregeln zu beachten:

1 m Sparrenlänge = 1 cm durchströmte Luftraumhöhe

Tabelle 12.1: Belüftung und Entlüftung bei Dächern

Dachneigung	freie Lüftungsöffnung
< 3°	60 mm
≥ 3°–≤15°	40 mm
> 15°	30 mm
90° Fassade	20 mm
Sonderfall Querlüftung (Traufe zu Traufe) 60 mm Lüftungsöffnung	

Der durchströmte Luftraum, rechtwinklig zur geneigten Fläche gemessen, sollte mindestens 6 cm betragen.

Als Unterkonstruktion für Metalldächer und Metallfassaden aus Tafeln oder Bändern werden üblicherweise Holzschalungen verwendet, die eine sichere Befestigung der Metallhaut ermöglichen.

Lochblech-Abdeckungen, die häufig als sog. Flugschneebremse oder Vogel- und Kleintierschutz ein-

1. Metalldeckung
2. Trennlage (bis 15° Neigung: strukturierte Trennlage als 2. Ablaufebene bei Titanzink)
3. 24 mm Holzschalung, Regelbreiten 100 bis 160 mm, zur Vermeidung von Aufschüsselungen mit 5 mm Abstand verlegt
4. Belüftungsebene
5. Unterspannbahn
6. Wärmedämmung
7. Dampfsperre
8. innere Bekleidung

Abb. 12.5: Querschnitt einer belüfteten Konstruktion

1. Metalldeckung
2. diffusionsoffene Trennlage
3. Wärmedämmung
4. Dampfsperre wind- und luftdicht verlegt, s_d-Wert mindestens 100 m oder rechnerischer Nachweis nach DIN 4108
5. Mehrschichtholzplatte und Holzbalken als sekundäre und primäre Tragkonstruktion

Abb. 12.6: Querschnitt einer nicht belüfteten Konstruktion

gesetzt werden, sollten nur verwendet werden, wenn sie:

- einen freien Belüftungsanteil von ≥ 45 % sowie
- einen Lochdurchmesser von ≥ 5 mm aufweisen.

12.2.1 Holzschalung

Die Schalung muss bei der Ausführung mindestens eine Nenndicke von 24 mm sowie eine Holzfeuchte ≤ 20 % aufweisen und mindestens der Sortierklasse S10 nach DIN 4074-1 entsprechen. Die Breite der Bretter oder Bohlen soll zwischen 100 und 160 mm betragen, wobei bei gekrümmten Dachflächen schmalere Bretter oder Bohlen erforderlich sein können. Die Schalung ist rechtwinklig oder diagonal zum Scharenverlauf anzubringen, um zu gewährleisten, dass die Befestigung mit Haften in verschiedenen Brettern ausgeführt wird. Ausnahmen sind z. B. Mauerabdeckungen oder Schornsteinbekleidungen. Holzschutzmittel und Verleimungen

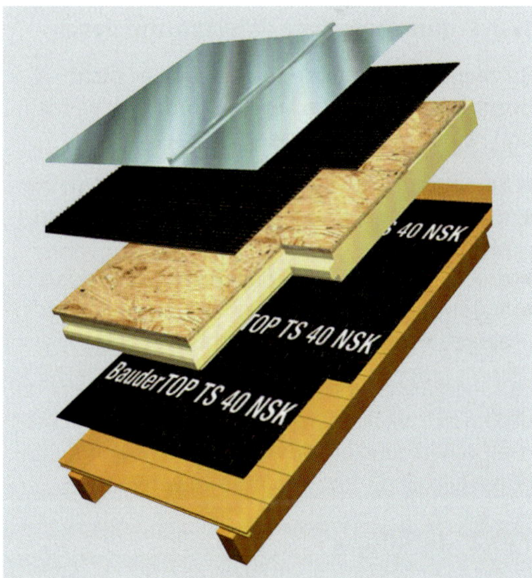

Abb. 12.7: Holzschalung mit Aufdachdämmung

von Holz dürfen nicht schädigend auf die verwendeten Metalle einwirken. Dies kann durch geeignete Trennlagen vermieden werden.

12.2.2 Holzwerkstoffe

Schalungen aus Holzwerkstoffen, auf denen eine Dachdeckung direkt befestigt wird, müssen mindestens 22 mm dick sein und die Kantenlängen dürfen nicht länger als 2,50 m sein. Es dürfen nur Holzwerkstoffe mit vollständiger PMDI-Verklebung verwendet werden. Fugen zwischen den einzelnen Platten sind anzuordnen, da es sonst durch feuchte- und temperaturbedingte Längenänderungen der Platten zu Verwerfungen in der Metalldeckung kommen kann. Die Platten müssen im Verband verlegt werden.

Die nachfolgend aufgeführten Holzwerkstoffplatten finden Verwendung im Bauwesen, entsprechend der Nutzungsklasse NKL 2 nach DIN EN 1995. Die Nutzung im Feuchtebereich wird in der DIN EN 13986 geregelt:

- Massivholzplatten,
- Sperrholz und Furniersperrholz,
- OSB/3 und OSB/4,
- zementgebundene Spanplatten.

Holzwerkstoffplatten müssen vor dem Einbau trocken gelagert werden und sind während der Bauphase vor Witterungseinflüssen zu schützen.

12.2.3 Nicht brennbare Unterkonstruktionen

Bei Brandschutzanforderungen können **nicht brennbare Deckunterlagen** erforderlich werden und bestehen aus folgendem Material:

- Beton, Estrich und Mauerwerk,
- mineralisch gebundene, nicht brennbare Spanplatten,
- druckfeste, nicht brennbare Wärmedämmung,
- Stahltrapezprofile, verzinkt und mit zusätzlich aufgebrachtem Korrosionsschutz.

Bei Oberflächen von Beton, Estrich und Mauerwerk dürfen sich alkalische Einflüsse durch Restfeuchte nicht schädigend auf die Metalle auswirken. Gegebenenfalls sind Trennschichten zu verwenden.

12.2.4 Trennlagen

Trennlagen werden zwischen der Metalldeckung und einer vollflächigen Deckunterlage eingebaut. Sie schützen vor schädigenden Einflüssen aus dem Untergrund (z. B. Zement, Holzschutzmittel), verbessern die Gleitfähigkeit der Metallprofile bei thermischen Längenänderungen, vermindern Prall- und Trommelgeräusche und dienen als Notabdichtung während der Bauphase. Trennlagen dürfen wegen der Korrosionsgefahr nicht aus wasserspeichernden Materialien bestehen. Müssen Trennlagen brandschutztechnische Aufgaben erfüllen, so ist deren Eignung zu prüfen.

Als Trennschichten können verwendet werden:

- Bitumenbahnen, fein besandet, auch in Kombination mit einer strukturierten Trennlage,
- Kunststoffbahnen, mit/ohne Struktur,
- geeignete Unterdeckbahnen,
- strukturierte Trennlagen mit Dränagefunktion (bei Titanzink, Dachneigung 3° bis 15°),
- vollflächige Verklebungen.

> **Metalldeckungen aus Bändern oder Tafeln werden auf Schalung mit Trennlage verlegt, um so die Metalleindeckung vor schädigenden Einflüssen aus dem Untergrund zu schützen.**

12.3 Allgemeine Metallarbeiten

Ausbildung von Anschlüssen

Der Übergang von der Dachfläche zum aufgehenden Bauteil wird als **Verwahrung** bezeichnet. Eine Ausführung aus Metall bietet sich hier an, da auf diese Weise der Anschluss individuell geformt und dem Eindeckmaterial angepasst werden kann. Im Bauhandwerk können mit Metall die schwierigsten Anschlüsse regensicher verwahrt werden. Hierbei werden unterschieden: **traufseitige Anschlüsse**, **seitliche Anschlüsse**, **firstseitige Anschlüsse** an Dachdeckungen und Anschlüsse an Abdichtungen. Bei Anschlüssen, die sich nicht direkt einem traufseitigen, seitlichen oder firstseitigen Anschluss zuordnen lassen, weil sie schräg verlaufen, muss vor Ort entschieden werden, wie die Ausführung durchgeführt werden soll. Anschlüsse dürfen durch Bauteilbewegungen (Setzungen, Durchbiegungen) nicht beeinträchtigt werden oder dadurch ihre Funktion verlieren. Metallanschlüsse bestehen aus einem dachseitigen Schenkel und einem am aufgehenden Bauteil hochgeführten Schenkel. Die

Ausführung erfolgt meist zweiteilig und muss entweder selbsttragend oder unterlegt sein. Die zweiteilige Ausführung besteht aus einem Anschlusswinkel und einem oberhalb angebrachten Überhangstreifen, der gegen hinterlaufendes Wasser gesichert werden muss.

Kommen auch aufliegende Anschlüsse zur Ausführung, so kann in Ausnahmefällen der Anschluss einteilig mit einer Einzellänge bis 3,00 m ausgeführt werden. Aus bauphysikalischen Gründen können Entlüftungen als wandseitige Entlüftungsöffnung in Form von durchgehenden Öffnungen hinter dem wandseitigen Schenkel ausgebildet werden.

Die Anschlusshöhen bei Verwahrungen laut Tabelle 12.2 sind einzuhalten.

Tabelle 12.2: Anschlusshöhen

Dachneigung Anschluss	*S* in mm	*T* in mm	*F* in mm
< 5°	150	150[2)]	150
< 22°	100	100	150
≥ 22°	80[1)]	80	150

[1)] Bei abgetreppten Anschlüssen und konturierten Deckwerkstoffen beträgt *S* über Deckwerkstoff mindestens 65 mm.

[2)] Bei Terrassen mit Abdichtungen und Metallanschlüssen im Türbereich ist in Ausnahmefällen eine geringere Anschlusshöhe möglich, wenn im Türbereich jederzeit ein einwandfreier Wasserablauf sichergestellt ist. Dies ist dann der Fall, wenn sich im unmittelbaren Türbereich Terrassenabläufe oder andere Entwässerungsmöglichkeiten befinden. In solchen Fällen sollte die Anschlusshöhe jedoch mindestens 50 mm (oberes Ende des Anschlussbleches unter der Hebeschiene) über Oberfläche Belag betragen.

Traufseitige Anschlüsse

Traufseitige Anschlüsse überdecken den Deckwerkstoff und werden am aufgehenden Bauteil hochgeführt (Abb. 12.9). Dabei sollten die aufliegenden Bleche der Profilierung der Deckung (z. B. Blei) entsprechend angeformt oder durch Ausschnitte (Zahnung) an die Deckung angepasst oder mit einem Umschlag versehen werden. Die Bleche sind gegen Abrutschen und Windsog zu sichern

Abb. 12.8: Bauteile im Metallbereich

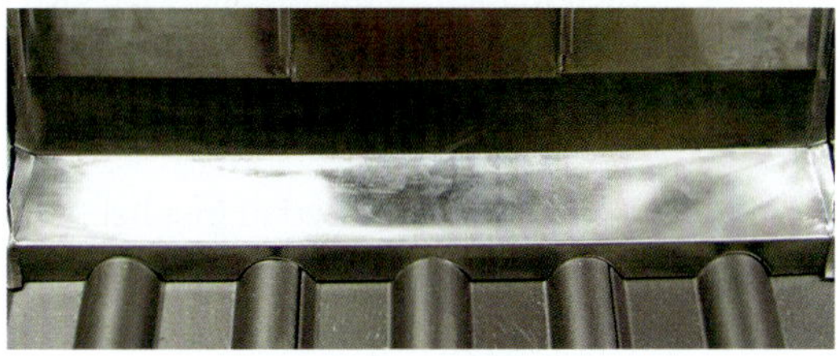

Abb. 12.9: Traufseitige Anschlüsse

und am aufgehenden Bauteil zu befestigen. Die Verbindungen der Bleche werden entsprechend ausgeführt oder die Bleche werden untereinander mindestens 100 mm einfach überdeckt.

Die Anschlussbleche sollen die Deckwerkstoffe bei folgenden Dachneigungen mindestens überdecken:

Tabelle 12.3: Anschlussbleche

Dachneigung	Mindestüberdeckung
< 15°	200 mm
< 22°	150 mm
≥ 22°	100 mm

Seitliche Anschlüsse

Seitliche Anschlüsse werden in **unterliegende** und **aufliegende Metallanschlüsse** unterschieden.

Unterliegende Metallanschlüsse

Metallanschlüsse können unterhalb der Eindeckung auf einer vollflächigen Deckunterlage oder auf einer Lattung mit einem lichten Abstand der Traglattung von maximal 170 mm liegen. Anschlüsse aus Blei oder Schichtstücken (Nockenanschlüsse) kommen nur bei vollflächiger Deckunterlage oder bei Doppeldeckungen zur Anwendung. Durch die Ausführung der Metallanschlüsse unterscheidet man zwischen Schichtstücken (Nocken) und durchgehend unterliegenden Metallblechen. Bei der Einfassung mit Schichtstücken wird unter jedem einzelnen Anschluss am anlaufenden Deckwerkstoff ein Metallstück gedeckt. Bei der Biberschwanz-Kronendeckung wird jede einzelne Nocke zwischen Lager- und Deckschicht angeordnet. Die Zuschnittslänge richtet sich nach dem Deckwerkstoff. Die Nocken werden im Überdeckungsbereich befestigt oder eingehängt. **Anschlüsse mit durchgehend unterliegenden Blechen können ausgeführt werden als:**

- einfache Anschlüsse mit Wasserfalz (nur bei geringer Wasserbelastung anzuwenden),
- vertiefte Anschlüsse,
- Sonderkonstruktionen (z. B. mit Steg).

Die untergelegten Bleche werden im oberen Bereich der Höhenüberdeckung genagelt und an der Längsseite mit Haften befestigt (Abb. 12.10). Dies geschieht unter Berücksichtigung der dachseitigen Längsseite, die mit einem mindestens 15 mm breiten Wasserfalz zu versehen ist. Der freie Wasserlauf zwischen wandseitiger Aufkantung und Deckwerkstoff oder Steg muss mindestens 40 mm betragen. Bei der Anschlussausführung mit Steg wird die Deckung bis an den Steg angearbeitet. Beim unterliegend vertieften Anschluss muss die Vertiefung eine Mindesttiefe von 20 mm und eine Mindestbreite von 40 mm aufweisen. Die **Verbindung durchgehender unterliegender Bleche untereinander** erfolgt dachneigungsabhängig:

- $> 22°$ mindestens 100 mm und
- $\geq 15°$ bis $\leq 22°$ mindestens 150 mm als einfache Überdeckung oder Falzverbindung,
- $< 15°$ als wasserdichte Verbindung (Löten o. a.).

Die Überdeckung der Deckwerkstoffe über unterliegende Metallanschlüsse soll bei konturierten und ebenen Deckwerkstoffen 100 mm betragen.

Abb. 12.10: Seitliche unterliegende Anschlüsse

Abb. 12.11: Seitliche aufliegende Anschlüsse

Aufliegende Metallanschlüsse

Bei dem aufliegenden und überdeckenden Anschluss liegt das Metall direkt auf der Deckung und ist teilweise oder überwiegend sichtbar (Abb. 12.11). Bei dieser Art der Ausführung sollte der Anschluss besonders sorgfältig bearbeitet werden. Aufliegende Anschlüsse werden entweder mit Schichtstücken (Nocken) bei profilierten Deckwerkstoffen oder bei ebenen Deckwerkstoffen durchgehend aufliegend ausgeführt. Jede Deckreihe wird mit einem Schichtstück versehen und gegen Abrutschen gesichert. Maßgebend für die Zuschnittslänge des

Anschlussblechs und die Zuschnittsbreite ist die Form des Deckwerkstoffes. Durchgehende aufliegende Anschlüsse aus Blei sollen nur bei konturierten Deckwerkstoffen zur Anwendung kommen. Bei überdeckenden Anschlüssen werden geeignete Bleche selbsttragend und durchgehend über dem Deckwerkstoff angeordnet. Die überdeckenden Bleche enden dachseitig entweder mit einem Umschlag oder mit der Deckung angepassten Ausschnitten (Zahnung). Die **Verbindung durchgehender unterliegender Bleche untereinander** erfolgt auch hier dachneigungsabhängig:

- > 22° mindestens 100 mm und
- ≥ 15° bis ≤ 22° mindestens 150 mm als einfache Überdeckung oder Falzverbindung,
- < 15° als wasserdichte Verbindung (Löten o. a.).

Durchgehende Anschlüsse aus Metall müssen ebene Deckwerkstoffe (z. B. Biberschwanz) seitlich mindestens 120 mm überdecken. Bei der Ausführung mit Schichtstücken beträgt die Überdeckung mindestens 80 mm. Bei profilierten Deckwerkstoffen reicht es aus, wenn der nächste Hochpunkt ausreichend überdeckt wird. Bleianschlüsse werden bei einer Dachneigung unter 15° durch eine einfache Überdeckung von mindestens 250 mm verbunden.

Firstseitige Anschlüsse

Firstseitige Anschlüsse werden als unterliegende Anschlüsse je nach Dachneigung und Deckungsart flächig oder vertieft ausgeführt. Der firstseitige Anschluss sollte sehr sorgfältig geplant und ausgeführt werden, weil in diesem Bereich durch Starkregen eine große Menge an Wasser sicher abgeführt werden muss. Zur sicheren Ableitung des Regenwassers sollte zwischen Unterkante Deckwerkstoff und Anschlussaufkantung ein Abstand von mindestens 100 mm (waagerecht gemessen) eingehalten werden (Abb. 12.12).

Die Anschlussbleche erhalten im firstseitigen Überdeckungsbereich einen Wasserfalz von mindestens 15 mm und werden mit Haften befestigt. Hierbei sind folgende **Überdeckungen der Deckwerkstoffe über die untergelegten Bleche** – in Abhängigkeit von der Dachneigung – zu berücksichtigen:

- ≥ 22° mindestens 100 mm,
- < 22° mindestens 150 mm,
- < 15° mindestens 200 mm.

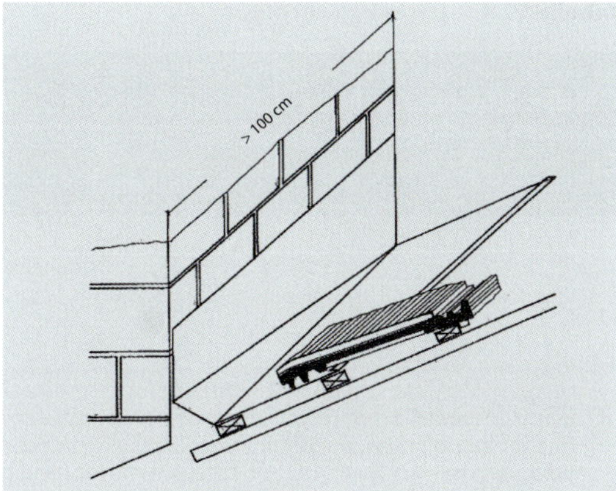

Abb. 12.12: Firstseitiger Anschluss

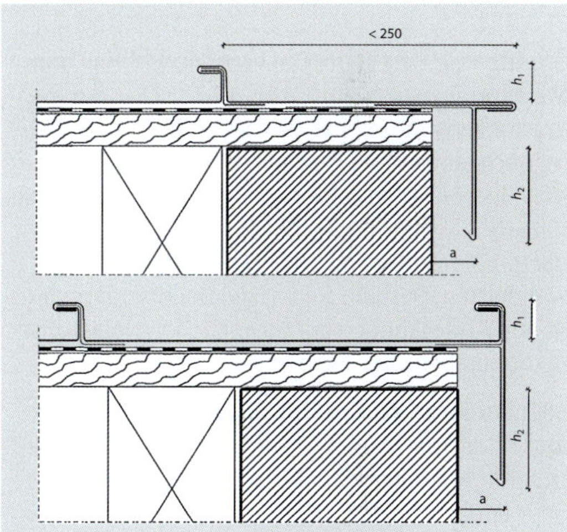

Abb. 12.13: Dachrandabschlüsse

Bei Längen ab etwa 1,00 m sollte die Ausführung mit Gefälle bzw. Sattel oder Keil erfolgen, damit das Wasser zu einer Seite sicher abgeleitet werden kann. Die Anschlusshöhe erfolgt gemäß Tabelle 12.2 (vom Tiefpunkt der Kehle gemessen).

Dachrandabschlüsse

Unter diesem Begriff wird die Ausbildung des Dachrandabschlusses bei Dachdeckungen oder Dachabdichtungen verstanden. **Unter diesen Dachrandabschluss fällt auch der Ortgang, der den Abschluss von der Dachfläche zum Giebel bildet und mit oder ohne Holzleiste ausgeführt werden kann.** Um ein Gebäude vor Witterungseinflüssen (z. B. Sturm) zu schützen, aber auch aus optischen

Tabelle 12.4: Dachrandabschlüsse

Maße Ortgang-Abschluss Gebäudehöhe (m)	Abstand Tropfkante zum Bauwerk		
	h_1 [1) 2)] (mm)	h_2 (mm)	*a* (mindestens 20 mm)
< 8	≥ 25	≥ 50	≥ 20
8–20	≥ 25	≥ 80	*a* bei allen Gebäudehöhen ≥ 20
> 20	≥ 25	≥ 100	

1) Ortgang Metallabschluss h_1 25 mm über wasserführender Ebene
2) Beim Ortgang Flachdachabdichtung mit Metallabschluss:
Dachneigung > 5° h_1 = 50 mm über wasserführender Ebene
Dachneigung ≤ 5° h_1 = 100 mm über wasserführender Ebene

Hinweis: Bei WDVS (Wärmedämmverbundsystem) an der Fassade ist ein Abstand Tropfkante zum Bauwerk von 40 mm nach DIN EN 13914-1 auszuführen.

Gründen werden heute Dachrandabschlüsse mit Metallprofilen verwahrt (Abb. 12.13). Durch diese Art der Verwahrung hat man viele Gestaltungsmöglichkeiten. Auf eine sichere Befestigung der Metallprofile ist zu achten, da gerade an Ortkanten mit erhöhten Windlasten zu rechnen ist. Ebenso ist die temperaturbedingte Längenänderung zu gewährleisten. Deshalb sollten die Dachrandabschlüsse und Abdeckungen auf beweglichen Haltekonstruktionen befestigt werden.

Stütz- oder Hilfskonstruktionen sind aus Holz (geschützt mit Holzschutzmitteln) als vollflächige Unterlage, aus korrosionsgeschütztem Profilstahl oder entsprechenden Aluminiumprofilen auszuführen. Abschlussbleche im Randbereich können mit selbsttragenden gekanteten Blechen oder mit Industrieprofilen auf korrosionsgeschützten Haltebügeln bzw. Haltern befestigt werden. Unzulässig sind sichtbare direkte Befestigungen. Die Ausführung von Dachrandabschlüssen ist abhängig von der Gebäudehöhe, dem verwendeten Werkstoff, der Überdeckung der Unterkonstruktion und dem Abstand zum Mauerwerk (siehe Tab. 12.4**).** Damit soll eine Verschmutzung des Mauerwerks durch ablaufendes Wasser vermieden werden.

Abdeckungen

Bauwerksteile wie Gesimse, Mauern oder Sockel müssen fachgerecht durch Abdeckungen verwahrt werden. Durch die bauseitigen Vorgaben können Zuschnitt und Form der Abdeckungen mehrteilig mit Abkantung oder mit Auf- und Abkantung ausgeführt werden.

Bei der Montage der Abdeckungen an Dachrandabschlüssen sollte darauf geachtet werden, dass diese ein ausreichendes Gefälle zur Dachseite aufweisen. Kann man die Abdeckungen nicht mit einem Gefälle versehen, besteht die Möglichkeit, eine Aufkantung zum Schutz der Wandseite auszubilden, um anfallendes Niederschlagswasser sicher auf die Dachfläche abzuleiten. Richtwerte für Abdeckungen sind in Tabelle 12.4 bereits beschrieben. Abdeckungen werden in **selbsttragende** (Abb. 12.14) und **nicht selbsttragende** Profile (Abb. 12.15) unterschieden.

Die erforderliche Werkstoffdicke von **selbsttragenden Bauteilen** (siehe Tab. 12.5) ist abhängig von der Größe, der Zuschnittsbreite, der Formgebung, der Art der Ausführung und dem Abstand der Stütz- bzw. Haltebügel untereinander sowie von den örtlichen Verhältnissen und dem verwendeten Werkstoff. Selbsttragende Dachrandabschlüsse, Mauerabdeckungen und Abschlüsse sind mit korrosionsgeschützten Befestigungselementen (Haltebügel) verdeckt in der Unterkonstruktion zu befestigen, wobei die temperaturbedingte Längenänderung zu berücksichtigen ist.

Für den Dehnungsausgleich gelten die Richtwerte der maximalen Abstände von Bewegungsausgleichern und die dazugehörige Tabelle (siehe Tab. 12.7).

Nicht selbsttragende Abdeckungen werden auf Unterkonstruktionen wie Mauerwerk, Holzbohlen, Beton usw. verlegt und montiert. Damit die thermische Längenänderung gewährleistet ist, werden korrosionsgeschützte Hafte, Vorstoßbleche, Flach-

Tabelle 12.5: Werkstoffdicke selbsttragender Bauteile

Werkstoff	Mindestdicke gekanteter Metallteile, Dachrandabschlüsse (mm)	Mauerabdeckungen (mm)	Anschlüsse (mm)
Aluminium	1,0[1)]	1,0[1)]	0,7
Kupfer (halbhart)	1,0	1,0	0,6
verzinkter Stahl	0,8	0,8	0,6
Titanzink	1,0	1,0	0,7
Edelstahl	0,8	0,8	0,4

[1)] Bei vorgefertigten Aluminium-Strangpressprofilen soll die Mindestdicke 1,5 mm betragen.

Tabelle 12.6: Werkstoffdicke nicht selbsttragender Bauteile

Werkstoff	Mindestdicke gekanteter Metallteile, Dachrandabschlüsse (mm)	Mauerabdeckungen (mm)	Anschlüsse (mm)
Aluminium	0,7	0,7	0,7
Kupfer (halbhart)	0,6	0,6	0,6
verzinkter Stahl	0,6	0,6	0,6
Titanzink	0,7	0,7	0,7
Edelstahl	0,4	0,4	0,4

profile oder Haftstreifen indirekt mit geeigneten Schrauben und Nägeln auf der Unterkonstruktion befestigt. Der Abstand der einzelnen Befestigungsmittel richtet sich nach der Konstruktion, den örtlichen Verhältnissen und den Windsogkräften, damit eine sichere Befestigung gewährleistet ist. Die Blechdicke von nicht selbsttragenden Anschlüssen und Abdeckungen richtet sich nach der Zuschnittsbreite und der Formgebung, die Ausbildung der Tropfkanten und deren Wandabstände nach den örtlichen Verhältnissen und klimatischen Bedingungen. In der heutigen Zeit werden Abdeckungen auch mit Spezialklebern auf dem Untergrund befestigt. Für die fachgerechte Anwendung sollten die Herstellerangaben beachtet werden. Durch die vollflächige Verklebung der Abdeckung mit Metallklebern werden auch die Trommelgeräusche (Fensterbank) durch Starkregen oder Hagel gemindert. Für den Dehnungsausgleich gelten die Richtwerte der maximalen Abstände von Bewegungsausgleichern und die dazugehörige Tabelle 12.7.

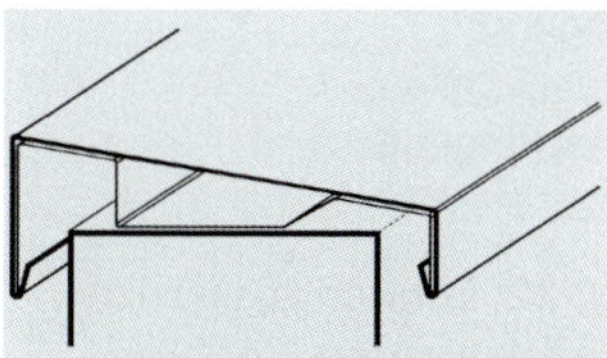

Abb. 12.14: Selbsttragende Abdeckung

Abb. 12.15: Nicht selbsttragende Abdeckung

12.4 Detailausbildung bei Deckungen

Traufausbildungen bei Deckungen (Abb. 12.16)

Traufbleche dienen als Rinneneinlaufblech oder als Tropfblech bei Dacheindeckungen und sind nicht zwingend erforderlich. Bei einer Traufausbildung mit Dachrinne, aber ohne Rinneneinlaufblech soll der Überstand der Deckung (Abtropfpunkt), vom Rückfalz der Rinne waagerecht gemessen, 1/3 der oberen Öffnungsbreite von der Dachrinne betragen. Rinneneinhangbleche sind erforderlich, wenn bei einer Traufausbildung mit Dachrinne der Überstand des Deckwerkstoffes (Einhang) weniger als 50 mm beträgt. Bei der Montage der Traufbleche sollte darauf geachtet werden, dass durch hohe Windsogkräfte im Traufbereich die Bleche an der Vorderkante zusätzlich befestigt werden müssen. Die Befestigung kann durch Einhängen an der Rückfalz der Rinne oder durch ein zusätzliches Vorstoßblech erfolgen. Die seitliche Überdeckung bzw. Verbindung der Traufbleche ist abhängig von der Dachneigung und Einbausituation des Deckwerkstoffes.

Über 22° Dachneigung und eine Dacheindeckung

- bis Vorderkante Traufblech:
  einfache Überdeckung von mindestens 50 mm,
- 50 mm zurückspringend:
  einfache Überdeckung von mindestens 100 mm,
- 400 mm zurückspringend:
  mindestens einfacher Liegefalz,
- über 400 mm zurückspringend:
  mit Stehfalz.

Bei Dachneigungen < 22° können zusätzliche Maßnahmen erforderlich werden. Deckwerkstoffe überdecken die Traufbleche in Abhängigkeit von der Dachneigung von:

- größer 22° DN: mindestens 100 mm,
- ab 15° bis 22° DN: mindestens 150 mm,
- unter 15°: mindestens 200 mm.

Rinneneinlaufbleche dienen zur sicheren Ableitung des Regenwassers in die Dachrinne, Tropfbleche hingegen zum Ableiten des Regenwassers bei nicht vorhandener Dachrinne über die Traufe, um die darunterliegende Holzkonstruktion zu schützen. Die Zuschnittsbreiten der Tropfbleche hängen ab von der Dachneigung, Eindeckungsart, Überdeckung, Dachrinnenlage und Einbausituation. Sonderkonstruktionen können bei einer

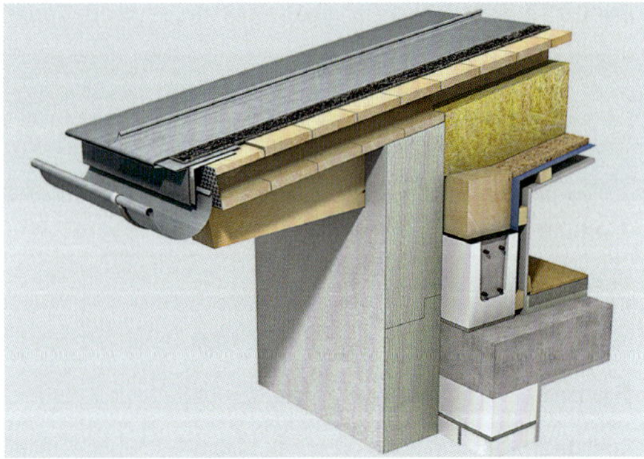

Abb. 12.16: Traufausbildung bei Metalldeckung

unteren Schenkellänge von mehr als 120 mm erforderlich werden.

Firstausbildung bei Deckungen

Die Überdeckung der Bleche über den Deckwerkstoff richtet sich nach den Maßen des traufseitigen Anschlusses. Die Ausbildung der Firste erfolgt, je nach Werkstoff, indirekt selbsttragend mit Haltebügeln oder mit Haften auf einer vollflächigen Deckunterlage und unter Berücksichtigung der anfallenden Windsogkräfte. Beim Einbau von selbsttragenden vorgefertigten Strangprofilen muss die Mindestdicke von 1,5 mm eingehalten werden. Der Eintrieb von Flugschnee, Regenwasser usw. in die Konstruktion kann durch den Einbau von Profilfüllern, Aufkantungen, zusätzlichen Wind- oder Wasserleitblechen gemindert werden.

Kehlen bei Deckungen

Die Ausführung der Kehlen (Abb. 12.19) richtet sich nach der Dachdeckung, der Deckungsart, der Kehlneigung und der Größe der Dachfläche. Bei einer Kehlneigung von < 15° sind die Verbindungen (Quernähte) wasserdicht auszuführen. Ab einer Kehlneigung von > 15° können einfache Überdeckungen mit angereiften Kanten (Abb. 12.18) ausgeführt werden.

Die **Überdeckungen der Kehlbleche untereinander** betragen:

- bei Kehlneigung > 22° mindestens 100 mm,
- bei Kehlneigung ≥ 15° bis ≤ 22° mindestens 150 mm,
- bei Kehlneigung < 15° wasserdichte Verbindung.

Abb. 12.17: Unbelüftete Firstausbildung

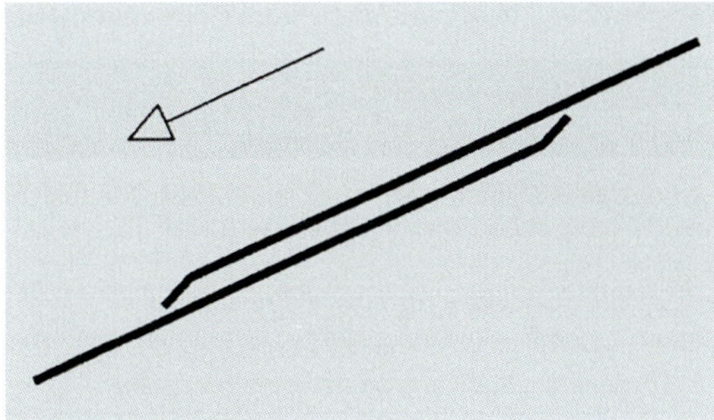

Abb. 12.18: Angereifte Kanten

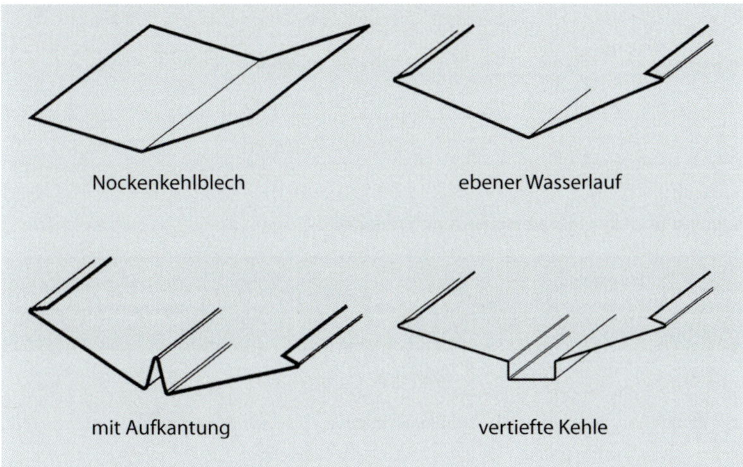

Abb. 12.19: Kehlausführungen

Kehlen mit ebenem Wasserlauf kommen bei Kehlneigungen ≥ 15° zur Anwendung. Durchgehende Kehlen erhalten einen seitlichen Wasserfalz von mindestens 15 mm und werden ausgeführt mit ebenem Wasserlauf, vertieftem Wasserlauf und Wasserlauf mit Aufkantung oder Steg.

Die Anbringung der Kehlen erfolgt auf vollflächiger Deckunterlage oder auf einer Lattung mit einem lichten Abstand der Traglatten von < 130 mm. Werden Kehlen mit Bleiblechen angewandt, so ist darauf zu achten, dass diese immer eine vollflächige Deckunterlage erhalten. Die Überdeckung der Deckwerkstoffe über die untergelegten Bleche wird rechtwinklig zum Kehlverlauf gemessen:

- größer 22° DN:
  mindestens 100 mm,
- ab 15° bis 22° DN:
  mindestens 150 mm,
- unter 15°:
  mindestens 200 mm.

Die Zuschnittsbreite von Kehlblechen sollte 400 mm nicht unterschreiten und richtet sich nach den Dachflächen. Ist mit einseitig erhöhtem Wasseranfall z. B. bei zusammengesetzten Flächen unterschiedlicher Neigung zu rechnen, sollte die Kehle mit Steg oder vertieft ausgeführt werden. Bei der vertieften Kehle muss die Vertiefung mindestens 20 mm und die Breite etwa 80 mm aufweisen. Ab 25° Kehlneigung können auch Kehlen mit Schichtstücken (Nocken) zur Anwendung kommen. Länge und Breite der Schichtstücke ergeben sich aus den Deckungsvorgaben der Deckwerkstoffe. Die Überdeckung der Schichtstücke (Nocken) untereinander hängt von der Dachneigung ab und beträgt bei Dachneigungen größer 45° mindestens 140 mm und bei einer Dachneigung kleiner 45° mindestens 160 mm.

Tabelle 12.7: Maximale Abstände der Bewegungsausgleicher

Formteil		maximaler Abstand
eingeklebte Einfassungen; Winkelanschlüsse; Traufbleche; Dachrandeinfassungen und eingeklebte Shedrinnen in der Wasserebene		6 m
Mauerabdeckungen; Dachrandabschlüsse außerhalb der Wasserebene; innen liegende, nicht eingeklebte Dachrinnen mit Zuschnitt > 500 mm bei verzinktem Stahl und nicht rostendem Stahl		 8 m 14 m
bei Scharen für Dachdeckungen und Außenwandbekleidungen • aus Cu, Al und Zn • aus S.S und VSt		 10 m 14 m
innen liegende, nicht eingeklebte Rinnen vorgehängte Dachrinnen	< 500 mm Zuschnitt > 500 mm Zuschnitt	10 m
vorgehängte Dachrinnen	≤ 500 mm Zuschnitt	15 m

Tabelle 12.8: Ausdehnungskoeffizient α (mm/mK) für verschiedene Werkstoffe

Material	Ausdehnungskoeffizient α (mm/mK)	Material	Ausdehnungskoeffizient α (mm/mK)
Aluminium	0,024	Titanzink	0,022
Blei	0,029	Stahl verzinkt	0,012
Edelstahl	0,016		
Kupfer	0,017		

12.5 Längenänderung bei Scharen

Verbindungen und Befestigungen von Metalldächern und Metallfassaden sind so auszuführen, dass sich die Bauteile den jeweiligen Temperaturverhältnissen entsprechend ungehindert ausdehnen, zusammenziehen oder verschieben können, ohne Undichtigkeiten hervorzurufen.

Bei der Scharendeckung geht man von einer Temperaturdifferenz von 100 Kelvin (–20 °C bis +80 °C) aus. Die Längenänderung ist abhängig vom werkstoffbezogenen Ausdehnungskoeffizienten, der Temperaturdifferenz und der Bauteillänge.

Für die Trennung zu großer Scharlängen und aus gestalterischen Gesichtspunkten können Quernähte ausgebildet werden. Die Ausbildung der Quernähte ist abhängig von der Dachneigung. Zur Aufnahme der Längenänderung der Schare können Bewegungsausgleicher gemäß Tabelle 12.7 zur Anwendung kommen.

Diese Richtwerte gelten für die gestreckte Länge von Bauteilen. Für die Abstände von Ecken oder Festpunkten gelten jeweils die halben Längen. Die vorgegebenen Richtwerte können geringfügig überschritten werden.

Berechnungsformel für die Längenänderung:

$$\Delta L = L \cdot \alpha \cdot (T_2 - T_1)$$

ΔL = **Längenänderung (mm),**
L = **Bauteillänge (m),**
α = **Ausdehnungskoeffizient (mm/mK),**
$T_2 - T_1$ = **Temperaturdifferenz (K)**

Ausführung von Bewegungsausgleichern

Metalle müssen sich bei der temperaturbedingten Längenänderung bewegen können. Deshalb ist es wichtig, in bestimmten Abständen sog. Bewegungsausgleicher einzubauen (Abb. 12.20). Die Ausführung der Bewegungsausgleicher kann mit industriell oder handwerklich hergestellten Formteilen gestaltet werden.

Eine **indirekte Befestigung** ist Voraussetzung für eine fachgerechte Funktion der **Bewegungsausgleicher**.

Tabelle 12.9: Beispiele für Bewegungsausgleicher

Verwendungszweck	Ausführung
halbrunde und kastenförmige Dachrinnen	Rinnenelemente mit und ohne Blende
Mauer- und Brüstungsabdeckungen, Shedrinnen, eingelegte Kastenrinnen usw.	Bewegungsausgleicherband in verschiedenen Breiten und Längen
Wandanschlüsse, Ortgänge, Traufbleche, Dachrand-An- und -Abschlüsse usw.	Einkopfelemente[1] in verschiedenen Breiten und Längen
eingeklebte innen liegende Rinne, Gebäudeabstufungen usw.	Zweikopfelemente[1] in verschiedenen Breiten und Längen

[1] Ein- und Zweikopfbewegungsausgleicher müssen ca. 500 bzw. 1.000 mm länger sein als der Zuschnitt der Blechteile, in die der Einbau erfolgen soll.

Ausführung von Befestigungen

Es wird unterschieden in **direkte** und **indirekte** Befestigungen.

Eine unmittelbare Befestigung des Metalls mit der Unterkonstruktion wird als **direkte Befestigung** bezeichnet und ist in Einzelbereichen bis zu einer Länge von 3 m möglich. Bei der direkten Befestigung müssen die Befestigungen mit sog. Hauerbuckeln zugelötet werden. Bohrlöcher werden größer gebohrt, als der eigentliche Schaft der Schraube ist, um im Befestigungsbereich die thermische Längenänderung zu gewährleisten. Spezielle Spenglerschrauben oder andere Befestigungsmittel müssen korrosionsbeständig sein und dürfen nur bei wandseitigen Anschlüssen eingesetzt werden.

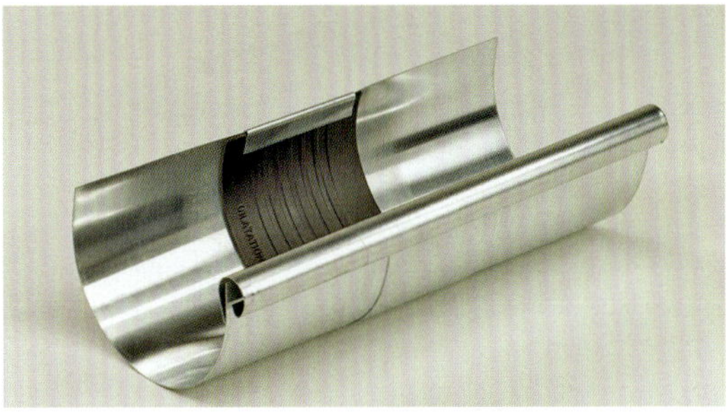

Abb. 12.20: Bewegungsausgleicher

Abb. 12.21: Befestigungsvarianten

Bei der **indirekten Befestigung** werden korrosionsgeschützte Halter, Hafte, Haftstreifen oder Vorstoßbleche so mit der Unterkonstruktion verbunden, dass die temperaturbedingte Längenänderung aufgenommen wird und mit dem Untergrund ein sicherer Verbund eingegangen wird.

Aufgrund der großen Wärmeausdehnung müssen Metalleindeckungen und deren Befestigung thermische Längenänderungen gewährleisten.

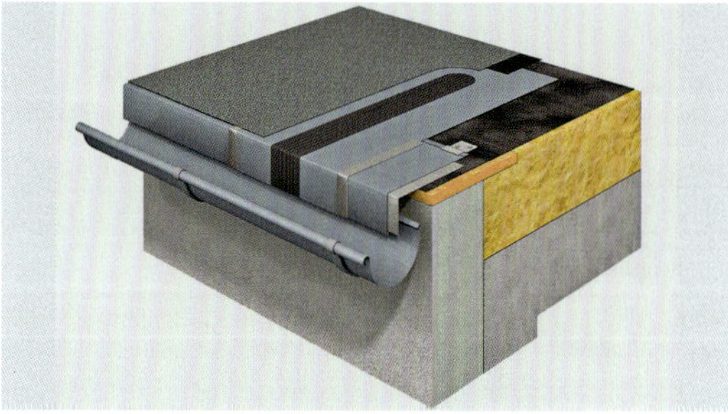

Abb. 12.22: Anschluss bei Dachabdichtung

12.6 Anschlüsse an Abdichtungen

Bei dachseitigen Anschlüssen werden die Bleche an den Abdichtungen und Nähten wasserdicht hergestellt. Die wandseitigen Anschlüsse werden hierbei regensicher verwahrt. Bei Abdichtungen aus Bitumenbahnen beträgt der dachseitige Blechschenkel für eine fachgerechte Verbindung mindestens 150 mm. Bei einer Abdichtung aus Kunststoffbahnen werden passende Verbundbleche zum Abdichtungssystem gewählt. Damit **thermisch bedingte Längenänderungen** ohne Zwänge aufgenommen werden können, sind **Bewegungsausgleicher** einzubauen, deren Abstände in Tabelle 12.7 stehen. Um die unterschiedlichen Bewegungen zwischen den Metallteilen und der Abdichtung spannungsfrei auszugleichen, ist der Übergang vom Metall zur unteren Lage der Abdichtung mit einem mindestens 100 mm breiten, lose verlegten Schleppstreifen auszuführen. Damit Korrosion vorgebeugt wird, sollte bei den Anschlüssen an Abdichtungen aus bitumenhaltigen Stoffen und bei Kunststoffen im frei bewitterten Übergangsbereich zum Metall ein Korrosionsschutzanstrich angebracht werden. Bei Blechlängen über 3,00 m erfolgt eine indirekte (gleitende) Befestigung mithilfe von Haften, Zahnhaften oder Haftleisten. Werden Bleche mit einer Länge von unter 3,00 m eingebaut, so kann die Befestigung direkt erfolgen. Traufbleche können auch als Stützkonstruktion für aufzuklebende Abdichtungsschichten verwendet werden. Bei nicht nagelbaren Untergründen sind Nagelleisten (Randbohlen) oder andere geeignete Lösungen zur Befestigung erforderlich. Dabei ist darauf zu achten, dass die Klebeflansche nicht über die Randbohlen überstehen.

Anschlüsse an Abdichtungen müssen besonders sorgfältig geplant und ausgeführt werden.

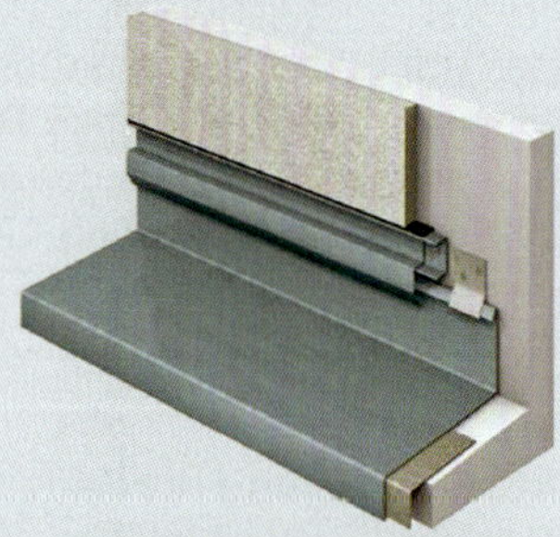

Putzleiste mit Kappleiste

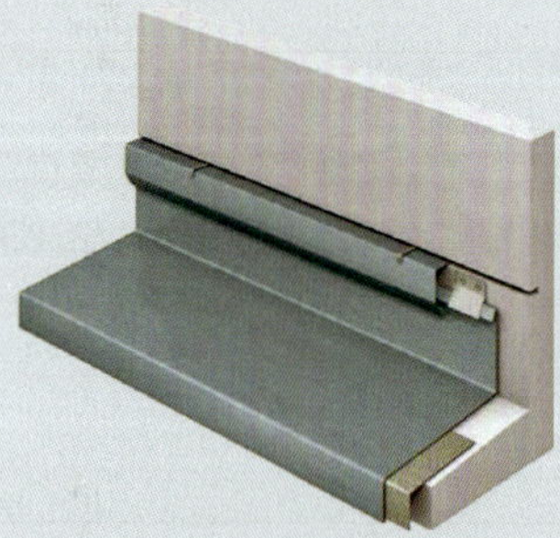

Kappleiste in Mauerfuge eingelassen

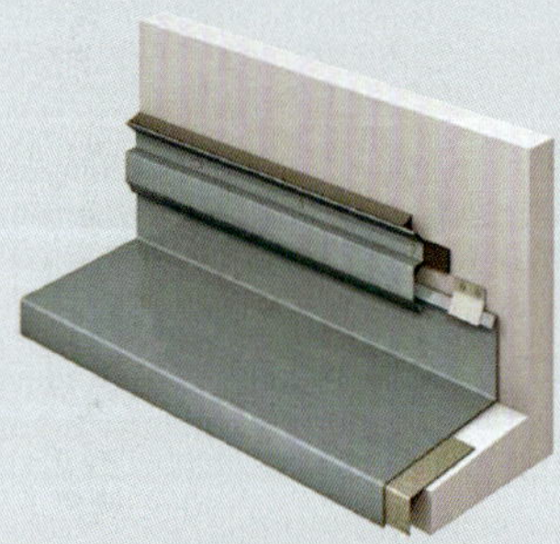

Aufgesetzte Kappleiste mit Dichtband und Fugendichtstoff

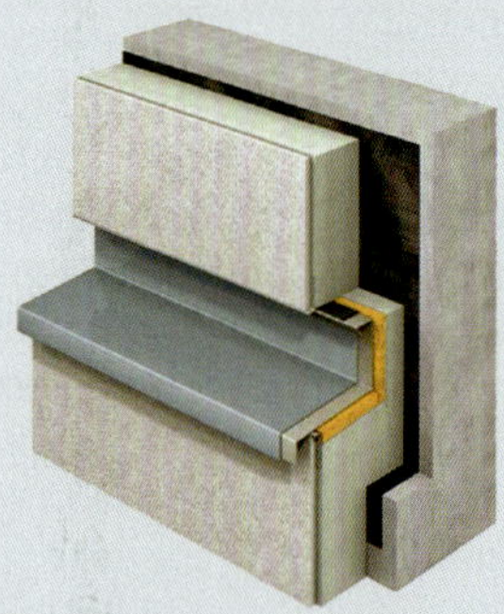

Gesimsausbildung bei Wärmedämmverbundsystem

Abb. 12.23: Anschlussverwahrungen

12.7 Aufgehende Teile mit Metallanschlüssen

Metallanschlüsse an aufgehende Bauteile werden i. d. R. zweiteilig ausgeführt, wobei auch Einzellängen bis 3,00 m einteilig ausgeführt werden können. Die erforderlichen Anschlusshöhen stehen in Tabelle 12.2. Ist im Bereich des Anschlusses mit hohem Wasseranfall zu rechnen, so ist ein Wasserfalz von mindestens 15 mm vorzusehen. Beim Vorsatzmauerwerk (Klinkermauerwerk) muss der Anschluss hinter dem vorgesetzten Mauerwerk bis an die tragende Wand hochgeführt und fachgerecht verwahrt werden. Bei einer nachträglichen Ausführung und Sanierung können Sonderlösungen erforderlich werden. **Kappleisten** oder auch sog. **Überhangstreifen** überdecken den Anschluss am senkrechten Bauteil um mindestens 40 mm. Die Überhangstreifen können in vorher geschlitzte Fugen eingelassen und abgedichtet werden oder in Einhangschienen eingehängt werden, die ins Mauerwerk eingelassen sind. Die Einlasstiefe sollte bei dieser Ausführung mindestens 20 mm betragen und eine Rückkantung aufweisen. Die Dichtung der Überhangstreifen an aufgehenden Bauteilen erfolgt z. B. mit Mörtel, Bleiwolle, Bleiverguss oder Dichtungsstoffen.

Metallanschlüsse können auch in regelmäßigen Abständen mit Dübeln, verschraubten Blechprofilen und offener Abdichtung mit Fugendichtmassen ausgeführt werden. Bei rauen Untergründen und aufgesetzten Kappleisten sollte zusätzlich ein vorkomprimiertes Dichtungsband verwendet werden. Eine Ausführung mit Flachprofilen und zusätzlicher Abdichtung ist zulässig. Die Befestigung von Überhangstreifen erfolgt im Abstand von maximal 250 mm. **Profilschienen**, auch **Wandanschlussschienen** genannt, können zur Fixierung im oberen Bereich des Anschlusses zur Anwendung kommen und werden unterschieden in:

- vorgefertigte Metallprofile (Pressschienen) und
- Flachprofile, Mindestquerschnitt 30 × 4 mm.

Vorgefertigte Metallprofile mit Dichtungsstreifen können gleichzeitig die Funktion der Regensicherheit übernehmen. Flachprofile müssen mit einem zusätzlichen Überhangstreifen abgedeckt werden. Die Befestigung der Schienen erfolgt im Abstand von maximal 200 mm.

Werden bei genutzten Dachflächen Schutz- und Abdeckbleche erforderlich, so können diese gleichzeitig die Funktion eines Überhangstreifens übernehmen. Eine Kappleiste oder Wandanschlussschiene entfällt, wenn der obere Abschluss der wandseitigen Anschlussteile durch eine Außenwandbekleidung oder eine Abdeckung erfolgt.

> **Metallanschlüsse an aufgehenden Bauteilen werden meist zweiteilig ausgeführt. Anschlüsse bis 3 m Länge können auch einteilig ausgeführt werden.**

12.8 Metalldeckungen

Bei der Planung und Ausführung von Dachdeckungen, Dachabdichtungen und Außenwandbekleidungen in Verbindung mit Bändern, Tafeln und Bauteilen aus Metall ist auf werkstoffgerechte Anwendung zu achten. Temperaturbedingte Längenänderungen der Metall- bzw. Kunststoffteile sind zu berücksichtigen, da Metalle eine relativ hohe Wärmeausdehnung haben. Es muss bei allen Metalldeckungen daher auf die Wärmedehnung der Metalldeckung geachtet werden. Dieses gilt insbesondere auch für die Befestigung der Eindeckung, damit die Bewegung der Metalle bei Wärme und Kälte nicht behindert wird. Die Befestigungsmittel müssen korrosionsgeschützt sein.

Metalle sind **diffusionsdicht (dampfundurchlässig)** und die daraus resultierenden bauphysikalischen Gegebenheiten sind durch geeignete Maßnahmen zu berücksichtigen. Daher sollten Dachkonstruktionen immer als belüftete Konstruktion mit ausreichenden Be- und Entlüftungsöffnungen ausgebildet werden. Bei allen mit Metall gedeckten Flächen können Knackgeräusche durch Temperaturunterschiede entstehen. In Abhängigkeit vom verwendeten Metall und der Materialstärke treten diese Geräusche in unterschiedlicher Intensität auf. Um Trommel-, Wind- und Knackgeräusche zu mindern, sind bereits bei der Planung geeignete Sondermaßnahmen vorzusehen.

Bei der Verwendung von verschiedenen Metallen ist aufgrund von Kontaktkorrosion und Korrosion in Fließrichtung des Wassers auf die Verträglichkeit zu achten. Baustoffe wie Gips, Kalk, Bitumen oder Beton sowie auch Holzschutzmittel können Metalle angreifen und müssen aus diesem Grund auf Verträglichkeit überprüft werden. Gegebenenfalls sind Trennungen, Schutzschichten oder Schutz-/Korrosionsschutzanstriche nötig.

Durch atmosphärische Einflüsse entsteht im Laufe der Zeit eine natürliche Deckschicht (Patina) auf den Metallen Kupfer, Zink und Blei. Diese schützt sie vor Korrosion.

Architektonische Gestaltung und Formgebung von Dächern und Fassaden und die damit verbundenen klimatischen und konstruktiven Beanspruchungen bestimmen die Wahl des Werkstoffes. Die Art der Unterkonstruktion, Be- und Entlüftung, behördliche Anforderungen und Auflagen (z. B. das GEG und der Denkmalschutz) sind zu beachten. Metalleindeckungen werden in **nicht selbsttragende, selbsttragende** Deckungsarten oder **Sonderausführungen** unterschieden, die nachfolgend beschrieben werden.

Nicht selbsttragende Metalldeckungen

Nicht selbsttragende Metalldeckungen werden **aus Bändern und Tafeln** sowie **industriell vorgefertigten profilierten Scharen** hergestellt und auf einer tragfähigen vollflächigen Deckunterlage verlegt. Bei nicht selbsttragenden Metalldeckungen müssen die Bleche in Längs- und Querrichtung miteinander verbunden werden und werden daher auch als Scharen bezeichnet. Diese Scharen werden als **Stehfalzdeckung** oder **Leistendeckung** (Abb. 12.24) auf der Unterkonstruktion so befestigt, dass Wärmedehnung und Windsogsicherung gewährleistet sind. Dabei sind unterschiedliche Regeldachneigungen zu berücksichtigen.

Banddeckung

Bei **Deckungen und Bekleidungen aus Bändern** werden Schare aus Bändern (Coils) bis zu maximal möglichen Längen verwendet. Die maximale Länge beträgt normalerweise 10 m. Je nach Herstellerangaben können auch längere Scharen montiert werden, die eine Überschreitung der maximalen Scharenlängen bei Verwendung von Spezialschiebehaften ermöglichen. Die Scharen werden nach dem Stehfalz- oder Leistensystem verbunden (siehe auch Tab. 12.11 und Abb. 12.24).

Tabelle 12.10: Regeldachneigungen bei nicht selbsttragenden Metalldeckungen

Dachneigung	Ausführungsart
7°	Doppelstehfalzdeckung • Im Dachneigungsbereich ≥ 3° bis 7° sind Sondermaßnahmen erforderlich (z. B. Dichtbandeinlage, Falzerhöhung bzw. Unterdach). • bis 15° zusätzliche Maßnahmen bei Titanzink, z. B. Trennlage mit Dränagefunktion
25°	Winkelstehfalzdeckung • 35° bei erhöhten Anforderungen. Erhöhte Anforderungen können sich aus klimatischen Verhältnissen oder exponierten Lagen ergeben, z. B. bei starkem Wind, in schneereichen Gebieten.
7°	Deutsche Leistendeckung • bis 15° zusätzliche Maßnahmen bei Titanzink, z. B. Trennlage mit Dränagefunktion
ab 0°	rollennahtgeschweißte Edelstahldeckung
10°	Bleideckung mit Hohl- oder Holzwulst • Holzwulst mit sichtbaren Haften zulässig bis 30°

Tabelle 12.11: Richtwerte der Scharenlänge

Werkstoff	maximal zulässige Scharenlänge (m)
Aluminium	10
Kupfer	10
Edelstahl	14
Stahl, verzinkt	14
Titanzink	10

Abb. 12.24: Stehfalz- und Leistendeckung

Tafeldeckung

Die **Tafeldeckung** (Abb. 12.25) stellt eine weitere Möglichkeit für eine Metalldeckung dar. Durch sie lässt sich, je nach Tafelgröße (z. B. 1.000 × 2.000 mm) und gewählter Verbindungstechnik, eine **stärkere Gliederung der Fläche** erreichen. Bei Aluminium, Kupfer, Edelstahl, verzinktem Stahl und Titanzink werden die Tafeln i. d. R. nach dem Doppelstehfalzsystem miteinander verbunden. Die Querfalze werden entsprechend der Dachneigung ausgeführt. Bei Blei werden die Tafeln entsprechend den Technischen Regeln zur Verarbeitung von Blei im Bauwesen verbunden. Bleischare dürfen aufgrund der großen Wärmeausdehnung nur bis zu einer Länge von 1,50 m verlegt werden.

Abb. 12.25: Tafeldeckung

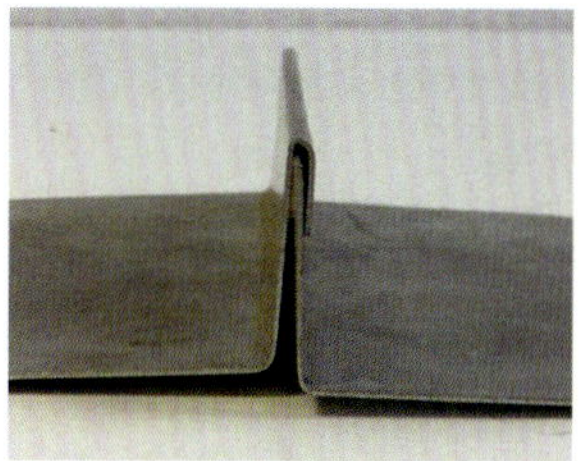

Abb. 12.26: Einfachstehfalz

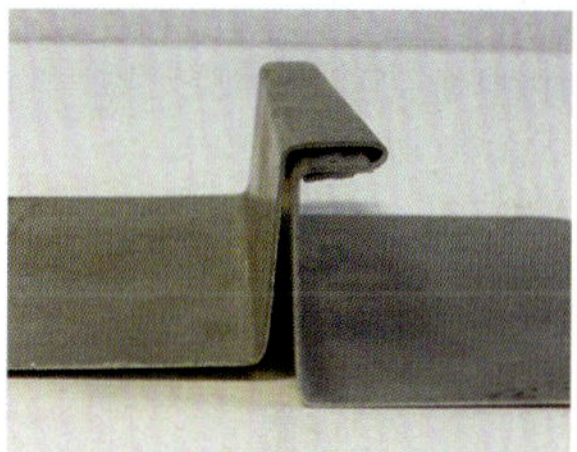

Abb. 12.27: Winkelstehfalz

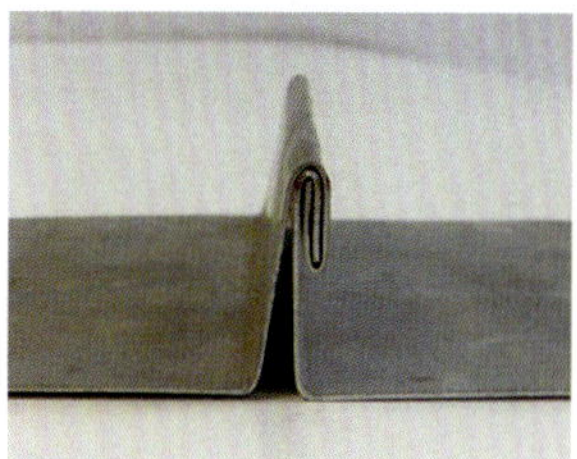

Abb. 12.28: Doppelstehfalz

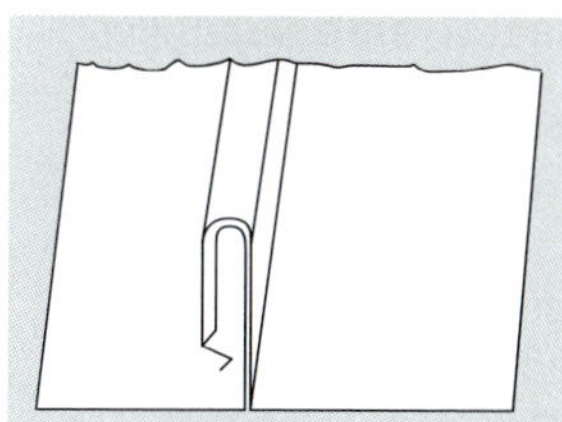

Abb. 12.29: Schnappfalzsystem

Es wird zwischen folgenden Falzausführungen unterschieden:

Der **Einfachfalz** kann als einfachste Falzverbindung bei Dachneigungen > 45°, bei Abdeckungen, Einfassungen und Leibungen sowie bei der Fassade als Einfachliegefalz verwendet werden.

Der **Winkelstehfalz** ist ein nicht geschlossener Doppelstehfalz, der eine markantere Strukturierung der Oberfläche ermöglicht. Darüber hinaus wird eine hohe Planebenheit erzielt, weswegen der Winkelstehfalz überwiegend bei Außenwandbekleidungen sowie senkrechten und geneigten Attikaflächen zur Anwendung kommt.

Grundsätzlich ist zu beachten:
In normal beanspruchten Gegenden ist eine Mindestdachneigung von 25° und in schneereichen Gegenden eine Mindestdachneigung von 35° einzuhalten.

Beim **Doppelstehfalz** werden 2 nebeneinanderliegende Schare durch doppeltes Umlegen von 2 unterschiedlich hohen Aufkantungen miteinander verbunden. Im Gegensatz zum Einfachstehfalz, der die Schnittkante der höheren Aufkantung sichtbar lässt, ist beim Doppelstehfalz keine Schnittkante mehr sichtbar.

Schnappfalzsystem

Beim **Schnappfalzsystem** werden Bänder oder Bleche so profiliert, dass im Falzbereich, durch Übereinanderschieben unter Belastung von oben, eine kraftschlüssige Verbindung entsteht, die einem Stehfalz ähnlich sieht.

Für diese Deckung kommen spezielle Hafte für die Profilhöhen zum Einsatz. Bei der Verlegung dieses Systems entstehen keine Spannungen in den einzelnen Metallscharen, weil hier keine weitere Verfalzung erfolgt. **Der Schnappfalz eignet sich auch gut für die Metalleindeckung von Fassaden.** Er kann horizontal und vertikal verwendet werden.

Nicht selbsttragende Metalldeckungen werden aus Bändern oder Tafeln hergestellt und bestehen aus Kupfer, Titanzink, Edelstahl, Aluminium oder verzinktem Stahl. Bei der Banddeckung wird noch einmal unterschieden zwischen Stehfalzdeckung und Leistendeckung.

12.9 Stehfalzdeckung

Bei der **Stehfalzdeckung** erfolgt die **Befestigung indirekt auf der Schalung**, damit die zu erwartenden temperaturbedingten Längenänderungen ohne Zwänge (Beulenbildung) aufgenommen werden können.

Je nach Dachneigung und Scharenlänge sind die Festhafte und Schiebehafte anzuordnen, die nicht sichtbar befestigt sind. Durch das doppelte Verfalzen sind diese Bestandteil des Systems. Durch dieses System wird eine kraftschlüssige Befestigung auf der Schalung erreicht. Die Befestigungselemente müssen mindestens korrosionsgeschützt sein.

Die Hafte werden mit gerauten Stiften oder Schrauben befestigt. Der Abstand der Hafte sowie Anzahl und Art der Befestigung richten sich nach dem Bauteil, der Gebäudehöhe und den Windsoglasten.

Wird eine Stehfalzdeckung auf einer strukturierten Trennlage montiert, so kommen hier Wirrgelegehafte zum Einsatz, die die Strukturierung der Trennlage ausgleichen und die Gleitfähigkeit gewährleisten.

Längsfalzausführungen bei Stehfalzdeckungen

Bewegungen quer zur Falzrichtung werden von den Stehfalzen durch eine nicht rechtwinklige Aufkantung aufgenommen. Hierzu werden die aufgekanteten Schare bis auf einen Abstand von 3 bis 5 mm aneinandergeschoben. Die Aufkantungshöhe des Oberfalzes beträgt 45 mm und die des Unterfalzes 35 mm bei einer Fertigfalzhöhe von 25 mm. Eine Fertigfalzhöhe muss mindestens 23 mm betragen. Werden höhere Falzhöhen gefordert, dann müssen die Aufkantungen entsprechend erhöht werden. Empfehlenswert zur Vermeidung von Aufwölbungen in der Scharenfläche sind Aufkantungen des Doppelstehfalzes mit einem Winkel von 90° am Unterdecker und 88° am Überdecker.

Abb. 12.30: Querdehnung

Längsfalze sollten möglichst **zur wetterabgewandten Seite geschlossen** werden.

Querverbindungen/Querfalze

Bei Dachdurchdringungen, Formteilen oder als Dehnnaht bei langen Scharlängen treten Querfalze in Falzdächern auf. Je nach Dachneigung sind regendichte Querfalzausführungen in Metalldächern unterschiedlich auszuführen. Ab einer Dachneigung von > 25° und bei Fassaden können Querfalze als einfache Falze ausgeführt werden. Bei einer Dachneigung > 10° kann ein einfacher Falz mit Zusatzfalz ausgebildet werden. Ansonsten werden die Querfalze ab einer Dachneigung von > 7° als Doppelfalz ausgeführt. Unter 7° Dachneigung müssen die Querfalze wasserdicht ausgeführt werden. Bei der Ausführung werden die Querfalze in die stehenden Längsfalze mit eingearbeitet. Dabei ist darauf zu achten, dass die Querfalze in Gefällerichtung hergestellt werden, damit das anfallende Regenwasser über die Falzverbindung läuft und nicht dagegen. Das heißt, der obere Falz geht über den unteren Falz, sodass kein Wasser eindringen kann. Kommen **Querfalze** zur Anwendung, so ist darauf zu achten, dass diese Falze **versetzt angeordnet** werden, damit keine 3 Falze in einem Knotenpunkt zusammenlaufen. Dabei sind verschiedene Ausführungen üblich (siehe Tab. 12.12).

Tabelle 12.12: Querfalzausbildungen

Dachneigung	Art der Querverbindung
≥ 25°	einfacher Querfalz
≥ 10°	einfacher Querfalz mit Zusatzfalz
≥ 7°	doppelter Querfalz (ohne Dichtband)
< 7°	wasserdichte Ausführung je nach verwendetem Werkstoff

einfacher Querfalz

einfacher Querfalz mit Zusatzfalz

Abb. 12.31: Querfalzausbildungen

Beim **einfachen Querfalz** werden das untere und das obere Blech durch einen mindestens 40 mm breiten entgegengesetzten Umschlag der Blechenden verbunden. Hierbei ist jedoch darauf zu achten, dass die Umkantung der zu überdeckenden Schar ca. 5 mm schmaler ausgeführt wird, um eine Kapillarwirkung zu vermeiden. Der **einfache Querfalz mit Zusatzfalz** wird wie der einfache Querfalz ausgebildet und mit einem Zusatzfalz (Haftstreifen) ergänzt unter Berücksichtigung von 100 bis 120 mm Überdeckung. Dieser Zusatzfalz wird entweder aufgelötet oder aufgenietet (siehe Tab. 12.13). Der **doppelte Querfalz** findet Anwendung bei Dachdurchdringungen.

Tabelle 12.13: Quernahtausbildungen

Werkstoff	Mindestüberdeckung (mm)	Verbindung
AL	≥ 30	versetzt Nieten mit Dichteinlage Schweißen, Kleben
CU	≥ 30	versetzt Nieten mit Dichtstreifen, einreihig Nieten und Weichlöten Schweißen, Hartlöten, Kleben
St	≥ 30	wie oben, jedoch ohne Hartlöten und Schweißen, Kleben
Zn	≥ 30	Weichlöten, Kleben
S.S.	≥ 30	versetzt Nieten mit Dichteinlagen, einreihig Nieten und Weichlöten Schweißen, Kleben

Wasserdichte Quernähte und Verbindungen

Weitgehend unabhängig von der Dachneigung können gelötete bzw. genietete, abgedichtete, doppelt gefalzte und geschweißte Quernähte eingesetzt werden.

Je nach verwendetem Werkstoff können wasserdichte Quernähte wie in Tabelle 12.13 beschrieben ausgeführt werden.

Bewegungsaufnahme der Schare

Ist die Dachtiefe größer als der Richtwert der Scharenlänge, so ist der Einbau einer Unterbrechung zur Aufnahme der auftretenden Längenänderungen erforderlich. Bei größeren Abständen zwischen Traufe und First sind zur Aufnahme der thermisch bedingten Längenänderung der Schare Bewegungsausgleicher erforderlich.

Tabelle 12.14: Aufnahme der Längenbewegung

Ausführungsart	erforderliche Dachneigung
Schiebenaht mit einfachem Falz	≥ 25°
Schiebenaht mit Zusatzfalz	≥ 10°
Gefällestufe[1)]	≥ 3°
Aufschiebling[2)]	≥ 7°

1) – Höhe der Gefällestufe: ≥ 60 mm
– bei Dachneigungen zwischen 3° und 7°: Überstand der Gefällestufe ≥ 100 m

2) Bauseitige Ergänzung der Unterkonstruktion unter Beachtung der kleinsten zulässigen Dachneigung

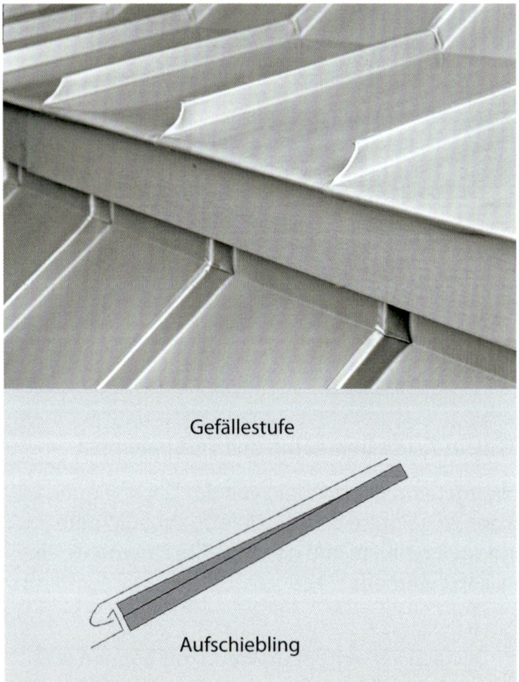

Abb. 12.32: Aufnahme der Längenbewegung

Abb. 12.33: Traufausbildung

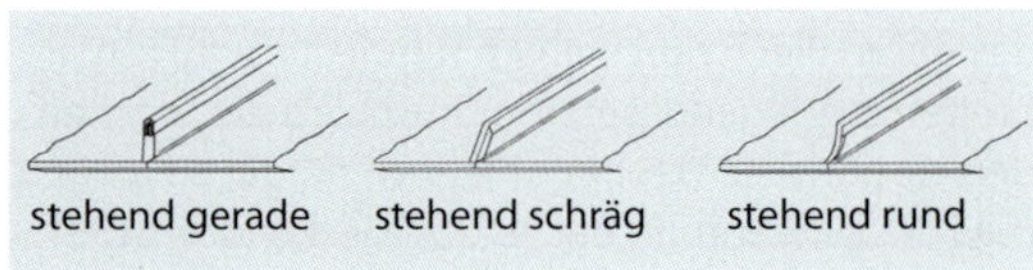

Abb. 12.34: Traufabschlüsse

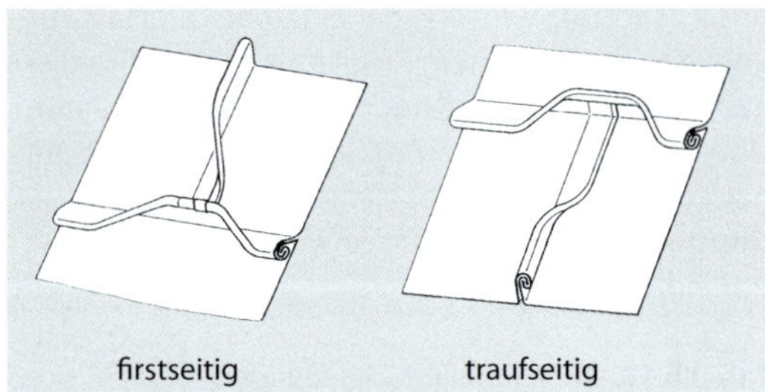

Abb. 12.35: T-Punkt-Ausbildungen

Die Ausführung der Bewegungsausgleicher ist abhängig von den Vorgaben des Planers und der Art der Unterkonstruktion.

Traufausbildung bei Stehfalzen

Die Ausbildung des Stehfalzes an der Traufkante kann als Stehfalz in gerader, schräger, runder Ausführung, als „schwäbische Traufe" oder als umgelegter Doppelstehfalz erfolgen. Bei der Ausbildung der Traufabschlüsse als umgelegter Doppelstehfalz sind die Querdehnung der Scharen und die Auswirkungen der Kapillarität zu beachten.

Doppelstehfalz-T-Punkt

Die Verbindung von sich kreuzenden Längs- und Querfalzen im Dachbereich wird immer wieder erforderlich, z. B. bei Durchdringungen (Abb. 12.36), Gauben usw. Die Kreuzpunkte von Längs- und Querfalzen des Doppelstehfalzsystems müssen entsprechend vorbereitet und ausgeführt werden, weil die wesentlichen Eigenschaften des stehenden bzw. umgelegten Doppelstehfalzes (Abb. 12.37) erhalten bleiben müssen.

Das **Umlegen der Stehfalze** ist von der Fließrichtung des darüber abfließenden Wassers abhängig, welches möglichst über die glatte Längsfalzseite abfließen sollte.

Der **Längsfalz** sollte so ausgeführt und umgelegt werden, dass das darüber abfließende Wasser nicht in den Falz eindringen kann.

Einfassung von Durchdringungen

Bereits bei der Planung sollte darauf geachtet werden, dass der Mindestabstand der Dachdurchbrüche von den Längs- und Querverbindungen der Scharen ca. 200 mm beträgt. Durchführungen von Schornsteinen, Dachfenstern, Entlüftungsrohren, Ausstiegen usw. sind erforderliche Einbindungen, die, je nach Dachneigung und verwendetem Werkstoff, regendicht ausgeführt werden müssen. Im Normalfall kommen hier für die Einbindung von größeren Durchdringungen doppelte Falze zum Einsatz. Diese Durchdringungen sind bei Kehllängen > 1 m auf der Firstseite möglichst mit einem Sattel auszuführen, wobei hier die Dachschalung bauseits entsprechend aufgesattelt wird. Durch die Schrägstellung der Querfalze lässt sich insbesondere bei flach geneigten Dächern eine bessere Wasserabführung erreichen. Werden die Längsfalze umgelegt wie bei der T-Punkt-Ausbildung, so ist der obige Abschnitt zu beachten. Zylindrische konische Rohrdurchführungen sind mindestens 150 mm über die Oberkante des Dachbelages hochzuführen und regensicher zu verwahren.

Traufseitige senkrechte Scharenanschlüsse

Diese Anschlüsse kommen zur Anwendung, wenn die Metalldacheindeckung an aufgehenden Bauteilen wie Gefällesprung, Aufschiebling, Fassade, First sowie Firstfalz bzw. Gratfalz hochgeführt werden muss. Hierbei wird am oberen Ende der Schar i. d. R. eine Aufkantung benötigt, die am Ende einen Wasserfalz enthält.

Für die Längsfalzverbindung im Bereich der Scharaufkantung kommen, je nach den örtlichen Verhältnissen, folgende Möglichkeiten infrage:

- Der Anschluss mit aufgekantetem umgelegtem Doppelfalz (Abb. 12.37) ist regensicher, erfordert aber bestimmte räumliche Voraussetzungen bei der Herstellung.
- Der Anschluss mit rund ausgefalzter Quetschfalte (Abb. 12.38) ist regensicher, erfordert aber eine ausreichende Falzaufkantung.
- Der Anschluss mit eingeschnittener gefalzter Quetschfalte (Abb. 12.39) ist nur bis zur Stehfalzhöhe regendicht. Im Bereich der Quetschfalten-Oberkante entsteht eine durchgehende Öffnung nach innen.

First- und Gratausbildung

Bei der First- und Gratausbildung wird unterschieden zwischen einer **nicht belüfteten** (Abb. 12.40) und einer **belüfteten** (Abb. 12.41) Ausführung.

Bei der Metalldacheindeckung ist im First- und Gratbereich die Bewegungsmöglichkeit der Scharen zu berücksichtigen. Folgende Varianten können bei

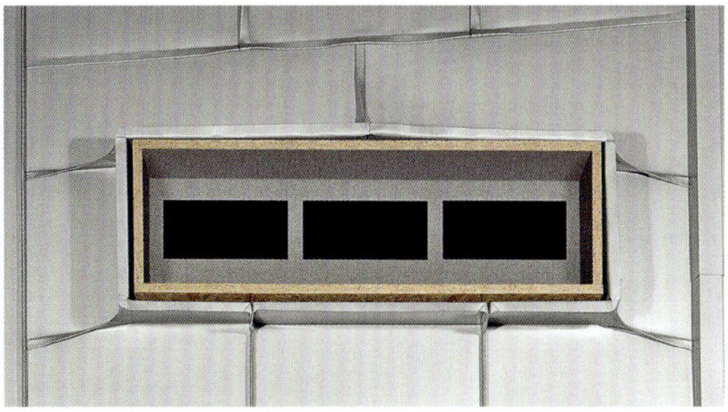

Abb. 12.36: Ausbildung von Durchdringungen

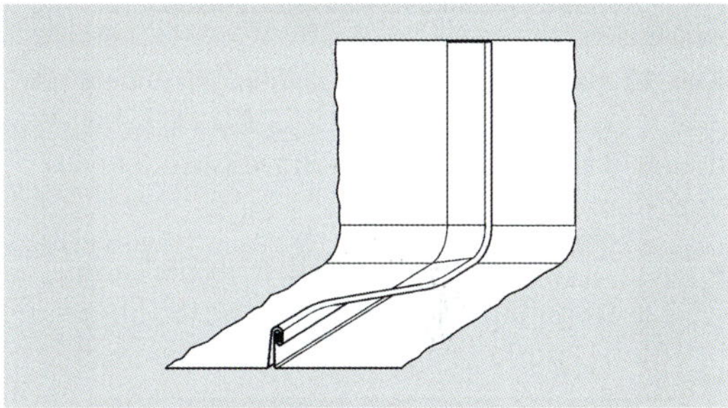

Abb. 12.37: Umgelegter Doppelfalz

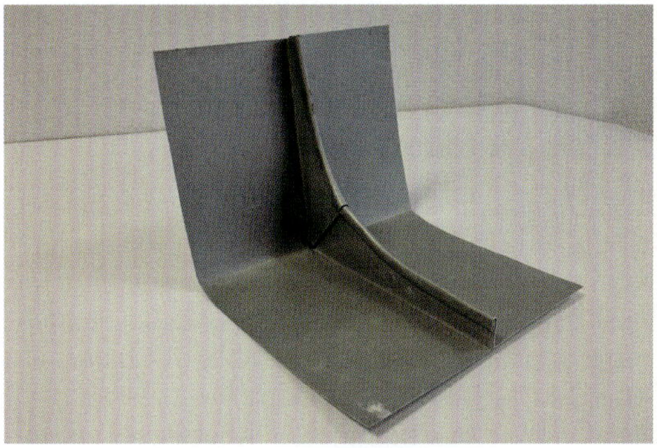

Abb. 12.38: Rund ausgefalzte Quetschfalte

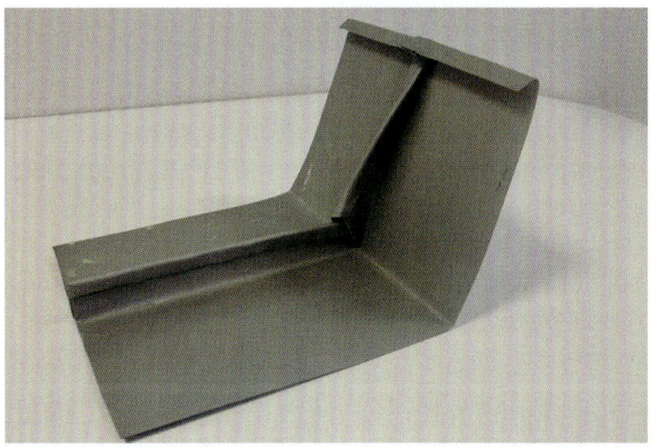

Abb. 12.39: Bündnerfalz

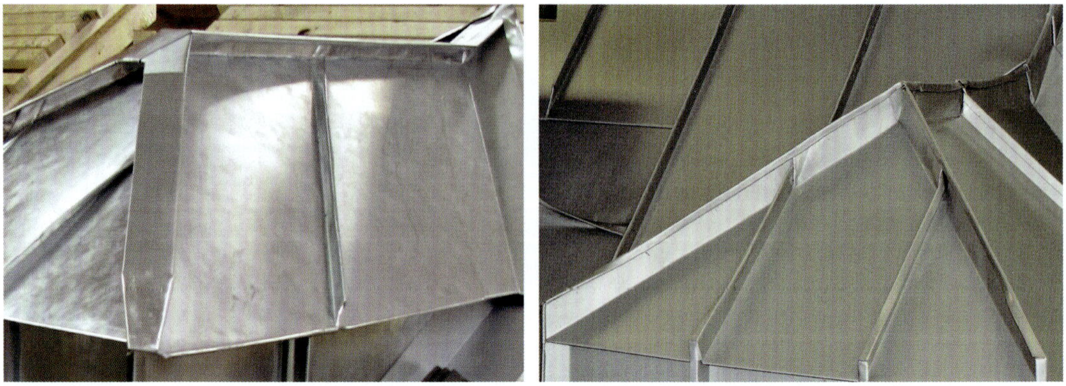

Abb. 12.40: First- und Gratausbildungen unbelüftet

der nicht belüfteten Ausführung verwendet werden:

- First-/Gratfalze, die etwas höher als die Längsfalze ausgeführt werden, in welche die umgelegten Längsfalze der Scharen mit eingefalzt werden,
- First-/Gratfalze, in welche die stehend herangeführten Längsfalze der Scharen mit eingefalzt werden,
- Gratausbildung mit Abdeckkappe.

Seitliche Anschlüsse beim Stehfalz

Seitliche Anschlüsse bei Stehfalzen werden bei der Eindeckung in Form einer Aufkantung von der letzten Schar her zwei- oder mehrteilig ausgeführt. Die Ausführung des seitlichen Anschlusses bei Stehfalzen erfolgt als Wandanschluss (Abb. 12.42) oder als Übergang zu einem Ortgangabschluss. Bei aufgehenden Wandbekleidungen gleicher Deckwerkstoffe und gleicher Ausführungsart erfolgt der Anschluss zweiteilig.

Ausführung und Anschluss von Kehlen

Die Ausführung der Kehlen (Abb. 12.43) ist abhängig von ihrer Neigung und Länge. Die Kehlneigung ist grundsätzlich geringer als die dazugehörige Dachneigung. Aus diesem Grunde müssen bereits bei der Planung die konstruktiven Voraussetzungen für die verschiedenen Ausführungsarten beachtet werden.

Für die Ausführung und den Anschluss der Kehlen sind die Tabellenwerte der Fachregeln (Tabelle 12.15) zu berücksichtigen. Zu den Quernähten bei Kehlen siehe Tabelle 12.13.

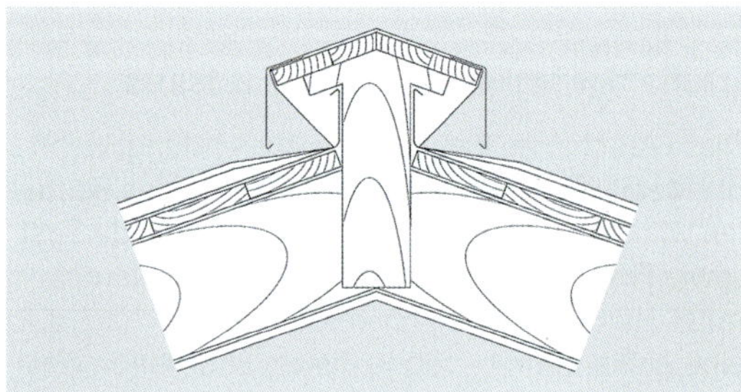

Abb. 12.41: First- und Gratausbildung belüftet

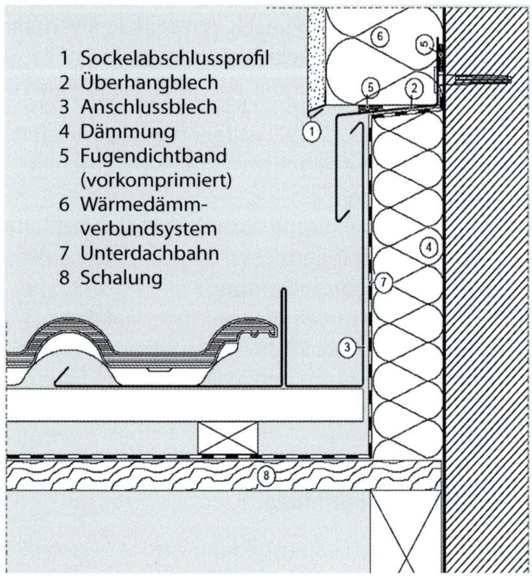

Abb. 12.42: Wandanschluss

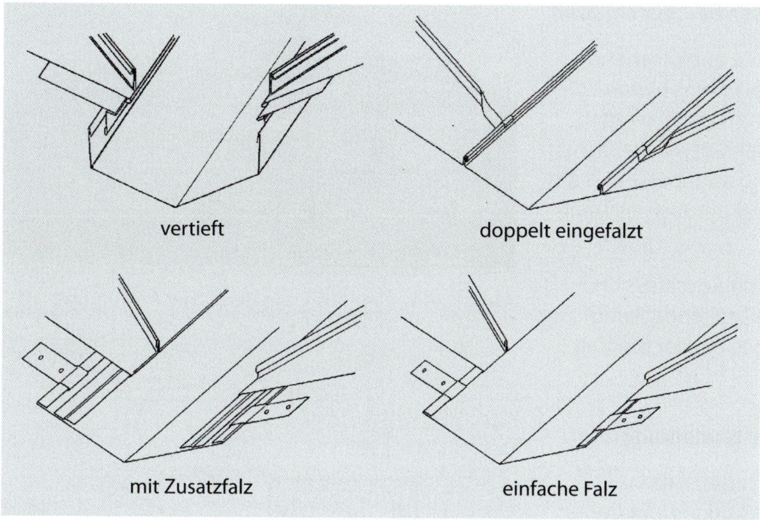

Abb. 12.43: Kehlausführungen

Tabelle 12.15: Anschluss von Kehlen

Ausführungsnr.	Kehlneigung	Kehlausbildung
1	≥ 3°	vertieft angeordnete Kehle mit Einhangblech
2	≥ 7°	beidseitig mit doppeltem Kehlfalz eingefalzt in Dachscharen. Keine Ausdehnung möglich. Deshalb ist die Kehllänge auf ca. 6 m zu begrenzen.
3	≥ 10°	Verbindung mit Kehlschar durch einfachen Falz mit Zusatzfalz (gute Ausdehnung)
4	≥ 25°	Kehlschar mit einfachem Falz (gute Ausdehnung)

Bei der Stehfalzdeckung wird für Dacheindeckungen überwiegend das Doppelstehfalzsystem angewendet, im Fassadenbereich aufgrund der großen Planebenheit die Winkelstehfalzdeckung.

Die Befestigung erfolgt bei beiden Systemen indirekt durch Haften auf der Schalung.

12.10 Leistenfalzsystem

Längsfalz bei Leistenfalz

Beim **Leistenfalz** wird eine Holzleiste mit einer Mindestabmessung von 40/40 mm verwendet, um die seitlichen Aufkantungen der Scharen anzuschließen, die mit einem Leistendeckel überdeckt werden. Bei der Leistendeckung wird unterschieden zwischen einem Leistenfalz in deutscher Ausführungsart (Abb.12.44) und einem Leistenfalz in Sonderausführung (Abb. 12.45).

Beim Leistenfalz in deutscher Ausführungsart (Abb. 12.44) werden die seitlichen Scharaufkantungen am oberen Ende in Höhe der Holzleiste um etwa 15 mm ca. 90° nach außen gekantet. In dieser Kantung werden die Streifenhafte eingehängt und auf der Leiste befestigt. Im Anschluss wird der aufgesetzte Leistendeckel durch einen einfachen Falz mit den Scharen verbunden.

Beim Leistenfalz in Sonderausführung sind die seitlichen Aufkantungen mit einem Wasserfalz zu versehen (Abb. 12.45). Die Befestigung der beiden Leistendeckungen erfolgt auf der Oberseite der Holzleiste mit einem mindestens 100 mm breiten Streifenhaft unter dem Leistendeckel, um ein Abrutschen der Haften zu verhindern.

Ausführung von Traufanschlüssen bei Leistenfalzen

Das Scharende wird an der Traufe entsprechend den Regeln des Doppelstehfalzsystems in den Vorstoß des Traufbleches eingehängt. Dabei werden die Leisten an der Traufe abgeschrägt, die seitlichen Aufkantungen an die Schrägung angepasst und die Leistenabdeckungen um die Vorkantung des Traufbleches herumgeführt.

Die Traufausbildung, der seitliche Anschluss und die Ortgangausbildung bei der Leistendeckung werden genauso ausgebildet wie bei der Stehfalzdeckung.

Abb. 12.44: Leistenfalz in deutscher Ausführungsart

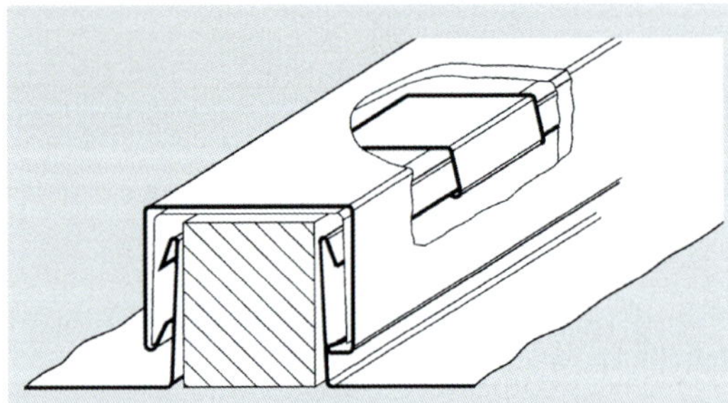

Abb. 12.45: Leistenfalz in Sonderausführung

Traufseitige Anschlüsse bei Leistendeckung

Der traufseitige Anschluss der Leistenfalz (Abb. 12.46) wird in Form einer Aufkantung der Deckscharen wie ein Wandanschluss oder ein Pultabschluss hergestellt. Hierbei ist zu berücksichtigen, dass eine dachneigungsgerechte Aufkantung des oberen Scharendes erfolgt. Die Holzleiste endet stumpf vor der Wand, bei der die Leistenabdeckung mit einer Aufkantung von ca. 5 cm versehen wird.

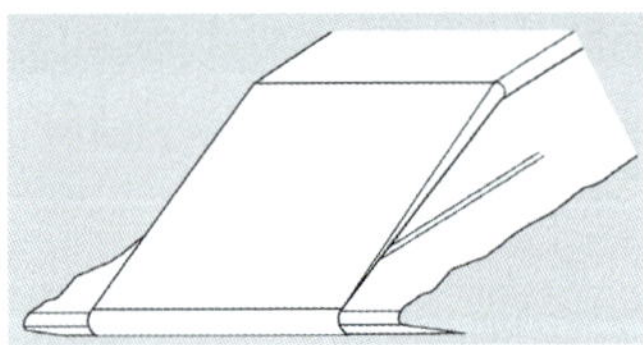

Abb. 12.46: Traufanschluss Leistenfalz

First- und Gratausbildung bei Leistenfalzen

Bei der **Firstausbildung** erhalten die Aufkantungen der Scharenden Quetschfalten, wobei auch die Leistenabdeckungen der Längsverbindungen mit einer entsprechenden Aufkantung auszuführen sind (Abb. 12.47).

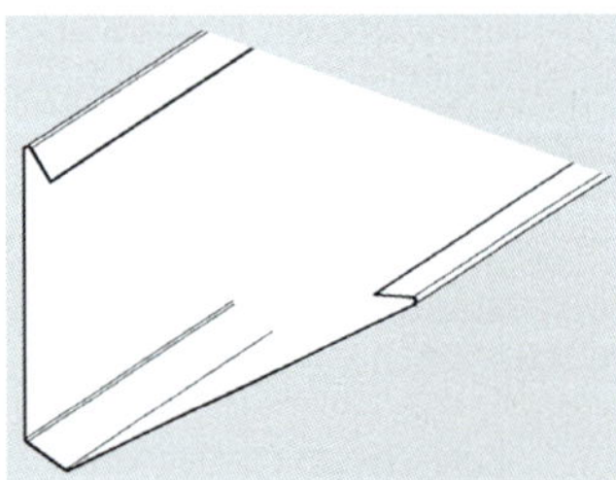

Abb. 12.47: Firstanschluss

Die Verbindung der aufgekanteten Scharenden erfolgt wie bei der Firstausbildung bei Stehfalzen mit Firstkappe oder Firstabdeckung.

Bei der belüfteten First- und Gratausbildung können folgende Ausführungen unter Berücksichtigung der örtlichen Verhältnisse bzw. der klimatischen Bedingungen Anwendung finden.

Kehlausbildung bei Leistenfalzen

Die Kehlausbildung bei Leistenfalzen können wie folgt ausgebildet werden:

- **einfacher Liegefalz,**
- **einfacher Falz mit Haftstreifen.**

Der Anschluss der Scharaufkantungen und Leistendeckel im Bereich der Kehle muss sorgfältig unter Berücksichtigung der Leiste angearbeitet werden.

12.11 Selbsttragende Metalldeckungen

Selbsttragende Metalldeckungen bestehen aus maschinell vorgeformten Blechbahnen unterschiedlicher Länge und Breite, die aufgrund ihrer Profilierung oder Verfalzung in der Lage sind, auftretende Beanspruchungen in Form von Wind-, Schnee-, Verkehrslasten aufzunehmen und zu übertragen (z. B. Trapezbleche). Sie erfordern daher keine vollflächigen Deckunterlagen. Der Abstand der Auflager muss entsprechend den Werkstoffdicken, der Biegefestigkeit des verwendeten Metalls und der Form und Höhe des Profils oder der Verfalzung ausgeführt werden. Unterschieden werden selbsttragende Metalldeckungen in **großformatige Elemente** und **kleinformatige Elemente**.

Zu den **großformatigen Deckelementen** zählen u. a. **Trapezprofile**. Trapezbleche bestehen aus trapezförmig gekanteten Seiten mit einem Obergurt und einem Untergurt. Die angekanteten Seiten bilden die Stege dieser Bleche und dienen, genau wie die längs laufenden Sicken, zur Aussteifung des Bleches. Diese Trapezbleche gibt es heute in unterschiedlichen Profilen in verschiedenen Abmessungen. Ebenso gehören die **industriell vorgefertigten Stehfalzsysteme** zu den großformatigen Deckelementen. Diese Deckelemente bestehen aus den Profiltafeln und den dazugehörigen Haltekonstruktionen, womit die Befestigung der Elemente in der Unterkonstruktion erfolgt. Die Haltekonstruktionen werden in die Profiltafeln eingehängt, geklemmt, gedreht, gekippt usw. Daher ist die Befestigung in der Deckung nicht sichtbar. Es dürfen nur bauaufsichtlich zugelassene Profilsysteme verwendet werden. Weitere großformatige Deckelemente sind die **Sandwich-Elemente**. Sandwich-Elemente sind Deckelemente, die oberseitig aussehen wie Trapezprofile, aber aus 2 metallischen Deckschichten mit innen liegender Wärmedämmung bestehen. Die Tragfähigkeit beruht auf dem kraftschlüssigen Zusammenwirken der 2 Deckschichten und dem inneren Kern aus der Wärmedämmung. Zu den großformatigen Deckelementen zählen auch die **Wellprofile**. Wellprofile sind Profiltafeln mit aneinandergereihten runden Wellenbergen und runden Wellentälern. Diese Profile werden heute in den unterschiedlichsten Wellprofilen auf dem Markt vertrieben. Sonderprofile, die auch zu diesen großformatigen Deckelementen zählen, sind Profile, die keiner der o. g. Kategorien entsprechen. Sie müssen deshalb bauaufsichtlich zugelassen sein. Beim Einbau dieser Elemente sind für die Verbindung der Profiltafeln untereinander, bei Durchdringungen sowie auch für Einbauteile die Verlegerichtlinien der Hersteller zu beachten.

Für alle selbsttragenden Metalldeckungen muss ein Nachweis der Standsicherheit erbracht werden. Die äußeren Belastungen wie Windsogkräfte und Schnee sind sicher an die tragende Konstruktion abzuleiten.

Sandwich-Element

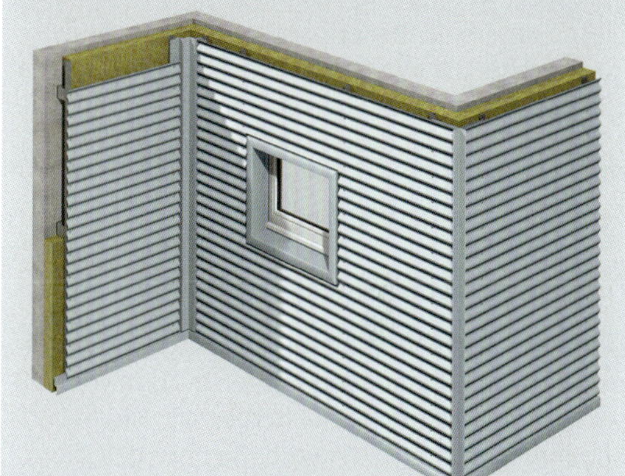

Wellprofil

Abb. 12.48: Sandwich-Element/Wellprofil

Abb. 12.49: Kleinformatige Metalldeckungen

Traufseitige Anschlüsse

Die Traufen bei selbsttragenden Metalldeckungen werden durch handwerkliche oder industriell hergestellte Anschlussbleche, je nach System der Deckungsart und dem Verwendungszweck, als aufliegende Anschlussbleche ausgeführt. Beim Anschluss der Bleche dachseitig gesehen können diese eine Abkantung mit Aussparungen entsprechend der Profilierung erhalten. Die Befestigung erfolgt nach der Art der Unterkonstruktion durch genormte und zugelassene Schrauben und Nieten.

Seitliche Anschlüsse

Als **eigenständiges Bauteil** mit aufliegenden Anschlussblechen, je nach Art der Deckung und des Dachsystems, werden die seitlichen Anschlüsse bei selbsttragenden Metalldeckungen hergestellt. Die Herstellerangaben sind zu beachten. Werden Anschlussbleche handwerklich selbst hergestellt, so muss der letzte volle Obergurt der anlaufenden Schar des Dachsystems um mindestens 25 mm überdeckt werden. Die Verbindung der Anschlussbleche untereinander erfolgt bei einer Dachneigung größer 22° von mindestens 100 mm als einfache Überdeckung und bei einer Dachneigung von 15° bis 22° von mindestens 150 mm als einfache Überdeckung. Unter 15° muss eine wasserdichte Verbindung hergestellt werden.

Firstseitige Anschlüsse

Die firstseitigen Anschlussbleche, aufgehende Wände oder Durchdringungen werden in Form von Kehlen als untergelegte Bleche hergestellt. Hierbei kommen gekantete oder vertiefte untergelegte Kehlbleche mit Wasserfalz zum Einsatz. Alle Anschlüsse müssen fachgerecht und regensicher verwahrt werden.

Traufausbildung bei selbsttragenden Metalldeckungen

Die Wasserleitbleche als Abschluss an der Traufe können industriell oder handwerklich hergestellt sein.

Kehle, First- und Gratausbildung bei selbsttragenden Metalldeckungen werden ausgeführt wie bei der Stehfalzdeckung.

12.12 Kleinformatige Metalldeckungen

Sie sind Eindeckungen mit kleinformatigen Elementen aus Pfannenblechen, Metallschindeln oder Paneelblechen. Die Deckelemente bestehen aus:

- Aluminium, Aluminiumlegierungen, verzinktem Stahl, Kupfer, Kupferlegierungen mit einer Dicke ≥ 0,5 mm,
- nicht rostendem Stahl mit einer Dicke ≥ 0,4 mm.

Die kleinformatigen Metalldeckungen können auf folgende Unterkonstruktionen gedeckt werden:

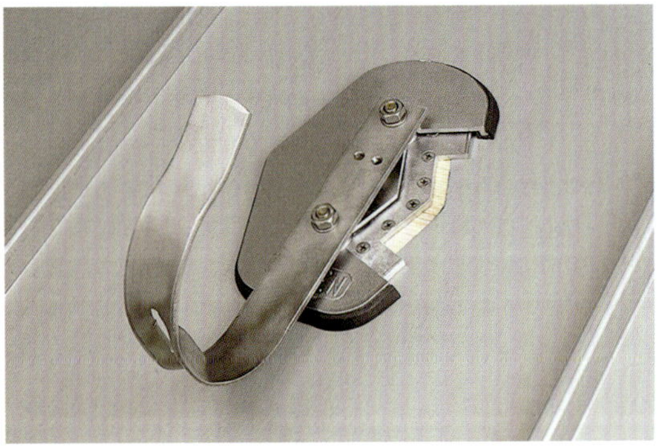

Abb. 12.50: Dachhaken

- nicht brennbare Halteprofile,
- Schalung aus Holz und Holzwerkstoffen mit oder ohne beliebige Trennlage,
- Holzlattung mindestens 40/60 mm und Schalung aus Holz oder Holzwerkstoffen,
- Holzlattung mindestens 40/60 mm und Wärmedämmstoffe aus Mineralwolle,
- Schaumglas, Baustoffklasse A, PUR- oder PIR-Hartschaum, jeweils mit oder ohne Trennlage.

12.13 Einbauteile

Werden bei der Eindeckung Einbauteile verwendet, so müssen diese für den vorgesehenen Verwendungszweck geeignet sein. Sie müssen regensicher bzw. wasserdicht eingebaut werden.

Einbauteile, Formteile und Einfassungen können industriell oder handwerklich hergestellt sein. Für Durchdringungen wie z. B. Dachausstiege oder Dachfenster können industriell vorgefertigte Systemblechteile des Herstellers verwendet werden. Sicherheitsdachhaken, Stützen für Schneefangvorrichtungen, Solaranlagen, Laufstege usw. sollen unter Verwendung von genügend breiten Blechen eingebaut und eingedeckt werden. Sie müssen für den Verwendungszweck geeignet und zugelassen sein. Die Einbauteile und Einfassungen müssen mit der Deckunterlage und der Deckung abgestimmt werden, dabei können lastverteilende Unterlagen erforderlich werden.

In der heutigen Zeit können Einbauteile und Zubehörteile unter geringem Aufwand durch vorgefertigte Profile und Teile in eine Metalleindeckung mit eingebaut werden.

12.14 Berücksichtigung von Windlasten bei Metalldächern und -fassaden

Um zu gewährleisten, dass Metalldeckungen durch die Windsogkräfte nicht beschädigt oder abgerissen werden, sind diese gegen Abheben zu sichern. Die Sicherung auf der Unterkonstruktion kann durch folgende Maßnahmen getroffen werden:

- mechanische Befestigung,
- Auflast,
- Verklebung.

Voraussetzung hierbei ist, dass die Unterkonstruktion dafür geeignet ist. Die verwendeten Hafte und Befestigungsmittel sind auf die vorhandene Unterkonstruktion und den gewählten Scharenwerkstoff abzustimmen.

Erforderliche Befestigungen zur Windsogsicherung

Der Nachweis der Windsogsicherung gilt für nicht selbsttragende Dachdeckungen und Außenwandbekleidungen aus Metall. Dieser wird in der DIN 1055-4 und der DIN EN 1991-1 bis -4 beschrieben. Vorrangig zu bewerten sind immer Einzelnachweise, die durch Programme der Metallhersteller errechnet werden.

Windlasten auf Dachdeckungen und Außenwandbekleidungen aus Metall sind abhängig von:

- Gebäudestandort,
- geografischer Lage des Gebäudes,
- Gelände (z. B. Höhe des Gebäudestandortes über NN),
- Gebäudehöhe über Oberkante des Geländes,
- Gebäudeform (z. B. Neigung der Flächen, Vorsprünge und Einbauteile).

Um die notwendige Standsicherheit der Dacheindeckung oder Wandbekleidung zu erreichen, sind die einwirkenden Windsogkräfte der einzelnen Windzonen bereits in der Planung zu berücksichtigen. Die anfallenden Windlasten sind als Tabellen in den Fachregeln erläutert. Da bei einer Bemessung zur Abtragung der Windlasten nach Norm eine große Anzahl von Variationen berücksichtigt werden muss, wurde für die Festlegung der Haftabstände bei den verschiedenen Dachformen die maximale Windsoglast für vereinfachte, auf der sicheren Seite liegende Flächeneinteilungen zugrunde gelegt. Als Gebäudehöhe ist dabei der höchste Teil des Gebäudes angesetzt, also der First.

Die Daten (Haftabstände und Anzahl der Hafte pro Quadratmeter) für die jeweiligen Dach- und Wandteilflächen können den Tabellen im Anhang II der Fachregel für Metallarbeiten entnommen werden.

Darüber hinausgehende differenziertere Betrachtungsweisen (andere Dachformen und/oder Objekte in Windzone 4) bedürfen eines rechnerischen Nachweises.

Art und Anzahl der Befestigungen, Profilbreiten und Werkstoffdicken werden entsprechend der Einteilung in den Tabellenwerken der Fachregeln oder durch die Angaben der Hersteller festgelegt.

Ausführungen der Hafte

Für die indirekte Befestigung der Bleche und Bänder auf der Unterkonstruktion sind Hafte in den verschiedensten Ausführungen erforderlich. Die Ausführung der Hafte, deren Anordnung und deren Befestigung auf der Unterkonstruktion sind für die Aufnahme der Windsogkräfte und der temperaturbedingten Längenänderung von entscheidender Bedeutung. Bei Verwendung einer strukturierten Trennlage sind geeignete Hafte oder sog. Wirrgelegehafte zu verwenden.

Diese Hafte müssen sorgfältig und verwindungsfrei aufliegend auf dem Wirrgelege (strukturierte Trennlage) befestigt werden. Schiebehafte dürfen sich im Gleitbereich nicht verformen.

Wir unterscheiden Festhafte für den Festhaftbereich, Schiebehafte für den Bereich der Längendehnung, Wirrgelegehafte bei Verwendung einer strukturierten Trennlage und Hosenhafte für den Bereich von Graten bzw. höher liegenden Aufkantungen. Hafte aus Edelstahl sind bei allen Deckmaterialien einsetzbar.

Befestigungsmittel

Für die Befestigung werden keine glatten Stifte verwendet, da sie einen zu kleinen Kopf haben und die geforderten Auszugswerte nicht erreichen. Je Haft

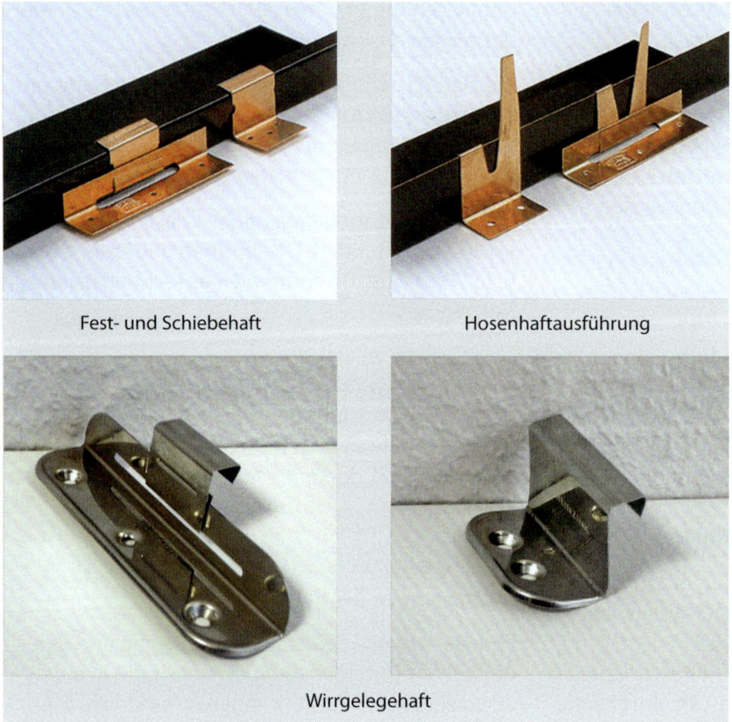
Fest- und Schiebehaft
Hosenhaftausführung
Wirrgelegehaft

Abb. 12.51: Hafte

müssen **mindestens 2 Befestigungsmittel** mit einer Einbindetiefe von mindestens 20 mm zur Anwendung kommen. Mit 2 Nägeln befestigte Hafte müssen unter dynamischer Belastung eine zulässige Haftbelastung von 400 N nachweisen. Die Werte gelten für industriell hergestellte Hafte.

Als **Nagel- und Schraubenbefestigung** sind laut Tabelle der Fachregeln zugelassen:

- gerillte Nägel aus Edelstahl nach DIN 1052 gemäß Tragfähigkeitsklasse 3/C $\geq 2{,}5 \times 25$ mm,
- gerillte Nägel aus feuerverzinktem Stahl nach DIN 1052 gemäß Tragfähigkeitsklasse 3/C $\geq 2{,}5 \times 25$ mm,
- geraute feuerverzinkte Deckstifte $2{,}8 \times 25$ mm,
- geraute Kupferstifte $2{,}8 \times 25$ mm,
- Senkkopfschrauben aus Edelstahl $4{,}0 \times 25$ oder $4{,}0 \times 30$ mm.

Werden andere Nageltypen als die o. g. Haftnägel verwendet, so sind nur solche mit gerautem Schaft, einem Schaftdurchmesser $> 2{,}8$ mm und einer Einbindetiefe von mindestens 20 mm einzusetzen. Nach den Auszugswerten zu beurteilen, erreicht man durch Rillennägel und Schrauben höhere Werte.

Anordnung der Fest- und Schiebehafte

Beim Doppelstehfalz- und Leistensystem müssen die Scharen so befestigt werden, dass die auftretenden Längenänderungen am First und an der Traufe gefahrlos aufgenommen werden.

Die Anordnung der Fest- und Schiebehafte richtet sich nach der Scharenlänge, der Lage von Durchdringungen und der Dachneigung. Die Anzahl der Festhafte ist von den aufzunehmenden Lasten, der Dachneigung und den Ausdehnungsmöglichkeiten an First und Traufe abhängig. Die Festhafte werden auf einer Länge von 1 bis 3 m angeordnet, wodurch ein Rutschen der Scharen verhindert wird. In dem übrigen Bereich der Scharen kommen Schiebehafte zum Einsatz. Der Ort des Festhaftbereiches ist bei flachen Neigungen in der Mitte, wodurch die Bleche sich nach oben und unten dehnen können. Mit zunehmender Dachneigung verschiebt sich der Festhaftbereich zum First hin (Abb. 12.52).

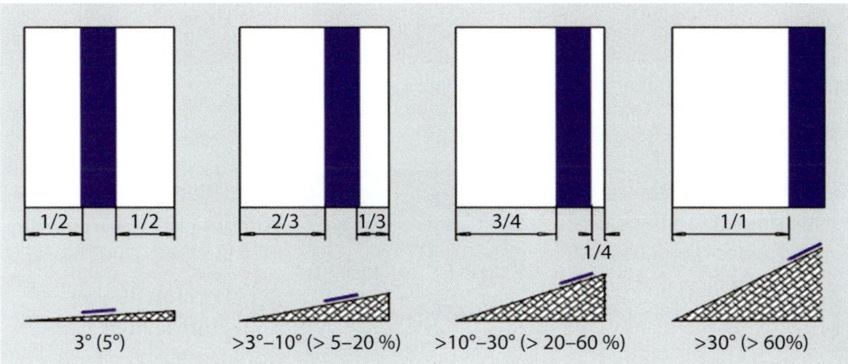

Abb. 12.52: Anordnung der Festhafte

Werden bei Stehfalzdeckungen Schneefang- und Solarsysteme vorgesehen, so ist in diesem Bereich die Anzahl der Festhafte den zu erwartenden Belastungen anzupassen. Bei Fassadenbekleidungen ist die Fixierung bzw. die Anordnung der Festhafte im Bereich der Querfalze oder im oberen Bereich der Scharen vorzusehen.

Wir unterscheiden Festhafte und Schiebehafte, die den einzelnen Dachneigungsbereichen zugeordnet werden.

12.15 Verbindungstechniken/Fügetechniken

Metalle müssen bei der Herstellung von Rohren, Einfassungen, Metalldächern sowie auch bei der Montage von Abdeckungen und Dachrinnen verbunden werden. Hierbei kommen folgende Techniken zum Einsatz:

Löten

Unter Löten versteht man ein dichtes und festes Verbinden von metallischen Werkstoffen durch Einsatz eines Lotes. Die Schmelztemperatur des Lotes liegt unterhalb der Schmelztemperatur des Metalls. Bei der Fügetechnik Löten wird unterschieden zwischen: **Weichlöten (**Temperatur < 450 °C) und **Hartlöten** (Temperatur > 450 °C)**.**

Durch das **Weichlöten** wird bei Metallblechen eine kraftschlüssige und wasserdichte Verbindung hergestellt. Im Bereich der Nahtverbindung findet keine Gefügeänderung des Metalls statt (Grobkornbildung = Versprödung). Bei dieser Art der Verbindung müssen noch sog. Hilfsstoffe wie Flussmittel und Lot verwendet werden. Beim Lötvorgang muss das Lot im Nahtbereich durchfließen. **Titanzink hat einen Schmelzpunkt von 418 °C und kann daher nur weichgelötet werden.** Die zu lötenden Metallbleche müssen fettfrei und metallisch blank sein. Die Bleche werden im Nahtbereich mit Lötwasser vorbereitet.

Nur wo das Lötwasser fließt, fließt auch das Lot.

Die Bleche müssen so aufeinandergelegt werden, dass der Lötspalt < 0,5 mm ist. Durch das flächige Aufliegen der Bleche entsteht ein Kapillareffekt, der das Lötzinn in den Nahtbereich einfließen lässt.

Je enger der Lötspalt, desto besser fließt das Lot im Nahtbereich.

Nach der VOB Teil C, DIN 18339 soll die Lötnahtüberdeckung > 10 mm betragen.

Die gebundene Lötnahtbreite muss bei der Flachnaht > 10 mm und bei der Steilnaht > 5 mm betragen. Durchgelötete Nähte ergeben eine hohe Festigkeit. Bei zu großer Überdeckung kann nicht durchgelötet werden und die Naht verliert dadurch an Festigkeit.

Beim Hartlöten (Abb. 12.54) ist die Brandgefahr aufgrund der hohen Temperatur sehr groß. Bei brennbaren Untergründen stets einen Feuerlöscher bereitstellen.

Praxisbeispiel

Arbeitsschritte Weichlöten

Lösungsdarstellung in 5 Schritten:

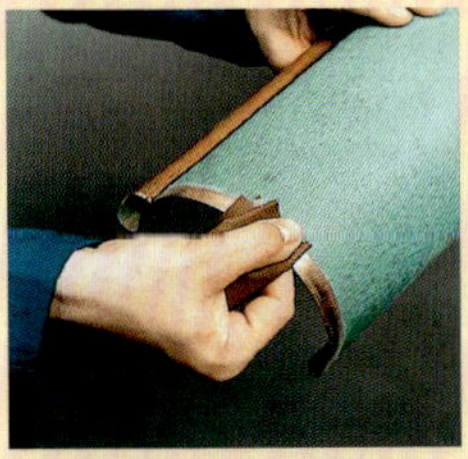

1) Metallisch blanke, oxidfreie Oberfläche wenn nötig mechanisch herstellen.

2) Der Lötspalt darf zur Erzielung hoher Nahtfestigkeit 0,5 mm nicht überschreiten. Größere Lötspalte sind durch geeignete Maßnahmen, z. B. Nachspannen, Heftnieten, zu verringern.

3) Flussmittel auftragen, um die Verbindungsstelle für die Dauer des Lötvorgangs oxidfrei zu erhalten.

4) Bei Rinnen sollte man von der Wulst aus starten und in einem durchlöten.

Bei Zuschnlttsbreiten > 400 mm sollten Heftpunkte gesetzt werden.

5) Im Anschluss an den Lötvorgang ist die Lötnaht zu reinigen.

Dies ist sehr wichtig, da es sonst zu Verfärbungen oder Zerstörungen kommen kann.

Beim **Hartlöten** (Abb. 12.54) wird eine kraftschlüssige, wasserdichte Verbindung unter Einsatz von Wärme (Hartlötgerät) und Lot erstellt. Die Wärmeübertragung erfolgt unter Anwendung von Gas-Sauerstoff-Gemischen (offene Flamme). Die Metalle bleiben in einem festen Zustand, wobei das Lot in flüssigem Zustand den Lötspalt füllt. In der Naht kommt es in den Berührungsflächen zur Legierungsbildung, die die Festigkeit der Nahtstelle wesentlich mitbestimmt. Verfärbungen im Nahtbereich sind unvermeidbar. **Folgende Werkstoffe können hartgelötet werden:**

- **Kupfer,**
- **Aluminium,**
- **nicht rostender Stahl,**
- **verzinkter Stahl.**

Falzen

Die Falztechnik ist bei den Klempnerarbeiten die häufigste angewendete Art, um Bleche fachgerecht zu verbinden. **Falzverbindungen sind formschlüssige Verbindungen und stellen eine regensichere, aber keine wasserdichte Verbindung dar.** Je nach Ausführungsart ermöglichen Falzungen die Aufnahme temperaturbedingter Längenänderungen. Metalldeckungen, Wandbekleidungen, Rohre, Abdeckungen und Verwahrungen (Einfassungen) werden i. d. R. gefalzt. Zum Verbinden von Blechen können verschiedene Falztechniken zur Anwendung kommen.

Abb. 12.53: Weichlöten

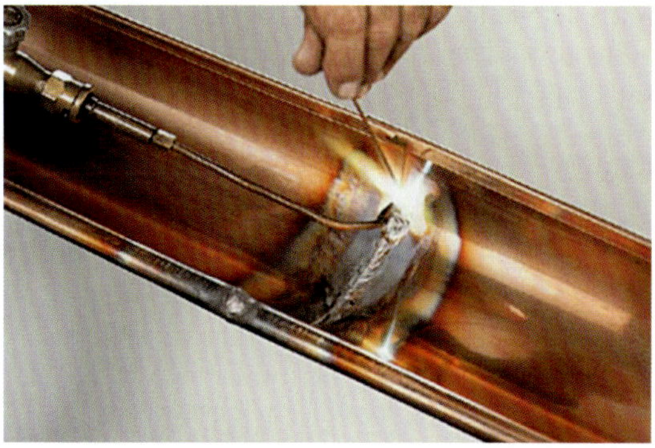

Abb. 12.54: Hartlöten

Praxisbeispiel

Arbeitsschritte Hartlöten

Lösungsdarstellung in 3 Schritten:

1) Der Lötspalt darf zur Erzielung hoher Nahtfestigkeit 0,5 mm nicht überschreiten. Größere Lötspalte sind durch geeignete Maßnahmen, z. B. Nachspannen, Heftnieten, zu verringern.

2) Bei Rinnen sollte man von der Wulst aus starten und in einem durchlöten.

Bei Zuschnittsbreiten > 400 mm sollten Heftpunkte gesetzt werden.

3) Beim Hartlöten sind Verfärbungen der Kupferoberfläche im Bereich der Lötnaht nicht zu vermeiden. Durch die natürliche Bewitterung stellt sich jedoch bald eine einheitlich oxidierende Oberfläche dar.

Man unterscheidet folgende Falztechniken:

- einfacher Liegefalz,
- einfacher Liegefalz mit durchgehendem Haftstreifen,
- doppelter Liegefalz,
- einfacher Stehfalz,
- Winkelstehfalz,
- Doppelstehfalz.

Bördeln

Bördeln ist eine Umform- und Verbindungstechnik in der Blechverarbeitung und wird beim Herstellen schmaler Ränder an Blechböden in jeder beliebigen Form angewandt. Bördel werden hergestellt, um den Blechkörper durch Falzen, Löten, Schweißen oder Nieten zu verbinden. Beim Bördeln wird der Blechrand meist im rechten Winkel aufgestellt.

Muss der Werkstoff gestreckt werden, spricht man vom Ausbördeln (Schweifen). Wird er gestaucht, nennt man dies Einbördeln.

Kanten

Kanten ist eine Form des Biegens von Blechen längs einer geraden Linie. Der Biegeradius ist sehr klein und richtet sich nach dem Material und der Materialstärke. Kurze und einfache Kantungen können von Hand hergestellt werden. Mit einem Holz- oder Gummihammer wird das Blech über eine gerade Kante geschlagen. Eine Blechbiegung mit einem Biegewinkel von 180° zur Herstellung eines Falzes wird als Umschlag bezeichnet.

Schweifen

Schweifen ist eine Form der Blechbearbeitung, bei der der Rand eines Bleches maschinell oder manuell durch gleichmäßige Hammerschläge gestreckt wird. Das Blech wird dadurch dünner und härter. Zum Schweifen von Hand wird ein Schweifhammer und als Unterlage eine Arbeits- oder Richtplatte, ein Schweif- oder Polierstock benutzt.

Nieten

Nietverbindungen sind eine kraftschlüssige Verbindung von gleichen oder unterschiedlichen Metallen mit einem maximalen Nietabstand von 30 mm. Der Abstand der Nieten vom Blechrand darf nicht mehr als 10 mm betragen. Man unterscheidet folgende Verbindungen mit Voll- und Bechernieten (Abb. 12.55):

- einreihige Nietung mit zusätzlicher Lötung,
- doppelreihige, versetzte Nietung mit Dichteinlage.

Schweißen

Schweißen ist ein technisches Verfahren, bei dem Metallteile unter Anwendung von Wärme oder Druck oder beidem zusammengefügt werden (Abb. 12.56). In unseren bauhandwerklichen Ausführungen findet das Schmelzschweißen die gebräuchlichste Anwendung. Bei der Anwendung der verschiedensten Schweißtechniken sind die zurzeit gültigen Normen und Verarbeitungsrichtlinien zu beachten. Man unterscheidet folgende Techniken:

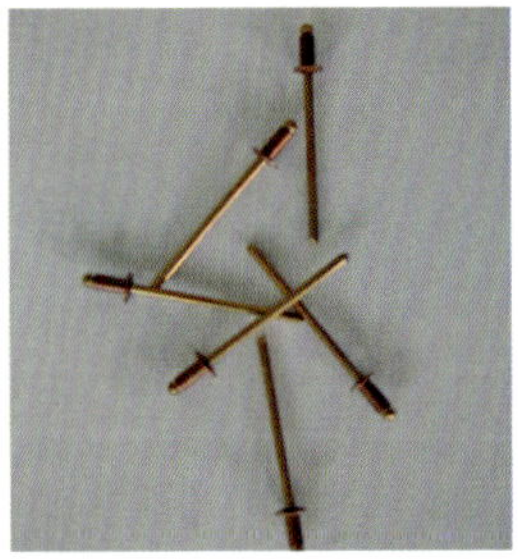

Abb. 12.55: Voll- und Bechernieten

Abb. 12.56: Schweißen

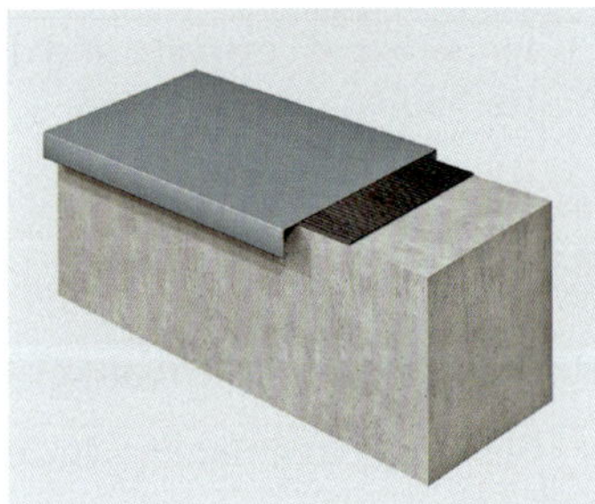

Abb. 12.57: Kleben von Blechen

- Autogenschweißung (Gas-Sauerstoff-Gemische),
- Lichtbogenschweißung (Elektrodenschweißen),
- Schutzgasschweißung (Lichtbogen plus Schutzgas).

Leistenverbindung

Bei der **Leistenverbindung** erfolgt die Verbindung mit Leistenfalzen durch die Verwendung einer Holzleiste und einer Leistenabdeckung, die unter dem Punkt **Leistendeckung** bereits beschrieben ist.

Kleben

Die Verbindung durch **Kleben** kann nur mit werkstoffgerechten und systemgerechten Klebern erfolgen (Abb. 12.57). Hierbei sind immer die Herstellerangaben zu berücksichtigen. Dichtmassen wie Acryle oder Silikone sind dafür nicht geeignet.

12.16 Einteilung der Dachflächen

12.16.1 Werkstoffbedarf Dachfläche

Praxisbeispiel

Das Satteldach einer Doppelgarage soll in Stehfalztechnik mit Metallscharen aus einer 700 mm Bandbreite eingedeckt werden. Die Gebäudelänge beträgt 14,60 m und eine Ortganglänge beträgt 8,80 m. Folgende Details sind zu berücksichtigen: Traufausbildung mit Dachrinne (ohne Fallleitung), Ortgang mit einer Ortgangabdeckung (Höhe 145 mm) und First (unbelüftet mit Abdeckkappe).

Lösung

1. Dachflächendeckung
   $A = 2 \cdot (a \cdot b)$
   $A = 2 \cdot (14{,}60\ \text{m} \cdot 8{,}80\ \text{m})$
   $A = 256{,}96\ \text{m}^2$

2. Flächenschareinteilung
   Scharbreite = Bandbreite – Oberfalz (OF) 45 mm und Unterfalz (UF) 35 mm
   Scharbreite = 700 mm – 80 mm
   Scharbreite = 620 mm
   Achsmaß = Scharbreite + Querdehnung
   Achsmaß = 620 mm + 4 mm
   Achsmaß = 624 mm

   Anzahl der benötigten Scharen:
   14,60 m : 0,624 m = 23,40 St.

   Wir benötigen pro Dachseite 22 Scharen mit einem Achsmaß von 0,624 m und 2 Passscharen von 0,435 m.

   Scharbedarf gesamt:
   2 · (22 Scharen mit einem Achsmaß von 0,624 m und 2 Passscharen von 0,435 m) = 44 Scharen mit Achsmaß 0,624 m und 4 Passscharen von 0,435 m Breite

   Die Länge der Scharen und Passscharen bei einer Firstaufkantung von 80 mm und eine Vorkantung der Vorstoßbleche von 25 mm (Längendehnung beachten!) ergibt:

   Ortganglänge 8,80 m + Firstaufkantung 0,08 m + Rückfalz 0,02 m + Vorstoßblech an der Traufe 0,025 m + Dehnung 0,015 m + Traufumschlag 0,04 m = 8,98 m

3. Traufausbildung
   Dachrinne: 2 · 14,60 m = 29,20 m
   Vorstoßblech/Zuschnitt 250 mm = 29,20 m
   Scharumschlag: 40 mm

4. Ortgangausbildung
   Ortgang: 4 · 8,80 m = 35,20 m
   Vorstoßblech/Zuschnitt 210 mm = 35,20 m
   Ortgangabdeckung/Zuschnitt 185 mm = 35,20 m

5. Firstausbildung
   First: 14,60 m
   Abdeckkappe/Zuschnitt 80 mm = 14,60 m

12.16.2 Werkstoffbedarf Haftanzahl

Praxisbeispiel

Ein Wohnhaus mit Pultdach in der Windzone 1 und einer Dachneigung von 32° soll in Stehfalzdeckung eingedeckt werden. Die Scharbreite beträgt 520 mm und die Gebäudehöhe beträgt 11 m. Das Wohnhaus hat die Maße von 18 m Länge und 12 m Breite. Berechnet werden soll die Haftanzahl der einzelnen Teilbereiche.

Lösung

Einteilung der Dachflächen bei Pultdächern

e = *b* oder 2*h* (der kleinere Wert ist maßgebend)

b = größte Gebäudelänge

Berechnung:

e = *b*

e = **18 m**

oder

h = 7,50 m (Gebäudebreite · tan. Dachneigung)

2*h* = **15 m**

Der kleinere Wert ist maßgebend

e/4 = **3,75 m**

e/10 = **1,50 m**

Flächenaufteilung

Eckbereich $F = ((e/4 + e/10) : 2) \cdot 2{,}25\ m = 5{,}91\ m^2$

$5{,}91\ m^2 \cdot 2$ Seiten $= 11{,}82\ m^2$

$11{,}82\ m^2 \cdot 2$ Eckbereiche $= 23{,}64\ m^2$

$23{,}64\ m^2 : \cos 32° =$ **27,88 m²**

Eckbereich $F_{hoch} = F =$ **27,88 m²**

$G_{Traufe} = 18{,}00\ m - (2 \cdot e/4) \cdot 2{,}25\ m = 23{,}63\ m^2$

$23{,}63\ m^2 : \cos 32° =$ **27,86 m²**

$G_{First} = G_{Traufe} =$ **27,86 m²**

$G_{Ort} = 12{,}00\ m - (2 \cdot e/4) \cdot 2{,}25\ m = 10{,}13\ m^2$

$10{,}13\ m^2 : \cos 32° = 11{,}95\ m^2 \cdot 2$ Seiten $=$ **23,90 m²**

$H = J = 18{,}00\ m - (2 \cdot 2{,}25\ m) \cdot 12{,}00\ m - (2 \cdot 2{,}25\ m)$

$= 13{,}50\ m \cdot 7{,}50\ m = 101{,}25\ m^2$

$101{,}25\ m^2 : \cos 32° =$ **119,39 m²**

Alle addiert ergeben **254,77 m²**.

Probe: (Gebäudelänge · Gebäudebreite) : cos Dachneigung = Fläche

$(18{,}00\ m \cdot 12{,}00\ m) : \cos 32° =$ **254,70 m²**

Erforderliche Hafte laut Fachregel

F_{hoch} = 7,6 St./m² mit einem Haftabstand von 250 mm

F = 6,6 St./m² mit einem Haftabstand von 290 mm

G = 5,3 St./m² mit einem Haftabstand von 360 mm

H = 3,8 St./m² mit einem Haftabstand von 500 mm

J = 4,0 St./m² mit einem Haftabstand von 480 mm

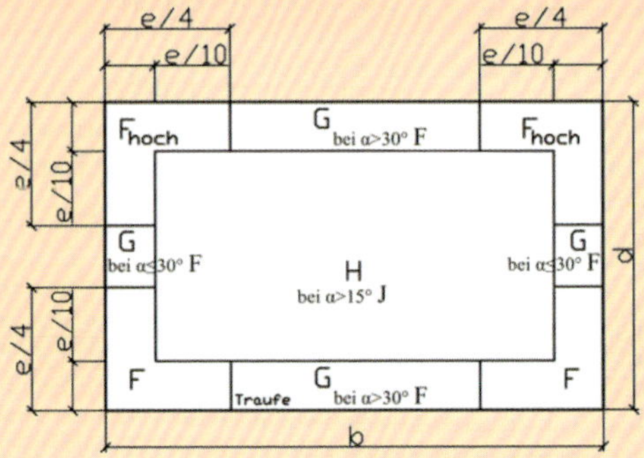

Berechnung der Haftanzahl gesamt

F_{hoch} =	27,88 m² · 7,6 St./m²	= 211,89 St.	~ 212 St.
F =	27,88 m² · 6,6 St./m²	= 184,00 St.	~ 184 St.
G_{Traufe} =	27,86 m² · 5,3 St./m²	= 147,66 St.	~ 148 St.
G_{First} =	G_{Traufe}	= 147,66 St.	~ 148 St.
G_{Ort} =	23,90 m² · 6,6 St./m²	= 157,74 St.	~ 158 St.
$H = J$ =	119,39 m² · 4,0 St./m²	= 477,56 St.	~ 478 St.
			1.328 St.

Haftanzahl Festhafte im oberen Bereich des Pultdachs auf einer Länge von 3 m

Flächenbereich F_{hoch} =

= (2,25 m · 3,00 m) + (1,50 m · 2,65 m) =

= 10,73 m² · 2 Seiten =

= 21,46 m² · 7,6 St./m² =

= 163,09 St. ~ 164 St.

Flächenbereich G_{First} =

= 18,00 m – (2 · *e*/4) =

= 10,50 m · 2,65 m =

= 27,83 m² · 5,3 St./m²

= 147,47 St. ~ 148 St.

Flächenbereich *J* =

= 18,00 m – (2 · 2,25 m) · (3,00 m – 2,65 m) =

= 4,73 m² · 4,0 St./m²

= 18,92 St. ~ 19 St.

331 St.

Für das Pultdach werden 331 St. Festhafte und 997 St. Schiebehafte inkl. jeweils mindestens 2 Befestigungen benötigt.

Erläuterung

1,91 m = *e*/4 – *e*/10

2,65 m = 2,25 m : cos 32°

12.17 Arbeitssicherheit und Gesundheitsschutz

Auf Absturzsicherungen, Laufstege, Leitern und Auffangnetze wurde in den vorhergehenden Lernfeldern eingegangen. Wir beziehen uns hier nur auf die Metallbearbeitungsmaschinen, speziell auf deren richtige Handhabung.

Richtiger Umgang mit Tafelscheren/Schlagscheren

Gefahren für Finger und Hände durch die Maschine:

- Quetschen zwischen bewegten und festen Teilen (kraftbetriebene Anschläge, Werkstückauflagen ...),
- Quetschen zwischen Niederhalter (Klemmeinrichtung) und Werkstück bzw. Maschinentisch,
- Abscheren zwischen bewegtem und festem Messer bzw. dem Werkstück.

Gefahren durch das Werkstück:

- Schneiden an Blechkanten beim Einlegen oder Entnehmen,
- Schneiden an Blechkanten durch Bewegung des Werkstücks beim Schneiden (Hochschnellen langer Bleche),
- Quetschen zwischen Werkstück und Arbeitstisch,
- Quetschen beim Herabfallen des Werkstücks oder Auswerfen auf der Rückseite.

Gefahr durch Lärm beim Schneiden bzw. beim Herabfallen des Werkstücks auf den Stapel oder in den Behälter.

Gefahren durch Zusatzgeräte auf der Rückseite:

- Quetschen oder Schneiden an der Blechabführeinrichtung,
- Quetschen oder Schneiden an der Blechstapeleinrichtung.

Schutzmaßnahmen beim Umgang mit Tafelscheren

- An der Tafelschere dürfen nur hierzu beauftragte und speziell unterwiesene Personen arbeiten.
- Die Schutzeinrichtungen (vorne, auf den Seiten und auf der Rückseite) müssen wirksam sein; sie dürfen nicht entfernt oder umgangen werden.
- Beim Einstellen der Zuführöffnung ist auch der wirksame Sicherheitsabstand der Schutzeinrichtung herzustellen.
- Sicherheitseinrichtungen (z. B. Not-Aus) täglich auf Wirksamkeit prüfen.
- Auf sicherheitsgerechte Funktion der Nachschlagsicherung achten.
- Nur abgedeckte Fußschalter verwenden.
- Bereitgestellte Hilfsmittel (Hebehilfe, Transportmittel, Ablage ...) benutzen.
- Anderen den Aufenthalt im Arbeitsbereich verwehren, auf Gefahren hinweisen.
- Mithilfe von anderen nur bei wirksamen Schutzmaßnahmen zulassen.
- Beim Schneiden langer Bleche Auflagen benutzen.
- Beim Messerwechsel Hilfswerkzeuge des Herstellers benutzen und Betriebsanweisung „Messerwechsel an der Tafelschere" beachten.
- Persönliche Schutzausrüstung benutzen, z. B.:
  - schnittfeste Schutzhandschuhe,
  - Schutzschuhe,
  - Gehörschutz.

Folgen falschen Umgangs mit Abkantmaschinen

- Schnitt- und Stichverletzungen durch scharfkantige Bleche,
- Finger- und Handverletzungen beim Bewegen der Ober- und Biegewange,
- Fußverletzungen durch herabfallende Teile,
- elektrischer Strom/Spannung bei geöffnetem Schaltschrank bzw. bei beschädigtem Kabel.

Schutzmaßnahmen beim Umgang mit Abkantmaschinen

- Bedienungsanleitung, insbesondere die Sicherheitshinweise der Maschine lesen und beachten!
- Arbeitsaufnahme an der Maschine nur nach erfolgter Einweisung und Freigabe durch das Werkstattpersonal.
- Vor Arbeitsbeginn Maschine und Arbeitsplatz auf Mängel kontrollieren.
- Vor Ingangsetzung der motorischen Schwenkbiegemaschine aus dem Gefahrenbereich heraustreten.
- Hände/Finger während der Betätigung mit dem Fußschalter nicht in den Wirkbereich von Ober- bzw. Biegewange halten.
- Eine Zweimannbedienung ist nur unter Verwendung des Zustimmungsfußschalters gestattet.
- Zur Aktivierung ist der Schlüsselschalter an der Steuerung auf die entsprechende Betriebsart umzustellen.
- Die zulässige Blechstärke (siehe Angabe an der Maschine) darf nicht überschritten werden.
- Transport und Bearbeitung der Bleche nur mit den dafür geeigneten Mitteln vornehmen (Handschuhe, Blechtransportklemmen).
- Geeignete Schutzschuhe verwenden.

Folgen falschen Umgangs mit Werkzeugen für die Blechbearbeitung

Gefahren ergeben sich beim Benutzen von Werkzeug durch Quetschen, Stoßen, Prellen, Stechen, Reißen, Schneiden, Klemmen.

Schutzmaßnahmen bei der Blechbearbeitung

- Für die zu bearbeitenden Werkstoffe bzw. Werkstücke geeignete Werkzeuge bereithalten.
- Auf Ordnung, Sauberkeit, Werkzeugpflege achten und sich um die geeignete Auswahl eines Handwerkzeugs für die Bearbeitung kümmern.
- Vor der Benutzung des Werkzeugs muss eine Sichtkontrolle hinsichtlich des ordnungsgemäßen Zustands des Werkzeugs durchgeführt werden.
- Eine Zweckentfremdung des Werkzeugs ist nicht zulässig (z. B.: Ein Schraubenzieher ist kein Stecheisen oder Treibgerät).
- Werkzeuge mit scharfen Kanten oder Spitzen nicht ungeschützt in Kleidungstaschen tragen.
- Werkzeuge immer so ablegen, dass niemand darüber stolpern kann oder dass Werkzeuge auf Personen herabfallen können.

Allgemeine Sicherheitshinweise

- Das Einrichten, Bedienen und Instandhalten von Maschinen ist nur Personen gestattet, **die mindestens 18 Jahre alt** zuverlässig sowie körperlich geeignet sind. Sie müssen vorher durch eine befähigte Person in der Handhabung und Bedienung der Maschinen unterwiesen worden sein.
- Unter Anleitung und Aufsicht eines Fachkundigen dürfen Auszubildende auch unter 18 Jahren zum Zweck ihrer Ausbildung Maschinen bedienen.
- Jeder hat darauf zu achten, dass wenn mit einer Maschine gearbeitet oder diese eingeschaltet wird, niemand gefährdet wird.
- Maschinen, die beiseite gestellt werden, dürfen nicht mehr laufen und sind abzuschalten.
- Werden Werkstücke den laufenden Maschinen von Hand zugeführt, so sind die beteiligten Personen nicht zu stören oder anzusprechen.
- Maschinen und deren Zubehör sind **vor Inbetriebnahme** auf Mängel und Schäden zu kontrollieren. Dabei ist das Arbeiten an Maschinen ohne die vorgeschriebenen Schutzvorrichtungen verboten. Bei einer Feststellung von Mängeln sind diese sofort zu melden und abzustellen. Defekte Maschinen sind durch Anbringen eines Schildes zu kennzeichnen, um Verletzungen zu vermeiden.
- Vor dem Beseitigen von Störungen ist die Maschine stillzulegen.

Besondere Beachtung bei Handmaschinen

- Elektrisch betriebene Handmaschinen müssen vor Feuchtigkeit geschützt werden.
- Stecker und Kabel sind vor Inbetriebnahme auf Schäden zu überprüfen. Beim Verlegen von Kabeln für Handmaschinen ist darauf zu achten, dass **keine Stolperstellen** entstehen und die verlegten Kabel nicht beschädigt werden können.
- Nach dem Arbeiten mit Handkreissägen muss die Schutzvorrichtung des Sägeblattes selbstständig zurückfahren.
- Maschinenschlüssel sind vor dem Anstellen der Maschinen zu entfernen.
- Werden kleinere Werkstücke bearbeitet, so sind diese vorher festzuspannen.

Alle Maschinen müssen standsicher aufgestellt werden. An kraftbetriebenen Maschinen dürfen nur Personen arbeiten, die vorher unterwiesen wurden. Um Unfälle zu vermeiden, müssen beim Umgang mit Geräten und Maschinen besondere Sicherheitsregeln beachtet werden.

12.18 Übungsaufgaben zu Lernfeld 12

1. Nennen Sie die Vorteile des Werkstoffs Aluminium beim Einsatz für Dach- und Wandbekleidungen?
2. In welchen üblichen Handelsformen kann man Kupferblech erwerben?
3. Welche Handwerkzeuge werden bei der Blechverarbeitung zum Schneiden eingesetzt?
4. Welche Handwerkzeuge werden bei der Blechbearbeitung zum Kanten eingesetzt?
5. Man unterscheidet zwischen zwei Grundaufbauformen bei der Unterkonstruktion. Welche sind diese?
6. Wie muss die Unterkonstruktion (Deckunterlage) für Metalldächer aus Band und Tafelware beschaffen sein?
7. Welche Kehlausführungen kennen Sie?

Lernfeld 13a: Details an geneigten Dächern herstellen

Jochen Karsch

Nachdem in den Lernfeldern 8 und 9 die Grundlagen zu Dachdeckungen mit unterschiedlichen Deckmaterialien erläutert worden sind, kümmern wir uns im Lernfeld 13 nun um die fachgerechte Ausführung von Details. Abschnitt für Abschnitt werden in gleichartiger Struktur Details wie Grate, Kehle, Dachfenster, An- und Abschlüsse usw. behandelt. Durch die gleichartige Struktur fällt es leicht, die unterschiedlichen Ausführungen je nach Deckmaterial miteinander zu vergleichen.

13.1 Allgemeines

13.1.1 Grat

Ein Grat bildet (z. B. bei Walmdächern) die äußere Verschneidungslinie zwischen der Walm- und der Hauptdachfläche. Die Neigung des Grates, die sog. Gratlinie, ist immer flacher geneigt als die Dachsparren (Faustregel: ca. 10° flacher). Auch ist bei einem Walmdach der Grat länger als die Sparrenlänge in der Dachfläche (siehe Abb. 13.1).

13.1.2 Hauptkehle

13.1.2.1 Allgemeines

Die Kehle am Dach entsteht, wenn sich 2 Dachflächen bei einer Gebäudeinnenecke treffen. Sie bilden dort eine Rinne, in der der Niederschlag abgeleitet wird. Bei der Bearbeitung und Eindeckung der Kehle muss besonders auf deren Regensicherheit geachtet werden. Bei fachlich falscher Ausführung kann es hier zu Problemen kommen, da einer Hauptkehle Wasser von 2 Dachflächen zugeführt wird. Gerade bei großen Dachflächen, unterschiedlichen Neigungen und Verschmutzungen kann eine Hauptkehle in ihrer Funktion überlastet sein.

Eine Kehle kann im Vergleich zur Dachfläche mit dem gleichen oder mit anderen Materialien gedeckt werden. Unterschieden wird zudem zwischen **gleichhüftigen** und **ungleichhüftigen** Kehlen.

Eine gleichhüftige Kehle entsteht, wenn sich 2 Dachflächen schneiden, die gleich geneigt sind. Bei ungleichhüftigen Kehlen sind die angrenzenden Dachflächen unterschiedlich geneigt.

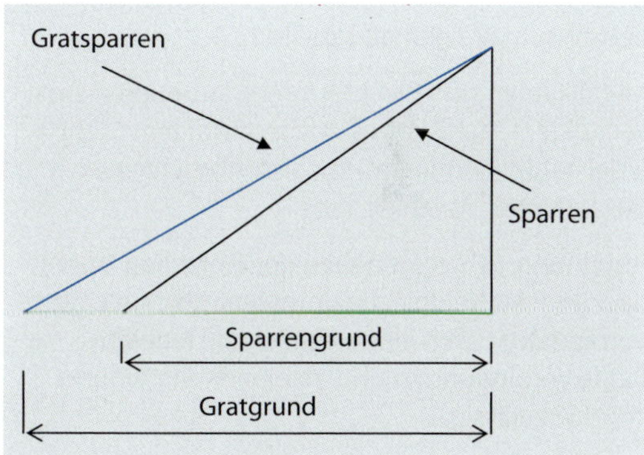

Abb. 13.1: Verhältnis zwischen Sparren- und Gratlänge

Die Konstruktion der Kehle baut auf dem Kehlsparren bzw. der Kehlbohle auf. Die sog. Schifter, also die Dachsparren, die mit ihrem unteren Ende auf den Kehlsparren treffen, schließen rechts und links an die Konstruktion an.

Je nach Deckwerkstoff werden Kehlen eingebunden oder die Entwässerung findet über ein untergelegtes Metallblech statt, welches von der jeweiligen Dachdeckung überdeckt wird.

13.1.2.2 Überdeckte Metallkehlen

Bei den überdeckten Metallkehlen handelt es sich um ein in der Kehle montiertes Metallblech, welches rechts und links vom jeweiligen Deckwerkstoff der benachbarten Dachflächen überdeckt wird.
Man unterscheidet dabei:

- durchgehende Kehlen mit seitlichem Wasserfalz,
- Kehlen in vertiefter Ausführung,
- Kehlen mit Steg im Wasserlauf,
- Dachgräben mit oder ohne Gefällestufen.

Die Kehlbleche der Metallkehlen werden entweder auf einer Kehlschalung oder auf der Traglattung indirekt über Hafte befestigt. Der lichte Abstand der Lattung unterhalb des Kehlbleches darf höchstens 13 cm betragen, um eine ausreichende Auflage zu gewährleisten. Bei einem größeren Traglattenabstand sind entsprechende Zwischenlatten zu montieren.

Die Kehlbleche werden am Wasserfalz parallel zum Kehlsparren über Hafte, die mit Stiften genagelt werden, befestigt. Gegen Abrutschen werden die Kehlbleche am oberen Rand der Höhenüberdeckung direkt mit Stiften fixiert.

Bei den überdeckten Metallkehlen gelten die Überdeckungsmaße gemäß Tabelle 13.1.

Metallkehlen sind Blechformteile aus Kupfer, Zink, verzinktem Stahl, korrosionsbeständigem Stahl (Edelstahl), Aluminium, kunststoffbeschichteten Blechen oder Walzblei.

Abbildung 13.3 zeigt neben der einfachen Überdeckung der Kehlbleche untereinander auch die Verbindung durch einen einfachen Liegefalz. Beide Verbindungen sind ab einer Kehlneigung von 15° zulässig.

Tabelle 13.1: Überdeckungsmaße bei überdeckten Metallkehlen

Höhenüberdeckung der Kehlbleche untereinander	
Kehlneigung	**Überdeckung**
> 22°	≥ 100 mm
≥ 15° bis ≤ 22°	≥ 150 mm
< 15°	wasserdichte Verbindung
seitliche Überdeckung des Deckmaterials auf das Kehlblech[1)]	
Kehlneigung	**Überdeckung**
> 22°	≥ 100 mm
≥ 15° bis ≤ 22°	≥ 150 mm
< 15°	≥ 200 mm

1) rechtwinklig zum Kehlverlauf gemessen

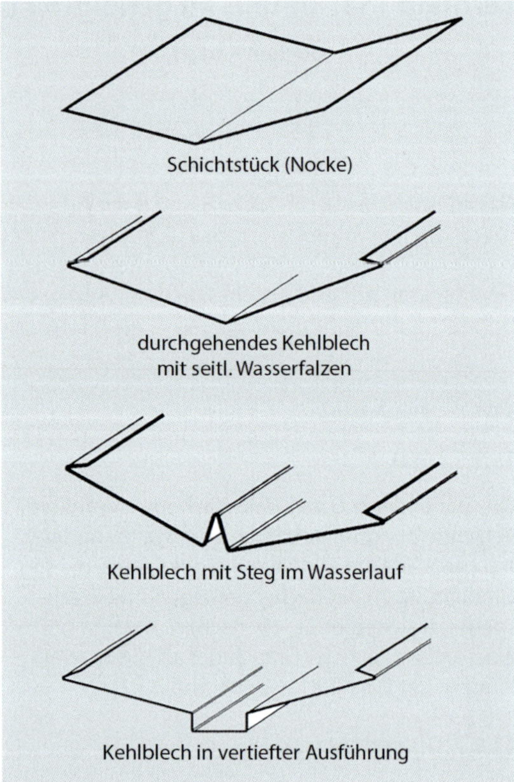

Abb. 13.2: Kehlblechformen

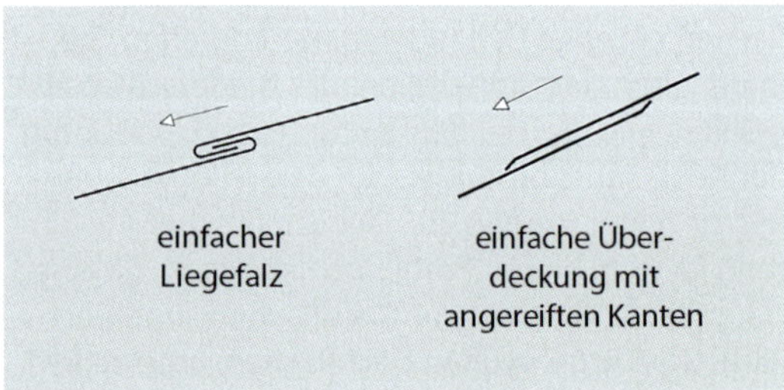

Abb. 13.3: Kehlblechverbindungen

Bei einseitig erhöhtem Wasseranfall oder unterschiedlich hoher Fließgeschwindigkeit, z. B. bei ungleichhüftigen Kehlen oder unterschiedlich großen Dachflächen, sollten Kehlbleche mit Steg oder in vertiefter Ausführung verwendet werden.

Durchgehende Kehlbleche sind mit einem seitlichen Wasserfalz von mindestens 15 mm zu versehen. Ihre Mindestzuschnittbreite muss 400 mm betragen.

Die Höhe der Stege richtet sich nach dem Wasseranfall. Eine Höhe von 5 bis 7 cm hat sich in der Praxis bewährt. Die geforderten Abmessungen der vertieften Kehlbleche liegen bei einer Vertiefung von mindestens 20 mm und einer Breite des Wasserlaufes von etwa 80 mm.

13.1.3 Anschlüsse

Bei aufgehenden Bauteilen in Dachflächen sind Anschlüsse der Dacheindeckung an Dachdurchdringungen wie z. B. an Schornstein- und Gaubenwangen oder an Brandwände erforderlich. Diese werden, je nach Lage, wie folgt unterteilt in:

- traufseitige,
- firstseitige,
- seitliche Anschlüsse.

Die Anschlüsse müssen an das Bedachungsmaterial, an die örtlichen und baulichen Anforderungen und die Architektur des Gebäudes angepasst werden. Dabei können Material, Farbe und Form unterschiedlich auf den Charakter des Gebäudes wirken.

Für Anschlüsse sind folgende Materialien geeignet:

- Schiefer,
- Faserzementplatten,
- Metall,
- Holz,
- Kunststoffe o. Ä.

Die dachneigungsabhängigen Anschlusshöhen an aufgehenden Bauteilen oder Wänden sind Tabelle 13.2 zu entnehmen.

Tabelle 13.2: Anschlusshöhen an aufgehenden Bauteilen über Oberkante des Deckwerkstoffes

Dachneigung	Anschluss		
	seitlich	traufseitig	firstseitig[1]
	Anschlusshöhe in mm		
< 5°	150	150	150
< 22°	100	100	150
≥ 22°	80[2]	80	150

1) Bei steilen Dachneigungen, großen Sparrenlängen oder erhöhten Anforderungen (siehe Grundregel) können größere Anschlusshöhen erforderlich werden.
2) Bei abgetreppten Anschlüssen und konturierten Deckwerkstoffen beträgt die Anschlusshöhe über Oberkante Deckwerkstoff mindestens 65 mm.

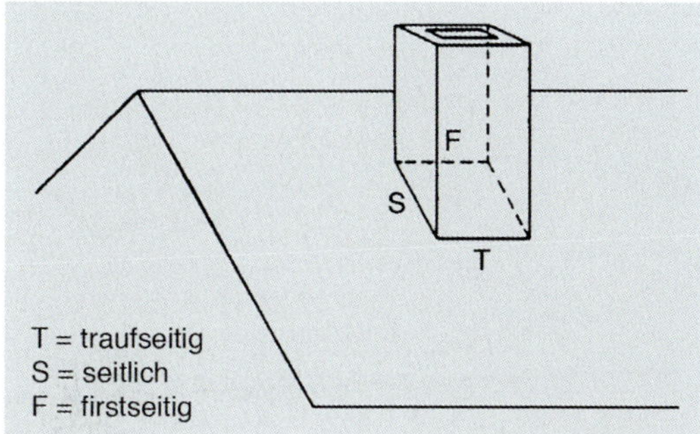

Abb. 13.4: Bezeichnung der Anschlüsse bei Durchdringungen

Abb. 13.5: Ein angeschlossener Schornstein mit angeformten Zinkblechen

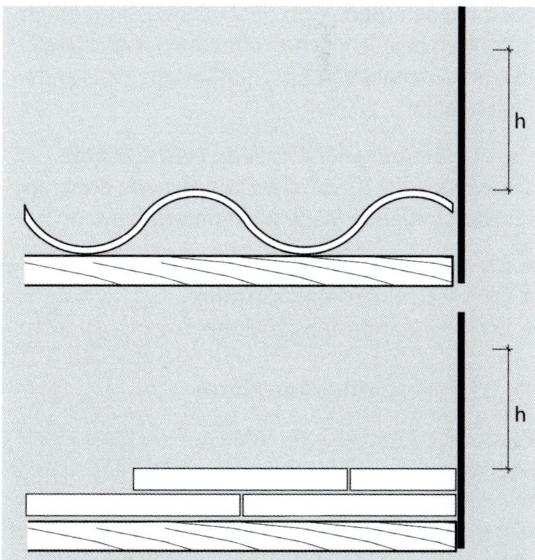

Abb. 13.6: Anschlusshöhen bei konturierten und ebenen Deckwerkstoffen

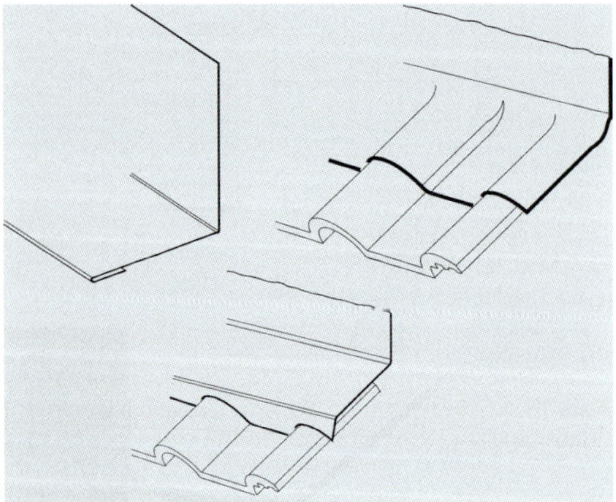

Abb. 13.7: Traufseitige Anschlüsse

Abb. 13.8: Firstseitiger Anschluss

13.1.3.1 Traufseitige Anschlüsse

Traufseitige Anschlüsse werden in der Praxis überwiegend aus Metall hergestellt. Dies sind dann Bleche, die für die jeweilige Dachneigung abgekantet und am aufgehenden Bauteil so montiert werden, dass sie das Bedachungsmaterial in Richtung zur Traufe überdecken. Am Bauteil werden sie hochgeführt und regensicher befestigt. Das aufliegende Blech sollte an die Konturen der Deckung angepasst werden (siehe Abb. 13.7). Dies gelingt durch Anformen bei Bleiblechen oder durch Ausschneiden bei aufliegenden Anschlussblechen aus anderen Metallen.

Die Überdeckung der Anschlussbleche auf die Deckwerkstoffe ist von der Dachneigung abhängig und darf folgende Maße nicht unterschreiten:

- DN ≥ 22° mindestens 100 mm,
- DN < 22° mindestens 150 mm,
- DN < 15° mindestens 200 mm.

13.1.3.2 Firstseitige Anschlüsse

Firstseitige Anschlüsse werden auf der Baustelle überwiegend aus Blechen hergestellt. Vergleichbar mit den traufseitigen Anschlüssen müssen auch hier die Bleche an die Dachneigung angepasst und entsprechend gekantet oder angeformt werden. Sie werden als unterliegende Anschlüsse ausgeführt, d. h. oberseitig unter das Bedachungsmaterial geführt. Das Anschlussblech muss immer auf einer vollflächigen Unterlage aufgelegt werden.

Bei der Herstellung der firstseitigen Anschlüsse können Zinkbleche, verzinktes Stahlblech, korrosionsbeständiges Stahlblech, Aluminiumblech, kunststoffbeschichtetes Blech oder Walzblei verwendet werden. Am aufgehenden Bauteil ist eine Anschlusshöhe von mindestens 150 mm auszuführen. An der Oberseite des untergelegten Anschlussbleches sorgt ein mindestens 15 mm breiter Wasserfalz für die nötige Regensicherheit und ermöglicht gleichzeitig das Einhängen der Hafte zur indirekten Befestigung.

Die Überdeckungsmaße des Deckwerkstoffes auf das untergelegte Blech sind wie bei den traufseitigen Anschlüssen nach der Dachneigung gestaffelt. Sie dürfen folgende Maße nicht unterschreiten:

- DN ≥ 22° mindestens 100 mm,
- DN < 22° mindestens 150 mm,
- DN < 15° mindestens 200 mm.

Bei firstseitlichen Anschlüssen soll zwischen Bauteil und Bedachungsmaterial ein Abstand von mindestens 10 cm zur Wasserableitung eingehalten werden. Wenn der firstseitige Anschluss breiter ist als 1 m, ist es ratsam, das Anschlussblech mit Gefälle zu einer oder zu beiden Seiten zu montieren.

13.1.3.3 Seitliche Anschlüsse

Seitliche Anschlüsse, z. B. an die seitlichen Wangen eines Schornsteins oder einer Gaube, können als unterliegende, überdeckende oder aufliegende Anschlüsse ausgeführt werden.

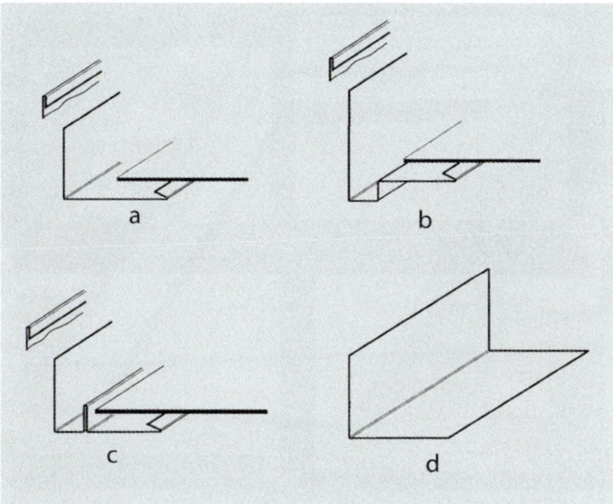

Abb. 13.9: Anschlussbleche für seitliche unterliegende Anschlüsse

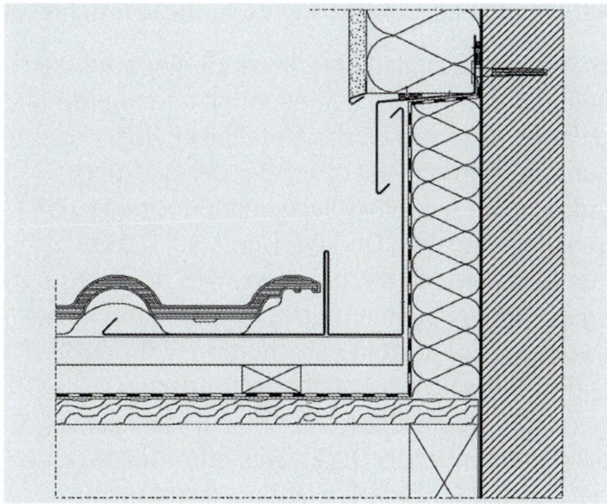

Abb. 13.10: Anschlussbleche für seitliche unterliegende Anschlüsse

Bei seitlichen Anschlüssen aus Metall können diese vom Deckwerkstoff überdeckt, in diesen eingebunden oder auf dem Deckwerkstoff aufliegend hergestellt werden.

Unterliegende seitliche Anschlüsse

Bei **unterliegenden** Anschlüssen werden überwiegend durchgehende Metallbleche verwendet, die von den Dachziegeln/-steinen überdeckt werden. Die gekanteten Bleche müssen entweder vollflächig oder auf einer Lattung mit einem Traglattenabstand < 17 cm aufliegen. Bei größeren Traglattenabständen sind Zwischenlatten zu montieren.

> **Bei Anschlüssen aus Bleiblech müssen diese immer vollflächig aufliegen.**

Bei den unterliegenden durchgehenden Metallblechen werden folgende Ausführungsarten unterschieden (siehe Abb. 13.9):

a) einfache Anschlüsse mit Wasserfalz (≥ 15 mm) – nur bei geringem Wasseranfall verwendbar,
b) vertiefte Anschlüsse (Mindesttiefe 20 mm, Mindestbreite 40 mm),
c) Sonderkonstruktionen (z. B. mit Steg).

Abbildung 13.10 zeigt den Schnitt durch einen seitlichen Wandanschluss bei Verwendung eines unten liegenden Anschlussbleches mit Steg an einer Außenwand mit Wärmedämmverbundsystem.

Die Anschlussbleche werden im oberen Bereich der Höhenüberdeckung genagelt und an der Längsseite über den Wasserfalz mit Haften befestigt. Zwischen dem angearbeiteten Deckmaterial und der wandseitigen Aufkantung am aufgehenden Bauteil oder an dem Steg eines Anschlussbleches soll ein mindestens 4 cm breiter Abstand gewährleisten, dass bei hohem Wasseranfall der Niederschlag schnellstmöglich abgeleitet wird. Bei geringer Niederschlagsbelastung kann bis an die Aufkantung bzw. den Steg gedeckt werden.

Müssen die seitlichen Anschlussbleche, z. B. bei sehr langen Wandanschlüssen, mehrteilig ausgeführt werden, gelten, je nach Dachneigung, für die Höhenüberdeckung der Bleche untereinander folgende Maße:

- DN ≥ 22° mindestens 100 mm,
- DN < 22° mindestens 150 mm oder als Falzverbindung,
- DN < 15° wasserdichte Verbindung (Löten o. Ä.).

Die Mindestüberdeckung der Dachziegel/-steine ist neigungsunabhängig und beträgt 10 cm

Die seitliche Anschlusshöhe am aufgehenden Bauteil richtet sich wieder nach der Dachneigung. Die einzuhaltenden Maße sind Tabelle 13.2 zu entnehmen.

Aufliegende und überdeckende seitliche Anschlüsse

Im Gegensatz zu den unterliegenden Anschlüssen befindet sich bei den aufliegenden und überdeckenden Anschlüssen das Metallblech oder das Kunststoffformteil auf bzw. über der Deckung. Aufliegende Anschlussbleche oder -formteile liegen direkt auf dem Deckwerkstoff auf. Dabei werden überwiegend Bleche verwendet, die dachseitig entweder mit einem Umschlag oder mit an die Deckung angepassten Ausschnitten (Zahnung) enden. Blei soll dabei nur bei konturierten Deckwerkstoffen zum Einsatz kommen. Dieser kann dann der Kontur der Deckwerkstoffe angepasst werden. Bei konturierten Deckwerkstoffen muss der nächste Hochpunkt ausreichend überdeckt werden.

Bei ebenen Deckwerkstoffen muss die Überdeckung der Bleche auf den Werkstoff mindestens 12 cm betragen.

Die Verbindung von durchgehenden, aufliegenden Blechen erfolgt analog zu den unten liegenden Anschlussblechen mit dachneigungsabhängigen Höhenüberdeckungen:

- DN ≥ 22° mindestens 100 mm,
- DN < 22° mindestens 150 mm oder als Falzverbindung,
- DN < 15° wasserdichte Verbindung (Löten o. Ä.).

Aufliegende Anschlüsse mit durchgehenden Bleiblechen sollten nur bei profilierten Deckwerkstoffen Anwendung finden.

Seitlicher Anschluss mit Schichtstücken (eingebundener Nockenanschluss)

Seitliche Metallanschlüsse können nicht nur mit durchgehenden unterliegenden Metallblechen hergestellt, sondern auch über eingebundene Schichtstücke/Nocken (siehe Abb. 13.9 d)) regensicher angeschlossen werden. Bei Nockenanschlüssen (seitliche Anschlüsse mit Schichtstücken) wird jede am Anschluss anlaufende Reihe (bei der Biberschwanzkronendeckung jede anlaufende Deckschicht) mit einem Schichtstück aus Metall eingebunden. Das Schichtstück kann dabei auf, oder je

Abb. 13.11: Anschluss eines Dachfensters

nach Möglichkeit, auch unter dem Deckwerkstoff liegen (siehe Abb. 13.15).

Wandkehlen und Wangenkehle

Seitliche Anschlüsse können u. U. (z. B. mit Faserzement-Dachplatten, Schiefer, Ziegeln oder Dachsteinen im Biberformat, Holz- und Bitumenschindeln) auch als Wand- oder Wangenkehle ausgeführt werden.

13.1.4 Einbauteile und Durchdringungen

Dachdurchdringungen, wie z. B. Antennen, Ent- oder Belüftungsrohre, Dachfenster und Schornsteine, durchdringen den gesamten Dachaufbau. Alle Funktionsschichten müssen sorgfältig angeschlossen werden und dauerhaft funktionsfähig sein.

Industriell vorgefertigte Formteile erhöhen die Sicherheit, wenn sie produktspezifisch und nach den Herstellerangaben eingebaut werden. In Sonderfällen müssen Formteile handwerklich hergestellt werden.

Dachfenster

Dachfenster werden heutzutage systemgerecht an die Dachdeckung angeschlossen. Je nach Deckwerkstoff werden also unterschiedliche Eindeckrahmen (siehe Abb. 13.12 und 13.13) angeboten. Dabei kann es durchaus vorkommen, dass durch das Regelwerk vorgegebene Überdeckungen unterschritten werden. Dies ist jedoch fachlich in

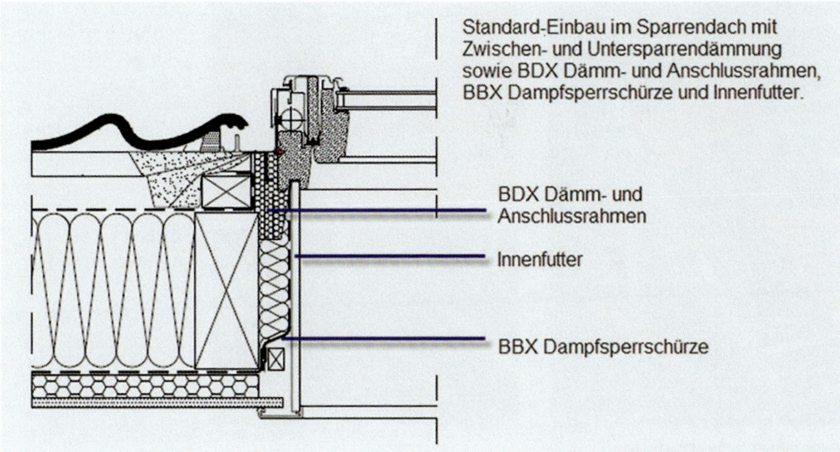

Abb. 13.12: „Normaler" Einbau mit Eindeckrahmen

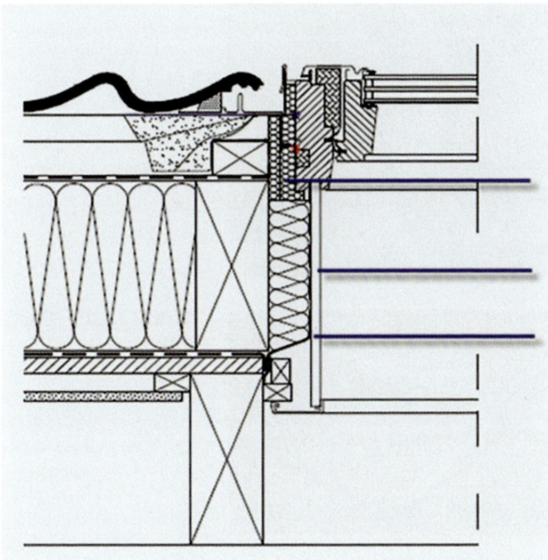

Abb. 13.13: „Vertiefter" Einbau mit Eindeckrahmen

Abb. 13.14: Montagerahmen für Aufdachdämmung

Ordnung, da der Hersteller die Funktionsfähigkeit durch praxisnahe Versuche nachgewiesen hat. Der jeweiligen Einbauanleitung entsprechend sind ebenfalls Unterdeckung, Unterdach, Luftdichtheitsschicht und Wärmedämmung anzuschließen.

Im Sinne einer leichteren Montage und für eine bessere Dämmwirkung werden bei Aufdachdämmung idealerweise spezielle Montagerahmen verwendet (siehe Abb. 13.14). Diese sind auf die vorgeschriebene Konterlattenstärke (60/40) und die Traglattenstärke angepasst.

Abb. 13.15: Eingebundener Nockenanschluss bei der Biberschwanz-Doppeldeckung

Abb. 13.16: Anschlüsse an einer Schleppgaube

Abb. 13.17: Anschlüsse an einem Schornstein

Abb. 13.18: Antennendurchgang

Abb. 13.19: Sicherheitsdachhaken

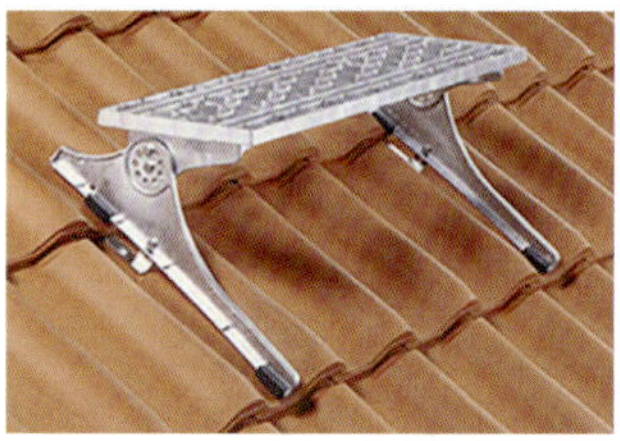

Abb. 13.20: Dachtritt

13.1.4.1 Schornsteine (Kamine) und Gauben

Durch den Einbau von Gauben und Schornsteinen (Kamine) entstehen höhere Anforderungen, da die Dachdeckung an die jeweiligen Wände angeschlossen werden muss. Dächer von Gauben sind je nach Dachneigung einzudecken oder abzudichten.

13.1.4.2 Lüfter und Antennen

Lüfter und Antennendurchgänge werden heutzutage mit entsprechendem Systemzubehör und passenden Manschetten in die Dachdeckung integriert (siehe Abb. 13.18).

13.1.4.3 Dachhaken und Dachtritte

Sicherheitsdachhaken, Haken für Schneefanggitter, Haken für Photovoltaikanlagen und Dachtritte müssen grundsätzlich auf die Dachdeckung abgestimmt sein und nach den Vorgaben des Herstellers montiert werden. Dies ist im Sinne des Arbeits- und Gesundheitsschutzes sowie zur Vermeidung von Unfällen besonders wichtig.

13.2 Details bei Deckungen mit Dachziegeln und Betondachsteinen

13.2.1 Grat

Unterkonstruktion

Zur Montage der Gratziegel/-steine ist bei Dachziegel- und Dachsteindeckungen eine aufwendige Unterkonstruktion erforderlich. Anders als beim First läuft unterhalb der Gratlinie der sog. Gratsparren.

In Abhängigkeit von den erforderlichen Zusatzmaßnahmen zur Regensicherheit können als nachfolgende Schichten Unterdeckplatten, Unterdeck- oder Unterspannbahnen eingesetzt werden.

Bei nicht hinterlüfteten Konstruktionen werden die Bahnen oder Platten an der Verschneidungslinie zwischen Walm- und Hauptdachfläche gestoßen bzw. überdeckt und ggf. werkstoffgerecht verklebt. Beim Einsatz von Unterspannungen muss die Lüftungsebene unterhalb der Unterspannung ausreichend entlüftet werden.

Vergleichbar mit der Entlüftung am First ist am Grat ebenfalls eine Hinterlüftungsöffnung von 0,5 ‰ der zugehörigen Dachfläche bzw. 50 cm²/m

Gratlänge sicherzustellen. Wenn durch die Unterkonstruktion die Hinterlüftung eingeschränkt oder nicht vorhanden ist, muss diese mit Lüftungsziegeln hergestellt werden.

Auf der Ebene der Unterdeckung werden im nächsten Schritt rechts und links der Gratlinie Konterlatten montiert, zur Sicherung der Hinterlüftung des Daches und als Auflager für die anschließende Traglattung.

Zur Befestigung der Gratziegel/-steine über der Gratlinie ist die Montage einer Gratlatte (siehe Firstlatte am First) erforderlich. Um eine ausreichende Luftzirkulation zu gewährleisten, ist hierbei der Einsatz von Grat-/Firstlattenhaltern zu empfehlen (siehe Abb. 13.21).

Zur Ausführung der Deckung werden im Anschluss die Traglatten auf der Konterlattung befestigt und an den zur Gratlinie parallel montierten Konterlatten bündig abgeschnitten (siehe Abb. 13.22).

Grateindeckung

Die Dachfläche wird, soweit möglich, mit ganzen Dachziegeln/-steinen bis zum Grat eingedeckt. Die entstehenden Lücken müssen mit geschnittenen Ziegeln geschlossen werden. Der Einsatz von vorgefertigten halben Ziegeln/Dachsteinen hilft oftmals, kleine Schnittstücke zu vermeiden. Die Schnittstücke sind mit korrosionsbeständigem Draht und einem Schieferstift zu befestigen. Hierfür muss ein Loch in das Deckmaterial gebohrt werden. Es können auch spezielle Klammern verwendet werden. Auf die Schnittstücke wird anschließend ein Gratband aufgebracht, das mit Pappstiften oder Klammern auf der Gratlatte befestigt und mit der Deckung verklebt wird. Die Eindeckung des Grates mit den Grat-/Firstziegeln kann anschließend erfolgen.

Dabei wird zwischen 2 Ausführungsarten unterschieden. Grate können entweder als **Trockengrat** oder als **Mörtelgrat** ausgeführt werden. Bei der Trockengratausführung werden auf das verlegte Gratband (siehe oben) die Gratziegel mit verschraubten Gratklammern auf der Unterkonstruktion befestigt. Beim **Mörtelgrat** werden ohne Einsatz eines Gratbandes die Gratziegel mit korrosionsbeständigem Draht gegen Abrutschen gesichert und mit Mörtel regensicher vermörtelt (siehe Abb. 13.23).

Abb. 13.21: Grat- und Firstlattenhalter

Abb. 13.22: Konterlatten, Traglatten und Gratlatte

Abb. 13.23: Mörtelgrat

Diese Verlegung ist die traditionelle Vorgehensweise, die heute noch meist bei denkmalgeschützten Gebäuden oder bei Reparaturen zum Einsatz kommt. Der verwendete Mörtel ist i. d. R. ein Fertiggemisch, auch bekannt unter dem Namen **Dachdeckermörtel**.

Bei der Grateindeckung wird, unabhängig von der Gratausführung, traufseitig mit einem **Gratanfänger** begonnen, der als Sonderziegel speziell für diesen Einsatzort gefertigt wird. Dieser kann halbrund geschlossen sein oder mit Verzierungen versehen als Schmuckstück des Grates dienen.

Die Eindeckung der Grate kann mit Sonderziegeln oder mit anderen Materialien, wie z. B. Schiefer, Faserzement oder Blech, erfolgen. Die Sonderziegel sind mit Ausnahme der Anfangs- und Endziegel mit den Firstziegeln identisch. Am oberen Übergang zum First wird eine sog. Walmhaube verwendet.

13.2.2 Hauptkehle

Unterkonstruktion

Ähnlich der Gratausbildung wird auch bei der Kehle rechts und links der Kehllinie eine Konterlatte montiert, sodass noch eine ausreichend breite Auflage für die anschließende Traglattung oder ein Kehlbrett vorhanden ist.

Wenn die Unterkonstruktion in der Kehle ohne Kehlbrett ausgeführt wird, sind die Traglatten in Kehlmitte einzuspitzen. Um ein besseres und durchgehendes Auflager der Kehleindeckung zu bilden, müssen zwischen den Traglatten noch weitere Zusatzlatten montiert werden. Bei der Biberschwanz-Doppeldeckung entfallen diese wegen des bereits geringen Traglattenabstands.

Kehldeckung

Die Ausführung einer Kehle wird von zahlreichen Faktoren beeinflusst, die in erster Linie von den anzuschließenden Dächern bzw. Gebäudeteilen abhängen. Die Auswahl der späteren Kehleindeckung wird u. a. beeinflusst durch:

- die Kehlsparrenneigung (abhängig von der Dachneigung),
- das Deckmaterial der anzuschließenden Dachflächen,
- die Länge der Kehle,
- die Größe der anzuschließenden Dachflächen (Wasseranfall),
- die Architektur des Gebäudes,
- den Winkel zwischen den anzuschließenden Gebäudeteilen (Traufwinkel),
- die Bestimmungen des Denkmalschutzes, Gemeindesatzungen, örtliche Bestimmungen und Bebauungspläne,
- die Kundenwünsche.

Kehlarten am Ziegeldach

Kehleindeckungen werden entweder von der Flächendeckung überdeckt oder in diese eingebunden. In diesem Zusammenhang spricht man von **eingebundenen** oder **überdeckten** bzw. auch von **untergelegten** Kehlen. Es gibt auch die Möglichkeit, spezielle Formziegel für die Kehlen fertigen zu lassen.

Bei Dachziegeln werden folgende Kehlausführungen unterschieden:

- überdeckte Metallkehlen
- überdeckte Biberkehlen
- überdeckte Dreipfannenkehlen
- Formziegelkehlen
- eingebundene Nockenkehlen
- eingebundene Biberkehlen
- Schwenkziegelkehlen

Um bei den Kehldeckungen die Regensicherheit zu gewährleisten, sind die **Mindestdach-** bzw. **Mindest-Kehlsparrenneigungen** aus Tabelle 13.3 einzuhalten.

Tabelle 13.3: Kehlausführungen mit Neigungsgrenzen

Kehlart	Dachneigung
überdeckte Metallkehlen	≥ 10°
Kehlart	**Kehlsparrenneigung**
eingebundene Nockenkehlen	≥ 25°
eingebundene Biberkehlen	≥ 25°
überdeckte Biberkehle	≥ 30°
überdeckte Dreipfannenkehlen	≥ 35°
Formziegelkehlen	≥ 35°
Schwenkziegelkehlen	≥ 35°

In der Fachregel für Dachziegel- und Dachsteindeckungen werden auch überdeckte Schiefer- und überdeckte Faserzement-Plattenkehlen erwähnt, auf die aber an dieser Stelle nicht näher

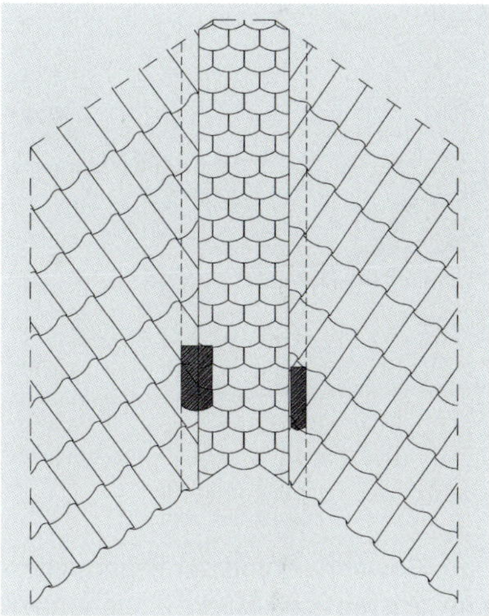

Abb. 13.24: Deckbild einer überdeckten Biberkehle

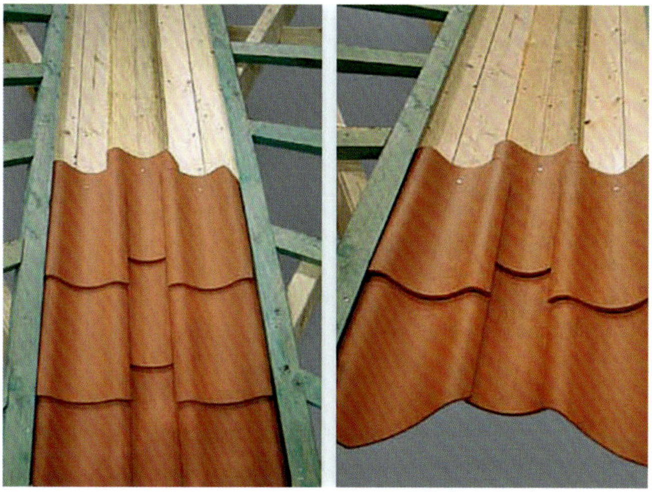

Abb. 13.25: Deckbild einer Dreipfannenkehle

eingegangen werden soll. Im Anwendungsfall sind die entsprechenden Regeln für Deckungen mit Schiefer und Faserzement zu beachten.

13.2.2.1 Überdeckte Metallkehlen

Die Eindeckung erfolgt analog Abschnitt 13.1.2.2.

13.2.2.2 Überdeckte Biberkehlen

Überdeckte Biberkehlen gehören wie die überdeckte Metallkehle zu den überdeckten Kehlen bei Dachziegel- und Dachsteindeckungen. Bei allen überdeckten Kehlen müssen die anzupassenden Dachziegel/-steine parallel zur Kehllinie geschnitten werden. Kleine Einspitzer sind gegen Abrutschen zu sichern. Die Verwendung von halben Dachziegeln/-steinen führt zu größeren Schnittstücken.

Überdeckte Biberkehlen (siehe Abb. 13.24) als Sonderform der überdeckten Kehlen dürfen nur bei annähernd gleichen Dachneigungen und gleichem Wasseranfall der benachbarten Dachflächen gedeckt werden. Die Höhenüberdeckung der Biberreihen in der Kehle richtet sich nach der Einteilung der Kehle. Die Biberkehle wird in „Dreifachdeckung" gedeckt. Das heißt die 4. Reihe überdeckt die 1. Reihe um mind. 1 cm.

Die Flächendeckung soll die Kehldeckung um mind. 10 cm, rechtwinklig zur Kehllinie gemessen, überdecken.

Als Unterkonstruktion für die überdeckte Biberkehle ist eine Kehlschalung erforderlich, die auch aus mehreren Brettern und Dreikantleisten bestehen kann. Die Breite der Kehlschalung hängt vom Kehlwinkel und vom Biberformat ab.

Vergleichbar mit der eingebundenen Biberkehle kann die überdeckte Biberkehle sowohl in Mörtel als auch trocken verlegt werden. Wird die Kehle trocken gedeckt, sind alle Biber mit korrosionsbeständigem Draht und korrosionsbeständigen Nägeln oder Schrauben zu befestigen. Bei der Verlegung in Mörtel muss die Kehlschalung mit einer Vordeckung geschützt werden. Die Ziegel werden mit einem Längs- und Querschlag oder zusätzlich noch mit einem Längsfugenanstrich gedeckt.

13.2.2.3 Überdeckte Dreipfannenkehlen

Die überdeckte Dreipfannenkehle kommt lediglich bei Hauptkehlen von Hohlpfannendeckungen zur Anwendung. Hier bilden 3 Hohlpfannen mit einer Gesamtbreite von ca. 63 cm die Kehleindeckung. Dreipfannenkehlen können mit einer Unterkonstruktion aus Latten oder auf einer Kehlschalung gedeckt werden. Wird die Kehle ohne Kehlschalung auf Lattung gedeckt, so sind die Latten, die nicht auf den Schiftern enden, zu unterstützen. Dies kann mit Brettern, die parallel zum Kehlsparren montiert werden müssen, erfolgen. Um einen gleichmäßigen Übergang zu den Traglatten zu ermöglichen, sind beidseitig in Kehlrichtung Dreikantleisten anzubringen.

Die Deckung der Hohlpfannen kann vermörtelt oder trocken mit Deckunterlage erfolgen. Bei der trockenen Verlegung sind die Einhängenasen der Pfannen zu entfernen und jede einzelne muss mit korrosionsbeständigem Draht befestigt werden.

Die Höhenüberdeckung der Kehlgebinde beträgt 10 cm, die Seitenüberdeckung liegt bei mindestens 4 cm.

Die Eindeckung der Kehle beginnt mit dem Wasserziegel in der Mitte der Kehle. Links daneben wird eine 2. Hohlpfanne als Kehlziegel verlegt. Die rechte Hohlpfanne muss umgedreht werden, sodass sie von rechts den mittig liegenden Wasserziegel überdeckt. Um die sichere Auflage der nächsten Kehlreihe zu gewährleisten, muss die ansonsten nach oben zeigende Nase entfernt werden.

13.2.2.4 Formziegelkehlen

Die Formziegelkehle ist eine überdeckte Ziegelkehle, bei der gesonderte Formkehlziegel in der Kehlmitte entlang der Kehllinie verlegt sind. Diese können sowohl mit Rinne oder auch mit mittigem Steg hergestellt sein. Die Höhenüberdeckung der Kehlziegel untereinander richtet sich nach der Dachneigung und wird vom Hersteller vorgegeben. Die Kehlziegelreihe wird dann rechts und links jeweils von der Eindeckung der angrenzenden Dachflächen überdeckt.

13.2.2.5 Eingebundene Nockenkehlen

Eingebundene Nockenkehlen werden mit einzelnen Schichtstücken, den Nocken, gedeckt. Die Nocken sind abgekantete Blechstücke, die zwischen den einzelnen Dachziegelreihen in Kehlmitte eingebaut werden. Diese leiten von dort das anfallende Niederschlagswasser nach unten ab.

Die Dachziegel/-steine werden in jeder Reihe bis zur Kehlmitte geführt und eingespitzt. Jedes Deckgebinde muss zur Gewährleistung der Regensicherheit der Kehle für sich mit einer Nocke eingebunden werden.

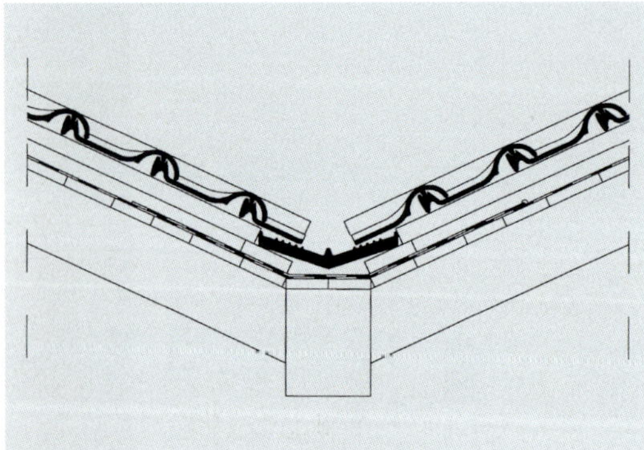

Abb. 13.26: Überdeckte Formziegelkehle

Bei den Nocken werden 2 Arten unterschieden:

- Schwalbenschwanznocken,
- Rechtecknocken.

Bei gleichhüftigen Kehlen werden Rechtecknocken verwendet, bei ungleichhüftigen Kehlen kommen die Schwalbenschwanznocken zur Anwendung. Beide Nockenarten werden so im oberen Bereich in der Höhenüberdeckung befestigt, dass sie im Fußbereich der Dachziegel/-steine nicht sichtbar sind.

Die Höhenüberdeckung der Nocken untereinander hängt von der Dachneigung ab.

Nocken haben immer eine Zuschnittbreite von mindestens 30 cm, sodass die Seitenüberdeckung der Dachziegel auf die Nocken (siehe Tab. 13.4) eingehalten wird.

Tabelle 13.4: Überdeckungsmaße bei Nockenkehlen

Dachneigung	Seitenüberdeckung in cm	Höhenüberdeckung in cm
≤ 45°	15	16
> 45°	15	14

Die Abbildungen 13.27 bis 13.31 zeigen die Eindeckung einer Nockenkehle bei einer gleichhüftigen

Abb. 13.27: Kehlanfang mit langer Schwalbenschwanznocke

Abb. 13.28: Kehlanfang mit Traufgebinde

Abb. 13.29: Kehleindeckung – 1. Rechtecknocke

Abb. 13.30: Kehleindeckung – Rechtecknocke eingehängt

Biberkehle. Der Kehlanfang beginnt dabei mit einer längeren Schwalbenschwanznocke, die 2 Gebinde überbrücken muss. In der Praxis hat sich dafür eine Nockenlänge von 50 cm bewährt. Die Arbeitsabfolge ist bei den einzelnen Fotos zu erkennen. Unter dem Kronengebinde am oberen Kehlabschluss muss ebenfalls wieder eine längere Schwalbenschwanznocke eingebaut werden.

13.2.2.6 Eingebundene Biberkehlen

Die eingebundene Biberkehle ist die aufwendigste Form der Kehlausführung bei den Biberschwanzdeckungen und erfordert höchste Handwerkskunst. Sie ist sowohl bei der Biberschwanz-Doppeldeckung als auch bei der Biberschwanz-Kronendeckung möglich.

Eingebundene Kehlen können bei gleichen und ungleichen Dachneigungen (gleichhüftige und ungleichhüftige Kehlen) ausgeführt werden. Bei der eingebundenen Biberkehle ist eine Mindest-Kehl-

Abb. 13.31: Kehleindeckung mit oberem Abschluss

Abb. 13.32: Einteilung der Kehlreihen

Abb. 13.33: Eingebundene ungleichhüftige Biberkehle mit Winkelhalbierenden und Ausspitzern

sparrenneigung von 25° zwingend einzuhalten. Bei einem gleich geneigten Dach würde sich diese Kehlneigung bei einer Dachneigung von ca. 34° ergeben.

Die Art des Kehlanfangs ist abhängig von der Traufausbildung der Deckung. Dabei kann bei den Biberschwanzdeckungen, je nach Deckungsart, die Traufe mit Traufplatten oder in Kronendeckung ausgeführt sein. Am Kehlbeginn kann eine Nocke unterlegt werden, um die Regensicherheit zu verbessern.

Bei der Ausführung wird zwischen der 2 Biber und der 3 Biber breiten eingebundenen Kehle unterschieden. Die Wahl der Deckbreite richtet sich dabei nach der anfallenden Niederschlagsmenge und der Länge der Kehle. Je länger die Kehle und je größer der Wasseranfall ist, desto breiter muss die eingebundene Kehle sein. Bei kurzen Kehllängen und kleinen anzuschließenden Dachflächen (z. B. Gaubendächern) ist die 2 Biber-breite Ausführung ausreichend. Um ein optisch möglichst ansprechendes Deckbild der Kehle zu erreichen, ist neben der Einteilung der Deckbreite auch die richtige Einteilung in Kehlsparrenrichtung notwendig.

Die Kehlreihen liegen rechtwinklig zum Kehlsparren. Sie werden als Ausspitzer, als Unterläufer oder durch sog. Winkelhalbierende (siehe Abb. 13.33) angeschlossen. Diese Anschlussziegel sind Biberstücke, die an die Winkelhalbierende zwischen der Kehllinie und der Linie rechtwinklig zur Traufe angepasst werden. Ausspitzer werden die Biber genannt, die in Richtung des Dachsparrens zugeschnitten werden (rechte und linke Ausspitzer). Unterläufer sind die Ziegel, die rechts oder links von der Flächendeckung überdeckt werden.

Die Kehlziegel können trocken auf einer Kehlschalung oder im Mörtelbett (analog zu 13.2.2.2 Überdeckte Biberkehle) verlegt werden.

Als Unterkonstruktion dient ein Kehlbrett, das aus einem Brett oder mehreren Brettern bestehen kann. Bei gleichhüftigen Kehlen liegt dieses genau über der Mitte der Kehllinie. Seine Breite richtet sich nach der Größe des wahren Kehlwinkels und nach der Dachneigung. Die Mindestbreite beträgt 25 cm.

Bei ungleichhüftigen Kehlen muss das Kehlbrett außermittig zur steileren Dachseite hin montiert werden. Auch hier hat sich in der Praxis eine Mindestbreite von 25 cm bewährt.

13.2.2.7 Schwenkziegelkehlen

Schwenkziegelkehlen kommen nur bei der Biberschwanz-Kronendeckung zur Anwendung. Hier werden speziell gefertigte, konisch geformte Kehlbiber verwendet, die dann über geschmälerte Flächenbiber in die angrenzenden Dachflächen eingebunden werden. Dadurch wird von Reihe zu Reihe ein gleichmäßiger Übergang zwischen den Flächendeckungen und der Kehleindeckung erreicht.

13.2.3 Anschlüsse

13.2.3.1 Traufseitige Anschlüsse

Traufseitige Anschlüsse bei Dachziegel- und Dachsteindächern werden entsprechend Abschnitt 13.1.3.1 hergestellt.

13.2.3.2 Firstseitige Anschlüsse

Firstseitige Anschlüsse bei Dachziegel- und Dachsteindächern werden entsprechend Abschnitt 13.1.3.2 hergestellt.

13.2.3.3 Seitliche Anschlüsse

Seitliche Anschlüsse bei Dachziegel- und Dachsteindächern werden entsprechend Abschnitt 13.1.3.3 hergestellt.

Bei den Deckungen mit Biberschwanzziegeln bzw. Dachsteinen im Biberformat können die seitlichen Anschlüsse an aufgehende Bauteile oder Wände auch mit dem gleichen Deckmaterial als Wandkehle oder Wangenkehle ausgeführt werden.

Seitliche Anschlüsse mit Schichtstücken (eingebundener Nockenanschluss)

Bei der Biberdoppeldeckung oder bei der Kronendeckung können bei aufgehenden Bauteilen, bei Durchdringungen und bei seitlichen Anschlüssen Schichtstücke (Nocken) eingesetzt werden (siehe Abb. 13.35).

Die Länge der Schichtstücke errechnet sich aus dem Lattenabstand zuzüglich der erforderlichen Höhenüberdeckung. Die Nocken werden üblicherweise oben an der Traglatte befestigt oder am Kopf des Bibers eingehängt.

Die Breite des Zuschnittes beträgt mindestens 20 cm. Beim Kanten der Nocke sollte darauf geachtet werden, die Nocken konisch zu kanten, damit an der Wand eine geradlinige Flucht der Nockenoberkanten erreicht wird (siehe Abb. 13.36).

Wandkehlen

An aufgehenden Bauteilen können seitliche Anschlüsse mit Bibern als Wandkehle gedeckt werden. Als Unterlage muss eine Kehlschalung verwendet werden. Diese Schalung wird 1 bis 2 cm aus der Mitte zur Dachfläche hin versetzt montiert.

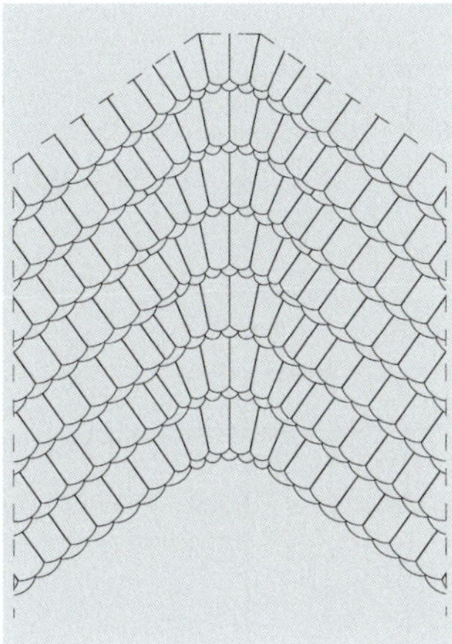

Abb. 13.34: Deckbild einer Schwenkziegelkehle

Abb. 13.35: Eingebundener Nockenanschluss bei der Biberschwanz-Doppeldeckung

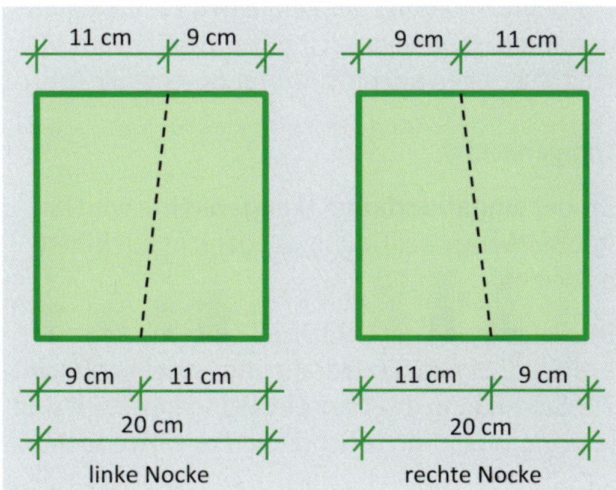

Abb. 13.36: Kantung der Nocken

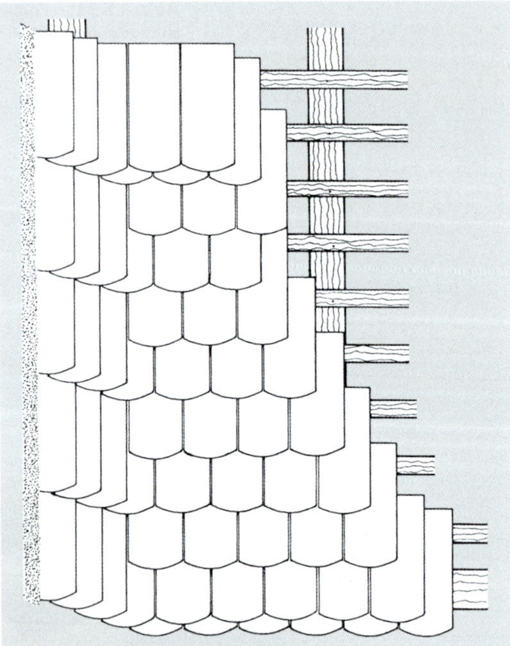

Abb. 13.37: Wandkehle links bei der Biberschwanz-Doppeldeckung

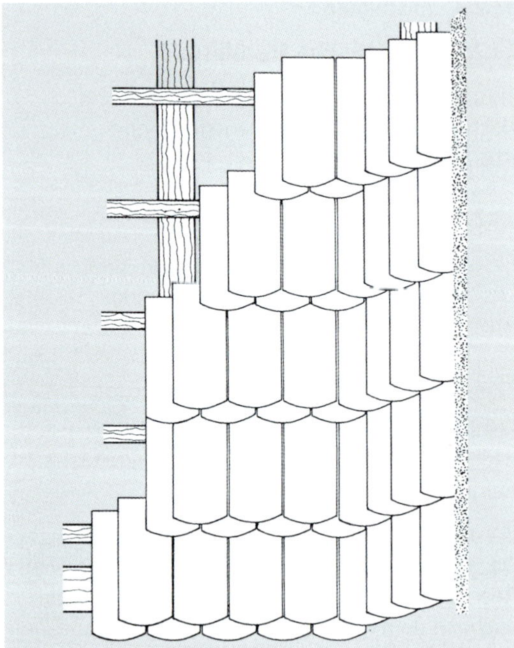

Abb. 13.38: Wandkehle rechts bei der Biberschwanz-Kronendeckung

Die Wandkehle sollte mit 3 Bibern in ¾-Breite gedeckt werden, die einzeln gegen Abrutschen gesichert werden müssen. Diese 3 Biber werden in Deckrichtung jeweils zum Nachbarziegel um ca. 2 cm nach oben versetzt.

Der obere Abschluss der Kehlreihen zur aufgehenden Wand ist mit einem Überhangstreifen aus Metall zu versehen oder mit Mörtel zu verschließen.

Wangenkehlen

Bei der **eingebundenen Wangenkehle** wird die (große) Wange der Gaube waagerecht mit Bibern bekleidet.

Die Befestigung der Kehlziegel muss mit korrosionsbeständigem Bindedraht und Nägeln erfolgen. Zur Befestigung der Ziegel im Wangenbereich sind korrosionsgeschützte Schrauben zu verwenden.

Bei kleineren Wangen bietet sich das Durchdecken der Kehle an. Bei der **durchgedeckten Kehle** werden die Deckgebinde der Dachfläche und deren Unterkonstruktion parallel verlaufend in die Wange fortgesetzt.

Die Traglattung der Dachfläche muss dafür mit biegsamen Latten an der Wange hochgeführt und mit einer Unterkonstruktion verschraubt werden. Diese Unterkonstruktion besteht aus einem Kehlbrett und 2 Dachlatten, um einen weicheren Übergang zu erreichen. Um ein Sperren der Ziegel zu vermeiden, sollten ¾-breite Biber verwendet werden.

Abb. 13.39: Eingebundene Wangenkehle bei der Biberschwanz-Doppeldeckung

Die Befestigung der Biber im Bereich von Kehle und Wange muss mit korrosionsgeschützten Schrauben erfolgen.

Abb. 13.40: Eindeckrahmen mit Schichtstücken für Biberschwanz

Abb. 13.41: Wasserlauf beim Eindeckrahmen für Ziegel und Dachsteine

Abb. 13.42: Freier Wasserlauf am Eindeckrahmen

Abb. 13.43: Einbau Lüfter in Ziegeldach

13.2.4 Einbauteile und Dachdurchdringungen

13.2.4.1 Dachfenster

Dachfenster werden bei Dachziegel- und Dachsteindächern entsprechend Abschnitt 13.1.4.1 eingebaut und angeschlossen.

Abbildung 13.40 zeigt einen Eindeckrahmen für eine Biberschwanz-Doppeldeckung.

Bei den „Standard"-Eindeckrahmen (für Ziegel und Betondachsteine) ist es besonders wichtig, für einen freien Wasserablauf zu sorgen, damit sich um den Eindeckrahmen herum (und unter den angrenzenden Dachziegel- und Dachsteinen) keine Verschmutzungen (Laub etc.) ansammeln können. Dies kann dazu führen, dass Wasser am Fensterrahmen in das Gebäude eindringen kann. Abbildung 13.41 zeigt den Wasserlauf am Eindeckrahmen, wie er vorgesehen ist. Abbildung 13.42 zeigt, wie Dachziegel- und Dachsteine mit einem entsprechenden Abstand (ca. 4 cm) zum Fensterflügel angearbeitet werden müssen, um den freien Wasserablauf zu gewährleisten.

13.2.4.2 Schornsteine (Kamine) und Gauben

Anschlüsse an Schornsteine (Kamine) werden bei Dachziegel- und Dachsteindächern entsprechend Abschnitt 13.2.3 ausgeführt.

13.2.4.3 Lüfter und Antennen

Lüfter und Antennen werden bei Ziegel- und Betondachsteindächern entsprechend Abschnitt 13.1.4.3 eingebaut. Abbildung 13.43 zeigt den Einbau eines Lüfters im Ziegeldach. Mit einer entsprechenden Manschette kann die Unterspannbahn problemlos angeschlossen werden. Die Integration in die Dachdeckung erfolgt mit einem Sonderziegel.

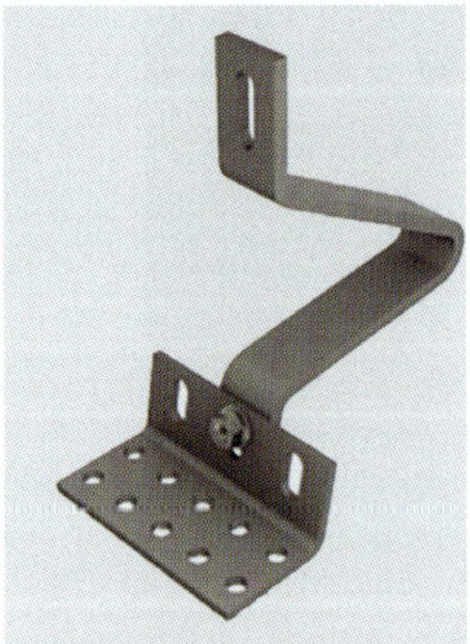

Abb. 13.44: Dachhaken Solar zum Einbau auf Sparren (Konterlattung)

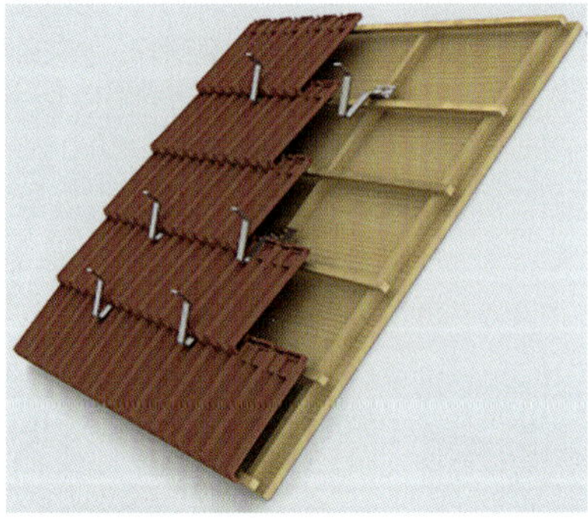

Abb. 13.45: Dachhaken Solar eingebaut

Abb. 13.46: Halterung Schneefang zum Einbau auf Holzunterkonstruktion

Abb. 13.47: Dachhaken auf Bohle montiert

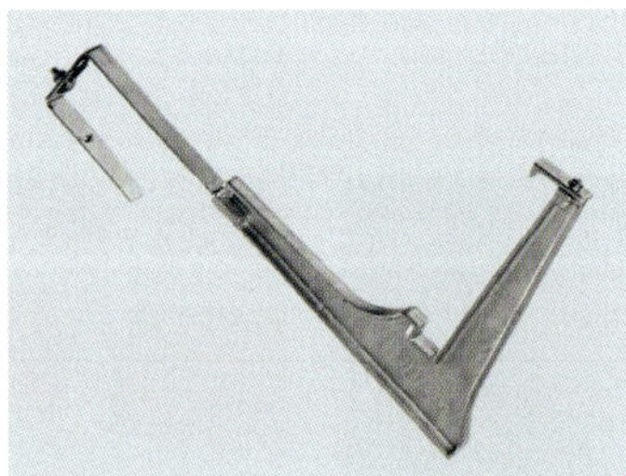

Abb. 13.48: Halterung Schneefang zum Einhängen in Lattung

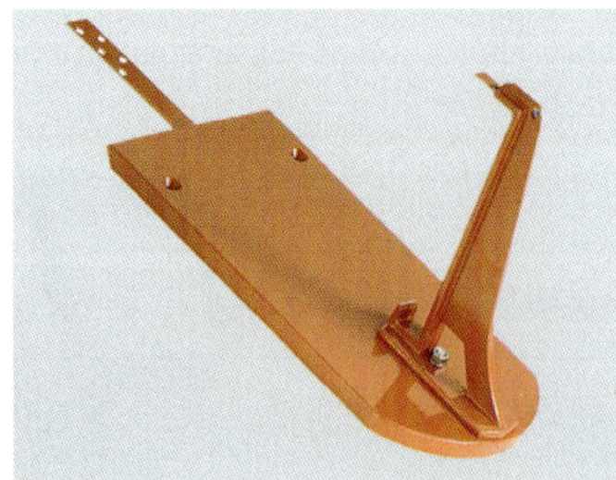

Abb. 13.49: Halterung Schneefang für Biberdach

Abb. 13.50: Grundplatte aus Aluminium

13.2.4.4 Dachhaken und Dachtritte

Dachhaken werden bei Dachziegel- und Dachsteindächern entsprechend Abschnitt 13.1.4.4 eingebaut.

Halterungen, Dachtritte und Montagehaken gibt es in den unterschiedlichsten Varianten. Die Montage findet z.B. direkt auf dem Sparren (bzw. auf der Konterlatte) statt (siehe Abb. 13.44 und 13.45). Hierzu ist eine Grundplatte vorhanden, die es erlaubt, den Haken seitlich zu verschieben, da er direkt im Wasserlauf des Ziegels oder Betondachsteins montiert werden muss.

Gegebenenfalls findet die Montage aber auch auf einer Holzunterkonstruktion (z.B. Bohle) statt. Dadurch können Haken seitlich beliebig gesetzt werden (siehe Abb. 13.46 und 13.47).

Eine weitere, sehr effiziente Möglichkeit ist die Montage durch Einhängen in die (verstärkte) Traglattung (siehe Abb. 13.48).

Da bei den bisher genannten Montagemöglichkeiten eine ggf. vorhandene Kopfverfalzung entfernt werden muss, empfiehlt sich bei flacheren Dächern (und wenn es aus optischen Gründen gewünscht ist) die Montage auf Grundplatten. Dabei wird auf einer Grundplatte (meistens aus Aluminium), die dem Ziegel oder Betondachstein in Form und Farbe entspricht, der Haken (oder der Dachtritt) aufgeschraubt (siehe Abb. 13.49 und 13.50).

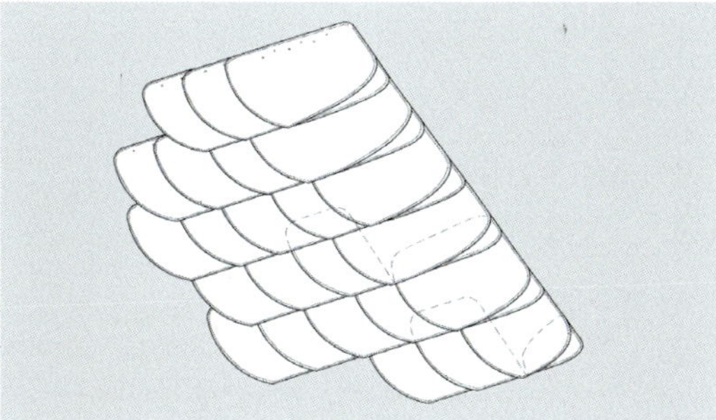

Abb. 13.51: Endortdeckung am Grat, gestaffelt mit Endstichorten bei Altdeutscher Deckung

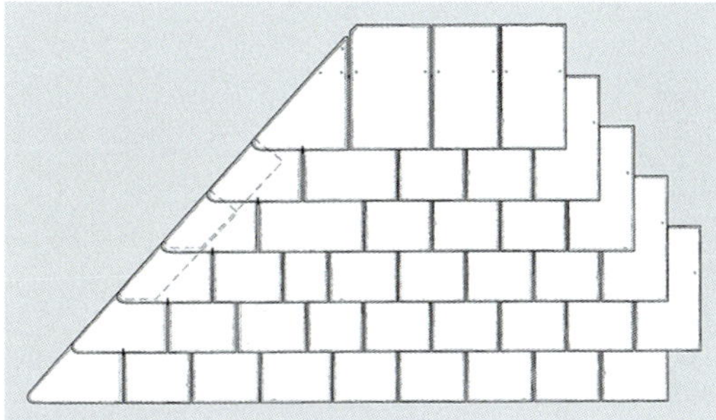

Abb. 13.52: Rechteckdoppeldeckung mit eingebundener Gratdeckung mit Metallnocken

Abb. 13.53: Rechteckdoppeldeckung mit aufgelegter Ortdeckung (Strackorte)

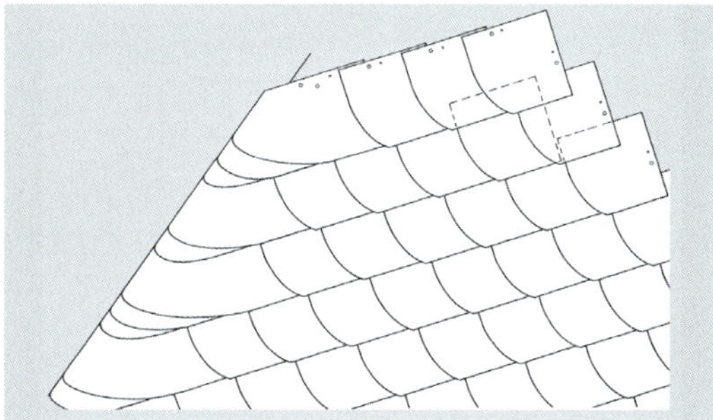

Abb. 13.54: Grat: Deutsche Deckung (Bogenschnittdeckung) mit Anfangort (Stichort)

13.3 Details bei Deckungen mit Schiefer und Faserzement-Dachplatten

13.3.1 Grat

Erfolgt die Eindeckung am Grat mit Überstand, wird die Dachfläche, die der vorherrschenden Windrichtung (Hauptwetterrichtung) zugewandt ist, mit ca. 5 cm Überstand gedeckt. Auch bei verschiedenen Dachneigungen kann es erforderlich sein, die flacher geneigte Dachfläche überstehend zu decken. Von beiden Regeln kann jedoch in Ausnahmefällen bei kleineren Gratlängen aus optischen Gründen abgewichen werden. Alternativ kann, wie bei der Firstdeckung, auch mit Gratblechen oder Nocken (bei der Rechteckdoppeldeckung) gearbeitet werden.

Darüber hinaus kann die Gratdeckung auch mit Schichtstücken erfolgen. Dabei werden die Steine (bzw. Platten) an der Gratmitte auf einer Metallnocke stumpf zusammengearbeitet (siehe Abb. 13.58).

Die Steine (bzw. Deckplatten) am Grat sind mit mindestens 3 Schiefernägeln (bzw. -stiften) zu

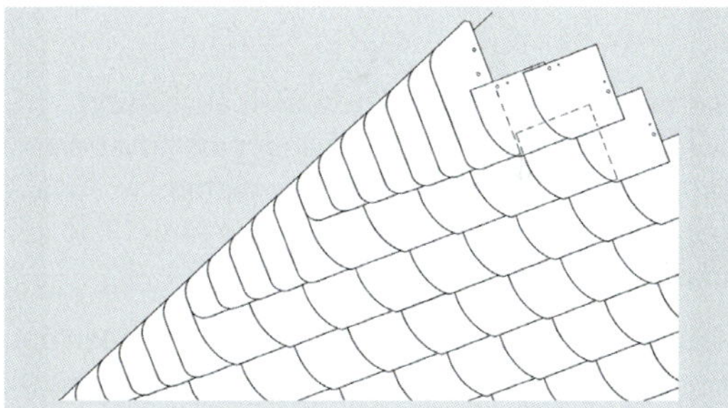

Abb. 13.55: Grat: Deutsche Deckung (Bogenschnittdeckung) mit Anfangort (stehend)

befestigen. Die äußeren oberen Ecken am Grat müssen über einen wasserabweisenden Schnitt (Runden oder Stutzen der Ecke) verfügen. Endstichortplatten bei Faserzement-Plattendeckungen muss man zusätzlich mit einem Plattenhaken befestigen.

Anfang- und Endorte werden eingebunden oder (je nach Deckung) auch aufgelegt (Strackort) gedeckt. Anfangorte können auch stehend ausgeführt werden (siehe Abb. 13.55). Endorte können gestaffelt als Doppelendorte oder mit Endstichorten gedeckt

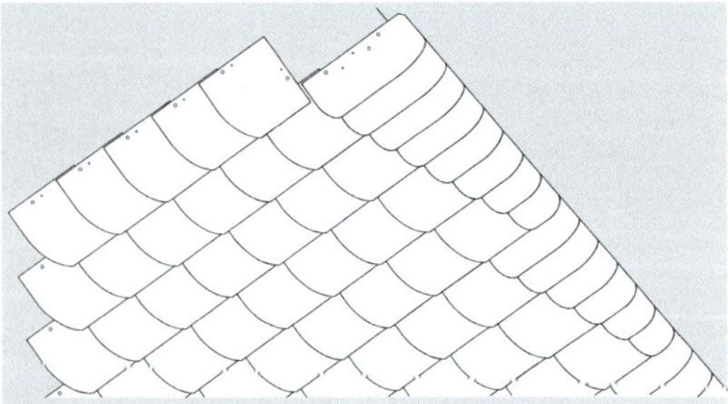

Abb. 13.56: Grat: Deutsche Deckung (Bogenschnittdeckung) mit Doppelendort

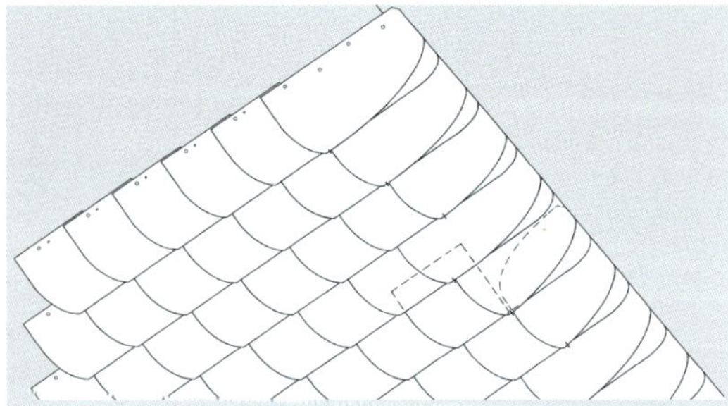

Abb. 13.57: Grat: Deutsche Deckung (Bogenschnittdeckung) mit Endstichort

Abb. 13.58: Grat mit Nocken: Doppeldeckung, eingebunden

werden. Werden Endorte gestaffelt ausgeführt, wird die Gebindesteigung so angepasst, dass die Brustkante der Decksteine (bzw. -platten) in etwa parallel zur Gratkante verläuft (siehe Abb. 13.56 und 13.57).

Tabelle 13.5 zeigt die möglichen Ausführungen bei Gratdeckungen. „Auslaufende" Gratausbildungen sind bei allen Deckungen unzulässig.

Die äußeren oberen Ecken der Dachplatten am Grat müssen einen wasserabweisenden Schnitt (Runden oder Stutzen der Ecke) haben.

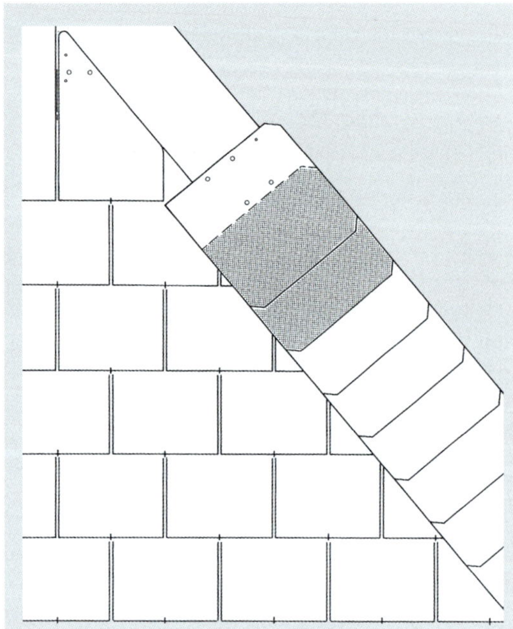

Abb. 13.59: Grat: Doppeldeckung, Strackort

Tabelle 13.5: Mögliche Ausführungen bei Graten

Schiefer	Faserzement	eingebunden	auslaufend	aufgelegt	Besonderheiten
Altdeutsche Deckung		✓	✗	✗	Anfangorte und Endstichorte können mit rundem, geschwungenem oder geradem Rücken zugerichtet werden.
Altdeutsche Doppeldeckung		✓	✗	✗	Nur in Einfachdeckung! Anfangorte und Endstichorte können mit rundem, geschwungenem oder geradem Rücken zugerichtet werden.
Schuppendeckung		✓	✗	✓	Anfangorte und Endstichorte können mit rundem, geschwungenem oder geradem Rücken zugerichtet werden.
Deutsche Deckung/ Universaldeckung		✓	✗	✓	Anfangorte und Endstichorte können mit rundem, geschwungenem oder geradem Rücken zugerichtet werden.
	Deutsche Deckung/ Bogenschnittdeckung/Universaldeckung	✓	✗	✓	Endstichortplatten werden zusätzlich mit einem Plattenhaken befestigt.
Rechteckdoppeldeckung	Doppeldeckung	✓	✗	✓	eingebundene Gratdeckung nur bei Schiefergrößen ≤ 40/25 cm (Faserzement: 20/40, 30/30 oder 40/40); evtl. Verwendung von Zubehörmaterial bei gleicher Dachneigung von mindestens 45°; Dachplatten (Schiefersteine) sind auf Gratmitte unter Verwendung einer Metallnocke stumpf stoßend zu verlegen; Zuschnittbreite der Nocken mindestens 200 mm; Zuschnittlänge der Nocken mindestens gleich Plattenhöhenmaß bzw. gleich Steinhöhe
	Waagerechte Deckung	✗	✗	✓	Platten am Endort mit mehr als halber Plattenbreite sind mit einem zusätzlichen Plattenhaken zu befestigen.
Spitzwinkeldeckung		✗	✗	✓	Bei Quereinteilung beachten: **Bei auslaufender Ortdeckung** sind möglichst halbe Dachplattenbreiten zu verwenden.
	Spitzschablonendeckung	✗	✗	✓	Bei Quereinteilung beachten: **Bei auslaufender Ortdeckung** sind möglichst halbe Dachplattenbreiten zu verwenden.
	Rhombusdeckung	✗	✗	✓	Bei Quereinteilung beachten: **Bei auslaufender Ortdeckung** sind möglichst halbe Dachplattenbreiten zu verwenden.

13.3.2 Hauptkehle

13.3.2.1 Überdeckte Metallkehlen

Die Eindeckung erfolgt analog Abschnitt 13.1.2.2.

13.3.2.2 Überdeckte Rechteckkehle bzw. Plattenkehle

Überdeckte bzw. untergelegte Rechteckkehlen (Schiefer) und Plattenkehlen (Faserzement) dürfen nur bei gleicher Dachneigung gedeckt werden. Die Dachflächen sollten in etwa gleich groß sein. Als Auflage der Platten (oder Steine) muss eine Kehlschalung vorhanden sein.

Bei der überdeckten Rechteckkehle (bzw. Plattenkehle) muss das 4. Kehlgebinde das 1. Gebinde um mindestens 10 mm überdecken (Dreifachdeckung). Die Kehlplatten (bzw. Kehlsteine) werden im Halbverband mit einer Stoßfuge von 3 bis 6 mm gedeckt und mindestens mit 2 Schieferstiften (bzw. Schiefernägeln) befestigt. Die Deckung der Dachflächen muss die Kehldeckung seitlich wie folgt überdecken:

- ≥ 40° Dachneigung mindestens 120 mm,
- ≥ 50° Dachneigung mindestens 100 mm.

Die Deckgebinde der Dachflächendeckung sind auslaufend auf die untergelegte Kehldeckung zu decken. Dabei ist es zulässig, größere Platten- bzw. Steinformate zu verwenden. Die letzte Deckplatte (bzw. der letzte Deckstein) ist mit einer Rundung oder einem Eckenschnitt zu versehen.

13.3.2.3 Eingebundene Nockenkehlen

Nockenkehlen bei Schiefer- und Faserzementdeckungen können nur bei gleicher Dachneigung der anzuschließenden Dachflächen gedeckt werden. Die Kehlneigung muss mindestens 25° betragen. Die Länge und Breite der Nocken ist abhängig von der Dachdeckung und vom Plattenformat. Die Überdeckung der Schichtstücke untereinander beträgt bei einer Dachneigung von

- ≥ 45° mindestens 140 mm,
- < 45° mindestens 160 mm.

Seitlich werden die Nocken mindestens 150 mm von den Dachplatten (bzw. Decksteinen) überdeckt. Zur Befestigung der Nocken werden mindestens 2 Nägel im oberen Bereich der Höhenüberdeckung angebracht. Die Fußlinien der Deckgebinde müssen auf

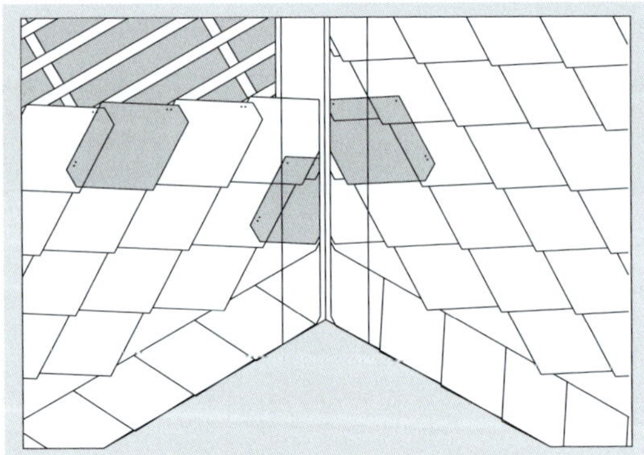

Abb. 13.60: Blechkehle bei Rhombusdeckung

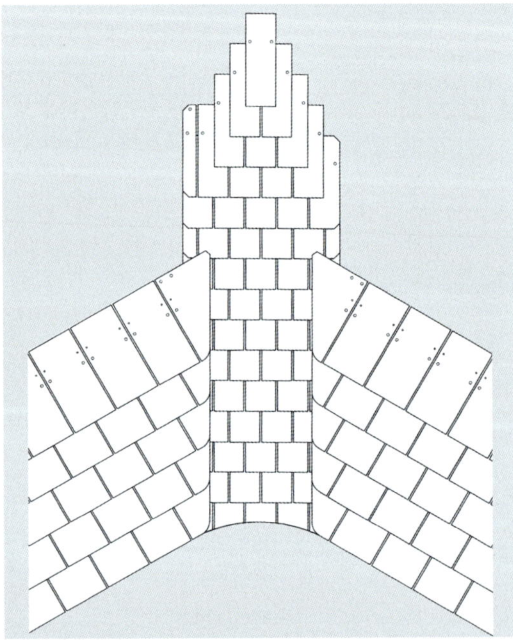

Abb. 13.61: Überdeckte Plattenkehle

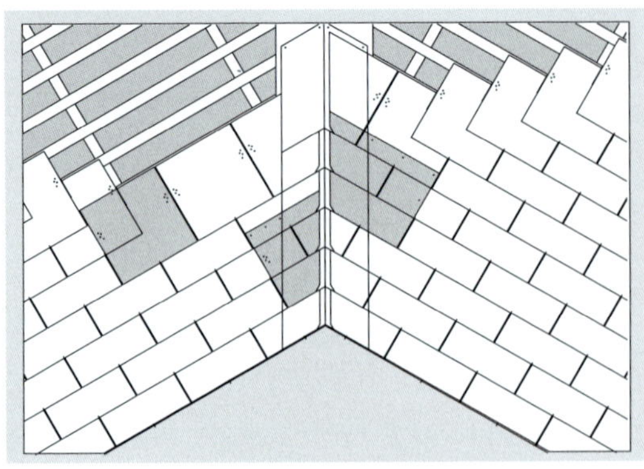

Abb. 13.62: Nockenkehle bei Doppeldeckung

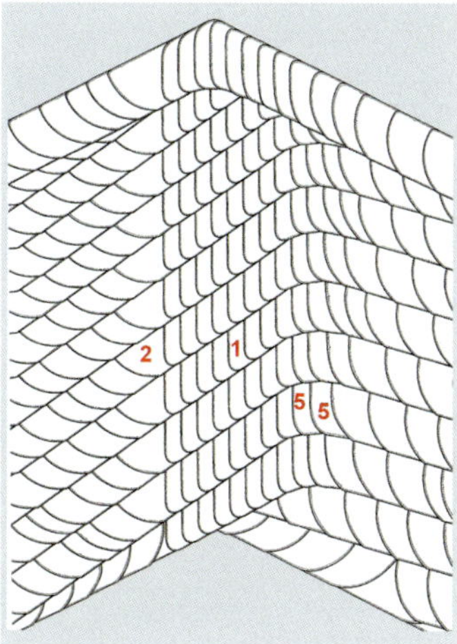

Abb. 13.63: Rechte eingebundene Schieferkehle (zwangloser Übergang)

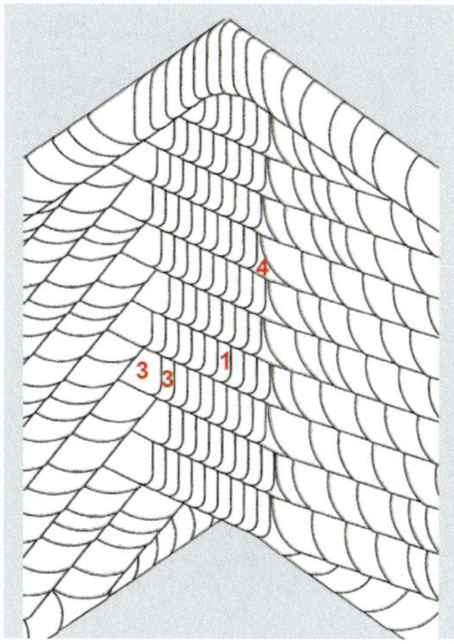

Abb. 13.64: Linke eingebundene Schieferkehle mit Schwärmer

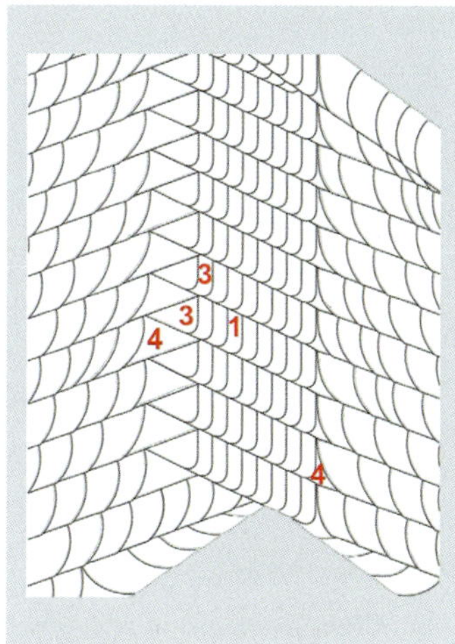

Abb. 13.65: Linke Kehle mit Schwärmer und Wasserstein

einer Linie auslaufen. Die Dachdeckung muss parallel beidseitig 1 cm aus der Kehlmitte enden, damit ein freier Wasserablauf gegeben ist. Die auslaufenden Dachplatten (Decksteine) werden zur Kehle hin gerundet oder erhalten einen Eckenschnitt.

13.3.2.4 Eingebundene Kehlen

Die Königsdisziplin ist das Einbinden von Hauptkehlen bei Faserzement- oder Schieferdeckungen. Die Kehldeckungen können als linke oder rechte Kehle ausgeführt werden. Damit wird die Deckrichtung der Kehle angegeben. Des Weiteren können eingebundene Kehlen auch als sog. Plattenkehle (Faserzement) oder als Rechteckkehle (Schiefer) ausgeführt werden. Die Herzkehle (Schiefer) ist eine besondere Form der eingebundenen Kehle. Diese wird aus der Kehlmitte heraus in beide Richtungen gedeckt.

Die einzelnen (Schiefer-)Steine bzw. (Faserzement-)Platten haben folgende Bezeichnungen (siehe Abb. 13.63 bis 13.70):

1 Kehlstein/Kehlplatte
2 Einfäller/Einfällerplatte
3 Schwärmer/Schwärmerplatte (einfach oder geteilt)
4 Wasserstein/Wasserplatte
5 Kehlübergangsstein(e)/Kehlübergangsplatte(n)
6 Einspitzer
7 Unterläufer
8 Herzwasserstein

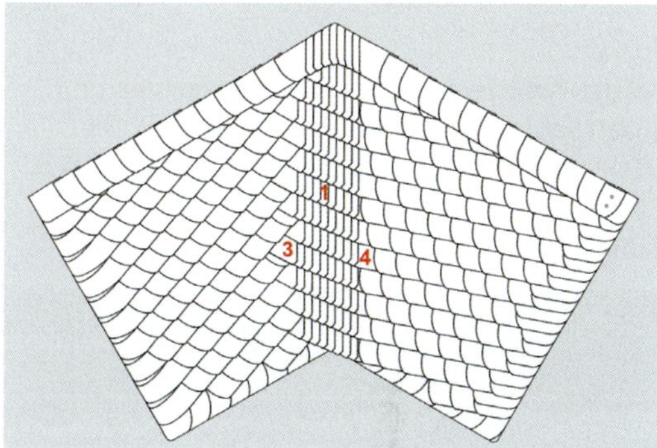

Abb. 13.66: Linke Kehle mit Faserzement-Dachplatten

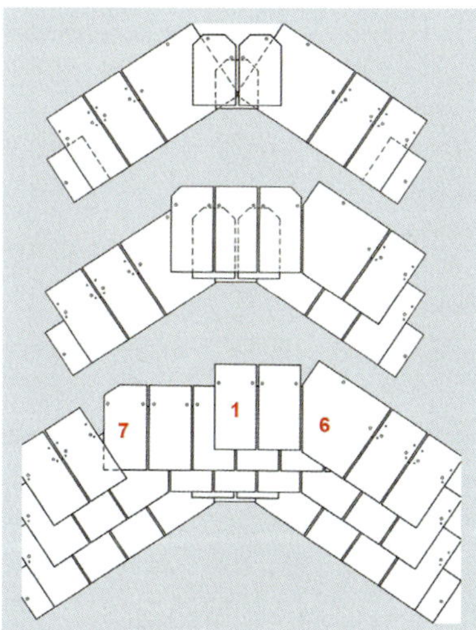

Abb. 13.67: Eingebundene Plattenkehle mit Faserzement (Kehlanfang)

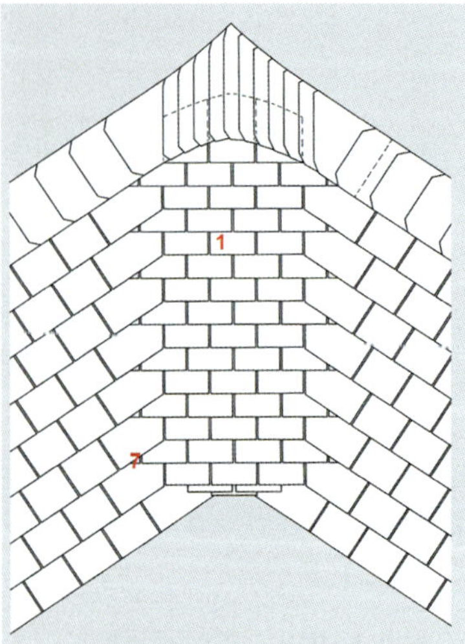

Abb. 13.68: Eingebundene Plattenkehle mit Faserzement

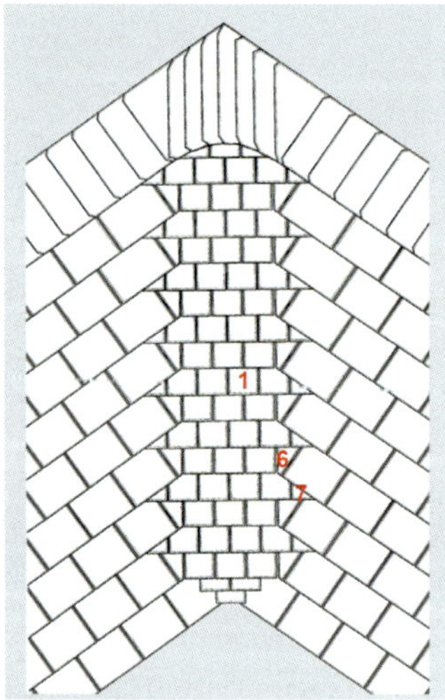

Abb. 13.69: Eingebundene Rechteckkehle mit Schiefer

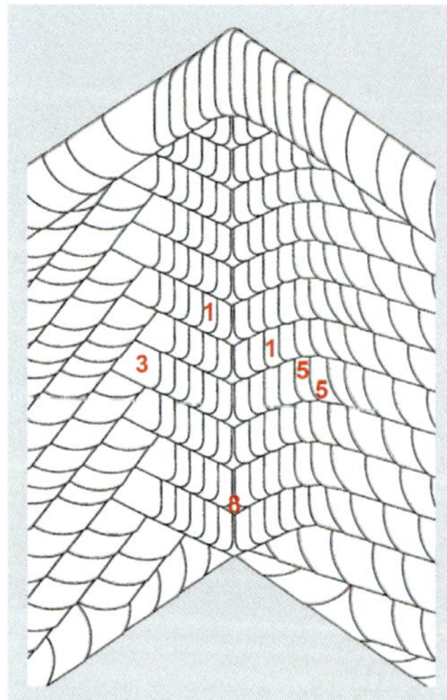

Abb. 13.70: Herzkehle mit Schwärmer und zwanglosem Übergang

Bei den Kehlsteinen kann zwischen rechten und linken Kehlsteinen unterschieden werden. Die Deckrichtung ist für die Bezeichnung maßgeblich.

Regeln für eingebundene Kehlen sind der Übersicht in Tabelle 13.6 zu entnehmen.

Tabelle 13.6: Regeln für eingebundene Hauptkehlen

	Linke und rechte eingebundene Kehlen		Eingebundene Rechteckkehle bzw. Plattenkehle		Eingebundene Herzkehle
Material	**Schiefer**	**Faserzement**	**Schiefer**	**Faserzement**	**Schiefer**
Anzahl Kehlsteine/ Kehlplatten bzw. Breite der Kehle	mind. 7, mehr als 9 sollten nicht verwendet werden	mind. 7, mehr als 9 sollten nicht verwendet werden	mind. 3 bei Kehlsteinbreiten ab 12 cm, mind. 2 bei Kehlsteinbreiten von 15 bis 20 cm	mind. 3 bei Format 13/40, mind. 2 bei Format 20/40	jeweils 4 links und rechts vom Herzwasserstein
Befestigung aller Kehlsteine/-platten inkl. Übergängen	mind. 3 Schiefernägel oder -stifte	mind. 3 Schieferstifte	mind. 2 Schiefernägel oder -stifte	mind. 2 Schieferstifte	mind. 3 Schiefernägel oder -stifte
Mindestplattenbreite/Mindestseitenüberdeckung	130 mm/65 mm	130 mm/65 mm	120 mm/Halbverband	130 mm/Halbverband	130 mm/65 mm
Mindesthöhenüberdeckung	mind. $1/3$ mehr als die Mindesthöhenüberdeckung der Fläche	mind. $1/3$ mehr als die Mindesthöhenüberdeckung der Fläche	Dreifachdeckung mit mind. 10 mm Höhenüberdeckung	Dreifachdeckung mit mind. 10 mm Höhenüberdeckung	Dreifachdeckung mit mind. 10 mm Höhenüberdeckung
untere Kehlneigungsgrenze	30°	30°	30°	30°	30°
Sonstiges	als Einfällerkehle erst ab 50° Dachneigung	als Einfällerkehle erst ab 50° Dachneigung	nur bei gleichen Dachneigungen	nur bei gleichen Dachneigungen; in Dachfläche nur Format 20/40	nur bei gleichen Dachneigungen; freier Wasserlauf auf Herzwasserstein

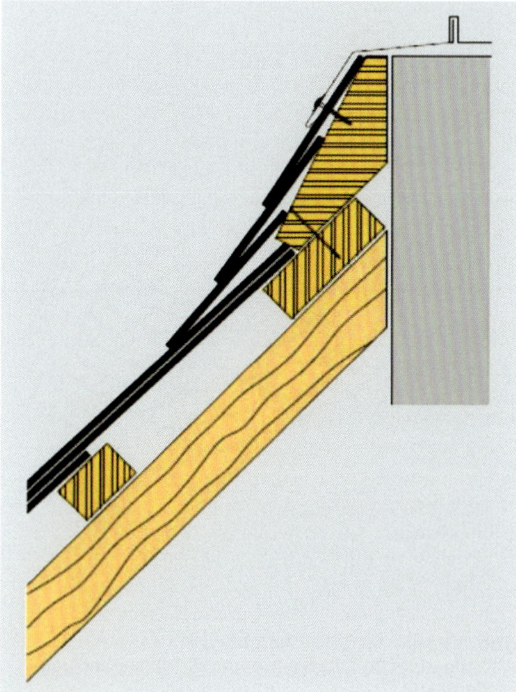

Abb. 13.71: Brustkehle

Abb. 13.72: Traufseitiger Anschluss am Schornstein

Abb. 13.73: Traufseitiger Anschluss als Kehldeckung

13.3.3 Anschlüsse

13.3.3.1 Traufseitige Anschlüsse

Seitliche Anschlüsse aus Metall bei Deckungen mit Faserzement-Dachplatten und Schiefer werden analog Abschnitt 13.1.3.1 ausgeführt. Im Anschlussbereich sind die Decksteine bzw. Deckplatten wie bei der Eindeckung eines Firstgebindes auszuspitzen. Traufseitige Anschlüsse können auch etwas aufwendiger und optisch ansprechender ausgeführt werden, wie die Abbildungen 13.71 bis 13.73 zeigen. Die Deckunterlage ist hierfür aus einer Kombination von Dreikantleisten und Brettern herzustellen.

13.3.3.2 Firstseitige Anschlüsse

Firstseitige Anschlüsse aus Metall bei Deckungen mit Faserzement-Dachplatten und Schiefer werden analog Abschnitt 13.1.3.2 ausgeführt. Entgegen den Angaben in 13.1.3.2 gelten jedoch folgende Regeln:

Am aufgehenden Bauteil ist eine Schenkellänge von mindestens 180 mm und firstseitig von 280 mm auszuführen. Die Überdeckung muss der Flächendeckung entsprechen, aber mindestens 100 mm betragen. Am firstseitigen Anschluss erfolgt die Flächeneindeckung analog zur Eindeckung an der Traufe.

13.3.3.3 Seitliche Anschlüsse

Seitliche Anschlüsse aus Metall bei Deckungen mit Faserzement-Dachplatten und Schiefer werden analog Abschnitt 13.1.3.3 ausgeführt (siehe

Abb. 13.74). Gegebenenfalls sind eingebundene oder auslaufende Anfang- und Endorte einzudecken.

Seitliche Anschlüsse mit Schichtstücken (eingebundener Nockenanschluss)

Seitliche Anschlüsse mit Metall können darüber hinaus als unterliegende Anschlüsse mit Schichtstücken (Nockenanschluss) (siehe Abb. 13.75 und 13.76) ausgeführt werden.

Bei der Verwendung von Schichtstücken (Nocken) beträgt die Mindestüberdeckung der Schiefer oder Faserzementplatten auf die Schichtstücke:

- DN ≤ 35° mindestens 15 cm,
- DN > 35° mindestens 12 cm.

Die Schichtstücke werden im oberen Bereich der Höhenüberdeckung befestigt.

Wandkehlen

Seitliche Anschlüsse können darüber hinaus als Wandkehlen (siehe Abb. 13.76 bis 13.78) und als Wangenkehlen (siehe Abb. 13.79 und 13.80) ausgebildet werden. Wandkehlen werden mit Kehlsteinen bzw. Kehlplatten (3 bis 5 pro Kehlgebinde, mindestens 13 cm breit, seitliche Überdeckung mindestens 6,5 cm) hergestellt. Die Mindesthöhenüberdeckung der Kehlsteine (-platten) ist 1/3 mehr als die Mindesthöhenüberdeckung in der Fläche. Der Übergang zum aufgehenden Bauteil erfolgt mit Schichtstücken. Die Überdeckung des Schichtstückes auf den letzten Kehlstein (bzw. die letzte Kehlplatte) entspricht der seitlichen Überdeckung der Kehle. Wandkehlen gelten als sehr regensicher, da sie aus der wasserführenden Ebene herausgehoben werden.

Als Deckunterlage sind eine 160 bis 200 mm breite Kehlschalung aus Brettern und eine Dreikantleiste erforderlich. Eine Dreikantleiste bildet einen Übergang zur Flächenschalung (siehe Abb. 13.81). Die Kehlschalung ist mit einer Vordeckung zu versehen.

Wangenkehlen

Wangenkehlen bestehen aus 7 bis 9 Kehlsteinen pro Kehlgebinde. Abweichend hiervon können kleine Wangenflächen auch durchgedeckt werden. Bei der Nennung der Kehldeckung wird mit „Rechte" und „Linke" die Deckrichtung der Kehlsteine angegeben. Mit „eingehend" und „ausgehend" wird angegeben, ob von der Dachfläche zur Wangenfläche („eingehend", siehe Abb. 13.79) oder von der Wangenfläche zur Dachfläche („ausgehend" bzw. „fliehend", siehe Abb. 13.80 gedeckt wird.

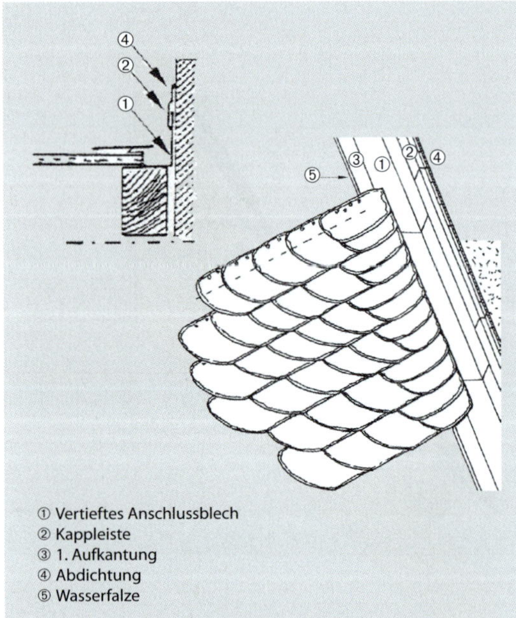

Abb. 13.74: Seitlicher Anschluss mit vertieften Anschlussblechen, Kappleiste und Spritzwasserfuge an der Wand

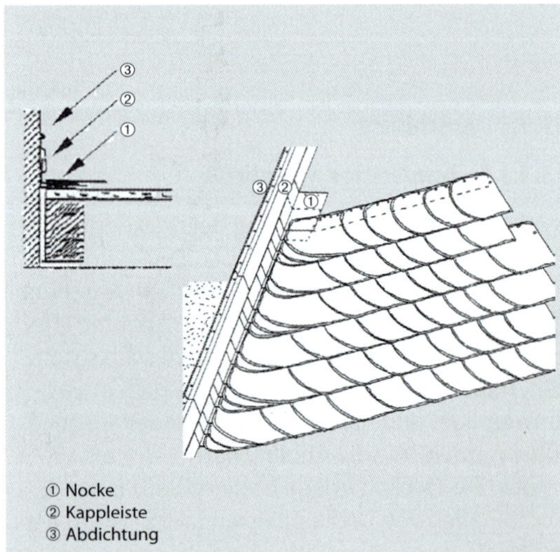

Abb. 13.75: Seitlicher Anschluss mit Schichtstücken (Nocken), Kappleiste und Spritzwasserfuge an der Wand

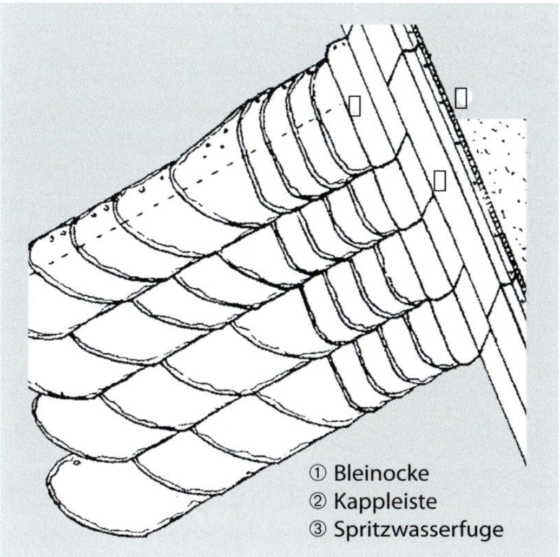

Abb. 13.76: Rechte Wandkehle

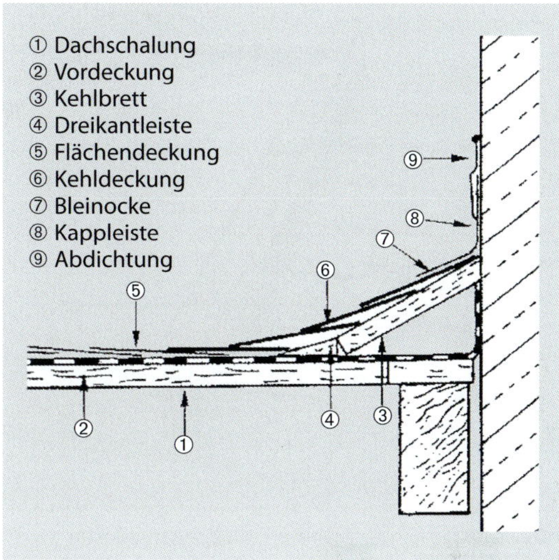

Abb. 13.77: Schnittzeichnung Unterkonstruktion Wandkehle

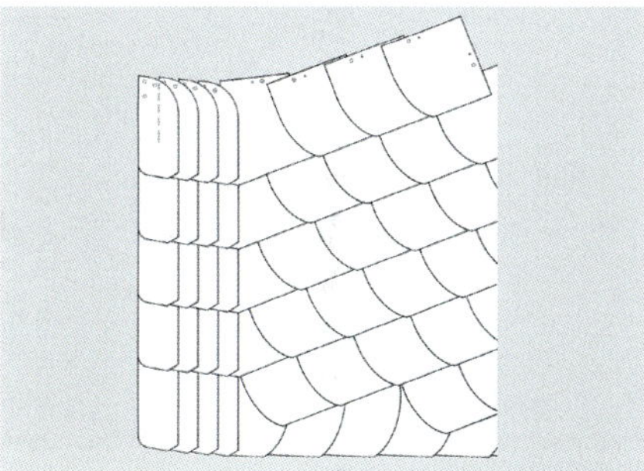

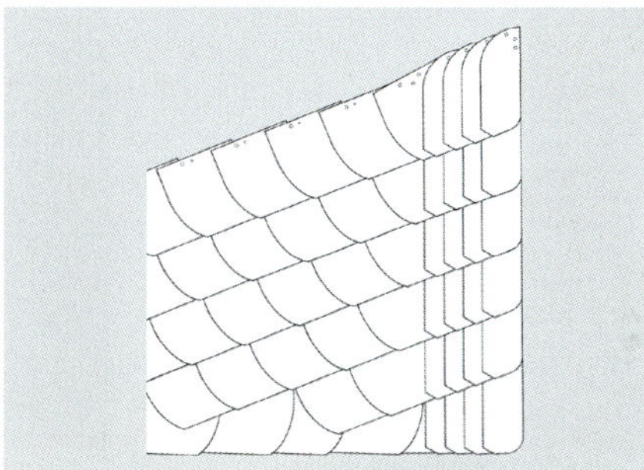

Abb. 13.78: Linke und rechte Wandkehle bei Deutscher Deckung

Abb. 13.79: Rechte eingehende Wangenkehle

Abb. 13.80: Linke ausgehende (fliehende) Wangenkehle

Abb. 13.81: Eindeckrahmen mit Schichtstücken

Abb. 13.82: Eindeckrahmen für Schiefer und Faserzementdeckungen

Abb. 13.83: Schornstein im Schieferdach

Abb. 13.84: Sattelgaube im Schieferdach

13.3.4 Einbauteile und Dachdurchdringungen

13.3.4.1 Dachfenster

Der Einbau von Dachflächenfenstern und Ausstiegen findet analog Abschnitt 13.1.4.1 statt. Für Schiefer- und Faserzementdeckungen werden entsprechende Eindeckrahmen verwendet (siehe Abb. 13.81 und 13.82). Diese können seitlich mit Schichtstücken oder mit durchgehend untergelegten Blechen ausgeführt sein.

13.3.4.2 Schornsteine (Kamine) und Gauben

Schornsteine (Kamine) und Gauben werden bei Deckungen mit Schiefer und Faserzement-Dachplatten traufseitig, firstseitig und seitlich analog Abschnitt 13.3.3 angeschlossen.

13.3.4.3 Lüfter und Antennen

Rohrdurchdringungen und Antennen werden analog Abschnitt 13.1.4.3 mithilfe für die Deckung geeigneter Flansche eingedeckt.

13.3.4.4 Dachhaken und Tritte

Die Eindeckung von Dachhaken und Tritten bei Schiefer- und Faserzementdeckungen erfolgt analog Abschnitt 13.1.4.4. Diese werden unter Verwendung von genügend breiten Blechen mit seitlichem Umschlag eingebaut und eingedeckt. Dabei sind die Mindesthöhen- und Seitenüberdeckungen der Flächendeckung einzuhalten. Jedoch muss die seitliche Überdeckung mindestens 10 cm betragen.

Abb. 13.85: Lüfter im Schieferdach

Abb. 13.86: Sicherheitsdachhaken auf Blechunterlage im Schieferdach

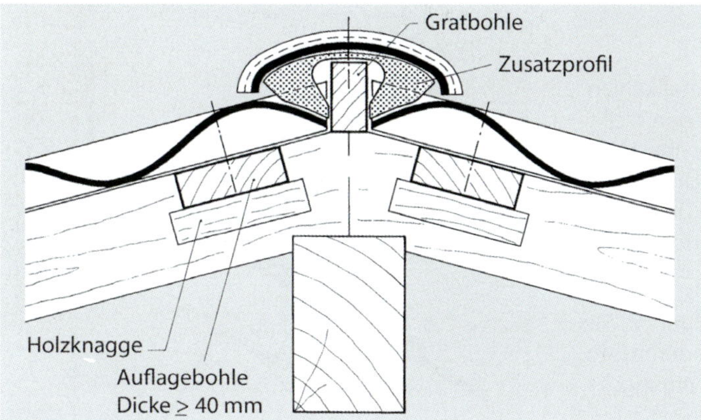

Abb. 13.87: Schnitt durch Grat mit Gratkappe

Die Einbauteile dürfen bei Belastung die Deckung nicht beschädigen. Hierzu können lastverteilende Unterlagen erforderlich sein.

Die Sicherheitsdachhaken und Stützen für Laufstege müssen eine bauaufsichtliche Zulassung für den Verwendungszweck haben.

13.4 Details bei Deckungen mit Faserzement-Wellplatten

13.4.1 Grat

Grate werden bei Dachdeckungen mit Faserzement-Wellplatten mit Gratkappen ausgeführt. Zur Befestigung der Gratkappen muss eine Gratlatte/-bohle von mindestens 4 cm Breite angebracht werden.

Die Höhe der Bohle muss eine spannungsfreie Montage der Gratkappe gewährleisten. Zur Auflage und Befestigung der bis zur Gratlinie geschnittenen Wellplatten muss eine Unterkonstruktion auf Höhe der Pfetten hergestellt werden. Eventuell erforderliche Lüftungsöffnungen sind zu berücksichtigen (siehe Abb. 13.87).

Werden kurze Gratkappen verwendet, so sind diese mindestens 70 mm zu überdecken und innerhalb der Überdeckung zu befestigen. Lange Gratkappen haben Muffenanschlüsse oder werden ≥ 200 mm überdeckt und mit mindestens 2 Schrauben verschraubt. Am Übergang vom Grat zur Traufe bzw. vom Grat zum First sind Sonderlösungen z. B. mit Sonderformstücken oder handwerklichen Lösungen erforderlich.

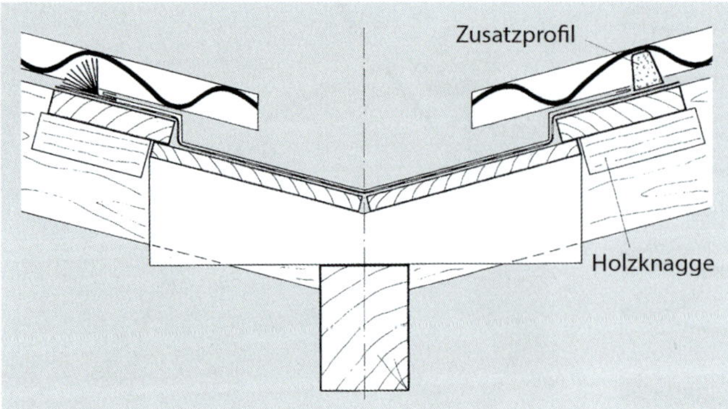

Abb. 13.88: Kehlkonstruktion

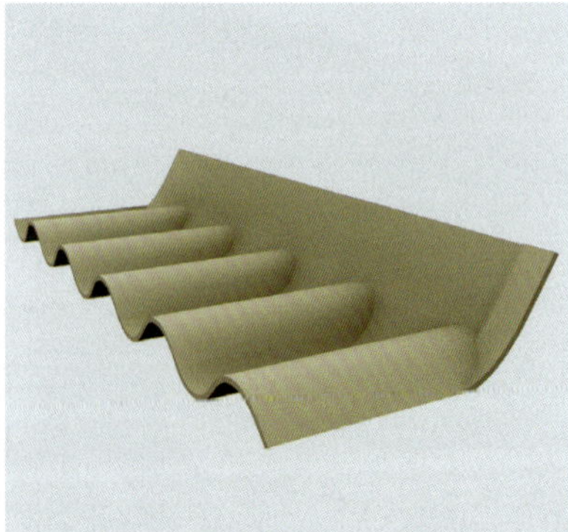

Abb. 13.89: Maueranschlussstück aus Faserzement

Es kann auch nötig sein, zusätzliche Unterkonstruktionen anzufertigen, damit es möglich ist, die Dachfenster oder Dachausstiege fachgerecht einzubauen.

13.4.2 Hauptkehle

Üblicherweise werden untergelegte Metallkehlen eingebaut. Damit die schräg geschnittenen Wellplatten befestigt werden können, muss man im Kehlbereich auf Höhe der Pfetten eine Unterkonstruktion herstellen. Am Übergang von der Kehle zum First sind Sonderkonstruktionen erforderlich (siehe Abb. 13.88).

Die Überdeckung der Deckwerkstoffe über die Metallkehle, rechtwinklig zum Kehlverlauf gemessen, beträgt in Abhängigkeit von der Dachneigung:

- $>$ 22° mindestens 100 mm,
- $\geq$ 15° bis $\leq$ 22° mindestens 150 mm,
- $<$ 15° mindestens 200 mm.

13.4.3 Anschlüsse

Bei der Herstellung von Anschlüssen sind Metallprofile oder Faserzementformteile zu verwenden. Einteilige Anschlüsse können bei weiterführenden Wandbekleidungen eingebaut werden. An aufgehenden Bauteilen wird der Anschluss mit Kappleiste zweiteilig ausgeführt.

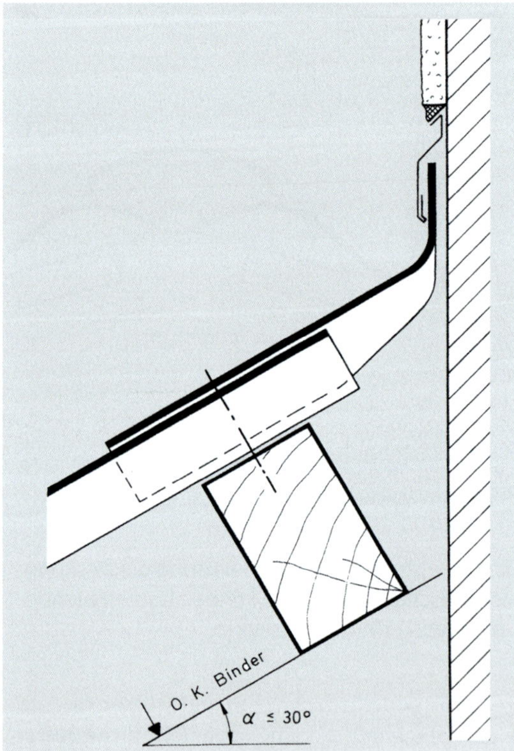

Abb. 13.90: Maueranschlussstück aus Faserzement (Schnitt)

13.4.3.1 Traufseitige Anschlüsse

Für traufseitige Anschlüsse gibt es Maueranschlussstücke aus Faserzement (siehe Abb. 13.89 und 13.90). Bei der Verlegung der Formstücke müssen der Flächendeckung entsprechend Eckenschnitte, Höhen- und Seitenüberdeckung und evtl. Kitteinlagen berücksichtigt werden. Der Abstand zwischen Pfette und aufgehendem Bauteil ist abhängig von Dachneigung, Pfettenhöhe und Form der Maueranschlussstücke. Für die Ermittlung des Abstandes geben die Hersteller üblicherweise Werte in Tabellen an. Bei Kurzwellplattendeckungen müssen Maueranschlussstücke zusätzlich unterstützt werden.

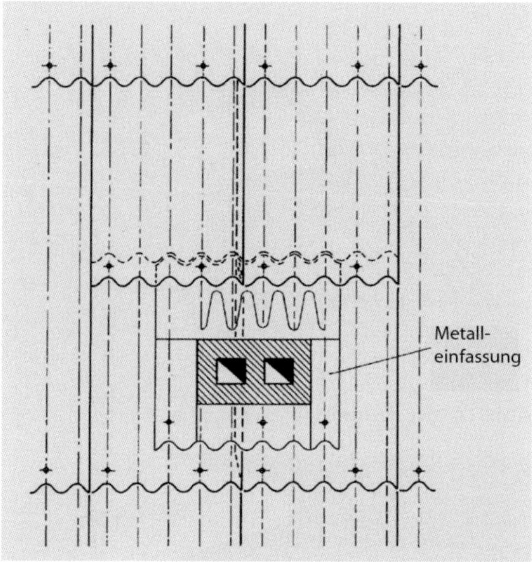

Abb. 13.91: Firstseitiger, seitlicher und traufseitiger Anschluss

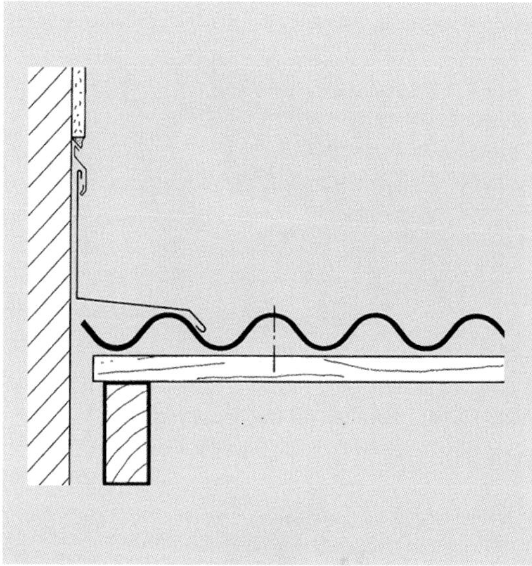

Abb. 13.92: Aufgelegter Metallanschluss

Alternativ erfolgt die Ausführung des traufseitigen Anschlusses analog Abschnitt 13.1.3.1.

13.4.3.2 Firstseitige Anschlüsse

Das Herstellen firstseitiger Anschlüsse wird ausschließlich mit Metallkehlen ausgeführt. Abweichend von Abschnitt 13.1.3.2 werden bei Dachdeckungen mit Faserzement-Wellplatten die Metallkehlen am aufgehenden Bauteil mindestens 200 mm hochgeführt.

In Abhängigkeit von der Dachneigung ist ein Mindestabstand zur Unterkante der nächstfolgenden Höhenüberdeckung einzuhalten:

- $> 15°$ mindestens 300 mm,
- $< 15°$ mindestens 450 mm.

Die Metallkehle muss mit einer Wellplatte unterlegt werden. Sie wird firstseitig bis zur Oberkante der Höhenüberdeckung geführt. Damit das Wasser hinter dem aufgehenden Bauteil seitlich abgeleitet wird, sind die Wellentäler unterhalb der Metallkehle aufzufüllen (siehe Abb. 13.91).

13.4.3.3 Seitliche Anschlüsse

Seitliche Anschlüsse bei Faserzement-Wellplattendeckungen können analog Abschnitt 13.1.3.3 mit untergelegten oder überdeckenden (durchgehenden) Metallanschlüssen (siehe Abb. 13.92) oder mit überdeckenden Formstücken aus Faserzement ausgeführt werden.

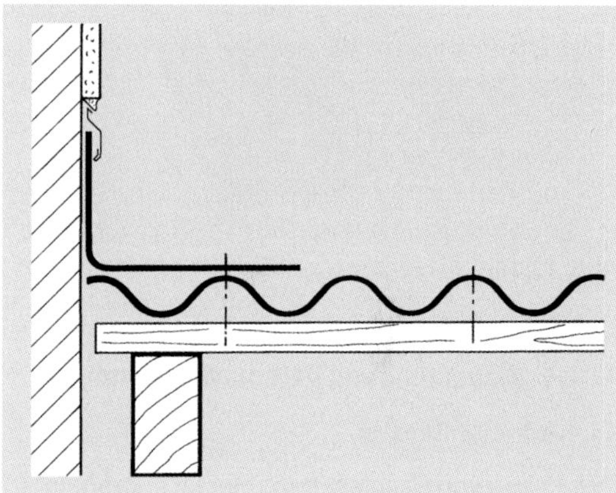

Abb. 13.93: Seitliche überdeckende Formstücke aus Faserzement

Bei der Ausführung eines seitlichen Anschlusses mit Formstücken aus Faserzement ist darauf zu achten, dass diese mindestens 50 mm über den 1. Wellenberg geführt werden. Die Befestigung ist im Bereich der Pfetten auf den Wellenbergen, auf einer Hilfskonstruktion oder am aufgehenden Bauteil anzubringen (siehe Abb. 13.93).

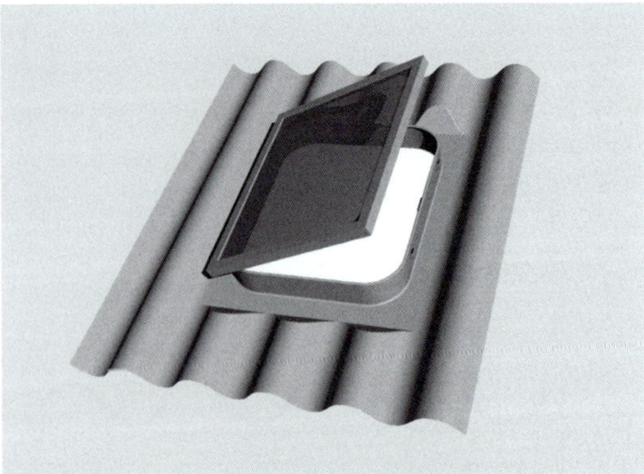

Abb. 13.94: Formteil für Dachausstieg

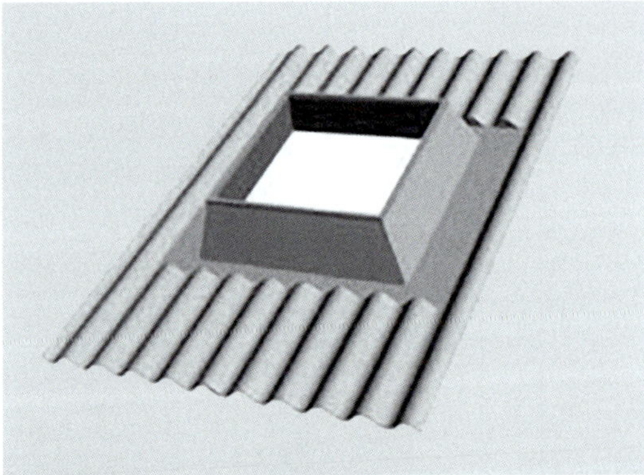

Abb. 13.95: Formteil für Lichtkuppel

Abb. 13.96: Formstück für Lüfter

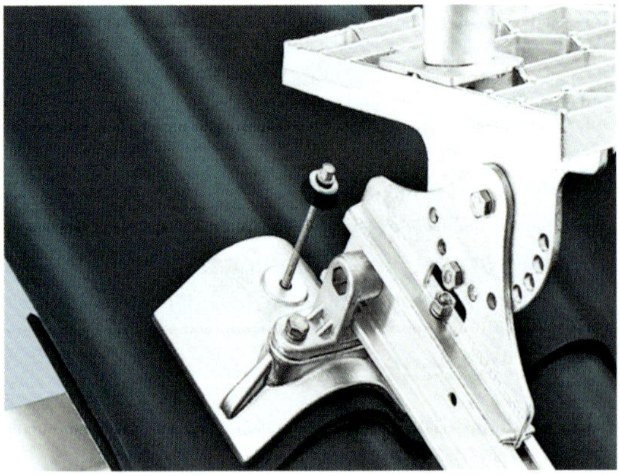

Abb. 13.97: Montage Steigtritt bei Wellplatten

13.4.4 Einbauteile und Dachdurchdringungen

13.4.4.1 Dachfenster

Der Einbau von Dachfenstern oder Lichtkuppeln erfolgt mithilfe entsprechend vorgefertigter Formteile (siehe Abb. 13.94 und 13.95). In der Regel werden zur Belichtung jedoch Lichtwellplatten eingebaut.

13.4.4.2 Schornsteine (Kamine) und Gauben

Die Ausführung erfolgt analog Abschnitt 13.4.3.

13.4.4.3 Lüfter und Antennen

Beim Anschließen von Lüftungsrohren, Antennen o. Ä. werden profilierte vorgefertigte Formteile verwendet (siehe Abb. 13.96). Es können aber auch handwerklich hergestellte Dachdurchdringungen angefertigt werden.

13.4.4.4 Dachhaken und Dachtritte

Es ist darauf zu achten, dass die einzubauenden Sicherheitsdachhaken, Stützen für Schneefangvorrichtungen oder Laufstege für den jeweiligen Verwendungszweck zugelassen sind. Beim Einbau werden grundsätzlich die Herstellerangaben berücksichtigt. Bei der Auswahl der Einbauteile muss man die Deckunterlage und das Wellenprofil berücksichtigen. Die Einbauteile sollen an vorhandenen Pfetten oder Sparren befestigt werden. Ist dies nicht möglich, sind zusätzliche Unterstützungen erforderlich. Es ist darauf zu achten, dass die Einbauteile bei Belastung die Flächendeckung nicht beschädigen. Deshalb kann es erforderlich sein, eine lastverteilende Unterlage zu schaffen. Häufig werden Dachhaken und Dachtritte bei Faserzement-Wellplatten systemgerecht auf die Deckplatten geschraubt (siehe Abb. 13.97).

13.5 Details bei Deckungen mit Holzschindeln

13.5.1 Grat

Generell gibt es bei der Ausbildung von Graten bei Holzschindeldeckungen 2 unterschiedliche Ausführungsmöglichkeiten:

1. aufgelegter Grat (siehe Abb. 13.98),
2. Schwenkgrat.

Beim Schwenkgrat wird weiter unterschieden:

- Schwenkgrat mit gerade herangeführten Reihen (siehe Abb. 13.99),
- Schwenkgrat in rund herangeführten Reihen (siehe Abb. 13.100),
- Schwenkgrat mit gerundeten Gratsparren (siehe Abb. 13.101),
- aufgelegter Schwenkgrat (siehe Abb. 13.102).

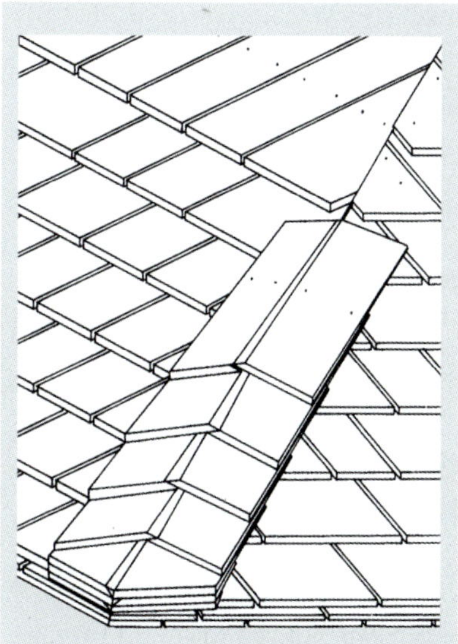

Abb. 13.98: Aufgelegter Grat

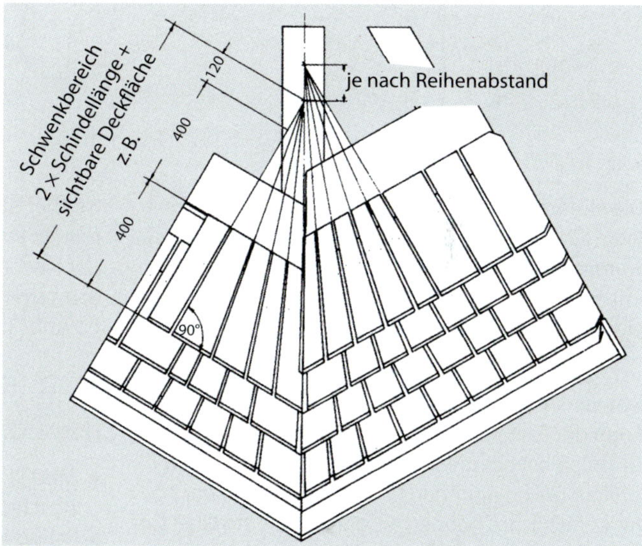

Abb. 13.99: Schwenkgrat mit gerade herangeführten Reihen

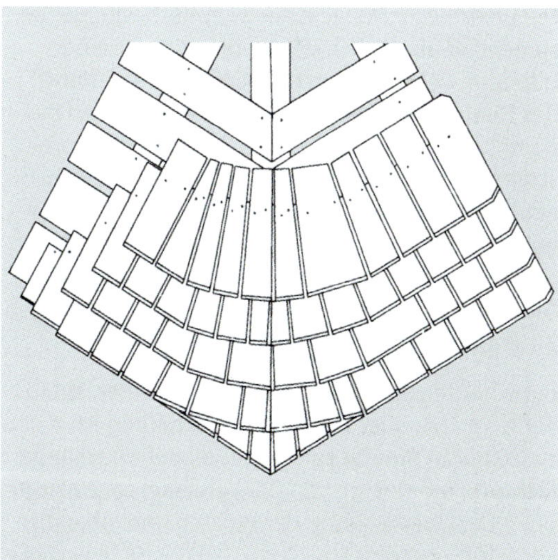

Abb. 13.100: Schwenkgrat in rund herangeführten Reihen

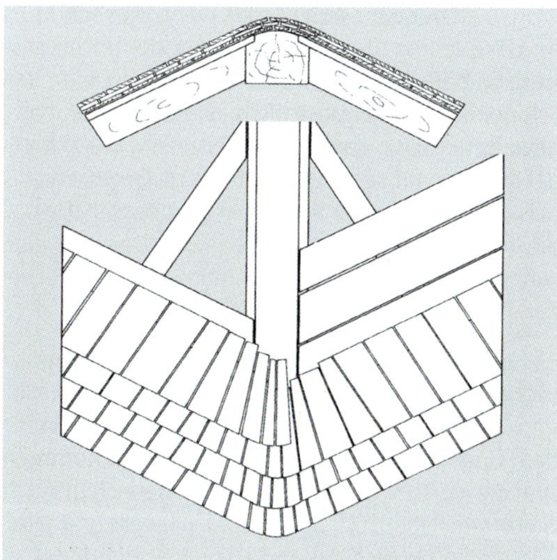

Abb. 13.101: Schwenkgrat mit gerundeten Gratsparren

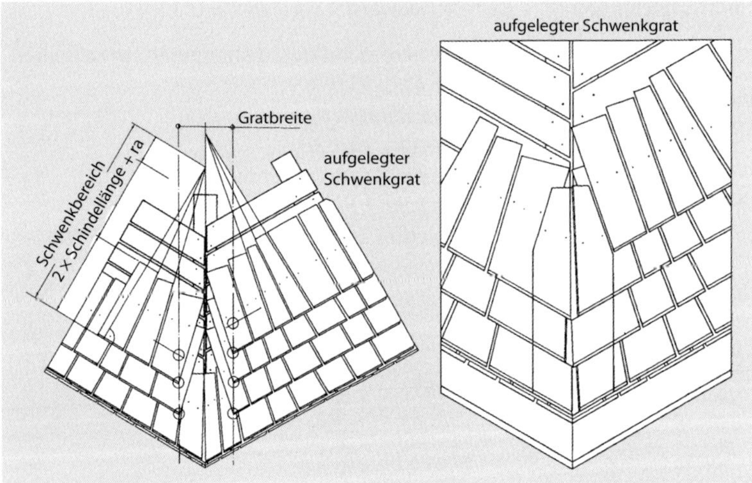

Abb. 13.102: Aufgelegter Schwenkgrat

Die einfachste Form der Ausführung ist der aufgelegte Grat. Sinngemäß kann er wie ein First gedeckt werden. Also gibt es hier auch entsprechend viele unterschiedliche Ausführungsmöglichkeiten. Geeignet ist der aufgelegte Grat für flachere Dachneigungen (≤ 30°).

Schwenkgrate hingegen sind die traditionelle Form der Gratausbildung und werden aus optischen Gründen bevorzugt verwendet. Sie eignen sich für steilere Dachneigungen (> 30°), erfordern aber höheres fachliches Können als der aufgelegte Grat. Gerade der Schwenkgrat mit gerundeten Gratsparren und mit gerundeter Unterkonstruktion (siehe Abb. 13.101) ist nur dann ausführbar, wenn dies schon bei der Planung des Dachstuhls bzw. der Unterkonstruktion berücksichtigt wurde. Das Zuschneiden der Schindel erfolgt hauptsächlich auf der dem Grat abgewandten Seite, damit der Faserverlauf der Schindel dem Verlauf des Grates entspricht. Gegebenenfalls sind die Füße der Schindeln anzupassen. Um die (aus der Fläche) vorgegebene Überdeckung einzuhalten, sind ggf. längere Schindeln als in der übrigen Fläche zu verwenden.

Als „Mischform" steht der aufgelegte Schwenkgrat (siehe Abb. 13.102) zur Verfügung. Hier werden die im Schwenkbereich liegenden Schindeln ebenfalls dem Gratverlauf angepasst. Hiervon ausgenommen sind die Holzschindelkanten, die im Bereich der Gratbreite liegen. Der aufgelegte Schwenkgrat wird Zug um Zug in die Flächendeckung eingebunden. Man beachte dabei das Zusammenschneiden der Gratschindeln mit den Schindeln in der Fläche!

Hierbei ist die erforderliche exakte Position der dem Grat zugewandten Fußecken der Schindeln in der Fläche zu bedenken. Diese ergibt sich aus dem Schnittpunkt der Fußlinien und der Gratbreite (siehe Abb. 13.102).

13.5.2 Hauptkehle

Holzschindelkehlen können ausgeführt werden als

- Metallkehle (siehe Abb. 13.103 und 13.104 und Abschnitt 13.1.2.2),
- Schwenkkehle (siehe Abb. 13.105 und 13.106),
- eingebundene Kehle (siehe Abb. 13.107).

Die überdeckte Metallkehle ist optisch weniger ansprechend als die Schwenkkehle oder die eingebundene Kehle. Wegen der zügigeren Ableitung des Niederschlagswassers über das Blech und des damit verbundenen besseren Schutzes der Holzschindeldeckung wird sie vorzugsweise bei Kehlneigungen unter 25° (das entspricht ca. 35° Dachneigung) ausgeführt. Die (überdeckte) Metallkehle, auch Blechkehle genannt, wird auf vollflächiger Unterlage (Schalung), welche mit einer besandeten Bitumenbahn zu belegen ist, ausgeführt.

Bei erhöhtem Wasseranfall wird empfohlen, die Kehle vertieft auszuführen. Die Vertiefung ist ca. 20 bis 24 mm (Schalungsdicke) tief und in jede Richtung (gemessen von der Kehllinie) ca. 200 mm breit. Die Überdeckung der Holzschindel über die Vertiefung beträgt 5 bis 8 cm. Bei der nicht vertieften Ausführung beträgt die Überdeckung der Holzschindel über das Blech 10 bis 12 cm.

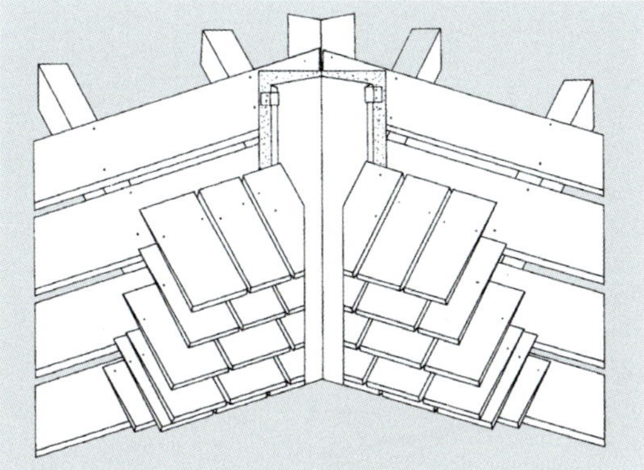

Abb. 13.103: Überdeckte Metallkehle

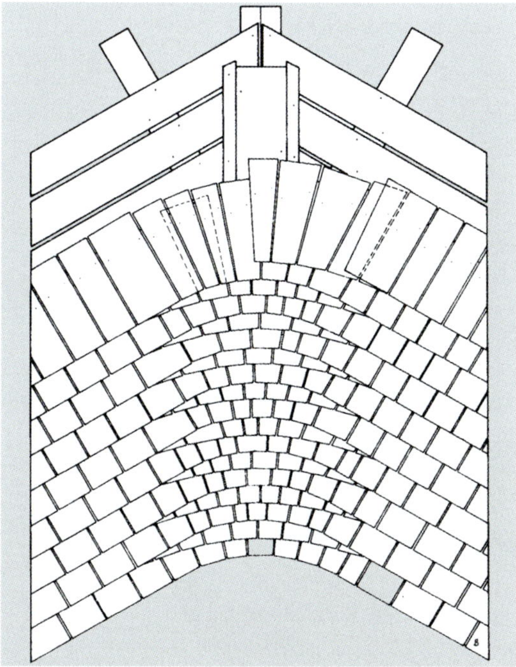

Abb. 13.105: Schwenkkehle mit Einlaufschichten

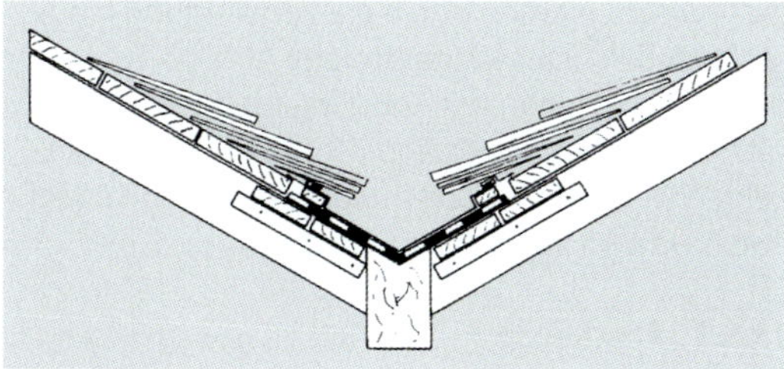

Abb. 13.104: Überdeckte Metallkehle (vertieft)

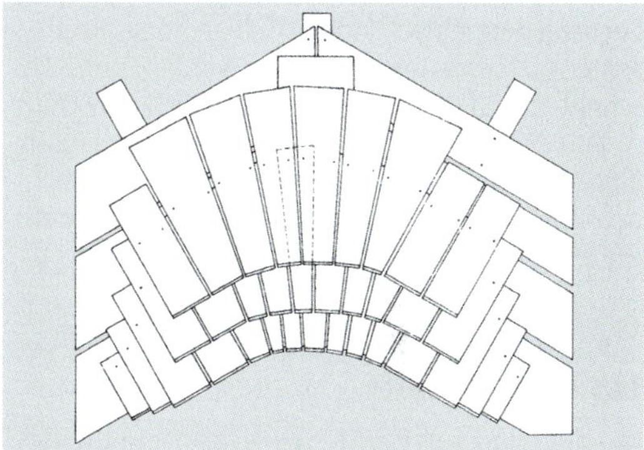

Abb. 13.106: Schwenkkehle mit längeren Schindeln im Kehlbereich

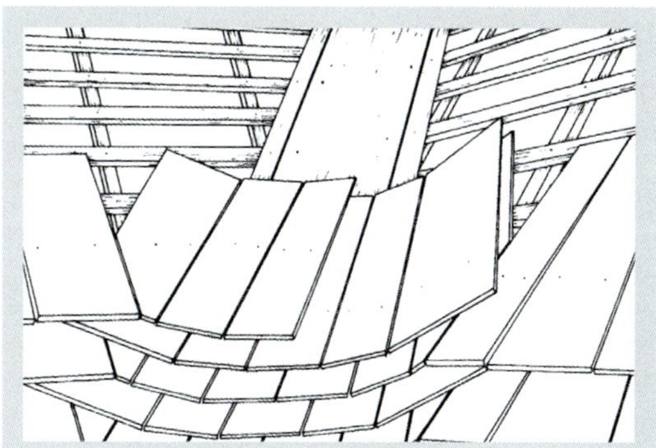

Abb. 13.107: Eingebundene Kehle

Metallkehlen werden bei unter 25° Kehlneigung ausgeführt und sind äußerst sorgfältig herzustellen (z. B. im Hinblick auf freien Wasserablauf).

Bei steileren Dachflächen sind Schwenkkehlen und eingebundene Kehlen problemlos auszuführen und werden aus optischen Gründen vorrangig gewählt, erfordern allerdings ein hohes Maß an handwerklichem Können.

Eingebundene Kehlen und Schwenkkehlen sind optisch ansprechender, kommen aber aus fachlichen Gründen erst ab Kehlneigungen über 25° infrage.

Sowohl eingebundene Kehlen als auch Schwenkkehlen sind im Kehlbereich mindestens vierlagig (Dreifachdeckung) auszuführen. Die Kehldeckung erfolgt auf einem Kehlbrett mit ggf. seitlich angebrachten Dreikantleisten. Bei Schwenkkehlen kann dies erreicht werden durch die Verwendung längerer Schindeln (ca. 1/3 länger; siehe Abb. 13.106) oder durch das Verlegen von sog. Einlaufschichten (zusätzliche Reihen; siehe Abb. 13.105). Bei Schwenkkehlen werden die Holzschindeln dem Kehlverlauf entsprechend konisch zugerichtet.

13.5.3 Anschlüsse

Traufseitige, firstseitige und seitliche Anschlüsse können bei Holzschindeln sinngemaß wie bei einer Rechteckdoppeldeckung aus Schiefer oder Faserzement-Dachplatten ausgeführt werden (siehe Abschnitt 13.3.3). Möglichkeiten für seitliche Anschlüsse sind demnach Ausbildungen mit untergelegten Blechen, mit Schichtstücken, als Wand- oder Wangenkehle. Grundsätzlich ist auf einen rückstaufreien, ungehinderten Wasserabfluss zu achten.

13.5.4 Einbauteile und Dachdurchdringungen

13.5.4.1 Dachfenster

Der Anschluss von Dachfenstern und Dachausstiegen erfolgt sinngemäß wie bei Schiefer und Faserzement-Dachplatten (siehe Abschnitt 13.3.4.1).

13.5.4.2 Schornsteine (Kamine) und Gauben

Die Anschlüsse an Schornsteinen und Gauben erfolgen Abschnitt 13.5.3 entsprechend.

13.5.4.3 Lüfter und Antennen

Lüfter und Antennen werden sinngemäß wie bei Schiefer und Faserzement-Dachplatten mithilfe geeigneter und vorgefertigter Elemente eingebaut. Auch handwerkliche Lösungen sind zulässig (siehe Abschnitt 13.3.4.3).

13.5.4.4 Dachhaken und Dachtritte

Um eine Beschädigung der Deckung bei nachträglichem Einbau zu vermeiden, sollten Blitzschutzanlagen, Schneefangvorrichtungen (Stützen, Halter) etc. während der Eindeckung montiert und eingefasst werden. Der Einbau und die Einbindung in die Deckung findet analog Abschnitt 13.3.4.4 statt (Schiefer und Faserzement-Dachplatten).

Holzschindeldeckungen sind an Details wie Einbauteilen und Durchdringungen äußerst sorgfältig anzuarbeiten.

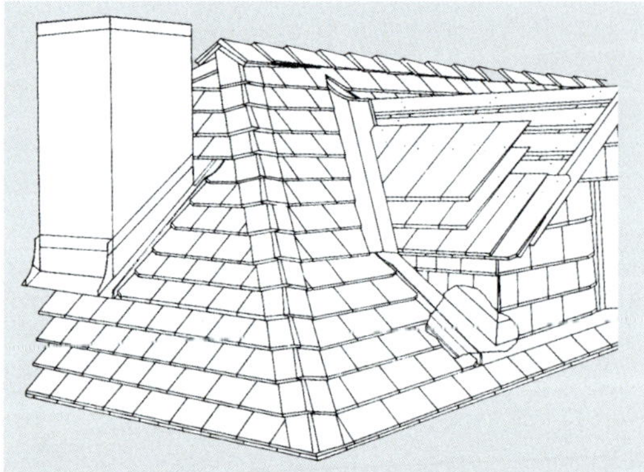

Abb. 13.108: Seitlicher Wandanschluss Blech

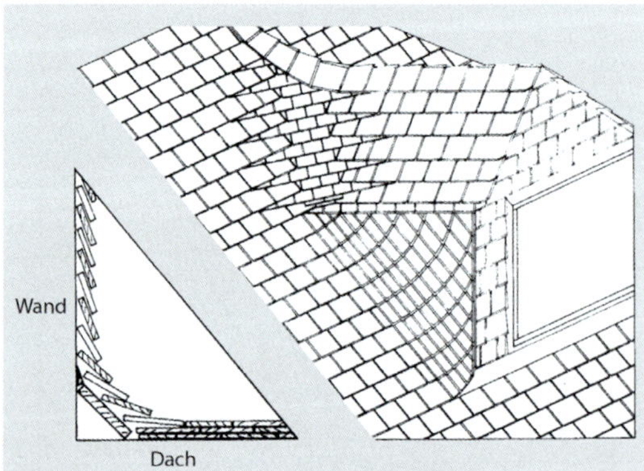

Abb. 13.109: Seitlicher Wandanschluss Wangenkehle

Abb. 13.110: Dachfenster bei Holzschindeln

13.6 Details bei Deckungen mit Bitumenschindeln

13.6.1 Grat

Der Grat wird sinngemäß wie der First gedeckt (siehe Abschnitt 9.4 in Lernfeld 9). Die am Grat anlaufenden Schindeln werden parallel zur Gratkante abgeschnitten und am Fuß mit einem (nach der

Abb. 13.111: Eingebundene Bitumenschindelkehle, 2 Schürzen breit

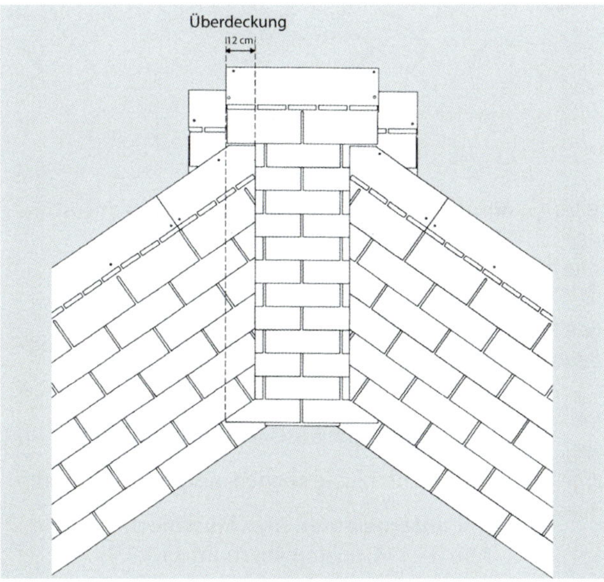

Abb. 13.112: Untergelegte Kehle aus Bitumenschindeln

Gratdeckung nicht sichtbaren) wasserabweisenden Schnitt versehen.

13.6.2 Hauptkehle

Bitumenschindelkehlen können ausgeführt werden als:

- **eingebundene Bitumenschindelkehle** (siehe Abb. 13.111),
- **untergelegte Bitumenschindelkehle mit Metall, Bitumenbahnen oder Bitumenschindeln:**

Bei untergelegten Bitumenschindelkehlen aus Metall ist Abschnitt 13.1.2.2 entsprechend zu beachten. Die Überdeckung der Schindel auf das Kehlblech erfolgt (winklig zur Kehllinie gemessen) analog zu den Mindestüberdeckungen beim seitlichen Anschluss. Bei der untergelegten Kehle aus Bitumenschindeln (siehe Abb. 13.112) wird zunächst die Kehle im Halbverband in Dreifachdeckung mit mindestens 1 cm Höhenüberdeckung gedeckt. Das heißt, dass das 4. Gebinde das 1. um mindestens 1 cm überdeckt. Bei der überdeckten Kehle aus

Bitumenbahnen wird eine längs halbierte Bitumenbahn (andere Ausführungen sind möglich) mittig in die Kehle gelegt und entsprechend befestigt. Bei untergelegten Kehlen aus Bitumenbahnen und Schindeln beträgt die Überdeckung der Dachfläche auf die Kehle neigungsunabhängig mindestens 12 cm. Beide können mit oder ohne Kehlbrett ausgeführt werden. Bei allen untergelegten Kehlen ist die letzte Schindel der anlaufenden Gebinde am Kopf mit einem wasserabweisenden Schnitt zu versehen.

- **wechselseitig gedeckte Bitumenschindelkehle** (siehe Abb. 13.113):
  Diese Art der Kehlausführung ist einfach und gängig. Sie kann mit und ohne zusätzliches Kehlbrett erfolgen. Zur Ausführung sind zunächst 2 Schnürungen erforderlich:
  1. Aus der Kehlmitte gemessen jeweils 30 cm nach rechts und nach links.
     Im Zuge der Deckung sind ganze Bitumenschindeln wechselseitig bis über den gegenüberliegenden Schnurschlag zu decken.
  2. Aus der Kehlmitte gemessen jeweils 15 cm nach rechts und nach links.
     Der so entstehende Bereich von 30 cm Breite muss nagelfrei bleiben. Beim Eindecken werden nun einfach die Deckgebinde der Fläche wechselseitig in die Kehle geführt, also z. B. 1. Gebinde linke Seite, 1. Gebinde rechte Seite, 2. Gebinde linke Seite, 2. Gebinde rechte Seite usw. Zu beachten ist lediglich, dass in der Kehle ganze Schindeln gedeckt werden und diese bis mindestens zur jeweils gegenüberliegenden 30-cm-Markierung reichen. Außerdem ist der nagelfreie Bereich von 30 cm Breite einzuhalten.

13.6.3 Anschlüsse

13.6.3.1 Traufseitige Anschlüsse

Traufseitige Anschlüsse (z. B. Brustblech bei Gauben oder Schornsteinen) können mit Metall (analog Abschnitt 13.1.3.1) oder mit Schindeln gedeckt werden. Die Deckung mit Schindeln bietet sich z. B. an, wenn an einem Schornstein oder einer Gaube die seitlichen Anschlüsse ebenfalls mit Schindeln (Wandkehle) gedeckt werden.

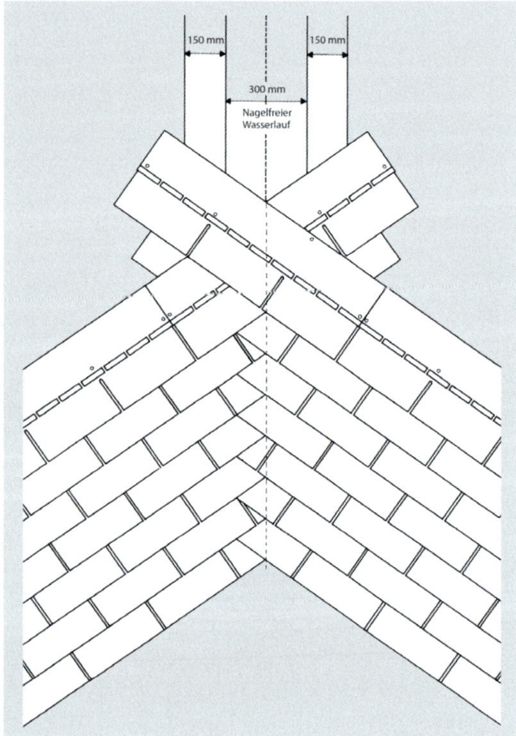

Abb. 13.113: Wechselseitig gedeckte Bitumenschindelkehle

13.6.3.2 Firstseitige Anschlüsse

Firstseitige Anschlüsse können mit Metall analog Abschnitt 13.1.3.2 gedeckt werden.

13.6.3.3 Seitliche Anschlüsse

Seitliche Anschlüsse können ausgeführt werden:

- **mit untergelegten Anschlussblechen** (siehe Abb. 13.114) analog Abschnitt 13.1.3.3:
  Die Anschlussbleche erhalten dachseitig einen Umschlag und werden von den Bitumenschindeln mindestens 100 mm überdeckt. Die Verbindung der Anschlussbleche als einfache Überlappung beträgt über 22° Dachneigung mindestens 100 mm und bis 22° mindestens 150 mm. Bis 22° Dachneigung ist ebenfalls eine verfalzte Ausführung möglich.
- **als Wandkehle mit Dreikantleiste:**
  Die Anschlusshöhe unter 22° beträgt mindestens 100 mm und ab 22° mindestens 80 mm.
- **mit Schichtstücken (Nocken)** analog Abschnitt 13.1.3.3:

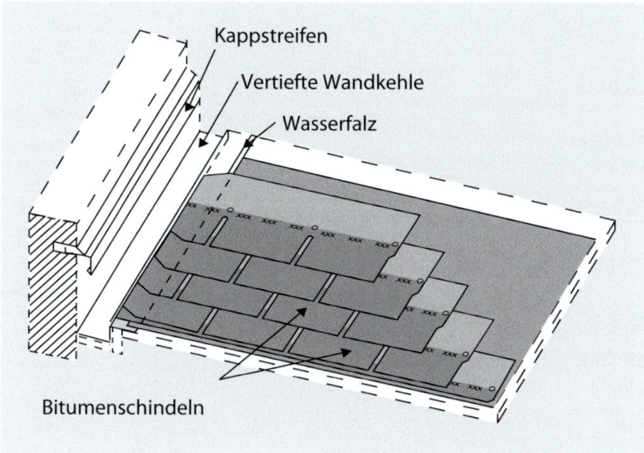

Abb. 13.114: Wandanschluss Bitumenschindel, vertieft

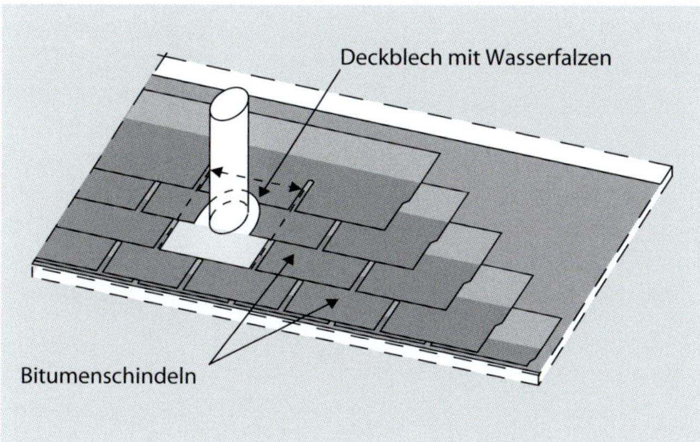

Abb. 13.115: Rohrdurchführung mit Bitumenschindeln

Dabei wird unter jede am Anschluss anlaufende Schindel am Fuß bündig ein Schichtstück gedeckt. Die Zuschnittlänge der Schichtstücke entspricht der Sichthöhe der Schindel zuzüglich der Höhenüberdeckung in der Fläche. Die Zuschnittbreite ergibt sich aus der o. g. Mindestanschlusshöhe und der seitlichen Überdeckung von mindestens 100 mm.

13.6.4 Einbauteile und Dachdurchdringungen

13.6.4.1 Dachfenster

Die Einbindung von Dachfenstern in Deckungen mit Bitumenschindeln erfolgt üblicherweise wie bei Schiefer, Faserzement und Holzschindeln, also mit einem Eindeckrahmen mit Schichtstücken (siehe Abschnitt 13.3.4.1).

13.6.4.2 Schornsteine (Kamine) und Gauben

Gauben und Schornsteine (Kamine) müssen regensicher eingefasst werden. Dies kann sinngemäß wie bei Anschlüssen erfolgen (siehe Abschnitt 13.6.3).

13.6.4.3 Lüfter und Antennen

In der Regel werden für Lüfter und Antennen bei Bitumenschindeln geeignete Formteile verwendet (siehe Abb. 13.115). Natürlich sind auch handwerkliche Ausführungen möglich.

13.6.4.4 Dachhaken und Dachtritte

Bei Sicherheitsdachhaken, Stützen für Schneefangvorrichtungen, Blitzableitern oder Laufstegen kann eine zusätzliche Metallunterlage erforderlich sein. Die Montage der Haken erfolgt in der Überdeckung.

13.7 Übungsaufgaben zu Lernfeld 13a

1. Was ist mit „Details am Dach" gemeint?
2. Was bedeutet „gleichhüftig" bzw. „ungleichhüftig"?
3. Welche Arten von Anschlüssen – bezogen auf ihre Orientierung – sind Ihnen bekannt?
4. Welche Arten von Gratausbildungen bei Ziegeldächern sind Ihnen bekannt?
5. Nennen Sie unterschiedliche Arten von Kehlausbildungen bei Biberschwanzdächern.
6. Wie können seitliche Anschlüsse bei Schiefer- oder Faserzementdächern hergestellt werden?
7. Nennen Sie die Ihnen bekannten Arten der Kehlausführungen bei Dachdeckungen mit Bitumenschindeln.

Lernfeld 13b: Geneigte Dächer mit Reet decken

Volker Hollwedel

Mit dem Inkrafttreten des aktuellen Rahmenlehrplans wurde der Ausbildungsberuf des Reetdachdeckers durch den Ausbildungsschwerpunkt Reetdachtechnik ersetzt. Es ist der einzige Schwerpunkt, der unterrichtlich vertieft wird. Der Umfang des Lernfeldes 13b beträgt allerdings nur 40 Unterrichtsstunden. Die Fertigkeiten zum Decken eines Daches mit Reet werden seit Jahrhunderten durch praktische Tätigkeit gelehrt und weitergegeben. In der heutigen Zeit sind jedoch Regeln und theoretische Kenntnisse erforderlich, um ein Reetdach fachgerecht zu decken und damit seine Langlebigkeit zu gewährleisten. In diesem Lernfeld werden dem Auszubildenden wesentliche Informationen über das Deckmaterial, seine Befestigung und die wesentlichen Regeln zum Eindecken einer Reetfläche von der Traufe bis zum First vermittelt.

13.8 Dachdeckungen mit Reet

Reet ist das in der heutigen Zeit fast ausschließlich im norddeutschen Raum verwendete, weiche Dachdeckungsmaterial. Seine Geschichte reicht zurück bis in die Steinzeit und im Laufe der Jahrhunderte haben sich regional unterschiedliche Bezeichnungen, Werkzeuge und Decktechniken herausgebildet. „Phragmites communis" lautet der lateinische Name für die fast blattfreien Reethalme, es sind aber auch die Bezeichnungen Ried, Reith, Schilfrohr oder Schilf üblich. Reetgedeckte Häuser finden sich in Deutschland vorwiegend im Norden, denn dort war das Material früher im Überfluss vorhanden. Heute werden etwa 90 % dieses Werkstoffs aus Dänemark, Estland, Polen, Ungarn, Rumänien oder der Türkei eingeführt. Mit einer Lebensdauer von 40 bis 50 Jahren und der besonderen Optik ist Reet auch heute noch ein beliebtes Deckmaterial.

Abb. 13.116: Ausführung einer Reetdeckung

13.8.1 Deckwerkstoff und Anforderungen

In der Zeit vom Frühjahr bis zum Herbst wächst das Reet von 1 m bis auf über 3 m Länge. Im Winter sterben die Reethalme vollständig ab und verlieren ihre Blätter. Dies ist die Zeit der Ernte. Die gut elastischen Halme werden über der Wurzel zwischen dem 1. und 3. Wachstumswirbel abgeschnitten und zum Trocknen aufgestellt.

Nach dem Trocknen werden die harten gelben bis braunen Halme von Gras, Alt- und Krummrohr befreit. Dann wird das Reet gebündelt. Der Umfang eines Bundes wird 20 cm über dem Stoppelende mit einem Maßband ermittelt und sollte 60 cm betragen. Eine Sortierung nach der Halmlänge erfolgt gemäß Tabelle 13.7.

Tabelle 13.7: Mindestanforderungen

Längensortierung/ Anforderungen	Mittellanges Bund	Langes Bund
Gesamtlänge des Bundes	> 1,40 m	> 1,90 m
Höchstens 10 % der Halme eines Bundes	< 1,10 m	< 1,40 m
50 % der Halme eines Bundes	> 1,40 m	> 1,60 m

Reetbunde, die nicht alle Anforderungen an lange Bunde erfüllen, die jedoch denen für mittellange Bunde entsprechen, sind als mittellange Bunde einzustufen. Alle Reetbunde, die die Mindestanforderungen für mittellange Bunde nicht erfüllen, sind kurze Reetbunde. Bunde gleicher Sortierung werden zu Paketen, auch Koil genannt, zusammengebunden. Die Bundzahl variiert dabei zwischen 25 und 100 Bunden. Auf jeder Verpackungseinheit findet sich als Kennzeichnung das Erntegebiet und ein Händlerzeichen.

Beispiel:
Langes Reet – Türkei – Schwarzmeerküste – 2025
Händler: Mias Kalaman

Das Deckmaterial Reet reagiert sehr empfindlich auf Feuchtigkeit. Deshalb muss es vor Nässe vom Beginn der Ernte, während des Transports und bis zu seiner Lagerung geschützt werden. Die Umgebungsfeuchte im Bund darf 18 % nicht überschreiten. Dies kann mit einem auf Heu und Stroh kalibrierten Feuchtigkeitsmessgerät kontrolliert werden.

Das Naturprodukt Reet weist immer geringe Mengen von Kleintieren und Insekten auf. Stärkerer Befall schadet der Reetqualität nicht, führt allerdings bei der Verarbeitung und nach der Fertigstellung zu Belästigungen und sollte deshalb vermieden werden. Der Tierbefall wird geprüft, indem man ein Reetbund fest mit dem Stoppelende auf einen glatten Untergrund stößt.

Weiterhin muss damit gerechnet werden, dass sich im Reet schädigende Organismen wie z. B. Pilze finden. Anzeichen für das Vorhandensein solcher Organismen sind eine brüchige, zerkrümelnde Halmstruktur, untypischer modriger, fauliger Geruch oder farbige Beläge, Fruchtkörper oder Sporenkolonien. Diese Merkmale lassen sich leicht durch Tast-, Sicht- und Geruchsproben feststellen.

13.8.2 Dachaufbau

Vereinfacht gesagt entspricht der Dachaufbau eines belüfteten Daches mit Reet dem einer harten Bedachung. Die Hinterlüftung des Deckmaterials wird allerdings zwingend vorgeschrieben und auf mindestens 6 cm erhöht, empfehlenswert sind sogar 8 cm.

Bei Sparrenabständen bis 1,0 m ist ein Dachlattenquerschnitt von 40/60 mm als Traglattung ausreichend, die Latten dürfen abgerundet sein oder es werden Rundhölzer gleichen Querschnitts verbaut. Größere Sparrenabstände erfordern Einzelnachweise.

Der Abstand der Traglattung ist von der Dachneigung, der Länge des Reets und der Windsoggefährdung abhängig. Dabei gilt: Je größer die Dachneigung, je kürzer das Reet und je größer die Windsoggefährdung, desto kürzer der Lattenabstand. Weiterhin ist zu beachten, dass das Reet mindestens zweimal an der Dachlattung befestigt wird. Folgende maximale Lattenabstände sind einzuhalten:

Tabelle 13.8: Maximaler Lattenabstand

Dachneigung	Maximaler Lattenabstand
≤ 60°	≤ 40 cm
> 60°	≤ 30 cm
> 75°	≤ 25 cm

13.8.3 Befestigungstechniken

Es werden grundsätzlich 3 verschiedene Befestigungstechniken unterschieden: das Binden, das Nähen und das Schrauben.

Das gebundene Reetdach

Das Decken beginnt an der Traufe. Lage für Lage werden die Reetbunde an den Dachlatten befestigt. Im 1. Arbeitsschritt werden die Bunde auf den Latten ausgelegt. Dann wird parallel zur Lattung der mindestens 4,5 mm dicke korrosionsgeschützte Vorlegedraht (Stangendraht, Schachtdraht) gezogen. Nun wird mit einem Bindedraht, der aus mindestens 1 mm dickem, nicht rostendem Stahl besteht, im Abstand von 20 bis 25 cm der Vorlegedraht lose an den Latten befestigt. Die Bunde werden geöffnet und die Halmenden entsprechend der Neigung in Form geklopft. Schließlich wird der Bindedraht angezogen und das Reet drückt fest gegen die Lattung.

Eine weitverbreitete Ausführung des gebundenen Daches ist das **geschraubte Dach**. Dabei verzichtet man auf das Binden um die Lattung und verwendet stattdessen nicht rostende Schrauben von mindestens 4,5 × 35,0 mm, um die mittig ein Bindedraht gewickelt ist. Die Befestigung der Schraube durch das ausgelegte Reet erfolgt mit einem Akkuschrauber mit Bitverlängerung. Im Folgenden kann nun der Vorlagedraht be festigt werden. Die Schrauben müssen einen maximalen Abstand von 20 cm einhalten. Sie dürfen nicht in den Randbereich der Lattung eingedreht oder die Lattung durch die Schraube gespalten werden.

Das genähte Dach

Die Befestigung ähnelt der des gebundenen Daches, es fehlt jedoch der Vorlagedraht. Stattdessen wird das Reet mit einem mindestens 1,4 mm dicken, kunststoffummantelten Draht an die Latten genäht. Als Nadeln dienen große Ahlen. Die Bindungen sind in den Lagen versetzt anzubringen und die Stichweite darf 25 cm nicht überschreiten. Früher gab es einen Gegennäher, der für die Befestigung sorgte. Er wird i. d. R. durch spezielle Haken ersetzt, die ein Gegennähen von außen ermöglichen. Dennoch ist diese Technik etwas arbeitsaufwendiger als die anderen.

13.8.4 Werkzeuge

Für die Arbeit an Reetdächern sind einige Werkzeuge notwendig, die im sonstigen Dachdeckeralltag nicht immer geläufig sind (siehe Tab. 13.9).

13.8.5 Deckung der Fläche

Die Regeldachneigung für Reetdeckungen soll 50°, die Neigung der Halme zwischen Stoppelende und Bindung muss mehr als 30° betragen. Die Regeldachneigung darf auch bei Anordnung regensichernder Zusatzmaßnahmen nicht unterschritten werden. Generell gilt: je steiler das Dach, desto langlebiger die Deckung. Die Reetlagen sind waagerecht durchgehend aufzubringen und das Reetdach ist in glatter Fläche zu fertigen. Um zu verhindern, dass Halmspitzen unter die Latten getrieben werden, wird grundsätzlich eine 3 cm dicke Vorlage aus Reet gelegt. Die Bindung erfolgt möglichst in der Mitte der Halme und mit einem maximalen Abstand von 25 cm. In der Fläche beträgt die

Tabelle 13.9: Werkzeuge für die Arbeit an Reetdächern

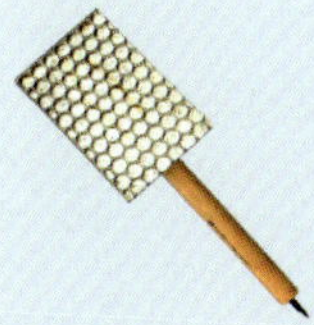	Das **Klopfbrett** treibt oder klopft das Deckmaterial in die gewünschte Form. Es ist ein etwa 3 cm dickes und etwa 22/25 cm bis 22/40 cm großes Eichenholz, auf der Oberseite mit Handgriff und Dorn versehen.
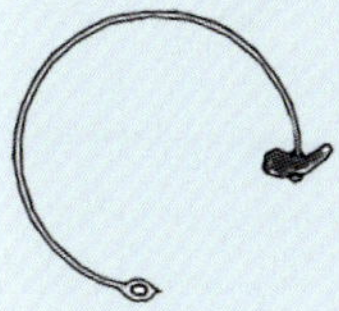	Die **krumme Nadel** dient zum Befestigen des Reets beim gebundenen, aber auch beim genähten Dach. Sie wird dort verwendet, wo für die gerade Nadel nicht ausreichend Platz vorhanden ist. Die krumme Nadel ist aus Rundstahl mit einem Durchmesser von 10 mm geschmiedet, an einem Ende abgeflacht und mit einem Öhr für die Aufnahme des Bindedrahtes versehen, an dem anderen Ende ist ein Griff aus Kuhhorn.
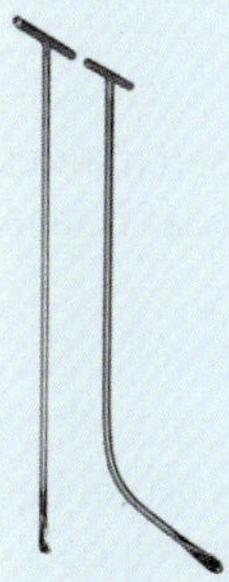	Die **gebogene Nadel** wird aus Rundstahl mit einem Durchmesser von 10 mm geschmiedet. Das untere Ende der Nadel ist leicht gebogen, abgeflacht und mit einem Öhr versehen, durch die der Bindedraht gefädelt wird. Auch hier dient die traditionelle Kuhhornspitze als Griff.
	Die **gerade Nadel** ist bis zum Griff etwa 60 bis 65 cm lang und mit einer Maßeinteilung versehen. Sie wird aus einem 5 × 30 mm Stahlband geschmiedet und erhält an der unteren Spitze ein Öhr, durch das der Bindedraht gefädelt wird.
	Die **Nadel mit Widerhaken** wird genau wie die Bindenadel mit Öhr hergestellt, jedoch wird am unteren Ende ein Widerhaken geschmiedet, welcher bei dem Nähvorgang den Bindedraht nach oben ziehen soll.
	Der **Rödler** ist ein etwa 30 cm langer Apparat mit einem Kunststoffgriff, in dem sich eine gefräste Spindel mit automatischem Rücklauf befindet. Am Ende des Apparats ist eine gebogene Spitze. Beim geschraubten Reetdach wird mithilfe dieses Werkzeugs die Bindung festgedreht.
	Reetmesser werden aus einem Sensenblatt gefertigt und sollen eine Schneide von mindestens 25 cm erhalten.
	Der **Reißhaken** ist eine gebogene Schneide und wird aus 8 × 40 mm Schmiedeeisen hergestellt. Er wird für den Abriss benötigt.

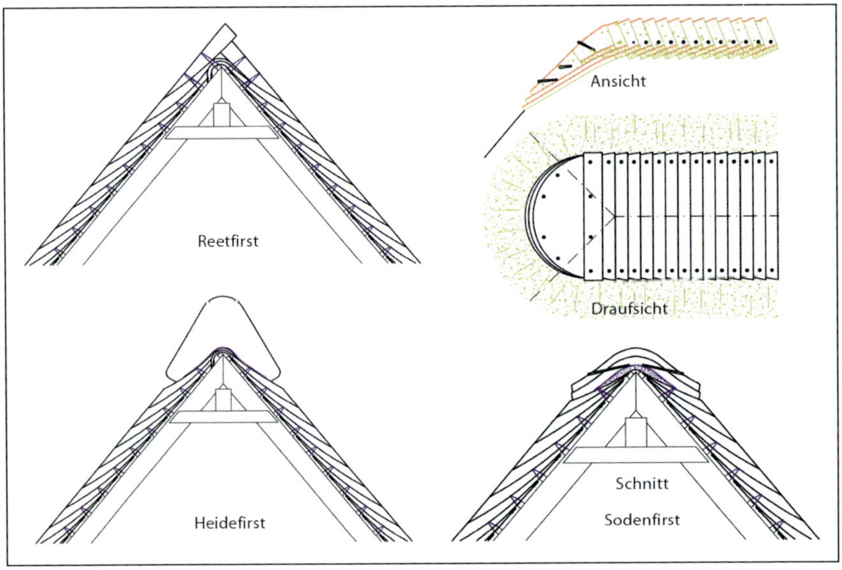

Abb. 13.117: Arten der Firstdeckung

Dicke der Deckung rechtwinklig gemessen mindestens 30 cm. Die Stoppelenden zeigen in der Fläche stets zur Traufe.

13.8.6 Deckung der Traufe

Die sichtbare Traufdicke soll mindestens 30 cm betragen. An der 1. Latte muss die Dicke der Eindeckung 35 cm, aber mindestens 30 cm rechtwinklig zur Lattung sein. An der Traufe ist ein Überstand von 15 bis 30 cm, gemessen vom Mauerwerk oder Gesims, zu fertigen. Die Traufe besteht aus 2 Lagen. Der Abstand vom Auflagepunkt zur 1. Latte und der Abstand von der 1. zur 2. Latte sollte jeweils 20 cm betragen. Die Traufe kann waagerecht oder mit einem Winkel bis 85° zur Fläche ausgeführt werden. Die Auflagekante an der Traufe ist als Kniep auszuführen. Das bedeutet, dass die Kante 5 bis 7 cm höher als die Lattung liegt. Dadurch ist gewährleistet, dass die Reethalme Lage für Lage die erforderliche Durchbiegung und Spannung aufweisen.

13.8.7 Detail Ortgang

Am Ort soll das Reet 15 bis 25 cm überstehen. Das Ort wird mit Kniep ohne Ortgangbrett, mit Kniep und schmalem Ortgangbrett oder ohne Kniep mit einem breiten Ortgangbrett ausgebildet. Bei Ausführungen mit Kniep darf die Lage der Halme nicht mehr als 45° zum Ort geneigt sein. Ohne Kniep sollen die Halme 5° zum Ort geneigt sein.

13.8.8 Detail First

Die Gestaltung des Firstes ist bei Reetdächern sehr vielfältig und regional unterschiedlich. Am häufigsten sind die Ausführungen Reetfirst, Heidefirst oder Sodenfirst (siehe Abb. 13.117).

Der Reetfirst

Reetfirste sind sowohl auf Reetdächern als auch auf Strohdächern vorhanden. Die Firstlatte der Wetterseite hat i. d. R. einen kurzen Abstand von etwa 5 cm zum Sparrenende. Der Abstand von der 1. zur 2. Latte und von der 2. zur 3. Latte sollte bei 25 cm liegen. Im Gegensatz zur Flächendeckung zeigen die Stoppelenden der Reetbunde bei einem Firstgebinde zur Firstlinie.

Der Heidefirst

Der Heidefirst besteht i. d. R. aus gemähtem Heidekraut, in manchen Regionen werden allerdings Wirrstroh, Seegras oder Quecken verwendet (Abb. 13.118). Im Gegensatz zu früher, wo Heidekraut aus den Wäldern und Heideflächen genutzt wurde, ist heute gepresste Ballenheide erhältlich. Die beiden Firstlatten stoßen beim Heidefirst an der Sparrenspitze zusammen. Die Flächen werden beim Heidefirst wie üblich gedeckt. Anstelle der Firstlagen wird beim Heidefirst jedoch zuerst eine bituminöse Unterlage und dann eine ca. 30 cm

Abb. 13.118: Heidefirst und Schornstein. Schornstein steht mittig im First. Firstseitige Anschlüsse werden vermieden.

breite Schicht aus Heidekraut auf die gebogene und gestopfte letzte Decklage aufgebracht. Die Heideballen werden lagenweise im Verband und unter Berücksichtigung der Wetterrichtung überlappend gesetzt. Zur Befestigung des Heidekrautfirsts existieren 2 Methoden:

Entweder erfolgt die Eindeckung mit reiterähnlichen Hängehölzern, Spalt-, Vierkant- oder Rundhölzern, die in einem Abstand von ca. 0,5 m über die Firstspitze gesetzt werden, oder mit Holzsticken, deren Länge bei etwa 0,3 bis 0,6 m liegt und deren Durchmesser 15 bis 20 mm beträgt. Auf einen laufenden Meter des Heidefirstes werden etwa 100 bis 200 solcher Sticke benötigt. Zum Schutz gegen Wind und Vögel wird der Heidefirst meist mit einem engmaschigen Drahtgeflecht abgedeckt und zugsicher verspannt.

Der Sodenfirst

Der Sodenfirst besteht aus gewachsenen Kleisoden, die etwa 5 cm dick sein sollten, zudem eine Länge von etwa 1,40 m und eine Breite zwischen 30 und 40 cm vorweisen sollten. Unter die Sodenschicht sollten zum Schutz des Reetfirstes besandete Bitumen- oder Kunststoffdachbahnen gelegt werden. Für 1 m First müssen 7 bis 9 Soden verlegt werden. Man beginnt an der windabgewandten Seite und deckt somit gegen die Hauptwindrichtung. Der Anlegewinkel der Grassoden sollte dabei 60 bis 70° betragen. Die Soden werden untereinander mit Hartholzpflöcken befestigt, die 20 bis 30 cm lang sind. Jede Sode ist zu pflocken oder jede zweite, wenn zusätzlich eine Netzabdeckung gewählt wird.

13.8.9 Deckmaterialbedarf

Berechnung der Bundzahl des Deckmaterials für 1 m^2 Dachfläche:

Im 1. Rechenschritt ist die Querschnittsfläche (A_q) der Deckung für einen Quadratmeter Dachfläche zu ermitteln. Dazu multipliziert man die Dicke der Deckschicht (D_d) mit einem Meter Dachbreite (B).

Formel:

$$A_q = D_d \cdot B$$

Im 2. Schritt wird die Querschnittsfläche eines Reetbundes berechnet. Aus dem vorgegebenen Umfang (U) ergibt sich der Durchmesser eines Reetbundes (d).

Formel:

$$d = \frac{U}{\pi}$$

Mit dem Durchmesser lässt sich nun die Querschnittsfläche (F) eines Reetbundes berechnen:

Formel:

$$F = d^2 \cdot \frac{\pi}{4}$$

Teilt man im letzten Schritt die Querschnittsfläche (A_q) des Daches durch die Querschnittfläche (F)

eines Reetbundes, ergibt sich die Anzahl der Bunde (B_d) pro Quadratmeter.

Formel:

$$B_d = \frac{A_q}{F}$$

Praxisbeispiel

Ein Reetdach soll in der Fläche 30 cm dick gedeckt werden. Die Bunde haben einen Umfang von 60 cm. Wie viele Bunde werden pro Quadratmeter benötigt?

Gegeben:
$D_d = 30$ cm
$U = 60$ cm

Rechnung:

$$A_q = D_d \cdot B$$

$$A_q = 30\text{ cm} \cdot 100\text{ cm} = 3.000\text{ cm}^2$$

$$d = \frac{U}{\pi}$$

$$d = \frac{60\text{ cm}}{\pi} = 19{,}11\text{ cm}$$

$$F = d^2 \cdot \frac{\pi}{4}$$

$$F = 19{,}11^2 \cdot \frac{\pi}{4} = 286{,}68\text{ cm}^2$$

$$\text{Bundzahl} = \frac{A_q}{F}$$

$$\text{Bundzahl} = \frac{3.000\text{ cm}^2}{286{,}68\text{ cm}^2} = 10{,}46\text{ St./m}^2$$

13.8.10 Wartung und Pflege

Für ein Reetdach sind Pflege, Wartung und Reparatur von besonderer Bedeutung. Eine jährliche Inspektion garantiert eine lange Lebensdauer und vermeidet frühzeitige, kostenintensive Sanierungen.

Dabei geht es um die folgenden Aspekte:

- Ausbesserung kleiner Schäden, die durch Sturm oder Vögel auftreten,
- Festklopfen der Deckung,
- Säuberung des Daches von z. B. Tannennadeln, Blättern oder Zweigen,
- Entfernen von Algen und Moosen.

13.8.11 Unfallverhütung

Es gelten die Unfallverhütungsvorschriften für Bauarbeiten. Bei Umdeckung und Neueindeckung von Reetdächern sind **Dachfanggerüste** vorzusehen. Als Arbeitsplatz auf dem Dach sind **Deckstühle** und **Deckleitern** geeignet. Bei der Verwendung von Deckstühlen und Deckleitern ist zu beachten, dass diese jeweils mindestens 2 Einstechdorne haben und die Einstechdorne ausschließlich über den Dachlatten hängen. **Ein Einhängen am Deckdraht ist unzulässig.** Deckbäume sollten aufgrund der geringen Standfläche nicht eingesetzt werden. Als Alternative sind **Konsolenkonstruktionen mit Laufbohlen** zu empfehlen.

Im Falle eines Abrisses und der daraus resultierenden Staubentwicklung ist die Verwendung von Schutzanzügen und das Tragen von Atemschutzmasken mit Partikelfiltern angeraten.

Bei der Arbeit mit **imprägniertem Reet** sind **Hautschutzmittel** zu verwenden.

13.9 Übungsaufgaben zu Lernfeld 13b

1. Welchen Umfang sollte ein Reetbund haben und wo wird dieser gemessen?
2. Wie lässt sich die Qualität eines Reetbundes auf der Baustelle prüfen?
3. Was können Sie über die Traglattung sagen?
4. Welche Befestigungstechniken werden im Reetdach angewendet?
5. Welche Anforderungen werden an die Befestigungsmittel gestellt?
6. Welche Deckmaterialien eignen sich als Firstdeckung?
7. Ein Reetdach soll in der Fläche 32 cm dick gedeckt werden. Die Bunde haben einen Umfang von 58 cm. Wie viele Bunde werden pro Quadratmeter benötigt?

Lernfeld 14: Details an Dächern mit Abdichtungen herstellen und Bauwerke abdichten

Nico Laude

Die fachgerechte Abdichtung von Dächern und Bauwerken ist eine grundlegende Maßnahme zum Schutz vor Feuchtigkeit und trägt wesentlich zur Erhaltung der Bausubstanz bei. In diesem Lernfeld erwerben Sie zentrale fachliche Kompetenzen. Dazu gehört die Fähigkeit, Anforderungen an Abdichtungsdetails von Dächern und Bauwerken zu analysieren und zu bewerten. Ein weiterer Schwerpunkt liegt im Bereich der Materialkunde. Sie lernen verschiedene Abdichtungsmaterialien kennen und setzen sich mit deren Eigenschaften und Einsatzmöglichkeiten auseinander. Diese Kenntnisse bilden die Grundlage für die Planung und Ausführung dauerhafter Abdichtungen.
Darüber hinaus erstellen Sie Ausführungszeichnungen, Materiallisten und Arbeitsablaufpläne für Abdichtungsarbeiten. Ein wesentliches Ziel dieses Lernfeldes ist schließlich die fachgerechte und praxisnahe Umsetzung von Abdichtungsdetails auf der Baustelle.

14.1 Detailausbildungen

14.1.1 Anschlüsse an aufgehende Bauteile

Zur Gewährleistung eines ausreichenden Schutzes vor Überflutung und Spritzwasser, insbesondere bei Starkregen, ist die Höhe der Abdichtung bei Dachneigungen bis 5° mindestens 15 cm über Oberfläche Belag zu führen (siehe Abb. 14.1). Bei Dachneigungen über 5° muss die Abdichtung mindestens 10 cm über Oberkante Belag, z. B. Kiesschüttung oder Vegetationsschicht, geführt werden. In schneereichen Gebieten ist ggf. eine höhere Anschlusshöhe erforderlich. Befestigungsmittel für Anschlussschienen oder -profile bleiben unberücksichtigt. Ab einer Anschlusshöhe von mehr als 50 cm sind die Anschlussbahnen in der senkrechten Fläche vollflächig aufzukleben oder mechanisch zu befestigen.

14.1.2 Anschlüsse mit Abdichtungsbahnen

Anschlussbahnen aus Bitumen müssen dauerhaft gegen Abrutschen oder Loslösen gesichert werden, z. B. mit mechanisch befestigten Wandanschlussprofilen. Eine Verklebung allein reicht hier oft nicht aus, da diese den sommerlichen hohen Temperaturen in der Senkrechten nicht standhält. Bei Abdichtungen mit Flüssigkunststoffen mit ausreichender Haftung am Untergrund kann auf eine mechanische Befestigung am oberen Rand verzichtet werden.

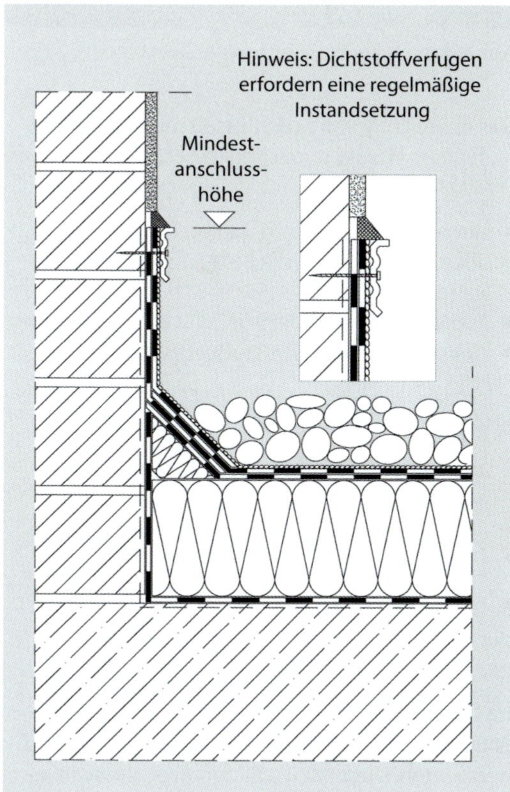

Abb. 14.1: Starrer Wandanschluss mit Bitumenbahnen und ungedämmter Wand

Abb. 14.2: Wandanschluss mit Abdeckblech

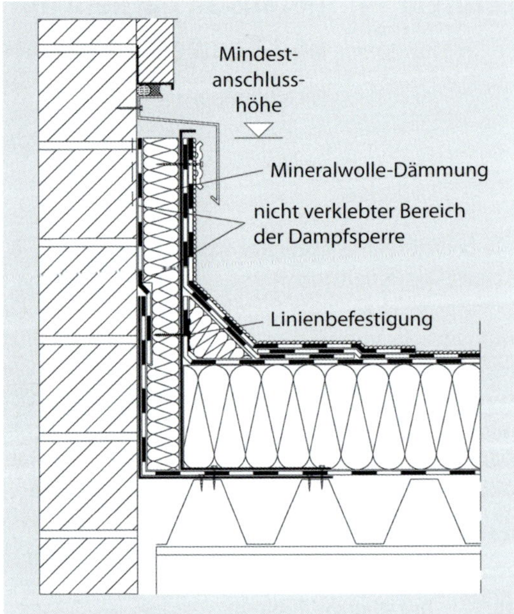

Abb. 14.3: Beweglicher Wandanschluss mit Bitumenbahnen – ungedämmte Wand

Das obere Ende von Anschlüssen muss vor hinterlaufendem Wasser durch Regen geschützt werden. Dies kann durch:

- eingelassene Überhangstreifen,
- Überdeckung durch die Bekleidung der Außenwand,
- Anpressung der Abdichtung mit Klemmschienen,
- Klemmprofile mit Dichtstoffverfugungen

erfolgen.

Dichtstoffverfugungen sind aufgrund ihrer begrenzten Nutzungsdauer jährlich zu überprüfen und ggf. zu erneuern.

Bei Dachabdichtungen aus Bitumenbahnen wird der Anschlussbereich mit einer Haftbrücke (Bitumenvoranstrich) versehen.

Im Übergangsbereich vom Dach zum aufgehenden Bauteil soll ein Keil (z. B. aus Dämmstoff) angeordnet werden. Dieser Keil teilt den Anschlusswinkel und vermeidet eine scharfe Aufkantung der Bitumenbahnen, die diese beschädigen könnten.

Anschlüsse aus Bitumenbahnen sind mindestens zweilagig auszuführen. Die Lagen der Flächenabdichtung werden im Bereich des Keils bzw. des Übergangs abgesetzt. Die Wandanschlussbahnen werden in die Flächenabdichtung eingebunden und bis zur erforderlichen Höhe hochgeführt. Die Verlegung der Wandanschlussbahnen erfolgt senkrecht zur Fläche und sollte die Rollenbreite nicht überschreiten.

Bei genutzten oder befahrenen Flächen ist die Abdichtung im Anschlussbereich mit Schutz- bzw. Abdeckblechen o. Ä. gegen mechanische Beschädigung zu schützen (siehe Abb. 14.2).

Bei Dächern mit einer Unterlage aus Stahltrapezprofilen ist es u. U. nötig, einen beweglichen Anschluss an das aufgehende Bauteil herzustellen. Durch die unterschiedlichen Bewegungen aufgrund der Zug-, Schub- oder Scherkräfte statisch voneinander getrennter Bauteile wird die Dachabdichtung stark belastet, wenn nicht sogar zerstört. Um eine übermäßige Beanspruchung im Übergangsbereich zu vermeiden, wird bei beweglichen Anschlüssen eine mit der Tragkonstruktion fest verbundene Hilfskonstruktion angebracht (siehe Abb. 14.3). An dieser wird die Dachabdichtung hochgeführt und befestigt.

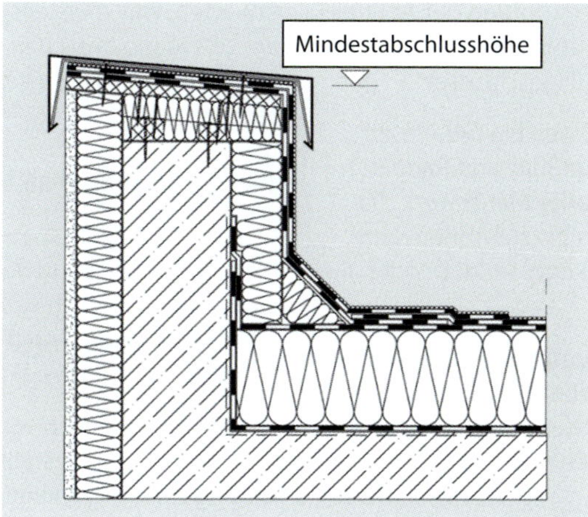

Abb. 14.4: Starrer Wandanschluss – Ausführung mit Bitumenbahnen

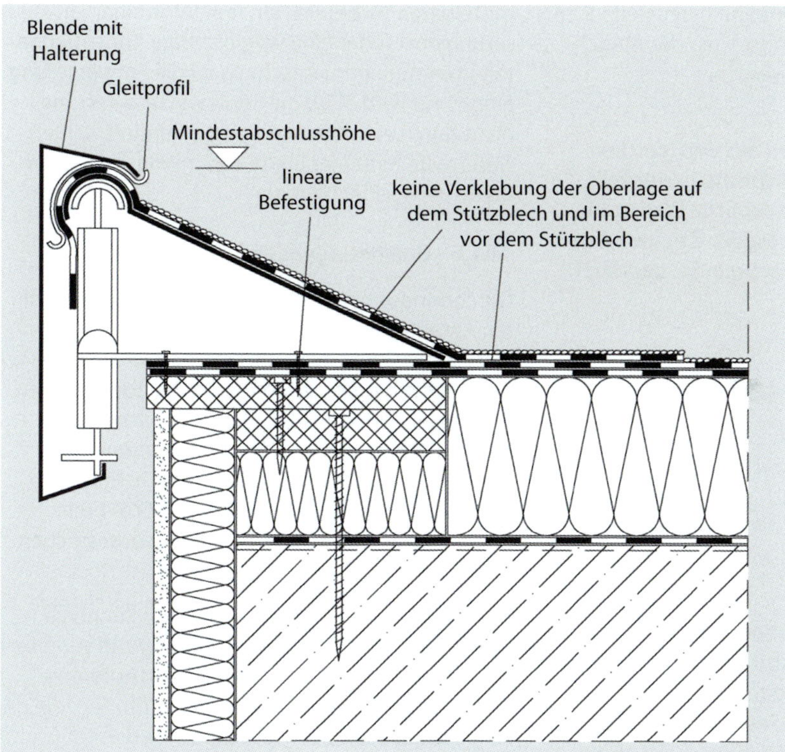

Abb. 14.5: Mehrteiliges Dachrandabschlussprofil

14.1.3 Dachrandabschlüsse

An Dachkanten von Dachabdichtungen ist, ausgenommen im Bereich von Dachrinnen, ein Randabschluss erforderlich. Die Höhe der Dachrandabschlüsse beträgt bei einer Dachneigung bis 5° mindestens 10 cm und bei einer Dachneigung über 5° mindestens 5 cm über Oberkante Belag.

Als Dachrandabschluss sind geeignet:

- Randaufkantungen mit Dachrandabdeckungen,
- Randaufkantungen mit Dachrandabschlussprofil,
- Dachrandabschlussprofile.

Es ist darauf zu achten, dass der Dachrandabschluss niedriger ist als evtl. vorhandene Anschlüsse an aufgehende Bauteile. So wird, bei Annahme des ungünstigsten Falles (z. B. Verstopfung der Abläufe), ein Überlaufen des aufgestauten Niederschlagwassers in das Gebäudeinnere ausgeschlossen.

Die Dachrandabschlüsse müssen ein Gefälle zur Dachseite aufweisen. Zweckmäßig sind Randaufkantungen aus Holz, Beton oder Mauerwerk. Die Abdichtungsbahnen werden bis zur Außenkante der Aufkantung geführt und dort verklebt oder mechanisch befestigt.

Dachrandabschlüsse mit bituminösen Abdichtungsbahnen werden, ebenso wie bei den Anschlüssen, zweilagig und zweiteilig mit Keil ausgeführt. Anstelle von Dachrandaufkantungen können mehrteilige Dachrandabschlussprofile verwendet werden. Der Anschluss vom Dachrandprofil zur Dachabdichtung ist mit einer Polymerbitumenbahn herzustellen. Im Dachrandbereich muss der Anschluss der Abdichtung winddicht hergestellt werden.

An- und Abschlüsse sollen aus den gleichen Werkstoffen wie die Abdichtung hergestellt werden. Werden unterschiedliche Werkstoffe verwendet, so müssen diese für den jeweiligen Zweck geeignet und untereinander dauerhaft verträglich sein .

14.1.4 An- und Abschlüsse mit Blechen

Dachrandabschlussprofile, die wie Blechverwahrungen direkt in die Dachabdichtung eingebunden oder eingeklebt werden, sind ungeeignet, weil die an den Stoßstellen auftretenden temperaturbedingten Bewegungen zu Rissen in der Dachabdichtung führen können.

Die Einklebefläche muss sauber und fettfrei sein und sollte mit einem Voranstrich versehen werden. Bei Abdichtungen aus Kunststoffbahnen erfolgt der Anschluss vorzugsweise unter Verwendung von Verbundblechen, wobei der Zuschnitt so zu wählen ist, dass die Fügetechnik nach Herstellervorschriften der jeweiligen Bahn möglich ist.

Die Einklebefläche von Blechanschlüssen muss mindestens 16 cm breit sein. Die Abdichtungslagen müssen vollflächig im Lagenrückversatz (also ca. 8 cm + 8 cm) angeordnet werden. Die aufgeklebte Abdichtung sollte mindestens 1 cm vor der Aufkantung enden. Sind Scherbewegungen zwischen Dachbewegungen und Anschlussblech zu erwarten, was meistens der Fall ist, ist zusätzlich am Übergang zwischen Blech und Abdichtung ein 10 cm breiter, lose zu verlegender Schleppstreifen anzuordnen.

14.1.5 Anschlüsse an Türen

Grundsätzlich gelten auch hier die Anschlusshöhen für aufgehende Bauteile. Da aber eine Barriere von 15 cm im Türbereich kaum zumutbar ist, ist eine Verringerung der Anschlusshöhe unter bestimmten Voraussetzungen möglich.

Wird jederzeit ein einwandfreier Wasserablauf im Türbereich sichergestellt und die Spritzwasserbelastung minimiert, kann man die Anschlusshöhe bis auf 5 cm herabsenken. Dies ist der Fall, wenn im unmittelbaren Türbereich ein rinnenförmiger Entwässerungsrost (oder eine vergleichbare Konstruktion) mit unmittelbarem Anschluss an die Entwässerung eingebaut wird. Wird die Spritzwasserbelastung nicht durch eine Überdachung minimiert, sollten Gitterroste mit einer Breite von mindestens 15 cm Breite verwendet werden.

14.1.6 Durchdringungen

Durchdringungen wie z. B. Gullys, Dunstrohre, Lüfter, Antennenmasten oder Aufständerungen für technische Geräte sind mit Anschlüssen wasserdicht auszuführen. Sie können mit Klebeflanschen, Anschweißflanschen, Dichtungsmanschetten, Klemmflanschen oder Flüssigabdichtungen ausgeführt werden. Klebeflansche und Dichtungsmanschetten müssen mindestens 12 cm breit, mit einer Haftbrücke versehen oder vorgestrichen (Metallformteile) sein.

Durch horizontale Krafteinwirkungen können an Durchdringungen, die fest im Untergrund verankert sind (wie z. B. Sekuranten (Abb. 14.8), Antennenmaste, Stützen etc.), Bewegungen auftreten, die die Abdichtung stark beanspruchen. Aus diesem Grund müssen sie beweglich, d. h. zweiteilig ausgeführt werden. Der Abstand von Dachdurchdringungen untereinander als auch zu anderen Bauteilen soll mindestens 30 cm, von Außenkante Flansch, betragen.

Viele Hersteller bieten vorgefertigte Formstücke aus Metall oder Kunststoff und Anschlussmanschetten an. Der Einbau hat nach Herstellerangaben zu erfolgen. Die Anschlusshöhe der Durchdringungen

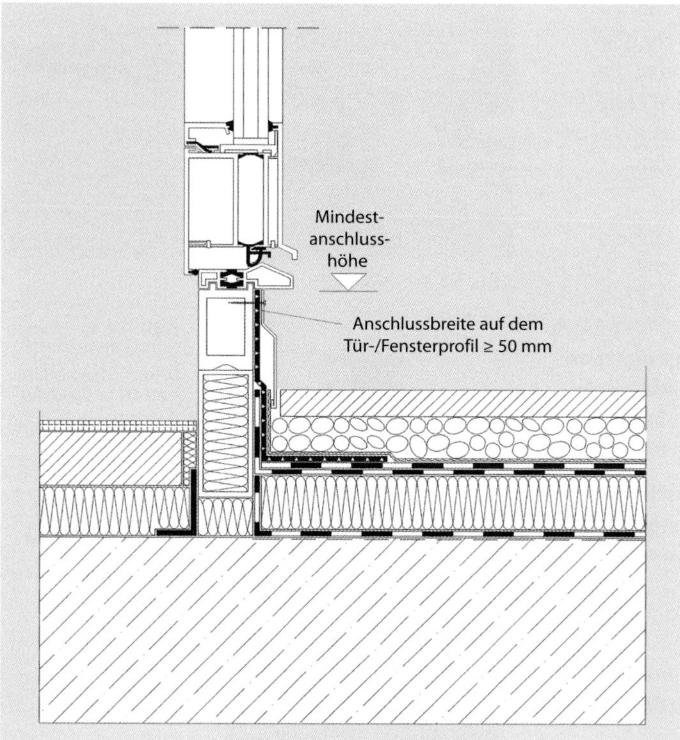

Abb. 14.6: Terrassentüranschluss – Ausführung mit Bitumenbahnen, Flüssigkunststoff und Schutzblech – Anschlusshöhe ≥ 15 cm

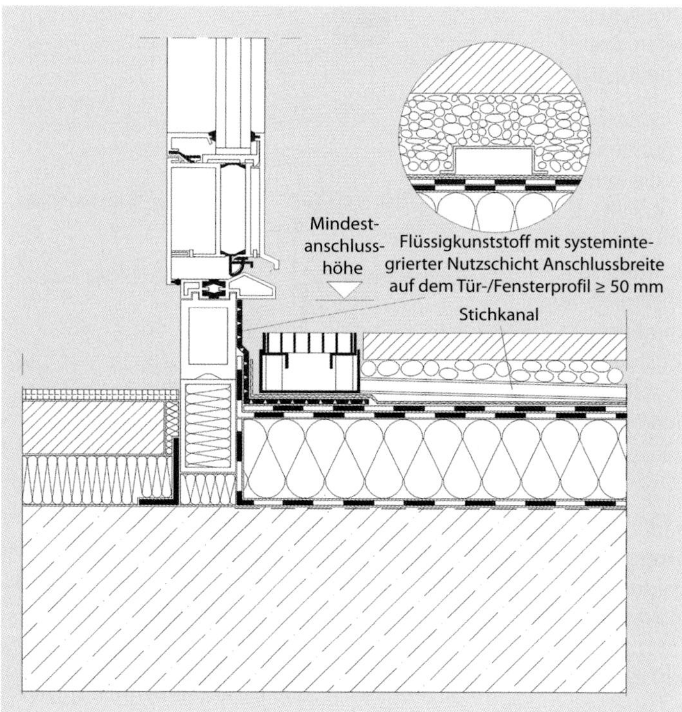

Abb. 14.7: Terrassentüranschluss mit Entwässerungsrinne – Ausführung mit Bitumenbahnen und Flüssigkunststoff

beträgt, wie bei den Anschlüssen, bis 5° mindestens 15 cm und über 5° mindestens 10 cm über Oberkante Belag. Die Klebeflansche sind in die Dachabdichtung einzubinden. Das obere Ende der Dachabdichtung und der Formstücke muss gegen hinterlaufendes Wasser gesichert sein.

14.1.7 Bewegungsfugen

Eine Bewegungsfuge ist der Raum zwischen 2 Bauteilen bzw. Baukörpern, um unabhängige Bewegungen infolge von Temperaturänderungen, Setzungen oder Schwinden zu ermöglichen. Es gibt materialbedingte und konstruktiv bedingte Fugen wie Arbeitsfugen, Setzfugen, Dehnfugen und Bewegungsfugen.

- Bewegungsfugen können sich unterschiedlich zueinander bewegen. Diese Bewegungen können senkrecht zu der Abdichtungsebene, z. B. durch Setzungen,
- parallel zur Abdichtungsebene, z. B. durch Dehnungen,
- als Scherung, schräg zueinander laufend,
- sowie in der Kombination dieser Einzelbewegungen auftreten.

Bewegungen können langsam oder schnell, einmalig, selten oder häufig wiederholt auftreten, unterschiedlich groß sein und unterschiedliche Auswirkungen haben.

An Bewegungsfugen dürfen sich Bewegungen aus Gebäudeteilen nicht so auswirken, dass die Funktionsfähigkeit einzelner Schichten beeinträchtigt wird. Dazu muss die Ausführung der Bewegungsfugen auf die jeweilige Art der Dachabdichtung sowie auf die Art, Richtung, Größe und Häufigkeit der zu erwartenden Bewegungen abgestimmt sein. Es wird unterschieden zwischen Bewegungsfugen des Typs I und des Typs II. Bewegungsfugen sollen auch im Bereich der Dampfsperre entsprechend berücksichtigt werden.

Abb. 14.8: Sekurant

Abb. 14.9: Zweiteiliger Lüfter für bituminöse, nicht belüftete Dachaufbauten

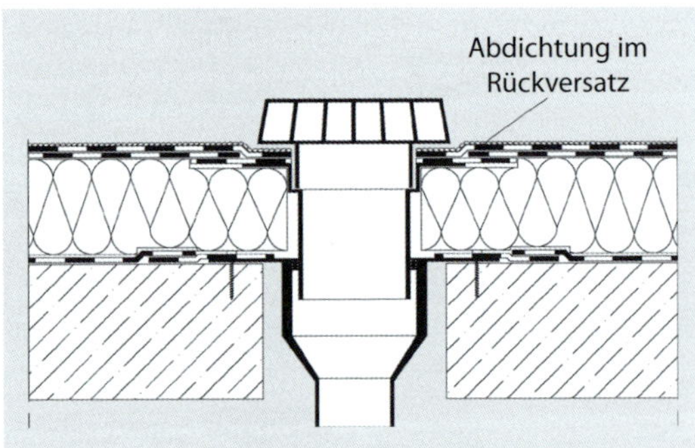

Abb. 14.10: Dachablauf mit Aufstockelement – Ausführung mit Bitumenbahnen

Bewegungsfuge Typ I (Abb. 14.11)

Fugentyp I sind Fugen für langsam ablaufende und einmalige oder selten wiederholte Bewegungen, wie z. B. Setzungsbewegungen, Schwindverkürzungen oder Längenänderungen durch jahreszeitliche Temperaturschwankungen (Dehnungen) in oberseitig wärmegedämmten Dachflächen. Dabei sollten die Bewegungen der Fugenflanken sowohl für Einzelbewegungen als auch für kombinierte Bewegungen folgende Maße nicht überschreiten:

- 5 mm bei verklebten Abdichtungen aus Bitumen-, Kunststoff- und Elastomerbahnen sowie bei Flüssigkunststoffen,

- 10 mm bei lose verlegten Abdichtungen aus Kunststoff-, Elastomer- und Bitumenbahnen.

Bei Überschreitung dieser Maße ist die Abdichtung über der Fuge nach Fugentyp II auszuführen.

Über der Fuge des Typs I kann die Abdichtung vereinfacht in ebener Ausführung durchlaufen. Die Abdichtung ist über der Fuge erforderlichenfalls durch geeignete Maßnahmen, z. B. durch Stützbleche, so zu unterlegen, dass ein Einsinken in den Fugenspalt verhindert wird.

Bei Abdichtungen aus verklebten Bitumenbahnen, Kunststoff- oder Elastomerbahnen sowie Flüssigkunststoffen sind Schleppstreifen von mindestens 0,20 m Breite unter der Abdichtung anzuordnen.

Bei lose verlegten Kunststoff- oder Elastomerbahnen und Bitumenbahnen kann die Dachabdichtung über Fugen mit Bewegungen bis 10 mm über den Fugen durchgezogen werden, wenn die Bahnen im Fugenbereich unterstützt sind.

Bewegungsfuge Typ II (Abb. 14.12)

Fugentyp II sind Fugen für schnell ablaufende oder häufig wiederholte Bewegungen, beispielsweise Längenänderungen durch tageszeitliche Temperaturschwankungen, z. B. bei oberseitig ungedämmten Dachflächen.

Die Art der Ausführung ist unter Berücksichtigung der Größe und Häufigkeit der Fugenbewegungen im Einzelfall festzulegen, z. B. durch:

- Unterbrechen der Flächenabdichtung und schlaufenartige Anordnung geeigneter Abdichtungsstoffe,
- Anordnung von Fugenbändern mit Einklebeflansch,
- vorgefertigte Fugenkonstruktionen mit integrierten Kunststoff- oder Elastomer-Dichtungsprofilen,
- Los- und Festflanschkonstruktionen und Einbau von Fugenbändern.

Fugenausbildungen mit schlaufenartiger Anordnung der Abdichtung können aus der Abdichtungsebene herausgehoben werden, z. B. durch Anordnung von Dämmstoffkeilen oder durch Aufkantungen. Teilflächen von Dächern, die durch Heraushebungen getrennt werden, sind unabhängig voneinander zu entwässern.

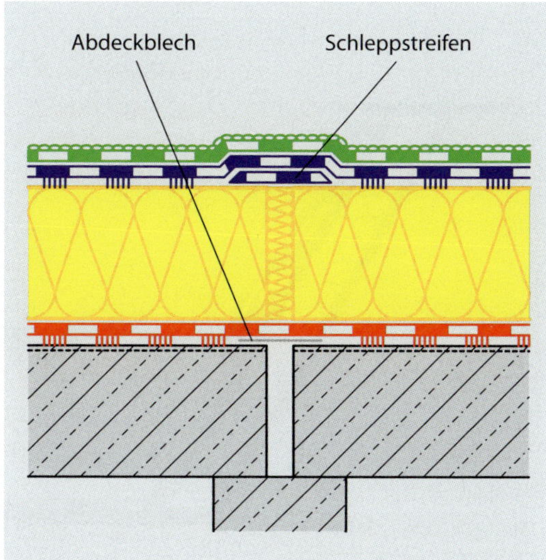

Abb. 14.11: Bewegungsfuge Typ I mit Schleppstreifen und Abdichtung aus Polymerbitumenbahnen

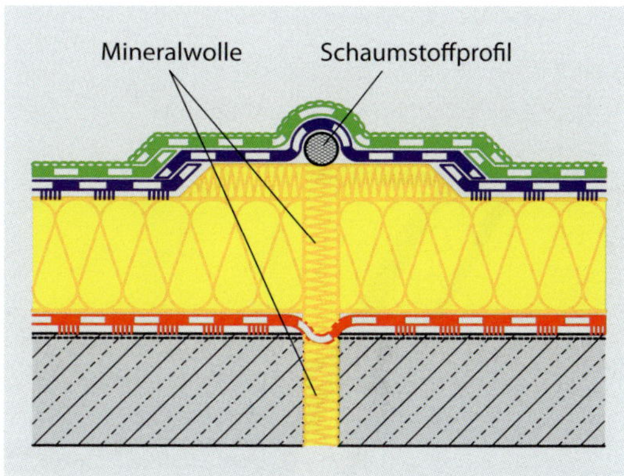

Abb. 14.12: Bewegungsfuge Typ II mit schlaufenförmiger Anordnung der Abdichtung

14.1.8 Lichtkuppeln

In der Regel werden Lichtkuppeln, bestehend aus einem Aufsetzkranz und darauf getrennt angeordneten Lichtschalen/-elementen, eingebaut und eingedichtet.

Anschlusshöhe: Die Anschlusshöhe muss mindestens 15 cm über der Belagoberfläche liegen (ausgenommen Eindichtung des horizontalen Flansches). Aufsetzkränze sind gemäß Herstellerangaben zu befestigen.

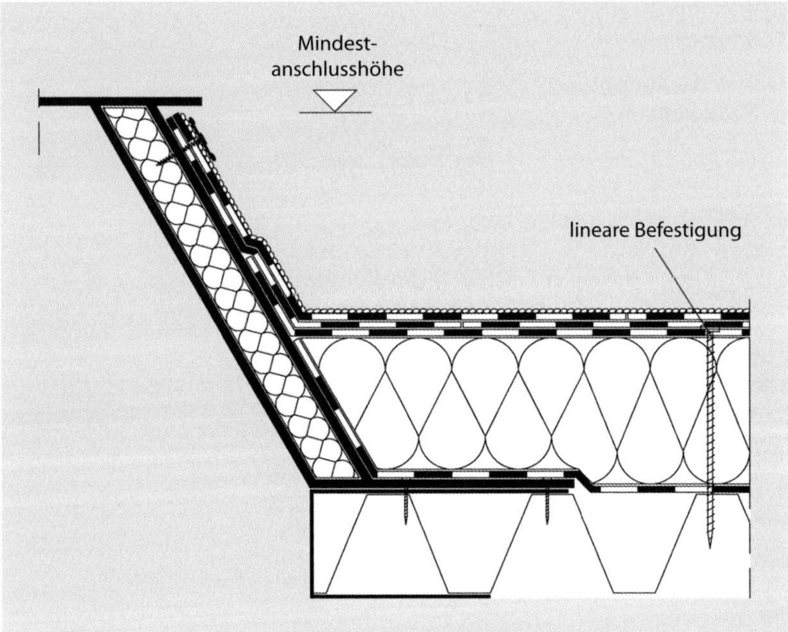

Abb. 14.13: Lichtkuppelanschluss, Aufsetzkranz direkt auf der Unterkonstruktion – Ausführung mit Bitumenbahnen

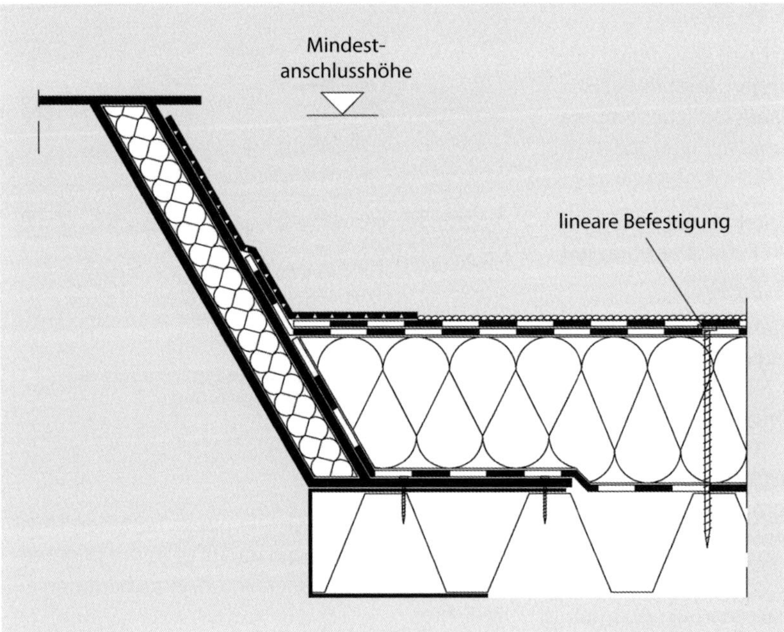

Abb. 14.14: Lichtkuppelanschluss, Aufsetzkranz aus GFK direkt auf der Unterkonstruktion – Ausführung mit Bitumenbahnen und Flüssigkunststoff

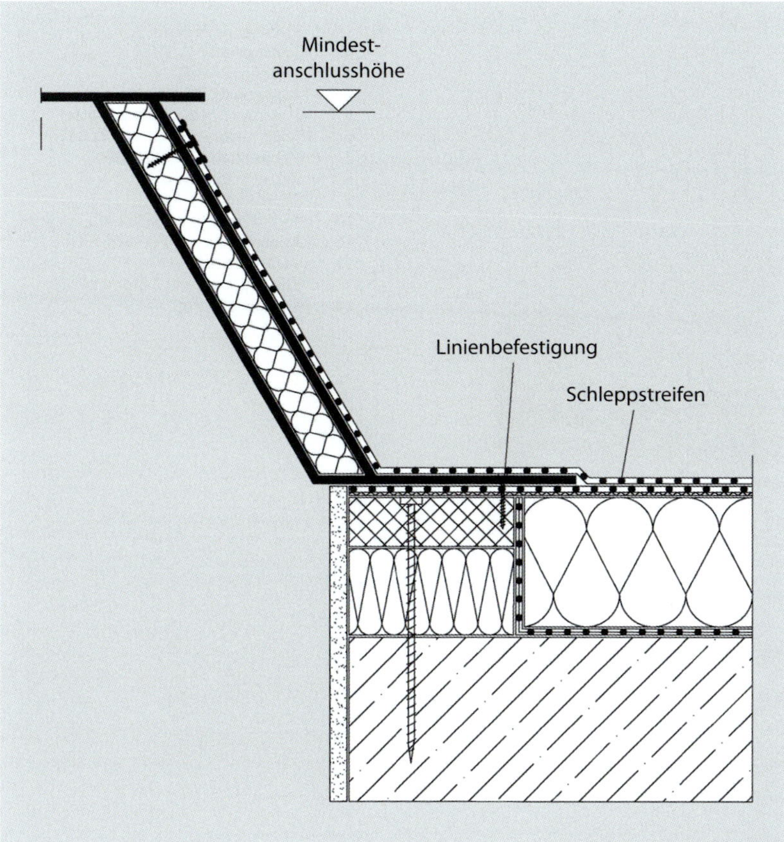

Abb. 14.15: Lichtkuppelanschluss, Aufsetzkranz auf Randbohle – Ausführung mit Kunststoff-/Elastomerbahnen

Maximale Größe: Das Nennmaß von Aufsetzkränzen darf 2,50 m nicht überschreiten, um Schäden durch temperaturbedingte Bewegungen zu vermeiden.

Abdichtungsanschlüsse:

- Abdichtungen können durch Eindichten des horizontalen Flansches oder vollständiges Einfassen bis zum oberen Rand erfolgen.
- Bei Bitumen- und Polymerbitumenbahnen muss der Klebeflansch mindestens 12 cm breit sein. Der Aufsetzkranz sollte mindestens 5 cm aus der Abdichtungsebene angehoben werden. Übergänge sind keilförmig auszubilden, Haftbrücken zu verwenden und die Abdichtung zweilagig mit Rückversatz auszuführen.

Wärmedämmung: Bei Wärmedämmung oberhalb des Klebeflansches ist der Anschluss gemäß Dachdecker-Fachregeln so auszuführen, dass Anschlussbahnen dauerhaft gegen Abrutschen gesichert sind.

Kunststoff- und Elastomerbahnen: Aufsetzkränze können bis zum oberen Rand eingefasst werden. Der Anschluss erfolgt durch geeigneten Kleber oder mechanisch befestigte Verbundbleche. Formteile sind für die Ecken zu verwenden, und die Abdichtung muss mechanisch gegen Abrutschen gesichert werden.

14.1.9 An- und Abschlüsse und Durchdringungen bei begrünten Dachflächen

Besonderheiten bei An- und Abschlüssen und Durchdringungen

Bei Bahnen mit Kupferbandeinlage kann sich die obere Deckschicht aufgrund hoher Temperaturen an Anschlüssen und Durchdringungen ablösen. Um dies zu vermeiden, müssen diese Bereiche vor direkter Sonneneinstrahlung geschützt werden.

Anschlüsse, Abschlüsse sowie Durchdringungen auf begrünten Flächen sollten frei von Bewuchs

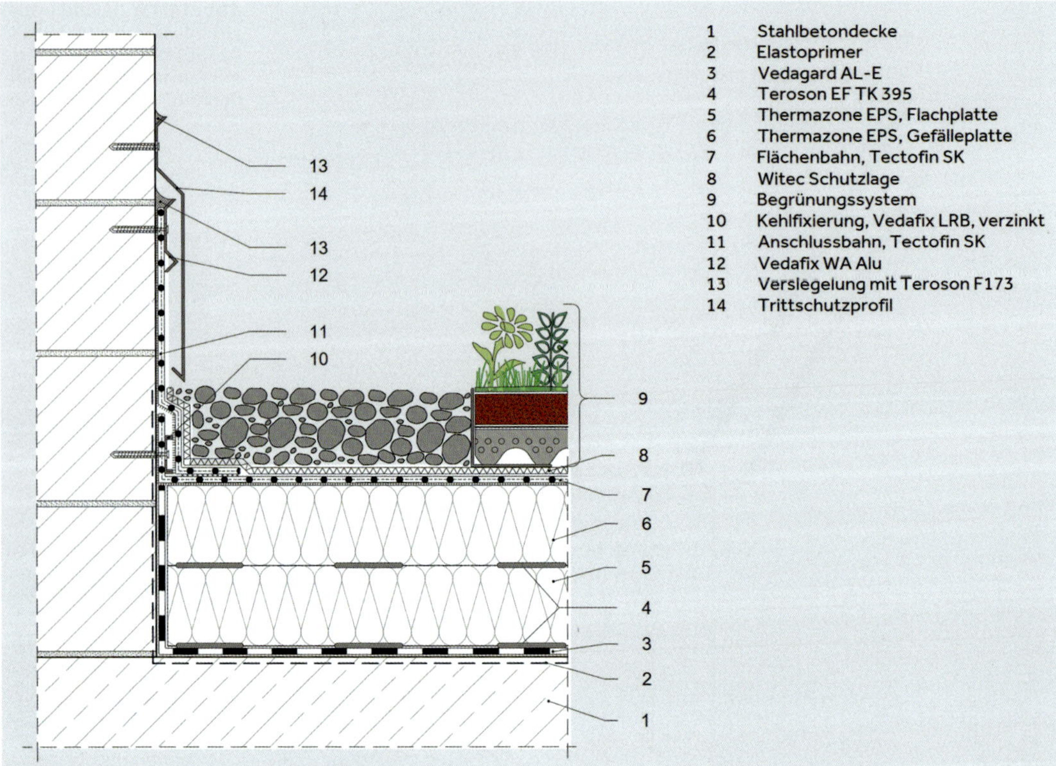

Abb. 14.16: Dachbegrünung Anschluss

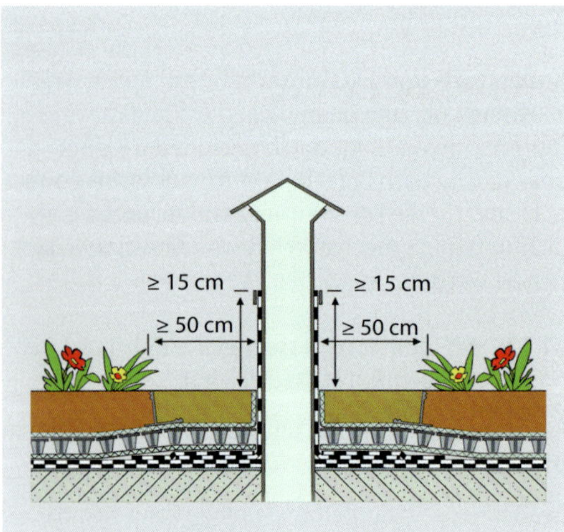

Abb. 14.17: Anschluss bei einer Durchdringung in einem begrünten Dachaufbau

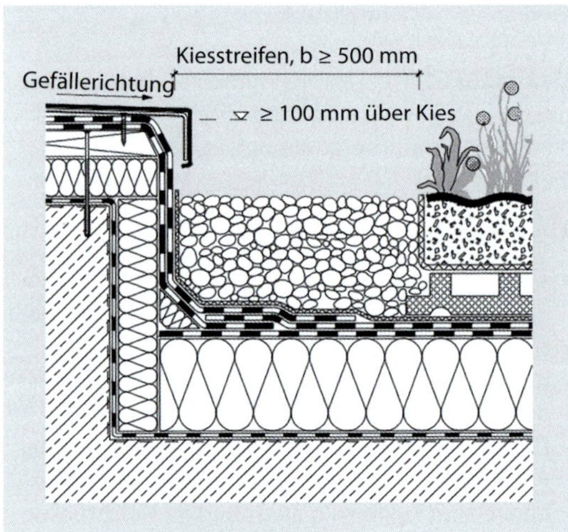

Abb. 14.18: Dachrandabschluss begrünt

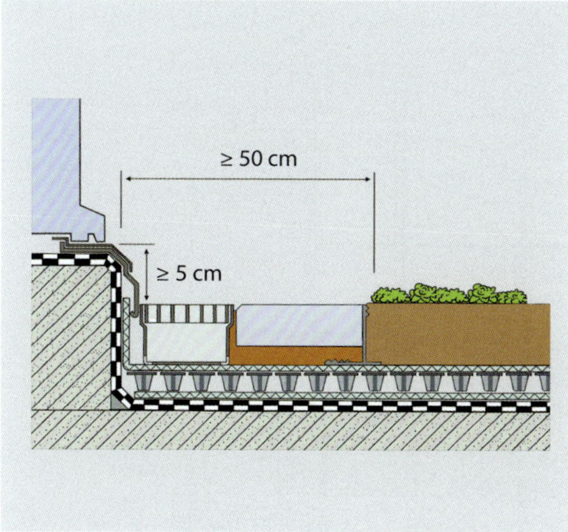

Abb. 14.19: Türaustritt bei einer begrünten Dachterrasse

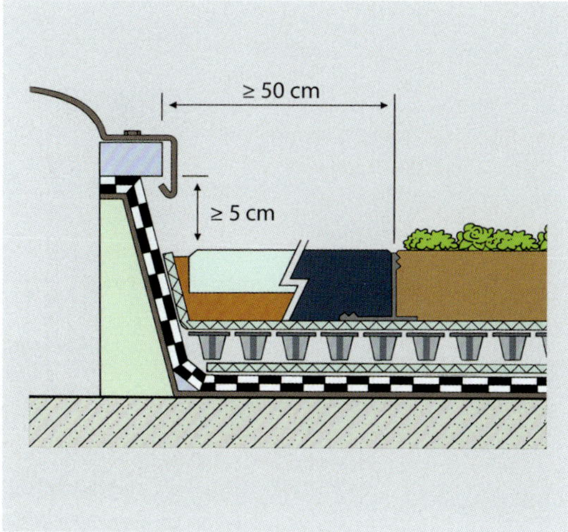

Abb. 14.20: Abstände bei Lichtkuppeln im begrünten Dach

gehalten werden. Um dies zu gewährleisten, empfiehlt es sich, Streifen aus Kiesschüttungen oder Plattenbelägen mit einer Breite von etwa 0,5 m anzulegen

Bei der Planung von begrünten Dachflächen müssen Anschlusshöhen und Mindestabstände zwingend bei der Planung berücksichtigt werden, vor allem im Anschlussbereich von Türen.

14.2 Bauwerksabdichtungen

Bauwerksabdichtungen sind Abdichtungen gegen Wasser in jeglicher Form, also gegen Bodenfeuchtigkeit, nicht drückendes Wasser oder von außen bzw. innen drückendes Wasser. Die Abdichtung eines flächigen Bauteils ist von der Waagerechten bis hin zur Senkrechten in allen Neigungsbereichen ausführbar.

Abdichtungen können außerhalb des Bauwerks wie z. B. bei erdberührten Kelleraußenwänden, Tiefgeschossen sowie auch im Innern des Bauwerks, z. B. bei Nassräumen (Duschen, Bädern, Saunen) oder Schwimmbädern, Wasserbehältern erforderlich werden.

Aufgrund unterschiedlicher Anforderungen und Beanspruchungen, wie z. B. nicht genutzte oder genutzte Dächer, nicht drückendes oder drückendes Wasser, sind Dachabdichtungen und Bauwerksabdichtungen zu unterscheiden. Bauwerksabdichtungen im Wohnungs-, Gesellschafts- und Industriebau sind im Gegensatz zu üblichen Dachabdichtungen keinen UV-Strahlen und keinen oder nur geringen Witterungs- und Temperaturbeanspruchungen ausgesetzt, da diese zwischen Bauteil oder Schutzschichten eingebaut sind. Die Temperaturschwankungen sind gering, daher sind klimatische Beanspruchungen für erdberührte Abdichtungsflächen von untergeordneter Bedeutung. Beanspruchungen durch Niederschläge wie Regen oder Schnee sind nicht gegeben.

Im Gegensatz zu den Dachabdichtungen gehören bei Bauwerksabdichtungen klimatische Beanspruchungen nicht zu den wesentlichen Faktoren für die Bemessung und Ausführung, wie beispielsweise große Temperaturunterschiede oder starke Beanspruchung durch Niederschläge.

Da eine Reparatur oder Wartung von Bauwerksabdichtungen i. d. R. nicht möglich und auch nicht vorgesehen ist, sind Reparaturen meist mit einem großen Zeit- und Kostenaufwand verbunden. Die Funktionsfähigkeit der Bauwerksabdichtung sollte daher für die Lebensdauer des abzudichtenden Bauwerks bemessen sein.

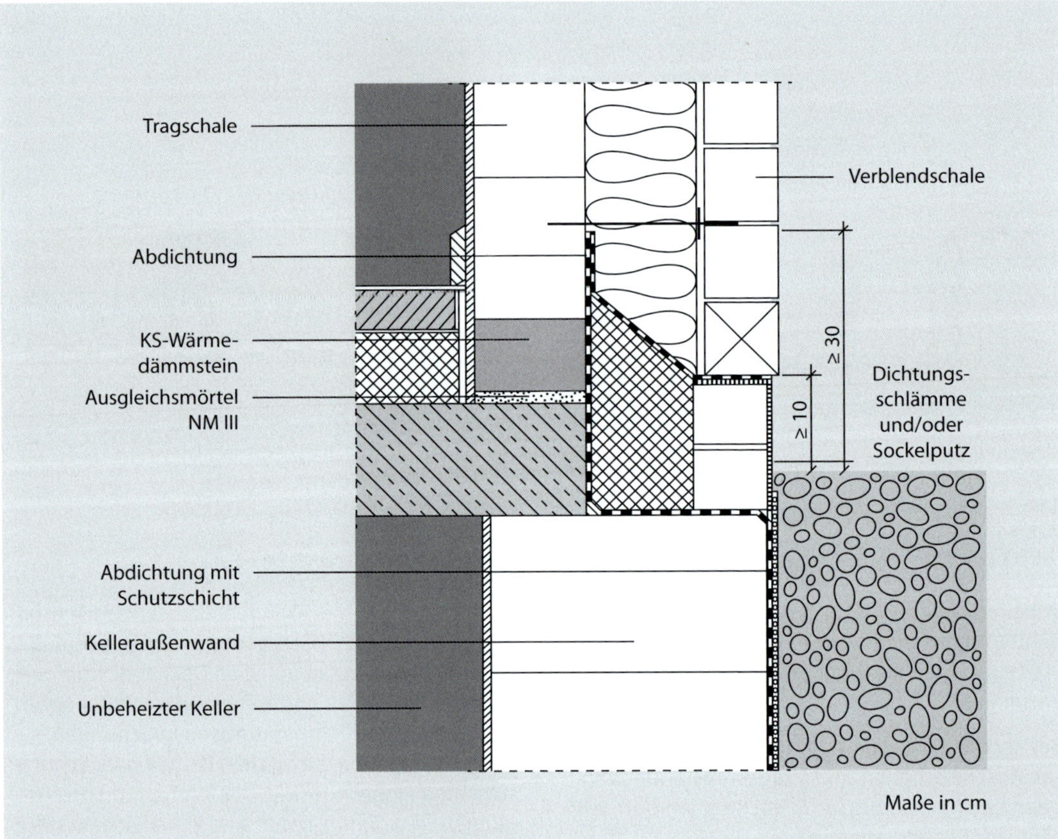

Abb. 14.21: Beispiel Fußpunktsausbildung zweischaliges Mauerwerk

14.2.1 Auswahl der Abdichtungsarten

Entscheidend für die Auswahl von Bauwerksabdichtungen sind die Bodenart und ihre Wasserdurchlässigkeit, die Form des Wassers im Boden und mögliche klimatische Einflüsse. Da Abdichtungen unterschiedlichen Belastungen ausgesetzt sind, hängt die Wahl der Abdichtungsart immer von diesen Faktoren ab:

- Bodenart,
- Angriffsart des Wassers,
- Nutzung des Bauwerks bzw. Bauteils,
- Geländeform,
- Bemessungswasserstand (höchstanzunehmender Grundwasserspiegel),
- mechanische und thermische Beanspruchung,
- ggf. dem gewünschten Abdichtungsmaterial.

Die Erscheinungsformen des Wassers wie **Grundwasser, Sicker- und Stauwasser, Bodenfeuchtigkeit, Oberflächenwasser** und **Niederschläge** wirken von außen entweder nicht drückend oder drückend auf die Bauwerke ein.

Die Aufgabe von Bauwerksabdichtungen ist es, Bauwerke oder Bauteile gegen Grundwasser, Sicker- und Stauwasser, Bodenfeuchtigkeit, Oberflächenwasser und Niederschläge dauerhaft zu sichern und somit zu deren langfristigen Werterhaltung beizutragen.

Wasser übt auf ein Bauwerk auf zweierlei Weise einen hydrostatischen Druck aus:

- als Grundwasser von außen drückend oder
- als Behälterwasser von innen drückend.

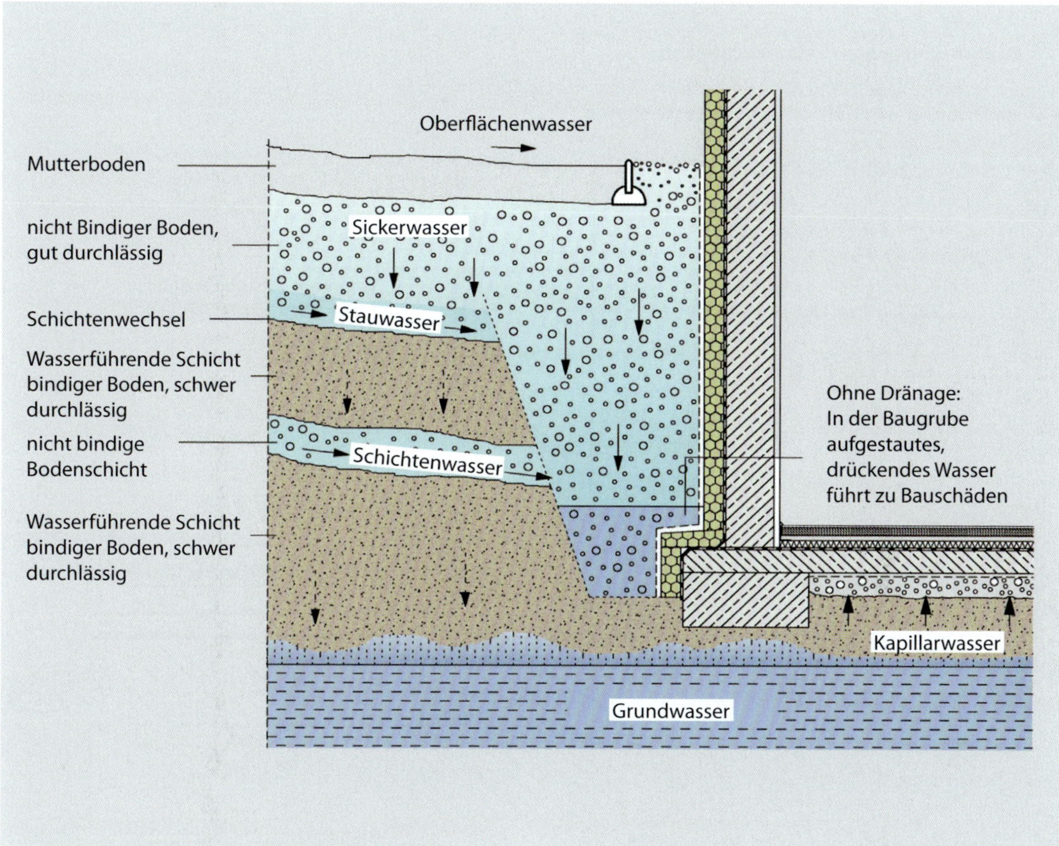

Abb. 14.22: Wasserarten an Baukörper

Abb. 14.23: Abdichtung drückendes Wassser von innen

Abb. 14.24: Abdichtung Dusche

Abdichtung gegen Bodenfeuchtigkeit

Fundament-Kellerwand mit horizontaler und vertikaler Abdichtung gegen Sicker und Haftwasser: „**Schwarze Wanne**"

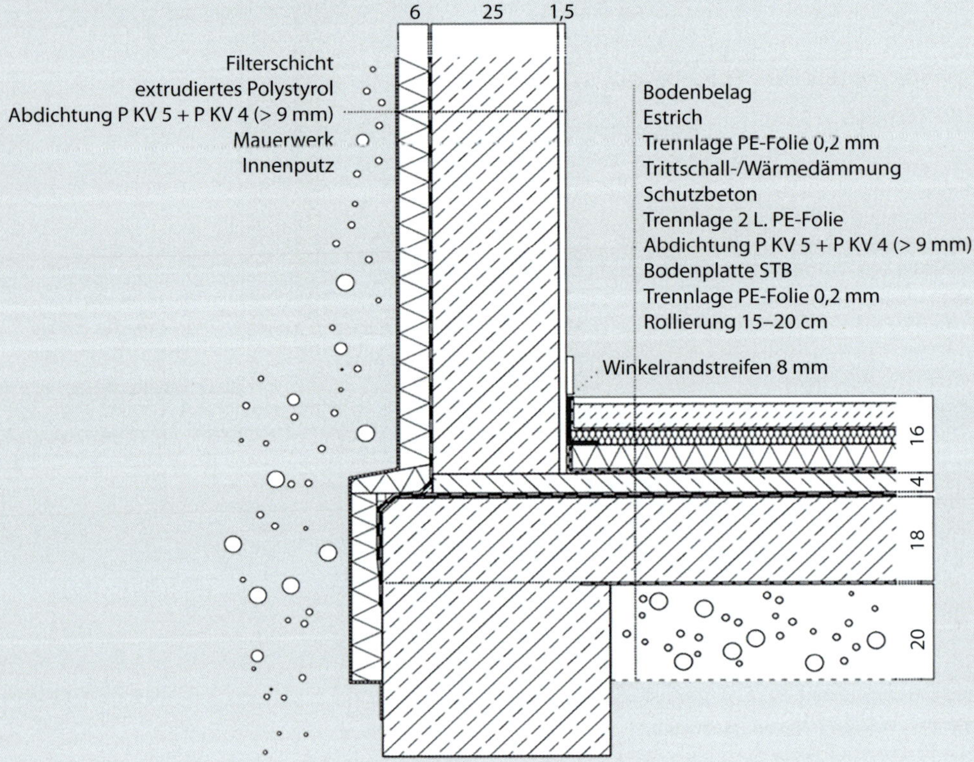

Abb. 14.25: Abdichtung gegen Bodenfeuchte schwarze Wanne

Die Größe des Druckes ist abhängig von der Höhe der vorhandenen Wassersäule bzw. von der Eintauchtiefe des Bauwerks in das Grundwasser. Die Abdichtung muss folglich gegen drückendes Wasser geeignet sein.

Sickerwasser/Stauwasser übt keinen oder nur einen geringen hydrostatischen Druck aus. Als Niederschlagswasser, Sickerwasser oder Brauchwasser läuft es über Bauwerke oder Bauteile hinweg, die in nicht bindigen Böden erstellt wurden.

Gegen Bodenfeuchtigkeit sind alle in nicht bindigen Böden errichtete Bauwerke oder Bauteile mit einer Abdichtung zu schützen. Bodenfeuchtigkeit ist im Erdreich vorhandenes Kapillarwasser.

Außer den bisher genannten Abdichtungen gegen von außen angreifendem Wasser werden auch Abdichtungen ausgeführt, die vor Schäden durch Nutzwasser schützen sollen. Hierbei handelt es sich insbesondere um Abdichtungen von Feuchträumen (z. B. Küchen und Bädern) oder Behältern (z. B. Wasserbehältern oder Schwimmbecken).

14.2.2 Abdichtung von hochbeanspruchten Dachflächen

Flachgeneigte Flächen und Flachdachflächen werden vielseitig genutzt, etwa als Balkone, Dachterrassen, begrünte Dächer, befahrbare Flächen oder Parkdecks. Dabei entstehen Belastungen durch

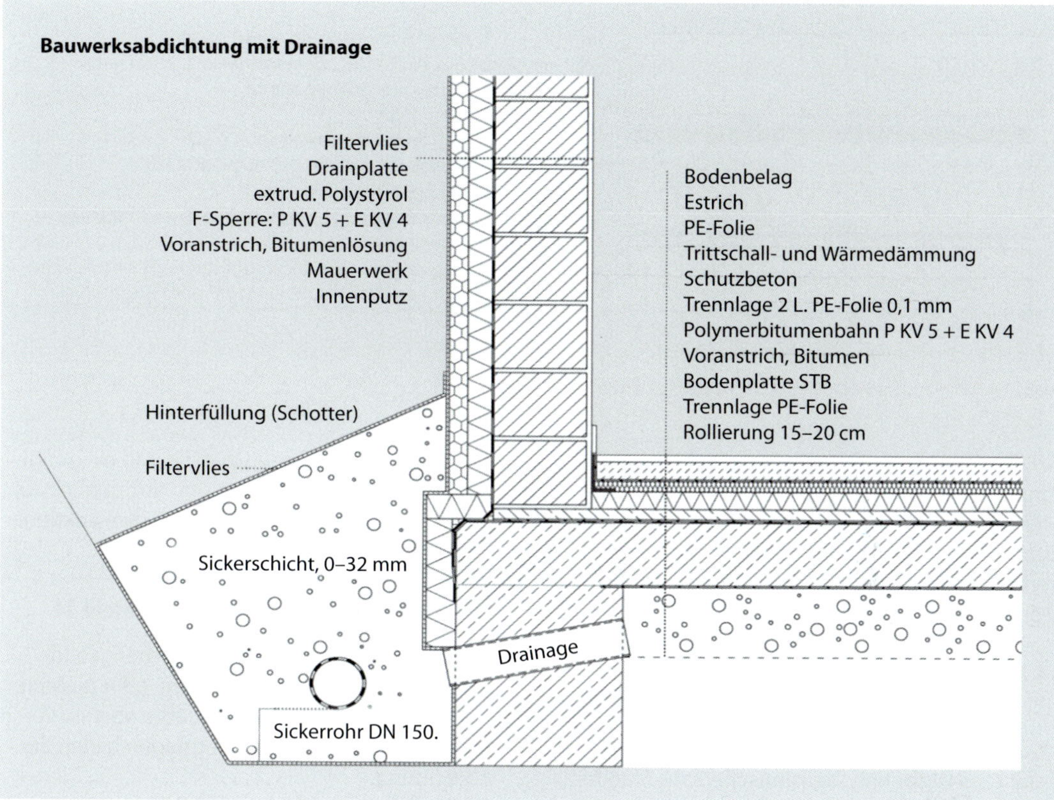

Abb. 14.26: Bauwerksabdichtung mit Drainage

Bewegungen des Baukörpers, Druck, Schwingungen sowie temperaturbedingte Ausdehnungen. Diese müssen konstruktiv berücksichtigt werden, um die Funktionsfähigkeit der Abdichtung dauerhaft zu erhalten.

14.2.3 Dachterrassen

Zur Vermeidung von stehendem Wasser auf Dachterrassen, sollten diese mit einem Mindestgefälle von 2 % ausgeführt werden. Die verwendeten Materialien für den Schichtenaufbau müssen so aufeinander abgestimmt sein, dass sie den Belastungen durch Druck und Bewegung standhalten. Wärmedämmschichten müssen ausreichend widerstandsfähig gegen Druckbelastungen sein, beispielsweise durch punktuelle Belastungen von Stelzenlagern. Abdichtungslagen sollten durch eine Schutzschicht, etwa aus Kies, Splitt oder einem Mörtelbett, vor mechanischen Einwirkungen geschützt werden.

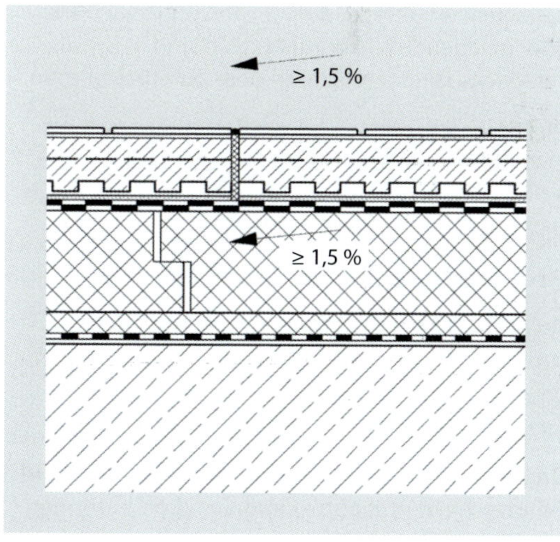

Abb. 14.27: Aufbau Terrassenabdichtung mit Keramikfliesen auf einer unbelüfteten Konstruktion

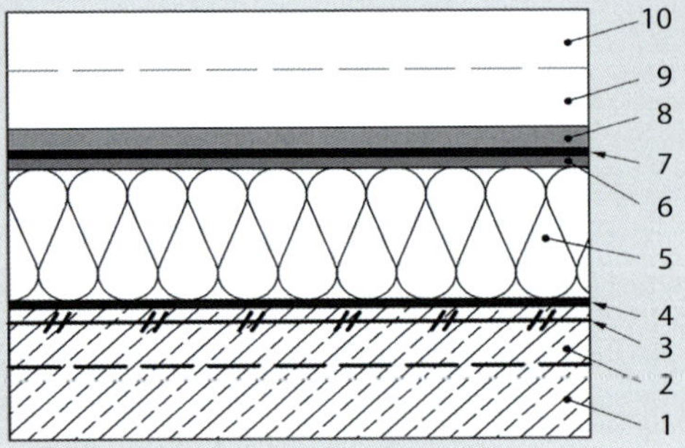

1 Konstruktionsbeton, vorbereitet
2 ggf. Aufbeton oder Betonersatz, vorbereitet
3 Untergrundbehandlung
4 Dampfsperre
5 Wärmedämmschicht aus CG oder EPB
6 Ausgleichsschicht (z.B. Asphaltmastix)
7/8 Abdichtungsschicht aus
7 einer Lage Polymerbitumen-Schweißbahn und
8 einer Lage Gussasphalt
9 Lastverteilungsschicht, ggf. zugleich Nutzschicht
10 ggf. separate Nutzschicht z.B. aus Gussasphalt

Abb. 14.28: Aufbau eines Parkdecks mit Wärmedämmschicht

Bei der Verlegung plattenförmiger Beläge wie Betonplatten in einem Mörtelbett sollte zwischen Mörtelbett und Abdichtung eine Trennlage eingebaut werden. Dies verhindert eine kraftschlüssige Verbindung zwischen der Abdichtung und dem Mörtelbett.

14.2.4 Bewegungs- und Verkehrsflächen: Befahrene Dach- und Deckenflächen aus Stahlbeton

Befahrene Dach- und Deckenflächen aus Stahlbeton sind Bauteile, die sowohl als tragende Elemente eines Gebäudes als auch als Bewegungs- und Verkehrsflächen dienen. Sie werden typischerweise in Bereichen eingesetzt, die für Fahrzeuge wie Pkw oder gelegentlich Lkw zugänglich sind, z. B. auf Parkdecks, Garagendächern oder Zufahrtsrampen.

Diese Flächen müssen hohen Belastungen standhalten, da sie sowohl dynamischen als auch statischen Kräften durch Verkehr und Fahrzeuge ausgesetzt sind.

Zu den zentralen Anforderungen zählen:

Tragfähigkeit: Die einzelnen Schichten der Konstruktion müssen ausreichend dimensioniert sein, um die Verkehrslasten sicher aufzunehmen und ihre Funktionen nicht verlieren.

Dauerhaftigkeit: Eine geeignete Abdichtung und Schutzschicht sind notwendig, um das Eindringen von Wasser, Tausalzen oder anderen chemischen Substanzen zu verhindern, die z. B. Korrosion der Bewehrung verursachen könnten.

Entwässerung: Ein Mindestgefälle und ein gut geplantes Entwässerungssystem sind erforderlich, um stehendes Wasser zu vermeiden und die Funktionalität zu erhalten.

14.3 Hilfreiche Fachbegriffe zu Lernfeld 14

- Eine **Abdichtungslage** ist ein Flächengebilde aus Abdichtungswerkstoffen. Eine oder mehrere vollflächig untereinander verklebte oder im Verbund hergestellte Abdichtungslagen bilden die Abdichtung.
- Als **Abdichtungsrücklage** wird ein festes Bauteil bezeichnet, auf das eine Abdichtung für stark geneigte oder senkrechte Flächen aufgebracht wird, wenn die Abdichtung zeitlich vor dem zu schützenden Bauwerk hergestellt wird (z. B. Bodenplattenabdichtung im Lagenversatz, an die nach dem Mauern der Außenwand deren Abdichtung angeschlossen wird).
- Als **Abschluss** bezeichnet man das gesicherte Ende oder den gesicherten Rand einer Bauwerksabdichtung.
- Ein **Anschluss** ist die Verbindung von Teilbereichen einer Abdichtungslage oder mehrerer Abdichtungslagen miteinander, die zu verschiedenen Zeitabschnitten hergestellt werden, z. B. bei Arbeitsunterbrechung. Ein Anschluss ist auch die wasserdichte Verbindung einer Abdichtungslage oder mehrerer Abdichtungslagen an Einbauteile.
- Die **Bauteiltemperatur** ist die Temperatur der Bauteiloberfläche, mit der die Abdichtung bei ihrem Einbau direkt in Berührung kommt.

- Eine **Bewegungsfuge** ist ein geplanter Zwischenraum zwischen 2 Bauwerksteilen oder Bauteilen, der unterschiedliche Bewegungen ermöglicht.
- Eine **Durchdringung** ist ein Bauteil, welches die Bauwerksabdichtung durchdringt, z. B. Rohrleitung, Geländerstütze, Ablauf, Brunnentopf, Telleranker usw.
- **Einbauteile** sind Hilfsmittel zur Herstellung von wasserdichten Anschlüssen an Durchdringungen, bei Übergängen oder bei Abschlüssen, wie z. B. Klebeflansch, Anschweißflansch, Manschette, Klemmschiene, Los- oder Festflanschkonstruktion.
- Eine **Los- und Festflanschkonstruktion** ist eine im Regelfall aus Stahl bestehende Konstruktion zum Einklemmen einer Abdichtung, um durch Anpressen eine wasserdichte Verbindung herzustellen.
- Der **Nassraum** ist ein Innenraum, in dem nutzungsbedingt Wasser in solcher Menge anfällt, dass zu seiner Ableitung eine Fußbodenentwässerung erforderlich ist. Bäder im Wohnungsbau ohne Bodenablauf zählen nicht zu den Nassräumen.
- Die **Schutzlage** ist ein zusätzlicher Schutz einer Abdichtung, die jedoch keine Schutzschicht ersetzen kann. Eine Schutzlage zählt nicht als Abdichtungslage und verbleibt am Bauwerk. Sie kann bei geringer mechanischer Belastung aus einem bahnenförmigen Material bestehen.
- Die **Schutzschicht** ist ein am Bauwerk verbleibendes Bauteil (Estrich, Beton, Gussasphalt) zum dauerhaften Schutz der Bauwerksabdichtung gegen mechanische und thermische Beanspruchung.
- Die **Schutzmaßnahme** ist eine bauliche Maßnahme zum vorübergehenden Schutz einer Bauwerksabdichtung während der Bauarbeiten.
- Als **aufstauendes Sickerwasser** wird unter Einwirkung der Schwerkraft frei abfließendes Niederschlags- und/oder Brauchwasser bezeichnet, das auf wenig durchlässigen Bodenschichten zeitweise aufstauen kann.
- Eine **Verwahrung** ist die Sicherung der Ränder von Abdichtungen gegen Abgleiten und das Hinterlaufen von Wasser.

14.4 Übungsaufgaben zu Lernfeld 14

1. Bei der Herstellung von Anschlüssen an aufgehenden Bauteilen und Durchdringungen müssen bestimmte Anschlusshöhen eingehalten werden. Nennen Sie die Höhen und deren Abhängigkeiten.
2. Warum müssen Dachrandabschlüsse niedriger ausgeführt werden als Anschlüsse an aufgehenden Bauteilen?
3. Unter welchen Voraussetzungen dürfen die Anschlusshöhen an Terrassentüren verringert werden?
4. Wie müssen Anschlüsse an Durchdringungen ausgeführt werden? Begründen Sie die Ausführungsvorgabe.
5. Unterschiedliche Bauteile und Baukörper stellen eine hohe Anforderung an die Ausführung von Abdichtungen dar. Nennen Sie die 2 Bewegungsfugentypen und ergänzen Sie, wann der jeweilige Typ anzuwenden ist.
6. Warum unterscheiden sich Bauwerksabdichtungen von Dachabdichtungen?
7. Welche Bauwerke müssen gegen Bodenfeuchtigkeit abgedichtet werden?
8. Wie groß sollte das Mindestgefälle bei Dachterrassen sein und warum ist dieses Gefälle wichtig?

Lernfeld 15: An- und Abschlüsse an Wänden herstellen

Kurt Jentzsch

Dieses Lernfeld basiert auf den Inhalten aus Lernfeld 11 – Außenwandflächen bekleiden. Die verschiedenen Deck- bzw. Bekleidungsarten mit Schiefer- und Faserzementplatten an senkrechten Flächen sind bekannt. Im Folgenden wird erläutert, worauf bei Ausführungsbeginn von Wanddeckungen zu achten ist und welche Möglichkeiten es gibt, diese seitlich oder nach oben bzw. unten hin abzuschließen. Dabei unterscheidet man An- und Abschlüsse an Fassaden (Wanddetails) je nach Position in untere Abschlüsse bzw. Sockel, seitliche Abschlüsse, obere Abschlüsse, Außenecken, Innenecken sowie Anschlüsse an Wandöffnungen.

15.1 Unterer Abschluss (Sockel)

Bei der Ausbildung des unteren Abschlusses, auch Sockel genannt, muss sichergestellt werden, dass Wasser abtropfen kann und nicht hinter die Deckung gelangt. Dazu kann ein freier Überstand ausgeführt oder ein Abtropfprofil verwendet werden. Weiterhin ist die gesamte Konstruktion gegen das Eindringen von Kleintieren und Nagern zu schützen. Dabei muss darauf geachtet werden, dass der Lüftungsquerschnitt bei belüfteten und hinterlüfteten Fassaden nicht unterschritten wird. Bei der ersten Gebindereihe wird in die Ausführungen mit oder ohne Ansetzergebinde (erstes Gebinde wie in der Fläche) unterschieden. Einige Deckarten bieten hier auch Kombinationsmöglichkeiten.

15.1.1 Belüftung/Hinterlüftung

Generell unterscheidet man zwischen belüfteten und hinterlüfteten Außenwandbekleidungen (siehe Tabelle 15.1).

Die Luftschicht muss eine Dicke von **≥ 2 cm** aufweisen und darf diese an einzelnen Stellen, z. B. durch Unebenheiten, um bis zu 5 mm unterschreiten.

Tabelle 15.1: Anforderungen an belüftete und hinterlüftete Außenwandbekleidungen

	Belüftete Außenwand-bekleidungen	Hinterlüftete Außenwand-bekleidungen
Größe der Lüftungsöffnung	≥ 100 cm²/m	≥ 50 cm²/m
Position/ Ausführung	unterer Abschluss	unterer sowie oberer Abschluss
Querschnittfläche pro Meter Wandfläche	10 × 10 cm	5 × 10 cm

Bei der Verwendung von Lüftungsgittern muss darauf geachtet werden, dass der Lochquerschnitt die Anforderungen für Hinter- bzw. Belüftung erfüllt. Lüftungsgitter können aus Aluminium, nichtrostendem Stahl, verzinktem Stahl oder aus Kunststoff sein.

Abb. 15.1: Lüftungsgitter/Nagerschutz aus Kunststoff

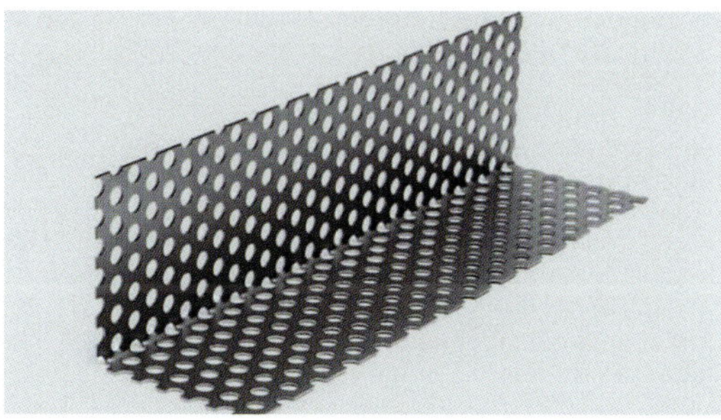

Abb. 15.2: Lochblech aus Aluminium

Praxisbeispiel

Lüftungsquerschnitt berechnen

Gegeben:

- Hinterlüftete Fassadenkonstruktion mit Deckung auf Traglattung
- Konterlattung $d/b = 3/5$ [cm]
- Dämmstoff Mineralwolle $b = 60$ cm
- Lüftungsgitter, Lochanteil 20 %

Gesucht: Lüftungsquerschnitt A_L [cm^2]
→ 3 cm Luftschicht (*d* Konterlatte)
→ 100 cm : 60 cm = 1,67 Konterlatten pro laufenden Meter
→ Querschnitt A_K Konterlatte $d \cdot b = 3 \cdot 5\ cm = 15\ cm^2$

Öffnungsquerschnitt $A_Ö$ pro laufenden Meter:
$A_Ö = l \cdot d = 100\ cm \cdot 3\ cm = 300\ cm^2$
$A_Ö - A_K = 300\ cm^2 - 1,67 \cdot 15\ cm^2 = 275\ cm^2$
$A_L = 275\ cm^2 \cdot 0,2 = 55\ cm^2$ bei 20 % Lochanteil
$A_L = 55\ cm^2 > 50\ cm^2 \cdot$ knapp erfüllt!

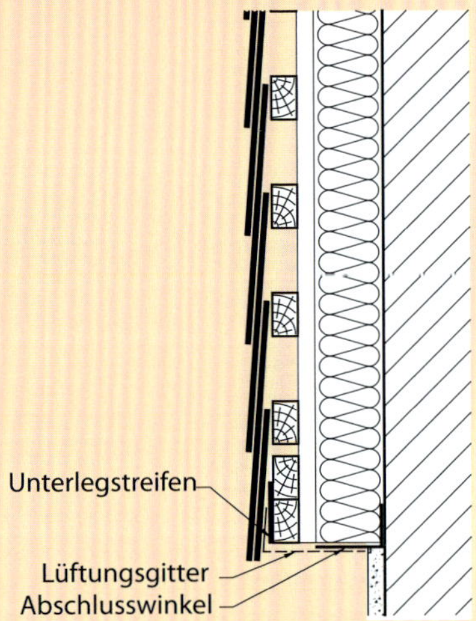

Abb. 15.3: Unterer Abschluss bei waagerechter Traglattung auf senkrechter Konterlattung

15.1.2 Sockelabschluss

Tabelle 15.2: Ausführungshinweise beim Sockelabschluss

Ausführungshinweis	Funktion/Begründung
Unterlegen der ersten Gebinde-/Ansetzerreihe mit geeigneten Leisten, Unterlegstreifen oder durch Verwendung einer Latte mit größerem Querschnitt.	Verhindert das Abkippen der untersten Gebindereihe bzw. sorgt für eine durchgehend gleiche Neigung der Deckung.
Der untere Abschluss der Außenwandbekleidung muss unter Berücksichtigung der erforderlichen Lüftungsöffnungen ausgeführt werden.	Bei Verwendung von Abschlussblechen muss darauf geachtet werden, dass ausreichend Öffnungen im Blech zur Luftzirkulation vorhanden sind.
Es ist auf ausreichend Abstand zwischen Unterkante Fassadenkonstruktion und Oberkante Gelände zu achten, z. B. 30 cm.	Es soll kein Spritzwasser hinter die Fassadenkonstruktion gelangen und es ist sinnvoll, einen Abstand zum Bewuchs zu haben, damit keine Pflanzen hinter die Konstruktion wachsen.
Bei Einbau eines Abtropfprofils als unterer Abschluss darf die Bekleidung nicht auf dem Profil aufliegen.	Der Abtransport von Feuchtigkeit muss sichergestellt werden. Hält sich Feuchtigkeit dauerhaft, führt das zur Entstehung von Korrosion und zur schnelleren Verwitterung der Baustoffe.
Wird kein Abtropfprofil verwendet, so muss die Bekleidung **2–5 cm** über die Unterkante der Unterkonstruktion überstehen.	Durch den freien Überstand wird ein sicheres Abtropfen des Niederschlagswassers gewährleistet. Ist der Abstand zu gering, kann Wasser hinter die Bekleidung gelangen. Bei zu großem Überstand können Platten leichter abbrechen.
Bei der Verwendung von Metallprofilen müssen diese untereinander und auf die Befestigungsmittel abgestimmt sein	Bei Verwendung verschiedener Metalle und Legierungen kann es zu Kontakt- und Spaltkorrosion kommen.

15.1.3 Ausführung erste Gebindereihe

Am unteren Abschluss werden 2 Ausführungsarten unterschieden: **Ansetzergebinde** und **Erstes Gebinde wie Flächendeckung**. Ob mit Schiefer oder mit Faserzement gedeckt wird, spielt dabei keine Rolle. Die Ausführungsart wird durch die Deckungsart festgelegt.

> **Grundsätzlich gilt: Bei allen Deckarten mit Verlegung im Halbverband muss ein Ansetzergebinde ausgeführt werden.**

Ansetzer

Die Ansetzerplatten müssen grundsätzlich handwerklich gefertigt werden. Bei Schiefer kommen hierbei Schieferhammer und Haubrücke, bei Faserzement eine Faserzementschere zum Einsatz. Die Befestigung der Ansetzer ist abhängig von der geforderten Befestigungszahl bei der Flächendeckung. Ansetzerplatten sind mit mindestens 2, bei großen

Praxisbeispiel

Ansetzer bei Wabendeckung 20/20

Beidseitig wird rechtwinklig zur Kante $Ü = 4$ cm abgemessen und angerissen. Anschließend wird der untere Teil abgetrennt.

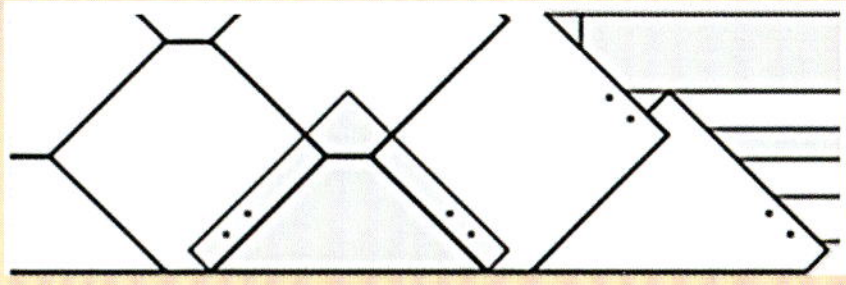

Abb. 15.4: Wabendeckung mit Ansetzergebinde

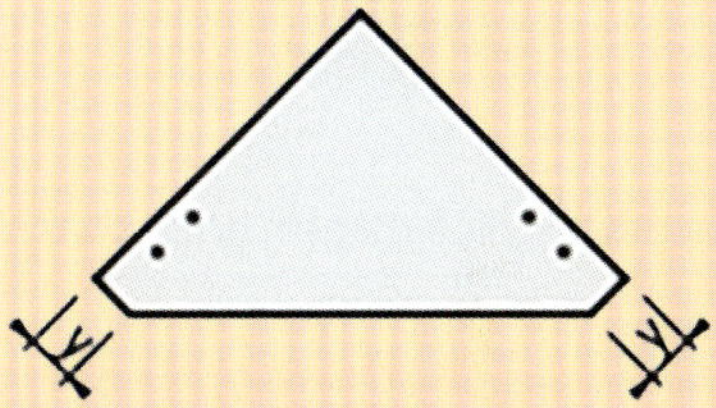

Abb. 15.5: Zurichtung Ansetzer mit y = 4 cm

Tabelle 15.3: Ausführungsarten erste Gebindereihe

Ansetzergebinde	Erstes Gebinde wie Flächendeckung
• Rechteckdoppeldeckung / Doppeldeckung • Gezogene Deckung • Spitzwinkel- / Spitzschablonendeckung • Rhombusdeckung • Wabendeckung • Spezialfischschuppendeckung	• Altdeutsche Deckung • Schuppendeckung • Deutsche Deckung (Bogenschnittdeckung) • Waagerechte Deckung • Geschlaufte Deckung • Dynamische Deckung
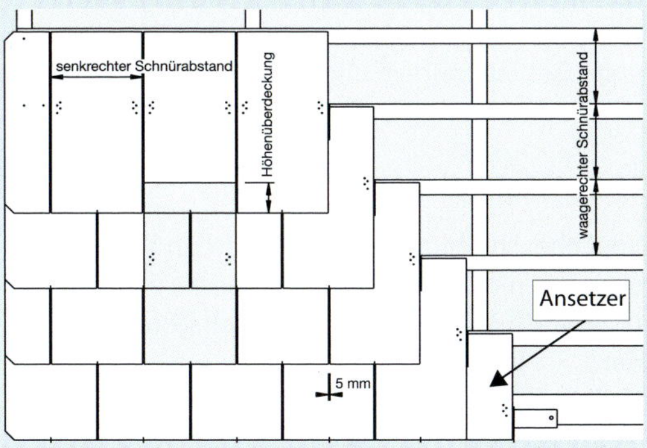	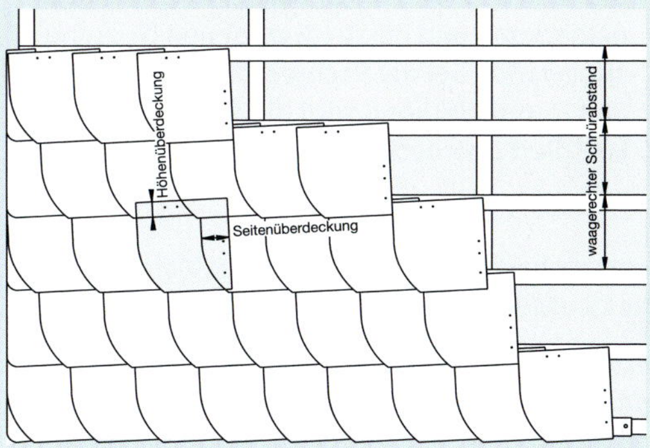
Beispiel Doppeldeckung 30/60: Ansetzergebinde unterlegt die untersten Stoßfugen und bildet mit erster voller Gebindereihe eine Abschlusskante, ist also nicht mehr sichtbar.	**Beispiel Deutsche Deckung 30/30 mit Bogenschnitt**

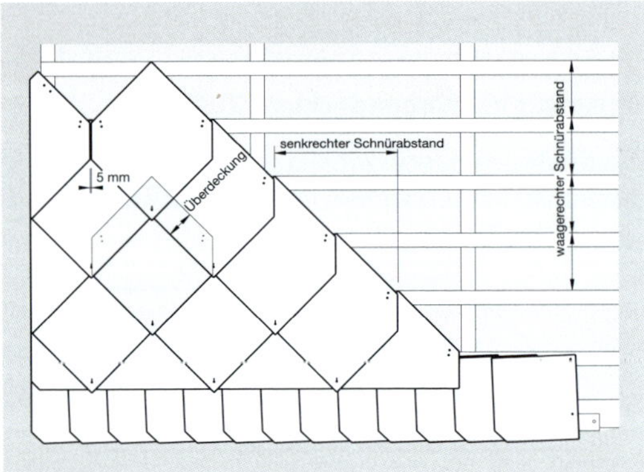

Abb. 15.6: Spitzschablonendeckung 40/40 mit Traufgebinde aus Waben 30/30

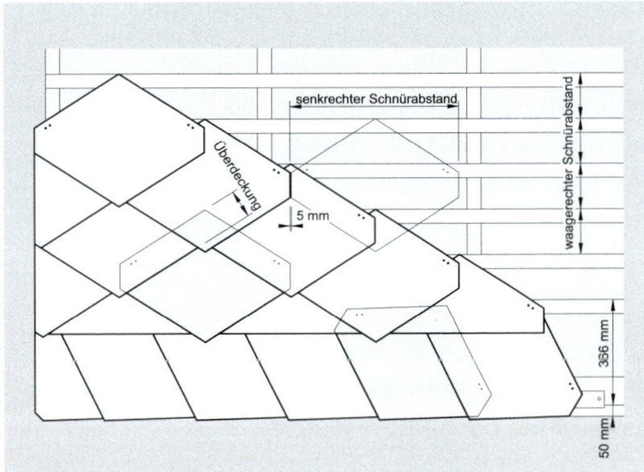

Abb. 15.7: Rhombusdeckung mit Traufgebinde aus gedrehten Decksteinen

Formaten mit 3 Schiefernägeln oder -stiften zu befestigen.

Praxisbeispiel

Ansetzer bei Doppeldeckung 30/60

Berechnung Ansetzer:

A = (H – Ü) : 2 + Ü mit Ü = 3 cm

A = (60 cm – 3 cm) : 2 + 3 cm = 31,5 cm

Die Faserzementplatte wird bei 31,5 cm abgetrennt und muss eventuell neu gelocht werden.

Die Formel A = (H – Ü) : 2 + Ü zur Berechnung des Ansetzers wird auch bei der Rechteckdoppeldeckung und bei der Gezogenen Deckung angewandt. Bei der Rechteckdoppeldeckung und Doppeldeckung wird die Ansetzerreihe komplett überdeckt.

Ansetzer bei Spitzwinkel-, Spitzschablonen- und Rhombusdeckung

Bei diesen Deckarten wird der Teil des Decksteins unter dem Abschnitt waagerecht abgetrennt. Für den Ansetzer bei der Spezialfischschuppendeckung wird die Schuppe mit dem Bogen nach oben gedreht und gekürzt, sodass eine gerade Kante entsteht, die mit den Bögen der ersten Decksteinreihe eine Linie bildet.

Für alle Ansetzer-Deckarten (ausgenommen Rechteckdoppeldeckung, Doppeldeckung und gezogene Deckung) kann unter der Ansetzerreihe ein Traufgebinde (auch Fußgebinde) ausgeführt werden. Dieses kann aus den Decksteinen der Fläche oder alternativen Decksteinen bzw. aus speziellen Ortsteinen bestehen. Auch gleiche Decksteine mit anderem Format sind möglich. Die Höhenüberdeckung muss mindestens der der Fläche entsprechen. Die Seitenüberdeckung kann erhöht werden.

Erstes Gebinde wie Flächendeckung

Alle Deckregeln der Fläche, Überdeckungen und die Anzahl der geforderten Befestigungsmittel gelten gleichermaßen für die erste Gebindereihe. Die erste Gebindereihe (Fußgebinde) kann gegenläufig der Deckrichtung der Fläche gedeckt werden.

15.2 Seitlicher Abschluss

Seitliche Abschlüsse entstehen, wenn Wanddeckungen nicht um eine Gebäudeecke weitergeführt oder nur Teilflächen einer Wand eingedeckt werden.

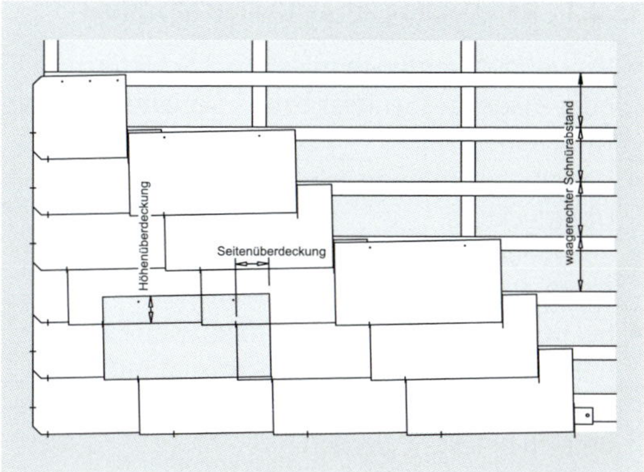

Abb. 15.8: Waagerechte Deckung 60/30 Faserzement

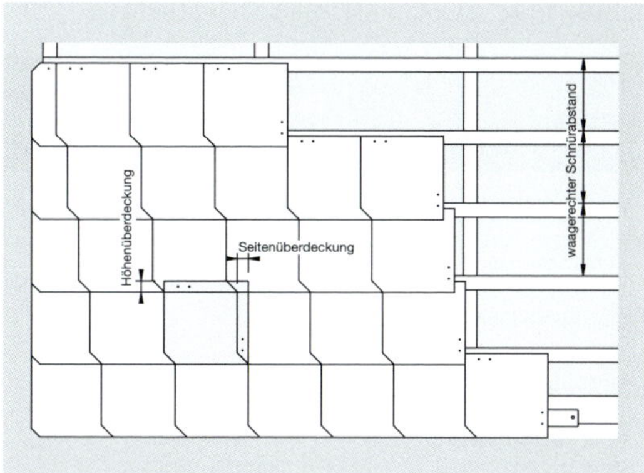

Abb. 15.9: Geschlaufte Deckung 30/30 mit gestutzter Ecke

Abb. 15.10: Deutsche Deckung 30/30 Schiefer mit gegenläufigem Fußgebinde

Abb. 15.11: Wabendeckung 20/20 Schiefer mit Fußgebinde als Linksdeckung unter Ansetzerreihe

Folgende Ausführungen beim seitlichen Abschluss sind möglich:

- mit seitlichem Überstand der Bekleidung über die fertige Konstruktion (2 bis 5 cm) z. B. bei Gebäudeaußenecken,
- stumpfstoßend an eine angrenzende Konstruktion oder Flächen z. B. verputzte Wand bei Innenecken,
- Andeckung an geeignete Abschlussprofile.

Bei den Deckungsausführungen am seitlichen Abschluss werden folgende 3 Möglichkeiten unterschieden:

- eingebundener seitlicher Abschluss,
- auslaufender seitlicher Abschluss,
- aufgelegter seitlicher Abschluss (aufgelegtes Gebinde).

Tabelle 15.4 gibt an, bei welcher Deckart welcher Abschluss möglich ist.

Tabelle 15.4: Deckart und möglicher Abschluss

Deckart	Einge-bunden	Aus-laufend	Auf-gelegt
Altdeutsche Deckung	✓		(✓)
Schuppendeckung	✓		(✓)
Deutsche Deckung	✓		✓
Geschlaufte Deckung		✓[3]	✓
Rechteckdoppel-deckung Doppeldeckung	✓[1]		✓
Gezogene Deckung	✓[1]		✓
Waagerechte Deckung		✓	✓
Spitzwinkeldeckung Spitzschablonen-deckung	✓	✓[2]	✓
Rhombusdeckung	(✓)	✓	✓
Wabendeckung	✓	✓[2]	✓
Dynamische Deckung	✓[1]		(✓)

In Klammern: Ausführung möglich, aber unüblich
Erläuterungen zur Tabelle:
1) Wenn ein Anpassen an die Deckung mit gesonderten Formsteinen vorgenommen wird, spricht man von einem eingebundenen Abschluss. So dürfen bei der Gezogenen Deckung sowie bei der Rechteckdoppeldeckung/Doppeldeckung keine Teilstücke mit Breiten < 10 cm verwendet werden. Hier müssen größere Platten im Verband angearbeitet werden. Gleiches gilt für die Dynamische Deckung.
2) Lässt sich die Flächendeckung an beliebiger Stelle senkrecht abschließen, wird das als auslaufende Deckung bezeichnet. Bei dieser Variante kann es passieren, dass bei kleinen Formaten sehr kleine Teilstücke entstehen. Diese müssen so ausgearbeitet werden, dass genügend Fläche zum Befestigen vorhanden ist. Sichtbare Nagel-Befestigungen sind bei Deckhöhen ≤ 20 m an Abschlüssen nicht zulässig.
3) Die Geschlaufte Deckung ist unter Verwendung von Quadratplatten mit gestutzter oder gerundeter Ecke in der Fläche sonst nicht von der Universaldeckung bzw. der Deutschen Deckung zu unterscheiden. Am seitlichen Abschluss darf sie daher nicht eingebunden werden.

15.2.1 Befestigung am seitlichen Abschluss

- Verwendet werden mindestens 3 Schieferstifte oder -nägel bei Schiefer bzw. 3 Schieferstifte bei Faserzement.
- Nagelbefestigungen erfolgen innerhalb der Überdeckung.
- Bei der Verwendung von Haken muss zusätzlich 1 Stift/Nagel eingeschlagen werden.
- Bei Bekleidungshöhen > 20 m müssen Faserzementplatten je nach Deckart/Format mit einem zusätzlichen Schraub- oder Rillennagel im Sichtbereich befestigt werden.

15.2.2 Regeln beim seitlichen Abschluss

Grundsätzlich sollte Niederschlagswasser weg von den Außenkanten hin zur Fläche geleitet werden. Ein wasserabweisender Schnitt bei Randsteinen oder aufgelegten Gebinden ist daher sinnvoll. Hier gibt es auch spezielle Randsteine, die werksseitig bereits so gefertigt sind, dass eine Wasserführung weg von den Außenkanten und hin zur Mitte gewährleistet ist (z. B. mittig spitz zulaufend). Regional haben sich weitere Ausführungsvarianten für aufgelegte Gebinde entwickelt, die von der üblichen Ausführung abweichen können:

- Sichtbare Kanten von seitlich aufgelegten Gebinden sollten gestutzt oder abgerundet sein. Bei Schieferdeckungen können diese auch individuell zugerichtet werden.
- Unterlegen der aufgelegten Gebinde (wie auch beim Fußgebinde) wird empfohlen, um Abkippen zu verhindern.
- Bei auslaufendem und eingebundenem Abschluss müssen die Überdeckungen denen der Fläche entsprechen.
- Die Überdeckung aufgelegter Gebinde muss untereinander bei Schiefer ≥ 5 cm (mittig gemessen) und bei Faserzement mindestens der Überdeckung der Fläche bzw. ≥ 4 cm betragen.
- Aufgelegte Gebinde müssen die Flächendeckung um 5 cm überdecken.
- Profile müssen seitlich ≥ 5 cm überdeckt werden.
- Decksteine unter aufgelegten Gebinden sind handwerklich abzurunden.
- Aufgelegte Gebinde aus Faserzement dürfen maximal die Größe 30/30 oder 40/20 haben.

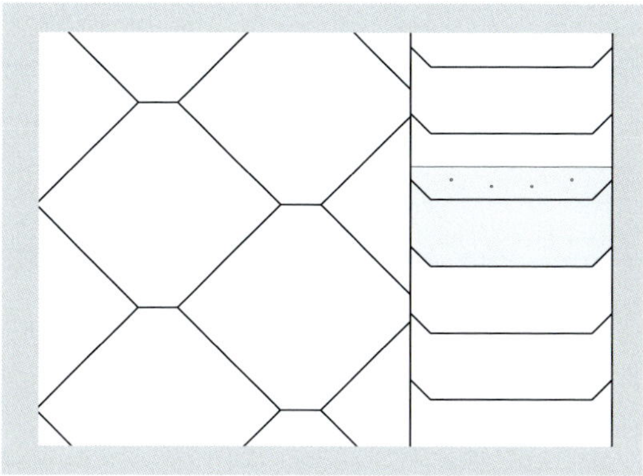

Abb. 15.12: Wabendeckung mit aufgelegten Gebinden

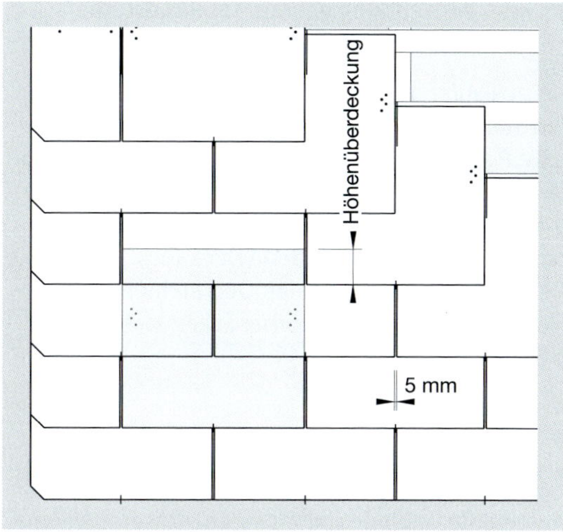

Abb. 15.13: Doppeldeckung mit eingebundenem seitlichen Abschluss

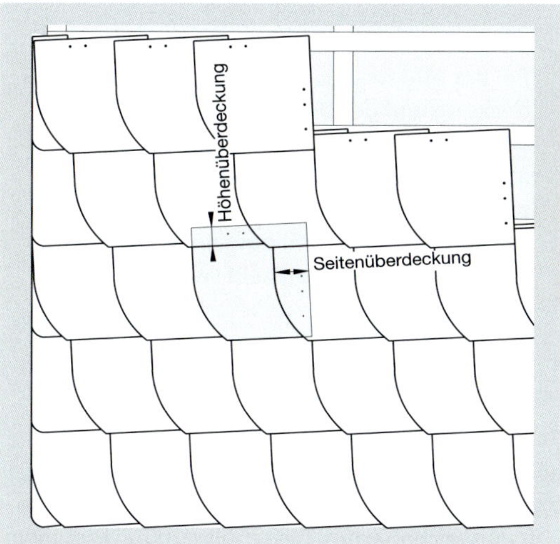

Abb. 15.14: Deutsche Deckung mit eingebundenem Anfangsort

Abb. 15.15: Gezogene Deckung FZ 40/20 mit aufgelegtem seitlichen Abschluss 30/15

15.2.3 Verwendung geeigneter Randsteine/Abschlussplatten

Bei auslaufender Deckung werden keine gesonderten Steine/Platten benötigt. Um zu schmale Steine bzw. Platten bei der Rechteckdoppeldeckung/Doppeldeckung am Rand zu vermeiden, können hier extra große Anfangssteine verwendet und angepasst werden (eingebundene Deckung). Aufgelegte Gebinde werden oft mit den Decksteinen aus der Fläche ausgeführt (ggf. vorher Ecken stutzen), z. B. bei

- Wabendeckung,
- Spitzwinkeldeckung/Spitzschablonendeckung,
- Rhombusdeckung.

Aufgelegte Gebinde sollten einen wasserabweisenden Schnitt haben. Wenn sich Randsteine für aufgelegte Gebinde von den Deckflächensteinen unterscheiden, müssen diese extra bestellt werden. Bei Schieferdeckungen gibt es Randsteine in verschieden großen Formaten, häufig als Rauten. Diese müssen dann noch handwerklich behauen werden (Hieb, Bruchkante, Stutzen der Ecken).

Eingebundene Abschlüsse werden bei der Altdeutschen, der Schuppen- und der Deutschen Deckung am Anfang als Stichort ausgeführt. Das Ende kann als Doppelendort oder als Endstichort ausgeführt werden. Sonderformate für aufgelegte Gebinde (z. B. mittig spitz zulaufend) werden je nach Händler ebenfalls angeboten.

Abb. 15.16: Altdeutsche Deckung

Bei der Altdeutschen Deckung, der Schuppendeckung und der Deutschen Deckung mit Schiefer oder Faserzement sind Randsteine aus rautenförmigen Rohlingen handwerklich anzufertigen. Diese Rauten in verschiedenen Größen müssen – abhängig vom gedeckten Format – zusätzlich bestellt werden.

15.3 Oberer Abschluss

Obere Abschlüsse entstehen, wenn die Fassadendeckung auf folgende Bauteile trifft:

- Dachrandabschluss/Attika bei Flachdächern,
- Überkragende Bauteile (Balkone, Dachüberstand),
- Gesimse oder andere horizontale Bauteile in der Fassade, an der die Deckung unterbrochen wird oder endet,
- Traufen,
- Giebelschrägen (Ortgänge),
- unterseitige Fensteranschlüsse.

Belüftung, Hinterlüftung und Witterungsschutz

Bei hinterlüfteten Fassadenkonstruktionen muss in allen Fällen beachtet werden, dass der Belüftungsquerschnitt von $\geq 50\ cm^2/m$ gewahrt wird und die Luft entweichen kann. Gleichzeitig ist die Fassadenkonstruktion vor eindringender Feuchtigkeit am oberen Abschluss zu sichern. Dies kann z. B. durch ausreichend großen Dachüberstand an Trauf- und Giebelseiten erreicht werden.

Bei belüfteten Fassadenkonstruktionen muss am oberen Abschluss keine Entlüftungsöffnung ausgeführt werden. Kleinere Flächen, die aus konstruktiven Gründen nicht belüftet oder hinterlüftet werden können (z. B. kleinere Fensterbrüstungen und Fensterstürze) sind zulässig. Bei luftdurchlässigen Fassadenkonstruktionen ist eine durchgehende (nicht unterbrochene) Luftschicht hinter der Deckung nicht vorgesehen.

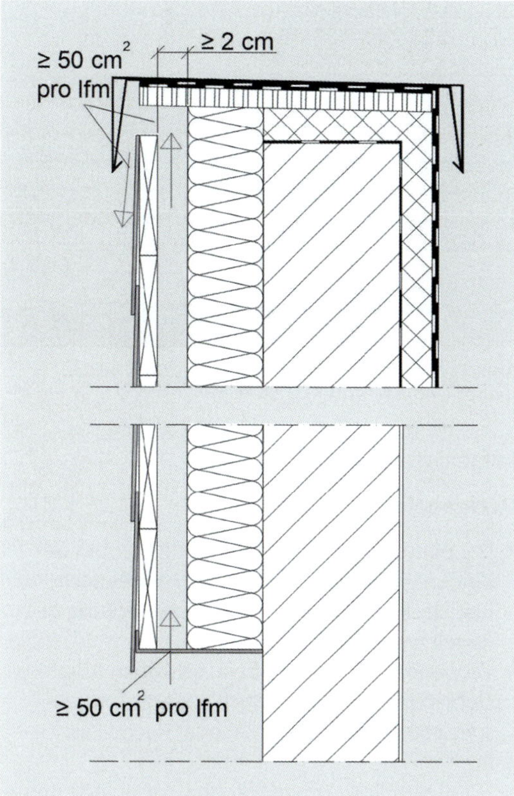

15.17: Oberer Abschluss an Attika für hinterlüftete Außenwandbekleidung

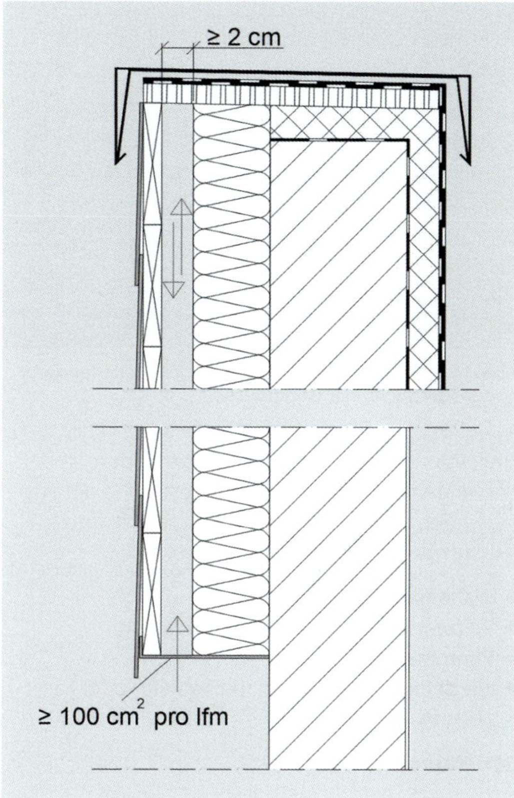

15.18: Oberer Abschluss an Attika für belüftete Außenwandbekleidung

Wird der obere Abschluss nicht geschützt, etwa durch einen Dachüberstand, ist eine Abdeckung notwendig. Es eignen sich z. B.

- Metallprofile, Abdeckleisten,
- Holzkonstruktionen mit Verblechungen,
- Fensterbänke und Formteile, wie Ortgangziegel,
- aufgelegte, überstehende Schiefergebinde.

Der Einbau von Lüftungsgittern wird empfohlen.

15.3.1 Deckung des oberen Abschlusses

Es werden 2 mögliche Ausführungen unterschieden:

- auslaufende Deckung,
- aufgelegtes Abschlussgebinde.

Auslaufende Deckung

Deckregeln:

- Die letzte Decksteinreihe wird mit der gleichen Höhen- und Seitenüberdeckung aus der Fläche gedeckt.
- Die Anzahl der Befestigungen der zugerichteten Platten muss denen der Fläche entsprechen.
- Die letzte Gebindereihe kann bei Rechts-/Linksdeckung gegenläufig zur Fläche gedeckt werden.
- Die Decksteine werden nur innerhalb der Seitenüberdeckung befestigt. Bei Klammerungen werden diese auch im obersten Gebinde verwendet.

Um eine gleichbleibende Sichthöhe der Gebindereihen sicherzustellen, muss die Deckfläche in der Höhe vorher eingeteilt werden. Abgetrennte auslaufende Gebindereihen sind zu vermeiden (insbesondere bei Rechts-/Linksdeckungen mit großen Formaten)

Abb. 15.19: Deutsche Deckung 30/30 auslaufend mit gegenläufiger letzter Gebindereihe

Abb. 15.20: Waagerechte Deckung 20/40 auslaufendes Gebinde unter Fenstersims

Um eine sichtbare Nagelung zu vermeiden, ist bei den folgenden Deckarten die Befestigung der auslaufenden Gebindereihe konstruktiv (z. B. durch Bleche oder Holzschalung) abzudecken:

- Wabendeckung,
- Spitzwinkel-/Spitzschablonendeckung,
- Rhombusdeckung,
- allen Doppeldeckungen mit Schiefer oder Faserzement.

Einteilung der Fläche

Bei der waagerechten Einteilung muss für das auslaufende Gebinde die gesamte Decksteinhöhe H berücksichtigt und von der Deckhöhe h abgezogen werden.

Praxisbeispiel

Beispielrechnung

Gegeben:

- Deckhöhe $h = 3{,}15$ m
- Deutsche Deckung 30/30

$h - H = 315 \text{ cm} - 30 \text{ cm} = 285 \text{ cm}$
$S = H - Ü = 30 \text{ cm} - 4 \text{ cm} = 26 \text{ cm}$
285 cm : 26 cm = 10,961… gewählt 11 Reihen
285 cm : 11 = 25,9 cm
<u>12 Reihen mit $S = 25{,}9$ cm</u>
11 Reihen + letztes auslaufendes Gebinde

Probe: $11 \cdot 25{,}9 \text{ cm} + 30 \text{ cm} = 314{,}9 \text{ cm} \approx 315 \text{ cm}$

Alternativ kann auch $Ü$ erhöht und mit 12+1 Reihen gerechnet werden, dann wäre $S = 23{,}75$ cm, also $\approx 23{,}8$ cm

Aufgelegtes Abschlussgebinde

Deckregeln:

- Der obere Abschluss wird mit aufgelegten Gebinden gedeckt, die sich seitlich nur einfach überdecken und in der Seitenüberdeckung genagelt werden.
- Verwendet werden wie beim seitlichen Abschluss: Decksteine der Fläche, auch anderer Formate, spezielle Ortsteine, Rauten oder Rechteckschiefer.
- Für die seitliche Überdeckung der Gebinde untereinander wird gefordert:
  - Schiefer: ≥ 5 cm
  - Faserzement: ≥ 4 cm
- Die Flächendeckung muss um ≥ 5 cm überdeckt werden.
- Damit das Abschlussgebinde nicht abkippt, kann es unterlegt werden.
- Bei Rechts-/Linksdeckungen kann das Abschlussgebinde entgegen der Fläche gedeckt werden.
- Die sichtbaren Ecken sollten gestutzt oder gerundet werden.
- Es sind mindestens 3 Befestigungsmittel notwendig.
- Platten für aufgelegte Gebinde dürfen die Größen von 30/30 bzw. 40/20 nicht überschreiten.
- Bei Deckungen im Halbverband, wie z. B. Wabendeckung, ist ein Ausspitzen der Decksteine unter dem aufgelegten Gebinde notwendig.

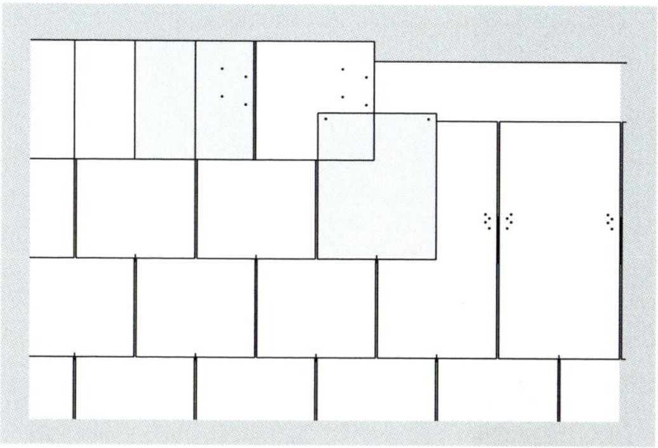

Abb. 15.21: Aufgelegtes Abschlussgebinde 30/30 auf Doppeldeckung 60/30

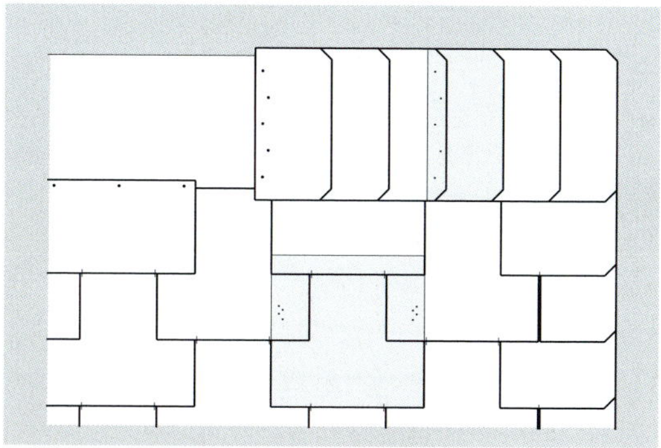

Abb. 15.22: Aufgelegtes Abschlussgebinde mit Platten 30/15 bei Gezogener Deckung 60/30

Praxisbeispiel

Beispielrechnung

Gegeben:

- Deckhöhe $h = 3{,}05$ m
- Gezogene Deckung 40/20 genagelt
- Abschlussgebinde 30/15

$h - H = 305$ cm $- 30$ cm $= 275$ cm
$S = (H - Ü) : 2 = (40$ cm $- 4$ cm$) : 2 = 18$ cm
275 cm : 18 = 15,277 … gewählt 16 Reihen
275 cm : 16 = 17,2 cm
Damit die letzte Reihe vom oberen Abschluss auch mind. 5 cm überdeckt wird, *S* leicht erhöhen!
Also $S = 17{,}3$ cm ($Ü = 5{,}4$ cm)

16 Reihen mit $S = 17{,}3$ cm + Abschlussgebinde

Praxisbeispiel

Beispielrechnung aufgelegtes Gebinde am oberen Abschluss

Gegeben:

- Länge oberer Abschluss $l = 5{,}20$ m
- Abschlussgebinde 30/25
- Seitenüberdeckung $Ü = 5$ cm (gefordert)

$l - B = 520$ cm $- 25$ cm $= 495$ cm
$S_{seitlich} = B - Ü_s \rightarrow 25$ cm $- 5$ cm $= 20$ cm
495 cm : 20 cm = 24,75 → 25 Platten
495 cm : 25 = 19,8 cm Schnürabstand seitlich

Einteilung der Fläche

Bei der Einteilung der Gebindereihen muss die Höhe der Abschlussgebindereihe berücksichtigt und von der Deckhöhe *h* abgezogen werden.

Achtung: Wird das letzte Gebinde bei der Schnürung übergangen, kann sich die Sichthöhe der Deckreihe unter dem aufgelegten Abschlussgebinde stark vom übrigen Schnürbild unterscheiden. Besonders bei großen Decksteinformaten ist das auffällig und zeugt von unzureichender Planung. Kleinere Anpassungen im Schnürbild sind dagegen nicht auffällig.

Einteilung Abschlussgebinde

Wie das Abschlussgebinde gestaltet wird, kann von unterschiedlichen Faktoren abhängig sein und muss immer individuell entschieden werden:

- Welche Größe haben die verwendeten Schiefer oder Platten?
- Welche Seitenüberdeckung wird gewählt?
- Sollen senkrechte Linien aus der Fläche fortgeführt werden?
- Es gilt allgemein: Länge oberer Abschluss *l* abzüglich Breite Schlussstein *B* geteilt durch Plattenbreite *B* minus Seitenüberdeckung $Ü_s$.

Bei Deckungen mit Rechteckplatten, z. B. Doppeldeckung, können sich 2 Abschlussplatten eine Decksteinbreite teilen (siehe Abb. 15.22).

Abb. 15.23: Deutsche Deckung Schiefer 25/25 mit eingebundenem Abschluss an der Giebelschräge

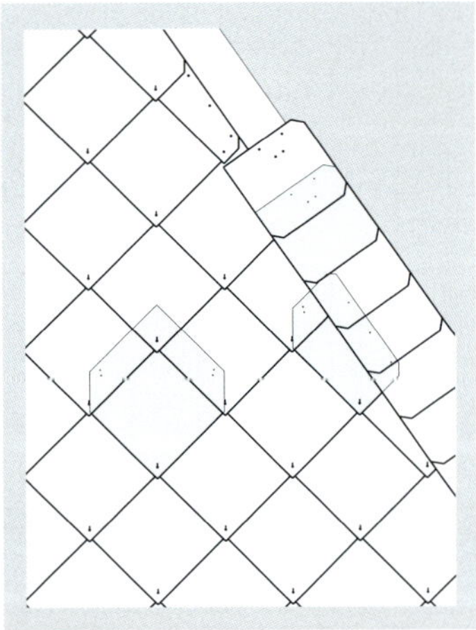

Abb. 15.24: Spitzschablonendeckung 30/30 mit Abschlussgebinde am Giebel

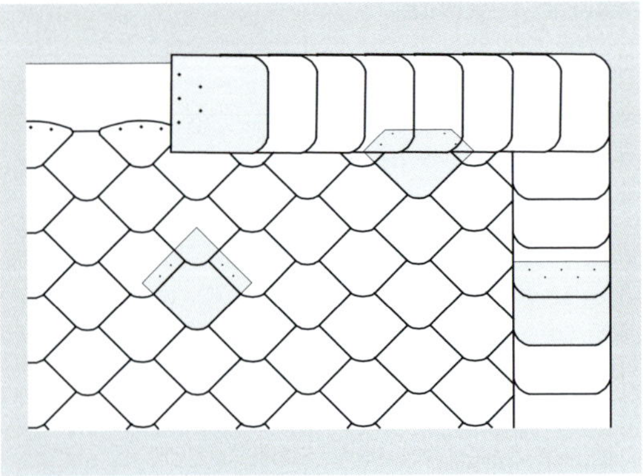

Abb. 15.25: Universalschablone 20/20 als Wabe gedeckt mit abgerundeten Ausspitzern unter Abschlussgebinde

Abb. 15.26: Gezogene Deckung FZ 40/20 mit aufgelegtem Abschlussgebinde Wabe 20/20

15.3.2 Befestigung und allgemeine Deckregeln

Befestigung

- Die Schiefer- und Faserzementplatten bei auslaufender Deckung oder die des Abschlussgebindes müssen mit ≥ 3 Stiften/Nägeln oder einem Haken und 2 Stiften/Nägeln befestigt werden.
- Beim Abschlussgebinde werden die Nägel bzw. Stifte in der Seitenüberdeckung genagelt.

Abrunden der Decksteine

Decksteine ohne geraden Kopf werden unter dem oberen Abschlussgebinde abgerundet, damit die darüber gedeckten Platten nicht sperren. Dies wird auch als Ausspitzen bezeichnet. Es betrifft folgende Deckarten:

- Spitzwinkel-/Spitzschablonendeckung,
- Rhombusdeckung,
- Wabendeckung.

An Giebelschrägen werden Decksteine aller Verbände bei aufgelegtem Abschlussgebinde unter diesem abgerundet oder abgeschrägt. Dabei muss die Überdeckung der Fläche ≥ 5 cm betragen. Bei Deckungen auf Lattung muss unter Umständen ein zusätzliches Brett angebracht werden, um ausreichend Platz zum Nageln zu haben.

Ausnahme Giebelschrägen

Bei schrägen oberen Abschlüssen können die Deckreihen je nach Deckart auch mit eingebundenen seitlichen Abschlüssen gedeckt werden.

Aufgelegte Gebinde sollten einen wasserabweisenden Schnitt (hin zur Fläche) haben.

Schlussstein

Der Schlussstein kann bei geradem oberen Abschluss rechts, links oder mittig angeordnet werden. Bei Giebeldeckungen befindet er sich üblicherweise im Giebeldreieck. Die Befestigung darf sichtbar sein.

15.4 Außenecken

Die Vorgaben für die Ausführung an Gebäudeaußenecken entsprechen weitestgehend denen für seitliche Abschlüsse. Das Weiterführen waagerechter Linien um Gebäudeecken herum ist empfohlen und aus Gründen der Ästhetik entsprechend im Schnürbild zu planen. Bei der Verwendung von Nocken ist es zwingend erforderlich, dass sich die Fußlinien der Gebindereihen an den Gebäudeecken treffen.

Die Schiefer- und Faserzementplatten an den Gebäudeecken sind mit mindestens 3 Schieferstiften oder -nägeln zu befestigen. Bei Gebäudehöhen ≥ 20 m müssen einige Deckarten zusätzlich mit einer weiteren Befestigung gesichert werden. Bei Klammerung ist ebenfalls eine zusätzliche Befestigung erforderlich.

Die Deckung an den Gebäudeaußenecken kann je nach Deckart auslaufend, eingebunden oder mit aufgelegten Gebinden erfolgen (siehe Tabelle 15.4).

Die sichtbaren Ecken der Platten können vollkantig, gestutzt oder gerundet sein.

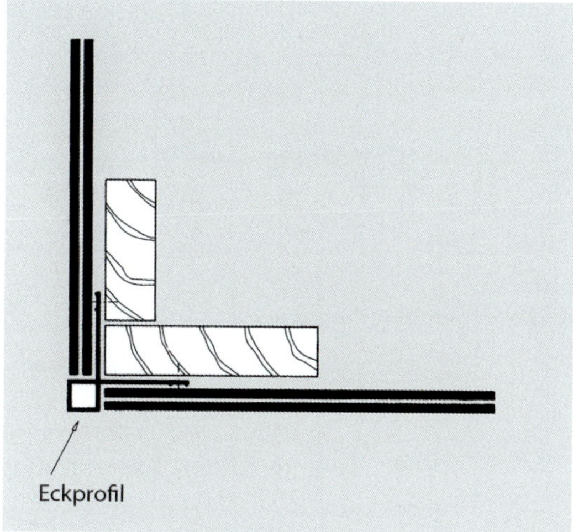

Abb. 15.27: Angedeckte Eckprofilschiene auf Lattung, hinterlüftete Fassade

15.4.1 Eckausbildung mit Metallprofilen

Der Abschluss an Gebäudeecken kann durch das Befestigen und Andecken geeigneter Eckprofile erfolgen. Diese müssen folgende Eigenschaften aufweisen:

- Sie müssen aus nichtrostendem Stahl, verzinktem Stahl oder aus Aluminium sein. Bei Faserzement ist auch Kunststoff möglich.
- Sie müssen gesondert befestigt werden.
- Eckprofile sollten beidseitig eine Wasserfalz aufweisen.
- Beim Befestigen der Schiefer- oder Faserzementplatten sollte nicht durch die Profile genagelt werden.
- Profilschienen werden von beiden Seiten gleichermaßen angedeckt und müssen um ≥ 5 cm überdeckt werden.

15.4.2 Eckausbildung mit Schichtstücken aus Metall (Nocken)

Schichtstücke (Nocken) aus geeignetem Metall müssen sich untereinander um *Ü* der Decksteine am Rand überdecken und beidseitig eine Breite von ≥ 10 cm haben. Sie werden im Überdeckungsbereich befestigt und dürfen nach fertiger Deckung nicht mehr sichtbar sein.

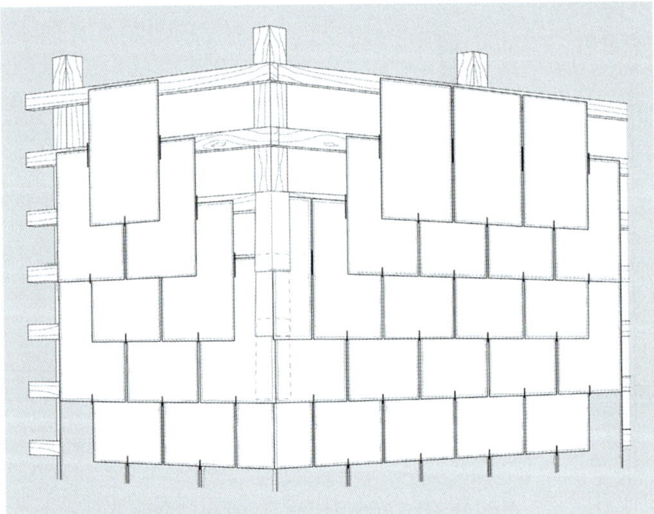

Abb. 15.28: Schnittdarstellung: Rechteckdoppeldeckung an Außenecke, wechselseitig stoßend auf Nocken gedeckt

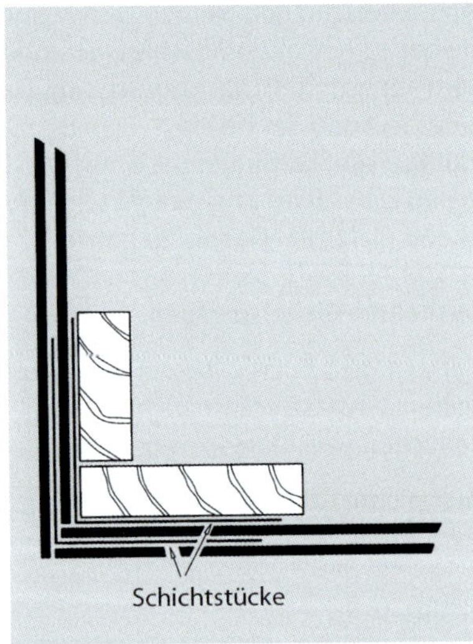

Abb. 15.29: Schnittdarstellung: Rechteckdoppeldeckung an Außenecke, wechselseitig stoßend auf Nocken gedeckt

Die Schiefer- oder Faserzementplatten sind wechselseitig stumpf stoßend auf den Nocken zu verlegen. Es wird ohne freien Überstand gedeckt. Bei der Einteilung der Fläche muss darauf geachtet werden, dass sich die waagerechten Schnürlinien an den Ecken exakt treffen.

15.4.3 Eckausbildung mit freien Überstand der Platten

Bei dieser Variante wird eine Fassadenfläche ausgewählt, deren Deckung über die andere an der Ecke übersteht. Die Auswahl kann aufgrund von Windverhältnissen oder aus ästhetischen Gesichtspunkten getroffen werden. Die überstehende Seite muss über die fertiggedeckte Seite um ≥ 2cm hinausragen. Die Deckstärke der untergehenden Seite ist also beim Überstand mit einzuplanen.

Der Überstand kann, wie beim seitlichen Abschluss, als auslaufende Deckung, eingebundene Deckung oder mit aufgelegten Gebinden erfolgen (zu Deckungen am Steildach siehe LF 9, zur Deckung am seitlichen Abschluss siehe 15.2).

Ein „Auskämmen" (Anarbeiten der Platten) der untergehenden Seite an die überstehende ist handwerklich anspruchsvoll, minimiert aber Lücken und Spalte zwischen den rechtwinklig stoßenden Platten. Um ein Abkippen der Platten an den Ecken zu verhindern, sollten diese unterlegt werden.

15.5 Innenecke

Die Ausführung an Gebäudeinnenecken kann wie bei Außenecken mit Metallprofilen oder Schichtstücken aus Metall (Nocken) erfolgen. Es gelten die Regeln und Hinweise wie bei der Ausführung von Außenecken. Zusätzlich ist es bei Schieferdeckungen möglich, eine Kehldeckung auszuführen. Hierbei müssen die Richtlinien von Kehldeckungen (siehe LF 9) eingehalten werden. Die Deckunterlage muss in solch einem Fall entsprechend angepasst werden (Kehlschalung). Die Kehlsteine müssen mindestens eine Breite von 10 cm haben. Die Höhenüberdeckung entspricht der der Flächendeckung.

Bei Faserzementdeckungen kann die Innenecke auch mit bauseits zugerichteten Platten erfolgen, ohne Verwendung von Profilen oder Nocken. Die Ableitung des Niederschlagswassers heraus aus der Ecke muss dabei z. B. durch wasserabweisende Schnitte sichergestellt werden. Die Platten sind wechselseitig anzuarbeiten.

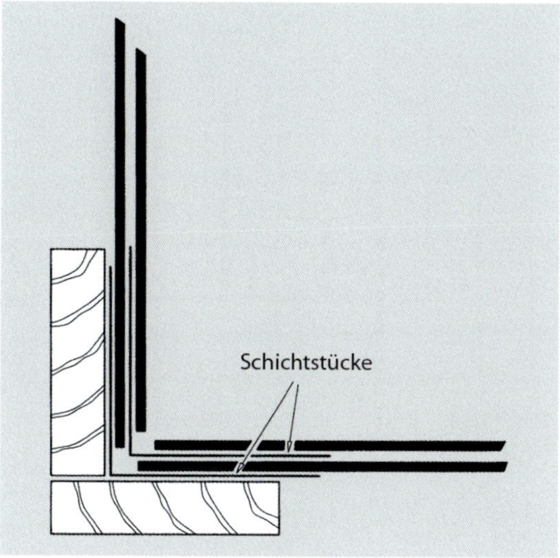

Abb. 15.30: Deckung mit Nocken

Folgende Abschlüsse an Gebäudeinnenecken sind möglich:

- auslaufender seitlicher Abschluss,
- eingebundener seitlicher Abschluss,
- seitlicher Abschluss mit aufgelegten Gebinden.

Bei diesen Abschlüssen gelten die Regeln aus 15.2 und 15.3.

15.6 Anschlüsse

Anschlüsse entstehen, wenn Wanddeckungen auf folgende Bauteile treffen:

- Fenster- und Türöffnungen,
- Wanddurchdringungen,
- Einbauteile, z. B. Verankerungen.

Im Anschlussbereich werden häufig zusätzliche Unterkonstruktionsteile zur Befestigung bzw. Metallprofile und Bleche zur Abdeckung notwendig. Nach Tabelle 15.5 werden folgende Anschlussmöglichkeiten unterschieden und ausgeführt:

Dabei müssen die Regeln bei der Ausführung der Anschlüsse, wie z. B. geforderter Belüftungsquerschnitt, beachtet werden.

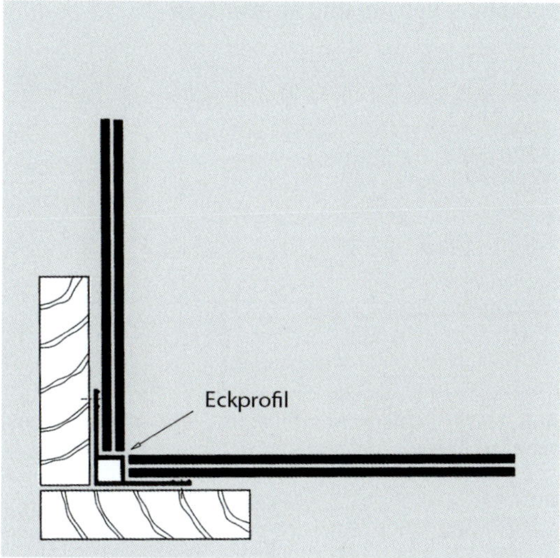

Abb. 15.31: Ausführungsart Innenecke, Andeckung an Eckprofilschiene

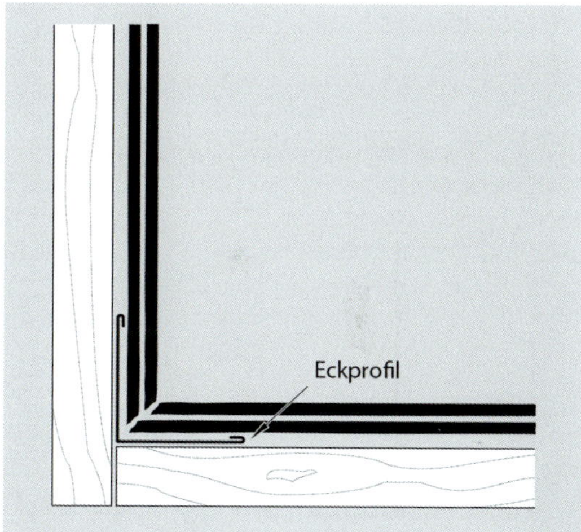

Abb. 15.32: Ausführungsart Innenecke, angearbeitete Platten an gefalzter Eckprofilschiene

Tabelle 15.5: Anschlüsse

Anschluss	Ausführung
Unterseitig U	wie unterer Abschluss
Seitlich S	wie seitlicher Abschluss
Oberseitig O	wie oberer Abschluss

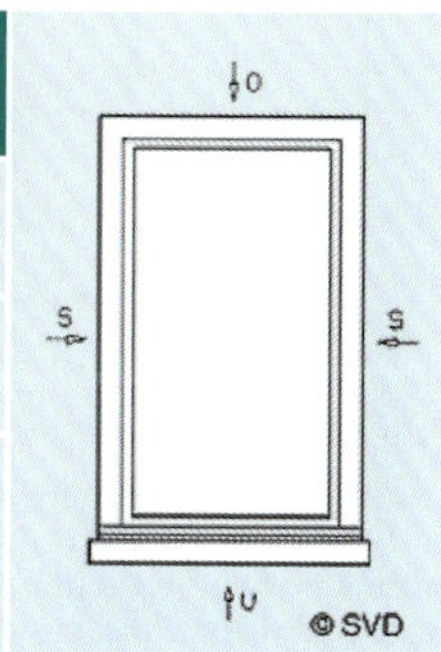

Deckbilder von An- und Abschlüssen

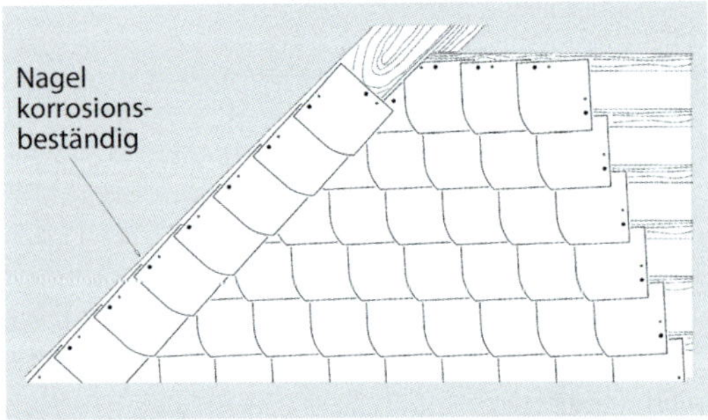

Abb. 15.33: Oberer Abschluss an Giebelschräge Deutsche Deckung

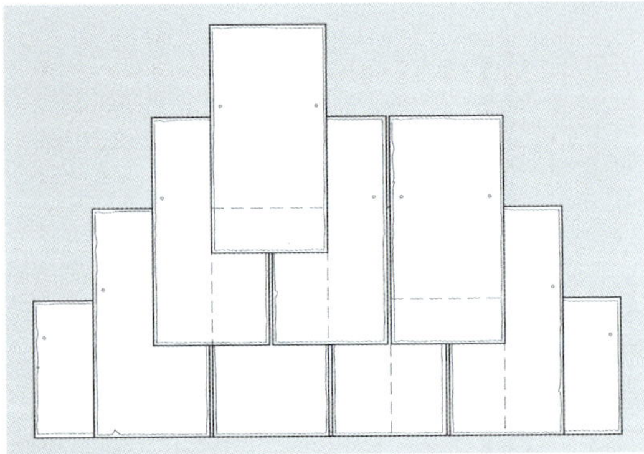

Abb. 15.34: Unterer Abschluss, Rechteckdoppeldeckung mit Ansetzerplatten

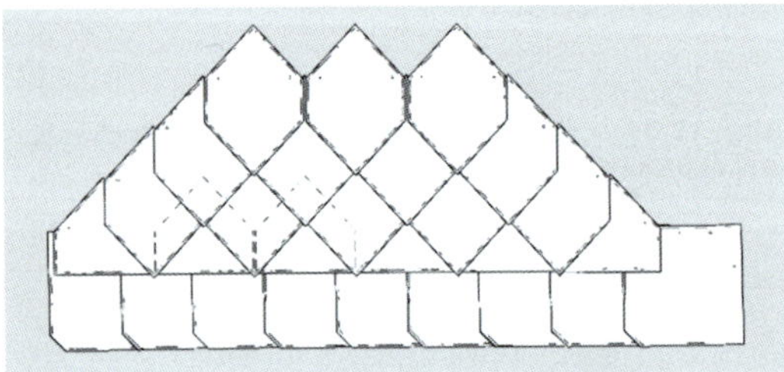

Abb. 15.35: Spitzwinkeldeckung unterer Abschluss, Ansetzer in Verbindung mit Traufgebinde aus Waben in Rechtsdeckung

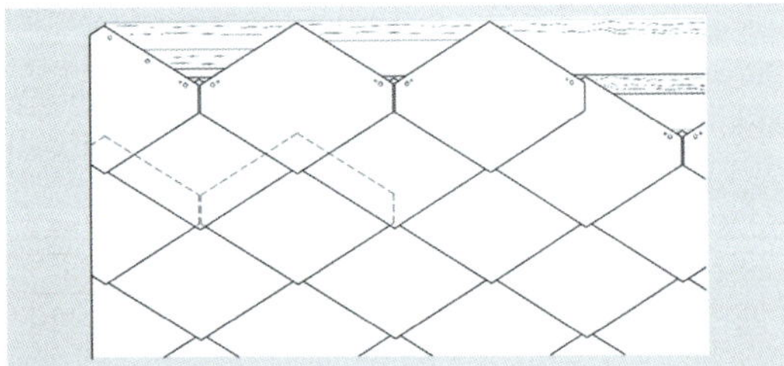

Abb. 15.37: Seitlicher Abschluss auslaufend, Rhombusdeckung

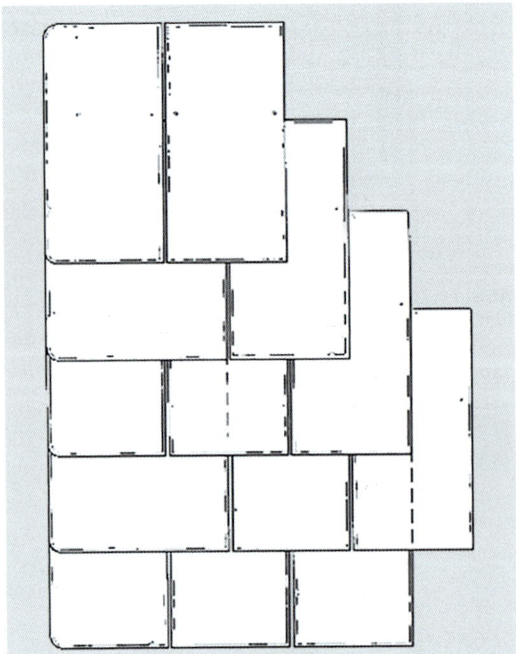

Abb. 15.36: Seitlicher Abschluss eingebunden, Rechteckdoppeldeckung

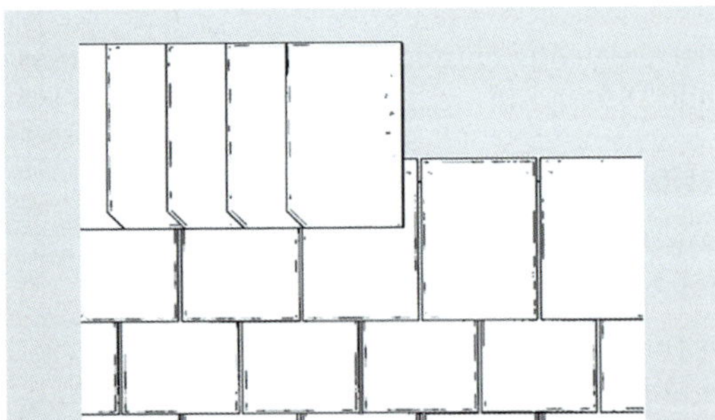

Abb. 15.38: Oberer Abschluss als aufgelegtes Gebinde, Rechteckdoppeldeckung

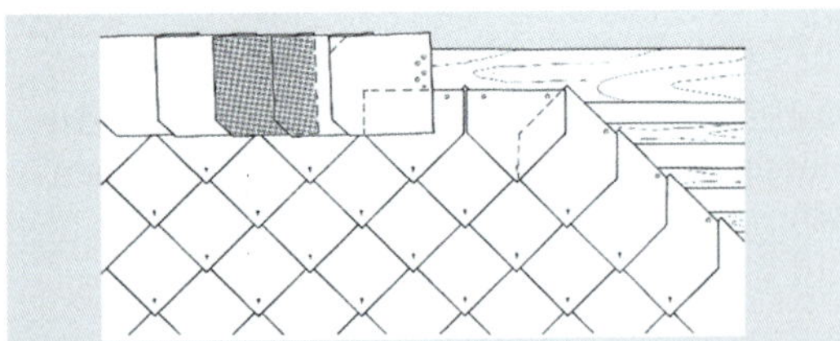

Abb. 15.39: Oberer Abschluss als aufgelegtes Gebinde mit Waben in Rechtsdeckung, Spitzschablonendeckung

15.7 Übungsaufgaben zu Lernfeld 15

1. Stellen Sie nach folgenden Vorgaben verschiedene Deckschemen von Außenwandbekleidungen her:
   a) Wabendeckung (20/20) mit eingebundenem seitlichen Abschluss
   b) Wabendeckung (20/20) mit aufgelegtem Ort seitlichen Abschluss 25/25
   c) Rechteckdoppeldeckung 40/20 mit HÜ = 4 cm
   d) gezogene Rechteckdoppeldeckung 30/20 mit SÜ/HÜ = 4 cm
   e) Waagerechte Deckung mit Bogenschnitt 35/25 als Linksdeckung mit eingebundenem seitlichen Abschluss

   Der Überstand und Vorsprung beträgt 5 cm. Die rechnerische Ermittlung der Schnürabstände muss ersichtlich sein. Bemaßen Sie die Eindeckung und tragen Sie die Befestigungspunkte je Eindeckplatte ein. Alle Schnürbilder werden im M 1 : 10 auf einem gesonderten Blatt (A4, weiß) angefertigt. Die Wandgröße beträgt 1,80 × 2,00 m.
2. Beschreiben Sie 3 Eindeckungen mit kleinformatigen Platten.
3. Beschreiben Sie 4 Fehlerquellen, die beim Herstellen einer hinterlüfteten Außenwandbekleidung auftreten können.
4. Nennen Sie Eigenschaften, die ein Dämmstoff für eine hinterlüftete Außenwandbekleidung erfüllen muss.
5. Berechnen Sie die Schnürabstände (waagerecht) für Arbeitsauftrag 1 und 2. Fertigen Sie jeweils eine Zeichnung auf DIN A4 weiß im Maßstab 1:10 an.

   Hinweis: Die Größe der zu deckenden Flächen entnehmen Sie den beiden Arbeitsaufträgen. Schnürberechnungen und Einteilung der Fläche sind Voraussetzungen und vorher schriftlich zu berechnen.

Arbeitsauftrag 1

Deckung einer rechteckigen Wandfläche $b = 1{,}46$ m $h = 2{,}18$ m

- Deutsche Deckung Schiefer 30/30 Rechtsdeckung
- Unterer Abschluss: erstes Gebinde gegenläufig zur Fläche
  - freier Überstand 4 cm Abtropfkante
- Seitlicher Abschluss links: Aufgelegtes Abschlussgebinde an Außenecke
  - seitlicher Überstand 5 cm
  - Rechteckplatten 30/30 mit 2 gestutzten Ecken
  - Überdeckung der Fläche 5 cm
  - Überdeckung der aufgelegten Gebinde 5 cm
- Seitlicher Abschluss rechts: an Profilschiene
  - eingebunden mit Doppelendort oder Endstichort
  - Schiene wird ohne Überstand angedeckt (muss nicht gezeichnet werden)
- Oberer Abschluss: auslaufend, letztes Gebinde mit voller Decksteinhöhe, gegenläufig

Arbeitsauftrag 2

Deckung einer Giebelfläche $l = 2{,}40$ m $h = 1{,}40$ m

- Wabe 20/20, Faserzement
- Unterer Abschluss
  - an Abtropfblech (ohne Überstand zeichnen)
  - Traufgebinde Wabe als Rechts-/Linksdeckung (aus der Mitte schnüren)
  - Traufgebinde $SÜ = 5$ cm
  - Ansetzerreihe mit $HÜ = 4$ cm über Traufgebinde
- Oberer Abschluss
  - beidseitig aufgelegtes Abschlussgebinde 20/20
  - Überdeckung der Fläche um 5 cm
  - Überdeckung der aufgelegten Gebinde untereinander um 5 cm
  - symmetrisch auszuführen mit Schlussstein im Giebeldreieck

Lernfeld 16: Energiesammler, Blitzschutzanlagen und Einbauteile montieren

Michael Strauß

Die Errichtung von äußeren Blitzschutzvorrichtungen sowie Solarthermie- und Photovoltaikanlagen fällt ebenso in den Zuständigkeitsbereich des Dachdeckers. Vor allem PV-Anlagen finden hierzulande immer mehr Verbreitung. In Lernfeld 16 geht es um die Dimensionierung und den technischen Aufbau der verschiedenen Anlagen, darüber hinaus um die Montage von Einbauteilen wie z. B. Schneefanghalter oder Dachflächenfenster.

16.1 Blitzschutz

Über Deutschland entladen sich jährlich etwa 1,5 Millionen Blitze. Das entspricht einer mittleren Blitzdichte von 4,2 Entladungen pro Quadratkilometer. Die tatsächliche Blitzdichte ist jedoch weitgehend von geografischen Gegebenheiten abhängig. Im Westen, Süden und Osten der Republik ist sie wesentlich höher als im Norden (siehe Abb. 16.1).

Schäden, die ein **direkter Blitzeinschlag** (Abb. 16.2) an einem Gebäude hervorrufen kann, sind offensichtlich. Die **mechanische Wirkung** eines Blitzeinschlages wird an zerstörten Bauteilen sichtbar, während die enorme **thermische Wirkung** sehr häufig eine Brandentfachung zur Folge hat. Durch die immer breiter werdende Einführung elektronischer Geräte und Systeme sowie die fortschreitende großflächige Vernetzung (z. B. von Telekommunikationsanlagen) steigen auch die Hardwareschäden an den vorhandenen elektronischen Systemen.

16.1.1 Entstehung eines Blitzes

Voraussetzung für die Entstehung von Gewittern ist der Transport warmer Luftmassen mit hoher Feuchtigkeit in große Höhen. Durch die Reibung von warmen aufstrebenden Wassertröpfchen mit kalten abwärtsgerichteten Eispartikeln entsteht ein elektrostatischer Ladungstrennungsprozess. Im oberen Teil der Gewitterwolke werden Partikel mit positiver Ladung, im unteren Teil Partikel mit negativer Ladung angehäuft. Werden die Spannungsunterschiede zu groß (mehrere Hundert Millionen Volt), folgt eine elektrische Entladung – der Blitz. Es entstehen Stromstärken von vielen Tausend Ampere und Temperaturen von mehreren Zehntausend Kelvin. Dabei können sich die elektrischen Spannungen zwischen Wolke-Wolke, Wolke-Erde und Erde-Wolke entladen. Die direkte Gefahr eines Blitzeinschlages besteht nur bei Wolke-Erde-Blitzen.

16.1.2 Prinzip des äußeren Blitzschutzsystems

Der englische Physiker Michael Faraday hat bereits 1831 erkannt, dass in das Innere eines allseitig geschlossenen Metallkäfigs von außen kein elektrisches Feld, wie es auch eine Blitzentladung darstellt, einwirken kann. Es sind nur an den Außenflächen des Käfigs Entladungen möglich. So ist man z. B. im Inneren eines geschlossenen Fahrzeugs vor Blitzeinschlägen sicher.

Die äußere Blitzschutzanlage funktioniert nach genau diesem Prinzip (siehe Abb. 16.3). Um die bauliche Anlage wird ein metallener Käfig gebaut, der den Blitzstrom ungehindert in die Erde ableitet.

Es ist darauf zu achten, dass dieser **Faraday'sche Käfig** so vollkommen wie möglich gestaltet wird und dass keine Bauteile (wie z. B. Schornsteine) aus diesem Käfig herausragen. Auch im Inneren des Gebäudes müssen alle installierten größeren Metallteile wie Wasser- und Gasleitungen, Heizungsanlagen u. Ä. an die Potenzialausgleichsschiene angeschlossen sein.

Eine Blitzschutzanlage funktioniert nach dem Prinzip des Faraday'schen Käfigs.

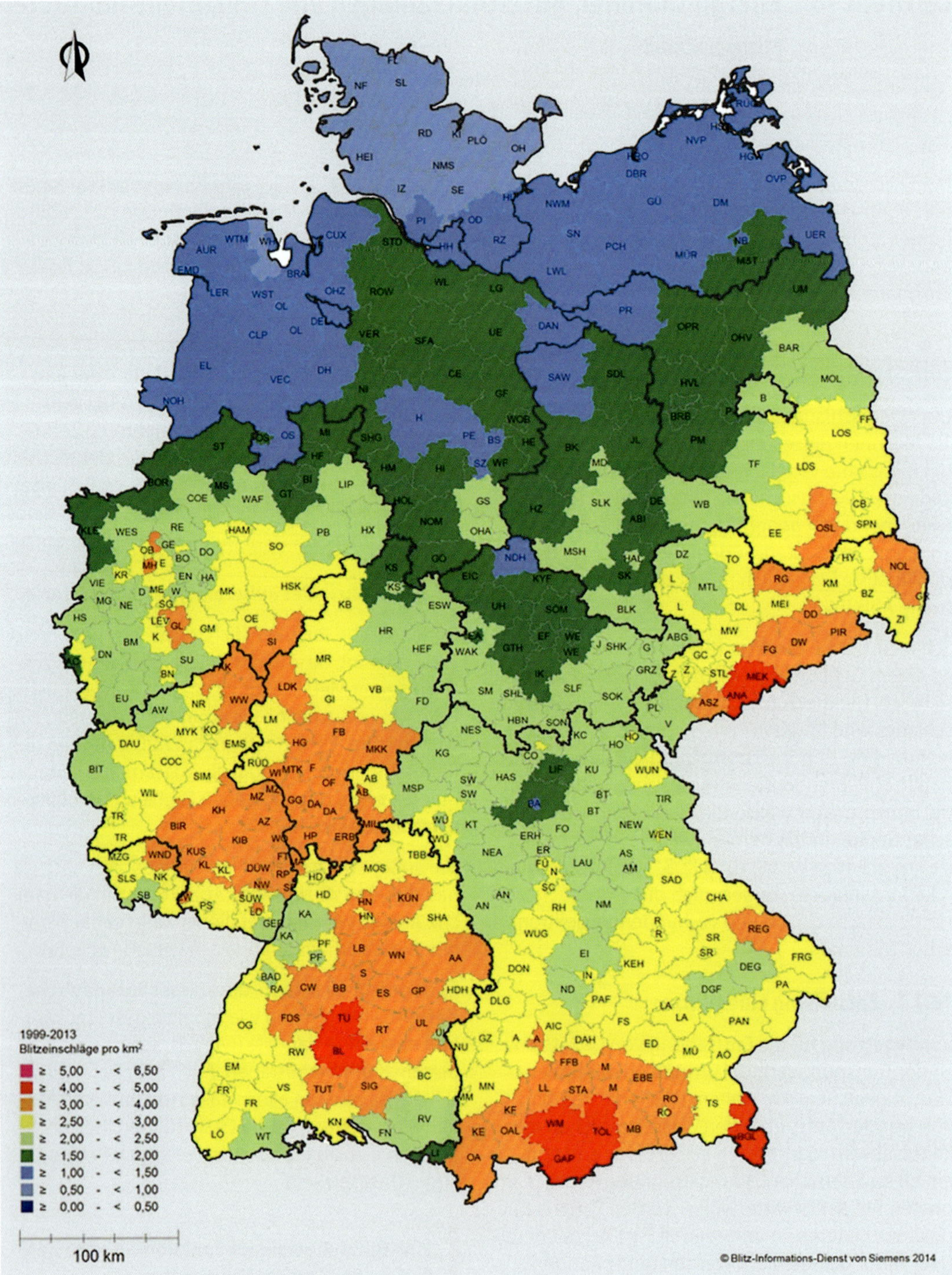

Abb. 16.1: Blitzdichte in Deutschland

Abb. 16.2: Blitzeinschlag

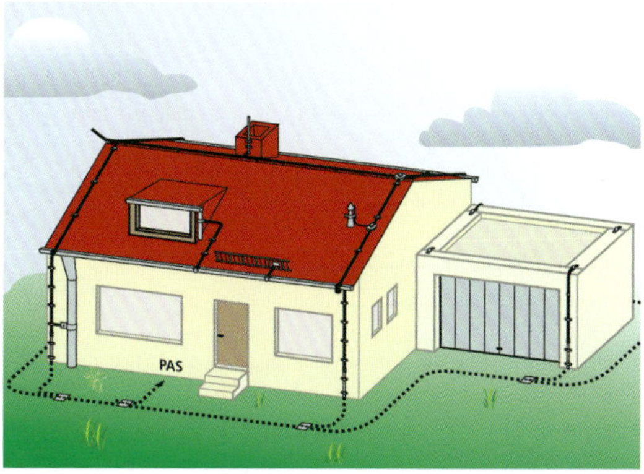

Abb. 16.3: Blitzschutzanlage

16.1.3 Blitzschutzanlagen

Eine Blitzschutzanlage soll größere Schäden durch Blitzschlag an den zu schützenden baulichen Anlagen weitgehend verhindern.

Der äußere Blitzschutz hat die Aufgabe, den Blitzstrom von der Einschlagstelle zur Erde abzuleiten und in der Erde zu verteilen, ohne dass durch thermische oder mechanische Wirkungen Schäden an der zu schützenden baulichen Anlage oder für Personen gefährliche Überspannungen auftreten.

Die äußere Blitzschutzanlage besteht im Wesentlichen aus **4 Anlagenteilen**:

- Fangeinrichtung,
- Ableitung,
- Erdungsanlage,
- Potenzialausgleichsschiene.

16.1.4 Fangeinrichtung

Fangeinrichtungen sind Leitungen, die den Blitzstrom auffangen und über die **Ableitungen** gefahrlos in die **Erdungsanlage** weiterleiten. Sie können aus **Fangstangen**, **Fangleitungen** oder **Fangmaschen** bestehen (Abb. 16.8 und 16.9).

Für die Festlegung von Lage und Anordnung der Fangeinrichtungen werden 3 Methoden genutzt:

- Blitzkugel-Methode,
- Schutzwinkel-Methode,
- Maschen-Methode.

Die **Blitzkugel-Methode** setzt einen **Blitzkugelradius** voraus. Alle Gebäude, die beim Überrollen mit einer Blitzkugel mit entsprechendem Radius von dieser berührt werden, müssen mit Fangeinrichtungen geschützt werden.

Bei Wolke-Erde-Blitzen wächst ein Blitz schrittweise von der Wolke in Richtung Erde. Nähert sich der Blitz der Erde, wird die elektrische Isolationsfähigkeit der Luft überschritten. Von der Erde wächst dem Leitblitzkopf eine ähnliche elektrische Entladung entgegen, die sog. **Fangentladung** (Abb. 16.5). Der Startpunkt dieser Fangentladung ist somit die Einschlagstelle des Blitzes.

Die **Schutzwinkel-Methode** basiert auf der Tatsache, dass der Schutzwinkel vom **Radius der Blitzkugel** bestimmt wird. Der vergleichbare Schutzwinkel mit dem Radius der Blitzkugel ergibt sich, wenn eine Schräge die Blitzkugel so schneidet, dass die dadurch entstehenden Flächen inhaltlich gleich groß sind (Abb. 16.7).

Dieses Verfahren ist bei Gebäuden mit symmetrischen Abmessungen (z. B. Steildach) oder für Dachaufbauten anzuwenden.

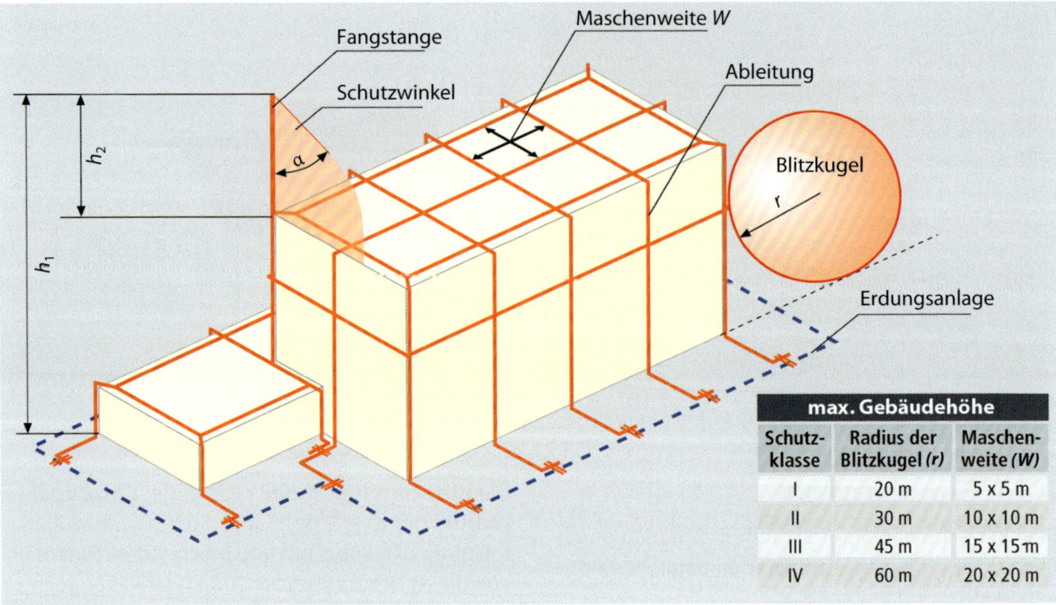

max. Gebäudehöhe		
Schutz-klasse	Radius der Blitzkugel (r)	Maschen-weite (W)
I	20 m	5 x 5 m
II	30 m	10 x 10 m
III	45 m	15 x 15 m
IV	60 m	20 x 20 m

Abb. 16.4: Verfahren für die Auslegung von Fangeinrichtungen

Die Fangeinrichtung „Masche" bei der **Maschen-Methode** ist universell und **unabhängig von Gebäudehöhe** und Dachform anwendbar. Auf der Dachfläche wird dazu ein maschenförmiges Fangnetz mit einer der Blitzschutzklasse entsprechenden Maschenweite angeordnet.

Die Fangleitungen müssen möglichst nah an den **Außenkanten** der baulichen Anlage verlaufen (siehe Abb. 16.4). Eine metallene Attika kann als Fang- oder Ableitung verwendet werden, vorausgesetzt die erforderlichen Mindestmaße für **natürliche Bestandteile** der Blitzschutzanlage werden erfüllt.

Vom Blitz **bevorzugte Einschlagstellen** wie Giebelspitzen, Schornsteine, Firste und Grate, Giebel- und Traufenkanten, Brüstungen, Antennen und sonstige herausragende Dachaufbauten sind mit Fangeinrichtungen zu versehen. Im Regelfall wird auf Satteldächern auf der Dachfläche ein maschenförmiges Fangnetz entsprechend der Schutzklasse errichtet.

Um die Fangeinrichtung „Masche" auf der Dachfläche zu schließen, wird i. d. R. die **metallene Regenrinne** verwendet.

Dachaufbauten aus elektrisch nicht leitendem Material (z. B. Lüftungsrohre aus PVC) gelten als ausreichend geschützt, wenn sie **nicht mehr als 0,3 m** aus der Maschenebene herausragen. Anderenfalls müssen sie mit einer Fangspitze versehen und mit der nächstgelegenen Fangleitung verbunden werden.

16.1.5 Ableitung

Ableitungen sind die **elektrisch leitenden Verbindungen** zwischen den Fangeinrichtungen und der Erdungsanlage. Sie sollen den eingefangenen Blitzstrom auf **kürzestem** Weg zur Erdungsanlage weiterleiten. Daher müssen die Ableitungen möglichst **gerade und senkrecht** verlegt werden. Wenn möglich, sollte **an jeder Ecke** der baulichen Anlage eine Ableitung angebracht sein.

Es müssen **mindestens 2 Ableitungen** vorhanden sein. Bei größeren Gebäuden sind mehrere Ableitungen anzuordnen. Die Abstände der einzelnen Ableitungen untereinander sind **gleichmäßig auf den Umfang des Gebäudes** zu verteilen. Auch bei den Ableitungen können unter gewissen Voraussetzungen natürliche Bestandteile verwendet werden.

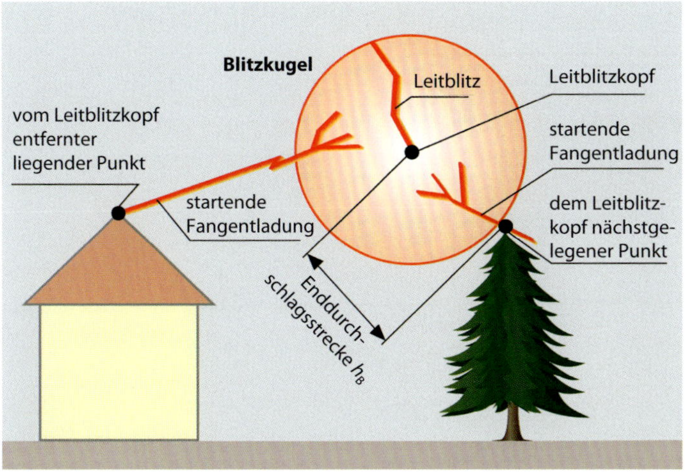

Abb. 16.5: Startende Fangentladung, die den Einschlagpunkt festlegt

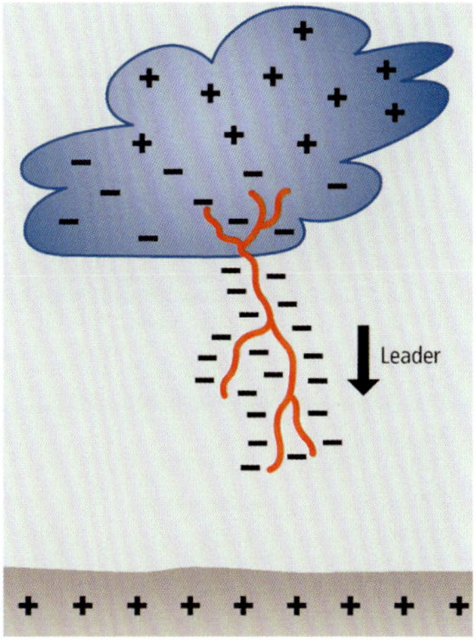

Abb. 16.6: Entstehung einer Blitzentladung

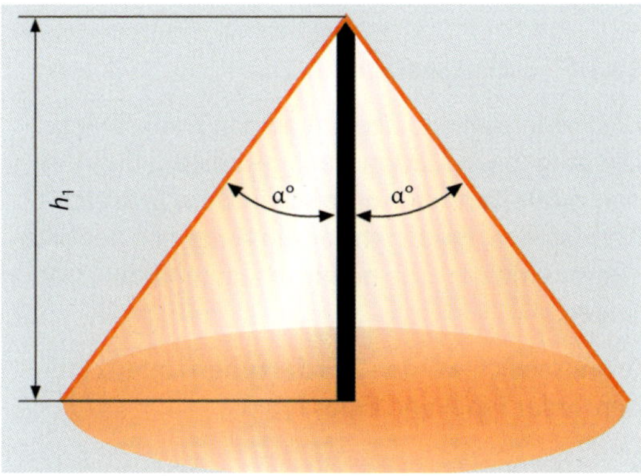

Abb. 16.7: Schutzwinkel und vergleichbarer Radius der Blitzkugel

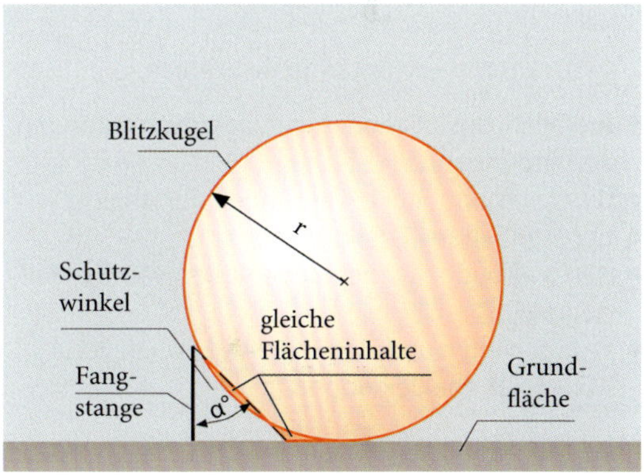

Abb. 16.8: Durch eine Fangstange geschützter Raum

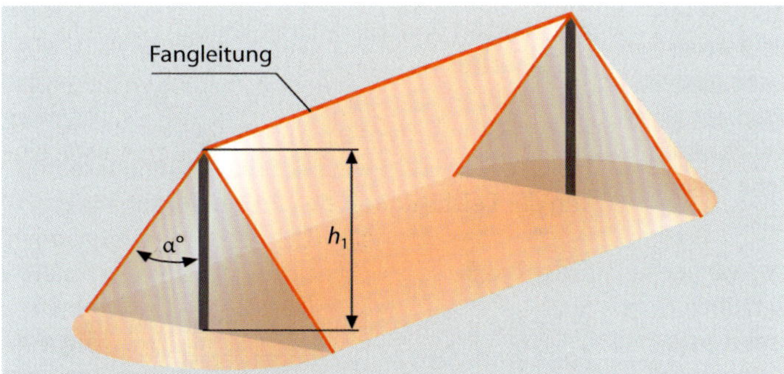

Der Winkel α ist abhängig von der Schutzklasse und der Höhe der Fangleitung über dem Erdboden.

Abb. 16.9: Durch eine Fangleitung geschützter Raum

Abb. 16.10: Fangeinrichtung zum Schutz von Lichtkuppeln

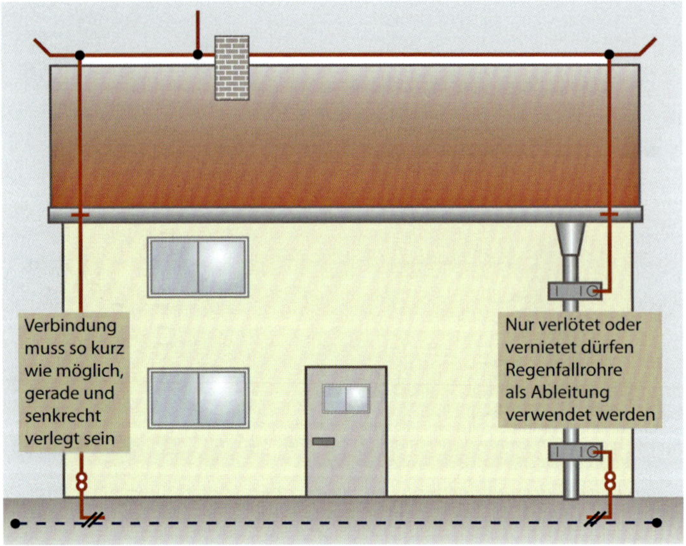

Abb. 16.11: Ableitungen

Zu den natürlichen Bestandteilen zählen:

- metallene Installationen mit elektrisch leitenden Verbindungen,
- durchverbundene Bewehrungen der Anlage,
- durchgehende Metallgerüste,
- durchverbundene metallene Außenwandbekleidungen,
- Profilschienen und Unterkonstruktionen von Außenwandbekleidungen.

Metallene Regenfallrohre und andere an der Gebäudeaußenseite angebrachte Metallkonstruktionen können als Ableitungen verwendet werden, wenn sie an den Stoßstellen einwandfrei gelötet sind oder mit geeigneten Laschen überbrückt werden (siehe Abb. 16.11). Eine Verlegung der Ableitung innerhalb der Regenfallrohre ist nicht statthaft. Bei jedem Anschluss der Ableitungen zur Erdungsanlage sollte eine **Trennstelle** vorhanden sein, um zu Messzwecken die oberirdische Anlage von der Erdungsanlage trennen zu können.

Für die Montage von Fangeinrichtungen, wie auch für alle anderen Bestandteile der äußeren Blitzschutzanlage, bieten die Hersteller passend zu jeder Ausführung systemkonforme Halterungen an. Auf Dächern mit Abdichtungen verlaufen die Ableitungen vorzugsweise auf Betonhalterungen, auf denen die Leitungen fixiert werden, um ein Verrutschen zu vermeiden.

16.1.6 Erdungsanlagen

Die Erdungsanlage beginnt an den Trennstellen. Die Aufgabe der Erdungsanlage besteht darin, einen **gut leitenden Kontakt mit dem Erdreich** herzustellen. Hierdurch soll ein Ausgleich des Blitzstromes mit der Erde möglichst ungehindert stattfinden.

Grundsätzlich werden **2 Erdertypen** unterschieden: Erder Typ A und Erder Typ B.

Erder Typ A

Erderanordnungen nach Typ A sind **einzeln angeordnete Erder**, die jeweils an einer Ableitung angeschlossen sind. Diese Erder können entweder als **Tiefenerder** vertikal in das Erdreich getrieben werden (Abb. 16.15) oder horizontal als **Oberflächenerder** in mindestens 0,5 m Tiefe verlegt sein. Die Länge der Erder ist von der **Blitzschutzklasse** und von der **Leitfähigkeit des Erdreichs** abhängig.

Erder Typ B

Erder Typ B unterteilen sich in **Ringerder** und **Fundamenterder**. Der Ringerder ist ein im Erdreich verlegter, geschlossener Ring um das Gebäude in mindestens 0,5 m Tiefe und 1 m Abstand. Er muss mit mehr als 80 % seiner Länge Kontakt mit dem Erdreich haben (Abb. 16.16). Die erforderliche Gesamtlänge des Ringerders ist auch hier abhängig

Abb. 16.12: Trennstelle

Abb. 16.13: Leitungshalter für Dachabdichtung

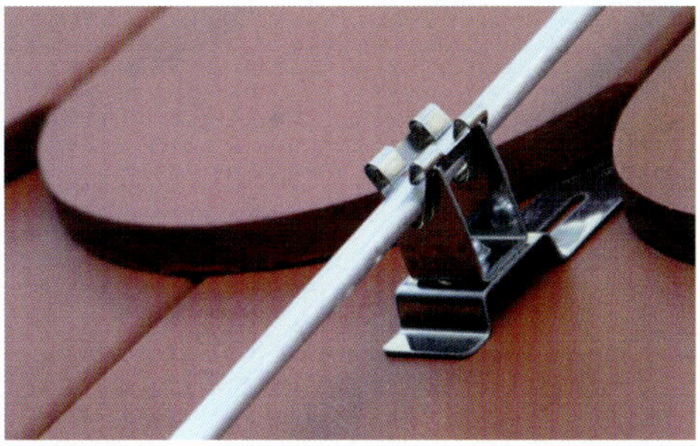

Abb. 16.14: Leitungshalter für Dachdeckungen

Abb. 16.15: Eintreiben eines Tiefenerders

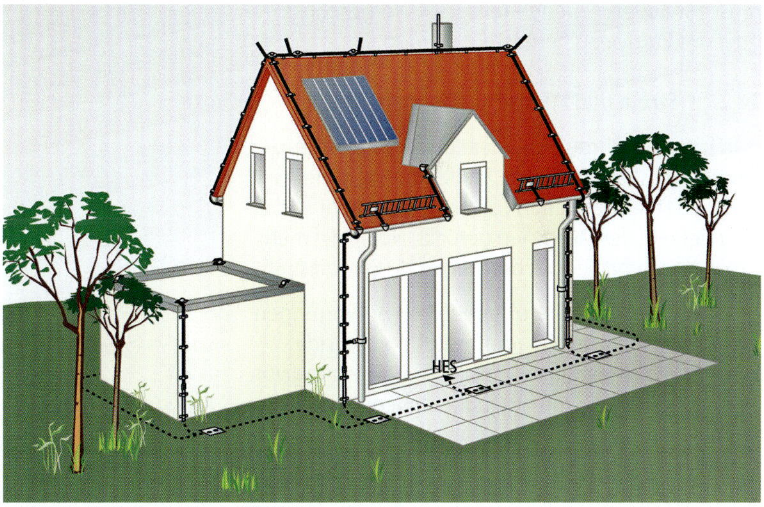

Abb. 16.16: Ringerder um ein Wohnhaus

von der Schutzklasse bzw. von dem spezifischen Bodenwiderstand.

Der **Fundamenterder** (Abb. 16.17) ist ein Erder, der als geschlossener Ring in das Fundament der Außenmauern und ggf. auch der Innenmauern eingebettet und mit der Armierung leitend verbunden wird. Bei Neubauten ist es zweckmäßig, den für den Potenzialausgleich eingebauten Fundamenterder auch als Blitzschutzerder zu verwenden. Dazu müssen die notwendigen Anschlussfahnen für die Ableitungen vorhanden sein. Der Erdungswiderstand eines Fundamenterders ist nach erfolgter Austrocknung der Betonschichten etwas schlechter als der eines Ringerders gleicher Länge in gut leitenden Böden. Aufgrund der geringeren Herstellungskosten und des hohen Korrosionsschutzes ist er dennoch anderen Erdern vorzuziehen.

Abb. 16.17: Fundamenterder

Abb. 16.18: Potenzialausgleichsschiene

16.1.7 Potenzialausgleichsschiene

Die **Potenzialausgleichsschiene** (Abb. 16.18) ist eine metallene Sammelschiene, an der alle größeren Metallteile innerhalb und außerhalb des Gebäudes zusammengefasst und mit der Erdungsanlage verbunden werden. Der Blitzschutz-Potenzialausgleich muss für äußere leitende Teile im Kellergeschoss oder auf Erdniveau hergestellt werden.

16.2 Strom und Wärme aus Sonnenenergie

Durch die Verschmutzung der Luft aus Industrie, Gewerbe, Haushalten, Kfz etc. ist der ökologische Aspekt in den vergangenen Jahren immer mehr in das Bewusstsein der Menschen gerückt. Noch viel mehr Anteil hieran hat jedoch der steigende Energiepreis.

Die Sonne spendet uns unter idealen Bedingungen etwa 1.000 Watt pro Quadratmeter und Stunde. Diese Energie kann der Mensch zur Gewinnung von Strom und von Wärme nutzbar machen. Bedenkt man, dass der Gebäudeenergieverbrauch eines Wohnhauses zu knapp 80 % aus der Heizlast besteht, sieht man das enorme Einsparpotenzial.

16.2.1 Solarthermische Anlagen

Solarthermische Anlagen wandeln die Energie der Sonnenstrahlen durch Kollektoren, oder sog. Absorber, in Wärme um. Diese Wärme muss dann lediglich durch eine Ableitung der Gebäudetechnik bzw. Heizungsanlage zugeführt werden. Dazu muss die Trägerflüssigkeit ihre Wärme im Speicher abgeben.

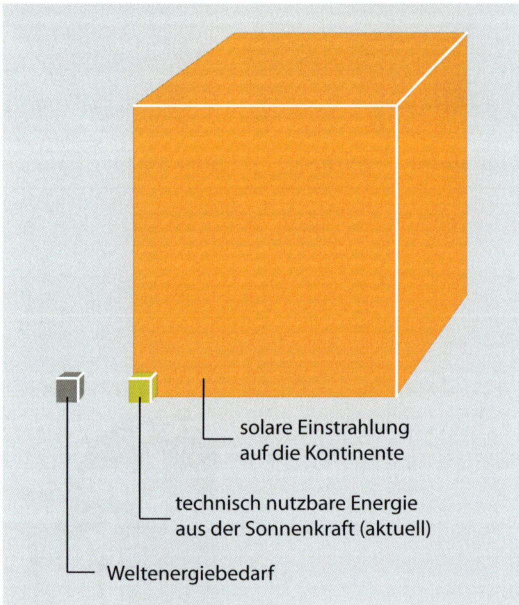

Abb. 16.19: Energieverhältnismäßigkeit verfügbar zur Nutzung

Hier gibt es 2 Arten von Systemen:

- die Erwärmung von Trinkwasser,
- die Erwärmung von Trinkwasser und Heizung.

Je nach technischer Ausführung kann so ein Speicher bedient und sowohl zur Beheizung als auch zur Erwärmung von Trinkwasser genutzt werden. Wichtig bei der Installation ist eine Schwerkraftbremse, die den gegenteiligen Effekt (Abkühlung des Speichers) in der Nacht oder bei Kühle verhindert.

Man spricht bei einer Anlage zur Trinkwassererwärmung von einer ca. 20%igen Reduzierung des Energieverbrauchs aus den z. B. fossilen Brennstoffen Gas und Öl. Eine Anlage mit Heizungsunterstützung kann Ersparnisse von bis zu 30 % liefern.

Die Kosten einer derartigen Anlage sind je nach Ausführung und Größe unterschiedlich.

16.2.2 Trinkwassererwärmung

Als Energieträger wird ein Frostschutzmittel eingesetzt, welches zum einen ein Einfrieren in den Wintermonaten verhindert und zum anderen den Siedepunkt in der Anlage auf jenseits der 100-°C-Grenze heraufsetzt. Dies ist erforderlich, da in den Kollektoren Temperaturen bis zu ca. 200 °C keine Seltenheit sind. Die Trägerflüssigkeit fließt durch den Wärmetauscher eines beispielsweise bivalenten Speichers und gibt seine Wärme an das im Speicher befindliche Wasser ab. Hier sollte das Wasser jedoch nicht auf viel mehr als 60 °C erwärmt werden, da sich ansonsten Kalke aus dem Wasser lösen, an der Heizspirale (Wärmetauscher) ablagern und somit den Speicher langfristig zerstören. Nachdem sich das Medium im Solarkreislauf abgekühlt hat, fließt es zur erneuten Erwärmung in den Solarkollektor zurück.

Sinnvoll ist bei der Trinkwassererwärmung in etwa eine Kollektorfläche von ca. 1,5 m²/Einwohner.

16.2.3 Trinkwassererwärmung und Heizungsunterstützung

Die Erweiterung einer Anlage zur Heizungsunterstützung setzt andere technische Gegebenheiten und vor allem einen großen Pufferspeicher voraus.

Ein Richtwert empfiehlt ca. 50 bis 60 l je Quadratmeter Kollektorfläche, wobei man von mindestens 12 bis 14 m² Kollektorfläche ausgeht.

Der zusätzliche Speicher hat hier die Aufgabe, die am Tag gesammelte Wärme vorzuhalten und so lange wie möglich die Heizkörper oder Fußbodenheizung hiermit zu versorgen. Je nach Heizung, sprich Flächenheizung oder Heizkörper, liegen hier Temperaturen von ca. 35 bis 55 °C an. Die Flächenheizung ist hier günstiger, da ihre Fläche größer ist und die daraus erforderliche Wärme an der Heizfläche geringer sein kann.

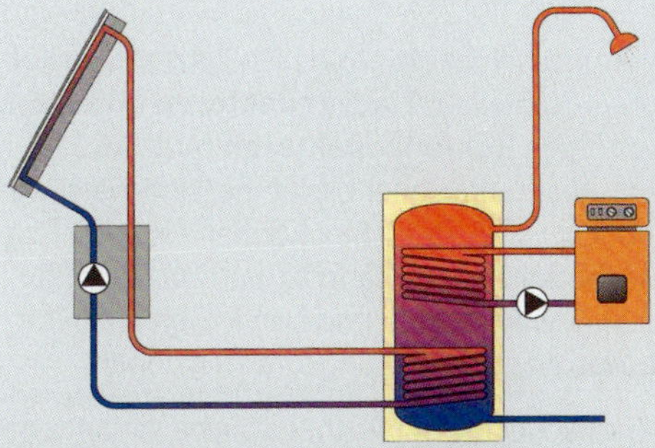

einfacher Wärmekreislauf, bestehend aus Kollektor, Pumpengruppe, bivalentem Speicher, zusätzlicher Heizung und Verbraucher

Pumpengruppe ohne Verkleidung

Abb. 16.20: Systemdarstellung Solaranlage Trinkwassererwärmung

16.2.4 Kollektoren

Man unterscheidet grundsätzlich 2 Arten von Kollektoren. Zum einen **Flachkollektoren** (Abb. 16.22) zum anderen **Röhrenkollektoren** (Abb. 16.21), welche zwar teurer, aber ergiebiger und wartungsfreundlicher sind. Denn hier können einzelne Röhren nachträglich ausgetauscht werden, wenn sie undicht geworden sind und Luft in den Kollektor eindringt, was den Wirkungsgrad verringert.

Der Flachkollektor ist die eher übliche Variante bei der Installation von Trinkwasseranlagen, da er weniger leistungsfähig ist, aber in den Sommermonaten ausreichend Energie sammelt, um Trinkwasser in entsprechenden Mengen zu erwärmen.

Röhrenkollektoren sollen vor allem auch bei diffusen Lichtverhältnissen Sonnenlicht in Wärme umwandeln, um Räume bei niedrigen Temperaturen zu erwärmen und zusätzlich Trinkwasser zu erhitzen, da sie auch bei größeren Temperaturunterschieden (Kollektortemperatur zur Außenluft) hinreichend leistungsfähig sind.

Abb. 16.21: Vakuum-Röhrenkollektor

Abb. 16.22: Flachkollektor

Montage und Anordnung von Kollektoren

Die meisten Kollektoren werden aufdach montiert, d. h. einzelne Pfannen werden abgedeckt, um Dachhaken auf den Sparren zu installieren. Hierauf wird dann ein Schienensystem befestigt, welches als Tragkonstruktion für die Kollektoren dient. Abbildung 16.23 zeigt die Montage im Hochformat oder Querformat mit Flachkollektoren. Bei der Montage muss darauf geachtet werden, dass die Module entsprechend dem Verlege- oder Anschlussplan montiert werden. In der Regel erfolgt eine Anordnung so, dass die Module ideal in Reihe durchströmt werden können.

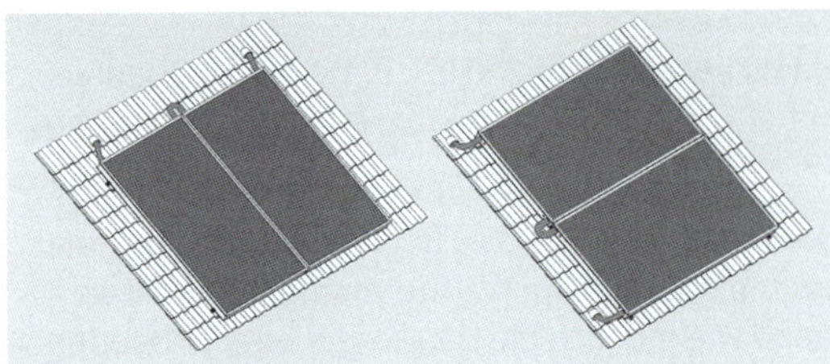

Abb. 16.23: Aufdachmontage

Röhrenkollektoren werden i. d. R. senkrecht montiert, da nur wenige Systeme ein waagerechtes Arbeiten der Kollektorröhren gewährleisten.

Flachkollektoren können sowohl indach als auch aufdach eingebaut werden. Röhrenkollektoren können nur aufdach installiert werden, wobei dies von der Dachdeckung unbeachtet bleibt.

Abb. 16.24: Installation von Indachmodulen (nur bei Flachkollektoren möglich)

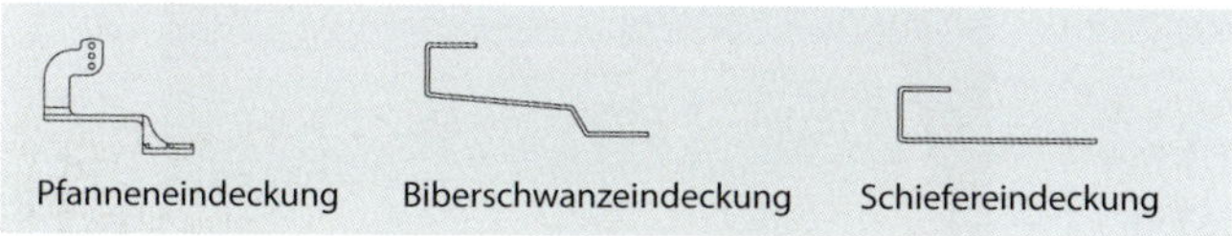

Abb. 16.25: Verschiedene Dachhaken

Abb. 16.26: Darstellung der Installation verschiedener Dachhaken

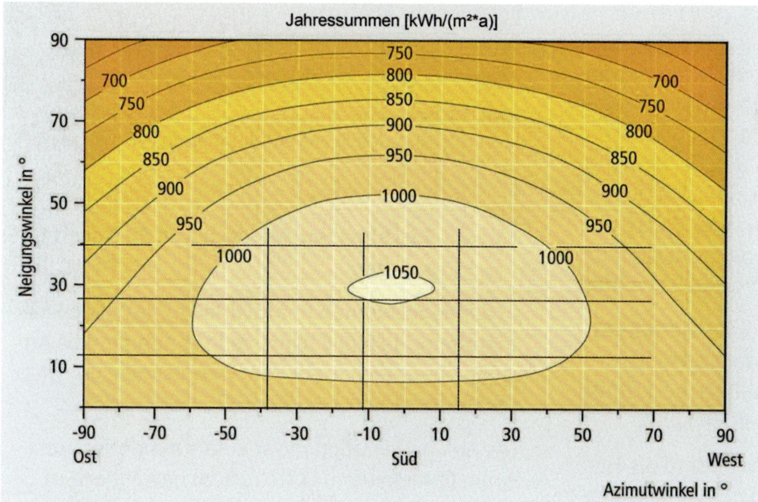

Abb. 16.27: Energieauslese in Abhängigkeit von Ausrichtung und Dachneigung

Bei der Aufdachmontage ist lediglich bei der Auswahl der Dachhaken (Abb. 16.25 und 16.26) die Dachdeckung zu berücksichtigen, da für Schiefer andere Systembauteile erforderlich sind als für Dachpfannen oder Biberschwanzeindeckungen.

Zur Befestigung von Kollektoren und Solaranlagen sollten dauerhaft korrosionsbeständige Materialien verwendet werden. Schrauben und andere Kleinmaterialien sollten aus Edelstahl bestehen. Befestigungen, die der freien Bewitterung ausgesetzt sind, müssen korrosionsbeständig sein.

16.2.5 Ausrichtung von Solaranlagen

Damit eine Solaranlage wirtschaftlich arbeitet, muss sie bestmöglich ausgerichtet sein.

Hierfür ist zum einen die Ausrichtung der Dachfläche nach Süden, zum anderen der Aufstellwinkel der Module maßgebend. Der Längenwinkel, sprich Azimutwinkel, legt die horizontale Ausrichtung der Anlage, sprich ihre Ausrichtung gemäß Nord-Süd-Achse, fest. Eine ideale Ausrichtung der Solaranlage auf Süden verspricht dabei den höchsten Ertrag.

Ist eine derartige Ausrichtung nicht möglich, ergeben sich Ertragsminderungen, welche dem Diagramm (Abb. 16.27) entsprechen.

Ein weiterer maßgeblicher Faktor ist der **Aufstellwinkel**. Auch dessen Einfluss ist Abbildung 16.27 zu entnehmen. Hier ist aufgrund des über den Jahresverlauf veränderlichen Sonneneinstrahlungswinkels eine Mittelstellung, sprich ca. 45°, zu empfehlen, um im Sommer und Winter gleichermaßen von der Anlage mit Wärme versorgt zu werden.

Wenn eine Solaranlage gut ausgerichtet ist, kann durch ihre Erzeugung von Warmwasser eine Einsparung von etwa 20 % des Jahresverbrauchs an z. B. Erdgas erreicht werden.

16.2.6 Photovoltaikanlagen

Im Gegensatz zu solarthermischen Anlagen wandeln Photovoltaikanlagen das Sonnenlicht mittels Siliziumkristallen oder aufgedampfter Siliziumschichten in elektrischen Strom um. Bei dem produzierten Strom handelt es sich zunächst um Gleichstrom. Dieser wird mittels eines Wechselrichters in Wechselstrom umgewandelt und kann dadurch in das öffentliche Netz eingespeist werden.

Wechselstrom wurde von Nicolai Tesla entdeckt und eingesetzt, da er im Gegensatz zum Gleichstrom über längere Distanzen nahezu verlustfrei über Leitungen transportiert werden kann.

Bei der Montage von Solarmodulen sind die Herstellerangaben der Module und des Wechselrichters zwingend zu beachten. Hierzu wird i. d. R. vom Elektroinstallateur ein **Verlege- und Anschlussplan** beigelegt, da sich Spannung und Stromstärke einer Schaltung entsprechend der Reihen- oder Parallelschaltung addieren.

> **Bei der Montage von Solarmodulen sind die Herstellerangaben der Module und des Wechselrichters zwingend zu beachten.**

Abb. 16.28: PV-Anlage aufgeständert auf einem Flachdach

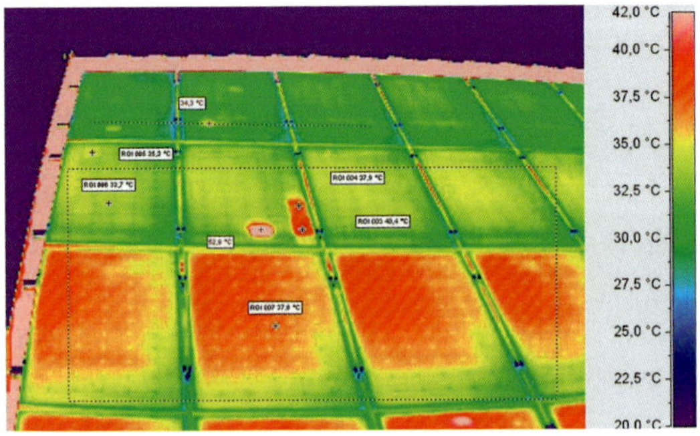

Abb. 16.29: Aufnahme einer Wärmebildkamera zur Identifikation defekter Moduleinheiten oder einzelner Zellen

16.2.7 Anschluss und Montage von Photovoltaikanlagen

In der Regel werden Photovoltaikmodule wie Solarthermiemodule installiert. Jedoch nehmen die Anlagen wesentlich mehr Platz in Anspruch, um wirtschaftlich zu sein.

Die Anlagen werden meist aufdach montiert, um einen unterseitigen Luftstrom zu gewährleisten, welcher die Module nicht so heiß werden lässt, da steigende Modultemperaturen den Wirkungsgrad einer Anlage schrumpfen lassen. Außerdem ist bei der Installation auf etwaige Beschädigungen oder Kurzschlussstellen zu achten, da dadurch der Ertrag gemindert wird (Abb. 16.29).

Ein wesentlicher Unterschied einer derartigen Anlage besteht in der Belichtung des Gesamtsystems. Es ist darauf zu achten, dass ein gesamter Strang einer Anlage in etwa gleich belichtet wird, da das schwächste Glied in der Kette die Gesamtleistung für alle PV-Module vorgibt, während bei solarthermischen Modulen in Reihe angeschlossen die Temperatur der Trägerflüssigkeit einfach angehoben wird.

Praxisbeispiel

Ein Wechselrichter hat einen zulässigen Anschlussstrom von 21 Ampere (A) und eine zulässige Spannung von 400 Volt (V). Die beigelieferten Module leisten 10 Ampere und 50 Volt.

Es wäre somit möglich, 2 Stränge, sog. **Strings**, also 2 × 10 A = 20 A < 21 A mit je 8 Modulen: 8 × 50 V = 400 V = < 400 V anzuschließen. Die Anlage wäre damit optimal ausgelastet.

Flachdächer eignen sich hervorragend zum Aufstellen von PV-Anlagen. Mittels Aufständerung können die Module optimal ausgerichtet und die Fläche effektiv genutzt werden (Abb. 16.28). Es ist jedoch unbedingt darauf zu achten, dass die Ständer windsogsicher montiert werden. Viele Hersteller bieten Systemlösungen für Dächer mit Abdichtungen an, in denen die einzelnen Komponenten aufeinander abgestimmt sind.

Eine Alternative bieten **Dachdichtungsbahnen mit integrierten kristallinen PV-Modulen** ohne Glas (Abb. 16.30). Hier werden in einem Arbeitsgang die Abdichtung und die PV-Anlage verlegt. Voraussetzung ist eine Mindestdachneigung von 3°, um sicherzustellen, dass die Dachfläche frei von stehendem Wasser ist.

Die Module der einzelnen Bahnen werden mit steckerfertigen Anschlusskabeln untereinander verbunden.

Abb. 16.30: Dichtungsbahnen mit integrierten PV-Modulen

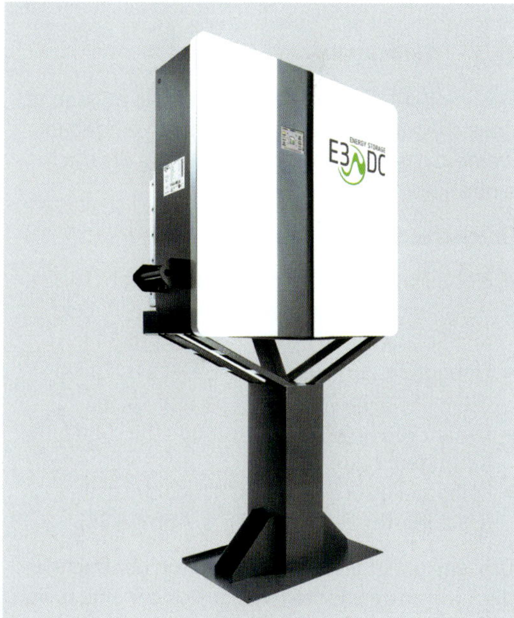

Abb. 16.31: E3DC Solarspeicher

16.2.8 Energiespeicherung

Durch die sinkende Vergütung und die nicht mehr vorgeschriebene Komplettabnahme des Solarstroms von PV-Anlagen durch den Energieversorger (technisch durch EEG: Kappung von Leistungsspitzen auf bis zu 70 %) ist sowohl der Eigenverbrauch als auch die Energiespeicherung trotz derzeit noch hoher Kosten immer stärker auf dem Vormarsch, um den Eigenstromverbrauch zu decken.

Auch hierzu sind mittlerweile Speicher verschiedener Hersteller verfügbar. Neben der Grundlastabdeckung durch permanente Geringverbräuche an Strom können dadurch auch Spitzen mehr oder weniger ganz oder teilweise aufgefangen werden.

Abb. 16.32: Be-/Entlüfterrohr

Abb. 16.33: Sicherheitsdachhaken

16.3 Einbauteile

Dacheinbauteile oder Dachsystemteile müssen regensicher und so in die Dachdeckung eingebaut werden, dass sie auch unter Belastung die Dacheindeckung nicht beschädigen.

Unterschieden werden:

- Einbau von Sicherheitsdachhaken (Abb. 16.33),
- Halterungen für Schneefangsysteme, Blitzschutz- und Solaranlagen (Abb. 16.26 und 16.34),
- Einbauteile zum Betreten des Daches (Einzeltritte, Laufstege, s. Abb. 16.35 und 16.36)
- Einbau von Rohrdurchführungen (Be- und Entlüftungen, s. Abb. 16.32)
- Einbauteile zur Belichtung bzw. als Ausstieg (Dachfenster, Fertiggauben, s. Abb. 16.36)

Um eine uneingeschränkte Funktion der Dacheindeckung zu gewährleisten, hat sich der Einbau von vorgefertigten Zubehörteilen bewährt.

Hierbei sind die **Herstellerangaben** bezüglich Montage und Befestigung zwingend einzuhalten.

16.3.1 Durchdringungen

Unter Durchdringungen versteht man Teile, die vom Inneren des Gebäudes durch die Dachdeckung nach außen geführt werden. Das können Rohre zur Be- und Entlüftung oder aber Kabel, Leitungen oder Maste für Antennen oder Satellitenschüsseln sein. Sie sollten durch Formteile (ein- oder mehrteilig) an die Dachkonstruktion angeschlossen werden. Der Anschluss muss regensicher und luftdicht ausgeführt werden.

16.3.2 Sicherheitsdachhaken

Sicherheitsdachhaken dienen dem Schutz vor Absturzunfällen. Neben der Sicherung von Personen gegen Absturz mithilfe der persönlichen Schutzausrüstung werden sie auch zur Befestigung von Dachdecker-Auflegeleitern und Dachdeckerstühlen genutzt.

Es werden zwei Arten von Sicherheitsdachhaken unterschieden:

- Dachhaken Typ A sind nur für Zugkräfte in Richtung der Falllinie ausgelegt. Sie können nur genutzt werden, wenn sich der Anwender unterhalb des Hakens befindet.
- Dachhaken Typ B können Zugkräfte in Fallrichtung, entgegen der Fallrichtung und in Querrichtung aufnehmen.

Die Befestigung des Hakens erfolgt nach **Herstellerangaben** an der tragenden Unterkonstruktion des Daches.

16.3.2 Schneeschutzsysteme

Der am häufigsten verwendete Schutz gegen Schneelawinen sind Schneefanggitter, die auf Halterungen montiert werden. Ihr Hauptzweck ist es, das Abrutschen von Schnee vom Dach zu verhindern.

Schneefanggitter sollten in Höhe der darunter liegenden Außenwand montiert werden. Der sich hinter dem Gitter ansammelnde Schnee stellt eine zusätzliche Belastung für das Dach dar und könnte im

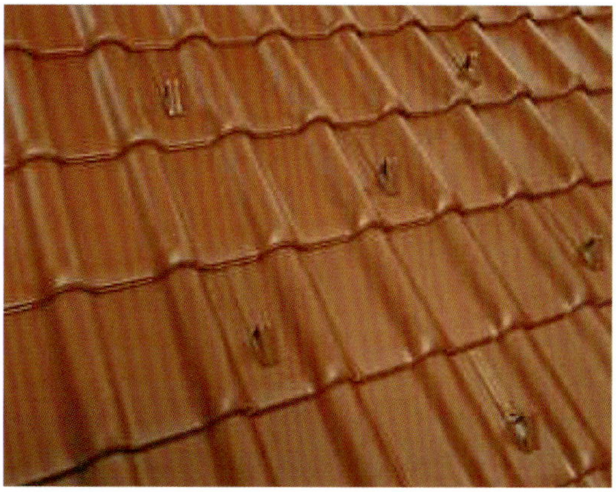

Abb. 16.34: Schneehaltesystem

Abb. 16.35: Steigtritte

Bereich des Dachüberstandes aufgrund des erhöhten Gewichts zu Schäden führen.

Die einzelnen Halter sollten für die Dachdeckung geeignet sein und sind zwingend nach den Herstellerangaben zu montieren. Der Anschluss der Einbauteile ist regensicher auszuführen. Mit eventuellem Rückstauwasser ist zu rechnen.

Die Dimensionierung richtet sich nach der zu erwartenden Schneelast und der Dachgeometrie.

Alternativ können auch über die gesamte Dachfläche angebrachte Schneehaltesysteme, die den Schnee auf der Dachfläche fixieren, verbaut werden (Abb. 16.34).

16.3.3 Einbauteile zum Betreten der Dachfläche

Um sichere Verkehrswege für Wartungs- und Instandhaltungsarbeiten zu schaffen, können Einzeltritte, Standflächen oder Laufstege auf die Dachfläche montiert werden. Sie werden unter Beachtung der Hersteller-Verlegeanleitung auf der tragenden Dachkonstruktion befestigt (siehe Abb. 16.35 und 16.36).

16.3.4 Dachflächenfenster

Bei dem Einbau von Wohnraumdachfenstern ist neben der Forderung nach Regensicherheit die Anforderung an Wind- und Luftdichtheit wie auch die Vermeidung von Wärmebrücken zu beachten.

Alle Funktionsschichten sind sorgfältig anzuschließen.

Abb. 16.36: Dachausstieg mit Steigrost

Bei sehr flach geneigten Dachflächen ist darauf zu achten, dass die Fensterneigung mindestens 15° beträgt. Gegebenenfalls ist ein Aufkeilrahmen zu montieren.

16.4 Übungsaufgaben zu Lernfeld 16

1. Welchem Prinzip folgt eine Blitzschutzanlage?
2. Eine Blitzschutzanlage besteht im Wesentlichen aus vier Bestandteilen. Benennen Sie diese und erläutern Sie kurz deren Aufgabe.
3. Was versteht man unter solarthermischen Anlagen?
4. Was unterscheidet Solarthermie- von Photovoltaikanlagen in ihrer Funktionsweise? Und was ist bei der Montage von PV-Anlagen zu beachten?
5. Was sind Durchdringungen und wie sind sie zu installieren?
6. Worin unterscheiden sich Sicherheitsdachhaken Typ A und Typ B?
7. Was ist beim Einbau von Wohnraumdachfenstern zu beachten?

Lernfeld 17: Dach- und Wandflächen instand halten

Christian Geschke

Je nach Deckungsart, Art der verwendeten Materialien und nach dem Grad, in dem ein Bauteil der Witterung ausgesetzt ist, werden bauliche Ausführungen von Dachdeckerarbeiten reparatur- bzw. sanierungsbedürftig – oder aber es müssen einzelne Bestandteile ausgetauscht werden. Dachdeckerbetriebe haben dann die Aufgabe, zu prüfen und zu beurteilen, ob und welche Maßnahmen ergriffen werden müssen.

Die Abbildungen 17.1 bis 17.3 zeigen klassische Reparaturaufgaben. Die Anschlüsse wurden nicht fachgerecht ausgeführt und müssen nun erneuert werden. Auch der Regenablauf, das Fallrohr und die Mauerabdeckung sind nicht mehr regensicher. Die Abdichtung ist 11 Jahre alt und wurde zweilagig mit Bitumenbahnen auf einer Stahlbetondecke aufgeschweißt. Die vorhandene Dachabdichtung muss ebenso wie das Mauerwerk und die Betondecke auf Feuchtschäden überprüft werden.

17.1 Inspektion, Wartung und Reparatur

Dachdecker sind nicht nur für die Herstellung und Eindeckung von neuen Dächern zuständig, sondern müssen auch Inspektionen, Wartungen und Reparaturen an Dächern durchführen. Unter dem Begriff **Inspektion** versteht man eine augenscheinliche Kontrolle des Zustands und der Funktionsweise einer Bedachung, die i. d. R. schriftlich dokumentiert werden sollte. Dabei sind Angaben zu Schäden und zur Dringlichkeit der notwendigen Maßnahmen festzuhalten.

Eine Inspektion ist eine augenscheinliche Kontrolle, bei einer Wartung können auch Instandsetzungen vorgenommen werden.

Wartungen hingegen können z. B. regelmäßige Kontrollen von Sicherheitseinrichtungen wie Dachtritten oder Dachwegen sein, die für eine Dachbegehung vorgesehen sind. Auch Anschlüsse und Dachentwässerungssysteme sind bei Flach- und Steildächern Bestandteile von Wartungsaufträgen.

Da diese Einrichtungen dem persönlichen Schutz dienen, sollten sie in regelmäßigen Intervallen auf

Abb. 17.1: Regenablauf des Flachdaches

Abb. 17.2: Undichter Stoß und zu kurze Bahn

Abb. 17.3: Ablauf des Flachdaches

ihre Funktionsfähigkeit kontrolliert werden. Bei vorhandenen Schäden müssen diese umgehend instand gesetzt werden. Beachten Sie hierzu auch Tabelle 17.1.

Checkliste für eine Inspektion

Da bei einer Inspektion eine schriftliche Dokumentation erfolgen soll, kann eine Checkliste hilfreich sein, die dann nur noch abgearbeitet werden muss. Tabelle 17.2 zeigt, wie eine solche Checkliste aussehen kann.

Reparaturen können durch Alterung des Materials, durch die Einwirkung von Wetterereignissen (z. B. Sturm) oder durch Fehler eines Verarbeiters entstehen. Bemerkt der Kunde den Schaden, ist es meist bereits zu spät und Schäden am Mauerwerk oder an der Dachkonstruktion können bereits entstanden sein. Aus diesem Grund werden regelmäßige Inspektionen und Wartungen empfohlen, sodass die festgestellten Mängel behoben werden können, bevor ein größerer Schaden entstanden ist. In den meisten Fällen werden solche Schäden im Rahmen eines **Wartungsvertrages** unmittelbar gemeldet und repariert. In jedem Fall sollte aber bei größeren Schäden Rücksprache mit dem Kunden, dem Bauherrn oder dem zuständigen Architekten gehalten werden.

Reparaturen von Versicherungsschäden

Bei der Reparatur eines Versicherungsschadens muss eine Dokumentation des Schadens durch die Versicherung oder im Notfall auch durch den Versicherungsnehmer erfolgen. Auch der mit der Reparatur beauftragte Handwerkern kann dabei behilflich sein. Wichtig bei solchen schnellen Notreparaturen, die oft noch während des einen oder anderen Unwetters durchgeführt werden, ist die absolute Vermeidung von Gefahren und die Einhaltung der geltenden Arbeitssicherheitsbestimmungen. Bei der **Dokumentation von Schäden** ist das Anfertigen von digitalen Fotos unumgänglich. Wichtig ist dabei die gleichzeitige Aufnahme von Referenzobjekten, z. B. eines Metermaßes zur Feststellung der tatsächlichen Größe des Schadensumfangs. Wenn eine Detailaufnahme gemacht wird, sollte immer zuerst eine Aufnahme des Bauteils gemacht werden, zu dem das Detail gehört, damit die spätere Zuordnung leichter wird.

Der Wartungsvertrag

Wartungen an Dächern sind meistens in zuvor abgeschlossenen **Wartungsverträgen** geregelt. In diesen werden alle Details zu Art und Umfang der Wartungsarbeiten geregelt, so etwa die vereinbarten Wartungsintervalle, also die Zeiträume, in denen eine Wartung erfolgen muss, und der Umfang und die Art der Leistungen, die dann erbracht werden müssen.

Der Gebäudeeigentümer ist verantwortlich für die Verkehrssicherheit gegenüber Fußgängern oder anderen Verkehrsteilnehmern und muss daher regelmäßige Wartungen in Auftrag geben. Nur durch eine regelmäßige Wartung kann die Gefahr von herabfallenden Teilen (z. B. Schieferplatten, Ziegelstücken) verringert werden.

Tabelle 17.1: Inspektion und Wartung

Inspektion **augenscheinliche Kontrolle von:**	**Wartung** **vertraglich festzulegende Wartungsarbeiten, wie z. B.:**
Dachdeckungen	Austausch beschädigter oder fehlender Ziegel
Windsogsicherung der Dachdeckung	Austausch und Ergänzung von Klammern, Befestigungsmitteln
An- und Abschlüssen	Entfernen loser Verunreinigungen bei An- und Abschlüssen
Dacheinbau- und Systemteilen	Ersetzen von schadhaften Vermörtelungen
Sicherheitseinrichtungen	Austausch schadhafter Dacheinbau- und Systemteile
Entwässerungsanlagen	Reinigen von Rinnen und Fallrohren
Witterungs- und Korrosionsschutz	Erneuerung von Korrosionsschutz an Metallen Erneuerung von Schutzanstrichen, z. B. bei Holzoberflächen

Tabelle 17.2: Muster-Checkliste für Inspektionen

Baustelle

Name:

Straße:

Ort:

Inspektion	Dachteile	ja	nein
1. Dacheindeckung	1.1 Sind Ziegel/Dachsteine in der Dachfläche beschädigt?	☐	☐
	1.2 Sind Formziegel beschädigt?	☐	☐
	1.3 Fehlen Formteile oder Dachziegel bzw. Dachsteine?	☐	☐
	1.4 Ist die Befestigung der Dacheindeckung und Formteile (Windsogsicherung) intakt?	☐	☐
2. Dachentwässerung	2.1 Reinigung der Rinne erforderlich?	☐	☐
	2.2 Reinigung der Fallrohre erforderlich?	☐	☐
3. An- und Abschlüsse	3.1 Müssen Metallanschlüsse und Abschlüsse aus Metall erneuert werden?	☐	☐
	3.2 Müssen Vermörtelungen erneuert werden?	☐	☐
	3.3 Müssen sonstige Verunreinigungen entfernt werden?	☐	☐
4. Dacheinbauteile, Dachsystemteile	4.1 Sind schadhafte Dacheinbauteile/Dachsystemteile zu ersetzen?	☐	☐
	☐ Durchgangsziegel		
	☐ Lichtpfanne, Lichtbiber		
	☐ Firstabschlusselement		
	☐ Firstlüftungselement		
	☐ Gratlüftungselement		
	☐ Trauflüftungselement		
	☐ Kehlelement		
	☐ Ortgangelement		
	☐ Dachausstiegsfenster/Wohnraumdachfenster		
5. Solaranlagen	5.1 Solarthermie	☐	☐
	5.2 Photovoltaik	☐	☐
6. Sicherheitseinrichtung Verkehrssicherheit	6.1 Sicherheitsdachhaken schadhaft?	☐	☐
	6.2 Schneefangvorrichtungen schadhaft?	☐	☐
	Inspektion durchgeführt am ________ Unterschrift des Facharbeiters ____________		

Die Elemente laut Tabelle 17.3 sind Bestandteile von Wartungsarbeiten.

Steildächer und Flachdächer werden unterschiedlich beansprucht. Zudem sind die Lage, der Standort und die Position des Gebäudes zu den Himmelsrichtungen mitunter für einen stärkeren Befall durch z. B. Moose und Flechten verantwortlich.

Dies erhöht ggf. den Wartungsbedarf. In der Nähe von Wäldern oder Parkanlagen ist es wahrscheinlicher, dass Laub und Blütenknospen in die Dachrinnen oder auf das Flachdach geweht werden. Diese können dann zu Verstopfungen der Fallleitungen führen. Gerade bei stark vermoosten Flächen bleibt das Wasser lange im Ton gespeichert und kann bei plötzlichem Frost-Tau-Wechsel zu Abplatzungen und somit zu einer Schädigung des Materials führen.

17.2 Warten und Reparieren von Steildächern

Besonders die Dacheindeckungen von Steildächern müssen Inspektionen oder Wartungsmaßnahmen unterzogen werden. Die Durchführung muss regelmäßig und in Intervallen stattfinden und im Rahmen einer Begehung und Besichtigung des Daches erfolgen. Dabei müssen alle Vorschriften der Berufsgenossenschaft, wie z. B. die Verwendung eines Anseilschutzes, von Dachleitern, Arbeitsgerüsten oder Arbeitsbühnen zum Ausführen von Wartungs- und Reparaturarbeiten, eingehalten werden. Regelmäßige Wartungen bestimmt der Auftraggeber nach Empfehlung der Handwerkerbetriebe. Die Verantwortung dafür liegt aber beim Eigentümer des Gebäudes. Durch die Vereinbarung von regelmäßigen Wartungen werden Schäden vermieden, der Eigentümer kommt der Obliegenheitspflicht gegenüber seiner Sachversicherung nach und es werden unbeteiligte Personen, wie z. B. Fußgänger, vor Schäden durch herabfallende Teile von Bedachungselementen geschützt.

Abb. 17.4: Sicherheitsdachhaken bei der Altdeutschen Schieferdeckung

Reparatur einer Schiefer- bzw. Faserzementdeckung

Reparaturen von Schiefer- bzw. Faserzementdeckungen am Dach sind in den meisten Fällen nur mit einer Sicherheitsdachleiter auszuführen. Dabei kommen bei Deckungen auf steilen oder schlecht begehbaren Dachflächen Sicherheitsdachhaken zum Einsatz. Diese werden im Vorfeld in die Dachfläche eingebaut.

Wenn der Sicherheitshaken einen instabilen oder beschädigten Eindruck macht, sollte er nicht mehr verwendet werden. Beschädigte oder instabile Dachhaken müssen ausgebaut und zur sicheren Begehung bzw. Nutzung durch neue Sicherheitsdachhaken nach Herstellerangaben ersetzt werden. Bei Ziegeldeckungen ist es einfacher als bei Schiefer- bzw. Faserzementdeckungen, Auswechslungen in der Fläche durchzuführen. Um eine Auswechslung einer Schiefer- oder Faserzementplatte an Dach oder Fassade durchzuführen, gibt es einiges zu beachten. Die Abbildungen Abb. 17.5 bis 17.12 zeigen die notwendigen Schritte zum Auswechseln einer Schieferplatte.

Tabelle 17.3: Unterschiedliche Wartungsarbeiten

Reinigen von Bauteilen	Prüfen von Standsicherheit, Befestigung und Funktion
Dachrinne Kaminverwahrung Dachfenster/Eindeckrahmen seitliche Metallanschlüsse Dunstrohre Dachbegrünung	Sicherheitseinbauten Sicherheitswege Ziegel und Dachsteindeckungen Traufbleche RWA-Anlagen Wärmedämmung (Warmdach) Unterdeck-/Unterspannbahn

Abb. 17.5: Die beschädigte Platte

Abb. 17.6: Lose Teile entfernen

Abb. 17.7: Mit Nageleisen Nägel suchen, in Schlitz einhängen und nach unten ziehen oder schlagen

Abb. 17.8: Nagel der Seitenüberdeckung durch Einhängen des Nageleisens und Rausschlagen entfernen

Abb. 17.9: Schieferplatte einlegen und anzeichnen

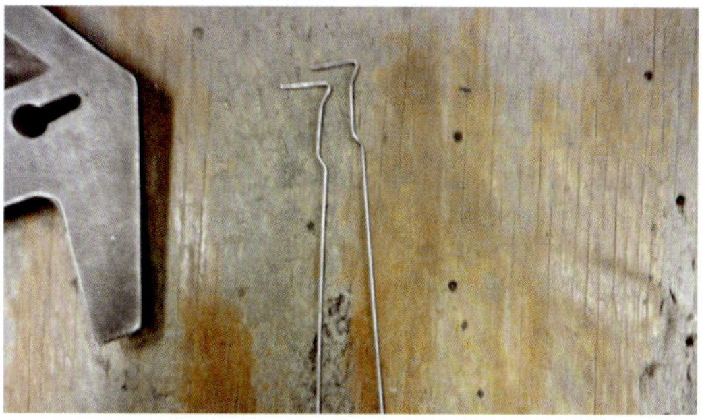

Abb. 17.10: Einschlaghaken für die Schieferdeckung auf Vollschalung

Abb. 17.11: Einschlagen der Haken

Abb. 17.12: Einschieben der Platte und Umbiegen der Haken

17.3 Warten und Reparieren von Flachdächern

Auch bei Flachdächern sind Pflege- und Wartungsarbeiten erforderlich. Es sollten rechtzeitig und regelmäßig Überprüfungen der Dachabdichtung und deren Dachabläufe stattfinden. Bei einer Begehung des Daches werden die Flächenabdichtung, Anschlüsse und Abläufe in Augenschein genommen. Dies muss durch einen Fachmann geschehen. Der Standort des Gebäudes und die Qualität des Materials geben ein grobes Wartungsintervall vor. Durch einen zusätzlichen schweren Oberflächenschutz kann die Kontrolle im Rahmen der Wartung arbeitsintensiver werden, z. B. dann, wenn Kies beiseitezuschaufeln ist.

Müssen Reparaturen durchgeführt werden, ist das grundsätzliche Ziel die Wiederherstellung einer funktionierenden Dachabdichtung nach den anerkannten Regeln der Technik.

Die Arbeiten sind immer auf den Zustand der Abdichtung und der ermittelten Mängel und Schäden abzustimmen. Bei Leichtbaukonstruktionen muss im Vorfeld geklärt werden, in welchen Bereichen sich die Laufwege und wo sich die Anschlagpunkte für das Sicherheitsgeschirr befinden.

Reparatur mit Flüssigkunststoffen

Bei Reparaturarbeiten an Flachdächern kommt heute immer mehr Flüssigkunststoff zum Einsatz (siehe Abb. 17.13).

Flüssigabdichtungen können bestehen aus:

- flexiblen ungesättigten Polyesterharzen (UP),
- flexiblen Polyurethanharzen (PUR) 1K oder 2K (1- oder 2-komponentig),
- flexiblen reaktiven Polymethylmethacrylaten (PMMA).

Für die Abdichtung mit Flüssigkunststoffen dürfen nur Produkte verwendet werden, die der Bauregelliste entsprechen. Das Produkt muss eine europaweite Technische Zulassung auf der Basis der Zulassungsleitlinie ETAG 005 haben. Die Verträglichkeit mit dem Untergrund ist vom Verarbeiter zu prüfen.

Für die Verarbeitung von Flüssigabdichtungen sind immer die Verarbeitungshinweise des Herstellers zu beachten. In fast allen Beschreibungen ist die nachfolgende Vorgehensweise beschrieben:

Abb. 17.13: Reparatur mit Flüssigkunststoff

Die zu beschichtende Oberfläche muss trocken, sauber, öl- und fettfrei sein. Lose und mürbe Teile sowie ggf. Altanstriche oder abblätternde Abdichtungen müssen entfernt werden. Glatte Oberflächen, wie z. B. Fliesen, müssen zur Verbesserung der Haftung matt angeschliffen werden.

Es ist zu prüfen, ob der Untergrund mit einem Haftgrund oder Voranstrich vorbereitet werden muss. Dabei sind die Aushärtezeiten und die Verarbeitungstemperatur zu beachten. In den meisten Fällen kommen Vlieseinlagen zum Einsatz. Diese können eine Ober- bzw. Unterseite haben. Innen- und Außenecken können mit Vliesformteilen oder mit eigenen Vlieszuschnitten gefertigt werden. Dies ist den Verlegeanleitungen der Hersteller zu entnehmen.

Arbeitsablauf:

- Säubern und Reinigen des Untergrunds,
- Vorstreichen des Untergrunds,
- Vlieszuschnitte vorbereiten,
- Flüssigkunststoff ggf. mit Katalysator im angegebenen Verhältnis mischen,
- Einstreichen des Untergrunds mit Flüssigkunststoff,
- Einlegen des Vlieses,
- oberseitig das Vlies abdichten und die Ränder überstreichen (1 cm).

17.4 Dachbegrünung

Bei Dachbegrüngen wird zwischen Extensiv- und Intensivbegrünungen unterschieden (siehe Abb. 17.14 und 17.15 sowie Abschnitt 10.10 Begrünte Dachflächen in Lernfeld 10). Je nach Aufbau und Stand-

Abb. 17.14: Intensive Dachbegrünung

Abb. 17.15: Extensive Dachbegrünung

ort muss nicht nur die Pflege, sondern auch die Bewässerung geplant werden.

Die Anzahl der Pflegeintervalle richtet sich nach dem Aufbau und dem Standort. In der Praxis sind 1 bis 2 Pflegegänge je nach Objekt einzuplanen.

Das Pflegeintervall ist in den meisten Fällen in den Monaten März bis April und der 2. Termin zwischen September und November.

Welche Aufgaben haben Dachdecker bei der Pflege und Instandhaltung von Dachbegrünungen?

Dachdecker entfernen bei einem Pflegegang unerwünschten Bewuchs, aufgekeimte Gehölze wie Birken und Ahorn sowie Kräuter, Löwenzahn, Mohn und Klee. Diese werden mit der Wurzel gezupft und fachgerecht entsorgt.

Gewünschte Grasflächen oder Kräuterflächen müssen geschnitten oder gemäht werden. Zudem muss der Kiesstreifen von Unkräutern befreit werden.

Das größte Augenmerk legen Dachdecker auf die Entwässerung und die Notentwässerung, diese muss frei von Laub und Unkraut sein.

Nach der Pflege kommt die Düngung. In der Regel sollte ein Gründach einmal pro Jahr gedüngt werden, dies sollte im Frühjahr oder Herbst vorgenommen werden.

Zur Düngung werden mineralisch-organische Langzeitdünger eingesetzt. Diese eignen sich für intensiv wie extensiv begrünte Dächer.

Es werden 20 bis 35 g Dünger pro Quadratmeter auf dem Gründach gleichmäßig verteilt, dabei sind die Herstellerangaben zu beachten.

Das Wässern von Gründächern ist meist nur während der Anwuchsphase oder bei langer Trockenheit erforderlich.

Achtung: Absturzsicherungen bei Wartungsarbeiten und Inspektionen müssen geprüft sein, Laufwege müssen eingehalten werden.

17.5 Übungsaufgaben zu Lernfeld 17

1. Welcher Unterschied besteht zwischen einer Wartung und einer Reparatur?
2. Was ist ein Wartungsvertrag und welche Arbeiten werden darin geregelt?
3. Welche Elemente sind bei Wartungsarbeiten an Steil- oder Flachdächern zu kontrollieren?
4. Wie wirkt sich die Lage des Gebäudes auf den Befall durch Moose und Flechten aus?
5. Was ist eine Inspektion und welche augenscheinliche Kontrolle ist vorgesehen?
6. Nennen Sie die einzelnen Arbeitsabläufe bei Reparaturen mit Flüssigkunststoff.
7. Welche Dachabdichtung kommt bei Reparaturen zum Einsatz?
8. Welche Regeln gelten bei der Verarbeitung von Flüssigkunststoff bezüglich des Untergrundes?
9. Wozu dienen Einschlaghaken bei Schieferdeckungen?
10. Welche Maßnahmen werden zur Verkehrssicherheit getroffen?

Anhang I Bauphysik und Brandschutz

Jochen Karsch

Durch mangelhafte Planung oder Ausführung beim Wärme- und Feuchteschutz kann Kondensat entstehen, wodurch es zu Schäden in der Konstruktion kommen kann. Weitere Teilbereiche der Bauphysik, in denen sich Dachdecker heute auskennen müssen, sind Statik, Schall- und Brandschutz.

I.1 Die Bauphysik und ihre Bedeutung für das Dachdeckerhandwerk

Hauptsächlich aus Gründen des Wärmeschutzes spielt heutzutage die Bauphysik in allen Bereichen des Handwerks, die sich mit Sanierung und dem energiesparenden Bauen beschäftigen, eine wichtige Rolle. Da sich Dachdecker mit nahezu der kompletten Gebäudehülle (Dach, Wand, Kellerabdichtung, Dachfenster) beschäftigen, sind die Grundlagen der Bauphysik für Auszubildende des Dachdeckerhandwerks unablässig (siehe Abb. I.1). Bei seinen Arbeiten trifft der Dachdecker heutzutage auf folgende Teilbereiche der Bauphysik:

Wärme- und Feuchteschutz: Gesetzliche Vorgaben fordern immer höhere Energieeinsparungen. Gleichzeitig muss eine Konstruktion erstellt werden, die nicht zu Schäden führt.

Statik: Bei Arbeiten an tragenden Bauteilen (z. B. Auswechslung von Sparren zum Einbau eines Dachflächenfensters) sind Grundkenntnisse der Statik erforderlich.

Schallschutz: Ruhe ist ein menschliches Bedürfnis. Teilweise sind Schallschutzmaßnahmen vorgeschrieben. Dies kann sowohl Bauteile als auch Gegenstände der persönlichen Schutzausrüstung betreffen.

Abb. I.1: Bereiche der Bauphysik

Brandschutz: Je nach Projekt sind Brandschutzmaßnahmen vorgeschrieben. Damit der Dachdecker weiß, worauf es dabei ankommt, sind auch in diesem Bereich Grundkenntnisse erforderlich.

I.2 Wärmelehre

I.2.1 Temperatur

Temperatur ist keine Wärme, sondern eine Möglichkeit, den wärmegenetischen Zustand eines Stoffes zu beschreiben. Temperaturen werden in Deutschland in °C (Grad Celsius), Temperaturunterschiede in K (Kelvin) angegeben. Das Zeichen für die Temperatur ist θ (Theta).

I.2.2 Energie und Wärme

Wärme ist eine Form von Energie. Energie kann nicht erzeugt oder verbraucht werden. Sie kann nur von einer Energieform in eine andere umgewandelt werden.

Die Einheit von Energie ist J (Joule). In der Bauphysik wird häufiger von Wärme und Wärmeenergie gesprochen und die Einheit W · s oder Ws (Wattsekunde) benutzt.

Wärme ist eine Form von Energie und Energie ist die Fähigkeit, Arbeit zu verrichten.

I.2.3 Wärmetransportwege

In der Bauphysik werden 3 Wege unterschieden, auf denen Wärmeenergie transportiert werden kann.

- **Wärmeleitung (Transmission)**
  Mit Transmission ist der Durchgang der Wärme durch z. B. ein Bauteil gemeint. Besitzt ein Stoff eine hohe Wärmeenergie, bewegen sich die Teilchen im Stoff schnell. Diese Bewegung wird von Teilchen zu Teilchen übertragen. Die Wärme wird also im (festen) Stoff „weitergeleitet". Erhitzt man z. B. einen Metallstab an einem Ende, wird am anderen Ende die Wärme spürbar.
- **Wärmeströmung (Konvektion)**
  Bei der Konvektion bewegt sich der Stoff (Flüssigkeit oder Gas) und nimmt dabei seine Wärmeenergie mit, z. B. zirkulierendes Wasser in einem Heizkörper: Das Wasser wird im Heizkessel erwärmt und strömt durch die Heizkörper, um diese wiederum durch die mitgeführte Wärme zu erwärmen.

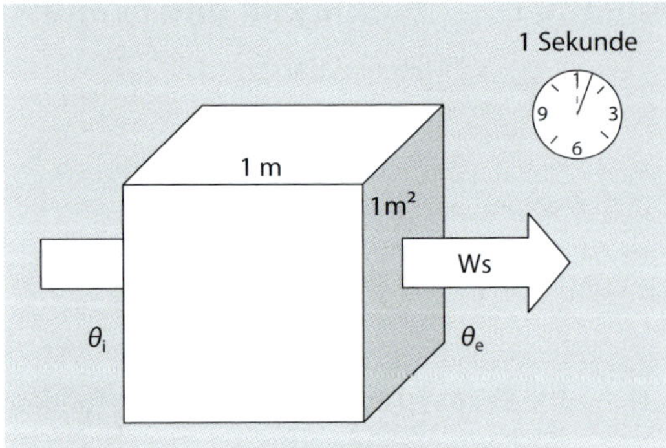

Abb. I.2: Wärmeleitfähigkeit

- **Wärmestrahlung**
  Wärmestrahlung ist Wärmeübertragung ohne Medium (Stoff). Ein Beispiel ist die Sonneneinstrahlung: Selbst wenn es an einem schönen Wintertag draußen sehr kalt ist, bemerken wir, dass die Sonne unsere Kleidung oder die Haut deutlich erwärmt. Dieser Effekt ist mit Strahlung zu erklären. Selbst durch einen luftleeren Raum hindurch können Körper mit Wärmestrahlung erwärmt werden. Damit sich allerdings eine Raumluft erwärmen kann, bedarf es aufgewärmter Körper, die wiederum die Raumluft erwärmen.

Wärmetransport kann durch Transmission, Konvektion oder Strahlung stattfinden.

I.2.4 Wärmeleitfähigkeit

Die Wärmeleitfähigkeit λ (Lambda) ist eine stoffliche Eigenschaft. Ein Stoff, aus dem unser betrachtetes Bauteil (z. B. eine Außenwand) bzw. eine Bauteilschicht (z. B. ein Mauerwerk aus Kalksandsteinen) besteht, leitet aufgrund der Wärmeleitfähigkeit die Wärme gut oder schlecht. Im Sinne einer guten Wärmedämmung ist also eine schlechte niedrige Wärmeleitfähigkeit wünschenswert.

Wärmedämmstoffe zeichnen sich durch eine niedrige Wärmeleitfähigkeit aus.

λ drückt aus, welche Wärmemenge in Ws durch einen Stoff der Dicke 1 Meter (m) pro Sekunde (s) und pro Kelvin (K) Temperaturunterschied $d\,(\theta_i - \theta_e)$ und pro Quadratmeter (m^2) Fläche des betrachteten Stoffes durchgeht. Die Einheit von λ setzt sich somit zusammen zu $(Ws \cdot m)/(s \cdot m^2 \cdot K)$. Nach mathematischen Kürzungen ergibt sich für λ die Einheit $W/(m \cdot K)$ (siehe Abb. I.2).

I.2.5 Wärmedurchlasswiderstand

Beim Durchgang von Wärme (Transmission) durch ein Bauteil wird durch die einzelnen Schichten des Bauteils dem Wärmetransport ein bestimmter Widerstand entgegengesetzt. Dieser Widerstand wird als **Wärmedurchlasswiderstand (R_i)** bezeichnet. Seine Größe ist abhängig von der Wärmeleitfähigkeit des Stoffes, aus dem die Schicht besteht, und der Dicke der Schicht. Wünschenswert im Sinne einer guten Dämmung ist ein hoher Widerstand.

Demnach ergibt sich als Formel:

$$R_i = \frac{d_i}{\lambda_i}$$

Als Einheit für den Widerstand ergibt sich:

$$\frac{m}{W/(m \cdot K)} = \frac{m^2 \cdot K}{W}$$

Beachte: Der Index „i" in der Formel steht jeweils für die Schichtennummer. In der Bauphysik werden die Schichten von innen nach außen „gezählt". Diese Betrachtung entspricht der Richtung des Wärmestroms in der sog. Heizperiode. Der Wärmestrom erfolgt dann von innen (warm) nach außen (kalt). Steht man an einem Wintertag an einem gekippten Fenster und es „zieht", wird schnell die Aussage getroffen, dass es „kalt reinzieht". Diese Aussage ist falsch, denn es ist nicht die Kälte, die „reinkommt", sondern die Wärme, die „rausgeht". Dieser Vorgang ist völlig natürlich und tritt in der Bauphysik an zahlreichen Stellen auf. Er basiert auf dem Bestreben nach Ausgleich.

I.2.6 Wärmeübergangswiderstand

Bereits beim Eintritt der Wärmeenergie in das Bauteil hinein wird dem Wärmetransport ein unsichtbarer Widerstand entgegengesetzt.

Praxisbeispiel

Misst man in einem Raum eine Innentemperatur von 20 °C und misst dann die Temperatur an der Innenseite der Außenwand, wird man feststellen, dass (je nach Qualität der Wärmedämmung der Wand und je nachdem, wie groß der Unterschied zwischen der Raum- und der Außentemperatur ist) eine Temperaturdifferenz von ca. 0,5 bis 2 K vorliegt. Sowohl höhere als auch niedrigere Unterschiede sind je nach Situation durchaus möglich.

Dieses Phänomen ist durch die Wärmeabstrahlung der inneren Bauteilschicht zur Rauminnenseite zu erklären. Also trifft die Wärme bereits beim **Übergang** der Wärme in das Bauteil auf eine Art Widerstand. Ähnliches passiert beim Austritt der Wärme aus dem Bauteil heraus auf der Außenseite des Bauteils.

Diese Abstrahlungen werden in bauphysikalischen Berechnungen durch die **Wärmeübergangswiderstände** R_{si} (Wärmeübergang innen) und R_{se} (Wärmeübergang außen) berücksichtigt.

Die Einheit der Wärmeübergangswiderstände ist die gleiche wie bei den Wärmedurchlasswiderständen, also

$$\frac{m^2 \cdot K}{W}$$

Die Wärmeübergangswiderstände sind abhängig von der Richtung des Wärmestroms (siehe Tab. I.1).

I.2.7 Wärmedurchgangswiderstand

Nachdem die einzelnen Wärmedurchlasswiderstände für jede einzelne Bauteilschicht errechnet und die entsprechenden Wärmeübergangswiderstände der Tabelle I.1 entnommen worden sind, werden nun alle genannten Widerstände addiert. Dieser

Gesamtwiderstand wird als der **Wärmedurchgangswiderstand** (R_T) bezeichnet:

$$R_T = R_{si} + (R_1 + R_2 + R_3 \ldots + R_n) + R_{se}$$

Tabelle I.1: Wärmeübergangswiderstände (nach DIN EN ISO 6946)

	Richtung des Wärmestroms		
	Aufwärts	Horizontal[1]	Abwärts
R_{si}	0,10	0,13	0,17
R_{se}	0,04	0,04	0,04

1) Die Werte für „Horizontal" gelten bis zu einer Abweichung von ± 30° zur Horizontalen.

I.2.8 Wärmedurchgangskoeffizient (*U*-Wert)

In der Bauphysik wird die Qualität der Wärmeisolierung eines Bauteils nicht mit dem Wärmedurchgangswiderstand ausgedrückt, sondern mit dessen Kehrwert. Der **Wärmedurchgangskoeffizient** errechnet sich aus:

$$U = \frac{1}{R_T}$$

Die Einheit des *U*-Wertes ergibt sich aus dem Kehrwert der Einheit aller bisher bekannten Widerstände zu:

$$\frac{1}{(m^2 \cdot K)/W} = \frac{W}{m^2 \cdot K}$$

Der *U*-Wert ist der Kehrwert des Wärmedurchgangswiderstands.

Erweitern wir diese Einheit mit dem Faktor Sekunde (s), ist verständlich, was mit dem *U*-Wert ausgedrückt wird:

$$\frac{W \cdot s}{m^2 \cdot K \cdot s}$$

W · s ist die Einheit für eine Energie, also eine Wärmemenge.

Das untenstehende Praxisbeispiel soll vereinfacht die Aussage des *U*-Wertes darstellen. Der tatsächliche Wärmedurchgang durch ein Bauteil ist zusätzlich noch von zahlreichen anderen Randbedingungen abhängig, die an dieser Stelle nicht genauer ausgeführt werden.

Praxisbeispiel

Hat ein **betrachtetes Bauteil** (z. B. eine Wand) einen *U*-Wert von 0,3 $W/(m^2 \cdot K)$ bzw. 0,3 $W \cdot s/(m^2 \cdot K \cdot s)$, bedeutet dies, dass – bedingt durch den Wärmedurchgang – durch dieses Bauteil pro Quadratmeter Fläche und pro Kelvin Temperaturunterschied (Innentemperatur zur Außentemperatur) pro Sekunde eine Energie von 0,3 Ws „verloren" geht. Anders ausgedrückt geht eine Energie von 0,3 Wh („Wattstunde") pro Stunde verloren.

Nehmen wir weiter an, dass im Winter an einem Tag eine Innentemperatur von 20 °C und eine Außentemperatur von –10 °C herrschen. Der Temperaturunterschied beträgt nun 30 K.

Betrachten wir diese Bedingungen für einen Tag und errechnen überschlägig den Energieverlust durch eine 100 m² große Wand:

Nehmen wir an, dass die Außenwand mit einem *U*-Wert von 0,3 $W/(m^2 \cdot K)$ 100 m^2 Fläche hat:

Für die **Wärmemenge**, die an diesem Tag unter den angegebenen Randbedingungen durch die komplette Wand entweichen würde, ergibt sich der Wert:

$$Q = 0{,}3\,W/(m^2 \cdot K) \cdot 30\,K \cdot 24\,h \cdot 100\,m^2 = 21.600\,Wh$$

Eine bekanntere **Einheit für Energie** ist nicht die Wh, sondern die kWh (Kilowattstunde, vgl. z. B. eine Stromrechnung). Die Umrechnung von Wh in Kilowattstunde ergibt:

21.600 Wh
= 21,6 kWh

(1 kW = 1.000 W;
1 Stunde = 3.600 Sekunden)

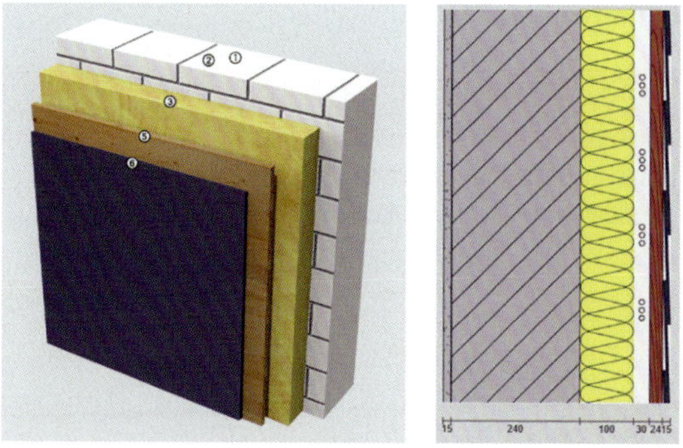

Abb. I.3: Schichtenaufbau

I.2.9 Ermittlung des *U*-Wertes eines homogen gedämmten Bauteils

Praxisbeispiel

Aufgabe
Betrachten wir als Bauteil eine homogen gedämmte Außenwand mit folgendem Schichtenaufbau (Abb. I.3):

Die Werte der Wärmeleitfähigkeiten der Stoffe werden entsprechenden Tabellen entnommen und an dieser Stelle vorgegeben.

Schicht 1: Innenputz
$\lambda_1 = 0{,}51$ W/(m · K);
$d_1 = 1{,}5$ cm (= 0,015 m)

Schicht 2: Mauerwerk aus Kalksandsteinen (1.800 kg/m³);
$\lambda_2 = 0{,}99$ W/(m · K); $d_2 = 24$ cm

Schicht 3: Wärmedämmung aus Mineralwolle
$\lambda_3 = 0{,}035$ W/(m · K); $d_3 = 10$ cm

Schicht 4: Belüftungsebene;
$d_4 = 3$ cm

Schicht 5: Schalung aus Vollholz;
$\lambda_5 = 0{,}13$ W/(m · K); $d_5 = 2{,}4$ cm

Schicht 6: Außenwandbekleidung aus Schiefer

Lösung
Beachte: Bei der Berechnung des *U*-Wertes dieses Wandaufbaus ist zu beachten, dass ab einer Belüftungsebene die nachfolgenden Schichten keinen Beitrag zur Wärmedämmung liefern. Die Berechnung beginnt demnach mit Schicht 1 und endet mit Schicht 3.

Berechnung der Wärmedurchlasswiderstände und Festlegung der Wärmeübergangswiderstände (Betrachtung von innen nach außen):

$R_{si} = 0{,}13\ (\text{m}^2 \cdot \text{K})/\text{W}$

$$R_1 = \frac{d_1}{\lambda_1} = \frac{0{,}015\ \text{m}}{0{,}51\ \text{W}/(\text{m}\cdot\text{K})} = 0{,}029\ (\text{m}^2\cdot\text{K})/\text{W}$$

$$R_2 = \frac{0{,}24\ \text{m}}{0{,}99\ \text{W}/(\text{m}\cdot\text{K})} = 0{,}242\ (\text{m}^2\cdot\text{K})/\text{W}$$

$$R_3 = \frac{0{,}10\ \text{m}}{0{,}035\ \text{W}/(\text{m}\cdot\text{K})} = 2{,}857\ (\text{m}^2\cdot\text{K})/\text{W}$$

$R_{se} = 0{,}04\ (\text{m}^2 \cdot \text{K})/\text{W}$ (siehe Tab. I.1, Zeile 2)

Somit ergibt sich für den Wärmedurchgangswiderstand:

$$\begin{aligned} R_T &= R_{si} + R_1 + R_2 + R_3 + R_{se} \\ &= (0{,}13 + 0{,}029 + 0{,}242 + 2{,}857 \\ &\quad + 0{,}04)\ (\text{m}^2\cdot\text{K})/\text{W} \\ &= 3{,}298\ (\text{m}^2\cdot\text{K})/\text{W} \end{aligned}$$

Der Kehrwert des Wärmedurchgangswiderstands ergibt den Wärmedurchgangskoeffizienten, den *U*-Wert:

$$U = \frac{1}{R_T} = \frac{1}{3{,}298\ (\text{m}^2\cdot\text{K})/\text{W}} = 0{,}303\ \text{W}/(\text{m}^2\cdot\text{K})$$

I.2.10 Optimierung des *U*-Wertes eines homogen gedämmten Bauteils

Praxisbeispiel

Aufgabe

Aufgrund eines Kundenwunsches bzw. gesetzlicher Vorgaben soll ein *U*-Wert von 0,2 W/(m² · K) erreicht werden. Welche Umsetzungsmöglichkeiten stehen zum Erreichen dieses Ziels zur Verfügung und wie sehen diese konkret aus?

Lösung

Wenn $U = 1/R_T$ ist, ergibt sich durch einfache Umformung, dass $R_T = 1/U$ ist. Der neue (erforderliche) Wärmedurchgangswiderstand R_T' ergibt sich somit zu:

$$R_T' = \frac{1}{0{,}2\ \text{W/(m}^2\cdot\text{K)}} = 5{,}0\ (\text{m}^2\cdot\text{K})/\text{W}$$

Um diesen Wärmedurchgangswiderstand zu erreichen, muss also ein zusätzlicher Wärmedurchlasswiderstand von

$$R_{zus} = 5{,}0 - 3{,}338\ (\text{m}^2\cdot\text{K})/\text{W}$$
$$= 1{,}662\ (\text{m}^2\cdot\text{K})/\text{W}$$

erzeugt werden.

Möglichkeiten der Umsetzung

1. Anbringen einer zusätzlichen Dämmschicht auf der Rauminnenseite
2. Ersetzen der 10 cm dicken Dämmschicht durch eine dickere Dämmschicht
3. Ersetzen der Außendämmung durch eine Dämmung mit höherem „Dämmwert" (geringere Wärmeleitfähigkeit)
4. Kombination aus den genannten Möglichkeiten

Eine zusätzliche Dämmschicht (innen oder als Aufdickung auf der Außenseite) hätte bei gleicher Wärmeleitfähigkeit folgende Dicke:

$$R_{zus} = \frac{d_{zus}}{\lambda_3} \rightarrow d_{zus} = R_{zus} \cdot \lambda_3$$
$$= 1{,}662\ (\text{m}^2\cdot\text{K})/\text{W} \cdot 0{,}035\ \text{W/(m}\cdot\text{K)}$$
$$= 0{,}058\ \text{m}$$

Beim Einbau der nächstdickeren handelsüblichen Wärmedämmung (6 cm) ergibt sich entsprechend ein noch besserer *U*-Wert als der geforderte.

Soll nun die Dicke der Dämmung beibehalten werden und der *U*-Wert über die Veränderung der Wärmeleitfähigkeit der Dämmung erreicht werden, sieht die Rechnung wie folgt aus:

$$R_{neu} = \frac{d_3}{\lambda_{neu}} \rightarrow \lambda_{neu} = \frac{d_3}{R_{neu}}$$

Die neue Wärmedämmung muss einen Wärmedurchlasswiderstand von 2,857 (m² · K)/W zuzüglich des zusätzlichen Wärmedurchlasswiderstands von 1,662 (m² · K)/W, also 4,519 (m² · K)/W erbringen.

$$\lambda_{neu} = \frac{0{,}1\ \text{m}}{4{,}519\ (\text{m}^2\cdot\text{K})/\text{W}}$$
$$= 0{,}022\ \text{W/(m}^2\cdot\text{K)}$$

In Form einer Mineralwolle ist eine solche Wärmeleitfähigkeit nicht verfügbar, in Form von z. B. Polyuretan-Hartschaum allerdings schon.

I.2.11 Zeichnerische Darstellung des Wärmedurchgangs

Zeichnet man den Temperaturverlauf durch das Bauteil in die Schichten ein, so ergibt sich die oben stehende Grafik (Abb. I.4).

Betrachtet wird an dieser Stelle wiederum die Situation in der Heizperiode mit den vorgegebenen Standardwerten der Temperaturen

innen $\theta_i = 20$ °C und

außen $\theta_e = -5$ °C.

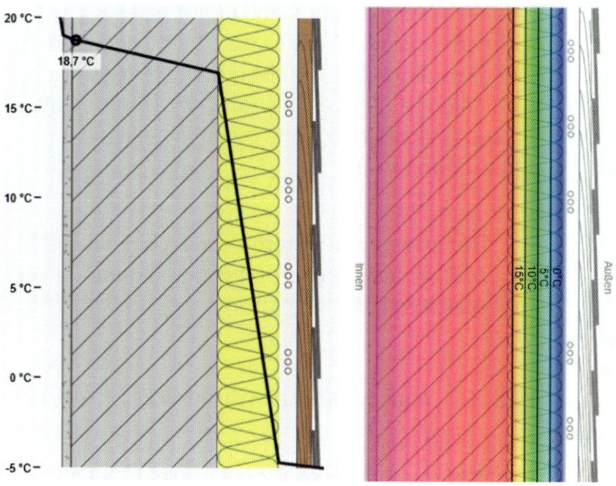

Abb. I.4: Temperaturverlauf im Bauteil

Um in der Lage zu sein, diese Grafik selbst zu erstellen, müssen zunächst die sog. Grenzflächentemperaturen, also die Temperaturen zwischen den Schichten, berechnet werden. Der Temperaturverlauf durch die homogen gedämmten Schichten selbst verläuft linear.

I.2.12 Wärmespeicherfähigkeit und speicherbare Wärmemenge

Neben einer guten Dämmung gibt es weitere Faktoren, die für ein angenehmes Wohnklima sorgen. Einer dieser Faktoren ist die Wärmespeicherfähigkeit *C*. Ein Körper kann – je nachdem, woraus er besteht, wie schwer er ist und welche Temperaturdifferenz zwischen ihm und der Umgebung herrscht – mehr oder weniger Wärmeenergie speichern.

Für eine hohe Wärmespeicherfähigkeit ist in der Bauphysik hauptsächlich die Masse eines Bauteils verantwortlich. Demnach müssen schwere Bauteile lange und mit viel Energieaufwand aufgeheizt werden, bevor die Temperatur im Raum merklich steigt. Dafür erwärmen sie den Raum allerdings noch weiter, nachdem die Heizung abgeschaltet wurde. Ein ausgekühlter Raum, der durch Bauteile begrenzt wird, die eine Außendämmung und ein schweres Mauerwerk besitzen, muss länger aufgeheizt werden als ein Raum mit einer Innendämmung.

Innendämmungen können z. B. bei Ferienhäusern sinnvoll sein, da sie schnell aufgeheizt werden müssen, nach kurzer Zeit aber auch wieder abkühlen dürfen.

Praxisbeispiel

Wasser besitzt eine spezifische Wärmekapazität c von 4.200 J/(kg · K). Betrachtet man einen Liter 35 °C warmen Wassers (also 1 kg schwer) und befindet sich dieser Liter Wasser in einem Raum mit einer Temperatur von 20 °C, können folgende Aussagen getroffen werden:

Die Wärmespeicherfähigkeit C dieses Liter Wassers beträgt

$$C = 4.200 \text{ J/(kg} \cdot \text{K)} \cdot 1 \text{ kg}$$
$$= 4.200 \text{ J/K}$$

Bei einem Temperaturunterschied $\Delta\theta$ von 15 K ergibt sich für die speicherbare Wärmemenge Q:

$$Q = 4.200 \text{ J/K} \cdot 15 \text{ K}$$
$$= 63.000 \text{ Ws}$$
$$= 17{,}5 \text{ Wh}$$
$$= 0{,}0175 \text{ kWh}$$

Wir erinnern uns an die Aussage, dass Energie nicht erzeugt oder verbraucht, sondern lediglich umgewandelt werden kann. Demzufolge kann man für die speicherbare Wärmemenge auch folgende Aussage treffen: Das Beispiel zeigt, dass eine Energie von 0,0175 kWh erforderlich ist, um Wasser mit einer Temperatur von 20 °C auf eine Temperatur von 35 °C zu erwärmen.

Die Vorteile einer hohen Wärmespeicherfähigkeit können ebenfalls an einem heißen Sommertag beobachtet werden. Betritt man ein Gebäude mit schweren Wänden (z. B. Bruchsteinwände), bemerkt man sofort, dass der Raum angenehm kühl ist. Die massiven Außenwände speichern die durch Sonneneinstrahlung erzeugte Wärme und geben sie in der Nacht langsam und gleichmäßig wieder ab. Die Temperatur im Raum schwankt demnach kaum.

Die Wärmemenge (oder Energie), die erforderlich ist, um einen Körper um eine bestimmte Temperaturdifferenz zu erwärmen, ist die gleiche, die er bei der gleichen Temperaturdifferenz speichern kann.

I.3 Feuchteschutz

I.3.1 Konvektion und Diffusion

Beim Feuchteschutz spielen 2 Vorgänge eine entscheidende Rolle:

Zum einen ist hier die **Diffusion** zu nennen. Sie beschreibt in der Bauphysik den Wasserdampftransport durch Bauteilschichten.

Der 2. wichtige Vorgang ist die **Konvektion**. Bereits bei den Wärmetransportwegen (siehe Abschnitt I.2.3) wurde die Konvektion behandelt. Beim Feuchteschutz treffen wir erneut auf die Konvektion, da Wasserdampf nicht nur durch Diffusion in das Bauteil gelangen kann, sondern beispielsweise auch über Leckagen eingetragen wird. Konvektion an dieser Stelle bedeutet also Luftströmung in das Bauteil hinein oder durch das Bauteil hindurch (siehe Abschnitt I.3.7).

Wasserdampf kann durch Diffusion und Konvektion in Bauteilschichten gelangen.

I.3.2 Wasserdampfdiffusionswiderstandszahl (μ-Wert)

Der Diffusion wird durch die einzelnen Bauteilschichten ein Widerstand entgegengesetzt. Die Fähigkeit eines Baustoffes, die Diffusion zu „bremsen", wird verglichen mit der entsprechenden Fähigkeit von Luft. Als sog. μ-Wert (Wasserdampfdiffusionswiderstandszahl) ergibt sich somit ein dimensionsloser „Vergleichsfaktor". Der μ-Wert der Ausgangsbasis Luft ist = 1. Der μ-Wert von Metallen ist generell unendlich, da Diffusion im bauphysikalischen Sinne durch Metalle nicht stattfinden kann.

Der μ-Wert eines Stoffes drückt aus, wie viel Mal besser dieser die Diffusion hemmt im Vergleich zu Luft.

I.3.3 Äquivalente Luftschichtdicke (s_d-Wert)

Wie groß der Widerstand ist, den eine Bauteilschicht der Diffusion entgegensetzt, ist letztlich abhängig von dem μ-Wert des Stoffes, aus dem die Schicht besteht, und ihrer Dicke. Je dicker die Schicht und je größer der μ-Wert, desto größer die **äquivalente Luftschichtdicke** (s_d-Wert). Bei einer nur 5 mm dicken Abdichtungsbahn aus Bitumen ergibt die Rechnung

$$s_d = \mu \cdot d = 50.000 \cdot 0{,}005\ \text{m} = 250\ \text{m}$$

Ein s_d-Wert von 250 m bedeutet, dass die 5 mm dicke Bitumenbahn die Diffusion genauso (also gleichwertig oder äquivalent) bremst wie eine 250 m dicke Luftschicht.

In der Bauphysik hat man folgende Begriffe für die Diffusionsfähigkeit von Bauteilschichten festgelegt:

- Diffusionsoffen: s_d-Wert $\leq$ 0,5 m
- Diffusionsbremsend: 0,5 m $<$ s_d-Wert $\leq$ 10 m
- Diffusionshemmend: 10 m $<$ s_d-Wert $\leq$ 100 m
- Diffusionssperrend: 100 $<$ s_d-Wert $<$ 1.500 m
- Diffusionsdicht: s_d-Wert $\geq$ 1.500 m

Dampfsperren sind Schichten, die den Wasserdampfdiffusionsstrom begrenzen bzw. verhindern. Sie weisen in der Regel einen s_d-Wert $\geq$ 1,0 m auf. Sie können einen konstanten oder feuchtevariablen Wasserdampfdiffusionswiderstand aufweisen.

Feuchtevariable Schichten sind Schichten, deren sd-Wert sich in Abhängigkeit von der Umgebungsluftfeuchtigkeit ändert. Diese besonderen Dampfsperren werden häufig auch als feuchteadaptive oder „intelligente" Dampfbremsen bezeichnet. Der von der Feuchte abhängige s_d-Wert einer „intelligenten" Dampfsperre ist in Abb. I.5 dargestellt.

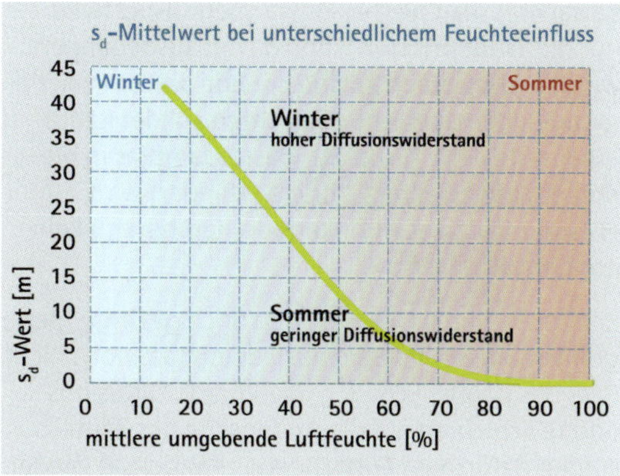

Abb. I.5: Feuchtevariable Dampfsperre

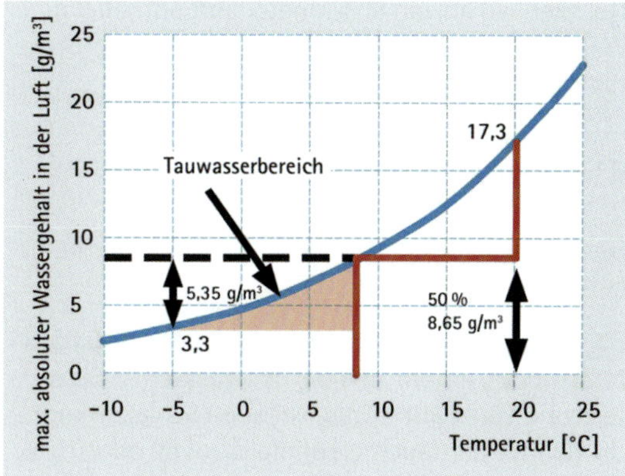

Abb. I.6: Sättigungsmengen/maximaler Feuchtegehalt von Luft

Der s_d-Wert einer Bauteilschicht zeigt, wie dick eine Luftschicht sein müsste, um die Diffusion genauso zu hemmen wie die betrachtete Bauteilschicht.

I.3.4 Maximaler Feuchtegehalt von Luft (f_{max})

Luft ist in der Lage, Wasserdampf aufzunehmen. Wie viel Wasserdampf sie aufnehmen kann, ist abhängig von ihrer Temperatur. Der von der Temperatur abhängige maximale Feuchtegehalt f_{max} in g/m³ kann als Grafik dargestellt und aus entsprechenden Tabellen entnommen werden (siehe Abb. I.6 und Tab. I.2).

Warme Luft kann deutlich mehr Wasserdampf aufnehmen als kalte Luft. Ein Kubikmeter Luft (15 °C) kann z. B. maximal 12,8 g Wasserdampf aufnehmen.

I.3.5 Absoluter Feuchtegehalt von Luft (f_{abs})

Unter dem absoluten Feuchtegehalt f_{abs} wird der tatsächlich vorhandene Wasserdampfgehalt der Luft verstanden, wiederum in g/m³.

I.3.6 Relative Luftfeuchte (φ)

Unter relativer Luftfeuchte versteht man den absoluten Feuchtegehalt bezogen auf den maximalen Feuchtegehalt, ausgedrückt in Prozent, also:

$$\varphi = \frac{f_{abs}}{f_{max}} \cdot 100\ \%$$

Tabelle I.2: Sättigungsmengen/maximaler Feuchtegehalt von Luft

Temperatur ϑ in °C	Sättigungsmenge in g/m³	Temperatur ϑ in °C	Sättigungsmenge in g/m³
20	17,3	4	6,4
19	16,3	3	5,9
18	15,3	2	5,6
17	14,5	1	5,2
16	13,6	0	4,8
15	12,8	−1	4,5
14	12,0	-2	4,1
13	11,3	-3	3,8
12	10,6	-4	3,5
11	10,0	-5	3,2
10	9,4	-6	3,0
9	8,8	-7	2,7
8	8,3	-8	2,5
7	7,7	-9	2,3
6	7,3	−10	2,1
5	6,8		

Nehmen wir an, ein Kubikmeter Luft enthält 9 g Wasser in Wasserdampfform und die Lufttemperatur beträgt 15 °C (siehe Tab. I.2):

$$\varphi = \frac{9\ (\text{g/m}^3)}{12{,}8\ (\text{g/m}^2)} \cdot 100\ \% = 70{,}3\ \%$$

Die relative Luftfeuchte beträgt 70,3 % bzw. die Luft ist zu 70,3 % gesättigt.

Da wir ständig Wasserdampf ausatmen (ca. 0,05 Liter/Stunde), erhöht sich bei geschlossenen Fenstern und Türen auch über Nacht im Schlafzimmer die relative Luftfeuchte ebenfalls auf 60 oder 70 %. Um Feuchteschäden durch zu hohe Luftfeuchten (siehe Abschnitt I.3.7) zu vermeiden, muss regelmäßig für Frischluft gesorgt werden.

In Wohnräumen liegt die ideale relative Luftfeuchte bei 40 bis 60 %. In z. B. Badezimmern kann vorübergehend eine Luftfeuchte von 65 bis 90 % herrschen.

Durch regelmäßiges Lüften wird verbrauchter Sauerstoff ersetzt und der Wasserdampfgehalt der Innenluft ausgeglichen.

In heutigen Neubauten kommt es vermehrt zum Einsatz von Lüftungsanlagen, die automatisch dafür sorgen, dass ein ausreichender Luftaustausch stattfindet. Dies verhindert gleichzeitig unnötige Energieverluste durch falsches Lüften.

I.3.7 Entstehung von Tauwasser/Kondensat

Der unter normalen Umständen in der Luft enthaltene Wasserdampf ist für eine Bauteilkonstruktion zunächst unbedenklich. Problematisch kann die Situation werden, wenn der Feuchtegehalt der Innenluft in die Konstruktion gelangt und dabei die Temperatur sinkt. Beim Wärmetransport durch das Bauteil sinkt im Winter die Temperatur nach außen hin immer weiter ab. Mit sinkender Temperatur kann weniger Wasserdampf aufgenommen werden und die relative Luftfeuchte steigt. Ab einer Luftfeuchte von 100 % entsteht Kondensat und Feuchteschäden können die Folge sein. Die Gefahr einer Schimmelpilzbildung besteht sogar schon bei einer relativen Luftfeuchte von 80 %.

Betrachtet man hierbei als Wärmetransportweg nur die **Transmission**, kann davon ausgegangen werden, dass durch entsprechende diffusionshemmende oder -sperrende Schichten auf der Rauminnenseite der Eintrag des Wasserdampfes in die Konstruktion gebremst oder verhindert wird. Somit entsteht trotz des Absinkens der Temperatur kein Kondensat.

Entstehen durch Diffusion nun doch **geringe Mengen Tauwasser** im Bauteil, bedeutet das noch nicht, dass das Bauteil Schäden davonträgt. Diffusionsoffene Schichten auf der Außenseite des Bauteils sorgen dafür, dass entstandenes Kondensat wieder nach außen ausdiffundieren kann.

Das größere „Tauwasserproblem" ist allerdings die **Konvektion**. Durch Fehlstellen (fehlerhaft ausgeführte Anschlüsse und Übergänge etc.) kann die Rauminnenluft inkl. ihres Feuchtegehalts ungehindert in das Bauteil einströmen.

Bei 20 °C können 17,3 g Wasser/m³ aufgenommen werden. Bei einer relativen Luftfeuchte von φ = 50 % reicht ein Absinken der Temperatur auf 9,4 °C aus, um Kondensat entstehen zu lassen.

Tauwassermassen, die durch Konvektion entstehen, sind, je nach Größe der Fehlstelle, um ein Hundert- bis Tausendfaches größer als Tauwassermassen, die durch Diffusion entstehen.

Fehlstellen an Dampfsperr- und/oder Luftdichtheitsschichten führen zu Konvektion. Durch Konvektion sind Feuchteschäden vorprogrammiert.

Hieraus ergibt sich die Anforderung, bei der Ausführung von Dampfbremsen/-sperren und bei Luftdichtheitsschichten äußerst sorgfältig zu arbeiten.

I.4 Statik

Da der Dachdecker in den unterschiedlichsten Bereichen mit Lasten im statischen Sinne zu tun hat, sollen an dieser Stelle **Grundlagen** zur Statik erarbeitet werden.

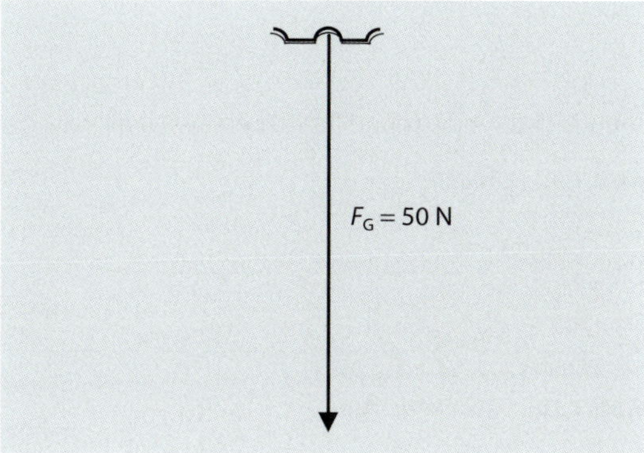

Abb. I.7: Gewichtkraft durch Masse und Erdanziehung

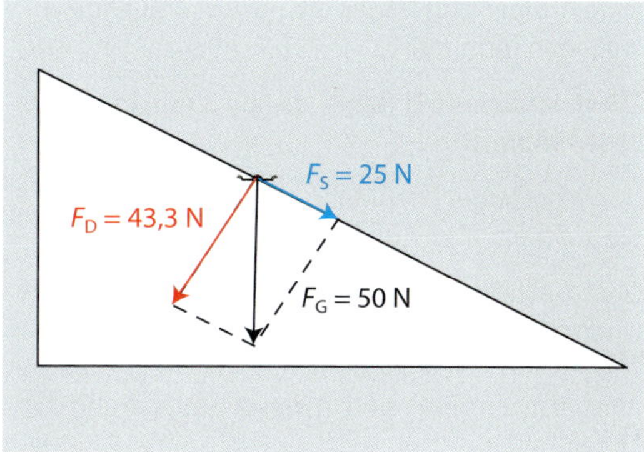

Abb. I.8: Resultierende Kräfte

I.4.1 Kräfte

Kräfte resultieren z. B. aus einer Masse und deren Beschleunigung. Hält man z. B. einen 5 kg schweren Betondachstein in der Hand, wird dieser durch die Erdanziehung zum Erdmittelpunkt hin beschleunigt.

Praxisbeispiel

Lässt man einen Gegenstand aus großer Höhe fallen, nimmt seine Geschwindigkeit auf dem Weg nach unten pro Sekunde um 9,81 m/s zu. Also beträgt die Beschleunigung a durch die Erdanziehung g 9,81 m/s². Der Betondachstein besitzt nach der Formel $F = m \cdot a$ (Kraft = Masse · Beschleunigung) eine Gewichtskraft von $5\ \text{kg} \cdot 9{,}81\ \text{m/s}^2 = 49{,}05\ \text{N} \approx 50\ \text{N}$ ($1\ \text{Newton} = 1\ \text{kg} \cdot \text{m/s}^2$).

Überschlägig errechnet man eine Gewichtskraft (in Newton) mit der Masse (in Kilogramm) · 10.

I.4.2 Lasten und resultierende Lasten

Lasten entstehen im Dachdeckerhandwerk einerseits aus Gewichtskräften (siehe Abschnitt I.4.1) und andererseits aus Windlasten. Die Richtung einer Last kann mithilfe von Pfeilen, die Größe der Last anschaulich mit der entsprechenden Pfeillänge dargestellt werden (Abb. I.7).

Was aber sind die tatsächlich resultierenden Kräfte, wenn der Körper mit der Gewichtskraft F_G durch z. B. eine Steildachkonstruktion „gestützt" wird (Abb. I.8)?

Bei der Aufteilung der Gewichtskraft F_G in die Druckkraft F_D und die Schubkraft F_S kann zeichnerisch die Richtung entlang der Konstruktion bzw. rechtwinklig zu ihr ermittelt werden. Die zu zeichnende Länge ergibt sich durch ein rechtwinkliges Dreieck, da die Teilkräfte rechtwinklig zueinander stehen. Die Größen der Kräfte können aus der Zeichnung (Maßstab!) abgemessen oder errechnet werden.

Praxisbeispiel

In der Zeichnung (Abb. I.8) ist eine 30° geneigte Konstruktion dargestellt.

$F_D = 50\ \text{N} \cdot \cos 30° = 43{,}3\ \text{N}$
$F_S = 50\ \text{N} \cdot \sin 30° = 25\ \text{N}$

→ resultierende Kraft (Gewichtskraft)

$F_G = \sqrt{(43{,}3\ \text{N})^2 + (25\ \text{N})^2} = 50\ \text{N}$

I.4.3 Tragwerke bei Dachkonstruktionen

Um Träger (z. B. Sparren) ausreichend dimensionieren zu können, sind zunächst folgende Unterscheidungen zu treffen:

Einfeldträger sind Träger, die nur auf 2 Auflagern aufliegen (Abb. I.9).

Zweifeldträger sind Träger, die auf 3 Auflagern aufliegen (Abb. I.10).

Durchlaufträger bzw. Mehrfeldträger sind Träger, die auf mehr als 3 Auflagern aufliegen (Abb. I.11).

Grundsätzlich gilt, dass Durchlaufträger geringere Querschnitte erfordern oder größere Stützweiten zulassen als Zweifeldträger. Am „ungünstigsten" im statischen Sinne sind in dieser Betrachtung die Einfeldträger.

Betrachtet man nun ein Sparrendach oder ein Pfettendach, können mithilfe der bisherigen Erkenntnisse deutliche statische Unterschiede festgehalten werden.

Beim Sparren- und Kehlbalkendach sind die Sparren prinzipiell Einfeldträger. Das heißt, aus wirtschaftlicher Sicht ist die Länge der Sparren limitiert, da sonst die Querschnitte zu dick sein müssen. Hinzu kommt eine weitere Kraft, die durch die Konstruktion aufgefangen werden muss (Abb. I.12 und I.13).

Ausgehend von der Annahme, dass die Gewichtskraft (Eigengewichtslast, Schneelast etc.) F_G bei beiden Dächern gleich ist, ist klar zu erkennen, dass mit flacher werdender Dachneigung die für das Durchbiegen der Sparren sorgende Druckkraft F_D und die Zugkraft F_Z, die die Konstruktion an der Traufe auseinanderdrückt, immer weiter zunehmen. Beide Kräfte fallen bei Pfettendächern deutlich geringer aus.

I.4.4 Auswechslungen

Beim Einbau von Dachfenstern sind ggf. Auswechslungen der Sparren erforderlich. Durch die Wechselhölzer werden diejenigen Kräfte, die der durchtrennte Sparren aufgefangen hat, an die beiden benachbarten Sparren übertragen. Generell ist das kein Problem, solange sowohl die Wechselhölzer als auch die benachbarten Sparren ausreichend dimensioniert sind. Die Tragfähigkeit einer Auswechslung kann mithilfe des statischen Nachweises belegt werden. Das bedeutet nicht, dass bei jedem Fenstereinbau ein solcher Nachweis erforderlich ist. Ohne diesen statischen Nachweis und ohne Verstärkung der an den Seiten durchlaufenden Sparren (Abb. I.14) soll im Pfettendach nur aus-

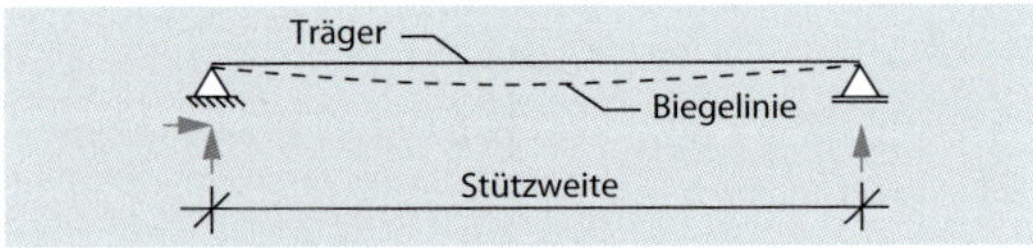

Abb. I.9: Einfeldträger

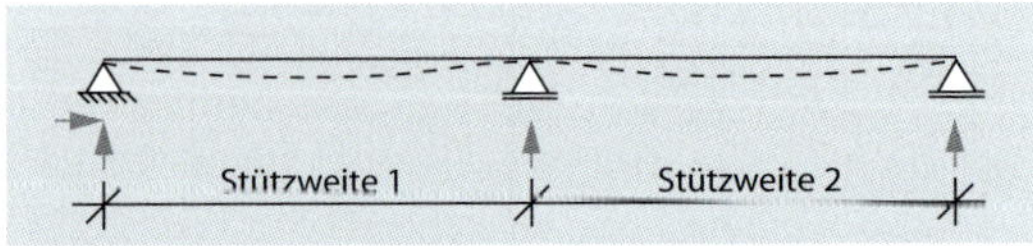

Abb. I.10: Zweifeldträger

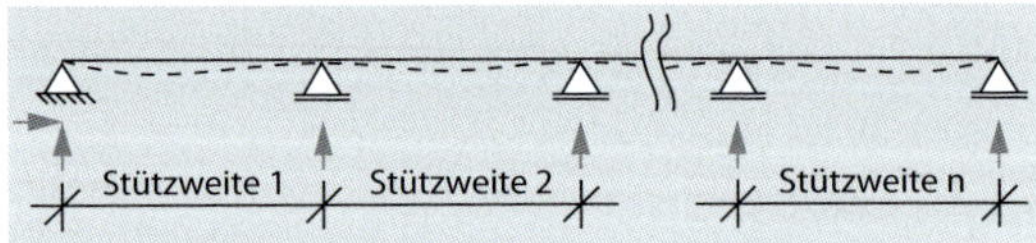

Abb. I.11: Durchlaufträger

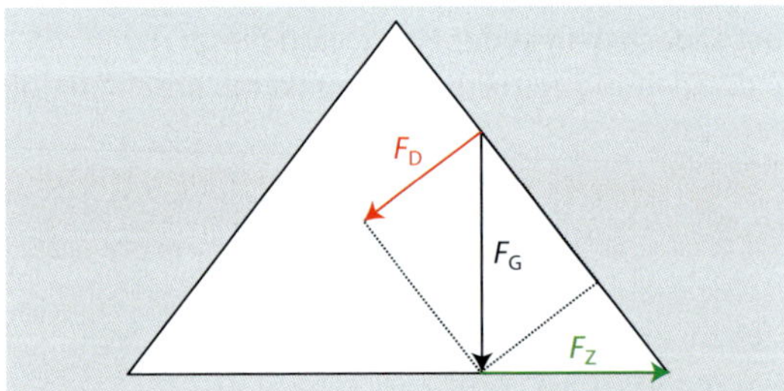

Abb. I.12: Druckkraft und Zugkraft bei steilem Dach

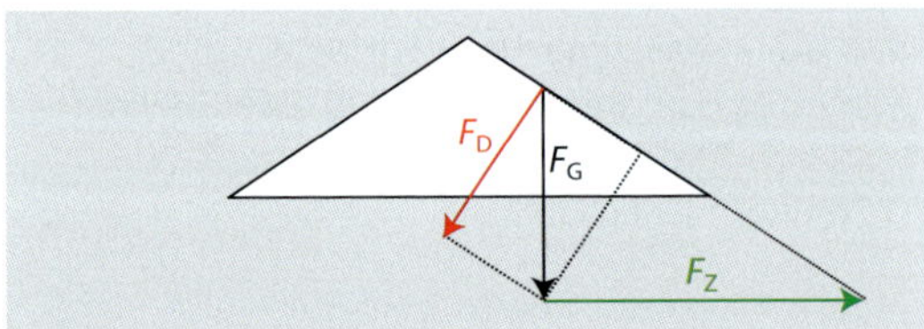

Abb. I.13: Druckkraft und Zugkraft bei flachem Dach

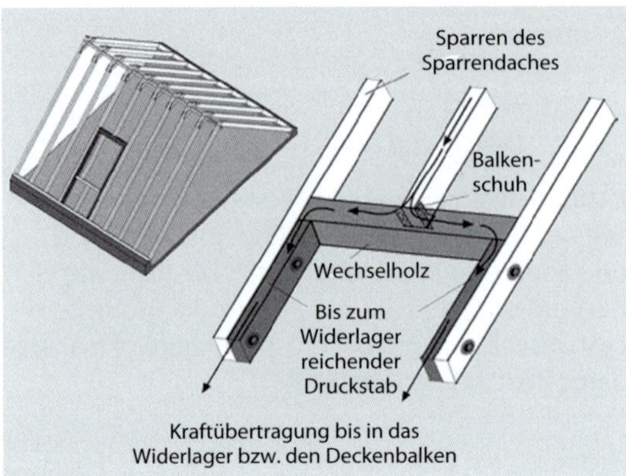

Abb. I.14: Verstärkung der seitlichen Sparren

gewechselt werden, wenn der Achsabstand der Sparren 70 cm und der Abstand der Auflager 4 m nicht überschreitet. Ohne statischen Nachweis sollen generell die Wechselhölzer mindestens den gleichen Querschnitt haben wie die Sparren.

I.5 Schallschutz

I.5.1 Entstehung, Ausbreitung und Wahrnehmung von Schall

Schall ist eine mechanische Schwingung, die sich durch Luft, feste Stoffe oder Flüssigkeiten hindurch wellenförmig ausbreitet (Abb. I.15). Diese „Welle" bewegt sich mit einer bestimmten Geschwindigkeit (Schallgeschwindigkeit) von der Schallquelle weg. Trifft der Schall auf unser Ohr, wird das Trommelfell ebenfalls zum Schwingen angeregt und wir hören einen Ton.

Die Schallgeschwindigkeit ist abhängig von dem Stoff, in dem sich der Schall ausbreitet. In trockener Luft beträgt sie z. B. bei 20 °C Lufttemperatur 343 m/s = 1.235 km/h. In anderen Stoffen im Bauwesen kann die Schallgeschwindigkeit deutlich höher sein.

Die Ausbreitung von Schall in Luft wird als **Luftschall**, die Ausbreitung von Schall in Körpern als **Körperschall** bezeichnet. Beide können miteinander in Wechselwirkung treten.

Schallgeschwindigkeit in verschiedenen Stoffen:

Beton:	**3.655–3.845 m/s**
Glas:	**4.430–5.900 m/s**
Kupfer:	**4.700 m/s**
Zink:	**3.800 m/s**
Stahl:	**5.920 m/s**
Wasser:	**1.484 m/s**
Fichtenholz:	**5.500 m/s**

I.5.2 Frequenz und Lautstärke

Das „Verdichten" der Luft erfolgt gleichmäßig. Somit kann der Schall als gleichmäßige Sinuskurve dargestellt werden (Abb. I.16). Schwingt die Membran nun schneller, ist die Folge, dass mehr Wellen (in kürzeren Abständen) sich von der Quelle wegbewegen. Die Anzahl der wiederkehrenden Wellen pro Sekunde ist die **Frequenz**. Die Einheit der Frequenz ist Hz (Hertz). Je mehr Wellen sich pro Sekunde wiederholen, desto höher ist die Frequenz und desto höher nehmen wir den Ton wahr.

Der Mensch ist in der Lage, Frequenzen zwischen 16 und 20.000 Hz (bzw. 20 kHz) wahrzunehmen. Die Fähigkeit, hohe Frequenzen zu hören, nimmt mit zunehmendem Alter ab. Kleinkinder sind sogar in der Lage, Frequenzen bis 25 kHz wahrzunehmen. Zum Vergleich: Hunde sind in der Lage, Frequenzen bis 65 kHz wahrzunehmen.

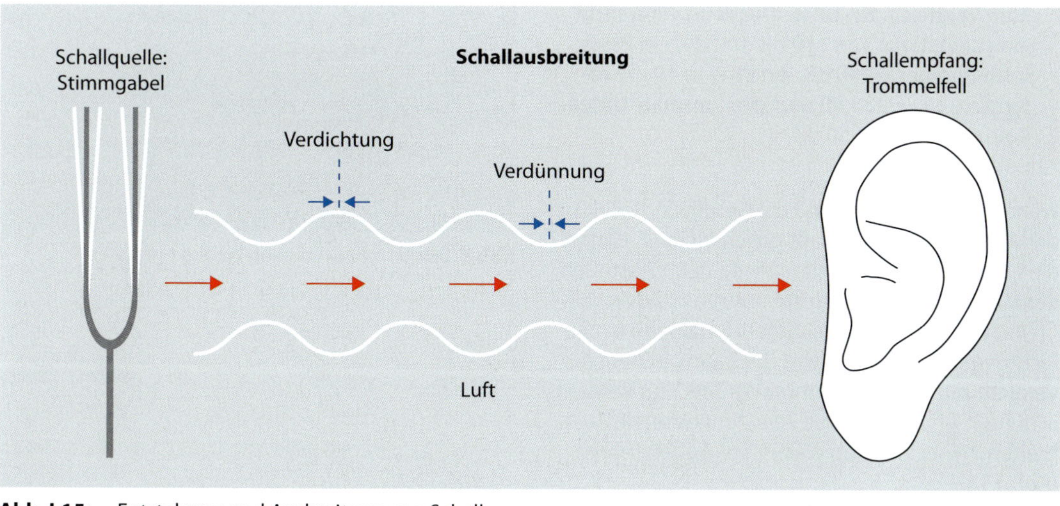

Abb. I.15: Entstehung und Ausbreitung von Schall

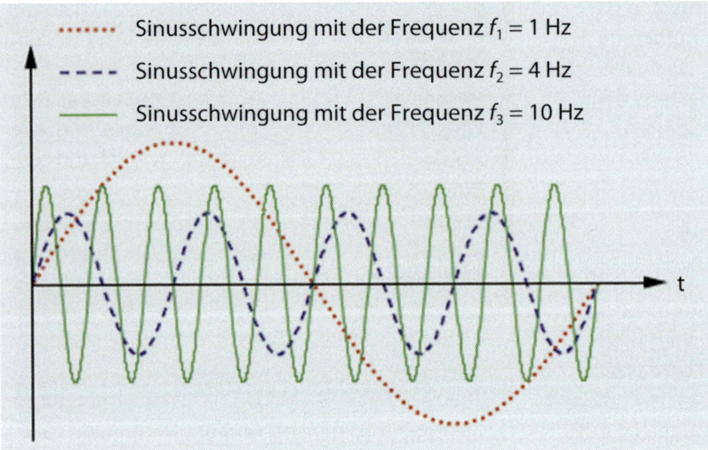

Abb. I.16: Frequenz

Je höher die Welle ausschlägt, desto mehr werden die Moleküle zusammengedrückt bzw. verdichtet und es entsteht ein höherer Druck (Schalldruck). Die sog. Amplitude (der maximale Ausschlag der Wellen) ist u. a. verantwortlich für die Lautstärke des Tons. Je höher der Schalldruck, desto lauter der Ton (Abb. I.17).

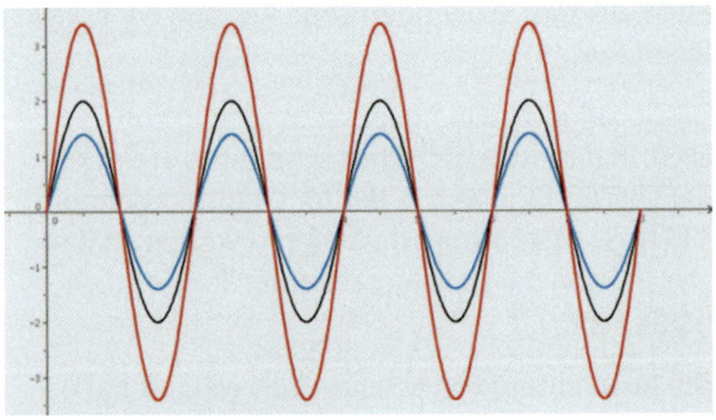

Abb. I.17: Lautstärke

Druck (auch Schalldruck) wird üblicherweise in Pa (Pascal) (1 Pa = 1 N/m^2) ausgedrückt. Unsere Hörschwelle liegt bei 0,00002 Pa, unsere Schmerzgrenze bei 20 Pa Schalldruck. Um die Bandbreite etwas zu verkleinern, wird die Lautstärke als Pegel in dB (Dezibel) ausgedrückt. Die Umrechnung von Pa in dB erfolgt über den Logarithmus. Danach entspricht die Hörschwelle 0 dB und die Schmerzgrenze 120 dB.

Zum Vergleich: Ein Düsenflugzeug verursacht eine Lautstärke von 110 bis 140 dB, ein Presslufthammer ca. 100 dB, ein PKW in 10 m Entfernung ca. 60–80 dB und eine normale Unterhaltung ca. 40 bis 50 dB.

Abb. I.18: Ausbreitung von Wellen in Wasser

Während die Frequenz und die Geschwindigkeit bei der Ausbreitung des Schalls gleich bleiben, nimmt die Lautstärke immer weiter ab, da beim Anstoßen der Moleküle Energieverluste auftreten. Zusätzlich breitet sich der Schall dreidimensional (also in alle Richtungen) aus. Somit wird der Raum, in dem die Verdichtung stattfindet, immer größer. Zur Verdeutlichung kann man sich die zweidimensionale Ausbreitung einer Welle im Wasser vor Augen führen (Abb. I.18).

I.5.3 Prinzip des Schallschutzes

Beim Schallschutz gibt es generell 2 Vorgänge, die dazu beitragen sollen, dass Schall gedämpft bzw. die Ausbreitung und Übertragung minimiert wird:

1. Schallreflexion
2. Schallabsorption

Bei der **Schallreflexion** prallt der Schall an einem Bauteil ab und wird zurückgeworfen. Bei der **Schallabsorption** (Schallschluckung) dringt die Schallenergie in das Bauteil ein und wird dort durch die Umwandlung in Wärme- und Bewegungsenergie (Schwingungen) aufgenommen.

Für Bauteile kann ein sog. Absorptionsgrad α ermittelt werden, welcher allerdings frequenzabhängig ist:

$$\alpha = \frac{\text{absorbierte Energie}}{\text{auftreffende Energie}}$$

Ein Absorptionsgrad von 0 bedeutet, dass keine Energie absorbiert, sondern sie komplett reflektiert wird. Ein Absorptionsgrad von 1 bedeutet eine totale Schallschluckung (z. B. geöffnetes Fenster).

Reflektierende Bauteile sorgen dafür, dass der Schalldurchgang in benachbarte Räume minimiert wird. Durch absorptionsfähige Bauteile wird der Schallpegel in einem Raum gedämpft. Allerdings wird der Durchgang in angrenzende Räume nur wenig gedämpft.

Die Dämpfung des Schalls beim Durchgang durch ein Bauteil wird als **bewertetes Schalldämmmaß** R_W in dB angegeben. Je größer dieses Schalldämmmaß ist, desto höher ist die Reduzierung des durchdringenden Schalls. Dabei verhalten sich unterschiedliche Werkstoffe natürlich unterschiedlich, was die Schallabsorption und die Schalldämpfung betrifft. Hierbei gelten (wegen der logarithmischen Umrechnung) folgende Faustregeln, die auch für den Schutz des Gehörs von Bedeutung sind:

- Eine Schalldämmung um 10 dB entspricht in etwa der Halbierung der Lautstärke.
- Eine Erhöhung des Schallpegels um 10 dB entspricht einer Verdopplung der Lautstärke.
- Bei einer Schalldämmung um 20 dB verbleibt noch etwa ein Viertel (2 x Halbierung) der ursprünglichen Lautstärke.
- Eine Erhöhung um 20 dB entspricht einer Vervierfachung der Lautstärke.
- Eine Reduzierung des Schalldruckpegels um 3 dB reduziert die Gefährdung des Gehörs um die Hälfte.
- Eine Erhöhung des Schalldruckpegels um nur 3 dB bedeutet eine Verdopplung der Gefährdung für das Gehör.
- Ausgehend von einem Abstand von beispielsweise 1 m zur Schallquelle reduziert sich der Schalldruckpegel für das Gehör um 6 dB mit jeder Verdopplung des Abstandes.
- Werden 2 identische Schallquellen zeitgleich betrieben, erhöht sich der Schallpegel insgesamt um 3 dB.

Beispiele:

- 20 mm dicke Holzplatte: $\alpha \approx 0{,}03$; $R_W \approx 22$ dB
- 20 mm dicke Steinwollplatte: $\alpha \approx 0{,}7$; $R_W \approx 3$ dB

Die Holzplatte absorbiert also nur ca. 3 % der auftreffenden Schallenergie, verringert aber deutlich den Schalldurchgang, da mehr Energie reflektiert wird als z. B. bei der Steinwollplatte.

Im Baubereich sind folgende Schallschutzmaßnahmen wichtig:

1. **Dämmung:** Wände, Decken und Dächer werden nicht nur aus Gründen des Wärmeschutzes, sondern auch aus Schallschutzgründen gedämmt. Unterschiedliche Dämmstoffe haben unterschiedliche Fähigkeiten, den Schall zu dämmen. So dämmt z. B. eine (sehr leichte) Dämmplatte aus Polyurethan oder Polystyrol den Schall wesentlich schlechter als eine (relativ schwere) Dämmplatte aus Holzfaserdämmstoff. Je nach Lage des Gebäudes (auf dem Land, in der Stadt, Nähe zum Flughafen, Nähe zu einer Autobahn etc.) gibt es unterschiedliche gesetzliche Anforderungen an den Schallschutz. Diese werden durch entsprechende Dämmschichten und durch entsprechende Verwendung von z. B. Schallschutzfenstern (2-Scheiben- oder 3-Scheiben-Verglasung) und Schallschutztüren eingehalten.
2. **Entkopplung:** Wände und Decken aus Holzbalken oder Massivholz sind (im Vergleich zu Mauerwerk und Beton) relativ leicht. Liegt beispiels-

Abb. I.19 Entkopplungsprofil

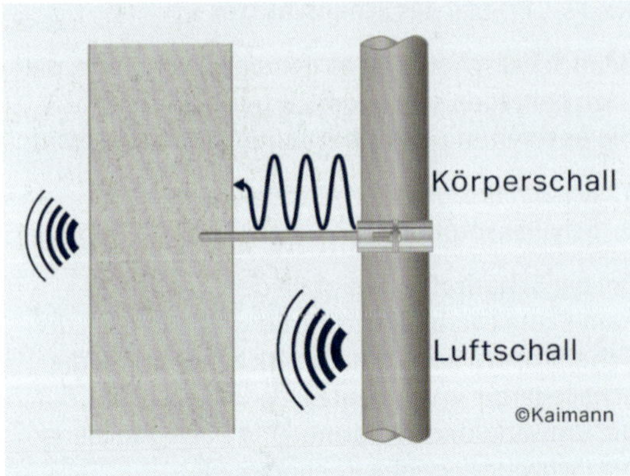

Abb. I.20 Schallübertragung bei Fallrohrleitungen

weise eine Holzbalkendecke auf einer Holzwand auf, entsteht eine Körperschallbrücke, wodurch Schwingungen und somit Schall sehr gut übertragen werden. Diese Übertragung wird im Bauwesen reduziert durch eine elastische Lagerung (z. B. Gummi, Schaumstoff), Luftzwischenräume (sofern technisch möglich), Entkopplungsmatten (z. B. bei Fußböden zur Trittschalldämmung (Masse-Feder-Prinzip")) oder Entkopplungsprofilen (siehe Abb. I.19).

Ein weiteres Beispiel für eine Körperschallbrücke ist die herkömmliche Montage von Fallrohrleitungen (siehe Abb. I.20)

3. **Fugenabdichtung:** Wo Luft durchgeht, geht auch Schall durch! Um solche Luftschallbrücken zu unterbinden, müssen Fugen, Ritzen, Durchdringungen, Anschlüsse etc. sorgfältig luftdicht ausgeführt werden.

I.6 Brandschutz

Während der **abwehrende** Brandschutz alle Maßnahmen **nach** der Brandentstehung bezeichnet (z. B. Feuerwehr), beschäftigt sich der **vorbeugende** Brandschutz mit den Maßnahmen **vor** der Brandentstehung. Dieser vorbeugende Brandschutz kann unterschieden werden in

- organisatorischen Brandschutz (Fluchtpläne, Fluchtwege, Feuerübungen, Probealarm etc.),
- anlagentechnischen Brandschutz (Rauch- und Wärmeabzugsanlage (RWA), Brandmeldeanlage (BMA) etc.),
- baulichen Brandschutz.

In diesem Abschnitt wird im Folgenden ausschließlich der bauliche Brandschutz behandelt.

I.6.1 Entstehung eines Brandes

Damit ein Brand überhaupt erst entsteht, sind 3 Dinge nötig:

1. **Sauerstoff,**
2. **brennbarer Stoff,**
3. **Erreichen der Entzündungstemperatur des brennbaren Stoffes.**

Fehlt nur eine dieser 3 Komponenten, kann ein Brand nicht entstehen. Beim baulichen Brandschutz konzentriert man sich auf die Komponente „brennbarer Stoff". Durch gezielte Vorschriften sollen die Entstehung und die Weiterleitung von Bränden eingedämmt werden.

I.6.2 Brandverhalten

Beim baulichen Brandschutz wird bzgl. des Brandverhaltens unterschieden in

- Bau**stoff**verhalten und
- Bau**teil**verhalten.

Beim **Baustoffverhalten** wird die Brennbarkeit bzw. das Brandverhalten der verwendeten oder verbauten **Stoffe** betrachtet und klassifiziert. Beim **Bauteilverhalten** wird das Verhalten des **kompletten Bauteils** (z. B. Fenster, Tür, Brandschutzwände etc.) während eines Brandes klassifiziert.

Tabelle I.3: Europäisches Klassifizierungssystem (Baustoffe/Bauprodukte)

bauaufsichtliche Benennung	Zusatzanforderungen		europäische Klasse nach DIN EN 13501-1	Klasse nach DIN 4102-1
	kein Rauch	kein brennb. Abfallen/Abtropfen		
nicht brennbar	●	●	A1	A1
	●	●	A2 – s1 d0	A2
schwer entflammbar	●	●	B, C – s1 d0	B1[1)]
		●	B, C – s3 d0	
	●		B, C – s1 d2	
			B, C – s3 d2	
normal entflammbar		●	D – s3 d0	B2[1)]
			D – s3 d2	
			E – d2	
leicht entflammbar			F	B3

1) Angaben über hohe Rauchentwicklung und brennendes Abtropfen/Abfallen im Verwendbarkeitsnachweis und in der Kennzeichnung

I.6.3 Baustoffklassen

Baustoffe werden nach der (noch) geltenden deutschen Klassifizierung (DIN 4102) wie folgt unterteilt: A1, A2, B1, B2, B3.

Es dürfen nur Baustoffe verbaut werden, die mindestens der Baustoffklasse B2 entsprechen.

Die noch geltende Einteilung nach DIN 4102 wird durch ein europäisches System abgelöst. Die Klassifizierung erfolgt nach Tabelle I.3.

Zusätzlich werden im europäischen System die Baustoffe untersucht auf ihr Verhalten bzgl. Rauchentwicklung (smoke, s1 bis s3) und nach dem Abtropfen oder Abfallen von brennenden Teilen (drop, d0 bis d2) unterschieden. Dabei bedeutet:

s1: keine bzw. kaum Rauchentwicklung
s2: begrenzte Rauchentwicklung
s3: unbeschränkte Rauchentwicklung
d0: kein Abtropfen oder Abfallen
d1: begrenztes Abtropfen oder Abfallen
d2: starkes Abtropfen oder Abfallen

I.6.4 Bauteilklassen

Deutsches System: Feuerwiderstandsklassen nach DIN 4102

Tabelle I.4: Feuerwiderstandsklassen

Feuerwiderstandsklasse Kurzbezeichnung	Funktionserhalt über	deutsche bauaufsichtliche Benennung
F30	30 Minuten	feuerhemmend
F60	60 Minuten	hochfeuerhemmend
F90	90 Minuten	feuerbeständig
F120	120 Minuten	hochfeuerbeständig
F180	180 Minuten	höchstfeuerbeständig

Erläuterungen:

Die Feuerwiderstandsklasse beginnt mit einem Kürzel, welches für das betrachtete Bauteil steht. Beispiele:

F: Verglasung, Fenster, Decken, Wände
T: Feuerschutztüren
R: Rohrabschottung
W: tragende Brandwände

Die Zahl (30, 60 usw.) bezeichnet die Dauer in Minuten, für die die gegebene Funktion des Bauteils im Brandfall mindestens erhalten bleibt (z. B. Verhinderung des Übertragens von Feuer auf benachbarte Räume bei einer Tür oder die Tragfähigkeit einer Wand).

Dieser Dauer entsprechend kann eine deutsche bauaufsichtliche Benennung von „feuerhemmend" bis „höchstfeuerbeständig" erfolgen.

Europäisches System: Klassifizierung nach DIN EN 13501

Die Klassifizierung nach dem europäischen System erfolgt ähnlich wie bei den deutschen Feuerwiderstandsklassen. Das Kürzel steht hier allerdings für eine Leistungseigenschaft des Bauteils:

R: Tragfähigkeit (Durchbiegung, Dehnung, Stauchung)

E: Raumabschluss (Spalte, Öffnungen, Entzündung eines Wattebauschs auf der brandabgewandten Seite)

I: Wärmedämmung unter Brandeinwirkung (Temperaturerhöhung auf der brandabgewandten Seite)

W: Begrenzung des Strahlungsdurchtritts

zusätzliche Bezeichnung:

M: Widerstand gegen mechanische Einflüsse (z. B. Stoßbeanspruchung, wenn ein anderes Bauteil im Brand seine Tragfähigkeit verliert)

Durch dieses System können die wichtigen Leistungseigenschaften entsprechend den Anforderungen kombiniert und aufgezeigt werden:

Die Widerstandsdauer wird gegenüber der deutschen Unterteilung bei der europäischen detaillierter vorgenommen:

15, 20, 30, 45, 60, 90, 120, 180, 240, 360

So behält z. B. eine **Brandwand** mit der europäischen **Bezeichnung REI-M 90** im Brandfall ihre Funktionen bzgl. Tragfähigkeit (R), Raumabschluss (E) und Wärmedämmung (I) für 90 Minuten bei. Außerdem ist sie für diese Dauer resistent gegen mechanische Einwirkungen (M).

I.6.5 Anforderungen an Bedachungen

Bedachungen müssen (bis auf bestimmte Ausnahmen) gegen Brandbeanspruchungen von außen (Flugfeuer, strahlende Wärme) ausreichend lang resistent sein. Bedachungen, die den Anforderungen genügen, werden als **harte Bedachung** bezeichnet.

Beispiele für harte Bedachungen:

- Bedachungen mit Natursteinen, Betondachsteinen, Ziegeln
- Bedachungen aus Metall
- bituminöse Abdichtungen mit entsprechendem Schichtenaufbau, ansonsten
- mit 5 cm dicker Schüttung aus Kies 16/32 oder Belag aus 4 cm dicken Betonplatten
- andere Bedachungen mit der Herstellerangabe „Harte Bedachung"

I.7 Übungsaufgaben zu Anhang I

1. Beschreiben Sie mit eigenen Worten, was die Wärmeleitfähigkeit ist.
2. Beschreiben Sie mit eigenen Worten, was ein *U*-Wert ist.
3. Wodurch kann in einer Konstruktion Tauwasser entstehen? Beschreiben Sie den Vorgang.
4. Beschreiben Sie den Begriff „Dampfsperre".
5. Welche Gewichtskraft übt ein 10 kg schwerer Körper in etwa aus und warum?
6. Wie würden Sie eine Erhöhung bzw. eine Reduzierung des Schallpegels um 10 dB beschreiben?
7. Was ist eine Körperschallbrücke und wie kann dieser im Bauwesen entgegengewirkt werden?
8. Nennen Sie die Baustoffklassen nach dem europäischen System und ordnen Sie sie der bauaufsichtlichen Benennung zu.

Anhang II Arbeitssicherheit

Eric Dinges

Gemäß Arbeitsschutzgesetz ist in Deutschland jeder Betrieb dazu verpflichtet, Vorkehrungen für den Arbeits- und Gesundheitsschutz zu treffen. Der Betrieb hat eine Gefährdungsbeurteilung zu erstellen und seine Angestellten mit einer Ausrüstung für sicheres Arbeiten, genannt persönliche Schutzausrüstung, auszustatten. Jeder Arbeitnehmer ist verpflichtet, diese Ausrüstung zu nutzen und für seinen eigenen Arbeits- und Gesundheitsschutz zu sorgen. Der Unternehmer hat im Gegenzug die Pflicht, seine Mitarbeiter regelmäßig zum Thema Arbeits- und Gesundheitsschutz zu schulen.

II.1 Persönliche Schutzausrüstung

Auf der Baustelle ist grundsätzlich Sicherheitskleidung zu tragen. Dazu gehören z. B. Sicherheitsschuhe und Bau- bzw. Schutzhelm. Sind gefährliche Arbeiten zu verrichten, gilt das Vermeidungsprinzip, d. h., dass durch das Tragen einer zusätzlichen persönlichen Schutzausrüstung (PSA) Unfälle vermieden und mögliche Gefährdungen minimiert oder beseitigt werden sollen.

Der Unternehmer beurteilt die mögliche Gefährdung und ist verpflichtet, seinen Mitarbeitern die erforderliche Schutzausrüstung kostenlos zur Verfügung zu stellen. Er selbst oder eine von ihm beauftragte sachkundige Person erläutert den Arbeitnehmern die bestimmungsgemäße Benutzung. Die Beschäftigten sind verpflichtet, die PSA nach Vorschrift zu gebrauchen.

Da persönliche Schutzausrüstungen vor tödlichen Gefahren schützen oder gesundheitlichen Schäden vorbeugen sollen, reicht eine theoretische Unterweisung nicht aus. Die richtige Anwendung muss praktisch geübt und mehrmals wiederholt werden, so z. B. das richtige Anlegen und Einstellen eines Auffanggurtes (siehe Abb. II.1).

Zur Persönlichen Schutzausrüstung zählen:

- Schutzhelm,
- Gehörschutz,
- Augenschutz (Schutzbrille),
- Handschutz (z. B. Handschuhe),
- Warnweste,
- Sicherheitsschuhe mind. Klasse S 3,
- Atemschutz (gegen Staubbelastungen und Fasern),
- PSA gegen Absturz.

Abb. II.1: Persönliche Schutzausrüstung (PSA)

II.2 Verkehrs-, Sicherheits- und Hinweiszeichen

Die zur Sicherung der Baustelle verwendeten Verkehrszeichen müssen rückstrahlen und beleuchtet werden, wenn sie bei Dunkelheit nicht deutlich zu erkennen sind. Bei der Aufstellung der Verkehrszeichen gilt es, Vorsicht und Rücksicht walten zu lassen.

Auch Absperrgeräte werden oft zur Sicherung der Baustelle verwendet, z. B. Absperrschranken oder Leitbaken. Fahrbare Absperrtafeln, rot-weiße Warnbänder oder Warnfahnen können zusätzlich auf die Gefahrenstelle hinweisen. Damit die Baustelle nachts rechtzeitig erkannt wird, werden Warnleuchten aufgestellt. Es kann auch notwendig werden, den Verkehrsfluss durch eine Lichtsignalanlage zu regeln. Diese Ampeln sind gut sichtbar in beiden Fahrtrichtungen aufzustellen.

Auf Baustellen werden zusätzlich Sicherheitszeichen eingesetzt, um Gesundheit und Leben der Menschen zu schützen. Die Sicherheitszeichen sind in Farbe und Gestaltung vergleichbar mit den Straßenverkehrszeichen (siehe Tabelle II.1).

II.3 Technische Maßnahmen zur Sicherung der Mitarbeiter

Für die Überwachung der Sicherheit auf Baustellen ist unter anderem die Berufsgenossenschaft der Bauwirtschaft (BG BAU) zuständig. Besondere Vorsicht gilt beim Umgang mit Maschinen.

- Maschinen dürfen nur von geschulten Personen benutzt werden.
- Auszubildende erhalten nach dem JArbSchG vor Beginn der Ausbildung eine allgemeine Gefahrenunterweisung sowie bei jeder neuen Maschine eine spezielle Maschineneinweisung. Diese sind halbjährlich zu wiederholen.
- Vor Arbeitsbeginn ist der Zustand der Maschine und des elektrischen Anschlusses zu überprüfen. Die Anschlussleitung darf nicht geknickt und Schutzvorrichtungen dürfen nicht entfernt worden sein.
- Maschinen müssen ein Prüfzeichen besitzen, z. B. GS, TÜV (siehe Abb. II.2).

Abb. II.2: Prüfzeichen GS („Geprüfte Sicherheit") und TÜV

Tabelle II.1: Sicherheits- und Hinweiszeichen (Auswahl)

Verbotszeichen			
	Rauchen verboten	Feuer, offenes Licht und Rauchen verboten	Für Fußgänger verboten
Gebotszeichen			
	Augenschutz tragen	Kopfschutz tragen	Gehörschutz tragen
Warnzeichen			
	Warnung vor Gefahr	Warnung vor schwebender Last	Warnung vor Flurförderfahrzeugen
Hinweiszeichen			
	Erste Hilfe	Arzt	Notruftelefon

II.4 Sicherer Umgang mit Leitern

Im Dachdeckerberuf haben Leitern eine nach wie vor große Bedeutung. Zwischenzeitlich ist ihr Einsatz in vielen Tätigkeitsbereichen des Dachdeckerhandwerks kritisch zu hinterfragen. Richtig angewendet erfüllen Leitern folgende Funktionen:

- Verkehrsweg zum Erreichen höher gelegener Arbeitsplätze,
- Arbeitsebene, auf der Arbeiten von nur geringem Umfang ausgeübt werden können.

Für die Erfüllung beider Funktionen stehen verschiedene Leitertypen (siehe Tabelle II.2) zur Verfügung:

- Anlegeleiter, die standsicher im Winkel von ca. 70° gegen das Gebäude gelehnt wird (Abb. II.3),
- Stehleiter (Spreizleiter), welche mittels Gelenken selbstständig stehen kann, oder
- Dachauflegeleiter zur vollflächigen Auflage auf einer Unterlage, z. B. einem Schieferdach (Abb. II.4).

Auf Leitern dürfen nur folgende Arbeiten ausgeführt werden:

- **Arbeiten in geringer Höhe (bis max. 5 m Standhöhe auf der Leiter, wobei der Nutzer mit beiden Füßen auf einer Stufe oder einem Podest stehen muss) und Arbeiten geringen Umfangs (weniger als 2 Stunden bei einer Höhe über 2 m),**
- **Arbeiten, bei denen das mitgeführte Werkzeug oder Material die Masse von 10 kg nicht überschreitet,**
- **Arbeiten mit Arbeitsstoffen oder Materialien, die keine weitere Gefahr darstellen (z. B. keine Arbeiten mit Säuren oder Laugen),**
- **Arbeiten mit Materialien, die eine Windfläche kleiner 1 m² aufweisen,**
- **Arbeiten mit Maschinen, die einhändig bedient werden können (z.B. keine Arbeiten mit Handmaschinen, Hochdruckreinigern),**
- **Arbeiten, die nicht zum Kippen der Leiter führen können.**

Abb. II.3: Anlegeleiter

Abb. II.4: Dachleiter mit Dachhaken

Tabelle II.2: Leitertypen

Leitern sind ortsveränderliche Aufstiege, meist mit Stufen oder Sprossen, Wangen oder Holmen	

Anlegeleiter	Aluminium-Stehleiter

Mechanische Schiebeleiter	Holzstehleiter mit Ablage
	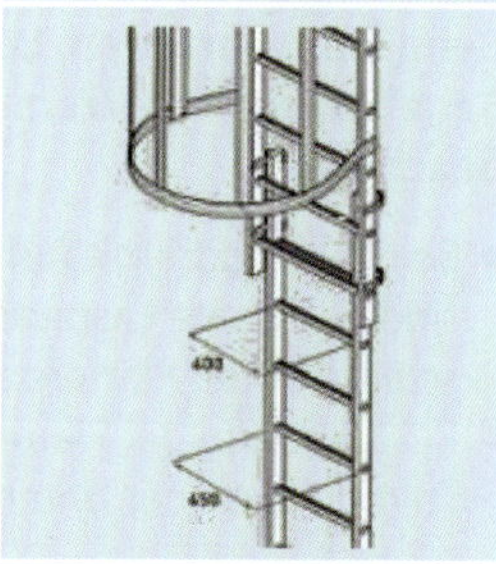
Holzdachdecker-auflegeleiter	Steigleiter mit Rückenschutz

Leitern müssen vor Benutzung durch eine augenscheinliche, somit optische Begutachtung auf folgende Punkte überprüft werden:

- GS-Zeichen muss vorhanden sein (Abb. II.2),
- kein übermäßiges Biegen oder Schwanken,
- dürfen nicht mit einem deckenden Anstrich versehen werden (bei Holzleitern), da Risse nicht erkennbar sind,
- behelfsmäßig reparierte oder beschädigte Leitern sind vom Fachmann reparieren zu lassen oder auszusortieren.

Viele Unfälle in Zusammenhang mit Leitern sind auf Leichtsinn bzw. unüberlegtes Handeln zurückzuführen.

Das sichere Benutzen von Leitern erfordert die Einhaltung folgender Punkte:

- Leitern sind nur auf tragfähigem oder ebenem Untergrund aufzustellen.
- Leitern sind gegen Einsinken im Untergrund zu sichern.
- Leitern sind mit geeignetem Schuhwerk und mit beiden Beinen auf einer Sprosse/Stufe stehend zu benutzen,
- die obersten Sprossen sind nicht zu besteigen.
- Anlegeleitern sind nur an sicheren Anleiterpunkten anzulegen (Abb. II.5).
- Leitern sind auf Verkehrswegen gegen Umstoßen zu sichern, der umliegende Bereich ist ebenfalls abzusichern.
- Dachauflegeleitern niemals in die oberste Sprosse einhängen (Abb. II.4).
- Der Dachhaken ist vor dem Einhängen der Auflegeleiter augenscheinlich und durch Rütteln auf Festigkeit zu prüfen.

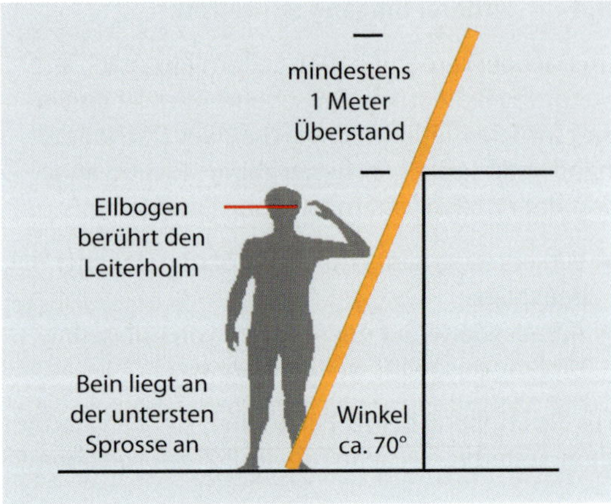

Abb. II.5: Anlegewinkel von Leitern: 65 bis 70°, Überstand an Dachkante mind. 1 m

II.5 Sicherer Umgang mit Faserzement-Wellplatten

Beim Transportieren, Lagern, Verlegen und Begehen von Faserzement-Wellplatten ist zu beachten:

- Beim Transport mit Aufzügen oder Hebezeugen sind geeignete Lastaufnahmemittel, z. B. Spezialschlitten oder Plattenzangen, zu benutzen.
- Bei Lagerung der Platten auf dem Dach ist die Tragfähigkeit der Unterkonstruktion zu beachten.
- Platten bzw. Plattenstapel sind gegen Windangriff zu sichern (z. B. durch Spannbänder).
- Gefahrenbereiche unter den Verlegestellen sind abzusperren und zu kennzeichnen.
- Dachüberstände (auskragende Platten) sind nicht zu belasten.
- Wellplattendächer sind nur auf besonderen Lauf- und Arbeitsstegen zu betreten.
- Bei Dachneigungen über 11° (1 : 5) müssen Stege mit Trittleisten, bei Neigungen über 30° (1 : 1,75) mit Stufen vorgesehen werden.
- Absturzsicherungen – unabhängig von den Lauf- und Arbeitsstegen – müssen vorgesehen werden, wenn die Absturzhöhe mehr als 2 m beträgt (z. B. Dachfanggerüst, Fangnetz gegen Durchsturz).
- Nur wenn Auffangeinrichtungen wie Gerüste unzweckmäßig sind, darf ein Anseilschutz verwendet werden.
- Gerüste sind vor Beginn der Arbeiten durch einen Aufsichtsführenden zu überprüfen. Die Freigabe am Gerüst ist zu beachten!
- Sicherheitsgeschirre sind nur an tragfähigen Bauteilen bzw. Anschlageinrichtungen zu befestigen. Falldämpfer oder Höhensicherungsgerät nur bestimmungsgemäß verwenden und Fallhöhe beachten.
- Der Vorgesetzte hat die Anschlageinrichtungen festzulegen, zu überprüfen und dafür zu sorgen, dass die Sicherheitsgeschirre benutzt werden.

II.6 Maßnahmen zur Ersten Hilfe

Passiert trotz aller Sicherheitsvorkehrungen doch ein Unfall, so muss fachgerechte Erste Hilfe geleistet werden. Notrufnummern sind die 110 oder 112.

Damit im Ernstfall schnell gehandelt werden kann, sind auf dem Firmengelände Hinweistafeln und Adressschilder zu Verbandkästen und zur Lage eines etwaigen Sanitätsraumes notwendig. Flucht- und Rettungswege müssen bekannt und ausgeschildert sein. Ein Aushang „Anleitung zur Ersten Hilfe" muss ebenso wie Rufnummern und Adressen des Rettungsdienstes, des Krankenhauses und des Notarztes vorhanden sein. In den meist kleinen Dachdeckerbetrieben sind Ersthelfer mit einer Grundausbildung von mindestens 8 Doppelstunden oder Rettungssanitäter erforderlich. Betriebliche Ersthelferkurse werden z. B. vom DRK angeboten, es werden auch Schulungen im Betrieb als Inhouse-Kurse angeboten.

Zu einer gut sichtbaren und erfolgreichen Organisation der Ersten Hilfe im Betrieb gehören:

- Meldeeinrichtungen, über die Hilfe herbeigerufen werden kann (z.B. Handy, Festnetztelefon),
- Verbandskästen, die gut sortiert, aufgeräumt sind und deren Haltbarkeitsdatum nicht abgelaufen ist,
- bei mehr als 50 Beschäftigten auch Sanitätsräume, in denen Erste Hilfe durchgeführt werden kann, außerdem
- Rettungsgeräte, wie z. B. Löschdecken, Atemgeräte oder Tragen und
- Verbandskästen, die überall dort bereitzuhalten sind, wo die Arbeitsbedingungen dies erforderlich machen. Sie sind so zu verteilen, dass sie höchstens in 100 m Wegstrecke oder innerhalb einer Geschosshöhe erreichbar sind.

Alle diese Vorschriften gelten in ähnlicher Form auch auf der Baustelle.

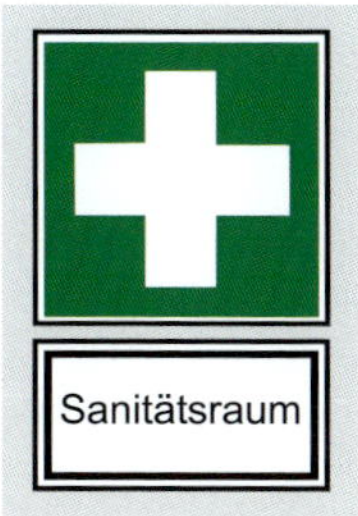

Abb. II.6: Beschilderung Erste-Hilfe-Raum

Reihenfolge der Maßnahmen bei Betriebsunfällen

1. **Keine übereilten Aktionen, sondern in jedem Fall Ruhe und Übersicht bewahren.**
2. **Erst denken, dann handeln.**
3. **Die Unfallstelle absichern und, wenn möglich, den Verletzten aus dem Gefahrenbereich bringen.**
4. **Bei schwereren Verletzungen Notruf über 110 oder 112 tätigen und kurz und konkret fassen:**
   - **Wo ist der Unfallort?**
   - **Was ist geschehen?**
   - **Wie viele Verletzte gibt es bzw. welche Art von Verletzungen liegen vor?**
5. **Erste Hilfe leisten, den Verletzten auf keinen Fall allein lassen.**
6. **Bei leichteren Verletzungen den Verletzten zum Durchgangsarzt bringen.**

Quellennachweis

Bildnachweis

ABS Safety, Kevelaer
Abb. 16.33

adobe.stock/reimax16
Abb. 16.35

AG Ziegeldach, Bonn
Abb. 8.3 und 8.5

alwitra GmbH, Trier
Abb. 16.30

Andreas Stihl AG & Co. KG, Waiblingen
Abb. Kettensäge in Tab. 5.16

Arbeitsgemeinschaft der Bitumenindustrie e.V., Hamburg
Abb. 10.14 bis 10.17

Beratungsstelle für Gussasphaltanwendung e.V., Bonn
Abb. 14.28

BMI Deutschland, Oberursel
Abb. 2.17, 2.18, 2.28, 2.33, 8.2, 8.52, 8.53, 8.57 bis 8.60, 8.68, 8.70 bis 8.74, 8.77 bis 8.80, 9.159, 10.27 bis 10.29, 13.16, 13.17, 13.19, 13.85,14.16, 14.24, 16.34, 16.36

CEMEX Deutschland AG, Berlin
Abb. 4.13

CREATON GmbH, Wertingen
Abb. 8.33 bis 8.40, 8.50, 8.51, 8.67, 8.70 bis 8.74, 13.18

Dachkeramik Meyer-Holsen GmbH, Hüllhorst
Abb. 13.25

Dachziegelwerke Nelskamp GmbH, Schermbeck
Abb. 2.28

Daniel von Bergen, Utzendorf/Schweiz
Abb. 12.56

Der dichte Bau GmbH, Frankfurt am Main
Abb. 10.19 bis 10.23, 10.32, 13.114, 13.115 und 14.18

DEHN SE, Neumarkt
Abb. 16.3 bis 16.9,16.11 bis 16.17

Dörken GmbH & Co. KG, Herdecke
Abb. 8.7, 8.11

Dyckerhoff AG, Wiesbaden
Abb. 4.17

E3/DC GmbH, Osnabrück
Abb. 16.31

Engster & Söhne GbR, Achern
Abb. 8.20

Enke-Werk, Johannes Enke GmbH & Co. KG, Düsseldorf
Abb. 10.30

ERLUS AG, Neufahrn
Abb. 8.49 und 8.50

ESSMANN GmbH, Bad Salzuflen
Abb. 14.9

Eternit AG, Heidelberg
Abb. 9.28, 9.90, 9.99, 9.102, 9.103, 9.107, 9.113, 13.94 bis 13.96

Etex Germany Exteriors GmbH, Beckum
Abb. 9.50 bis 9.52, 9.62 bis 9.65, 9.72 bis 9.76, 11.3.4, 11.3.6, 11.4.1 bis 11.4.8, 15.3 bis 15.9, 15.12 bis 15.17, 15.28

Eurovent/Eurosystem, Przywory/Polen
Abb. 8.66

Expresshome GmbH & Co. KG, Langenwedel
Abb. 12.48

Friedrich-Ossenberg-Schule GmbH & Co. KG, Hemer
Abb. 8.83, 8.84, 8.87 bis 8.92, 9.85

Gebr. Laumanns GmbH & Co. KG, Brüggen
Abb. 8.46

GHM Gesellschaft für Handwerksmessen mbH, München
Abb. 2.26

Grömo GmbH & Co. KG, Marktoberdorf
Abb. 7.9 bis 7.11

Hans Laukien GmbH, Kiel
Abb. 9.87

Heinz Patzig, Magstadt
Abb. 5.50

Heinz J. Priebernig, TU Wien/Österreich (Bauwerksabdichtung 04, 2012)
Abb. 14.22, 14.25 und 14.26

Herbst Bedachungen GmbH & Co. KG, Arnsberg-Müschede
Abb. 8.22

Heuel und Söhne GmbH, Sundern
Abb. 13.20, 13.46,13.48, 13.49, 13.97

Hiss Reet Schilfrohrhandel GmbH, Bad Oldeslohe
Abb. 13.116

Hörl & Hartmann Ziegeltechnik GmbH & Co. KG, Dachau
Abb. 3.2 und 3.4

Incomac – a brand of Italian Drying Group s.r.l., Montebelluna/Italien
Abb. 5.7

Ingenieurbüro Burges + Döhring, Bayreuth
Abb. 5.53

Isola GmbH, Düren
Abb. 9.155 und 9.156

Johannes Zwickel, Schrems/Österreich
Abb. 8.25

Jörg Roscher Dachdeckerei, Wilthen
Abb. 9.157

Kaimann GmbH, Hövelhof
Abb. I.20 (Anhang I)

Karl Dahm & Partner, Seebruck
Tab. 6.8

Karl-Heinz Schneider, Köln
Abb. 16.2

Klöber GmbH, Ennepetal
Abb. 13.19, 13.87

KME AG, Osnabrück
Abb. 12.51, 12.53, 12.54 und Praxisbeispiele

Konradin Medien GmbH, Feldhausen-Echterdingen (hier: Rainer Oswald/deutsche bauzeitung)
Abb. 14.27

Markus Friedrich Datentechnik, Eichwalde
Abb. I.2 und I.3 (Anhang I)

Michael Haardt, Titz
Abb. 16.18

Michael Pesl GmbH, Putzbrunn (zebe-pr.de)
Abb. 3.39

Moll bauökologische Produkte GmbH, Schwetzingen
Abb. I.1, I.5 und I.6 (Anhang I)

Niklas Schulte Zimmerei, Bielefeld
Abb. 5.39

Nophadrain GmbH, Aachen
Abb. 14.17, 14.19 und 14.20

Optigrün international AG, Krauchenwies-Göggingen
Abb. 10.36

Oventrop GmbH & Co. KG, Karlsberg
Abb. 16.19 bis 16.26, 16.28 und 16.29

Paul Bauder GmbH & Co. KG, Stuttgart
Abb. 7.14, 7.15, 11.12, 12.7

PERI SE, Weißenhorn
Abb. 4.5

Peter Kübler, Unterkirnach
Abb. 5.44

P.F. Freund & Cie. GmbH, Wuppertal
Abb. 8.30, 9.8 bis 9.15

PREFA GmbH, Wasungen (PREFA/Croce & Wir)
Abb. 7.1

puren gmbh, Überlingen
Abb. 9.20

Quante GmbH Schornsteintechnik, Langenhagen
Abb. 3.28

RAKU GmbH, Veitsrod
Abb. 12.20

Rathscheck Schiefer und Dach-Systeme, Mayen
Abb. 9.1 bis 9.4, 9.16 bis 9.18, 9.21, 9.28, 9.29, 9.31, 9.39, 9.40, 9.43, 9.86, 11.1, 11.3.2 bis 11.3.9, 15.22

Rheinzink GmbH & Co. KG, Datteln
Abb.12.1, 12.5, 12.6, 12.15, 12.16, 12.22, 12.23, 12.31, 12.32, 12.36, 12.40, 12.44, 12.48 bis 12.50, 12.52, 12.57, 13.5, 13.8, 13.35

Rößl Willi GmbH, Reisbach
Abb. 14.23

Shutterstock/Rob kemp
Abb. 9.84

Schechtl Maschinenbau GmbH, Edling
Abb. 12.4

Schiefergruben Magog GmbH & Co. KG, Bad Fredeburg
Abb. 15.10 und 15.18

Schindeln-Kreidl-Taxer GmbH, Aurach/Österreich
Abb. 9.121

Schlebach Maschinen GmbH, Friedewald
Abb. 12.3 und 12.4

SCHOLZ-Bau GmbH, Bad Tennstedt
Abb. 5.58

Siemens AG, München
Abb. 16.2

Simpson Strong-Tie GmbH, Bad Nauheim
Abb. 5.36

Sita Bauelemente GmbH, Rheda-Wiedenbrück
Abb. 7.16

SKF GmbH, Schweinfurt
Abb. 10.5, 10.6, 10.9, 14.11, 14.12

Spenglertechnik.net, Utzendorf/Schweiz,
Abb. 12.55

Steinmacher oHG, Herne
Abb. 10.35 und 10.37

Sto AG, Stühlingen
Abb. 6.17, 6.18, 6.25 bis 6.29

Stuber & Cie AG, Schüpfen/Schweiz
Abb. 5.55

Sven-Erik Tornow – Flüstertüte, Köln (PRIMERO-SCHIEFER GmbH)
Abb. 9.23

System RAU GmbH, Herbertshofen
Abb. 12.3

Theo Ott GmbH, Hammerau
Abb. 9.120, 9.122 bis 9.127, 9.131

TOPGREEN Gründachsysteme – atka Kunststoffverarbeitung GmbH, Lohne (Oldenburg)
Abb. 10.33 und 10.34

TÜV Rheinland, Köln
Abb. 14.8

varista GmbH, Unterthingau
Abb. 13.44, 13.45

VELUX Deutschland GmbH, Hamburg
Abb. 13.11 bis 13.14, 13.40 bis 13.42, 13.81, 13.82, 13.110, 16.36

Voltark GmbH, 1KOMMA5° Münster GmbH
Abb. 16.27

Weitzer Ges. m.b.H & Co.KG, Pöllau/Österreich
Ab. 10.10

Wienerberger GmbH, Hannover
Abb. 8.43, 8.74 bis 8.76, 8.78, 8.79, 13.43, 13.50

Wilhelm Flender GmbH & Co. KG, Nepthen
Abb. 13.86

Wilhelm Layher GmbH & Co. KG, Güglingen-Eibensbach
Abb. II.2 (Anhang II)

Zentralverband des Deutschen Dachdeckerhandwerks e.V., Köln
Abb. 1.12, 7.2 bis 7.5, 8.6, 8.8, 8.9, 8.12 bis 8.16, 8.28, 8.29, 8.42, 8.43, 8.45, 8.47, 8.49, 8.53, 8.55, 8.62, 8.64, 8.65, 8.85, 8.86, 9.31 bis 9.38, 9.41 bis 9.43, 9.46 bis 9.48, 9.56 bis 9.61, 9.63, 9.66 bis 9.71, 9.79, 9.88, 9.89, 9.128, 9.129, 9.135 bis 9.154, 9.158, 12.14, 12.18, 12.19, 12.34, 12.35, 12.37, 12.41 bis 12.43, 13.2 bis 13.4, 13.7, 13.10, 13.11, 13.24, 13.26, 13.34, 13.51 bis 13.59, 13.61, 13.63 bis 13.70, 13.87, 13.88, 13.90 bis 13.93, 13.98 bis 13.109, 13.111 bis 13.113, 14.13 bis 14.15, 15.23, 15.24, 15.26, 15.27, 15.29 bis 15.42 sowie zahlreiche Tabellen

Literaturnachweis

Geschke, Christian; Lindner, Mike; († Wartmann, Herbert): Die Technik der Biberschwanzdeckung im Bild, 3. Auflage. Köln: RM Rudolf Müller Medien GmbH & Co. KG, 2023.

Punstein, Alwin: Altdeutsche Schieferdeckung. Schnürschemata und Ausführung, 3. Auflage. Köln: RM Rudolf Müller Medien GmbH & Co. KG, 2018.

Siepenkort, Klaus: Metallarbeiten an Dach und Fassade, 4. Auflage. Köln: RM Rudolf Müller Medien GmbH & Co. KG, 2023.

Zentralverband des Deutschen Dachdeckerhandwerks – Fachverband für Dach-, Wand- und Abdichtungstechnik – e.V. (Hrsg.): Deutsches Dachdeckerhandwerk Regelwerk. Köln: RM Rudolf Müller Medien GmbH & Co. KG, 2024. www.dachdecker-regelwerk.de

Stichwortverzeichnis

Z